역대 과년도 기출문제를 전수분석한 단권화된 교재!

최단기간 합격을 위한
최선의 선택

토목기사
필기

2024 CBT 시험대비 토목기사 핵심기본서

원리이해로 **30일만에 합격**하는 토목기사

MASTER'S CHOICE

- 역대 과년도 기출문제를 전수분석!
- 총괄적인 이해를 위한 다양한 문제유형!

에듀피디 동영상강의 www.edupd.com

 에듀피디

MASTER'S CHOICE
토목기사

인 쇄	2024년 1월 3일
발 행	2024년 1월 10일

편저자	강태우
발행처	에듀피디
등 록	제300-2005-146
주 소	서울 종로구 대학로 45 임호빌딩 2층 (연건동)
전 화	1600-6690
팩 스	02)747-3113

※ 이 책은 저작권법에 따라 보호받는 저작물이므로 무단전재와 무단복제를 금지하며 책 내용의 전부 또는 일부를 이용하려면 반드시 저작권자와 에듀피디의 서면 동의를 받아야 합니다.

이 책의 머리말

필자가 토목기사에 합격한지 20여 년이 지났다. 그 당시 수험교재에 비해, 현존하는 교재들은 외형적인 부분 외에도 내실적인 부분에서도 상당히 많이 개선된 것은 당연하다고 생각이 든다. 그럼에도 불구하고 노량진에서 10여 년을 토목직 공무원 강의를 하고 있는 필자에게 강의를 들었던 수험생들은 토목기사 자격증의 보유를 의심하게 할 정도로 충분한 지식을 습득하지 못한 채 공무원 준비를 하였다. 이에 대한 원인을 여러모로 분석해 보았다. 물론 한가지만의 이유는 아닐 것이다. 그러나 핵심적인 것을 확인할 수 있었다.

그 많은 사람들이 그동안 너무 어렵게 공부하고 있다는 것이다.

안타깝게도 많은 토목을 전공하는 우리 후배들이 정말 쉬운 내용을 터무니없게 어렵게 공부하고 있었다. 왜 어렵게 공부를 하고 있느냐에 대해서는 각기 다른 의견들이 있을 수 있다. 그러나 결정적으로 말하자면, 쉽게 설명해 주는 사람이 없었다는 것은 누구도 부정할 수 없을 것이다. 많은 훌륭하신 교수님들이 있다. 반대로 그러지 않은 분들도 상당히 있다. 또한 그 훌륭하신 교수님들께서도 많은 이유로 하여 강의에 열정을 다하지 않는 분들도 없지는 않다. 이러한 여러 정황으로 상당한 우리 후배들이 쓸데없이 어렵게 전공공부를 하고 있었다. 이러한 상황을 더 이상 방치하는 것은 토목을 먼저 수학한 선배 중 한 사람으로서 도리를 저버리는 것이라 생각하게 되었다.

이러한 생각에 본 필자는 분연히 일어나 토목을 전공한 우리 후배들이 쉽게 토목기사를 취득함과 동시에 토목기술자로서 가져야할 기본적인 전공 이해를 돕고자 본 교재의 집필을 기획하게 되었다.

본 필자가 토목의 모든 전공지식에 대해 누구보다 더 깊이 있게 이해한다고 자부할 수는 없다. 그러나 많이 아는 것과 잘 가르치는 것은 별개의 문제이다. 본 필자는 토목분야에서는 전 세계에서 한국어로 가장 잘 가르친다. 건방지게 느껴질 수도 있다. 그러나 이것은 사실이다. 첫 페이지를 보는 순간 믿게 될 것이다.

교재의 구성

과목별 총괄적 이해 + 시험문제 유형 → 각 과목당 20개 정도의 Topic

최근 시험문제를 면밀하게 분석하여 문제유형을 구분하여 과목별로 20개 정도의 유형으로 표현하였다. 또한 과목의 이해를 위해 반드시 익혀야 하는 내용은 시험문제 출제경향과 무관하게 추가적으로 문제유형에 포함시켰다. 1개의 문제유형에는 쉽게 이해할 수 있는 이론설명과 더불어 대표적인 기출문제와 그 문제를 해결하는 방법을 단계별로 설명되어진다. 그 뒤에는 해당 유형에 관련된 최근 기출문제를 다수 배치하여 충분히 문제유형을 익힐 수 있도록 배치하였다. 1개의 문제유형은 동영상 강의에서 30분~1시간 내외로 설명되는 분량으로 학습자가 부담을 가지지 않도록 배려하였다.

학생들마다 물론 다를 수 있지만, 상당수의 학생들은 분량이 많거나 강의수가 많으면 훌륭하고 꼼꼼한 교재라고 생각한다. 물론 교재의 분량이 많다는 것은 많은 내용을 담고 있다는 뜻이다. 많은 내용을 담아야 하는 교재도 있다. 가령 만점을 목표로 하는 시험인 경우일 것이다. 그러나, 기사시험은 평균 60점만 넘으면 된다. 결론적으로 너무 깊은 내용을 너무 광범위하게 공부할 필요는 없다는 것이다. 그렇다고 대충 공부해도 될 것이라는 것도 아니다. 정확하게 공부해야 한다. 장황하고 길게 교재를 만들고 강의하는 것은 너무나도 쉬운 일이다. 중요한 것은 짧고 쉽게 교재를 만들고 강의하는 것이다. 바로 그러한 것이 본 교재라고 단언한다.

강태우 배상

토목기사
시험안내

토목기사/산업기사 응시자격

토목산업기사	• 토목관련학과 2년제 이상 졸업자 또는 졸업예정자 • 유사 직무분야에 산업기사 수준의 기술훈련과정 이수자 또는 이수예정자 • 기능사 자격 취득 후 유사 직무분야에 1년 이상 실무에 종사한 사람 • 유사 직무분야에 2년 이상 실무에 종사한 사람 • 유사 직무분야의 다른 종목의 산업기사를 취득한 사람 • 고용노동부령으로 정하는 기능경기대회 입상자 • 외국에서 동일 종목에 해당하는 자격을 취득한 사람
토목기사	• 토목관련학과 4년제 졸업자 또는 졸업예정자 • 토목관련학과 3년제 졸업 후 유사 직무분야에 1년 이상 실무에 종사한 사람 • 토목관련학과 2년제 졸업 후 유사 직무분야에 2년 이상 실무에 종사한 사람 • 유사 직무분야에 기사 수준의 기술훈련과정 이수자 또는 이수예정자 • 기능사 자격 취득 후 유사 직무분야에 3년 이상 실무에 종사한 사람 • 유사 직무분야에 4년 이상 실무에 종사한 사람 • 유사 직무분야의 다른 종목의 기사를 취득한 사람 • 고용노동부령으로 정하는 기능경기대회 입상자 • 외국에서 동일 종목에 해당하는 자격을 취득한 사람

시험접수 및 시행

시험접수처	• 한국산업인력공단 큐넷 (q-net.or.kr) • 회원가입 후 인터넷으로 접수
시험일정	• 토목기사 연간 3회, 토목산업기사 연간 2회 실시 • 큐넷 : 국가자격시험 → 시험일정 → 연간 국가기술자격 시험일정 → 기사 · 산업기사

토목기사 시험안내

시험방식 및 합격률

필기시험	• 과목당 4지 택일 20문항 총 120문항(과목당 30분) • 각 과목 40점 이상이고, 6과목 평균 60점 이상 합격 • CBT 방식 적용(고사장에서 수험용 컴퓨터로 작성)
실기시험 (토목기사)	• 필답형(답안을 수기로 서술식으로 작성) • 60점 이상 합격 • 3시간
합격률	• 필기시험 30% 내외 • 실기시험 45% 내외

전자계산기

허용계산기 기준	• 허용된 공학용 계산기 사용 가능 • 사칙연산만 되는 일반계산기는 기종에 관계없이 허용 • 비 허용된 공학용 계산기 사용시, 수험자가 메모리 리셋하여 감독관 확인 후 사용
허용된 공학용 계산기	• 카시오 : FX80~120, FX301~399, FX501~599, FX 901~999 • 샤프 : EL501~599, EL5100, EL5230, EL5250, EL5500 • 기타 : 캐논, 유니원, 모닝글로리 일부 모델 • 각 기종의 모델명 말미의 영어표기(ES, MS, EX 등)는 무관
추천 모델	• 샤프 EL-5500X • 3만원대 가격, 태양광 + LR44 배터리 사용 • Write View 가능, Eng 부동소수점 처리, key 노출, 분수 ⇔ 소수 전환 key • 해당 제조업체와 무관

문제유형별 출제빈도 분석

분석방법
- 2017년 ~ 2022년 총 17회 기출문제
- 각 과목 당 12~17개 문제유형으로 분류 (6과목 총 94개 유형)

1과목 응용역학

구분		문제유형	출제문항수	출제빈도
정정구조	1	역학 기본	25	1.5
	2	정정보	40	2.4
	3	라멘과 아치	23	1.4
	4	트러스	17	1.0
재료역학	5	단면특성치	34	2.0
	6	재료특성치와 축응력	25	1.5
	7	휨응력	8	0.5
	8	전단응력	20	1.2
	9	비틀림응력	5	0.3
	10	모어 응력원과 압력용기	3	0.2
	11	단주의 편심	13	0.8
	12	장주의 좌굴	20	1.2
처짐, 부정정	13	보의 처짐	37	2.2
	14	트러스의 처짐과 에너지	19	1.1
	15	부정정 구조	32	1.9
	16	스프링과 하중분배	5	0.3
	17	영향선	14	0.8

2과목 측량학

구분		문제유형	출제문항수	출제빈도
측량개요	1	측량학 분류	8	0.5
	2	국제좌표계	8	0.5
기본측량	3	거리측량과 오차의 처리	28	1.6
	4	평판측량	1	0.1
	5	수준측량 야장기입	22	1.3
	6	수준측량의 오차보정	28	1.6
	7	각측량 방법과 측각오차	13	0.8
	8	다각측량과 폐합오차	22	1.3
	9	방위각과 배횡거	16	0.9
	10	삼각측량	29	1.7
응용측량	11	지형측량	26	1.5
	12	면적과 체적	19	1.1
	13	노선측량	59	3.5
	14	하천측량	21	1.2
	15	사진측량과 원격측정	25	1.5
	16	위성측량	15	0.9

문제유형별 출제빈도 분석

3과목 수리학 및 수문학

구분	문제유형	출제문항수	출제빈도
정수역학	1 물의 성질과 점성	15	0.9
	2 정수역학	14	0.8
	3 부체	16	0.9
동수역학 및 관수로	4 물의 흐름 종류와 연속방정식	18	1.1
	5 운동량 보존법칙과 관로의 분기	4	0.2
	6 에너지 보존법칙(베르누이 정리)	26	1.5
	7 수두손실과 관망	45	2.6
	8 펌프	7	0.4
	9 항력	7	0.4
개수로	10 최적수로단면과 개수로의 유속분포	16	0.9
	11 비에너지	38	2.2
	12 위어와 큰 오리피스	22	1.3
	13 상사법칙	6	0.4
지하수	14 지하수의 투수	28	1.6
수문학	15 강우와 물의 순환	43	2.5
	16 침투와 유출	28	1.6
해양수리	17 파랑	7	0.4

4과목 철근콘크리트 및 강구조

구분	문제유형	출제문항수	출제빈도
설계일반	1 토목일반	9	0.5
	2 토목재료	32	1.9
주요부재설계	3 휨설계	81	4.8
	4 전단 및 비틀림	38	2.2
	5 기둥	13	0.8
	6 기초판	1	0.1
	7 슬래브	18	1.1
	8 사용성과 내구성	27	1.6
토목구조물	9 옹벽, 암거, 라멘, 아치	19	1.1
	10 교량 및 내진설계	7	0.4
	11 PSC	50	2.9
강구조	12 강구조의 이음	45	2.6

문제유형별 출제빈도 분석

5과목 토질 및 기초

구분	문제유형	출제문항수	출제빈도
흙의 기본성질	1 흙의 기본성질과 분류	32	1.9
다짐과 투수	2 다짐과 지반개량	40	2.4
	3 투수계수	21	1.2
	4 유선망과 흙댐의 침투	9	0.5
지반응력	5 침투와 지반응력	22	1.3
	6 모관상승을 고려한 지반응력	7	0.4
	7 상재하중을 고려한 지반응력	13	0.8
압밀	8 압밀	34	2.0
전단강도	9 전단강도시험	38	2.2
	10 응력경로	4	0.2
	11 현장시험	31	1.8
토압	12 토압	18	1.1
사면	13 사면안정	16	0.9
기초의 지지력	14 직접기초 지지력	22	1.3
	15 말뚝기초 지지력	21	1.2
	16 지지력 시험	12	0.7

6과목 상하수도 공학

구분	문제유형	출제문항수	출제빈도
상수도 계획	1 상수도 기본계획	13	0.8
	2 계획급수량의 추정	19	1.1
취수와 수질	3 취수시설	17	1.0
	4 수질	28	1.6
상수관로	5 상수관로	21	1.2
	6 상수관로 부대시설	6	0.4
정수장	7 정수장 시설	52	3.1
	8 배출수 처리	2	0.1
하수도 계획	9 하수도 시설의 계획	22	1.3
	10 계획하수량	37	2.2
하수관로	11 하수관로	19	1.1
	12 하수관로 부대시설	8	0.5
하수처리장	13 하수처리장 시설	34	2.0
	14 슬러지 처리	14	0.8
펌프장	15 펌프장	36	2.1
수리학	16 수리학	12	0.7

공학용계산기
선택과 사용방법

공학용계산기 기종 허용군

연번	제조사	허용기종군
1	카시오 (CASIO)	FX-901 ~ 999
2	카시오 (CASIO)	FX-501 ~ 599
3	카시오 (CASIO)	FX-301 ~ 399
4	카시오 (CASIO)	FX-80 ~ 120
5	샤프 (SHARP)	EL-501 ~ 599
6	샤프 (SHARP)	EL-5100, EL-5230, EL-5250, EL-5500
7	캐논 (CANON)	F-715SG, F-788SG, F-792SGA
8	유니원 (UNIONE)	UC-400M, UC-600E, UC-800X
9	모닝글로리 (MORNING GLORY)	ECS-101

* 국가전문자격(변리사, 감정평가사 등)은 적용 제외
* 허용군 내 기종번호 말미의 영어 표기(ES, MS, EX 등)은 무관
* 사칙연산만 가능한 일반계산기는 기종 상관없이 사용 가능

계산기 기종별 조사

제조사	모델	가격대	부동 소수점 처리	Math View	전원	추천도
카시오	FX-570계열	2만원	Sci, Fix	◎	AAA	2
카시오	FX-350계열	1만원	Sci, Fix	◎	AAA	3
샤프	EL-5500X	3만원	Sci, Fix, ENG	◎	태양광+LR44	1

✿ 기본조건
① 계산식 표기 가능　② 고사장 반입 가능　③ 구매가 용이한 모델

✿ 검토결과
① 고사장 반입이 가능한 모델 중, 국내에서 비교적 용이하게 구매가 가능한 것으로 검토.
② 카시오 모델은 부동 소수점 처리에서 ENG모드가 불가능 함.
③ 카시오 생산 제품 중에 가능한 모델도 있으나, 고사장 반입이 불가한 것으로 검토됨.
④ 샤프 모델은 일반적으로 부동 소수점 처리에서 ENG모드가 가능함.
⑤ 허용 가능한 샤프 모델 중에 Math view가 가능한 것은 "EL-5500X" 모델로 유일함.

공학용계산기
선택과 사용방법

✿ Math(write) view
복잡한 계산(분수, 제곱근, 지수 등)을 표기할 때, 실제 계산과 동일한 화면으로 표시하는 기능

🔍 방법 → setup (2nd F + math) → 2 EDITOR → 0 W–View

✿ 부동소수점 ENG모드
계산결과를 10^3 형태로만 표시하는 방법
0.000008757 = 8.7857×10^{-6}, $255 \times 725 = 184,875 \times 10^3$ mm = 184.875m
⇒ 시험에서 단위환산이 용이함.

🔍 방법 → [SETUP] ([2nd F] + [MATH]) → 1 FSE → 2 ENG → 소수점 이하 표시 수 (6 권장)

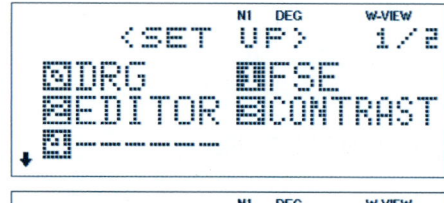

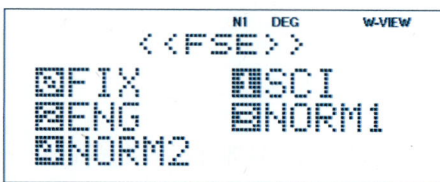

공학용계산기
선택과 사용방법

⚙ 그 외 권장 기본설정

1) 계산각도 DEG설정

🔍 방법 → SETUP (2ⁿᵈ F + MATH) → 0 DRG → 0 DEG

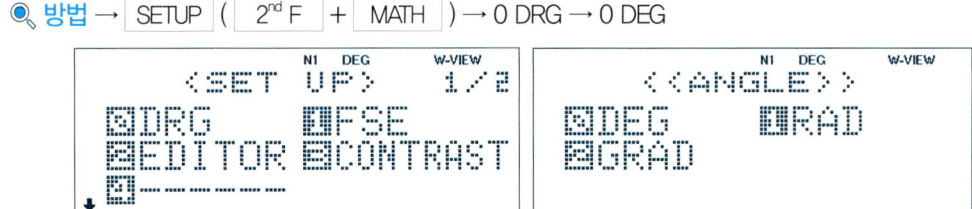

2) 화면 밝기 설정

🔍 방법 → SETUP (2ⁿᵈ F + MATH) → 3 CONTRAST → +와 -로 조정

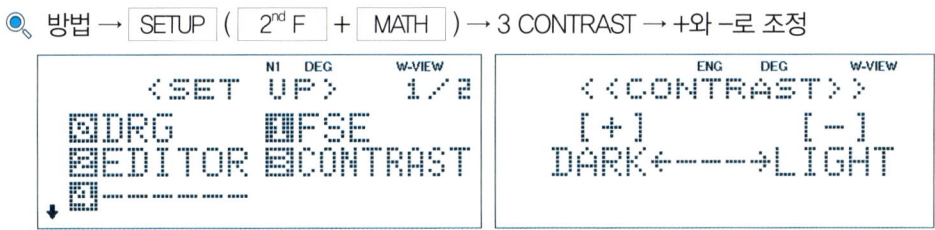

⚙ 계산기 중요 사용 팁

1) 값표시 형태 변환 : CHANGE 순환

💡 예시

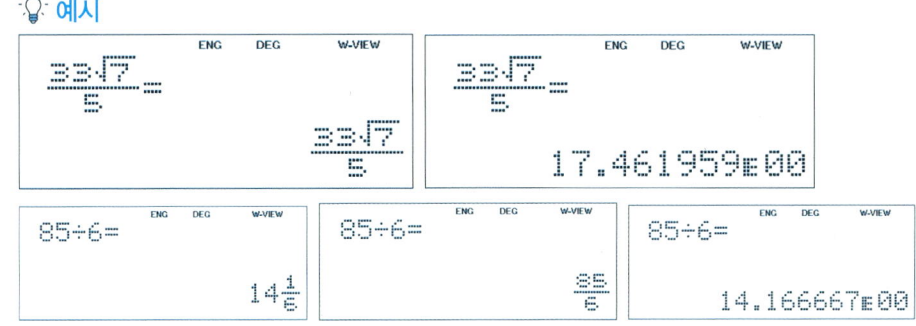

2) 도,분,초를 deg 각도로 변환 : D°M'S" 와 ↔DEG 적용

💡 예시 30°45'28"를 DEG로 변환

① 30 + D°M'S" + 45 + D°M'S" + 28 + D°M'S" + enter
  ans = 30°45'28"

② ↔DEG (Shift + D°M'S")
  ans = 30.757778

공학용계산기
선택과 사용방법

3) 단위 환산 : CONV (ALPHA + 5)

번호		설명	번호		설명
01	in	: 인치	23	fl oz(US)	: 액량 온스(미국)
02	cm	: 센티미터	24	mL	: 밀리미터
03	ft	: 피트	25	fl oz(UK)	: 액량 온스(영국)
04	m	: 미터	26	mL	: 밀리미터
05	yd	: 야드	27	cal_{th}	: 열화학칼로리
06	m	: 미터	28	J	: 줄
07	mi	: 마일	29	cal_{15}	: 칼로리(15℃)
08	km	: 킬로미터	30	J	: 줄
09	n mi	: 해상 마일	31	cal_{IT}	: IT 칼로리
10	m	: 미터	32	J	: 줄
11	acre	: 에이커*1	33	hp	: 마력(영국)
12	m^2	: 평방미터	34	W	: 와트
13	oz	: 온스(상형)	35	PS	: 마력(미터법)
14	g	: 그램	36	W	: 와트
15	lb	: 파운드(상형)	37	(kgf/cm^2)	
16	kg	: 킬로그램	38	Pa	: 파스칼
17	℉	: 화씨(도)	39	atm	: 기압
18	℃	: 섭씨(도)	40	pa	: 파스칼
19	gal (US)	: 갤런(미국)	41	(1mmHg = 1Torr)	
20	L	: 리터	42	Pa	: 파스칼
21	gal (UK)	: 갤런(영국)	43	(kgf · m)	
22	L	: 리터	44	N · m	: 뉴턴 미터

💡 예시 30hp(마력)를 w(와트)로 환산

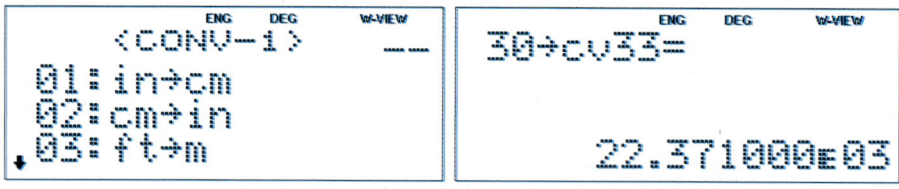

30 + CONV (ALPHA + 5) + 33 + enter
ans = 22,371 w

(근사계산) × 3/4

목차

1 과목 응용역학

PART 1 정정구조
- CHAPTER 01 역학기본 ········ 022
- CHAPTER 02 정정보 ········ 033
- CHAPTER 03 라멘과 아치 ········ 043
- CHAPTER 04 트러스 ········ 050

PART 2 재료역학
- CHAPTER 05 단면특성치 ········ 062
- CHAPTER 06 재료특성치와 축응력 ········ 075
- CHAPTER 07 휨응력 ········ 085
- CHAPTER 08 전단응력 ········ 089
- CHAPTER 09 비틀림응력 ········ 097
- CHAPTER 10 모어응력원과 압력용기 ········ 101
- CHAPTER 11 단주의 편심 ········ 107
- CHAPTER 12 장주의 좌굴 ········ 111

PART 3 부정정과 처짐
- CHAPTER 13 보의 처짐 ········ 116
- CHAPTER 14 트러스의 처짐과 에너지 ········ 128
- CHAPTER 15 부정정 구조물 ········ 134
- CHAPTER 16 스프링과 하중분배 ········ 150
- CHAPTER 17 영향선 ········ 156

2 과목 측량학

PART 1 측량개요
- CHAPTER 01 측량학 분류 ········ 166
- CHAPTER 02 국제좌표계 ········ 167

PART 2 기본측량
- CHAPTER 03 거리측량과 오차의 처리 ········ 172

목차

CHAPTER 04 평판측량 ······ 176
CHAPTER 05 수준측량 야장기입 ······ 180
CHAPTER 06 수준측량의 오차보정 ······ 182
CHAPTER 07 각 측량 방법과 측각오차 ······ 185
CHAPTER 08 다각측량(트래버스)과 폐합오차 ······ 188
CHAPTER 09 방위각과 배횡거 ······ 190
CHAPTER 10 삼각측량 ······ 193

PART 3 응용측량

CHAPTER 11 지형측량 ······ 200
CHAPTER 12 면적과 체적 ······ 204
CHAPTER 13 노선측량 ······ 209
CHAPTER 14 하천측량 ······ 215
CHAPTER 15 사진측량과 원격측정 ······ 218
CHAPTER 16 위성측량(GNSS 측량) ······ 224

3과목 수리학 및 수문학

PART 1 정수역학

CHAPTER 01 물의 성질과 점성 ······ 230
CHAPTER 02 정수역학 ······ 235
CHAPTER 03 부체 ······ 239

PART 2 동수역학 및 관수로

CHAPTER 04 물의 흐름 종류와 연속방정식 ······ 242
CHAPTER 05 운동량 보존법칙과 관로의 분기 ······ 247
CHAPTER 06 에너지 보존법칙(베르누이 정리) ······ 249
CHAPTER 07 수두손실과 관망 ······ 255
CHAPTER 08 펌프 ······ 269
CHAPTER 09 항력 ······ 271

목차

PART 3 개수로
- CHAPTER 10 최적수로단면과 개수로의 유속분포 ········ 274
- CHAPTER 11 비에너지 ········ 280
- CHAPTER 12 위어와 큰 오리피스 ········ 290
- CHAPTER 13 상사법 ········ 299

PART 4 지하수
- CHAPTER 14 지하수의 투수 ········ 304

PART 5 수문학
- CHAPTER 15 강우와 물의 순환 ········ 312
- CHAPTER 16 침투와 유출 ········ 320

PART 6 해양수리
- CHAPTER 17 파랑 ········ 332

4과목 철근 콘크리트 및 강구조

PART 1 설계기본
- CHAPTER 01 토목일반 ········ 340
- CHAPTER 02 토목재료 ········ 349

PART 2 구조부재의 설계
- CHAPTER 03 휨설계 ········ 366
- CHAPTER 04 전단 및 비틀림 ········ 381
- CHAPTER 05 기둥 ········ 390
- CHAPTER 06 기초판 ········ 396
- CHAPTER 07 슬래브 ········ 402
- CHAPTER 08 사용성과 내구성 ········ 407
- CHAPTER 09 옹벽, 아치, 라멘, 암거 ········ 414

목차

PART 3 교량 및 내진설계
CHAPTER 10 교량과 내진설계 ········ 426

PART 4 PSC
CHAPTER 11 PSC ········ 436

PART 5 강구조의 이음
CHAPTER 12 강구조의 이음 ········ 450

5 과목 토질 및 기초

PART 1 흙의 기본성질
CHAPTER 01 흙의 기본성질과 분류 ········ 460

PART 2 다짐과 투수
CHAPTER 02 다짐과 지반개량 ········ 474
CHAPTER 03 투수계수 ········ 485
CHAPTER 04 유선망과 흙댐의 침투 ········ 492

PART 3 지반응력
CHAPTER 05 침투와 지반응력 ········ 498
CHAPTER 06 모관상승을 고려한 지반응력 ········ 509
CHAPTER 07 상재하중을 고려한 지반응력 ········ 512

PART 4 압밀
CHAPTER 08 압밀 ········ 522

PART 5 전단강도
CHAPTER 09 전단강도 시험 ········ 534
CHAPTER 10 응력경로 ········ 547
CHAPTER 11 현장시험 ········ 554

PART 6 토압
CHAPTER 12 토압 ······ 558

PART 7 사면
CHAPTER 13 사면안정 ······ 574

PART 8 기초의 지지력
CHAPTER 14 직접기초 지지력 ······ 590
CHAPTER 15 말뚝기초 지지력 ······ 596
CHAPTER 16 지지력 시험 ······ 603

6과목 상하수도공학

PART 1 상수도 계획
CHAPTER 01 상수도 기본 계획 ······ 610
CHAPTER 02 계획급수량 추정 ······ 612

PART 2 취수와 수질
CHAPTER 03 취수시설 ······ 616
CHAPTER 04 수질 ······ 619

PART 3 상수관로
CHAPTER 05 상수관로 ······ 626
CHAPTER 06 상수관로 부대시설 ······ 630

PART 4 정수장
CHAPTER 07 정수장 시설 ······ 634
CHAPTER 08 배출수 처리 ······ 641

목차

PART 5 하수도 계획
CHAPTER 09 하수도 시설의 계획 ······ 644
CHAPTER 10 계획하수량 ······ 647

PART 6 하수관로
CHAPTER 11 하수관로 ······ 652
CHAPTER 12 하수관로 부대시설 ······ 656

PART 7 하수처리장
CHAPTER 13 하수처리장 시설 ······ 660
CHAPTER 14 슬러지 처리 ······ 668

PART 8 펌프장
CHAPTER 15 펌프장 ······ 672

토목기사 기출문제

2022년도 토목기사 기출문제
01 토목기사 기출문제(2022년 1회) ······ 680
02 토목기사 기출문제(2022년 2회) ······ 703

제 1 과목

응용역학

01
PART

정정구조

01. 역학 기본
02. 정정보
03. 라멘과 아치
04. 트러스

01 역학 기본

01 힘의 합성과 분해

1 힘의 3요소
크기, 방향, 작용점

2 힘의 분해

1) 직각삼각형 닮은비에 의한 분해
직각삼각형의 세 변의 방향과 세 힘의 방향이 모두 동일한 경우에만 적용

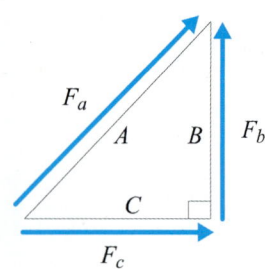

직각삼각형의 세 변의 비 = 세 힘의 비
$A : B : C = F_a : F_b : F_c$

예 $A : B : C = 5 : 4 : 3$ 이고, $F_a = 250 kN$인 경우,

$F_b = 250 \times \dfrac{4}{5} = 200 kN$, $F_c = 250 \times \dfrac{3}{5} = 150 kN$

* 삼각함수 적용하여 비율로 하여도 무방

참조

$\sin 30° = \dfrac{1}{2} = \cos 60°$, $\sin 45° = \dfrac{\sqrt{2}}{2} = \cos 45°$,

$\sin 60° = \dfrac{\sqrt{3}}{2} = \cos 30°$

$\tan 30° = \dfrac{\sin 30°}{\cos 30°} = \dfrac{1}{\sqrt{3}}$, $\tan 45° = 1$, $\tan 60° = \sqrt{3}$

2) Sin법칙(라미의 정리)에 의한 분해
일반적인 모든 경우에 적용(세 힘의 방향이 직각삼각형을 이루지 않는 경우)

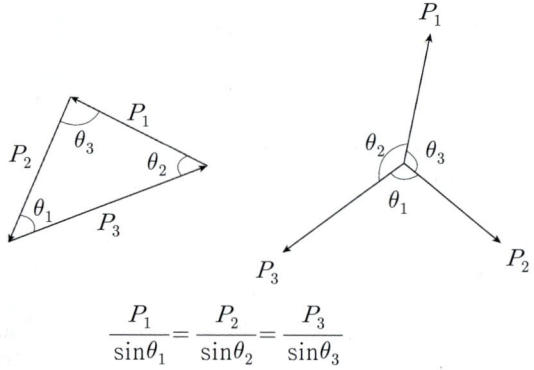

$\dfrac{P_1}{\sin \theta_1} = \dfrac{P_2}{\sin \theta_2} = \dfrac{P_3}{\sin \theta_3}$

주의
① P_1에 해당하는 θ_1은 P_1에 접하지 않고 떨어져 있는 유일한 각
② 평행하지 않은 세 힘들은 평행이동을 통해서 반드시 위와 같이 한 점에서 교차

예제

문제. 그림과 같이 무게 5t의 물체가 매달려 있을 때, T_1이 받는 인장력은?

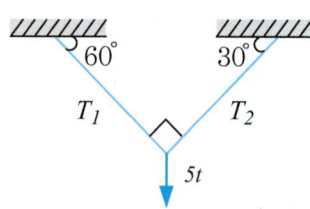

해설 라미의 정리(sin법칙)을 이용하여, $T_1 = 5 \sin 60° = 2.5\sqrt{3}$

> **예제**
>
> 문제. 그림과 같이 동일 평면상의 한 점에 작용하는 세 힘이 서로 평형을 이루고 있을 때, $\sin\theta_1$의 크기는?
>
>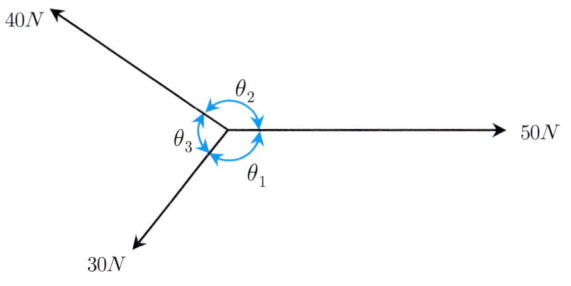
>
> 해설 세 힘의 크기의 비는 이 힘들로 이루어진 삼각형 변의 길이 비와 동일하다.
> 즉, 세 힘의 비율이 30:40:50이므로, 이는 삼각형 변의 비율과 같다.
> 이 경우 삼각형은 직각삼각형이 된다.
> θ_1은 40N의 힘에 대응하는 값이므로, $\sin\theta_1 = \dfrac{4}{5}$

3 힘의 합성방법 분류

1) 동일점 작용하는 두 힘(동점역계)
   - **해석적 방법** : cos2법칙 $R = \sqrt{P_1^2 + P_2^2 + 2P_1P_2\cos\alpha}$
   - **도해적 방법** : 평행사변형법

2) 동일점 작용하는 여러 힘(동점역계)
   - **해석적 방법** : 벡터 성분 합에 의한 피타고라스 정리
   - **도해적 방법** : 벡터 힘을 연결(시력도)

3) 비동일점 여러 힘(비동점역계)
   - **해석적 방법** : 벡터 성분 합에 의한 피타고라스 정리
   - **도해적 방법** : 시력도에 의해 합력의 방향과 크기를 구하고, 연력도에 의해 합력의 작용점을 구한다.

① **시력도** : 평행하지 않은 힘을 연장하여 $\Sigma H = 0$, $\Sigma V = 0$를 이용, 극사선
② **연력도** : $\Sigma M = 0$를 이용

4 서로 평행한 힘들의 합성

1) 합력의 크기

$$R = \Sigma P_i$$

2) 합력의 위치(작용점)

바리놈의 정리 적용

$$\Sigma M = \Sigma P_i \times \bar{x} = \Sigma(P_i \times x_i)$$

→ 개별 힘과 작용거리의 곱의 합은, 합력과 그 작용거리의 곱과 같다.
→ 모멘트 제1정리와 동일한 개념

> **예제**
>
> 문제. 10t의 힘을 P_1, P_2로 분해할 때, P_1과 P_2 크기와 방향은 각각 얼마인가?
>
>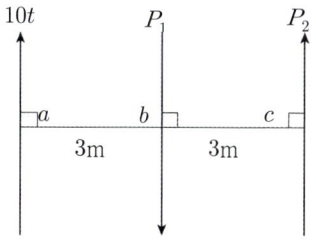
>
> 해설 $\Sigma M_b = 10 \times (-3) + P_2 \times (-3) = 0$
> $\therefore P_2 = 10 \times 3/3 = 10t \downarrow$
> $P_1 + P_2 = 10t$, $P_1 + (-10) = 10t$ $\therefore P_1 = 20t \uparrow$
> *P_1과 P_2의 합의 방향과 주어진 힘 10t의 방향은 동일해야 한다.

> **주의**
> 평형을 이룬다는 표현과 합력(또는 분해)을 구한다는 표현의 차이
>
> * **평형을 이룬다.**
>   미지의 힘과 주어진 힘의 합이 "0"이 되도록 계산
>   주어진 힘의 총 합의 방향과 미지의 힘의 방향은 반대
>
> * **합력(또는 분해)을 구하라.**
>   미지의 힘과 주어진 힘이 같도록 계산
>   주어진 힘의 총 합의 방향과 미지의 힘의 방향은 동일

02 역학 기초

1 짝힘(우력)

1) 우력의 정의

힘의 크기가 같고 평행하며 방향이 반대

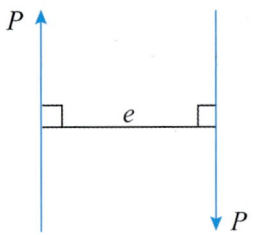

이때, 발생하는 모멘트 $M = P \times e$ (어느 위치에서나 동일)

2) 여러 힘들의 우력

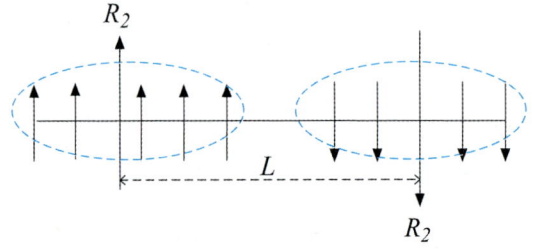

- 동일한 방향의 힘들을 각각의 힘으로, 합력 R_1과 R_2로 표현
- 바리뇽의 정리문제에서 모든 하중의 합 = 0인 경우는 우력문제로 인식

- 이때, 발생하는 우력 $M = R_1 \times L = R_2 \times L$으로 어느 지점에서든 동일(단, $R_1 = R_2$)

> **예제**
>
> **문제.** 다음 그림과 같이 강체(rigid body)에 우력이 작용하고 있다. A, B, C점에 관한 모멘트가 각각 ΣM_A, ΣM_B, ΣM_C일 때, 옳은 것은?
>
>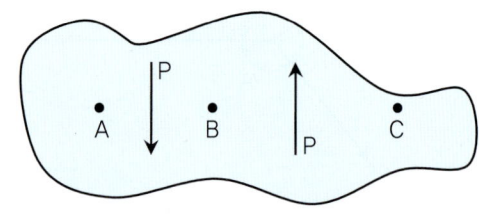
>
> **해설** 우력이므로, 어느 지점에서나 휨모멘트값은 같다.

2 모멘트의 방향

연직하향 하중 → 부(-)모멘트 발생
연직상향 하중 → 정(+)모멘트 발생
연직하향 하중 → 부모멘트 유도
지점의 반력 → 연직 상향력 → 정모멘트 유도

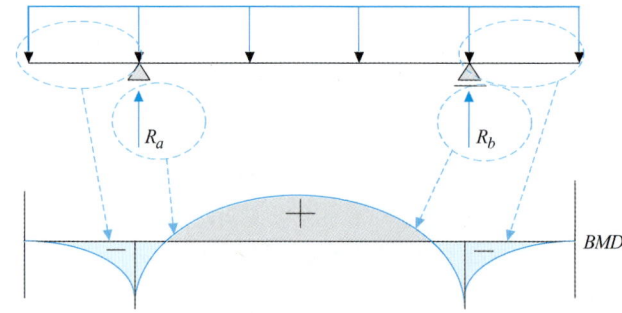

3 도르래의 원리

1) **고정도르래** : 둥근 도르래가 고정되어 있고, 힘의 방향만 바꾼다.
2) **움직도르래** : 둥근 도르래가 움직이고, 힘의 크기를 1/2로 바꾼다.

예제

문제. 그림과 같이 배열된 무게 1,200kN을 지지하는 도르래 연결 구조에서 수평방향에 대해 60°로 작용하는 케이블의 장력 T [kN]는? (단, 도르래와 베어링 사이의 마찰은 무시하고, 도르래와 케이블의 자중은 무시한다)

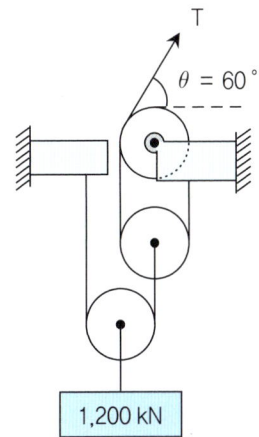

해설 도르래의 원리에 의해, $4T = 1200kN$이므로, $T = 300kN$

4 전도와 활동

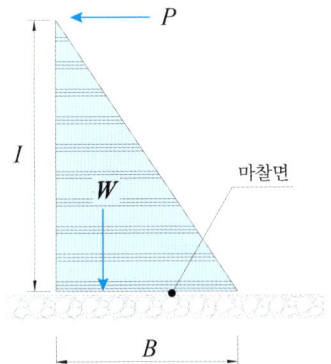

- 수평하중 P
- 저항력 = 자중 W
- 구조물과 바닥면의 마찰계수 μ

참조

자중 $W = \gamma V = \rho g V$

- γ : 단위중량(kN/m^3)
- ρ : 밀도(t/m^3)
- g : 중력가속도$(9.8m/s^2 \approx 10m/s^2)$
- V : 체적(m^3)

1) 전도검토

- 작용모멘트 : $M_o = P \times H$
- 저항모멘트 : $M_r = W \times B/3$
- 전도검토 : $M_r > M_o \Rightarrow$ OK

* $B/3$은 회전중심에서 자중 W가 작용하는 위치까지의 거리로 구조물의 형상에 따라 변경된다.

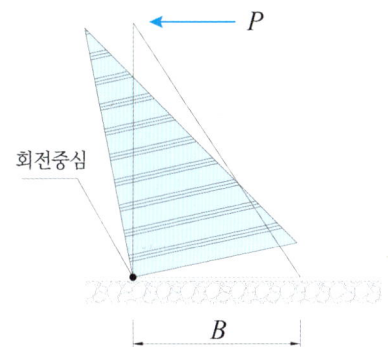

2) 활동검토

- 작용력 : P
- 저항력(마찰) : $F = \mu N = \mu \times W$
- 활동검토 : $F > P \Rightarrow$ OK

* μ : 바닥 마찰면과의 마찰계수
* N : 바닥 마찰면에 수직인 하중 합

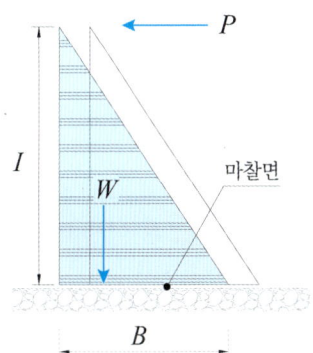

> **주의**
> 옹벽의 안정을 검토하는 경우가 아니면, 안전율을 적용하지 않아야 한다.

> **예제**
> **문제.** 그림과 같이 직사각형인 구조물에 수평하중 F=1 kN과 수직하중(자중) W = 4 kN이 작용할 때, 구조물에 발생하는 현상으로 옳은 것은? (단, 구조물과 바닥의 접촉면에서의 마찰계수 μ=0.30이다.)
>
>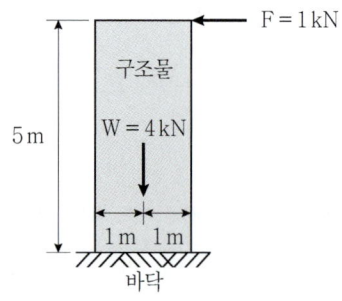
>
> **해설** 1) 전도검토
>   작용모멘트 $M_o = 1 \times 5 = 5kN$
>   저항모멘트 $M_r = 4 \times 1 = 4kN < M_o$
>   → 따라서, 전도는 발생한다.
> 2) 활동검토
>   마찰저항력 $F_\mu = \mu N = 0.3 \times 4 = 1.2kN > F = 1kN$
>   → 따라서, 활동은 발생하지 않는다.

5 경사면에서 받는 힘

① 중력(W)은 항상 수직방향이다.
② 반력(R)은 경사면에 수직방향이다.
③ 경사면에 평행한 힘(H)에 대해서 마찰력(F)은 저항력이다.
④ 중력(W)와 반력(R) 및 수평력(H)는 평형상태에 있다.

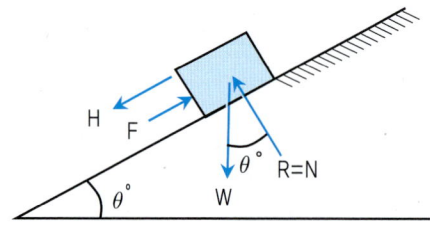

$R = W\cos\theta \qquad H = W\sin\theta$
$F = \mu N = \mu \times R = \mu \times W\cos\theta$
N : 마찰력에 수직으로 작용하는 힘
($F < H$이면, 물체는 경사면을 따라 이동)

> **예제**
> **문제.** 다음과 같이 경사진 언덕에서 2W의 무게를 가진 물체를 밀어 올리는 데 필요한 최소힘 P는? (단, 마찰계수는 0.30이다)
>
>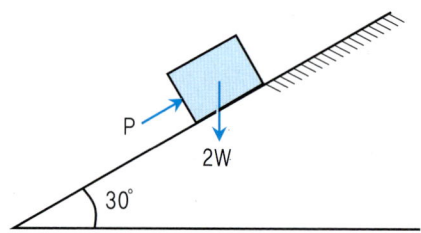
>
> **해설** 마찰력 $F = \mu N = 0.3 \times 2W\cos30° = 0.3\sqrt{3}\,W$
>   자중의 마찰면 방향 분력 $H = 2W\sin30° = W$
>   따라서, 총 필요한 힘 = $W + 0.3\sqrt{3}\,W$

---

03 부정정 차수

1 기본 구조물

1) 보

- 단면력 : 전단력, 모멘트
- 변 형 : 휨변형, 연직방향 처짐

2) 라멘(프레임)

- 단면력 : 전단력, 모멘트, 축력
- 변 형 : 휨변형, 연직방향 처짐, 수평방향 처짐

3) 트러스

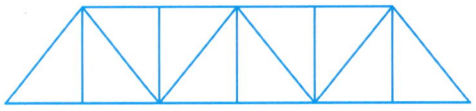

- 단면력 : 축력
- 변 형 : 연직방향 처짐, 수평방향 처짐

2 경계조건과 정정 구조물

1) 구조물의 평형방정식

2차원 구조계의 평형방정식	3차원 구조계의 평형방정식
$\Sigma F_x = 0$, $\Sigma F_y = 0$ $\Sigma M_{(z)} = 0$	$\Sigma F_x = 0$, $\Sigma F_y = 0$, $\Sigma F_z = 0$ $\Sigma M_x = 0$, $\Sigma M_y = 0$, $\Sigma M_z = 0$

2) 경계조건에 따른 미지변수의 수

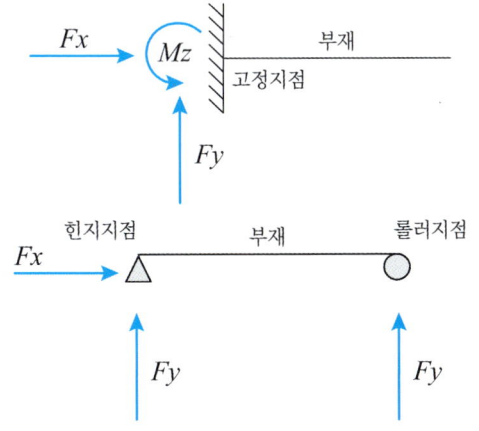

- **고정지점** : 연직반력, 수평반력, 모멘트반력(연직처짐, 수평처짐, 처짐각 없음)
- **힌지지점** : 연직반력, 수평반력(연직처짐과 수평처짐 없음, 처짐각 존재)
- **롤러지점** : 연직반력(연직처짐 없음, 수평처짐과 처짐각 존재) → 반력의 존재 = 해당 변형 없음.

3 기본 부정정 차수의 계산

정정구조물에서 미지변수의 증가된 차수

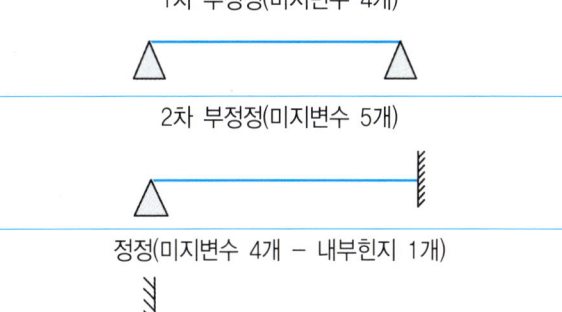

⇒ 내부힌지에서는 모멘트가 "0"이므로 방정식 1개가 추가된다. 따라서 4개의 미지변수를 구할 수 있다. (내부힌지의 수 = 부정정 차수 감소)

4 라멘구조물의 부정정 차수

① 정정으로 만들기 위해서 필요한 만큼 절단(모두 캔틸레버나 단순보의 형태가 되도록)
② 라멘은 부재력이 3개(전단력, 모멘트 축력)이므로 1회 절단 시마다 3개의 미지수 발생
③ 절단회수×3차 = 총 부정정 차수

예 3회 절단 → 9차 부정정

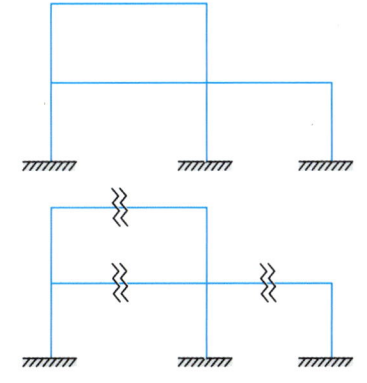

> **주의**
> 절단시에는 경계가 있도록 절단해야 한다. 앞의 그림에서는 모두 캔틸레버 보의 형태가 되었는데, 다음 그림처럼 양단이 모두 자유가 되도록 해서는 안된다. 정정으로 만들기 위해서 절단한다는 것을 염두에 두어야 한다.

예 라멘 구조물의 잘못된 절단

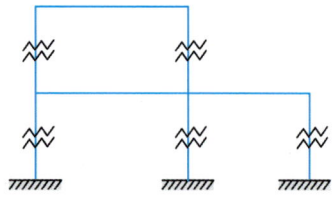

5 부재의 결합방식과 지점조건의 변경

1) 복수부재 결합과 내부힌지

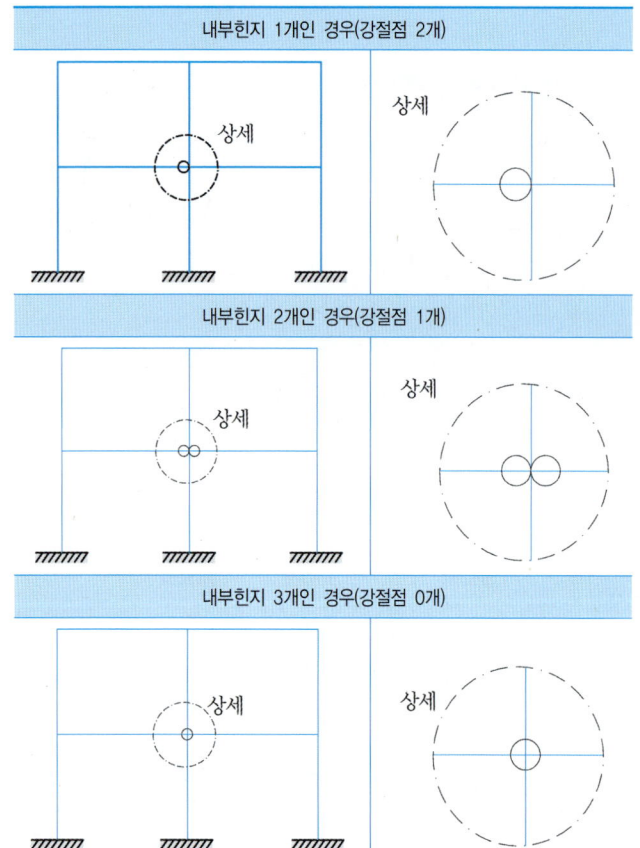

* 위 3경우에서, 한 절점의 강절점수와 내부힌지의 수의 합은 일정
* 강절점수 = 절점에서 만나는 부재의 수 − 1개

2) 경계해제

라멘구조의 지점은 고정단이 되는 것으로 가정하고 절단하여 계산
지점이 고정단이 아닌 경우는 해제된 미지 변수의 수만큼 부정정 차수를 감소
고정단 → 힌지(1차 경계해제)
고정단 → 롤러(2차 경계해제)

> **예제**
> **문제.** 다음과 같이 1개의 내부 힌지와 2개의 고정지점, 2개의 힌지지점, 2개의 롤러지점으로 이루어진 라멘 구조물의 부정정차수는?
>
>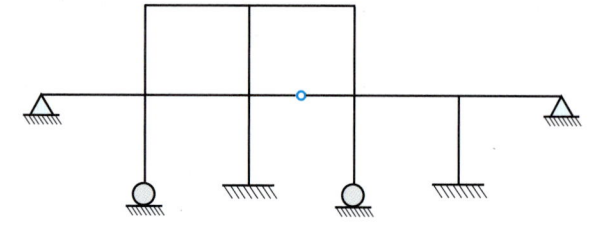
>
> **해설** 총 7회 절단 = 3×7 = 21
> 경계해제 = 1+2+2+1 = 6
> 내부힌지 = 1
> 총 부정정차수 = 21−6−1 = 14

6 연속보의 부정정 차수

① 경계조건에 따른 총 미지수 계산
② 위에 계산된 값에 −3(구조 방정식의 수)
③ 내부힌지 수가 있다면 그 수만큼 부정정 차수 감소
  → 미지변수 3개를 제외한 나머지 모두가 부정정 차수

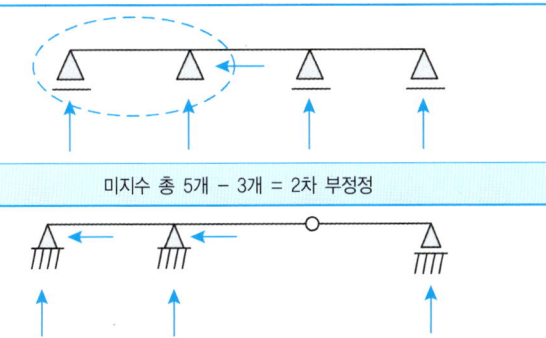

예제

문제. 그림과 같은 구조물의 부정정 차수는? (단, C점은 로울러 연결지점이다)

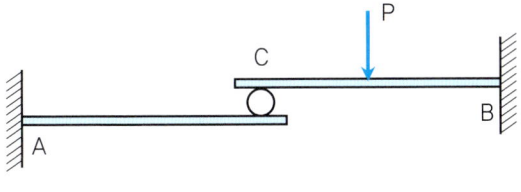

해설 3차 − 2차(내부롤러) = 1차 부정정
별해 수평하중 및 반력이 없으므로 수평력에 대한 평형방정식을 무시하면, 2차 − 1차(내부롤러) = 1차 부정정

7 트러스의 부정정 차수

구조역학에 의한 정상적인 트러스의 부정정 차수를 고려하기 위해서는 모든 절점마다 미지변수의 개수를 구해야 한다. 그러나 시간을 줄일 수 있는 효과적인 방법을 모색해보자.
지금까지 보와 라멘구조에서 부정정 차수 계산은 정상적인 구조적 원리에 따른 방법이었다. 그러나 트러스는 원리로만 풀기에는 시간이 너무 소요된다. 따라서 약간의 편법을 동원해보자. 앞에서 이미 언급을 했지만, 트러스의 모든 부재의 연결은 힌지절점으로 연결되어 있다고 했다. 그런데, 이런 연결 없이 지나치는 경우가 있다.

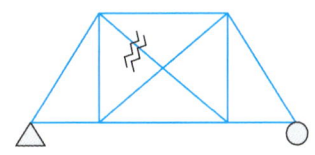

위 그림에서 연결 없이 지나는, 가운데 부재 하나를 절단하면, 모든 부재가 힌지절점으로 연결된다. 부재 하나를 절단하는 것으로 기본 트러스 형태를 가질 수 있는데, 이때, 트러스는 정정 트러스가 된다. 하나의 부재를 절단했으므로, 1차 부정정이다. 트러스의 부재력은 축력 하나만 있으므로, 부재력의 미지수는 하나만 존재한다.

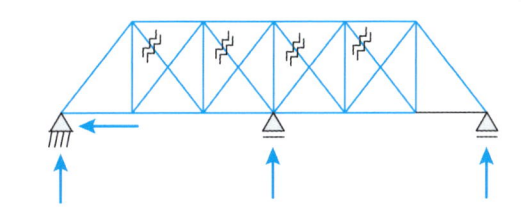

· 지점에서 초과 경계조건 1개
· 힌지로 연결되지 않은 곳 4개
· 총 부정정 차수 = 1 + 4 = 5차

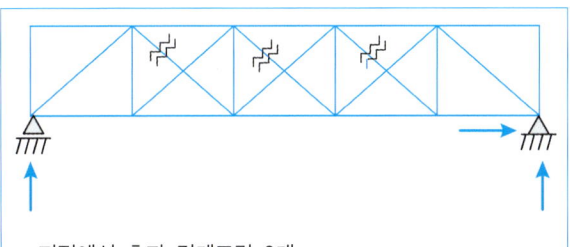

· 지점에서 초과 경계조건 0개
· 힌지로 연결되지 않은 곳 3개
· 총 부정정 차수 = 0 + 3 = 3차

참고
트러스는 한 절점당 2개의 방정식 성립($\Sigma F_x = 0$, $\Sigma F_y = 0$)

예제

문제. 그림과 같은 트러스의 내적 부정정 차수는?

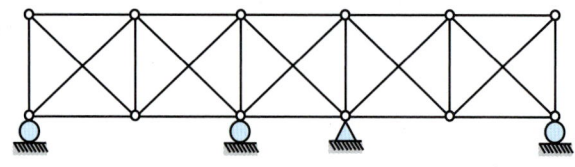

해설 내적 5차(참조 : 총 7차 부정정)

예제

문제. 그림과 같은 프레임 구조물의 부정정 차수는?

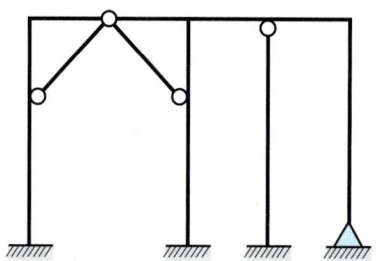

해설 절점수 = 11, 부재수 = 12, 반력수 = 11, 강절점수 = 7
총부정정차수 = $11 \times 2 - 12 - 11 - 7 = -8$

8 복합구조물의 부정정 차수

총 부정정 차수
= 총 부재수(m) + 반력수(r) + 강절점수(s) − 2 × 총 절점수(p)

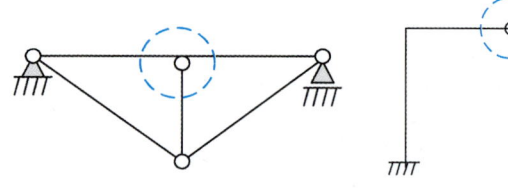

- 좌측
  보 + 트러스 구조로 표시된 부분에서는 휨모멘트가 존재(강절점)
  총 부정정 차수 = $5 + 3 + 1 - 2 \times 4 = 1$차 부정정
- 우측
  라멘구조로 표시된 부분에서는 내부힌지이므로 휨모멘트 = 0
  총 부정정 차수 = $4 + 6 + 2 - 2 \times 5 = 2$차 부정정
- 별해 : 1회 절단(3차 부정정) − 내부힌지 1개 = 2차 부정정

9 내적 부정정과 외적 부정정

총 부정정 차수 = 내적 부정정 차수 + 외적 부정정 차수

- 외적 부정정 차수 : 구조물의 경계조건만을 고려(총 반력수 − 3개)
- 내적 부정정 차수 : 총 부정정 차수 − 외적 부정정 차수(내적 부정정방정식 수를 고려)

예제

문제. 그림과 같은 트러스 구조물의 내적 부정정 차수와 외적 부정정 차수의 합은?

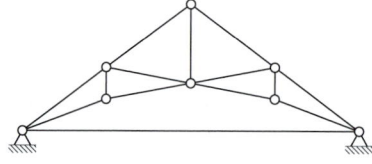

해설 외적 1차(힌지−힌지), 내적 1차이므로, 총 2차 부정정

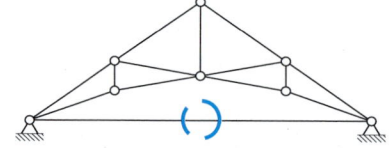

참고 표시된 부재는 과잉부재로 내적 부정정 부재

🛡️ 대표기출문제

문제. 그림에서 두 힘 P_1, P_2에 대한 합력(R)의 크기는?

2021년 1회

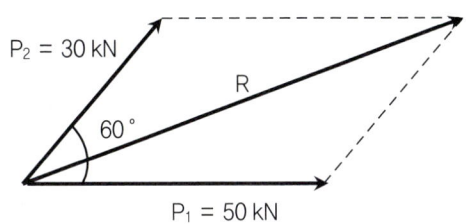

① 60kN　　② 70kN
③ 80kN　　④ 90kN

정답 ②

해설 $R^2 = 50^2 + 30^2 + 2 \times 50 \times 30 \times \cos 60° = 4900$에서,
$R = 70kN$

🛡️ 대표기출문제

문제. 그림과 같은 구조물에 하중 W가 작용할 때 P의 크기는? (단, 0° < α < 180°이다.)

2020년 1,2회

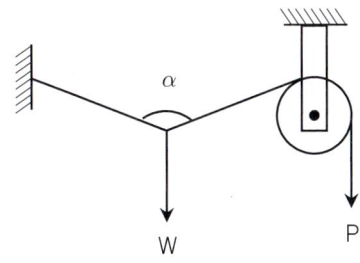

① $P = \dfrac{W}{2\cos\dfrac{\alpha}{2}}$　　② $P = \dfrac{W}{2\cos\alpha}$

③ $P = \dfrac{W}{\cos\alpha}$　　④ $P = \dfrac{2W}{\cos\dfrac{\alpha}{2}}$

정답 ①

해설 케이블이 받는 장력은 P로 동일
하중 W 재하지점에서 $\Sigma F_y = 0$이므로,
$(P\cos\dfrac{\alpha}{2}) \times 2 = W$에서, $P = \dfrac{W}{2\cos\dfrac{\alpha}{2}}$

🛡️ 대표기출문제

문제. 그림과 같은 구조물에서 부재 AB가 6kN의 힘을 받을 때 하중 P의 값은?

2019년 2회

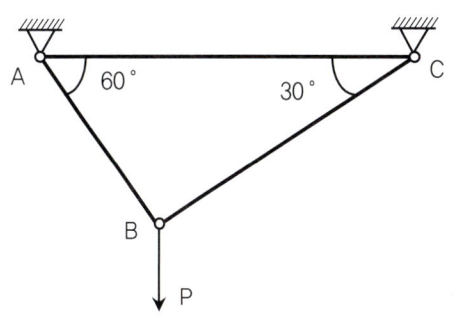

① 5.24kN　　② 5.94kN
③ 6.27kN　　④ 6.93kN

정답 ④

해설 $F_{AB} = P\sin 60° = 6kN$에서, $P = 6.93kN$

🛡️ 대표기출문제

문제. 다음 구조물은 몇 부정정 차수인가?

2018년 3회

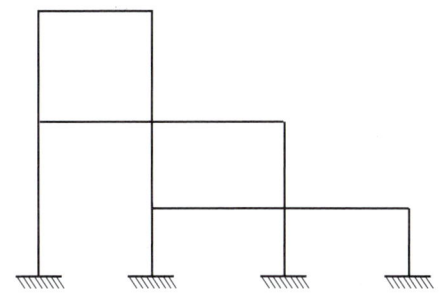

① 12차 부정정　　② 15차 부정정
③ 18차 부정정　　④ 21차 부정정

정답 ②

해설 총 5회 절단이므로, $5 \times 3 = 15$차 부정정

대표기출문제

문제. 그림과 같이 세 개의 평행력이 작용할 때 합력 R의 위치 x 는? 2018년 2회

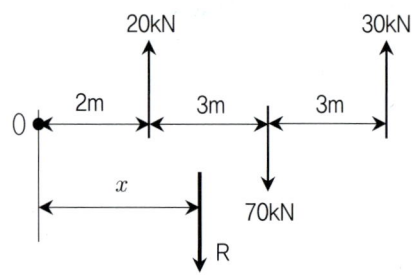

① 3.0m ② 3.5m
③ 4.0m ④ 4.5m

정답 ②

해설 바리뇽의 정리에 의해,
$-20 \times 2 + 70 \times 5 - 30 \times 8 = 20 \times x$에서, $x = 3.5m$

02 정정보

01 정정보의 종류와 개념

구 분		형 상
캔틸레버보		
단순보		
내민보		
게르버보	캔틸레버보 + 단순보	
	내민보 + 단순보	

02 다양한 하중조건에서의 반력

1 단순보 반력계산의 기본 원리

하중 작용위치와 가까울수록 큰 반력이 발생(선형적으로 비례)

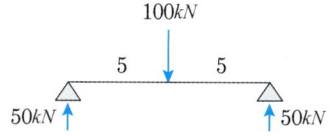

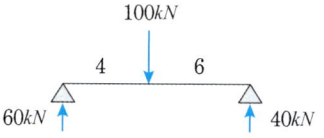

*주) 단순보 반력계산의 기본원리는 영향선의 개념을 근간으로 하는 것이나, 현 단계에서 직관적으로 판단하도록 하자.
*주) 일반적으로 반력은 모든 하중을 하나의 합력으로 치환해서 합력의 위치에 따라서 계산이 가능하나, 합력은 반드시 두 반력 사이에 존재해야만 한다.

2 등분포 하중에서의 적용

등분포 하중에 대해서 합력의 작용점에서 거리비로 구분

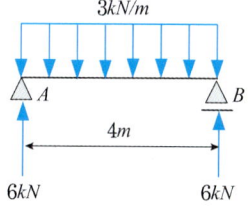

등분포 하중의 작용점의 지간의 중심이므로 양쪽 지점에서 동일

3 하중 함수에 따른 합력의 거리비

구분	하중 분배	반력비율 R_A	반력비율 R_B	합력 R
0차		1	1	$\omega l \times \dfrac{1}{1}$
1차		1	2	$\omega l \times \dfrac{1}{2}$
2차		1	3	$\omega l \times \dfrac{1}{3}$
3차		1	4	$\omega l \times \dfrac{1}{4}$

4 모멘트하중이 재하되는 경우의 반력

모멘트하중의 재하위치와 관계없이 $R = \dfrac{M}{l}$ 이며, 모멘트로 인한 두 지점의 반력은 우력관계로 크기는 같고 방향은 반대가 된다. 아래의 예에서 임의의 지점에 시계방향으로 20kN.m와 30kN.m가 각각 재하되고 있다. 이런 경우에도 재하위치와 관계없이 둘 다 시계방향이므로 합해서 50kN.m의 임의 위치에서의 휨모멘트 하중으로 고려하여 $R = \dfrac{M}{l} = \dfrac{50}{10} = 5kN$의 반력이 발생한다.

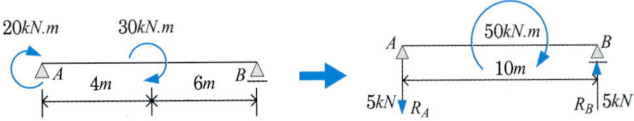

그러나 이에 비해, 반력이 우력을 발생시킬 수 없는 경우에는 반력이 발생하지 않는다. 예를 들어 캔틸레버보인 경우에는 반력이 1개이므로, 휨모멘트에 의한 반력이 없다. 대신에 반력모멘트가 지점에 발생한다. 어떠한 경우에도 정역학적 평형상태($\Sigma F_x = 0$, $\Sigma F_y = 0$, $\Sigma M = 0$)는 만족되어야 한다.

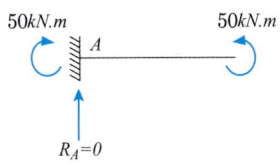

참조

[돌출부의 처리]

정정보 구조에서 돌출부에 하중이 작용하는 경우 ⇒ 집중하중과 모멘트로 변환

5 합성하중에서의 적용

다른 하중이 동시에 작용하더라도 각각에 대해서 작용위치 거리비로 반력을 구한다.

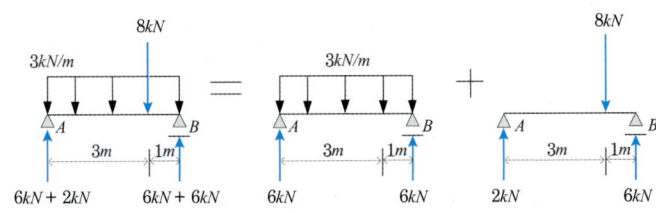

예제

문제. 그림과 같이 하중을 받는 단순보에서 B점의 수직반력이 A점의 수직반력의 3배일 때, A점으로부터 집중하중 30kN이 작용하는 위치까지의 거리 x [m]는? (단, $0 \leq x \leq 10$ m, 보의 자중은 무시한다)

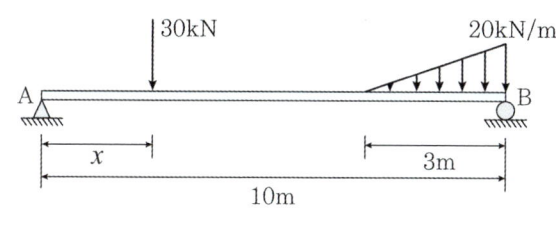

해설 $\Sigma F_y = 0$이므로,
$R_A + R_B = 4R_A = 30 + 20 \times 3/2 = 60kN$에서,
$R_A = 15kN$, $R_B = 3R_A = 45kN$
$\Sigma M_A = 30 \times x + 20 \times 3/2 \times 9 - 45 \times 10 = 0$이므로,
$x = 6m$

6 내민보의 응용

내민보 반력 : 단순보의 반력계산 개념을 뒤집어 고려

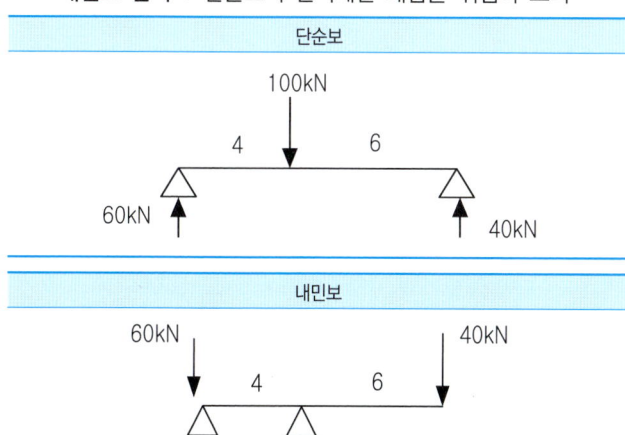

단순보의 거리비 4:6 위치에 100kN의 집중하중이 재하될 때, 반력비는 6:4로 그 반력은 60kN과 40kN이 된다. 이를 내민보에서 적용하면, 내민보의 거리비 4:6에 대해 내민보 끝단에 40kN이 재하되는 경우에 A지점의 반력은 60kN이고, B지점의 반력은 100kN이 된다.

예제

문제. 다음 내민보의 반력을 구하라.

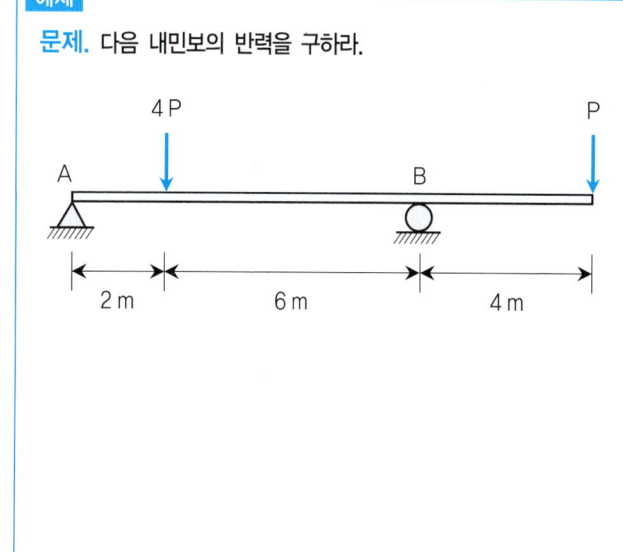

해설 $R_A = 4P \times \dfrac{3}{4} - P \times \dfrac{1}{2} = 2.5P(\uparrow)$

$R_B = 4P \times \dfrac{1}{4} + (P + \dfrac{P}{2}) = 2.5P(\uparrow)$

7 게르버보의 반력

AB구간 : 단순보 CA구간 : 캔틸레버보	
① 단순보 구간 우선 계산 ② 단순보 구간의 반력 　→ 캔틸레버 구간에 전달 ③ 캔틸레버 구간 계산	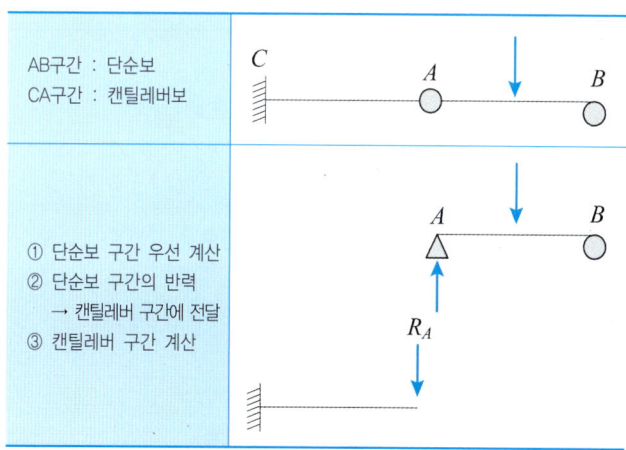

> **예제**
> **문제.** 그림과 같은 게르버보에 하중이 작용하고 있다. A점의 수직반력 R_A가 B점의 수직반력 R_B의 2배($R_A = 2R_B$)가 되려면, 등분포 하중 w [kN/m]의 크기는? (단, 보의 자중은 무시한다)

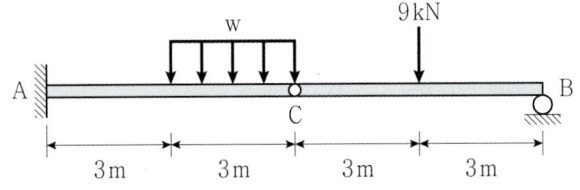

> **해설** BC구간에서, $R_B = \dfrac{9}{2} = 4.5 kN$ 이므로,
> $R_A = 4.5 \times 2 = 9kN$
> AC구간에서, $R_A = 4.5 + w \times 3 = 9$ 이므로,
> $w = 1.5 kN/m$

03 정정보의 단면력

1 하중함수와 단면력도의 관계

하중함수	P(하중)	S(전단력)	M(모멘트)	θ(처짐각)	δ(처짐)
집중하중(0차함수)	–	0차	1차	2차	3차
등분포하중(1차함수)	0차	1차	2차	3차	4차

1) P ⇒ S ⇒ M ⇒ θ ⇒ δ 적분으로 진행

  * 적분 : 면적 함수
  * 하중함수의 면적은 전단력 함수
  * 전단력 함수의 면적은 모멘트 함수

2) P ⇐ S ⇐ M ⇐ θ ⇐ δ 미분으로 진행

  * 미분 : 기울기 함수
  * 모멘트 함수의 기울기는 전단력 함수
  * 전단력 함수의 기울기는 하중 함수

3) 하중함수의 적분과 단면력도

$$S = \int P dx$$
$$M = \int S dx = \iint P dx$$
$$\theta = \int M dx = \iint S dx = \iiint P dx$$
$$\delta = \int \theta dx$$

2 하중재하형태에 따른 SFD와 BMD

구분	캔틸레버보	단순보	내민보
집중하중			
등분포하중			
모멘트하중			

* 주1) 하중재하 형태에 따른 BMD의 형태를 매우 능숙하게 되도록 연습할 것.
* 주2) 처짐과 부정정 구조물 해석에서 기본적인 개념으로 활용

예제

문제. 다음 그림의 내민보에서 SFD와 BMD를 작도하시오.

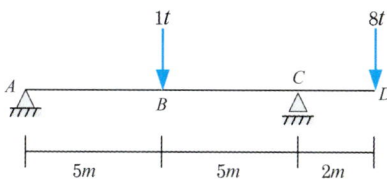

해설 1) 반력의 계산 : $R_A = 0.5 - 1.6 = -1.1t$
$R_C = 0.5 + 9.6 = 10.1t$

2) SFD 작도
① 반력과 하중만으로 작용방향으로 그대로 작도
② 왼쪽 끝단에서 시작(편의상 설정)
③ 반력과 하중을 값과 방향 그대로 왼쪽에서부터 작도
- A지점에서 반력(R_a)는 (−)1.1t 이므로, 하향으로 1.1 만큼 내려온다.
- B점에 와서 하중이 하향으로 1t 이므로, 다시 하향으로 1만큼 내려온다.
- C점에서 반력(R_c)는 10.1t이므로, 상향으로 10.1만큼 올라간다.
- B점 이후로 −2.1t 이다가 C점에서 10.1t이 올라가게 되어 8t가 된다.
- D점에 오면 다시 하중이 하향으로 8t 이므로 최종적으로 0이 된다.
- 정정보에서 SFD의 마지막은 "0"이 된다.

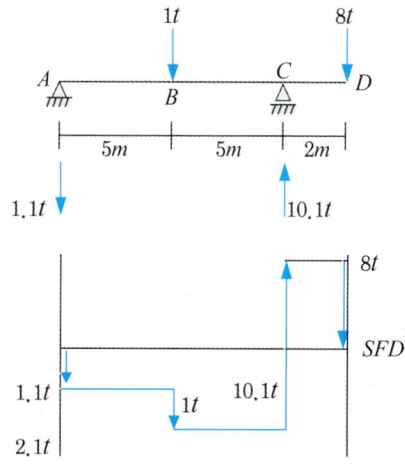

3) BMD 작도
① 시작점이 힌지인 경우에는 "0"에서 시작
② SFD보다 1차 함수 큰 함수형태 작도
③ 함수의 기울기는 SFD와 동일

[A지점]
- 힌지 지점이므로, 모멘트는 "0"이다.

[AB 구간]
- SFD에서 AB구간은 상수함수(기울기 일정)
- BMD는 SFD의 면적을 표시하므로, SFD보다 1차원 증가
- B지점에서 모멘트는 SFD에서 A~B지점의 면적만큼 증가
- $M_B = -1.1 \times 5 = -5.5$
- A점에서 모멘트 0, B점에서 모멘트는 −5.5이고 이를 1차함수(직선)으로 연결

[BC 구간]
- $M_C = M_B - 2.1 \times 5 = -5.5 - 10.5 = -16$

[CD 구간]
- SFD의 면적이 (+)이므로 BMD에서는 상향
- $M_D = M_C + 8 \times 2 = -16 + 16 = 0$

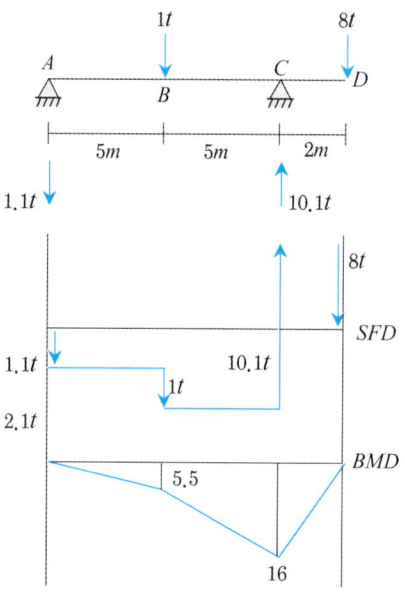

예제

문제. 그림 (a)와 같이 하중을 받는 단순보의 휨모멘트선도가 그림 (b)와 같을 때, E점에 작용하는 하중 P의 크기[kN]는? (단, 구조물의 자중은 무시한다)

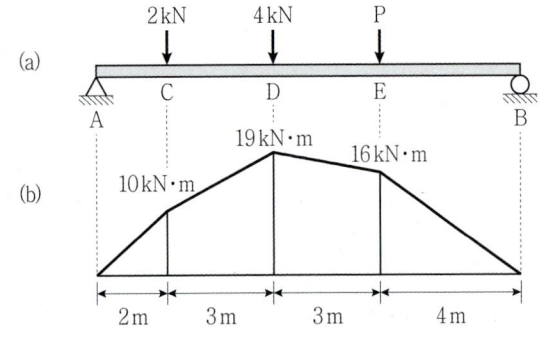

해설 $M_E = R_B \times 4 = 16 kN \cdot m$ 에서, $R_B = 4kN$
$M_D = R_B \times 7 - P \times 3 = 4 \times 7 - 3P = 19$ 에서, $P = 3kN$

단일 집중하중	집중하중 재하지점
여러 집중하중	합력작용점에 가까이 있는 집중하중 재하지점
등분포하중	$x = \dfrac{R_A}{\omega}$
기타하중	하중관계에 따라 별도로 고려해야함.(전단력 = 0인 지점)

*주) 캔틸레버보에서는 통상적으로 고정 지점에서 최대휨모멘트가 발생하기 때문에, 최대 휨모멘트 문제는 주로 단순보나 내민보에서 논의된다.

예제

문제. 다음 단순보에서 최대 휨모멘트가 발생하는 위치는 A에서 얼마인가?

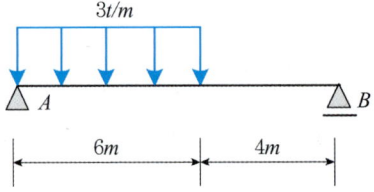

해설 $R_A = 3 \times 6 \times \dfrac{7}{10} = 12.6t$ 따라서 $x = \dfrac{R_A}{\omega} = \dfrac{12.6}{3} = 4.2m$

별해 등분포 하중 ω는 반력성분에도 포함되어 있으므로, $\omega = 1$로 두고 반력 R_A를 구하면, $R_A = 6 \times \dfrac{7}{10} = 4.2m = x$

3 정정보의 최대 휨모멘트

최대 휨모멘트 발생지점 = 전단력이 "0"이 되는 지점(힌지 지점부 제외)

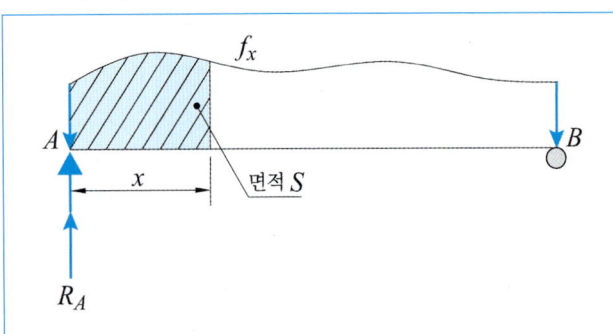

하중함수 f_x
A점의 반력 R_A
하중함수의 면적 $S = \int f_x dx$
$R_A - S = 0$ 인 x 지점

예제

문제. 그림과 같은 하중을 받는 단순보에서 최대 휨모멘트가 발생하는 위치가 A점으로부터 떨어진 수평거리[m]는? (단, 보의 자중은 무시한다)

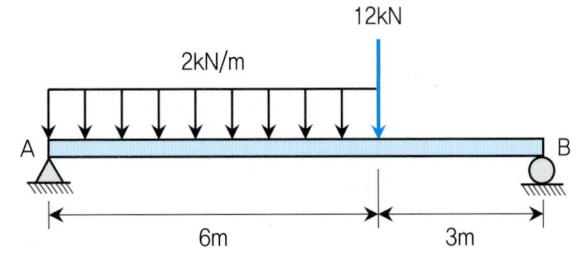

해설 $R_A = 2 \times 6 \times \dfrac{6}{9} + 12 \times \dfrac{3}{9} = 12kN$
$R_A - 2x = 12 - 2x = 0$ 에서, $x = 6m$

4 변곡점 발생위치

1) 변곡점

- **정의** : 보의 휨 곡률의 부호가 변경되는 지점
  $\rho = \dfrac{M}{EI}$ 이므로, EI가 일정하다면 곡률의 부호가 변경되기 위해서는 모멘트가 정(+)모멘트에서 부(-)모멘트로 변경되어야 한다.(또는 부모멘트에서 정모멘트로 변경)
- $M = 0$인 지점(힌지 지점부 제외)

2) 변곡점이 발생하기 위한 조건

- 예상 지점에서 양쪽 모두 2개 이상의 하중(반력)이 존재
- 내민보나 부정정보에서 발생 가능성 큼.

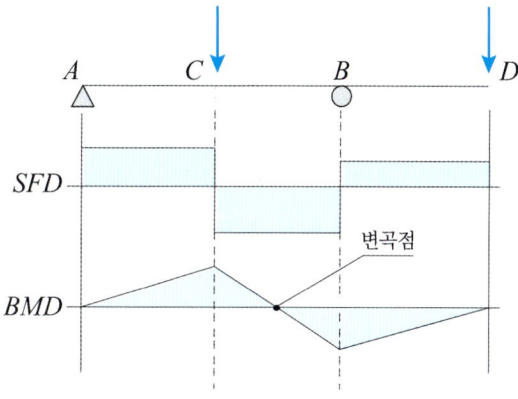

BC구간의 임의의 점 절단시 양쪽 모두 2개의 하중(반력)이 존재 → 변곡점 발생가능 위치

변곡점 1개(내민보)

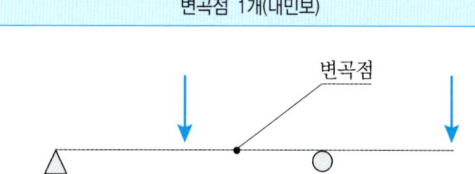

변곡점 2개(부정정보)

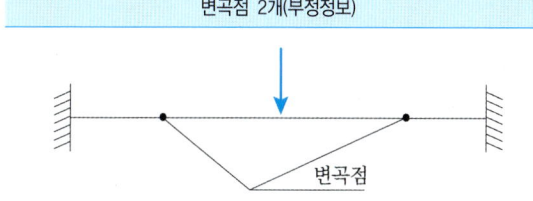

변곡점이 없는 경우(내민보)
변곡점이 없는 경우(단순보)

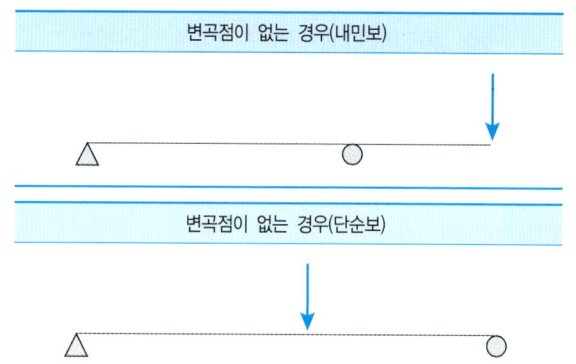

예제

문제. 다음 정정보에서 $P = 40kN$이고 $Q = 20kN$인 경우, 변곡점의 위치는 A점에서 얼마의 위치에 있는가?

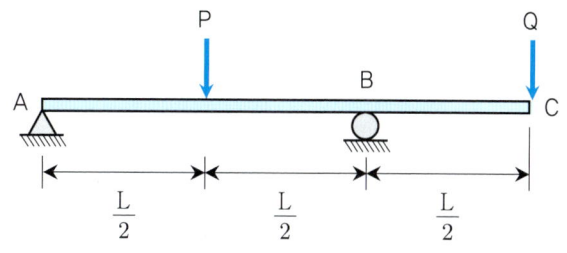

해설 $R_A = \dfrac{40}{2} - \dfrac{20}{2} = 10kN \uparrow$,

$R_B = 40/2 + (10+20) = 50kN \uparrow$

변곡점은 집중하중 P와 지점 B 사이에서 존재한다.

$M = R_A \times x - P \times (x - \dfrac{L}{2}) = 10x - 40x + 20L = 0$이므로,

$x = \dfrac{2}{3}L$

04 특정위치에서의 정정보의 단면력

1 특정 지점에 대한 단면력 계산 순서

① 구하고자 하는 위치 절단
② 절단 후 부재의 선택
③ 절단 부위의 경계조건 처리
④ 선택한 부재 내에서만 단면력 계산

2 절단한 지점의 처리

절단지점의 $\Sigma M = 0$가 명확한 경우	절단지점의 $\Sigma M = 0$가 불명확한 경우
힌지	고정단

3 부재 선택의 원칙

우선 조건	지점이 없는 곳
보통 조건	하중이나 반력의 개수가 적은 곳

* 선택의 바른 예

지점이 없는 곳 우선 선택

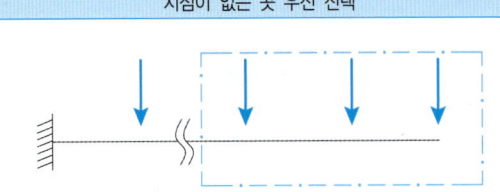

하중이나 반력의 개수가 적은 곳

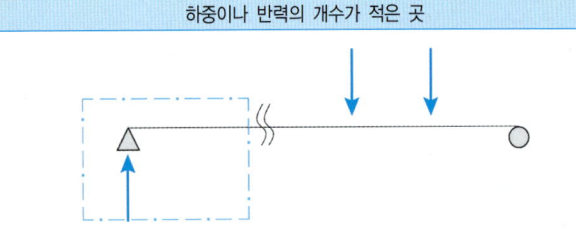

예제

문제. 다음 그림과 같은 캔틸레버에서 C점의 휨모멘트와 전단력을 구하시오.

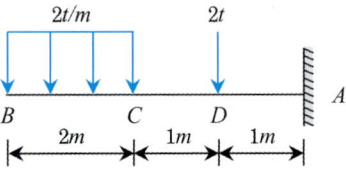

해설 ① 해당지점을 절단

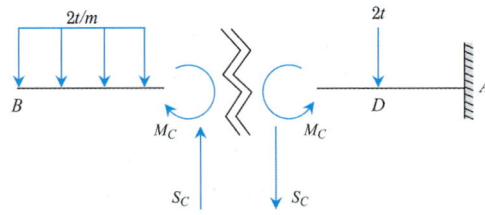

② 계산에 유리한 부분 선택(선택되지 않은 부분은 무시)
좌측부분 선택 : 우측부분 선택시 A지점의 반력을 구해야 함

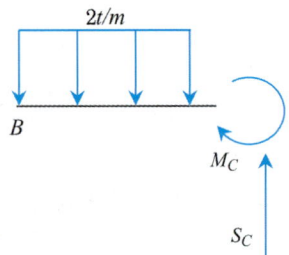

③ 절단면에 대한 단면력 계산
$S_c = 2 \times 2 = 4t$
$M_c = 4 \times 1 = 4t \cdot m$ (연직하향하중이므로 부모멘트)

4 게르버보에서의 특정위치 단면력

① 주로 캔틸레버보 구간(또는 내민보구간)에서의 단면력 문제 위주
② 단순보 구간에서 반력을 먼저 계산한 후에 캔틸레버 구간을 계산

예제

문제. 그림과 같이 하중을 받는 게르버보에 발생하는 최대 휨모멘트의 크기[kN·m]는? (단, 휨강성 EI는 일정하고, 구조물의 자중은 무시한다)

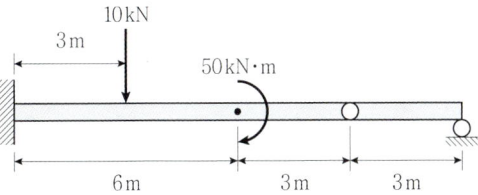

해설 단순보 구간에서는 하중이 재하되지 않으므로, 검토대상에서 제외한다.
지점부에서 최대휨모멘트가 발생하므로,
$M_{max} = 3 \times 10 + 50 = 80 kN.m$
(캔틸레버보에서는 집중하중 재하위치나 지점부에서 최대휨모멘트가 발생한다.)

대표기출문제

문제. 그림과 같은 모멘트 하중을 받는 단순보에서 B지점의 전단력은? 2022년 1회

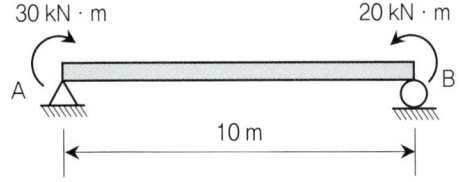

① $-1.0kN$ ② $-10kN$
③ $-5.0kN$ ④ $-50kN$

정답 ①
해설 $R_B = \dfrac{30-20}{10} = 1kN(\uparrow)$

대표기출문제

문제. 그림과 같은 단순보에서 C점의 휨모멘트는? 2021년 2회

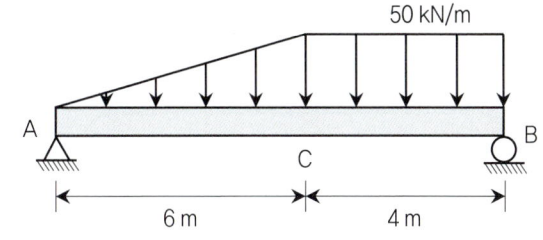

① $320kN \cdot m$ ② $420kN \cdot m$
③ $480kN \cdot m$ ④ $540kN \cdot m$

정답 ③
해설 $R_B = \dfrac{50 \times 6}{2} \times \dfrac{4}{10} + 50 \times 4 \times \dfrac{8}{10} = 220kN$
$M_c = 220 \times 4 - \dfrac{50 \times 4^2}{2} = 480 kN.m$

대표기출문제

문제. 그림과 같은 보에서 두 지점의 반력이 같게 되는 하중의 위치 (x)는 얼마인가? 2021년 2회

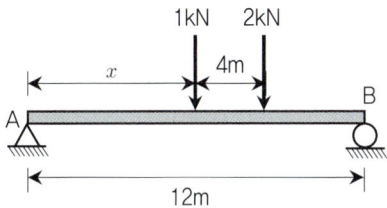

① $0.33m$ ② $1.33m$
③ $2.33m$ ④ $3.33m$

정답 ④
해설 $R_A = R_B = 1.5 kN \uparrow$
$\Sigma M_A = 1 \times x + 2 \times (x+4) - 1.5 \times 12 = 0$에서,
$x = \dfrac{10}{3} = 3.33m$

대표기출문제

문제. 그림과 같은 단순보에서 최대휨모멘트가 발생하는 위치 x(A점으로부터의 거리)와 최대휨모멘트 M_{max}는? 2021년 1회

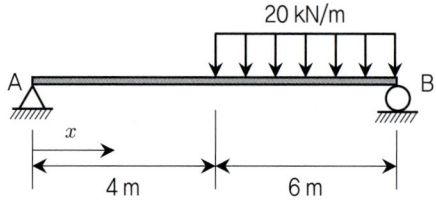

① $x = 5.2m$, $M_{max} = 230.4 kN.m$
② $x = 5.8m$, $M_{max} = 176.4 kN.m$
③ $x = 4.0m$, $M_{max} = 180.2 kN.m$
④ $x = 4.0m$, $M_{max} = 92.5 kN.m$

정답 ②

해설 $R_B = 20 \times 6 \times \dfrac{7}{10} = 84 kN$

최대휨모멘트는 전단력의 부호가 변경되는 지점에서 발생
B점에서 전단력 = 0인 지점까지 거리 a라 두면,
$20 \times a = R_A = 84$에서, $a = 4.2m$
A점에서 거리 $x = 10 - 4.2 = 5.8m$
최대휨모멘트
$M_{max} = R_B \times 4.2 - \dfrac{20}{2} \times 4.2^2 = 176.4 kN.m$

대표기출문제

문제. 그림과 같이 단순보의 C점에 휨모멘트가 작용하고 있을 경우 C점에서 전단력의 절댓값은? 2020년 3회

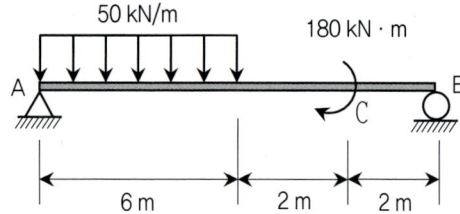

① 72kN ② 108kN
③ 126kN ④ 252kN

정답 ②

해설 $V_C = R_B = 50 \times 6 \times \dfrac{3}{10} + \dfrac{180}{10} = 108 kN$

03 라멘과 아치

01 라멘

1 정정 라멘의 종류

단순라멘(지점 높이가 동일한 경우)

단순라멘(지점 높이가 다른 경우)

3활절 라멘(지점 높이가 동일한 경우)

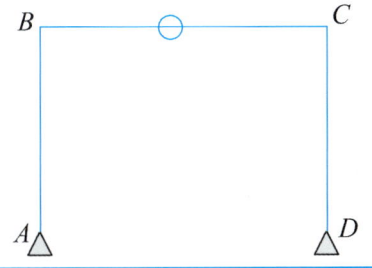

3활절 라멘(지점 높이가 다른 경우)

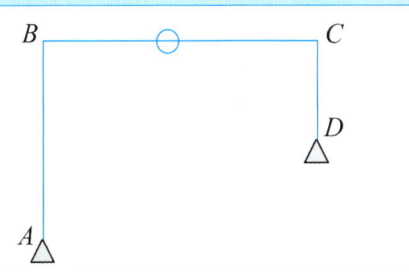

① 단순라멘은 1단은 힌지, 나머지 1단은 롤러인 경우
② 3활절 라멘은 두 지점 모두 힌지이며, 내부힌지 1개를 포함하는 경우
③ 단순라멘에서 수평반력은 1개만 존재하므로, 수평 외력이 존재하지 않는 경우에는 수평반력이 없다.
④ 3활절 라멘에서는 수평반력이 2개가 존재하기 때문에, 수평 외력의 존재 여부와 관계없이 수평반력이 반드시 존재한다.
⑤ 단순라멘은 두 지점의 높이와 관계없이 연직반력을 단순보와 동일하게 합력의 작용위치에 따라 계산할 수 있다.
⑥ 3활절 라멘에서는 두 지점의 높이가 동일한 경우에만 단순보와 동일하게 합력의 작용위치에 따라 계산할 수 있으며, 그렇지 않은 경우에는 2원1차 연립방정식에 의해서 반력을 계산해야 한다.

2 라멘의 부재력 계산

1) 반력

① 두 지점의 위치가 동일한 3활절 라멘과 단순라멘에서, 연직반력은 단순보와 동일하게 계산한다. 수평반력은 내부힌지지점을 절단하여, 모멘트 평형관계식에서 산출한다.

예제

문제. 두 지점의 반력을 계산하라.

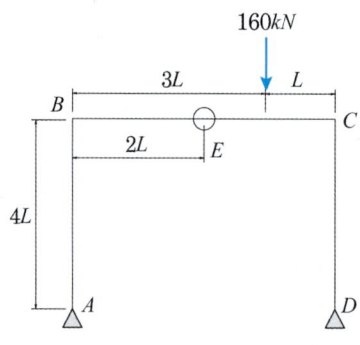

② 두 지점의 위치가 다른 3활절 라멘에서, 연직반력 및 수평반력은 2원1차연립방정식으로 계산해야 한다.

예제

문제. 두 지점의 반력을 계산하라.

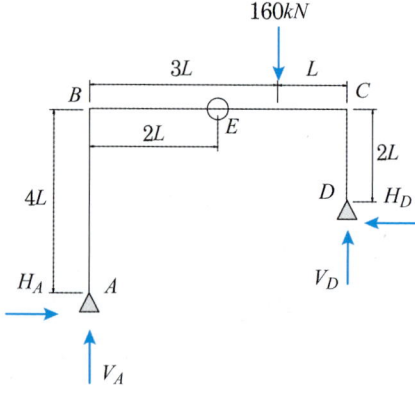

해설 • 연직반력은 단순보와 동일하게 계산한다.

$$V_A = 160 \times \frac{L}{4L} = 40kN$$

$$V_D = 160 \times \frac{3L}{4L} = 120kN$$

• ABE부재에서,
$$\Sigma M_E = V_A \times 2L - H_A \times 4L = 0$$
$40 \times 2 = H_A \times 4$에서, $H_A = 20kN \rightarrow$

또한, $\Sigma F_x = 0$에서, $H_D + H_A = 0$이므로,
$H_D = 20kN \leftarrow$

해설 $\Sigma M_A = 160 \times 3L - V_D \times 4L - H_D \times 2L = 0$
$= 240 - 2V_D - H_D = 0$ —— 식①
$\Sigma M_E = 160 \times L - V_D \times 2L + H_D \times 2L = 0$
$= 80 - V_D + H_D = 0$ —— 식②

H_D를 소거하기 위해, 식① + 식②을 하면,
$320 - 3V_D = 0$에서,

$V_D = \frac{320}{3} kN (\uparrow)$이고, 이 값을 ②식에 대입하면,

$H_D = \frac{80}{3} kN (\leftarrow)$

또한, $\Sigma F_y = V_D + V_A - 160 = 0$에서, $V_A = \frac{160}{3} kN (\uparrow)$

또한, $\Sigma F_y = H_A - H_D = 0$에서, $H_A = \frac{80}{3} kN (\rightarrow)$

예제

문제. 다음과 같이 C점에 내부 힌지를 갖는 라멘에서 A점의 수평반력[kN]의 크기는? (단, 자중은 무시한다)

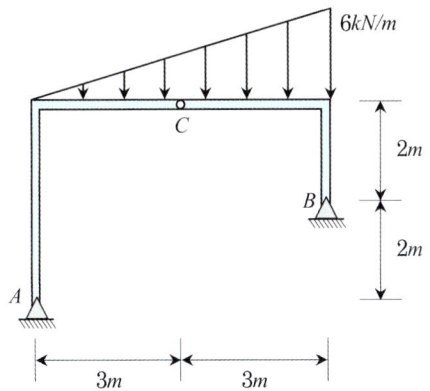

2) 전단력 및 모멘트

단순라멘은 그림처럼 단순보의 형태에서 아래로 부재가 추가된 형태이다. 보와 다른 점은, 보에서는 축력을 고려하지 않는데 라멘에서는 축력을 고려한다. 이는 보 부재의 축력이 기둥부재의 전단력을 작용하기 때문이다. 마찬가지로 기둥부재의 축력이 보 부재의 전단력으로 작용한다.

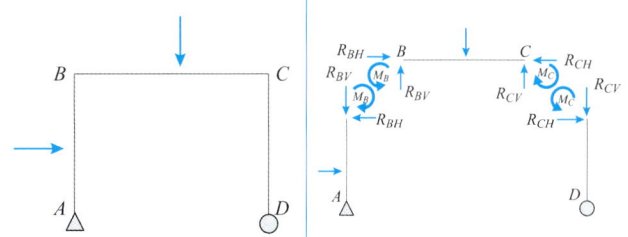

> BC부재 B점의 연직반력 = AB부재 B점의 축력
> AB부재 B점의 수평반력 = BC부재 B점의 축력

① 각 부재를 절단하여 보의 단면력도와 동일한 개념으로 접근한다.
② 단순라멘에서 롤러지점에 연결된 기둥부재에서 수평하중이 없다면, SFD 및 BMD는 없다.
③ 3활절 라멘에서는 모든 지점에서 수평반력이 있기 때문에, 모든 기둥부재에서 SFD와 BMD는 작도된다.
④ 3활절 라멘에서 내부힌지 지점에서는 모멘트가 "0"이 되도록 작도되어야 한다.

해설 A와 B의 높이가 다르므로, 2원1차 연립방정식을 사용한다.
$\Sigma M_B = V_A \times 6 - H_A \times 2 - 6 \times 6/2 \times 2 = 0$에서,
$6V_A - 2H_A = 36$
$\Sigma M_c = V_A \times 3 - H_A \times 4 - 3 \times 3/2 \times 1 = 0$에서,
$6V_A - 8H_A = 9$
상기 두 식을 빼면, $6H_A = 27$이므로,
따라서, $H_A = 4.5 kN (\Rightarrow)$

예제

문제. 다음 라멘구조에서 단면력도를 작성하시오.

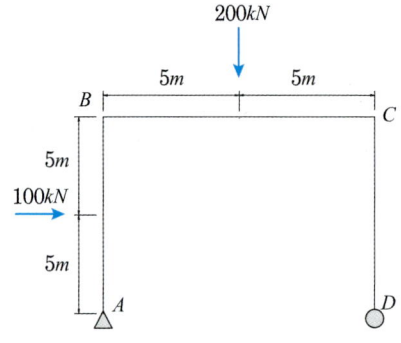

해설 $V_A = 200/2 - 100 \times 5/10 = 50kN\uparrow$,
$V_D = 200 - 50 = 150kN\uparrow$, $H_A = 100kN\leftarrow$

① AB부재
$H_B = 100 - H_A = 100 - 100 = 0$,
$V_B = V_A = 50kN\downarrow$, $M_B = 100 \times 5 = 500kN.m$ (+)

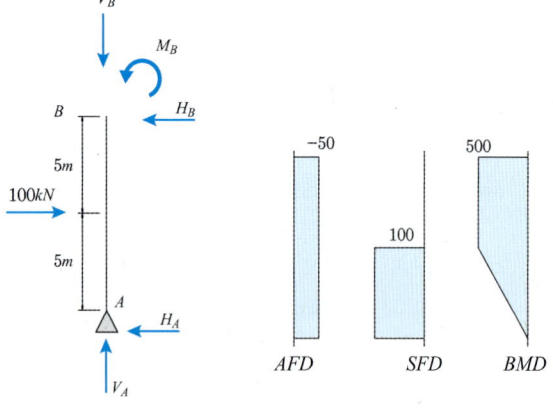

② CD부재
$V_D = 150kN\uparrow$, 전단력이 없으므로 SFD가 없고 이에 따라 BMD도 없다.($M_C = 0$)

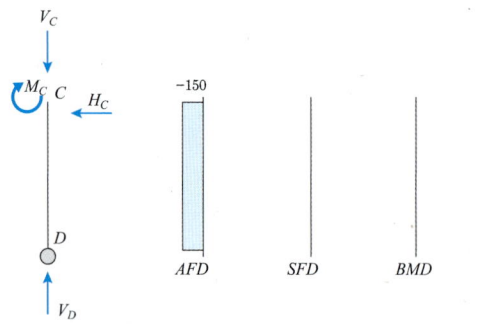

③ BC부재
$V_B = 50kN\uparrow$, $H_B = 0$, $M_B = 500kN.m$ (AB부재에서 전달받은 값)

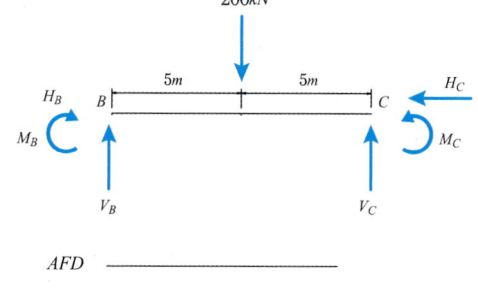

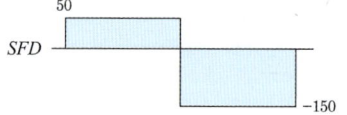

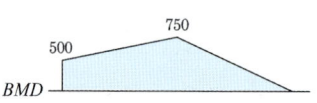

④ 전체부재

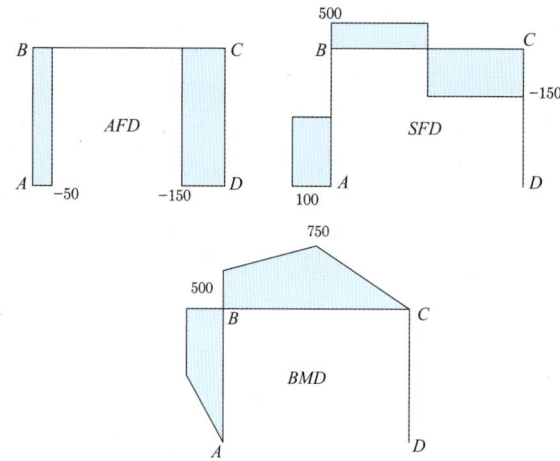

AB부재에서 B점의 축력 = BC부재에서 B점의 전단력
CD부재에서 C점의 축력 = BC부재에서 C점의 전단력
AB부재에서 B점의 모멘트 = BC부재에서 B점의 모멘트
CD부재에서 C점의 모멘트 = BC부재에서 C점의 모멘트

*주) 기둥부재를 제외하면, 보에서의 SFD와 BMD가 동일한 형태로 나타난다. 외력이 연직력만 작용하기 때문에 기둥부재에서는 축력만 발생하고, 전단력이 없다. 전단력이 없으므로 모멘트도 발생하지 않는다. 보의 SFD와 BMD를 충분히 이해한다면, 라멘에서도 어려운 부분이 없다. 다른 점이 있다면 축력이 있는 것인데, 보에서는 고려되지 않았던 부분이다. 축력은 대개 부재 내에서는 동일하게 작용한다. 그렇기 때문에 반력값이 그대로 축력도에 표시된다.

02 아치의 개념과 부재력

1 아치의 부재력(부재각의 고려)

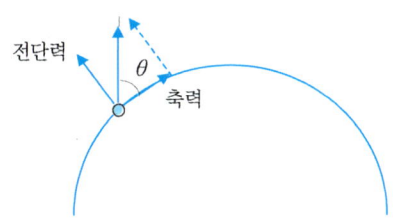

- **축력** : 임의 위치에서 부재 축 방향력
- **전단력** : 임의 위치에서 부재 축에 대한 법선 방향력

임의 위치에서 그 각도(θ)가 변화됨에 따라 축력과 전단력이 달라지므로, 이를 이해하기가 매우 난해한 경우가 많다. 또한 문제에 따라서는 θ를 다르게 표시하므로 주먹구구식 암기도 효율적이지 못하다. 그러므로 아치의 부재력을 다음의 순서로 개념을 파악해야 한다.

① 지점부근(혹은 최고점 부근)의 점을 지정

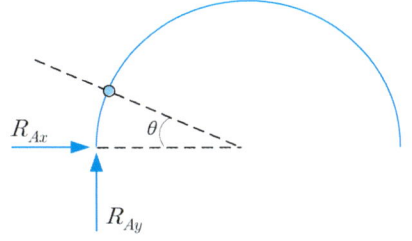

② 지정된 점으로 반력을 이동

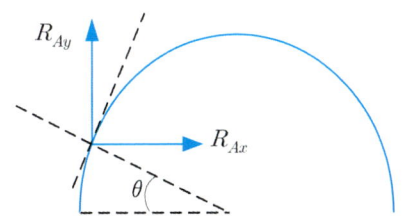

③ 각 힘을 부재축에 대해 분력 작도

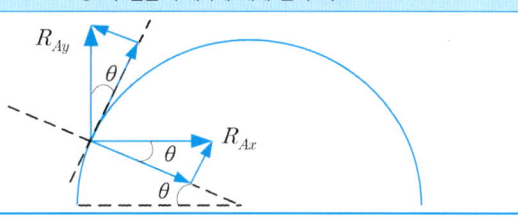

④ 부재력 정리

축력 : $R_{Ax} \times \sin\theta + R_{Ay} \times \cos\theta$(압축)

전단력 : $R_{Ax} \times \cos\theta - R_{Ay} \times \sin\theta(\downarrow)$

03 3활절 라멘과 아치

1 3활절 부재의 형태

3활절 아치

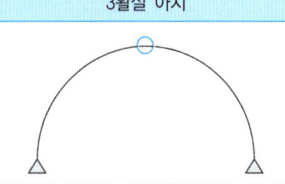

3활절 라멘

타이드 아치

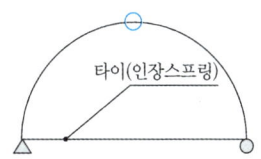

타이(인장스프링)

타이드 트러스

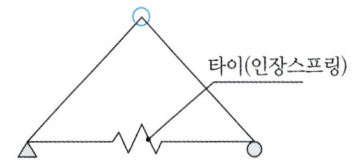

타이(인장스프링)

2 기본 계산과정

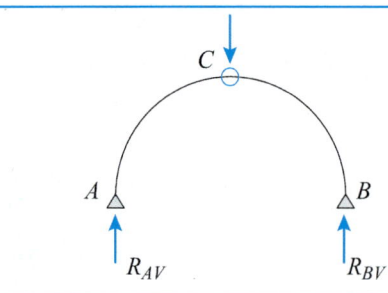

① 연직반력 계산(단순보와 동일)

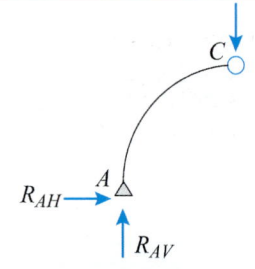

② 활절지점으로 절단   ③ $\Sigma M = 0$에서 R_{AH} 계산

3 타이드 아치(Tied Arch)와 타이드 트러스(Tied Truss)

3활절 아치
A, B 두 지점 모두 힌지

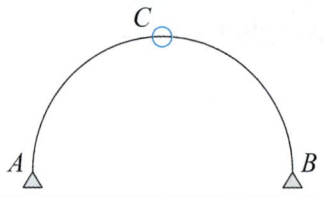

타이드 아치
A지점 힌지, B지점 롤러 AB 두 지점을 타이로 연결

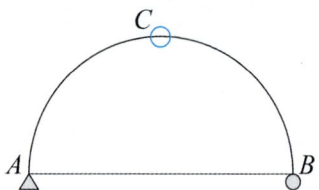

* 타이드 아치의 타이 장력 = 3활절 아치의 수평반력

예제

문제. 다음 그림과 같은 3활절 라멘구조에서 하중 작용점의 휨모멘트 M_D는?

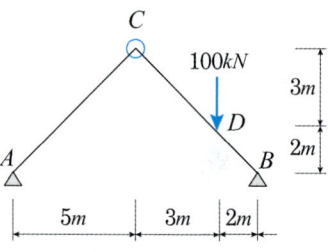

해설 ① 구하고자 하는 지점의 연직반력을 구한다.

하중 작용점 거리비에 의해 $V_B = 100 \times \dfrac{8}{10} = 80kN$

② 활절지점을 절단해서 $\Sigma M = 0$ 방정식을 세운다.

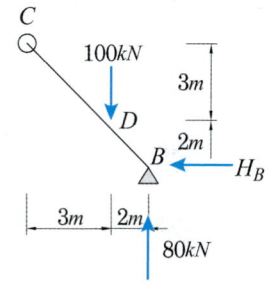

$M_C = 100 \times 3 - 80 \times 5 + H_B \times 5 = 0$이므로,
$H_B = 20kN$

③ 문제에서 요구하는 답을 계산한다.
$M_D = 80 \times 2 - 20 \times 2 = 120 kN.m$

*주) $H_B = H_A$이므로, AC부재에서 A점의 수평반력을 구해도 된다.

예제

문제. 다음 그림과 같은 반원의 3힌지 아치에서 지점 B의 수평반력 HB는 얼마인가? (단, 자중은 무시한다.)

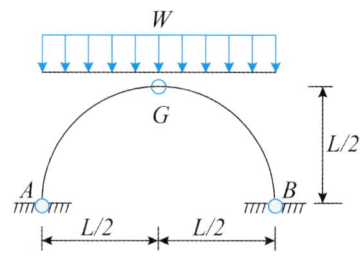

해설 $R_{Ay} = R_{By} = \dfrac{\omega L}{2}$,

$M_G = R_{Bx} \times \dfrac{L}{2} + R_{By} \times \dfrac{L}{2} - \dfrac{\omega L}{2} \times \dfrac{L}{4} = 0$

따라서 $R_{Bx} = -\omega \dfrac{L}{4}$

대표기출문제

문제. 그림과 같은 3힌지 아치에서 A점의 수평반력은? 2022년 1회

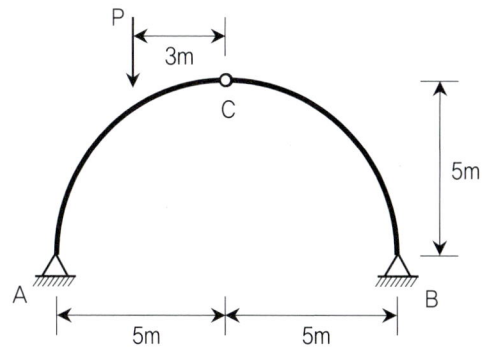

① P ② P/2
③ P/4 ④ P/5

정답 ④

해설 $H_A = H_B$ 이고, $V_B = P \times \dfrac{1}{5}$

BC부재에서, $V_B \times 5 = H_B \times 5$ 이므로,

$H_B = V_B = \dfrac{P}{5} = H_A$

대표기출문제

문제. 그림과 같은 라멘 구조물에서 A점의 수직반력(R_A)은? 2021년 1회

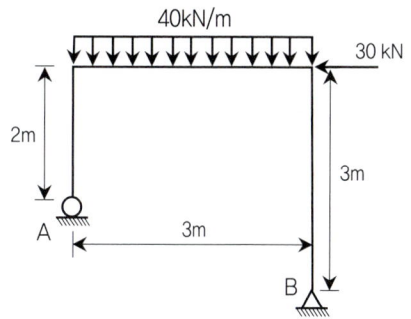

① 30kN ② 45kN
③ 60kN ④ 90kN

정답 ④

해설 $\Sigma M_B = R_A \times 3 - 40 \times 3 \times 3/2 - 30 \times 3 = 0$ 에서,

$R_A = 90 kN$

대표기출문제

문제. 그림과 같은 비대칭 3힌지 아치에서 힌지 C에 연직하중(P) 15kN이 작용한다. A지점의 수평반력 H_A는? 2019년 2회

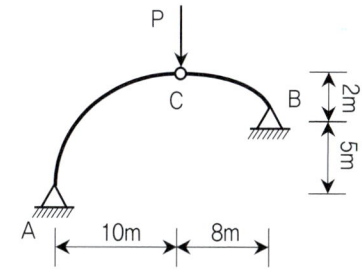

① 12.43kN ② 15.79kN
③ 18.42kN ④ 21.05kN

정답 ②

해설 1) AC부재에서, $\Sigma M_c = 0$ 이므로,

$V_A \times 10 - H_A \times 7 = 0$ 에서, $V_A = \dfrac{7}{10} H_A$

2) 전체 구조계에서, $\Sigma M_B = 0$ 이므로,

$V_A \times 18 - H_A \times 5 - 15 \times 8 = 0$

$\dfrac{7}{10} H_A \times 18 - H_A \times 5 - 15 \times 8 = 0$ 에서,

$H_A = 15.75 kN$

CHAPTER 03 | 라멘과 아치

04 트러스

01 트러스의 기본 개념 및 특징

1 트러스의 정의
모든 부재가 축력만 받는 부재로 모든 절점이 힌지로 연결되어 있는 구조물

2 트러스의 특징
① **부재력** : 축력
② **하중재하지점** : 절점
③ **부재형상** : 직선
④ **모든 부재의 연결** : 힌지(모멘트가 없는 연결)
⑤ 트러스 변형에 의한 2차 응력 무시
⑥ 2차원 트러스에서 하나의 절점에 대해서 2개의 미지수를 계산할 수 있다.

📖 **트러스의 특징**
축력만 받는 직선 부재, 절점에서만 하중재하 가능한 구조

3 트러스 구조

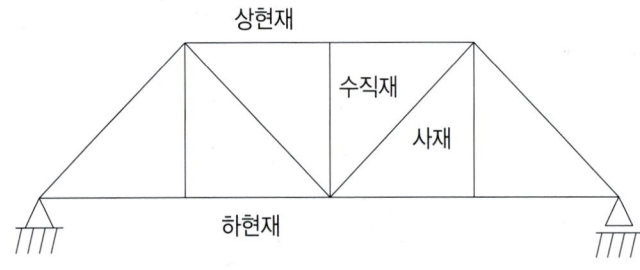

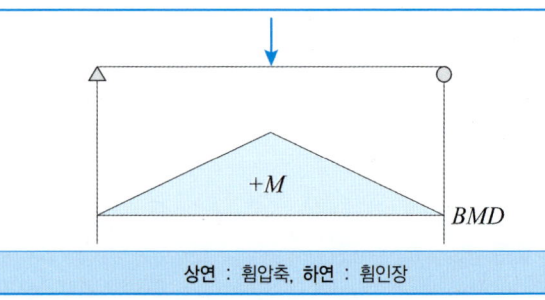

상연 : 휨압축, 하연 : 휨인장

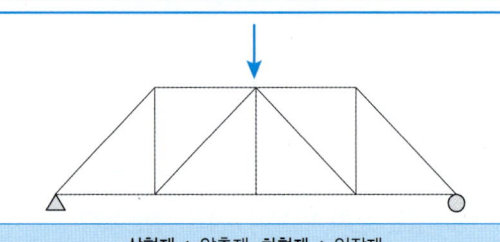

상현재 : 압축재, 하현재 : 인장재

02 트러스의 형상

Pratt Truss
하현에서 사재가 결합되는 형태(사재는 인장)

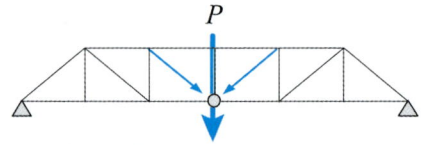

How Truss
상현에서 사재가 결합되는 형태(사재는 압축)

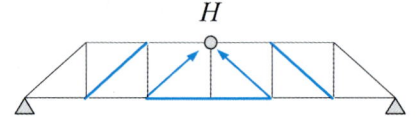

Warren Truss
상현과 하현에서 사재가 교차(사재는 인장 및 압축)

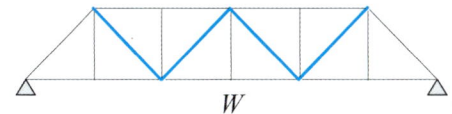

K Truss
2층 구조로 사재 배치(상부사재는 압축, 하부사재는 인장)

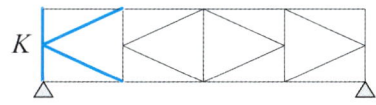

King Post Truss
지간 중앙에 큰 수직재

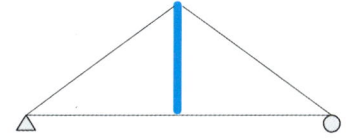

Fink Truss
2개의 트러스 구조가 결합된 구조

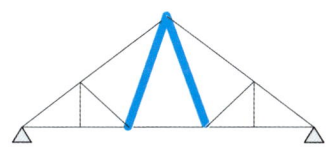

Queen Post Truss
King Post의 변형된 형태

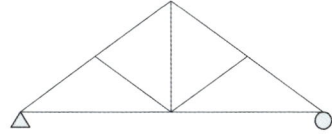

Parker Truss(곡현트러스)
Pratt의 변형된 형태

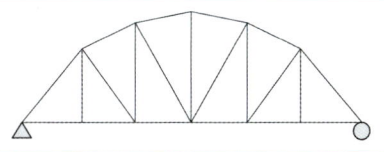

주) 사재의 부재력은 하중재하조건에 따라 달라질 수 있음

03 트러스의 부재력 계산

① 절점법
- 트러스 전체의 부재력을 계산하기 위해 사용
- 각 절점별 마다 방정식을 세워서 차례로 각각의 부재력을 하나씩 계산

② 절단법
- 구하고자 하는 일부의 부재력을 위해 사용
- 트러스를 절단해서 하나의 방정식을 세워 신속하게 계산

1 절점법

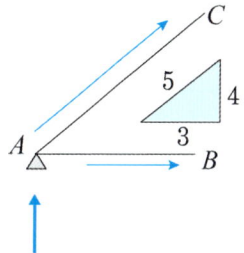

1) 절점법의 계산방법

① 구하고자 하는 부재에 접한 지점의 반력을 구한다.
② 닮은 삼각형비 = 부재력과 반력의 비
$4 : 5 : 3 = A_y : F_{AC} : F_{AB}$
③ 구하고자 하는 부재의 부재력을 계산

> **참고**
> 직각삼각형 닮음비 예 $3:4:5$, $1:1:\sqrt{2}$, $1:\sqrt{3}:2$, $5:12:13$

예제

문제. 다음 트러스에서 AB부재의 부재력은?

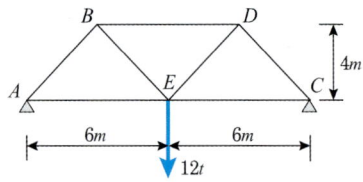

해설 ① 구하고자 하는 부재에 접한 지점의 반력을 구한다.
$$V_A = V_C = 6t$$
② 닮은 삼각형비 = 부재력과 반력의 비.
$$A_y : F_{AB} : F_{AE} = 4 : 5 : 3$$

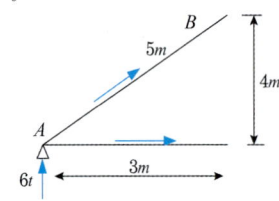

③ 구하고자 하는 부재의 부재력을 계산. $F_{AB} \cdot \dfrac{4}{5} = 6$,

따라서 $F_{AB} = 7.5t$ (압축)

주) 트러스 부재의 단면력 방향
- 절점법도 일종의 절단법으로 볼 수 있다.
- 트러스 절단시 절단면에서 외부로 나오는 방향이 항상 +(인장)이다.
- 예제에서 AB부재력이 압축인 이유는 AB부재의 방향은 역학적 평형상태를 이룰 수 없으므로 반대방향이 되어야 하므로 압축(-)이 되어야 한다.

예제

문제. 그림과 같은 트러스 구조물에서 부재 AD의 부재력[kN]은? (단, 모든 자중은 무시한다)

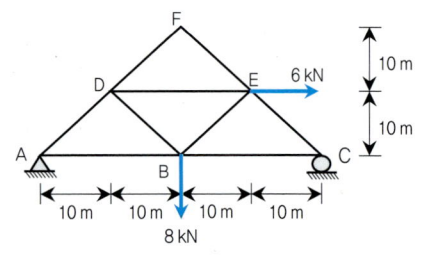

해설 트러스 절점법에 의해,
$$R_A = 8 \times \frac{1}{2} - \frac{6 \times 10}{40} = \frac{5}{2} \text{이고,}$$
$$F_{AD} = R_A \times \sqrt{2} = 5\frac{\sqrt{2}}{2} \text{ (압축)}$$

2 절단법

1) 절단법 계산 순서
① 구하고자 하는 부재를 포함해서 절단(효과적인 절단방법에 따라서)
② 간단한 부분을 선택하고 선택되지 않은 부분은 제외
③ 모멘트 평형관계식으로 부재력 계산

2) 절단법 계산 주의사항
① 지점에 연하지 않는 부재의 부재력 계산시 적용
② 절단면에서 선택되어진 부분 외부로 부재력 방향 가정 (인장력, +)

3) 트러스 절단 방법
① 구하고자 하는 부재를 포함하여 트러스를 완전히 절단

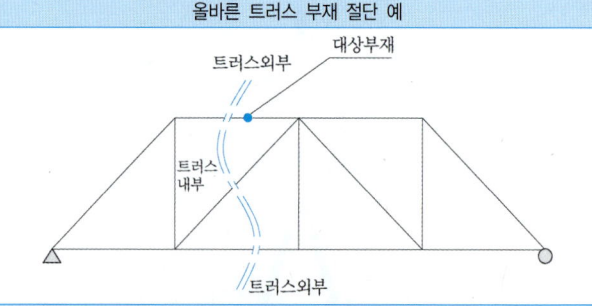

올바른 트러스 부재 절단 예

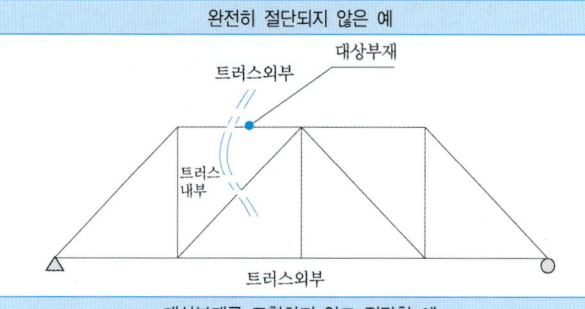

완전히 절단되지 않은 예

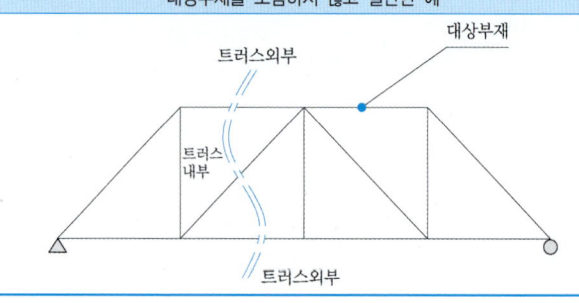

대상부재를 포함하지 않고 절단한 예

② 최소의 계산을 위해 부재를 절단
- 절단되는 부재 개수는 3개 이하(통상적인 경우)
- 트러스 부재 1개 절단시 1개의 미지수 발생

과도한 절단 예

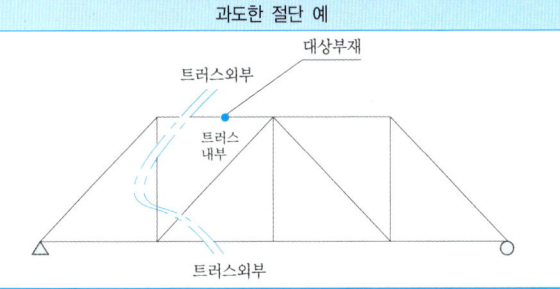

③ 절단 후 대상부재를 제외한 모든 미지수가 1점에서 교차

1점 교차(2개 부재)

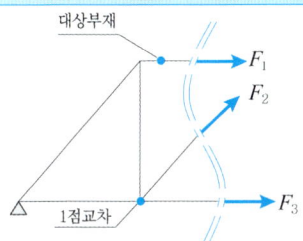

대상 부재 : F_1
F_2와 F_3가 1점 교차 ⇒ 계산가능

다점 교차(3개 부재)

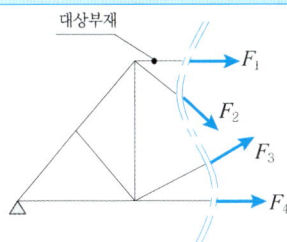

대상 부재 : F_1
F_2, F_3, F_4가 다점 교차 ⇒ 계산불능

무교차

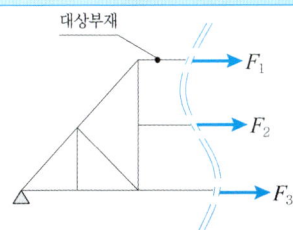

대상 부재 : F_1
F_2와 F_3가 무교차 ⇒ 계산불능

1점 교차(3개 부재)

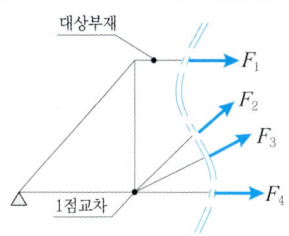

대상 부재 : F_1
F_2, F_3, F_4가 1점 교차 ⇒ 계산가능

4) 트러스의 절단 예

① 프렛/하우/와렌 트러스

절단 전 모델	절단 후 모델

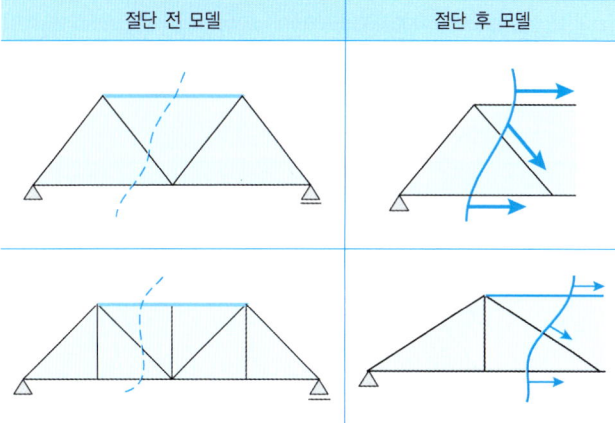

② K 트러스

절단 전 모델

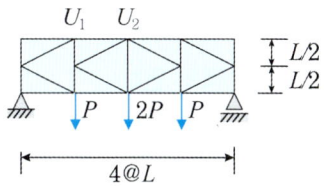

절단 후 모델

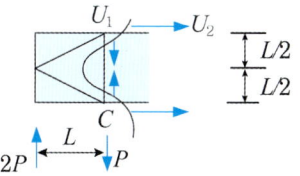

③ 영부재를 포함한 트러스

절단 전 모델	절단 후 모델

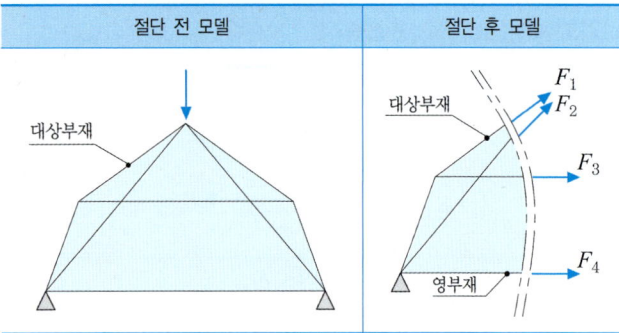

대상부재 : F_1
F_2, F_3, F_4가 1점에서 교차하지 않음 → 통상적으로 계산불능의 경우
그러나, F_4가 영부재(부재력=0)이므로 계산시 고려하지 않음 → 계산 가능

*주) 트러스 영부재는 추후에 다시 설명된다.

④ 불특정 트러스
- 절단방법에 따라 절단하여, 대상부재를 제외한 모든 미지수의 1점 교차 확인

절단 전 모델	절단 후 모델

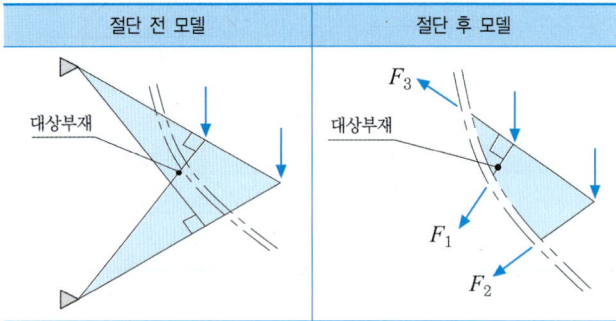

대상부재 : F_1
F_2, F_3, 가 1점에서 교차 ⇒ 계산 가능

5) 절단 후 부재 선택의 원칙

우선 조건	지점이 없는 곳
보통 조건	하중이나 반력의 개수가 적은 곳

* 정정보 절단의 경우와 동일한 부재 선택원칙과 동일

예제

문제. 다음 트러스에서 상현재 CD의 부재력은?

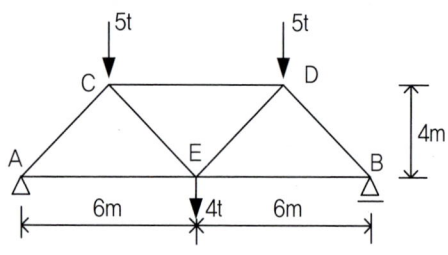

해설 ① 구하고자 하는 부재를 포함해서 절단(효과적인 절단방법에 따라서)

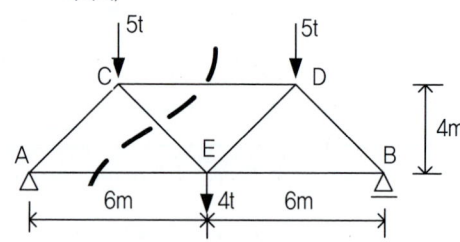

② 간단한 부분을 선택하고 선택되지 않은 부분은 제외 잘려진 부재(미지수)의 방향은 절단면에서 외부로 가정(인장력, +)

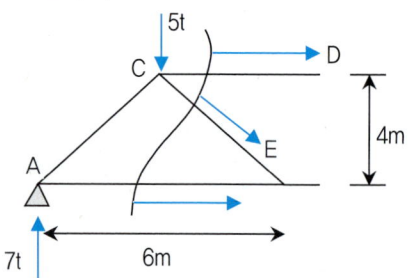

③ 모멘트 평형관계식으로 부재력 계산
구조물 전체에서, $V_A = V_B = 7t$
절단부에서, $M_E = -7 \times 6 + 5 \times 3 - CD \times 4 = 0$,
$CD = -6.75t$ (압축)

예제

문제. 그림과 같이 하중을 받는 트러스 구조물에서 부재 CG의 부재력의 크기[kN]는? (단, 구조물의 자중은 무시한다)

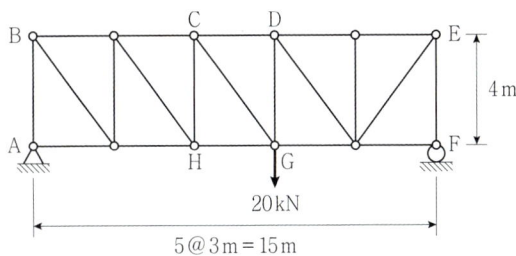

해설 트러스 절단법에 따라, 아래와 같이 절단하여 계산한다.

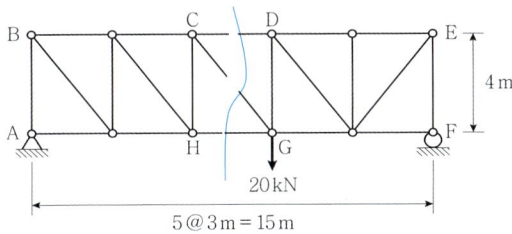

$R_A = 20 \times \dfrac{2}{5} = 8kN$

좌측부재를 선택하여 계산하면,
평형상태가 되기 위해서는 CG부재의 수직분력 = R_A 가 되어야 한다.

따라서, 직각삼각형 닮음비에 의해, $CG = \dfrac{R_A}{4} \times 5 = 10kN$ (인장)

04 트러스 영부재

1 영부재 판별의 개요 및 영부재의 목적

① 트러스의 모든 부재는 축력만 받는다.
② 작용하중(부재력)의 분력방향으로 반드시 이에 상응하는 힘이 존재해야 영부재가 아니다.
③ 영부재는 트러스 구조의 형상유지 및 안전을 위해서 사용되나, 부재력이 없는 부재를 이른다.

2 영부재 판별 방법

1) 기본 영부재 형태(부재가 이루는 각도 $a \neq 0°$ and $180°$)

Type 1(2개 부재 접합점)
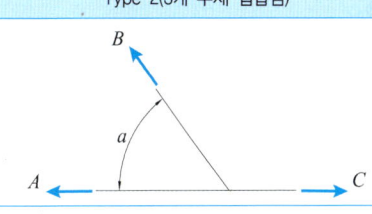
A부재, B부재 모두 영부재

Type 2(3개 부재 접합점)
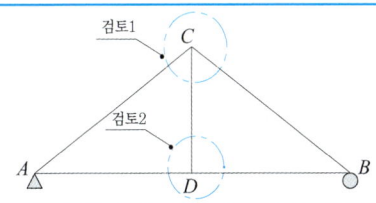
B부재만 영부재

*주1) 부재의 양끝 절점에서 기본 영부재 형태인 절점에서 검토
*주2) 한 절점에 부재가 하나만 있어도 영부재가 된다.

검토1	기본 영부재 형태 아님 → 영부재 판별 불가
검토2	기본 영부재 Type2 → CD부재는 영부재

*주3) 영부재 판별 불가 ≠ 영부재가 아님

2) 영부재 판별의 추가 사항

① 하중 및 반력을 부재로 취급

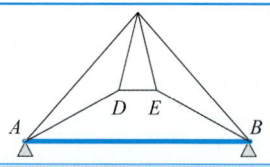

영부재 Type 1	영부재 Type 2	영부재 형태 아님
영부재 : A, B	영부재 : B	영부재 : 없음

② 변형이 제한된 부재는 형태와 무관하여 영부재로 판별

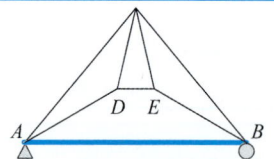

힌지-힌지
AB부재력 없음
양 지점 힌지

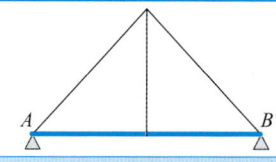

힌지-롤러
AB부재력 발생
A지점 힌지, B지점 롤러

힌지-힌지, 단일연결 아님
AB부재력 발생, 복수부재연결

트러스의 부재력은 축력만 존재하고 부재력이 발생하기 위해서는 처짐이 발생해야 한다.

$$P = K \cdot \delta$$

여기서, P : 부재력, $K = \dfrac{EA}{L}$: 부재강도,
δ : 부재의 변형(처짐)

즉, 일정의 강도를 가지는 부재에 힘을 가하면 어떠한 형태로든 변형이 발생한다. 그러나 두 힌지지점을 홀로 연결하는 트러스 부재는 양 끝이 모두 고정점이므로 부재의 축방향 변형이 발생할 수 없다. 따라서 부재력이 발생하지 않는다.

그리고 힌지-힌지 연결이라도 홀로 연결하지 않는 경우는 부재가 아랫방향으로 변형이 될 수 있으므로 영부재가 아니다.

→ 힌지~힌지를 하나의 부재로 연결되면, 그 부재는 영부재이다.

③ 힌지지점에 모인 임의의 부재력과 그 방향의 반력이 동일한 경우에, 나머지 동일 방향의 부재는 영부재가 된다.

F_1부재가 영부재인 경우

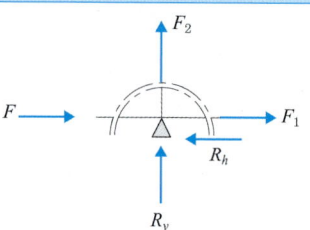

$F = R_h$ 인 경우에 대해, $\Sigma F_x = 0$ 이므로,
$F - R_h + F_1 = 0$ 에서,
$F_1 = 0$
따라서, F_1 부재는 영부재

R_h : 지점의 수평반력 R_v : 지점의 수직반력
F : 지점에 작용하는 외력
F_1, F_2, F_3 : 지점에 모든 각 부재의 부재력

F_1부재가 영부재가 아닌 경우

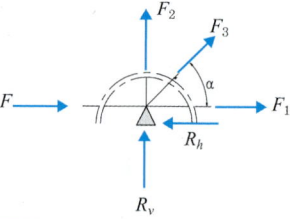

$F = R_h$ 인 경우에 대해, $\Sigma F_x = 0$ 이므로,
$F - R_h + F_1 + F_3 \cos\alpha = 0$ 에서,
$F_1 = -F_3 \cos\alpha$ 이므로,
따라서, F_1 부재는 영부재가 아니다.

R_h : 지점의 수평반력 R_v : 지점의 수직반력
F : 지점에 작용하는 외력
F_1, F_2, F_3 : 지점에 모든 각 부재의 부재력

④ 외력과 반력을 모두 고려해서 수평방향(연직방향)으로 2개 이상이 존재해야만 수평반력(연직반력)이 발생한다.

A점의 수평반력이 없는 경우

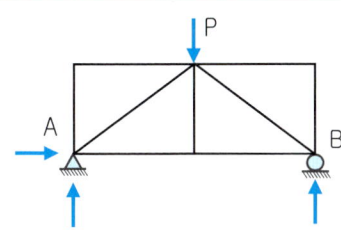

$\Sigma F_y = 0 = V_A + V_B - P$
$\Sigma F_x = 0 = H_A$

수평방향으로 A점의 수평반력이 하나만 있으므로 수평반력은 존재하지 않는다.

A점의 수평반력이 있는 경우

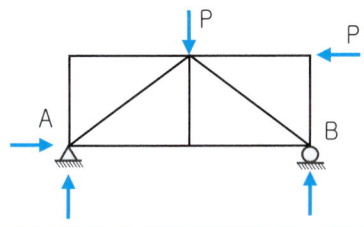

$\Sigma F_y = 0 = V_A + V_B - P$
$\Sigma F_x = 0 = H_A - P$

수평방향으로 A점의 수평반력 외에도 수평외력 P가 있으므로 수평반력은 존재한다.

3 영부재 판별순서

① 반력 및 외력을 부재로 둔다.
② 기본 영부재를 찾고, 찾은 영부재를 제거한다.
③ 찾은 영부재를 제외한 나머지 부재만으로, 다시 트러스를 작도하여 위의 과정을 반복한다.

예제

문제. 다음과 같이 수직, 수평의 집중하중을 받고 있는 트러스에서 부재력이 0인 부재의 개수는? (단, 자중은 무시한다)

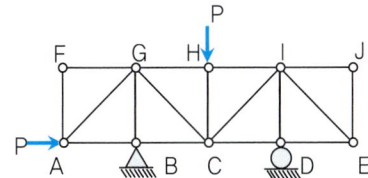

해설

step1 외력과 반력을 부재로 표시한다.

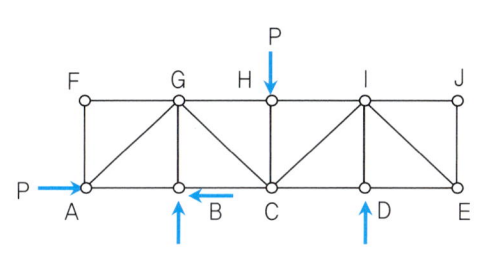

step2 기본 영부재를 찾는다.

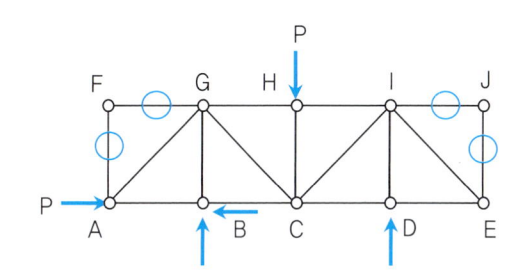

step3 찾은 영부재를 제거하고 구조물을 다시 작도한 후에, Step2의 과정을 반복한다.

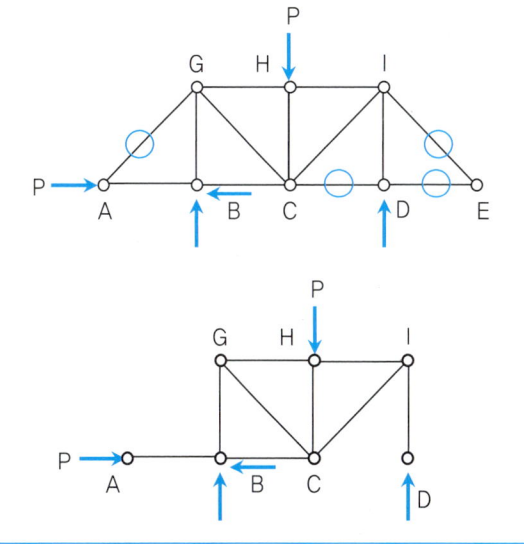

step4 힌지지점의 반력과 부재력의 크기를 비교한다.

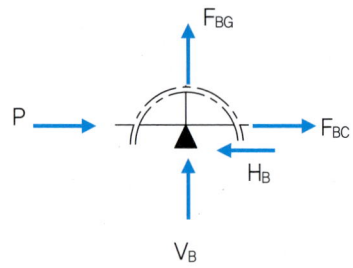

step5 찾은 영부재를 모두 합한다.
총 영부재의 수 = 4 + 4 + 1 = 9

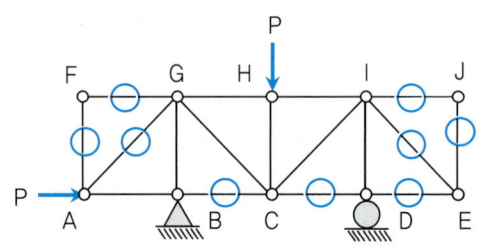

대표기출문제

문제. 그림과 같은 구조물의 C점에 연직하중이 작용할 때 AC부재가 받는 힘은? 2021년 3회

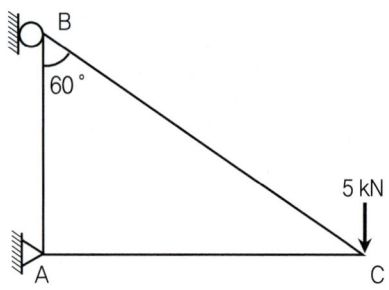

① 2.5kN ② 5.0kN
③ 8.7kN ④ 10.0kN

정답 ③

해설 트러스 절점법에 의해,
$$\tan 60° = \frac{F_{AC}}{F_{AB}} = \sqrt{3}$$ 이므로,
$F_{AC} = 5\sqrt{3} = 8.7 kN$ (압축)

대표기출문제

문제. 그림과 같은 트러스에서 DE부재의 부재력은? 2021년 2회

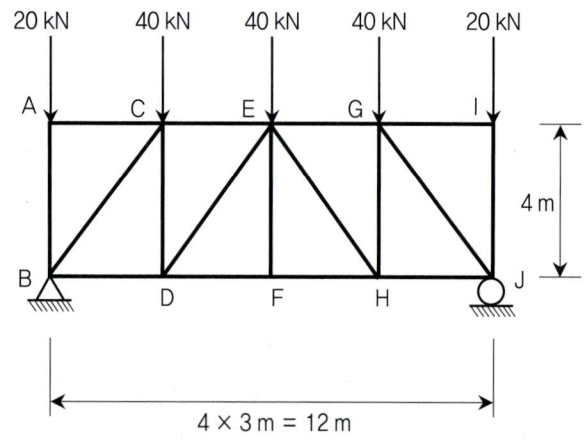

① 22kN(인장) ② 25kN(인장)
③ 22kN(압축) ④ 25kN(압축)

정답 ④

해설 지점에 재하되는 20kN 하중은 무시한다.
$R_B = 40 + 40/2 = 60 kN$
CE, DE, DF부재를 절단하고, $\Sigma F_y = 0$ 에서,

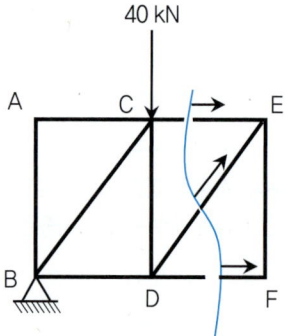

$R_B - 40 + DE \times \frac{4}{5} = 0$ 이므로,

$DE = -(60-40) \times \frac{5}{4} = -25 kN$ (압축)

🛡 대표기출문제

문제. 그림과 같은 트러스에서 AC부재의 부재력은? **2021년 3회**

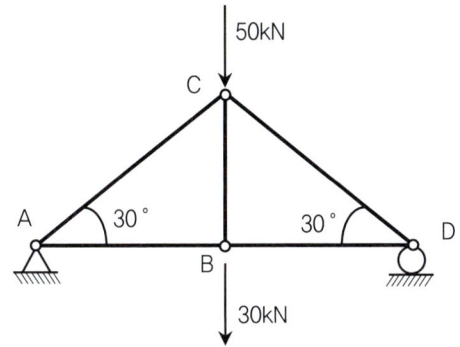

① 인장 40kN ② 압축 40kN
③ 인장 80kN ④ 압축 80kN

정답 ④

해설 $R_A = \dfrac{50}{2} + \dfrac{30}{2} = 40kN(\uparrow)$

직각삼각형 닮음비에 의해, $\dfrac{R_A}{F_{AC}} = \sin 30° = \dfrac{1}{2}$ 에서,

$F_{AC} = 2 \times 40 = 80kN$ (AC부재는 상현재로 압축재)

02 PART

재료역학

05. 단면특성치
06. 재료특성치와 축응력
07. 휨응력
08. 전단응력
09. 비틀림응력
10. 모어응력원과 압력용기
11. 단주의 편심
12. 장주의 좌굴

05 CHAPTER 단면특성치

토목기사

01 단면의 도심

1 기본도형의 도심

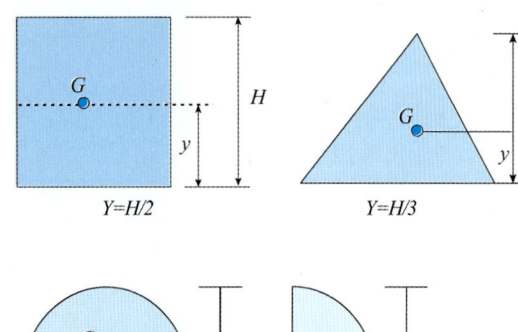

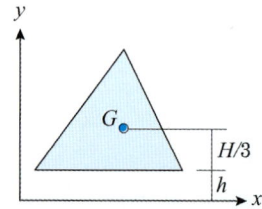

$$M_x = \int_A y \cdot dA = \int_A (\frac{H}{3}+h) \cdot dA = A \cdot \overline{y}$$

단위 : 거리의 3승(cm^3, m^3, mm^3)으로 표시
물리적인 의미로 벡터 의미를 가지므로, +와 -의 부호를 가짐(0일 수도 있음).

2 모멘트 제1정리

1) 목적

   합성단면의 도심 계산

2) 개념

   전체 합성도형의 단면 1차 모멘트 = 개별 요소의 단면 1차 모멘트의 합

$$\Sigma(y_i \cdot A_i) = \Sigma y_i \cdot \Sigma A_i = y \cdot A$$

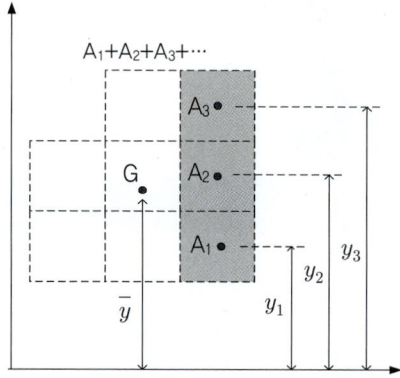

02 단면 1차 모멘트

1 개념 및 정의

1) 단면적을 특정의 축을 기준으로 회전시킨 값(단면적과 도심까지 거리의 곱)

2) 임의의 축에 대한 단면 1차 모멘트

$$Q_x = Q_{xo} + A \times \overline{y}$$

Q_{xo} : 도심에 대한 단면 1차 모멘트 = 0 A : 단면적
$\overline{y}$: 임의의 축에서 단면의 도심까지의 거리

$(A_1 + A_2 + A_3 + ...) \times \bar{y} = A_1 \times y_1 + A_2 \times y_2 + A_3 \times y_3 + ...$
$\Sigma A_i = A_1 + A_2 + A_3 + ...$ 이므로,

$$\bar{y} = \frac{A_1 \times y_1 + A_2 \times y_2 + A_3 \times y_3 + ...}{\Sigma A} = \frac{\Sigma A_i \times y_i}{\Sigma A_i}$$

3) 2개의 단면으로 구성된 합성단면의 도심의 표준 계산방법

모멘트 제 1정리를 이용하여, 2개의 단면으로 이루어진 도형의 도심을 구하면

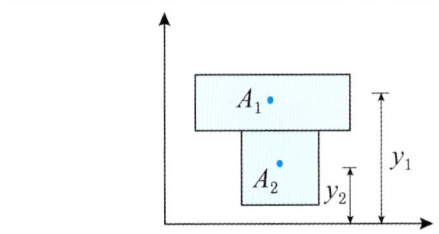

$\Sigma(y_i \cdot A_i) = \bar{y} \cdot \Sigma A_i = \bar{y} \cdot A$
$\Sigma(y_i \cdot A_i) = y_1 \cdot A_1 + y_2 \cdot A_2 = y \cdot \Sigma A_i = (A_1 + A_2) \cdot \bar{y}$

따라서 $\bar{y} = \dfrac{A_1 \cdot y_1 + A_2 \cdot y_2}{A_1 + A_2}$

① 단면을 적절하게 나눈다.(대부분 문제에서 계산을 용이하게 하도록 절단가능)
② 각 단면의 단면적과 개별 도심 거리를 나열한다.
③ $\bar{y} = \dfrac{A_1 \cdot y_1 + A_2 \cdot y_2}{A_1 + A_2}$ 를 이용해서 구한다.

도형	단면적	$\bar{x_i}$	$A_i \times \bar{x_i}$	$\bar{y_i}$	$A_i \times \bar{y_i}$
1	A_1				
2	A_2				
합계	① $A_1 + A_2$	–	② $\Sigma A_i \times \bar{x_i}$	–	③ $\Sigma A_i \times \bar{y_i}$

$\bar{x} = ②/①$ $\bar{y} = ③/①$

4) 2개의 단면으로 구성된 합성단면의 도심의 빠른 계산방법

① 단면적이 동일하게 되도록 나눈다.
② 각 단면의 도심거리의 평균을 구한다.

예제

문제. 다음 단면의 도심의 좌표는?

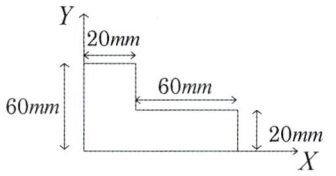

표준계산방법

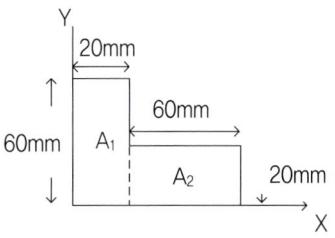

① 단면을 적절하게 나눈다.
② 각 단면의 단면적과 개별 도심 거리를 나열한다.
③ $\bar{y} = \dfrac{A_1 \cdot y_1 + A_2 \cdot y_2}{A_1 + A_2}$ 를 이용해서 구한다.

도형	단면적	$\bar{x_i}$	$A_i \times \bar{x_i}$	$\bar{y_i}$	$A_i \times \bar{y_i}$
1	1200	10	12000 × 1	30	12000 × 3
2	1200	50	12000 × 5	10	12000 × 1
합계	2400	–	12000 × 6	–	12000 × 4

$$\bar{x} = \frac{12000 \times 6}{2400} = 30 mm$$

빠른계산방법

① 면적이 동일하게 되도록 나눈다.

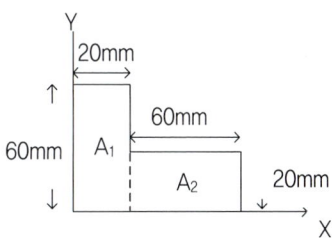

② 각 단면의 도심거리의 평균을 구한다.
$\bar{y_1} = 30$, $\bar{y_2} = 10$, 따라서 $\bar{y} = (\bar{y_1} + \bar{y_2})/2 = 20 mm$

주1) 통상적으로 출제되는 문제의 대부분은 면적이 동일하게 되도록 나눌 수 있다.
주2) 동일하게 나누어진 단면은 때로는 2개나 3개가 될 수 있다.

예제

문제. 그림과 같은 단면에서 x축으로부터 도심 G까지의 거리 y_0는?

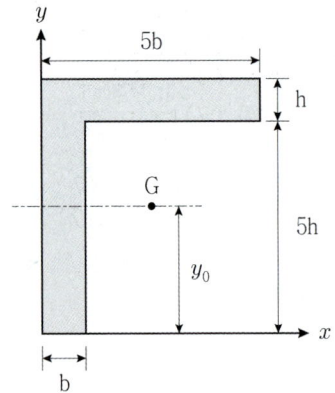

예제

문제. 그림과 같은 음영 부분 A단면에서 $x-x$축으로부터 도심까지의 거리 y는?

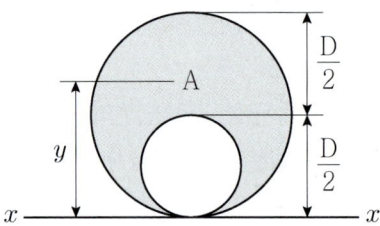

해설 음영되지 않은 원의 면적을 A라 두면, 외곽원의 전체 면적은 4A라고 할 수 있다.
가중평균법에 의해,
$$\bar{y} = \frac{4A \times D/2 - A \times D/4}{4A - A} = \frac{7D}{12}$$

해설

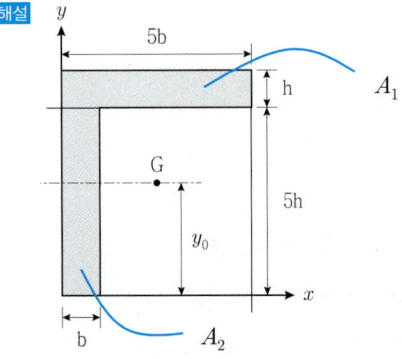

$A = 5bh$라 두면,
$A_1 = A_2 = A$이므로,
가중평균법에 의해, $y_0 = \dfrac{5.5h + 2.5h}{2} = 4h$

03 특수형태 단면의 도심

1 사다리꼴의 도심

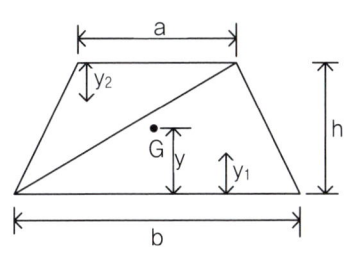

윗변 삼각형에서, $A_1 = \dfrac{ah}{2}$, $y_1 = h - \dfrac{h}{3} = \dfrac{2h}{3}$

아랫변 삼각형에서, $A_2 = \dfrac{bh}{2}$, $y_2 = \dfrac{h}{3}$

따라서 모멘트 제 1정리에 의해서,

$\Sigma(y_i \cdot A_i) = \overline{y} \cdot \Sigma A_i = \overline{y} \cdot A$

$A_1 \cdot y_1 + A_2 \cdot y_2 = (A_1 + A_2) \cdot \overline{y}$

$\therefore \overline{y} = \dfrac{A_1 \cdot y_1 + A_2 \cdot y_2}{A_1 + A_2} = \dfrac{\dfrac{ah^2}{3} + \dfrac{bh^2}{6}}{\dfrac{ah}{2} + \dfrac{bh}{2}} = \dfrac{h}{(a+b)} \cdot \dfrac{2a+b}{3}$

2 비대칭 삼각형의 도심

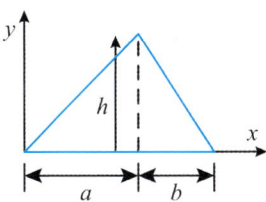

y축에서부터 x축 방향의 도심거리 $\overline{x}$는 다음의 과정으로 계산할 수 있다.
모멘트 1정리에 의해,

$A_1 = \dfrac{ah}{2}$, $x_1 = \dfrac{2a}{3}$, $A_2 = \dfrac{bh}{2}$, $x_2 = a + \dfrac{b}{3}$

$\overline{x} = \dfrac{A_1 x_1 + A_2 x_2}{A_1 + A_2} = \dfrac{\dfrac{ah}{2} \times \dfrac{2a}{3} + \dfrac{bh}{2} \times (a + \dfrac{b}{3})}{\dfrac{ah}{2} + \dfrac{bh}{2}}$

$= \dfrac{2a^2 + 3ab + b^2}{3(a+b)}$

$\therefore \overline{x} = \dfrac{(2a+b)(a+b)}{3(a+b)} = \dfrac{(2a+b)}{3}$

04 회전체의 면적과 체적

1 파푸스 제1정리

선분을 도심에 대해 회전해서 만들어진 폐합의 도형의 표면적은 다음의 식을 만족한다.

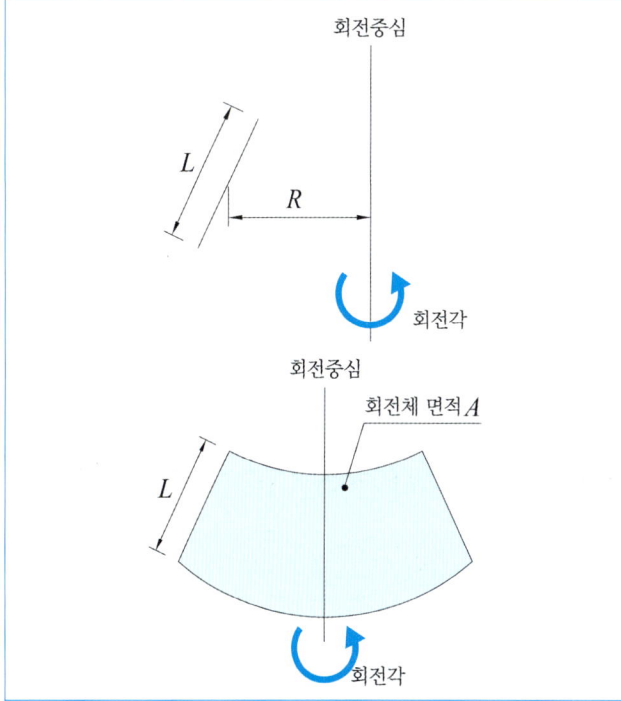

$A = LR\theta$

여기서, A : 폐합도형의 표면적 L : 선분의 길이
R : 회전반경 θ : 회전각(라디안, 360° = 2π)

📖 **파푸스 제1정리를 이용한 4분원호의 선분 중심 계산**

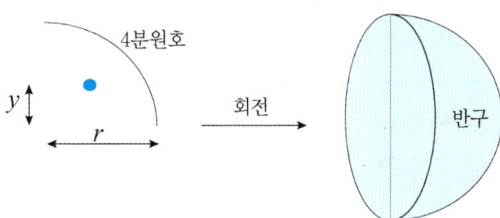

$A = Ly\theta$에서,

$y = \dfrac{A}{L\theta} = \dfrac{2\pi r^2}{\dfrac{\pi r}{2} \times 2\pi} = \dfrac{2r}{\pi}$

2 파푸스 제 2정리

도형을 도심에 대해 회전해서 만들어진 입체도형의 체적은 다음의 식을 만족한다.

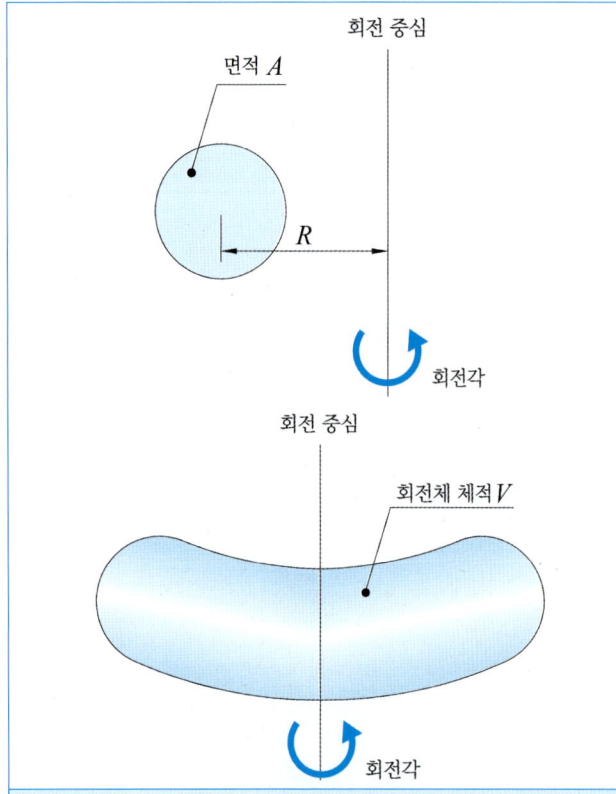

$V = AR\theta$

여기서, V : 입체도형의 체적   A : 도형의 면적
R : 회전반경   θ : 회전각(라디안)

파푸스 제 2정리를 이용한 4분원의 도심 계산

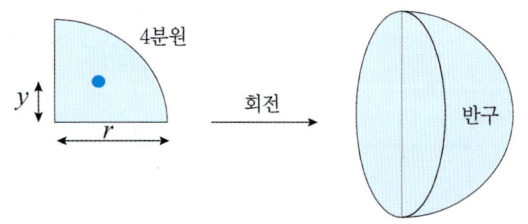

$V = Ay\theta$에서,

$$y = \frac{V}{A\theta} = \frac{\frac{4\pi r^3}{3} \times \frac{1}{2}}{\frac{\pi r^2}{4} \times 2\pi} = \frac{4r}{3\pi}$$

예제

문제. 다음과 같이 밑변 R과 높이 H인 직각삼각형 단면이 있다. 이 단면을 y축 중심으로 360도 회전시켰을 때 만들어지는 회전체의 부피는?

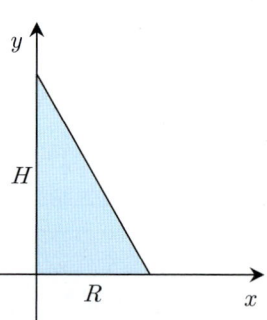

해설 파푸스 제 2정리에 의해,

$$V = AR\theta = \frac{HR}{2} \times \frac{R}{3} \times 2\pi = \frac{\pi HR^2}{3}$$

05 단면 2차 모멘트

1 개념

평면 면적의 관성 모멘트(단면 2차 모멘트)는 다음과 같은 적분에 의해 정의된다.

$$I_x = \int y^2 dA$$

여기서, x와 y는 면적의 미소요소 dA의 좌표이다. 기준축으로부터 거리의 제곱을 적분하는 것이므로 단면 1차 모멘트와는 달리 항상 (+)의 값을 가진다.

단면 2차 모멘트의 정의를 어떻게 적분해서 얻을 수 있는가를 이해하기 위해, 다음의 그림을 보자.

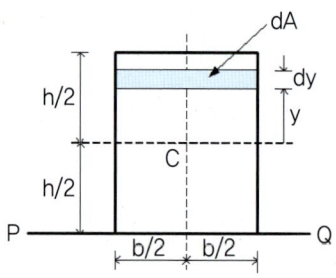

원점을 도심으로 잡고 폭 b와 높이 dy의 얇은 수평띠의 형태로 면적의 미소요소 dA를 이용한다.

$$dA = b \cdot dy$$

이때의 단면 2차 모멘트는 다음과 같이 구할 수 있다.

$$I_x = \int y^2 dA = \int_{h/2}^{h/2} y^2 b dy = \frac{bh^3}{12}$$

마찬가지의 방법으로, $I_y = \int x^2 dA = \int_{b/2}^{b/2} x^2 h dx = \frac{hb^3}{12}$

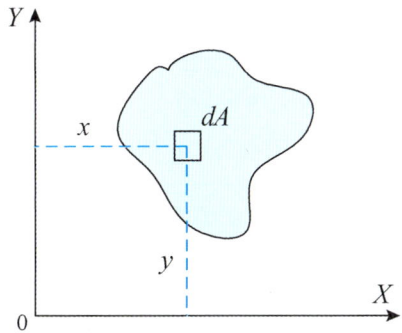

그림의 바닥면(P-Q축)을 기준으로 하면,

$$I_x = \int y^2 dA = \int_0^h y^2 b dy = \frac{bh^3}{3}$$

주) P-Q축에 대한 단면 2차 모멘트가 도심에 대한 값보다 커지는 것에 주의 깊게 생각해야 한다. 일반적으로 기준축을 도심축으로부터 보다 멀리 평행 이동시키면 단면 2차 모멘트 값은 증가한다.

2 단면 2차 모멘트의 특성

① 도심에서의 값이 가장 작다.
② 항상 +값을 나타낸다.
③ 단면의 처짐과 직접적인 관계
④ +와 -에 대해 닫혀 있다.
⑤ 정다각형의 도심에 대한 단면 2차 모멘트는 단면의 회전과 관계없이 동일하다.

주) 단면 2차 모멘트는 개념적으로 단면적과 기준점에서 도심까지 거리의 제곱의 곱으로 표현된다. 그러나 간과하지 말아야 할 것은 이 값이 모두 미소면적에 대한 값의 적분이라는 것이다. 이 개념을 혼동하면, 도심에 대한 단면 2차 모멘트가 '0'이라는 실수를 한다. 도심에서의 단면 2차 모멘트가 가장 작기는 하지만 '0'이 되지는 않는다.
그림에서 $y_1 = -y_2$이고, $A_1 = A_2$라고 하면,
$I = \Sigma A_i \times y_i^2 = A_1 \times y_1^2 + A_2 \times y_2^2$이다. 이때, $y_1^2 = y_2^2$ 이 되므로,
I는 '0'이 되지 않는다.

3 주요 도형의 단면 2차 모멘트

구분	도심에 대한 단면 2차 모멘트	도형 밑변에 대한 단면 2차 모멘트
삼각형 ×3	$\frac{bh^3}{36}$	$\frac{bh^3}{36} \times 3 = \frac{bh^3}{12}$
사각형 ×4	$\frac{bh^3}{12}$	$\frac{bh^3}{12} \times 4 = \frac{bh^3}{3}$
원 ×5	$\frac{\pi D^4}{64} = \frac{\pi r^4}{4}$	$\frac{\pi D^4}{64} \times 5 = \frac{\pi r^4}{4} \times 5$

예제

문제. 그림과 같은 삼각형 단면의 $x-x$축에 대한 단면2차모멘트 $I_x[mm^4]$는?

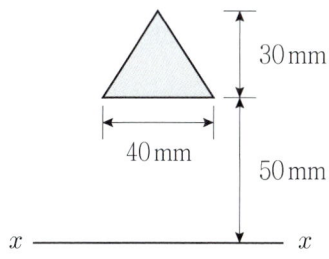

해설 $I_x = I_{xo} + A \times y^2 = \dfrac{40 \times 30^3}{36} + 40 \times 30/2 \times (50+10)^2$
$= 219 \times 10^4 mm^4$

4 평행축 정리(Parallel Axis Theorem)

도심(X_c축)에서 d_1만큼 이동할 경우의 단면 2차 모멘트는,

$$I_x = \int (y+d_1)^2 dA = \int y^2 dA + 2d_1 \int y dA + d_1^2 \int dA$$

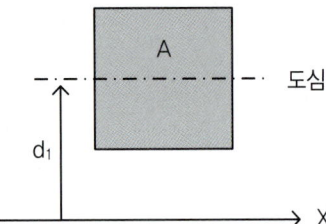

- 첫 번째 항 : 도심에 대한 단면 2차 모멘트(I_{xc})
- 두 번째 항 : 도심에 대한 단면 1차 모멘트 = 0
- 세 번째 항 : 면적 × 이동거리 제곱

$$I_x = I_{xc} + Ad_1^2$$

임의의 축에 대한 단면 2차 모멘트
= 도심에 대한 단면 2차 모멘트 + 면적 × 평행축 이동량^2

예제

문제. 그림과 같이 임의의 형상을 갖고 단면적이 A인 단면이 있다. 도심축($x_0 - x_0$)으로부터 d만큼 떨어진 축($x_1 - x_1$)에 대한 단면 2차모멘트가 I_{x1}일 때, 2d만큼 떨어진 축($x_2 - x_2$)에 대한 단면 2차모멘트 값은?

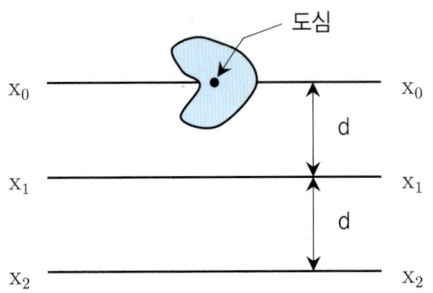

해설 $I_{x1} + 3Ad^2$

$$I_{x1} = I_x + A \times d^2$$
$$I_{x2} = I_x + A \times (2d)^2 = I_{x1} + 3d^2$$

06 극관성 모멘트

1 개념

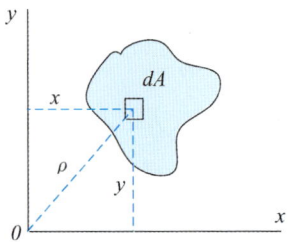

극점에 대한 모멘트 면적의 합

$$I_p = \int \rho^2 dA = \int (x^2+y^2) dA = \int x^2 dA + \int y^2 dA + I_x + I_y$$

$$I_p = I_x + I_y$$

극관성모멘트
= x축에 대한 단면 2차 모멘트 + y축에 대한 단면 2차 모멘트 값

2 극관성 모멘트의 특성

① 일반적인 성질은 단면 2차 모멘트와 동일
② 비틀림과 직접적인 관계
③ 임의도형에 대한 극관성모멘트는 단면의 회전과 관계없이 동일

예제

문제. 그림과 같이 $x-y$ 평면상에 있는 단면의 최대 주단면 2차모멘트 I_{max} [mm^4]는? (단, x축과 y축의 원점 C는 단면의 도심이다. 단면 2차모멘트는 $I_x = 3$ mm^4, $I_y = 7$ mm^{4}이며, 최소 주단면 2차모멘트 $I_{min} = 2$ mm^{4}이다)

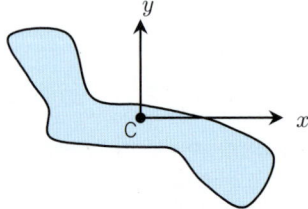

해설 극관성모멘트의 특성에서, 축을 회전하더라도 그 값이 일정하므로,
$I_{max} + I_{min} = I_x + I_y = I_{max} + 2 = 3 + 7$ 에서,
$I_{max} = 8$

07 단면상승모멘트

1 개념

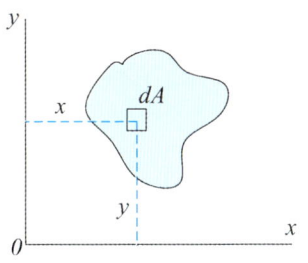

$$I_{xy} = \int xy dA = A \cdot \overline{x} \cdot \overline{y}$$

* 단면상승모멘트(관성모멘트적)은 거리에 대한 적분값이므로, 축의 위치에 따라 (+), (−), (0)이 될 수 있다.

2 단면상승모멘트의 계산

① 대칭단면은 $A \times \overline{x} \times \overline{y}$에 의해 계산
② 비대칭 단면은 반드시 대칭단면으로 구분하여 각각 구한 후 합산

예제

문제. 아래 그림과 같은 L형 단면의 xy축에 대한 상승모멘트 I_{xy}는?

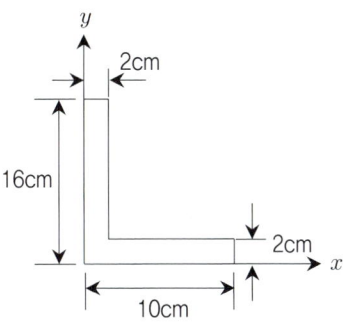

해설 좌편 단면을 $A_1 = 14 \times 2 = 28 cm^2$,
하편 단면을 $A_2 = 10 \times 2 = 20 cm^2$
1) 1번 단면에 대해,
$I_{xy1} = A_1 \times y_1 \times x_1 = 28 \times 9 \times 1 = 252 cm^4$
2) 2번 단면에 대해,
$I_{xy2} = A_2 \times y_2 \times x_2 = 20 \times 1 \times 5 = 100 cm^4$
따라서, $I_{xy} = I_{xy1} + I_{xy2} = 252 + 100 = 352 cm^4$

08 주축의 개념과 특징

정의 : 도심을 지나는 축 중에서 단면 2차 모멘트가 최대, 혹은 최소인 축

① 도심을 지난다.
② 주축에 대한 단면 2차 모멘트 값은 최대이거나 최소이다.
③ 주축에 대한 단면상승모멘트(I_{xy})는 0이다.
④ 단면에 따라서 여러 개의 주축이 생길 수 있다.(원, 정사각형 등)
⑤ 대칭축은 주축이 되지만, 주축이 대칭축이 반드시 되는 것은 아니다.
⑥ 두 주축은 직교한다.(직교할 수 있다.)

* **최대주축(강축)** : 단면의 두 주축 중 단면 2차 모멘트가 최대인 축(좌굴방향)
* **최소주축(약축)** : 단면의 두 주축 중 단면 2차 모멘트가 최소인 축(좌굴축)

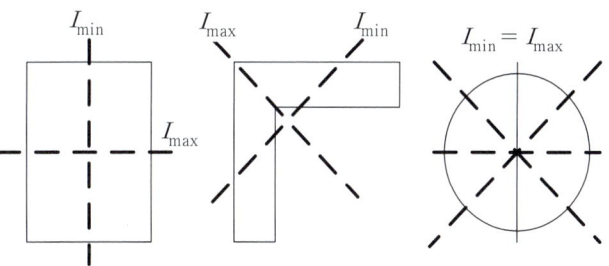

09 단면 2차 회전반경

1 개념

단면의 굽힘에 대한 강성도를 표시, 단위는 길이(m)

$$r_x = \sqrt{\frac{I_x}{A}}, \quad r_y = \sqrt{\frac{I_y}{A}}$$

2 암기해야할 회전반경

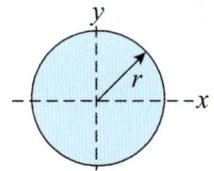

$$r_x = \sqrt{\frac{I_x}{A}} = \sqrt{\frac{\pi r^4}{4\pi r^2}} = \frac{r}{2} = \frac{D}{4} = r_y$$

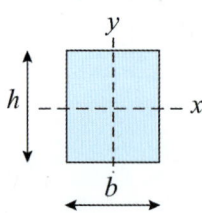

$$r_x = \sqrt{\frac{I_x}{A}} = \sqrt{\frac{bh^3}{12bh}} = \frac{h}{2\sqrt{3}} \fallingdotseq 0.3h$$

$$r_y = \sqrt{\frac{I_y}{A}} = \sqrt{\frac{hb^3}{12ab}} = \frac{b}{2\sqrt{3}} \fallingdotseq 0.3b$$

10 단면계수

1 보의 최대휨응력과 단면계수의 의미

휨응력은 중립축에서 '0'이고 단면의 상연과 하연에서 최대를 이루는 1차 함수의 형태를 보인다.

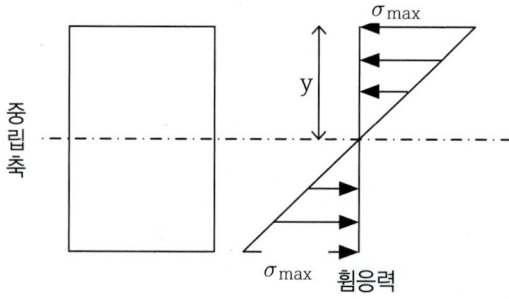

$$\sigma = \frac{M}{I}y$$

I : 도심에서의 단면 2차 모멘트
y : 도심에서 응력지점까지 거리
M : 단면에 작용하는 휨모멘트

주) 휨응력의 개념은 이후 단원에서 자세히 설명이 되며, 여기서는 간단한 개념만 파악한다.
보의 휨강도를 표현하기 위해서는 최대 휨응력을 받는 지점에 대해서만 고려한다. 따라서 최대 휨응력이 발생하는 단면의 상연과 하연($y = \frac{h}{2}$) 지점에서 휨응력식에 적용하면, $\sigma_{max} = \frac{M}{I}y_{max} = \frac{M}{Z}$이고, $Z = \frac{I}{y}$로 표현된다.
따라서 $\sigma = \frac{M}{Z}$로 통상적으로 표현되는 휨응력은 사실상 최대휨응력이 된다.

2 주요단면의 단면계수

직사각형	원
$Z = \dfrac{I}{y} = \dfrac{\frac{bh^3}{12}}{\frac{h}{2}} = \dfrac{bh^2}{6}$	$Z = \dfrac{I}{y} = \dfrac{\frac{\pi r^4}{4}}{r} = \dfrac{\pi r^3}{4} = \dfrac{\pi D^3}{32}$

3 항복단면계수와 소성단면계수

1) 항복모멘트

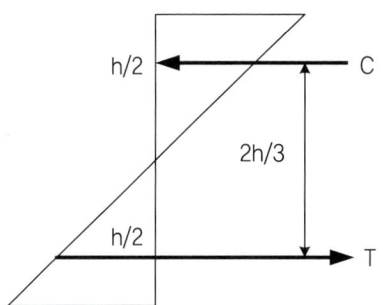

$$M_y = CZ = TZ = \sigma_y \times \frac{bh}{4} \times \frac{2h}{3} = \sigma_y \times \frac{bh^2}{6}$$

2) 소성모멘트

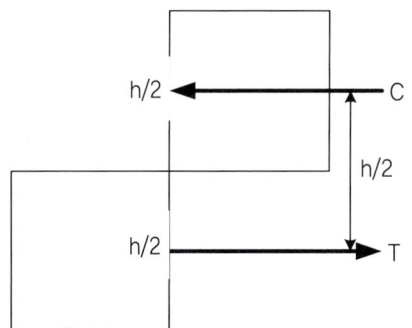

$$M_p = CZ_p = TZ_p = \sigma_y \times \frac{bh}{2} \times \frac{h}{2} = \sigma_y \times \frac{bh^2}{4}$$

3) 소성계수(Z_p)와 형상계수(f)

$$Z_p = \frac{A}{2}(y_1 + y_2)$$

A : 단면적
y_1 : 도심~상부단면 도심거리
y_2 : 도심~하부단면 도심거리

4) 소성영역 길이

$$L_P = l\left(1 - \frac{1}{f}\right)$$

구분	구형	원형
Z_p	$\dfrac{bh^2}{4}$	$\dfrac{4r^3}{3}$
$Z_y\,(Z)$	$\dfrac{bh^2}{6}$	$\dfrac{\pi r^3}{4}$
$f = \dfrac{Z_p}{Z_y}$	1.5	$\dfrac{16}{3\pi} = 1.7$
$L_P = l\left(1 - \dfrac{1}{f}\right)$	$\dfrac{l}{3}$	$0.41l$

4 합성단면에서 단면계수

$$Z_x = \frac{I_1 + I_2}{y_{\max}}$$

여기서, $y_{\max}$는 합성단면 도심에서 최외측단까지 거리
I_1과 I_2는 합성단면 도심에서 각 단면의 단면 2차 모멘트

주) 단면 2차 모멘트는 동일한 축에 대해서 덧셈과 뺄셈에 닫혀 있으나, 단면계수는 그렇지 않음.

합성단면의 단면 2차 모멘트	합성단면의 단면계수
$I_x = I_1 + I_2$	$Z_x \neq Z_1 + Z_2$

예제

문제. 다음 단면의 단면계수(Z_x)는 얼마인가?

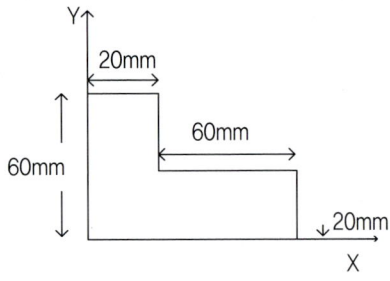

해설 ① 합성단면의 도심 계산

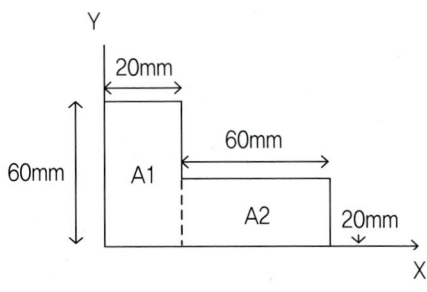

$$\bar{y} = (30+10)/2 = 20mm$$

② 합성단면 도심에서의 단면 2차 모멘트

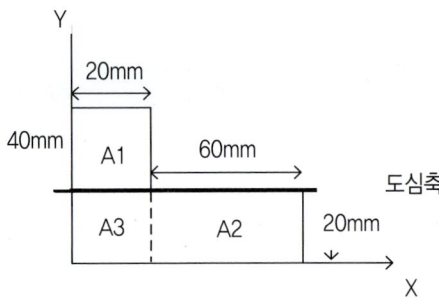

$$I = I_1 + I_2 + I_3$$
$$= \frac{1}{3}(20 \times 40^3 + 20 \times 20^3 + 60 \times 20^3)$$
$$= \frac{20^4}{3}(2^3 + 1 + 3)$$
$$= 64 \times 10^4$$

③ 합성단면의 단면계수

$$Z_x = \frac{I}{y_{\max}} = \frac{64 \times 10^4}{40} = 16000 mm^3 \text{ (상단)}$$

예제

문제. 다음 그림과 같은 탄소성 재료로 된 직사각형 단면보의 거동에 관한 설명 중 옳지 않은 것은?

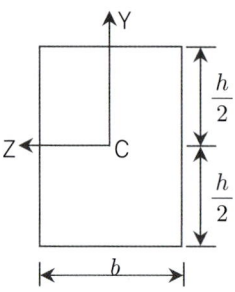

해설 **참조1** 소성계수 Z_p

$$Z_p = \frac{A}{2}(\bar{y_1} + \bar{y_2})$$

$\bar{y_1}$: 도심~상부소성 단면의 중심,

$\bar{y_2}$: 도심~하부소성 단면의 중심

구형 단면 $Z_p = \frac{bh^2}{4}$, 원형 단면 $Z_p = \frac{4r^3}{3}$,

마름모 단면 $Z_p = \frac{bh^2}{12}$ (h는 단면의 총 높이)

참조2 형상계수 $f = \frac{M_p}{M_y} = \frac{Z_p}{Z}$

구형 단면 $f = 1.5$, 원형 단면 $f = \frac{16}{3\pi} \approx 1.7$,

마름모 단면 $f = 2$

대표기출문제

문제. 그림과 같은 사다리꼴 단면에서 X-X'축에 대한 단면 2차 모멘트 값은?
2021년 3회

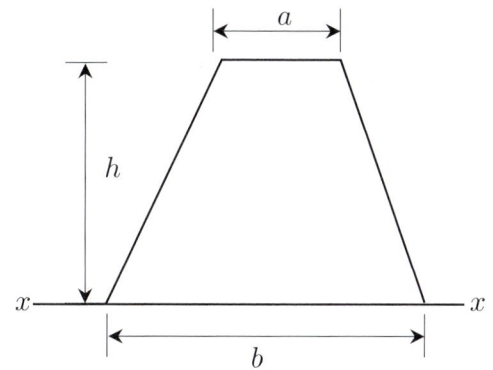

① $\dfrac{h^3}{12}(b+3a)$ ② $\dfrac{h^3}{12}(b+2a)$

③ $\dfrac{h^3}{12}(3b+a)$ ④ $\dfrac{h^3}{12}(2b+a)$

정답 ①

해설 삼각형 부분(①)과 사각형 부분(②)으로 나누어서 계산한다.

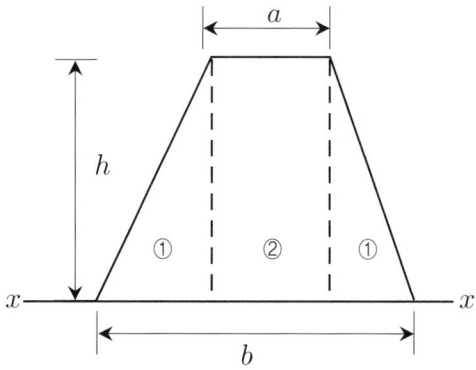

삼각형 밑변축에 대한 단면2차모멘트에서, $I_1 = \dfrac{(b-a)h^3}{12}$

사각형 밑변축에 대한 단면2차모멘트에서, $I_2 = \dfrac{ah^3}{3}$

따라서, $I_1 + I_2 = \dfrac{h^3}{12}(b-a+4a) = \dfrac{h^3}{12}(b+3a)$

대표기출문제

문제. 그림과 같은 평면도형의 x-x'축에 대한 단면 2차 반경(r_x)과 단면 2차 모멘트(I_x)는?
2021년 1회

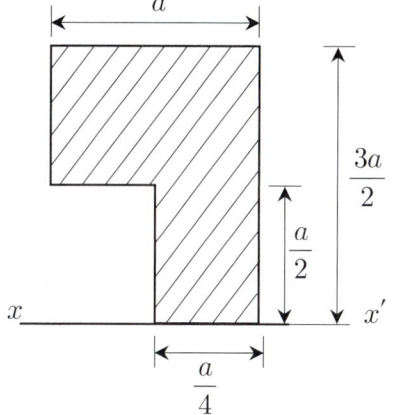

① $r_x = \dfrac{\sqrt{35}}{6}a$, $I_x = \dfrac{35}{32}a^4$

② $r_x = \dfrac{\sqrt{139}}{12}a$, $I_x = \dfrac{139}{128}a^4$

③ $r_x = \dfrac{\sqrt{129}}{12}a$, $I_x = \dfrac{129}{128}a^4$

④ $r_x = \dfrac{\sqrt{11}}{12}a$, $I_x = \dfrac{11}{128}a^4$

정답 ①

해설 $I_x = a \times (\dfrac{3a}{2})^3 \times \dfrac{1}{3} - \dfrac{3a}{4} \times (\dfrac{a}{2})^3 \times \dfrac{1}{3}$

$= \dfrac{a^4}{2^3} \times \dfrac{36-1}{4} = \dfrac{35}{32}a^4$

$A = a \times \dfrac{3}{2}a - \dfrac{3}{4}a \times \dfrac{a}{2} = \dfrac{3a^2}{2}(1-\dfrac{1}{4}) = \dfrac{9a^2}{8}$

$r_x = \sqrt{\dfrac{I}{A}} = \sqrt{\dfrac{35a^4/32}{9a^2/8}} = \dfrac{\sqrt{35}}{6}a$

대표기출문제

문제. 아래 그림에서 A-A축과 B-B축에 대한 음영부분의 단면 2차 모멘트가 각각 $8 \times 10^8 mm^4$, $16 \times 10^8 mm^4$일 때 음영 부분의 면적은?

2021년 2회

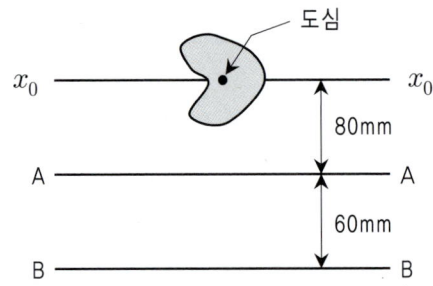

① $8.00 \times 10^4 mm^2$　　② $7.52 \times 10^4 mm^2$
③ $6.60 \times 10^4 mm^2$　　④ $5.73 \times 10^4 mm^2$

정답 ③

해설 $I_A = I_{xo} + A \times 80^2 = 8 \times 10^8$
$I_B = I_{xo} + A \times 140^2 = 16 \times 10^8$
위의 두 식을 빼면,
$I_B - I_A = A(140^2 - 80^2) = (16-8) \times 10^8$에서,
$A = 6.061 \times 10^4 mm^2$

대표기출문제

문제. 단면 2차 모멘트의 특성에 대한 설명으로 틀린 것은?

2022년 1회

① 단면 2차 모멘트의 최솟값은 도심에 대한 것이며 "0"이다.
② 정삼각형, 정사각형 등과 같이 대칭인 단면의 도심축에 대한 단면 2차 모멘트 값은 모두 같다.
③ 단면 2차 모멘트는 좌표축에 상관없이 항상 양(+)의 부호를 갖는다.
④ 단면 2차 모멘트가 크면 휨 강성이 크고 구조적으로 안전하다.

정답 ①

해설 단면 2차 모멘트의 최솟값은 도심에 대한 것이고, 그 값은 항상 양수이다.

06 재료특성치와 축응력

01 응력과 변형율의 개념

1 응력 = 단위면적에 작용하는 힘 = 단위면적당 힘

$$\sigma = \frac{P}{A} = \frac{P}{\frac{\pi d^2}{4}} = kgf/cm^2 = \frac{N}{m^2} = Pa$$

[기본단위 환산]

$1MPa = 10kg/cm^2$, $10kN = 1tonf$

주로 응력은 MPa 단위로 사용

$1MPa = 1N/mm^2$이므로, 하중은 N으로, 길이는 mm로 적용

단위계의 적용	
SI 단위계	KMS 단위계
MPa, N, mm	kg/cm^2, kg, cm

2 변형율 = 원래의 길이에 대해 변화된 량 = 단위길이당 변형량

$$\epsilon = \frac{\Delta l}{l_o}$$

ϵ : 변형율, Δl : 늘어난(줄어든) 길이, l_o : 원래의 길이

3 탄성과 소성

1) 탄성

하중을 가해서 변형이 발생한 후, 잔류변형이 없이 원형으로 복원되는 것

① **선형 탄성** : 응력-변형율 선도에서 직선 변형 및 복원
② **비선형 탄성** : 응력-변형율 선도에서 직선이 아닌 형태로 변형 및 복원

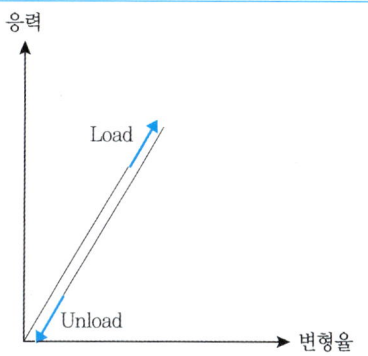

선형 탄성(비례한계)
직선 거동, 잔류변형 없음

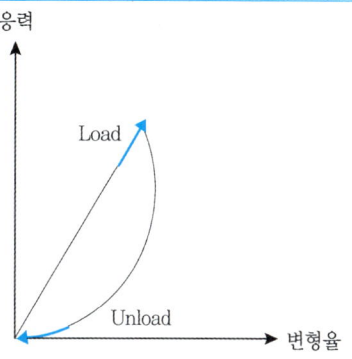

비선형 탄성(탄성한계)
비직선 거동, 잔류변형 없음

2) 소성

하중을 가해서 변형이 발생한 후, 잔류변형이 발생하는 것

4 응력-변형율 곡선의 이해

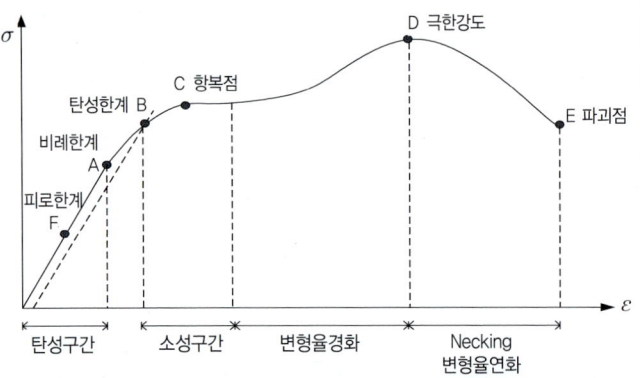

구분	설명
비례한계 (A, Hooke's Limit, Potential Limit)	완전비례구간으로 응력과 변형율이 정비례하는 완전탄성 거동한다. Hook의 법칙이 성립되는 구간(선형탄성한계)
탄성한계 (B, Elastic Limit)	하중을 제거하면 잔류변형이 0.02% 되는 지점으로 비례한계와 항복점 사이에 점
항복점 (C, Yield Point)	재료가 항복하는 지점으로 이 지점을 넘어서면 소성거동을 하게 된다.
극한강도점 (D, Ultimate Strength Point)	재료가 소성영역까지 변형을 일으키면서 받을 수 있는 최대 응력에 도달하는 점
파괴점 (E, Fracture point)	더 이상 응력을 받지 않고 재료가 파괴되는 점
피로한계 (F, fatigue Limit)	하중을 재하 했다가 제거하는 것을 반복하면 재료가 피로하게 되어 항복점 이하에서 파괴하게 되는데, 아무리 반복재하를 하더라도 피로파괴가 되지 않는 점을 이르며 일반적인 구조 강재는 극한하중의 50%를 피로한계로 가정한다.

1) 변형율 경화(Strain Hardening)

재료가 항복한 후 일정의 소성영역에서 변위가 계속해서 발생하면 재료가 연성을 잃고 딱딱해지는데 이러한 현상을 변형율 경화라고 한다. 이 구간에서 응력-변형율 곡선에서 기울기가 상승한다. (C~D구간)

2) 변형율 연화

재료가 변형율 경화 후 극한강도점에 도달한 후에 넥킹현상이 생기면서 파괴되기 전에 급격한 연성의 변형을 보이는데 이러한 현상을 변형율 연화라고 한다.

3) 넥킹현상(Necking)

재료가 극한강도점에 도달한 후에 응력이 감소하면서 단면적이 줄어드는 현상

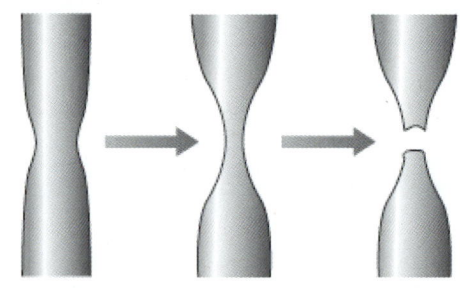

4) 인성과 레질리언스

레질리언스
탄성구간까지의 면적 단위체적당 탄성변형에너지

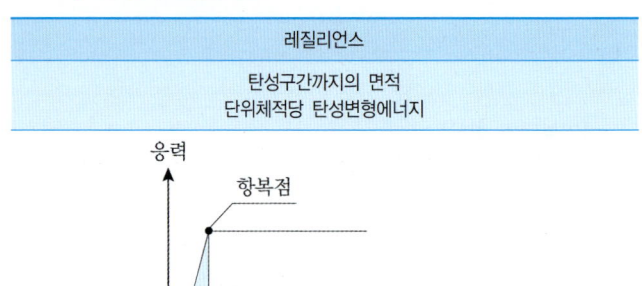

인성
파단까지의 면적

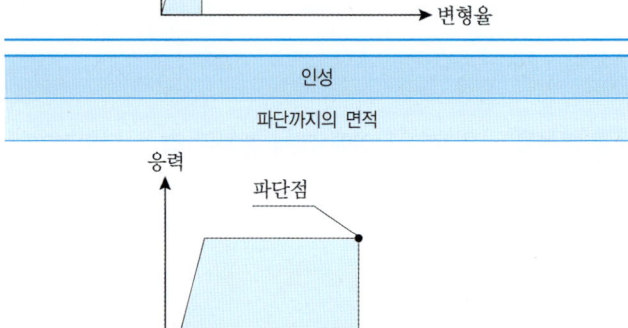

5) 진 응력과 공학적 응력

진 응력-변형율 곡선 (Real Stress-Strain Curve)	공학적 응력-변형율 곡선 (Engineering Stress-Strain Curve)
소성영역에서 단면적 변화를 고려	소성영역에서 단면적 변화를 무시

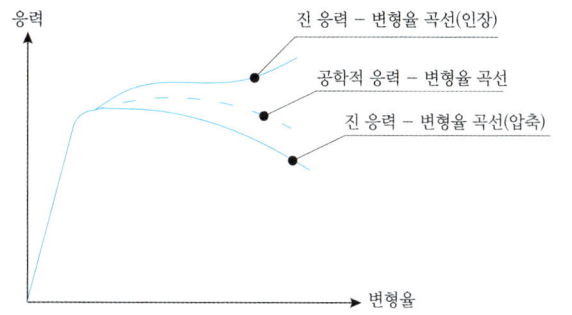

02 Hooke의 법칙과 재료의 탄성거동

1 Hooke 법칙 적용구간

응력-변형율 곡선에서 정비례하는 구간

2 Hooke 법칙

선형탄성거동을 하는 물체의 응력은 변형율에 비례한다.

$$E = \frac{\sigma}{\epsilon}, \ \sigma = E \cdot \epsilon$$

1축 응력을 받는 부재의 응력 $\sigma = \dfrac{P}{A} = E \cdot \epsilon = E \cdot \dfrac{\delta}{l}$

1축 응력을 받는 부재의 변형량 $\delta = \dfrac{Pl}{EA}$

03 강성(Stiffness)

1 정의

단위변형을 일으키는데 필요한 힘

2 1축 응력을 받는 부재의 강성

① 정역학적 구조부재의 힘-변위 방정식 $P = k \times \delta$

② 1축 응력을 받는 부재의 변형량 $\delta = \dfrac{Pl}{EA}$

③ 1축 응력을 받는 부재의 강성 $P = k \times \delta$에서,
$\delta = \dfrac{P}{k} = \dfrac{Pl}{EA}$ 이므로,

1축 응력을 받는 부재의 강성 $k = \dfrac{EA}{l}$ (연성도 $f = \dfrac{1}{k}$)

주.1) 응용역학에서 사용되는 대부분의 공식은 탄성영역 내에서만 성립(Hooke의 법칙을 따른다.)
주.2) 응용역학에서 성립된 어떠한 공식에서도 P와 δ가 포함된다면, 나머지 항은 모두 강성도(또는 연성도)를 의미한다.

예 일축방향하중을 받는 부재의 처짐공식
$\delta = \dfrac{Pl_o}{EA}$ ⇒ P와 δ가 포함된 식으로 P와 δ를 제외한 $\dfrac{EA}{l}$은 강성도 k가 된다.

예 집중하중을 받는 캔틸레버보 자유단에서의 최대처짐공식
$\delta = \dfrac{Pl^3}{3EI}$ ⇒ P와 δ가 포함된 식으로 P와 δ를 제외한 $\dfrac{3EI}{l^3}$은 강성도 k가 된다.

04 재료의 변형과 잔류변위

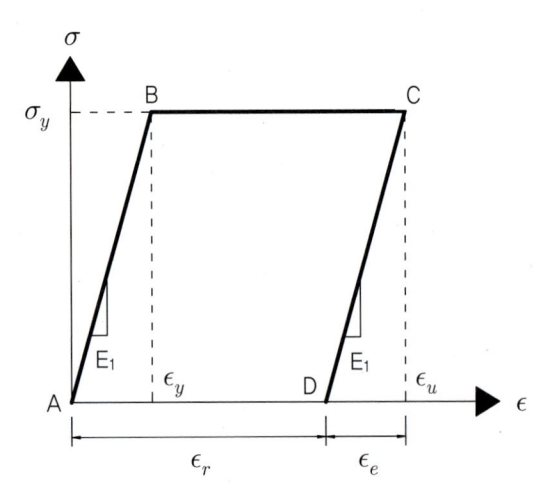

σ_y : 항복응력, ϵ_y : 항복변형율, ϵ_u : 극한변형율
ϵ_e : 복원된 변형율($=\epsilon_y$), $\epsilon_r = \epsilon_u - \epsilon_e = \epsilon_u - \epsilon_y$: 잔류 변형율

① 선형탄성 A→B→A
   잔류변형 없음
② 비선형탄성 A→B→C→(B)→A
   잔류변형 없음
③ 소성변형 A→B→C→D
   잔류변형 있음

05 포아송비

1 정의

폭방향 변형율 / 길이방향 변형율

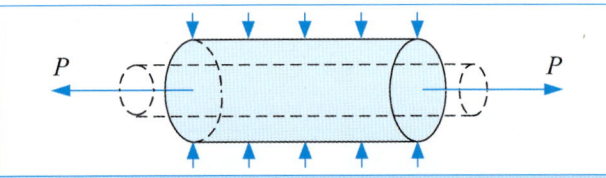

$$\nu = -\frac{\epsilon_d}{\epsilon_l} = -\frac{l \cdot \delta_d}{d \cdot \delta_l} = \frac{1}{m}$$

ν : 포아송비 ϵ_d : 폭방향 변형율
ϵ_l : 길이방향 변형율 m : 포아송수

2 포아송비의 특징

① 포아송비와 포아송수는 항상 (+)값
② 일반적으로 딱딱한 완전등방재료에 가까울수록 1/3에 가깝다.

주요 재료의 대략적인 포아송비			
스펀지	0	완전등방재료(원자)	1/3
콘크리트	1/10	이론적 한계치	1/2
강재	1/4		

주) 모든 부재의 응력에서 포아송비를 고려해야 하지만, 상대적으로 폭 방향에 비해 길이방향이 3배 이상 긴 경우에는 고려하지 않는다. 그러나 문제에서 특별히 요구하는 경우에는 예외로 한다.

06 전단변형과 체적변형

1 축탄성계수 E 와의 관계

$$G = \frac{E}{2(1+\nu)} = \frac{mE}{2(m+1)}$$

$$K = \frac{E}{3(1-2\nu)} = \frac{mE}{3(m-2)}$$

E : 축방향 탄성계수
G : 전단탄성계수
K : 체적탄성계수

2 전단변형과 전단탄성계수 G

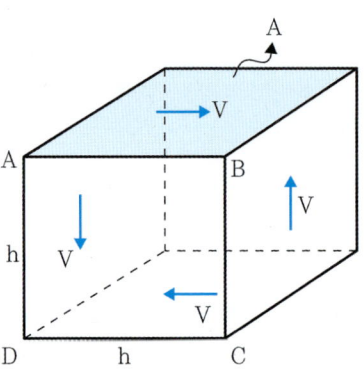

전단변형률 $\gamma = \dfrac{\delta}{h}$ (radian)

→ 전단력에 의해 부재가 찌그러지는 각도
요소 ABCD : $h \times h$인 정사각형

전단응력 $\tau = \dfrac{V}{A}$, 전단저항면적 A

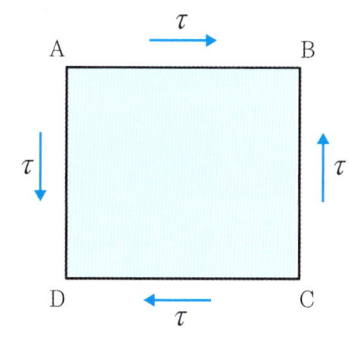

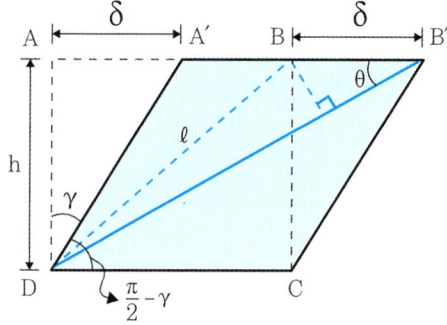

변형전 요소 ABCD의 대각선 길이 $l = \sqrt{2}\,h$
대각선 길이의 변형률

$\epsilon_{max} = \dfrac{\delta \cos\theta}{l} = \dfrac{\delta \cos 45°}{\sqrt{2}\,h} = \dfrac{\delta}{h} \times \dfrac{1}{2} = \dfrac{\gamma}{2}$ -------- 식①

→ $\gamma = 2\epsilon_{max}$ (전단변형률은 축변형률의 2배)

*주) $\theta = (\dfrac{\pi}{2} - \gamma)/2 = \dfrac{\pi}{4} - \dfrac{\gamma}{2} \approx \dfrac{\pi}{4}$: γ가 π에 비해 매우 미

소한 값이므로 $\dfrac{\gamma}{2} \approx 0$

축응력과 전단응력의 관계식 $\sigma = \tau(1+\nu)$에서,
$E\epsilon_{max} = G\gamma(1+\nu)$ 이고,

식① $\epsilon_{max} = \dfrac{\gamma}{2}$ 를 대입하면, $E \times \dfrac{\gamma}{2} = G\gamma(1+\nu)$ 이므로,

전단탄성계수 $G = \dfrac{E}{2(1+\nu)}$

> **예제**
>
> **문제.** 그림과 같이 각 변의 길이가 10mm인 입방체에 전단력 V = 10kN이 작용될 때, 이 전단력에 의해 입방체에 발생하는 전단변형률 γ는? (단, 재료의 탄성계수 E = 130GPa, 포아송 비 ν = 0.3이다. 또한 응력은 단면에 균일하게 분포하며, 입방체는 순수전단 상태이다)
>
>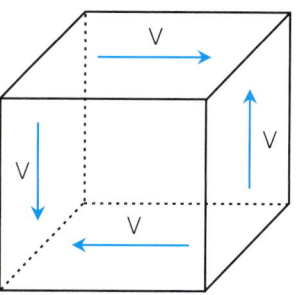
>
> **해설** 전단탄성계수
> $G = \dfrac{E}{2(1+\nu)} = \dfrac{130 \times 10^3}{2(1+0.3)} = 50 \times 10^3 MPa$
>
> $\tau = G\gamma = \dfrac{V}{A}$ 에서,
>
> $\gamma = \dfrac{V}{GA} = \dfrac{10 \times 10^3}{50 \times 10^3 \times 10^2} = \dfrac{1}{500} = 0.002$

3 체적탄성계수 K

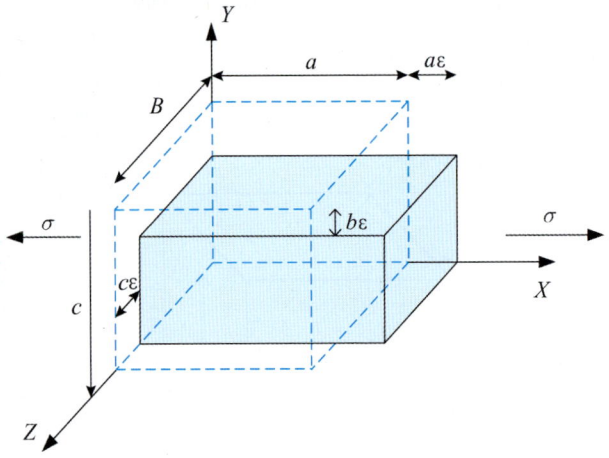

$V_1 = a(1+\epsilon_x) \times b(1+\epsilon_y) \times c(1+\epsilon_z)$

$\epsilon_x = \epsilon$ 이고, $\epsilon_y = -\nu\epsilon = \epsilon_z$ 이므로,

$V_1 = abc(1+\epsilon)(1-\nu\epsilon)(1-\nu\epsilon)$

$V_o = abc$, $V_1 = V_o(1+\epsilon)(1-\nu\epsilon)(1-\nu\epsilon)$

ϵ은 매우 작은 수인데, ϵ^2 이상의 차수를 가지는 수는 거의 0에 가깝다.

따라서 ϵ에 대해서는 1차항만 남기고 위의 식을 정리하면,

$V_1 = V_o(1+\epsilon-2\nu\epsilon)$

$\therefore \Delta V = V_1 - V_o = V_o\epsilon(1-2\nu)$

또한 체적 변형율 e는,

$e = \dfrac{\Delta V}{V_o} = \epsilon(1-2\nu) = \dfrac{\sigma}{E}(1-2\nu) = 3\epsilon_{max}$

(체적변형율은 축변형율의 3배)
체적탄성계수는 다음과 같이 정리된다.

$$K = \dfrac{E}{3(1-2\nu)}$$

예제

문제. 균질한 등방성 탄성체에서 탄성계수는 240GPa, 포아송비는 0.2일 때, 전단탄성계수[GPa]는?

해설 $G = \dfrac{E}{2(1+\nu)} = \dfrac{240}{2\times(1+0.2)} = 100\,GPa$

07 1축 응력

1 1축 응력의 개념

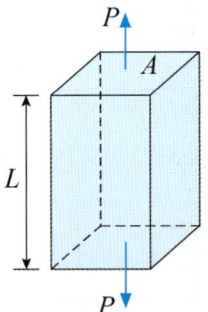

축방향의 하중을 받음에 따른 축방향의 응력과 변형에 대해서, 축하중 P에 따른 축응력 σ는 다음과 같다.

$\sigma = \dfrac{P}{A}\,(kgf/cm^2) = \dfrac{N}{m^2} = Pa$

$\sigma = \dfrac{P}{A} = E\cdot\epsilon = E\cdot\dfrac{\delta}{l}$

축방향 하중 P에 따른 축방향 처짐(변형)

$$\delta = \dfrac{Pl}{EA}$$

여기서, E : 축방향 탄성계수
 δ : 축방향 처짐(변형)
 ϵ : 축방향 변형율
 l : 부재의 축방향 길이
 A : 단면적

또한,

$P = k\cdot\delta$ 이므로, $k = \dfrac{EA}{l}$ (부재의 축방향 강성도)

즉, 축방향 하중을 받는 부재는 **단면적이 넓고, 길이가 짧을수록** 처짐이 작게 발생한다(하중에 대해 강력하게 저항한다).

2 단면 및 하중의 변화에 따른 1축 응력과 부재의 변형

1) 단면적과 부재력이 동시에 변화하는 경우

길이에 따라 단면적과 하중이 달라지는 경우에는 변화되는 구간별로 따로 응력을 계산해야 한다.

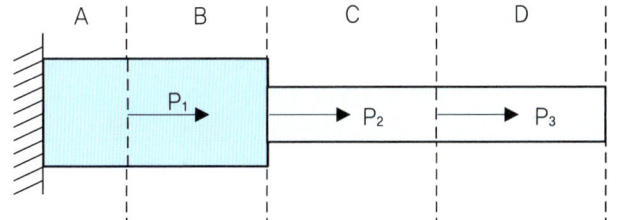

A구간과 B구간 : 단면적은 동일, P_1 하중이 가해져서 응력 변화
B구간과 C구간 : 단면적 변화, P_2 하중이 가해져서 응력 변화
C구간과 D구간 : 단면적은 동일, P_3 하중이 가해져서 응력 변화

> 📖 **단면적 및 외력의 변화가 있는 1축 부재의 축력**
> ① 반력 계산(하중평형 고려)
> ② 균일한 부분(하중 및 단면) 단위로 부재 절단
> ③ 반력지점부터 평형상태가 되도록 자유도의 하중상태를 고려

$R = P_1 + P_2 + P_3$

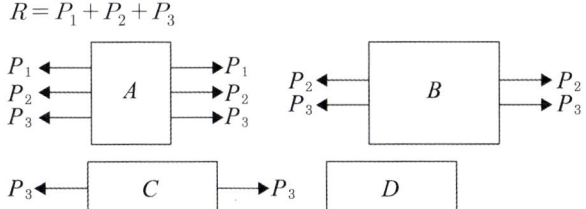

2) 단면적은 동일하고 부재력만 변화하는 경우

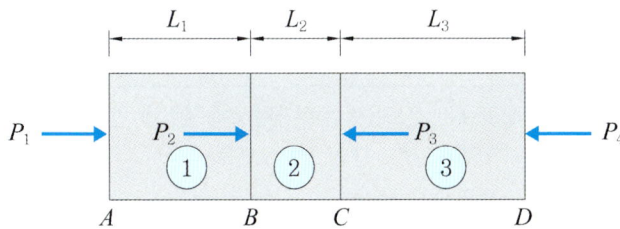

각 부재의 길이 : L_1, L_2, L_3
각 부재의 단면적 : A_1, A_2, A_3
각 부재의 탄성계수 : E_1, E_2, E_3

① 부재의 축력

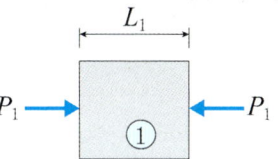

② 부재의 축력

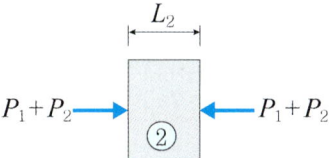

③ 부재의 축력

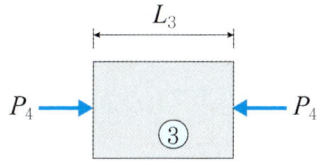

$\Sigma P_i = 0$ 이므로, $P_1 + P_2 = P_3 + P_4$

① A~B구간의 변형량 $\delta_1 = \dfrac{P_1 l_1}{E_1 A_1}$

② B~C구간의 변형량 $\delta_2 = \dfrac{P_2 l_2}{E_2 A_2}$

③ C~D구간의 변형량 $\delta_3 = \dfrac{P_3 l_3}{E_3 A_3}$

따라서 총 변형량 $\delta = \delta_1 + \delta_2 + \delta_3 = \Sigma\left(\dfrac{P_i l_i}{E_i A_i}\right)$

3) 축력의 변화만 있는 부재의 변형량 계산

$EA = const.$ 이므로, $\delta = \Sigma\left(\dfrac{P_i l_i}{E_i A_i}\right) = \dfrac{1}{EA}\Sigma(P_i l_i)$

예제

문제. 그림과 같이 1점이 고정된 부재에 3개의 축방향력이 동시에 작용하고 있다. (단, $EA = 2 \times 10^5 kN$) C점의 변위와 D점의 변위를 구하라.

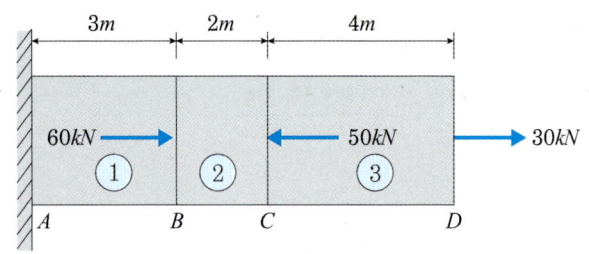

해설

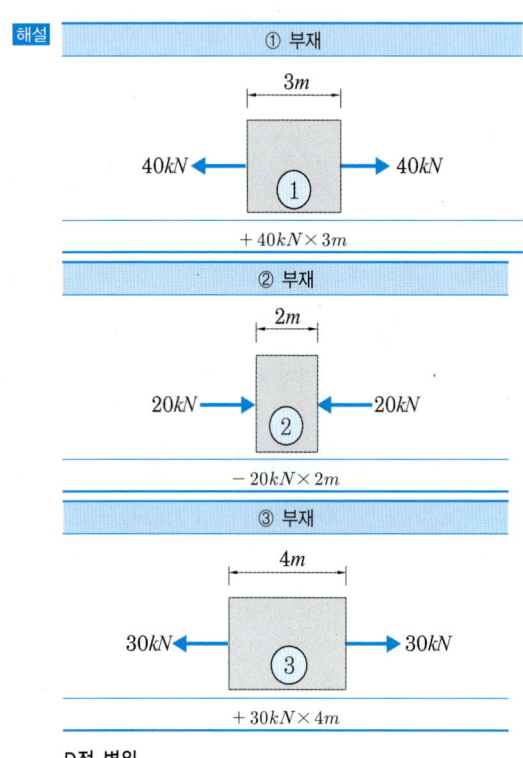

D점 변위

$$\delta = \frac{\Sigma(P_i l_i)}{EA} = \frac{1}{2 \times 10^5} \times (+120 - 40 + 120)$$

$$= 1 \times 10^{-3} m = 1mm (\rightarrow)$$

C점 변위

$$\delta = \frac{1}{2 \times 10^5} \times (120 - 40) = 0.4 \times 10^{-3} m$$

$$= 0.4 mm (\rightarrow)$$

08 온도응력

1 온도응력의 개념

온도변화에 따른 1축 방향 변형량

$$\delta_t = \alpha \cdot \Delta T \cdot l$$

여기서,
ΔT : 온도변화량
l : 온도변화 이전의 부재 축방향 길이
α : 선팽창계수(온도 변화에 따른 비례상수)

온도변화에 따른 변형율

$$\epsilon_t = \frac{\delta_t}{l} = \frac{\alpha \cdot \Delta T \cdot l}{l} = \alpha \cdot \Delta T$$

온도변화에 따른 응력

$$\sigma_t = E \cdot \epsilon_t = E \cdot \alpha \cdot \Delta T$$

주) 모든 재료는 온도에 따라서 체적이 달라진다. 재료 특성마다 그 팽창율은 차이가 있다. 실제적인 팽창은 체적으로 나타나지만 시험 출제 특성상 체적의 차원(3차원)까지 고려되기는 어렵고 1차원 팽창만 고려된다.

2 온도응력의 특징

① 부재의 형상 및 치수에 상관없다.

축응력	전단응력	휨응력	온도응력
$\sigma = \frac{P}{A}$	$\tau = \frac{V}{A} = \frac{VQ}{Ib}$	$\sigma = \frac{M}{I} y = \frac{M}{Z}$	$\sigma = E \alpha \Delta T$

위의 표에서 온도응력만 부재형상에 관련된 변수가 없다.
A : 단면적, I : 단면 2차 모멘트,
Q : 단면 1차 모멘트, Z : 단면 계수

② 전체 부재에 걸쳐서 지간 및 위치에 상관없이 동일하다.
③ 온도 변화에 따른 부재의 팽창이 방지된 경우에는 온도응력이 발생한다.

축방향 온도응력이 발생하는 경우

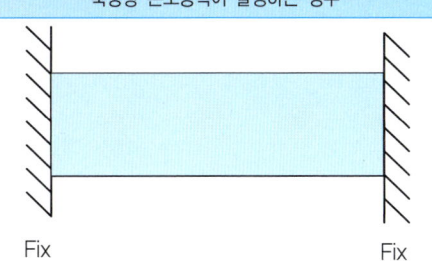

축방향 온도응력이 없는 경우

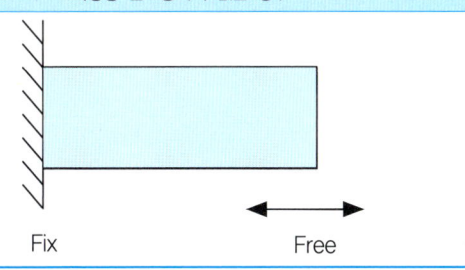

* 온도변화에 따른 부재의 변형이 발생하면 온도응력이 없으며, 온도에 따른 부재의 변형이 제한되는 경우에만 온도응력이 발생된다.

④ 선팽창계수, 탄성계수(부재의 재질 특성), 온도변화량에 비례한다.

대표기출문제

문제. 어떤 금속의 탄성계수(E)가 $21 \times 10^4 MPa$이고, 전단 탄성계수(G)가 $8 \times 10^4 MPa$일 때, 금속의 푸아송 비는?

2022년 1회

① 0.3075 ② 0.3125
③ 0.3275 ④ 0.3325

정답 ②

해설 $G = \dfrac{E}{2(1+\nu)}$ 에서, $8 \times 10^4 = \dfrac{21 \times 10^4}{2(1+\nu)}$ 이므로,
$16(1+\nu) = 21$ 에서, $\nu = 0.3125$

대표기출문제

문제. 그림과 같이 이축응력(二軸應力)을 받는 정사각형 요소의 체적변형률은? (단, 이 요소의 탄성계수 $E = 2 \times 10^5 MPa$, 푸아송 비 $\nu = 0.3$이다.)

2020년 4회

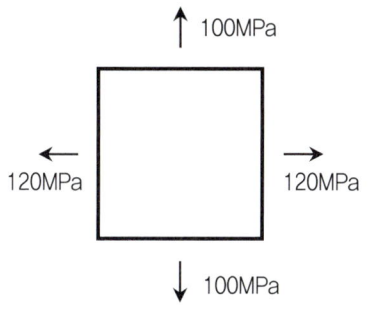

① 3.6×10^{-4} ② 4.4×10^{-4}
③ 4.8×10^{-4} ④ 6.4×10^{-4}

정답 ②

해설 체적변형율
$$e = \dfrac{1-2\nu}{E}(\sigma_x + \sigma_y + \sigma_z)$$
$$= \dfrac{1 - 2 \times 0.3}{2 \times 10^5} \times (100 + 120) = 4.4 \times 10^{-4}$$

대표기출문제

문제. 그림과 같은 인장부재의 수직변위를 구하는 식으로 옳은 것은? (단, 탄성계수는 E이다.)   2021년 3회

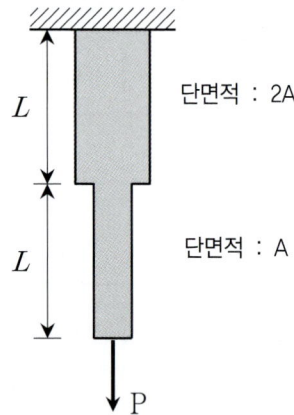

① $\dfrac{PL}{EA}$ ② $\dfrac{3PL}{2EA}$

③ $\dfrac{2PL}{EA}$ ④ $\dfrac{5PL}{2EA}$

정답 ②

해설 $\delta = \Sigma \dfrac{PL}{EA} = \dfrac{PL}{2EA} + \dfrac{PL}{EA} = \dfrac{3PL}{2EA}$

07 CHAPTER 휨응력

01 정정보 위치에 따른 휨응력

1 보 지간에 따른 휨모멘트의 변화

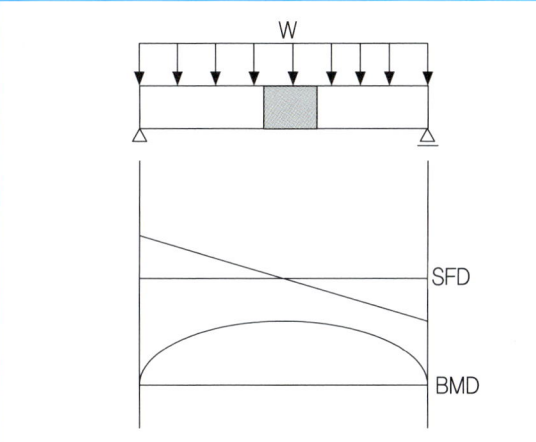

단순보에 등분포 하중이 작용하는 경우

최대 – 지간 중심
최소 – 지점

2 단면 위치에 따른 휨응력의 변화

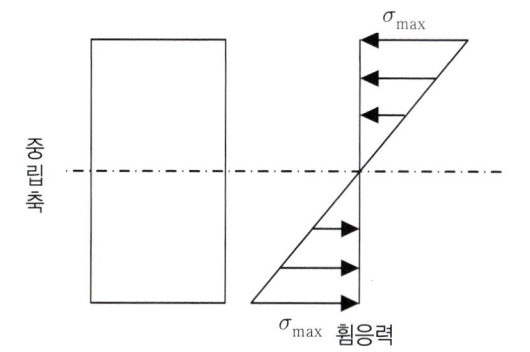

① 휨응력 일반식

$$\sigma = \pm \frac{M}{I} y$$

M : 보가 받는 모멘트 $(kN.m)$
I : 중립축에 대한 단면 2차 모멘트
y : 중립축거리

② 최대 휨응력

$$\sigma_{max} = \frac{M}{I} y_{max} = \frac{M}{Z}$$

3 정정보 위치에 따른 최대 휨응력

단면 내의 위치	정모멘트	부모멘트
상연	압축(+)	인장(-)
하연	인장(-)	압축(+)

직사각형 단면	원형 단면
$\sigma = \pm \dfrac{M}{Z} = \dfrac{6M}{bh^2}$	$\sigma = \pm \dfrac{M}{Z} = \dfrac{4M}{\pi r^3} = \dfrac{32M}{\pi D^3}$

$Z = \dfrac{I}{y_{\max}}$: 단면계수(m^3)

4 정정보 단면 내부 임의 위치에서의 휨응력

중립축에서 y의 위치 a에 발생되는 휨응력 $\sigma_a = \dfrac{My}{I}$

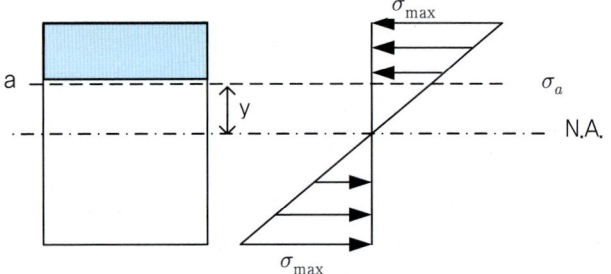

예제

문제. 그림과 같이 직사각형 단면의 단순보가 자중을 포함한 등분포하중을 받고 있다. 이 때, C점에서 발생하는 휨응력[MPa]은? (단, 보의 휨강성 EI는 일정하다)

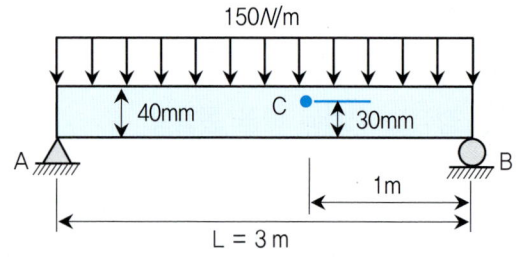

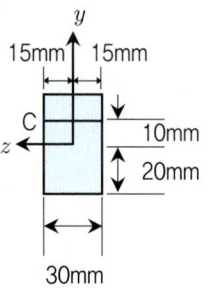

해설 C점에서의 모멘트

$M_c = 150 \times 3/2 \times 1 - \dfrac{150 \times 1^2}{2} = 150 N \cdot m$

$= 150 \times 10^3 N \cdot mm$

C점에서의 휨응력

$\sigma_c = \dfrac{M_c}{I} y = \dfrac{12(150 \times 10^3)}{30 \times 40^3} \times 10 = \dfrac{15}{16} \times 10$

$= 10 - \dfrac{1}{16} = 9.375 MPa$

5 휨응력의 특징

① 휨응력은 중립축에서 최소, 양단에서 각각 압축과 인장이 최대가 된다.
② 단면의 형상과는 관계없이 휨응력은 직선분포가 되며 중립축은 도심축과 일치한다.(등질 단면인 경우)
③ 정모멘트를 받는 경우, 상연은 압축응력을, 하연은 인장응력을 받는다.
④ 부모멘트를 받는 경우, 상연은 인장응력을, 하연은 압축응력을 받는다.
⑤ 대칭단면인 경우, 상연과 하연의 응력은 동일한 값을 가진다.

02 비대칭 단면의 휨응력

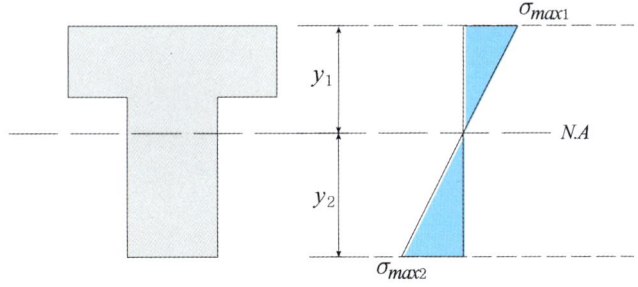

① 최상단에서의 휨응력 $\sigma_{max1} = \dfrac{M}{I} y_1 = \dfrac{M}{Z_1}$

② 최하단에서의 휨응력 $\sigma_{max2} = \dfrac{M}{I} y_2 = \dfrac{M}{Z_2}$

예제

문제. 다음 게르버보에서 단면이 T형으로 되어 있을 때 최대 휨응력은?

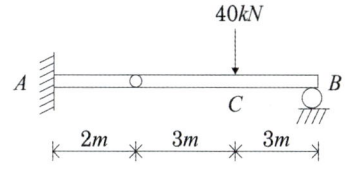

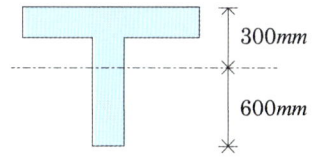

해설 ① 최대 휨모멘트 계산

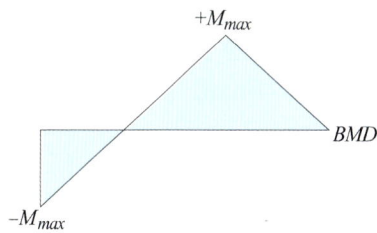

- 최대 정모멘트
$$M_C = \dfrac{Pl}{4} = \dfrac{40 \times 6}{4} = 60 kN \cdot m$$

- 최대 부모멘트
$$M_A = 20 \times 2 = 40 kN \cdot m$$

② 정모멘트 구간
$$\sigma_{c+} = \dfrac{My}{I} = \dfrac{60 \times 0.6}{I} = \dfrac{36}{I}$$
$$\sigma_{c-} = \dfrac{My}{I} = \dfrac{60 \times 0.3}{I} = \dfrac{18}{I}$$

③ 부모멘트 구간
$$\sigma_{a+} = \dfrac{My}{I} = \dfrac{40 \times 0.3}{I} = \dfrac{12}{I}$$
$$\sigma_{a-} = \dfrac{My}{I} = \dfrac{40 \times 0.6}{I} = \dfrac{24}{I}$$

④ 최대휨응력 선택

최대 휨압축응력 : A 지점에서 $\dfrac{24}{I}$

최대 휨인장응력 : C 지점에서 $\dfrac{36}{I}$

🛡 대표기출문제

문제. 지름 D인 원형 단면 보에 휨모멘트 M이 작용할 때 최대 휨응력은?

2020년 4회

① $\dfrac{64M}{\pi D^3}$ ② $\dfrac{32M}{\pi D^3}$

③ $\dfrac{16M}{\pi D^3}$ ④ $\dfrac{4M}{\pi D^3}$

정답 ②

해설 $\sigma_{\max} = \dfrac{M}{Z} = \dfrac{32M}{\pi D^3}$

🛡 대표기출문제

문제. 그림과 같은 보의 허용 휨응력이 80MPa일 때 보에 작용할 수 있는 등분포 하중(ω)은?

2020년 3회

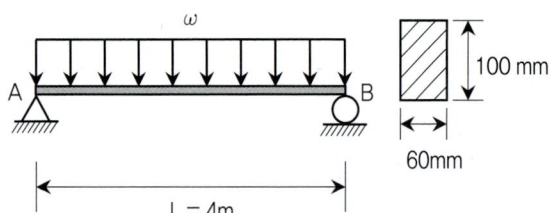

① 50kN/m ② 40kN/m
③ 5kN/m   ④ 4kN/m

정답 ④

해설 $\sigma_{\max} = \dfrac{M_{\max}}{Z} = \dfrac{\omega L^2/8}{bh^2/6} = 80MPa$에서,

$\dfrac{\omega \times 4^2 \times 10^6 \times 6}{60 \times 10^4 \times 8} = 80$이므로, $\omega = 4N/mm = 4kN/m$

🛡 대표기출문제

문제. 그림과 같은 직사각형 단면의 보가 최대휨모멘트 $M_{\max} = 20kN.m$를 받을 때 A-A단면의 휨응력은?

2020년 3회

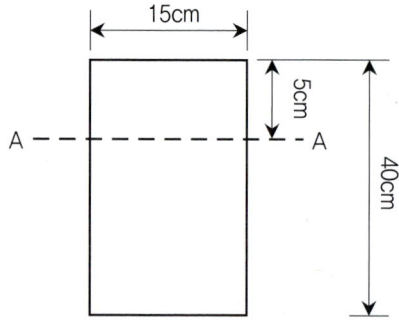

① 2.25MPa ② 3.75MPa
③ 4.25MPa ④ 4.65MPa

정답 ②

해설 $\sigma = \dfrac{M}{I}y = \dfrac{20 \times 10^6}{150 \times 400^3/12} \times 150 = 3.75MPa$

08 전단응력

토목기사

01 보 지간 위치에 따른 전단응력의 변화

① 일반적으로 전단응력과 휨응력은 반대적인 성향
② 지간 중앙에서 전단력은 최소가 되고 휨모멘트는 최대
③ 지점부에서는 전단력이 최대이고 휨모멘트는 최소

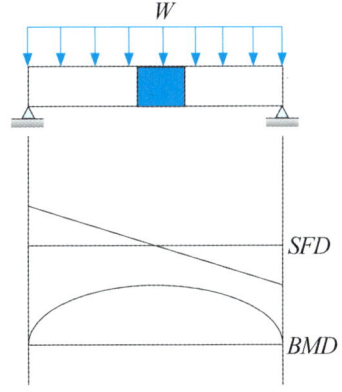

④ 전단응력 $\tau = \dfrac{V}{A}$이고, 휨응력 $\sigma = \dfrac{M}{Z}$인 것을 고려하면 보 지간에 대해 단면 변화가 없다면 지간 위치 변화에 따라 각 응력에 영향을 미치는 인자는 각 단면력만 존재

[단순보의 위치에 따른 단면력 변화]

구분	지점	지간 중앙
전단력	최대	0
휨모멘트	0	최대

02 단면 내부의 위치에 따른 전단응력의 변화

보 경간 내 임의 위치의 한 단면에서 전단응력 분포(전단력=0 인 위치에서는 전단응력분포가 없음)

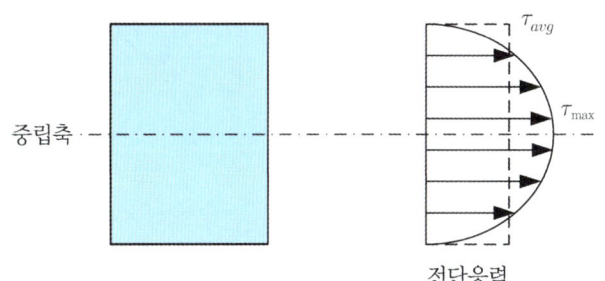

전단응력은 중립축에서 최대값을 가지고 양단 연에서 최소값을 가진다. 따라서 단면이 받는 총 전단력은 곡선 분포를 가지는 전단응력에 대해 면적을 구하면 된다. 그러나 일반적으로 곡선 분포된 응력도의 면적을 구하는 과정이 번거롭기 때문에 등가의 직사각형 응력분포로 변환해서 평균전단응력(τ_{avg})으로 사용한다.

① 보 단면에 작용하는 평균전단응력($\tau_{avg} = MPa,\ kg/cm^2$)

$$\tau_{avg} = \dfrac{V}{A}$$

V : 전단력($N,\ kg$), A : 단면적($mm^2,\ cm^2$)

② 단면 위치에 따른 전단응력(단면 1차 모멘트와 관계)

$$\tau = \dfrac{VQ}{Ib}$$

τ : 전단응력($MPa,\ kg/cm^2$)
V : 전단력($N,\ kg$)
Q : 단면 1차 모멘트($mm^3,\ cm^3$)
I : 단면 2차 모멘트($mm^4,\ cm^4$)
b : 단면폭($mm,\ cm$)

주) 단면 1차 모멘트 Q는 구하고자 하는 위치에서 외부까지 단면에 대한 값

예제

문제. 다음 구형 단면의 a지점의 전단응력은 얼마인가? (보의 폭은 b)

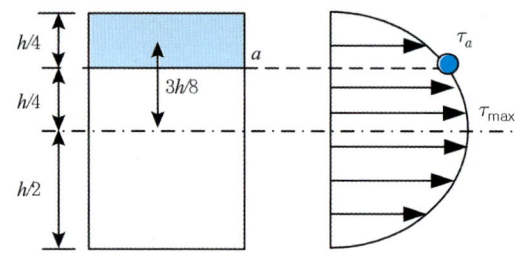

해설 $Q = A \times \bar{y} = \frac{h}{4} \times b \times (\frac{h}{4} + \frac{h}{4} \times \frac{1}{2}) = \frac{bh}{4} \times \frac{3h}{8}$

$\tau_a = \frac{VQ}{Ib} = \frac{V \times (\frac{bh}{4} \times \frac{3}{8}h)}{\frac{bh^3}{12} \times b} = \frac{9}{8}\frac{V}{A} = 1.125\frac{V}{A}$

[주요 단면 형태에 따른 최대전단응력]

직사각형	$\tau_{max} = \frac{3}{2}\tau_{avg} = \frac{3}{2}\frac{V}{A}$
원형	$\tau_{max} = \frac{4}{3}\tau_{avg} = \frac{4}{3}\frac{V}{A}$
박판원형 단면	$\tau_{max} = 2\tau_{avg} = 2\frac{V}{A}$

예제

문제. 그림과 같이 단면적 A = 4,000mm²인 원형단면을 가진 캔틸레버 보의 자유단에 수직하중 P가 작용한다. 이 보의 전단에 대하여 허용할 수 있는 최대하중 P[kN]는? (단, 허용전단응력은 1N/mm²이다)

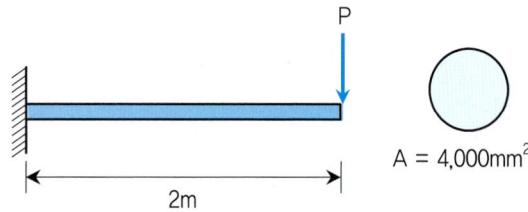

해설 $\tau_{max} = \frac{4}{3}\frac{V_{max}}{A} = 1$ 에서,

$V_{max} = P = \frac{3A}{4} = \frac{3 \times 4000}{4} = 3000N = 3kN$

03 전단응력의 특징

① 응력분포는 2차 함수를 보이며 단면 중심(중립축)에서 가장 크고, 양단연에서는 0이다.
② 단면에 따라서 단면 중심에서 가장 큰 값이 아닐 수도 있다.(가운데 부분의 면적이 과대한 단면)
③ 전단응력 분포도의 영향인자
 - 단면 폭(b) : 응력분포도의 Shift
 - 단면 1차 모멘트 : 응력분포도의 곡선의 형태

단면 형태에 따른 응력분포 형태

균일폭 혹은 선형폭 변화 단면	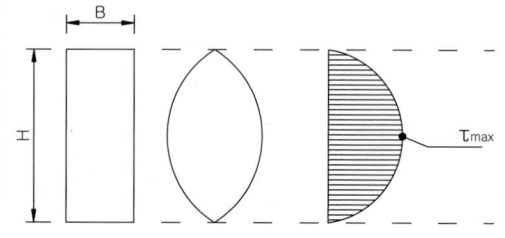 τ_{max}는 도심에서 발생
복부가 얇은 단면	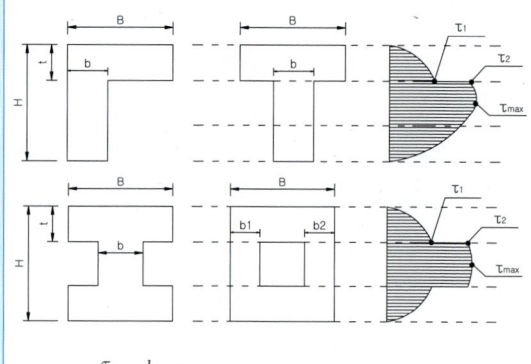 $\frac{\tau_1}{\tau_2} = \frac{b}{B}(b = b_1 + b_2)$, τ_{max}는 도심에서 발생
복부가 두꺼운 단면	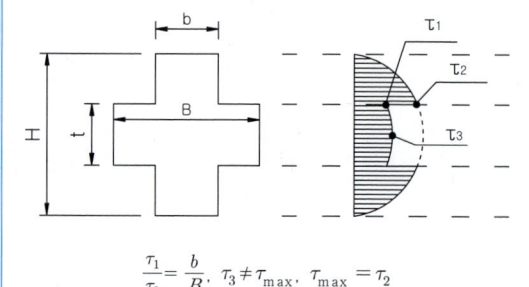 $\frac{\tau_1}{\tau_2} = \frac{b}{B}$, $\tau_3 \neq \tau_{max}$, $\tau_{max} = \tau_2$

04 특수형태 단면의 전단응력 계산

1 I형 단면

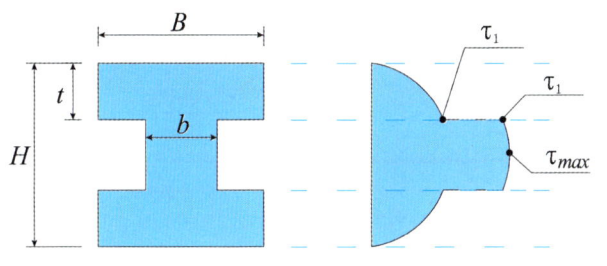

$B = 100mm$ $b = 60mm$ $t = 15mm$
$H = 120mm$ $V = 120kN$

① 전체단면의 도심에 대한 단면 2차 모멘트 I

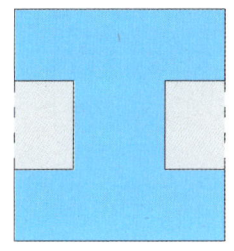

· 외부 단면의 단면 2차 모멘트

$$I_1 = \frac{BH^3}{12} = \frac{100 \times 120^3}{12} = 14.4 \times 10^6 mm^4$$

· 음영 부분 단면의 단면 2차 모멘트

$$I_2 = (B-b) \times \frac{(H-2t)^3}{12} = 40 \times \frac{90^3}{12} = 2.43 \times 10^6 mm^4$$

· 전체 단면의 단면 2차 모멘트

$$I = I_1 - I_2 = 14.4 - 2.43 = 11.97 \times 10^6 \approx 12 \times 10^6 mm^4$$

② 각 위치별 전단응력

· $\tau_1 = \dfrac{VQ}{Ib} = \dfrac{120 \times 10^3 \times 78750}{12 \times 10^6 \times 100} = 7.875 MPa$

(단, $Q = 15 \times 100 \times (15/2 + 45) = 78,750 mm^3$)

· $\tau_2 = \dfrac{VQ}{Ib} = \dfrac{120 \times 10^3 \times 78750}{12 \times 10^6 \times 60} = 13.125 MPa$

[별해] $\tau_1 : \tau_2 = 60 : 100$이므로,

$$\tau_2 = \tau_1 \times \frac{100}{60} = 7.875 \times \frac{100}{60} = 13.125 MPa$$

· $\tau_{max} = \dfrac{VQ}{Ib} = \dfrac{120 \times 10^3 \times 139500}{12 \times 10^6 \times 60} = 23.25 MPa$

(단, $Q = 78750 + 45 \times 60 \times 45/2 = 139,500 mm^3$)

*주) 위 계산 예에서 단면 특성값들이 어떤 값으로 사용되고 있는지 확인할 것

2 십자형(+) 단면

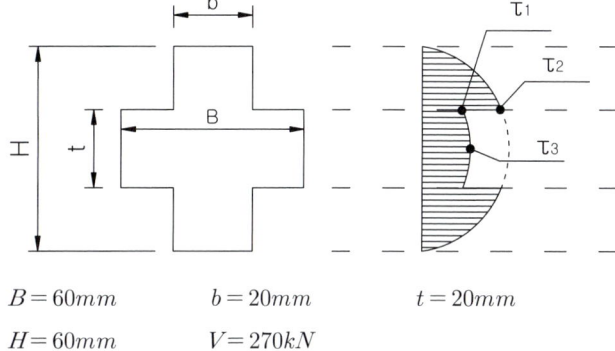

$B = 60mm$ $b = 20mm$ $t = 20mm$
$H = 60mm$ $V = 270kN$

① 전체단면의 도심에 대한 단면 2차 모멘트 I

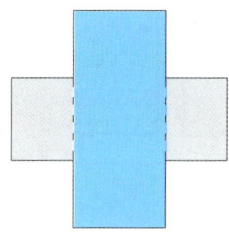

· 중앙 단면의 단면 2차 모멘트

$$I_1 = \frac{bH^3}{12} = \frac{20 \times 60^3}{12} = 360 \times 10^3 mm^4$$

· 음영 부분 단면의 단면 2차 모멘트

$$I_2 = (B-b) \times \frac{t^3}{12} = 40 \times \frac{20^3}{12} = \frac{80}{3} \times 10^3 mm^4$$

· 전체 단면의 단면 2차 모멘트

$$I = I_1 + I_2 = 360 + \frac{80}{3} = 27.027 \times 10^3 \approx 27 \times 10^3 mm^4$$

② 각 위치별 전단응력

- $\tau_1 = \dfrac{VQ}{Ib} = \dfrac{270 \times 10^3 \times 8000}{27 \times 10^3 \times 60} = 133.3 MPa$

  (단, $Q = 20 \times 20 \times (20/2 + 10) = 8 \times 10^3 mm^3$)

- $\tau_2 = \dfrac{VQ}{Ib} = \dfrac{270 \times 10^3 \times 8000}{27 \times 10^3 \times 20} = 400 MPa$

  별해 $\tau_1 : \tau_2 = 20 : 60$이므로,

  $\tau_2 = \tau_1 \times \dfrac{100}{60} = 133.3 \times \dfrac{60}{20} = 400 MPa$

- $\tau_3 = \dfrac{VQ}{Ib} = \dfrac{270 \times 10^3 \times 11000}{27 \times 10^3 \times 60} = 183 MPa$

  (단, $Q = 8000 + 10 \times 60 \times 5 = 11 \times 10^3 mm^3$)

주) 위 계산 예에서 단면 특성값들이 어떤 값으로 사용되고 있는지 확인할 것

예제

문제. 다음 그림과 같은 I형 단면에 도심 주축을 따라 연직방향으로 전단력 V가 작용하고 있다. 단면 내에 발생하는 최대 전단응력의 크기는? (단, I는 단면 2차 모멘트이다.)

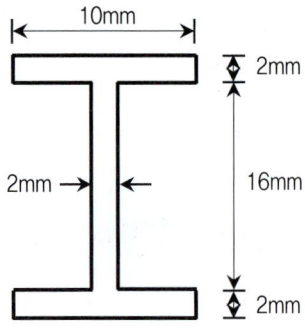

해설 $Q = 10 \times 2 \times 9 + 8 \times 2 \times 4 = 244 mm^3$

$\tau = \dfrac{VQ}{Ib} = \dfrac{244 V}{2I} = \dfrac{122 V}{I}$

05 Pin(마찰없는 볼트) 결합의 응력검토

1 응력에 따른 저항면적

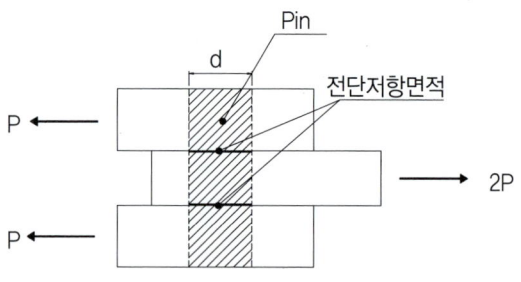

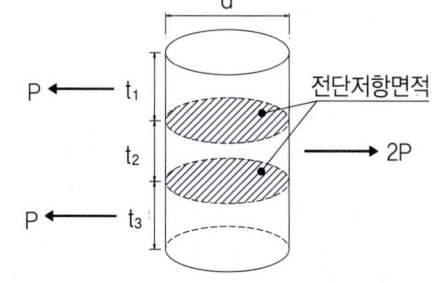

저항면적 $A_1 = 2 \times \dfrac{\pi d^2}{4}$ 재하하중 $2P$

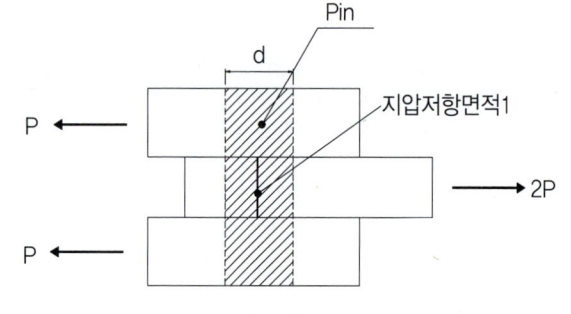

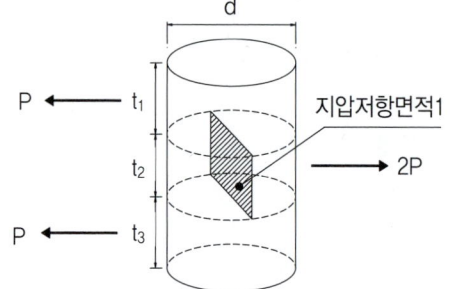

저항면적 $A_2 = d \times t_2$ 재하하중 $2P$

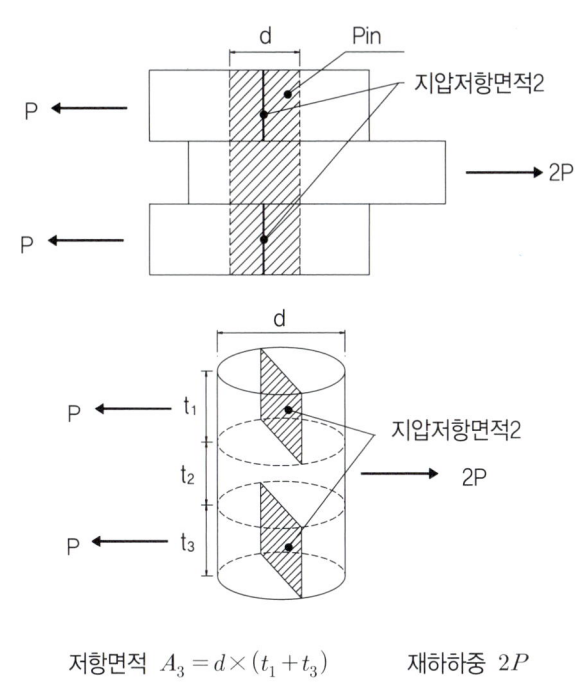

저항면적 $A_3 = d \times (t_1 + t_3)$ 재하하중 $2P$

2 전단저항 면적 고려 원칙

① 전단에 대해 저항하는 면적은 하중방향에 평행(지압은 수직 방향 면적)
② 가장 불리한 단면으로 고려
③ 전단과 지압이 동시에 고려될 수 있음

3 저항면적 계산시 주의사항

① 전단에 대해 저항하는 단면은 작용하중과 평행한 단면
② 복수로 된 Pin이음은 전단력을 균등 분배받는 것으로 가정
③ 마찰에 대한 지정이 없는 경우에는 마찰력과 전단저항은 관계없는 것으로 가정

4 Pin(마찰없는 볼트)의 허용력 계산 방법

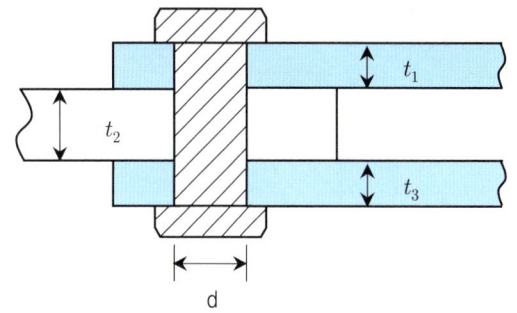

τ_a : 허용전단응력 σ_a : 허용지압응력
P : t_2가 받는 하중 $P/2$: t_1과 t_3가 각각 받는 하중
d : 볼트직경

① 허용 전단력

$$V_{all} = \tau_a \times A_s \quad (A_s : \text{볼트의 단면적} = \pi d^2/4)$$

*주) 양면 전단인 경우 $2A_s$이고, 단면 전단인 경우 $1A_s$로 한다.

② 허용 지압력(최소값 선택)

1) $P_{all} = \sigma_a \times (t_1 \times d) \times 2$
   ($t_1 \times d$: t_1판재의 지압 저항면적)
2) $P_{all} = \sigma_a \times (t_3 \times d) \times 2$
   ($t_3 \times d$: t_3판재의 지압 저항면적)
3) $P_{all} = \sigma_a \times (t_2 \times d)$
   ($t_2 \times d$: t_2판재의 지압 저항면적)

주) t_1과 t_3부재의 지압력 계산에서, 하중이 $P/2$를 받으므로 2배를 하여야 한다.

예제

문제. 그림과 같은 연결에서 볼트가 지지할 수 있는 인장력[kN]은?
(단, 허용전단응력 $v_{sa} = 200$MPa, 허용지압응력 $f_{ba} = 300$ MPa, $\pi = 3$으로 계산한다.)

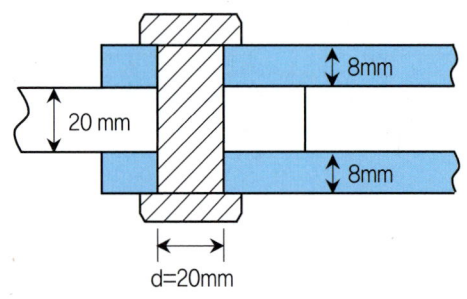

해설
- 전단검토
$$V_{all} = v_{sa} \times A_v = 200 \times \pi \times 10^2 \times 2 = 120kN$$
- 지압검토1
$$P_{all}/2 = f_{ba} \times A_b = 300 \times 20 \times 8 = 48kN \rightarrow$$
$$P_{all} = 48 \times 2 = 96kN$$
- 지압검토2
$$P_{all} = f_{ba} \times A_b = 300 \times 20 \times 20 = 120kN$$
따라서 최소값인 $96kN$

대표기출문제

문제. 그림과 같은 단순보의 단면에서 발생하는 최대 전단응력의 크기는? 2022년 1회

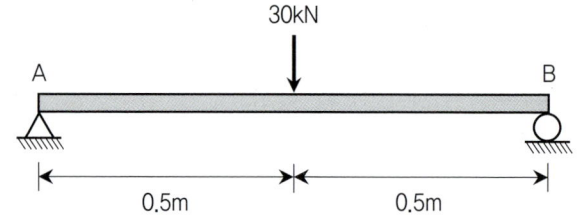

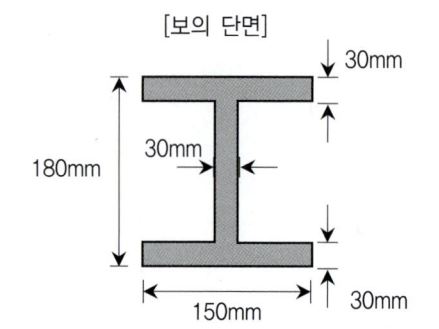

① 3.52MPa ② 3.86MPa
③ 4.45MPa ④ 4.93MPa

정답 ①

해설 $V_{max} = R_A = R_B = \dfrac{30}{2} = 15kN$

최대전단응력은 중립축에서 발생하므로,
$Q = (150 \times 30) \times (60 + 30/2) + (30 \times 60) \times 60/2$
$= 391.5 \times 10^3 mm^3$
$I = \dfrac{150 \times 180^3}{12} - \dfrac{120 \times 120^3}{12} = 55.62 \times 10^6 mm^4$
$\tau = \dfrac{VQ}{Ib} = \dfrac{15 \times 10^3 \times 391.5 \times 10^3}{55.62 \times 10^6 \times 30} = 3.519 MPa$

06 펀칭 전단의 저항면적과 허용전단력

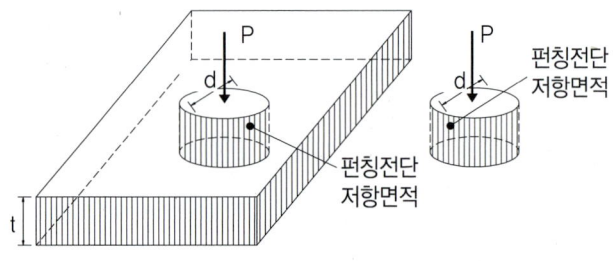

저항면적 $A = \pi \times d \times t$
재하하중 P
허용전단력 $V_{all} = \tau_{all} \times A_s = \tau_{all} \times (\pi dt)$

대표기출문제

문제. 아래 그림과 같이 속이 빈 단면에 전단력 V = 150kN이 작용하고 있다. 단면에 발생하는 최대 전단응력은? 2020년 3회

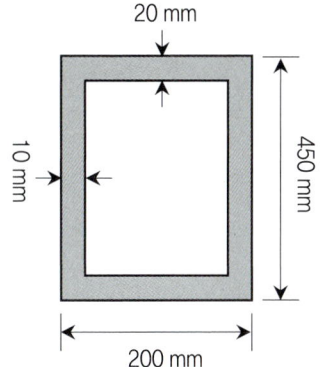

① 9.9MPa ② 19.8MPa
③ 99MPa ④ 198MPa

정답 ②

해설 $I = \dfrac{200 \times 450^3 - 180 \times 410^3}{12} = 0.485 \times 10^9 mm^4$

$Q = 200 \times 225 \times \dfrac{225}{2} - 180 \times 205 \times \dfrac{205}{2}$

$= 1.280 \times 10^6 mm^3$

$\tau_{max} = \dfrac{VQ}{Ib} = \dfrac{150 \times 10^3 \times 1.280 \times 10^6}{0.485 \times 10^9 \times 20} = 19.8 MPa$

대표기출문제

문제. 그림과 같은 단순보의 단면에서 최대 전단응력은? 2020년 1,2회

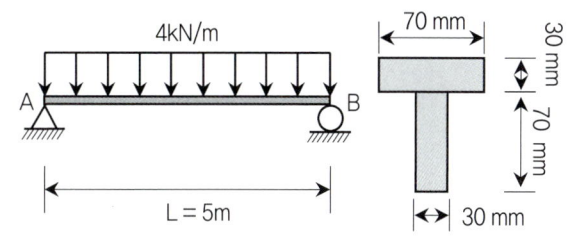

① 2.47MPa ② 2.96MPa
③ 3.64MPa ④ 4.95MPa

정답 ④

해설 단면상단에서 도심거리 $\bar{y} = \dfrac{15 + 65}{2} = 40 mm$

도심축에 대한 단면1차모멘트
$Q = 60 \times 30 \times 30 = 54 \times 10^3 mm^3$

도심축에 대한 단면2차모멘트
$I = \dfrac{30 \times 60^3}{3} + \dfrac{70 \times 40^3}{3} - \dfrac{40 \times 10^3}{3}$

$= 3.64 \times 10^6 mm^4$

최대전단력 $V_{max} = \dfrac{4 \times 5}{2} = 10 kN$

$\tau_{max} = \dfrac{VQ}{Ib} = \dfrac{10 \times 10^3 \times 54 \times 10^3}{3.64 \times 10^6 \times 30} = 4.95 MPa$

대표기출문제

문제. 어떤 보 단면의 전단응력도를 그렸더니 아래의 그림과 같았다. 이 단면에 가해진 전단력의 크기는? (단, 최대전단응력 τ_{max}은 $60MPa$이다.) **2019년 2회**

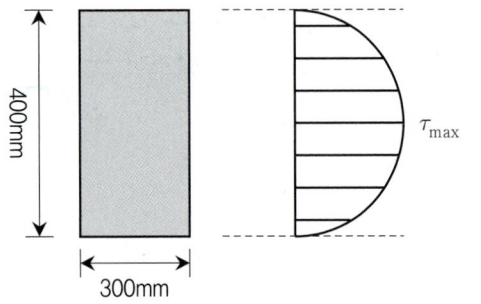

① 4200kN ② 4800kN
③ 5400kN ④ 6000kN

정답 ②

해설 $\tau_{max} = 60 = \dfrac{3}{2}\dfrac{V}{A} = \dfrac{3}{2}\dfrac{V}{400 \times 300}$ 에서, $V = 4800kN$

대표기출문제

문제. 직사각형 단면 보의 단면적을 A, 전단력을 V라고 할 때 최대 전단응력(τ_{max})은? **2022년 1회**

① $\dfrac{2V}{3A}$ ② $\dfrac{1.5V}{A}$
③ $\dfrac{3V}{A}$ ④ $\dfrac{2V}{A}$

정답 ②

해설 직사각형 단면에서 최대전단응력 $\tau_{max} = \dfrac{3V}{2A}$

원형단면 $\tau_{max} = \dfrac{4V}{3A}$

박판원형단면 $\tau_{max} = \dfrac{2V}{A}$

09 비틀림응력

토목기사

01 비틀림 응력의 개념

1 최대 비틀림 응력

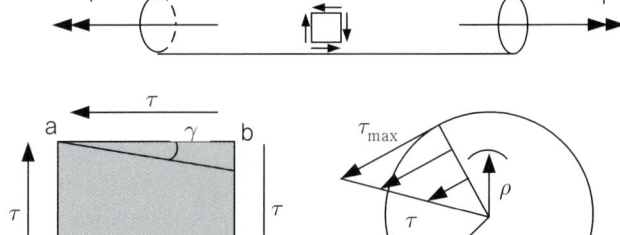

$$\tau_{\max} = \frac{T \cdot r}{I_P}$$

$$I_P = I_x + I_y = \frac{\pi r^4}{4} \times 2 = \frac{\pi r^4}{2}$$

$$\therefore \tau_{\max} = \frac{T \cdot r}{I_P} = \frac{2T}{\pi r^3}$$

2 비틀림 회전각 ϕ

G : 전단탄성계수 $\gamma = r\theta = \dfrac{r\phi}{L}$: 비틀림 변형율

r : 반지름 $\theta = \dfrac{\phi}{L}$: 단위길이 당 비틀림 회전각

ϕ : 비틀림 회전각 L : 부재의 축방향 길이

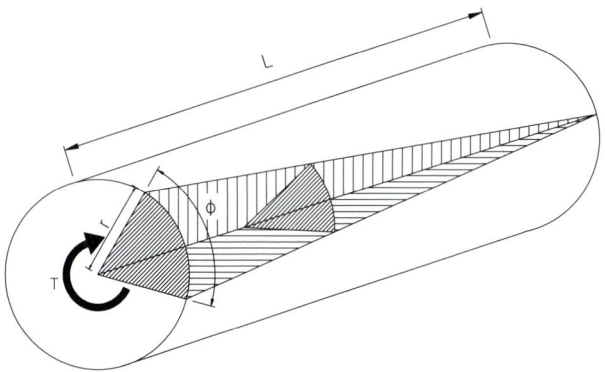

최대 비틀림 응력 $\tau_{\max} = G \times \gamma = G \times r\theta = G \times r \times \dfrac{\phi}{L} = \dfrac{Tr}{I_P}$

따라서, 비틀림 회전각 $\phi = \dfrac{TL}{GI_P}$

*주) $L = 1$로 두면, $\theta = \phi$가 된다. 단위 길이인 경우로 고려하면, 위의 개념이 보다 쉽게 이해될 수 있다.

예제

문제. 그림과 같이 지름 d = 10mm인 원형단면 강봉의 허용전단응력이 τ_{allow} = 16MPa이다. 이때 자유단에 작용 가능한 최대 허용 비틀림 모멘트 T[N · m]는? (단, 강봉의 자중은 무시한다)

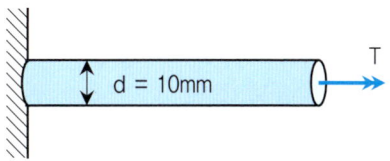

해설 $\tau_{\max} = \dfrac{Tr}{I_P} = \dfrac{T \times 5}{\pi \times 10^4 / 32} = 16 = \tau_{all}$에서, $T = \pi$

3 중요단면의 극관성모멘트 I_P와 폐합단면적 A_m, 단면적 A

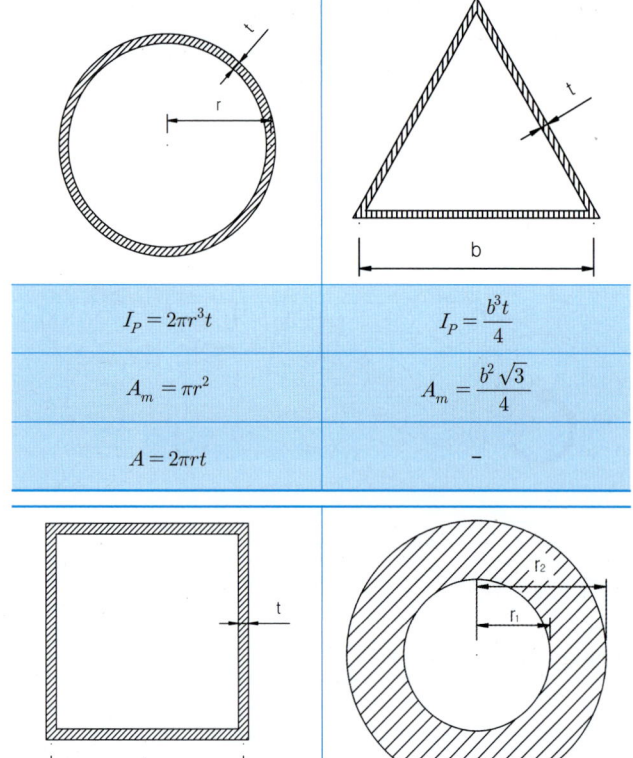

$I_P = 2\pi r^3 t$	$I_P = \dfrac{b^3 t}{4}$
$A_m = \pi r^2$	$A_m = \dfrac{b^2 \sqrt{3}}{4}$
$A = 2\pi rt$	–
$I_P = b^3 t$	$I_P = \dfrac{\pi}{2}(r_2^4 - r_1^4)$
$A_m = b^2$	$A_m = \pi r^2$
$A = 4bt$	–

4 비틀림 응력의 개념 정리

① 비틀림 응력은 반지름에 비례하므로 최대응력은 최외곽면에 존재한다.
② 비틀림에 가장 유리한 단면은 박판단면이다.(경제성 고려)
③ 비틀림 응력의 방향은 단면과 접한 평면 방향이다.(전단응력)
④ 비틀림 응력도 일종의 전단응력이므로 파괴는 45° 방향으로 일어난다.

02 전단중심

1 전단중심의 개념

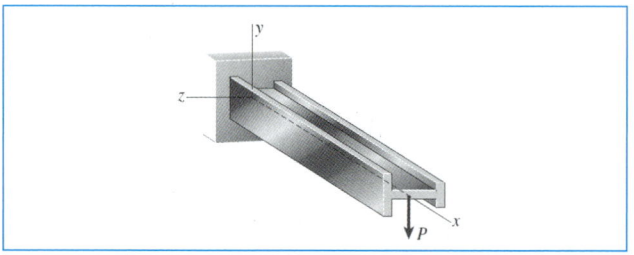

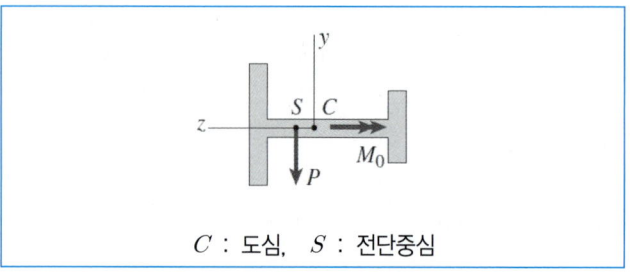

C : 도심, S : 전단중심

① 비틀림이 발생하지 않도록 재하될 수 있는 위치
② 단면에 발생하는 전단응력의 합력이 작용하는 위치
③ 전단중심에 하중 P가 작용할 경우에는 비틀림이 발생하지 않는다.

2 전단중심의 위치

① 일반적인 2축대칭 단면은 도심과 일치(직사각형, 원형, 대칭 I형, 박스형 등)

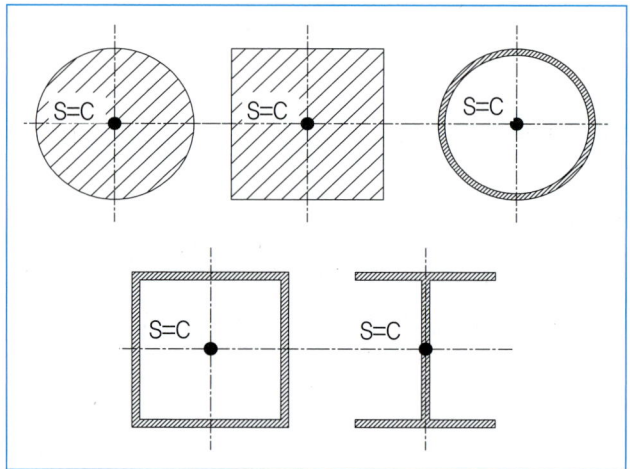

② 1축대칭 단면은 그 대칭축 상에 존재
③ 비대칭단면인 경우에는 별도의 방법에 의해서 선정
④ 중심선이 1점에서 교차하는 개단면인 경우에는 교차점이 전단중심이 된다.
⑤ 2축 역대칭 단면은 도심과 일치한다.(Z형 단면 등)

3 특수형태 단면의 전단중심 예

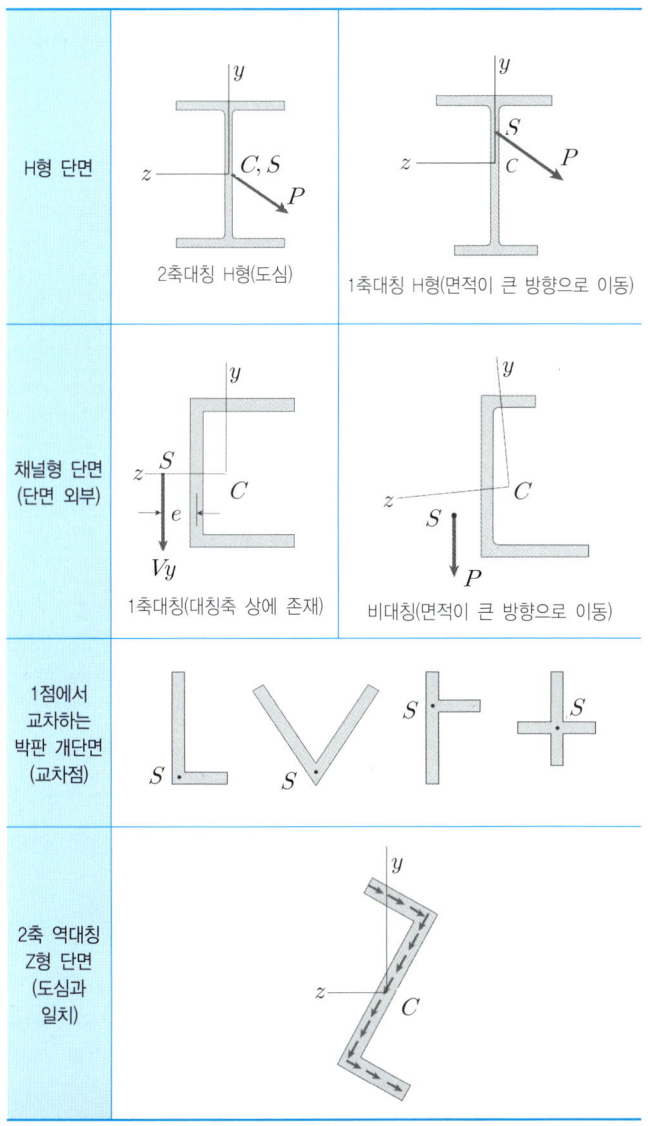

03 전단류(Shear Flow)

① 전단응력의 흐름(단위 길이당 전단력을 표시)
② 동일한 부재 내에서 같은 값

$$f_i = \tau_i \times t_i = \tau_1 \times t_1 = \tau_2 \times t_2 = \frac{T}{2A_m}$$

(A_m : 폐쇄된 중심선에 의한 단면적)

박판단면의 전단응력 $\tau = \dfrac{T}{2A_m t}$

③ 두께가 가장 얇은 곳에서 전단응력의 크기가 큼

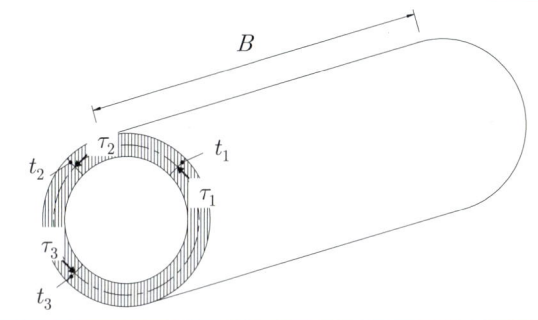

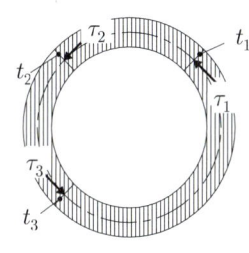

길이 B에 대해 흐르는 전단응력의 총합
$= V_i = \tau_i \times A_i = \tau_i \times (t_i \times B)$
단위 길이에 대해서 정리하면,
전단류 $\dfrac{V_i}{B} = \tau_i \times t_i = f_i$

t_1, t_2, t_3 등 어느 위치에서나 전단류 f는 동일

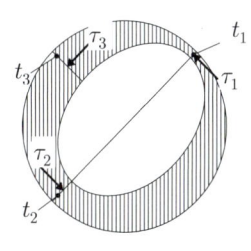

$t_1 < t_2 < t_3$인 경우,
$f_1 = \tau_1 t_1 = f_2 = \tau_2 t_2 = f_3 = \tau_3 t_3$
$= f$에서,
$\tau_1 = \dfrac{f}{t_1}$, $\tau_2 = \dfrac{f}{t_2}$, $\tau_3 = \dfrac{f}{t_3}$이므로,
$\tau_1 > \tau_2 > \tau_3$
두께가 가장 얇은 위치인 t_1에서 작용하는 τ_1이 가장 크다.

대표기출문제

문제. 그림과 같은 단면에 비틀림 응력 50kN·m가 작용할 때 최대 전단응력은?
2021년 1회

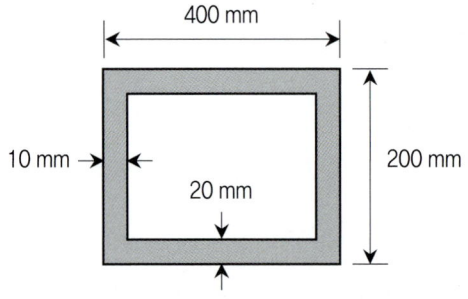

① 15.63MPa ② 17.81MPa
③ 31.25MPa ④ 35.61MPa

정답 ④

해설 $\tau = \dfrac{T}{2A_m t} = \dfrac{50 \times 10^6}{2 \times 390 \times 180 \times 10} = 35.61 MPa$

참고 두께가 얇은 곳에서 최대전단응력이 발생한다.

10 CHAPTER 모어응력원과 압력용기

토목기사

01 구형(球形) 압력 용기

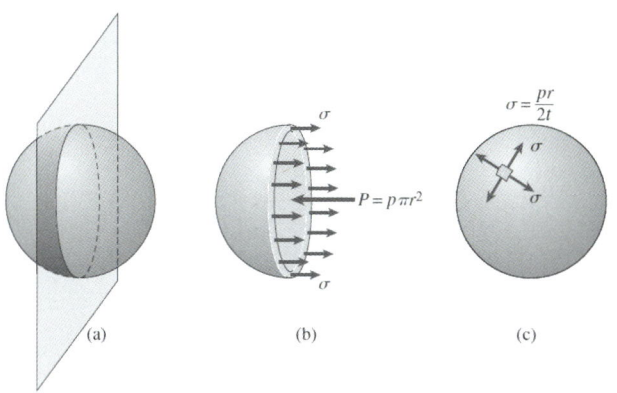

그림(a)는 구형압력용기를 절단하기 전의 개념도
그림(b)는 구형압력용기를 절단한 후의 개념도(원축응력)
그림(c)는 구형압력용기에 작용하는 평면방향의 응력에 대한 개념도

① 구형압력용기 내부에 작용하는 총 압력 $P = p \times (\pi r^2)$,
단면의 인장저항력 $T = \sigma \times (2\pi rt)$

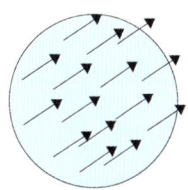
내부 총압력
$\pi r^2 \times p$

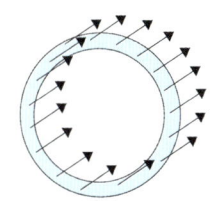
단면의 저항력
$2\pi rt \times \sigma$

② $P = T$에서, $p \times r = 2\sigma \times t$이므로, 단면이 받는 인장응력
$\sigma = \dfrac{pr}{2t}$ (원축응력)

③ 외측표면내 최대전단응력 $\tau_{max} = \dfrac{\sigma}{2} = \dfrac{pr}{4t}$ (1축 인장응력을 받는 부재에서 최대전단응력)

예제

문제. 인장강도가 500 MPa인 금속으로 만든 반경 4 m, 두께 10 cm인 구형(Sphere)의 금속압력용기에 5 MPa의 내압이 작용한다면 인장파괴에 대한 안전계수는? (단, 용기의 두께는 반경에 비해 매우 작고, 자중은 무시한다)

해설 구형압력용기는 원축응력만 존재한다.
저항력 $2\sigma t = 2 \times 500 \times 100 = 10^5$
작용력 $pr = 5 \times 2000 = 2 \times 10^4$
따라서, 안전율 $= \dfrac{10^5}{2 \times 10^4} = 5$

02 원통형 압력용기

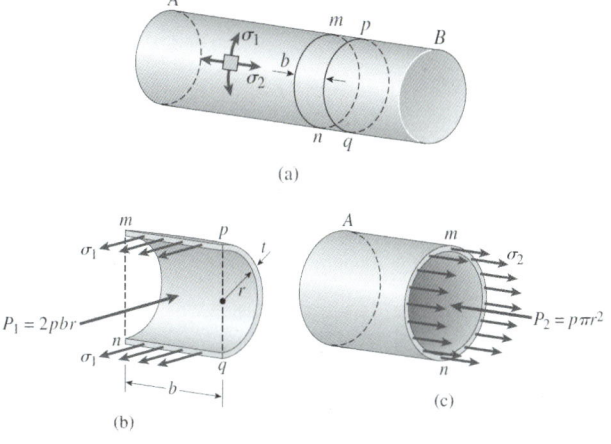

- 그림(a)는 원통형 압력용기에 발생하는 평면응력 개념도
- 그림(b)는 원통형 압력용기의 길이방향 절단면에 작용하는 응력 개념도(원환응력)

- 그림(c)는 원통형 압력용기의 단면방향 절단면에 작용하는 응력 개념도(원축응력)

  ① 그림(b)에서, 폭 $b=1$로 두고 용기내부에 발생하는 총 압력 $P_1 = p \times (2r \times 1)$, 단면의 저항력 $T_1 = \sigma_1 \times (t \times 1) \times 2$

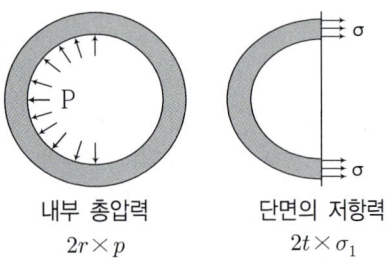

내부 총압력	단면의 저항력
$2r \times p$	$2t \times \sigma_1$

  ② $P_1 = T_1$에서, $p \times 2r = \sigma_1 \times 2t$이므로,

  $\sigma_1 = \dfrac{pr}{t}$ (원환응력)

  ③ 그림(c)에서,
  용기내부에 발생하는 총압력 $P_2 = p \times (\pi r^2)$,
  단면의 저항력 $T_2 = \sigma_2 \times (2\pi rt)$

  ④ $P_2 = T_2$에서, $p \times \pi r^2 = \sigma_2 \times 2\pi rt$이므로,

  $\sigma_2 = \dfrac{pr}{2t}$ (원축응력)

  ⑤ $\sigma_1 = 2\sigma_2$이므로, 원환응력이 단면설계를 지배

  ⑥ 외측표면 내 최대전단응력 $\tau_{max} = \dfrac{\sigma_1 - \sigma_2}{2} = \dfrac{\sigma_1}{4}$

  (모어응력원 개념 이용)

*주) 반경 r은 압력용기의 내부반경
*주) 외측표면 내 최대전단응력을 계산하는 것은, 외측표면에서는 표면에 수직으로 작용하는 응력(압력)이 "0"이므로, 평면에 작용하는 응력(2차원 응력)으로 고려될 수 있기 때문에 계산이 용이하다. 또한 면내 전단응력은 표면에 평행한 방향에 대한 검토이므로 계산이 용이하나, 면외 전단응력은 표면에 직각이 되는 다른 방향들에 대해 모두 검토하는 것으로 개념을 이해하기 위해서는 상당한 어려움과 시간이 필요하다.

구분	원환응력 σ_1	원축응력 σ_2	지배응력	외측표면내 최대전단응력 τ_{max}
구형 압력용기	–	$\dfrac{pr}{2t}$	원축응력	$\dfrac{pr}{4t}$
원통형 압력용기	$\dfrac{pr}{t}$	$\dfrac{pr}{2t}$	원환응력	$\dfrac{pr}{4t}$

주응력	평면응력상에서 최대 혹은 최소로 작용하는 축응력 응력원과 축응력 축과의 두 교점
최대전단응력	평면응력상에서 최대 혹은 최소로 작용하는 전단응력 응력원과 전단응력 축과의 두 교점

03 모어 응력원의 작도

1 모어 응력원의 작도 요령

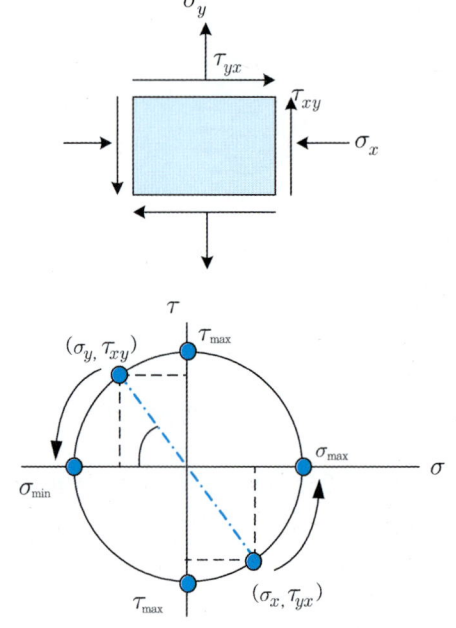

① (σ_x, τ_{xy})좌표와 $(\sigma_y, -\tau_{xy})$좌표를 표시
② 두 좌표를 직선으로 연결(직선의 반경 = 최대전단응력)
③ 직선의 중심으로 원을 작도(모어 응력원)
④ x축(σ축)과 응력원의 두 교점(주응력) 중 큰 값(절대값) = 최대 주응력
⑤ 응력원에서 회전한 각도 θ는 실제 요소가 회전한 각도의 2배

2 부호의 결정(사용자 임의 판단하되 통일되도록 적용)

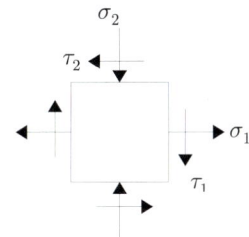

① **축응력의 부호** : 인장 +
② **전단응력의 부호** : 작용면을 시계방향회전 +
   σ_1 : 인장(+), σ_2 : 압축(−)
   τ_1 : 시계 회전(+), τ_2 : 반시계 회전(−)

3 용어

① **주응력면(최대주응력면)** : 모어 응력원에서 두 주응력을 연결한 선
② **최대 전단응력면** : 모어 응력원에서 최대 및 최소 전단응력을 연결한 선
③ **현재 응력면** : 모어 응력원에 표시된 두 좌표를 연결한 선
④ **법선응력** : 1축 응력
⑤ 모어 응력원에서 주응력면과 최대 전단응력면은 직교

04 모어 응력원의 빠른 접근방법

주) 이 방법을 익히기 이전에 모어 응력원으로 평면응력문제를 여러 번 익숙하게 풀어 봐야만 한다.

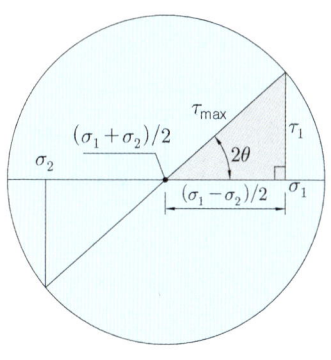

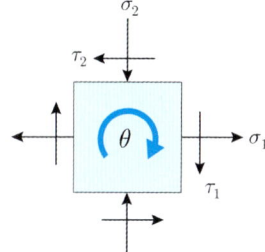

응력원의 중심 : 두 축응력의 산술평균
응력원의 반경 : 최대전단응력
최대주응력 : 응력원 중심 + 응력원 반경

$\dfrac{(\sigma_1 - \sigma_2)}{2}$, τ, τ_{max} 는 직각삼각형을 구성하므로, 피타고라스 정리 적용

$\left[\dfrac{(\sigma_1 - \sigma_2)}{2}\right]^2 + \tau^2 = \tau_{max}^2$ ⇒ 통상적으로 직각삼각형 닮음비 적용

① 주어진 축응력의 두 값을 뺀 후, 그 값의 1/2을 기록한다.
② 주어진 전단응력과 ①에서 구한 값으로 직각삼각형의 대각선 길이를 구한다.
   (일반적으로 $3:4:5$, $1:\sqrt{3}:2$, $1:1:\sqrt{2}$ 인 경우가 많다.) → 응력원의 반경 = 최대 전단응력
③ 주어진 축응력의 산술평균값에 ②에서 구한 값을 더한다.
   → 최대주응력
④ 최대주응력이 되기 위해 회전한 각도는 ②에서 구할 수 있다.

> **예제**
>
> **문제.** 다음 응력요소의 최대 주응력과 최대 전단응력을 구하시오.

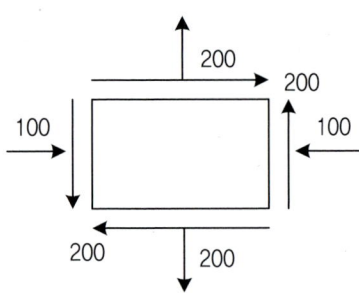

> **해설** ① $\dfrac{\sigma_1 - \sigma_2}{2} = \dfrac{200 - (-100)}{2} = \dfrac{300}{2} = 150$,
>
> $\dfrac{\sigma_1 + \sigma_2}{2} = \dfrac{200 - 100}{2} = 50$
>
> ② $\tau = 200$이므로, $3:4:5 = 150:200:x$에서
> $x = 250 = \tau_{max}$
>
> ③ $\sigma_{max} = \dfrac{\sigma_1 + \sigma_2}{2} + \tau_{max} = 50 + 250 = 300$
>
> ④ 최대주응력이 되기 위해 회전한 각도 θ
> $\tan 2\theta = \dfrac{4}{3}$에서, $\theta = \dfrac{1}{2} \tan^{-1}(4/3)$

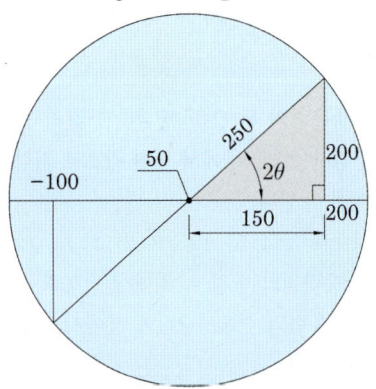

> **예제**
>
> **문제.** 그림과 같은 평면응력 상태의 미소 요소에서 최대 주응력의 크기[MPa]는?

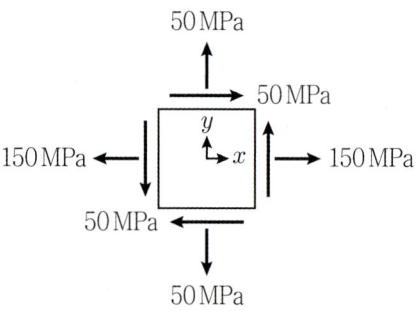

> **해설** $\dfrac{\sigma_1 + \sigma_2}{2} = \dfrac{50 + 150}{2} = 100$
>
> $\dfrac{\sigma_1 - \sigma_2}{2} = \dfrac{50 - 150}{2} = 50$이고, $\tau = 50$이므로,
> 직각삼각형 닮음비에 따라, $\tau_{max} = 50\sqrt{2}$
> 따라서, $\sigma_{max} = 100 + \tau_{max} = 100 + 50\sqrt{2}$

05 순수 전단인 경우의 모어 응력원

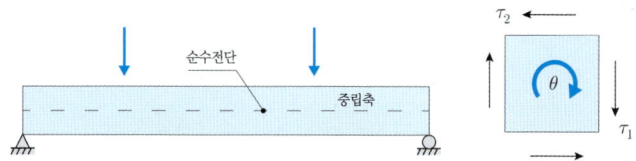

* 보의 중립축에서는 전단응력만 존재

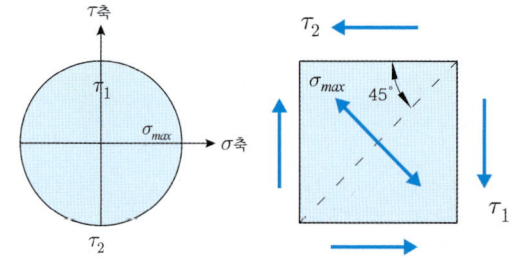

① 응력원의 중심은 원점
② 전단응력 = 최대 주응력 = 최대 전단응력
 $\tau_1 = -\tau_2 = \tau_{max} = \sigma_{max}$
③ 최대 주응력이 되기 위한 경사면 $\theta = 45°$ → 45° 방향의 인장응력 발생(사인장응력)

> **예제**
>
> **문제.** 그림과 같은 평면응력 상태의 미소 요소에서 최대 주응력의 크기[MPa]는?
>
> **해설** 모어응력원에서, $\tau = \sigma_{max} = 15MPa$

07 회전한 단면에서의 응력

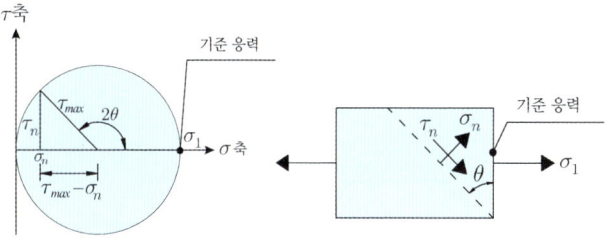

① 회전하기 전의 응력원 작도
② 회전시작점은 기준응력으로 하고, 회전방향은 동일하게 작도
③ 응력원에서는 실제회전각 θ의 2배를 회전

$\alpha = 180 - 2\theta$

$\tau_{max} - \sigma_n = \tau_{max}\cos\alpha \Rightarrow \sigma_n = \tau_{max} - \tau_{max}\cos\alpha$ (+, 인장응력)

$\tau_n = \tau_{max}\sin\alpha$ (+, 시계방향 회전)

주) 회전방향이 잘못되면, 전단응력의 방향이 달라진다.
주) 상기 설명에서는 기준 응력면에서 반시계방향으로 회전하였다.

> **예제**
>
> **문제.** 다음 그림과 같이 단면적 10m²인 부재에 축방향 인장하중 P가 작용하고 있다. 이 부재의 경사면 ab에 25Pa의 법선응력을 발생시키는 인장하중 P[N]의 크기를 구하고, 인장하중 P에 의해 부재에 발생하는 최대 전단응력 τ_{max} [Pa]는?
>
>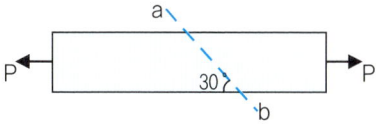
>
> **해설** $\sigma_1 = \dfrac{P}{10}$인 1축 인장부재에 법선응력 재하면이 60° 회전한 경우이므로, 응력원에서는 120° 회전해야 한다.
>
> 응력원의 반경 $\tau_{max} = \dfrac{\sigma_1}{2} = 2 \times 25 = 50Pa$,
>
> 따라서 $P = \sigma_1 \times 10 = 1000Pa$
>
>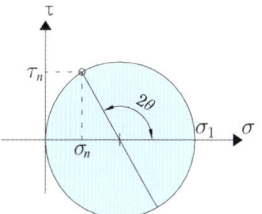

06 1축응력 부재의 모어 응력원

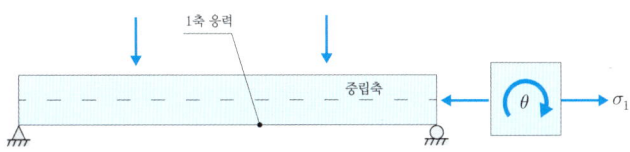

* 보의 최상연 및 최하연에서는 1축 응력만 존재

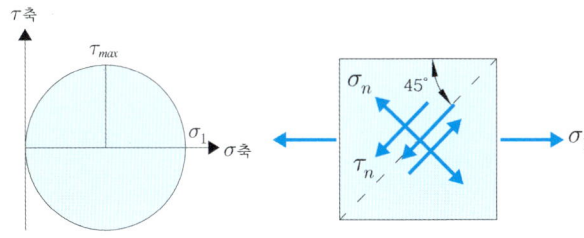

① 응력원의 중심 = $\sigma_1/2$, 0
② 1축응력 = 최대 주응력 $\sigma_1 = \sigma_{max}$
③ 응력원의 반경 = $\sigma_1/2 = \tau_{max}$
④ 최대전단응력이 되기 위한 경사면 $\theta = 45°$ → 45° 방향의 인장 응력과 전단응력 발생($\sigma_n = \tau_n = \sigma_1/2$)

대표기출문제

문제. 그림과 같이 균일 단면 봉이 축인장력(P)을 받을 때 단면 a-b에 생기는 전단응력(τ)은? (단, 여기서 m-n은 수직단면이고, a-b는 수직단면과 45°의 각을 이루고, A는 봉의 단면적이다.)

2021년 1회

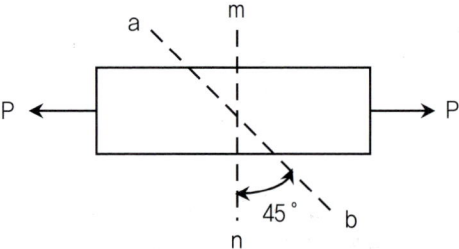

① $\tau = 0.5 \dfrac{P}{A}$ ② $\tau = 0.75 \dfrac{P}{A}$

③ $\tau = 1.0 \dfrac{P}{A}$ ④ $\tau = 1.5 \dfrac{P}{A}$

정답 ①

해설 1축인장을 받는 부재의 최대주응력 $\sigma = \dfrac{P}{A}$

응력원에서, 90도 회전한 전단응력 $\tau_n = \dfrac{\sigma}{2} = \dfrac{P}{2A}$

대표기출문제

문제. 지름 d = 120cm, 벽두께 t = 0.6cm인 긴 강관이 q = 2MPa의 내압을 받고 있다. 이 관벽 속에 발생하는 원환응력(σ)의 크기는?

2020년 3회

① 50MPa   ② 100MPa
③ 150MPa   ④ 200MPa

정답 ④

해설 원환응력 $\sigma = \dfrac{pr}{t} = \dfrac{2 \times 600}{6} = 200 MPa$

대표기출문제

문제. 평면응력상태 하에서의 모아(Mohr)의 응력원에 대한 설명으로 옳지 않은 것은?

2019년 2회

① 최대 전단응력의 크기는 두 주응력의 차이와 같다.
② 모아 원으로부터 주응력의 크기와 방향을 구할 수 있다.
③ 모아 원이 그려지는 두 축 중 연직(y)축은 전단응력의 크기를 나타낸다.
④ 모아 원 중심의 x 좌표 값은 직교하는 두축의 수직응력의 평균값과 같고, y 좌표 값은 0이다.

정답 ①

해설 최대 전단응력의 크기는 응력원의 반경과 같다.

11 단주의 편심

01 단주의 편심

1 편심에 따른 축응력의 변화

1축 압축을 받는 기둥 단면의 도심에 하중이 작용한다면 요소는 아래 그림처럼 등분포의 압축응력을 받는다. 그러나 작용점이 도심을 조금씩 이탈할수록 편심을 받는 방향으로 압축응력이 강해지고, 그 반대방향으로는 약해진다. 일정의 편심까지 도달하게 되면 편심 반대방향에는 아무런 응력이 없는 상태가 되고 이렇게 되는 편심거리를 단면 핵반경이라고 한다. 단면 핵반경을 초과해서 편심이 발생하면 편심 반대 방향에는 인장응력이 발생한다.

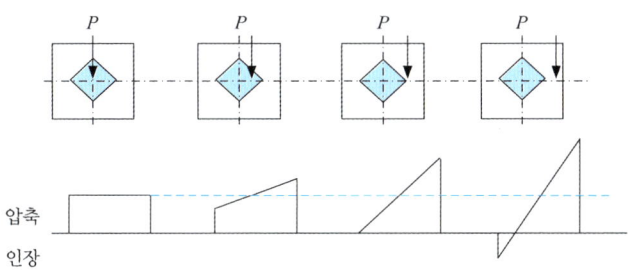

2 핵반경

단면 핵반경으로 이루어진 단면 내부의 면적을 단면핵이라고 하며 단면핵 내부에 압축하중이 작용하면 단면 어디에서도 인장응력이 발생하지 않는다.

핵반경	인장이 발생하지 않는 최대 편심거리

$e_{\max}$에서 $\sigma_{\min} = 0$

$\sigma_{\min} = -\dfrac{P}{A} + \dfrac{M_y}{Z_y} = 0$에서, $M_y = P \cdot e_{x(\max)}$이므로,

$-\dfrac{P}{A} + \dfrac{P \cdot e_{x(\max)}}{Z_y} = 0$

$$\therefore e_{x(\max)} = \frac{Z_y}{A} \quad \therefore e_{y(\max)} = \frac{Z_x}{A}$$

3 중요 단면의 단면핵

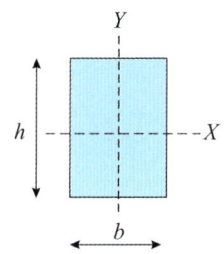

$e_x = \dfrac{Z_y}{A} = \dfrac{hb^2}{6bh} = \dfrac{b}{6}$

$e_y = \dfrac{Z_x}{A} = \dfrac{bh^2}{6bh} = \dfrac{h}{6}$

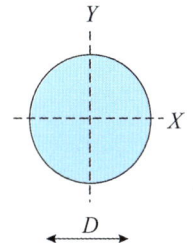

$e_x = \dfrac{Z_y}{A} = \dfrac{\pi r^3}{4\pi r^2} = \dfrac{r}{4} = \dfrac{D}{8} = e_y$

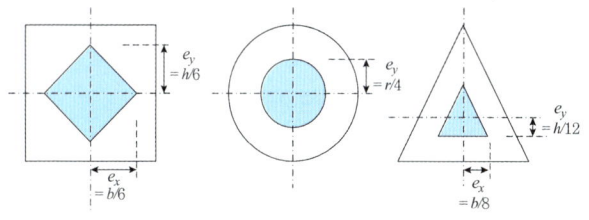

주) 원의 핵반경과 단면 회전반경

$e_x = \dfrac{Z_y}{A} = \dfrac{D}{8}$	$r_{\min} = \dfrac{D}{4}$

02 편심을 받는 단주의 응력

1 단주의 개념

단주 : 압축응력에 의해 지배되는 기둥 (세장비 $\lambda \leq 45$)

$$\sigma = -\frac{P}{A}$$

(−부호는 압축의 의미로 적용한 것이고, 실제 압축을 주로 받는 구조물에서는 임의적으로 압축응력을 +로 이해해도 좋다.)

2 편심하중을 받는 기둥

도심을 벗어난 편심을 받는 경우는 편심에 따라 응력이 변화한다. 편심하중은 모멘트로 이해할 수 있으며 다음과 같이 설명된다.

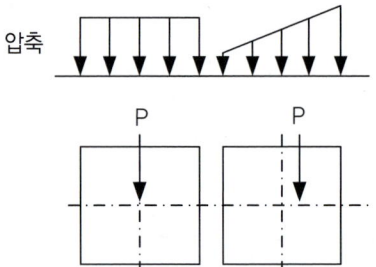

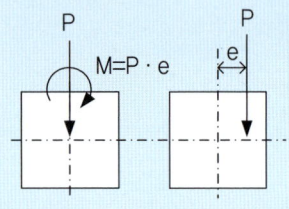

편심 e를 가지고 재하되는 집중하중 P
→ 도심에 재하되는 집중하중(P) + 모멘트($M = P \times e$)

3 1축 편심을 받는 기둥의 응력

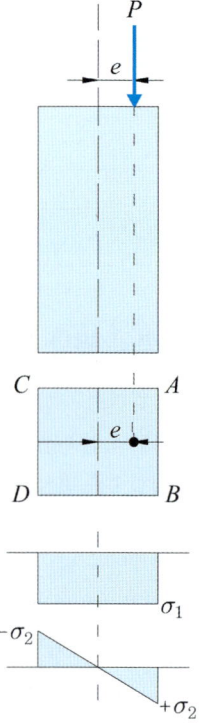

① 축력 P가 편심 e로 재하
 → 축력 P와 모멘트 $M = P \times e$ 동시재하

② 축력 P에 의한 축응력 $\sigma_1 = \dfrac{P}{A}$

③ 모멘트 M에 의한 휨응력 $\sigma_2 = \pm \dfrac{M}{Z}$

④ AB면에 작용하는 응력

$$\sigma_{AB} = \sigma_1 + \sigma_2 = \frac{P}{A} + \frac{M}{Z} = \frac{P}{A} + \frac{6Pe}{bh^2} = \frac{P}{A}\left(1 + \frac{e}{e_{max}}\right)$$

⑤ CD면에 작용하는 응력

$$\sigma_{AB} = \sigma_1 - \sigma_2 = \frac{P}{A} - \frac{M}{Z} = \frac{P}{A} - \frac{6Pe}{bh^2} = \frac{P}{A}\left(1 - \frac{e}{e_{max}}\right)$$

(e_{max}는 핵반경)

4 2축 편심을 받는 기둥의 응력

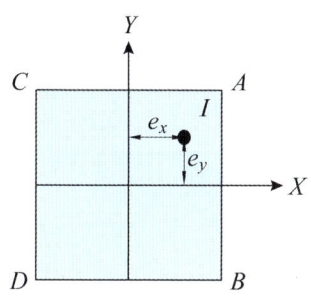

① A점의 응력 $\sigma_A = \dfrac{P}{A}(1 + \dfrac{e_x}{e_{x \cdot \max}} + \dfrac{e_y}{e_{y \cdot \max}})$

② B점의 응력 $\sigma_B = \dfrac{P}{A}(1 + \dfrac{e_x}{e_{x \cdot \max}} - \dfrac{e_y}{e_{y \cdot \max}})$

③ C점의 응력 $\sigma_C = \dfrac{P}{A}(1 - \dfrac{e_x}{e_{x \cdot \max}} + \dfrac{e_y}{e_{y \cdot \max}})$

④ D점의 응력 $\sigma_D = \dfrac{P}{A}(1 - \dfrac{e_x}{e_{x \cdot \max}} - \dfrac{e_y}{e_{y \cdot \max}})$

$(e_{x \cdot \max} = \dfrac{Z_y}{A},\ e_{y \cdot \max} = \dfrac{Z_x}{A})$

e_x 편심에 대해 (+)인 구간	e_y 편심에 대해 (+)인 구간

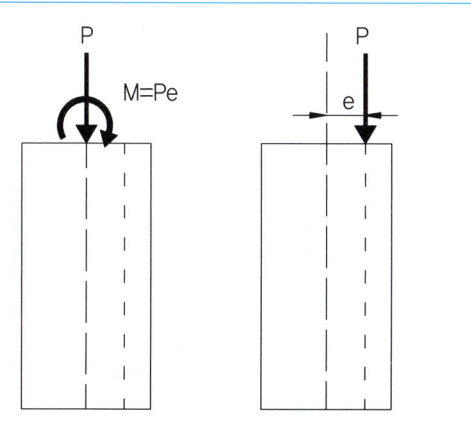

*주) 편심축하중 = 축력과 모멘트가 동시에 재하되는 경우

예제

문제. 다음과 같이 직사각형 단면을 가진 단주에 편심하중 P = 72kN이 작용할 때, 점 C, D에 생기는 응력[MPa]은? (단, 편심하중의 위치는 e(40, 60)이다.)

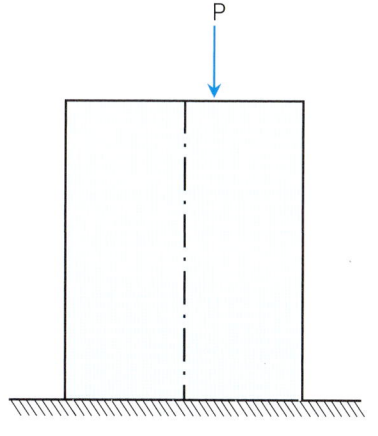

〈기둥 하부단면〉

해설 편심축하중의 받는 부재의 응력

$\sigma_{1,2,3,4} = \dfrac{P}{A}(1 \pm \dfrac{e_x}{e_{x,\max}} \pm \dfrac{e_y}{e_{y,\max}})$

$\sigma_c = \dfrac{72000}{300 \times 240}(1 + \dfrac{40}{50} + \dfrac{60}{40}) = 3.3 MPa$,

$\sigma_d = \dfrac{72000}{300 \times 240}(1 + \dfrac{40}{50} - \dfrac{60}{40}) = 0.3 MPa$

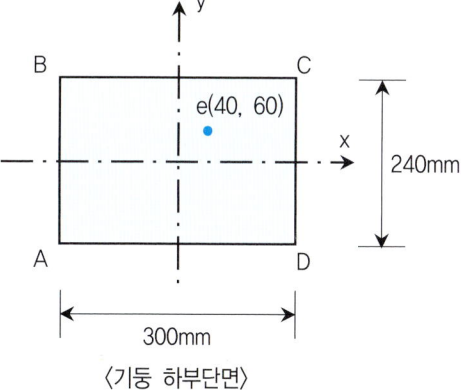

대표기출문제

문제. 그림과 같은 직사각형 단면의 단주에서 편심하중이 작용할 경우 발생하는 최대압축응력은? (단, 편심거리(e)는 100mm이다.)
2021년 1회

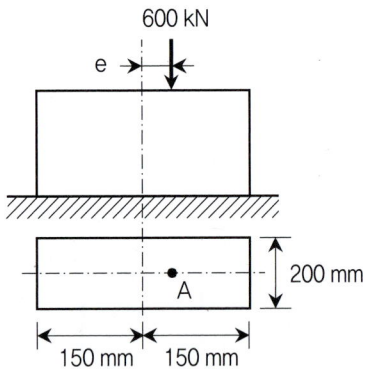

① 30MPa ② 35MPa
③ 40MPa ④ 60MPa

정답 ①

해설
$$\sigma_{max} = \frac{P}{A}\left(1 + \frac{e}{e_{max}}\right)$$
$$= \frac{600 \times 10^3}{300 \times 200}\left(1 + \frac{100}{300/6}\right) = 30MPa$$

대표기출문제

문제. 그림은 정사각형 단면을 갖는 단주에서 단면의 핵을 나타낸 것이다. x의 거리는?
2020년 3회

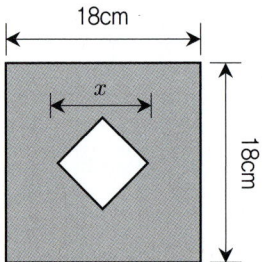

① 3cm ② 4.5cm
③ 6cm ④ 9cm

정답 ③

해설 핵반경 $e_{max} = \frac{h}{6} = \frac{18}{6} = 3cm$
직경을 구하므로, $2 \times e_{max} = 2 \times 3 = 6cm$

CHAPTER 12 장주의 좌굴

01 세장비와 기둥의 분류

1 장주와 단주

단주	압축응력이 지배하는 기둥. 짧은 기둥
장주	좌굴응력이 지배하는 기둥. 긴 기둥

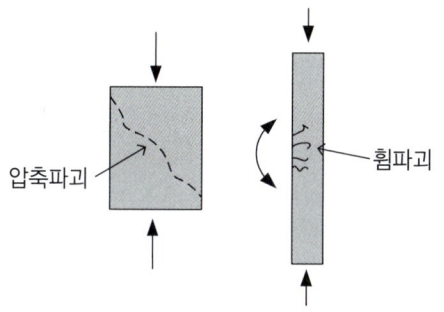

압축파괴 / 휨파괴

기둥은 1축 응력을 위주로 받는 구조물이다. 물론 휨이나 전단 등의 응력도 받을 수 있다. 그런데 기둥의 길이와 형상에 따라서 압축파괴가 일어날 수도 있고 휨파괴가 일어나기도 한다. 그 구분이 장주와 단주이며, 장주와 단주를 구별하는 기준이 세장비이다.

2 세장비 : 장주와 단주의 판단근거

$$\lambda = \frac{l_k}{r_{min}}$$

$l_k(kl)$: 기둥의 좌굴길이(유효좌굴장)

$r_{min} = \sqrt{\dfrac{I_{min}}{A}}$: 최소단면회전반경
 (좌굴 휨에 대해 저항하는 단면의 특성값)

주) 기둥의 좌굴은 단면 강도가 약한 방향으로 발생하므로, 단면회전반경은 항상 최소값이 사용된다.

구분	세장비(λ)
단주	30~45(약 50 미만)
중간주	45~100
장주	100 이상

3 단면에 따른 최소회전반경

단면종류	최소단면회전반경
원	$r_{min} = r = \sqrt{\dfrac{I_{min}}{A}} = \sqrt{\dfrac{\frac{\pi r^4}{4}}{\pi r^2}} = \dfrac{r}{2}$
직사각형	$r_{min} = r = \sqrt{\dfrac{I_{min}}{A}} = \sqrt{\dfrac{\frac{bh^3}{12}}{bh}} = \dfrac{h}{2\sqrt{3}} = 0.3h \ (b>h)$

4 경계조건에 따른 유효좌굴길이

① 연직방향 가동여부는 무시
② 수평방향 고정 개수 ⇒ ×2
③ 회전방향 고정 개수 ⇒ ×1

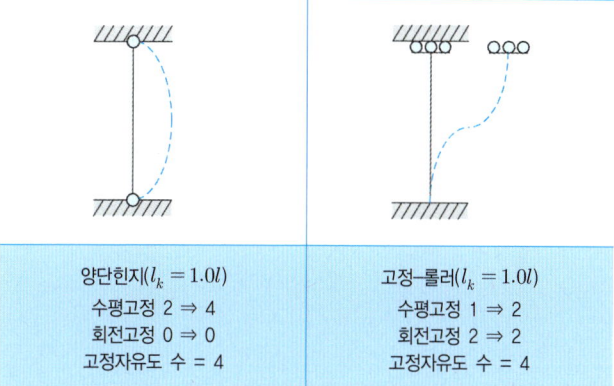

양단힌지($l_k = 1.0l$)	고정-롤러($l_k = 1.0l$)
수평고정 2 ⇒ 4	수평고정 1 ⇒ 2
회전고정 0 ⇒ 0	회전고정 2 ⇒ 2
고정자유도 수 = 4	고정자유도 수 = 4

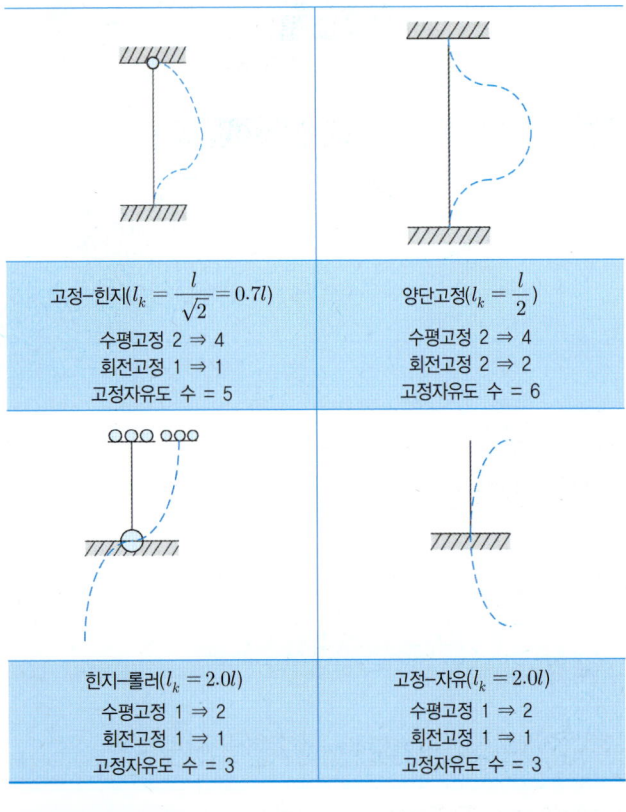

고정자유도수	3개	4개	5개	6개
유효좌굴길이	$2.0l$	$1.0l$	$l/\sqrt{2}=0.7l$	$0.5l$

오일러 임계좌굴하중 $P_{cr} = \dfrac{\pi^2 EI}{l_k^2} = \dfrac{\pi^2 EI}{(kl)^2} = \dfrac{n\pi^2 EI}{l^2} = \dfrac{\pi^2 EA}{\lambda^2}$

오일러 임계좌굴응력 $\sigma_{cr} = \dfrac{P_{cr}}{A} = \dfrac{\pi^2 E}{\lambda^2}$

$l_k = kl$: 유효좌굴길이, λ : 세장비,

k : 유효좌굴길이 계수, $n = 1/k^2$

장주 강도의 중요 영향인자
l_k 유효좌굴길이 $= kl(k$: 유효좌굴길이 계수$)$
$I_{\min}$ 약축에 대한 단면 2차 모멘트

주) 장주의 강도는 오일러 임계좌굴하중으로 정의한다. 이 값은 실제로 재료의 1축 압축 강도보다는 상당히 작은 값으로 장주의 특성상 압축파괴 이전에 좌굴파괴가 먼저 발생하므로 장주의 강도는 좌굴에 의해서 지배된다. 오일러 임계좌굴하중의 영향인자로는 위의 표와 같이 유효좌굴길이와 단면 2차 모멘트가 있다. 이 중 유효좌굴길이는 다시 기둥의 길이와 경계조건의 함수이고 단면 2차 모멘트는 약축에 대한 값임을 주의해야 한다.

02 장주의 좌굴

1 오일러 임계좌굴하중

세장비 100 이상의 기둥에 대해서 해석 ⇒ 좌굴이 지배

$\lambda = \dfrac{l_k}{r_{\min}} = \dfrac{l_k}{\sqrt{I_{\min}/A}}$ 이므로, $\lambda^2 = \dfrac{A l_k^2}{I_{\min}}$ 에서,

$l_k^2 = \dfrac{\lambda^2 I_{\min}}{A}$

예제

문제. 그림 (a)와 같이 양단 힌지로 지지된 길이 5 m 기둥의 오일러 좌굴하중이 360 kN일 때, 그림 (b)와 같이 일단 고정 타단 자유인 길이 3 m 기둥의 오일러 좌굴하중[kN]은? (단, 두 기둥의 단면은 동일하고, 탄성계수는 같으며, 구조물의 자중은 무시한다)

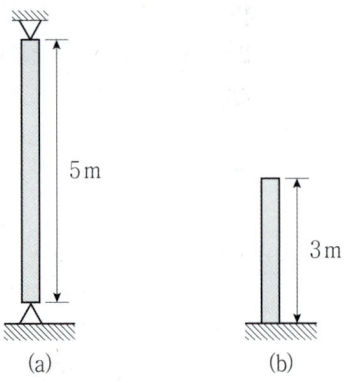

해설 $P_{cr} \propto \dfrac{1}{l_k^2}$ 이므로,

$l_a^2 = 5^2 = 25$이고, $l_b^2 = (2 \times 3)^2 = 36$이므로,

$P_a : P_b = l_b^2 : l_a^2 = 36 : 25 = 360 : P_b$에서, $P_b = 250 kN$

2 좌굴방향

I_x와 I_y 중 작은 값을 가지는 방향이 약축
강축 = 좌굴방향, 약축 = 좌굴축

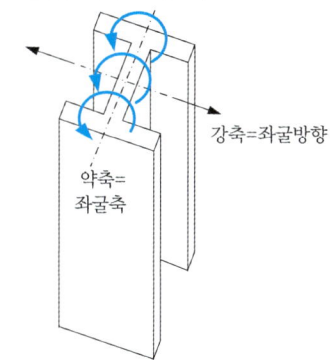

① 모멘트 등의 회전은 일정의 축을 기준으로 회전
② 단면 2차 모멘트도 일종의 단면회전에 대한 특징을 표현하는 것으로 I_x라고 표현하는 것은 x축을 기준으로 회전하는 것을 나타낸다.
③ H형 단면은 상하에 플랜지를 두는 축이 강축이며 이와 직교하는 축이 약축이다.
④ 좌굴은 반드시 약축을 기준으로 회전하며 이렇게 좌굴이 되는 축을 좌굴축이라고 한다.
⑤ 좌굴강도를 비교할 때 강축에 대한 단면 2차 모멘트는 아무런 의미가 없으며 오로지 약축에 대한 단면 2차 모멘트를 고려해야만 한다.

3 기둥해석방법

① **오일러 임계좌굴** : 세장비 100 이상 적용
② **중간주 해석의 경험식(세장비 100 이하)** : 중간주는 해석이 복잡하고 이론적인 접근이 어렵기 때문에 경험식에 의존

| 테트마이어 직선공식 | $\sigma_b(=\sigma_{cr}) = a - b\lambda$, a와 b는 비례상수 |
| 존슨 포물선식 | $\sigma_b(=\sigma_{cr}) = a - b\lambda^2$, a와 b는 비례상수 |

③ 양단힌지 기둥의 경험식(모든 세장비에 적용가능)

장주 적용식 $\sigma_b = \dfrac{\sigma_y}{1+b\lambda^2}$,
b는 비례상수, σ_y는 축응력에 대한 항복강도

🌟 대표기출문제

문제. 그림과 같은 기둥에서 좌굴하중의 비 (a) : (b) : (c) : (d)는?
(단, EI와 기둥의 길이는 모두 같다.) 　　2021년 3회

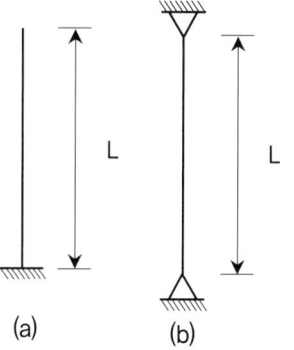

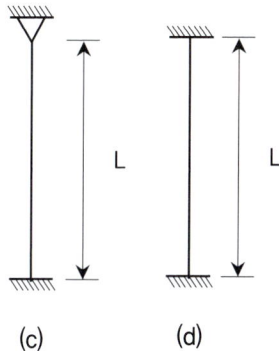

① 1 : 2 : 3 : 4
② 1 : 4 : 8 : 12
③ 1 : 4 : 8 : 16
④ 1 : 8 : 16 : 32

정답 ③

해설 $P_{cr} \propto \dfrac{1}{l_k^2}$ 이므로, 좌굴강도의 비율은

$$\dfrac{1}{(2L)^2} : \dfrac{1}{L^2} : \dfrac{1}{(L/\sqrt{2})^2} : \dfrac{1}{(L/2)^2}$$

$= \dfrac{1}{4} : \dfrac{1}{1} : \dfrac{2}{1} : \dfrac{4}{1}$ 에서,

각 변에 4를 곱하면, 1 : 4 : 8 : 16

🛡 대표기출문제

문제. 단면 2차 모멘트가 I이고 길이가 L인 균일한 단면의 직선상(直線狀)의 기둥이 있다. 지지상태가 일단 고정, 타단 자유인 경우 오일러(Euler) 좌굴하중(P_{cr})은? (단, 이 기둥의 영(Young)계수는 E이다.)　　2022년 1회

① $\dfrac{4\pi^2 EI}{L^2}$　　　② $\dfrac{2\pi^2 EI}{L^2}$

③ $\dfrac{\pi^2 EI}{L^2}$　　　④ $\dfrac{\pi^2 EI}{4L^2}$

정답 ④

해설 일단고정–타단자유인 경우의 유효좌굴길이 $l_k = 2L$

$$P_{cr} = \frac{\pi^2 EI_{\min}}{{l_k}^2} = \frac{\pi^2 EI_{\min}}{(2L)^2} = \frac{\pi^2 EI_{\min}}{4L^2}$$

03
PART

부정정과 처짐

13. 보의 처짐
14. 트러스의 처짐과 에너지
15. 부정정 구조물
16. 스프링과 하중분배
17. 영향선

CHAPTER 13 보의 처짐

01 처짐 계산의 개요

1 구조물에 따른 처짐의 종류와 처짐 계산방식

구 분	계산방식	출제빈도
보	공액보법	A
트러스	단위하중법	B
라멘	공액보법 + 모멘트 분배법	C

2 보 단면력 계산의 기본 개념

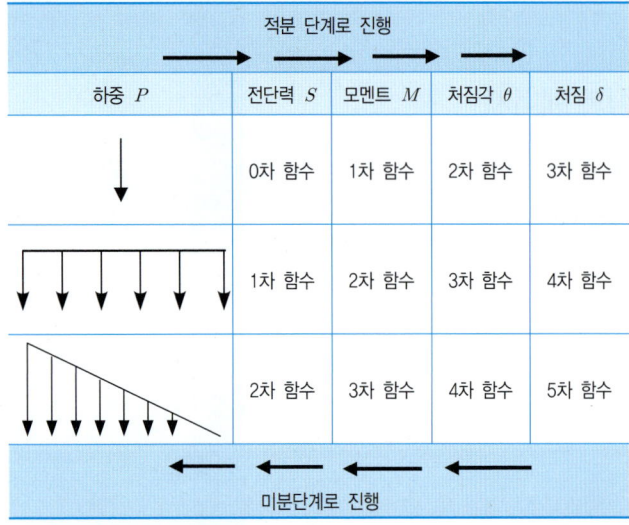

① 하중이 1차 함수이면 전단력은 2차 함수, 모멘트는 3차 함수, 처짐각은 4차 함수, 처짐은 5차 함수의 형태가 된다.
② 모멘트 함수를 2회 적분하면 처짐이 된다.

③ 단순보에 집중하중 재하시 처짐량은 길이에 대한 3차 함수
(참고 $\delta = \dfrac{Pl^3}{3EI}$)

단순보에 등분포하중 재하시 처짐량은 길이에 대한 4차 함수
(참고 $\delta = \dfrac{5wl^4}{384EI}$)

④ 특정의 처짐 함수가 지정되었다면 이 함수를 1회 미분하면 처짐각 함수가 된다.

> **예** 단순보 보의 등분포하중이 재하될 때의 처짐 함수
> $y = \dfrac{wx}{24EI}(x^3 - 2lx^2 + l^3)$를 미분하면
> $y'_x = \dfrac{w}{24EI}(4x^3 - 6lx^2 + l^3)$가 되며 이는 처짐각 함수이다.

02 보의 처짐 계산의 개념

1 직접적분법

하중함수를 구해서 4회 적분하여 처짐을 구하는 방법이다. 처짐을 구하는 방법의 가장 기본이면서 원리가 된다. 공액보법이나 모멘트 면적법도 직접적분법에 근간을 두고 있다.

$$y = \dfrac{1}{EI}\int \theta dx = \dfrac{1}{EI}\int M dx^2 = \dfrac{1}{EI}\int S dx^3 + \dfrac{1}{EI}\int \omega dx^4$$

각 지점의 반력은 $\dfrac{\omega L}{2}$이다.

임의점 x에 대한 전단력은, $S_x = \dfrac{\omega L}{2} - \omega x$

이를 x에 대해 직접 적분하면

$M_x = \int (\dfrac{\omega L}{2} - \omega x)dx = \dfrac{\omega Lx}{2} - \dfrac{1}{2} \times \omega x^2 + c_1$

(적분상수 $c_1 = 0$, $x=0$일 때 $M_x = 0$)

또한 이를 x에 대해 다시 적분하고 휨강성 EI를 나누면

$\theta_x = \dfrac{1}{EI} \int M_x dx = \dfrac{1}{EI} \int (\dfrac{wLx}{2} - \dfrac{\omega x^2}{2})dx$

$\quad = \dfrac{1}{EI}(\dfrac{\omega Lx^2}{4} - \dfrac{\omega x^3}{6} + c_2)$ ($c_2 \neq 0$, $x=0$일 때, $\theta \neq 0$)

이렇게 구해진 임의점에 대한 처짐각을 다시 x에 대해 적분하면

$y_x = \int \theta_x dx = \dfrac{1}{EI} \int (\dfrac{\omega Lx^2}{4} - \dfrac{\omega x^3}{6} + c_2)dx$

$\quad = \dfrac{1}{EI}(\dfrac{\omega Lx^3}{12} - \dfrac{\omega x^4}{24} + c_2 x) + c_3$

$x=L$일 때, $y_x = 0$이고, $x=0$일 때, $y_x = 0$이므로

$c_2 = -\dfrac{\omega L^3}{24EI}$, $c_3 = 0$

$\therefore y_x = \int \theta_x dx = \dfrac{1}{EI}(\dfrac{\omega Lx^3}{12} - \dfrac{\omega x^4}{24} - \dfrac{\omega L^3 x}{24})$

$\therefore \theta_x = \dfrac{1}{EI} \int M_x dx = \dfrac{1}{EI} \int (\dfrac{wLx}{2} - \dfrac{\omega x^2}{2})dx$

$\quad = \dfrac{1}{EI}(\dfrac{\omega Lx^2}{4} - \dfrac{\omega x^3}{6} - \dfrac{\omega L^3}{24})$

최대처짐은 $x = \dfrac{L}{2}$ 인 지점에서 발생하므로,

$\therefore y_c = \int \theta_c dx$

$\quad = \dfrac{1}{EI}\left[\dfrac{\omega L}{12} \times (\dfrac{L}{2})^3 - \dfrac{\omega}{24} \times (\dfrac{L}{2})^4 - \dfrac{\omega L^3}{24} \times \dfrac{L}{2}\right]$

$\quad = -\dfrac{5\omega L^4}{384EI}$

2 기본 처짐 공식

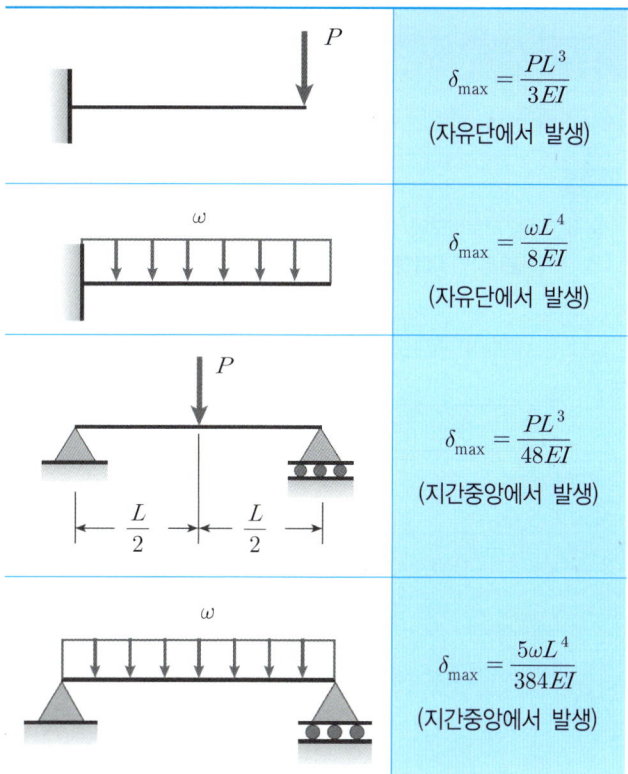

3 중첩의 원리

복수의 하중이 작용할 때, 한 번에 복수 하중에 대한 SFD와 BMD에 의해 처짐과 처짐각을 구하는 것은 어렵다. 일반적으로 단일 하중에 대해서는 간단한 공식에 의해 처짐과 처짐각을 쉽게 구할 수 있다. 이때 중요한 법칙을 사용할 수 있는데, 복수의 하중이더라도 각각의 하중에 의한 처짐의 합으로 복수하중이 동시 작용할 때의 처짐을 구할 수 있다.

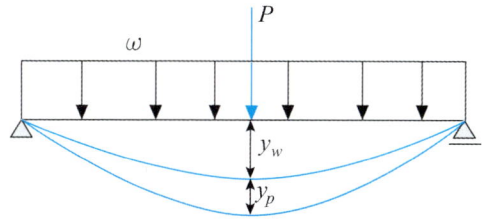

그림에서 등분포하중 ω에 의한 처짐 y_ω가 발생하고, 집중하중 P에 의한 처짐 y_P가 발생할 때, 이 두 하중에 의한 처짐은

$y_\omega + y_P$가 된다. 등분포하중 ω에 의한 처짐은 $y_{c\omega} = -\dfrac{5\omega L^4}{384EI}$

이고, 집중하중 P에 의한 처짐은 $y_{cp} = -\dfrac{PL^3}{48EI}$이므로, 전체

처짐은, $y_c = y_{c\omega} + y_{cp} = -\dfrac{5\omega L^4}{384EI} - \dfrac{PL^3}{48EI}$

예제

문제. 다음 게르버보에서 B점에 발생되는 처짐은? (단, 보의 휨강성은 EI로 일정하다.)

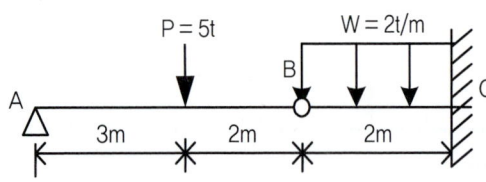

해설 중첩의 원리에 의해, 지점의 반력, $R_B = 5 \times \dfrac{3}{5} = 3t$

$$\delta_B = \delta_P + \delta_\omega = \dfrac{PL^3}{3EI} + \dfrac{\omega L^4}{8EI}$$

$$= 3 \times \dfrac{2^3}{3EI} + 2 \times \dfrac{2^4}{8EI} = \dfrac{12}{EI}$$

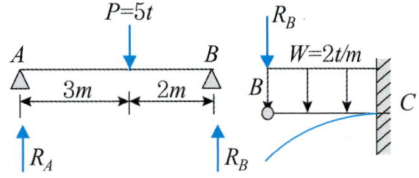

예제

문제. 그림과 같은 단순보의 하중상태에서 보 중앙 C점의 처짐은? (단, 전 지간의 EI는 동일하다.)

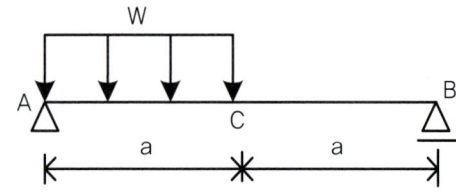

해설 전체 지간의 오른쪽 절반만 하중이 재하된 경우의 중앙부 C점의 처짐량을 δ_{c1}라 두고,

반대로 왼쪽 절반만 하중이 재하된 경우의 중앙부 C점의 처짐량을 δ_{c2}라 두면,

좌우측 어느 경우에 하중이 재하되더라도 처짐량은 동일하므로, $\delta_{c1} = \delta_{c2}$가 된다.

전체 지간에 등분포 하중이 모두 재하한 경우의 처짐량

$\delta_c = \dfrac{5\omega(2a)^4}{384EI}$은 중첩의 원리에 의해,

$\delta_c = \delta_{c1} + \delta_{c2}$가 된다. 또한 $\delta_{c1} = \delta_{c2}$이므로,

$\delta_c = 2\delta_{c1} = 2\delta_{c2}$이다.

따라서, $\delta_{c1} = \dfrac{\delta_c}{2} = \dfrac{5\omega(2a)^4}{384EI} \times \dfrac{1}{2} = \dfrac{5\omega a^4}{48EI}$

처짐공식에 의해,

$y_{\max} = \dfrac{5\omega l^4}{768EI} = \dfrac{5\omega(2a)^4}{768EI} = \dfrac{16 \times 5\omega a^4}{768EI} = \dfrac{5\omega a^4}{48EI}$

예제

문제. 다음 그림의 부재에서 등분포하중 ω가 재하될 경우, A지점의 처짐은 얼마인가? (단, EI는 보 전체에 대해 일정하다.)

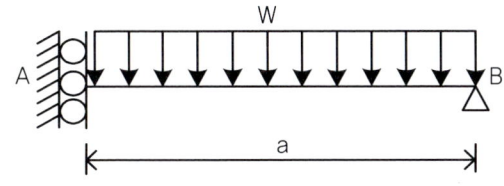

해설 대칭부재이므로, 지간이 $2a$인 단순보로 보면

$$\frac{5\omega(2a)^4}{384EI} = \frac{5\omega a^4}{24EI}$$

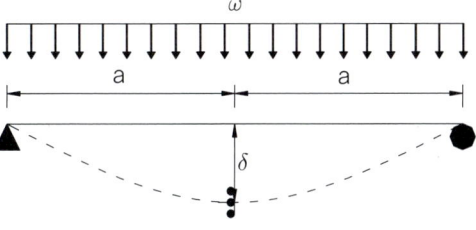

예제

문제. 그림과 같은 게르버보에 등분포하중 ω가 작용할 때, 내부힌지 B점에서의 수직처짐은? (단, 보의 휨강성 EI는 일정하며, 자중은 무시한다)

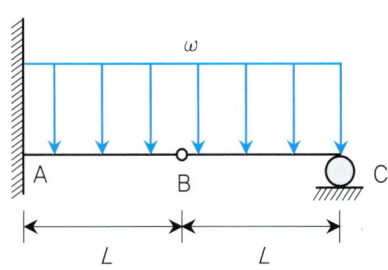

해설 BC구간에서, $R_B = \dfrac{\omega L}{2}$

$$\delta_B = \frac{\omega L^4}{8EI} + \frac{\omega L}{2} \times \frac{L^3}{3EI} = \frac{7\omega L^4}{24EI}$$

4 구조물 처짐의 영향인자와 보의 휨강성

필수처짐공식에서, 처짐은 하중과 보 길이와 단면2차모멘트에 관한 함수임을 알 수 있다. 앞의 4개의 공식에서 유추할 수 있는 것은 집중하중 재하시는 보 지간의 3승에, 등분포하중 재하시는 보 지간의 4승에 비례한다는 것이다. 이는 구조물의 형상이나 지점조건과 무관하게 적용된다.

보 처짐의 영향인자
I_x(단면2차모멘트), P(하중), L(보 지간), E(탄성계수)

다른 영향인자보다 중요한 인자는 단면2차모멘트이다. 이 부분에서 상당한 혼동을 초래할 수 있는데, 바로 기둥에서 적용할 때와 차이이다. 기둥에서는 약축에 대해서만 고려하므로 단면의 2축(X축)과 3축(Y축)의 구분이 필요없다. 그러나 보에서는 그 차이가 분명하므로 구별해서 이해해야 한다.

구분	A단면		B단면		비율(A:B)
단면 2차모멘트	$I_x = \dfrac{8b^4}{12}$	$I_y = \dfrac{2b^4}{12}$	$I_x = \dfrac{2b^4}{12}$	$I_y = \dfrac{8b^4}{12}$	
보 처짐(강도)	$I_x = \dfrac{8b^4}{12}$		$I_x = \dfrac{2b^4}{12}$		4:1
휨강도	$Z_x = \dfrac{4b^3}{6}$		$Z_x = \dfrac{2b^3}{6}$		2:1
좌굴강도	$I_y = \dfrac{2b^4}{12}$		$I_x = \dfrac{2b^4}{12}$		1:1

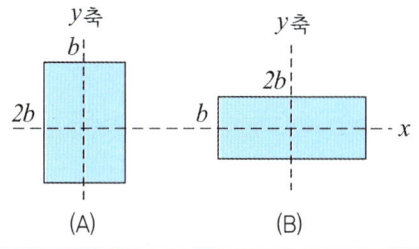

예제

문제. 그림 A와 같은 단면의 단순보에 집중하중이 연직으로 작용할 때, 최대처짐이 δ라 하자. 이 단면을 그림 B와 같이 회전시킨 후 같은 집중하중이 작용하면 최대처짐은?

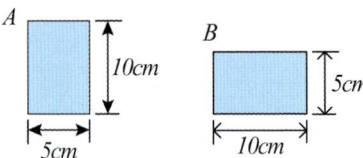

해설 $y_{max} = \dfrac{PL^3}{48EI}$ (P = L/2 재하시)에서, 처짐과 단면2차모멘트는 반비례한다.

$I_A = 5 \times \dfrac{10^3}{12}$, $I_B = 10 \times \dfrac{5^3}{12}$

$\dfrac{I_A}{I_B} = \dfrac{5 \times 10^2}{10 \times 5^2} = 4$

$\therefore \delta_B = 4\delta_A$

5 다양한 하중 조건에서의 보의 처짐각 및 처짐공식

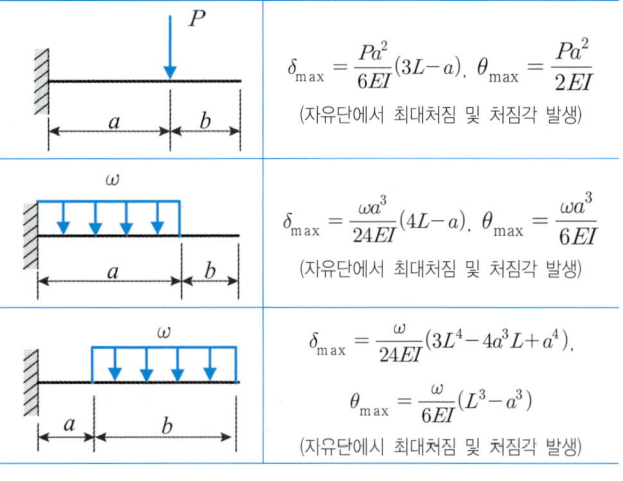

(P, 캔틸레버)	$\delta_{max} = \dfrac{Pa^2}{6EI}(3L-a)$, $\theta_{max} = \dfrac{Pa^2}{2EI}$ (자유단에서 최대처짐 및 처짐각 발생)
(ω, 부분)	$\delta_{max} = \dfrac{\omega a^3}{24EI}(4L-a)$, $\theta_{max} = \dfrac{\omega a^3}{6EI}$ (자유단에서 최대처짐 및 처짐각 발생)
(ω, 부분)	$\delta_{max} = \dfrac{\omega}{24EI}(3L^4 - 4a^3L + a^4)$, $\theta_{max} = \dfrac{\omega}{6EI}(L^3 - a^3)$ (자유단에서 최대처짐 및 처짐각 발생)

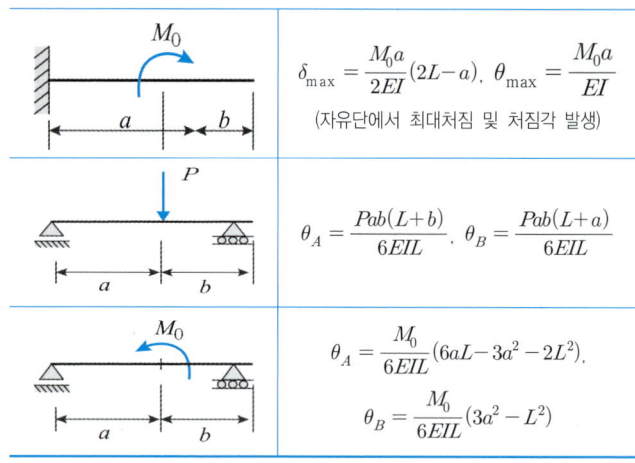

(M_0, 캔틸레버)	$\delta_{max} = \dfrac{M_0 a}{2EI}(2L-a)$, $\theta_{max} = \dfrac{M_0 a}{EI}$ (자유단에서 최대처짐 및 처짐각 발생)
(P, 단순보)	$\theta_A = \dfrac{Pab(L+b)}{6EIL}$, $\theta_B = \dfrac{Pab(L+a)}{6EIL}$
(M_0, 단순보)	$\theta_A = \dfrac{M_0}{6EIL}(6aL - 3a^2 - 2L^2)$, $\theta_B = \dfrac{M_0}{6EIL}(3a^2 - L^2)$

* θ_A : 단순보에서 좌측 지점의 처짐각, θ_B : 단순보에서 우측 지점의 처짐각
*주) 상기 표의 공식은 참조사항으로 암기의 필요성은 매우 낮다.

03 공액보법에 의한 보의 처짐 및 처짐각의 계산

1 공액보법의 개념

1) 정의

곡률함수($\rho = \dfrac{M}{EI}$) 하중으로 하여 처짐 및 처짐각을 계산하는 방법

2) 공액보법과 직접적분법의 비교

직접적분법은 하중함수를 4회 적분해야하는 번거로움이 있다. 그러나 직접적인 적분을 하지 않고 전단력과 휨모멘트를 구하는 것만으로 구조물의 처짐을 구할 수 있다. 이런 방법들 중에 모멘트 면적법과 공액보법이 있는데 둘의 방법은 매우 유사하지만 실제로 시험에서 활용될 수 있는 방법은 공액보법이다. 두 방법 모두 모멘트를 하중으로 치환해서 계산한다는 기본 원리는 동일하다. 모멘트를 하중으로 하고 이 하중에 의한 모멘트를 다시 구하면 처짐이 된다.

직접적분법	하중	전단력	모멘트	처짐각	처짐
공액보법 모멘트 면적법			하중		모멘트

2 실제보와 공액보

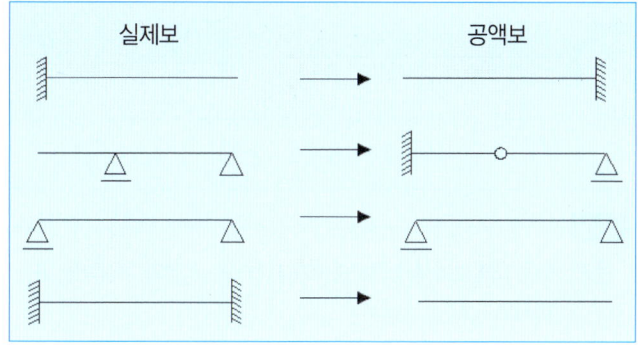

* 실제보의 경계조건을 반대로 하면 공액보가 된다.

① 고정단 ⇔ 자유단
② 힌지단 ⇔ 롤러단
③ 연속지점 ⇔ 내부힌지

3 공액보법 계산과정

① 실제하중을 받는 M/EI를 그린다.
② 실제보에 대응하는 공액보를 그린다.
③ 공액보에 ① 과정의 M/EI를 하중으로 고려해서 SFD와 BMD를 그린다.
④ 실제보의 처짐각은 공액보의 SFD의 값과 같다.
⑤ 실제보의 처짐은 공액보의 BMD의 값과 같다.

04 정정보의 공액보법 계산 예

> **Tip**
> BMD에서 최대휨모멘트를 "M"으로 치환하여 계산하는 것이 유리

① 단순보 집중하중, 최대처짐(EI 동일)

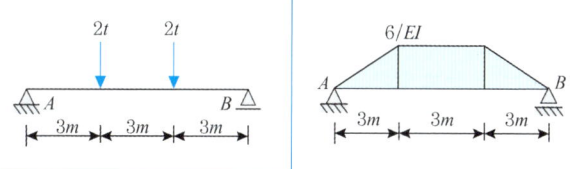

$$R_A = \frac{6}{EI} \times \frac{3}{2} + \frac{6}{EI} \times \frac{3}{2} = \frac{18}{EI} = \theta_A,$$

$$M_{\max} = R_A \times 4.5 - \frac{9}{EI}(1 + 1.5 + \frac{1.5}{2}) = \frac{51.75}{EI} = \delta_{\max}$$

② 단순보 집중하중, 임의 위치 처짐(AB 및 CD EI이고, BC 2EI)

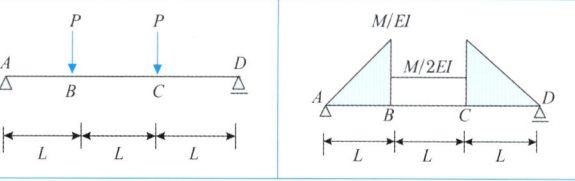

$$\theta_A = \frac{ML}{2EI} + \frac{ML}{2EI} \times \frac{1}{2} = \frac{3ML}{4EI} = \frac{3PL^2}{4EI},$$

$$\delta_{\max} = \frac{3ML}{4EI} \times \frac{3L}{2} - \frac{ML}{2EI} \times (\frac{L}{3} + \frac{L}{2}) - \frac{ML}{4EI} \times \frac{L}{4}$$

$$= \frac{31ML^2}{48EI} = \frac{31PL^3}{48EI}$$

③ 캔틸레버보 집중하중, 최대처짐(EI 동일)

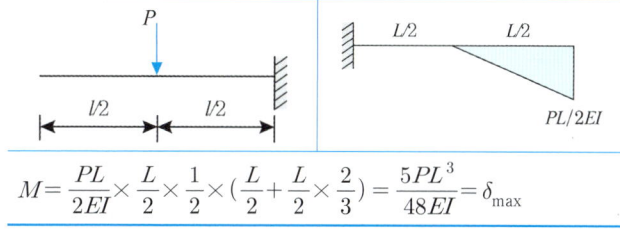

$$M = \frac{PL}{2EI} \times \frac{L}{2} \times \frac{1}{2} \times (\frac{L}{2} + \frac{L}{2} \times \frac{2}{3}) = \frac{5PL^3}{48EI} = \delta_{\max}$$

④ 캔틸레버보 집중하중, 임의 위치 처짐(EI 동일) – 상호변위 법칙성립

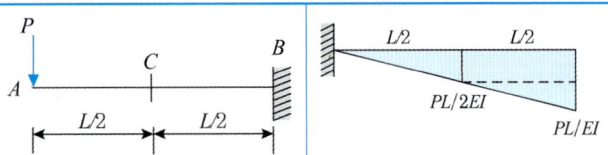

$$M_c = \frac{PL}{2EI} \times \frac{L}{2} \times \frac{L}{4} + \frac{PL}{2EI} \times \frac{L}{4} \times \frac{L}{2} \times \frac{2}{3} = \frac{PL^3}{8EI}\left(\frac{1}{2} + \frac{1}{3}\right)$$

$$= \frac{5PL^3}{48EI} = \delta_c$$

⑤ 캔틸레버보 등분포하중(EI 동일)

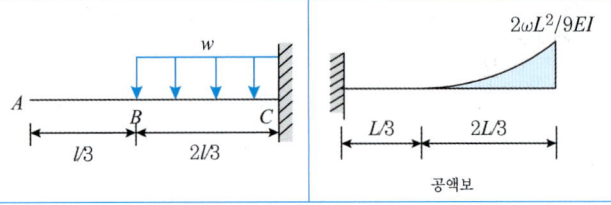

공액보

$$M_A = \frac{4\omega L^3}{81EI} \times \left(\frac{L}{3} + \frac{2L}{3} \times \frac{3}{4}\right) = \frac{10\omega L^4}{243EI} = \delta_{\max}$$

⑥ 단순보 모멘트 하중

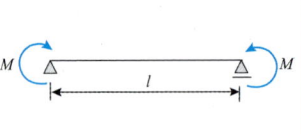 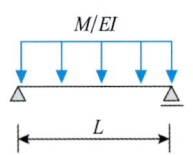

$$\delta_c = M_c = \frac{M}{EI} \times \frac{L^2}{8}$$

⑦ 단순보 모멘트 하중

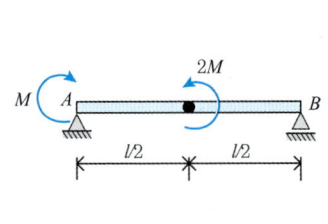 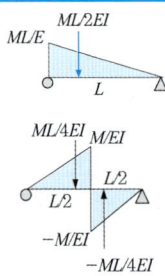

$$R_{A1} = \frac{M}{EI} \times \frac{L}{2} \times \frac{2}{3} = \frac{ML}{3EI}$$

$$R_{A2} = \frac{M}{EI} \times \frac{L}{2} \times \frac{1}{2} \times \frac{4}{6} - \frac{M}{EI} \times \frac{L}{2} \times \frac{1}{2} \times \frac{2}{6} = \frac{ML}{12EI}$$

$$R_A = \frac{ML}{3EI} + \frac{ML}{12EI} = \frac{5ML}{12EI} = \theta_A$$

⑧ 내민보 모멘트 하중(EI 동일)

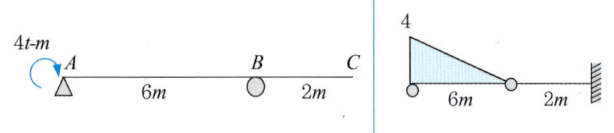

$$R_B = \frac{4 \times 6}{2} \times \frac{1}{3} = 4t, \quad M_c = 4 \times 2 = 8t \cdot m \quad \therefore \delta_c = \frac{8}{EI}$$

> **예제**
>
> **문제.** 다음 내민보에서 집중하중 P가 재하되는 지점의 처짐량을 구하시오. ($EI = const.$)
>
>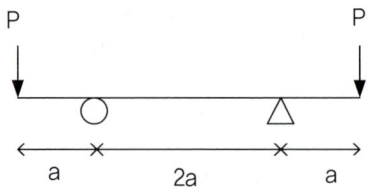
>
> **해설** 실제하중을 BMD/EI를 작도하여 공액보에 표시하면 다음 그림과 같다.
>
>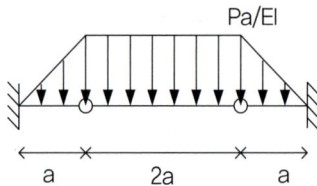
>
> 내부힌지 두 지점의 반력 $R_i = \frac{Pa}{EI} \times 2a \times \frac{1}{2} = \frac{Pa^2}{EI}$
>
> A, B 두 지점의 반력(원래 구조물에서의 처짐각)
>
> $$R_A = R_B = \frac{Pa^2}{EI} + \frac{Pa}{EI} \times \frac{a}{2} = \frac{3Pa^2}{2EI}$$
>
> A, B 두 지점의 모멘트(원래 구조물에서의 처짐)
>
> $$M_A = M_B = \frac{Pa^2}{EI} \times a + \frac{Pa}{EI} \times \frac{a}{2} \times \frac{2a}{3} = \frac{4Pa^3}{3EI}$$

05 베티-맥스웰의 상호변위 법칙

1 Matrix 구조해석과 구조물의 강도

구조물의 단면력을 계산하는 다양한 방법들이 이전 단원에서 소개되었다. 이전 단원에서는 주로 정정구조물의 전단력, 모멘트, 축력, 처짐각, 처짐 등을 다루었지만 이후 단원에서는 부정정 구조물의 해석방법이 설명될 것이다. 부정정 구조해석은 다양한 방법으로 가능하지만 현재 대부분 구조해석에서는 매트릭스 해법을 사용하고 있다. 이 단원에서는 매트릭스 해법을 통해 구조물을 해석하고자 하는 것이 아니라 탄성구조물의 하중과 변위와 구조물의 강도의 연관관계를 이해하기 위해서이다.

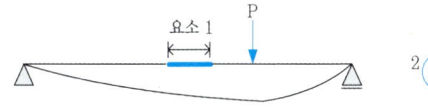 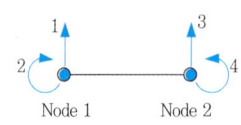

좌측의 보 구조물에 임의의 한 요소를 떼어 내면 우측의 그림과 같다. 하나의 보 요소는 2개의 절점(Node, 요소와 요소가 만나는 점)을 가지며 하나의 절점에는 연직방향 변위자유도(δ)와 회전자유도(θ)가 있다. 따라서 하나의 보 요소에는 총 4개의 변위 및 회전에 대한 자유도가 존재한다. 보 요소의 구조방정식은 다음의 행렬식으로 구성된다.

$$\begin{Bmatrix} P_1 \\ P_2 \\ P_3 \\ P_4 \end{Bmatrix} = \begin{bmatrix} K_{11} & K_{12} & K_{13} & K_{14} \\ K_{21} & K_{22} & K_{23} & K_{24} \\ K_{31} & K_{32} & K_{33} & K_{34} \\ K_{41} & K_{42} & K_{43} & K_{44} \end{bmatrix} = \begin{Bmatrix} \delta_1 \\ \delta_2 \\ \delta_3 \\ \delta_4 \end{Bmatrix}$$

강도행렬 K는 대각행렬을 기준으로 양쪽이 대칭으로 그 값이 동일하다.(Symmetry)

$$K_{ij} = K_{ji}(K_{12} = K_{21},\ K_{31} = K_{13},\ \cdots)$$

또한 각 자유도 방향의 하중은 위의 행렬식에 따라 다음과 같은 식으로 된다.

$$P_1 = K_{11}\delta_1 + K_{12}\delta_2 + K_{13}\delta_3 + K_{14}\delta_4$$
$$P_2 = K_{21}\delta_1 + K_{22}\delta_2 + K_{23}\delta_3 + K_{24}\delta_4$$
$$P_3 = K_{31}\delta_1 + K_{32}\delta_2 + K_{33}\delta_3 + K_{34}\delta_4$$
$$P_4 = K_{41}\delta_1 + K_{42}\delta_2 + K_{43}\delta_3 + K_{44}\delta_4$$

여기서 $K_{ij} = K_{ji}$이므로 표시된 $K_{12} = K_{21}$이 된다. 이를 풀어서 설명하면 다음과 같다.

P_1이 δ_2에 미치는 영향 K_{12}는 P_2가 δ_1에 미치는 영향 K_{21}과 같다.

$P = K\delta$이므로 나머지 자유도를 무시하고 위의 설명을 수식으로 표현하면

$$P_1 = K_{12} \times \delta_2,\ P_2 = K_{21} \times \delta_1$$

$K_{12} = K_{21}$이므로,

$$K_{12} = \frac{P_1}{\delta_2} = \frac{P_2}{\delta_1} = K_{21}$$

2 베티-맥스웰의 상호변위법칙

1) 개념정리

탄성구조물에서 P하중이 Q에 가해진 가상일은 Q하중이 P에 가해진 가상일과 같다.

2) 일반적인 계산 예

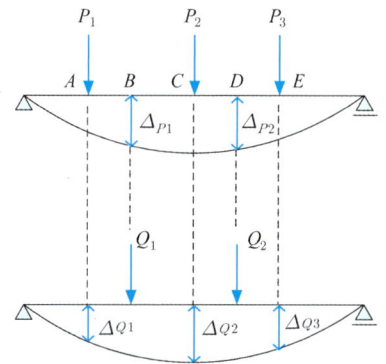

동일한 구조물에 $P_{1,2,3}$ 하중에 의해 처짐 $\Delta_{P1,2}$가 발생하고, $Q_{1,2}$ 하중에 의해 처짐 $\Delta_{Q1,2,3}$가 발생한 경우의 그림을 예로 하였다.

상호변위 법칙에 의해, 하중 P에 의해 B지점과 D지점에

발생한 처짐과 하중 Q의 곱은, 하중 Q에 의해 A, C, E 지점에 발생한 처짐과 하중 P의 곱과 같다.

$$P_1 \times \Delta_{Q1} + P_2 \times \Delta_{Q2} + P_3 \times \Delta_{Q3} = Q_1 \times \Delta_{P1} + Q_2 \times \Delta_{P2}$$
$$\therefore \sum P_i \Delta_{Qi} = \sum Q_i \Delta_{Pi}$$

주) 구조물에서 변위-하중 관계뿐만 아니라 모멘트-처짐각 관계에서도 동일하게 적용될 수 있다.

예제

문제. 다음 그림과 같은 단순보에 100kN과 200kN이 각각 A와 C 지점에 작용할 때의 B지점과 D지점의 처짐이 3mm와 2mm였다. 또한 150kN과 250kN이 각각 B와 D지점에 작용하여 A지점의 처짐이 4mm였다. 이때, C지점의 처짐 Δ_C는 얼마인가?

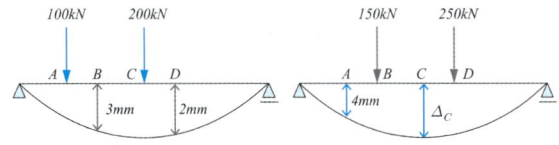

해설 베티-맥스웰의 상호변위법칙에 의해,
$\sum P_i \Delta_{Qi} = \sum Q_i \Delta_{Pi}$ 이므로
$100 \times 4 + 200 \times \Delta_C = 150 \times 3 + 250 \times 2$
$\therefore \Delta_C = 2.75mm$

예제

문제. 다음 그림과 같은 단순보에서 C지점에 100kN을 작용하였을 경우 A지점에 $\dfrac{900}{EI}$의 처짐각이 발생하였다. 만약 이 단순보에서 A지점에 20kN.m의 휨모멘트를 작용시킬 경우, C지점의 처짐량은 얼마인가?

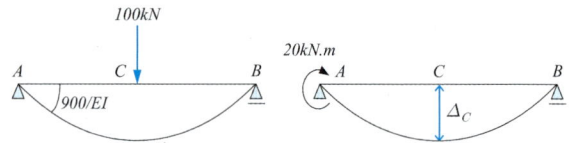

해설 베티-맥스웰의 상호변위법칙에 의해,
$\sum P_i \Delta_{Qi} = \sum Q_i \Delta_{Pi}$ 이므로
$20 \times \dfrac{900}{EI} = 100 \times \Delta_C$
$\therefore \Delta_C = \dfrac{180}{EI}$

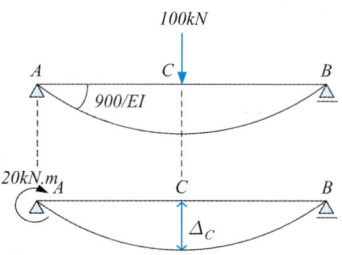

주의 공액보법에 의한 검토
① 보 지간을 12m로 하고 지간 가운데에 100kN이 작용하는 경우의 처짐각은 공액보에서
$R_A = \dfrac{300}{EI} \times \dfrac{6}{2} = \dfrac{900}{EI}$

② 마찬가지로 보 지간을 12m로 하고 A지점에 휨모멘트 20kN.m가 작용하는 경우 지점 중앙의 처짐은 공액보에서
$M_C = 40 \times 6 - 10 \times 6 \times \dfrac{1}{2} \times 6 \times \dfrac{1}{3} = \dfrac{180}{EI}$

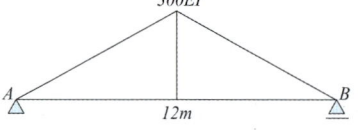

06 휨모멘트와 곡률반경

1 기본개념

구조물이 외력을 받으면 일정의 탄성적인 처짐이 발생한다. 이런 처짐은 특정한 곡률을 이루는데, 이 곡률은 단면이 받는 휨모멘트에 관한 함수이다.

베르누이-오일러의 보 방정식

$$\rho = \frac{M}{EI} = \frac{1}{R} = \frac{\epsilon}{y}, \; \left(\frac{1}{R} = \rho = \frac{d^2y}{dx^2}\right)$$

휨모멘트의 함수 형태에 따라서 구조물의 처짐 형상이 달라진다. 즉, 휨모멘트가 일정하면 처짐의 곡률도 일정하게 되고, 휨모멘트가 감소하면 곡률도 감소하게 된다.

2 곡률함수와 보의 축방향 변형

① 보가 휨응력을 받으면 일정의 곡률에 의해 휨변형이 발생
② 정모멘트를 받는 보의 경우, 최상단 ⇒ 압축응력, 최하단 → 인장응력 발생
③ 보가 받는 휨응력 → 보의 최상단 및 최하단에는 축응력 발생

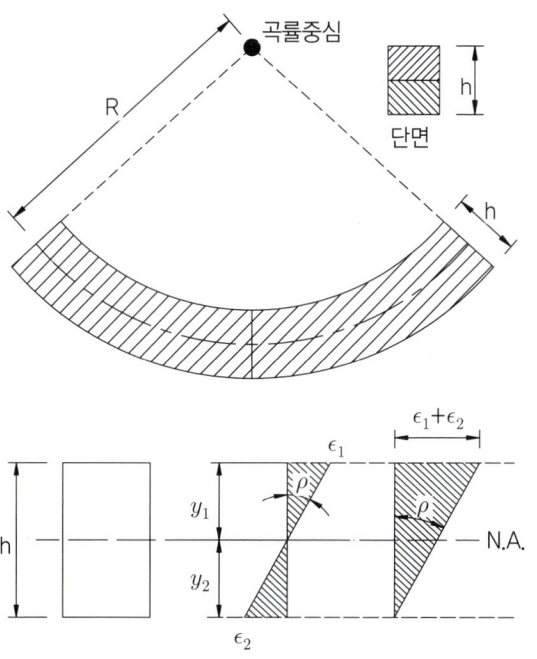

$$\rho = \frac{M}{EI} = \frac{\epsilon_1}{y_1} = \frac{\epsilon_2}{y_2} = \frac{\epsilon_1 + \epsilon_2}{h}, \; (h = y_1 + y_2)$$

ϵ_1, ϵ_2 : 보의 최상단 및 최하단 축변형률
y_1, y_2 : 중립축~최상단 및 최하단 거리

④ 곡률반경 R은 단면의 도심축에서 곡률중심까지의 거리
⑤ 곡률의 부호는 특별히 정의되지 않는 경우에는 아래로 볼록한 형상(정모멘트를 받는 경우 형상)에서 "+"로 하고, 그 반대를 "-"로 한다. 이 경우에는 처짐방향 축(그림에서 y축)이 상향을 표시한다. 만약 처짐방향 축이 아래로 향한다면 부호는 정반대로 하여야 한다.

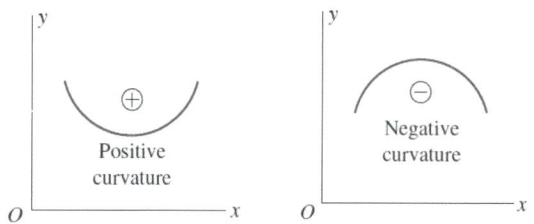

*주) 곡률에 관련된 문제에서는 휨모멘트(곡률)가 전 지간에 걸쳐서 동일한 경우에 주로 출제된다.

예제

문제. 높이 $h = 120mm$인 구형단면의 보가 그림과 같이 양단 내민보로 지지되어 있다. 집중하중 P에 의해 중앙부의 처짐이 $\delta = 3mm$가 발생한 경우, 최상단과 최하단의 축방향 변형률 ϵ은 얼마인가? (단, $L = 2m$)

해설 공액보법에서 $\delta = \dfrac{ML^2}{8EI} = 3mm$이므로,

$$\frac{M}{EI} = 3 \times \frac{8}{(2 \times 10^3)^2} = \frac{6}{10^6} = \frac{\epsilon}{y}$$

$$\rho = \frac{\epsilon}{y} = \frac{M}{EI} = \frac{6}{10^6}$$

따라서 $\epsilon = \rho \times y = \dfrac{6}{10^6} \times \dfrac{120}{2} = 360 \times 10^{-6}$

예제

문제. 그림과 같이 휨모멘트를 받아 순수 굽힘상태에서 일정한 곡률을 유지하고 있는 부재가 있다. 부재 단면의 중립축으로부터 압축측으로 20mm 떨어진 A점의 축방향 압축변형률이 0.0001일 때, 이 부재의 곡률반경 ρ[m]는? (단, 휨 변형 시 횡방향 단면은 평면을 유지하고, 부재는 미소변형을 한다)

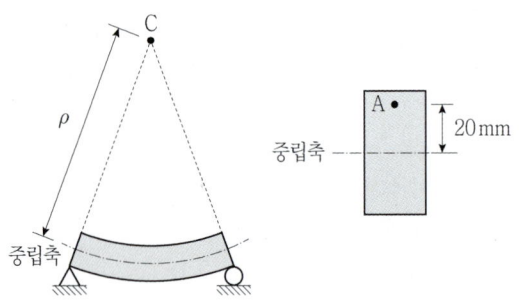

해설 $\rho = \dfrac{1}{R} = \dfrac{\epsilon}{y} = \dfrac{0.0001}{20}$ 에서, $R = 200 \times 10^3 mm = 200 m$

대표기출문제

문제. 그림과 같이 캔틸레버 보의 B점에 집중하중 P와 우력모멘트 M_O가 작용할 때 B점에서의 연직변위(δ_B)는? (단, EI는 일정하다.)   2022년 1회

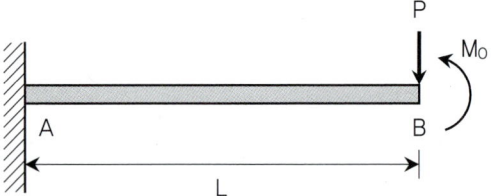

① $\dfrac{PL^3}{4EI} + \dfrac{M_oL^2}{2EI}$ ② $\dfrac{PL^3}{4EI} - \dfrac{M_oL^2}{2EI}$

③ $\dfrac{PL^3}{3EI} + \dfrac{M_oL^2}{2EI}$ ④ $\dfrac{PL^3}{3EI} - \dfrac{M_oL^2}{2EI}$

정답 ④

해설 집중하중에 의한 처짐 $\delta_P = \dfrac{PL^3}{3EI}$ (하향)

모멘트하중에 의한 처짐 $\delta_M = \dfrac{ML^2}{2EI}$ (하향)

따라서, B점의 총처짐량 $\dfrac{PL^3}{3EI} - \dfrac{M_oL^2}{2EI}$

대표기출문제

문제. 그림과 같은 캔틸레버 보에서 C점의 처짐은? (단, EI는 일정하다.) 2021년 3회

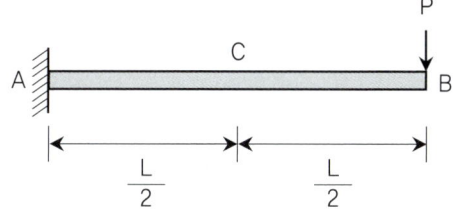

① $\dfrac{PL^3}{24EI}$ ② $\dfrac{5PL^3}{24EI}$

③ $\dfrac{PL^3}{48EI}$ ④ $\dfrac{5PL^3}{48EI}$

정답 ④

해설 계산의 편의를 위해 상호변위 법칙을 적용하여, 집중하중 P를 C점에 재하하고 B점의 처짐을 구한다.

공액보에서, $\rho = \dfrac{PL}{2EI}$

$M_B = \dfrac{\rho L}{4} \times \left(\dfrac{L}{2} \times \dfrac{2}{3} + \dfrac{L}{2} \right) = \dfrac{5\rho L^2}{24}$

따라서, $\delta_B = M_B = \dfrac{PL}{2EI} \times \dfrac{5L^2}{24} = \dfrac{5PL^3}{48EI}$

대표기출문제

문제. 그림과 같은 단순보에서 A점의 처짐각(θ_A)은? (단, EI는 일정하다.) 2021년 1회

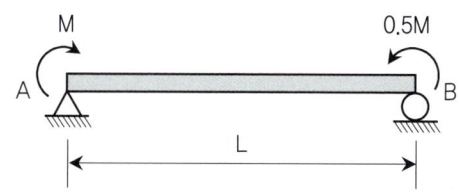

① $\dfrac{ML^2}{2EI}$ ② $\dfrac{5ML^2}{6EI}$

③ $\dfrac{5ML^2}{12EI}$ ④ $\dfrac{5ML^2}{24EI}$

정답 ③

해설 공액보에서,

$R_A = \theta_A = \dfrac{ML}{EI} \times \dfrac{L}{2} \times \dfrac{2}{3} + \dfrac{0.5ML}{EI} \times \dfrac{L}{2} \times \dfrac{1}{3}$

$= \dfrac{ML^2}{3EI} + \dfrac{ML^2}{12EI} = \dfrac{5ML^2}{12EI}$

14 트러스의 처짐과 에너지

01 에너지

1 변형에너지의 개념

구조물에 하중을 받으면 반드시 변형이 발생한다. 이는 이전에 설명된 $P=k\delta$에서 근거한다. 구조물이 존재한다는 것은 어떠한 형태이든지 강성(k)를 가진다는 뜻이므로 어떠한 구조물이라도 하중을 가하면 반드시 변형이 발생한다. 응력-변형률 ($\sigma-\delta$)곡선 상에서 탄성변형이 발생하면 오른쪽 그림과 같다. 이때, 응력과 변형률이 이루는 면적을 단위체적당 에너지라고 하며, 다음과 같이 정리된다.

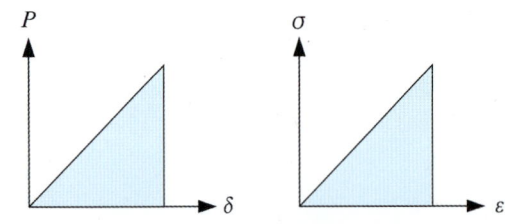

변형에너지밀도 = 단위체적당 탄성 변형에너지(레질리언스 계수) = $\frac{1}{2}\sigma\epsilon$

총 탄성 변형에너지 W
$= \frac{1}{2}\sigma\epsilon \times V = \frac{1}{2}\sigma\epsilon \times A \times l = \frac{1}{2}P\delta$ ($P=\sigma \times A$, $\delta = l \times \epsilon$)

예제

문제. 그림의 봉 부재는 단면적이 10,000 mm²이며, 단면도심에 압축하중 P를 받고 있다. 이 부재의 변형에너지 밀도(strain energy density, u)가 u = 0.01 N/mm²일 때, 수평하중 P의 크기[kN]는? (단, 부재의 축강성 E_A = 500kN이고, 자중은 무시한다)

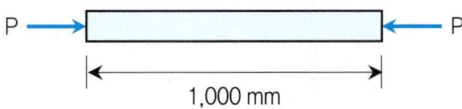

해설 $\delta = \frac{PL}{EA}$ 에서, $\epsilon = \delta/L = \frac{P}{EA}$

변형에너지밀도 $u = \frac{1}{2}\sigma\epsilon = \frac{1}{2} \times \frac{P}{A} \times \frac{P}{EA}$

$= \frac{1}{2} \times \frac{P^2}{10^4 \times 500 \times 10^3}$

$= \frac{1}{100}$ 에서, $P = 10^4 N = 10kN$

① 트러스 축력이 한 일 = 트러스의 변형 에너지

$W = \frac{1}{2}P\delta = \frac{F^2 L}{2EA}$ ($\delta = \frac{PL}{EA}$, $P=F$)

② 보에 작용하는 하중에 의해 한 일 = 보의 변형 에너지

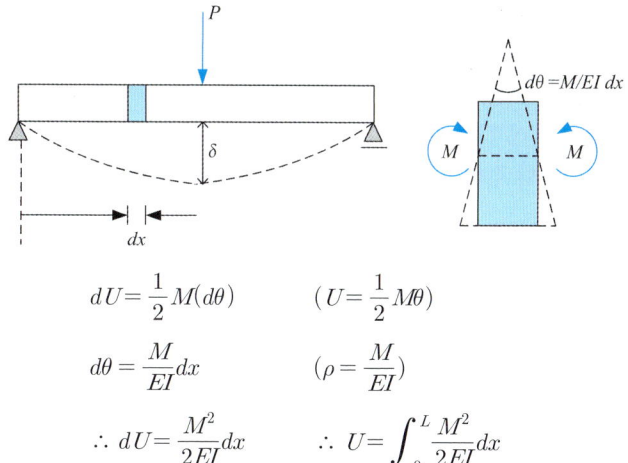

$$dU = \frac{1}{2}M(d\theta) \quad (U = \frac{1}{2}M\theta)$$

$$d\theta = \frac{M}{EI}dx \quad (\rho = \frac{M}{EI})$$

$$\therefore dU = \frac{M^2}{2EI}dx \quad \therefore U = \int_0^L \frac{M^2}{2EI}dx$$

2 변형에너지와 운동에너지

① 재하되는 하중이 커질수록 변형(변위)이 커지는 경우 → 변형 에너지

구분	집중하중	휨모멘트	비틀림모멘트
탄성변형에너지	$\frac{1}{2}P\delta$	$\frac{1}{2}M\theta$	$\frac{1}{2}T\phi$

② 재하되는 하중과 변형(변위)이 무관한 경우 → 운동에너지
$E = P\delta$ 또는 $M\theta$

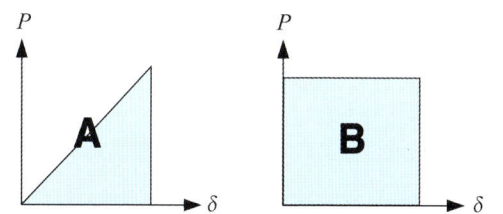

에너지(일)은 하중-변위 곡선상에서 구해지는 면적으로 판단할 수 있다. 우선 변형에너지의 경우는 하중이 증가할수록 변형이 커진다. 예를 들어 축력 P를 받는 부재의 처짐 $\delta = \frac{Pl}{EA}$에서, 처짐량과 하중은 비례관계에 있다. 즉, 앞의 그림 중 A의 경우로 이해할 수 있다. 따라서 하중-변위 곡선상의 면적을 구하게 되면 $\frac{1}{2}P\delta$(삼각형 면적)가 된다.

이에 비해서 운동에너지는 하중이 증가하더라도 거리(변형)이 증가하지는 않는다. 예를 들면, 10t의 수레를 움직이기 위해 10t의 하중을 재하한 경우, 1m를 이동하더라도 10t을 재하해야 하고, 10m를 이동하더라도 10t을 재하해야 된다. 즉, 거리를 더 멀리 이동하기 위해 더 큰 힘을 사용하지 않는다는 의미이다. 더 큰 힘이 필요하다는 뜻은 더 무거운 물체를 옮긴다는 것이다. 이와 같이 재하되는 하중의 크기와 이동거리(변위)가 무관할 경우는 B의 그림과 같이 하중-변위 곡선이 형성이 되며, 그 면적은 $E = P\delta$가 된다.

3 복수하중에 따른 에너지

일(에너지)에 대한 문제를 접근할 때, 조심해서 고려해야 할 사항이 있다. 물체를 오른쪽으로 하중을 가한 경우를 + 라고 한다면 왼쪽으로 가한 경우는 - 라고 할 수 있다. 이는 하중이나 변위는 벡터값이기 때문에 방향성을 가지고 있다. 그러나 물체를 오른쪽으로 움직였을 때 하는 일이나 왼쪽으로 움직였을 때 하는 일의 양은 같다고 볼 수 있다. 즉, 일은 스칼라적 의미를 가진다고 볼 수 있다.

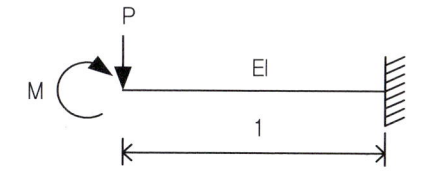

δ_p : P에 의한 처짐
δ_M : M에 의한 처짐
θ_p : P에 의한 처짐각
θ_M : M에 의한 처짐각

여기서, M에 의한 처짐각과 처짐은 집중하중 P에 의한 값과 반대 방향으로 발생한다. 그래서 식에 의해 계산을 하면 다음과 같다.
$U = P\frac{\delta}{2} + M\frac{\theta}{2}$ 에서,

- 캔틸레버보 자유단의 집중하중 재하시
$\delta = \frac{PL^3}{3EI}, \quad \theta = \frac{PL^2}{2EI}$

- 캔틸레버보 자유단의 모멘트하중 재하시

$$\delta = \frac{ML^2}{2EI}, \quad \theta = \frac{ML}{EI}$$

$$U = \frac{P}{2}\left(\frac{P^2L^3}{6EI} + \frac{ML^2}{2EI}\right) + \frac{M}{2}\left(\frac{PL^2}{2EI} + \frac{ML}{EI}\right)$$

$$= \frac{M^2L}{2EI} + \frac{MPL^2}{2EI} + \frac{P^2L^3}{6EI}$$

주) 여기서 조심해야 할 것은 절대로 처짐이나 처짐각의 방향이 다르다고 해서 그 값들을 빼서는 안된다. 따라서 에너지의 엄밀한 식은 다음과 같다.

$$E = \frac{|P|}{2}(|\delta_P| + |\delta_M|) + \frac{|M|}{2}(|\theta_M| + |\theta_P|)$$

4 복수 부재를 가지는 부재에서의 탄성변형에너지

① 트러스와 같이 여러 개의 부재가 모두 축력을 받는 경우 모든 부재에 대해서 각각 탄성변형에너지를 계산해서 합산해야 한다.
② 복수의 부재로 되어진 보나 라멘의 경우에는 휨모멘트에 의한 에너지를 포함해야 하기 때문에 시험에서 출제되기는 난해하다.
③ 에너지는 스칼라 값이므로, 트러스 부재가 받는 힘이 인장이든 압축이든 모두 "+"로 합산해야 한다.
④ 트러스 부재가 받는 총 탄성변형에너지

$$E = \frac{1}{2}\Sigma(F_i \times \delta_i) = \frac{1}{2}\Sigma\left(F_i \times \frac{F_iL_i}{E_iA_i}\right) = \frac{1}{2}\Sigma\left(\frac{F_i^2L_i}{E_iA_i}\right)$$

02 단위하중법에 의한 트러스의 처짐계산

1 단위 하중법(가상일의 원리)

> 가상의 외부 힘 × 실제 외부 변위
> = 가상의 내부 힘 × 실제 내부 변위

1717년 베르누이에 의해 소개된 방법으로 구조공학에 있어서 전자계산기를 사용하지 않고 구조물의 특정 위치의 변위를 쉽게 구할 수 있는 방법이다. 일반적으로 일은 힘과 변위의 곱 ($W = P \times \delta$)으로 표현된다. 이는 탄성적으로 변위가 변화되는 탄성변형에너지와는 다른 경우이므로 혼동해서는 안된다. 가상일의 원리를 이해하기 위해서는 가상힘의 원리와 가상 변위의 원리를 이해해야만 한다. 그러나 이를 모두 설명하기 위해서는 많은 지면과 시간이 필요하므로 간단하게 설명하자면 앞의 식과 같이 가상의 외부 일과 가상의 내부 일이 같다는 원리를 적용하는 것이다. 앞의 식에서 표현하는 것은 매우 효율적으로 적용 가능한 개념으로 필수적으로 익혀야 한다.

구분	설명
가상의 외부 힘	가상의 힘으로 계산의 편의상 '1'로 지정해서 사용 → 단위하중법
실제 외부 변위	구하고자 하는 지점의 특정 방향의 변위
가상의 내부 힘	가상 구조계에서 가상 외부 힘 '1'에 의한 각 부재의 힘
실제 내부 변위	실제 구조계에서 실제 외부 힘에 의한 각 부재의 변형

2 단위 하중법에 의한 처짐계산 방법

① 실제시스템에서, 실제하중에 의한 모든 부재의 길이와 부재력을 구한다.
② 가상시스템에서, 구하고자 하는 지점에 예상 처짐 방향으로 단위 하중을 가한다.
③ $\Delta_D = \frac{1}{E}\Sigma F_v\left(\frac{FL}{A}\right)$에서 구하고자 하는 지점 D에 대한 처짐을 구한다.

3 단위하중법의 특징

① 실제 변형의 원인을 고려하지 않는다. (하중, 온도변화 등)
② 탄성구조이든 소성구조이든 모두 적용가능하다.
③ 구조물 전체의 처짐보다는 특정지점의 처짐을 구하는데 유리하다.
④ 보 부재나 트러스 부재나 모두 적용이 가능하고, 특히 트러스 부재의 경우 효과적이다.

참조

[단위 하중법에 의한 보의 처짐계산 방법]

① 실제시스템에서, 실제 하중에 의한 BMD를 그린다.
② 가상시스템에서, 모든 하중을 제거한 후 구하고자 하는 지점의 예상 처짐 방향으로 단위 하중을 가한다. 만약 예상 처짐각을 구할 경우는 단위 우력모멘트를 구한다.
③ EI의 변화구간이나 하중변화구간으로 구분한다.
④ $\Delta_D = \dfrac{1}{EI}\int_0^L M_v M dx$ 에서 구하고자 하는 지점 D에 대한 처짐을 구한다.

예제

문제. 그림과 같은 트러스 구조물의 변형에너지는? (단, 모든 부재의 축강성 EA는 일정하며, 자중은 무시한다)

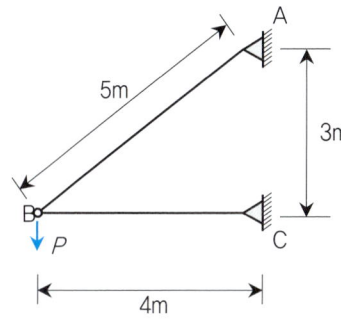

해설 $F_{AB} = \dfrac{5P}{3},\ F_{BC} = -\dfrac{4P}{3}$

$\delta_{AB} = \dfrac{5P}{3} \times \dfrac{5}{EA},\ \delta_{BC} = -\dfrac{4P}{3} \times \dfrac{4}{EA}$

$E = \dfrac{1}{2}\Sigma(F \times \delta)$

$= \dfrac{1}{2}[\dfrac{5P}{3} \times (\dfrac{5P}{3} \times \dfrac{5}{EA}) + \dfrac{4P}{3} \times (\dfrac{4P}{3} \times \dfrac{4}{EA})]$

$= \dfrac{21P^2}{2EA}$

예제

문제. 다음 트러스에서 B절점의 수평방향 처짐량은 얼마인가? (단, EA는 동일)

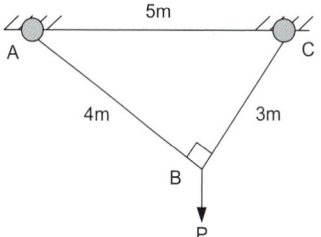

해설 ① 실제시스템에서, 실제하중에 의한 모든 부재의 길이와 부재력을 구한다.
라미의 정리를 통해, 실제 구조물의 단면력 계산

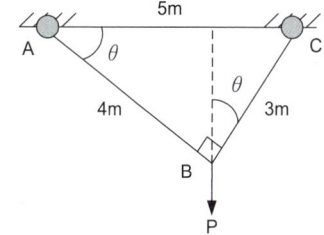

$F_{AB} = \dfrac{3P}{5},\ F_{BC} = \dfrac{4P}{5},\ L_{AB} = 4m,\ L_{BC} = 3m$

② 가상시스템에서, 구하고자 하는 지점에 예상 처짐 방향으로 단위 하중을 가한다.
삼각형 닮은 비에 따라, 가상 구조물의 단면력 계산

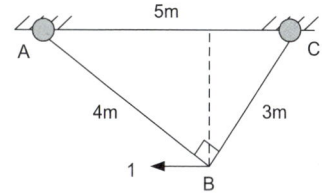

$F_{AB} = -\dfrac{4}{5},\ F_{BC} = \dfrac{3}{5}$

③ $\Delta_D = \dfrac{1}{E}\Sigma F_v(\dfrac{FL}{A})$에서 구하고자 하는 지점 D에 대한 처짐을 구한다. $\Delta_B = \Sigma F_v(\dfrac{FL}{EA})$

부재	L	A	F	Fv	Fv(FL)
AB	4	A	3P/5	-4/5(압축)	-48P/25
BC	3	A	4P/5	3/5	36P/25

$\therefore \Delta_B = (-\dfrac{48P}{25} + \dfrac{36P}{25}) \times \dfrac{1}{EA} = -\dfrac{12P}{25EA}$ (B지점은 우측으로 이동)

03 카스틸리아노의 탄성구조물 변위 해법

1 카스틸리아노 2법

① 개요

1873년 Alberto Castiliano에 의해 최초로 소개된 방법으로, 선형 탄성 구조물에 가해진 힘이나 우력에 관한 변형에너지의 편미분 함수는 그 작용력의 작용선에 따른 변위(또는 회전각)와 같음을 이용하여 구조물의 특정 위치 변위를 계산하는 방법이다.

② 일반식

$$\frac{\partial U}{\partial \overline{M_i}} = \theta_i \qquad \frac{\partial U}{\partial P_i} = \Delta_i$$

U : 탄성변형 에너지, Δ_i : P_i 방향의 처짐,
θ_i : 우력 $\overline{M_i}$ 방향의 회전각

하중에 의한 변형에너지 $W = \frac{1}{2}P\delta = \frac{F^2 L}{2EA}$

우력 휨모멘트에 의한 변형에너지 $U = \int_0^L \frac{\overline{M}^2}{2EI}dx$

예제

문제. 임의의 탄성구조물의 탄성에너지 방정식 U가 아래와 같이 정의된다면 이때, P_2 하중 재하방향의 처짐량은 얼마인가?

> 탄성에너지 방정식
> $U = AP_1^2 P_2 + BP_3 P_1 P_2^3 + CP_3 P_2^2 + D$
> (단, A, B, C, D 상수이다.)

해설 카스틸리아노 2법에 따라, 탄성에너지 방정식 U를 P_2에 대해 편미분
$\frac{\partial U}{\partial P_2} = AP_1 + 3BP_3 P_1 P_2^2 + 2CP_3 P_2 = \delta_{P_2}$

2 카스틸리아노 1법

① 개요 : 탄성변형에너지를 해당 변형에 대해 편미분하면 해당 하중이 된다.

② 일반식

$$\frac{\partial U}{\partial \theta_i} = \overline{M_i} \qquad \frac{\partial U}{\partial \Delta_i} = P_i$$

예제

문제. 임의의 탄성구조물의 탄성에너지 방정식 U가 아래와 같이 정의된다면 이때, δ_1 처짐방향의 하중 P_1은 얼마인가?

> 탄성에너지 방정식
> $U = A\delta_1^2 \delta_2 + B\delta_3 \delta_1 \delta_2^3 + C\delta_3 \delta_2^2 + D$
> (단, A, B, C, D 상수이다.)

해설 카스틸리아노 1법에 따라, 탄성에너지 방정식 U를 δ_1에 대해 편미분
$\frac{\partial U}{\partial \delta_1} = 2A\delta_1 \delta_2 + B\delta_3 \delta_2^3 = P_1$

3 카스틸리아노 2법의 적용방법

① 트러스의 적용 $\Delta_i = \frac{\partial U}{\partial P_i} = \sum (\frac{\partial F}{\partial P_i})\frac{FL}{EA}$

(F : 실제구조물의 부재력, P=0 : 가상구조물에 작용하는 힘)

② 보의 적용 $\Delta_i = \frac{\partial U}{\partial P_i} = \sum \int_0^L (\frac{\partial M}{\partial P})\frac{M}{EI}dx$,

$\theta_i = \frac{\partial U}{\partial \overline{M_i}} = \sum \int_0^L (\frac{\partial M}{\partial \overline{M}})\frac{M}{EI}dx$

04 카스틸리아노 2법과 가상일법의 비교

구분	가상일법	카스틸리아노 2법
해석 개념	가상의 외부 일 = 가상의 내부 일	특정변위 = 탄성에너지의 변위방향 하중에 대한 편미분
구조계	실제구조계 + 가상구조계	실제구조계
작용되는 가상 힘	1	0
특징	탄성 및 소성 모두 가능	탄성구조계만 가능

대표기출문제

문제. 그림과 같은 2개의 캔틸레버 보에 저장되는 변형에너지를 각각 $U_{(1)}$, $U_{(2)}$라고 할 때 $U_{(1)} : U_{(2)}$의 비는? (단, EI는 일정하다.) 2021년 3회

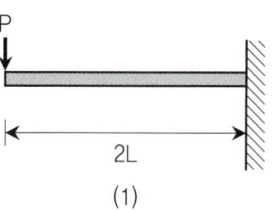
(1)

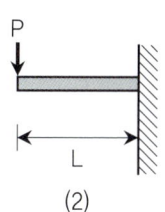
(2)

① 2 : 1 ② 4 : 1
③ 8 : 1 ④ 16 : 1

정답 ③

해설 탄성변형에너지 $U = \dfrac{1}{2}P\delta$이므로,

$$U_{(1)} = \dfrac{1}{2}P\dfrac{P(2L)^3}{3EI}, \quad U_{(2)} = \dfrac{1}{2}P\dfrac{P(L)^3}{3EI}$$

따라서, $U_{(1)} : U_{(2)} = 8 : 1$

대표기출문제

문제. 아래 보기에서 설명하고 있는 것은? 2019년 3회

> 탄성체에 저장된 변형에너지 U를 변위의 함수로 나타내는 경우에, 임의의 변위 Δ_i에 관한 변형에너지 U의 1차 편도함수는 대응되는 하중 P_i와 같다. 즉, $P_i = \dfrac{\partial U}{\partial \Delta_i}$이다.

① 중첩의 원리 ② Castigliano의 정리
③ Betti의 정리 ④ Maxwell의 정리

정답 ②

해설 카스틸리아노 1정리 $P_i = \dfrac{\partial U}{\partial \Delta_i}$

카스틸리아노 2정리 $\Delta_i = \dfrac{\partial U}{\partial P_i}$

15 부정정 구조물

01 부정정 구조물의 개념

1 부정정 구조물의 계산법에 따른 분류

시험에 출제 가능한 부정정 구조물은 다음의 3가지로 구분할 수 있다. 수험시간이 매우 촉박한 관계로 시간이 많이 소요되는 해법은 적합하지 않기 때문에 각 해당 경우에 따른 부정정 구조물의 해법을 제안하였다.

① 단경간 부정정 구조물
 - 암기된 재단모멘트를 활용하여, 정정구조물에 재단모멘트를 중첩하여 적용

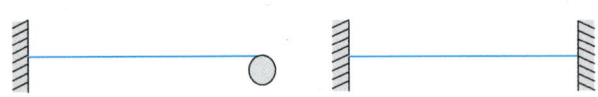

② 2경간 부정정 구조물
 - 기본적으로 모멘트 분배법을 활용

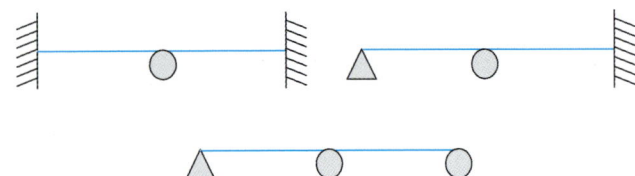

③ 연속지점에 침하가 있는 2경간 부정정 구조물
 - 3연 모멘트법을 활용

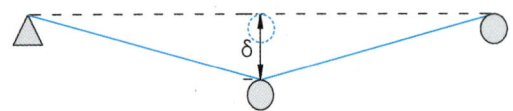

이를 정리하면 단경간 부정정 구조물은 기본적인 재단모멘트를 암기하는 것으로, 2경간 구조물은 모멘트 분배법으로, 연속지점의 침하시는 3연 모멘트법으로 해결한다. 물론 처짐각법 등 다양한 방법이 있지만, 일반식을 암기하거나 계산이 복잡하거나 하는 등의 비효율적인 방법이므로 본 교재에서는 상기의 3가지 접근방식에 대해서만 집중적으로 논의할 것이다.

2 부정정 구조물의 특징

구분	장점 : 모멘트가 (+)와 (-)로 분산	단점 : 변형이 제한
①	단면이 효과적으로 사용되므로, 휨모멘트가 감소	지점침하, 온도신축에 대해 정정구조물 보다 큰 응력이 발생
②	처짐량이 작다.	계산이 복잡하고 시간이 많이 소요
③	동일단면으로 정정구조물에 비해 더 큰 하중을 받을 수 있다.	응력교체가 많아서 부가적인 부재의 사용이 많다.

3 부정정 구조물 해법의 구분

부정정 구조물의 해석방법에는 여러 가지가 있다. 본 교재에 소개되는 방법들은 널리 알려진 것들이지만 이 외에도 다양한 방법들이 있다. 부정정 해석방법은 크게 두 가지의 분류가 있는데 변위계열과 응력계열이다.
부재력(혹은 응력)을 이용하여 부정정력을 계산하는 방식을 응력법이라고 하며, 변위를 이용하여 부정정력을 계산하는 방식을 변위법이라고 한다. 따라서 응력법에서는 부정정 부재력 수와 방정식 수가 일치하며, 변위법에서는 자유도(변위) 수와 방정식 수가 일치한다.

4 부정정 해석방법의 비교

구분	특징
변형일치법	• 변형 중첩의 원리 적용 • 저차 부정정 구조물에 효과적 • 응용할 수 있는 부분이 많음
최소일법	• 휨을 받는 부재(보)와 축력을 받는 부재(트러스)의 복합적으로 사용된 구조 해석 가능 • 지점침하, 온도변화, 조립오차 해석 불능
3연 모멘트법	• 연속보의 해석 적용 • 지점침하 해석에 효과적 • 내부힌지가 있는 경우 불능
처짐각법	• 연속보의 해석 적용 • 지점침하 해석 가능 • 보와 골조 모두 효과적 적용 가능
모멘트분배법	• 반복적인 모멘트 재분배 과정을 통해 복잡한 골조 및 보 구조물의 해석 효과적
매트릭스 해법	• 어떠한 구조물이든 동일 반복적인 계산과정으로 해석 가능 • 계산이 복잡하고 시간이 많이 소요 • 전산 구조 해석 알고리즘에 적용

02 재단모멘트(FEM, Fixed End Moment)

1 암기해야할 재단모멘트

① 양단고정 – 집중하중

$$M_A = \frac{Pab}{L} \times \frac{b}{L} = \frac{Pab^2}{L^2}, \quad M_B = \frac{Pab}{L} \times \frac{a}{L} = \frac{Pa^2b}{L^2}$$

if) $a = b$, $M_A = M_B = \frac{PL}{8}$

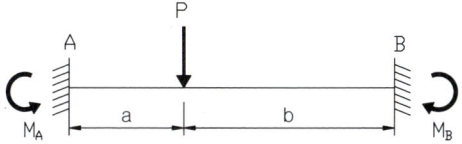

② 양단고정 – 등분포하중

$$M_A = \frac{\omega a^2}{12L^2}(6L^2 - 8aL + 3a^2), \quad M_B = \frac{\omega a^3}{12L^2}(4L - 3a)$$

if) $a = L$, $M_A = M_B = \frac{\omega L^2}{12}$

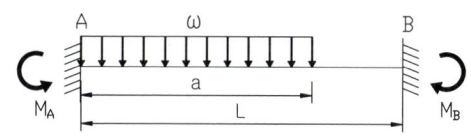

③ 양단고정 – 집중모멘트

$$M_A = \frac{Mb}{L^2}(b - 2a), \quad M_B = \frac{Ma}{L^2}(2b - a)$$

if) $a = b$, $M_A = M_B = \frac{M}{4}$

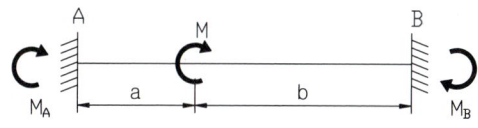

④ 양단고정 – 지점침하

$$M_A = M_B = \frac{6EI\Delta}{L^2}$$

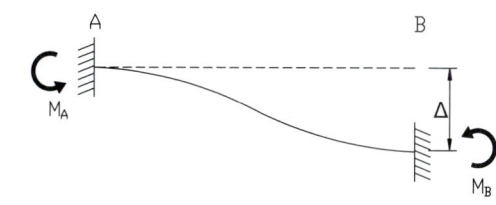

⑤ 양단고정 – 지점 회전변형

$$M_A = \frac{2EI\theta}{L}, \quad M_B = \frac{4EI\theta}{L}$$

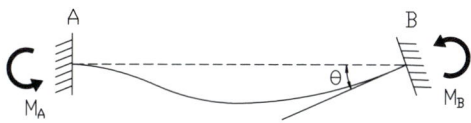

⑥ 일단고정 일단힌지 – 집중하중

$M_A = \dfrac{Pab}{2L^2}(L+b)$

if) $a=b$, $M_A = \dfrac{3PL}{16}$

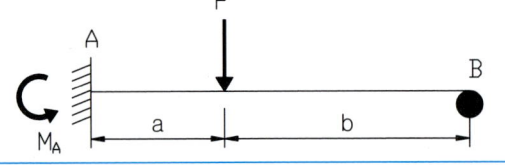

⑦ 일단고정 일단힌지 – 등분포하중

$M_A = \dfrac{\omega L^2}{8}$

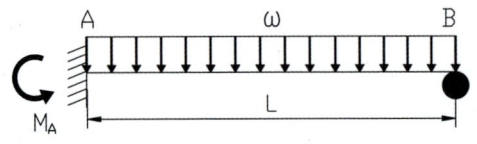

⑧ 일단고정 일단힌지 – 모멘트하중

$M_A = \dfrac{M}{8}$

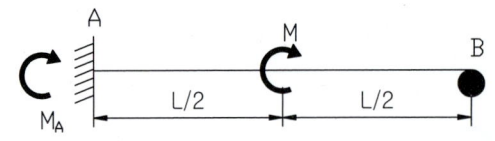

⑨ 일단고정 일단힌지 – 지점침하

$M_A = \dfrac{3EI\Delta}{L^2}$

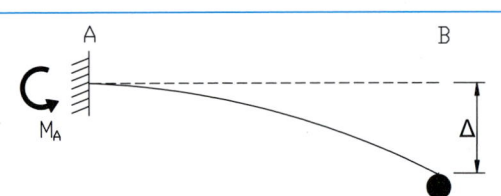

⑩ 일단고정 일단힌지 – 지점 회전변형

$M_A = \dfrac{3EI\theta}{L}$

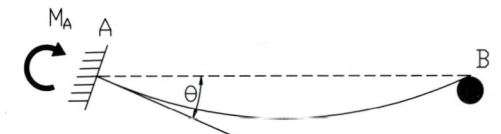

2 암기된 재단모멘트의 활용과 의미

[부정정 구조물의 재단모멘트]

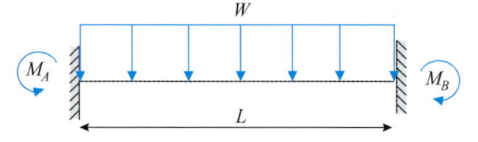

$M_A = M_B = \dfrac{\omega L^2}{12}$

[중첩의 원리 적용]

재단모멘트 → 모멘트 하중

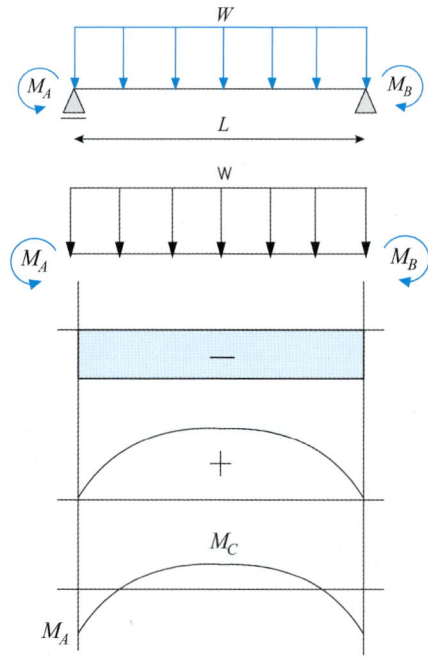

① 구조물은 정정으로 되고 양 끝단에 재단모멘트가 가해지는 경우와 동일
② 재단모멘트에 의한 BMD와 등분포하중에 의한 BMD의 중첩을 하면 양단고정보에 등분포하중에 재하되는 BMD가 된다.
③ 보의 중앙에서 휨모멘트(M_C)는 그림에서 단순보에서 등분포하중시 보 중앙의 휨모멘트 $M_1 = \dfrac{\omega L^2}{8}$ 와 재단모멘트 $M_A = M_B = -\dfrac{\omega L^2}{12}$ 를 더한 ($M_C = \dfrac{\omega L^2}{8} - \dfrac{\omega L^2}{12} = \dfrac{\omega L^2}{24}$)

3 하중재하형태에 따른 부정정 구조물의 BMD

하중재하	단순보 BMD
(캔틸레버 집중하중)	$M_{max} = \dfrac{Pl}{4}$
(캔틸레버 등분포하중)	$M_{max} = \dfrac{\omega l^2}{8}$
(양단고정 집중하중)	$M_{max} = \dfrac{Pl}{4}$
(양단고정 등분포하중)	$M_{max} = \dfrac{\omega l^2}{8}$

재단모멘트 BMD	조합된 BMD
$M_{max} = \dfrac{3Pl}{16}$	$M_1 = \dfrac{3Pl}{16} \quad M_2 = \dfrac{5Pl}{32}$
$M_{max} = \dfrac{\omega l^2}{8}$	$M_1 = \dfrac{\omega l^2}{8} \quad M_2 = \dfrac{\omega l^2}{16}$
$M_{max} = \dfrac{Pl}{8}$	$M_1 = \dfrac{Pl}{8} = M_2$
$M_{max} = \dfrac{\omega l^2}{12}$	$M_1 = \dfrac{\omega l^2}{12} \quad M_2 = \dfrac{\omega l^2}{24}$

앞의 표에서와 같이, 부정정 구조물에서 고정단 지점의 모멘트만 알고 있다면 그 지점은 힌지지점에 휨모멘트 하중이 재하되는 것으로 치환할 수 있으며, 이를 통해 단순보처럼 해석이 가능하다. 다시 말해서, "**부정정 구조물 = 정정구조물 + 재단모멘트**"라고 정리할 수 있다. 이러한 원리는 부정정 구조물 어디에서든 적용이 가능하다. 따라서 부정정 구조물의 해석은 결국 재단모멘트를 구하는 과정과 이를 정정구조물에 중첩시키는 것으로 귀결된다.

> **예제**
>
> **문제.** 다음 그림과 같은 양단 고정보에서 보 중앙에서의 집중하중이 작용할 때, C지점에서의 휨모멘트는 얼마인가?
>
>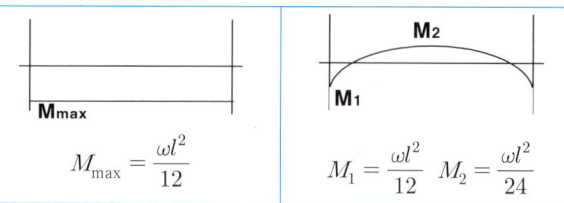
>
> **해설** 재단모멘트 $= \dfrac{PL}{8} = \dfrac{160 \times 10}{8} = 200 kN.m$
>
> 중첩의 원리를 이용하면
>
> $\therefore M_c = 160 - 200 = -40 kN.m$
>
>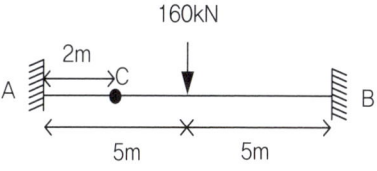

03 변형일치법

정정구조물의 처짐에 중첩의 원리를 이용한 방법

B지점을 제거해서 단순보(Primary Structure)로 한 구조물에서의 B지점의 처짐(y_B)과 반력 R_B에 의한 처짐(y_b)의 합이 0인 것을 이용해서 반력 R_B를 구할 수 있다. 즉, 변형이 일치한 것($y_B + y_b = 0$)을 이용해서 부정정 구조물을 해석한다.

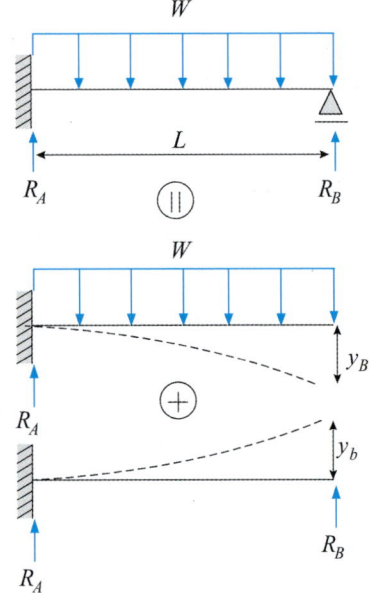

캔틸레버보에서 **등분포하중이 재하될 때** 최대처짐은,

$$y_{\max} = y_B = \frac{\omega L^4}{8EI}$$

또한 집중하중이 재하될 때, 최대처짐은,

$$y_{\max} = y_b = \frac{PL^3}{3EI}, \quad (P = R_B)$$

두 변형량의 합이 0이므로,

$$y_B + y_b = \frac{\omega L^4}{8EI} - \frac{R_B L^3}{3EI} = 0 \qquad \therefore R_B = \frac{3}{8}\omega L$$

$R_A + R_B = \omega L$ 이므로 $\qquad \therefore R_A = \frac{5}{8}\omega L$

$\sum M_A = 0$ 이므로, $M_A - \omega L \times \frac{L}{2} + R_B \times L = 0$

$$\therefore M_A = \frac{\omega L^2}{8}$$

마찬가지의 방법으로 아래의 그림과 같이 캔틸레버보의 자유단이 롤러단으로 처리되어 1차부정정이 된 구조물에 임의 지점에 **집중하중이 재하되는 경우**를 해석해 보자.

우선 캔틸레버보에 집중하중이 재하되는 경우의 공액보는 다음과 같다.

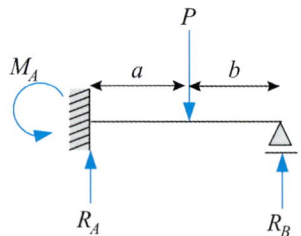

공액보에서 고정단의 휨모멘트는,

$$M = \frac{Pa}{EI} \times \frac{a}{2} \times (b + \frac{2a}{3}) = \frac{Pa^2}{6EI}(2L+b) = \delta_P$$

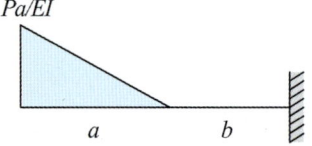

또한 원래 구조물에서 R_B에 의한 처짐량은

$$\delta_R = \frac{R_B L^3}{3EI}$$

변형일치법에 의해 $\delta_P - \delta_B = 0$ 에서 $\frac{Pa^2}{6EI}(2L+b) = \frac{R_B L^3}{3EI}$

이므로

$$\therefore R_B = \frac{Pa^2}{2L^3}(2L+a) \quad (R_A = P - R_B)$$

if) $a = b$,

$$R_B = \frac{5P}{16}, \quad R_A = \frac{11P}{16},$$

$$M_A = \frac{5P}{16} \times L - P \times \frac{L}{2} = -\frac{3PL}{16}$$

이번에는 동일한 구조물에 **모멘트 하중이 재하되는 경우**를 고려해 보자.

모멘트만 작용하는 정정 구조물로 보고 공액보를 구하면 다음과 같다.

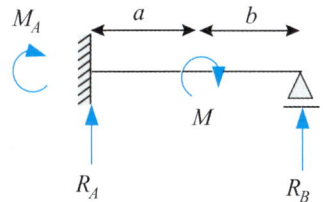

공액보에서 지점 반력 모멘트는,

$$M = \frac{Ma}{EI} \times (b + \frac{a}{2}) = \frac{Ma}{2EI}(L+b)$$

또한 원래 구조물에서 R_B에 의한 처짐량은,

$$\delta_R = \frac{R_B L^3}{3EI}$$

변형일치법에 의해 $\delta_P - \delta_R = 0$에서 $\frac{Ma}{2EI}(L+b) = \frac{R_B L^3}{3EI}$

이므로,

$$R_B = \frac{3Ma}{2} \times \frac{L+b}{L^3} \quad (R_A = -R_B)$$

if) $a = b$,

$$R_B = \frac{9M}{8L}, \quad R_A = -R_B, \quad M_A = \frac{M}{8}$$

◆ **변형일치법에 의한 1차 부정정 구조물의 단면력**

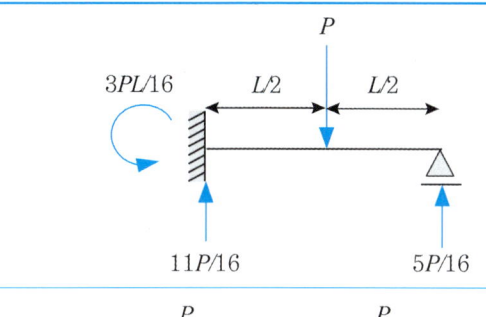

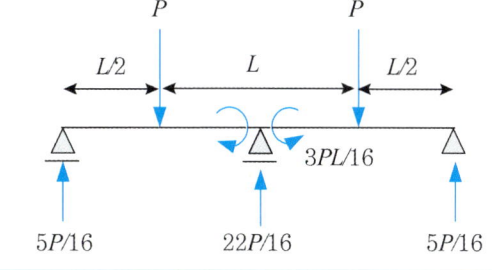

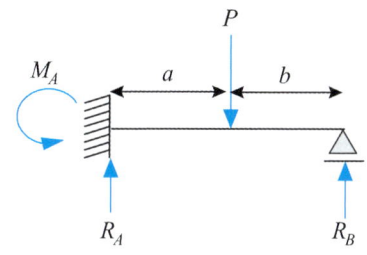

$$R_B = \frac{Pa^2}{2L^3}(2L+a),$$
$$R_A = P - R_B,$$
$$M_A = R_B \times L - P \times a$$

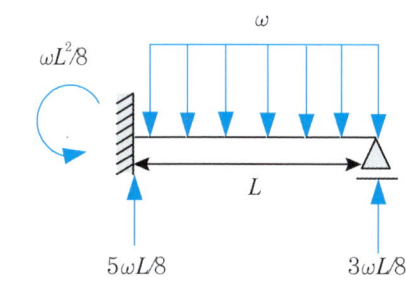

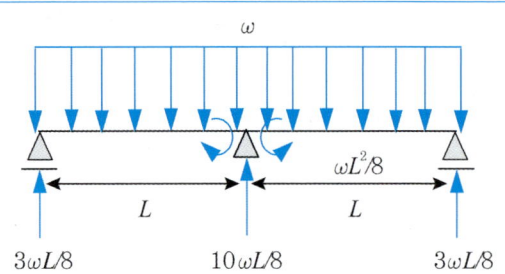

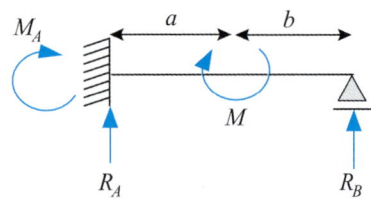

$$R_B = \frac{3Ma}{2} \times \frac{L+b}{L^3} \, (R_A = -R_B)$$

if) $a = b$,

$$R_B = \frac{9M}{8L}, \quad R_A = -R_B, \quad M_A = \frac{M}{8}$$

04 최소일법

변형일치법에 카스틸리아노 2법을 적용한 개념

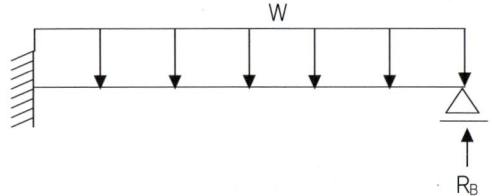

앞의 그림에서 부정정 미지의 하중인 R_B로부터 보의 탄성변형에너지는 다음과 같이 정리될 수 있다.

$U = f(\omega, R_B)$

또한 보의 탄성변형에너지 식에 의해, $U = \int \frac{M^2}{2EI} dx$

카스틸리아노 2법에서부터, B지점의 처짐이 0이므로 다음과 같이 쓸 수 있다.

$$\frac{\partial U}{\partial R_B} = 0 = \int \left(\frac{\partial M}{\partial R_B}\right) \frac{M}{EI} dx$$

또한 트러스에서 $U = \sum \frac{F^2 L}{2EA}$ 이므로,

$$\frac{\partial U}{\partial F_i} = \sum \left(\frac{\partial F}{\partial F_i}\right) \frac{FL}{EA} = 0$$ 로 정의된다.

05 3연 모멘트법

1 기본 개념

여러 경간의 연속보를 2경간씩 끊어서 부정정보를 해석하는 방법으로 지점침하 및 온도신축 등의 영향은 고려가능하나, 내부힌지가 있는 경우는 불가능하다. 연속지점의 침하에 대한 문제에 효과적으로 적용할 수 있으며 일반식은 다음과 같다.

$$M_A \frac{L_1}{E_1 I_1} + 2M_B \left(\frac{L_1}{E_1 I_1} + \frac{L_2}{E_2 I_2}\right) + M_C \frac{L_2}{E_2 I_2} = 6(\theta_{B1} - \theta_{B2})$$

$$M_A f_1 + M_C f_2 + 2M_B (f_1 + f_2) = 6(\theta_{B1} - \theta_{B2})$$

$$f_1 = \frac{L_1}{E_1 I_1}, \quad f_2 = \frac{L_2}{E_2 I_2}$$

만약에 좌우 부재가 동일한 강도($E_1 = E_2$, $I_1 = I_2$)라면 위의 식에서, E와 I항은 1로 두면 된다.

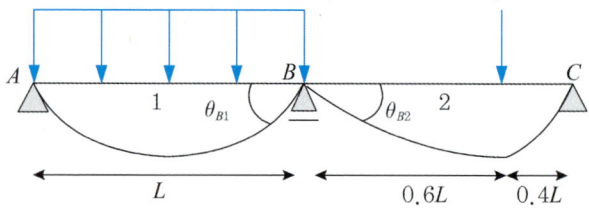

그림에서 미지수는 B점의 모멘트 M_B이다. 즉, 부정정 요소 지점에 대한 모멘트가 미지수가 된다. 또한 M_A와 M_C는 0이고, 1번 부재와 2번 부재를 각각의 단순보로 보고 θ_{B1}과 θ_{B2}을 처짐각 공식에서 구할 수 있다.

$$2M_B \times 2L = 6\left[-\frac{\omega L^3}{24EI} \frac{-Pab}{6EIL}(L+b)\right]$$

2 연속보의 지점침하 계산방법

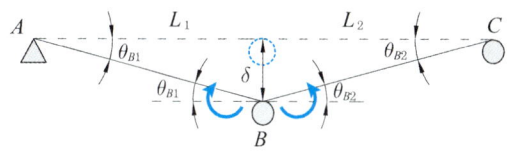

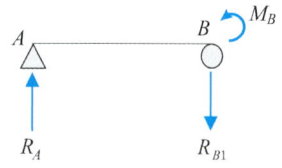 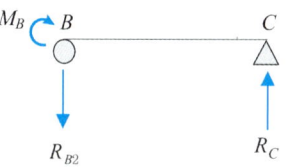

① 3연 모멘트법의 일반식

$$M_A f_1 + M_C f_2 + 2M_B(f_1 + f_2) = 6(\theta_{B1} - \theta_{B2}),$$

$$f_1 = \frac{L_1}{E_1 I_1}, \quad f_2 = \frac{L_2}{E_2 I_2}$$

② $M_A = 0 = M_C$ 이므로, $2M_B(f_1 + f_2) = 6(\theta_{B1} - \theta_{B2})$

$$\theta_{B1} = \frac{\delta}{L_1} (\text{시계 회전}), \quad \theta_{B2} = -\frac{\delta}{L_2} (\text{반시계 회전})$$

③ 연속지점부의 휨모멘트 계산

$$M_B = 3 \times \left(\frac{\delta}{L_1} + \frac{\delta}{L_2}\right) \times \frac{1}{(f_1 + f_2)}$$

④ 각 부재 지점부의 반력계산

AB부재에서, $R_A = \frac{M_B}{L_1} = -R_{B1}$

BC부재에서, $R_C = \frac{M_B}{L_2} = -R_{B2}$

⑤ 연속지점부의 반력계산

$$R_B = R_{B1} + R_{B2} = \frac{M_B}{L_1} + \frac{M_B}{L_2}$$

주) 연속지점부의 반력 방향 ⇒ 연속지점부 침하 방향과 동일↓

예제

문제. 그림과 같은 연속보에서 중간지점 B가 하향으로 20mm 침하 될 때, 지점 B의 휨모멘트와 반력은 얼마인가? (단, $EI_1 = 1 \times 10^6 kN.m^2$, $EI_2 = 2 \times 10^6 kN.m^2$)

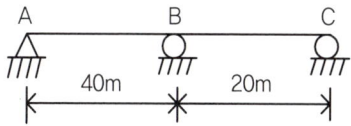

해설 ① 연속지점부의 모멘트 계산

$2M_B(f_1 + f_2) = 6(\theta_{B1} - \theta_{B2})$ 에서,

$$2M_B\left(\frac{L_1}{EI_1} + \frac{L_2}{EI_2}\right) = 2M_B\left(\frac{40}{10^6} + \frac{20}{2 \times 10^6}\right)$$

$$= 6\left(\frac{20 \times 10^{-3}}{40} + \frac{20 \times 10^{-3}}{20}\right)$$

$$2M_B \frac{5}{10^5} = 6 \times 10^{-3} \times (1.5)$$

⇒ 따라서 $M_B = 90 kN.m$ (+모멘트)

② 각 부재의 반력 계산

AB부재에서, $R_A = \frac{M_B}{L_1} = \frac{90}{40} = 2.25 kN\uparrow = -R_{B1}$

BC부재에서, $R_C = \frac{M_B}{L_2} = \frac{90}{20} = 4.5 kN\uparrow = -R_{B2}$

③ 연속지점부의 반력 계산

$R_B = R_{B1} + R_{B2} = 2.25 + 4.5 = 6.75 kN\downarrow$

06 처짐각법

1 양단 고정인 경우

$$M_{nf} = \frac{2EI}{L}(2\theta_n + \theta_f - 3\Psi) + FEM_{nf}$$

n : 모멘트를 구하고자 하는 지점
f : 반대지점
Ψ : 부재의 상대 처짐각(지점의 처짐 등의 영향으로 발생)
FEM_{nf} : 고정단 모멘트(Fixed End Moment)

2 일단 고정, 일단 힌지인 경우

위의 일반식에서 힌지단의 모멘트=0인 것을 이용해서

$$M_{rh} = \frac{3EI}{L}(\theta_r - \Psi) + FEM_{rh} - \frac{FEM_{hr}}{2}$$

$M_{hr} = 0$
r : 고정단
h : 힌지단

3 처짐각법의 평형방정식

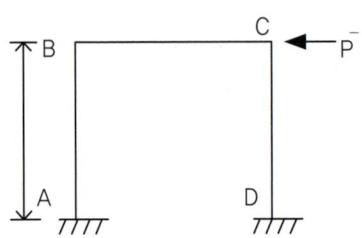

① **절점방정식** : 절점수만큼 생성됨
  절점에 외력모멘트가 없는 경우 : 한 절점의 재단모멘트의 합 = 0
  절점에 외력모멘트가 있는 경우 : 한 절점의 재단모멘트의 합 = 외력모멘트
  $M_{CB} + M_{CD} = 0$
  $M_{BA} + M_{BC} = 0$

② **층방정식** : 층수만큼 생성됨
  기둥의 재단모멘트의 총합 = 층상단 수평력에 의한 모멘트
  (층상단 수평력×층높이)
  $M_{AB} + M_{BA} + M_{CD} + M_{DC} - Ph = 0$

> **예제**
>
> **문제.** 그림과 같은 라멘에서 성립되지 않는 평형 방정식은? (단, M_{AB}는 부재 AB의 A단에 작용하는 모멘트, M_{BA}는 부재 AB의 B단에 작용하는 모멘트이다.)
>
>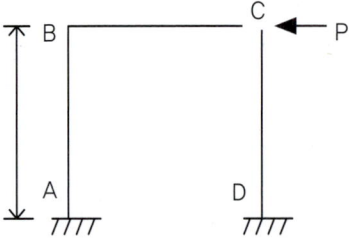
>
> **해설** ① 층방정식 : 기둥의 재단모멘트의 총합 = 층상단 수평력에 의한 모멘트
> ②, ③ 절점방정식 : 절점에 외력 모멘트가 없는 경우 재단모멘트의 합 = 0

07 모멘트 분배법

1 연속보 경간 구성에 따른 부정정 해법의 분류

구분		경간 구성
단경간 ⇒ 변형일치법		▨━━○━━▨
2경간 ⇒ 모멘트분배법	부정정 + 정정	▨━━━○━━━
	부정정 + 부정정	▨━━○━━△━━○━━▨
3경간 ⇒ 모멘트분배법	대칭부재	△━○━━○━△

2 모멘트 분배법 개요

① 부재의 상대휨강성

모멘트를 분배하기 위해 각 부재간의 상대적인 부재의 강성을 나타내는 지수

경계조건	양단고정	일단고정, 타단힌지	대칭구조	역대칭구조
부재강도	$\dfrac{4EI}{l}$	$\dfrac{3EI}{l}$	$\dfrac{2EI}{l}$	$\dfrac{6EI}{l}$

② 2경간 구조의 상대부재 휨강성

경간 구성	상대부재 휨강성 ① 부재	상대부재 휨강성 ② 부재
A △ ─①─ B ○ ─②─ C △	$\dfrac{EI}{l}$	$\dfrac{EI}{l}$
A ▨ ─①─ B ○ ─②─ C ▨	$\dfrac{EI}{l}$	$\dfrac{EI}{l}$
A △ ─①─ B ○ ─②─ C ▨	$\dfrac{3}{4} \times \dfrac{EI}{l}$	$\dfrac{EI}{l}$

$K_{AB} = \dfrac{I_{AB}}{L_{AB}}$: 반대쪽 단부가 고정단일 경우

$K_{AB} = \dfrac{3}{4}\dfrac{I_{AB}}{L_{AB}}$: 반대쪽 단부가 힌지단일 경우

③ 분배계수

해당 절점에 결합된 모든 부재의 강성도 합에 대한 해당 부재의 강성비

임의 AB부재의 분배계수 $DF_{AB} = \dfrac{K_{AB}}{\Sigma K_{ij}}$

④ 전달계수

해당지점의 모멘트로 인해 반대지점에서 발생하는 모멘트의 비율

$COF = \begin{pmatrix} \dfrac{1}{2} : 부재의 \ 반대지점이 \ 고정단인 \ 경우 \\ 0 : 부재의 \ 반대지점이 \ 힌지단인 \ 경우 \end{pmatrix}$

3 다수의 부재가 결합되는 경우의 계산

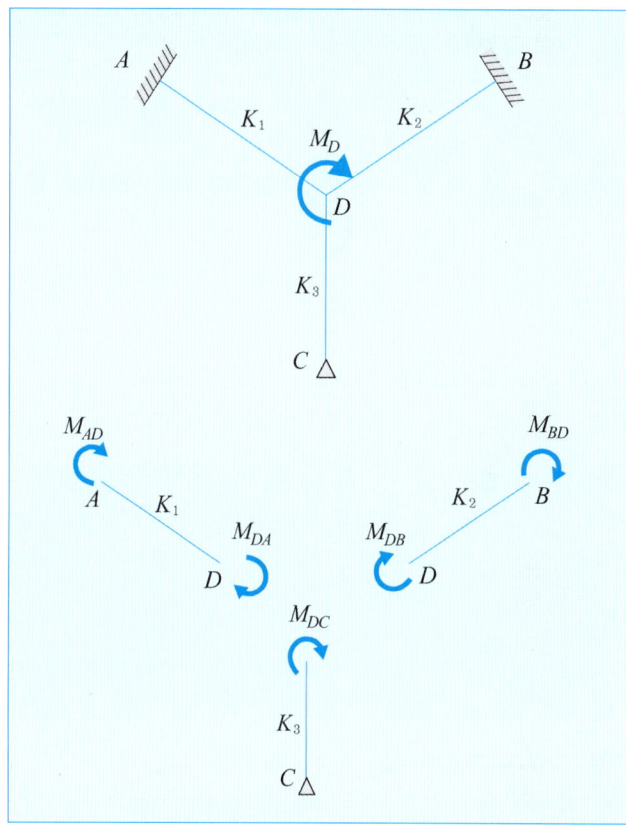

① M_D를 각 부재의 강성 $K_1 \sim K_3$에 따라 분배(단, K_3는 그 값에 $\times \dfrac{3}{4}$를 한다.)

② 강성에 따라 분배된, M_{DA}, M_{DB}, M_{DC}를 각 부재의 타단에 1/2 전달

$M_{AD} = \dfrac{1}{2} \times M_{DA}$, $M_{BD} = \dfrac{1}{2} \times M_{DB}$,

$M_{CD} = \dfrac{1}{2} \times M_{DC} = 0$ (타단이 힌지 ⇒ 0)

주) 부정정 구조물에서는 작용모멘트 방향과 반력모멘트 방향이 동일함.

예제

문제. 다음 구조물에 D점에 120kN.m의 모멘트가 작용할 때, A점과 B점의 반력모멘트를 구하시오. (단, D점의 변위는 없는 것으로 가정한다. $K_1 = 3$, $K_2 = 3$, $K_3 = 4$)

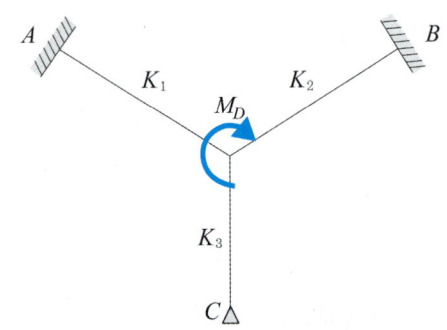

해설 ① 상대강성에 따라, 모멘트 분배

$$K_1 : K_2 : K_3 \times \frac{3}{4} = 1 : 1 : 1$$ (CD부재는 고정-힌지이므로, 그 강성의 3/4를 사용)

따라서 $M_{DA} = 120 \times \frac{1}{3} = 40 kN.m = M_{DB} = M_{DC}$

② 분배된 모멘트의 1/2을 타단에 전달

$$M_{AD} = \frac{1}{2} M_{DA} = \frac{1}{2} \times 40 = 20 kN.m = M_{BD}$$

예제

문제. 그림과 같이 하중을 받는 부정정 구조물의 지점 A에서 모멘트 반력의 크기[kN·m]는? (단, 휨강성 타는 일정하고, 구조물의 자중 및 축방향 변형은 무시한다)

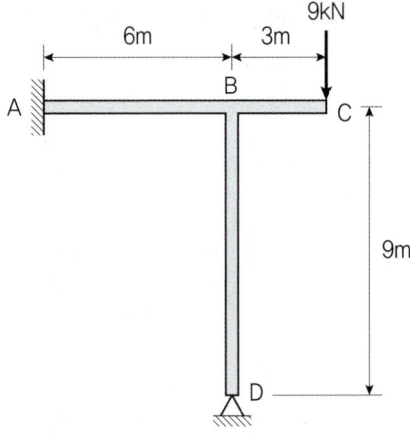

해설 $M_B = 9 \times 3 = 27 kN.m$

$$K_{BA} : K_{BD} = \frac{1}{6} : \frac{1}{9} \times \frac{3}{4} = 2 : 1$$

$$M_{BA} = \frac{K_{BA}}{\Sigma K} \times M_B = \frac{2}{3} \times 27 = 18 kN.m$$

$$M_{AB} = \frac{M_{BA}}{2} = \frac{18}{2} = 9 kN$$

4 2경간 연속보에서 모멘트 분배법의 일반적인 계산

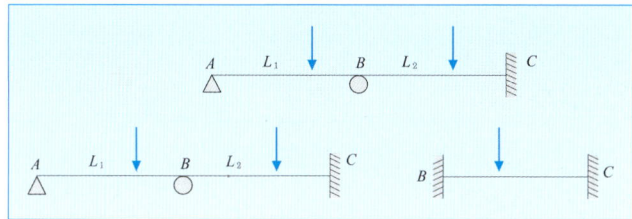

① 연속지점의 모멘트 평형에 필요한 모멘트 계산(시계방향 +, 반시계방향 −)

AB부재에서 B점의 재단모멘트 $M_{BA}(+)$

BC부재에서 B점의 재단모멘트 $M_{BC}(-)$

모멘트 평형에 필요한 모멘트 : $M_{BA}+M_{BC}=0$이 되기 위해 필요한 모멘트

if) $M_{BA}=+60$, $M_{BC}=-20$인 경우, −40이 필요한 모멘트

주) 만약 $M_{BA}+M_{BC}=0$이라면 아래의 ②~④ 과정을 무시할 수 있다.

② 강성에 따라 모멘트 분배

필요한 모멘트(불균형 모멘트)를 상대부재휨강성에 따라 분배

if) AB부재와 BC부재의 상대부재휨강성의 비율이 1:3이고, −40이 불균형 모멘트
  ⇒ AB부재의 B단에 −10을, BC부재의 B단에 −30을 분배

③ 각 부재의 타단에 분배된 모멘트를 전달

상대부재휨강성에 따라 분배받은 모멘트를 타단에 1/2을 전달(타단이 힌지 ⇒ 0)

if) AB부재가 −10을 분배받은 경우, A지점에 −5를 전달(타단이 힌지 ⇒ 0)

if) BC부재가 −30을 분배받은 경우, C지점에 −15를 전달

④ 계산된 각 지점의 모멘트를 합산

AB부재에서 B단의 모멘트 합 = BC부재에서 B단의 모멘트 합

⑤ 각 부재를 정정 구조물로 하여 계산

예제

문제. 다음 2경간 연속보에서 각 지점의 모멘트와 반력을 계산하시오. (EI는 동일)

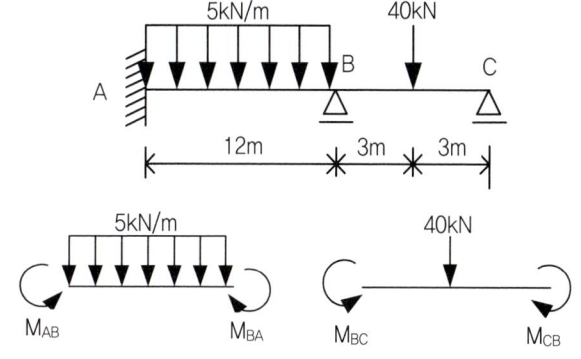

해설

계산 과정	AB	BA	BC	CB
①		$\frac{2}{5}$	$\frac{3}{5}$	
②	−60	60	−45	0
③		−6	−9	
④	−3			
⑤	−63	54	−54	0

[모멘트 분배 과정설명]
① 분배계수 적용
② 재단모멘트 적용(시계방향을 무조건 +로 지정)
③ B 지점의 두 재단모멘트의 합을 분배. 이때, 분배된 모멘트는 부호가 반대로 된다.
④ BA로 분배된 모멘트를 AB로 전달(전달율 1/2)
⑤ ②~④까지의 모멘트 합계 → 최종결과

① 연속지점의 모멘트 평형에 필요한 모멘트 계산

$$M_{BA}=\frac{\omega L^2}{12}=\frac{5\times 12^2}{12}=60 kN.m$$

$$M_{BC}=-\frac{3PL}{16}=-\frac{3\times 40\times 6}{16}=-45 kN.m$$

필요한 모멘트 $-(60-45)=-15 kN.m$

② 강성에 따라 모멘트 분배

$K_{BA} = \frac{1}{12} : K_{BC} = \frac{1}{6} \times \frac{3}{4} = \frac{1}{8}$ 이므로,

$K_{BA} : K_{BC} = 2 : 3$

$DF_{BA} = \frac{2}{5}, \quad DF_{BC} = \frac{3}{5}$

AB 부재에서 B점에 분배된 모멘트 $= -15 \times \frac{2}{5} = -6$

BC 부재에서 B점에 분배된 모멘트 $= -15 \times \frac{3}{5} = -9$

③ 각 부재의 타단에 분배된 모멘트를 전달

AB 부재에 A점에 전달된 모멘트 $= -6 \times \frac{1}{2} = -3$

BC 부재에 C점에 전달된 모멘트 $= -9 \times \frac{1}{2} = -4.5$
(힌지이므로 0으로 한다.)

④ 계산된 각 지점의 모멘트를 합산

$M_{AB} = -60 - 3 = -63$

$M_{BA} = 60 - 6 = +54, \quad M_{BC} = -45 - 9 = -54$

⇒ 두 값의 합 = 0이 되어야 함

$M_{CB} = 0$

⑤ 각 부재를 정정 구조물로 하여 계산

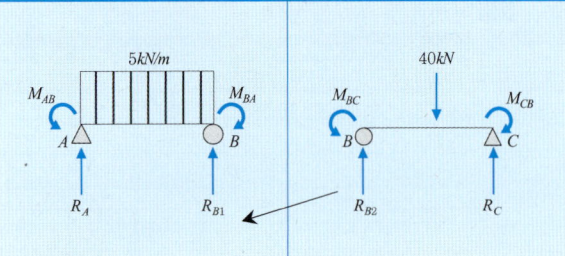

- 등분포하중에 의한 반력
  $R_A = 30kN = R_B$
- 모멘트하중에 의한 반력
  $M_{AB} = -63$,
  $M_{BA} = +54$이므로,
  $R_A = \frac{9}{12} = 0.75kN = -R_B$
- 합 반력
  $R_A = 30 + 0.75 = 30.75kN$
  $R_{B1} = 30 - 0.75 = 29.25kN$

- 집중하중에 의한 반력
  $R_B = 20 = R_C$
- 모멘트하중에 의한 반력
  $M_{BC} = -54, \quad M_{CB} = 0$
  $R_C = -\frac{54}{6} = -9 = -R_B$
- 합 반력
  $R_C = 20 - 9 = 11kN$
  $R_{B2} = 20 + 9 = 29kN$

B점의 반력
$R_B = R_{B1} + R_{B2} = 29.25 + 29 = 58.25kN$

5 부정정 + 정정인 연속보의 계산

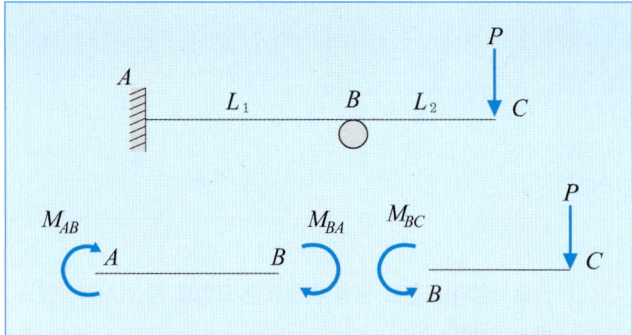

① B점에 발생하는 모멘트 계산 $M_{BC} = P \times L_2$

② 강성에 따라 모멘트 분배

BC부재는 정정이므로, 모멘트가 분배되지 않는다.
따라서 M_{BC}를 제거하기 위해 필요한 모멘트는 모두 AB부재에 분배된다.

$M_{BA} = -M_{BC}$

③ 분배받은 모멘트를 타단에 전달

$M_{AB} = \frac{1}{2} M_{BA}$

④ 각 부재에서 정정구조물로 하여 반력 계산

빠른 계산 방법

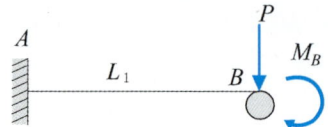

① 집중하중을 B점으로 옮기고, 집중모멘트 $M_B = P \times L_2$을 동시에 재하한다.

② M_B는 A점에 1/2 전달된다. $M_{AB} = \frac{1}{2} \times M_B$

③ 정정구조물로 하여 반력 계산

- 모멘트 하중에 의한 반력 $R_{B1} = \frac{M_B + M_{AB}}{L_1} = -R_A$

- 집중하중에 의한 B점의 반력 $R_{B2} = P, \quad R_A = 0$

- 합 반력 $R_B = R_{B1} + R_{B2} = \frac{M_B + M_{AB}}{L_1} + P$

예제

문제. 다음 부정정보의 B지점에서의 반력은 얼마인가? (단, 보의 휨강성 EI는 일정하다.)

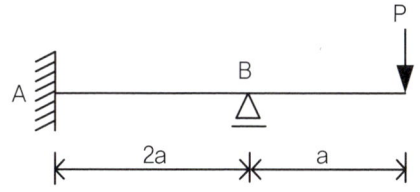

해설
① $M_B = Pa$
② $M_{AB} = Pa/2$
③ $R_{B1} = \dfrac{3Pa/2}{2a} = \dfrac{3P}{4}$ 이므로, $R_B = \dfrac{3P}{4} + P = \dfrac{7P}{4}$

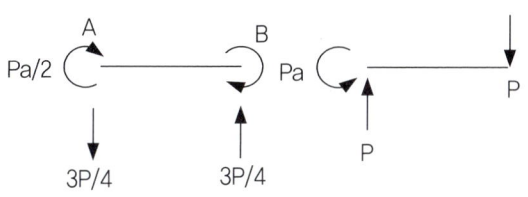

예제

문제. 다음 부정정보의 B단에 모멘트를 작용시킬 때, A단에 전달되는 모멘트(M_A)는 B단의 작용 모멘트(M_B)의 몇 배가 되는가? (단, E : 탄성계수, I : 단면 2차 모멘트)

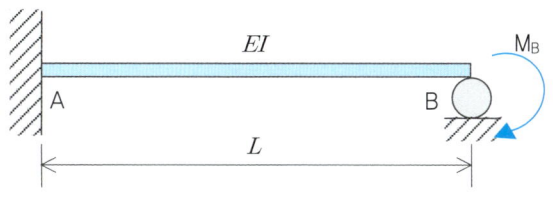

해설 모멘트 분배법에 의해 1/2이 전달된다.

6 2경간 라멘부재에서의 모멘트 분배법 계산

1) 구부러진 라멘부재를 일직선으로 하여 2경간 연속보로 계산
2) 보부재의 축력 = 기둥부재의 반력
3) 기둥부재의 축력 = 보부재의 반력

예제

문제. 다음 구조물에서 BC부재의 축력은 얼마인가? (단, AB부재는 2EI, BC부재는 EI이다.)

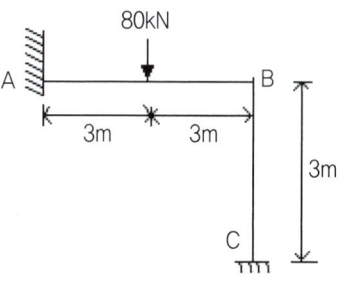

해설 $K_{AB} = \dfrac{2EI}{6}$, $K_{BC} = \dfrac{EI}{3}$

BC부재의 분배율 = $\dfrac{1}{2}$

AB부재의 재단모멘트 = $\dfrac{PL}{8} = \dfrac{80 \times 6}{8} = 60 kN.m$

모멘트 분배법에 의해
$M_{BA} = 30 kN.m$, $M_{AB} = -75 kN.m$ 이므로,
AB부재에서 B지점의 반력 = BC부재의 축력

$R_B = 40 + \dfrac{30-75}{6} = 32.5 kN$ (압축)

주) 부재력이 압축인지 인장인지를 구분하기 위해서, 가장 손쉬운 방법은 처짐을 예측하는 것이 좋다.

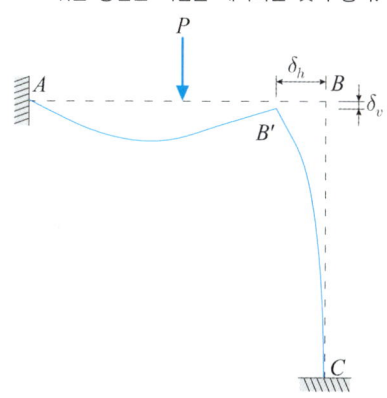

① 집중하중 P에 의해 B점이 B'점으로 이동
② AB부재는 압축
③ BC부재는 압축

대표기출문제

문제. 그림과 같은 라멘 구조물의 E점에서의 불균형모멘트에 대한 부재 EA의 모멘트 분배율은?   2022년 1회

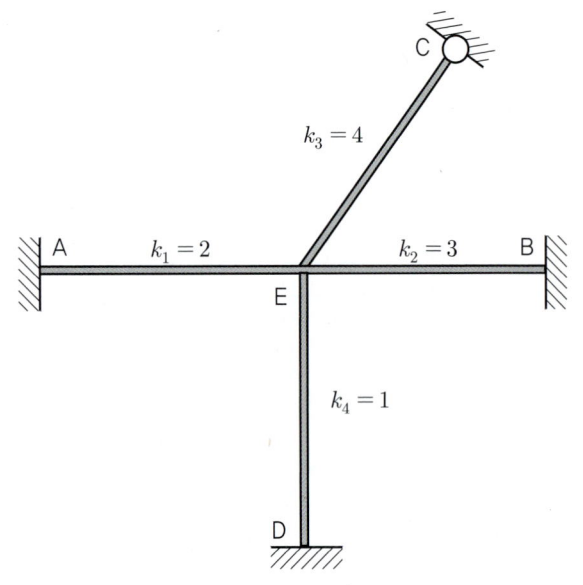

① 0.167   ② 0.222
③ 0.386   ④ 0.441

정답 ②

해설 C점이 힌지이므로,

$$k_1 : k_2 : k_3 \times \frac{3}{4} : k_1 = 2 : 3 : 3 : 1$$

EA부재의 분배율 $= \dfrac{2}{2+3+3+1} = \dfrac{2}{9} = 0.222$

대표기출문제

문제. 그림과 같은 부정정 구조물에서 B지점의 반력의 크기는? (단, 보의 휨강도 EI는 일정하다.)   2021년 3회

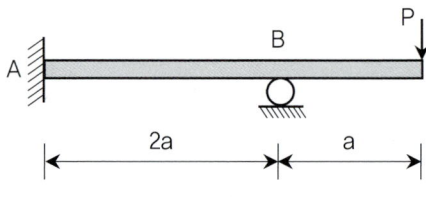

① $\dfrac{7}{3}P$ ② $\dfrac{7}{4}P$
③ $\dfrac{7}{5}P$ ④ $\dfrac{7}{6}P$

정답 ②

해설 하중 P를 B점으로 이동시키면, 집중하중 P와 모멘트하중 Pa가 된다.

모멘트하중에 의한 A점의 모멘트 $M_A = Pa/2$

모멘트하중에 의한 B점의 반력
$$R_{B1} = \frac{M}{L} = \frac{(Pa/2 + Pa)}{2a} = \frac{3P}{4}(\uparrow)$$

집중하중에 의한 B점의 반력
$$R_{B2} = P(\uparrow)$$

따라서, $R_B = R_{B1} + R_{B2} = \dfrac{3P}{4} + P = \dfrac{7P}{4}(\uparrow)$

🛡️ 대표기출문제

문제. 그림과 같은 부정정보에서 B점의 반력은? 2022년 1회

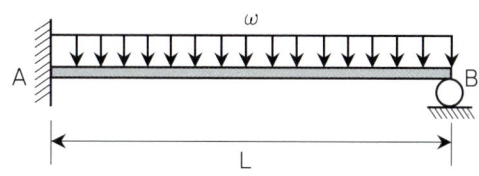

① $\frac{3}{4}\omega L(\uparrow)$ ② $\frac{3}{8}\omega L(\uparrow)$

③ $\frac{3}{16}\omega L(\uparrow)$ ④ $\frac{5}{16}\omega L(\uparrow)$

정답 ②

해설 일단고정-타단힌지 구조에서 등분포하중이 재하되는 경우,

힌지단의 반력 = $\frac{3}{8}\omega L$

고정단의 반력 = $\frac{5}{8}\omega L$

고정단의 반력모멘트 = $\frac{\omega l^2}{8}$

🛡️ 대표기출문제

문제. 그림과 같은 연속보에서 B점의 반력(R_B)은? 2020년 4회

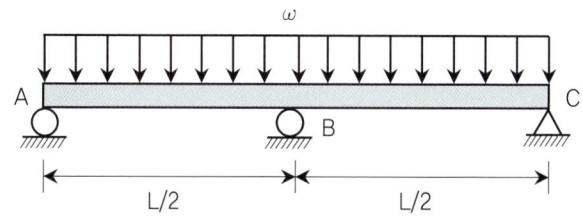

① $\frac{3}{10}\omega L$ ② $\frac{3}{8}\omega L$

③ $\frac{5}{8}\omega L$ ④ $\frac{5}{4}\omega L$

정답 ③

해설 $R_B = \frac{5}{8}\omega(\frac{L}{2})\times 2 = \frac{5}{8}\omega L$

🛡️ 대표기출문제

문제. 그림과 같은 보에서 지점 B의 휨모멘트 절댓값은? (단, EI는 일정하다.) 2021년 1회

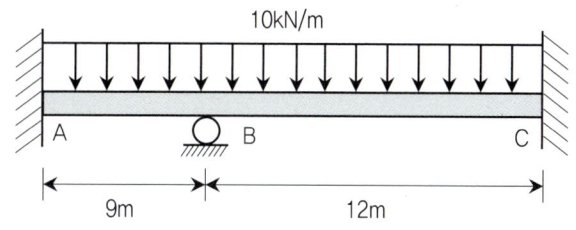

① 67.5kN·m ② 97.5kN·m

③ 120kN·m ④ 165kN·m

정답 ②

해설 $M = \frac{\omega L^2}{12} = \frac{10\times 3^2}{12} = 7.5 kN.m$로 두면,

AB부재에서, B점의 재단모멘트 $M_{B1} = 9M(+)$
BC부재에서, B점의 재단모멘트 $M_{B2} = 16M(-)$
불균등모멘트 = $16M - 9M = 7M(+)$

AB부재와 BC부재의 분배율 = $\frac{1}{3} : \frac{1}{4} = 4 : 3$

AB부재에서, $M_B = +9M + 7M \times \frac{4}{7} = 13M = 97.5 kN.m$

16 CHAPTER 스프링과 하중분배

[스프링 문제 해결방법에 따른 구분]

구분	조건	주요 방정식 및 접근요령
강체기둥 좌굴스프링		스프링 복원방향으로 하중 재하
하중분배 스프링	처짐동일 조건	강성에 따라 하중분배 $k \propto p$
	강성동일 조건(강체구조)	처짐에 따라 하중분배 $\delta \propto p$
	조건없는 경우(강체구조)	처짐 중첩

01 1축 하중을 받는 부재

1 1축 하중을 받는 부재의 하중분배

두 개 이상의 재료에 동시에 하중을 받는 경우 적절한 비율(강도비)로 하중을 분담

하중분담비 = 강도비

적용 조건 : 동일한 변형량

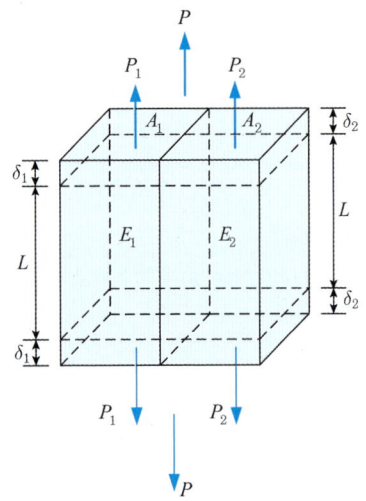

그림에서 변형량이 동일하므로,

$$\delta_1 = \frac{P_1 L}{E_1 A_1} = \frac{P_1}{k_1} = \delta_2 = \frac{P_2 L}{E_2 A_2} = \frac{P_2}{k_2}$$

$$\frac{P_1 L_1}{E_1 A_1} = \frac{P_2 L_2}{E_2 A_2}$$

$$P_1 : P_2 = \frac{E_1 A_1}{L_1} : \frac{E_2 A_2}{L_2} = K_1 : K_2 \ (P = P_1 + P_2)$$

$$P_1 = \frac{K_1}{K_1 + K_2} \times P, \ P_2 = \frac{K_2}{K_1 + K_2} \times P$$

📖 1축 하중분담의 핵심 개념
① 복합재료의 하중분담률은 각 재료의 강성(k)에 비례
② 각 재료의 강성을 구해서, 각 재료별로 받는 하중을 분배

2 1축 하중을 받는 부재의 응력분담

① 하중분담 원칙에 따라, $\delta_1 = \frac{P_1}{k_1} = \delta_2 = \frac{P_2}{k_2}$ 이므로 각 부재의 축방향 강성에 따라 하중이 분담된다.

② $k_1 = \frac{E_1 A_1}{l_1}, \ \sigma_1 = \frac{P_1}{A_1}, \ k_2 = \frac{E_2 A_2}{l_2}, \ \sigma_2 = \frac{P_2}{A_2}$

③ $P \propto k = \frac{EA}{l}$ 이므로, $\sigma = \frac{P}{A} \propto \frac{k}{A} = \frac{EA}{l} \times \frac{1}{A} = \frac{E}{l}$

④ 따라서 $\sigma_1 = \frac{P_1}{A_1} \propto \frac{k_1}{A_1} = \frac{E_1}{l_1}, \ \sigma_2 = \frac{P_2}{A_2} \propto \frac{k_2}{A_2} = \frac{E_2}{l_2}$

1축 응력분담비는 $\frac{E}{l}$ 에 비례 (단면적은 무관)

> 예제

문제. 그림은 단면적 A_S인 강재(탄성계수 E_S)와 단면적 A_S인 콘크리트(탄성계수 E_C)를 결합한 길이 L인 기둥 단면이다. 연직하중 P가 기둥 중심축과 일치하게 작용할 때 강재의 응력은?

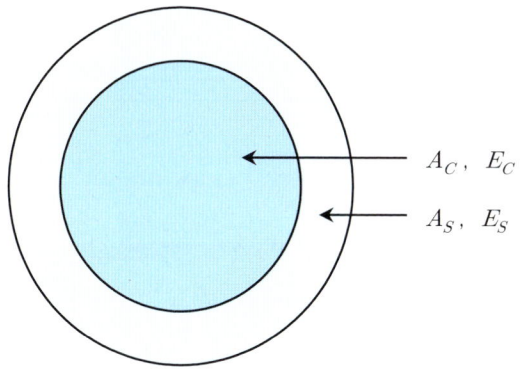

> 해설 복합재료원리에 의해,
> $$k_S = \frac{E_S A_S}{l}, \quad k_C = \frac{E_C A_C}{l},$$
> $$P_S = \frac{k_S}{k_S + k_C} \times P = \frac{E_S A_S}{E_S A_S + E_C A_C} \times P$$
> 강재가 받는 응력 $\sigma_S = \frac{P_S}{A_S} = \frac{E_S}{E_S A_S + E_C A_C} \times P$

3 1축하중을 받는 양단 고정보의 하중분배

A구간에서 δ_1 인장 변형 발생 = B구간에서 δ_2 압축 변형 발생
⇒ 변형량 동일 ⇒ 1축 하중분담 개념 도입 가능

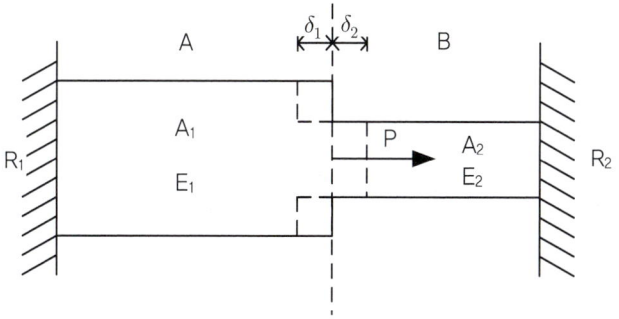

$$\therefore R_1 : R_2 = \frac{E_1 A_1}{L_1} : \frac{E_2 A_2}{L_2} = K_1 : K_2 (P = R_1 + R_2)$$
$$R_1 = \frac{K_1}{K_1 + K_2} \times P, \quad R_2 = \frac{K_2}{K_1 + K_2} \times P$$

> 예제

문제. 그림과 같이 축방향 하중을 받는 합성 부재에서 C점의 수평변위의 크기[mm]는? (단, 부재에서 AC 구간과 BC 구간의 탄성계수는 각각 50GPa과 200GPa이고, 단면적은 500 mm²으로 동일하며, 구조물의 좌굴 및 자중은 무시한다)

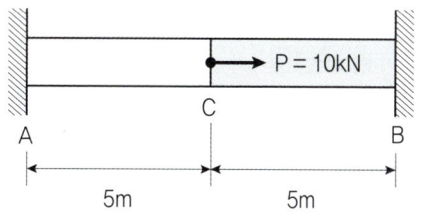

> 해설 축강성 $K = \frac{EA}{L}$ 에서,
> 단면적과 길이가 동일하므로, 탄성계수의 비 = 축강성 비
> $K_{AC} : K_{BC} = 1 : 4$
> AC부재가 분담받는 힘 $P_{AC} = \frac{K_{AC}}{\Sigma K} \times P = \frac{1}{5} \times 10 = 2kN$
> $\delta_{AC} = \frac{P_{AC}}{K_{AC}} = \frac{2 \times 10^3}{(50 \times 10^3) \times 500/5000} = 0.4mm$

02 하중분배와 스프링

1 문제 접근 방식

1) 기본원리 : $P = k\delta$ (P : 하중, k : 강성, δ : 변형)

2) δ가 동일한 경우 : $\delta_1 = \dfrac{P_1}{k_1} = \delta_2 = \dfrac{P_2}{k_2}$ 이므로, 강성에 따라서 하중 분배
   ① 스프링 지점을 힌지로 치환
   ② 그 힌지 지점의 반력 계산
   ③ 반력을 보와 스프링의 강성에 따라 분배

3) k가 동일한 경우 : $k_1 = \dfrac{P_1}{\delta_1} = \dfrac{P_2}{\delta_2} = k_2$ 이므로, 변위에 따라서 하중 분배

4) 아무런 관련이 없는 경우 : 스프링을 힌지로 치환하여 계산

2 하중분배의 경우 구분

구분	하중 재하	스프링 ⇒ 힌지	해석 결과
하중 분배	(그림)	(그림)	(그림)
	\multicolumn{3}{c	}{$P_b + P_s = R$ (K_s : 스프링 축강성, K_b : 보의 휨강성) $P_b = \dfrac{K_b}{K_b + K_s} \times R$, $P_s = \dfrac{K_s}{K_b + K_s} \times R$}
하중 비분배	(그림)	(그림)	(그림)
	\multicolumn{3}{c	}{$P_b + P_s = R$, $P_b = 0$, $P_s = R$}

주) 하중 분배가 되기 위해서는 스프링을 제거한 후, 보가 단독적으로 하중 R에 대해 저항할 수 있어야 한다.

3 주요부재의 강성

$k = \dfrac{3EI}{L^3}$	$k = \dfrac{48EI}{L^3}$	$k = \dfrac{EA}{L}$	$k = \dfrac{GI_P}{L}$

4 합성강성

① 축강성이 다른 2개의 부재에 축력 P가 재하되는 경우를 고려
② 각 부재의 축강성 k_1과 k_2
③ $P = k_1\delta_1 \Rightarrow \delta_1 = \dfrac{P}{k_1}$, $P = k_2\delta_2 \Rightarrow \delta_2 = \dfrac{P}{k_2}$

$P = k_e\delta = k_e(\delta_1 + \delta_2) = k_e\left(\dfrac{P}{k_1} + \dfrac{P}{k_2}\right)$ 에서,

$1 = k_e\left(\dfrac{1}{k_1} + \dfrac{1}{k_2}\right) \Rightarrow k_e = \dfrac{k_1 k_2}{k_1 + k_2}$

④ 하중 P에 의한 총처짐량 δ를 계산하여 P에 나누면 합성강성 k_e가 산출 ($k_e = \dfrac{P}{\delta}$)

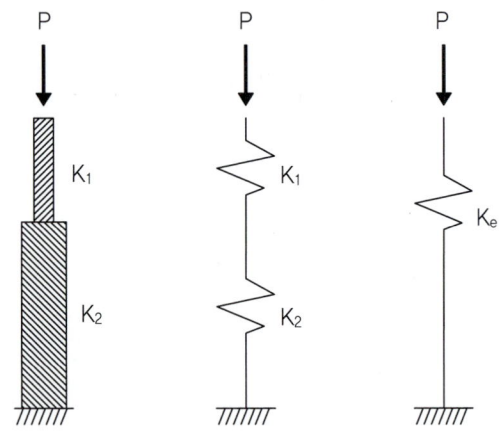

03 하중분배 스프링 문제의 분류와 해결방법

1 변형이 동일한 부재의 하중분배

예제

문제. 동일한 재료를 가진(탄성계수 동일) AB부재와 BC부재에 그림과 같이 집중하중 P가 재하되고 있다. 이때, BC부재가 받는 축력은 얼마인가?

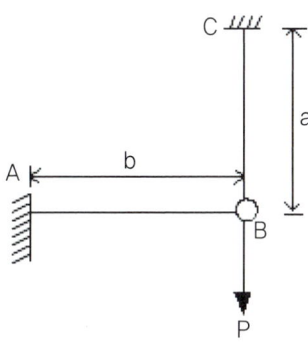

해설 부재 AB의 휨강성 $K_{AB} = \dfrac{3EI}{b^3}$ (캔틸레버보의 집중하중 재

하시 처짐량 $\delta = \dfrac{PL^3}{3EI}$, $P = K\delta$)

부재 BC의 축강성 $K_{BC} = \dfrac{EA}{a}$ (축방향 부재의 축하중 재

하시 처짐량 $\delta = \dfrac{PL}{EA}$, $P = K\delta$)

$P_{AB} : P_{BC} = \dfrac{3EI}{b^3} : \dfrac{EA}{a} = K_1 : K_2$, $P = P_{AB} + P_{BC}$

$P_{AB} = \dfrac{K_{AB}}{K_{AB} + K_{BC}} \times P$

$P_{BC} = \dfrac{K_{BC}}{K_{AB} + K_{BC}} \times P = \dfrac{\dfrac{EA}{a}}{\dfrac{EA}{a} + \dfrac{3EI}{b^3}} \times P = \dfrac{Pb^3 A}{3aI + Ab^3}$

예제

문제. 그림과 같이 C점에 내부힌지가 있는 보의 지점 A와 B에서 수직반력의 비 R_A/R_B는? (단, 보의 휨강성 EI는 일정하고, 자중은 무시한다)

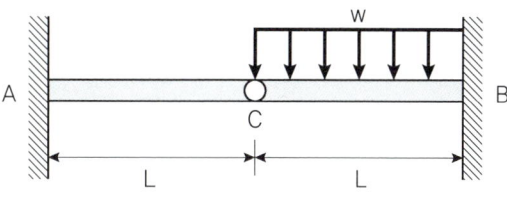

해설 AC부재 및 BC부재를 스프링으로 치환하면, $\delta = \dfrac{PL^3}{3EI} = \dfrac{P}{k}$

에서, $k_1 = \dfrac{3EI}{L^3} = k_2$

CB부재에서, $R_c = \dfrac{3wL}{8}$ 이고, 이를 강성에 따라 하중을 분

배하면, $R_{c1} = R_{c2} = \dfrac{3wL}{16}$

AC부재에서, $R_A = \dfrac{3wL}{16}$

BC부재에서, $R_B = \dfrac{3wL}{16} + \dfrac{5wL}{8} = \dfrac{13wL}{16}$

따라서, $R_A/R_B = \dfrac{3}{13}$

2 강성이 동일한 부재의 하중 분배

예제

문제. 그림과 같이 무게가 W인 균일 단면의 보가 두 개의 Cable(A, B)에 매달려 있고 한 끝은 C점에 지지되어 있다. 이때, 케이블 A에 작용하는 힘은? (단, 두 케이블의 단면적은 같다.)

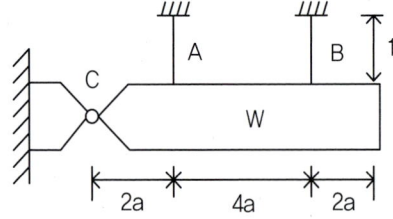

해설 ① $\Sigma F_y = 0$
$$T_A + T_B + R_C = W$$
② $\Sigma M_c = 0$
$$T_A(2a) + T_B(6a) = W(4a)$$
$$\therefore T_A + 3T_B = 2W$$
③ A부재와 B부재의 강성이 동일하므로,
$$k_1 = \frac{T_1}{\delta_1} = k_2 = \frac{T_2}{\delta_2} \text{에서 } \delta_B = 3\delta_A \quad \therefore T_B = 3T_A$$
$$\therefore T_A = \frac{W}{5}, \ T_B = \frac{3W}{5}$$

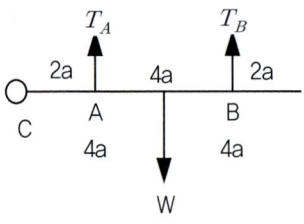

3 강성 및 처짐 제한이 없고, 강성에 따른 하중분배가 없는 경우

구분	해결 순서	난이도
케이블(스프링) 2개	케이블 장력 계산(정정보와 동일) ⇒ 처짐 계산	보통
케이블(스프링) 3개	처짐형상 추정 ⇒ 연립방정식 수립 ⇒ 케이블 장력 계산	매우 높음

예제

문제. 2개의 강성이 다른 케이블로 지지된 구조

> 각 케이블을 힌지로 치환
> ⇒ 반력계산 (케이블이 받는 힘)

강체보BD가 2개의 케이블로 하중 P를 지지하고 있다. 강체보의 처짐각 θ를 구하라. (단, AB케이블의 강성 k_B는 CD케이블의 강성 k_D의 1/2이다. 모든 자중은 무시한다.)

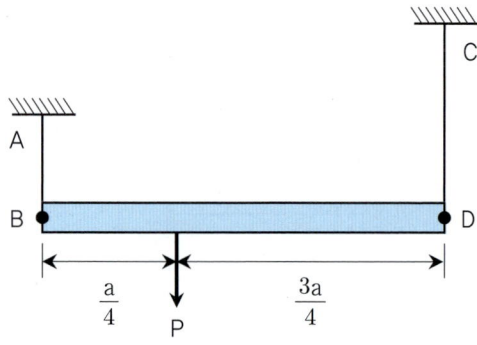

해설

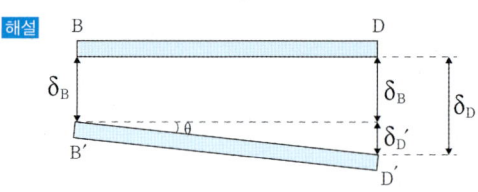

각 케이블이 받는 힘 $T_B = \frac{3}{4}P = k_B\delta_B$,

$T_D = \frac{1}{4}P = k_D\delta_D$이므로,

각 지점의 처짐 $\delta_B = \frac{3P}{4k_B}$, $\delta_D = \frac{P}{4k_D}$이고,

$k_B = \frac{k_D}{2}$이므로,

$\delta_D' = \delta_D - \delta_B' = \frac{3P}{4k_B} - \frac{P}{8k_B} = \frac{5P}{8k_B}$에서,

처짐각 $\theta = \frac{\delta_D'}{a} = \frac{5P}{8k_D a}$

대표기출문제

문제. 그림에 표시한 것과 같은 단면의 변화가 있는 AB 부재의 강성도(stiffness factor)는? `2021년 2회`

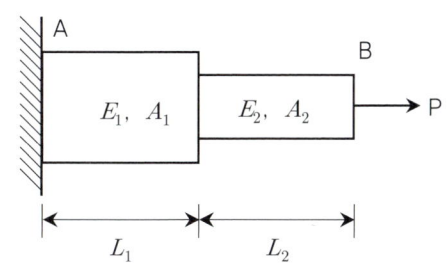

① $\dfrac{PL_1}{A_1E_1} + \dfrac{PL_2}{A_2E_2}$ ② $\dfrac{A_1E_1}{PL_1} + \dfrac{A_2E_2}{PL_2}$

③ $\dfrac{A_1E_1}{L_1} + \dfrac{A_2E_2}{L_2}$ ④ $\dfrac{E_1A_1E_2A_2}{E_1A_1L_2 + E_2A_2L_1}$

정답 ④

해설 각 부재의 강성 $k_1 = \dfrac{E_1A_1}{L_1}$, $k_2 = \dfrac{E_2A_2}{L_2}$

합성강성 $k_e = \dfrac{k_1 \times k_2}{k_1 + k_2} = \dfrac{E_1A_1/L_1 \times E_2A_2/L_2}{E_1A_1/L_1 + E_2A_2/L_2}$ 에서,

분모와 분자에 L_1L_2를 곱하면, $\dfrac{E_1A_1E_2A_2}{E_1A_1L_2 + E_2A_2L_1}$

대표기출문제

문제. 다음에서 부재 BC에 걸리는 응력의 크기는? `2019년 1회`

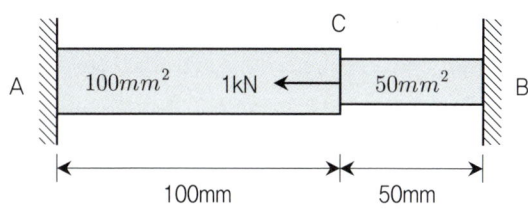

① 5MPa ② 10MPa
③ 15MPa ④ 20MPa

정답 ②

해설 AC부재와 BC부재의 강성비 $k_1 : k_2 = \dfrac{10}{10} : \dfrac{5}{5} = 1 : 1$

BC부재가 분담받는 힘 $P_2 = 1 \times \dfrac{1}{2} = 0.5kN$

BC부재의 응력 $\sigma_2 = \dfrac{P_2}{A_2} = \dfrac{500}{50} = 10MPa$

CHAPTER 17 영향선

토목기사

01 영향선(Influence Line)의 기본개념

① 영향선이란 구조물의 특정지점에서 단면력(전단력, 모멘트 등)이 재하되는 하중 위치에 따라서 어떻게 영향을 받는지 나타내는 그래프
② 재하되는 하중과 재하 위치에서의 영향선 종거(높이)의 곱은 바로 특정지점의 단면력
③ 영향선의 종거가 높은 곳에 하중을 재하시키면 특정 지점의 단면력이 최대
④ 영향선의 종거가 '0'인 곳에 하중을 재하시키면 단면력은 '0'

하중 경우 1 (C점에 대한 모멘트 영향선)	하중 경우 2 (C점에 대한 모멘트 영향선)
$M_C = P_2 \times h/2$	$M_C = P_1 \times h$

C점에 모멘트가 가장 크게 발생하기 위해서는 집중하중 P는 C점에 재하되어야 한다.

02 영향선의 작도

1 영향선 작도 원칙

1) 영향선 작도 행위
① 지점을 제거
② 부재를 절단
③ 부재 구부림

2) 영향선 작도시 주의 사항
① 해당지점 외의 위치를 제거하지 않는다.
  예 A지점에 대한 반력 영향선 : A지점을 제거하고 "1"을 위로 든다. ⇒ A지점 외의 지점을 제거해서는 안된다.

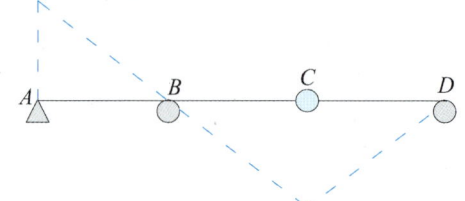
A지점에 대한 반력 영향선(○)

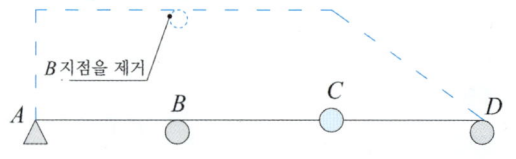
B지점을 제거하여 틀린 예

② 해당위치 외의 부재를 절단하거나 구부리지 않는다.
  예 E점에 대한 전단력 영향선 : E점 부재를 자르고 오른쪽을 들고, 왼쪽을 내린다. ⇒ E점 외의 부재를 절단해서는 안 된다.

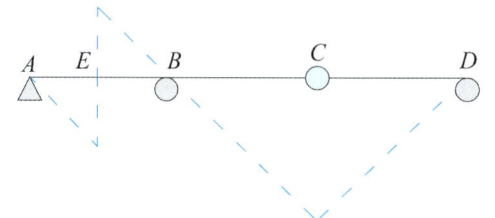

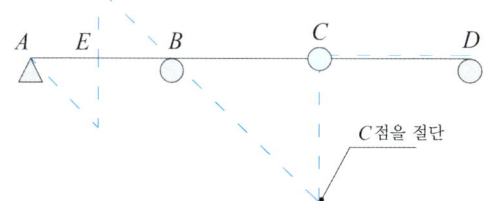

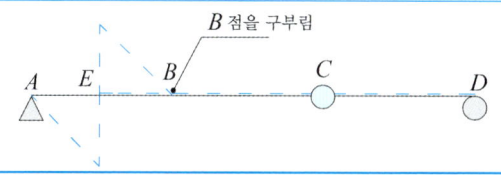

③ 주변에 힌지가 있으면 힌지 지점 방향으로 작도한다.
④ 내부힌지 위치에서만 부재는 구부릴 수 있다.
⑤ 전단력이나 반력 영향선 작도시 대상지점과 인접하여 내부 힌지가 있는 경우는 수평으로 작도하는 것을 우선으로 한다.

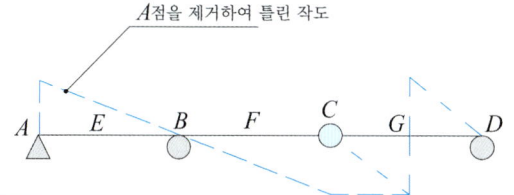

⑥ 힌지가 2개 연속으로 있으면 고정단과 같이 아무런 움직임이 없다.
⑦ 전단력 영향선에서 한쪽이 움직일 수 없다면 나머지 한쪽만 움직인다.
⑧ 연속지점에 대한 모멘트 영향선에서 지점을 제거해서는 안된다.

2 영향선의 작도방법

① 반력에 대한 영향선

지점을 제거하고 "1"만큼 든다.

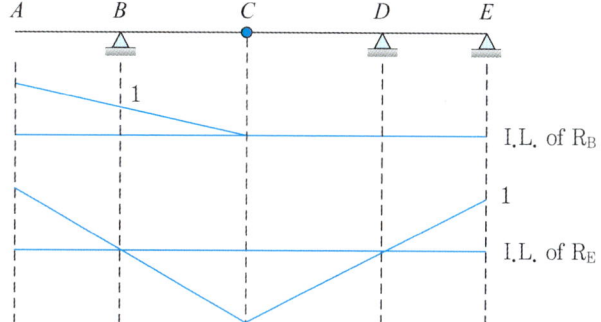

해당 지점은 무조건 "1"을 들고 나머지 지점은 연직변위가 제한되어 있으므로 움직이지 않는다. 그러나 회전에 대해서는 움직일 수 있으므로 회전은 가능하다. 내부힌지인 지점에서는 변곡이 되므로 이후 구간에는 움직이지 않는다.

주) 반력에 대한 영향선을 구할 때에, 해당 지점을 제거한다는 말이 있다. 여기서 중요한 점은 어떠한 경우에도 해당 지점 외의 점을 제거해서는 안된다. 또한 뒤에 나올 전단력 영향선이나 모멘트 영향선에서는 지점을 제거한다는 말이 없다. 따라서 어떠한 경우에라도 지점을 제거해서는 안된다. 영향선의 정의에 있는 것만 허용되는 것이다.

추가적으로, 어떠한 경우에도 보의 형태를 그대로 유지해야 한다. 즉, 보를 휘거나 굽히거나 해서는 안된다. 위의 그림에서 C지점은 내부 힌지이므로 절곡이 가능하다.

② 전단력에 대한 영향선

해당지점을 절단해서 오른쪽 부분은 위로 들고, 왼쪽은 아래로 내린다.

오르고 내린 전체 길이는 반력 영향선과 마찬가지로 "1"이다. 위로 들리는 것과 아래로 들리는 것의 종거값의 비는 길이비와 동일하므로 닮은 삼각형 원리를 이용하면 된다.

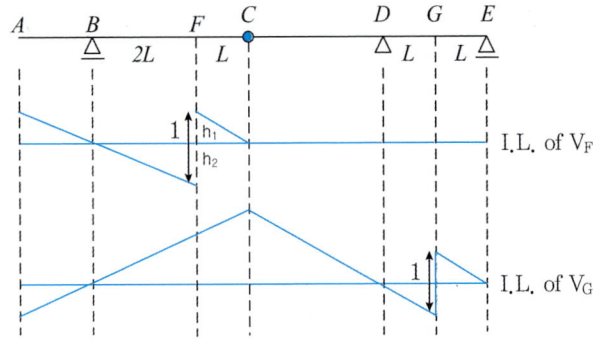

F지점에 대한 전단력 영향선을 보자. 오른쪽 부재를 위로 하고, 왼쪽 부재는 아래로 했다. 전체 종거값은 1이다. $h_1 : h_2 = 1L : 2L$이다. 즉, 오른쪽과 왼쪽의 종거비는 양쪽의 거리비와 동일하다.

$$h_1 = \frac{1L}{1L+2L} \times 1 = \frac{1}{3}, \quad h_2 = \frac{2L}{3L} = \frac{2}{3}$$

G지점에 대한 전단력 영향선을 보면 양쪽의 거리비가 동일하므로 영향선의 종거비도 1:1이 된다.

③ **모멘트에 대한 영향선**

해당지점을 구부리면서 위로 올린다. 단, 지점을 제거하지는 않는다. 즉, 힌지 역할은 그대로 한다. 같은 예제를 통해서 이해해 보자.

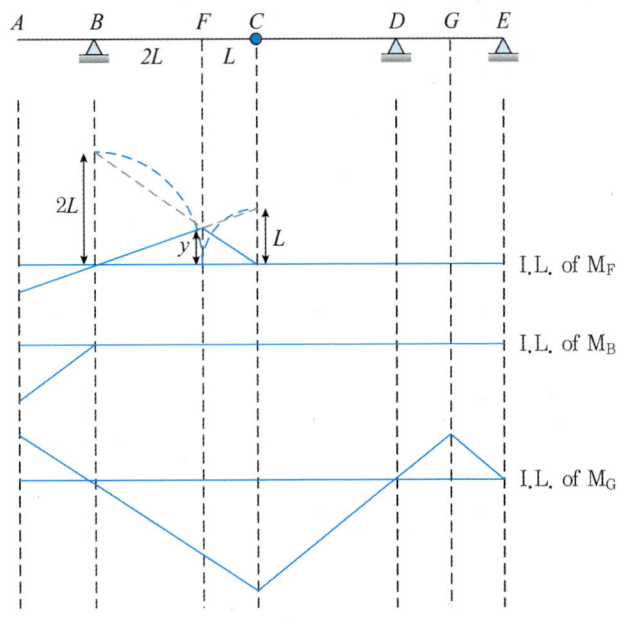

F지점에 대한 모멘트 영향선을 보자. F점을 기준으로 구부린다. C점 이후로는 모멘트가 전달되지 않는다. 참고로 내부 힌지나 끝단 힌지에 대한 모멘트 영향선은 당연히 전구간 "0"이다. 너무 쉬운 부분에서 착각하지 말아야겠다. 영향선의 종거값은 지간의 비로 나타내는데, 그림에서 해당지간으로 이루어진 호를 그려서 호의 끝점과 지점의 끝점을 연결한 선의 교점이 종거값이 된다. 이 부분을 확대해서 보자.

삼각형 닮은 비를 이용하면 $\frac{2L}{2L+L} = \frac{y}{L}$ 이므로,

$$\therefore y = \frac{2L}{3}$$

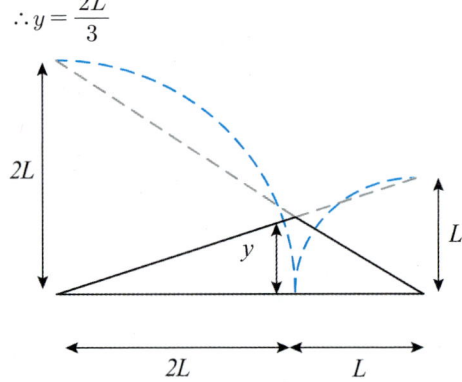

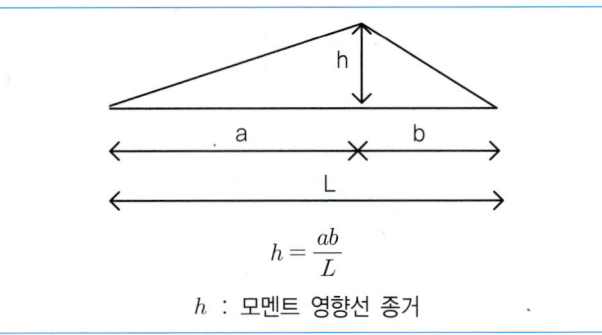

$$h = \frac{ab}{L}$$

h : 모멘트 영향선 종거

B점에 대한 모멘트 영향선을 보면 구부린 것은 동일하지만, 지점이므로 위로 이동하지 않았다. 대신 A지점으로 한 방향으로 내려가는 영향선을 보인다. 이는 모멘트 영향선 원칙에 따라 B점이 지점으로 올라갈 수 없고, C D E 부재가 일체로 되어 절곡될 수 없기 때문에 A점 방향으로만 내려가는 그림이 되었다. 실제로 AB 구간 외의 지점에 집중하중을 가하면 B지점에 모멘트는 발생하지 않는다.

G점에 대한 영향선을 보면 구부리면서 위로 이동한다. 마찬가지로 내부힌지에서는 절곡된다.

예제

문제. 그림과 같이 B점과 E점에 내부힌지를 갖는 게르버 보에 대하여 30kN의 집중 이동하중이 작용할 때, 지점 C에서의 최대 반력[kN]은? (단, 구조물의 자중은 무시한다)

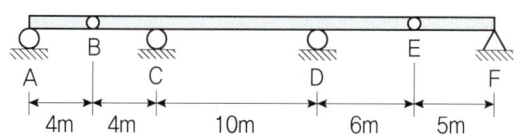

03 연행하중과 최대단면력

1 연행하중의 개념

① 실제로 교량 설계 등의 하중은 이동이 가능한 하중
② 단일 집중하중, 복수 집중하중, 일정구간에 재하되는 분포하중

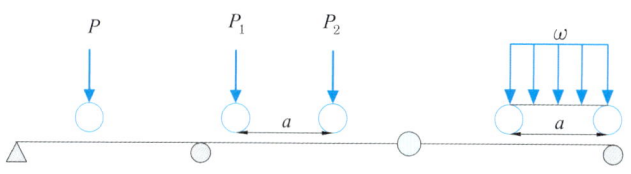

2 특정지점에 대한 최대 단면력

하중	최대 단면력이 발생하는 경우
1개의 집중하중	영향선의 최대 종거에 재하되는 경우
여러 개의 집중하중	각각의 집중하중이 최대 종거에 재하되는 경우 중 최대값
등분포하중	등분포하중의 끝점이 최대종거에 재하되는 경우

3 여러 개의 집중하중이 재하되는 경우의 최대단면력

📖 **검토 하중 경우**
① 최대하중 ⇒ 최대종거 재하
② 최대하중에 가장 인접한 하중 ⇒ 최대종거 + 최대하중도 재하되는 경우

해설 C점에 대한 반력 영향선

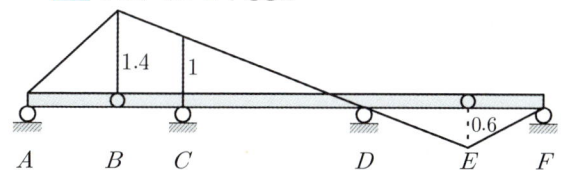

따라서, 연행하중을 B점에 재하할 때 C점의 반력이 가장 크다.
$R_c = 30 \times 1.4 = 42 kN$

예제

문제. 그림과 같은 연행하중이 게르버보 위를 지날 때, B점 반력의 최대 크기는?

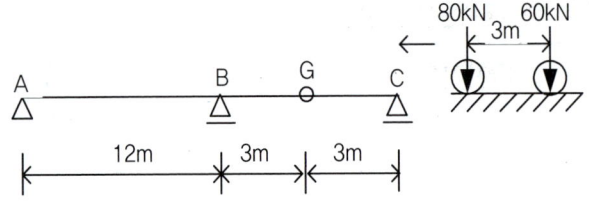

04 절대 최대 휨모멘트

1 기본 개념

단순보에 단일의 연행하중이 작용한다면 당연히 보의 중앙에 재하될 때 최대 휨모멘트가 발생할 것이다. 그러나 복수의 연행하중이 작용한다면 다소 복잡해진다. 우선 가장 쉽게 생각할 수 있는 방법은 미소한 편차를 가지는 모든 임의 위치에 하중을 재하해서 최대의 단면력을 발생시키는 경우를 찾을 수 있다. 그러나 이런 방법은 반드시 정해라고 할 수 없을 뿐만 아니라 시간이 많이 소요된다.

합리적인 방법으로 최대의 휨모멘트가 발생하기 위해 SFD의 면적이 최대가 되도록 연행하중을 재하하면 된다. 복잡한 과정은 생략하고 결론적으로, 연행하중의 합력과 가까운 큰 하중의 1/2지점이 보의 중앙에 위치할 때 발생한다. 이때, 최대 휨모멘트는 합력과 가장 가까운 하중지점에서 발생한다.

2 절대최대 휨모멘트 계산 방법(단순보)

순서	계산과정
①	합력의 재하위치 계산(바리농의 정리)
②	합력과 가까운 하중의 2등분선을 보의 중앙에 위치
③	지점반력 계산
④	절대최대 휨모멘트 계산

해설

Case 1. 최대하중 ⇒ 최대종거 재하

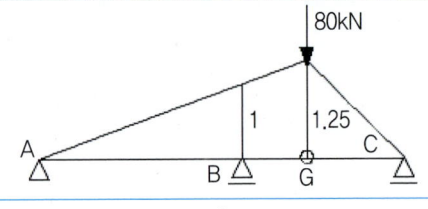

$$R_B = 80 \times \frac{5}{4} = 100 kN$$

Case 2. 최대하중에 인접한 하중
⇒ 최대종거 + 최대하중도 재하

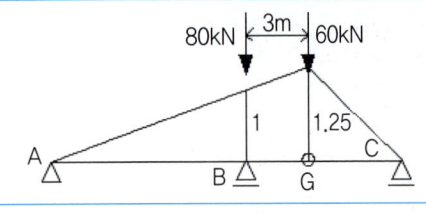

$$R_B = 80 \times 1 + 60 \times \frac{5}{4} = 155 kN$$

따라서 B점의 최대반력 = 155kN

주1) 연행하중의 경사와 영향선의 완만한 부분의 경사가 반대 방향인 경우에는 두 가지 하중검토를 반드시 수행해야 한다.
주2) 연행하중의 경사와 영향선의 완만한 부분의 경사가 동일한 경우에는 최대하중이 최대종거에 재하되는 경우만 고려해도 된다.(예제에서 연행하중이 60kN이 먼저 재하되는 경우)

예제

문제. 그림과 같은 단순보 위를 이동하중이 이동할 때, 절대최대 휨모멘트는?

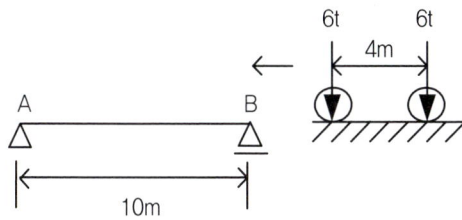

절대최대 휨모멘트는 최소반력 R_B와 거리 $\bar{x}$의 곱이 된다. 이를 정리하면 다음과 같다.

> **2개의 연행하중이 작용할 경우 절대최대 휨모멘트**
> $$M_{max} = R_B \times \bar{x} = R \times \frac{\bar{x}^2}{L}, \quad \bar{x} = \frac{L}{2} - e, \quad e = \frac{P_{min}}{R} \times \frac{a}{2}$$
> (R : 두 연행하중의 합력, R_B : 최소반력, $\bar{x}$: 최대연행하중~가까운 지점 또는 합력작용지점, P_{min} : 최소연행하중)

주) 위 문제와 같이 2개의 연행하중이 재하되는 경우는 간단한 공식이나 SFD 작도만으로도 절대 최대휨모멘트를 구할 수 있다. 그러나 3개 이상이 되는 경우는 예제에서 보이는 계산순서를 따라야만 한다.

해설 절대최대 휨모멘트는 합력과 그에 가장 가까운 하중과의 1/2 지점이 영향선의 최대종거에 재하될 때 발생한다.

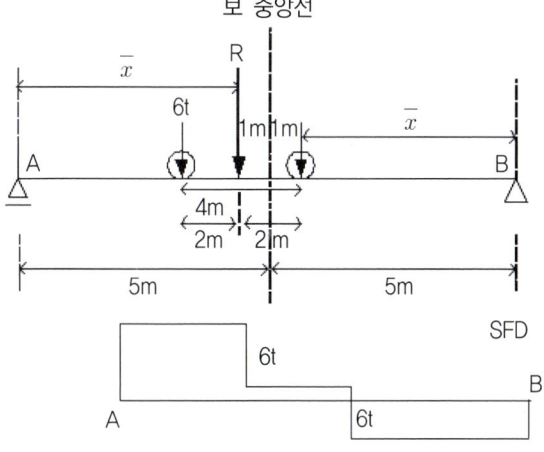

①~② 합력의 재하위치 계산(바리뇽의 정리) 및 합력 재하
합력 R은 두 힘이 동일하므로 두 힘의 중앙에 존재하고 그 재하위치는,
$$\bar{x} = \frac{L}{2} - e = 5 - 1 = 4m$$
$$(e = \frac{P_{min}}{R} \times \frac{a}{2} = \frac{6}{12} \times \frac{4}{2} = 1m)$$

③ 지점반력 계산
최소 반력은, $R_B = 12 \times \frac{4}{10} = 4.8t$

④ 절대최대 휨모멘트 계산
따라서 절대최대 휨모멘트는,
$$M_{Max} = R_B \times \bar{x} = 4.8 \times 4 = 19.2t \cdot m$$

대표기출문제

문제. 그림과 같은 지간(span) 8m인 단순보에 연행하중이 작용할 때 절대최대휨모멘트는 어디에서 생기는가? **2022년 1회**

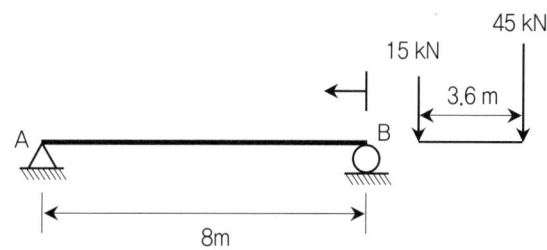

① 45kN의 재하점이 A점으로부터 4m인 곳
② 45kN의 재하점이 A점으로부터 4.45m인 곳
③ 15kN의 재하점이 B점으로부터 4m인 곳
④ 합력의 재하점이 B점으로부터 3.35m인 곳

정답 ②

해설 합력의 작용 위치 : 45kN 재하지점에서 $3.6 \times \frac{1}{4} = 0.9m$

단순보 중앙에서 45kN 하중의 이격위치 $e = \frac{0.9}{2} = 0.45m$

따라서, 절대최대휨모멘트는 A점에서 $8/2 + 0.45 = 4.45m$

대표기출문제

문제. 자중이 4kN/m인 단순보에 차륜하중이 통과할 때 이 보에 일어나는 최대 전단력의 절댓값은?　　2019년 3회

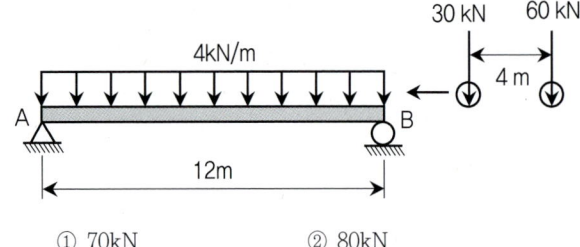

① 70kN　　② 80kN
③ 94kN　　④ 104kN

정답 ④

해설 등분포하중에 의한 $V_{\max} = R_{B1} = \dfrac{4 \times 12}{2} = 24 kN$

차륜하중에 의한 $R_{B_2} = 30 \times \dfrac{8}{12} + 60 \times 1 = 80 kN$

따라서, 최대전단력 $= 24 + 80 = 104 kN$

제 2 과목

측량학

01
PART

측량개요

01. 측량학 분류
02. 국제좌표계

01 측량학 분류

1 측량학 분류

1) 측량 면적에 따른 분류

① **평면측량(소지측량)** : 지구의 곡률을 고려하지 않는 측량으로 정도 $\frac{1}{10^6}$ 이하로 할 때 반경 11km(지름 22km) 이내의 지역을 평면으로 간주하는 측량

㉠ 거리오차 $d-D = \frac{D^2}{12r^2}$

㉡ 정도 $\frac{d-D}{D} = \frac{D^2}{12r^2} = \frac{1}{m} = M$

㉢ 평면거리 $D = \sqrt{\frac{12r^2}{m}} = \sqrt{\frac{12 \times 6370^2}{10^6}} = 22$km

(d : 평면거리, D : 구면거리, r : 지구의 반경(6370km), m : 축척의 분모수)

※ 거리의 허용오차 $\frac{1}{10^6}$, 평면거리 D=22km, 거리오차 d-D=22mm, 면적 400㎢의 범위 내를 평면으로 간주

※ 투영오차 : 평면거리(S_1)와 구면거리(S_2)의 차

투영오차의 평면거리 $\log S_1 = \log S_2 + \log(\frac{S_1}{S_2})$

② **측지측량(대지측량)** : 지구의 곡률을 고려한 정밀 측량

㉠ 기하학적 측지학(일반측량) : 지구 전체에 대해 높이, 길이, 위치 등

㉡ 물리학적 측지학 : 지구 내부의 특징, 전자기, 중력, 지각변동, 조류 등

2) 측량법 규정에 따른 분류

① **기본측량**
  ㉠ 모든 측량의 기초가 되는 측량
  ㉡ 국토교통부 장관의 명으로, 국토지리정보원에서 실시
  ㉢ 천문측량, 중력측량, 지자기 측량, 삼각측량, 고저측량, 검조 등

② **공공측량**
  ㉠ 공공의 이해에 관계하는 측량
  ㉡ 기본측량 외의 측량

③ **일반측량** : 일반인들이 수행하는 개별적인 측량

3) 측량의 정확도를 고려한 분류

① **기준점측량(골조측량)**
측량의 기준이 되는 위치를 정하는 측량으로, 천문측량, 삼각측량, 다각측량, 고저측량, 중력측량, 지자기측량, 수로측량, 지적측량 등이 해당된다.

② **세부측량**
각종 목적에 따라 내용이 다른 지형도를 만드는 측량

● 대표기출문제

문제. 측량의 분류에 대한 설명으로 옳은 것은? 2017년 2회

① 측량 구역이 상대적으로 협소하여 지구의 곡률을 고려하지 않아도 되는 측량을 측지측량이라 한다.
② 측량정확도에 따라 평면기준점측량과 고저기준점 측량으로 구분한다.
③ 구면 삼각법을 적용하는 측량과 평면 삼각법을 적용하는 측량과의 근본적인 차이는 삼각형의 내각의 합이다.
④ 측량법에는 기본측량과 공공측량의 두 가지로만 측량을 구별한다.

정답 ③
해설 ① 측량 구역이 상대적으로 협소하여 지구의 곡률을 고려하지 않아도 되는 측량을 평면측량(소지측량)이라 한다.
② 측량정확도에 따라 기준점측량(골조측량)과 세부측량으로 구분한다.
④ 측량법에 따라 기본측량, 공공측량, 일반측량으로 구분한다.

02 국제좌표계

1 UTM(Universal Transverse Mercator) 좌표

1) 적도를 횡축, 자오선을 종축으로하는 국제적인 평면직각좌표
2) 지구 전체를 회전타원체로 간주 : GRS80 타원체
3) **평사투영법 사용**

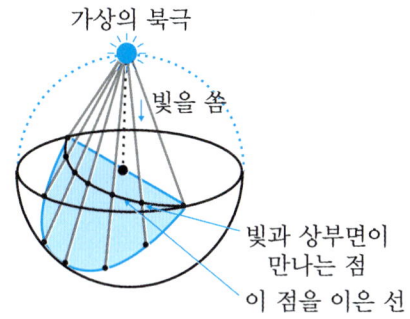

→ 면을 선으로 나타낸 투영선

4) **경도** : 지구전체를 6°간격으로 60등분
5) **위도** : 적도에서 8°간격으로 20등분
6) 중앙자오선에서의 축척계수는 0.9996이다.
7) 축척은 중앙자오선에서 멀어질수록 커진다.
8) 우리나라는 52S 구역에 속해 있다.

📖 우리나라 평면직각좌표계(Transverse Mercator, TM)

① 과거에는 베셀(Bessel) 타원체 ⇒ 현재는 GRS80
② 가우스-크뤼거 투영법(회전타원체로부터 횡축등가원통법에 의해 투영)
③ 좌표계의 원점은 가상투영 원점으로 위도 38°선을 X축으로 하고, 경도는 125°(서부), 127°(중부), 129°(동부), 131°(동해)가 만나는 교점이다.
④ 실제 좌표에서 음의 부호를 없애기 위해 경도방향의 원점에 500,000m를, 위도방향의 원점에 1,000,000m를 더한다.

- **우리나라 측량원점**
  경기도 수원시 원천동 111, 국토지리정보원(동경 127°03′, 북위 37°16′)
- **수준원점**
  인천 남구 용현동 253, 인하대학교
- **원방위각**
  서울산업대 내 위성측지기준점
- **평면직각 좌표원점(4개소)**

서부	동경 125°	북위 38°
중부	동경 127°	북위 38°
동부	동경 129°	북위 38°
동해	동경 131°	북위 38°

- **UTM 좌표와 UPS 좌표의 적용범위**

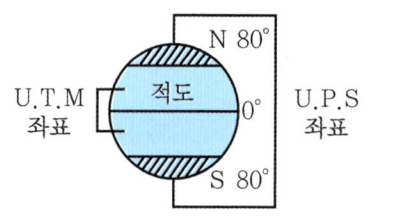

📖 U.P.S 좌표

극심 입체투영법에 의해 위도 80° 이상의 양극지역에 대한 좌표를 나타낸다.

2 지구의 형상

1) 지구(구체)의 원점에서 평균 곡률반경

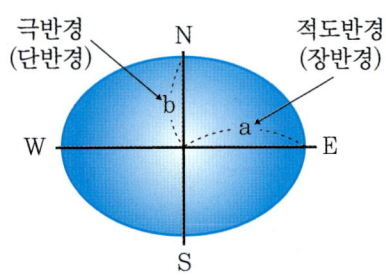

a : 장반경(적도반경) b : 단반경(극반경)

2) 회전타원체

① 성질

㉠ 편심율(이심율) $e = \dfrac{\sqrt{a^2-b^2}}{a}$

㉡ 편평율 $P = \dfrac{a-b}{a} = 1 - \sqrt{1-e^2}$

㉢ 자오선 곡률반경 $M = \dfrac{a(1-e^2)}{W^3}$,

$W = \sqrt{1-e^2\sin^2\phi}$

㉣ 횡곡률 반경 $N = \dfrac{a}{W} = \dfrac{a}{\sqrt{1-e^2\sin^2\phi}}$

㉤ 중등곡률 반경 $R = \sqrt{MN}$

② 위도

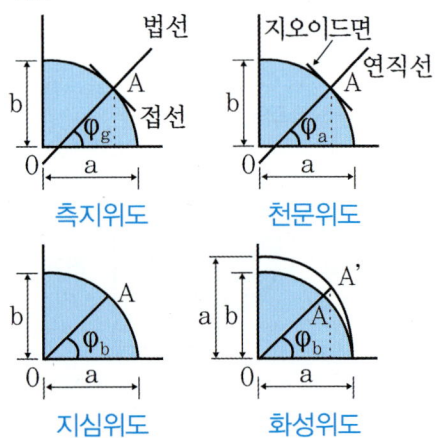

㉠ 측지위도 : 지구상의 한 점 A에서 지구회전타원체의 법선이 적도면과 만든 각

㉡ 천문위도 : 지구상의 한 점 A에서 연직선(지오이드 면의 법선)이 적도면과 만든 각

㉢ 지심위도 : 지구상의 한 점 A와 지구중심 O를 맺는 직선이 적도면과 만든 각

㉣ 화성위도 : 지구 중심으로부터 장반경 a를 반경으로 한 원을 그려 그 위의 한점 A'와 지구의 중심 O를 맺는 선이 적도면과 만든 각

③ 법면선과 측지선

• 측지선
  - 타원체상의 2점을 연결하는 최단거리를 측지선이라 한다.
  - 측지선은 일반적으로 2개의 법면선의 중간에 있으며 a, b의 교각을 2:1로 나누는 성질이 있다.
  - 법면선과 측지선의 길이의 차이는 극히 작으므로 거리가 100km 이하일 경우에는 거의 무시한다.

3) 구과량

① 구과량 $\epsilon'' = \dfrac{E\rho''}{\gamma^2}$

(E : 구면삼각형의 면적 = $\dfrac{1}{2}ab\sin\alpha$, γ : 지구의 곡률반경 6370km, ρ'' : 206265'')

② 한 변의 길이가 20km 이상일 때, n다각형의 내각의 합은 180°(n-2)보다 반드시 크게 나타난다.

4) 지오이드

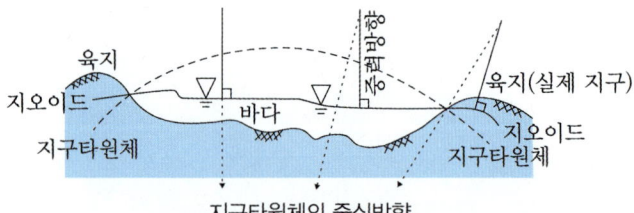

① 평균해면을 육지에 연장한 가상적인 곡면을 말하며, 준거타원체와 거의 일치하지만 동일하지는 않다. (평균해수면의 중력과 동일한 면)

② 지구의 형은 평균해수면과 일치하는 지오이드면으로 볼 수 있다.

③ 지오이드는 중력방향과 일치하기 때문에 등포텐셜면으로 볼 수 있다.
④ 실제로 지오이드면은 굴곡이 심하기 때문에 측지측량의 기준으로 할 수 없다.

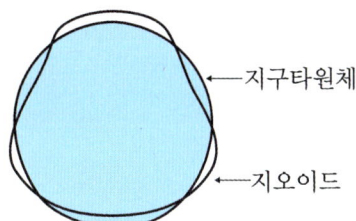

- 평균해수면(지오이드) : 육지 해발 고도의 기준
- 약최저저조면(조석에 의한 최저해수면) : 해도의 기준

📖 지구타원체

① **회전타원체** : 지구의 형상을 수학적으로 정의
② **기준타원체(준거타원체)** : 특정 지역에서 지오이드와 가장 비슷하여 지오이드를 대신하여 편리하게 사용하기 위해 지정한 회전타원체(우리나라는 베셀타원체에서 GRS80 적용)
③ **지오이드** : 평균해수면을 육지에 연장한 가상의 곡선(중력기준면)
④ **국제측지타원체** : 지역마다 기준타원체가 다르기 때문에 통일된 하나의 타원체를 제안(WGS84, GRS80)

🛡️ 대표기출문제

문제. 지오이드(Geoid)에 대한 설명으로 옳지 않은 것은?

2021년 2회

① 평균해수면을 육지까지 연장해 지구전체를 둘러싼 곡면이다.
② 지오이드면은 등포텐셜면으로 중력방향은 이 면에 수직이다.
③ 지표 위 모든 점의 위치를 결정하기 위해 수학적으로 정의된 타원체이다.
④ 실제로 지오이드면은 굴곡이 심하므로 측지측량의 기준으로 채택하기 어렵다.

정답 ③
해설 ③ 회전타원체

3 지구 물리측량

1) 종류

① **지자기 측정**
② **탄성파 측정** : 지하구조 탐사
③ **중력측량** : 지하자원 탐사 및 지구형상해석

2) 지자기 측정 3요소

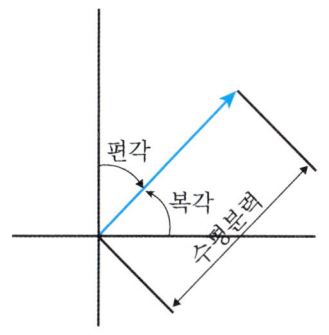

① **편각** : 자오선과 지자기 방향과의 각도
② **복각** : 수평면과 지자기 방향과의 각도
③ **수평분력** : 수평면 내의 자기장 크기

3) 탄성파 측정

(자연, 인공)지진파 등을 이용하여 지하구조를 탐사

① **낮은 곳** : 굴절법
② **깊은 곳** : 반사법

4) 중력

$$F = G\frac{Mm}{R^2}$$

(G : 만유인력 상수, M과 m : 질량, R : 두 물체 거리)

① 수면과 수직방향
② 적도에서 가장 작다.
③ 상대측정과 절대측정 방법으로 구분
④ 지형보정, 고도보정, 지각균형보정, 에토베스보정 등

5) 중력이상

① 지구타원체를 고려한 표준중력과 관측된 특정지역의 중력의 차이
② 중력이상 = 현장 관측값 − 표준 중력값(계산값)
- 고밀도의 물질이 있는 지역에서는 현장 관측 중력이 표준 중력보다 크다 → 중력이상 (+)

6) 지구 자기장의 변화

① **영년변화** : 지구 내부 원인에 의하여 자기장의 오랜 세월을 두고 변화하는 것을 말한다.
변화의 원인은 외핵의 맨틀에 대한 상대적인 속도변화 때문이다.
② **일변화** : 지구 외부의 원인에 의하여 하루를 주기로 규칙적인 변화를 한다.
변화의 원인은 유도전류에 의해서 생기는 자기장이 원래의 지구 자기장에 첨부되기 때문이다.

4 지진파

1) 기록되는 순서 : P파 → S파 → L파

2) 지진파의 종류

① **P파(종파)** : 진동방향은 진행방향과 일치, 모든 물체에 전파하는 성질을 가지고 있다. 아주 작은 폭으로 일어난다.
② **S파(횡파)** : 진동방향은 진행방향에 직각, 고체 내에서만 전파
③ **L파(표면파)** : 진동방향은 수평 및 수직, 아주 큰 폭으로 일어난다.

3) 지진기상과 PS시

① **지진기상** : 지진계에 지진파가 기록되는 모습
② **PS시(초기미동 계속시간)** : 지진계에 P파가 도착한 후 S파가 도착할 때까지의 시간 간격 (PS시는 8분이다.)

5 해상에서의 위치결정 방법

위성항법, 전파항법, 지문항법, 천문항법, 음향항법

02
PART

기본측량

03. 거리측량과 오차의 처리
04. 평판측량
05. 수준측량 야장기입
06. 수준측량의 오차보정
07. 각 측량 방법과 측각오차
08. 다각측량(트래버스)과 폐합오차
09. 방위각과 배횡거
10. 삼각측량

03 거리측량과 오차의 처리

1 거리측량

1) 직접 거리측량 : 테이프를 이용하여 직접 거리 측량, 삼각구분법, 수선구분법, 계선법

2) 간접 거리측량

① **전자기파 거리 측량기의 종류**
- 광파거리 측량기(Geodimeter 등)
- 전파거리 측량기(Tellurometer 등)

구분	광파 측량기	전파 측량기
정밀도	$2 \times 10^{-6} D$(cm)	$4 \times 10^6 D$(cm)
최소조작인원	1	2
영향요소	기후	전파
관측가능거리	1km 이내로 짧다.	길다.
1변 조작시간	15분 내외로 짧다.	30분 가량으로 길다.

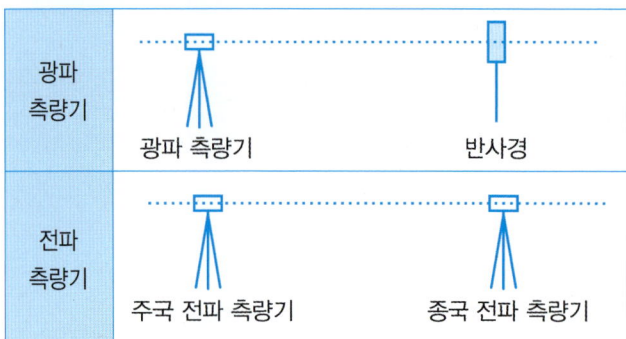

② **전자기파 거리 측량기의 보정**
- ㉠ **거리에 비례하는 오차** : 광속도 오차, 광변조 주파수 오차, 굴절률 오차
- ㉡ **거리에 비례하지 않는 오차** : 위상차 관측 오차, 기계 및 반사경 상수 오차, 기준점의 수직축 어긋남 오차 ⇒ 주파수 오차와 굴절률 오차가 지배인자

📖 트랜싯과 수평표척에 의한 간접거리 측량

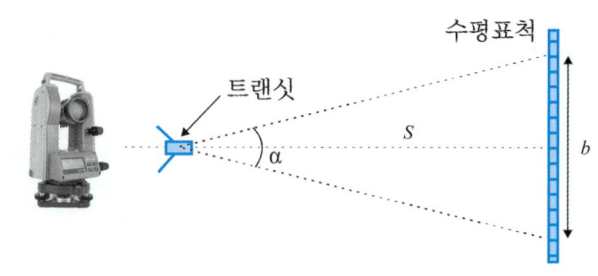

수평거리 $S = \dfrac{b}{2} \cot \dfrac{\alpha}{2}$

(b : 수평표척의 길이, α : 수평표척 양끝을 시준한 사이각)

- **정밀도 영향인자** : 트랜싯의 각관측 정도, 표척과 관측거리 방향의 직교성의 정도, 표척길이의 정도이며, 양단의 길이는 2m 정도이며, 상대밀도는 1/20000 정도로 한다.

2 거리측량 방법

1) 거리측량의 순서 : 답사 → 선점 → 골격측량 → 세부측량

2) 골격측량

① **방사법** : 측량 구역 내에 장애물이 없을 때, 좁은 지역의 측량에 이용
② **삼각구분법** : 장애물이 없고, 투시가 잘 되며, 비교적 좁고 긴 경우에 이용
③ **수선구분법** : 측량구역의 경계선상에 장애물이 있을 때 이용
④ **계선법** : 측량구역의 면적이 넓고, 장애물이 있어 대각선 투시가 곤란할 때 이용

3) 세부측량

지거측량 : 측점에서 수선을 내린 길이(지거)를 이용해서 측량

3 거리측량의 오차

1) 오차의 종류

① **정오차(누차, 누적오차)**
  ㉠ 측량 후 오차 조정이 가능
  ㉡ 정오차 = $n \times \delta$ (n : 관측횟수, δ : 1회 관측에 대한 누적오차)

② **우연오차(부정오차)**
  ㉠ 오차 제거가 어려우며, 최소제곱법으로 오차가 보정된다.
  ㉡ 우연오차 = $\pm \delta \sqrt{n}$

③ **과실** : 측정자의 부주의에 의하여 발생하는 오차

대표기출문제

문제. 100m의 측선을 20m 줄자로 관측하였다. 1회의 관측에 +4mm의 정오차와 ±3mm의 부정오차가 있었다면 측선의 거리는?   2019년 3회

① 100.010 ± 0.007m   ② 100.010 ± 0.015m
③ 100.020 ± 0.007m   ④ 100.020 ± 0.015m

정답 ③
해설 정오차 = $n \times \delta = 5 \times 4 = 20mm$
부정오차 = $\pm \delta \sqrt{n} = \pm 3 \times \sqrt{5} = \pm 6.7mm$
따라서, 100.020 ± 0.007m

---

2) 오차의 3대 법칙
① 작은 크기의 오차는 큰 오차보다 발생할 확률이 높다.
② 같은 크기의 정(+)오차와 부(−)오차의 발생 확률은 같다.
③ 매우 큰 오차는 거의 발생하지 않는다.

3) 정오차의 보정

① 관측한 줄자의 정수 보정 $C_u = L \times \dfrac{\delta}{l}$
  (δ : 1회 관측에 대한 누적오차, l : 관측한 줄자의 길이)

② 온도보정 $C_t = \alpha \cdot L(t - t_0)$
  (α : 선팽창계수, L : 관측한 길이, t : 측정시의 평균온도, t_0 : 표준온도(15℃))

③ 경사보정 $C_i = -\dfrac{h^2}{2L}$ (L : 경사길이, h : 고저차)

④ 평균해면상의 길이보정 $C_k = -\dfrac{LH}{R}$
  (L : 수평거리, R : 지구의 곡률반경(6379km), H : 표고차)

⑤ 장력에 대한 보정 $C_p = \dfrac{L}{AE}(P - P_0)$
  (L : 관측길이, A : 테이프의 단면적, E : 탄성계수, P : 관측시의 장력, P_0 : 표준장력)

⑥ 처짐에 대한 보정 $C_s = -\dfrac{L}{24}\dfrac{w^2 l^2}{P^2}$
  (w : 쇠줄자의 자중, P : 장력, L : 직선거리, l : 처진 곡선거리)

4) 관측값의 처리

① **최확치**
  - 같은 구간을 관측횟수를 다르게 했을 경우의 경중률은 관측횟수(N)에 비례한다.
  - 관측치에 대한 평균제곱근오차의 경중률은 평균제곱근오차의 제곱에 반비례한다.
  - 경중률이 일정한 경우 $L_0 = \dfrac{\Sigma l_i}{n}$
  - 경중률이 다른 경우 $L_0 = \dfrac{\Sigma(P_i l_i)}{\Sigma P_i}$

② **잔차** : 최확치와 측정치의 차이
  잔차(v) = 최확치(L_0) − 측정치(l)

③ **평균제곱근오차(표준편차, 중등오차)**
  - 1회측정시
    - 경중률이 일정한 경우 $m_0 = \pm \sqrt{\dfrac{\Sigma v^2}{n-1}}$
    - 경중률이 다른 경우 $m_0 = \pm \sqrt{\dfrac{\Sigma P v^2}{\Sigma P(n-1)}}$

④ 확률오차
- 1회 측정시
  - 경중률이 일정한 경우 $r_0 = \pm 0.6745 \sqrt{\dfrac{\Sigma v^2}{n-1}}$
- 최확값에 대한 확률오차
  - 경중률이 일정한 경우 $r_0 = \pm 0.6745 \sqrt{\dfrac{\Sigma v^2}{n(n-1)}}$
  - 경중률이 다른 경우 $r_0 = \pm 0.6745 \sqrt{\dfrac{\Sigma P v^2}{P(n-1)}}$

⑤ 정도 = $\dfrac{m_0}{L_0}$ (m_0 : 표준편차, L_0 : 최확치)

5) 오차전파의 법칙

① 각 구간거리가 다르고 평균제곱근오차가 다른 경우

$$M = \pm \sqrt{m_1^2 + m_2^2 + m_3^2 + \cdots + m_n^2}$$

🔷 대표기출문제

문제. A, B 두 점간의 거리를 관측하기 위하여 그림과 같이 세 구간으로 나누어 측량하였다. 측선 $\overline{AB}$의 거리는?
(단, Ⅰ : 10m±0.01m, Ⅱ : 20m±0.03m, Ⅲ : 30m±0.05m이다.)
2018년 2회

① 60m±0.09m   ② 30m±0.06m
③ 60m±0.06m   ④ 30m±0.09m

정답 ③

해설 각 구간거리가 다르고 평균제곱근오차가 다른 경우
평균제곱근오차 $M = \pm \sqrt{m_1^2 + m_2^2 + m_3^2 + \cdots + m_n^2}$
$M = \pm \sqrt{0.01^2 + 0.03^2 + 0.05^2} = \pm 0.06m$
따라서, 60m±0.06m

② 직사각형 면적 측정시

면적 $A = x \cdot y$

면적오차 $\Delta A = \pm \sqrt{(y \cdot m_1)^2 + (x \cdot m_2)^2}$

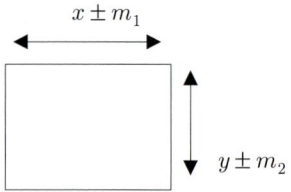

③ 삼각형 면적 측정시

면적 $A = \dfrac{xy}{2}$

면적오차 $\Delta A = \dfrac{\pm \sqrt{(y \cdot m_1)^2 + (x \cdot m_2)^2}}{2}$

🔷 대표기출문제

문제. 삼각형의 토지면적을 구하기 위해 밑변 a와 높이 h를 구하였다. 토지의 면적과 표준오차는? (단, a = 15±0.015m, h = 25±0.025m)
2018년 3회

① 187.5±0.04m²   ② 187.5±0.27m²
③ 375.0±0.27m²   ④ 375.0±0.53m²

정답 ②

해설 면적 $A = \dfrac{xy}{2} = \dfrac{15 \times 25}{2} = 187.5$
(m_1 : x의 부정오차, m_2 : y의 부정오차)
면적오차 $\Delta A = \dfrac{\pm \sqrt{(y \cdot m_1)^2 + (x \cdot m_2)^2}}{2}$ 이므로,
$\Delta A = \dfrac{\pm \sqrt{(15 \times 0.025)^2 + (25 \times 0.015)^2}}{2} = 0.265 m^2$

4 축척과 거리 및 면적

1) 축척 $= \dfrac{1}{m} = \dfrac{\text{도상거리}}{\text{실제거리}}$

2) 면적 : $(\text{축척})^2 = \left(\dfrac{1}{m}\right)^2 = \left(\dfrac{\text{도상거리}}{\text{실제거리}}\right)^2 = \dfrac{\text{도상면적}}{\text{실제면적}}$

3) 거리측정시 정밀도의 허용범위

　① 산지 : $\dfrac{1}{500} \sim \dfrac{1}{1000}$

　② 평지 : $\dfrac{1}{1000} \sim \dfrac{1}{5000}$

　③ 시가지 : $\dfrac{1}{5000} \sim \dfrac{1}{50000}$

　　※ 면적 $A_0 = A(1 \pm \varepsilon)^2$ (ε : 길이 변화율)

　　※ 실제면적 $A = \dfrac{(\text{부정길이})^2}{(\text{표준길이})^2} \times \text{총면적}$

04 CHAPTER 평판측량

1 평판의 설치

1) 평판에 사용되는 기계 기구

- 앨리데이드

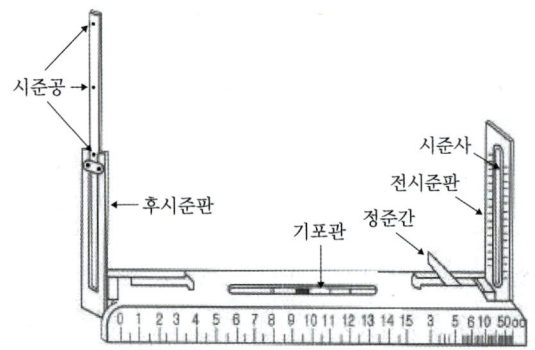

- 전시준판에 새겨져 있는 한눈금의 크기는 양시준판 간격의 1/100로 나눈다.
- 전시준판에 있는 시준사의 크기는 0.2~0.5mm이다.
- 후시준판에 있는 시준공의 크기는 0.5~0.8mm이며, 상시준공(35), 중시준공(20), 하시준공(0)
- 몸통 중앙에 곡률반지름 1.0~1.5cm 정도의 기포관이 있다.
- 양시준판의 간격은 22~27cm이다.

2) 평판측량의 3요소

① **정준** : 수평맞추기
② **치심, 구심** : 중심맞추기
③ **표정** : 평판을 일정한 방향으로 고정시키는 것을 말하며, 표정작업의 오차가 평판측량에 가장 큰 영향을 끼친다.

2 평판측량의 방법

1) **방사법** : 측량할 구역 안에 장애물이 없고 비교적 좁은 지역에 적합, 대축척의 높은 정도를 얻는다.

$$S_1 = \pm \sqrt{m_1^2 + m_2^2}$$

m_1 : 시준오차
m_2 : 거리오차 및 축척에 의한 오차

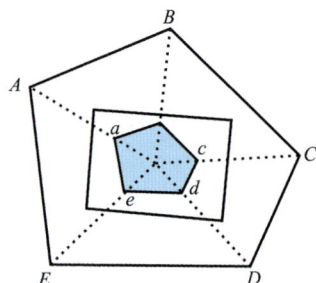

2) **전진법** : 측량할 구역이 비교적 넓고 장애물이 많을 경우에 적합. 측량도중 오차 즉시 발견할 수 있다.

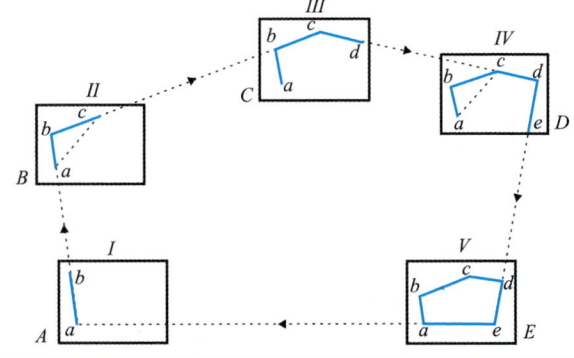

$$S_2 = \pm \sqrt{n(m_1^2 + m_2^2)}$$

n : 측선수

3) **교회법** : 넓은 지역에서 세부도근 측량이나 소축척의 세부 측량에 적합

$$S_3 = \pm \sqrt{2}\,\frac{a}{\sin\theta}$$

θ : 두 방향선의 교각
a : 방향선의 변위

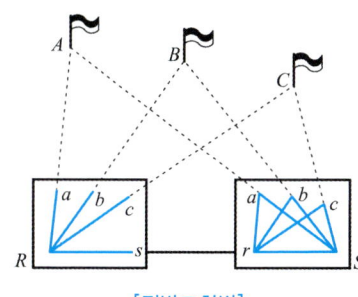

[전방교회법]

[측방교회법]

① **전방교회법** : 기지점에서 미지점의 위치를 결정하는 방법(시준오차, 표정오차 검사 불가)

② **측방교회법** : 기지 2점 중 한 점에 접근이 어려운 경우

③ **후방교회법** : 미지점에 평판을 세워 기지의 2점 또는 3점을 이용하여 미지점의 위치를 결정하는 방법으로 시오삼각형법, 레에만법, 벳셀법, 투사지법이 있다.
  ㉠ 레에만 방법 : 경험만 있으면 신속하게 작업할 수 있어서 많이 이용되는 방법
   • 구하는 점이 abc를 연결하는 삼각형의 내부에 있을 때 구점의 위치는 시오삼각형 내부에 있다.
   • 구하는 점이 abc를 연결하는 삼각형의 외부에 있고, 원주의 내부에 있을 때 시오삼각형의 반대쪽에 있다.
   • 구하는 점이 원주의 외부에 있고, 삼각형 abc의 한 변 ac에 대응할 때 시오삼각형과 같은 쪽에 있다.
     ※ 삼점문제에서 평판의 표정오차가 있어도 시오삼각형이 생기지 않을 수 있는 경우는 구점이 외접원 위에 있을 경우이다.
  ㉡ 베셀법 : 경험이 없이도 할 수 있고, 시간이 많이 걸리며 정확하다.
  ㉢ 투사지법(트레이싱 페이법) : 가장 간단한 방법으로 현장에서 주로 사용한다.

④ **교회법의 주의 사항**
   • 교각은 30°~150° 사이에 있도록 한다. (90°일 때가 가장 이상적인 교각이다.)
   • 시오삼각형의 내접원 직경은 도상에서 5mm 이내가 되도록 한다.
   • 방향선의 길이는 도상 10cm 이내가 되도록 한다.
     : 도면상의 오차가 0.2mm 이상이 되기 때문이다.
   • 방향선의 수는 3방향 이상이 되도록 한다.
   • 시오삼각형의 내접원의 직경이 0.4mm 이내인 경우 이를 무시한다.
   • 전방교회법에서는 시오삼각형이 한 점에 일치하지 않을 경우 재측량을 해야 한다.

▶ **대표기출문제**

문제. 구하고자 하는 미지점에 평판을 세우고 3개의 기지점을 이용하여 도상에서 그 위치를 결정하는 방법은?   2018년 2회

① 방사법   ② 계선법
③ 전방교회법   ④ 후방교회법

정답 ④
해설 (1) **전방교회법** : 기지점에서 미지점의 위치를 결정하는 방법 (시준오차, 표정오차 검사 불가)
(2) **측방교회법** : 기지 2점 중 한 점에 접근이 어려운 경우
(3) **후방교회법** : 미지점에 평판을 세워 기지의 2점 또는 3점을 이용하여 미지점의 위치를 결정하는 방법

3 수평거리 및 높이의 관측

1) 수평거리의 관측

① 시준판의 눈금과 폴의 높이를 측정했을 경우

수평거리 $D = \dfrac{100}{n_1 - n_2} H$

(n_1, n_2 : 시준판의 눈금, H : 상하측표의 간격(폴의 길이))

② 경사거리 l을 재고 수평거리를 구하는 방법

수평거리 $D = \dfrac{100\, l}{\sqrt{100^2 + n^2}}$

(n : 시준판의 눈금, l : 경사거리)

2) 높이의 관측

① 전시의 경우 $H_B = H_A + I + H - h$
② 후시의 경우 $H_B = H_A - H - I + h$

($H = \dfrac{n}{100} D$, n : 분획, h : 시준고, I : 기계고)

4 평판측량의 오차

1) 기계오차

① 앨리데이드의 외심오차

$q = \dfrac{e}{M}$

(q : 도상허용오차(제도허용오차), e : 외심오차, M : 축척의 분모수)

② 앨리데이드의 시준오차

$q = \dfrac{\sqrt{d^2 + t^2}}{2l} L$

(d : 시준공의 지름, t : 시준사의 굵기, l : 시준판의 간격, L : 방향선길이)

2) 표정오차(정치오차)

① 평판의 경사에 의한 오차

$q = \dfrac{b}{\gamma} \cdot \dfrac{n}{100} L$

(b : 기포의 변위량, γ : 기포관의 곡률반경, $\dfrac{n}{100}$: 평판의 경사, L : 시준선길이)

② 구심오차(외심오차)

$q = \dfrac{2e}{M}$

(q : 도상허용오차, e : 구심오차, M : 축척의 분모수)

③ 자침오차

$q = \dfrac{0.2}{S} \cdot L$

(S : 자침의 중심에서 첨단까지 길이, L : 방향선, 시준선길이)

3) 측량오차

① 전진법에 의한 오차 $S = \pm 0.3 \sqrt{n}$ (n : 측선수)
② 교회법에 의한 오차 $S = \pm \sqrt{2} \cdot \dfrac{0.2}{\sin \theta} mm$ (θ : 교각)

5 평판측량의 정도 및 오차의 조정

1) 평판측량의 정도

① 폐합비 $R = \dfrac{E}{\Sigma L}$ (ΣL : 전측선의 길이, E : 폐합오차)

② 폐합비의 정도
 • 평탄지 : 1/1000 이하
 • 완경사지 : 1/800~1/600
 • 산지 또는 복잡한 지형 : 1/500~1/300

2) 폐합오차의 조정

① **허용정도 이내일 경우** : 거리에 비례하여 분배
② **허용정도 이상일 경우** : 재측량 분배

조정량 $d = \dfrac{E}{\Sigma L} \cdot l$

(E : 폐합오차, ΣL : 측선길이의 총합,
l : 출발점에서 조정할 측점까지의 거리)

📖 평판 측량에서 일어나는 오차

(1) 기계적 오차
- 시준판, 시준선, 시준축이 기울어져서 생기는 오차
- 앨리데이드의 외심오차

(2) 표정오차
- 구심오차
- 평판의 경사에 의한 오차
- 자침오차

(3) 제도오차
- 방향선을 그을 때 생기는 오차
- 제도지의 신축에 의한 오차
- 측침에 의한 오차

05 수준측량 야장기입

1 수준측량의 용어

1) **수평면/수평선** : 지구곡면(정지 해수면)
2) **지평면/지평선** : 지구곡면의 접선평면
3) **기준면(DL)** : 높이의 기준이 되는 수평면, 평균해수면을 기준면으로 쓴다.
4) **수준점(BM)** : 기준면에서 표고를 정확하게 측정해서 표시해 둔 점, 우리나라 국도 및 주요도로에서의 수준점 1등은 4km, 2등은 2km마다 수준점을 설치한다.
5) **중간점(IP)** : 전시만 취하는 점으로 표고를 관측할 점. 그점에 오차가 발생해도 다른 지역에는 영향을 전혀 끼치지 못한다.
6) **표고** : 기준면~임의 측점의 연직거리

2 직접수준측량

1) 전·후시 거리를 같게 함으로 제거되는 오차

① 레벨의 조정이 불완전하여 시준선이 기포관축과 평행하지 않을 때 (=시준축 오차)
② 지구의 곡률오차와 빛의 굴절오차를 제거한다.
③ 초점나사를 움직일 필요가 없으므로 그로 인해 생기는 오차를 제거한다.

2) 직접수준측량의 원리

- **후시(BS)** : 수준기에서 후방의 측점을 읽은 값
- **전시(FS)** : 수준기에서 전방의 측점을 읽은 값
- **측점, 중간점(IP)** : 지반고를 측정하고자 하는 위치로, FS만 읽음
- **이기점, 전환점(TP)** : 다른 수준기로 이동하여 기계고를 재설정하기 위한 위치로, FS와 BS를 모두 읽음

① 기계고 I.H = G.H + B.S
② 지반고 G.H = I.H − F.S

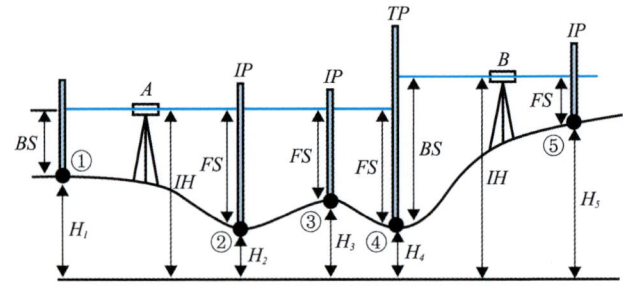

하나의 기계고에 대해, 임의 측점의 FS(BS) + 지반고는 일정한 값을 가진다.

$$BS + H_1 = FS_2 + H_2 = FS_3 + H_3 = FS_4 + H_4 = IH$$

예 [기고식]

| 측점 | BS | FS | | 기계고 | 지반고 |
		TP	IP		
1	3.5			53.8	50.3
2			4.8	53.8	49.0
3			3.9	53.8	49.9
4	8.5	4.5		53.8/57.8	49.3
5			1.2	57.8	56.6

3) 야장기입방법

① **고차식**
- 가장 간단한 방법
- 후시와 전시만 필요
- 두 점의 높이만 측정하는 것이 목적
- 검산이 용이하지 않음

측점	후시	전시	기계고	지반고
0	3.121		126.688	123.567
2	2.428	4.065	125.051	122.623
4		2.321		122.730

② 기고식
- 가장 많이 사용
- 후시보다 전시가 많을 경우 편리
- 중간점이 많을 경우 편리
- 완전한 검산 불가

측점	후시	기계고	전시		지반고
			전환점	중간점	
BM	0.175	37.308			37.133
No.1				0.154	37.154
No.2				1.569	37.739
No.3				1.143	36.165
No.4	1.098	37.169	1.237		36.071
No.5				0.948	36.221
No.6				1.175	35.994

③ 승강식
- 완전한 검사로 정밀측량에 사용
- 중간점이 많으면 계산이 복잡하고 시간이 과다하게 소요

측점	후시	전시		승(+)	강(-)	지반고
		TP	IP			
BM	1.175					55.000
No.1			1.047	0.128		55.128
No.2	2.098	1.237			0.062	54.938
No.3			1.948	0.15		55.088
No.4		2.175			0.077	54.861
합계	3.273	3.412		0.278	0.139	

- 후시 - 전시 : (+)값이면 승에, (-)값이면 강에 기입
- 후시의 합 - TP의 합 = 3.273-3.412 = 0.139
- 지반고의 차이 = 54.861-55.000 = 0.139

대표기출문제

문제. 어떤 노선을 수준측량하여 작성된 기고식 야장의 일부 중 지반고 값이 틀린 측점은? (단, 단위 : m) 2022년 1회

측점	BS	FS		기계고	지반고
		TP	IP		
0	3.121				123.567
1			2.586		124.102
2	2.428	4.065			122.623
3			-0.664		124.387
4		2.321			122.730

① 측점 1 ② 측점 2
③ 측점 3 ④ 측점 4

정답 ③
해설 ① 지반고 $124.102 = 123.567 + 3.121 - 2.586$
② 지반고 $122.623 = 123.567 + 3.121 - 4.065$
③ 지반고 $124.387 \neq 122.623 + 2.428 - (-0.664)$
$= 125.715$
④ 지반고 $122.73 = 125.715 + 2.428 - 2.321$

3 간접수준측량

1) 앨리데이드에 의한 수준측량

$$H_B = H_A + I + H - h \quad (H : \frac{n}{100}D)$$

06 CHAPTER 수준측량의 오차보정

1 교호수준측량

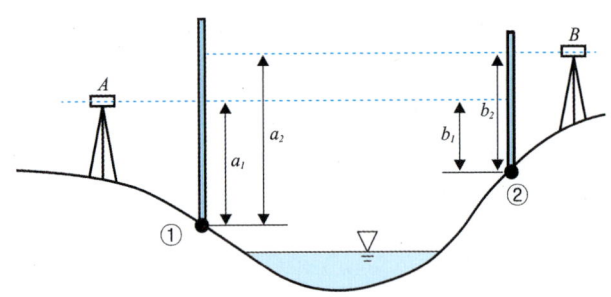

하천 및 계곡 등의 지장물로 인해 측점 레벨(IP)을 설치할 수 없는 경우, 두 측점의 표고차를 2개의 시준기에서 교차로 읽어 산술평균한다.

$$\Delta H = H_2 - H_1 = \frac{(a_1-b_1)+(a_2-b_2)}{2}$$

🛡 대표기출문제

문제. A, B 두 점에서 교호수준측량을 실시하여 다음의 결과를 얻었다. A점의 표고가 67.104m일 때 B점의 표고는? (단, a_1=3.756m, a_2=1.572m, b_1=4.995m, b_2=3.209m)

2021년 3회

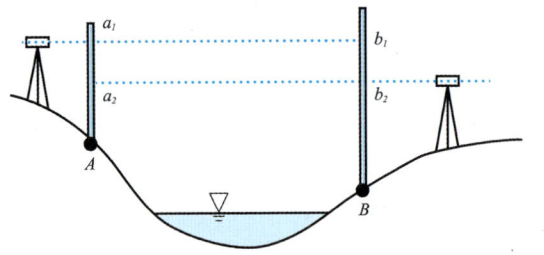

① 64.668m ② 65.666m
③ 68.542m ④ 69.089m

정답 ②

해설 $\Delta H = \frac{(a_1-b_1)+(a_2-b_2)}{2} = -1.438m$

$H_B = 67.104 - 1.438 = 65.666m$

2 레벨의 구조

1) 망원경의 배율
대물렌즈 초점거리(F) 대 접안렌즈의 초점거리(f)로 나타낸다.

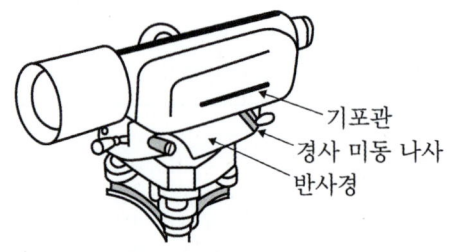

$$배율 = \frac{F}{f}$$

2) 기포관의 감도(α'')
기포 한 눈금(2mm) 움직임에 대한 중심각(작을수록 감도 우수)

$$\alpha'' = \frac{\rho l}{nD}, \quad R = \frac{\rho}{\alpha''} \cdot d$$

(l : 표척의 읽음값, n : 이동눈금, D : 수평거리, R : 기포관의 곡률반경, d : 한자눈의 크기)

3) 기포관의 구비조건
- 곡률 반지름이 클 것
- 액체의 점성 및 표면장력이 작을 것
- 관의 곡률이 일정하고, 관의 내면이 매끈할 것
- 기포의 길이는 될 수 있는 한 길어야 할 것

3 수준측량의 허용오차

1) 하천측량

4km에 대한 허용오차의 범위
① 유조부 : 10mm
② 무조부 : 15mm
③ 급류부 : 20mm

2) 일반수준측량

① **1등수준측량** : 2km 왕복측량시 – 허용오차
$E = \pm 2.5\sqrt{L}$

② **2등수준측량** : 2km 왕복측량시 – 허용오차
$E = \pm 5.0\sqrt{L}$ (L : 노선거리)

③ **폐합시킨 경우**
1등수준측량 – 허용오차. $E = \pm 2.0\sqrt{L}$
2등수준측량 – 허용오차. $E = \pm 5.0\sqrt{L}$ (mm)

4 레벨의 조정량

조정량 $d = \dfrac{D+e}{D}[(a_1-b_1)-(a_2-b_2)]$
정확한 읽음값 $= b_2 \pm d$

1) 정오차

① **표척의 0점 오차** : 기계의 세움을 짝수회로 하면 소거
② 표척의 눈금부정에 의한 오차
③ **광선의 굴절에 의한 오차(기차)** : 기지점과 미지점의 쌍방에서 연직각을 측정하여 소거
④ 지구의 곡률에 의한 오차(구차)
⑤ **표척의 기울기에 의한 오차** : 표척을 전·후로 움직여 최소값을 읽는다.
⑥ 온도 변화에 의한 표척의 신축
⑦ **시준선(시준축) 오차** : 기포관축과 시준선이 평행하지 않아 발생하며 가장 큰 오차
전·후시를 등거리로 취하면 소거됨
⑧ **레벨 및 표척의 침하에 의한 오차** : 측량 도중 수시로 점검한다.

2) 우연오차(부정오차)

① **시차에 의한 오차** : 시차로 인해 정확한 표척값을 읽지 못해 발생
② 레벨의 조정 불완전
③ **기상변화에 의한 오차** : 바람이나 온도가 불규칙하게 변화하여 발생
④ 기포관의 둔감
⑤ 기포관 곡률의 부등에 의한 오차
⑥ 진동, 지진에 의한 오차
⑦ 대물렌즈의 출입에 의한 오차

3) 다수 지점에서 수준측량한 경우의 오차보정

① 경중률에 따라 보정
② 경중률은 노선길이에 반비례

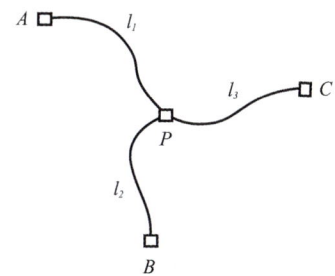

- A~P 경로로 측량한 경우 : 거리 L_1, 높이차 H_1,
경중률 $P_1 = \dfrac{\Sigma L_i}{L_1}$

- B~P 경로로 측량한 경우 : 거리 L_2, 높이차 H_2,
경중률 $P_2 = \dfrac{\Sigma L_i}{L_2}$

- C~P 경로로 측량한 경우 : 거리 L_3, 높이차 H_3,
경중률 $P_3 = \dfrac{\Sigma L_i}{L_3}$

🛡 대표기출문제

문제. 측점 M의 표고를 구하기 위하여 수준점 A, B, C로부터 수준측량을 실시하여 표와 같은 결과를 얻었다면 M의 표고는?

2019년 3회

구분	표고(m)	관측방향	고저차(m)	노선길이
A	13.03	A→M	+1.10	2km
B	15.60	B→M	−1.30	4km
C	13.64	C→M	+0.45	1km

① 14.13m   ② 14.17m
③ 14.22m   ④ 14.30m

정답 ①

해설 A점 : 13.03 + 1.1 = 14.13
B점 : 15.60 − 1.3 = 14.3
C점 : 13.64 + 0.45 = 14.09
경중률은 노선길이에 반비례하므로,
$P_A : P_B : P_C = \dfrac{1}{2} : \dfrac{1}{4} : \dfrac{1}{1} = 2 : 1 : 4$
최확값 $\dfrac{14.13 \times 2 + 14.3 \times 1 + 14.09 \times 4}{7} = 14.13m$

07 각 측량 방법과 측각오차

토목기사

1 각 측량의 일반

1) 단위의 상호관계

① 도와 그레이드
- 100 grade(g) = 90°
- 1g = 100 centi grade = 0.9° = 0°54′

② 호도와 각도

$$R\theta = \rho l$$

(R : 수평거리, θ : 각오차, $\rho'' = \dfrac{180}{\pi} \times 3600 = 206265''$, l : 위치오차)

2) 트랜싯

① 버니어
- 순유표(순버니어) : 주척의 (n − 1) 눈금의 길이를 유표로 n등분하는 것이다.

$$V = \dfrac{n-1}{n} \cdot S \quad (V : 버니어의\ 1눈금의\ 크기)$$

$$C = \dfrac{1}{n} \cdot S$$

(C : S와 V의 차(최소눈금), S : 주척의 1눈금의 크기, n : 버니어의 등분수)

- 역유표(역버니어) : 주척의 (n + 1) 눈금을 n등분한 것이다.

$$C = -\dfrac{1}{n} \cdot S$$

2 트랜싯의 조정

1) 트랜싯의 조정 조건
① 기포관축(수준기축)과 연직축은 직교해야 한다.
② 시준선과 수평축은 직교해야 한다.
③ 수평축과 연직축은 직교해야 한다.

2) 트랜싯의 제6조정(1~3 : 수평각 조정, 4~6 : 연직각 조정)
① 평반기포관의 조정
② 십자종선의 조정
③ 수평축의 조정
④ 십자횡선의 조정
⑤ 망원경 기포관의 조정
⑥ 연직분도원의 조정

3) 교각 측정방법

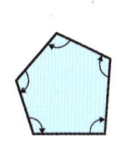 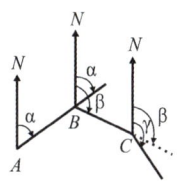 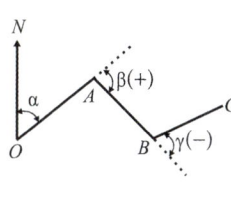

교각법 　　　　방위각법 　　　　편각법

① **교각법**
어떤 측선이 그 앞의 측선과 이루는 각을 관측하는 방법(단측법, 배각법 등으로 구분)

② **방위각법**
각 측선이 진북(자오선)방향과 이루는 각을 시계방향으로 관측하는 방법(직접 방위각이 관측되어 편리)

③ 편각법
각 측선의 연장선과 이루는 각을 측정하는 방법(선로의 중심선 측량에 합당)

4) 방위각법의 특징
① 직접 방위각이 관측되어 편리
② 각 관측값의 계산과 제도가 편리하고 신속히 관측
③ 노선측량, 지형측량에 주로 이용
④ 지역이 험준하고 복잡한 지역에서는 부적합
⑤ 오차가 이후의 측량에 계속 누적

참조

[거리오차와 측각오차]

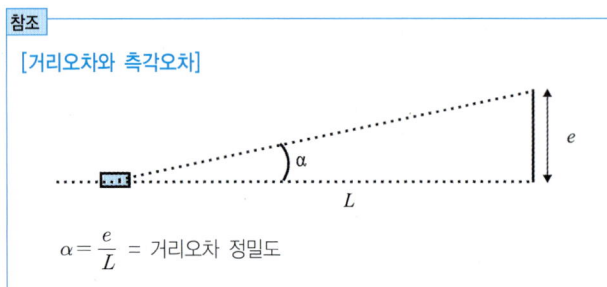

$\alpha = \dfrac{e}{L}$ = 거리오차 정밀도

예 거리관측의 허용오차가 ±1/10,000인 경우, 각관측의 허용오차

$\alpha = \dfrac{e}{L} = \dfrac{1}{10^4}(rad) = 5.73 \times 10^{-3}° = 20.6″$

3 수평각 관측과 오차

1) 수평각 관측

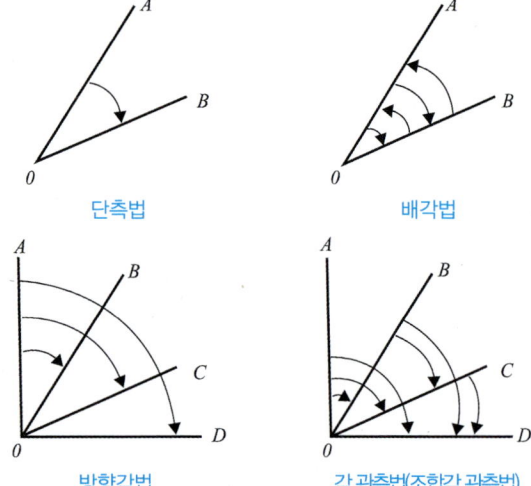

단측법   배각법

방향각법   각 관측법(조합각 관측법)

① **단측법** : 1개의 각을 1회 관측
② **배각법** : 1개의 각을 여러 번 관측
③ **방향관측법** : 하나의 측선을 기준으로, 나머지 측선과 이루는 모든 각을 관측
④ **각 관측법(조합각 관측법)** : 방향각 관측을 모든 측선으로 확대한 개념(측각은 한 방향으로만 한다.)
1등 삼각측량에 주로 사용하며, 정도가 가장 높다.

각 관측의 수 = $\dfrac{1}{2}s(s-1)$ (s : 방향선 수)

구분	각 관측방법
1, 2등 삼각측량	각 관측법
3, 4등 삼각측량	각 관측법, 방향각법
트래버스 측량	단측법, 배각법

배각법의 특징

① 방향각법과 비교하여 읽기오차(β)의 영향이 작음
② 눈금을 직접 측정할 수 없는 미량의 값을 누적하여 반복 횟수로 나누면 세밀한 측정 가능
③ n회의 반복결과가 360°에 가깝게 해야 함(눈금 불량에 의한 오차 감소)
④ 내축과 외축의 연직선에 대한 불일치 오차 발생
⑤ 방향수가 적은 경우 편리(방향수가 많은 삼각측량에는 불리)

대표기출문제

문제. 각관측 방법 중 배각법에 관한 설명으로 옳지 않은 것은?

2020년 3회

① 방향각법에 비하여 읽기 오차의 영향을 적게 받는다.
② 수평각 관측법 중 가장 정확한 방법으로 정밀한 삼각측량에 주로 이용된다.
③ 시준할 때의 오차를 줄일 수 있고 최소 눈금 미만의 정밀한 관측값을 얻을 수 있다.
④ 1개의 각을 2회 이상 반복 관측하여 관측한 각도의 평균을 구하는 방법이다.

정답 ②
해설 수평각 관측법 중 가장 정확한 방법은 각 관측법으로 1등 삼각측량에 주로 사용된다.

2) 수평각 관측의 오차

① 단측법에서의 시준, 읽기오차

- 1번에 대한 시준, 읽기오차 $m = \pm\sqrt{(\alpha^2 + \beta^2)}$
  (α : 시준오차, β : 읽기오차)
- 1각에 대한 시준, 읽기오차 $m = \pm\sqrt{2(\alpha^2 + \beta^2)}$
  (α : 시준오차, β : 읽기오차)

② 배각법에서의 오차

㉠ 시준오차
- n배각 관측시 시준오차 $m_2 = \pm \alpha\sqrt{2n}$
- n배각 관측시 1각에 포함되는 시준오차
  $m = \pm\sqrt{\dfrac{2\alpha^2}{n}}$

㉡ 읽기오차
- n배각 관측시 1각에 포함되는 읽기오차
  $m_2 = \pm \dfrac{\beta\sqrt{2}}{n}$
- n배각 관측시 1각에 생기는 배각법의 오차
  $m = \pm\sqrt{\dfrac{2}{n}\left(\alpha^2 + \dfrac{\beta^2}{n}\right)}$

③ 방향각법에서의 오차

- n회 관측한 평균치에 있어서의 오차
  $m = \pm\sqrt{\dfrac{2}{n}(\alpha^2 + \beta^2)}$

3) 정오차의 원인과 처리방법

종류	원인	처리방법
시준축 오차	시준축과 수평축이 직교하지 않음	망원경을 정반 관측하여 평균
수평축 오차	수평축과 연직축이 직교하지 않음	
외심 오차	회전축에 대해 망원경이 편심	
내심 오차	시준기 회전축과 분도원 중심 불일치	180° 차이가 있는 2개의 독표를 읽어 평균
연직축 오차	연직축이 정확히 연직이 아님	제거 불가
분도원 눈금오차	눈금 부정확	분도원의 위치를 변화시켜 다수 관측 평균
측점 또는 시준축 편심 오차	측점 중심과 기계중심(측표중심) 동일 연직선에 있지 않음	편심거리와 편심각을 보정

4) 각 측정에서의 오차론

① 동일각 관측 최확치

- 관측회수에 따라 가중평균

$$\alpha_0 = \dfrac{\Sigma P_i \alpha_i}{\Sigma P_i}$$ (P_i : 관측회수에 따른 가중치, α_i : 관측값)

② 조건부 최확치

- $\alpha_1 + \alpha_2 = \alpha_3$가 되는 조건식 성립(3각 측정 경우)
- 조정량 $d = \pm \dfrac{\omega}{n} = \pm \dfrac{\omega}{3}$, 오차 $\omega = (\alpha_1 + \alpha_2) - \alpha_3$
- 관측회수가 다른 경우, 관측회수의 역수에 따라 가중평균
- 조정량 $d = \dfrac{\omega}{\Sigma P_i} d_i$

◆ 대표기출문제

문제. 어느 각을 10번 관측하여 52° 12′을 2번, 52° 13′을 4번, 52° 14′을 4번 얻었다면 관측한 각의 최확값은?

2019년 3회

① 52° 12′ 45″   ② 52° 13′ 00″
③ 52° 13′ 12″   ④ 52° 13′ 45″

정답 ③

해설 경중률은 관측횟수에 비례하므로,
$\dfrac{12′ \times 2 + 13′ \times 4 + 14′ \times 4}{10} = 13.2′ = 13′12″$

따라서, 최확치 52° 13′ 12″

08 다각측량(트래버스)과 폐합오차

토목기사

1 다각(트래버스)측량 개요

1) 다각 측량의 특성

① 삼각점이 멀리 배치되어, 좁은 지역의 세부측량의 기준점을 추가해야 할 경우 적합
② 복잡한 시가지, 지형기복이 심해서 기준이 어려운 지역 적합
③ 도로, 철도 등 좁고 긴 곳 적합
④ 거리와 각을 관측하여 도식해법에 의해 모든 점의 위치 결정에 편리
⑤ 삼각측량과 같은 높은 정도를 요하지 않는 골조측량에 적합

2) 각측량의 종류

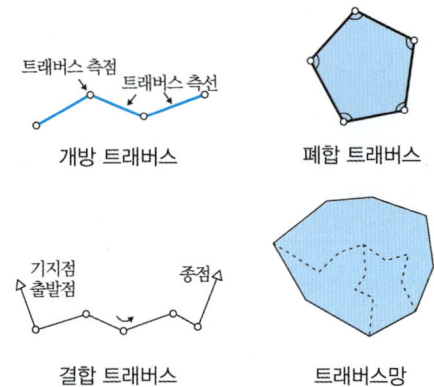

트래버스의 종류

① **폐합 트래버스** : 소규모의 지역에 적합한 방법
② **개방 트래버스** : 정밀도가 가장 낮은 트래버스
   (하천이나 노선의 기준점을 정하는 데 사용)
③ **결합 트래버스** : 정밀도가 가장 높은 트래버스
   (기지점은 삼각점 이용)

2 다각측량의 계산

1) 각 관측값의 오차

① 폐합 트래버스

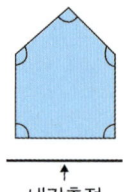 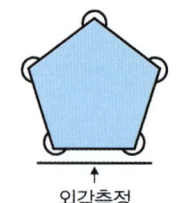 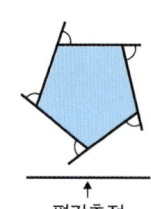

내각측정   외각측정   편각측정

폐합 트래버스의 측각방법

- 내각 관측시 $E_a = [a] - 180(n-2)$ (n : 측각의 수)
- 외각 관측시 $E_a = [a] - 180(n+2)$
- 편각 관측시 $E_a = [a] - 360°$

② 결합 트래버스

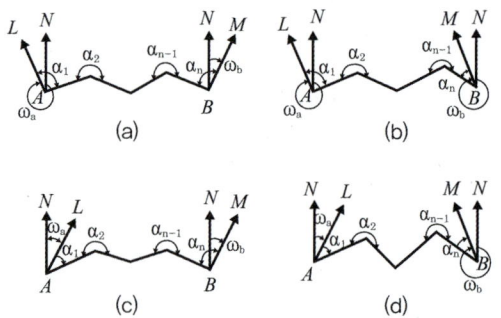

결합 트래버스의 형태

- $E_a = \omega_a - \omega_b + [a] - 180(n+1)$
  : 두 선이 다 나갔을 경우
- $E_a = \omega_a - \omega_b + [a] - 180(n-1)$
  : 한 선만 나갔을 경우
- $E_a = \omega_a - \omega_b + [a] - 180(n-3)$
  : 두 선이 다 안으로 들어왔을 경우

2) 폐합오차 및 폐합비

① 폐합오차 $E = \sqrt{(\Delta l)^2 + (\Delta d)^2}$ (Δl : 위거오차, Δd : 경거오차)

② 폐합비(정도) $R = \dfrac{E}{\Sigma L} = \dfrac{1}{M}$ (E : 폐합오차, ΣL : 전 측선 길이의 합)

◆ 대표기출문제

문제. 노선 거리를 2km의 결합 트래버스 측량에서 폐합비를 1/5,000로 제한한다면 허용폐합오차는? 2022년 1회

① 0.1m ② 0.4m
③ 0.8m ④ 1.2m

정답 ②

해설 폐합비(정도) $R = \dfrac{E}{\Sigma L}$

$\dfrac{E}{2000} = \dfrac{1}{5000}$ 에서, $E = 0.4m$

3) 폐합오차의 조정량

① **컴퍼스법칙** : 각 측량의 정도와 거리측량의 정도가 거의 같을 때 사용

• 위거조정량 $\Delta l = \dfrac{\Delta l}{\Sigma l} \cdot l$ (Δl : 위거오차, Σl : 측선 길이의 합, l : 그 측선의 길이)

② **트랜싯법칙** : 각 측량의 정도가 거리측량의 정도보다 좋을 때 사용

• 위거조정량 $\Delta l = \dfrac{\Delta l}{|L|} \cdot L$ ($|L|$: 위거 절대치의 합, L : 조정할 측선의 위거)

4) 측각오차의 조정

① **오차** : $E_a = \pm \varepsilon_a \sqrt{n}$ (E_a : n개 각의 각오차, ε_a : 1개 각의 각오차, n : 측각수)

② **허용오차의 범위**

• 시가지 $20\sqrt{n} \sim 30\sqrt{n}$ (초)
• 평탄지 $0.5\sqrt{n} \sim 1\sqrt{n}$ (분)
• 산림 및 복잡한 지형 $1.5\sqrt{n}$ (분)
• 오차가 위의 허용오차의 범위를 넘으면 재측한다.

③ **오차의 조정**
  ㉠ 각 관측의 정도가 같은 경우 : 동일하게 조정
  ㉡ 각 관측의 경중률이 다를 경우 : 경중률에 반비례하게 조정

◆ 대표기출문제

문제. 트래버스 측량의 일반적인 사항에 대한 설명으로 옳지 않은 것은? 2020년 4회

① 트래버스 종류 중 결합트래버스는 가장 높은 정확도를 얻을 수 있다.
② 각관측 방법 중 방위각법은 한번 오차가 발생하면 그 영향은 끝까지 미친다.
③ 폐합오차 조정방법 중 컴퍼스법칙은 각관측의 정밀도가 거리관측의 정밀도보다 높을 때 실시한다.
④ 폐합트래버스에서 편각의 총합은 반드시 360°가 되어야 한다.

정답 ③

해설 ③ 폐합오차 조정방법 중 컴퍼스법칙은 각관측의 정밀도와 거리관측의 정밀도가 거의 같을 때 실시한다.

5) 트래버스 측량 순서

계획 → 답사 → 선점 → 조표 → 거리관측 → 각관측 → 오차 배분 → 좌표계산 및 측점

6) 선점시 주의 사항

① 결합 트래버스의 출발점과 결합점 간의 거리는 가급적 짧게 한다.
② 측점 간의 거리는 가급적 동일하게 한다.
③ 극히 짧은 노선은 피한다.
④ 측점수는 될 수 있는 한 적게 한다.
⑤ 측점은 기계를 세우기가 편하고, 관측이 용이하며, 표지가 안전하게 보존되며, 침하가 없는 곳으로 한다.
⑥ 노선은 가급적 폐합 또는 결합이 되게 한다.
⑦ 거리측량과 각측량의 정확도가 균형을 이루게 한다.
⑧ 측점간 거리는 삼각점보다 짧게 한다.

09 방위각과 배횡거

토목기사

1 방위각의 계산

1) 교각을 시계방향으로 측정시
방위각 = 하나앞 측선의 방위각 + 180° − 그 측선의 교각

2) 교각을 반시계방향으로 측정시
방위각 = 하나앞 측선의 방위각 + 180° + 그 측선의 교각

3) 역방위각 = 방위각 + 180°
(계산된 방위각이 360°를 초과하면, 360°를 뺀다.)

2 방위각 표현

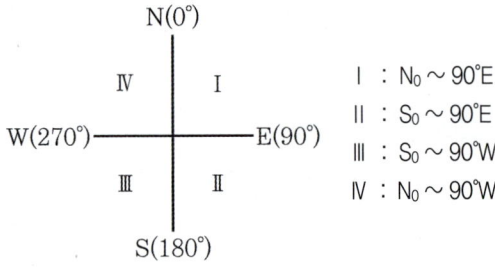

Ⅰ : $N_0 \sim 90°E$
Ⅱ : $S_0 \sim 90°E$
Ⅲ : $S_0 \sim 90°W$
Ⅳ : $N_0 \sim 90°W$

3 방위각과 방향각

① **방향각** : 도북을 기준으로 시계방향 회전한 각도
② **방위각** : 진북(자오선)을 기준으로 시계방향 회전한 각도

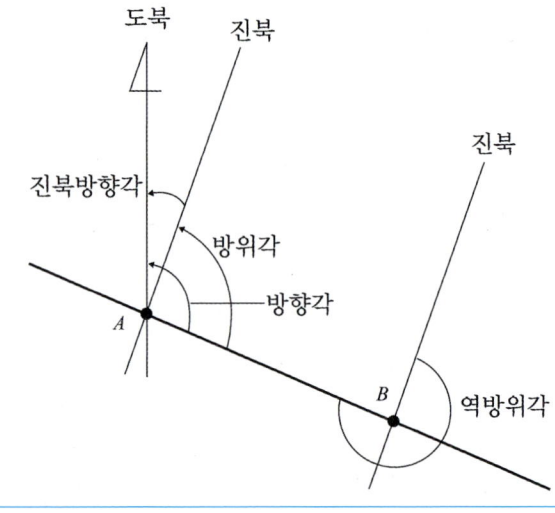

예 진북 방향각 = 2°
AB측선의 방향각 = 128°
AB측선의 방위각 = 128° − 2° = 126°
AB측선의 역방위각 = 126° + 180° = 306°

4 위거 및 경거의 계산

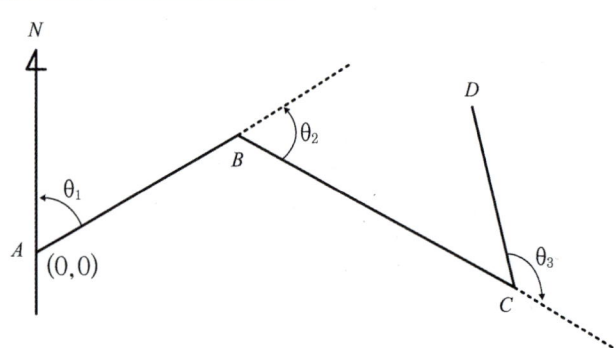

위거 : 축선의 길이 × $\cos(\Sigma\theta_i)$ ⇒ X좌표
경거 : 축선의 길이 × $\sin(\Sigma\theta_i)$ ⇒ Y좌표
$\Sigma\theta_i$: 축선의 이동 회전각(시계방향 +, 반시계방향 −)

측점의 좌표 : (합위거, 합경거)

⇒ 남북좌표 : X, 동서좌표 : Y

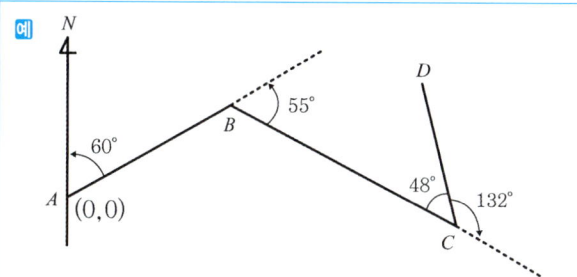

축선	길이(m)	$\Sigma\theta_i$	위거	경거
AB	150	60°	+75	+129.9
BC	120	60+55 = 115°	−50.7	+108.8
CD	130	60+55−132 = −17°	+124.3	−38

B점의 좌표(75, 129.9)

C점의 좌표(24.3, 238.7)

D점의 좌표(148.6, 200.7)

◆ 대표기출문제

문제. 폐합트래버스 ABCD에서 각 측선의 경거, 위거가 표와 같을 때, $\overline{AD}$ 측선의 방위각은? 2020년 4회

측선	위거		경거	
	+	−	+	−
AB	50		50	
BC		30	60	
CD		70		60
DA				

① 133° ② 135°
③ 137° ④ 145°

정답 ②

해설 D점의 위치(경거합, 위거합) = (50, −50)
따라서, 원점에서의 135° 방위

---

5 면적 계산

1) 합위거와 합경거가 주어진 경우

각 측점의 좌표는 (합위거, 합경거)이므로, 좌표법에 의해 면적계산

2) 배횡거에 의한 면적

① 첫 측선의 배횡거는 첫 측선의 경거와 같다.
② 임의 측선의 배횡거는 전측선의 배횡거 + 전측선의 경거 + 그 측선의 경거
③ 마지막 측선의 배횡거는 마지막 측선의 경거와 같다.
    (단, 부호는 반대)
④ 배면적 = 배횡거 × 위거
    ⇒ 면적 = 배면적 / 2

*횡거 : 원점~축선의 중심까지의 동서(경거)방향 거리
*배횡거 : 횡거의 2배

◆ 대표기출문제

문제. 한 측선의 자오선(종축)과 이루는 각이 60°00′이고 계산된 측선의 위거가 −60m, 경거가 −103.92m일 때 이 측선의 방위와 거리는? 2020년 1,2회 통합

① 방위=S60°00′ E, 거리=130m
② 방위=N60°00′ E, 거리=130m
③ 방위=N60°00′ W, 거리=120m
④ 방위=S60°00′ W, 거리=120m

정답 ④

해설 경거 : 축선의 길이 × $\sin(\Sigma\theta_i)$
위거 : 축선의 길이 × $\cos(\Sigma\theta_i)$
경거 = $-103.92 = L\sin 60°$에서, $L = 120m$
위거가 음수(−)이므로, 측선은 아랫방향(S)
경거가 음수(−)이므로, 측선은 좌측방향(W)
따라서, 방위 S60°00′W

예
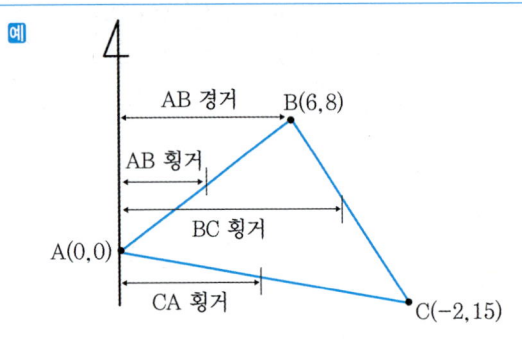

1) 배횡거에 의한 면적 계산

측선	위거	경거	배횡거	배면적
AB	6	8	8	8×6=48
BC	−8	7	8+8+7=23	23×(−8)=−184
CA	2	−15	15	15×2=30
합계				48−184−30=106

면적 = 106/2 = 53

대표기출문제

문제. 트래버스 ABCD에서 각 측선에 대한 위거와 경거 값이 아래 표와 같을 때, 측선 BC의 배횡거는?   2018년 3회

측선	위거(m)	경거(m)
AB	+73.39	+81.57
BC	−33.57	+18.78
CD	−61.43	−45.60
DA	+44.61	−52.65

① 81.57m   ② 155.10m
③ 163.14m   ④ 181.92m

정답 ④

해설 첫 측선의 배횡거 = 경거
배횡거 = 앞 측선의 배횡거 + 앞 측선의 경거 + 그 측선의 경거
= 81.57 + 81.57 + 18.78 = 181.92m

측선	위거(m)	경거(m)	배횡거
AB	+73.39	+81.57	81.57
BC	−33.57	+18.78	81.57+81.57+18.78=181.92
CD	−61.43	−45.60	181.92+18.78−45.60=155.10
DA	+44.61	−52.65	+52.65

3) 좌표법에 의한 면적 계산

- 좌표법에 의한 면적의 계산

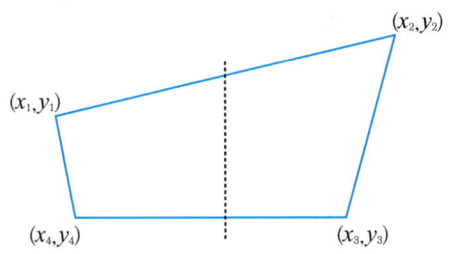

$$A = \frac{1}{2}\left\{\Sigma(x_i \times y_{i+1}) - \Sigma(y_i \times x_{i+1})\right\}$$

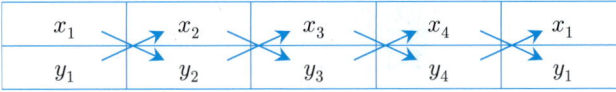

예
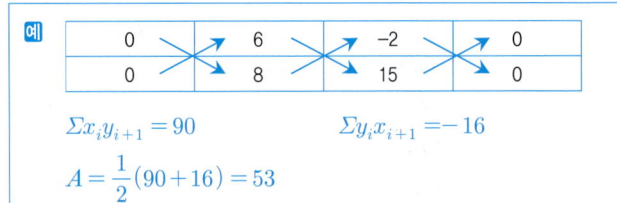

$\Sigma x_i y_{i+1} = 90$ $\Sigma y_i x_{i+1} = -16$

$A = \frac{1}{2}(90+16) = 53$

대표기출문제

문제. 그림과 같은 단면의 면적은? (단, 좌표의 단위는 m이다.)   2019년 2회

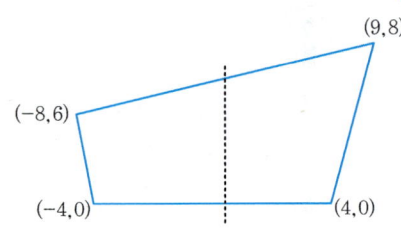

① 174m²   ② 148m²
③ 104m²   ④ 87m²

정답 ④

해설 좌표법에 의해,

$\Sigma x_i y_{i+1} = -64 - 24 = -88$

$\Sigma y_i x_{i+1} = 54 + 32 = 86$

$A = \frac{1}{2}(-88-86) = -87 m^2$

10 CHAPTER 삼각측량

1 삼각측량의 일반

1) 삼각점

종류	평균변장(km)	내각	기호
1등 삼각점	30	60°	
2등 삼각점	10	30~120°	
3등 삼각점	5	25~130°	◉
4등 삼각점	2.5	15° 이상	◎

2) 삼각점 선점시 주의사항

① 삼각형은 정삼각형에 가깝게 할 것
② 측점수를 적게 할 것
③ 측점간 거리는 같게 할 것
④ 미지점은 3~5개의 기지점에서 정·반 양방향으로 시통
⑤ 다른 삼각점과 시준이 잘 되게 할 것
⑥ 산지 등 기복이 많은 곳, 산림이 많은 평야지대(많은 벌목이 필요)는 피해야 한다.

📖 삼각점 선점 순서

편심조정계산 → 삼각형계산(변, 방향각) → 좌표조정계산 → 표고계산 → 경위도계산

3) 삼각측량의 특징

① 넓은 면적의 측량에 적합
② 후속 측량에 이용되므로, 전망이 좋은 곳에 삼각점이 위치
③ 조건식이 많아 계산 및 조정방법이 복잡
④ 각 단계에서 정확도 점검 가능

4) 삼각망의 종류

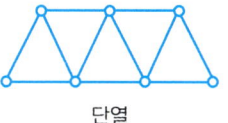

단열

사변형

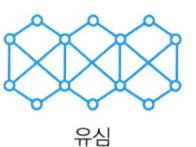

유심

① 단열삼각망
 • 폭이 좁고 거리가 먼 지역에 적합하다.
 • 노선, 하천, 터널 측량 등에 이용한다.
 • 거리에 비해 관측수가 적다.
 • 측량이 신속하고 경비가 적게 든다.
 • 조건식이 적어 정도가 낮다.

② 유심삼각망
 • 동일 측점 수에 비해 포함 면적이 가장 넓다.
 • 방대한 지역에 적합하다.
 • 농지 측량 및 평탄한 지역에 사용한다.
 • 정도는 단열 삼각망보다 높으나, 사변형 보다는 낮다.

③ 사변형 삼각망
 • 조정이 복잡하고 포함면적이 작다.
 • 시간과 비용이 많이 든다.
 • 조건식의 수가 가장 많아 정도가 가장 높다.
 • 기선 삼각망에 이용한다.

④ 육각형 삼각망
- 비교적 정도가 높고, 지역이 넓은 경우에 사용한다.

5) 삼각측량의 작업 순서

계획 및 준비 → 답사 → 선점 → 조표 → 관측 → 계산 및 정리

◆ 선점
- 기선삼각망의 선점 : 기선확대는 보통 1회 확대하는 데 기선길이의 3배, 2회 확대하는데 8배 이내이고, 10배로 증대하는데는 3회 이내로 해야 한다.
- 검기선 : 삼각형수의 15~20개마다 설치, 우리나라 1등삼각검기선은 200km마다 설치하였다.
- 기선설치 : 평탄한 곳이 좋고, 경사는 1/25 이하, 내각 최소가 20° 이하가 되어서는 안된다.

6) 삼변측량

전자파거리 측정기로 장거리를 정밀하게 측정하여 삼각점의 위치를 결정하는 방법

① 삼변측량의 특징
㉠ 삼변을 측정하여 삼각점의 위치 결정
㉡ 기선장을 실측하므로, 기선 확대 불필요
㉢ 좌표계산 편리
㉣ 조건식의 수가 적음(단점)

② 수평각 계산

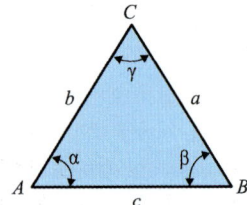

㉠ 코사인 제2법칙

$$\cos A = \frac{b^2+c^2-a^2}{2bc}$$

$$\cos B = \frac{c^2+a^2-b^2}{2ca}$$

$$\cos C = \frac{a^2+b^2-c^2}{2ab}$$

㉡ 반각공식

$$\sin \frac{A}{2} = \sqrt{\frac{(s-b)(s-c)}{bc}}$$

$$\cos \frac{A}{2} = \sqrt{\frac{s(s-a)}{bc}}$$

$$\tan \frac{A}{2} = \sqrt{\frac{(s-b)(s-c)}{s(s-a)}}$$

㉢ 면적조건

$$\sin A = \frac{2}{bc}\sqrt{s(s-a)(s-b)(s-c)}$$

대표기출문제

문제. 삼변측량을 실시하여 길이가 각각 a=1,200m, b=1,300m, c=1,500m이었다면 ∠ACB는? 2020년 4회

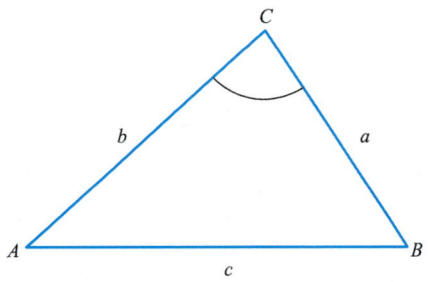

① 73° 31′ 02″　　② 73° 33′ 02″
③ 73° 35′ 02″　　④ 73° 37′ 02″

정답 ④
해설 cos2법에 따라,
$c^2 = a^2+b^2-2ab\cos C$에서,
$1500^2 = 1200^2+1300^2-2\times1200\times1300\times\cos C$이므로,
$C = 73.617° = 73°37'02.4''$

2 조정계산

◆ 조건방정식의 계산

① 각 조건식의 수 = $S-P+1$: 삼각형의 내각은 180°
② 변 조건식의 수 = $B+S-2P+2$: 삼각망 중 임의의 한 변의 길이는 계산순서에 관계없이 동일
③ 조건식의 총수 = $B+a-2P+3$
 (S : 변의 수, P : 삼각점 수, B : 기선 수, a : 각의 수)
④ 점 조건식의 수 = 조건식 총수-(각 조건식 수+변 조건식 수) : 한 점의 총 각은 360°
 = $\omega - S' - 1$
 (ω : 한 측점에서 관측한 각의 수, S' : 한 측점에서 펼친 변의 수)

* 관측각 수 a : 사변형삼각망 – 1개 삼각형당 2개, 그 외 삼각망 – 모든 각도
* 삼각점 수 P : 각도가 측정되는 점의 수
 ⇒ 오차배분률은 경중률에 반비례한다.
 ⇒ 각 관측 정밀도가 동일하다면, 각도에 관계없이 동일하게 오차 배분한다.

- 각조건 방정식 : 삼각형 세 내각의 합은 180°
- 변조건 방정식 : 삼각망 중 임의 한 변의 길이는 계산순서에 관계없이 동일
- 점조건 방정식 : 한 점 주위의 모든 각의 합은 360°

대표기출문제

문제. 단일삼각형에 대해 삼각측량을 수행한 결과 내각이 α=54°25′32″, β=68°43′23″, γ=56°51′14″이었다면 β의 각 조건에 의한 조정량은? 2018년 1회

① −4″   ② −3″
③ +4″   ④ +3″

정답 ②
해설 54°25′32″ + 68°43′23″ + 56°51′14″ − 180° = − 9″
각도의 크기에 관계없이 동일하게 오차를 배분하므로, −9″/3 = −3″

대표기출문제

문제. 삼각형 A, B, C의 내각을 측정하여 다음과 같은 경과를 얻었다. 오차를 보정한 각 B의 최확값은? 2017년 1회

∠A = 59°59′27″ (1회 관측)
∠B = 60°00′11″ (2회 관측)
∠C = 59°59′49″ (3회 관측)

① 60°00′20″   ② 60°00′22″
③ 60°00′33″   ④ 60°00′44″

정답 ①
해설 폐합오차 = 180° − (∠A+∠B+∠C) = +33″
오차배분율은 경중률(관측회수)에 반비례한다.
오차분배율 $R_A : R_B : R_C = 1 : \frac{1}{2} : \frac{1}{3} = 6 : 3 : 2$
따라서, ∠B의 최확치 = 60°00′11″ + 33″ × $\frac{3}{11}$ = 60°00′20″

3 삼각측량의 오차와 귀심계산

1) 삼각측량의 오차

① 구차(지구곡률오차) = $+\dfrac{S^2}{2R}$

 (S : 측정거리, R : 지구반경)
- 지구가 회전타원체인 것에 기인된 오차

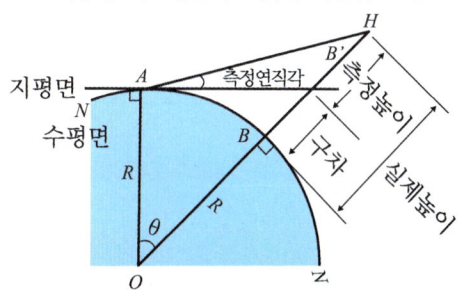

② 기차(대기층의 굴절오차) $= -\dfrac{KS^2}{2R}$ (K : 빛의 굴절계수)

- 지구공간의 대기가 지표면에 가까울수록 밀도가 커지므로 생기는 오차

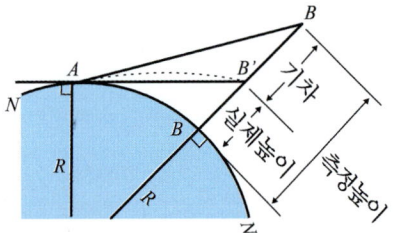

③ 정밀도와 양차

- 정밀도 $\dfrac{h}{S} = \dfrac{S}{2R}(1-K)$

- 양차(h) = 구차(h_1) + 기차(h_2) = $\dfrac{S^2}{2R}(1-K)$

대표기출문제

문제. 삼각수준측량에서 정밀도 10^{-5}의 수준차를 허용할 경우 지구곡률을 고려하지 않아도 되는 최대시준거리는? (단, 지구곡률반지름 R = 6,370km이고, 빛의 굴절계수는 무시)

2017년 1회

① 35m　　② 64m
③ 70m　　④ 127m

정답 ④

해설 삼각측량에서의 구차 $h_1 = +\dfrac{S^2}{2R}$

정밀도 $\dfrac{h_1}{S} = \dfrac{S}{2R} = 10^{-5}$이므로,

$S = 2 \times 6370 \times 10^{-5} = 127.4m$

2) 귀심계산

삼각측량에서 수평각 관측은 삼각점에 기계를 세워 다른 삼각점을 시준해서 실시하나 부득이 하게 삼각점에 기계를 세우지 못하거나, 삼각점을 시준하지 못하고 편심시켜 관측해서 정확한 값을 계산해내는 방법

[A점에서 각관측을 해야 하지만, B점에서 관측된 경우]

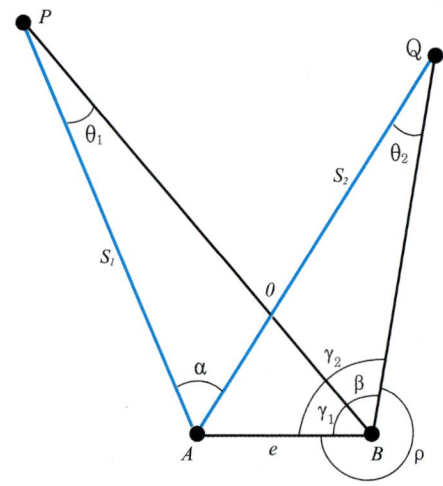

($\gamma_2 = \gamma_1 + \beta_1 = 360 - \rho$)

관측된 값 : ρ, β, S_1, S_2, e
계산이 필요한 값 : θ_1, θ_2, α

① sin법칙에 따라,

$\triangle$PAB에서, $\dfrac{e}{\sin\theta_1} = \dfrac{S_1}{\sin\gamma_1}$

$\Rightarrow \sin\theta_1 = \dfrac{e}{S_1}\sin\gamma_1 = \theta_1$

$\triangle$QAB에서, $\dfrac{e}{\sin\theta_2} = \dfrac{S_2}{\sin\gamma_2}$

$\Rightarrow \sin\theta_2 = \dfrac{e}{S_2}\sin\gamma_2 = \theta_2$

(θ_1과 θ_2가 미소한 값이므로, $\sin\theta = \theta$)

② ∠POA = ∠QOB이므로,

$\theta_1 + \alpha = \theta_2 + \beta \Rightarrow \alpha = \beta + \theta_2 - \theta_1$

🛡 대표기출문제

문제. 그림과 같은 편심측량에서 ∠ABC는? (단, $\overline{AB}$ = 2.0km, $\overline{BC}$ = 1.5km, e = 0.5m, t = 54°30′, ρ = 300°30′)

2020년 3회

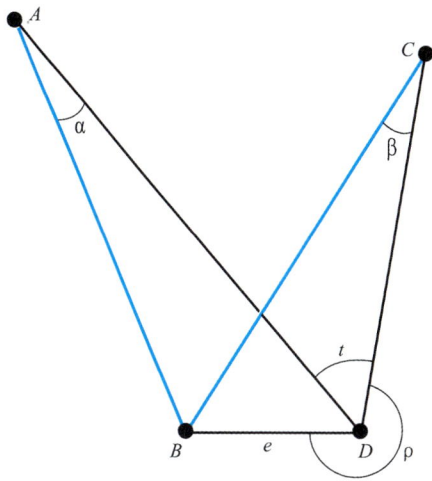

① 54° 28′ 45″ ② 54° 30′ 19″
③ 54° 31′ 58″ ④ 54° 33′ 14″

📖 삼각측량의 성과표 내용

- 삼각점의 등급과 번호 및 명칭
- 측점 및 시준점의 명칭
- 방위각
- 자북방위각
- 평균거리의 대수
- 평면직각좌표
- 위도 및 경도
- 삼각점의 표고

3) 관측조정값의 계산정리 순서

① 편심조정계산
② 삼각형의 계산(변, 방향각)
③ 좌표조정 계산
④ 표고계산
⑤ 경위도 계산(필요에 따라서)

정답 ②

해설 $\dfrac{e}{\sin\alpha} = \dfrac{S_1}{\sin(360-\rho)}$ 에서, $\dfrac{0.5}{\sin\alpha} = \dfrac{2000}{\sin 59.5°}$ 이므로,
$\alpha = 12.342 \times 10^{-3}$ °

$\dfrac{e}{\sin\beta} = \dfrac{S_2}{\sin(360-\rho+t)}$ 에서, $\dfrac{0.5}{\sin\beta} = \dfrac{1500}{\sin 114°}$ 이므로,
$\beta = 17.447 \times 10^{-3}$ °

따라서,
∠ABC = $t + \beta - \alpha = 54.5 + (17.447 - 12.342) \times 10^{-3}$
= 54.5051° = 54° 30′ 18.4″

03 PART

응용측량

11. 지형측량
12. 면적과 체적
13. 노선측량
14. 하천측량
15. 사진측량과 원격측정
16. 위성측량(GNSS 측량)

11 지형측량

1 개요

① **정의** : 지형도 제작을 위한 측량
  - **지형도** : 하천, 호수, 건축물 등(지물)과 산, 언덕, 평지 등(지모)을 측정하여 지표의 기복 상태를 표시한 지도

② **지형측량 순서** : 측량계획 → 골조측량 → 세부측량 → 측량원도작성

2 지형의 표시법

1) 자연적 도법

① **영선법(우모법, 게바법)**

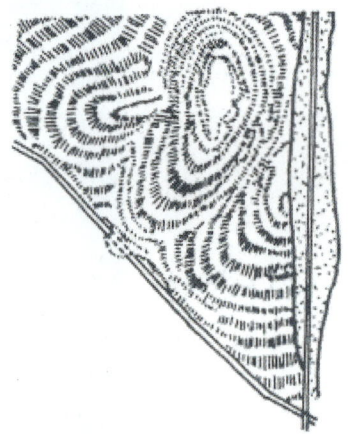

- 굵기, 길이, 방향 등으로 땅의 모양을 표시
- 경사가 급하면 굵게, 완면하면 가늘게 표시

② **음영법(명암법)**

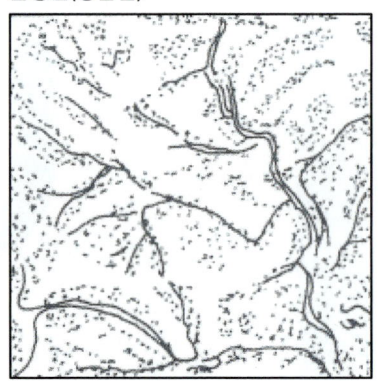

- 경사를 명암으로 표시
- 고저차가 크고, 경사가 급한 곳에 사용

2) 부호적 도법

① **점고법**
  - 지표의 표고를 도상에 숫자로 표시하는 방법
  - 하천, 항만, 해양 등 심천을 나타내는 경우에 사용한다.
  - 평탄한 지역의 정지 작업에 많이 이용

② **등고선법**

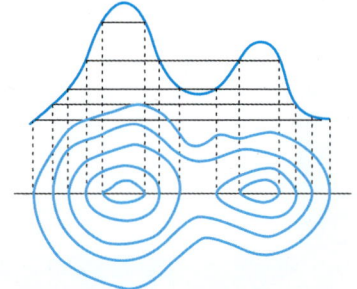

- 지형측량시 많이 사용한다.

③ 채색법
- 지리관계의 지도에 사용한다.
- 같은 등고선의 지대를 같은 색으로 표시

3) 등고선의 성질

① 동일 등고선상에 있는 모든 점은 같은 높이이다.
② 등고선은 도면 내나 외에서 폐합하는 폐곡선이다.
③ 동굴이나 절벽은 반드시 두 점에서 교차한다.
④ 최대 경사의 방향은 등고선과 직각으로 교차한다.
⑤ 등고선은 분수선과 직각으로 만난다.
⑥ 등고선의 수평거리는 산꼭대기 및 산밑에서는 크고 산중턱에서는 작다.

4) 등고선의 종류

① **계곡선** : 주곡선 5개마다 굵은 실선으로 표시
② **주곡선** : 지형을 표시하는데 가장 기본이 되는 곡선
③ **간곡선** : 주곡선 1/2마다 가는 파선
④ **조곡선** : 간곡선 1/2마다 가는 점선
⑤ **등고선 간격의 예** (단위 : M)

구분		축척				
종류	기호	1/250	×2 1/500 1/1,000	×5 1/2,500	×2 1/5,000 1/10,00	×5 1/25,000
계곡선	굵은 실선	2.5	5.0	10.0	25.0	50.0
주곡선	가는 실선	0.5	1.0	2.0	5.0	10.0
간곡선	가는 파선	–	0.5	1.0	2.5	5.0
조곡선	가는 점선	–	0.25	0.5	1.25	2.5

- 주곡선 간격 = 계곡선 간격의 1/5
- 간곡선 간격 = 주곡선 간격의 1/2
- 조곡선 간격 = 간곡선 간격의 1/2

◆ 대표기출문제

문제. 축척 1:50000 지형도 상에서 주곡선 간의 도상 길이가 1cm 이었다면 이 지형의 경사는? *2020년 3회*

① 4%   ② 5%
③ 6%   ④ 10%

정답 ①

해설

종류	기호	1/10000	1/25000	1/50000
계곡선	굵은 실선	25	50	100
주곡선	가는 실선	5	10	20
간곡선	가는 파선	2.5	5	10
조곡선	가는 점선	1.25	2.5	5

1/50000 지형도에서 주곡선의 간격은 20m
수평길이 $= 0.01 \times 50000 = 500m$

따라서, 경사 $= \dfrac{20}{500} = 0.04 = 4\%$

---

3 지형도를 읽는 방법

1) 지형도의 식별

① **산릉** : 산꼭대기와 산꼭대기 사이의 제일 높은 점을 연결한 선
② **안부** : 서로 인접한 2개의 산꼭대기가 서로 만나는 곳으로 고개부분을 말한다.
③ **계곡**
④ **선상지** : 하구 부근에는 삼각주가 된다.
⑤ **요(凹)지와 선정** : 최대 경사선 방향에 화살표를 붙혀서 표시

2) 지성선(지세선)

지모(地貌)의 골격이 되는 선으로, 지표면을 다수의 평면으로 이루어졌다고 생각할 때 이 평면의 접합부, 즉 접선을 말한다.

① 능선(철선)
- 지표면의 높은 곳의 꼭대기를 연결한 선이다.
- 분수선, 능선이라고도 한다.

② 계곡선(요선)
- 지표면이 낮거나 움푹 패인 점을 연결한 선이다.
- 합수선, 합곡선이라고도 한다.

③ 경사변환선
- 동일 방향의 경사면에서 경사의 크기가 다른 두 면의 접합선

④ 최대경사선(유하선)
- 지표의 임의 점에서 그 경사가 최대로 되는 방향을 표시
- 등고선에 직각으로 교차한다.
- 물이 흐르는 방향이라는 의미에서 유하선이라 한다.

대표기출문제

문제. 지형측량에서 지성선(地性線)에 대한 설명으로 옳은 것은?

2019년 1회

① 등고선이 수목에 가려져 불명확할 때 이어주는 선을 의미한다.
② 지모(地貌)의 골격이 되는 선을 의미한다.
③ 등고선에 직각방향으로 내려 그은 선을 의미한다.
④ 곡선(谷線)이 합류되는 점들을 서로 연결한 선을 의미한다.

정답 ②

해설 지성선(지세선)
지모(地貌)의 골격이 되는 선으로, 지표면을 다수의 평면으로 이루어졌다고 생각할 때, 이 평면의 접합부(접선)를 이른다.

4 등고선의 측정방법 및 이용

1) 등고선의 특정방법

① **목측에 의한 방법**
- 현장에서 대충 점의 위치를 결정하여 그리는 방법
- 1/10000 이하의 소축척의 지형측량에 이용한다.

② **방안법(점고법)**
- 각 교점의 표고를 관측
- 지형이 복잡한 곳에 이용

③ **종단점법**
- 소축척의 산지 등의 측량에 이용

④ **횡단점법**
- 노선측량의 평면도에 등고선을 삽입할 경우 이용

2) 지형도의 이용

① 등경사의 관측 $i = \dfrac{h}{D} \times 100(\%)$

  (i : 경사, h : 등고선 간격, D : 수평거리)
② 단면도 작성 (종, 횡단면도 제작에 이용)
③ 노선의 도상선정
④ 저수량 및 토공량의 산정
⑤ 등구배선 결정
⑥ 면적의 도상 측정

※ 일반적으로 등고선의 간격은 축척 분모수의 1/2000로 한다.

3) 우리나라 수치지형도(Digital Map)

① 우리나라는 축척 1:5,000 수치지형도를 국토기본도로 한다.
② 일반적으로 항공사진측량에 의해 구축된다.
③ 축척별 포함 사항이 다르다.

* 기본도 : 지형도 중에서 최대축척인 도면(우리나라 1:5,000)

> **참조**
>
> **[대상물 표현에 따른 지도의 분류]**
> ① **지형도** : 지모(계곡, 산정 등)와 지물(건물, 철도 등)을 표현한 지도
> ② **지적도** : 필지정보(토지의 경계, 위치, 용도 등)를 표현한 지도

대표기출문제

문제. 수치지형도(Digital Map)에 대한 설명으로 틀린 것은?

2021년 2회

① 우리나라는 축척 1:5000 수치지형도를 국토기본도로 한다.
② 주로 필지정보와 표고자료, 수계정보 등을 얻을 수 있다.
③ 일반적으로 항공사진측량에 의해 구축된다.
④ 축척별 포함 사항이 다르다.

정답 ②
해설 ② 필지정보는 지적도를 통해 알 수 있다.

12 CHAPTER 면적과 체적

master's CHOICE
토목기사

1 도상거리법

1) **삼사법** : 밑변과 높이를 관측하여 면적을 구하는 방법

$$A = \frac{1}{2}bh$$

2) **이변법** : 두 변의 길이와 그 사잇각을 측정한 경우

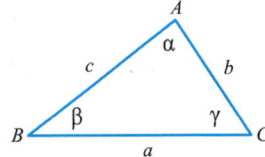

$$A = \frac{1}{2}ab\sin\gamma = \frac{1}{2}ac\sin\beta = \frac{1}{2}bc\sin\alpha$$

3) **삼변법** : 삼각형의 세 변 a, b, c를 관측하여 면적을 구하는 방법

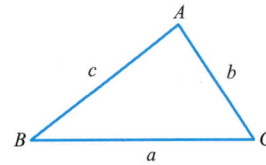

$$A = \sqrt{S(S-a)(S-b)(S-c)}$$

여기서, $S = \frac{1}{2}(a+b+c)$

4) **지거법**

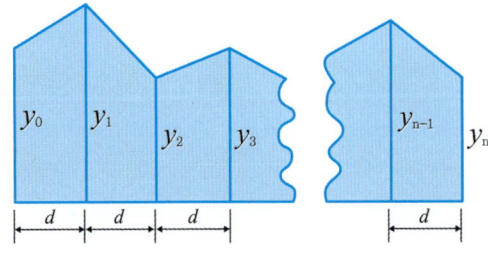

① 심프슨 제1법칙(경계선을 2차 포물선으로 간주)

$$A = \frac{d}{3}[y_0 + y_n + 4(y_1 + y_3 + y_5) + 2(y_2 + y_4)]$$

(d : 지거 간격, 짝수번째 지거 × 4, 홀수번째 지거 × 2)

② 심프슨 제2법칙(경계선을 3차포물선으로 간주)

$$A = \frac{3}{8}d[y_0 + y_n + 3(y_1 + y_2 + y_4 + y_5) + 2(y_3 + y_6)]$$

(3의 배수번째 지거 × 2, 나머지 × 3)

③ 일형법/사다리꼴 공식(경계선을 직선으로 간주)

$$A = d\left[\frac{y_0 + y_n}{2} + y_1 + y_2 + y_3\right]$$

2 구적기에 의한 면적의 계산

1) 도면의 축척과 구적기의 축척이 같을 경우

$$A = C \cdot n = C(a_2 - a_1)$$

(C : 구적기의 단위면적, n : 회전눈금수(관측값), a_1 : 제1읽기, a_2 : 제2읽기)

2) 도면의 축척과 구적기의 축척이 다를 경우

① 도면의 축척(종, 횡)이 같을 경우

$$A = \left(\frac{M}{m}\right)^2 \cdot C \cdot n$$

(M : 도면의 축척분모수, m : 구적기의 축척분모수)

② 도면의 축척(종, 횡)이 다를 경우

$$A = \left(\frac{M_1 \times M_2}{m^2}\right) \cdot C \cdot n$$

3) 축척과 단위면적과의 관계

$$a_2 = \left(\frac{m_2}{m_1}\right)^2 a_1$$

(a_1 : 주어진 단위면적, a_2 : 구하는 단위면적, m_1 : 주어진 단위면적의 축척분모, m_2 : 구하려고 하는 단위면적의 축척분모)

$$a = \frac{m^2}{1000} d\pi l$$

(a : 축척 1/m인 경우의 단위면적, d : 측륜의 직경, l : 측간의 길이, $\frac{d\pi}{1000}$: 측륜 한 눈금의 크기)

4) 구적기의 사용시 주의할 사항

- 구적기의 오차는 2~3% 감안해야 한다.
- 눈금을 읽을 때 숫자판의 눈금이 0을 통과하는 경우에는 읽음값에 10,000을 더한다.
- 측기의 정확도를 점검한 후 측도침의 시점을 정하고 도면의 경계선상에 표시한다.
- 측기의 길이는 구적기의 격납 상자에 붙어 있거나 측기에 붙어 있는 값에 의한다.

3 면적 분할법

1) 1변에 평행한 직선에 따른 분할

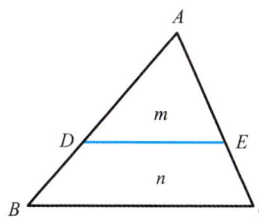

$$\frac{AD^2}{AB^2} = \frac{m}{m+n}$$

(m와 n은 면적비)

2) 변상의 정점을 통하는 분할

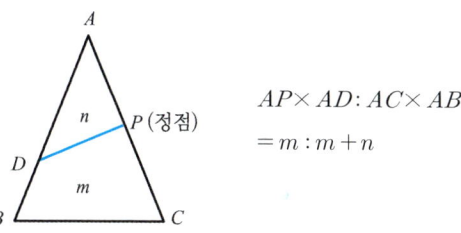

$AP \times AD : AC \times AB$
$= m : m+n$

3) 삼각형의 정점을 통하는 분할

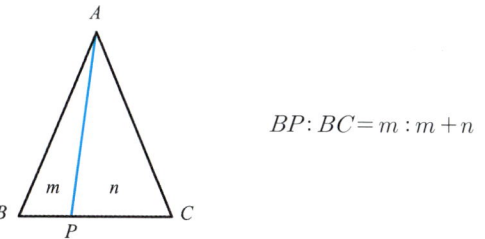

$BP : BC = m : m+n$

4) 사다리꼴 면적분할

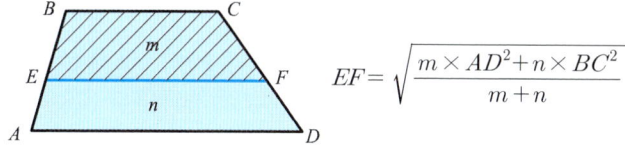

$$EF = \sqrt{\frac{m \times AD^2 + n \times BC^2}{m+n}}$$

🛡 **대표기출문제**

문제. 그림과 같은 토지의 $\overline{BC}$에 평행한 $\overline{XY}$로 $m : n = 1 : 2.5$의 비율로 면적을 분할하고자 한다. $\overline{AB} = 35\text{m}$일 때 $\overline{AX}$는?
<small>2020년 1,2회 통합</small>

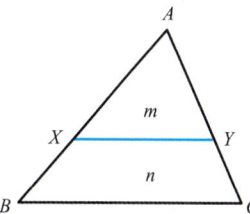

① 17.7m ② 18.1m
③ 18.7m ④ 19.1m

정답 ③

해설 $\dfrac{\overline{AX}^2}{\overline{AB}^2} = \dfrac{m}{m+n}$ 에서, $\dfrac{\overline{AX}^2}{35^2} = \dfrac{1}{3.5}$ 이므로, $\overline{AX} = 18.71m$

4 용적의 계산

1) 토공량 산정의 기본식

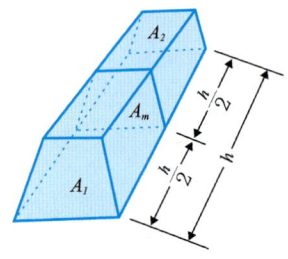

① 각주공식

$$V = \frac{h}{6}(A_1 + 4A_m + A_2)$$

횡단면적을 3측점(2구간) 단위로 계산하고, 한 구간이 남는 경우는 사다리꼴 공식으로 적용

대표기출문제

문제. 중심말뚝의 간격이 20m인 도로구간에서 각 지점에 대한 횡단면적을 표시한 결과가 그림과 같을 때, 각주공식에 의한 전체 토공량은?   2018년 1회

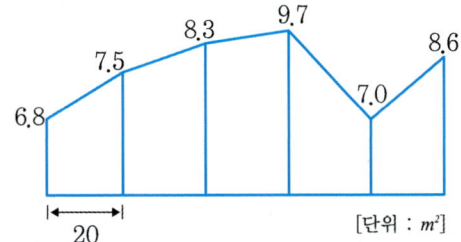

① 156m³   ② 672m³
③ 817m³   ④ 920m³

정답 ③

해설 각주공식 $V = \frac{h}{6}(A_1 + 4A_m + A_2)$ 이고, 2개 구간씩 나누어 계산한다.

1) 6.8~8.3 구간

$$V = \frac{40}{6} \times (6.8 + 4 \times 7.5 + 8.3) = 300.7 m^3$$

2) 8.3~7.0 구간

$$V = \frac{40}{6} \times (8.3 + 4 \times 9.7 + 7.0) = 360.7 m^3$$

3) 남은 1개 구간

$$V = \frac{7.0 + 8.6}{2} \times 20 = 156 m^3$$

전체 토공량 = 300.7 + 360.7 + 156 = 817.4m³

② 양단면 평균법

$$V = \frac{A_1 + A_2}{2} \times h$$

횡단면적을 2측점(1구간) 단위로 계산

⭐ 대표기출문제

문제. 고속도로 공사에서 각 측점의 단면적이 표와 같을 때, 측점 10에서 측점 12개까지의 토량은? (단, 양단면 평균법에 의해 계산한다.)
　　　　　　　　　　　　　　　　　　2019년 3회

측점	단면적(m²)	비고
No.10	318	측점 간의 거리 = 20m
No.11	512	
No.12	682	

① 15,120m³ ② 20,160m³
③ 20,240m³ ④ 30,240m³

정답 ③

해설 No.10~11 구간에 대해,

$$\frac{A_1 + A_2}{2} \times L = \frac{318 + 512}{2} \times 20 = 8,300 m^3$$

No.11~12 구간에 대해,

$$\frac{A_2 + A_3}{2} \times L = \frac{512 + 682}{2} \times 20 = 11,940 m^3$$

따라서, 전체 토량 = $8,300 + 11,940 = 20,240 m^3$

③ 중앙 단면법

$$V = A_m \times h$$

일반적으로 양단면의 면적차가 크면, 양단면 평균법에 의한 값이 가장 크게 산출된다. (중앙단면법이 최소산출)

2) 점고법에 의한 용적의 계산

넓은 지역의 매립, 땅고르기 등 필요한 토공량을 계산하는데 사용

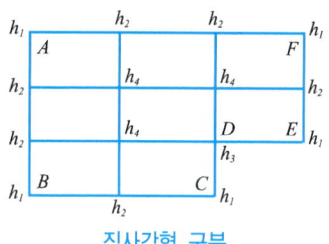
직사각형 구분

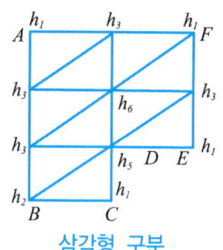
삼각형 구분

① 사각형으로 나눈 전토공량의 계산

- 토량 $V_0 = \frac{1}{4}A(\Sigma h_1 + 2\Sigma h_2 + 3\Sigma h_3 + 4\Sigma h_4)$

- 계획고 $h = \frac{V_0}{nA}$ (n : 구형의 수, A : 1개 구형의 면적)

② 삼각형으로 나눈 전토공량의 용적

- 토량

$$V_0 = \frac{1}{3}A(\Sigma h_1 + 2\Sigma h_2 + 3\Sigma h_3 + 4\Sigma h_4 + \cdots\cdots 8\Sigma h_8)$$

(A : 1개 삼각형 면적)

3) 등고선법에 의한 용적의 계산

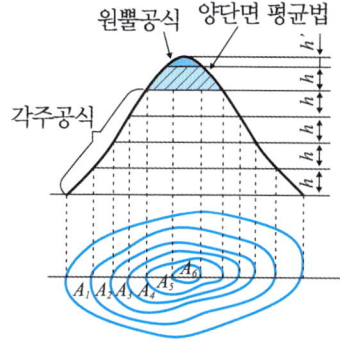

저수지의 용량, 넓은 부지의 토공량을 계산할 때 많이 사용한다.

$$V_0 = \frac{h}{3}[A_0 + A_n + 4(A_1 + A_3 + A_5) + 2(A_2 + A_4 + A_6)]$$

(h : 등고선 간격, A : 각 단면의 면적)

5 면적과 체적의 정밀도

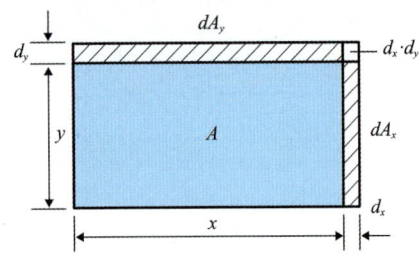

거리측정 정밀도 $\dfrac{dx}{x}$, $\dfrac{dy}{y}$, $\dfrac{dz}{z}$

면적측정 정밀도 $\dfrac{dA}{A} = \dfrac{dx}{x} + \dfrac{dy}{y}$

체적측정 정밀도 $\dfrac{dV}{V} = \dfrac{dx}{x} + \dfrac{dy}{y} + \dfrac{dz}{z}$

$\dfrac{dx}{x} = \dfrac{dy}{y} = \dfrac{dz}{z} = \dfrac{dl}{l}$ 로 거리의 정밀도가 동일하다면,

$\dfrac{dA}{A} = 2\dfrac{dl}{l}$ (면적측정 오차는 거리측정 오차의 2배)

$\dfrac{dV}{V} = 3\dfrac{dl}{l}$ (체적측정 오차는 거리측정 오차의 3배)

대표기출문제

문제. 직사각형의 두변의 길이를 1/100 정밀도로 관측하여 면적을 산출할 경우 산출된 면적의 정밀도는? 2020년 3회

① 1/50　　② 1/100
③ 1/200　　④ 1/300

정답 ①

해설 면적측정 정밀도 $\dfrac{dA}{A} = \dfrac{dx}{x} + \dfrac{dy}{y} = \dfrac{1}{100} + \dfrac{1}{100} = \dfrac{1}{50}$

CHAPTER 13 노선측량

1 노선측량 순서

1) 노선선정(도상선정, 종단도 작성, 현지답사)
2) 계획조사 측량(지형도, 비교노선, 종단도, 횡단도, 개략노선)
3) 실시설계 측량(지형도 작성, 중심선 선정, 중심선 설치, 다각측량, 고저측량)
4) 세부측량
5) 용지측량
6) 공사측량(검사관측, 가인조점 등의 설치)

2 곡선설치법

1) 곡선의 분류

① 수평곡선
 - 원곡선 : 단곡선, 복심곡선, 반향곡선, 배향곡선
 - 완화곡선 : 클로소이드곡선, 3차 포물선, 레미니스케이트곡선

② 수직곡선
 - 종곡선 : 원곡선, 2차포물선
 - 횡단곡선

> **참조**
> [완화곡선의 적용]
> - 클로소이드곡선 : 고속도로
> - 3차 포물선 : 철도
> - 레미니스케이트곡선 : 지하철
> - 반파장 sin 체감곡선 : 고속철도

2) 곡선의 형상

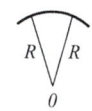
(a) 단곡선

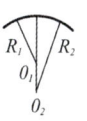
(b) 복심곡선

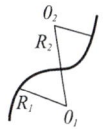
(c) 반향곡선

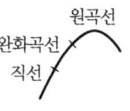
(d) 완화곡선

3) 원곡선의 설치

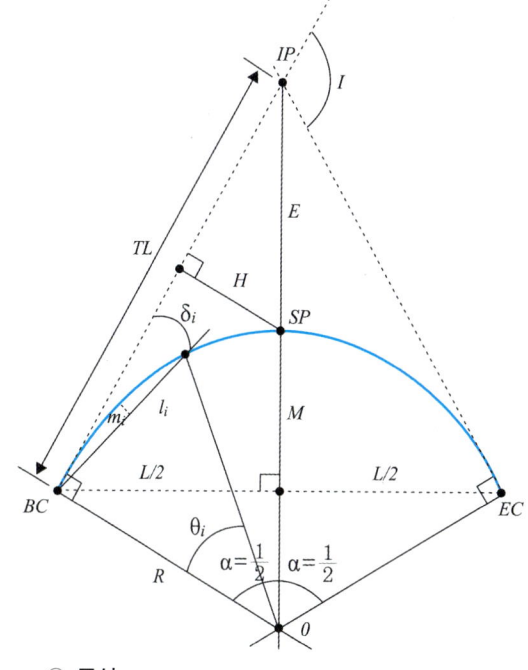

① 공식

- 접선길이 $TL = R\tan\dfrac{I}{2}$
- 곡선길이 $CL = RI(radian) = 0.01745RI$
- 외할 $E = R(\sec\dfrac{I}{2} - 1)$ (참조, $\sec = \dfrac{1}{\cos}$)
- 중앙종거 $M = R(1 - \cos\dfrac{I}{2})$

- 현길이 $L = 2R \sin \dfrac{I}{2}$
- 기점~곡선 시점부까지 거리 $BC = IP - TL$
  (IP : 기점~IP까지 거리)
- 기점~곡선 종점부까지 거리 $EC = BC + CL$
- 편각 : $\delta_i = \dfrac{l_i}{2R}$ (radian 각도)
- 시단현 길이 l_1 = (기점~BC지점 앞 말뚝까지 거리) − BC(곡선시점에서 첫 번째 말뚝까지 거리)
- 종단현 길이 l_2 = EC − (기점~EC지점 전 말뚝까지 거리, 곡선종점에서 곡선의 마지막 말뚝까지 거리)
- * 추가거리 : 전체 도로의 시작점에서 임의 위치까지 거리

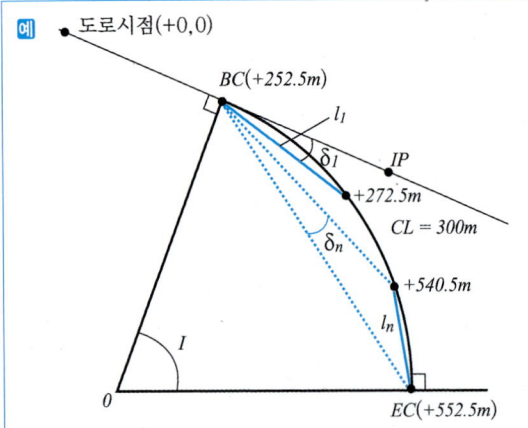

BC의 추가거리 : 252.5m (No.12+12.5)
EC의 추가거리 : 552.5m (No.27+12.5)
시단현 길이 $l_1 = 13 \times 20 - 252.5 = 7.5m$
종단현 길이 $l_n = 552.5 - 27 \times 20 = 12.5m$

대표기출문제

문제. 교점(I.P)은 도로 기점에서 500m의 위치에 있고 교각 I=36°일 때 외선길이(외할)=5.00m라면 시단현의 길이는? (단, 중심말뚝거리는 20m이다.) 2018년 1회

① 10.43m ② 11.57m
③ 12.36m ④ 13.25m

정답 ②

해설 외할 $E = R(\sec \dfrac{I}{2} - 1)$에서, $5 = R(\sec \dfrac{36}{2} - 1)$이므로,
$R = 97.2m$
접선길이 $TL = R \tan \dfrac{I}{2} = 97.2 \times \tan \dfrac{36}{2} = 31.57m$
곡선시점 $500 - 31.57 = 468.43m$ (No.23+8.43)
시단현 길이 $20 \times 24 - 468.43 = 11.57m$

② 호길이와 현길이의 차

$$L - l = \dfrac{L^3}{24R^2}$$

(L : 호길이, l : 현길이)

③ 중앙종거와 곡률반경의 관계

$$R = \dfrac{L^2}{8M} + \dfrac{M}{2} \quad (\dfrac{M}{2}\text{는 미세하므로 무시해도 좋음})$$

④ 곡선에서 접선장에 수직으로 내린 높이 H

$$E \times \dfrac{L}{2} = TL \times H$$

4) 편각에 의한 방법

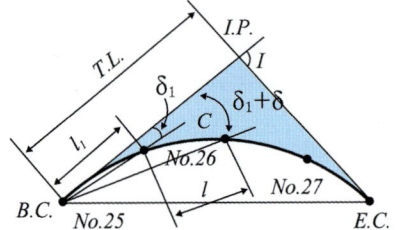

- 도로, 철도, 수로 등에서 난곡선을 설치하는 데 사용

5) 중앙종거에 의한 방법

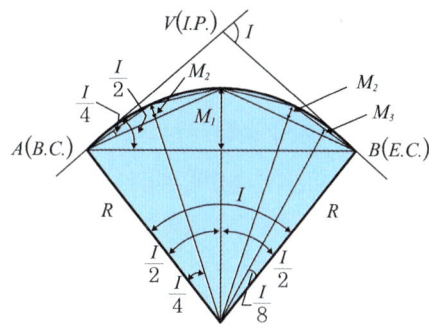

- 곡선반경이나 곡선길이가 작은 시가지의 곡선설치나 철도, 도로 등의 기설곡선의 검사 또는 개정에 편리
- 1/4 법이라고도 한다.

6) 접선에 대한 지거법(좌표법)

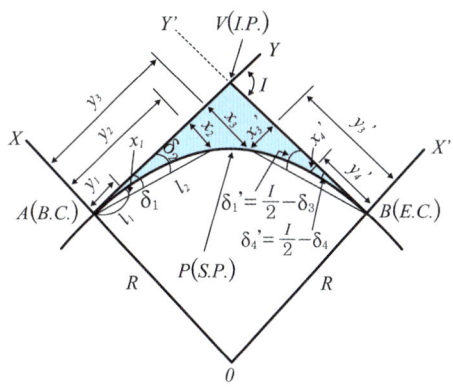

- 터널 내의 곡선설치나 산림지의 벌채량을 줄일 경우 적당한 방법이다.

$$지거\ y = \frac{l^2}{2R}$$

7) 접선편거와 현편거에 의한 방법

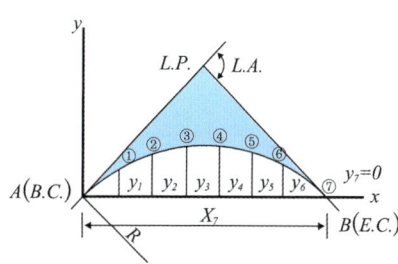

- 트랜싯을 사용하지 않고 pole과 tape만으로 곡선을 설치하는 방법
- 농로측설에 많이 사용한다.

3 캔트와 확폭(슬랙)

1) 캔트

- 열차의 계획최고속도를 고려한 균형 캔트

$$C = \frac{V^2 S}{gR}$$

(R : 곡선반경, V : 열차의 계획최고속도, g : 중력가속도, S : 레일간 거리)

- 도로 편경사(i)와 노면마찰(f)을 고려한 최소곡선반경(m)

$$R = \frac{V^2}{127(i+f)}\ (V : 차량속도\ km/hr)$$

2) 확폭(슬랙)

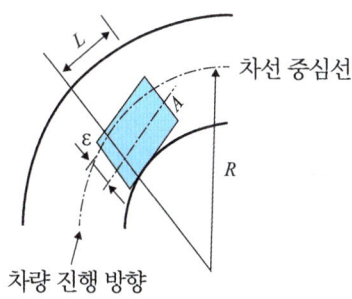

R : 차선 중심선의 반지름
ε : 확폭량
L : 차량의 앞면에서 뒤차축까지 거리

$$\varepsilon = \frac{L^2}{2R}$$

(ε : 확폭량, L : 차량의 전면에서 뒷바퀴까지 거리, R : 곡선반경)

4 완화곡선의 성질

1) 완화곡선이 가지고 있는 성질
- 곡선반경은 완화곡선의 시점에서 무한대, 종점에서 원곡선 R로 된다.
- 완화곡선의 접선은 시점에서 직선에, 종점에서 원호에 접한다.
- 완화곡선에 연한 곡선반경의 감소율은 캔트의 증가율과 동일하다.(부호는 반대)
  또 종점에 있는 캔트는 원곡선의 캔트와 같게 된다.

2) 완화곡선장(길이)
$$L = \frac{N}{1000}C \quad (N : 완화 곡선장과 캔트와의 비, C : 캔트)$$

3) 이정
$$f = \frac{L^2}{24R} \quad (L : 완화 곡선장)$$

5 클로소이드 곡선

곡률이 곡선장에 비례하는 곡선

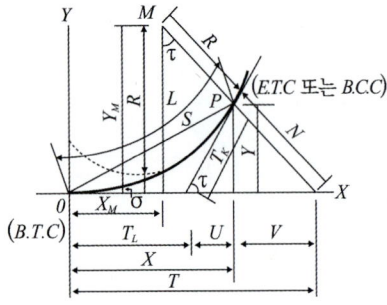

1) 공식
- 접선각 $\tau = \dfrac{L}{2R} = \dfrac{A^2}{2R^2}$
- 곡률반경 $R = \dfrac{A}{\sqrt{2\tau}}$
- 곡선장 $L = A\sqrt{2\tau}$
- 매개변수 $A = \sqrt{RL} \quad A^2 = RL$

2) 클로소이드의 형식
- S형 : 반향곡선의 사이에 클로소이드를 삽입한 것
- 난형 : 복심곡선의 사이에 클로소이드를 삽입한 것

3) 클로소이드의 성질
- 클로소이드는 나선의 일종이다.
- 모든 클로소이드는 닮음꼴이다.
- τ는 radian으로 구한다.
- 단위가 있는 것도 있고, 없는 것도 있다.

4) 클로소이드의 곡선설치 표시방법
- 직각좌표에 의한 방법
  주접선에서 직각좌표에 의한 설치법, 현에서 직각좌표에 의한 설치법, 접선으로부터 직각좌표에 의한 설치법
- 극좌표에 의한 중간점 설치법
  극각 동경법에 의한 설치법, 극각 현장법에 의한 설치법, 현각 현장법에 의한 설치법
- 기타에 의한 설치법
  2/8법에 의한 설치법, 현다각으로부터의 설치법

◆ 대표기출문제

문제. 완화곡선에 대한 설명으로 옳지 않은 것은? 2021년 3회

① 완화곡선의 곡선 반지름은 시점에서 무한대, 종점에서 원곡선의 반지름 R로 된다.
② 클로소이드의 형식에는 S형, 복합형, 기본형 등이 있다.
③ 완화곡선의 접선은 시점에서 원호에, 종점에서 직선에 접한다.
④ 모든 클로소이드는 닮은꼴이며 클로소이드 요소에는 길이의 단위를 가진 것과 단위가 없는 것이 있다.

정답 ③
해설 ③ 완화곡선의 접선은 시점에서 직선에, 종점에서 원호에 접한다.

---

6 종단곡선

1) 일반사항
① 종단곡선 설치 목적
  ㉠ 종단경사 급변화에 따른 차량의 충격 감소
  ㉡ 시거의 확보

② **종단경사도** : 최대 경사는 주행 차량의 성능에 좌우
  ㉠ 일반적인 경사 범위 : 도로 2~9%, 철도 1~3.5%
  ㉡ 종단경사는 환경적, 경제적 측면에서 허용할 수 있는 범위 내에서 최대한 완만하게 한다.
  ㉢ 설계속도와 지형 조건에 따라 종단경사의 기준값이 제시되어 있다.

2) 곡선길이(L)

① 설계속도에 따른 종곡선 길이

$$l = \frac{m-(-n)}{3.60} \times V^2 \quad (V : 설계속도\ km/hr)$$

② 곡선형태에 따른 종곡선 길이
  • 포물선인 경우 $L = 4[m-(-n)]$ (m, n : 구배(상향 +, 하향 -) ⇒ 도로에서 주로 적용

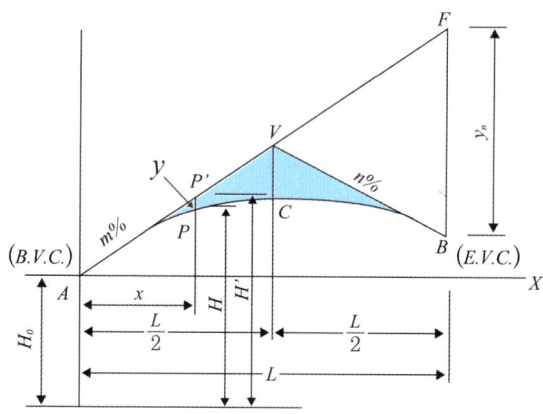

  • 원곡선인 경우 $L = \frac{R}{2}[m-(-n)]$ ⇒ 철도에서 주로 적용

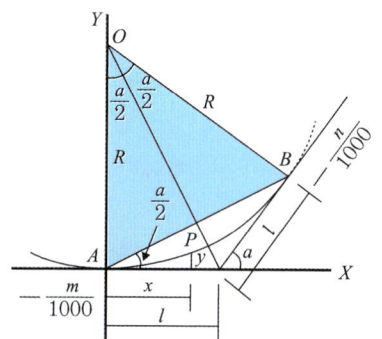

3) 종거(y)

① 철도 $y = \dfrac{x^2}{2R}$ (x : 곡선시점에서 종거까지의 거리)

② 도로 $y = \dfrac{[m-(-n)]}{2L} \times x^2$

4) 구배선 계획고

$$H_B' = H_A + \frac{m}{100}x$$

5) 종단곡선의 계획고

$$H_B = H_B' - y$$

6) 유토곡선(토적곡선, mass curve)

종단도를 따라 토량을 누계하면서 그린 곡선
흙의 운반계획과 토공사를 위한 적정 장비 선정

① 종단면도와 유토곡선

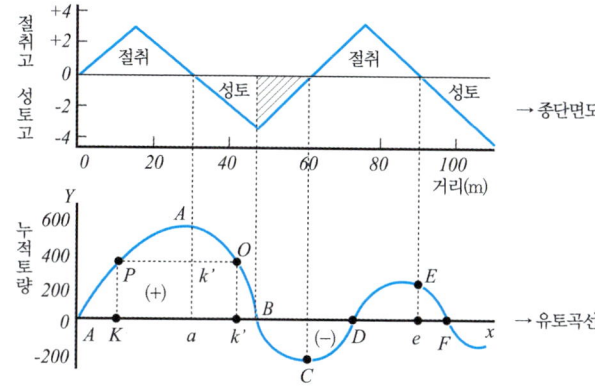

② 유토곡선의 성질
  ㉠ 유토곡선 (+) = 누적 토량 (+)
    ⇒ 절토량 〉성토량
  ㉡ 유토곡선 (−) = 누적 토량 (−)
    ⇒ 절토량 〈 성토량
  ㉢ **곡선의 최대점(A, E)** : 절토에서 성토로 변화하는 지점
  ㉣ **곡선의 최소점(C)** : 성토에서 절토로 변화하는 지점

ⓜ **수평선과 곡선의 교차점(B,D,F)** : 균형점(절토량=성 토량)
ⓗ 절토부에서는 상향곡선, 성토부에서는 하향곡선

> **■❖ 대표기출문제**
>
> **문제.** 그림과 같은 유토곡선(mass curve)에서 하향구간이 의미하는 것은?　　　　　　　　　　　　　　　2021년 1회
>
>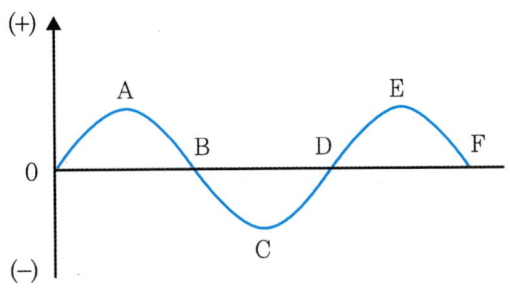
>
> ① 성토구간　　　② 절토구간
> ③ 운반토량　　　④ 운반거리
>
> **정답** ①
> **해설** 유토곡선의 상향곡선은 절토부, 하향곡선은 성토부이다.

14 하천측량

1 하천측량의 분류

1) 하천측량의 목적
하천 개수공사나 공작물의 설계, 시공에 필요한 자료 획득

2) 하천측량 순서
① 도상 및 자료 조사
② 현지조사
③ 평면 측량
④ 횡단, 종단, 수준 측량
⑤ 유량 측량

3) 평면측량

① **평면측량의 범위**

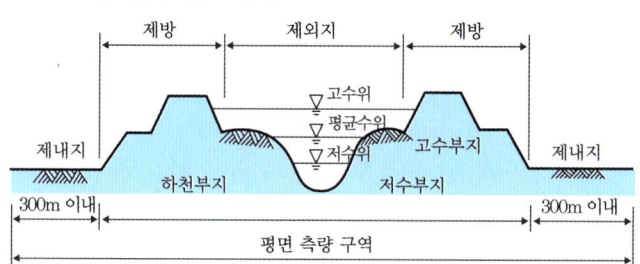

- 유제부 : 제외지의 전부와 제내지의 300m 이내
- 무제부 : 홍수시에 물이 흐르는 맨 옆에서 100m까지 즉, 홍수가 영향을 주는 구역보다 약간 넓게 측량한다.

② **삼각측량**
기본삼각점을 이용, 삼각점은 2~3km마다 설치, 단열 삼각망 이용

③ **트래버스 측량**
결합다각형의 폐합차는 3′ 이내, 거리의 정도는 1/1000 이내로 한다.

④ **세부측량** : 하천 유역에 있는 모두 측량
- 수애선 : 수면과 하안과의 경계선. 평수위로 지정

4) 수준측량

① **거리표 설치**
- 하천의 중심에서 직각방향으로 설치한다.
- 하구 또는 하천의 합류점으로부터 100~200m마다 설치
- 석표 : 1km마다 매립

② **종단측량**
- 수준기표 : 5km마다 암반에 설치
- 허용오차 : 4km 왕복에서 유조부 10mm, 무조부 15mm, 급류부 20mm
- 축척 : 종 1/100 (높이), 횡 1/1000 (거리)

③ **횡단측량**
- 200m마다의 거리표를 기준으로 한다.
- 간격은 10~20m마다 측량을 실시
- 축척 : 종 1/100 (높이), 횡 1/1000 (거리)

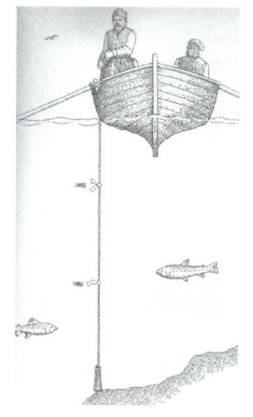

④ **심천측량**
- 수면~하저까지의 깊이 측량
- 음파에 의한 수심 측량 $D = Vt/2$
 (V : 음파속도 m/s, t : 발신~수신 왕복시간)

수심	심천측정 장비
5m	측심간(rod)
5~30m	측심추(lead)
30m 이상	음향측심기

- 측심간(rod) : 강봉 등으로 직접 수심을 측정하는 것으로, 수심 5m 정도의 얕은 곳에 효과적
- 측심추(lead) : 와이어나 로프의 끝부분에 납 등으로 된 추가 붙어 있어 수심 5m 이상인 곳에 사용
- 음향측심기 : 초음파를 사용하며 수심 30m까지의 깊은 곳에 사용

2 수위관측

1) 수위관측소와 양수표의 설치장소

① 하상과 하안이 안전하고 세굴이나 퇴적이 생기지 않는 장소일 것
② 상, 하류 약 100m 정도의 직선인 장소일 것
③ 수위가 교각이나 기타 구조물에 의한 영향을 받지 않는 장소일 것
④ 어떠한 갈수시에도 양수표가 노출되지 않는 장소일 것
⑤ 양수표는 하천에 연하여 5~10km마다 배치한다.

3 평균유속의 측정

1) 부자에 의한 방법

① 표면부자
- 주로 하폭이 크고 홍수시 표면 유속 측정에 적합, 홍수시에 급히 유속 측정시 사용
- 투하지점은 10m 이상, B/3 이상, 20초 이상(약 30초)으로 한다.(B : 하천폭)

$$V_m = (0.8 \sim 0.9)v$$

(V_m : 평균유속, v : 유속, 0.9 : 큰 하천에서의 부자고, 0.8 : 작은 하천에서 부자고)

② 수중부자
- 유속이 빠르고 유속계 사용이 어려운 경우
- 유량이 적을 경우 : 피토관 이용

③ 막대부자
- 평균유속을 직접 구하는 방법으로 수면~하상부근까지 거의 전 수심에 대한 유속 측정
- 비교적 정확한 평균유속 측정, 홍수에 가장 유리

④ 2중부자
- 수심이 매우 깊고, 수초 등의 장애물이 흐르고 있는 곳에서 적용

⑤ 부자의 유하거리
- 하천폭의 2배
- 부자에 의한 평균유속 $V_m = \dfrac{l}{t}$
- 제1단면과 제2단면의 간격
  - 큰 하천인 경우 : 100~200m
  - 작은 하천인 경우 : 20~50m

대표기출문제

문제. 답사나 홍수 등 급하게 유속관측을 필요로 하는 경우에 편리하여 주로 이용하는 방법은? 2017년 1회

① 이중부자
② 표면부자
③ 스크루(screw)형 유속계
④ 프라이스(price)식 유속계

정답 ②
해설 홍수에 급하게 유속을 관측하기 위해서는 표면부자가 적합하다.

2) 평균유속을 구하는 방법

① 1점법 $V_m = V_{0.6}$
(수면에서부터 깊이 순서로 표시, $V_{0.6}$: 수면에서 총 수심의 60% 깊이 지점)

② 2점법 $V_m = \dfrac{1}{2}(V_{0.2} + V_{0.8})$

③ 3점법 $V_m = \dfrac{1}{4}(V_{0.2} + 2V_{0.6} + V_{0.8})$

④ 4점법 $V_m = \dfrac{1}{20}[6V_{0.2} + 4(V_{0.4} + V_{0.6}) + 5V_{0.8}]$

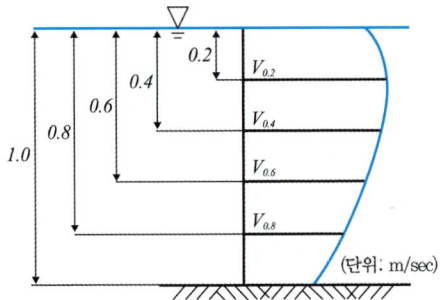

🔷 대표기출문제

문제. 수심 H인 하천의 유속측정에서 수면으로부터 깊이 0.2H, 0.4H, 0.6H, 0.8H인 지점의 유속이 각각 0.663m/s, 0.556m/s, 0.532m/s, 0.466m/s이었다면 3점법에 의한 평균유속은?   2022년 1회

① 0.543m/s ② 0.548m/s
③ 0.559m/s ④ 0.560m/s

정답 ②

해설
$$V_m = \frac{1}{4}(V_{0.2} + 2V_{0.6} + V_{0.8})$$
$$= \frac{1}{4}(0.663 + 2 \times 0.532 + 0.466) = 0.548 m/s$$

3) 유량(수위) 측정 장소

① 하저 변화 없는 곳
② 상하류의 수면구배가 일정한 곳
③ 잠류, 역류, 급류, 장애물, 지천의 불규칙한 변화가 없는 곳(잠류 : 제방 아래 자갈층으로 흐르는 물)
④ 윤변의 성질이 균일, 횡단면의 형상급변이 없는 곳
⑤ 폭이 좁고 충분한 수심, 적당한 유속(0.3~2.0m/s)

※ 수준점 : 5km, 삼각점 : 2~3km, 석표 : 1km, 양수표 : 5~10km 마다 설치

4) 하천의 수위

① **최고수위(HWL), 최저수위(LWL)** : 일정 기간 동안 최고 및 최저 수위
② **평균최고수위(NHWL), 평균최저수위(NLWL)** : 매월(년) 최고 및 최저 수위의 평균
  • **평균최고수위** : 축제나 가교, 배수공사 등의 치수목적으로 이용
  • **평균최저수위** : 주운, 발전, 관개 등 이수관계에 이용
③ **평균수위(MWL)** : 일정 기간 관측수위 평균
④ **평균고수위(MHWL), 평균저수위(MLWL)** : 일정 기간 동안 평균수위 이상되는 수위의 평균, 또는 평균수위 이하의 수위의 평균
⑤ **평수위(OWL)** : 일정 기간 동안의 관측값을 순서대로 나열하여 중간에 위치하는 값(평균수위보다 약간 낮음)
⑥ **최다수위(MFWL)** : 일정 기간 중 가장 많이 관측된 값
⑦ **지정수위** : 홍수시에 매시 수위를 관측하는 수위
⑧ **갈수위** : 355일 이상 이보다 적어지지 않는 수위
⑨ **저수위** : 275일 이상 이보다 적어지지 않는 수위
⑩ **고수위** : 2~3회 이상 이보다 적어지지 않는 수위
⑪ **홍수위** : 최대수위
⑫ **통보수위** : 지정된 통보를 개시하는 수위
⑬ **경계수위** : 수방요원의 출동을 필요로 하는 수위

CHAPTER 15 사진측량과 원격측정

토목기사

1 항공사진측량의 장점과 단점

1) 장점

① 정량적 및 정성적 측정이 가능하다.
② 정도가 균일하다.
- 평면오차 = $\dfrac{(1\sim3\%)}{1000}\times m$ (m : 촬영축척의 분모수)
- 높이오차 = $\dfrac{(10\sim20\%)}{1000}\times H$ (H : 촬영고도)

③ 분업화에 의한 작업능률성이 높다.
④ 축척변경이 용이하다.
⑤ 거시적인 관찰을 할 수 있다.
⑥ 4차원 측정이 가능하다.

2) 단점

① 기후의 영향
② 좁은 지역에서 비경제적
③ 시설비용이 많이 든다.
④ 피사 대상의 식별 난해

2 항공사진의 일반적인 성질

1) 항공사진의 분류

① 촬영 방향에 의한 분류

㉠ 항공사진
- 수직사진 : 카메라의 경사가 3° 이내일 때의 사진
- 경사사진 : 카메라의 경사가 3° 이상일 때의 사진

㉡ 경사사진
- 고각도경사사진 : 화면에 지평선이 찍혀있는 사진
- 저각도경사사진 : 지평선이 찍혀있지 않는 사진

㉢ 수평사진 : 광축이 수평선과 거의 일치하도록 찍은 사진. 지상에서 촬영

② 필름에 의한 분류

㉠ 적외선 사진 : 지도작성, 지질, 토양, 수자원 및 산림조사 판독작업에 이용
㉡ 위색사진 : 식물의 잎은 적색, 그외는 청색으로 찍히며, 생물 및 식물의 연구나 조사 등에 이용
㉢ 팬크로 사진 : 현재 가장 일반적으로 사용
㉣ 팬-인프라 사진 : 팬크로와 적외선 사진의 중간에 속함. 적외선 필름과 황색필터 사용

③ 카메라의 화각에 의한 분류

구분	화각	사용목적
초광각	120°	소축척도화용
광각	90°	일반도화, 판독용
보통각(표준각)	60°	삼림조사용
협각	60° 미만	특수한 대축척도화용 판독용

④ 촬영 축척에 따른 분류

구분	촬영고도	비고
대축척(상세히)	800m 이내	저공촬영
중축척	800~3000m	중공촬영
소축척(넓게)	3000m 이상	고공촬영

> 참조
>
> [대축척과 소축척]
> - 대축척 : 축척이 큰 경우(축척 분모가 작음)로, 좁은 지역을 상세히 표시 ($\dfrac{1}{1,000}$)
> - 소축척 : 축척이 작은 경우(축척 분모가 큼)로, 넓은 지역을 한번에 표시 ($\dfrac{1}{100,000}$)

2) 항공사진의 특수 3점

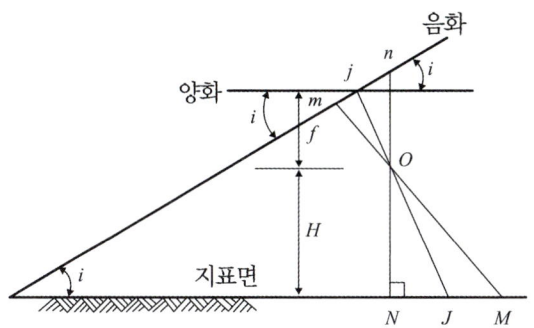

① **주점(화면거리)** : 렌즈의 중심으로부터 화면에 내린 수선의 발
② **연직점(촬영고도)** : 렌즈의 중심으로부터 지표면에 내린 수선의 발
③ **등각점** : 사진면에 직교되는 광선과 연직선이 이루는 각을 2등분하는 광선이 사진면에 교차하는 점

$$nj = f \tan \frac{i}{2}$$

(nj : 연직점과 등각점 사이의 거리, i : 경사, f : 초점거리)

3) 항공사진의 축척

① **기준면에 대한 축척**

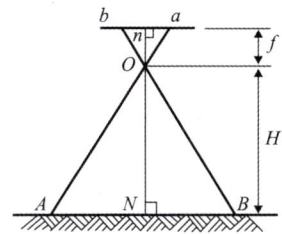

$$M = \frac{1}{m} = \frac{l}{L} = \frac{f}{H}$$

(M : 축척, m : 축척의 분모수, f : 초점거리, H : 촬영(비행)고도, l : 사진상의 거리, L : 실제거리)

② **비고가 있을 때 사진축척**

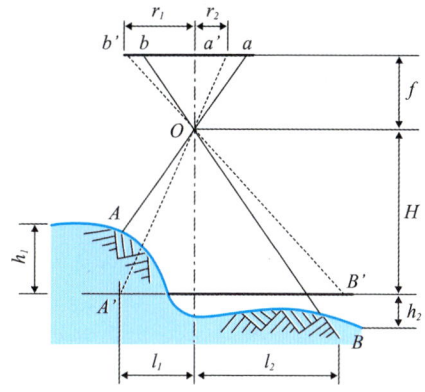

- 기준면보다 높은 경우 $M = \dfrac{f}{H-h} = \dfrac{1}{m} = \dfrac{r_1}{l_1}$: m 값이 작아짐

- 기준면보다 낮은 경우 $M = \dfrac{f}{H+h} = \dfrac{1}{m} = \dfrac{r_2}{l_2}$: m 값이 커짐 (H : 촬영기준면에서 촬영높이, h : 촬영기준면에서 고도)

4) 항공사진의 촬영

① **촬영 코스**
- 촬영 지역을 완전히 덮고 코스 사이의 중복도를 고려
- 도로, 하천 등을 촬영할 때는 직선 코스로 계획
- 넓은 지역 촬영시는 동서방향으로 직선 코스로 계획한다.
- 남북으로 긴 경우는 남북방향으로 계획한다.
- 1코스 길이는 보통 30km 이내이다.

② **중복도**
- 고층빌딩 지역, 산악지역(한 사진상에서의 고저차가 촬영고도의 10% 이상인 지역)
  → 10~20% 중복도 상승
- **종중복(p)** : 촬영 진행 방향에 따라 중복시키는 것으로 보통 60%, 최소한 50% 이상 중복을 주어 촬영한다. (총 중복된 길이/사진크기, $p = \dfrac{a - b_0}{a}$)
- **횡중복(q)** : 촬영 진행 방향에 직각으로 중복시키며 보통 30%, 최소한 5% 이상 중복을 주어 촬영한다.

③ 촬영기선길이

$$B = ma(1-p)$$

(B : 촬영종기선 길이, m : 축척 분모수, a : 화면의 크기, p : 종중복도)

※ 주점기선길이

$$b_0 = \frac{B}{m} = a(1-p)$$

$$C_0 = ma(1-q)$$

(C_0 : 촬영횡기선 길이, q : 횡중복도)

④ 촬영일시
- 구름이 없는 쾌청일의 오전 10시~오후 2시경
- 연평균 쾌청일수는 80일
- 태양각 최저 30° 이상, 45°가 가장 효과적

⑤ 촬영고도와 C계수

$$\Delta h = \frac{H}{C}$$

(Δh : 등고선 간격, H : 촬영고도, C : 도화기의 계수)

⑥ 사진의 면적
- 실제 면적 $A = (m \cdot a)^2$ (a : 사진의 한변 길이)
- 사진의 유효 면적 ($A_0 = B \times C_0$)
  ㉠ 단코스의 경우 $A_0 = (ma)^2(1-p)$
  ㉡ 복코스의 경우 $A_0 = (ma)^2(1-p)(1-q)$
  (p : 종중복도, q : 횡중복도)

⑦ 사진 매수 $= \frac{F}{A_0}$, $= \frac{F}{A_0}(1+안전율)$: 안전율을 고려한 경우 (F : 촬영 대상지역의 전체면적, A : 사진 1매의 실제면적, A_0 : 유효면적)

대표기출문제

문제. 표고 300m의 지역(800km²)을 촬영고도 3,300m에서 초점거리 152mm의 카메라로 촬영했을 때 필요한 사진 매수는? (단, 사진크기 23㎝ × 23㎝, 종중복도 60%, 횡중복도 30%, 안전율 30%임.) 2017년 3회

① 139매　　② 140매
③ 181매　　④ 281매

정답 ③

해설 $\frac{1}{m} = \frac{f}{H-\delta} = \frac{0.152}{3300-300} = \frac{1}{19,737}$

사진의 유효면적 $A_0 = (ma)^2(1-p)(1-q)$ 이므로,
$A_o = (19737 \times 0.23)^2(1-0.6)(1-0.3) = 5.77 \times 10^6 m^2$

사진매수 $\frac{F}{A_o}(1+F_s) = \frac{800 \times 10^6}{5.77 \times 10^6}(1+0.3) = 180.2$

이므로, 올림하여 181매

모델수에 의한 사진매수

① 종 모델수 $\frac{S_1}{B} = \frac{S_1}{ma(1-p)}$　(S_1 : 코스의 종길이)

② 횡 모델수 $\frac{S_2}{C_0} = \frac{S_2}{ma(1-q)}$　(S_2 : 횡기선의 길이)

③ 총 모델수 = 종 모델수 × 횡 모델수

④ 사진매수 = (종 모델수 +1) × 횡 모델수

* 모델(=스테레오 모델) : 2장의 사진이 겹쳐서 입체시 되는 부분

⑧ **노출시간** $T_t = \frac{\Delta S \cdot m}{V}$, $T_s = \frac{B}{V}$, $\omega = \frac{v}{H}$

(T_t : 최장 노출시간, ΔS : 흔들림 양, m : 사진축척 분모수, V : 항공기의 초속, T_s : 최소 노출시간, ω : 대지속도에 의한 상의 속도, v : 대지속도)

⑨ 항공사진의 변위

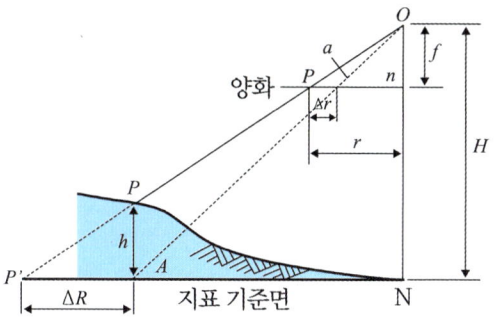

- 고도에 따른 사진의 변위량(기복변위) $\Delta r = \dfrac{h}{H} \cdot r$

  (h : 비고, H : 비행고도(촬영고도), r : 화면 연직점(주점)에서의 거리)

- 최대 변위량 $\Delta r_{max} = \dfrac{h}{H} \cdot r_{max}$

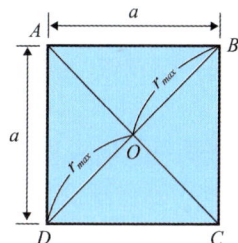

(r_{max} : 최대 화면 연직점에서의 거리 $= \dfrac{\sqrt{2}}{2} \cdot a$)

3 입체사진 측정

1) 입체시

① 육안에 의한 입체시

사진간격 6cm, 명시거리 25cm일 때 0.09mm 정도의 정확도로 측정가능

② 기구에 의한 입체시

- 반사식 입체경 : 60% 중복된 사진의 주점(중심점)을 연결하는 선이 정확하게 일직선 상에 있도록 하고, 양 사진의 간격이 26cm가 되도록 하여 입체감을 얻는다.
- 여색 입체시 : 1쌍의 사진의 오른쪽은 적색, 왼쪽은 청색으로 현상하여 이것을 겹쳐서 인쇄한 것을 왼쪽에 적색, 오른쪽에 청색의 안경으로 보면 입체감을 얻는다.

③ 입체상의 변화원인
- 기선변화, 초점거리변화, 촬영고도차, 눈높이, 눈을 옆으로 돌림

2) 시차

두 장의 연속된 사진에서 발생하는 동일지점의 사진상의 변위를 말한다.

① 시차차에 의한 변위량

$$h = \dfrac{H}{P_r + \Delta P} \cdot \Delta P$$

(h : 시차(굴뚝의 높이), H : 비행고도, ΔP : 시차차, $P_r = \dfrac{\text{I} + \text{II}}{2}$: 기준면의 시차차)

② 시차차 $\Delta P = \dfrac{h}{H} b_0$ (b_0 : 주점기선장)

📛 대표기출문제

문제. 촬영고도 800m의 연직사진에서 높이 20m에 대한 시차차의 크기는? (단, 초점거리는 21cm, 사진크기는 23×23cm, 종중복도는 60%이다.)   2017년 1회

① 0.8mm ② 1.3mm
③ 1.8mm ④ 2.3mm

정답 ④

해설 주점기선길이 $b_0 = a(1-p) = 0.23 \times (1-0.6) = 92mm$

시차차 $\Delta P = \dfrac{h}{H} b_0 = \dfrac{20}{800} \times 92 = 2.3mm$

📖 과고감
① 높은 곳은 더 높게, 낮은 곳은 더 낮게 보이는 현상
② 수평축척에 비해 수직축척이 다소 클 때 발생
③ 기선고도비가 클수록 커지게 된다.
④ 동일한 조건에서, 기선의 길이가 길면 과고감이 커진다.
⑤ 동일한 조건에서, 초점거리가 짧으면(축척분모 m이 크면) 과고감이 커진다.

3) 표정

지형의 정확한 입체모델을 기하학적으로 재현하는 과정

① **표정의 순서** : 내부표정 → 상호표정 → 절대표정(대지표정) → 접합표정

② **내부표정**
- 도화기의 투영기에 촬영당시와 똑같은 상태로 양화건판을 장착시키는 작업
- 주점의 위치 결정
- 화면거리의 결정
- 건판의 신축 측정, 지구곡률, 대기굴절, 렌즈 왜곡 수차 보정

③ **상호표정**

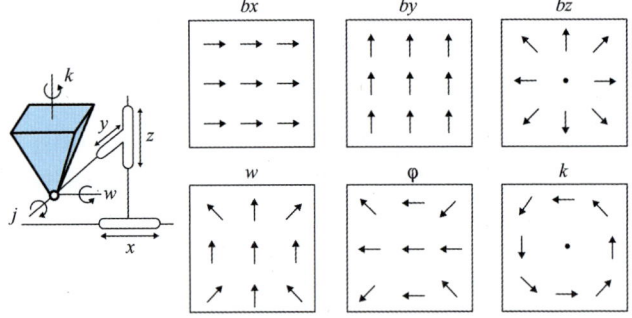

상호표정인자의 운동

- 촬영면상에 이루어지는 종시차를 소거하여 목표 지형물의 상대적 위치를 맞추는 작업이다.
- 인자 : k, ω, φ, b_y, b_z (5개 인자로 구성)

④ **절대표정 (대지표정)**
- 축척의 결정
- 수준면의 결정(표고, 경사의 결정)
- 위치의 결정
- 7개의 인자

⑤ **접합표정**
- 한쪽의 인자는 움직이지 않고 다른 쪽만 움직여 접합시키는 표정법
- 7개 인자
- 모델 간, 스트립 간의 접합 요소 결정
  * 산악지역과 불완전 모델 : ω, ϕ 인자가 상호관계

4 항공사진 판독과 사진지도

1) 항공사진 판독의 요소
- 크기와 형태, 색조, 모양, 질감, 음영, 과고감
- 육안 판독의 최소한계 : 0.2mm

2) 사진지도의 분류

① **약집성 사진지도** : 카메라의 경사, 지표면의 비고를 수정하지 않고 그대로 접합

② **조정집성 사진지도** : 카메라의 경사에 의한 변위를 수정하고 축척도 조정

③ **정사투영 사진지도** : 카메라의 경사, 지표면의 비고를 수정하고 등고선을 삽입

④ **반조정 집성 사진지도** : 일부 수정만을 위한 지도

5 원격측정

1) 개요
- 지상, 항공, 위성 등에 설치된 센서를 통해 자료 수집
- 대상물에서 반사된 전자파 탐지

2) 특징
① 반복 측정이 가능
② 정량화가 가능
③ 회전주기가 일정하므로 원하는 지점 및 시기에 관측하기가 어렵다.
④ 영상은 정사 투영상에 가깝다.(관측이 좁은 시야각)
⑤ 재해, 환경문제 해결에 편리하다.
⑥ 넓은 지역에 적합

3) 분류

① 원격센서 : 화상센서, 비화상센서
② 화상센서 : 수동적 센서, 능동적 센서
③ 수동적 센서 : 선주사 방식, 카메라 방식
④ 능동적 센서 : Radar 방식, Laser 방식

> **지상사진측량과 항공사진측량과의 비교**
> - 항공사진은 후방교회법이고 지상사진은 전방교회법이다.
> - 항공사진은 광각사진이 바람직하고, 지상사진은 보통각이 좋다.
> - 항공사진보다 평면정도는 떨어지나 높이의 정도는 좋다.
> - 지상사진은 수직, 수평사진, 편각수평, 수렴수평 촬영이 되나 항공사진은 수직, 사각사진만 가능하다.
> - * 중심투영 : 사진을 제작할 때만 사용한다.(항공사진)
>   정사투영 : 지도를 제작할 때 사용한다.

CHAPTER 16 위성측량(GNSS 측량)

1 개요

- 여러 개의 인공위성과의 전파수신을 이용해 위치를 결정하는 시스템
- 후방교회법에 의해 측량(위성의 위치는 기지의 값)
- GNSS(Global Navigation Satellite System) :
  미국(GPS), EU(Galileo) 등 여러 국가에서 운영 중인 위성측량 시스템을 통칭
- 지오이드와 가장 유사한 지심타원체를 기준으로 관측
  → 표고값은 지오이드를 고려한 보정 필요
- 위성고도각이 낮은 경우, 상대적으로 측위정확도가 낮음.

1) 장점
① 기상조건, 시간, 공간에 영향없이 3차원 관측
② 넓은 지역의 동시 측량
③ 동일 대상에 대한 반복 측량
④ 이동 및 고정 물체 관측
⑤ 여러 분광 파장대에 대한 측량자료 수집 → 다양한 주제도 작성 용이

2) 단점
① 우리나라에 맞는 좌표계로 변환 필요
② 위성 궤도 정보 필요
③ 전리층 및 대류권 정보 필요

2 관측성과

- 경도와 위도
- 지구중심좌표
- 타원체고

3 GPS(Global Positioning System)

- 미국 국방성에 의해 개발
- 24개 위성, 6개 궤도(대략 원궤도), 궤도 경사각 55°
- 위성의 궤도 고도는 약 20,000km, 주회동기 0.5 항성일
- 복수의 세슘 및 루비듐 원자시계
- 위치결정용 L_1 Band 와 L_2 Band 송신기 탑재
- WGS-84 좌표체계를 사용
- 우주부분, 제어부분, 사용자부분으로 구성

4 위치결정방법

1) 단독위치관측(코드상관기법)
① 4개 이상의 위성을 이용하여 1개의 수신기에서 위치 결정
② 선박, 차량 등의 항법에 이용
③ 정확도 낮음

2) 상대관측(반송파 위상관측기법)
① 4개 이상의 위성을 이용하여 2개 이상의 수신기에서 위치 결정
② 정확도 높음
③ 이동(Kinematic) 관측 : 기지의 고정 수신기 + 이동하는 다른 수신기가 4개 이상의 위성에서 신호를 수신하여 위치결정

고정 관측	이동 관측

④ 상대관측법에서 발생하는 불명확한 상수의 소거 필요
→ 위상차분법(단순차분, 2중차분, 3중차분)에 의해 소거 가능

📌 대표기출문제

문제. GNSS 상대측위 방법에 대한 설명으로 옳은 것은?

2022년 1회

① 수신기 1대만을 사용하여 측위를 실시한다.
② 위성의 수신기 간의 거리는 전파의 파장 갯수를 이용하여 계산할 수 있다.
③ 위상차의 계산은 단순차, 2중차, 3중차와 같은 차분기법으로는 해결하기 어렵다.
④ 전파의 위상차를 관측하는 방식이나 절대측위 방법보다 정확도가 떨어진다.

정답 ②
해설 ① 수신기 2대 이상을 사용하여 측위를 실시한다.
③ 위상차의 계산은 단순차, 2중차, 3중차와 같은 차분기법으로는 해결할 수 있다.
④ 전파의 위상차를 관측하는 방식이나 절대측위 방법보다 정확하다.

5 GPS 관측기법

1) 정지식 GPS
정확도가 높은 측지측량, 기준점 측량, 지구물리분야 등에 사용

2) 정밀 GPS(DGPS, differential GPS)
① 정밀한 좌표를 알고 있는 기준국(기지점)에서 수신된 GPS값과 현재 위치(미지점)에서 수신된 GPS값을 비교하여 오차를 보정하는 방법
② 위성궤도오차, 위성시계오차, 전리층 시간지연, 대류층 시간지연 소거 가능
③ 두 지점 간의 거리 등에 정밀도 영향 받음

3) 정지-이동식 GPS(SGK GPS, stop and go kinematic GPS)
① 연속적인 미지점 관측시 이용
② 정확도가 낮은 기준점 측량, 지형측량, 시공측량, 경계측량 등에 사용

4) 연속이동식 GPS(CK GPS, continuous kinematic GPS)
① SGK GPS와 비슷한 용도로 사용
② 도로나 수로의 중심선 관측에 사용

5) 실시간 이동(RTK GPS, real time kinematic GPS)
① 실시간으로 이동하는 미지점의 GPS 좌표를 수신
② DGPS와 마찬가지로 기지점과 미지점에서 GPS 신호를 수신하여 보정
③ 차량, 항공기 등의 항법에 이용
④ 지질학연구, 해양시추선, 댐의 변형 등에 활용

구분	일반 RTK	VRS-RTK
장비구성	• 기준국 GPS • 이동국 GPS • UHF 무선모뎀(송신기 및 수신기)	• 이동국 GPS • 휴대폰
장점	• 수mm 이내의 정밀측량 가능 • 고속 이동측량 가능 • 휴대폰 음영지역에 관계없이 사용	• 장비가격 저렴 • 1대의 수신기만으로도 정밀 RTK 측량 가능 • 현장 캘리브레이션 필요 없음
단점	• 장비가격이 고가 • 2대 이상의 수신기 필요 • UHF 무선모뎀의 성능에 따라 측량가능 거리가 변함 • 현장 캘리브레이션이 필요함	• 정밀측량의 한계가 있음 (일반적으로 수 cm 정확도) • 고속 이동측량이 어려움 • 휴대폰 통신이 안되는 곳은 적용이 불가능

참조

[라이넥스(RINEX, Receiver Indepedent Exchange Format)]

① GPS 관측치를 어떤 수신기로 관측하여도 그에 무관하게 공통적인 양식으로 변환되는 데이터 형식
② 의사거리, 위상자료, 도플러자료 등

6 오차의 종류와 처리

1) 위성에 관한 오차

① **위성의 기하학적 분포 오차**
→ 위성 간의 배치가 고르게 되어 있으면 오차가 작음
② **위성 궤도 오차** : 위성의 궤도 이상에 의한 오차
③ **시계오차** : 위성들 간의 시간유지와 신호동기 지연에 의한 오차 → 세슘, 루비듐 등 원자시계 이용. 정확한 교정가능

📖 **DOP(Dilution of Precision)**

- 위성배치의 고른 정밀도
- 배열이 좋을수록 낮은 값
- 좋은 배열 = 위성들이 충분히 이격된 배열
  = 위성간의 공간이 많은 배열
- DOP가 낮을수록 위치정밀도가 높아진다.
- 기하학적 DOP(GDOP), 3차원 위치 DOP(PDOP), 수직위치 DOP(VDOP), 평면위치 DOP(HDOP), 시간 DOP(TDOP) 등이 있다.
- $PDOP^2 = HDOP^2 + VDOP^2$
  (3차원 위치 DOP는 수평과 수직 DOP의 제곱근)
- $GDOP^2 = PODP^2 + TDOP^2$
  (기하학적 DOP는 3차원 위치 DOP와 시간 DOP의 제곱근)

---

2) 위성 신호전달에 의한 오차

① **전리층 오차** : 전리층 통과시 신호의 변화 및 분산에 의한 오차 → 고주파(L_1)신호가 전리층에서 저주파(L_2) 신호보다 속도가 빠르므로, 두 신호의 지연차를 비교하여 오차모형에 의해 오차 감소 가능
② **대류권 오차** : 대류권의 구름 및 수증기에 의한 굴절로 인한 오차 → 표준보정식 및 오차모형에 의해 오차 감소 가능
③ **다중경로에 의한 오차** : 해수면 및 빌딩 등에 의한 반사 신호에 의한 오차 → 특수 안테나(Choke ring) 및 적절한 위치선정으로 오차 소거 가능

3) 수신기에 의한 오차

① **수신기 시계 오차** : 수신기 시계와 원자시계의 시간 차이에 의한 오차 → 오차방정식을 이용해서 소거가능
② **주파수 오차** : 주파수의 모호성과 단절(건물, 비행기 등 방해물)에 의한 오차

🛡 **대표기출문제**

문제. 최근 GNSS 측량의 의사거리 결정에 영향을 주는 오차와 거리가 먼 것은?   2021년 2회

① 위성의 궤도 오차
② 위성의 시계 오차
③ 위성의 기하학적 위치에 따른 오차
④ SA(selective availability) 오차

정답 ④
해설 [GNSS 측량 오차]
① 위성에 관한 오차 : 위성의 기하학적 분포오차, 위성궤도 오차, 시계오차
② 위성 신호전달에 의한 오차 : 전리층 오차, 대류권 오차, 다중경로 오차
③ 수신기에 의한 오차 : 수신기 시계오차, 주파수 오차

제 **3** 과목

수리학 및 수문학

01 PART

정수역학

01. 물의 성질과 점성
02. 정수역학
03. 부체

01 물의 성질과 점성

1 단위와 차원

1) 차원의 표현

- 질량(M), 거리(L), 시간(T)를 기본으로 하여 표현
- 힘 $F=ma$을 MLT^{-2}로 변환하여 적용

구분	수식 표현	기초단위 변환	차원
질량		kg	M
거리		m	L
시간		sec	T
면적		m^2	L^2
체적		m^3	L^3
힘	$F=ma$	$kg.m/s^2$	MLT^{-2}
밀도	$\rho=\dfrac{m}{V}$	kg/m^3	ML^{-3}
에너지	$E=Fh$	$kg.m/s^2 \times m = kg.m^2/s^2$	ML^2T^{-}
응력	$\tau=\dfrac{F}{A}$	$kg.m/s^2 \times 1/m^2 = kg/(m.s^2)$	$ML^{-1}T$
점성계수	$\tau=\mu\dfrac{dV}{dy}$	$kg.m/s^2 \times 1/m^2 \times m \times s/m = kg/(m.s)$	$ML^{-1}T$
동점성계수	$\nu=\dfrac{\mu}{\rho}$	$kg/(m.s) \times m^3/kg = m^2/s$	L^2T^{-1}

참조 위의 표는 참고용 예시일 뿐이고, 암기할 필요는 없다.

2) 단위환산

구분		환산
힘	$1N$	$1kg.m/s^2$
	$1kgf$	$1kg \times 9.8m/s^2 = 9.8kg.m/s^2 = 9.8N$
	$1dyne$	$1g.cm/s^2 = 10^{-5}kg.m/s^2 = 10^{-5}N$
면적	$1ha$	$100m \times 100m = 10^4 m^2$
응력	$1Pa$	$1N/m^2$
에너지	$1J$	$1N.m$
동력	$1W$	$1J/s = 1N.m/s$
점성계수	$1poise$	$1g/cm.s$
	$1stroke$	$1cm^2/s$

주1) $kg.N.m.s.Pa.J.W$ 를 기본으로 사용하면 자리수 환산이 필요없다.
주2) SI단위계를 사용하는 것이 원칙이나, 종종 중력단위계가 출제되기도 한다.

3) 물의 성질

① 물의 비중 1(물의 밀도 $\rho = 1t/m^3 = 1g/cc$)
② 완전유체(이상유체)
③ 해수의 비중 약 1.025으로 담수보다 크다.

4) 물의 기본 특성값

① **물의 밀도** : $1t/m^3 = 10^3 kg/m^3 = 1g/cm^3$(4℃에서의 값)

② **물의 단위중량** : $\gamma_w = \dfrac{W}{V} = \dfrac{mg}{V} = \rho g$

$$1t/m^3 = 10^3 kg/m^3 \times 9.8m/s^2$$
$$= 9.8 \times 10^3 N/m^3$$
$$= 9.8 kN/m^3 = 1tf/m^3$$

③ **임의 물체의 비중** : $s = \dfrac{\gamma}{\gamma_w}$ 물의 단위중량에 대한 임의 물체의 단위중량의 비율

2 물의 점성

1) 점성의 개념

High viscosity   Low viscosity

① 유체가 그 물질의 경계면에서 발생하는 운동 저항
② 유체의 마찰저항 개념
③ 비점성유체는 마찰(점성)저항이 없으므로, 이로 인한 에너지 손실도 없다.

2) 점성계수

① **뉴튼의 점성법칙** : 전단응력과 유속이 유체 깊이에 선형 관계에 있는 것으로 가정

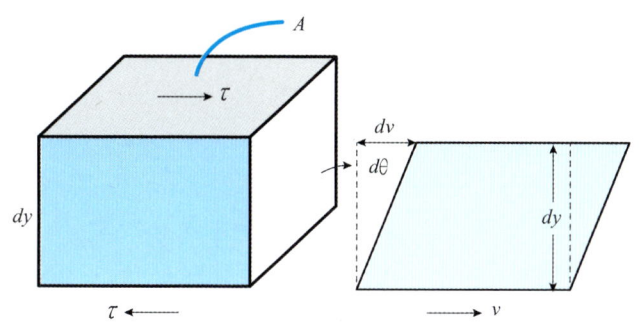

$d\theta = \dfrac{dv}{dy}$ 이므로, 전단응력 $\tau \propto \gamma = d\theta = \dfrac{dv}{dy}$

(점성력은 속도경사에 비례한다.)

$\tau = \mu \dfrac{dv}{dy} = \dfrac{V}{A}$ (V : 전단력, A : 전단저항면적,

μ : 점성계수, v : 전단력 재하속도)

② 동점성계수와 점성계수

$$\text{동점성계수 } \nu = \dfrac{\mu}{\rho}$$

동점성계수 ν의 단위 : 1 stroke = $1cm^2/s$
점성계수 μ의 단위 : 1 poise = $1g/cm \cdot s$

3 물의 압축성

1) 체적변화

① 물이 압력을 받음에 따라 체적이 변화하고, 이 압력이 제거되면 다시 복원된다.
② 동일한 자중에 체적이 감소됨에 따라, 단위중량은 증가한다.

2) 체적탄성계수

$$K = \dfrac{dp}{dV/V} = \dfrac{dp}{d\gamma/\gamma} \quad (\text{단위 : } N/m^2 = Pa)$$

$dp = p_2 - p_1$: 압력변화량
$dV = V_2 - V_1$: 체적변화량
dV/V : 체적감소율, $d\gamma/\gamma$: 단위중량 증가율
$d\gamma = \gamma_2 - \gamma_1$: 단위중량 변화량

3) 압축률

$$\beta = \dfrac{1}{K}$$

[온도에 따른 체적탄성계수(1기압)]

(℃)	SI 단위(kPa)	(℃)	SI 단위(kPa)
0	1.98	40	2.28
5	2.05	50	2.29
10	2.10	60	2.28
15	2.15	70	2.25
20	2.17	80	2.20
25	2.22	90	2.14
30	2.25	100	2.07

예제

문제. 어떤 액체가 용기 내에서 $2000 kN/m^2$의 압력을 받고 있다가, $4000 kN/m^2$의 압력으로 증가되었다. 이때 체적이 10% 감소되었다면, 이 액체의 체적탄성계수 K는 얼마인가?

해설 $K = \dfrac{dp}{dV/V} = \dfrac{4000 - 2000}{0.1} = 2 \times 10^4 kN/m^2 = 20 MPa$

4 표면장력과 모세관 현상

1) 표면장력

$P \times \pi r^2 = T \times 2\pi r$

따라서,

$$\text{표면장력 } T = \dfrac{Pr}{2} \quad (\text{단위 : } N/m)$$

P : 곡면 내외부의 압력차, r : 곡면의 반경

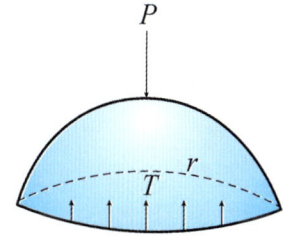

① 액체 분자간의 응집력에 의해 발생
② 곡면 내·외부의 압력차 = 표면장력의 합
③ 온도가 높을수록 표면장력은 작아진다.

온도℃	0	5	10	15	20	25	30	50	100
표면장력 (dyne/cm)	75.04	74.92	74.22	74.39	72.75	71.93	71.18	67.91	59.85

예제

문제. 지름이 2cm인 비누방울의 내·외부의 압력 차이는 얼마인가? (단, 비누방울의 표면장력 $T = 0.7 N/m$ 이다.)

해설 $T = \dfrac{Pr}{2} = \dfrac{P \times 0.01}{2} = 0.7$에서, $P = 140 N/m^2 = 140 Pa$

2) 모세관 현상

① 모세관에서 액체의 부착력과 응집력의 차이에 의해 발생
② **부착력 > 응집력** : 모세관 상승
③ **부착력 < 응집력** : 모세관 하강
④ 모세관 상승고

📖 원형 모세관

상승된 높이의 물의 자중 = 모세관 부착력
$\gamma \times V = T\cos\theta \times \pi d$이므로,
$\gamma \times (h \times \pi d^2/4) = T\cos\theta \times \pi d$에서,

모세관 상승고 $h = \dfrac{4T\cos\theta}{\gamma d}$

(θ : 모세관 내의 수면과 모세관벽의 접촉각)

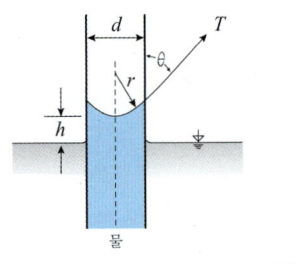
물

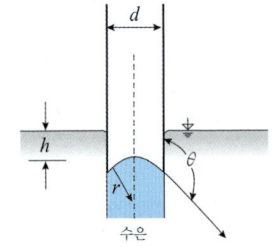
수은

📖 2중 평판

$\gamma \times (h \times d \times b) = T\cos\theta \times (2b)$에서,

모세관 상승고 $h = \dfrac{2T\cos\theta}{\gamma d}$

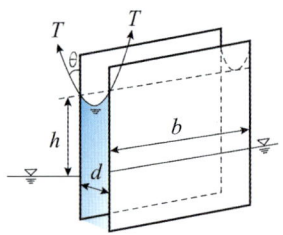

📖 원형 2중 모세관

$\gamma \times [h \times (\pi r_1^2 - \pi r_2^2)] = T\cos\theta(2\pi r_1 + 2\pi r_2)$에서,

모세관 상승고 $h = \dfrac{2T\cos\theta}{\gamma(r_1 - r_2)} = \dfrac{2T\cos\theta}{\gamma d}$

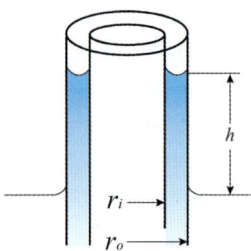

(r_1 : 외부반경, r_2 : 내부반경, $d = r_1 - r_2$: 두 반경의 차이)

주) 모세관이 수면에 연직이 아니더라도 연직으로 설치된 경우와 결과는 동일하다.

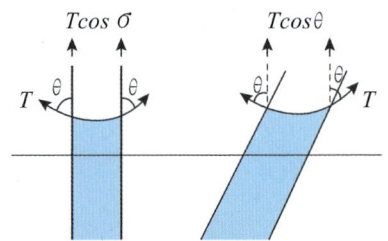

예제

문제. 직경이 2mm인 모세관을 수면에 수직으로 설치했을 때, 모세관 상승고는 얼마인가? (단, 물의 표면장력 $T=0.07N/m$, 모세관과 물의 접촉각 $\theta=0°$으로 한다.)

해설 $\gamma \times V = T\cos\theta \times \pi d$에서,

$$h = \frac{4T\cos\theta}{\gamma d} = \frac{4 \times 0.07 \times 1}{10^4 \times 2 \times 10^{-3}} = 0.014m = 14mm$$

예제

문제. 다음 그림과 같은 원형모세관에서, 상승높이 h는 얼마인가? (단, 모세관과 수면의 각도 $\alpha=80°$, 모세관의 접촉각 $\beta=50°$, 모세관의 직경 $d=1.4mm$, 물의 표면장력 $T=0.07N/m$로 한다.)

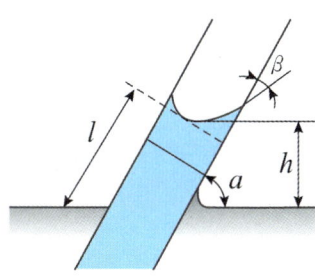

해설 표면장력의 연직분력을 구하기 위해서,
수직축에서 모세관이 기울어진 각도
$90 - \alpha = 90 - 80 = 10°$
따라서, 접촉각 $\theta = \beta + 10° = 50 + 10 = 60°$

$$h = \frac{4T\cos\theta}{\gamma d} = \frac{4 \times 0.07 \times 1/2}{10^4 \times 1.4 \times 10^{-3}} = 0.01m = 10mm$$

5 대기압

1) 대기압의 개념

① 지표면의 기압을 1기압
② 1기압 = 수은주 760mmHg, 수주 10.33m
($13.6 \times 0.76 = 10.33m$)

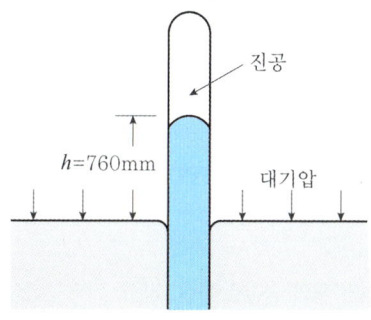

$1atm = \gamma_{Hg} \times h = (13.6 \times 9.8)kN/m^3 \times 0.76m$
$\qquad = 101.3kN/m^2 = 101.3kPa = 1013hPa$
$\qquad = 1.013 \times 10^5 N/m^2 = 1.013 bar$
$\qquad = 13.6 tf \times 0.76m = 10.33 tf/m^2$

참조
헥토 $h = 10^2$, $1bar = 10^5 Pa$

2) 절대압력

절대압력 = 대기압 + 계기압력 $(p = p_o + p_g)$

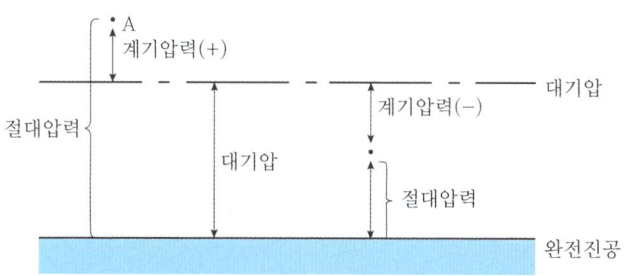

A : 계기압력이 (+)인 경우
B : 계기압력이 (−)인 경우

> **예제**
>
> **문제.** 계기압력이 진공압력(-)으로 $200mmHg$인 경우, 절대압력은 얼마인가? (단, 대기압력 $p_o = 101.3kN/m^2$이고, 수은의 단위중량 $\gamma_{Hg} = 130kN/m^3$이다.)
>
> **해설** 계기압력 $p_g = \gamma \times h = 130 \times 0.2 = 26kN/m^2$
> 따라서, 절대압력 $p = p_o + p_g = 101.3 - 26 = 75.3kN/m^2$

> **대표기출문제**
>
> **문제.** 일반적인 물의 성질로 틀린 것은?   2022년 1회, 3회
>
> ① 물의 비중은 기름의 비중보다 크다.
> ② 물은 일반적으로 완전유체로 취급한다.
> ③ 해수(海水)도 담수(淡水)와 같은 단위중량으로 취급한다.
> ④ 물의 밀도는 보통 1g/cc = 1,000kg/m³ = 1t/m³를 쓴다.
>
> **정답** ③
> **해설** 해수(海水)와 담수(淡水)의 밀도가 다르기 때문에 단위중량도 다르다.

> **대표기출문제**
>
> **문제.** 동점성계수와 비중이 각각 $0.0019m^2/s$와 1.2인 액체의 점성계수 μ는? (단, 물의 밀도는 $1,000kg/m^3$)   2021년 3회
>
> ① $0.19kgf.s/m^2$ ② $1.9kgf.s/m^2$
> ③ $0.23kgf.s/m^2$ ④ $2.3kgf.s/m^2$
>
> **정답** ③
> **해설** 동점성계수 $\nu = \dfrac{\mu}{\rho}$에서,
> $0.0019 = \dfrac{\mu}{1000 \times 1.2}$ 이므로,
> $\mu = 2.28 kg.s/m^2 = \dfrac{2.28}{9.8} kgf.s/m^2 = 0.233 kgf.s/m^2$

02 정수역학

1 정수압

1) 정수압의 개념
① 흐르지 않는 유체에 의한 압력
② 모든 방향에 대해서 동일한 압력(수심에 따라서 지배)

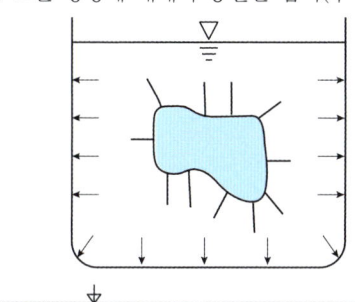

③ 면에 수직한 방향으로 작용

2) 수직 평면의 수압

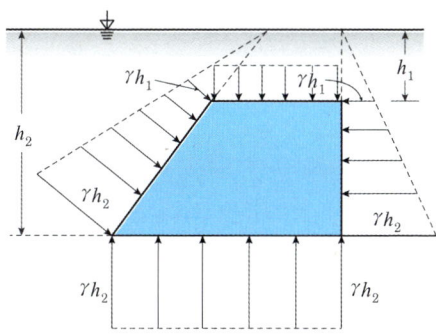

임의 위치에서의 수압 $p_i = \gamma h_i$
평균수압 $p_G = \gamma h_G$ (h_G : 도심거리)
전수압 $P = \gamma h_G \times A$
수압의 작용점 $h_c = \dfrac{I_x}{h_G A} = h_G + \dfrac{I_G}{h_G A}$

(I_G : 도심에 대한 단면2차모멘트, I_x : 수면에 대한 단면2차모멘트)

3) 연직 평면의 수압

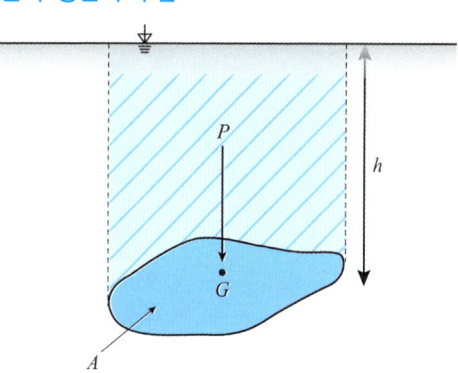

전수압 $P = \gamma \times V = \gamma h A$ (평면 윗부분의 물의 중량)

4) 경사 평면의 수압

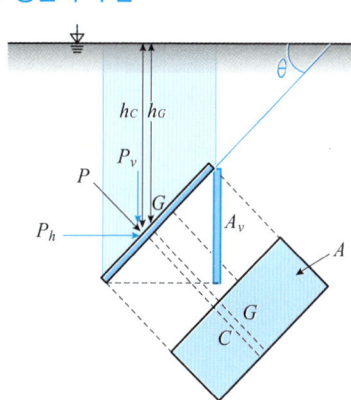

연직수압 P_v = 평판 윗부분에 해당하는 물의 중량(음영으로 표시된 부분)

수평수압 $P_h = \gamma h_G \times A_v$ (평판의 수직 투영면적에 대한 수압)

전수압 $P = \gamma h_G \times A = \sqrt{P_v^2 + P_h^2}$

전수압의 작용위치 $h_c = h_G + \dfrac{I_G \sin^2\theta}{h_G A} = h_G + \dfrac{I_{vG}}{h_G A_v}$

(I_{vG} : 수직 투영단면적 A_v의 도심에 대한 단면2차모멘트)

5) 곡면 평면의 수압

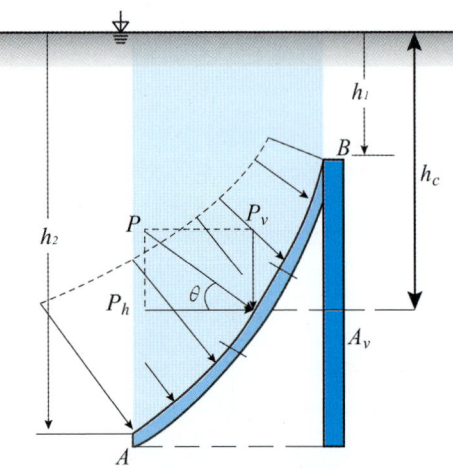

연직수압 P_v = 평판 윗부분에 해당하는 물의 중량(음영으로 표시된 부분)

수평수압 $P_h = \gamma h_G \times A_v$ (평판의 수직 투영면적에 대한 수압)

전수압 $P = \gamma h_G \times A = \sqrt{P_v^2 + P_h^2}$

전수압(수평수압)의 작용위치

$h_c = h_G + \dfrac{I_G \sin^2\theta}{h_G A} = h_G + \dfrac{I_{vG}}{h_G A_v}$

(I_{vG} : 수직 투영단면적 A_v의 도심에 대한 단면2차모멘트)

주) 중첩된 곡선 단면의 수직수압

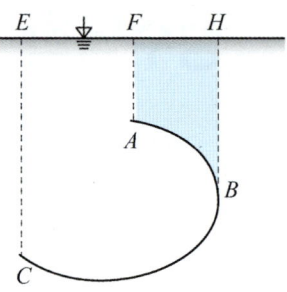

ABC면에 작용하는 수직수압 $P_v = \gamma \times$ (CBHE의 면적 − ABHF의 면적) ⇒ 중첩부분 상쇄

6) 2중 유체의 수평 수압

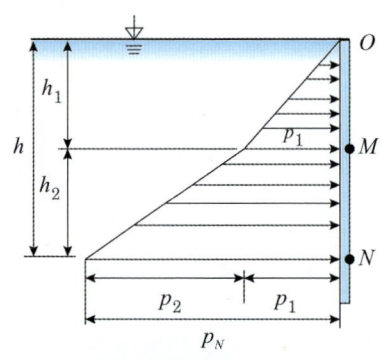

$p_1 = \gamma_1 h_1$, $p_2 = \gamma_2 h_2$, $p_N = p_1 + p_2$

총 합력 $P = \dfrac{1}{2}\gamma_1(h_1 + h_2)^2 + \dfrac{1}{2}(\gamma_2 - \gamma_1)h_2^2$

2 등가속을 받는 유체의 평형

1) 수평 등가속을 받는 경우

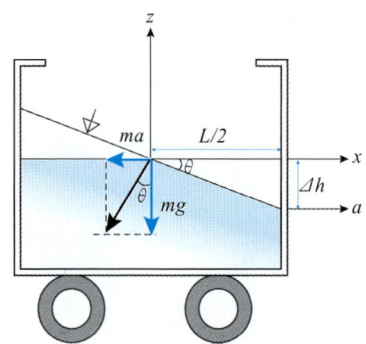

길이가 L인 용기가 수평등가속도 a로 이동

수면경사 $\theta = \dfrac{a}{g}$ ($\tan\theta = \dfrac{a}{g}$)

수위변화량 $\Delta h = \dfrac{a}{g} \times \dfrac{L}{2}$

수위만 변화 ⇒ 임의 위치의 수압

$p_i = \gamma h_i = \gamma(h_o + \Delta h_i) = \gamma(h_o \pm \dfrac{a}{g}x)$

(h_o : 용기 중심의 수심, 가속도 받기 전의 원래 수심)
(h_i : 임의 위치에서의 수심, Δh_i : 임의 위치에서의 수심 변화량, x : 용기중심에서 수평 변위)

2) 수직 등가속을 받는 경우

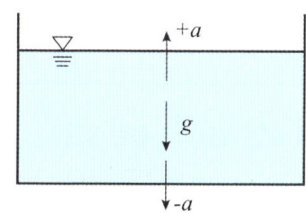

① 상향의 등가속 운동을 하는 수조

수압 $p = \rho g h + \rho a h = \rho g h (1 + \dfrac{a}{g}) = \gamma h (1 + \dfrac{a}{g})$

② 하향의 등가속 운동을 하는 수조

수압 $p = \rho g h - \rho a h = \rho g h (1 - \dfrac{a}{g}) = \gamma h (1 - \dfrac{a}{g})$

3) 회전 등속을 받는 경우

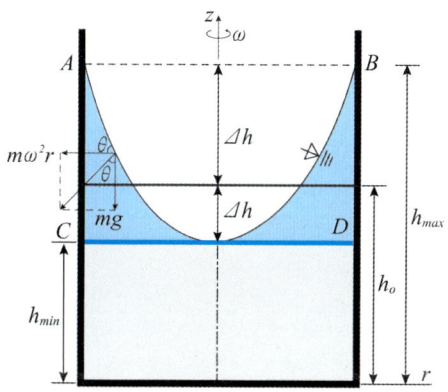

h_o : 회전 전의 수심, h_{min} : 회전에 의한 최저수심,
h_{max} : 회전에 의한 최대수심
ω : 회전각속도 $rad/\sec$

① **수심의 변화량** ($\Delta h = \dfrac{\omega^2}{4g}R^2$)

최대수심~최저수심 사이의 체적(ABCD의 체적)은 회전에 의한 수면선에 의해 2등분 된다.
또한, 그 값(2등분 된 값)은 원래수심~최저수심 사이의 물의 체적(회전 전의 물의 체적)과 같다.

따라서, $\dfrac{1}{2}\pi r^2 (h_{max} - h_{min}) = \pi r^2 (h_o - h_{min})$ 에서,

$h_{max} = 2h_o - h_{min}$

다시 정리하면, $h_{max} - h_{min} = 2(h_o - h_{min})$ 이므로, 회전 전의 원래수심을 기준으로, 최저수심으로 내려간 수심 Δh = 최대수심으로 올라간 수심 Δh

② **수면곡선 방정식**

임의 위치에서의 수심 $h_i = \dfrac{\omega^2}{2g}r^2 + h_{min}$

임의 위치에서의 수압 $p_i = \gamma h_i$ (수심에만 관계)

③ **회전에 따른 수압**

수조 측면이 받는 전수압 $P_h = \gamma h_{max,G} A_h = \gamma \times \dfrac{h_{max}}{2}$
$\times (h_{max} \times 2\pi R) = \gamma \pi R h_{max}^2$ 수조 하면이 받는 전수압
$P_v = \gamma h_o A = \gamma h_o \times \pi R^2$ (회전 전과 후의 차이가 없음)

> **예제**
>
> **문제.** 반경이 1m인 원통형 수조에 높이 4m까지 물이 채워져 있다. 이 수조를 회전 각속도 $\omega = 10\,rad/s$로 회전시킨다면, 수조 측벽이 받는 전수압은 얼마인가? (단, 물의 단위중량은 $10kN/m^3$, $\pi = 3$으로 한다.)
>
> **해설** 수위 변화량 $\Delta h = \dfrac{\omega^2}{4g}R^2 = \dfrac{10^2}{4 \times 10} \times 1^2 = 2.5m$
> 따라서, 최대 수심 $h_{max} = h_o + \Delta h = 4 + 2.5 = 6.5m$
> 측벽이 받는 전수압
> $P_h = \gamma h_{max,G} A_h = 10 \times \dfrac{6.5}{2} \times (2\pi \times 1 \times 6.5)$
> $= 1267.5 kN$

대표기출문제

문제. 탱크 속에 깊이 2m의 물과 그 위에 비중 0.85의 기름이 4m 들어있다. 탱크 바닥에서 받는 압력을 구한 값은? (단, 물의 단위중량은 9.81kN/m³이다.) 2021년 3회

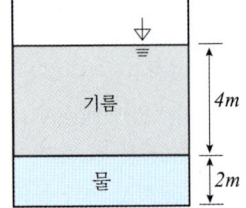

① 52.974kN/m² ② 53.974kN/m²
③ 54.974kN/m² ④ 55.974kN/m²

정답 ①
해설 $p = \Sigma\gamma h = 0.85 \times 9.81 \times 4 + 1 \times 9.81 \times 2$
$= 52.974 kN/m^2$

대표기출문제

문제. 유체 속에 잠긴 곡면에 작용하는 수평분력은? 2021년 2회

① 곡면에 의해 배재된 액체의 무게와 같다.
② 곡면의 중심에서의 압력과 면적의 곱과 같다.
③ 곡면의 연직상방에 실려 있는 액체의 무게와 같다.
④ 곡면을 연직면상에 투영하였을 때 생기는 투영면적에 작용하는 힘과 같다.

정답 ④

대표기출문제

문제. 액체 속에 잠겨 있는 경사평면에 작용하는 힘에 대한 설명으로 옳은 것은? 2021년 1회

① 경사각과 상관없다.
② 경사각에 직접 비례한다.
③ 경사각의 제곱에 비례한다.
④ 무게중심에서의 압력과 면적의 곱과 같다.

정답 ④

대표기출문제

문제. 정수역학에 관한 설명으로 틀린 것은? 2022년 1회

① 정수 중에는 전단응력이 발생된다.
② 정수 중에는 인장응력이 발생되지 않는다.
③ 정수압은 항상 벽면에 직각방향으로 작용한다.
④ 정수 중의 한 점에 작용하는 정수압은 모든 방향에서 균일하게 작용한다.

정답 ①
해설 정수 중에는 전단응력이 없다.

03 부체

1 부력의 개념

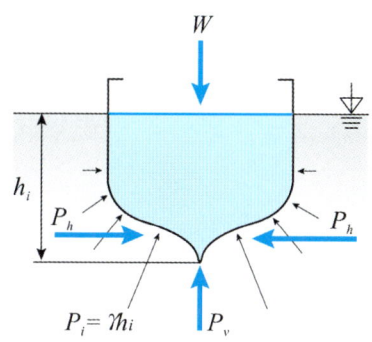

1) **정지상태에 있는 부체**

   부체가 받는 전수압 $P = \Sigma(\gamma h_i A_i)$

   전수압의 수평분력 P_h는 좌우에서 동일하므로, 서로 상쇄된다. (부체가 수평방향 이동이 없다고 가정)

   전수압의 수직분력 P_v = 부체의 잠긴 부분의 물의 중량과 동일 ($P_v = \gamma \times V_{sub}$) ⇒ 부력

   (V_{sub} : 물에 잠긴 부분의 체적, h_i : 임의 위치에서의 수심, γ : 물의 단위 중량)

   평형조건(부체가 정지상태)에 의해,
   물체의 자중 W = 수압의 수직분력 P_v

2) 깊이 잠길수록 부력은 커진다.

3) 부체의 중량과 부력이 동일해질 때까지 잠긴다.

2 부체의 안정

1) **부심** B : 물에 잠긴 부분의 중심(부력의 중심)
2) **무게중심** G : 부체의 무게중심
3) **경심** M : 부체가 기울어졌을 때의 부심 B'와 부체 무게중심선의 교점

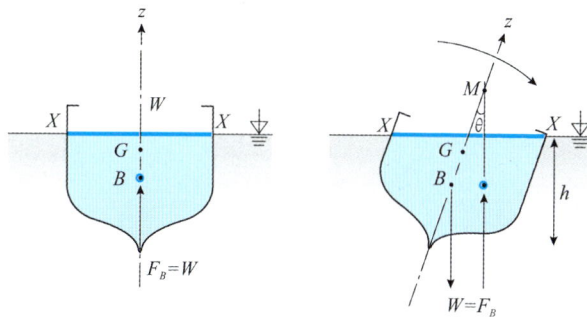

4) **경심고** $\overline{MG}$
5) **부양면** $X-X$: 부체가 수면과 만나는 면(기울어지기 전 상태)
6) **흘수** h : 잠긴 부분의 깊이(부체의 자중 W = 잠긴 부분의 해당하는 물의 중량)
7) **안정조건**

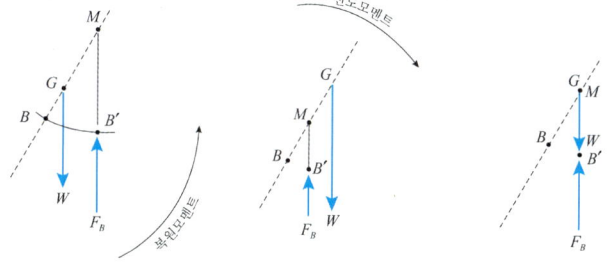

(a) 안정 (b) 불안정 (c) 중립상태

구분	안정	중립	불안정
경심고($\overline{MG}$)	$\overline{MG} > 0$	$\overline{MG} = 0$	$\overline{MG} < 0$
부심고($\overline{BG}$)	$\dfrac{I_y}{V} > \overline{BG}$	$\dfrac{I_y}{V} = \overline{BG}$	$\dfrac{I_y}{V} < \overline{BG}$

I_y : 부양면에 대한 단면2차모멘트

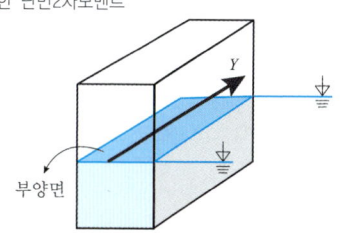

대표기출문제

문제. 비중이 0.9인 목재가 물에 떠 있다. 수면 위에 노출된 체적이 $1.0m^3$ 이라면 목재 전체의 체적은? (단, 물의 비중은 1.0 이다.)
2022년 1회

① $1.9m^3$ ② $2.0m^3$
③ $9.0m^3$ ④ $10.0m^3$

정답 ④
해설 잠긴부분 체적에 해당하는 물의 무게 = 물체의 전체 무게
$V_{sub} \times \gamma_w = V_{sub} \times 1 \times g = (V_{sub}+1) \times 0.9 \times g$
$V_{sub} = 0.9 V_{sub} + 0.9$ 이므로, $V_{sub} = 9m^3$
따라서, $V = V_{sub} + 1 = 9 + 1 = 10m^3$

대표기출문제

문제. 빙산의 비중이 0.92이고 바닷물의 비중은 1.025일 때 빙산이 바닷물 속에 잠겨있는 부분의 부피는 수면 위에 나와 있는 부분의 약 몇 배인가?
2021년 2회

① 0.8배 ② 4.8배
③ 8.8배 ④ 10.8배

정답 ③
해설 빙산이 바닷물에 잠긴부분 체적에 해당하는 바닷물의 무게
= 빙산 전체의 무게
전체 체적 V, 잠긴 부분의 체적 V_{sub}
수면 위의 체적 $= V - V_{sub}$
$V \times 0.92 = V_{sub} \times 1.025$
따라서, $V_{sub} = 0.898 V$ 이므로,
수면 위의 체적 $= 0.102 V$
비율 $= \dfrac{0.898}{0.102} = 8.8$

대표기출문제

문제. 부력의 원리를 이용하여 그림과 같이 바닷물 위에 떠 있는 빙산의 전 체적을 구한 값은?
2021년 1회

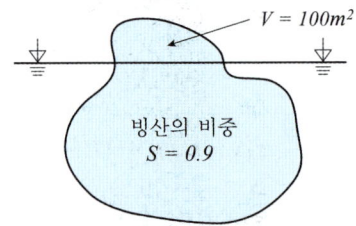

① $550m^3$ ② $890m^3$
③ $1,000m^3$ ④ $1,100m^3$

정답 ①
해설 잠긴 부분의 체적 V_{sub}로 하면, 전 체적 $V = V_{sub} + 100$
빙산의 총 무게 = 잠긴 부분에 해당하는 해수의 무게
$0.9g \times (V_{sub} + 100) = 1.1g \times V_{sub}$ 에서,
$V_{sub} = 450m^3$
따라서, 전 체적 $V = 450 + 100 = 550m^3$

대표기출문제

문제. 중량이 600N, 비중이 3.0인 물체를 물(담수) 속에 넣었을 때 물 속에서의 중량은?
2021년 1회

① 100N ② 200N
③ 300N ④ 400N

정답 ④
해설 잠긴 부분의 물의 중량만큼 물체의 중량은 감소한다.
물체의 전체가 잠겨 있으므로,
$W = \gamma V = 30 \times V = 600$ 에서, $V = 20$
$W = (\gamma - \gamma_w)V = (30 - 10) = 20V = 400N$

02
PART
동수역학 및 관수로

04. 물의 흐름 종류와 연속방정식
05. 운동량 보존법칙과 관로의 분기
06. 에너지 보존법칙(베르누이 정리)
07. 수두손실과 관망
08. 펌프
09. 항력

CHAPTER 04 물의 흐름 종류와 연속방정식

1 유체의 분류

① **점성의 유무** : 점성유체, 비점성유체
② **체적의 변화** : 압축성 유체, 비압축성 유체
③ **뉴튼(Newton)유체** : 점성에 의한 전단응력과 유속이 선형으로 비례하는 유체
④ **이상(ideal)유체, 완전유체** : 비점성, 비압축성 유체

2 흐름의 분류

1) 시간에 따른 구분

① **정류(정상류, Steady Flow)**
일정의 위치에 대해, 시간에 따라서 흐름의 특성이 변하지 않는 경우

$$\frac{\partial Q}{\partial t} = \frac{\partial V}{\partial t} = \frac{\partial \gamma}{\partial t} = 0$$

Q : 유량, V : 유속, γ : 단위중량

② **부정류(비정상류, Unsteady Flow)**
일정의 위치에 대해, 시간에 따라서 흐름의 특성이 변하는 경우

$$\frac{\partial Q}{\partial t} \neq \frac{\partial V}{\partial t} \neq \frac{\partial \gamma}{\partial t} \neq 0$$

• 일반적으로, 수리학에서는 정류인 경우를 다룬다.

2) 공간에 따른 구분

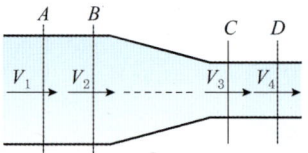

• A~B, C~D : 등류
• B~C : 부등류

① **등류**
일정의 시간에 대해, 위치에 따라서 흐름의 특성이 변하지 않는 경우

$$\frac{\partial Q}{\partial l} = \frac{\partial V}{\partial l} = \frac{\partial \gamma}{\partial l} = 0$$

• 일반적으로, 유수단면적이 변하지 않는 경우가 등류이다.

② **부등류**
일정의 시간에 대해, 위치에 따라서 흐름의 특성이 변하는 경우

$$\frac{\partial Q}{\partial l} \neq \frac{\partial V}{\partial l} \neq \frac{\partial \gamma}{\partial l} \neq 0$$

3) 유체특성에 따른 구분

① **이상유체** : 비점성, 비압축성 유체
② **압축성 유체**
③ **점성유체**
• 층류 : 물 입자의 흐름이 선형
• 난류 : 물 입자의 흐름이 비선형, 불규칙적

④ 비점성 유체

물은 약간의 압축성이 있지만, 이 값이 미소하여 무시해도 흐름의 해석에는 영향이 없다. 따라서, 일반적으로 수리학에서는 비압축성 유체에 대해서 다룬다.

4) 흐름의 차원에 따른 구분

① 1차원 흐름

흐름의 방향이 1방향인 경우

② 2차원 흐름

흐름의 방향이 2방향인 경우

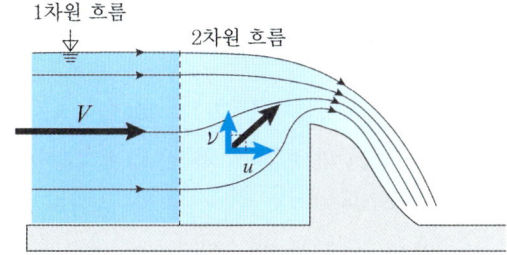

5) 회전에 따른 구분

① 회전류

$$\frac{\partial u}{\partial y} \neq \frac{\partial v}{\partial x}, \quad \frac{\partial u}{\partial z} \neq \frac{\partial \omega}{\partial x}, \quad \frac{\partial v}{\partial z} \neq \frac{\partial \omega}{\partial y}$$

② 비회전류

$$\frac{\partial u}{\partial y} = \frac{\partial v}{\partial x}, \quad \frac{\partial u}{\partial z} = \frac{\partial \omega}{\partial x}, \quad \frac{\partial v}{\partial z} = \frac{\partial \omega}{\partial y}$$

3 유선과 유적선

1) 유선(Stream Line)과 유적선(Path Line)의 비교

① 유선 : 유속의 방향선

유선 방정식 $\dfrac{dx}{u} = \dfrac{dy}{v} = \dfrac{dz}{\omega}$

u : X축 방향 속도벡터, v : Y축 방향 속도벡터,
ω : Z축 방향 속도벡터

② 유적선 : 유체의 흐름 중, 시간의 경과에 따라 1개 입자의 이동경로를 이은 선

유적선 방정식 $\dfrac{dx}{u} = \dfrac{dy}{v} = \dfrac{dz}{\omega} = dt$

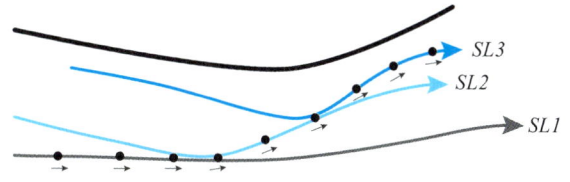

- 유체 한 입자는 유선 SL1에서 SL2로, 다시 SL3를 따라서 이동
- 유체 한 입자는 반드시 유선을 따라서만 흐르며, 유선을 가로지르지 않는다.
- 유체 입자는 유선을 따라서 흐르지만, 반드시 하나의 유선만 통해서 이동하지 않을 수 있다.

③ 정류에서는 유선과 유적선은 일치
④ 유선이 시간에 따라 변화될 수 있으므로, 유선과 유적선은 반드시 일치하지 않는다.
⑤ 유선 : 고정된 위치의 관찰자 입장에서 유체의 흐름을 이해(오일러 관점)
⑥ 유적선 : 이동하는 유체 입장에서 흐름을 이해(라그랑지 관점)

예제

문제. 어떤 유체의 흐름에 대해서, 각 방향에 대한 속도벡터가 다음과 같을 때 유선 방정식을 구하시오.

$$u = \frac{2}{x}, \quad v = -\frac{1}{y}, \quad \omega = 0$$

해설 $\dfrac{dx}{u} = \dfrac{x}{2}dx = \dfrac{dy}{v} = -ydy$ 이므로, 이를 적분하면,

$\dfrac{x^2}{4} = -\dfrac{y^2}{2} + C$ 에서, $x^2 + 2y^2 = C$

2) 유관(Stream tube)

유선에 의해 형성된 가상의 관

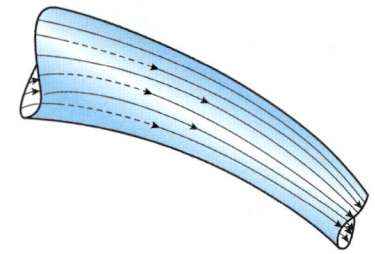

4 유체 흐름의 지배방정식

1) 개요

① **질량보존법칙**

정류에서, 어느 위치에서나 단위시간당 흐르는 물의 질량은 일정하다.

임의 위치에서의 질량 $M_i = \rho_i Q_i = \rho_i A_i V_i$ (하나의 흐름에 대해 질량은 변화없음)

또는, $\dfrac{\partial \rho u}{\partial x} + \dfrac{\partial \rho v}{\partial y} + \dfrac{\partial \rho \omega}{\partial z} = 0$ (3차원 흐름)

비압축성 유체라고 가정하면,

연속방정식 $Q_i = A_i V_i = const.$ (정류, 비압축성)

또는, $\dfrac{\partial u}{\partial x} + \dfrac{\partial v}{\partial y} + \dfrac{\partial \omega}{\partial z} = 0$ (3차원 흐름)

구분	정류(시간 요소 없음)	부정류
압축성	$\dfrac{\partial \rho u}{\partial x} + \dfrac{\partial \rho v}{\partial y} + \dfrac{\partial \rho \omega}{\partial z} = 0$	$\dfrac{\partial \rho u}{\partial x} + \dfrac{\partial \rho v}{\partial y} + \dfrac{\partial \rho \omega}{\partial z} + \dfrac{\partial \rho}{\partial t} = 0$ (일반식)
비압축성 (밀도 요소 없음)	$\dfrac{\partial u}{\partial x} + \dfrac{\partial v}{\partial y} + \dfrac{\partial \omega}{\partial z} = 0$	$\dfrac{\partial u}{\partial x} + \dfrac{\partial v}{\partial y} + \dfrac{\partial \omega}{\partial z} + \dfrac{\partial \rho}{\partial t} = 0$

② **운동량보존법칙**

1차원 물의 흐름에 대해, 뉴튼(Newton) 제2법칙 $F = ma$ 을 적용하여 해석

운동량 방정식 $F = ma = m\Delta V = \rho Q \Delta V = \rho Q(V_2 - V_1)$

③ **에너지보존법칙**

정류흐름에서, 오일러 운동방정식을 적분하여 단위중량당 에너지 식으로 유도

베르누이 정리 $\dfrac{V_i^2}{2g} + \dfrac{p_i}{\gamma_i} + z_i = const.$

2) 연속방정식

① **유속분포와 유량**

관벽과 유체의 마찰로 인해, 통수단면의 가장자리의 유속이 느리고, 단면 중앙부의 유속이 가장 빠르다.

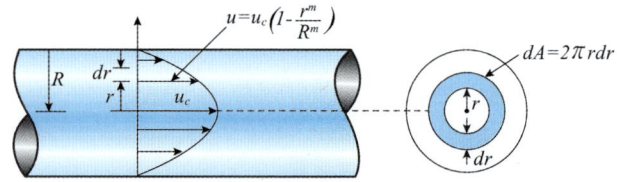

일반적인 유속분포 $u = u_c\left(1 - \dfrac{r^m}{R^m}\right)$

(u_c : 통수단면 중앙부의 최대유속, R : 단면의 반경, r : 임의 위치)

미소 단면의 유량 $dQ = udA = u \times (2\pi r) dr$ 이므로,

$$Q = \int_0^R u_c\left(1 - \dfrac{r^m}{R^m}\right) 2\pi r dr = 2\pi u_c \times \int_0^R \left(r - \dfrac{r^{m+1}}{R^m}\right) dr$$
$$= 2\pi r u_c \times \left[\dfrac{r^2}{2} - \dfrac{1}{m+2}\dfrac{r^{m+2}}{R^m}\right]_0^R = \pi u_c R^2 \dfrac{m}{m+2}$$

예제

문제. 원형관 내 유속 u의 분포가 다음과 같을 때, 유량은?
(단, R은 관의 반경, u_c는 관 중심에서의 유속, r은 관 중심축으로부터 방사 방향의 좌표이다)

$$u = u_c\left(1 - \dfrac{r}{R}\right)$$

해설 원의 면적 $A = \int_0^R (2\pi r) dr$

$Q = AV = \int_0^R \left[(2\pi r) \times u_c\left(1 - \dfrac{r}{R}\right)\right] dr$
$= 2\pi u_c \times \int_0^R \left(r - \dfrac{r^2}{R}\right) dr = 2\pi u_c \left[\dfrac{r^2}{2} - \dfrac{r^3}{3R}\right]_0^{R_0}$
$= 2\pi u_c \dfrac{R^2}{6} = \dfrac{1}{3}\pi u_c R^2$

② 변단면 수로

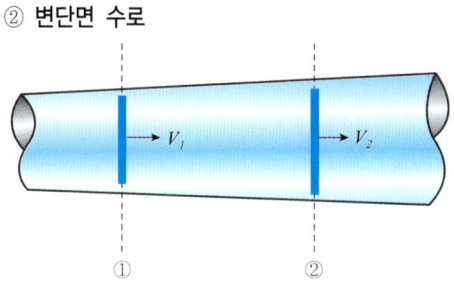

비압축성 유체 $Q = A_1 V_1 = A_2 V_2$

예제

문제. 다음 그림과 같은 원형 단면의 관수로에서, 유입부의 유속 분포 $V_1 = 5(1 - \dfrac{r^3}{R_1^3})$이다. 유출부의 유속 V_2는 얼마인가? (단, 유입부의 직경 $d_1 = 400mm$, 유출부의 직경 $d_2 = 200mm$이고, 정류의 비압축성 유체로 모든 손실은 무시한다.)

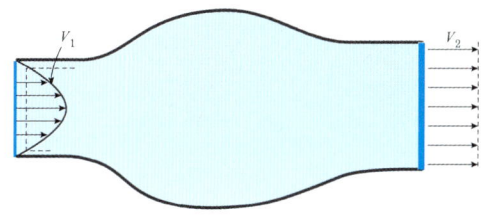

해설 연속방정식

$$Q_1 = A_1 V_1 = \int_0^{R_1} 5(1 - \dfrac{r^3}{R_1^3}) 2\pi r dr$$
$$= 10\pi \int_0^{R_1} (r - \dfrac{r^4}{R_1^3}) dr = 10\pi [\dfrac{r^2}{2} - \dfrac{r^5}{5R_1^3}]_0^{0.2}$$
$$= 10\pi (0.2^2/2 - 0.2^5/(5 \times 0.2^3)) = 0.12\pi m^3/s$$
$Q_1 = Q_2 = A_2 V_2 = \pi \times 0.1^2 \times V_2 = 0.12\pi$ 이므로,
$V_2 = 12 m/s$

③ 다중 유출입

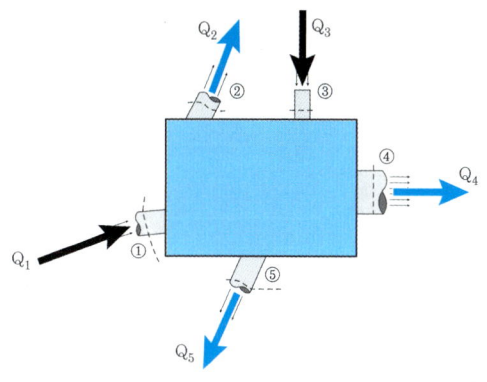

$\rho_1 Q_1 + \rho_3 Q_3 = \rho_2 Q_2 + \rho_4 Q_4 + \rho_5 Q_5$에서, 비압축 유체라고 가정하면 다음과 같다.
$Q_1 + Q_3 = Q_2 + Q_4 + Q_5$

예제

문제. 다음 그림과 같은 분기관에서 유속 V_3는 얼마인가? (단, 정류이고 비압축성 유체로 모든 손실은 없는 것으로 한다. 각 관의 직경은 $d_1 = 200mm$, $d_2 = 200mm$, $d_3 = 100mm$이다.)

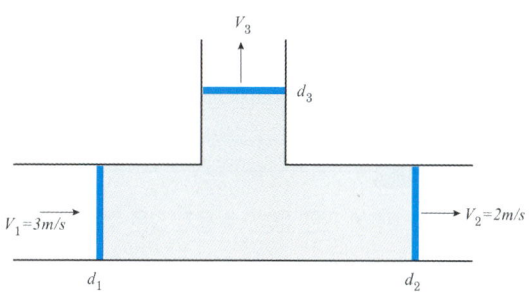

해설 연속방정식 $Q = AV = A_1 V_1 = A_2 V_2 + A_3 V_3$이므로,
$\pi r_1^2 V_1 = \pi r_2^2 V_2 + \pi r_3^2 V_3$에서,
$r_1^2 V_1 = r_2^2 V_2 + r_3^2 V_3$이므로,
$100^2 \times 3 = 100^2 \times 2 + 50^2 V_3$에서,
$100^2/50^2 = V_3 = 4 m/s$

대표기출문제

문제. 흐르는 유체 속의 한 점(x, y, z)의 각 측방향의 속도성분을 (u, v, w)라 하고 밀도를 ρ, 시간을 t로 표시할 때 가장 일반적인 경우의 연속방정식은? 2022년 1회

① $\dfrac{\partial \rho u}{\partial x}+\dfrac{\partial \rho v}{\partial y}+\dfrac{\partial \rho w}{\partial z}=0$

② $\dfrac{\partial u}{\partial x}+\dfrac{\partial v}{\partial y}+\dfrac{\partial w}{\partial z}=0$

③ $\dfrac{\partial u}{\partial x}+\dfrac{\partial v}{\partial y}+\dfrac{\partial w}{\partial z}+\dfrac{\partial \rho}{\partial t}=0$

④ $\dfrac{\partial \rho u}{\partial x}+\dfrac{\partial \rho v}{\partial y}+\dfrac{\partial \rho w}{\partial z}+\dfrac{\partial \rho}{\partial t}=0$

정답 ④

해설
압축성 정류 $\dfrac{\partial \rho u}{\partial x}+\dfrac{\partial \rho v}{\partial y}+\dfrac{\partial \rho w}{\partial z}=0$

압축성 부정류 $\dfrac{\partial \rho u}{\partial x}+\dfrac{\partial \rho v}{\partial y}+\dfrac{\partial \rho w}{\partial z}+\dfrac{\partial \rho}{\partial t}=0$ (일반식)

비압축성 정류 $\dfrac{\partial u}{\partial x}+\dfrac{\partial v}{\partial y}+\dfrac{\partial w}{\partial z}=0$

비압축성 부정류 $\dfrac{\partial u}{\partial x}+\dfrac{\partial v}{\partial y}+\dfrac{\partial w}{\partial z}+\dfrac{\partial \rho}{\partial t}=0$

정류 : 시간에 따른 변화없음
비압축성 : 밀도에 따른 변화없음

대표기출문제

문제. 유체의 흐름에 관한 설명으로 옳지 않은 것은? 2021년 2회

① 유체의 입자가 흐르는 경로를 유적선이라 한다.
② 부정류(不定流)에서는 유선이 시간에 따라 변화한다.
③ 정상류(定常流)에서는 하나의 유선이 다른 유선과 교차하게 된다.
④ 점성이나 압축성을 완전히 무시하고 밀도가 일정한 이상적인 유체를 완전유체라 한다.

정답 ③

해설 정상류(定常流)에서는 하나의 유선이 다른 유선과 교차되지 않는다.

대표기출문제

문제. 비압축성 이상유체에 대한 아래 내용 중 ( ) 안에 들어갈 알맞은 말은? 2021년 2회

> 비압축성 이상유체는 압력 및 온도에 따른 ( )의 변화가 미소하여 이를 무시할 수 있다.

① 밀도   ② 비중
③ 속도   ④ 점성

정답 ①

대표기출문제

문제. 지름 1m의 원통 수조에서 지름 2cm의 관으로 물이 유출되고 있다. 관내의 유속이 2.0m/s일 때, 수조의 수면이 저하되는 속도는? 2021년 2회

① 0.3cm/s   ② 0.4cm/s
③ 0.06cm/s   ④ 0.08cm/s

정답 ④

해설 $Q=AV$에서,
$\pi \times 0.01^2 \times 2 = \pi \times 0.5^2 \times V_1$ 이므로,
$V_1 = 0.8mm/s = 0.08cm/s$

대표기출문제

문제. 유속 3m/s로 매초 100L의 물이 흐르게 하는데 필요한 관의 지름은? 2021년 1회

① 153mm   ② 206mm
③ 265mm   ④ 312mm

정답 ②

해설 $Q=AV=100\times 10^{-3}=\dfrac{\pi d^2}{4}\times 3$에서, $d=0.206m$

참조
$1m^3 = 10^3 L$

05 CHAPTER 운동량 보존법칙과 관로의 분기

1 운동량 보존 법칙

① 분류에 의한 수직 평판의 반력

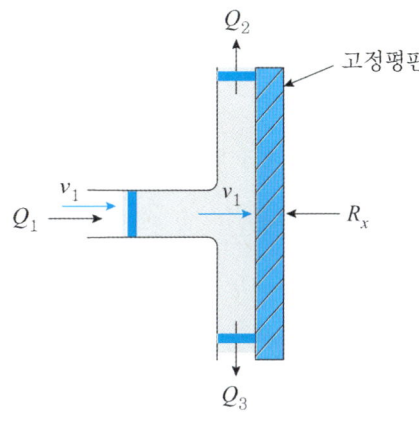

연속방정식에 의해, $Q_1 = Q_2 + Q_3$

$F = m\Delta V = \rho Q_1(V_1' - V_1) = \rho Q_1 V_1 = R_x$

(수직 평판에 충돌하여 x축 방향 유속 $V_1' = 0$)

② 분류에 의한 고정 경사평판의 반력

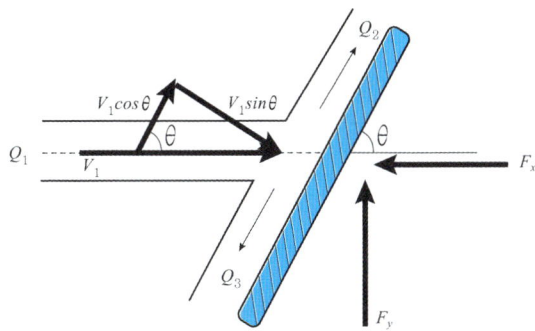

$Q_2 = \dfrac{Q_1}{2}(1+\cos\theta)$, $Q_3 = \dfrac{Q_1}{2}(1-\cos\theta)$

연속방정식에서, $Q_1 = Q_2 + Q_3$

$F = m\Delta V = \rho Q(0 - V\sin\theta) = \rho QV\sin\theta$

(경사평판에 수직한 방향의 힘)

$F_x = F\sin\theta = \rho QV\sin^2\theta$
$F_y = F\cos\theta = \rho QV\sin\theta\cos\theta$

③ 고정된 곡선 경사판의 반력

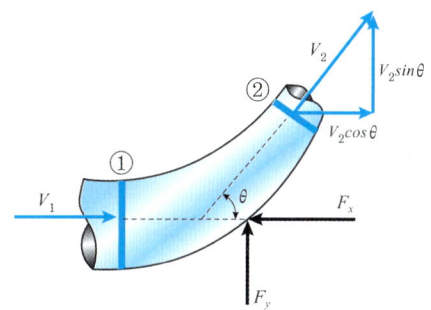

연속방정식에서, $Q = A_1 V_1 = A_2 V_2$

$F_x = m\Delta V = \rho Q(V_2\cos\theta - V_1)$

$F_y = m\Delta V = \rho Q(V_2\sin\theta - 0)$

$F = \sqrt{F_x^2 + F_y^2}$

④ 이동 평판의 반력

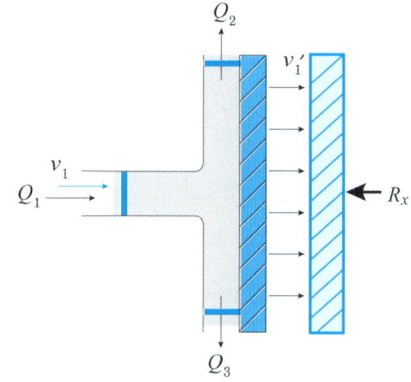

연속방정식에 의해, $Q_1 = Q_2 + Q_3$

$F = m\Delta V = \rho Q_1(V_1' - V_1) = R_x$

(수직 평판이 이동하여 x축 방향 유속 $V_1' \neq 0$)

대표기출문제

문제. 1차원 정류흐름에서 단위시간에 대한 운동량 방정식은? (단, F: 힘, m: 질량, V_1: 초속도, V_2: 종속도, △t: 시간의 변화량, S: 변위, W: 물체의 중량)

2021년 3회

① $F = W \cdot S$
② $F = m \cdot \Delta t$
③ $F = m(V_2-V_1)/S$
④ $F = m(V_2-V_1)$

정답 ④
해설 운동량 $F = m\Delta V = m(V_2 - V_1)$

대표기출문제

문제. 물이 유량 Q = 0.06m³/s로 60°의 경사평면에 충돌할 때 충돌 후의 유량 Q_1, Q_2는? (단, 에너지 손실과 평면의 마찰은 없다고 가정하고 기타 조건은 일정하다.)

2021년 3회

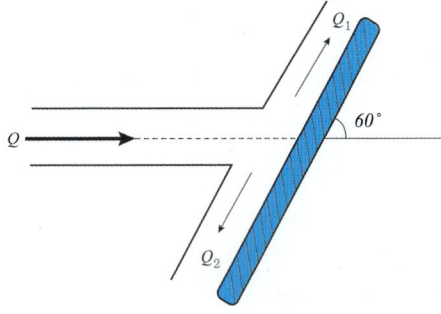

① Q_1: 0.03m³/s, Q_2: 0.03m³/s
② Q_1: 0.035m³/s, Q_2: 0.025m³/s
③ Q_1: 0.040m³/s, Q_2: 0.020m³/s
④ Q_1: 0.045m³/s, Q_2: 0.015m³/s

정답 ④
해설
$Q_1 = \dfrac{Q}{2}(1+\cos\theta) = \dfrac{0.06}{2}(1+\cos 60°) = 0.045 m^3/s$

$Q_2 = \dfrac{Q}{2}(1-\cos\theta) = \dfrac{0.06}{2}(1-\cos 60°) = 0.015 m^3/s$

06 에너지 보존법칙(베르누이 정리)

1 에너지 보존법칙

① 베르누이 정리(Bernoulli's Theorem)

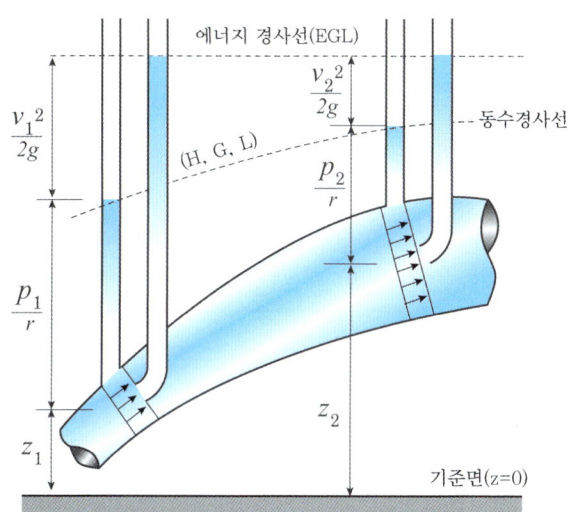

$$H_1 = \frac{V_1^2}{2g} + \frac{p_1}{\gamma} + z_1 = H_2 = \frac{V_2^2}{2g} + \frac{p_2}{\gamma} + z_2$$

$\dfrac{V^2}{2g}$: 속도수두, $\dfrac{p}{\gamma}$: 압력수두, z : 위치수두

- 정류, 비압축성, 비점성인 이상유체에서 성립
- 하나의 유선에서의 에너지는 일정

② 손실을 고려한 베르누이 정리

$$H_1 = \frac{V_1^2}{2g} + \frac{p_1}{\gamma} + z_1 = H_2 = \frac{V_2^2}{2g} + \frac{p_2}{\gamma} + z_2 + h_L$$

h_L : 손실수두

예제

문제. 다음 그림의 경사관에서, 유량 $Q=0.2\pi m^3/s$의 물이 흐르고 있다. 이때, 압력 p_2는 얼마인가? (단, $d_1=200mm$, $d_2=400mm$, $z_1=2m$, $z_2=8m$, $p_1=100kPa$, 손실수두 $h_L=2.75m$, 중력가속도 $g=10m/s^2$으로 한다.)

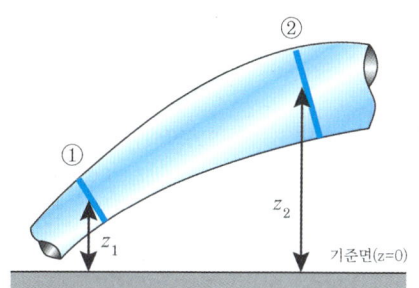

해설 연속방정식에서,
$Q = A_1 V_1 = A_2 V_2$에서,
$0.2\pi = \pi \times 0.1^2 \times V_1 = \pi \times 0.2^2 \times V_2$이므로,
$V_1 = 20m/s$, $V_2 = 5m/s$

베르누이 정리에서,
$\dfrac{V_1^2}{2g} + \dfrac{p_1}{\gamma} + z_1 = \dfrac{V_2^2}{2g} + \dfrac{p_2}{\gamma} + z_2 + h_L$에서,
$\dfrac{20^2}{2 \times 10} + \dfrac{100}{10} + 2 = \dfrac{5^2}{2 \times 10} + \dfrac{p_2}{10} + 8 + 2.75$이므로,
따라서, $p_2 = 200kPa$

③ 수평 노즐의 흐름

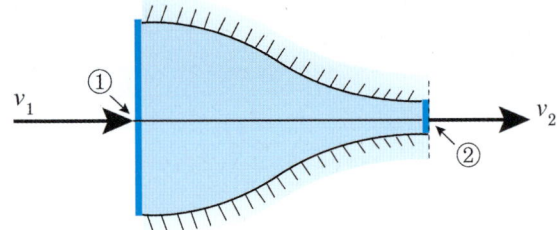

베르누이 정리에서,

$$H_1 = \frac{V_1^2}{2g} + \frac{p_1}{\gamma} + z_1 = H_2 = \frac{V_2^2}{2g} + \frac{p_2}{\gamma} + z_2$$에서,

수평상태이므로 $z_1 = z_2$
또한, 위치 ②에서 물이 분출되어 대기압을 받기 때문에, $p_2 = 0$

따라서, $\frac{V_1^2}{2g} + \frac{p_1}{\gamma} = \frac{V_2^2}{2g}$

예제

문제. $Q = 2m^3/s$의 유량이 흐르는 관수로 끝단의 노즐을 통해 물이 분출되고 있다. 이 관수로가 받는 압력 $p = 150kPa$이라고 한다면, 노즐을 통해 분출되는 유속은 얼마인가? (단, 관수로의 통수단면적 $A = 0.2m^2$이고, 중력가속도 $g = 10m/s^2$이며, 모든 손실은 무시한다.)

해설 $Q = AV = 2 = 0.2 \times V_1$에서, $V_1 = 10m/s$

$\frac{V_1^2}{2g} + \frac{p_1}{\gamma} = \frac{V_2^2}{2g}$에서, $\frac{10^2}{2 \times 10} + \frac{150}{10} = \frac{V_2^2}{2 \times 10}$이므로,

$V_2 = 20m/s$

④ 작은 오리피스

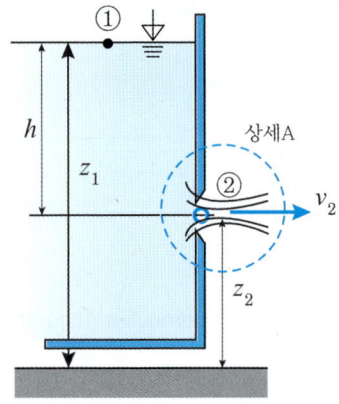

위치 ①과 위치 ②에 대해,

$$H_1 = \frac{V_1^2}{2g} + \frac{p_1}{\gamma} + z_1 = H_2 = \frac{V_2^2}{2g} + \frac{p_2}{\gamma} + z_2$$에서,

대기압이므로 $p_1 = p_2 = 0$이고, $V_1 << V_2$라고 가정한다면 $V_1 = 0$라고 할 수 있다.

> **참조**
> $V_1 = 0$로 가정할 수 없는 경우 = 유출구가 큰 경우 ⇒ 큰 오리피스

따라서, $z_1 = \frac{V_2^2}{2g} + z_2$에서, $V_2^2 = 2g(z_1 - z_2) = 2gh$

이므로, 오리피스를 통해 방출되는 유속 $V_2 = \sqrt{2gh}$
(토리첼리 Torricelli의 정리)

V_2 : 이론적인 유속
$V_2' = C_v V_2$: 실제유속
(C_v 유속계수, 오리피스를 통과한 유체는 주변 공기 등의 영향으로 이론유속 V_2보다는 감소)

상세A에서,

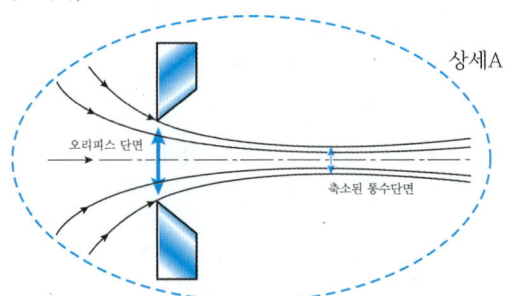

오리피스를 통과한 유체는 유출구 직경의 수 배 이격한 위치에서 통수단면적이 축소된다.

감소된 통수단면적 $A_2' = C_c A_2$ (C_c : 수축계수)

실제유량

$Q = AV = C_c A_2 \times C_v V_2 = C_c C_v A_2 V_2 = C_d A_2 V_2$

(C_d : 유량계수)

> **예제**
>
> **문제.** 대형수조에서 수심 $h = 5m$인 위치의 측면에 단면적 $A = 0.001 m^2$인 구멍이 있다. 이 오리피스를 통해 유출되는 물의 실제유속과 실제유량을 구하시오. (단, 중력가속도 $g = 10 m/s^2$, 수축계수 $C_c = 0.9$, 유속계수 $C_v = 0.8$이다.)
>
> **해설**
> $V_2 = \sqrt{2gh} = \sqrt{2 \times 10 \times 5} = 10 m/s$
> $V_2' = C_v V_2 = 0.8 \times 10 = 8 m/s$
> $Q = C_d AV = C_c C_v AV = 0.9 \times 0.8 \times 0.001 \times 10$
> $\quad = 0.0072 m^3/s$

⑤ 피토관(Pitot Tube, 관내 유속측정)

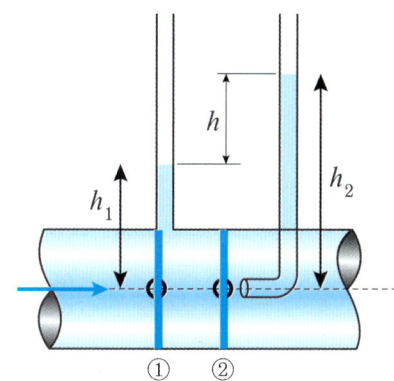

수평선 상의 위치 ①과 위치 ②에 대해서,

h_1은 위치 ①에서 압력이 에너지 수두로 표현된 것이다.

($h_1 = \dfrac{p}{\gamma}$)

마찬가지로, $h_2 = \dfrac{p_2}{\gamma}$

위치 ②의 바로 앞에서는 유속 $V_2 = 0$라고 둘 수 있다. (정체상태)

따라서, 에너지 보존법칙에 의해,

$\dfrac{V_1^2}{2g} + \dfrac{p_1}{\gamma} + z_1 = \dfrac{V_2^2}{2g} + \dfrac{p_2}{\gamma} + z_2$에서,

$V_2 = 0$, $z_1 = z_2$, $h_1 = \dfrac{p}{\gamma}$, $h_2 = \dfrac{p_2}{\gamma}$를 대입하면,

$\dfrac{V_1^2}{2g} + h_1 = h_2$

즉, 두 위치의 수두차이는 유속에 의한 수두로 볼 수 있다.

따라서, $\dfrac{V_1^2}{2g} = h_2 - h_1 = h$에서, $V = \sqrt{2gh}$

> **예제**
>
> **문제.** 등류인 관수로에서, 관의 중심에 피토관을 설치하였다. 피토관의 수두차이 $h = 0.02 m$인 경우, 유속은 얼마인가? (단, 중력가속도 $g = 10 m/s^2$으로 한다.)
>
> **해설** $V = \sqrt{2gh} = \sqrt{2 \times 10 \times 0.02} = \dfrac{\sqrt{10}}{5} m/s$

> **참조**
>
> **정체압력**
>
> 에너지 수두 $H = \dfrac{V^2}{2g} + \dfrac{p}{\gamma} + z$에 γ를 곱하면,
>
> 총압력(정체압력) $\dfrac{\rho V^2}{2} + p$로 둘 수 있다. (관수로에서 γz는 무시한다.)
>
> $\dfrac{\rho V^2}{2}$: 유속에 의한 압력(동수압), p : 정지상태의 수압(정수압), γz : 수심에 따른 압력(위치압력)

> **참조**
>
> 두 압력수두의 차이가 다른 유체에 의한 경우
>
> $$V = \sqrt{2gh\Delta\rho}$$

예제

문제. 다음 그림과 같은 등류의 관수로에, 수은이 든 U자형 피토관을 설치하였다. 수은의 수두차이 $h = 0.05m$일 때, 관내 유속은 얼마인가? (단, 수은의 비중은 13, 중력가속도 $g = 10m/s^2$으로 한다.)

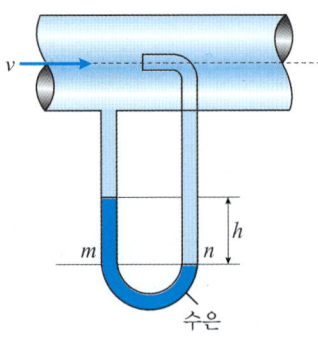

해설 압력수두의 차이 = 속도수두이므로,
관의 중심~수은의 최상단까지의 거리를 h_1이라 두면,
압력의 차이
$(\gamma_w h_1 + \gamma_s h) - [\gamma_w(h_1 + h)] = h(\gamma_s - \gamma_w)$에서,
γ_w를 양변에 약분하면,
압력수두 차이
$\dfrac{\Delta P}{\gamma_w} = (h_1 + \dfrac{\gamma_s}{\gamma_w}h) - (h_1 + h) = h \times (\dfrac{\gamma_s}{\gamma_w} - 1) = h\Delta\rho$
$V = \sqrt{2gh\Delta\rho} = \sqrt{2 \times 10 \times 0.05 \times (13-1)} = 2\sqrt{3}\,m/s$

⑥ 벤추리미터(Venturimeter, 관내 유량측정)

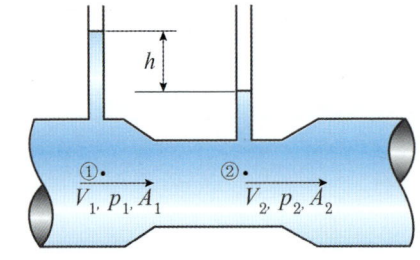

$\dfrac{V_1^2}{2g} + \dfrac{p_1}{\gamma} + z_1 = \dfrac{V_2^2}{2g} + \dfrac{p_2}{\gamma} + z_2$에서,

수평관이라면 $z_1 = z_2$

수두차 h는 두 위치 ①과 ②의 압력차이므로,

$\dfrac{V_1^2}{2g} - \dfrac{V_2^2}{2g} = \dfrac{p_2}{\gamma} - \dfrac{p_1}{\gamma} = h$에서,

$V_2^2 - V_1^2 = 2gh$ ——————————— 식1)

연속방정식

$Q = A_1V_1 = A_2V_2$ ——————————— 식2)

식1)과 식2)를 연립하면, 유량 Q를 산출할 수 있다.

식2)에서, $V_1 = \dfrac{Q}{A_1}$이고,

$V_2 = \dfrac{Q}{A_2}$ ⇒ 식1)에 대입하면,

$Q^2(\dfrac{1}{A_1^2} - \dfrac{1}{A_2^2}) = 2gh$이므로,

$Q^2 = 2gh \times \dfrac{A_1^2 A_2^2}{A_2^2 - A_1^2}$

참조 두 압력수두의 차이가 다른 유체에 의한 경우
$V_2^2 - V_1^2 = 2gh(\Delta\rho)$ ⇒ 피토관과 동일한 개념

예제

문제. 다음 그림과 같은 벤추리미터에서, 관의 단면적이 $A_1 = 4A_2 = 0.04m^2$이고, 수두차 $h = 0.2m$인 경우, 유량은 얼마인가? (단, 중력가속도 $g = 10m/s^2$이다.)

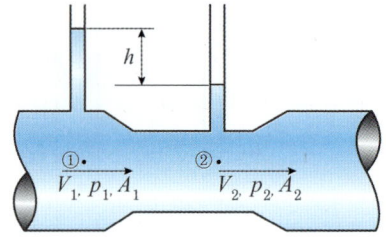

해설 $Q = A_1V_1 = A_2V_2$에서, $V_1 = \dfrac{Q}{A_1} = \dfrac{Q}{0.04}$이고,

$V_2 = \dfrac{Q}{A_2} = \dfrac{Q}{0.01}$

$V_2^2 - V_1^2 = 2gh$에서 $\dfrac{Q^2}{0.04^2}(4^2 - 1) = 2 \times 10 \times 0.2$이므로, $Q^2 = \dfrac{4}{15} \times 0.04^2$

따라서, $Q = \dfrac{2}{\sqrt{15}} \times 0.04 = \dfrac{0.08\sqrt{15}}{15}\,m^3/s$

예제

문제. 다음 그림과 같은 등류의 관수로에, 수은이 든 U자형 벤추리 미터을 설치하였다. 수은의 수두차이 $h = 0.08m$ 이고, 관의 단면적이 $A_1 = 5A_2 = 0.05m^2$ 일 때, 유량은 얼마인가? (단, 수은의 비중은 13, 중력가속도 $g = 10m/s^2$ 으로 한다.)

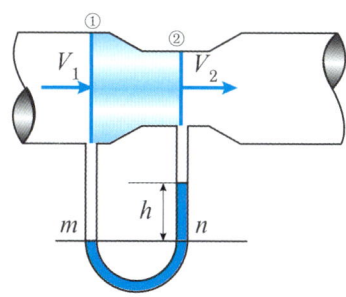

해설 $Q = A_1 V_1 = A_2 V_2$ 에서, $V_1 = \dfrac{Q}{A_1} = \dfrac{Q}{0.05}$ 이고,

$V_2 = \dfrac{Q}{A_2} = \dfrac{Q}{0.01}$

$V_2^2 - V_1^2 = 2gh(\Delta \rho)$ 에서,

$\dfrac{Q^2}{0.05^2}(5^2 - 1) = 2 \times 10 \times 0.08 \times (13-1)$ 이므로,

$Q^2 = 20 \times 0.08 \times 12 \times \dfrac{0.05^2}{24} = \dfrac{1}{500}$

따라서, $Q = \dfrac{\sqrt{5}}{50} m^3/s$

구분	작은 오리피스 사이펀	피토관	벤추리미터
주요 공식	$V_2 = \sqrt{2gh}$	$V_1 = \sqrt{2gh}$ $V_1 = \sqrt{2gh\Delta\rho}$	$V_2^2 - V_1^2 = 2gh$ $V_2^2 - V_1^2 = 2gh(\Delta\rho)$ $V_1 = \dfrac{Q}{A_1}, V_2 = \dfrac{Q}{A_2}$
목적		유속측정	유량측정

대표기출문제

문제. 베르누이(Bernoulli)의 정리에 관한 설명으로 틀린 것은?

2022년 1회

① 회전류의 경우는 모든 영역에서 성립한다.
② Euler의 운동방정식으로부터 적분하여 유도할 수 있다.
③ 베르누이의 정리를 이용하여 Torricelli의 정리를 유도할 수 있다.
④ 이상유체 흐름에 대하여 기계적 에너지를 포함한 방정식과 같다.

정답 ①

해설 정류에서 성립한다.

베르누이 정리 $\dfrac{V_i^2}{2g} + \dfrac{p_i}{\gamma_i} + z_i = const.$

대표기출문제

문제. 그림과 같은 모양의 분수(噴水)를 만들었을 때 분수의 높이 (H_v)는? (단, 유속계수 C_v : 0.96, 중력가속도 g = 9.8 m/s², 다른 손실은 무시한다.)

2022년 1회

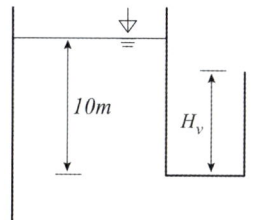

① 9.00m
② 9.22m
③ 9.62m
④ 10.00m

정답 ②

해설 베르누이 정리에 의해,

$H = \dfrac{V^2}{2g}$ 에서, $V = \sqrt{2gH} = \sqrt{2 \times 9.8 \times 10} = 14 m/s$

$V' = C_v V = 0.96 \times 14 = 13.44 m/s$

$H_v = \dfrac{V'^2}{2g} = \dfrac{13.44^2}{2 \times 9.8} = 9.216 m$

대표기출문제

문제. 수심이 1.2m인 수조의 밑바닥에 길이 4.5m, 지름 2cm인 원형관이 연직으로 설치되어 있다. 최초에 물이 배수되기 시작할 때 수조의 밑바닥에서 0.5m 아래로 떨어진 연직관 내의 수압은? (단, 물의 단위중량은 9.81kN/m³이며, 손실은 무시한다.)

2022년 1회

① 49.05kN/m² ② -49.05kN/m²
③ 39.24kN/m² ④ -39.24kN/m²

정답 ④

해설 베르누이 정리에 의해,
유출부(1)와 수로바닥에서 0.5m 이격지점(2)에 대해,
$\dfrac{V_1^2}{2g}+\dfrac{p_1}{\gamma}+z_1 = \dfrac{V_2^2}{2g}+\dfrac{p_2}{\gamma}+z_2$ 에서,
$\dfrac{V_1^2}{2g} = \dfrac{V_2^2}{2g}+\dfrac{p_2}{\gamma}+4$ 이고, $V_1 = V_2$ 이므로,
$\dfrac{p_2}{\gamma} = -4$ 에서, $p_2 = -4 \times 9.81 = -39.24 kN/m^2$

대표기출문제

문제. 압력 150kN/m²을 수은기둥으로 계산한 높이는? (단, 수은의 비중은 13.57, 물의 단위중량은 9.81kN/m³이다.)

2021년 3회

① 0.905m ② 1.13m
③ 15m   ④ 203.5m

정답 ②

해설 압력수두 $\dfrac{p}{\gamma} = \dfrac{150}{13.57 \times 9.81} = 1.127m$

대표기출문제

문제. 유속을 V, 물의 단위중량을 γ_w, 물의 밀도를 ρ, 중력가속도를 g라 할 때 동수압(動水壓)을 바르게 표시한 것은?

2021년 1회

① $\dfrac{V^2}{2g}$ ② $\dfrac{\gamma_w V^2}{2g}$
③ $\dfrac{\gamma_w V}{2g}$ ④ $\dfrac{\rho V^2}{2g}$

정답 ②

해설 수압 $p = \gamma h = \gamma_w \times \dfrac{V^2}{2g}$

대표기출문제

문제. 그림과 같은 노즐에서 유량을 구하기 위한 식으로 옳은 것은? (단, 유량계수는 1.0으로 가정한다.)

2021년 1회

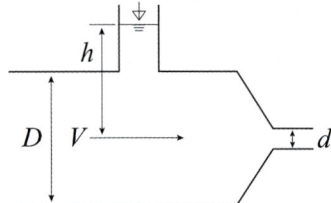

① $\dfrac{\pi d^2}{4}\sqrt{2gh}$ ② $\dfrac{\pi d^2}{4}\sqrt{\dfrac{2gh}{1-(\dfrac{d}{D})^4}}$

③ $\dfrac{\pi d^2}{4}\sqrt{\dfrac{2gh}{1-(\dfrac{d}{D})^2}}$ ④ $\dfrac{\pi d^2}{4}\sqrt{\dfrac{2gh}{1+(\dfrac{d}{D})^2}}$

정답 ②

해설 $Q = A_1 V_1 = A_2 V_2$ 에서, $\dfrac{\pi D^2}{4} \times V_1 = \dfrac{\pi d^2}{4} \times V_2$ 이므로,
$V_1 = (\dfrac{d}{D})^2 V_2$
$\dfrac{V_1^2}{2g}+h = \dfrac{V_2^2}{2g}$ 에서, $(\dfrac{d}{D})^4 V_2^2 + 2gh = V_2^2$ 이므로,
$V_2^2 = \dfrac{2gh}{1-(\dfrac{d}{D})^4}$ 에서, $V_2 = \sqrt{\dfrac{2gh}{1-(\dfrac{d}{D})^4}}$
$Q = A_2 V_2 = \dfrac{\pi d^2}{4}\sqrt{\dfrac{2gh}{1-(\dfrac{d}{D})^4}}$

07 수두손실과 관망

1 점성유체의 흐름

1) Navier-Strokes 운동방정식

① 개요
- 오일러 방정식 및 베르누이 정리는 이상유체에 대해서 적용
- Navier-Strokes 방정식은 점성유체에 적용 가능

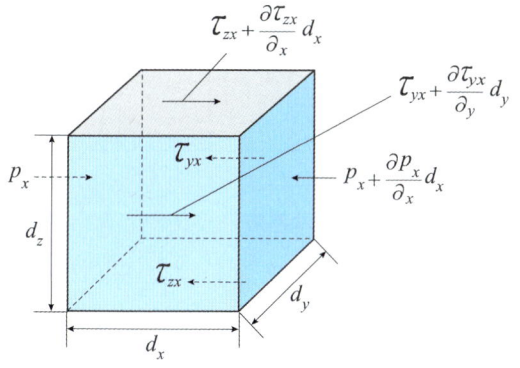

$$\frac{du}{dt} = X_m - \frac{1}{\rho}\frac{\partial p}{\partial x} + \nu\left(\frac{\partial^2 u}{\partial x^2} + \frac{\partial^2 u}{\partial y^2} + \frac{\partial^2 u}{\partial z^2}\right)$$

$$\frac{dv}{dt} = Y_m - \frac{1}{\rho}\frac{\partial p}{\partial y} + \nu\left(\frac{\partial^2 v}{\partial x^2} + \frac{\partial^2 v}{\partial y^2} + \frac{\partial^2 v}{\partial z^2}\right)$$

$$\frac{d\omega}{dt} = Z_m - \frac{1}{\rho}\frac{\partial p}{\partial z} + \nu\left(\frac{\partial^2 \omega}{\partial x^2} + \frac{\partial^2 \omega}{\partial y^2} + \frac{\partial^2 \omega}{\partial z^2}\right)$$

② 방정식의 구성

단위체적당의 개념으로 다음의 3가지 항으로 구성
- 질량력 : X_m, Y_m, Z_m
- 압력(수직력) : $\frac{1}{\rho}\frac{\partial p}{\partial x}$, $\frac{1}{\rho}\frac{\partial p}{\partial y}$, $\frac{1}{\rho}\frac{\partial p}{\partial z}$
- 점성력(전단력) : $\left(\frac{\partial^2 u}{\partial x^2} + \frac{\partial^2 u}{\partial y^2} + \frac{\partial^2 u}{\partial z^2}\right)$, $\left(\frac{\partial^2 v}{\partial x^2} + \frac{\partial^2 v}{\partial y^2} + \frac{\partial^2 v}{\partial z^2}\right)$, $\left(\frac{\partial^2 \omega}{\partial x^2} + \frac{\partial^2 \omega}{\partial y^2} + \frac{\partial^2 \omega}{\partial z^2}\right)$

2) 레이놀즈 수(Reynolds Number)

- $R_e = \frac{Vd}{\nu}$ 흐름 교란 여부 판별(관성력/점성력의 비율)
- 한계 레이놀즈 수 : 대략 2,000(층류의 한계) 정도의 값으로 명확하게 지정되지 않음

기준		관수로	개수로
층류		$R_e \leq 2,000$	$R_e \leq 500$
난류		$R_e \geq 4,000$	$R_e > 500$

예제

문제. 직경 $d = 0.04m$인 관수로에, $Q = 20\pi \times 10^{-6} m^3/s$의 유량이 흐른다. 동점성계수 $\nu = 1 \times 10^{-6} m^2/s$일 때, 레이놀즈 수를 구하시오.

해설 $Q = AV = 20\pi \times 10^{-6} = \pi \times 0.02^2 \times V$에서,
$R_e = \frac{Vd}{\nu} = \frac{0.05 \times 0.04}{10^{-6}} = 2000$

3) (운동)에너지 보정과 운동량 보정

① 에너지 보정

속도수두 $\dfrac{V^2}{2g}$ 는 이상유체를 기준 ⇒ 평균유속의 개념으로 적용

따라서, 실제유속에 대한 보정 필요

$$\alpha = \int_A \dfrac{u^3 dA}{V_m^3 A}$$

(u : 유속분포, $V_m = u_c/2$ 평균유속)

층류에서는 $\alpha = 2.0$에 가까운 값

R_e가 큰 난류에서는 $\alpha = 1.0 \sim 1.1$ ⇒ 통상적인 관수로 해석에서는 $\alpha = 1.0$ 적용

> **📖 수정된 베르누이 정리**
> $$H = \alpha \dfrac{V^2}{2g} + \dfrac{p}{\gamma} + z + h_L$$
> (에너지 보정 및 수두손실이 보정된 베르누이 정리)

② 운동량 보정

운동량 방정식

$$F = ma = m\Delta V = \rho Q \Delta V = \rho Q(V_2 - V_1)$$

⇒ 평균유속의 개념으로 적용

따라서, 실제유속에 대한 보정 필요

$$\beta = \int_A \dfrac{u^2 dA}{V_m^2 A}$$

(u : 유속분포, $V_m = u_c/2$ 평균유속)

- 층류 : $\beta = 4/3$
- 난류 : $\beta = 1.01 \sim 1.04$, 통상적으로 $\beta = 1$ 적용

> **📖 수정된 운동량 방정식**
> $$F = \rho Q(\beta_2 V_2 - \beta_1 V_1)$$

2 관수로(층류)의 유속분포와 유량

1) 층류의 유량

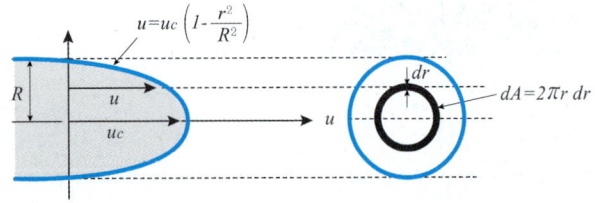

임의 위치에서의 유속 u, 최대유속 u_c라고 두면, 미소 단면의 유량 $dQ = udA = u \times (2\pi r)dr$ 이므로,

$$Q = \int_0^R u_c(1 - \dfrac{r^2}{R^2})2\pi r dr = 2\pi u_c \times \int_0^R (r - \dfrac{r^3}{R^2})dr$$

$$= 2\pi u_c \times [\dfrac{r^2}{2} - \dfrac{1}{4}\dfrac{r^4}{R^2}]_0^R = \dfrac{1}{2}\pi u_c R^2$$

또한, $Q = AV$에서, 평균유속

$$V_m = \dfrac{Q}{A} = \dfrac{1/2 \pi u_c R^2}{\pi R^2} = \dfrac{1}{2} u_c$$

* 통상적으로 층류인 관수로에서 평균유속은 최대유속의 1/2배

2) 관수로의 마찰과 유속

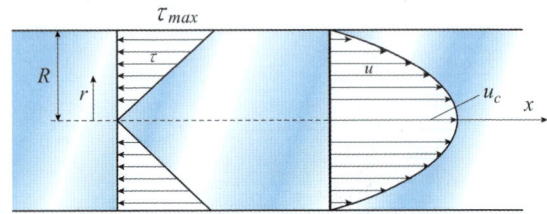

① 관수로(층류) 유속분포

- 임의 위치 r에서의 유속 $u = u_c(1 - \dfrac{r^2}{R^2})$: 하젠-포아주엘(Hagen-Poiseuille) 법칙

- 관로 중심의 최대유속 $u_c = \dfrac{\gamma h_L}{4\mu l}R^2$

- 평균유속 $V_m = \dfrac{1}{2}u_c$ (원의 중심에서 $\dfrac{r}{\sqrt{2}}$ 이격된 위치)

- 유량 $Q = AV_m = \pi r^2 \times \dfrac{1}{2}u_c = \pi r^2 \times \dfrac{1}{2} \times \dfrac{\gamma h_L}{4\mu l}r^2$

$$= \dfrac{\pi \gamma h_L}{8\mu l}r^4$$

② 관수로의 전단응력

> $$\tau = \gamma R_h I$$
> ($I = \dfrac{h_L}{l}$: 동수경사(수두손실 경사), $R_h = \dfrac{A}{P}$: 동수반경)

③ 동수반경

$$R_h = \frac{A}{P}$$

A : 유수단면적, P : 윤변길이
* 윤변 : 물이 흐르는 단면에서 물과 접촉하는 부분의 길이

구분	원	사각형
단면형상	r	b, h
윤변 P	$2\pi r$	$2b+2h$
단면적 A	πr^2	bh
동수반경 R_h	$\dfrac{r}{2}$	$\dfrac{bh}{2(b+h)}$

예제

문제. 반경이 $0.2m$ 이 원형 관수로에서, 길이 $l=30m$ 이동하는 동안 수두손실 $h_l = 3m$ 라고 할 때, 관에 발생하는 최대전단응력 τ_{max}와 관 중심에서 $0.1m$ 이격한 위치에서의 전단응력 τ_1은 얼마인가? (단, 중력가속도 $g=10m/s^2$으로 한다.)

해설 $\tau_1 = \gamma R_h I = 10 \times \dfrac{0.1}{2} \times \dfrac{3}{30} = 0.05 kN/m^2$
$= 50 N/m^2 = 50 Pa$
$\tau_{max} = \gamma R_h I = 10 \times \dfrac{0.2}{2} \times \dfrac{3}{30} = 100 Pa$

예제

문제. $b \times h = 0.4 \times 0.2 m^2$인 직사각형 관수로에서, 길이 $l=10m$ 이동하는 동안 수두손실 $h_l = 3m$ 라고 할 때, 관에 발생하는 최대전단응력 τ_{max}은 얼마인가? (단, 중력가속도 $g=10m/s^2$으로 한다.)

해설 $\tau_{max} = \gamma R_h I = 10 \times \dfrac{0.4 \times 0.2}{2(0.4+0.2)} \times \dfrac{3}{10} = 200 Pa$

3 관수로의 마찰손실

1) 마찰손실수두

Darcy-weisbach 마찰손실수두
$$h_L = f \frac{l}{D} \frac{V^2}{2g}$$

2) 마찰계수

① 층류

$$f = \frac{64}{R_e} \ (R_e \leq 2000)$$

② 난류

· 매끈한 관 ($\dfrac{e}{\delta} < \dfrac{1}{4}$) : R_e에만 관계

$$\frac{1}{\sqrt{f}} = 2\log_{10}(R_e \sqrt{f}) - 0.8$$

· 거친 관 ($\dfrac{e}{\delta} > 6$) : 상대조도 e/D에만 관계

$$\frac{1}{\sqrt{f}} = 2\log_{10}(\frac{d}{e}\sqrt{f}) + 1.14$$

예제

문제. 수평 수송관을 통해 유량 $Q=30m^3/s$를 상수도를 수송한다. 수두손실을 $800m$까지 허용할 수 있는 관의 길이는 얼마인가? (단, 관의 직경 $d=2m$, 마찰손실계수 $f=0.02$, $\pi=3$, 중력가속도 $g=10m/s^2$으로 한다.

해설 $Q=AV$에서, $30 = \pi \times 1^2 \times V$에서, $V=10m/s$
$h_L = f\dfrac{l}{D}\dfrac{V^2}{2g}$에서, $800 = 0.02 \times \dfrac{l}{2} \times \dfrac{10^2}{2 \times 10}$이므로,
$l = 16km$

3) Moody 도표

① 배경
- 난류의 마찰계수 산정의 어려움 ⇒ Nikuradse가 실험식으로 제시
- Nikuradse의 실험식 : 모래가 부착된 관벽으로 수행되어 상업용 관에 부적합
- Colebrook의 경험식 : f를 구하기 위해 반복계산 필요

$$\frac{1}{\sqrt{f}} = 2\log_{10}\left(\frac{e}{3.71d} + \frac{2.52}{R_e\sqrt{f}}\right)$$

⇒ Moody 도표(Colebrook식을 도표화)

② 상대조도 e/d와 레이놀즈수 R_e만으로 마찰계수 f 산출
③ 원형이 아닌 관에 대해서 d대신, $4R_h$ 적용
④ 모든 흐름에 대해서 f 산출가능
⑤ 레이놀즈수 R_e가 커질수록 상대조도만의 함수
⑥ Haaland, Miller 등은 Moody 도표를 대체할 수 있는 공식 제안

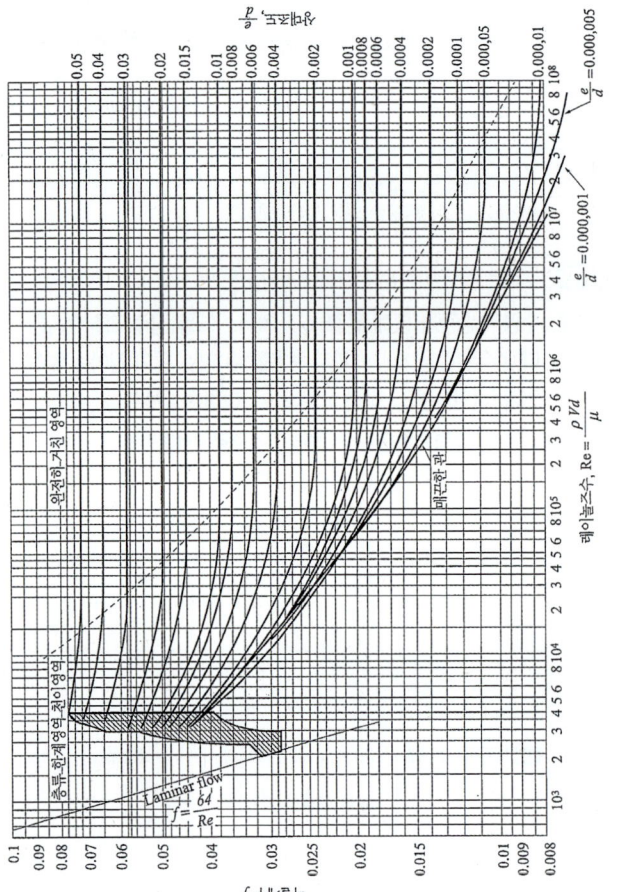

4) 마찰속도(Friction Velocity)

흐름의 상태(층류, 난류)와 경계면의 상태(매끈한 면, 거친 면)에 관계없이 정의되는 속도

$$U_* = \sqrt{\frac{\tau}{\rho}} = \sqrt{gR_hI} = V\sqrt{\frac{f}{8}}$$

4 관수로(난류) 평균유속

1) Chezy 평균유속

$$V = C\sqrt{R_hI}$$

- Chezy 평균유속계수 $C = \sqrt{\frac{8g}{f}} = \frac{1}{n}R_h^{1/6}$ (Manning의 평균유속식과 비교)
- 동수반경 $R_h = \frac{A}{P}$, 에너지손실경사(동수경사) $I = \frac{h_L}{l}$
- 개수로 흐름을 위해 개발되었으나, 관수로의 난류 흐름에도 적용

2) Manning 평균유속

- $V = \frac{1}{n}R_h^{2/3}I^{1/2}$ (n : 조도계수)
- Darcy의 마찰손실 수두 $h_L = f\frac{l}{D}\frac{V^2}{2g}$ 에서,
- 원형관수로에서 $\frac{h_L}{l} = I$, $g = 9.8m/s^2$, $R_h = \frac{D}{4}$, $V = \frac{1}{n}R_h^{2/3}I^{1/2}$를 대입하여 정리하면,

$$f = 124.5n^2d^{-1/3}$$

① 레이놀즈수와 상대조도가 큰 난류상태에 적합
② 하천, 수력발전소 등 큰 규모의 개수로 흐름에 적합
③ 식이 비교적 단순하고, 실험식과 잘 일치하여 관수로에도 적합

3) Hazen-Williams 평균유속

$$V = 0.84935 C_{HW} R_h^{0.63} I^{0.54}$$

C_{HW} : 유속계수, 실험에 의해 산정된 값

5 부수적인 손실

마찰손실을 제외한 여러 이유에 의한 미소한 손실을 통칭하여, 부수적 손실, 부가적 손실, 미소손실, 형상손실 등으로 부른다. (minor loss, form loss)

$\dfrac{l}{D} \geq 3000$인 경우(관로길이 l, 관직경 D)에는 부수적인 손실을 무시해도 좋다.

1) 단면 급확대 손실

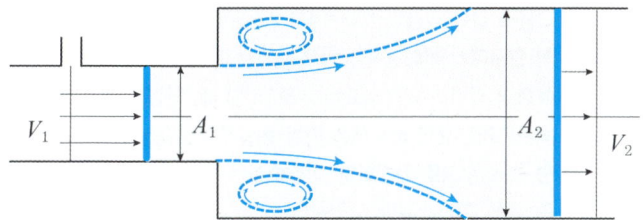

$h_{ep} = k_{sp} \dfrac{V_1^2}{2g}$ (빠른 유속 V_1이 사용된다.)

단면 급확대 손실계수 $k_{ep} = (1 - \dfrac{A_1}{A_2})^2$

2) 단면 급축소 손실(loss of contraction)

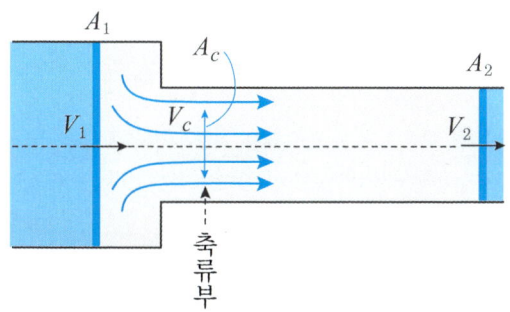

$h_{ct} = k_{ct} \dfrac{V_2^2}{2g}$ (빠른 유속 V_2이 사용된다.)

단면 급축소 손실계수 $k_{ct} = (\dfrac{A_1}{A_c} - 1)^2$

3) 관 유입 손실

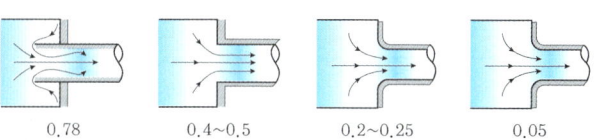

0.78   0.4~0.5   0.2~0.25   0.05

$h_{in} = k_{in} \dfrac{V_2^2}{2g}$ (빠른 유속 V_2이 사용된다.)

관 유입 손실계수 k_{in} (통상적으로 0.5를 적용)

4) 관 유출 손실

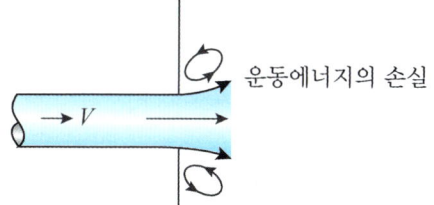

운동에너지의 손실

$h_{ex} = \dfrac{V_1^2}{2g}$ (빠른 유속 V_1이 사용된다.)

5) 곡선관 손실

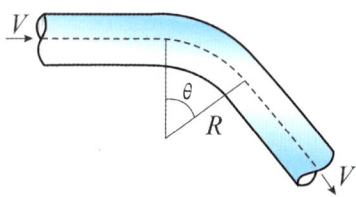

$h_b = k_b \dfrac{V^2}{2g}$ (k_b : 곡선관 손실계수)

6) 단면 점진 변화 손실

① 점진 확대 손실

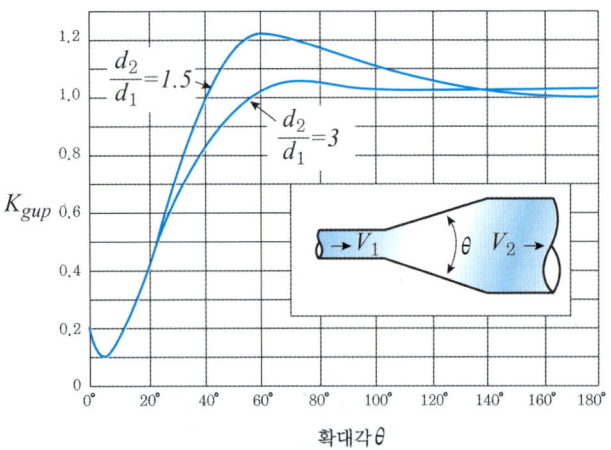

확대각 θ

$$h_{gup} = k_{gup} \frac{(V_1 - V_2)^2}{2g}$$

② 점진 축소 손실

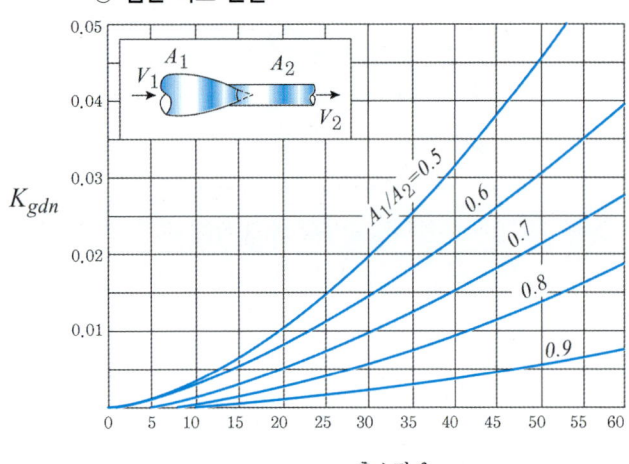

축소각 θ

$$h_{gdn} = k_{gdn} \frac{V_2^2}{2g}$$

예제

문제. 유입부 단면적 $A_1 = 0.04m^2$, 유출부 단면적 $A_2 = 0.08m^2$인 관수로 흐름에서, 단면 급확대 손실수두는 얼마인가? (단, 유량 $Q = 0.96m^3/s$, 중력가속도 $g = 10m/s^2$이다.)

해설 단면 급확대 손실계수

$$k_{ep} = (1 - \frac{A_1}{A_2})^2 = (1 - \frac{0.04}{0.08})^2 = 0.25$$

$$h_{ep} = k_{ep} \frac{V_1^2}{2g} = 0.25 \times \frac{12^2}{20} = 1.8m$$

예제

문제. 그림과 같이 직경이 10cm에서 20cm로 단면이 급확대된 원형 관로에서 물이 수평방향으로 흐르고 있다. 단면 ①에서의 유속과 압력이 각각 4.0m/s, 5t/m²일 때, 단면 ②에서의 압력은? (단, 단면 급확대에 따른 손실계수는 0.5, 중력가속도는 10m/s²으로 가정하며, 마찰손실은 무시하고 단면 급확대에 따른 미소손실만 고려한다)

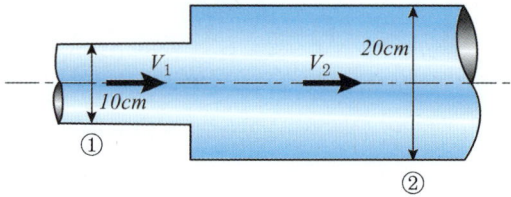

해설 $Q = A_1 V_1 = A_2 V_2$에서, 직경이 2배 차이므로 $A_2 = 4A_2$이고, $V_2 = V_1/4 = 4/4 = 1m/s$

$$\frac{V_1^2}{2g} + \frac{p_1}{\gamma} = \frac{V_2^2}{2g} + \frac{p_2}{\gamma} + h_L \text{에서,}$$

$$\frac{4^2}{2 \times 10} + \frac{5}{1} = \frac{1}{2 \times 10} + \frac{p_2}{1} + 0.5 \times \frac{4^2}{2 \times 10} \text{에서,}$$

따라서, $p_2 = 5.35 t/m^2$

6 관로

1) 단일 관수로

① 등단면 관수로

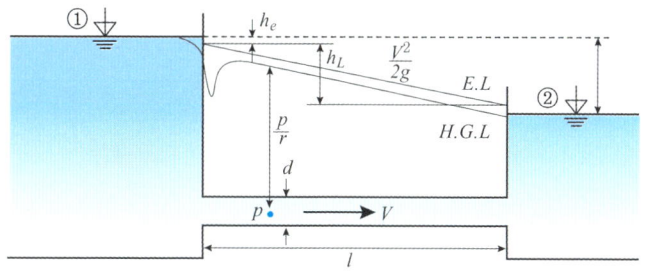

위치 ①과 위치 ②에 대해서,

$\frac{V_1^2}{2g} + \frac{p_1}{\gamma} + z_1 = \frac{V_2^2}{2g} + \frac{p_2}{\gamma} + z_2 + h_L$ 에서,

$V_1 = V_2 = 0$ 이고, 대기압 조건으로 $p_1 = p_2 = 0$ 이므로,

$z_1 - z_2 = h_L$

수위 차 = 손실 수두

관로 내의 유속 V를 계산하기 위해,

총 손실 수두 $h_L = (f\frac{l}{D} + k_{in} + k_{ex})\frac{V^2}{2g}$ (마찰손실, 관유입손실, 관유출손실)

따라서, $V = \sqrt{\dfrac{2gh_L}{f\frac{l}{D} + k_{in} + k_{ex}}}$

예제

문제. 다음 그림과 같이, 두 수조를 직경 $D=1m$인 관으로 연결하였다. 관의 길이 $L=175m$이고, 마찰손실계수 $f=0.02$일 때, 관내 유속은 얼마인가? (단, 중력가속도 $g=10m/s^2$이고, 손실은 관유입손실, 관유출손실, 마찰손실만 고려한다.)

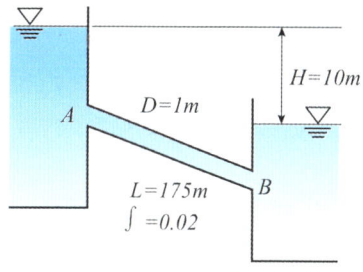

해설 $h_L = (f\frac{l}{D} + k_{in} + k_{ex})\frac{V^2}{2g}$ 에서,

$10 = (0.02 \times \frac{175}{1} + 0.5 + 1)\frac{V^2}{2 \times 10}$ 이므로,

$V = 2\sqrt{10}\, m/s$

예제

문제. 저수지에 연결된 길이 180m, 직경 1m인 수평관로 끝단에서 자유방류될 때 관로의 평균유속[m/s]은? (단, Chezy계수는 60, 저수지 수면과 관로중심선의 높이차가 4m, 중력가속도는 10 m/s², 마찰손실만 고려한다)

해설 $C = \sqrt{\dfrac{8g}{f}}$ 에서, $f = \dfrac{8g}{C^2} = \dfrac{8 \times 10}{60^2} = \dfrac{1}{45}$

두 저수지에 대해, 베르누이 정리를 적용하면,

$h = \dfrac{V^2}{2g} + h_L = \dfrac{V^2}{2g} + f\dfrac{l}{D}\dfrac{V^2}{2g} = \dfrac{V^2}{2g}(1 + f\dfrac{l}{D})$ 이므로,

$4 = \dfrac{V^2}{2 \times 10}(1 + \dfrac{1}{45} \times \dfrac{180}{1}) = \dfrac{V^2}{20} \times 5$ 에서, $V = 4\,m/s$

② 부등단면 관수로

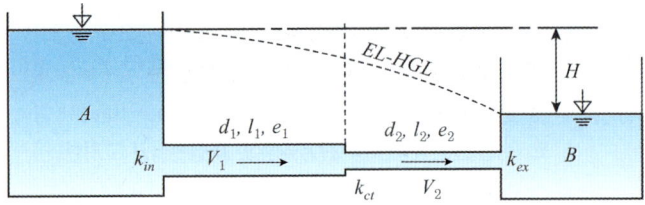

위치A(A수조 수면)과 위치B(B수조 수면)에 대해서,
$\frac{V_A^2}{2g}+\frac{p_A}{\gamma}+z_A = \frac{V_B^2}{2g}+\frac{p_B}{\gamma}+z_B+h_L$ 에서,
$V_A = V_B = 0$이고, 대기압 조건으로 $p_A = p_B = 0$이 므로, $z_A - z_B = h_L$
수위 차 = 손실 수두 (등단면 수로와 동일)
관로 내의 유속 V를 계산하기 위해, 수로 내의 위치에서, 총 손실 수두

$$h_L = (f\frac{l_1}{D_1}+k_{in})\frac{V_1^2}{2g}+(f\frac{l_2}{D_2}+k_{ct}+k_{ex})\frac{V_2^2}{2g}$$

V_1에 대해, 마찰손실, 관유입손실
V_2에 대해, 마찰손실, 단면축소손실, 관유출손실

③ 사이펀(Siphon)

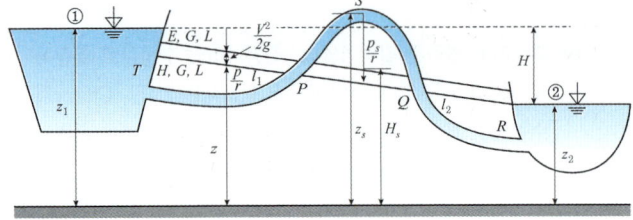

높은 곳의 액체를 낮은 곳으로 이송하고자 할 때, 관내 부압(-압력)을 만들어 지속적으로 물을 끌어 올릴 수 있도록 하기 위해 설치

위치 ①과 위치 ②의 수위차

$$H = h_L = (f\frac{l_1+l_2}{D}+k_{in}+k_b+k_{ex})\frac{V^2}{2g} \quad \text{--- 식1)}$$
($V = V_s$ 관내 유속)

(수위차 = 마찰손실 + 관유입손실 + 관굴곡손실 + 관유출손실)

사이펀의 정점 S와 위치 ①에 대해,

$$z_1 = \frac{V^2}{2g}+\frac{p_s}{\gamma}+z_s+h_{Ls} \quad \text{------- 식2)}$$
(h_{Ls} : S점까지의 손실)

$\frac{p_s}{\gamma} = (z_1-z_s)-\frac{V_s^2}{2g}-h_{hs}$

$= (z_1-z_s)-\frac{V_s^2}{2g}-(f\frac{l_1}{D}+k_{in}+k_b)\frac{V_s^2}{2g}$ 이므로,

$\frac{p_s}{\gamma} = (z_1-z_s)-(1+f\frac{l_1}{D}+k_{in}+k_b)\frac{V_s^2}{2g}$ 이고,

식1)을 $\frac{V_s^2}{2g}$에 대해 정리하여 대입하면,

$$\frac{p_s}{\gamma} = (z_1-z_s)-\frac{1+f\frac{l_1}{D}+k_{in}+k_b}{f\frac{l_1+l_2}{D}+k_{in}+k_b+k_{ex}}H \quad \text{------- 식3)}$$

식3)에서, $\frac{p_s}{\gamma}$는 사이펀에 발생하는 압력으로, 최대값으로 대기압까지 가능하다.
(1기압 = 10.33m(수주) = 760$mmHg$)

실제로는 $\frac{p_s}{\gamma}$의 최대는 8~8.5m를 최대로 하며, 그 이상인 경우에는 사이펀흐름이 되지 않는다.

주의 $\frac{p_s}{\gamma}$는 부압(-)으로 식1)~식3)에서 음수(-)로 적용해야 한다.

주의 식1)과 식2)를 연립한 것이 식3)이므로, 식1)과 식2)에 대한 이해만 있어도 된다.

예제

문제. 상류 수조의 수위 $z_1 = 50m$, 사이펀 상단의 수위 $z_s = 54m$, 상류수조에서 사이펀까지의 관로 길이 $l_1 = 500m$, 사이펀에서 하류수조까지 관로길이 $l_2 = 1500m$인 경우, 하류수조의 최저수위와 그때의 유량을 계산하시오. (단, 관로의 직경 $D = 1m$, 마찰손실계수 $f = 0.02$, 관유입손실계수 $f_{in} = 0.5$, 관유출손실계수 $f_{ex} = 1$, 관굴곡손실계수 $f_b = 0.5$, 사이펀의 최대높이는 8m로 한다.)

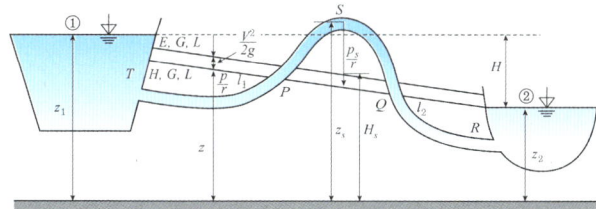

해설 $H = h_L = (f\dfrac{l_1+l_2}{D} + k_{in} + k_b + k_{ex})\dfrac{V^2}{2g}$ 에서,

$H = (0.02 \times \dfrac{500+1500}{1} + 0.5 + 0.5 + 1)\dfrac{V^2}{2g}$

$= 42 \times \dfrac{V^2}{2g}$ .... 식1)

$z_1 = \dfrac{V^2}{2g} + \dfrac{p_s}{\gamma} + z_s + h_{Ls}$ 에서,

$50 = \dfrac{V^2}{2g} - 8 + 54 + (0.02 \times \dfrac{500}{1} + 0.5 + 0.5)\dfrac{V^2}{2g}$ 이므로,

따라서, $\dfrac{V^2}{2g} = \dfrac{1}{3}$ 이고, 식1)에 대입하면,

$H = 42 \times \dfrac{1}{3} = 14m$

따라서, 하류수조의 최저수심은 $50 - 14 = 36m$

또한, $\dfrac{V^2}{2g} = \dfrac{1}{3}$ 에서, $V = 2\dfrac{\sqrt{15}}{3} m/s$

$Q = AV = \dfrac{\pi \times 1^2}{4} \times 2 \times \dfrac{\sqrt{15}}{3} = 2.03 m^3/s$

④ 역사이펀

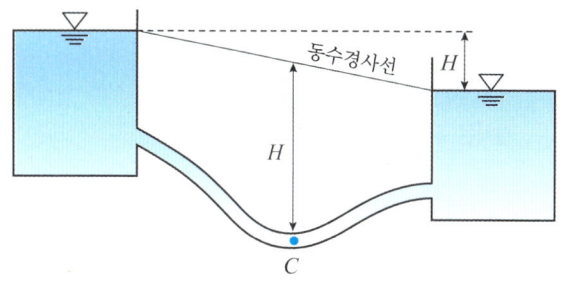

- 관수로에서, 계곡 및 하천 등의 지장물을 회피하여 횡단해야 하는 경우에 설치
- 역사이펀의 최저점에서 압력이 매우 크게 발생

2) 병렬관수로

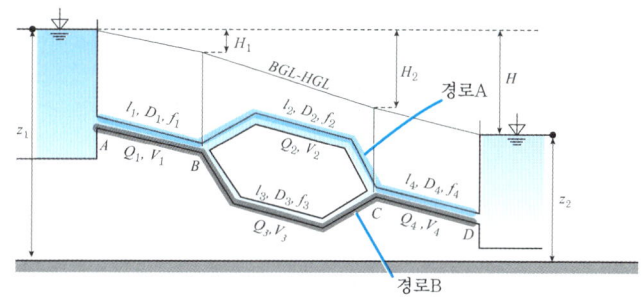

① 연속방정식

$$Q_1 = Q_2 + Q_3 = Q_4$$

② 한 점에 대해서 경로에 관계없이 손실수두는 동일
B~C점에 대해, 경로 $D_1 \to D_2$ (경로A)에 의한 손실 = $D_1 \to D_3$(경로B)에 의한 손실

따라서, $h_{L2} = h_{L3}$

마찬가지로, 총 손실
$H = h_{L1} + h_{L2} + h_{L4} = h_{L1} + h_{L3} + h_{L4}$

> **예제**
>
> **문제.** 그림과 같은 수평 관로시스템에서 관로 1과 관로 2의 유속 V_1 [m/s]과 V_2 [m/s]는? (단, 모든 관로의 Chezy 평균 유속계수는 80, 물의 단위중량은 10kN/m³로 하며, 압력계가 설치된 두 지점의 관경은 같다)
>
>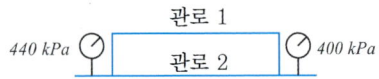
>
> | 관로 | 길이(m) | 지름(mm) |
> |---|---|---|
> | 1 | 1,000 | 100 |
> | 2 | 800 | 500 |
>
> **해설** chezy의 평균유속계수 식 $C = \sqrt{\dfrac{8g}{f}}$ 에서,
>
> $f = \dfrac{8g}{C^2} = \dfrac{8 \times 10}{80^2} = \dfrac{1}{80}$
>
> 마찰손실 $h_L = f\dfrac{l}{D}\dfrac{V^2}{2g} = \dfrac{\Delta p}{\omega} = \dfrac{40}{10} = 4$이므로,
>
> $V = \sqrt{4 \times 2g \times \dfrac{D}{lf}}$
>
> $V_1 = \sqrt{8g \times \dfrac{0.1}{10^3/80}} = 0.8\,m/s$ 이고,
>
> $V_2 = \sqrt{8g \times \dfrac{0.5}{800/80}} = 2\,m/s$

> **참조**
> 관망 가정에서, 관로1에 의한 마찰손실과 관로2에 의한 마찰손실은 동일하다.

> **예제**
>
> **문제.** 그림과 같은 분기 관수로에서 에너지선(E.L)이 그림에 표시된 바와 같다면, 옳은 것은? (단, NB 구간의 에너지선은 수평이다.)
>
>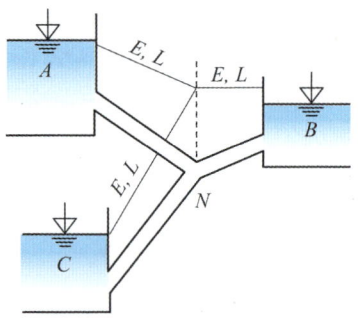
>
> ① 물은 A 수조로부터 B, C 수조로 흐른다.
> ② 물은 A, B 수조로부터 C 수조로 흐른다.
> ③ 물은 A 수조로부터 C 수조로만 흐른다.
> ④ 물은 A, C 수조로부터 B 수조로 흐른다.
>
> **정답** ③
>
> **해설** 결합점N과 수조B의 에너지수두가 동일하므로, 수조B에서 결합점N 사이에는 흐름이 없다.

3) 분기와 합류

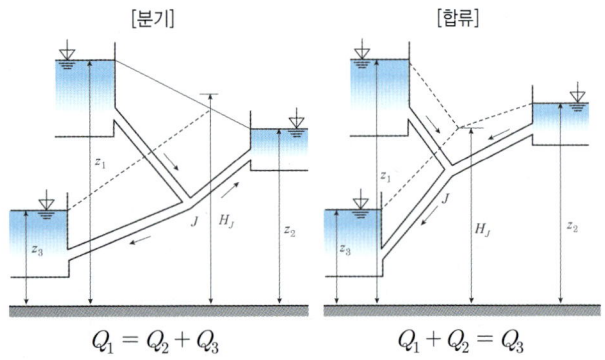

① 결합점(J)의 수두보다 낮은 곳으로 흐른다.
② 결합점(J)의 수두보다 높은 곳에서 결합점 방향으로 흐른다.

4) 관망

① Hardy-Cross의 관망 가정

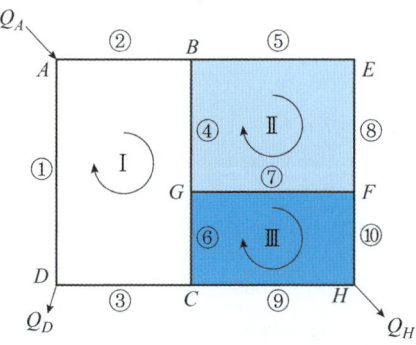

· 폐회로를 따라(회로Ⅰ, 회로Ⅱ, 회로Ⅲ) 한 방향으로 측정된 손실수두의 합은 항상 0이 된다. ($\Sigma h_{Li} = 0$, 시계방향 흐름 +, 반시계방향 흐름 -)

- 각 교차점에 대해, 유입되는 유량과 유출되는 유량은 동일하다.(연속방정식)
- 흐름의 경로에 관계없이 손실수두는 동일하다.
- 각 유로의 합류점에서 유량은 정지하지 않고 모두 유출한다.

② 관망해석 순서

step1 유입량과 유출량 결정

step2 연속방정식에 따라 각 관로의 유량 및 흐름방향 가정

step3 각 폐합회로의 보정유량 계산(시계방향 흐름에 대해서는 +, 반시계방향 흐름에 대해서는 −)

손실수두 $h_L = f\dfrac{l}{D}\dfrac{V^2}{2g}$ 이고, $Q = AV$에서,

$V^2 = \dfrac{Q^2}{A^2} = \dfrac{16Q^2}{\pi^2 D^4}$ 이므로,

$h_L = f\dfrac{l}{D} \times \dfrac{16 \times Q^2}{\pi^2 D^4} \times \dfrac{1}{2g} = kQ^2$ 이고,

$k = f\dfrac{l}{D}\dfrac{8}{\pi^2 D^4 g}$

보정유량 $\Delta Q = \dfrac{\Sigma h_L}{\Sigma(2kQ)} = \dfrac{\Sigma(kQ^2)}{\Sigma(2kQ)}$

step4 각 유로의 유량보정(시계방향 흐름에 대해서는 +, 반시계방향 흐름에 대해서는 −)

step5 유량보정 값이 소요 정밀도가 될 때까지 step3) ~ step4) 반복

예제

문제. 다음 그림과 같은 관망의 유량을 해석하시오. ($Q_1 = 20$, $Q_2 = 4$, $Q_3 = 1$, $Q_4 = 4$, $Q_5 = 5$, $Q_5 = 2$, $Q_6 = 6$, k는 테이블에 주어진 값을 사용한다.)

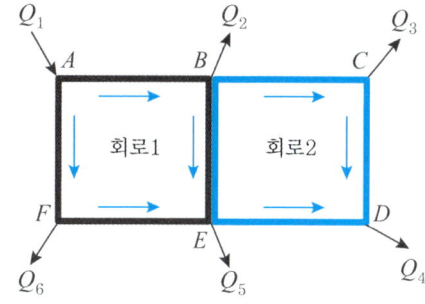

해설

구분	관로	k	Q	$h_L = kQ^2$	kQ	ΔQ
회로1	AB	110	10	11,000	1,100	
	BE	100	4	1,600	400	
	EF	−150	4	−2,400	−600	
	FA	−105	10	−10,500	−1,050	
	합계			−300	−150	2
회로2	BC	700	2	2,800	1,400	
	CD	500	1	500	500	
	DE	−50	6	−1,800	−300	
	EB	−105	4	−1,680	−420	
	합계			−180	1,180	−0.15

수정된 유량 Q

회로 1에서,	회로 2에서,
$Q_{AB} = 10 + 2 = 12$	$Q_{BC} = 2 + (-0.15) = 1.85$
$Q_{EF} = 4 - 2 = 2$ (반시계)	$Q_{CD} = 1 + (-0.15) = 0.85$
$Q_{FA} = 10 - 2$ (반시계)	$Q_{DE} = 6 - (-0.15) = 6.15$ (반시계)

$Q_{BE} = 4 + 2 - (-0.15) = 6.15$ (회로 1과 회로 2의 값을 모두 적용)

*ΔQ가 소요 정밀도에 도달할 때까지 위의 과정을 반복한다.

예제

문제. 관망에서 실제유량 Q, 손실수두 k, 가정유량 Q'일 때, 하디 크로스(Hardy cross)법에 의한 유량보정량을 구하는 식을 옳게 표시한 것은? (단, $k = f \cdot \sum \dfrac{l}{D} \dfrac{L}{2g} \cdot \left(\dfrac{1}{\pi D^2}\right)^3$ 이다.)

① $\Delta Q = -\dfrac{\sum h}{k \sum Q}$ ② $\Delta Q = -\dfrac{\sum h}{2k \sum Q}$

③ $\Delta Q = -\dfrac{\sum h}{\sum kQ}$ ④ $\Delta Q = -\dfrac{\sum h}{2\sum kQ}$

정답 ④

예제

문제. 관망계산에 사용되는 Hardy-Cross의 가정법이 아닌 것은?

① 관망을 형성하는 개개의 교차점에서 유입되는 유량의 합과 유출되는 유량의 합은 동일하다.
② 시계방향으로 흐르면 +, 반시계방향으로 흐르면 −값이다.
③ 관망상의 임의의 두 교차점에서 발생되는 손실수두의 크기는 두 교차점을 연결하는 경로에 따라 다르다.
④ 각 유로의 합류점에서 유량은 정지하지 않고 모두 유출한다.

정답 ③
해설 관망상의 임의의 두 교차점에서 발생되는 손실수두의 크기는 두 교차점을 연결하는 경로에 무관하여 동일하다.

---

5) 수격작용(Water Hammer)

① 관로에서 밸브를 갑자기 닫을 때, 유속의 갑작스런 변화 ($V \rightarrow 0$)로 수압이 급증한다.
② 밸브를 갑자기 열 때는 반대로 유속이 갑자기 증가하기 때문에 수압은 급감한다.
③ 수격작용 : 밸브의 갑작스런 열고 닫음으로 인한 압력의 급감 및 급증현상
④ 수격압 : 수격작용의 원인이 되는 급감 및 급증하는 압력

1. 정지상태(밸브 잠금)

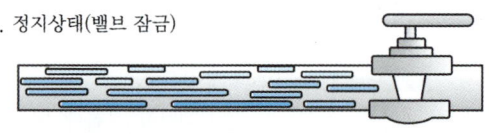

2. 흐름상태(밸브 열림)

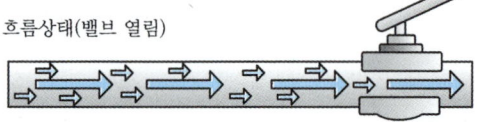

3. 밸브의 갑작스러운 잠금에 의한 water hammer 발생

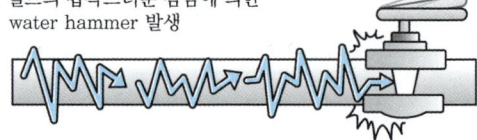

⑤ **서징(Surging)** : 수격작용에 의해 수격파가 유입되어 물이 진동하면서 수면이 상승하는 현상

6) 공동현상(Cavitation)

① 부압(증기압 이하)으로 인해, 물 속에 용해되어 있던 공기가 분리되어 공기 덩어리를 발생시키는 현상
② 고속으로 흐르는 관수로의 굴곡부에 발생
③ 공동의 발생과 소멸은 연속적이다.
④ 공동 발생시 저항력은 커진다.
⑤ **피팅(Pitting)** : 공동이 이동하면서 물체에 큰 충격을 주어 침식시키는 현상

대표기출문제

문제. 안지름 20cm인 관로에서 관의 마찰에 의한 손실수두가 속도수두와 같게 되었다면, 이때 관로의 길이는? (단, 마찰저항계수 f = 0.04이다.)   2021년 3회

① 3m   ② 4m
③ 5m   ④ 6m

정답 ③

해설 마찰손실수두 $h_L = f \dfrac{l}{D} \dfrac{V^2}{2g}$

속도수두와 마찰손실수두가 동일하므로,

$h_L = \dfrac{V^2}{2g}$ 에서, $f \dfrac{l}{D} = 1$

$0.04 \times \dfrac{l}{0.2} = 1$ 에서, $l = 5m$

대표기출문제

문제. 원형 관내 층류영역에서 사용 가능한 마찰손실계수식은? (단, R_e : Reynolds 수)   2021년 3회

① $\dfrac{1}{Re}$ ② $\dfrac{4}{Re}$

③ $\dfrac{24}{Re}$ ④ $\dfrac{64}{Re}$

정답 ④

대표기출문제

문제. 관수로에서 관의 마찰손실계수가 0.02, 관의 지름이 40cm일 때, 관내 물의 흐름이 100m를 흐르는 동안 2m의 마찰손실수두가 발생하였다면 관내의 유속은?   2021년 3회

① 0.3m/s   ② 1.3m/s
③ 2.8m/s   ④ 3.8m/s

정답 ③

해설 $h_L = f \dfrac{L}{d} \dfrac{V^2}{2g} = 0.02 \times \dfrac{100}{0.4} \times \dfrac{V^2}{2 \times 9.81} = 2$ 에서,

$V = 2.8 m/s$

대표기출문제

문제. 지름 D = 4cm, 조도계수 n = 0.01$m^{-1/3} \cdot$s인 원형관의 Chezy의 유속계수 C는?   2021년 2회

① 19.3   ② 28.5
③ 52.1   ④ 58.6

정답 ③

해설 $C = \sqrt{\dfrac{8g}{f}} = \dfrac{1}{n} R_h^{1/6}$

$= \dfrac{1}{0.01} \times 0.02^{1/6} = 52.1$

대표기출문제

문제. 관수로의 흐름에서 마찰손실계수를 f, 동수반경을 R, 동수경사를 I, Chezy 계수를 C라 할 때 평균 유속 V는?

2021년 1회

① $\sqrt{\dfrac{8g}{f}}\sqrt{RI}$ ② $fC\sqrt{RI}$

③ $\sqrt{\dfrac{f}{8g}}\sqrt{RI}$ ④ $C\sqrt{fRI}$

정답 ①

해설 $V = C\sqrt{R_h I}$ 이고, $C = \sqrt{\dfrac{8g}{f}}$ 이므로, $V = \sqrt{\dfrac{8g}{f}}\sqrt{RI}$

대표기출문제

문제. Chezy의 평균유속 공식에서 평균유속계수 C를 Manning의 평균유속 공식을 이용하여 표현한 것으로 옳은 것은?

2021년 2회

① $\dfrac{1}{n}R_h^{1/2}$ ② $\dfrac{1}{n}R_h^{1/6}$

③ $\sqrt{\dfrac{f}{8g}}$ ④ $\sqrt{\dfrac{8g}{f}}$

정답 ②

해설 Chezy 공식 $V = C\sqrt{R_h I}$

Manning 공식 $V = \dfrac{1}{n}R_h^{2/3}I^{1/2}$

두 공식을 같다고 두면, $CR_h^{1/2}I^{1/2} = \dfrac{1}{n}R_h^{2/3}I^{1/2}$ 에서,

$C = \dfrac{1}{n}R_h^{2/3-1/2} = \dfrac{1}{n}R_h^{1/6}$

대표기출문제

문제. 수두차가 10m인 두 저수지를 지름이 30cm, 길이가 300m, 조도계수가 0.013m$^{-1/3}$·s인 주철관으로 연결하여 송수할 때, 관을 흐르는 유량(Q)은? (단, 관의 유입손실계수 f_e = 0.5, 유출손실계수 f_c = 1.0이다.)

2021년 1회

① 0.02m³/s ② 0.08m³/s
③ 0.17m³/s ④ 0.19m³/s

정답 ③

해설 $f = 124.5n^2d^{-1/3} = 124.5 \times 0.013^2 \times 0.3^{-1/3} = 0.0314$

$h_L = \dfrac{V^2}{2g}(f\dfrac{L}{D} + f_c + f_e)$

$= \dfrac{V^2}{2g}(0.0314 \times \dfrac{300}{0.3} + 1 + 0.5) = 10$에서,

$V = 2.442 m/s$

$Q = AV = \dfrac{\pi \times 0.3^2}{4} \times 2.442 = 0.173 m^3/s$

대표기출문제

문제. 수로 바닥에서의 마찰력 τ_o, 물의 밀도 ρ, 중력 가속도 g, 수리평균수심 R, 수면경사 I, 에너지선의 경사 I_e라고 할 때 등류(㉠)와 부등류(㉡)의 경우에 대한 마찰속도(u^*)는?

2021년 1회

① ㉠ $\sqrt{\gamma RI}$ ㉡ $\sqrt{\gamma RI_e}$
② ㉠ gRI ㉡ gRI_e
③ ㉠ $\sqrt{gRI}$ ㉡ $\sqrt{gRI_e}$
④ ㉠ $\sqrt{\dfrac{gRI}{\tau_o}}$ ㉡ $\sqrt{\dfrac{gRI_e}{\tau_o}}$

정답 ③

해설 등류 마찰속도 $U^* = \sqrt{\dfrac{\tau}{\rho}} = \sqrt{gR_h I}$

부등류 마찰속도 $U^* = \sqrt{\dfrac{\tau}{\rho}} = \sqrt{gR_h I_e}$

08 펌프

1 펌프

1) 펌프 에너지

① 일반식

펌프의 동력은 에너지로 표현된다.

$E = W \times h = (\gamma_w Q) \times h$ $(\gamma_w = \rho_w \times g)$

펌프의 효율 η을 고려하면,

$E = \dfrac{\gamma_w Q h}{\eta}$ $(kW = kN.m/\sec)$

손실수두 h_L을 고려하면,

$E = \dfrac{\gamma_w Q(h + h_L)}{\eta}$ $(kW = kN.m/\sec)$

② 펌프 유량의 적용

- 초기 유량이 없는 경우 : 양수량 Q 적용
- 펌프가 없는 경우의 자연유하량(초기 유하량) Q_1이 있는 경우 : $Q = Q_1 + Q_2$ 적용

    (자연유하량 Q_1 + 펌프양수량 Q_2)

2) 마력 HP으로 환산

kW로 계산된 값의 1.36배 ($\dfrac{4}{3}$배)

⇒ $HP = 1.36 \times kW = \dfrac{4}{3} \times kW$

예제

문제. 다음 그림과 같이, 수조1에서 수조2로 펌프에 의해 $Q = 0.046 m^3/\sec$의 유량을 양정하고자 한다. 수조1의 수면 $z_1 = 10m$이고, 수조2의 수면 $z_2 = 20m$, 손실수두 $h_L = 2m$일 때, 필요한 펌프의 동력은 얼마인가? (단, 펌프의 효율 $\eta = 92\%$이고, 중력가속도 $g = 10 m/s^2$으로 한다.)

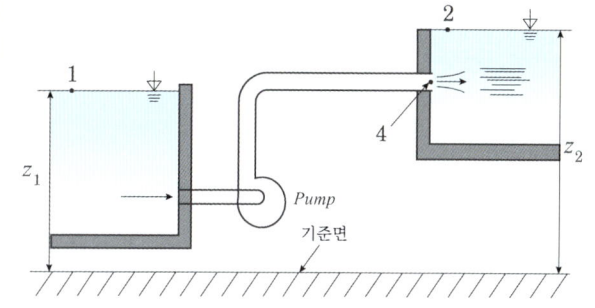

해설 양정고 $h = z_2 - z_1 = 20 - 10 = 10m$

$E = \dfrac{\gamma_w Q(h + h_L)}{\eta} = \dfrac{10 \times 0.046 \times (10 + 2)}{0.92} = 6 kW$

예제

문제. 양정고는 140m, 손실수두가 10m일 때, 펌프에 의한 양수량이 0.06m³/sec가 되기 위해 필요한 펌프의 용량[kW]은? (단, 펌프의 효율은 98%이다.)

① 40 ② 90
③ 140 ④ 190

정답 ②

해설 펌프 동력 $E = \dfrac{QHg}{\eta} = \dfrac{0.06 \times (140 + 10) \times 9.8}{0.98} = 90 kW$

참조 마력(HP)으로 환산

$g = 9.8$을 대신하여 $\dfrac{1000}{75} = \dfrac{400}{3}$ 대입하면 마력이 된다.

예제

문제. 그림과 같이 연결된 수로에서 펌프가 없는 경우, 관로 내 유량은 0.2m³/s이다. 만약 동일 유량을 반대방향으로 양수하고자 할 때, 필요한 펌프의 동력은? (단, 물의 단위중량은 10kN/m³, 중력가속도는 10m/s²이다.)

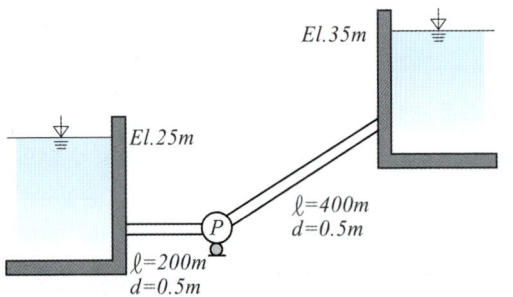

① 40kW ② 40HP
③ 90kW ④ 90HP

정답 ①

해설 자연유하량이 있는 경우의 유량은 자연유하량 Q_1 + 펌프양수량 Q_2을 적용해야 한다.

펌프동력

$E = mgh = \rho \Delta Q gh = 1 \times (0.2 + 0.2) \times 10 \times (35-25)$
$\quad = 40 kW$

대표기출문제

문제. 그림과 같이 수조 A의 물을 펌프에 의해 수조 B로 양수한다. 연결관의 단면적 200cm², 유량 0.196m³/s, 총손실수두는 속도수두의 3.0배에 해당할 때 펌프의 필요한 동력(HP)은? (단, 펌프의 효율은 98%이며, 물의 단위중량은 9.81kN/m³, 1HP는 735.75N·m/s, 중력가속도는 9.8m/s²)

2022년 1회

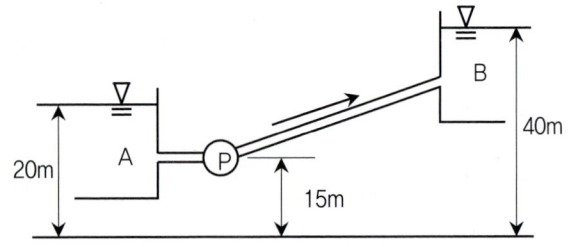

① 92.5HP ② 101.6HP
③ 105.9HP ④ 115.2HP

정답 ①

해설 $Q = AV$에서, $0.196 = 200 \times 10^{-4} \times V$이므로,
$V = 9.8 m/s$

총 손실수두는 속도수두의 3배이므로,

$h_L = 3 \times \dfrac{V^2}{2g} = 3 \times \dfrac{9.8^2}{2 \times 9.8} = 14.7m$

펌프의 에너지 $E = \dfrac{\gamma_w Q(h+h_L)}{\eta}$ 이므로,

$E = \dfrac{9.81 \times 0.196 \times (20+14.7)}{0.98} = 68.08 kW$

$\quad = \dfrac{68.08}{0.73575} = 92.53 HP$

09 CHAPTER 항력

1 항력

1) 개요

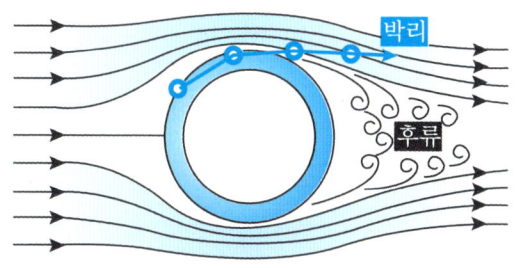

① 박리(Seperation)
물체 표면의 유체입자가 흐름 운동량을 이기지 못하고 표면에서 이탈하는 현상

② 후류(Wake)
유체 흐름 내에 있는 물체에 대해, 물체 후면에 발생되는 소용돌이

2) 항력(Drag)

① **마찰항력** : 유체의 점성으로 인해, 물체 표면에 작용하는 항력

② **압력항력** : 후류로 인한 물체 후면의 압력 감소로 인해 발생하는 항력

총항력 $F_D = C_d A \dfrac{\rho V^2}{2}$

C_d : 항력계수
V : 유속
A : 저항면적 (예리한 단면 – 수평마찰저항면적,
둔한 단면 – 흐름에 수직한 투영단면적)

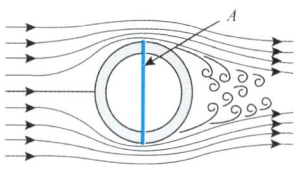 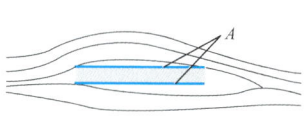

③ 박리가 없는 구(球)의 항력
$R_e \leq 1$인 점성, 비압축성 흐름에 대해 ⇒ 박리 없이 점성력이 지배
$F_D = \mu \times 3\pi d \times V$ (d : 구의 직경)

예제

문제. 항력계수 $C_d = 0.002$인 평판이 그림과 같이 물의 흐름 방향에 평행하게 위치한다. 흐름의 유속 $V = 0.5 m/s$일 때, 이 평판이 받는 항력은 얼마인가?
(단, $\rho = 1 t/m^3$, $B \times L = 2 \times 4 m^2$이다.)

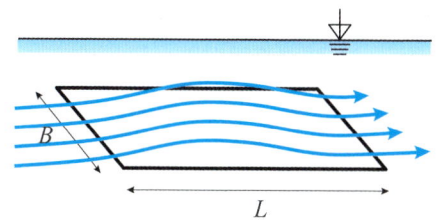

해설 총항력
$F_D = C_d A \dfrac{\rho V^2}{2} = 0.002 \times (2 \times 4 \times 2) \times \dfrac{1 \times 0.5^2}{2} = 4N$

주의 마찰 저항면적이 위·아래 2면이므로, 평판 면적의 2배로 한다.

예제

문제. 항력계수 $C_d = 0.002$인 평판이 수면에 더 있는 상태로 예인선에 의해 끌려간다. 예인선의 속도 $V = 4m/s$일 때, 이 평판이 받는 항력은 얼마인가?
(단, $\rho = 1t/m^3$, $4m^2$이다.)

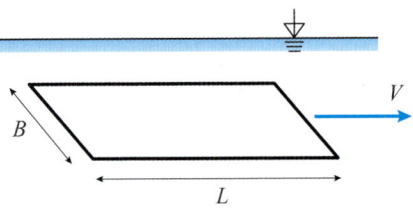

해설 총항력 $F_D = C_d A \dfrac{\rho V^2}{2} = 0.002 \times (2 \times 4) \times \dfrac{1 \times 4^2}{2}$
$= 128N$

대표기출문제

문제. 항력(Drag force)에 관한 설명으로 틀린 것은? 2021년 2회

① 항력 $D = C_D A \dfrac{\rho V_2}{2}$으로 표현되며, 항력계수 C_D는 Froude의 함수이다.
② 형상항력은 물체의 형상에 의한 후류(Wake)로 인해 압력이 저하하여 발생하는 압력저항이다.
③ 마찰항력은 유체가 물체표면을 흐를 때 점성과 난류에 의해 물체표면에 발생하는 마찰저항이다.
④ 조파항력은 물체가 수면에 떠 있거나 물체의 일부분이 수면 위에 있을 때에 발생하는 유체저항이다.

정답 ①
해설 항력계수 C_D는 레이놀즈의 함수이다.

예제

문제. 진행방향의 수직한 면에 투영된 단면적인 $12m^2$인 잠수함이 $V = 20m/s$의 속도로 해저에서 이동한다. 잠수함의 항력계수 $C_d = 0.03$일 때, 잠수함이 받는 항력은 얼마인가? (단, 해수의 밀도는 1.04로 한다.)

해설 총항력
$F_D = C_d A \dfrac{\rho V^2}{2} = 0.03 \times (12) \times \dfrac{1.04 \times 20^2}{2} = 74.88 kN$

03
PART

개수로

10. 최적수로단면과 개수로의 유속분포
11. 비에너지
12. 위어와 큰 오리피스
13. 상사법칙

CHAPTER 10 최적수로단면과 개수로의 유속분포

1 개요

1) 개수로 특징

① 자유수면을 가지는 흐름
② 중력에 의한 흐름

구분	관수로	개수로
자유수면	×	○
흐름발생 인자	압력차	수면경사
관로폐합	○	폐합인 경우도 있음

2) 개수로의 예시

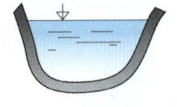
자연하천

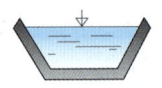
인공수로

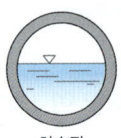
하수관

* 단면의 폐합여부와 관계없이 자유수면이 존재하면 개수로로 구분

3) 개수로의 동수반경

$$R_h = \frac{A}{P} \quad (A : 유수단면적,\ P : 윤변길이)$$

윤변 : 물이 흐르는 단면에서 물과 접촉하는 부분의 길이

4) 수리평균심

$$D_h = \frac{A}{b_t} \quad (b_t : 자유수면폭)$$

넓은 개수로인 경우,

평균수리심 D_h = 수심 h = 동수반경 $R_h = \dfrac{A}{P}$

직사각형 수로인 경우, 평균수리심 D_h = 수심 h

5) 단면계수(한계류 계산 인자)

$$Z = A\sqrt{D_h}$$

구분	직사각형	사다리꼴	삼각형
단면 형상			
경사비		$1 : m = \dfrac{1}{m}$	$1 : m = \dfrac{1}{m}$
윤변 P	$b + 2h$	$b + 2 \times h\sqrt{1+m^2}$	$2 \times h\sqrt{1+m^2}$
단면적 A	bh	$bh + h \times my$	$h \times mh$
동수반경 R_h	$\dfrac{bh}{b+2h}$	$\dfrac{bh + h \times my}{b + 2 \times h\sqrt{1+m^2}}$	$\dfrac{h \times mh}{2 \times h\sqrt{1+m^2}}$
자유 수면폭 b_t	b	$b + 2 \times hm$	$2 \times hm$
평균 수리심 D_h	h	$\dfrac{bh + h \times my}{b + 2 \times hm}$	$\dfrac{h \times mh}{2hm} = \dfrac{h}{2}$

6) 개수로 흐름의 구분

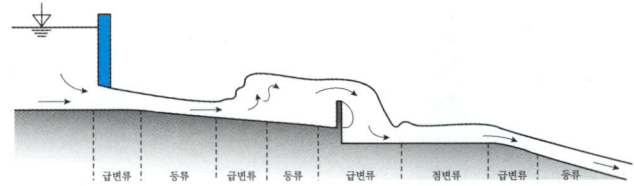

급변류 | 등류 | 급변류 | 등류 | 급변류 | 점변류 | 급변류 | 등류

2 개수로 유속분포

1) 유속분포

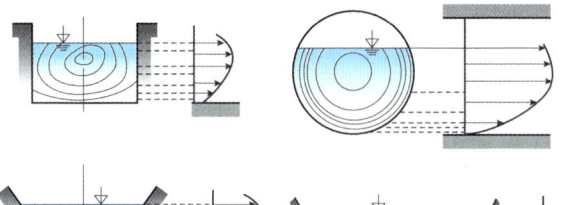

① 수면에서 수심의 20~30% 위치에서 최대유속
② 윤변의 마찰에 의해, 수면과 접하는 면에서는 유속이 느림
③ 실제 흐름은 3차원 분포

2) 유속계에 의한 평균유속 측정

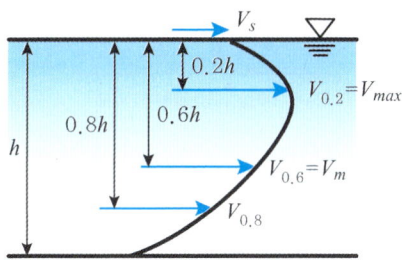

① 표면법

$$V_m = 0.85\, V_s$$

② 1점법

$$V_m = V_{0.6}$$

③ 2점법

$$V_m = \frac{V_{0.2} + V_{0.8}}{2}$$

④ 3점법

$$V_m = \frac{V_{0.2} + 2V_{0.6} + V_{0.8}}{4}$$

예제

문제. 유속계를 이용하여 10m 수심의 하천에서 유속을 측정하였다. 수면 아래 2m, 4m, 6m, 8m 지점에서 측정된 유속이 각각 3m/s, 4m/s, 2m/s, 1m/s일 때, 3점법으로 구한 평균유속 [m/s]은?

해설 $V_m = \dfrac{V_{0.2} + 2V_{0.6} + V_{0.8}}{4} = \dfrac{3 + 2\times 2 + 1}{4} = 2m/s$

3) 평균유속공식

① Chezy

$$V = C\sqrt{R_h I}$$

② Manning

$$V = \frac{1}{n} R_h^{2/3} I^{1/2}$$

3 복합단면 수로

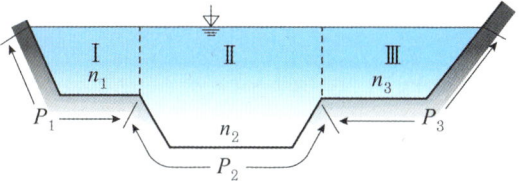

수로 윤변의 조도 및 단면형상이 다른 경우의 유량 계산

1) 단면 분할법

① 단면Ⅰ, 단면Ⅱ, 단면Ⅲ의 유량을 각각 계산
② 각 개별단면의 조도 n 및 동수반경 R_h 등을 적용(각 단면의 경계면은 윤변에서 제외)
③ 전체유량 $Q = Q_1 + Q_2 + Q_3$

2) 등가조도(Equivalent Roughness)법

① 전체 단면의 조도 n와 등가의 조도를 적용하여, 전체 단면에 대한 유량을 한 번에 계산

② Horton 등가조도(유속일치)

각 단면에서의 평균유속 = 전체 단면의 평균유속

$$n_e = \left(\frac{\sum_{i=1}^{N} n_i^{3/2} P_i}{\sum_{i=1}^{N} P_i} \right)^{2/3}$$

③ Lotter 등가조도(유량일치)

전체 유량 = 분할된 유량의 합

$$n_e = \frac{\sum_{i=1}^{N} P_i \times \sum_{i=1}^{N} R_{h_1}^{5/3}}{\sum_{i=1}^{N} \left(\frac{P_i R_{h_1}}{n_i} \right)}$$

④ Pavlovskii 등가조도(마찰저항일치)

전체 흐름의 마찰저항력 = 각 단면 흐름의 마찰저항력의 합

$$n_e = \left(\frac{\sum_{n=1}^{N} P_i n_i^2}{\sum P_i} \right)^{1/2}$$

⑤ 일반적으로 등가조도법에 의한 유량이 더 작게 산출된다.

4 수리상 유리한 단면(최적 수리단면)

1) 개요

① 동일한 유수단면적으로 최대 유량을 흐르도록 하는 단면 형상

② $Q = AV$에서, A를 고정된 값으로 두면, 최대유량을 위해서는 유속 V가 최대로 되도록 단면 형상을 구성해야 한다.

③ $V = \frac{1}{n} R_h^{2/3} I^{1/2}$에서, 동일한 환경조건($n$, I)이라면 최대유속을 위해서는 동수반경 R_h가 최대가 되어야 한다.

④ $R_h = \frac{A}{P}$에서, 동일한 단면적 A라면, 윤변 P가 최소여야 한다.

⑤ 최대유량을 위해서는 동일조건(A, n, I)에서, 윤변 P가 최소인 단면이 수리상 유리한 단면이다.

⑥ 최적 수리단면은 정다각형의 절반인 형태

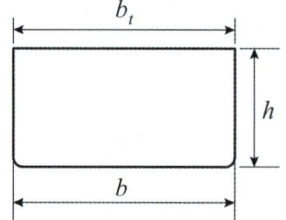

⑦ 반원이 가장 유리하나, 시공상의 이유로 사각형이나 사다리꼴 단면을 일반적으로 적용

2) 직사각형 단면

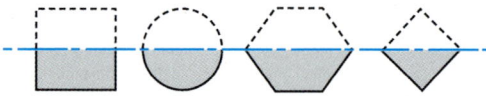

① 윤변 $P = b + 2h$이고, 단면적 $A = bh$이므로,

$P = Ah^{-1} + 2h$에서,

$\frac{\partial P}{\partial h} = -Ah^{-2} + 2 = 0$에서, $bh \times h^{-2} = 2$이므로,

$h = \frac{b}{2}$

또한, $P_{min} = b + 2 \times b/2 = 2b = 4h$이므로,

$R_{h-max} = \frac{A}{P_{min}} = \frac{bh}{2b} = \frac{h}{2}$

② 단면의 형상이 정사각형의 절반의 형태

3) 사다리꼴 단면

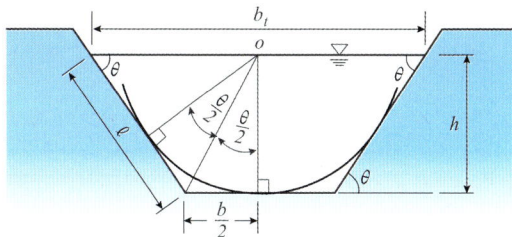

① $\frac{\partial P}{\partial h}=0$에서, $\theta=60°$일 때, 윤변 P가 최소값을 가진다. ($l=\frac{b_t}{2}$)

② $P_{min} = 3l = 3 \times \frac{2h}{\tan 60°} = \frac{6h}{\sqrt{3}} = 2\sqrt{3}\,h$,

$R_{h-max} = \frac{A}{P_{min}} = \frac{l \times h + l/2 \times h}{3l} = \frac{h}{2}$

③ 단면의 형상이 정육각형의 절반인 형태

4) 삼각형

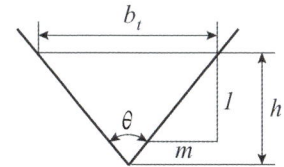

① $\frac{\partial P}{\partial h}=0$에서, $\theta=90°$일 때, 윤변 P가 최소값을 가진다. ($m=1$)

② $P_{min} = 2\sqrt{2}\,h$,

$R_{h-max} = \frac{A}{P_{min}} = \frac{h^2}{2\sqrt{2h}} = \frac{h}{2\sqrt{2}} = \frac{\sqrt{2}\,h}{4}$

③ 단면의 형상이 마름모의 절반인 형태

구분	사각형	사다리꼴	삼각형	원
단면형상	정사각형의 절반	정육각형의 절반	정사각형의 절반	반원
사잇각 θ	$\theta=90°$	$\theta=60°$	$\theta=90°$	
관계식	$h=\frac{b_t}{2}$	$l=\frac{b_t}{2}$	$h=\frac{b_t}{2}$ ($m=1$)	$h=r$
최소윤변 P_{min}	$2b_t$ ($4h$)	$3l=2\sqrt{3}\,h$	$2\sqrt{2}\,h$	$\pi r = \pi h$
최대 동수반경 R_{h-max}	$\frac{h}{2}$	$\frac{h}{2}$	$\frac{h}{2\sqrt{2}}=\frac{\sqrt{2}\,h}{4}$	$r=h$

🛡 대표기출문제

문제. 하폭이 넓은 완경사 개수로 흐름에서 물의 단위중량 $w=\rho g$, 수심 h, 하상경사 S일 때 바닥 전단응력 τ_o는? (단, ρ : 물의 밀도, g : 중력가속도)   2022년 1회

① $\rho h S$ ② ghS

③ $\sqrt{\frac{hS}{\rho}}$ ④ whS

정답 ④

해설 동수반경 $R_h = \frac{A}{P} = \frac{hB}{B} = h$ (B : 수로폭, P : 윤변길이)

동수경사 $I=S$

$\tau_{max} = \gamma R_h I = whS$

🛡 대표기출문제

문제. 다음 사다리꼴 수로의 윤변은?   2022년 1회

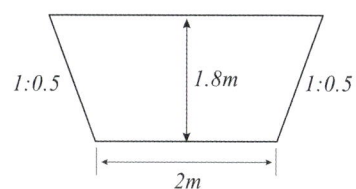

① 8.02m   ② 7.02m
③ 6.02m   ④ 9.02m

정답 ③

해설 경사길이 $l = \sqrt{1.8^2 + 0.9^2} = 2.012m$

$P = B + 2l = 2 + 2 \times 2.012 = 6.025m$

대표기출문제

문제. 동수반경에 대한 설명으로 옳지 않은 것은?   2022년 1회

① 원형관의 경우, 지름의 1/4이다.
② 유수단면적을 윤변으로 나눈 값이다.
③ 폭이 넓은 직사각형 수로의 동수반경은 그 수로의 수심과 거의 같다.
④ 동수반경이 큰 수로는 동수반경이 작은 수로보다 마찰에 의한 수두손실이 크다.

정답 ④
해설 동수반경이 큰 수로는 동수반경이 작은 수로보다 마찰에 의한 수두손실이 작다.

대표기출문제

문제. 폭이 무한히 넓은 개수로의 동수반경(Hydraulic radius, 경심)은?   2021년 3회

① 계산할 수 없다.
② 개수로의 폭과 같다.
③ 개수로의 면적과 같다.
④ 개수로의 수심과 같다.

정답 ④
해설 $R = \dfrac{A}{P} = \dfrac{Bh}{B+2h} = h$ ($B \gg h$인 경우)

대표기출문제

문제. 수리학적으로 유리한 단면에 관한 설명으로 옳지 않은 것은?   2022년 1회

① 주어진 단면에서 윤변이 최소가 되는 단면이다.
② 직사각형 단면일 경우 수심이 폭의 1/2인 단면이다.
③ 최대유량의 소통을 가능하게 하는 가장 경제적인 단면이다.
④ 사다리꼴 단면일 경우 수심을 반지름으로 하는 반원을 외접원으로 하는 사다리꼴 단면이다.

정답 ④
해설 사다리꼴 단면일 경우 수심을 반지름으로 하는 반원을 내접원으로 하는 사다리꼴 단면이다.

대표기출문제

문제. 수로경사 I = 1/2500, 조도계수 n = 0.013m$^{-1/3}$·s인 수로에 아래 그림과 같이 물이 흐르고 있다면 평균유속은? (단, Manning의 공식을 사용한다.)   2021년 2회

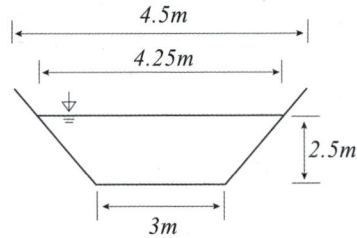

① 1.65m/s   ② 2.16m/s
③ 2.65m/s   ④ 3.16m/s

정답 ①
해설 $R_h = \dfrac{A}{P} = \dfrac{(4.25+3) \times 2.5/2}{3 + 2\times\sqrt{0.625^2 + 2.5^2}} = 1.111$

$V = \dfrac{1}{n} R_h^{2/3} I^{1/2}$

$= \dfrac{1}{0.013} \times 1.111^{2/3} \times (1/2500)^{1/2} = 1.65 m/s$

대표기출문제

문제. 수로경사 1/10,000인 직사각형 단면 수로에 유량 30m³/s를 흐르게 할 때 수리학적으로 유리한 단면은? (단, h: 수심, B: 폭이며, Manning 공식을 쓰고, n = 0.025m$^{-1/3}$ · s)

2021년 1회

① h=1.95m, B=3.9m
② h=2.0m, B=4.0m
③ h=3.0m, B=6.0m
④ h=4.63m, B=9.26m

정답 ④

해설 수리학적으로 유리한 단면이 되기 위해, $b = 2h$

$$R_h = \frac{A}{P} = \frac{bh}{b+2h} = \frac{2h^2}{4h} = \frac{h}{2}$$

$$V = \frac{1}{n} R_h^{2/3} I^{1/2}$$

$$= \frac{1}{0.025} \times (h/2)^{2/3} \times 10^{-4/2} = 0.252 h^{2/3}$$

$Q = AV = 2h^2 \times 0.252 h^{2/3} = 0.504 h^{8/3} = 30$에서,
$h = 4.63m$, $b = 2h = 2 \times 4.63 = 9.26m$

대표기출문제

문제. 개수로 내의 흐름에서 평균유속을 구하는 방법 중 2점법의 유속 측정 위치로 옳은 것은?

2021년 1회

① 수면과 전수심의 50% 위치
② 수면으로부터 수심의 10%와 90% 위치
③ 수면으로부터 수심의 20%와 80% 위치
④ 수면으로부터 수심의 40%와 60% 위치

정답 ③

CHAPTER 11 비에너지

1 비에너지와 한계수심

1) 비에너지(Specific Energy)

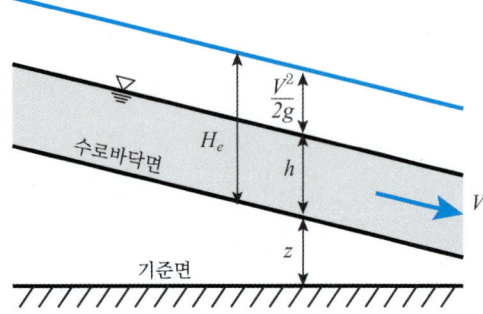

수로바닥면을 기준으로한 단위무게의 물과 흐름의 에너지

$H_e = h + \alpha \dfrac{V^2}{2g}$ (수심 + 속도수두)

$Q = AV$에서, $V = \dfrac{Q}{A} = \dfrac{Q}{ah^n}$를 비에너지 식에 대입하면,

$H_e = h + \alpha \dfrac{Q^2}{2ga^2 h^{2n}}$

2) 비에너지와 수심

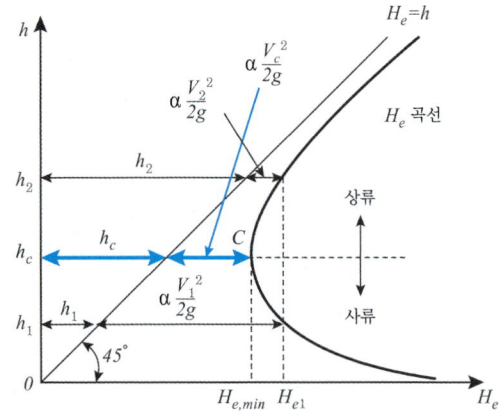

[비에너지 – 수심 관계]

① **대응수심**(Alternate Depth) : 하나의 비에너지(H_{e1})에 대한 2개의 수심 h_1, h_2
② **한계수심**(Critical Depth, h_c) : 비에너지가 최소가 되는 수심
③ **한계유속**(Critical Velocity, $V_c = \sqrt{\dfrac{gh_c}{\alpha}}$) : 한계수심에서의 유속
④ **한계류**(Critical flow) : 한계수심에서의 흐름
⑤ **한계경사**(Critical Slop, I_c) : 한계수심을 만드는 수로 경사
⑥ **상류**(sub critical flow) : 한계수심보다 깊은 수심에서의 흐름
⑦ **사류**(super critical flow) : 한계수심보다 얕은 수심에서의 흐름
⑧ 한계수심에서 최대유량(동일한 비에너지)
⑨ 한계수심은 최소비에너지의 2/3배($h_c = \dfrac{2}{3} H_{e,\min}$)

$H_{e,\min} = h_c + \dfrac{V_c^2}{2g}$에서, $h_c = \dfrac{2}{3} H_{e,\min}$,

$\dfrac{V_c^2}{2g} = \dfrac{h_c}{2} = \dfrac{1}{3} H_{e,\min}$

⑩ 비에너지가 일정한 경우(등류), 평균수리심의 1/2 ($\dfrac{D_h}{2}$) = 속도수두 $\dfrac{V^2}{2g}$가 될 때, 한계류가 된다.

$\Rightarrow D_{hc} = \dfrac{V_c^2}{g}$에서, $V_c = \sqrt{gD_{hc}}$

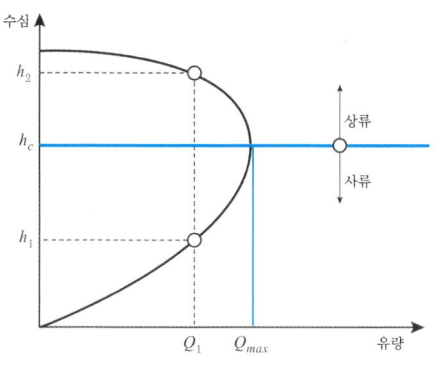

[수심 – 유량 관계]

⑪ 한계수심일 때의 유량(Q_{max})을 제외하면, 하나의 유량에 대해서 수심은 2개 존재한다.

3) 한계수심의 계산

단면적 $A = ah^n$ 형태로 표현되는 단면에 대해,(h : 최대수심)

$$h_c = (\alpha \frac{nQ^2}{ga^2})^{1/(2n+1)}$$

① 직사각형 단면

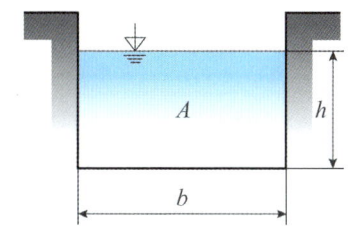

$A = bh$이므로, $a = b$, $n = 1$을 대입하면,

$$h_c = (\alpha \frac{1 \times Q^2}{gb^2})^{1/(2+1)} = (\alpha \frac{Q^2}{gb^2})^{1/3}$$

단위 폭당 유량을 $q = \frac{Q}{b}$로 두면, $h_c = (\alpha \frac{q^2}{g})^{1/3}$

② 삼각형 단면

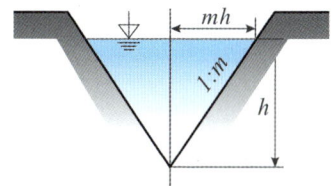

$A = mh^2$ (수로경사가 1:m인 단면)이므로, $a = m$, $n = 2$를 대입하면,

$h_c = (\alpha \frac{2Q^2}{gm^2})^{1/5}$ 2등변 직각삼각형인 경우 $m = 1$이므로, $h_c = (\alpha \frac{2Q^2}{g})^{1/5}$

③ 포물선 단면

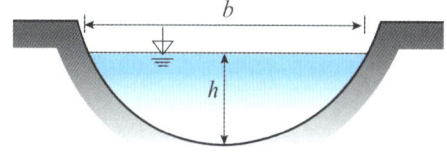

$A = ah^{1.5}$이므로, $a = a$, $n = 1.5$를 대입하면,

$$h_c = (\alpha \frac{1.5Q^2}{ga^2})^{1/4}$$

> **참고**
>
> [포물선의 면적]
>
> $h = dx^2$형태의 포물선의 면적 :
>
> $2 \times (\frac{2}{3} \times xh) = \frac{4}{3} \times \sqrt{\frac{h}{d}} \times h = \frac{4}{3\sqrt{d}} \times h^{3/2}$
>
> $A = ah^{1.5}$의 형태로 보면, $a = \frac{4}{3\sqrt{d}}$
>
> | 단면구분 | 단면적 | a | n | 한계수심 |
> |---|---|---|---|---|
> | 사각형단면 | $A = ah$ | $a = b$ | 1 | $h_c = \left(\frac{\alpha Q^2}{gb^2}\right)^{\frac{1}{3}}$ |
> | 포물선단면 | $A = ah^{1.5}$ | $a = a$ | 1.5 | $h_c = \left(\frac{1.5\alpha Q^2}{ga^2}\right)^{\frac{1}{4}}$ |
> | 삼각형단면 | $A = ah^2$ | $a = m$ | 2 | $h_c = \left(\frac{2\alpha Q^2}{gm^2}\right)^{\frac{1}{5}}$ |

4) 프루드 수(Froude Number)에 의한 흐름의 구분

① 정의

$$F_r = \frac{V}{\sqrt{gD_h}} = \frac{V}{\sqrt{gh}} \quad \text{(관성력/중력의 비)}$$

V : 물의 흐름의 속도

$\sqrt{gh}$: 표면파의 전파속도

넓은 개수로인 경우, 평균수리심 D_h = 수심 h = 동수반경 $R_h = \frac{A}{P}$

직사각형 수로인 경우, 평균수리심 D_h = 수심 h

상류	한계류	사류
$F_r < 1$	$F_r = 1$	$F_r > 1$

② 표면파의 전파속도

구분	표면파 전파
상류 $V < \sqrt{gD_h}$ $F_r < 1$	
한계류 $V = \sqrt{gD_h}$ $F_r = 1$	
사류 $V > \sqrt{gD_h}$ $F_r > 1$	

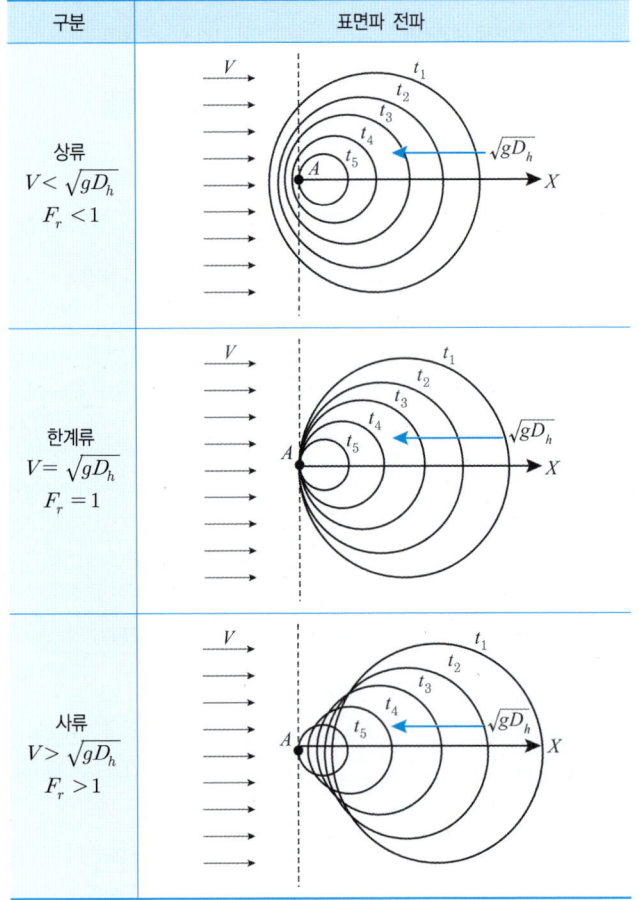

- **한계류** : 표면파의 전파속도 = 유속 → 표면파가 상류(上流)로 전달되지 못한다.
- **상류** : 표면파의 전파속도 > 유속 → 표면파가 상류(上流)로 전달
- **사류** : 표면파의 전파속도 < 유속 → 표면파가 하류(下流)로 전달

2 비력과 도수

1) 흐름상태의 변화

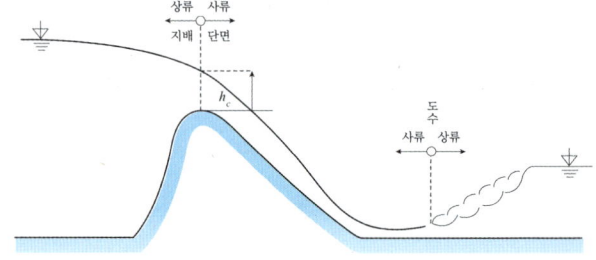

① **상류에서 사류로 변환** : 매끄럽고 연속적인 수면형
② **사류에서 상류로 변환** : 불연속적이고 뛰어오르는 수면형
③ **지배단면** : 한계수심이 발생하는 위치의 단면, 수면곡선 계산의 출발점
  - 상류 : 지배단면 → 상류(上流)방향(상류통제 흐름)
  - 사류 : 지배단면 → 하류(下流)방향(하류통제 흐름)
④ **도수(Hydraulic Jump)** : 사류에서 상류로 변화하는 위치에서 격렬한 와류를 동반하면서 수면이 급격하게 뛰어 오르는 현상. 도수로 인한 비에너지의 손실 발생

2) 비력(Specific Force, 충력)

① 개요

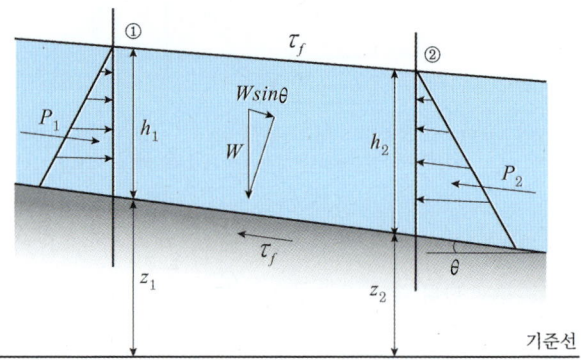

단위시간 당 임의 단면을 통과하는 물의 운동량 $m\Delta V$
정수압에 의한 힘 $P_1 = \gamma h_{G1} A_1$, $P_2 = \gamma h_{G2} A_2$
수로바닥의 경사 및 마찰을 무시하면,
운동 방정식에 의해,
$P_1 - P_2 = m\Delta V = \rho Q(V_2 - V_1)$이고, 이를 좌우항을 정리하면,

$P_1 + \rho Q V_1 = P_2 + \rho Q V_2$ 이고, $V = \dfrac{Q}{A}$를 대입하면,

$\gamma h_{G1} A_1 + \rho Q \times \dfrac{Q}{A_1} = \gamma h_{G2} A_2 + \rho Q \times \dfrac{Q}{A_2}$ 이고,

γ를 나누어 정리하면,

$\dfrac{Q^2}{gA_1} + h_{G1} A_1 = \dfrac{Q^2}{gA_2} + h_{G2} A_2 = M$으로, 어느 위치에서나 일정한 값을 가진다.

비력 $M = \dfrac{Q^2}{gA} + h_G A$ (물의 운동량/γ + 물의 정수압/γ으로 힘/단위중량의 단위)

② 유량이 일정한 경우, A와 h_G는 수심에만 관계하므로, 비력은 수심만의 함수가 된다.

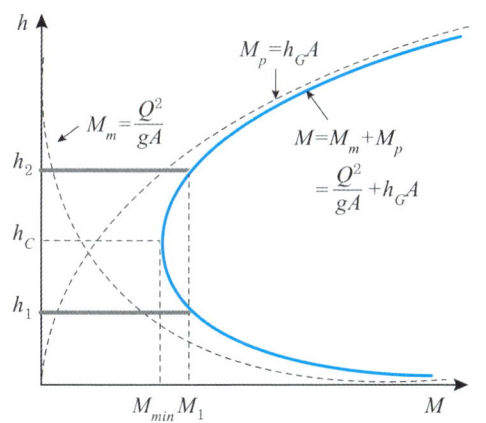

③ 하나의 비력에 대해서는 2개의 수심이 존재한다. (공액수심)
④ 한계수심에서 최소비력 M_{min} 발생

3) 도수

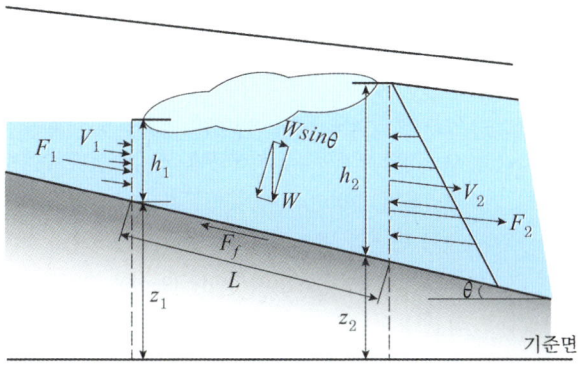

① 도수 전후의 수심

$\dfrac{h_2}{h_1} = \dfrac{1}{2}(-1 + \sqrt{1 + 8F_{r1}^2})$ (도수 전후의 수심의 비율은 F_{r1}에 대한 함수)

h_1 : 도수 전의 수심, h_2 : 도수 후의 수심

$F_{r1} = \dfrac{V_1}{\sqrt{gD_{h1}}}$: 도수 전의 프루드 수 ($F_{r1} > 1$ 경우에만 도수 발생)

넓은 개수로에서, $D_{h1} = h_1$

예제

문제. 폭이 10m인 수문으로부터 하류에 도수(hydraulic jump)가 발생하고 있다. 도수 전의 수심이 2m, 유속이 9.8m/sec일 때, 도수 후의 수심[m]은?

해설 $F_r = \dfrac{V_1}{\sqrt{gh_1}}$ 이므로,

$\dfrac{h_2}{h_1} = \dfrac{1}{2}(-1 + \sqrt{1 + 8F_r^2})$

$= \dfrac{1}{2}(-1 + \sqrt{1 + 8 \times 9.8^2/9.8/h_1})$ 에서,

$h_2 = \dfrac{2}{2}(-1 + \sqrt{1 + 8 \times 9.8/2}) = 5.34m$

② 도수로 인한 에너지 손실

$$\Delta H_e = \dfrac{(h_2 - h_1)^3}{4 h_1 h_2}$$

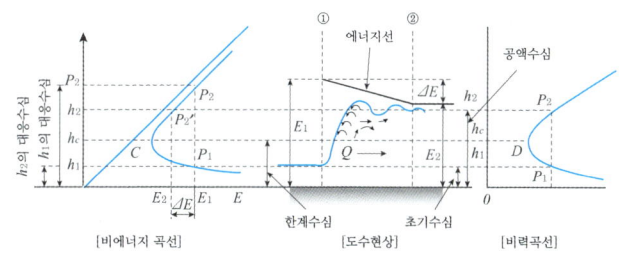

[비에너지 곡선]   [도수현상]   [비력곡선]

* 주) 대응수심과 공액수심을 비교해야 한다.

예제

문제. 유량이 10m³/s인 직사각형 수로에서 도수가 발생되어 도수 전과 후의 수심이 각각 2m와 10m일 때, 도수로 인해 손실된 에너지양[kW]은?

해설 도수로 인한 에너지 손실수두

$$\Delta H_e = \frac{(h_2-h_1)^3}{4h_2 h_1} = \frac{(10-2)^3}{4 \times 10 \times 2} = 6.4m$$

에너지 $E = mgh = 10 \times 10 \times 6.4 = 640 kN.m/s = 640 kW$

예제

문제. 도수(hydraulic jump)에 대한 일반적인 설명으로 옳지 않은 것은?

① 사류에서 상류로 바뀔 때 수면이 불연속적이며 수심이 급증하는 현상이다.
② 바닥 마찰을 무시하고 에너지 방정식을 적용하여 도수 전후 두 수심 간의 관계식을 구할 수 있다.
③ 수평 직사각형 단면수로에서 사류수심과 상류수심을 각각 h_1과 h_2라 할 때, 두 수심 간의 관계식은
$h_2 = \frac{h_1}{2}(-1+\sqrt{1+8F_{r1}^2})$ 이다.
④ 사류수심과 한계수심의 차이가 작으면, 도수는 파상(undular)이 된다.

정답 ②
해설 바닥 마찰을 무시하고 운동량 방정식을 적용하여 도수 전후 두 수심 간의 관계식을 구할 수 있다.

③ 도수의 종류

구분	형상
파상도수 $F_{r1}=1 \sim 1.7$, $\frac{h_2}{h_1}=1 \sim 2$ (Undular Jump) 파상의 수면형, 불완전 도수	
약도수 $F_{r1}=1.7 \sim 2.5$, $\frac{h_2}{h_1}=2 \sim 3$ (Weak Jump) 작은 규모의 표면와열	
진동도수 $F_{r1}=2.5 \sim 4.5$, $\frac{h_2}{h_1}=3 \sim 6$ (Oscillating Jump) 불규칙적 동요, 불안정	
정상도수 $F_{r1}=4.5 \sim 9.0$, $\frac{h_2}{h_1}=6 \sim 12$ (Steady Jump) 안정적인 수면	
강도수 $F_{r1}>9.0$, $\frac{h_2}{h_1}>12$ (Strong Jump) 격렬한 와류 → 하류에 큰 파형 생성	

④ 도수길이
- Smetana 공식 : $l = 6(h_2-h_1)$
- Safranez 공식 : $l = 5.2h_2$
- Bakhmetef 공식 : $l = 5(h_2-h_1)$

3 점변류(서서히 수위가 변하는 흐름)의 수면형

1) 기본가정사항

① 에너지 손실은 일정한 수심과 유속을 갖는 등류와 동일하게 해석한다. → Manning 공식적용 가능
② 수로경사가 매우 작기 때문에, 경사수심과 수직수심은 동일하게 가정한다.
③ 수로 단면의 변화는 없다.
④ 흐름은 1차원으로만 가정한다.(유선은 수로방향으로만 흐른다.)
⑤ 조도는 항상 일정하다.

2) 수면형의 추정

① 수면형 접선 기울기

$$\frac{dh}{dx} = \frac{I_o - I_f}{1 - F_r^2} = I_o \times \frac{1 - I_f/I_o}{1 - F_r^2} = I_o \times \frac{1 - K_n^2/K^2}{1 - Z_c^2/Z^2}$$

수면의 기울기 부호를 신속하게 결정하기 위해,

$\frac{dh}{dx} = U \times \frac{1 - h_n/h}{1 - h_c/h}$ 로 둔다. (U는 비례상수)

I_f : 에너지수두 경사, I_o : 수로경사,

$Z_c = A\sqrt{D_{hc}}$: 한계경사에서의 단면계수

K_n : 등류수심에서의 통수능

$Q^2 = K_n^2 I_o = K^2 I_f$

📖 등류수심 h_n의 계산

$Q = AV = bh_n \times \frac{1}{n} R_h^{2/3} I^{1/2}$ 에서 h_n 계산

광폭 개수로에서 단위폭당 유량에 대해서 정리하면, ($h = R_h$)

$q = h_n \times \frac{1}{n} h_n^{2/3} I^{1/2}$ 에서, $h_n^{5/3} = (\frac{nq}{I^{1/2}})$

→ 특수한 숫자 조합이 아니면 수계산 불능

참조
통수능

$Q = AV = A \times \frac{1}{n} R_h^{2/3} I^{1/2}$ 에서, $Q = KI^{1/2}$로 두면, 통수능 $K = \frac{1}{n} AR_h^{2/3}$

② 한계경사 I_c

등류수심 h_n = 한계수심 h_c가 일치할 때의 경사

한계류이므로, $F_r = \frac{V}{\sqrt{gD_h}} = 1$ 에서, $\frac{V^2}{gD_h} = 1$ 이므로,

$\frac{Q^2}{A^2} \times \frac{1}{g} \times \frac{b_t}{A} = \frac{Q^2 b_t}{gA^3} = 1$

따라서, $\frac{Q^2}{g} = \frac{A^3}{b_t} = Z_c^2$ ($Z_c = A\sqrt{D_h}$ 에서,

$Z_c^2 = A^2 D_h = A^2 \times A/b_t = A^3/b_t$)

마찬가지로, $Q^2 = \frac{gA^3}{b_t}$ ---------------- 식1)

또한, $Q = AV = A \times \frac{1}{n} R_h^{2/3} I^{1/2}$ 에서 양변을 제곱해서 식1)을 대입하면,

$Q^2 = A^2 \frac{1}{n^2} R^{4/3} I = \frac{gA^3}{b_t}$ 에서, 한계경사로 정리하면,

$I_c = \frac{n^2 g A_c}{b_t R_h^{4/3}}$ ---------------- 식2)

식2)에 $D_h = \frac{A}{b_t}$, $\frac{V^2}{2g} = \frac{D_h}{2}$ (한계류 조건)를 대입하면,

$I_c = \frac{n^2 V_c^2}{R_{hc}^{4/3}}$

또한, 광폭의 사각형 수로라고 가정하면,

$D_{hc} = \frac{A_c}{b_t} = h_c = R_h$ 이므로, $I_c = \frac{n^2 g}{R_h^{1/3}} = \frac{g}{C^2}$

$(C = \sqrt{\frac{8g}{f}} = \frac{1}{n} R_h^{1/6})$

📖 경우에 따른 한계경사 계산식의 적용

일반식	한계유속이 주어진 경우	광폭 사각형 수로인 경우
$I_c = \frac{n^2 g D_{hc}}{R_h^{4/3}}$	$I_c = \frac{n^2 V_c^2}{R_{hc}^{4/3}}$	$I_c = \frac{n^2 g}{R_h^{1/3}}$

예제

문제. 폭 $b = 4m$인 직사각형 수로에서, $Q = 30m^3/s$의 물이 흐르고 있다. 이때 한계경사는 얼마인가? (단, 조도계수 $n = 0.02$, 한계수심 $h_c = 2m$, 중력가속도 $g = 10m/s^2$으로 가정한다.)

해설
$R_{hc} = \frac{A}{P} = \frac{4 \times 2}{(4 + 2 \times 2)} = 1m$

$D_{hc} = \frac{A}{b_t} = \frac{4 \times 2}{4} = 2m$

$I_c = \frac{n^2 g D_{hc}}{R_h^{4/3}} = \frac{0.02^2 \times 10 \times 2}{1^{4/3}} = 0.008$

③ 완경사(Mild slope, $I_o < I_c$)의 수면형

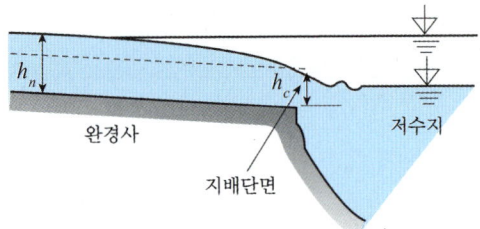

한계경사보다 수로의 경사가 작은 경우
유속이 느리고 수심이 깊다. → $h_c < h_n$ 등류수심보다
한계수심이 낮다.

④ 급경사(Steep slope, $I_o > I_c$)의 수면형

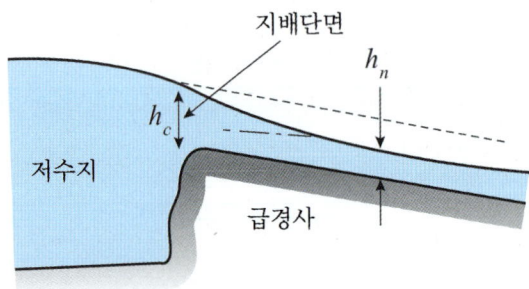

한계경사보다 수로의 경사가 큰 경우
유속이 빠르고 수심이 낮다. → $h_c > h_n$ 등류수심보다
한계수심이 크다.

3) 수로경사와 수면형

① 수면형 접선 기울기 부호 결정

$$\frac{dh}{dx} = U \times \frac{1 - h_n/h}{1 - h_c/h}$$

($h > h_n$이면 분자항 +, $h > h_c$이면 분모항 +)

⇒ h가 h_n나 h_c에 상관없이, 모두 크거나, 모두 작거나 하면 수면형 $\frac{dh}{dx}$는 +기울기가 된다.

예시1 완경사($h_n > h_c$)에서, 수심 h가 한계수심 h_c와 등류수심 h_n보다 큰 경우

$$\frac{dh}{dx} = U \times \frac{1 - 1/over1}{1 - 1/over1} \rightarrow \frac{+}{+} = + \text{ 상승곡선(배수곡선)}$$

예시2 완경사($h_n > h_c$)에서, 수심 h가 한계수심 h_c보다 크고, 등류수심 h_n보다는 작은 경우

$$\frac{dh}{dx} = U \times \frac{1 - 1/under1}{1 - 1/over1} \rightarrow \frac{-}{+} = - \text{ 하강곡선(저하곡선)}$$

예시3 급경사($h_n < h_c$)에서, $h > h_c$이고, $h > h_n$인 경우

$$\frac{dh}{dx} = + \text{ 상승곡선(배수곡선)}$$

예시4 급경사($h_n < h_c$)에서, $h < h_c$이고, $h < h_n$인 경우

$$\frac{dh}{dx} = \frac{-}{-} = + \text{ 상승곡선(배수곡선)}$$

조건	완경사($h_n > h_c$)	급경사($h_n < h_c$)	한계경사($h_n = h_c$)
$h > h_n, h > h_c$	배수곡선	배수곡선	배수곡선
$h < h_n, h > h_c$	저하곡선	–	–
$h > h_n, h < h_c$	–	저하곡선	–
$h < h_n, h < h_c$	배수곡선	배수곡선	–

② 수로경사에 따른 수면형의 구분

수로경사	영역			h, h_n, h_c의 관계	수면형의 형식	흐름의 형태
	I	II	III			
완경사 $0 < I_0 < I_c$	M_1			$h > h_n > h_c$	배수곡선	상류
		M_2		$h_n > h > h_c$	저하곡선	상류
			M_3	$h_n > h_c > h$	배수곡선	사류
급경사 $I_0 > I_c > 0$	S_1			$h > h_c > h_n$	배수곡선	상류
		S_2		$h_c > h > h_n$	저하곡선	사류
			S_3	$h_c > h_n > h$	배수곡선	사류
한계경사 $I_0 = I_c > 0$	C_1			$h > h_c = h_n$	배수곡선	상류
		C_2		$h_c = h_n = h$	등류곡선	한계류
			C_3	$h_c = h_n > h$	배수곡선	사류

수면 예시	
M_1	댐(제어부)의 상류
M_2	단면 급확대, 저수지 유입
M_3	수문하 유출, 수로경사가 완만하게 변한 뒤 흐름
S_1	급경사부에 설치된 댐의 배후
S_2	수로단면의 확대부의 하류, 장애물 하류
S_3	수문하 유출시 등류수심보다 낮은 수심으로 급경사를 이룰 때 수문 하류측

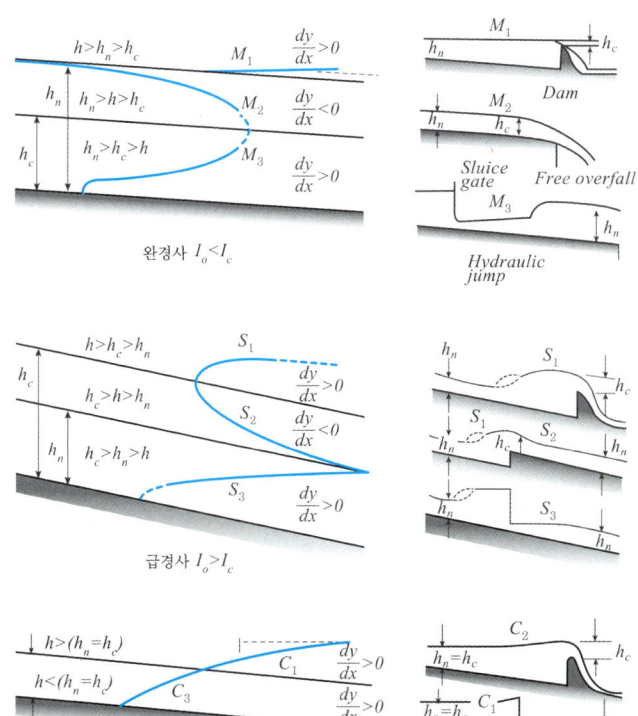

예제

문제. 등류수심이 한계수심보다 크게 형성되는 수로에서 실제 수심이 등류수심과 한계수심 사이에 위치할 때, 발생하는 수면곡선의 명칭은?

해설 $h_o > h > h_c$이므로, M_2 수면곡선

예제

문제. Manning의 조도계수는 $\frac{1}{10\sqrt{80}}$, 하상경사는 0.01인 광폭 사각형 개수로에 단위폭당 유량 $\sqrt{80}$ m³/s/m가 흐르고 있다. 개수로의 수심이 1.5m인 단면에서 형성되는 부등류 흐름의 수면곡선형은? (단, 에너지보정계수는 1.0, 중력가속도는 10m/s²로 계산한다)

해설 1) 단위폭당 유량에 대한 한계수심
$h_c = (\alpha \frac{q^2}{g})^{1/3} = (1 \times \frac{80}{10})^{1/3} = 2m$

2) 단위폭당 유량에 대한 등류수심 h_n을 위해,
$q = h_n \times \frac{1}{n} h_n^{2/3} I^{1/2}$에서,
$\sqrt{80} = h_n^{5/2} \times 10\sqrt{80} \times 0.01^{1/2}$이므로,
$h^{5/2} = 1m$에서, $h = 1m$
따라서, 급경사이고 $h_n < h < h_c$이므로, S_2

참조 단위폭당 유량에 대한 한계경사
$I_c = \frac{n^2 g}{R_{hc}^{1/3}} = \frac{0.01^2 \times 10}{2^{1/3}} = \frac{0.001}{2^{1/3}} > I = 0.01 \rightarrow $ 급경사

4) 수면곡선의 계산

① 도식적 방법

점변류 방정식을 이용하되, 도식적으로 수면곡선을 계산
- 도해적분법 : 점변류 방정식을 적분한 값을 도식화하여 수면곡선을 작도
- 도해법 : 대부분의 단면에서 적용가능(Escoffier 방법)

② 직접적분법

점변류 방정식을 직접 적분하여 수면곡선을 표현
- Bresse 방법 : Chezy 유속식을 적용하여 적분
- Tolkmitt 방법 : 광폭포물선 단면에서 Bresse 방법 적용
- Chow 방법 : Manning 공식을 사용하여, 다양한 수로단면에서 적용 가능

③ 축차계산법

여러 개의 소구간으로 구분하여, 지배단면에서 축차적으로 계산해 나가는 방법
- 직접축차법 : 일단의 단면의 수로에 적용할 수 있는 간단한 방법
- 표준축차법 : 임의 형태의 단면(자연수로 등)에 적용할 수 있는 표준적인 방법

대표기출문제

문제. 댐의 상류부에서 발생되는 수면 곡선으로 흐름 방향으로 수심이 증가함을 뜻하는 곡선은? 2022년 1회

① 배수 곡선   ② 저하 곡선
③ 유사량 곡선 ④ 수리특성 곡선

정답 ①
해설 배수곡선 : 수심이 증가하는 곡선
저하곡선 : 수심이 감소하는 곡선

대표기출문제

문제. 수로 폭이 3m인 직사각형 수로에 수심이 50cm로 흐를 때 흐름이 상류(subcritical flow)가 되는 유량은? 2021년 3회

① $2.5m^3/sec$ ② $4.5m^3/sec$
③ $6.5m^3/sec$ ④ $8.5m^3/sec$

정답 ①
해설 상류 유속 조건 $V < \sqrt{gD_h} = \sqrt{9.81 \times 0.5} = 2.215 m/s$(한계유속)
한계유량 $Q = AV = 3 \times 0.5 \times 2.215 = 3.323 m^3/s$
따라서, 한계유량보다 작아야 상류이다.

대표기출문제

문제. 다음 중 도수(跳水, hydraulic jump)가 생기는 경우는? 2021년 3회

① 사류(射流)에서 사류(射流)로 변할 때
② 사류(射流)에서 상류(常流)로 변할 때
③ 상류(常流)에서 상류(常流)로 변할 때
④ 상류(常流)에서 사류(射流)로 변할 때

정답 ②
해설 도수(Hydraulic Jump) : 사류에서 상류로 변화하는 위치에서 격렬한 와류를 동반하면서 수면이 급격하게 뛰어 오르는 현상

대표기출문제

문제. 개수로의 흐름에 대한 설명으로 옳지 않은 것은? 2021년 3회

① 사류(supercritical flow)에서는 수면변동이 일어날 때 상류(上流)로 전파될 수 없다.
② 상류(subcritical flow)일 때는 Froude 수가 1보다 크다.
③ 수로경사가 한계경사보다 클 때 사류(supercritical flow)가 된다.
④ Reynolds 수가 500보다 커지면 난류(turbulent flow)가 된다.

정답 ②
해설 상류(subcritical flow)일 때는 Froude 수가 1보다 작다.

대표기출문제

문제. 폭이 1m인 직사각형 수로에서 0.5m³/s의 유량이 80cm의 수심으로 흐르는 경우, 이 흐름을 가장 잘 나타낸 것은? (단, 동점성 계수는 0.012cm²/s, 한계수심은 29.5cm이다.)
2021년 2회

① 층류이며 상류 ② 층류이며 사류
③ 난류이며 상류 ④ 난류이며 사류

정답 ③

해설 $Q = AV = 1 \times 0.8 \times V = 0.5$에서, $V = 0.625 m/s$

$R_e = \dfrac{Vd}{\nu} = \dfrac{0.625 \times 0.8}{0.012 \times 10^{-4}} = 400 \times 10^3 > 500$이므로, 난류

수심 $h = 80 > h_c = 29.5$이므로, 상류

대표기출문제

문제. 폭 9m의 직사각형 수로에 16.2m³/s의 유량이 92cm의 수심으로 흐르고 있다. 장파의 전파속도 C와 비에너지 E는? (단, 에너지 보정계수 α=1.0)
2021년 2회

① C = 2.0m/s, E = 1.015m
② C = 2.0m/s, E = 1.115m
③ C = 3.0m/s, E = 1.015m
④ C = 3.0m/s, E = 1.115m

정답 ④

해설 $Q = AV = 16.2 = 9 \times 0.92 \times V$에서, $V = 1.957 m/s$

비에너지 $H_e = h + \alpha \dfrac{V^2}{2g} = 0.92 + 1 \times \dfrac{1.957^2}{2 \times 9.81} = 1.115$

장파 전파속도 $V = \sqrt{gD_h} = \sqrt{9.81 \times 0.92} = 3 m/s$

대표기출문제

문제. 수로 폭이 10m인 직사각형 수로의 도수 전수심이 0.5m, 유량이 40m³/s이었다면 도수 후의 수심(h_2)은?
2021년 1회

① 1.96m ② 2.18m
③ 2.31m ④ 2.85m

정답 ③

해설 $Q = A_1 V_1 = 40 = 10 \times 0.5 V_1$에서, $V_1 = 8 m/s$

$F_{r1} = \dfrac{V_1}{\sqrt{gD_{h1}}} = \dfrac{8}{\sqrt{9.81 \times 0.5}} = 3.612$

$\dfrac{h_2}{h_1} = \dfrac{1}{2}(-1 + \sqrt{1 + 8F_{r1}^2})$에서,

$\dfrac{h_2}{0.5} = \dfrac{1}{2}(-1 + \sqrt{1 + 8 \times 3.612^2}) = 4.633$이므로,

$h_2 = 2.316 m$

h_1 : 도수 전의 수심, h_2 : 도수 후의 수심

CHAPTER 12 위어와 큰 오리피스

1 위어(Weir)

1) 개요

① 월류수심으로 유량을 간편하게 측정
② 중력과 관성력에 의해 지배
③ 점성과 표면장력은 2차적인 효과이나, 무시할 수 없음
  → 유량계수 C_d 적용

2) 위어를 통한 유량측정 가정사항

① 위어 상류부의 접근유속의 분포가 균일하다.
② 월류수의 압력은 대기압이다.
③ 월류수의 흐름은 수평이고 균일하지 않다.

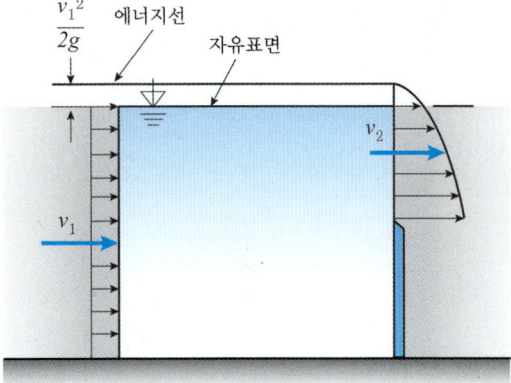

3) 위어의 목적

① 개수로 유량 측정
② 취수를 위한 수위 증대
③ 분수(分水)
④ 홍수시 하천수의 하류도달 시간 지연

4) 위어의 수축

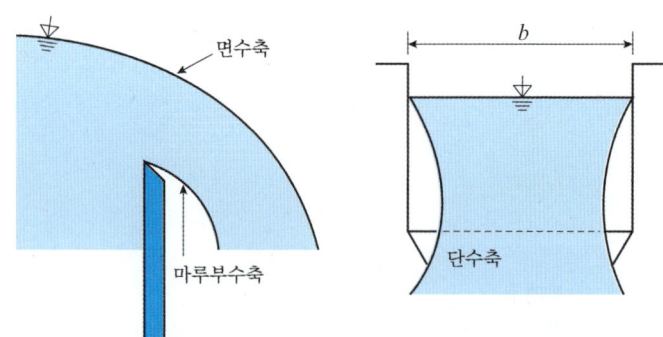

① **정수축(마루부 수축)** : 위어 정부의 수축
② **면수축** : 위어 월류부의 수면강하로 인한 수축
③ **단수축** : 위어 측면의 수축
④ **연직수축** : 정수축 + 면수축

5) 예연 위어

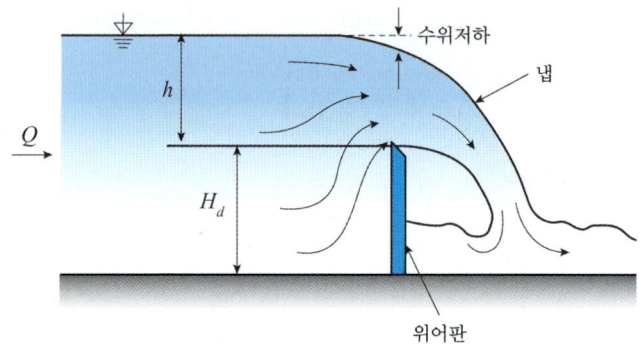

① 위어 월류부 유속

$$V_2 = \sqrt{2g\left(h + \frac{V_1^2}{2g}\right)}$$

(h : 월류부 수면~임의 위치까지 깊이, V_1 : 접근유속)

$V_1 = 0$로 두면, 월류 유속 $V_2 = \sqrt{2gh}$

② 위어 유량

$$Q = \int_0^H b\sqrt{2gh}\,dh$$

(H : 월류부 수심, b : 임의 위치에서 수로 폭)

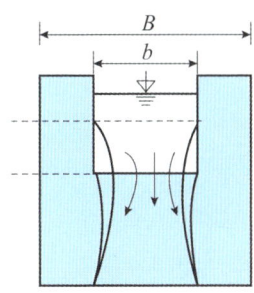
[사각형 위어]

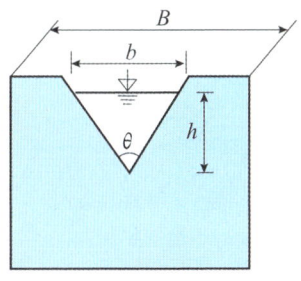
[삼각형 위어]

- 사각형 위어 $Q = \dfrac{2}{3}C_d b\sqrt{2g}\,H^{3/2}$
- 삼각형 위어 $Q = \dfrac{8}{15}C_d \tan\dfrac{\theta}{2}\sqrt{2g}\,H^{5/2}$
- 프란시스(Fransis) 공식 : 사각형 위어에서 $C_d = 0.623$으로 가정하여 사각형 위어에 적용
  유량 $Q = 1.84 b_e H^{3/2}$ ($b_e = b - 0.1nH$)

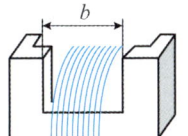
(a) 양쪽이 수축되는 경우
$n = 2$

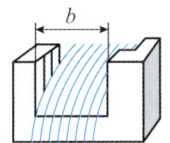
(b) 한쪽만 수축되는 경우
$n = 1$

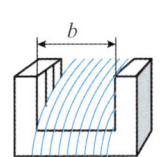
(c) 양쪽에 수축이 없는 경우
$n = 0$

③ 월류 수위와 유량오차

- 사각형 위어 $\dfrac{dQ}{Q} = \dfrac{3}{2}\dfrac{dh}{h}$
  → 유량오차 = 수위오차의 1.5배
- 삼각형 위어 $\dfrac{dQ}{Q} = \dfrac{5}{2}\dfrac{dh}{h}$
  → 유량오차 = 수위오차의 2.5배

예제

문제. 삼각형 위어에서 수두 h의 측정에 2%의 오차가 발생하면 유량에는 몇 %의 오차가 발생되는가?

① 2% ② 3%
③ 4% ④ 5%

정답 ④

해설 $\dfrac{dQ}{Q} = \dfrac{5}{2}\dfrac{dh}{h} = \dfrac{5}{2} \times 2\% = 5\%$

6) 일반 광정위어

① 수문을 설치할 목적으로, 위어 월류부에 긴 수평부가 있는 위어
② 일반 위어의 월류 유속 V_c (최대유량일 경우)

$$V_c = \sqrt{2g(H - h_c)}$$

(H : 위어 정부의 비에너지, h_c : 월류수심 = 한계수심)

③ 비에너지와 월류 하단수심 h_2의 관계

Belanger 법칙 : 위어의 마루부에서 한계수심이 발생할 경우 최대유량이 흐른다.

$$h_c = \dfrac{2}{3}H,\ h_2 = \dfrac{2}{3}h_c = \dfrac{4}{9}H$$

(월류 하단수심은 비에너지의 4/9배)

④ 위어 최대 월류량

$Q = AV = bh_c\sqrt{2g(H-h_c)}$ 이고,

$h_c = \dfrac{2}{3}H$를 대입하면,

$Q = b \times \dfrac{2}{3}H \times \sqrt{2\times 9.8 \times (H-2H/3)}$

$= \dfrac{2}{3\sqrt{3}} \times \sqrt{2\times 9.8} \times bH^{\frac{3}{2}} \approx 1.7bH^{3/2}$

($\dfrac{2}{3\sqrt{3}} = 0.385 = C_d$ 일반광정위어의 월류계수)

예제

문제. 그림과 같은 광정 위어(weir)의 최대 월류량은? (단, 수로폭은 3m로 한다)

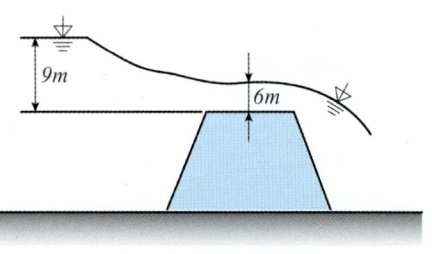

해설 $Q = 1.7bH^{3/2} = 1.7 \times 3 \times 9^{3/2} = 137.7\,m^3/s$
주의 H는 월류전 수심 + 접근유속

---

7) 수중 광정위어

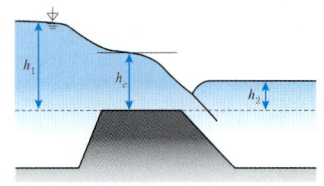
[일반 위어] - 완전 월류

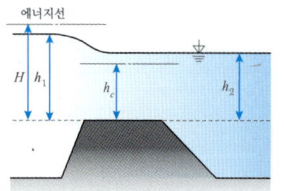
[수중 위어]

① 수중위어의 구분

• $h_2 > \dfrac{2}{3}H = h_c$인 경우, 위어 상단에 사류부분이 없어져서 유량이 월류 전 수심 h_1과 월류 후 수심 h_2에 의해 결정된다. → 수중 위어

• $h_2 < \dfrac{2}{3}H = h_c$인 경우, 사류가 발생하여 하류의 수위 h_2가 상류 흐름에 영향을 미치지 않는다. → 완전 월류

• 실제로는 원심력의 영향으로 과도적인 상태가 존재 → 불완전 월류

② 수중위어의 유량

• 수중위어

$$Q = C_{d1}bh_2\sqrt{2g(H-h_2)} \quad (C_{d1}: \text{수중위어 계수})$$

• 완전월류

$$Q = C_d bH\sqrt{2gH} = C_d b\sqrt{2g}\,H^{3/2}$$
($C_d = 0.385$: 완전월류 계수) → 일반 광정위어와 동일

• 불완전월류

$$Q = C_{d2}bh_1\sqrt{2gh_1} = C_{d2}b\sqrt{2g}\,h_1^{3/2}$$
($C_{d2} = \alpha\dfrac{h_2}{h_1} + \beta$: 불완전월류 계수, α와 β : 수로경사에 따른 계수)

예제

문제. 다음 그림의 수중위어의 유량은 얼마인가? (단, 수로 폭 $b = 5m$이고, 유량계수 $C_d = 0.63$, 중력가속도 $g = 10m/s^2$, 월류 전 수심 $h_1 = 4m$, 월류 후 수심 $h_2 = 3.5m$, 접근유속수두 $h_a = 0.5m$ 이다.)

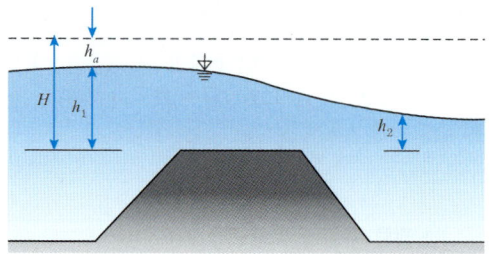

해설 $Q = C_d bh_2\sqrt{2g(H-h_2)}$
$= 0.63 \times 5 \times 3.5 \times \sqrt{2\times 10 \times (4+0.5-3.5)}$
$= 22.05\sqrt{5}\,m^3/s$

> **예제**
>
> 문제. 완전월류인 광정위어에서, 월류 전 수심이 10m, 위어의 높이 6m, 위어의 폭 10m인 경우 월류량은 얼마인가? (단, 완전월류계수 $C_d = 0.4$, 중력가속도 $g = 10m/s^2$이고 접근유속은 무시한다.)
>
>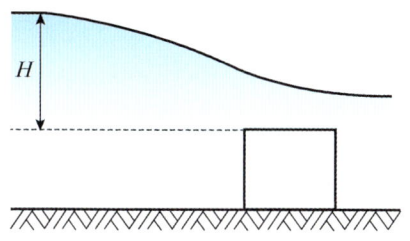
>
> **해설** 위어 정부~수면까지의 높이 $H = 10 - 6 = 4m$
> $Q = C_d bH \sqrt{2gH} = 0.4 \times 10 \times 4 \times \sqrt{2 \times 10 \times 4}$
> $= 64\sqrt{5} \, m^3/s$

8) 수중 예연위어

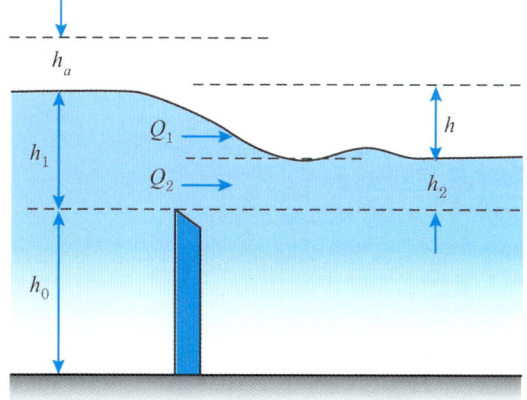

① 조건

접근유속 수두 $h_a = \dfrac{V_1^2}{2g}$ (V_1 : 접근유속)

비에너지 $H = h_1 + h_a$

월류 전 수심 h_1, 월류 후 수심 h_2

② 유량

상층유량 $Q_1 = \dfrac{2}{3} C_d b \sqrt{2g} \left(H^{3/2} - h_a^{3/2} \right)$

접근유속을 무시하면, $Q_1 = \dfrac{2}{3} C_d b \sqrt{2g} \, H^{3/2}$

하층유량 $Q_2 = C_{d1} b h_2 \sqrt{2g(H - h_2)}$ → 수중위어 유량과 동일

> **예제**
>
> 문제. 다음 그림의 수중 예연위어의 유량을 구하시오. (단, 접근 유속 $V_2 = 2m/s$, 위어 유량계수 $C_d = 0.6$, 중력가속도 $g = 10m/s^2$으로 한다.
>
>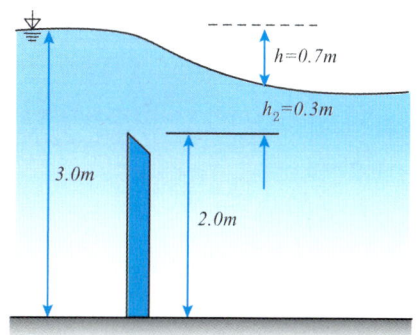
>
> **해설** 접근유속수두 $h_a = \dfrac{V^2}{2g} = \dfrac{2^2}{2 \times 10} = 0.2m$
>
> 유량 $Q = \dfrac{2}{3} C_d b \sqrt{2g} (H^{3/2} - h_a^{3/2}) + C_{d1} b h_2 \sqrt{2g(H - h_2)}$
> $= \dfrac{2}{3} \times 0.6 \times 4 \times \sqrt{2 \times 10} \, (1.2^{3/2} - 0.2^{3/2})$
> $\quad + 0.6 \times 4 \times 0.3 \times \sqrt{2 \times 10 \times (1.2 - 0.3)}$
> $= 12.821 \, m^3/s$

구분	유량	적용수심
일반 광정위어	$Q = 1.7 b H^{3/2} = C_d b \sqrt{2g} \, H^{3/2}$	월류 전 수심
수중 광정위어	$Q = C_{d1} b h_2 \sqrt{2g(H - h_2)}$	월류 전·후 수심
수중 예연위어	$Q = \dfrac{2}{3} C_d b \sqrt{2g} (H^{3/2} - h_a^{3/2}) + C_{d1} b h_2 \sqrt{2g(H - h_2)}$	월류 전·후 수심

③ 댐 여수로의 월류

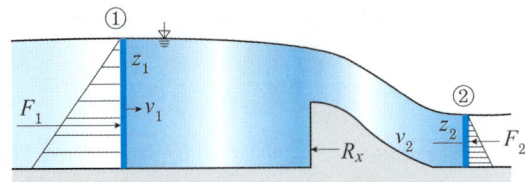

베르누이 정리에서,
$$H_1 = \frac{V_1^2}{2g} + \frac{p_1}{\gamma} + z_1 = H_2 = \frac{V_2^2}{2g} + \frac{p_2}{\gamma} + z_2$$

대기압 조건(개수로)으로, $p_1 = p_2 = 0$

따라서, $\frac{V_1^2}{2g} + z_1 = \frac{V_2^2}{2g} + z_2$ ---------- 식1)

연속방정식에서, 단위폭에 대해서 고려하면,
$Q = A_1 V_1 = h_1 \times 1 \times V_1 = A_2 V_2 = h_2 \times 1 \times V_2$
이므로,
$V_1 = \frac{Q}{h_1}$, $V_2 = \frac{Q}{h_2}$ ---------- 식2)

식2)를 식1)에 대입하면,
$\frac{Q^2}{h_1^2 \times 2g} + h_1 = \frac{Q^2}{h_2^2 \times 2g} + h_2$ 에서,

$Q^2 = 2g \times \frac{h_1^2 h_2^2}{h_1 + h_2}$

위 식에서 구한 Q를 이용하면, 연속방정식에서 V_1과 V_2가 계산된다.

또한, 운동량 방정식을 적용하면,
$F_1 - F_2 - R_x = F = m\Delta V = \rho Q(V_1 - V_2)$

F_1과 F_2는 정수압으로, $F_1 = \frac{1}{2}\gamma h_1^2$, $F_2 = \frac{1}{2}\gamma h_2^2$
이므로,
월류댐이 받는 힘 $R_x = F_1 - F_2 - \rho Q(V_2 - V_1)$

> **예제**
>
> **문제.** 댐 여수로 위로 물이 월류하고 있다. 월류전 수심 $y_1 = 20m$이고, 월류 후 수심 $y_2 = 5m$일 때, 월류댐이 단위 폭당 받는 힘을 구하시오. (단, 중력가속도 $g = 10m/s^2$, 모든 손실은 무시한다.)
>
> **해설** 연속방정식에서,
> $Q = A_1 V_1 = h_1 V_1 = h_2 V_2$ 이므로, $V_1 = \frac{Q}{h_1}$, $V_2 = \frac{Q}{h_2}$
>
> 베르누이 정리에 의해,
> $\frac{V_1^2}{2g} + h_1 = \frac{V_2^2}{2g} + h_2$ 이므로,
> $\frac{Q^2}{h_1^2 \times 2g} + h_1 = \frac{Q^2}{20^2 \times 2g} + 20$
> $= \frac{Q^2}{h_2^2 \times 2g} + h_2 = \frac{Q^2}{5^2 \times 2g} + 5$
>
> 에서, $\frac{Q^2}{2g}(\frac{1}{5^2} - \frac{1}{20^1}) = \frac{Q^2}{2g} \times \frac{1}{5^2} \times \frac{15}{16} = 20 - 5 = 15$
>
> $\frac{Q^2}{2g} \times \frac{1}{5^2} \times \frac{1}{16} = 1$ 이므로, $Q^2 = 2 \times 10 \times 5^2 \times 16$
>
> 따라서, $Q = 40\sqrt{5}\, m^3/s/m$
>
> 또한, $Q = AV$ 이므로, $40\sqrt{5} = 20 \times V_1 = 5 \times V_2$ 에서,
> $V_1 = 2\sqrt{5}\, m/s$, $V_2 = 8\sqrt{5}\, m/s$
>
> 운동량 방정식에서,
> $F_1 - F_2 - R_x = F = m\Delta V = \rho Q(V_1 - V_2)$
> $F_1 = \frac{1}{2}\gamma h_1^2 = \frac{1}{2} \times 10 \times 20^2$
> $F_2 = \frac{1}{2}\gamma h_2^2 = \frac{1}{2} \times 10 \times 5^2$
> $R_x = \frac{1}{2} \times 10 \times 5^2 (4^2 - 1) - 1 \times 40\sqrt{5}(8\sqrt{5} - 2\sqrt{5})$
> $= 675 kN$

④ 댐 수문의 흐름

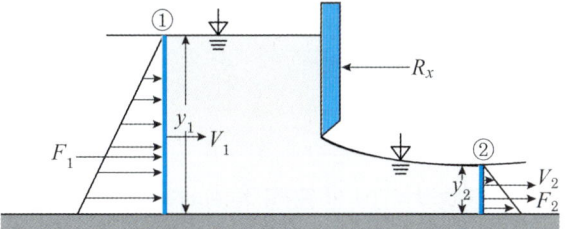

베르누이 정리에서,

$$H_1 = \frac{V_1^2}{2g} + \frac{p_1}{\gamma} + z_1 = H_2 = \frac{V_2^2}{2g} + \frac{p_2}{\gamma} + z_2$$

대기압 조건(개수로)으로, $p_1 = p_2 = 0$

따라서, $\frac{V_1^2}{2g} + z_1 = \frac{V_2^2}{2g} + z_2$ ---------- 식1)

연속방정식에서, 단위폭에 대해서 고려하면,
$Q = A_1 V_1 = h_1 \times 1 \times V_1 = A_2 V_2 = h_2 \times 1 \times V_2$
이므로,

따라서, $h_1 V_1 = h_2 V_2$ ---------------- 식2)

식1)과 식2)를 연립하면, V_1과 V_2가 계산된다.

또한, 운동량 방정식을 적용하면,
$F_1 - F_2 - R_x = F = m \Delta V = \rho Q(V_1 - V_2)$

F_1과 F_2는 정수압으로, $F_1 = \frac{1}{2}\gamma h_1^2$, $F_2 = \frac{1}{2}\gamma h_2^2$
이므로,

댐이 받는 힘 $R_x = F_1 - F_2 - \rho Q(V_2 - V_1)$

⇒ 댐 여수로의 흐름과 동일

2 오리피스(Orifice)

1) 작은 오리피스

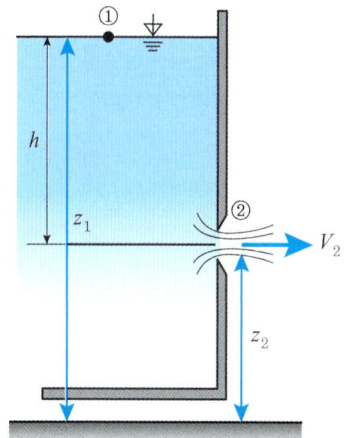

① 오리피스를 통해 방출되는 유속 $V_2 = C_v \sqrt{2gh}$
② 접근유속 V_a를 고려한 유속 $V_2 = C_v \sqrt{2g(h+h_a)}$

접근유속 수두 $h_a = \alpha \frac{V_a^2}{2g}$

③ 유출량 $Q = AV \equiv C_d A_2 V_2$ ($C_d = C_v C_c$: 유량계수, C_v : 유속계수, C_c : 단면수축계수)

2) 큰 오리피스

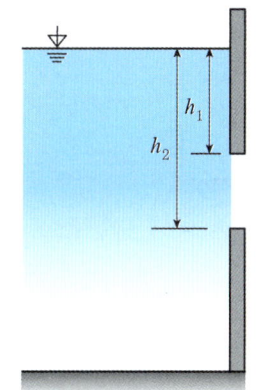
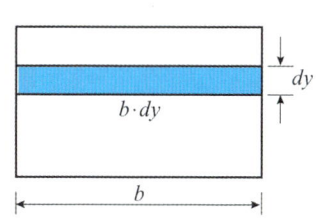

① 유량 $Q = \frac{2}{3} C_d b \sqrt{2g} (h_2^{3/2} - h_1^{3/2})$
② 접근유속수두 h_a를 고려한 유량

$$Q = \frac{2}{3} C_d b \sqrt{2g} [(h_2 - h_a)^{3/2} - (h_1 - h_a)^{3/2}]$$

(h_a : 접근유속수두, C_d : 유량계수, b : 오리피스 폭)

3) 오리피스 유출시간

① 보통 오리피스

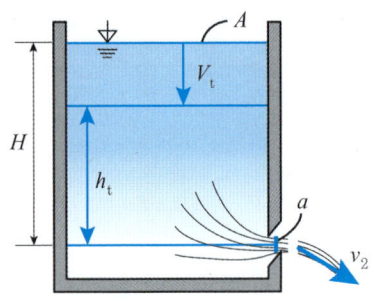

오리피스의 유출에 따라, 시간에 따라 수두는 H에서 h_t로 변화

수두의 감소 ⇒ 유속 $V_2 = \sqrt{2gh_t}$ 감소

초기 위치 H에서 임의 위치 h까지 유출에 소요되는 시간 $t = \dfrac{A}{C_d a}\sqrt{\dfrac{2}{g}} \times (\sqrt{H} - \sqrt{h})$

완전 유출에 소요되는 시간($h=0$) $t_o = \dfrac{A}{C_d a}\sqrt{\dfrac{2H}{g}}$

② 수중 오리피스

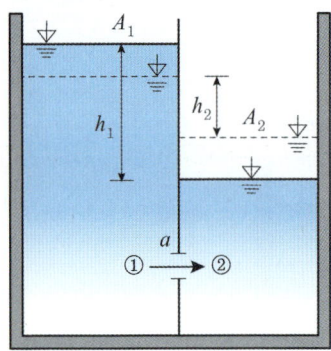

- 초기 수위차 h_1에서, 임의의 수위차 h_2까지 유출에 소요되는 시간

$t = \dfrac{A_1 A_2}{C_d a (A_1 + A_2)}\sqrt{\dfrac{2}{g}} \times (\sqrt{h_1} - \sqrt{h_2})$

- 완전 유출에 소요되는 시간($h_2 = 0$)

$t_o = \dfrac{A_1 A_2}{C_d a (A_1 + A_2)}\sqrt{\dfrac{2h_1}{g}}$

- $A_1 = A_2$인 경우,

$t_o = \dfrac{A_1^2}{C_d a (2A_1)}\sqrt{\dfrac{2h_1}{g}} = \dfrac{A_1}{C_d a (2)}\sqrt{\dfrac{2h_1}{g}}$

두 수조의 수면 면적($A_1 = A_2$)이 같고, 그 수면 면적의 합을 A라고 하면, $A_1 + A_2 = A$

$t_o = \dfrac{A}{C_d a}\sqrt{\dfrac{2h_1}{g}}$ → 작은 오리피스와 동일

예제

문제. 단면적이 $A = 1.0m^2$인 원통형 수조의 바닥에서 단면적 $a = 0.0025m^2$의 소형 오리피스를 통해 물이 방출되고 있다. 초기 수위가 2m였다면, 56초 후의 수위는? (단, 일체의 손실은 무시하고, $\sqrt{2} = 1.4$로 계산하며, 중력가속도는 $9m/s^2$으로 가정한다)

해설 오리피스 배수시간 $t = \dfrac{2A}{Ca\sqrt{2g}}(h_1^{1/2} - h_2^{1/2})$에서,

$56 = \dfrac{2 \times 1}{1 \times 0.0025 \times \sqrt{2 \times 9}}(2^{1/2} - h_2^{1/2})$이므로,

$h_2 = 1.2m$

대표기출문제

문제. 삼각 위어(weir)에 월류 수심을 측정할 때 2%의 오차가 있었다면 유량 산정시 발생하는 오차는?   2022년 1회

① 2%   ② 3%
③ 4%   ④ 5%

정답 ④

해설 삼각형 위어의 유량 $Q = \dfrac{8}{15}C_d \tan\dfrac{\theta}{2}\sqrt{2g}H^{5/2}$

$\dfrac{dQ}{Q} = \dfrac{5}{2}\dfrac{dh}{h}$ → 유량오차 = 수위오차의 2.5배

$\Delta Q = 2.5 \times \Delta h = 2.5 \times 2 = 5\%$

대표기출문제

문제. 폭 35cm인 직사각형 위어(weir)의 유량을 측정하였더니 0.03m³/s이었다. 월류수심의 측정에 1mm의 오차가 생겼다면, 유량에 발생하는 오차는? (단, 유량계산은 프란시스(Francis) 공식을 사용하고, 월류 시 단면수축은 없는 것으로 가정한다.) *2021년 3회*

① 1.16% ② 1.50%
③ 1.67% ④ 1.84%

정답 ①

해설 $\dfrac{dQ}{Q} = \dfrac{3}{2}\dfrac{dh}{h}$ → 유량오차 = 수위오차의 1.5배

프란시스(Fransis) 공식에 의해, $Q = 1.84 b_e H^{3/2}$
$0.03 = 1.84 \times 0.35 \times H^{3/2}$이므로, $H = 129.5mm$
따라서, 수위오차율 $= \dfrac{1}{129.5}$
유량오차율 $= \dfrac{1}{129.5} \times 1.5 = 0.0116 = 1.16\%$

대표기출문제

문제. 저수지에 설치된 나팔형 위어의 유량 Q와 월류수심 h와의 관계에서 완전 월류상태는 $Q \propto h^{3/2}$이다. 불완전 월류(수중위어) 상태에서의 관계는? *2021년 3회*

① $Q \propto h^{-1}$ ② $Q \propto h^{1/2}$
③ $Q \propto h^{3/2}$ ④ $Q \propto h^{-1/2}$

정답 ②

해설 완전월류 $Q = C_d b H \sqrt{2gH} = C_d b \sqrt{2g}\, H^{3/2}$ → $Q \propto H^{3/2}$
수중위어 $Q = C_{d1} b h_2 \sqrt{2g(H-h_2)}$ → $Q \propto H^{1/2}$

대표기출문제

문제. 월류수심 40cm인 전폭 위어의 유량을 Francis 공식에 의해 구한 결과 0.40m³/s였다. 이 때 위어 폭의 측정에 2cm의 오차가 발생했다면 유량의 오차는 몇 %인가? *2021년 2회*

① 1.16% ② 1.50%
③ 2.00% ④ 2.33%

정답 ④

해설 Francis 공식에 의한 유량 $Q = 1.84 b_e H^{3/2}$에서,
$Q = 1.84 \times b_c \times 0.4^{3/2} = 0.40$이므로, $b_c = 0.859m$
$\dfrac{dQ}{Q} = \dfrac{3}{2}\dfrac{dH}{H}$이고, $\dfrac{dQ}{Q} = \dfrac{db}{b}$이므로,
유량 오차율 $\dfrac{dQ}{Q} = \dfrac{db}{b} = \dfrac{2}{85.9} = 2.33\%$

대표기출문제

문제. 10m³/s의 유량이 흐르는 수로에 폭 10m의 단수축이 없는 위어를 설계할 때, 위어의 높이를 1m로 할 경우 예상되는 월류수심은? (단, Francis 공식을 사용하며, 접근유속은 무시한다.) *2021년 1회*

① 0.67m ② 0.71m
③ 0.75m ④ 0.79m

정답 ①

해설 $Q = 1.84 b_e H^{3/2} = 1.84 \times 10 \times H^{3/2} = 10$에서,
$H = 0.666m$

🛡 대표기출문제

문제. 오리피스의 지름이 2cm, 수축단면(Vena Contracta)의 지름이 1.6cm라면, 유속계수가 0.9일 때 유량계수는?

2021년 2회

① 0.49　　② 0.58
③ 0.62　　④ 0.72

정답 ②

해설 수축계수 $C_c = \dfrac{A'}{A_0} = \dfrac{\pi \times 0.8^2}{\pi \times 1^2} = 0.64$

유량계수 $C_d = C_v C_c = 0.9 \times 0.64 = 0.576$

CHAPTER 13 상사법칙

1 차원해석

1) 개념
차원의 동차성 원리를 이용해서, 무차원수를 찾아내서 함수관계를 유도해내는 절차

2) Rayleigh 차원해석
① 기본 함수형태
n개의 변수를 가지는 함수 $A = f(A_1, A_2, \cdots A_{n-1})$
지수로 표현하면, $A = k(A_1^{a_1} A_2^{a_2} \cdots\cdots A_{n-1}^{a_{n-1}})$
② 무차원상수 k는 차원해석으로 계산불능 → 해석 또는 실험에 의해 결정
③ 변수가 많은 경우에는 복잡 → Backingham의 π정리 이용

3) Buckingham의 π정리
① 기본 함수형태
n개의 변수를 가지는 함수가 있다면,
$f(A_1, A_2, \cdots A_n) = 0$인 관계가 존재한다.
② 반복변수
변수가 n개이고 기본 차원이 m개 라면, 반복변수는 m개로 설정한다.
(기본함수 m : MLT 또는 FLT 등 기본 물리적 차원, 통상적으로 3개를 설정한다. 예 질량, 거리, 시간)
- 반복변수는 모든 기본차원을 포함하고, m개로 설정한다. (각 반복변수가 모든 기본차원을 포함하지 않아도 된다.)
- 반복변수는 서로 차원이 달라야 한다.
- 종속변수는 반복변수로 하지 않는다.
③ 무차원 변수 π
$(n-m)$개의 무차원 변수 π를 설정한다.

예제

문제. 직경 D인 원관에 비압축성 점성유체가 흐를 때, 점성에 의한 압력강하량($\triangle p$)을 구하는 문제를 Buckingham의 Π - 정리를 이용하여 풀이할 때, 무차원 변수 π를 다음과 같이 선정하였다.

$$\pi = \rho^a V^b D^c \triangle p$$

여기서, ρ는 밀도, v는 속도라고 했을 때, 지수 a, b, c는? (단, 기본차원은 M, L, T이다)

	a	b	c
①	-1	-2	0
②	-1	2	0
③	1	-2	0
④	1	2	0

정답 ①

해설 π는 무차원수이므로,
$\rho \to M/L^3$, $g \to L/T^2$, $h_L \to L$, $V \to L/T$,
$\Delta P = F/A = MLT^{-2}/L^{-2} = ML^{-1}T^{-2}$
따라서,
$\pi = (ML^{-3})^a (LT^{-1})^b (L)^c (ML^{-1}T^{-2})$
$\quad = M^{a+1} L^{-3a+b+c-1} T^{-b-2}$
$a+1 = 0$, $-3a+b+c-1 = 0$, $-b-2 = 0$에서,
$a = -1$, $b = -2$, $c = 0$

2 상사법칙

1) 개요
수리모형실험을 위해, 원형에서 발생하는 현상을 합리적으로 측정하게 하려면 수리학적 상사법칙이 성립해야 한다.

2) 수리학적 상사
① **기하학적 상사** : 원형과 모형의 길이비가 일정
② **운동학적 상사** : 원형과 모형의 속도비가 일정
③ **동역학적 상사** : 원형과 모형의 힘의 비가 일정

3) 기본 물리량의 비
① 길이비 $L_r = \dfrac{L_m}{L_P}$ (L_m : 모델의 길이, L_P : 원형의 길이)

② 면적비 $A_r = \dfrac{A_m}{A_P} = \dfrac{L_m^2}{L_P^2} = L_r^2$

③ 속도비 $V_r = \dfrac{V_m}{V_P}$

④ 시간비 $T_r = \dfrac{L_r}{V_r}$

⑤ 유량비 $Q_r = \dfrac{Q_m}{Q_P} = \dfrac{A_m V_m}{A_P V_P}$

4) 특별 상사법칙의 적용

구분	Reynolds	Froude	Weber	Cauchy
지배력	점성력	중력	표면장력	탄성력
상황	관수로, 수중 물체, 잠수함 항력	개수로, 댐 여수로, 파동, 자연하천	표면파, 증발산, 작은 월류, 작은 파동	수격작용
기본 상사	$\dfrac{V_P d_P}{\nu_P} = \dfrac{V_m d_m}{\nu_m}$	$\dfrac{V_P}{\sqrt{g_P L_P}} = \dfrac{V_m}{\sqrt{g_m L_m}}$	$\dfrac{\rho_m V_m^2 L_m}{\sigma_m} = \dfrac{\rho_P V_P^2 L_P}{\sigma_P}$	$\dfrac{\rho_m V_m^2}{E_m} = \dfrac{\rho_P V_P^2}{E_P}$
적용 상사	$V_P d_P = V_m d_m$	$\dfrac{V_P}{\sqrt{L_P}} = \dfrac{V_m}{\sqrt{L_m}}$	$V_m^2 L_m = V_P^2 L_P^2$	$V_m = V_P$
속도비	$V_r = L_r^{-1}$	$V_r = L_r^{1/2}$	$V_r = L_r^{-1/2}$	$V_r = 1$
시간비	$T_r = L_r^2$	$T_r = L_r^{1/2}$	$T_r = L_r^{3/2}$	$T_r = L_r$
유량비	$Q_r = L_r$	$Q_r = L_r^{5/2}$	$Q_r = L_r^{3/2}$	$Q_r = L_r^2$

예제

문제. 상사법칙에 적용되는 무차원 변수와 그 명칭 및 관련된 힘의 비가 모두 옳은 것은? (E = 체적탄성계수, g = 중력가속도, L = 특성길이, V = 유속, ρ = 밀도, μ = 점성계수, σ = 표면장력)

무차원 변수	명칭	힘의 비
① $\dfrac{V}{gL}$	Froude 수	관성력/중력
② $\dfrac{\rho \mu L}{V}$	Reynolds 수	관성력/점성력
③ $\dfrac{\rho V^2 L^2}{\sigma}$	Weber 수	관성력/표면장력
④ $\dfrac{\rho V^2}{E}$	Cauchy 수	관성력/탄성력

정답 ④

해설
① $\dfrac{V}{\sqrt{gL}}$	Froude 수	관성력/중력
② $\dfrac{\rho L V}{\mu}$	Reynolds 수	관성력/점성력
③ $\dfrac{\rho V^2 L}{\sigma}$	Weber 수	관성력/표면장력

대표기출문제

문제. 축적이 1:50인 하천 수리모형에서 원형 유량 10,000m³/s에 대한 모형 유량은? *2021년 1회*

① $0.401 \text{m}^3/\text{s}$ ② $0.566 \text{m}^3/\text{s}$
③ $14.142 \text{m}^3/\text{s}$ ④ $28.284 \text{m}^3/\text{s}$

정답 ②

해설 하천 수리모형이므로 Froude 상사법칙 적용

$Q_r = A_r V_r = L_r^2 \times \sqrt{L_r} = L_r^{5/2} = \dfrac{Q_m}{Q_P}$

$\left(\dfrac{1}{50}\right)^{5/2} = \dfrac{Q_m}{10^4}$ 에서, $Q_m = 0.566 m^3$

대표기출문제

문제. 레이놀즈수(Reynolds)에 대한 설명으로 옳은 것은?

2021년 2회

① 관성력에 대한 중력의 상대적인 크기
② 압력에 대한 탄성력의 상대적인 크기
③ 중력에 대한 점성력의 상대적인 크기
④ 관성력에 대한 점성력의 상대적인 크기

정답 ④
참조 Froude 상사 : 관성력에 대한 중력의 상대적인 크기

04 PART
지하수

14. 지하수의 투수

CHAPTER 14 지하수의 투수

1 지하수의 분포

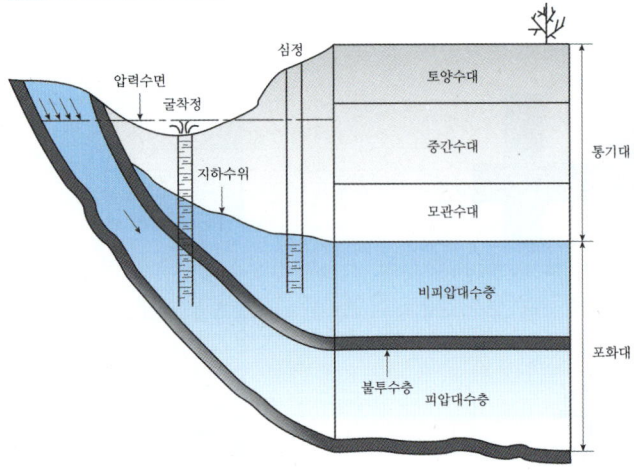

1) 통기대(불포화대, 비포화대)

① **토양수대(Soil water zone)**
지표~식물의 뿌리가 미치는 영역, 일반적으로 불포화 상태
- 침투 : 강우발생 → 불포화 상태의 토양수대가 포화상태로 변화 → 중력의 영향으로 지하로 이송
- 증산 : 식물의 잎을 통해 수분이 증발

② **중간수대(Intermediate zone)**
- 토양수대 하단~모관수대 상단 사이 영역
- 식물의 뿌리가 깊은 경우에는 중간수대 없음
- 지하수위가 깊고, 식물의 뿌리가 얕은 경우에는 깊은 중간수대 존재

③ **모관수대**
지하수면에서 모세관현상에 의해 물이 상승한 영역

2) 포화대

① **비피압 대수층(Unconfined aquifer)**
굴착을 해도 지하수가 용출하지 않고 지하수면이 대기압과 접하고 있는 지하수층 → 심정

② **피압 대수층(Confined aquifer)**
지하수의 상층과 하층이 불투수층으로 되어 있어, 압력을 받고 있는 지하수층으로, 굴착시 지하수가 용출된다. → 굴착정

2 Darcy 법칙

1) 개요

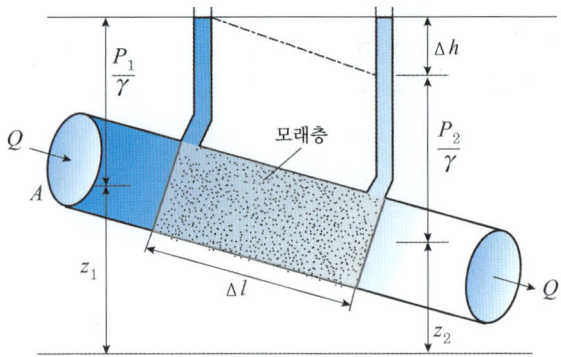

① 유량

투수 유속 $V = Ki$

(공극률 n을 고려한 실제 유속 $V_n = \dfrac{V}{n}$)

투수 유량 $Q = KiA$ → Darcy 법칙

($i = \dfrac{\Delta h}{\Delta l}$: 동수경사, A : 통수단면적, K : 투수계수)

예제

문제. 모래의 두께 2m, 투수계수 k = 0.1cm/s, 수두차 1m인 모래 여과지에서 여과량이 10m³/s일 때, 필요한 여과지의 면적[m²]은?

해설 $Q=KiA$에서, $10=0.1\times10^{-2}\times\dfrac{1}{2}\times A$이므로,

$A=20\times10^3 m^2$

② **적용범위**

층류영역에서 Darcy법칙 성립가능 ($R_e<4$ 범위)

난류영역 $V=K\sqrt{i}$

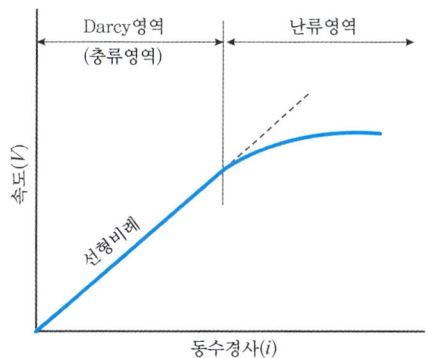

③ **가정사항**
- 다공층을 구성하는 지층은 균일, 균질하다.
- 흐름은 정상류이다.
- 대수층 내에 모관수대가 존재하지 않는다.

2) 투수계수

① **정수위법** : 비점착성 시료

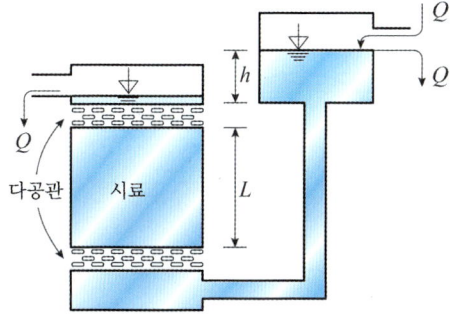

t시간 동안 시료를 통과한 유량

$Q\times t=KiA\times t=K\dfrac{h}{L}A\times t$에서,

투수계수 $K=\dfrac{QL}{hA}$

(L : 시료의 투수길이, Q : 단위시간당 유량)

예제

문제. 정수위법으로 비점착성 시료의 투수계수를 측정하고자 한다. 1분 동안 모은 물의 양 $Q=0.002m^3$일 때, 이 시료의 투수계수는 얼마인가? (단, 시료의 단면적 $A=0.04m^2$, 시료의 투수길이 $L=0.18m$, 수위차 $h=0.05m$)

해설 $K=\dfrac{QL}{hA}$에서, $\dfrac{0.002/60\times0.18}{0.05\times0.04}=30m/s$

② **변수위법** : 점착성 시료

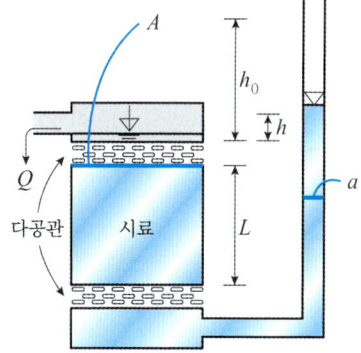

투수계수 $K=\dfrac{a^2 L}{A^2 t}ln\left(\dfrac{h_o}{h}\right)$

a : 관의 단면적, A : 시료 단면적, h_o : 초기수위차,
h : t시간 후의 수위차

③ **이론적 투수계수**

투수계수 $K=k\dfrac{\rho g}{\mu}$

k : 고유투수계수, ρ : 물의 밀도, μ : 물의 점성계수

3 투수량 계산

1) 1차원 피압대수층

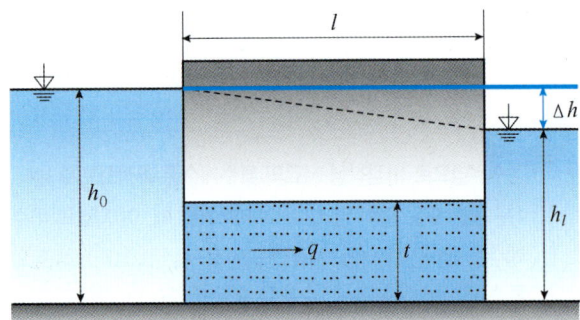

총 유량 $Q = KiA = K\dfrac{\Delta h}{L}t \times b$

단위폭당 유량 $q = \dfrac{Q}{b} = K\dfrac{\Delta h}{L}t$

t : 피압대수층 두께, b : 피압대수층 폭,
Δh : 수위차, L : 대수층 길이

예제

문제. 비피압대수층의 두께 $t = 20m$ 이고, 대수층의 길이 $L = 2km$ 인 경우, 단위폭당 투수량은 얼마인가? (단, 투수계수 $K = 1.5m/day$, 수위차 $\Delta h = 5m$ 이다.)

해설 $q = K\dfrac{\Delta h}{L}t = 1.5 \times \dfrac{5}{2000} \times 20 = 75 \times 10^{-3} m^3/day/m$

2) 1차원 비피압대수층

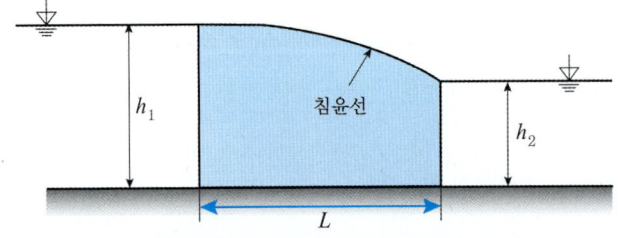

단위폭당 유량 $q = \dfrac{K}{2L}(h_1^2 - h_2^2)$ → Dupit 침윤선 공식
(h_1 : 투수 전 수위, h_2 : 투수 후 수위)

예제

문제. 불투수층 위에 축조된 폭 60m인 제방의 제외지와 제내지의 수위가 각각 EL.20m와 EL.2m인 경우, 제외지에서 25m 떨어진 지점의 지하수위 h(EL.m)는? (단, 제체의 지하수는 비피압 대수층 내의 정상 일방향흐름이며, Dupuit의 가정을 따른다)

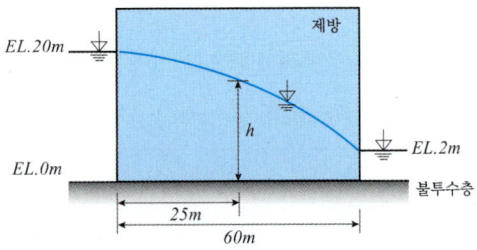

해설 투수가 완료된 지점(60m 지점)과 25m 지점에서 단위폭당 유량이 동일하므로,

단위폭당 유량 $q = \dfrac{K}{2L}(h_1^2 - h_2^2)$ 에서,

$\dfrac{K}{2 \times 60}(20^2 - 2^2) = \dfrac{K}{2 \times 25} \times (20^2 - h^2)$ 에서,

$h^2 = \dfrac{1}{12}(20^2 \times 7 + 20) = 235$

따라서, $h = \sqrt{235}\,m$

3) 2차원 피압대수층(굴착정)

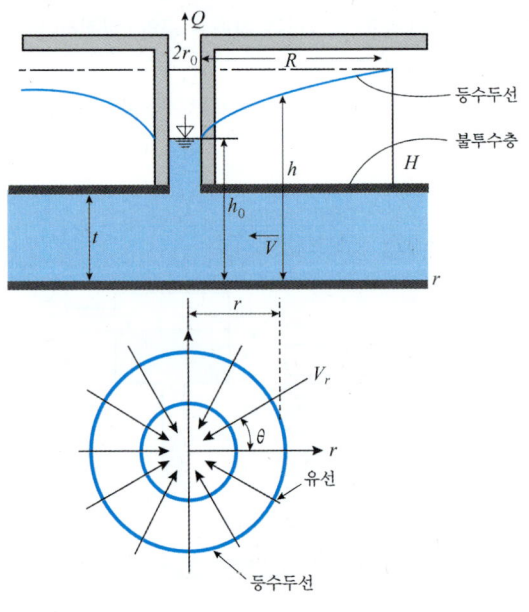

① **굴착정** : 피압대수층까지 파 내려간 우물

② **유량**

$Q = AV = (2\pi rt) \times K\dfrac{dh}{dr}$ 을 적분하여 정리하면,

$H - h_o = \dfrac{Q}{2\pi tK} ln(\dfrac{R}{r_o})$ 이고,

따라서, 유량 $Q = \dfrac{2\pi tK(H-h_o)}{ln(R/r_o)}$

(H : 영향원 반경에 대한 수두, R : 영향원의 반경, r_o : 우물반경, h_o : 우물반경에서 수두)

③ **영향원 반경**

우물의 영향을 받는 반경 (우물반경 r_o의 3,000~5,000배 또는 500~1,000m 정도의 값)

4) 2차원 비피압대수층

① **깊은 우물(심정)**

집수정 바닥이 불투수층까지 들어간 우물

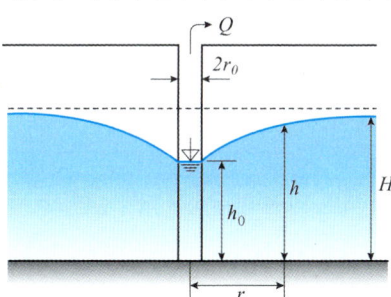

유량 $Q = \dfrac{\pi K(H^2 - h_o^2)}{ln(R/r_o)}$

② **얕은 우물(천정)**

집수정 바닥이 불투수층까지 안 들어간 우물로, 집수정 바닥으로만 물이 유입되는 경우

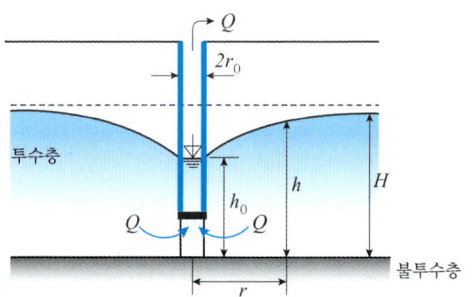

유량 $Q = 4Kr_o(H - h_o)$

5) 집수암거

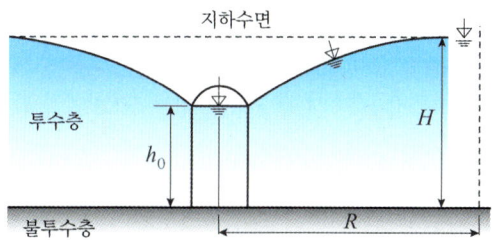

① **집수암거 측면만 유입**

$Q = \dfrac{KL}{2R}(H^2 - h_o^2)$ (L : 집수암거 길이)

② **집수암거 측면 및 양끝면 모두 유입**

$Q = \dfrac{KL}{R}(H^2 - h_o^2)$

구분		피압	비피압
1차원		$q = \dfrac{Q}{b} = K\dfrac{\Delta h}{L}t$	$q = \dfrac{K}{2L}(h_1^2 - h_2^2)$
2차원		$Q = \dfrac{2\pi tK(H-h_o)}{ln(R/r_o)}$	깊은 우물 $Q = \dfrac{\pi K(H^2 - h_o^2)}{ln(R/r_o)}$
얕은 우물			$Q = 4Kr_o(H - h_o)$
집수암거	측면 유입		$Q = \dfrac{KL}{2R}(H^2 - h_o^2)$
	전면 유입		$Q = \dfrac{KL}{R}(H^2 - h_o^2)$

대표기출문제

문제. 여과량의 2m³/s, 동수경사가 0.2, 투수계수가 1cm/s일 때 필요한 여과지 면적은? **2022년 1회**

① 1,000m² ② 1,500m²
③ 2,000m² ④ 2,500m²

정답 ①

해설 투수량 $Q = KiA = 0.01 \times 0.2 \times A = 2$에서,
$A = 1000 m^2$

대표기출문제

문제. 두께가 10m인 피압대수층에서 우물을 통해 양수한 결과, 50m 및 100m 떨어진 두 지점에서 수면강하가 각각 20m 및 10m로 관측되었다. 정상상태를 가정할 때 우물의 양수량은? (단, 투수계수는 0.3m/h) 2022년 1회

① $76 \times 10^{-3} m^3/s$
② $85 \times 10^{-3} m^3/s$
③ $92 \times 10^{-3} m^3/s$
④ $213 \times 10^{-3} m^3/s$

정답 ①

해설 굴착정 유량

$$Q = \frac{2\pi t K(h_2 - h_1)}{\ln(r_2/r_1)} = \frac{2 \times \pi \times 10 \times 0.3/3600 \times (20-10)}{\ln(100/50)}$$
$$= 75.53 \times 10^{-3} m^3/s$$

대표기출문제

문제. 다음 중 부정류 흐름의 지하수를 해석하는 방법은? 2021년 3회

① Theis 방법
② Dupuit 방법
③ Thiem 방법
④ Laplace 방법

정답 ①

해설 [부정류 지하수 해석방법]
Theis 방법, Jacob 방법
② Dupuit 방법 : 흙댐의 침윤선 해석
③ Thiem 방법 : 굴착정(피압지하수) 양수량 산정
④ Laplace 방법 : 유체의 흐름 분석

대표기출문제

문제. 지름 4cm, 길이 30cm인 시험원통에 대수층의 표본을 채웠다. 시험원통의 출구에서 압력수두를 15cm로 일정하게 유지할 때 2분 동안 12cm³의 유출량이 발생하였다면 이 대수층 표본의 투수계수는? 2021년 3회

① 0.008cm/s
② 0.016cm/s
③ 0.032cm/s
④ 0.048cm/s

정답 ②

해설 투수계수 $K = \frac{QL}{hA} = \frac{12/2/60 \times 30}{15 \times (\pi \times 2^2)} = 0.016 cm/s$

대표기출문제

문제. 수온에 따른 지하수의 유속에 대한 설명으로 옳은 것은? 2021년 2회

① 4℃에서 가장 크다.
② 수온이 높으면 크다.
③ 수온이 낮으면 크다.
④ 수온에는 관계없이 일정하다.

정답 ②

대표기출문제

문제. 지하수(地下水)에 대한 설명으로 옳지 않은 것은?

2021년 2회

① 자유 지하수를 양수(揚水)하는 우물을 굴착정(Artesian well)이라 부른다.
② 불투수층(不透水層) 상부에 있는 지하수를 자유 지하수(自由地下水)라 한다.
③ 불투수층과 불투수층 사이에 있는 지하수를 피압지하수(被壓地下水)라 한다.
④ 흙입자 사이에 충만되어 있으며 중력의 작용으로 운동하는 물을 지하수라 부른다.

정답 ①
해설 피압 지하수를 양수(揚水)하는 우물을 굴착정(Artesian well)이라 부른다.

대표기출문제

문제. 피압 지하수를 설명한 것으로 옳은 것은? 2021년 1회

① 하상 밑의 지하수
② 어떤 수원에서 다른 지역으로 보내지는 지하수
③ 지하수와 공기가 접해있는 지하수면을 가지는 지하수
④ 두 개의 불투수층 사이에 끼어 있어 대기압보다 큰 압력을 받고 있는 대수층의 지하수

정답 ④

대표기출문제

문제. Darcy의 법칙에 대한 설명으로 옳지 않은 것은?

2021년 1회

① 투수계수는 물의 점성계수에 따라서도 변화한다.
② Darcy의 법칙은 지하수의 흐름에 대한 공식이다.
③ Reynold 수가 100 이상이면 안심하고 적용할 수 있다.
④ 평균유속이 동수경사와 비례관계를 가지고 있는 흐름에 적용될 수 있다.

정답 ③
해설 Reynold 수가 4 이하이면 안심하고 적용할 수 있다.

온라인 교육의 명품브랜드 www.edupd.com
에듀피디 EDUPD

05 PART
수문학

15. 강우와 물의 순환
16. 침투와 유출

15 강우와 물의 순환

CHAPTER

1 수문학 개요

1) 물의 순환

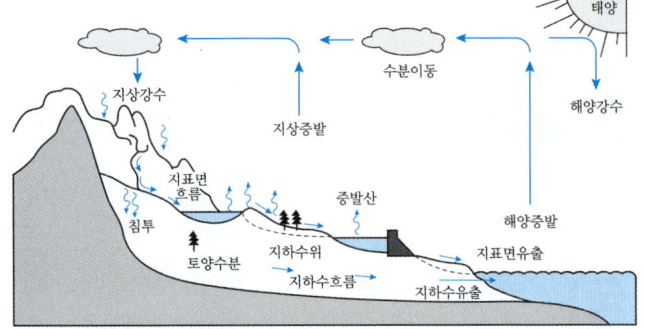

① **강수**
강우, 눈, 우박, 이슬비, 안개, 진눈깨비, 우빙, 서리, 싸라기 눈 등 구름이 응축되어 지상으로 떨어지는 모든 형태의 수분

② **강우**
강수 중 비(Rain)만 제한하여 표현

③ **증발산**
증발+증산(식물의 잎에 의해 수분이 대기 중으로 방출되는 것)

④ **침투**
강수의 일부가 토양 속으로 이동하는 것

2) 물 수지

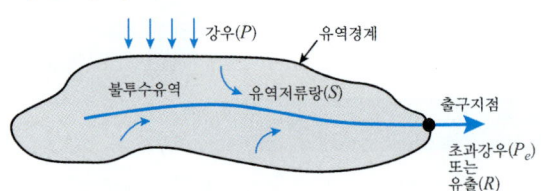

① **물수지** : 모든 가능한 방향에 유입되는 물을 비교 분석 (유역특성 및 시간 고려)

② **유역경계** : 강우가 모여서 출구지점으로 흘러가는 지표면의 가상의 경계

③ **초과강우량** P_e : 출구지점으로 흐르는 강우

④ **유출** R : 초과강우량이 출구지점에서 시간에 따른 모이는 비율(총유출량 = 초과강우량)

⑤ **유역저류량** S : 유역 내 강우가 유출되지 않고 유역표면에 저류되는 양

⑥ **침투량** C : 유역 내 강우가 지표 아래 토양으로 침투되는 양

⑦ **총강우량** $P = P_e + S + C$

2 강수의 측정

1) 우량계에 의한 강우의 측정

[보통 우량계]　　　　[자기 우량계]

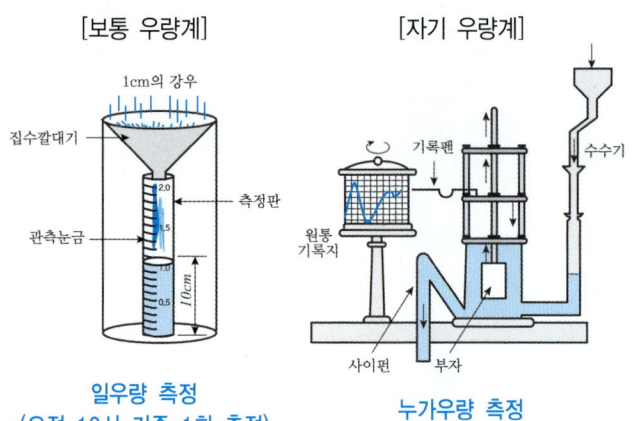

일우량 측정　　　　누가우량 측정
(오전 10시 기준 1회 측정)

2) 강수자료의 일관성 분석(2중누가곡선)

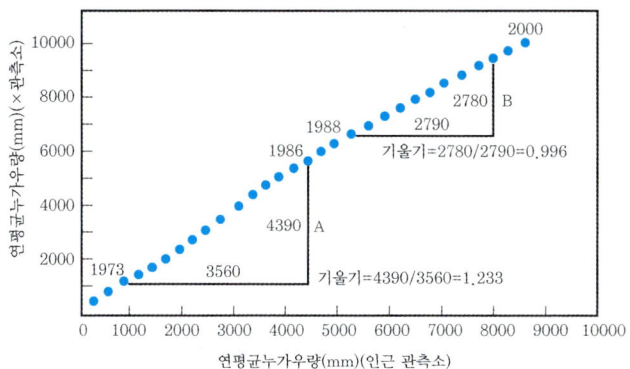

① 특정 관측소의 자료수집방법(관측기기의 교체, 관측방법 등)의 변화에 따라, 강수자료가 변화되었는지 확인하는 방법
② 가로축에 인접한 관측소의 연평균누가우량, 세로축에 특정 관측소의 연평균누가우량을 표시
③ 특정 관측소의 변화가 없다면, 기울기의 변화가 없어야 한다.
④ 기울기의 변화가 있는 경우, 기울기를 보정하여 특정 관측소의 강우자료를 수정해야 한다.

> **예제**
> **문제.** 강우자료의 일관성을 분석하기 위하여 사용되는 이중누가우량분석에 적용할 수 있는 강우량으로 가장 적절한 것은?
> ① 시간강우량　　② 일강우량
> ③ 월강우량　　　④ 연강우량
>
> **정답** ④

3) 결측의 보완

① 산술평균법
결측 관측소와 가능한 등간격으로 분포된 인접한 3개의 관측소의 값을 이용
인접 3개 관측소의 정상연평균강수량이 결측점의 값과 10% 이내일 때 적용

결측점의 평균 강우량 $P_x = \dfrac{1}{3}(P_A + P_B + P_C)$

($P_{A,B,C}$: 인접 3개 관측소의 측정값)

* 정상연평균강수량 : 30년 이상 연평균 강수량의 평균

② 정상 연강우량 평균법(가중 평균법)
인접 3개 관측소 중 하나라도 정상연평균강수량이 결측점의 값과 10% 초과일 때 적용

결측점의 평균 강우량 $P_x = \dfrac{N_x}{3}\left(\dfrac{P_A}{N_A} + \dfrac{P_B}{N_B} + \dfrac{P_C}{N_C}\right)$

(N_i : i관측점의 정상연평균강수량)

> **예제**
> **문제.** 30년 간의 연평균강우량이 $N_A = 1,000$, $N_B = 850$, $N_C = 700$, $N_D = 900$이고, 어느 해의 월강우량이 $P_A = 85$, $P_C = 72$, $P_D = 80$일 때 B지점의 결측강우량은?
>
> ① 72.6mm　　② 80.5mm
> ③ 62.3mm　　④ 78.4mm
>
> **해설** ㉮ $\dfrac{1,000 - 850}{850} \times 100 = 17.65\% > 10\%$이므로 정상 연강우량 비율법으로 계산한다.
> ㉯ $P_B = \dfrac{N_B}{3}\left(\dfrac{P_A}{N_A} + \dfrac{P_C}{N_C} + \dfrac{P_D}{N_D}\right)$
> $= \dfrac{850}{3}\left(\dfrac{85}{1,000} + \dfrac{72}{700} + \dfrac{80}{900}\right)$
> $= 78.4mm$

4) 평균강우량

구분	산술평균법	티센 다각형법	등우선법
적합한 적용	관측점 균등 분포 평야지역	관측점 불균등 분포 산악 영향이 작은 경우	산악 영향이 큰 경우
주의사항 및 특징	-	가장 흔하게 사용되는 객관적인 방법	• 우량계의 조밀분포 필요 • 등우선 작성시 주관적 오차 발생우려
유역면적	$500 km^2$ 이하	$500 \sim 5,000 km^2$	$5,000 km^2$ 이상

① 산출평균법

$$P_m = \frac{\Sigma P_i}{n}$$

(P_i 임의 관측점의 강우량, n 유역의 관측점의 총 수)

② 티센(Thiessen) 다각형법 : 면적 가중평균

$$P_m = \frac{\Sigma(P_i A_i)}{\Sigma A_i}$$ (A_i 임의 관측점의 지배면적)

예시 티센 다각형법에 의한 평균우량 산출

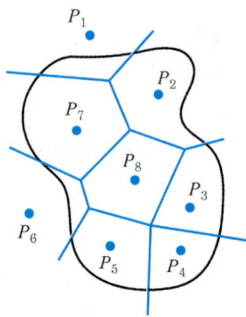

구분	P_1	P_2	P_3	P_4	P_5	P_6	P_7	P_8
강우량	10	20	20	10	15	18	20	15
지배면적	15	50	60	70	50	20	100	50
$P_i A_i$	150	1000	1200	700	750	360	2000	750

$$P_m = \frac{\Sigma(P_i A_i)}{\Sigma A_i} = \frac{6910}{325} = 21.26 mm$$

③ 등우선법 : 등우선 면적 가중평균

$$P_m = \frac{\Sigma(P_{im} A_i)}{\Sigma A_i}$$

P_{im} 두 인접 등우선 강우량 산술평균

예시 등우선법에 의한 평균우량 산출

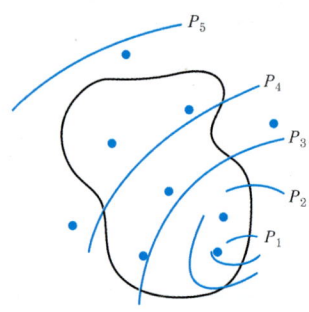

구분	P_1	P_2	P_3	P_4	P_5
등우선 강우량	100	120	140	100	80
인접 등우선 평균	추론값 110*	$\frac{P_1+P_2}{2}$ 110	$\frac{P_2+P_3}{2}$ 120	$\frac{P_3+P_4}{2}$ 120	$\frac{P_4+P_5}{2}$ 90
지배면적	10	30	30	40	10
$P_i A_i$	1100	3300	3600	4800	900

$$P_m = \frac{\Sigma(P_{im} A_i)}{\Sigma A_i} = \frac{13700}{120} = 114.17 mm$$

④ 삼각형법

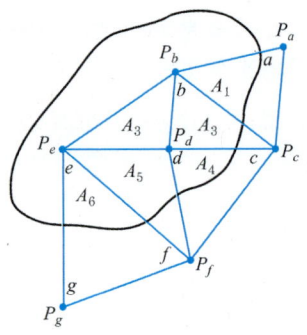

$$P_m = \frac{\Sigma(\overline{P_i} A_i)}{\Sigma A_i}$$

$\overline{P_i}$: 삼각형을 형성하는 3점 관측값의 산술평균

> **예제**
>
> **문제.** 다음 중 비교적 평야지역에서 강우분포가 균일하고 500km² 정도 되는 작은 유역에 강우가 발생하였다면 가장 적당한 유역 평균강우량 산정법은?
>
> ① Thiessen의 가중법 ② Talbot의 강도법
> ③ 등우선법 ④ 산술평균법
>
> **해설** 산술평균법
> ㉮ 평야지역에서 강우분포가 비교적 균일한 경우
> ㉯ 우량계가 비교적 등분포되어 있고 유역면적이 500km² 미만인 지역에 사용한다.

3 강수량 자료의 해석

1) 개요

① 강수량 자료 해석을 위해, 강우강도, 지속시간, 발생빈도, 지역범위에 대한 분석필요

② **강우강도**(Intensity) : 단위시간당 강우량 mm/hr
   - 지표면 유출 결정에 중요한 인자. (강우강도 〉 토양침투율 → 초과우량의 하천 유입)
   - 강우강도가 클수록 지속기간 짧음(강우강도와 지속기간은 반비례 관계)

③ **지속기간**(Duration) : 강우가 지속되는 시간(min)

④ **발생빈도** = 재현기간(Frequency, Return period, T)
   : 특정 크기의 강우가 1회 이상 발생하는데 필요한 연수(year)

⑤ **초과확률** P : 특정 크기의 강우가 발생할 확률 $T = \dfrac{1}{P}$
   초과확률 2% = 특정 크기의 강우가 100년에 2회 발생
   = 재현기간($T = \dfrac{1}{P} = \dfrac{1}{0.02} = 50\,Y$)

⑥ IDF(강우강도, 지속기간, 발생빈도) 곡선 : 수공구조물의 설계, 수자원설계에 사용

2) 지속시간에 따른 최대강우강도의 산출

① 단위시간별 강우량이 주어진 경우
   - 요구하는 지속시간동안 최대가 되는 유량을 찾는다.
   - 단위시간으로 환산

> **예제**
>
> **문제.** 35분간 집중호우에 대한 5분 단위의 강우량은 다음표와 같다. 지속시간 20분인 최대강우강도는 얼마인가?
>
> | 시간(분) | 5 | 10 | 15 | 20 | 25 | 30 | 35 |
> |---|---|---|---|---|---|---|---|
> | 우량(mm) | 1 | 3 | 2 | 5 | 8 | 7 | 5 |
> | 최대강우강도 추정 경우 | | | | 2 + 5 + 8 + 7 = 22 | | | |
> | | | | | | 5 + 8 + 7 + 5 = 25 | | |
>
> **해설** 시간 20~35 범위에서 최대강우강도가 발생한다.
> $I = \dfrac{25}{20} = 1.25\,mm/\min = 1.25 \times 60 = 75\,mm/hr$

② 지속시간에 따른 누가우량이 주어진 경우
   - 시간별 우량을 산출한다.
   - 요구하는 지속시간동안 최대가 되는 유량을 찾는다.
   - 단위시간으로 환산한다.

> **예제**
>
> **문제.** 35분간 집중호우에 대한 5분 단위의 누가우량은 다음표와 같다. 지속시간 20분인 최대강우강도는 얼마인가?
>
> | 시간(분) | 5 | 10 | 15 | 20 | 25 | 30 | 35 |
> |---|---|---|---|---|---|---|---|
> | 누가우량(mm) | 1 | 4 | 6 | 11 | 19 | 26 | 31 |
> | 20분 지속시간 강우량(mm) | | | | 11−0 = 11 | 19−1 = 18 | 26−4 = 22 | 31−6 = 25 |
>
> **해설** $I = \dfrac{25}{20} = 1.25\,mm/\min = 1.25 \times 60 = 75\,mm/hr$

3) 강우강도 - 지속시간 - 유역면적 관계(확률강우량)

① 관측점의 강우량은 특정지점의 강우량으로 전체 유역을 대표할 수 없다.
② 호우중심의 강우량이 가장 크고, 중심에서 멀어질수록 감소(평균우량깊이 = 총강우량/유역면적)
③ 수공구조물 설계를 위해서 확률강우량 필요(관측점의 강우량을 면적강우량으로 환산)
④ 강우강도-지속시간 관계에 대한 경험식

- Talbot형 : $I = \dfrac{b}{t+a}$
- Sherman형 : $I = \dfrac{c}{t^n}$
- Japanese형 : $I = \dfrac{d}{\sqrt{t+e}}$
- Semi-log형 : $I = a + b \times \log(t)$
- General형 : $I = \dfrac{a}{t^n + b}$

I (mm/hr) : 강우강도, t (min) : 지속시간,
a, b, c, d, e : 지역상수

예제

문제. 강우강도 공식형이 $I = \dfrac{5{,}000}{t+40}(mm/hr)$로 표시된 어떤 도시에 있어서 20분간의 강우량 R_{20}은? (단, t의 단위는 min이다.)

① $R_{20} = 17.8mm$ ② $R_{20} = 27.8mm$
③ $R_{20} = 37.8mm$ ④ $R_{20} = 47.8mm$

해설 ㉮ $I = \dfrac{5{,}000}{t+40} = \dfrac{5{,}000}{20+40} = 83.33 mm/hr$
㉯ $R_{20} = \dfrac{83.33}{60} \times 20 = 27.8 mm$

⑤ 강우강도 - 지속시간 Gumbel 분포식 (2000년 건설교통부 제시)

$$I(T,t) = \dfrac{a + b \times ln\dfrac{T}{t^n}}{c + d \times ln\dfrac{\sqrt{T}}{t} + \sqrt{t}}$$

⑥ 강우강도 - 지속시간 전대수 다항식 (2011년 국토교통부 제시)

$$ln(I) = a + bln(t) + c(\ln(t))^2 + d(\ln(t))^3 \\ + e(\ln(t))^4 + f(\ln(t))^5 + g(\ln(t))^6$$

4) DAD(최대평균우량깊이-면적-지속시간, Depth-Area-Duration) 분석

① 다양한 면적에 대한 지속시간을 가진 최대 강우량 산정에 사용
② 우수관거, 배수구 등을 설계하는 데 유용하다.
③ 작성순서

- 각 관측소의 최대호우에 해당하는 강우량의 시간에 따른 누가우량 작성
- 각 관측소의 누가우량으로, 등우선 또는 티센다각형 등으로 소유역 구분
- 각 소유역에 대한 시간별 평균누가우량 산정
- 각 소유역에 대한 시간별 누가면적별 평균누가우량 산정
- 지속시간별 누가면적별 최대평균우량 산정
- DAD 곡선 작도

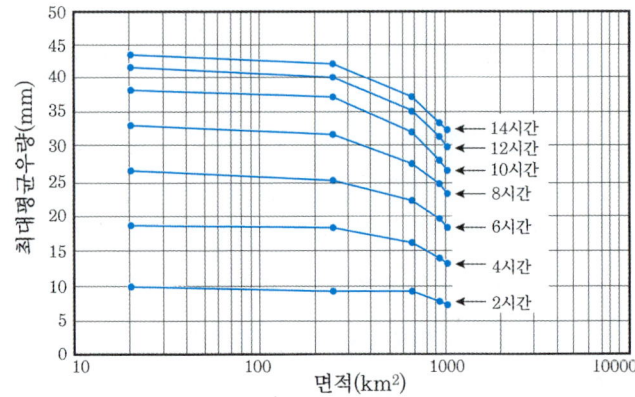

5) 설계우량주상도

① 재현기간별 지속기간에 대한 설계강우가 결정된 후, 유역을 대표하는 강우분포의 양상을 고려하여 설계우량주상도를 결정해야 한다.

② Mononobe 방법 : 설계강우량에 시간구간을 곱해서 설계강우량을 시간별로 분포

③ Huff 방법 : 호우에 대한 시간분포 양상을 분석하여, 4구간으로 구분

④ 삼각형 우량주상도법 : 우량주상도가 삼각형 형태라고 가정

> 총강우량 $P = 0.5 T_d h$ (지속기간 T_d, 강우강도 h)

⑤ 교호블록법 : IDF 곡선에서 설계우량주상도를 유도하는 간단한 방법

⑥ 순간강우강도법(Keifer-Chu 방법) : 교호블록법과 유사하며, 강우강도가 호우를 통해 연속적으로 변하는 차이가 있다.

6) 가능최대강수량(PMP, Probable Maximum Precipitation)

① 특정구역에서 주어진 지속기간에 대해 생성될 수 있는, 극심한 기상조건에서 발생하는 최대강수량

② 기상학적 방법
   상당한 기상학적 정보가 필요(예 이슬점, 기온, 바람, 기압 등의 기상자료)

③ 포락선방법
   기상학적 방법의 약점을 보완하여, 세계적으로 가장 극심했던 강우량의 포락선을 작성하여 PMP를 산출하는 방법

④ 통계학적 방법

> 지속시간 24시간 PMP 경험식 $PMP_{24} = \overline{P} + K\sigma$
>
> $\overline{P}$: 각 관측점의 24시간 연 최대우량의 평균,
> σ : 표준편차, K : 빈도계수

대표기출문제

문제. 강우 자료의 일관성을 분석하기 위해 사용하는 방법은?

2022년 1회

① 합리식
② DAD 해석법
③ 누가 우량 곡선법
④ SCS(Soil Conservation Service) 방법

정답 ③

해설 합리식 : 첨두홍수량
DAD 해석 : 다양한 면적에 대한 지속시간을 가진 최대강우량
누가우량곡선 : 강우자료 일관성
SCS : 합성단위도(충분한 자료가 없는 유역에 대해 경험적으로 생성한 단위도) 산정방법 중 하나

대표기출문제

문제. 수문자료 해석에 사용되는 확률분포형의 매개변수를 추정하는 방법이 아닌 것은?

2022년 1회

① 모멘트법(method of moments)
② 회선적분법(convolution intergral method)
③ 최우도법(method of maximum likelihood)
④ 확률가중모멘트법(method of probability weighted moments)

정답 ②

해설 [매개변수 추정에 의한 확률강우량 산정방법]
1) 모멘트법
   가장 간편하지만, 이상치가 있거나 자료가 부족한 경우 적용성 낮음
2) 최우도법
   자료수가 충분한 경우 효과적이지만, 추정방법이 복잡함. 해를 못 구하는 경우도 발생. 확률분포 모델에 의존
3) 확률가중모멘트법
   · 정규분포와 유사하며 최우도법과 유사하게 효율적
   · 이상치나 자료가 부족해도 안정적인 결과 유도
   · 가장 일반적으로 적용

대표기출문제

문제. 어느 유역에 1시간 동안 계속되는 강우기록이 아래 표와 같을 때 10분 지속 최대강우강도는? *2022년 1회*

시간(분)	0	10	20	30	40	50	60
우량(mm)	0	3	4.5	7	6	4.5	6

① 5.1mm/h ② 7.0mm/h
③ 30.6mm/h ④ 42.0mm/h

정답 ④

해설 10분 최대 강우강도 = 7mm/10min이므로,
1시간 최대 강우강도 = $7 \times 6 = 42 mm/hr$

대표기출문제

문제. 어떤 유역에 표와 같이 30분간 집중호우가 발생하였다면 지속시간 15분인 최대 강우 강도는? *2021년 1회*

시간(분)	0	5	10	15	20	25	30
우량(mm)	0	2	4	6	4	8	6

① 50mm/h ② 64mm/h
③ 72mm/h ④ 80mm/h

정답 ③

해설 15분간 최대 강우
10~20분 : $4+6+4=14mm/15min$
15~25분 : $6+4+8=18mm/15min$
20~30분 : $4+8+6=18mm/15min$
따라서, 최대 강우강도
$18mm/15min = 18 \times 4 = 72mm/hr$

대표기출문제

문제. 가능최대강수량(PMP)에 대한 설명으로 옳은 것은? *2021년 3회*

① 홍수량 빈도해석에 사용된다.
② 강우량과 장기변동성향을 판단하는데 사용된다.
③ 최대강우강도와 면적관계를 결정하는데 사용된다.
④ 대규모 수공구조물의 설계홍수량을 결정하는데 사용된다.

정답 ④

대표기출문제

문제. 유역의 평균 강우량 산정방법이 아닌 것은? *2021년 2회*

① 등우선법 ② 기하평균법
③ 산술평균법 ④ Thiessen의 가중법

정답 ②

해설 [평균우량 산정방법]
산술평균법, Thiessen 다각형법, 등우선법, 삼각형법

대표기출문제

문제. 강우강도(I), 지속시간(D), 생기빈도(F) 관계를 표현하는 식 $I=\dfrac{kT^x}{t^n}$에 대한 설명으로 틀린 것은? `2021년 2회`

① k, x, n은 지역에 따라 다른 값을 가지는 상수이다.
② T는 강의 생기빈도를 나타내는 연수(年數)로서 재현기간(년)을 의미한다.
③ t는 강우의 지속시간(min)으로서, 강우지속시간이 길수록 강우강도(I)는 커진다.
④ I는 단위시간에 내리는 강우량(mm/h)인 강우강도이며, 각종 수문학적 해석 및 설계에 필요하다.

정답 ③
해설 t는 강우의 지속시간(min)으로서, 강우지속시간이 길수록 강우강도(I)는 작아진다.

대표기출문제

문제. 물의 순환에 대한 설명으로 옳지 않은 것은? `2021년 1회`

① 지하수 일부는 지표면으로 용출해서 다시 지표수가 되어 하천으로 유입된다.
② 지표에 강하한 우수는 지표면에 도달 전에 그 일부가 식물의 나무와 가지에 의하여 차단된다.
③ 지표면에 도달한 우수는 토양 중에 수분을 공급하고 나머지가 아래로 침투해서 지하수가 된다.
④ 침투란 토양면을 통해 스며든 물이 중력에 의해 계속 지하로 이동하여 불투수층까지 도달하는 것이다.

정답 ④
해설 침투란 물이 토양에 스며드는 것으로, 즉시 유출되지 않는다.

16 CHAPTER 침투와 유출

1 개요

1) 증발
① 수증기의 연직이동량
② 증발의 영향인자
- 온도, 바람, 기압이 높거나 클수록 증발이 잘된다.
- 습도가 낮을수록 증발이 잘된다.
- 수심이 낮은 곳에서 증발이 잘된다.
- 해수의 증발이 담수에 비해 낮으나, 그 차이가 크지는 않다.

③ 증발접시, 물수지, 에너지수지, 공기동력학적 방법 등에 의해 증발량 산정

2) 증산
① 식물에 의해 수증기가 대기로 방출되는 것
② 증산량을 따라 산정하기가 어렵기 때문에, 통상적으로 증발산량을 합해서 고려한다.

3) 증발산량 산정방법
① Thornthwaite 방법
② Blaney-Criddle 방법
③ 수정 Jensen-Haise 방법
④ Penman 방법
⑤ Penman-Monteith 방법

4) 증발량 감소방법
① **수표면 감소** : 다수의 소형저수지 보다 소수의 대형저수지가 유리, 하천 직선화
② **기계적 덮개** : 소형저수지에서 지붕, 덮개, 부유성 물질 등을 사용해서 수표면을 감소
③ **수표면 막** : 수지, 기름 등으로 수표면에 막(film)으로 덮어 증발을 방지

5) 증발접시에 의한 증발량 산출

실제 증발량 = 증발접시계수 × 증발접시 증발량

2 침투 영향인자

① **투수성** : 공극률이 클수록 침투에 유리
② **토양의 구조** : 점토입자가 뭉쳐있어야 유리, 나트륨(염분)은 점토입자가 흩어지게 해서 침투능에 불리
③ **식생 및 지표** : 식생으로 덮인 표면이 침투능에 유리, 경작지보다 자연 식생지역이 유리, 도로 등 인위적으로 포장된 표면은 침투 불능
④ **선행함수조건** : 토양의 선행 함수가 높으면 침투능에 불리
⑤ **지표경사** : 급경사면은 침투할 시간적 여유가 없어서 침투에 불리
⑥ **강우강도** : 강우강도가 침투능보다 작으면, 침투능과 강우강도는 같아지게 된다.

3 침투능 측정

1) 현장시험에 의한 방법
① **침투계에 의한 방법**
원형침투계를 사용해서 현장 시험에 의해 침투능 측정
② **강우모으기에 의한 방법**
강우모으기 또는 스프링클러 침투계에 의해 측정 수 m^2 ~ 수 백 m^2의 면적에서 산정

2) 수문곡선 해석에 의한 방법
① 작은 유역의 침투량을 개략적으로 산정하기 위한 방법
② 우량주상도와 유출수문곡선을 분석
③ 블록방법 또는 평균 침투량방법

3) ϕ지수에 의한 침투능 산정
① 침투능 산정을 위한 가장 간단한 방법
② $\phi = \dfrac{F}{T} = \dfrac{P-Q}{T}$

(F : 총 침투량, P : 총 강우량, Q : 직접유출량, T : 강우지속시간)

③ 강우초기에는 과소 산정하고, 시간의 경과에 따라 과다 산정하는 단점이 있다.

④ 침투능(ϕ지수) 산정 순서

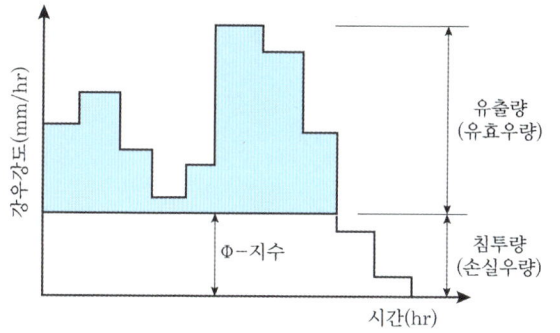

- 우량주상도에서 총 강우량 산정
- 직접유출량 = 유역출구점의 유출량/유역면적
- 우량주상도에 수평선을 작도하여, 아랫부분이 침투량과 같도록 한다.
- 작도된 수평선이 ϕ지수가 된다.

예제

문제. 어떤 지역의 우량주상도가 아래 그림과 같다. 이 유역의 출구에서 측정한 지표유출량이 37mm라면 ϕ-index는 얼마인가?

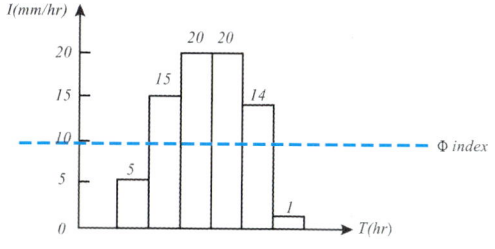

해설 총 강우량 = 5+15+20+20+14+1 = 75mm
총 침투량 = 75-37 = 38mm
처음 시간 5mm + 마지막 시간 1mm = 6mm
또한, 38-6 = 32mm이고, 가운데 4시간 구간에 대해서 계산하면, 32/4 = 8mm
따라서, ϕ-index = 8mm

📖 30분 강우강도 자료에 대한 보정
① 1시간 강우강도 자료와 동일하게 ϕ index 작성
② 실제 유출량 및 침투량의 2배로 적용하여 작도

예제

문제. 유역면적이 2km²인 어느 유역에 다음과 같은 강우가 있었다. 직접유출용적이 140,000m³일 때, 이 유역에서의 ø-index는?

시간(30min)	1	2	3	4
강우강도(mm/h)	100	50	150	140

해설 총 강우량 $= 100+50+150+140 = 440mm$

총 유출량 $= \dfrac{140,000}{2\times 10^6} = 70\times 10^{-3}m = 70mm$

주어진 강우강도 값이 30분 강우에 대한 값이므로,
총 유출량 $= 70\times 2 = 140mm$
총 침투량 $= 440-140 = 300mm$

$\dfrac{300}{4} = 75mm > 50mm$ 이므로, 50mm 강우강도는 모두 포함

$300-50 = 250mm$

나머지 3구간의 강우강도에 대해, $\dfrac{250}{3} = 83.3mm$

4) W 지수법에 의한 침투능 산정

① ϕ - index를 개선한 방법
② 침투에 직접 기여하지 않은 지면보류를 침투량에서 제외
③ 침투능보다 작은 강우강도의 시간을 제외
④ $W = \dfrac{F}{T} = \dfrac{P-Q-D}{T} = \phi - \dfrac{D}{T}$

(D : 지면보류량, T : 강우강도가 침투능보다 큰 강우지속시간)

예제

문제. 어떤 지역의 우량주상도가 아래 그림과 같다. 이 유역의 출구에서 측정한 지표유출량이 37mm이고, 지면보류량이 4mm일 때, W - index는 얼마인가?

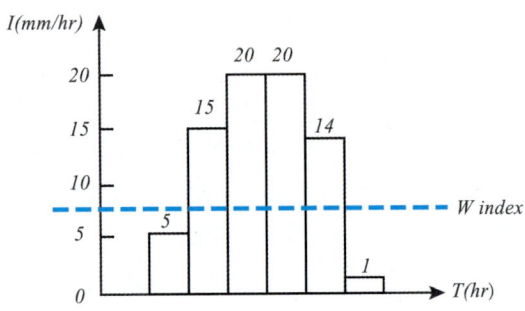

해설 이전에서, ϕ-index = 8mm
강우강도가 침투능을 초과하는 시간은 4시간이고, 지면보류량이 4mm이므로,

$W = \phi - \dfrac{D}{T} = 8 - \dfrac{4}{4} = 7mm$

---

5) 침투능 산정공식

① **Horton 공식**

가장 널리 알려진 공식

침투능 $f_P = f_c + (f_o - f_c)e^{-kt}$ mm/hr

침투량 $F = f_c t + \dfrac{f_o - f_c}{K}(1 - e^{-kt})$

(f_c : 최종침투율, f_o : 초기 침투율, k : 감쇠계수, t : 강우시작부터 소요된 시간 hr)

② **Philip 공식**

Richard의 공식에서 투수계수와 확산계수가 함수비에 따라 변한다고 가정하고, Boltzmann 변형을 사용

- 누가침투량 $F = St^{1/2} + Kt$
- 침투능 $f = \dfrac{1}{2}St^{-1/2} + K$ (누가침투량 공식을 시간에 대해 미분)

흡수율 S를 구하기 위해, $F = St^{1/2}$로 식을 간단하게 사용할 수 있다.

(S : 토양 흡인 포텐셜에 따른 흡수율 $mm/\sqrt{hr}$,
K : 투수계수 mm/hr)

예제

문제. 단면적이 $500mm^2$인 용기에 흙을 채우고 수직으로 놓았다. 용기 상단에서 물을 부어 채운 후 1시간이 경과되었을 때, $2000mm^3$의 물이 침투되었다. 16시간이 지났을 때의 침투량을 구하시오. (단, 투수계수 $K=2mm/hr$이다.)

해설 1시간에 대한 누가침투량 = 2000/500 = 4mm
흡수율 S를 구하기 위해, $F = St^{1/2}$에서, $4 = S \times \sqrt{1}$ 이므로, $S = 4mm/hr^{1/2}$

- 16시간에 대한 침투량
$F = St^{1/2} + Kt = 4 \times \sqrt{16} + 2 \times 16 = 48mm$

- 16시간에 대한 침투능
$f = \dfrac{1}{2}St^{-1/2} + K = \dfrac{1}{2} \times 4 \times \dfrac{1}{\sqrt{16}} + 2 = 2.5mm/hr$

---

③ **Green-Ampt의 침투능 산정**

해석적인 결과를 얻을 수 있는 물리 이론을 전개

4 유출의 개요

1) 유출의 구분

① **직접유출(유효우량)**
- 강우에 의해, 단시간에 흘러 하천 및 수로 등으로 유출되는 것
- 지표면 유출(초과강우량), 조기지표하유출로 구성

② **기저유출**
- 비가 오지 않을 때, 이전 강우의 영향으로 하천으로 유출되는 것
- 지하수유출과 지제지표하유출로 구성

📖 **총 강우량의 구성**

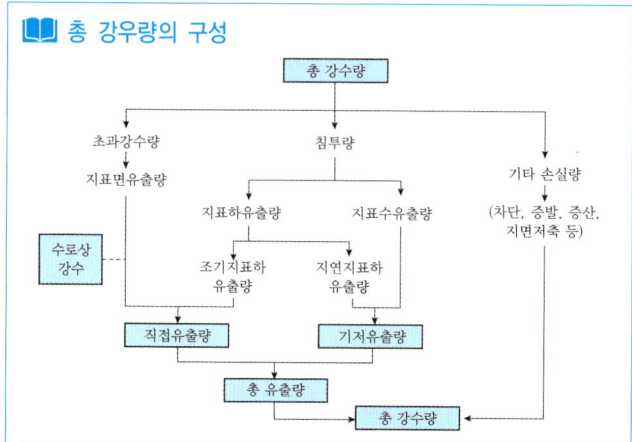

* 조기 지표하 유출을 무시하면, 초과강우량 = 지표면 유출량 = 직접유출량 = 유효강우량이 된다.

2) 유출 영향인자

① **기상학적 인자** : 강수, 차단, 증발산

② **지형학적 인자**
- 유역면적 : 유역면적이 클수록 첨두유출량은 증대하지만, 단위면적당 비유량으로 환산하면 첨두유출량은 감소한다.
- 유역형상 : 상류의 면적이 넓으면 첨두유량 발생이 지연된다.

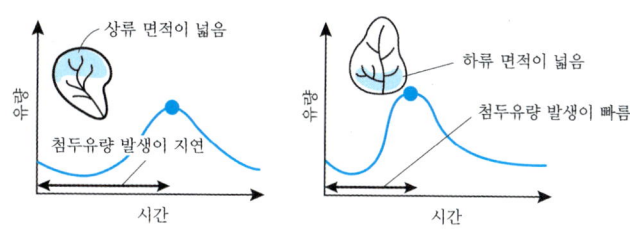

- 강우발생 위치 : 상류에 강우가 발생하면 첨두유량 발생이 지연

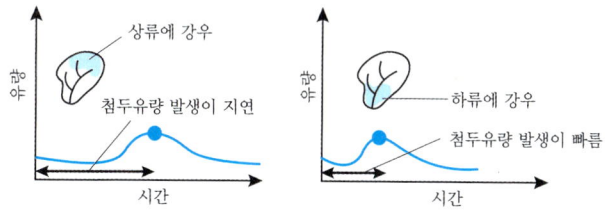

③ **기타**
유역의 방향성, 유역경사, 유역조도, 유역구성, 토지이용상태 등

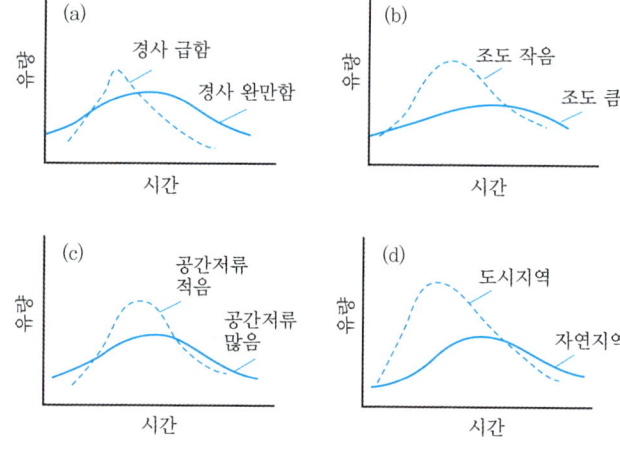

3) 도시화가 유출에 미치는 영향

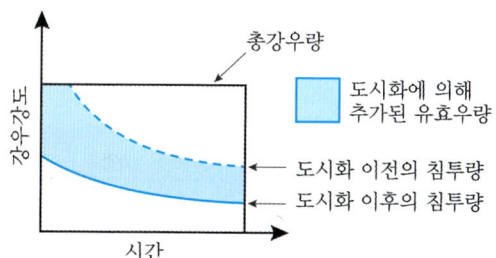

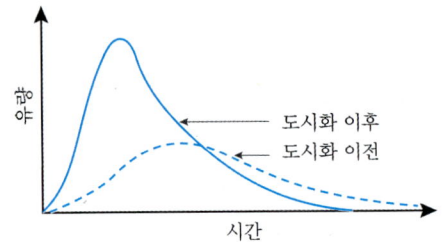

① 불투수층 증가 → 유효우량의 증가
② 첨두유량이 크고, 발생시간이 빨라진다.

5 유출수문곡선

1) 구성

① 유출수문곡선

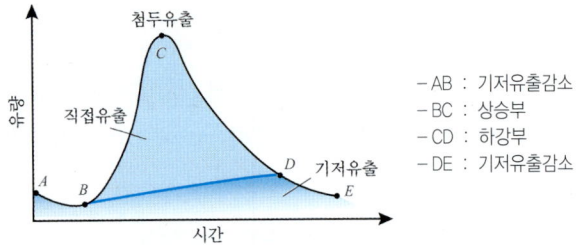

- AB : 기저유출감소
- BC : 상승부
- CD : 하강부
- DE : 기저유출감소

- 유출수문곡선은 기저유출량 직접유출량이 합쳐있는 상태로, 수문분석을 위해서는 기저유출을 분리해야 한다.
- 다양한 분리방법이 있으나, 홍수시 유출량에 비해 기저유출의 비율이 현저히 작으므로 분리방법에 따른 오차는 크지 않다.

② 직접유출수문곡선

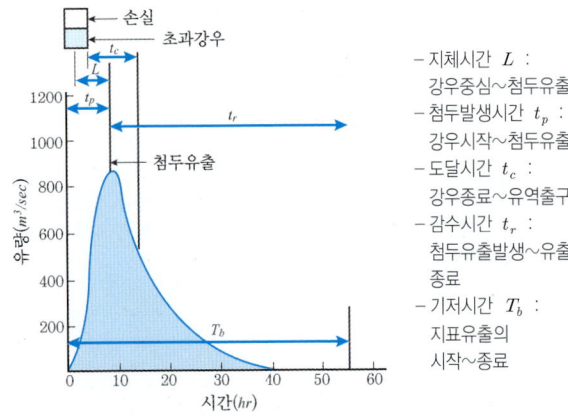

- 지체시간 L : 강우중심~첨두유출
- 첨두발생시간 t_p : 강우시작~첨두유출
- 도달시간 t_c : 강우종료~유역출구
- 감수시간 t_r : 첨두유출발생~유출종료
- 기저시간 T_b : 지표유출의 시작~종료

2) 수문곡선의 분리

① 주 지하수 감수곡선법

과거 수문곡선 기록이 있는 경우, 그 기록상의 감수곡선을 중첩시켜서 유역의 대표적인 감수곡선을 획득하는 방법

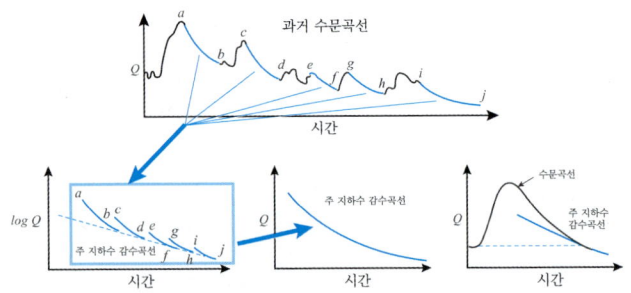

② 수평직선 분리법

지표면 유출 발생지점(상승부 기점)에서 수평선을 그어서 분리

③ N-day법

지표면 유출 발생지점(상승부 기점)과, 첨두유량이 발생한 N day 후의 감수곡선에 해당하는 값을 연결하여 분리

$$N = 0.827 A^{0.2} \ (A \text{ 유역면적 } km^2, \ N \text{ day})$$

④ 수정 N-day법(고정 기저시간법)

지표면 유출 발생지점(상승부 기점)에서 접선을 첨두유량 발생점까지 연장, 첨두유량 발생점에서 N day 후의 감수곡선에 해당하는 값을 연결하여 분리

⑤ 가변경사법

첨두유량 발생점까지는 수정 N-day법과 동일. N-day법의 종점과 감수곡선 변곡점을 연결. 나머지 구간은 직선보간하여 분리

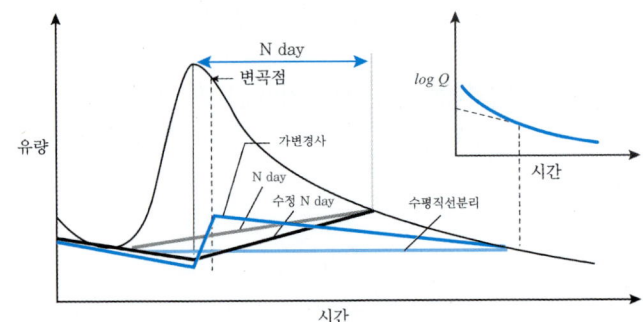

3) NRCS의 수문곡선 분리(유효우량 산정)

① 침투량과 유효우량을 분리하기 위한 실험식으로, 가장 널리 사용되는 방법
② 토양의 종류, 토지이용상태, 식생의 피복상태, 선행토양함수조건을 고려하여 유효우량 산정
③ 미국 자연자원보존국(Natural Resources Conservation Service, NRCS)에서 제안
④ **기본 개념**

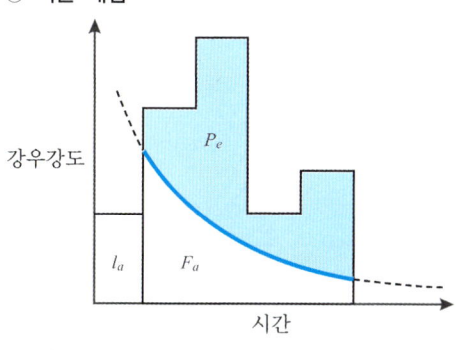

침투량/최대잠재 보유수량 = 유효우량/잠재적 유출량

$$\frac{F_a}{S} = \frac{P_e}{P - I_a}$$

총강우량 $P = P_e + F_a + I_a$ 이고, 초기 손실량 $I_a = 0.2S$ 를 대입하여 정리하면,

유효우량 $P_e = \dfrac{(P - 0.2S)^2}{P + 0.8S}$

(P : 총강우량, S : 최대잠재 보유수량)

⑤ **유출곡선지수 CN(Curve Number)**

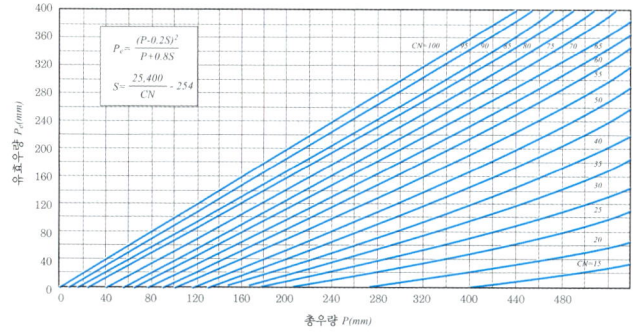

- 유역특성(토양의 종류, 토지이용상태, 식생의 피복상태, 선행토양함수조건)에 따라 CN 결정
- 유출곡선지수(runoff curve number)의 결정에 영향을 미치는 수문학적 토양군은 4가지 Type으로 구분되며 유출률이 가장 작은 것부터 A,B,C,D로 한다.(Type D가 가장 크다.)

- 최대잠재 보유수량 $S = \dfrac{25400}{CN} - 254$

- 유효우량 $P_e = \dfrac{(P - 0.2S)^2}{P + 0.8S}$

- 선행토양함수(AMC) 조건은 3가지로, 1년을 성수기와 비성수기로 구분하여 5일 선행강우를 적용
- CN값은 0~100의 범위로, 불투수 또는 수표면에서는 100이다.

4) 합리식에 의한 첨두홍수량

① 활주로, 우수관거, 암거, 대규모 주차장 등을 설계할 경우, 전체 수문곡선보다는 첨두홍수량이 주요설계인자
② Mulvaney에 의해 제안
③ 소규모 유역의 강우배제시설(우수배출시설) 설계시 가장 널리 적용되는 방법
④ 강우강도 I 인 강우가 갑자기 내려서 무한하게 지속 → 유역의 모든 유출이 유출출구에 도달하는 시간 t_c 까지 계속 증가 → 도달시간 t_c 이후에는 평형상태를 유지
⑤ 첨두홍수량 $Q = CIA$ (I : 강우강도, A : 유역면적, C : 유출계수)
⑥ **합리식의 기본가정사항**

- 유역출구 지점에서 산정된 첨두유량은 도달시간 동안의 평균 강우강도의 함수이다.
- 합리식의 도달시간은 유역출구로부터 가장 멀리 위치한 지점의 강우가 유역 출구까지 도달하는 시간이다.
- 호우기간동안 강우강도와 유출계수는 일정하다.
- 최대유출량의 재현기간은 강우강도의 재현기간과 같다.

예제

문제. 유역면적이 20km²이고 도달시간이 30분인 유역에서 10년 빈도 강우량을 고려하여 배수구조물을 설계하고자 한다. 강우강도식이 $I = \dfrac{2,500}{t+20}$[mm/hr]이고 이 유역의 소유역별 유출계수가 다음과 같을 때, 합리식에 의한 10년 빈도 첨두홍수량[m³/sec]은?

소유역	유역면적[km²]	유출계수
A	10	0.5
B	5	0.6
C	5	0.8

해설 강우강도 $I = \dfrac{2500}{30+20} = 50 mm/hr$

$Q = \Sigma CAI = 50 \times 10^{-3}(0.5 \times 10 + 0.6 \times 5 + 0.8 \times 5) \times 10^9$
$= 600 \times 10^6 m^3/hr$

따라서, $Q = 600 \times 10^6 / 3600 = 166.7 m^3/s$

5) 강우지속시간이 도달시간보다 작은 경우의 합리식 적용

① 강우지속시간이 도달시간보다 길거나 특별한 언급이 없는 경우에는, 강우강도에 해당하는 강우량이 전 유역의 유출에 영향을 미치는 것으로 한다. ($Q = CIA$ 적용)

② 강우지속시간이 도달시간보다 짧은 경우, 강우지속시간/도달시간 비율로 유역면적을 감소시킨다. $A' = A \times \dfrac{D}{t_c}$

③ 2단계 유출이 되는 경우, 각 단계별로 유역면적을 감소시킨다.

6 단위도(단위유량도)

1) 개요

① **정의** : 유역전체에 균일하게 내린 단위 유효우량(1cm)으로 인한 직접유출수문곡선

② 직접유출량 = 단위도의 면적 × 유효강우량(균일한 값)

③ 단위도를 사용해서 직접유출량을 산출하기 위해서는, 단위도의 단위시간과 유효강우의 지속시간이 동일해야 한다.

2) 단위도의 기본가정

① **일정기저시간 가정**
강우강도에 관계없이, 첨두유량 발생시간, 감수시간, 기저시간 등 시간 인자는 일정하다.

② **비례가정**
강우강도 단위도의 종거는 정비례한다.

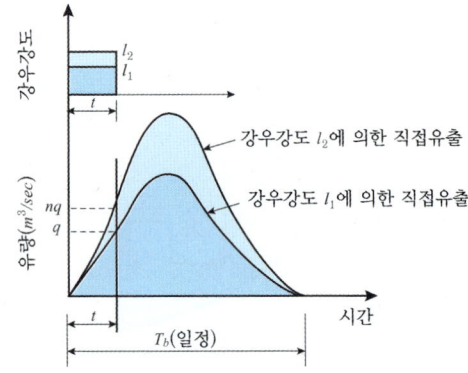

③ **중첩가정**
여러 강우에 대한 유출은 각 강우를 산술적으로 합해서 중첩하여 적용

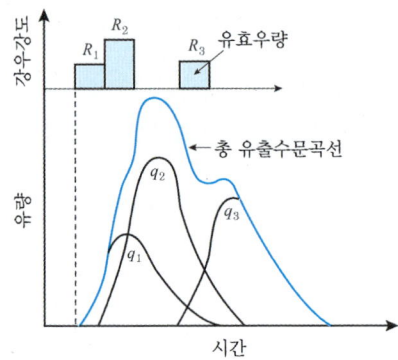

④ 선행강우의 영향은 무시한다.
⑤ 동일 지속시간을 가진 유효강우의 시간적, 공간적 분포는 일정하다.

3) 단위도의 작성

① 유역전체에 대해, 시간 및 공간적으로 균일한 단일 강우를 선택
② $2500 km^2$ 이하 크기의 유역면적이 적합

③ 10 ~ 50mm 정도의 직접유출량이 적합
④ 강우지속기간 D는 지체시간 t_p의 25~30%가 적합
⑤ 유사한 지속기간을 가진 여러 강우에 대해서, 평균 단위도 산정

4) 단위도의 지속시간 변경

① 임의 지속기간의 단위도를 필요한 지속기간에 대한 값으로 변경
② 단위도의 중첩 가정을 적용

예시1 1시간 단위도를 이용해서 2시간 단위도 작성

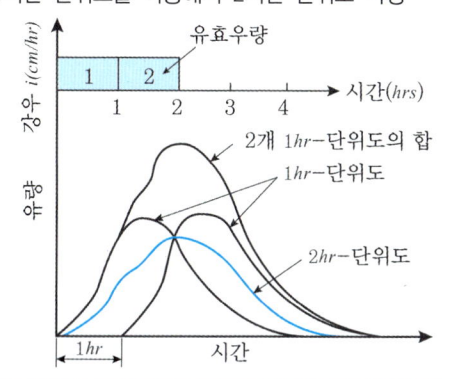

시간(hr)	0	1	2	3	4	5	6	7	8
1시간 단위도 ①	0	2	4	6	12	4	2	0	
1시간 지연 ②		0	2	4	6	12	4	2	0
단위도 합 ③=①+②	0	2	6	10	18	16	6	2	0
2시간 단위도 ③/2	0	1	3	5	9	8	3	1	0

- 1시간 단위도(주어진 값) 표시
- 1시간 지연 단위도 표시
- 1시간 단위도와 1시간 지연 단위도를 합산
- 그 합산한 값의 1/2 → 2시간 단위도

5) 단위도의 적용

① 개별 유효우량×단위도 = 개별 유출수문곡선 작성
② 각 개별 유출수문곡선을 합산하여 총 유출수문곡선 작성
③ **총 유출수문곡선에서 첨두유량**
  - 유효강우의 순서에 따라야 한다.
  - 단위도의 첨두유량점에 각 유효우량을 적용시켜서 최대가 되는 경우를 찾는다.
④ **총 유출수문곡선에서 총 직접유출량**
  - 중첩의 원리에 의해 합산을 하기 때문에, 지연 단위도의 적용(시간 지연)과 무관하다.
  - 단위도의 면적×개별 유효우량의 합 = 총 직접유출량

6) 첨두유량의 산정

방법1 ⇒ 2개의 연속강우에만 적용가능
강우순서에 상관없이, 최대강우 × 단위도 최대값 + 인접강우 × 인접단위도
방법2 지연단위도 적용에 의한 방법

예제

📖 **첨두유량의 산출**

문제. 1시간 단위도가 0,1,2,3,4,5시간에 대해, 0,2,4,10,6,0이다. 처음 2cm의 유효강우가 1시간 발생하고, 그 후에 4cm의 유효강우가 발생하는 경우, 첨두유출량을 구하시오.

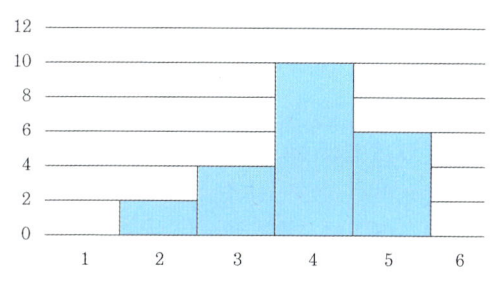

해설 [방법1] 최대유효우량이 4cm이므로,
$4 \times 10 + 2 \times 6 = 52 m^3/s$
[방법2]

단위도	0	2	4	10	6	0
2cm	0	2×2=4	2×4=8	2×10=20	2×6=12	0
1시간 지연(4cm)	0	0	4×2=8	4×4=16	4×10=40	4×6=24
합계	0	4	16	36	52	24

7) 합성단위도

① 강우 및 유출 자료가 없는 유역은 단위도 작성 불능
② 자료가 충분하지 않은 유역에 대해, 경험적 방법으로 생성한 단위도를 합성단위도라 한다.

③ Snyder 합성단위도

- $25 \sim 25{,}000\,km^2$ 유역에 대해 분석

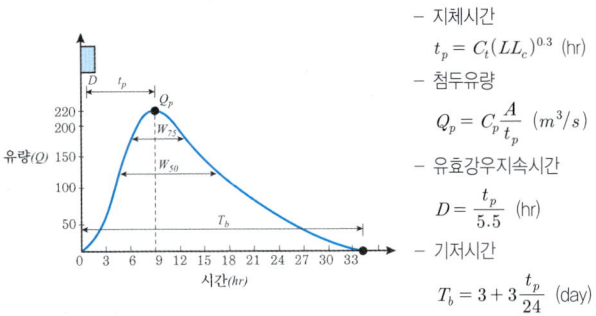

- 지체시간
$$t_p = C_t(LL_c)^{0.3} \text{ (hr)}$$
- 첨두유량
$$Q_p = C_p \frac{A}{t_p} \text{ } (m^3/s)$$
- 유효강우지속시간
$$D = \frac{t_p}{5.5} \text{ (hr)}$$
- 기저시간
$$T_b = 3 + 3\frac{t_p}{24} \text{ (day)}$$

C_t : 지체계수, C_p : 저류계수, A : 유역면적
L : 유역경계~출구지점까지 본류길이
L_c : 유역출구~유역중심과 가까운 본류까지 거리

④ SCS 합성단위도

- 미국 자연자원보존국(NRCS)의 전신인 토양보존국(SCS)에 의해 제안
- 미국 내 여러 지역의 대소유역에서 얻은 다수의 무차원 단위도에 기본
- 초기에는 삼각형 단위도를 적용하다가 무차원 단위도로 발전
- 삼각형 단위도

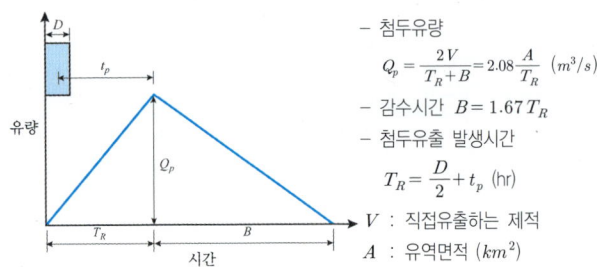

- 첨두유량
$$Q_p = \frac{2V}{T_R + B} = 2.08\frac{A}{T_R} \text{ } (m^3/s)$$
- 감수시간 $B = 1.67 T_R$
- 첨두유출 발생시간
$$T_R = \frac{D}{2} + t_p \text{ (hr)}$$
V : 직접유출하는 체적
A : 유역면적 (km^2)

- 무차원 단위도

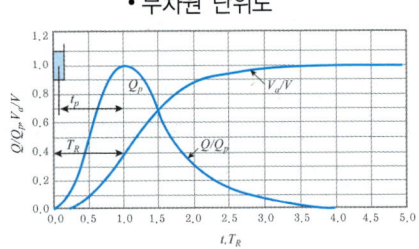

유량 → 유량/첨두유량
시간 → 시간/첨두시간

⑤ 기타 합성 단위도법

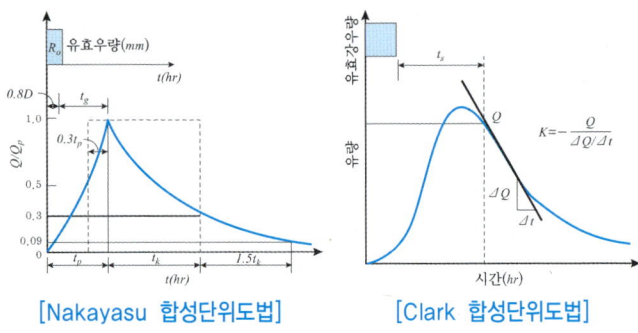

[Nakayasu 합성단위도법]   [Clark 합성단위도법]

7 홍수발현빈도

1) 확률분포와 최대추정 홍수량

① 최대 추정 홍수량 $Q_{\max} = Q_m + sz$

(Q_m : 연 최대홍수량 평균, s : 표준편차, z : 확률변수)

② 확률변수 z

확률의 신뢰구간에 대한 변수로, 신뢰구간 99%(초과확률 1%) 또는 95%(초과확률 5%) 등에 대해서 확률분석에 의해 산출된다.

2) 재현기간과 위험도

① 재현기간

평균재현기간 T년 = 총 기간 X년 동안에 n회 발생
→ $T = \dfrac{X}{n}$

재현기간 T년인 경우 발생확률 $P = \dfrac{1}{T}$

② 임의 년에 홍수 발생확률

$$P = \frac{1}{T}$$

예시 재현기간 50년 → 발생확률 $\dfrac{1}{50} = 0.02 = 2\%$

③ 임의 년에 홍수가 발생하지 않을 확률

$$\overline{P} = 1 - P = 1 - \frac{1}{T}$$

예시 재현기간 50년 → 발생확률 $\frac{1}{50} = 0.02 = 2\%$ → 발생하지 않을 확률 98%

④ n년 동안 홍수가 발생하지 않을 확률

$$\overline{P_n} = \overline{P} \times \overline{P} ..... \overline{P} = \overline{P}^n$$

예시 재현기간 50년 홍수가 4년 동안 발생하지 않을 확률

1번째 년에 발생하지 않을 확률 : 0.98
2번째 년에 발생하지 않을 확률 : 0.98×0.98
3번째 년에 발생하지 않을 확률 : 0.98×0.98×0.98
4번째 년에 발생하지 않을 확률 : 0.98×0.98×0.98×0.98
= 0.922

$$\overline{P_n} = \overline{P}^n = 0.98^4 = 0.922$$

⑤ n년 동안 홍수가 최소 1번은 발생할 확률(위험도)

$$R = 1 - \overline{P_n} = 1 - \overline{P}^n$$

예제

문제. 40년간 $100,000 m^3/s$ 보다 큰 유출이 발생한 경우가 총 5회 발생했다. 평균재현기간과 향후 3년간의 위험도를 구하시오.

해설 평균재현기간 $T = \frac{X}{n} = \frac{40}{5} = 8$년

발생할 확률 $P = \frac{1}{8}$,

발생하지 않을 확률 $\overline{P} = 1 - P = 1 - 1/8 = 7/8$

위험도 $R = 1 - \overline{P_n} = 1 - \overline{P}^n = 1 - (7/8)^3 = 0.33$

예제

문제. 임의의 하천에 댐을 건설하였다. 이 댐은 재현기간 1000년 홍수에 견디도록 설계되었다면, 다음의 확률을 구하시오.

1) 첫 해에 파괴될 확률
2) 10번째 해에 파괴될 확률
3) 100년 동안 한 번도 파괴되지 않을 확률
4) 100년 동안 한번은 파괴될 확률(100년에 대한 위험도)

해설 1) $P = \frac{1}{T} = \frac{1}{1000} = 0.001$

2) 9번째 해까지는 파괴가 되지 않고, 10번째 해에 파괴가 된다.
따라서, $\overline{P_9} = \overline{P}^9 = 0.999^9 = 0.991$이고,
10번째에 파괴가 되어야 하므로,
$\overline{P_9} \times P = 0.991 \times 0.999 = 0.990$

3) $\overline{P_{100}} = \overline{P}^{100} = 0.999^{100} = 0.905$

4) $R = 1 - \overline{P_{100}} = 1 - 0.905 = 0.095$

대표기출문제

문제. 다음 중 토양의 침투능(Infiltration Capacity) 결정방법에 해당되지 않는 것은?   2021년 3회

① Philip 공식
② 침투계에 의한 실측법
③ 침투지수에 의한 방법
④ 물수지 원리에 의한 산정법

정답 ④

해설 [침투능 결정방법]
침투계, 강우모으기, 수문곡선, ϕ지수(침투지수), W지수, Horton 공식, Philip 공식, Grren 공식
[물수지 원리]
한 유역의 유입량과 유출량을 비교분석하여 증발량 산정

대표기출문제

문제. 1cm 단위도의 종거가 1, 5, 3, 1이다. 유효 강우량이 10mm, 20mm 내렸을 때 직접 유출 수문 곡선의 종거는? (단, 모든 시간 간격은 1시간이다.) 2021년 3회

① 1, 5, 3, 1, 1
② 1, 5, 10, 9, 2
③ 1, 7, 13, 7, 2
④ 1, 7, 13, 9, 2

정답 ③
해설

시간	1	2	3	4	5
단위도	1	5	3	1	0
1cm 강우 ①	1	5	3	1	0
2cm 강우 ②		2	10	6	2
합계 (①+②)	1	7	13	7	2

1cm 강우 : 단위도 × 강우량 적용
2cm 강우 : 단위도 × 강우량 적용하여 1시간 지연한다.

대표기출문제

문제. 유역면적이 4km²이고 유출계수가 0.8인 산지하천에서 강우강도가 80mm/h이다. 합리식을 사용한 유역출구에서의 첨두 홍수량은? 2021년 2회

① $35.5m^3/s$
② $71.1m^3/s$
③ $128m^3/s$
④ $256m^3/s$

정답 ②
해설 $Q = CIA = 0.8 \times (80 \times 10^{-3}/3600) \times 4 \times 10^6$
$= 71.1 m^3/s$

대표기출문제

문제. 유역면적 10km², 강우강도 80mm/h, 유출계수 0.70일 때 합리식에 의한 첨두유량(Q_{max})은? 2021년 1회

① $155.6m^3/s$
② $560m^3/s$
③ $1,556m^3/s$
④ $5.6m^3/s$

정답 ①
해설 $Q = CIA = 0.7 \times 80 \times 10^{-3}/3600 \times 10 \times 10^6$
$= 155.6 m^3/s$

대표기출문제

문제. 단위유량도(unit hydrograph)를 작성함에 있어서 주요 기본 가정(또는 원리)으로만 짝지어진 것은? 2021년 2회

① 비례가정, 중첩가정, 직접유출의 가정
② 비례가정, 중첩가정, 일정기저시간의 가정
③ 일정기저시간의 가정, 직접유출의 가정, 비례가정
④ 직접유출의 가정, 일정기저시간의 가정, 중첩가정

정답 ②

대표기출문제

문제. 단위유량도 이론에서 사용하고 있는 기본가정이 아닌 것은? 2021년 1회

① 비례 가정
② 중첩 가정
③ 푸아송 분포 가정
④ 일정 기저시간 가정

정답 ③

06 PART

해양수리

17. 파랑

CHAPTER 17 파랑

1 파의 개념

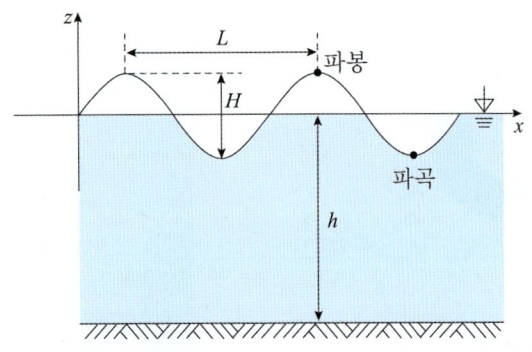

① **파장** L : 파봉에서 다음 파봉까지 길이
② **파고** H : 파봉에서 파곡까지 높이
③ **주기** T : 파봉에서 다음 파봉이 되는데 걸리는 시간
④ **파속** C : $\dfrac{L}{T}(m/s)$

극천해파(장파)	천해파(중간수심파)	심해파
$\sqrt{gh}$	$\dfrac{gT}{2\pi}$	$\dfrac{gT}{2\pi}\tanh\dfrac{2\pi h}{L}$

* h : 수심

2 파의 분류

1) 주기에 따른 분류

	1일	5분	0.5분	1초	0.1초	
천이조파	장주기파	장주기 중력파	중력파	단주기 중력파	표면 장력파

2) 상대수심(h/L)에 따른 분류

	0.05~0.04	0.5	
극천해파 (장파)	천해파 (중간수심파)	심해파

심해파는 수심이 깊으므로 해저의 영향 없으나, 장파는 수면에서 해저까지 균일한 운동을 한다.
(조석은 대표적인 장파의 형태)

3) 이론적 모델에 따른 분류

① **미소진폭파(선형파)**
  수면 변동량 및 수면의 경사가 매우 작은 경우로, 선형 방정식으로 간략화한 모델

② **유한진폭파(비선형파)**
  수면 변동량 및 수면의 경사가 무시할 수 없는 경우로, 비선형 방정식으로 표현한 모델

3 파의 압력과 에너지

① 파압력

$$P = \gamma a K_P + \gamma z$$

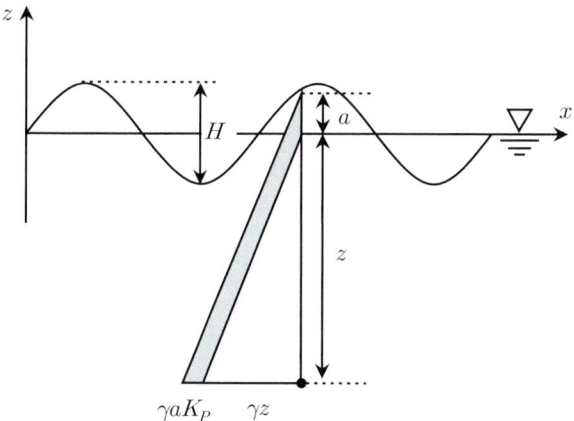

γ : 유체의 단위중량

a : 파의 중립점에서 해당 파고까지 높이 ($a_{max} = \dfrac{H}{2}$)

z : 수면(파의 중립점)에서 압력측정 위치까지 깊이

압력응답계수 $K_P = \dfrac{\cosh[\dfrac{2\pi}{L}(h+z)]}{\cosh(\dfrac{2\pi}{L}h)}$

예제

문제. 파고 $H = 5m$, 압력응답계수 $K_P = 0.8$인 파에 대해, 수심 12m에서 측정한 최대압력은 얼마인가? (단, 해수의 밀도 $\rho_s = 1.025$이다.)

해설 $P = \gamma a K_P + \gamma z = 9.8 \times 1.025 (\dfrac{5}{2} \times 0.8 + 12)$
$= 140.63 kN/m^2$

② 1파장 평균 단위 면적당 위치에너지

$$E_P = \dfrac{1}{16}\gamma H^2$$

4 파의 변형과 반사

① 굴절변형

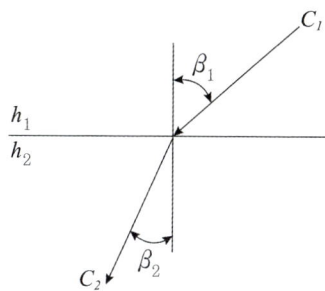

$$\dfrac{\sin\beta_1}{\sin\beta_2} = \dfrac{C_1}{C_2} = \dfrac{L_1}{L_2}$$

β_1, C_1, L_1 : 입사파의 입사각, 파속, 파장

β_2, C_2, L_2 : 굴절파의 입사각, 파속, 파장

② 천수변형

심해파가 천해영역으로 진행함에 따른 변형

$$\dfrac{L_1}{L_2} = \dfrac{C_1}{C_2} = \tanh(\dfrac{2\pi}{L}h)$$

L_1, C_1 : 천해영역에서 파장과 파속

L_2, C_2 : 심해영역에서 파장과 파속

③ 파의 반사율 $\dfrac{H_r}{H_o}$ (반사파의 파고/입사파의 파고)

5 파의 평균

① 최대파 H_{max} : 기록된 파고 데이터 중 최대값으로, 해양구조물 설계파로 사용
② 유의파 $H_{1/3}$: 기록된 파고 데이터를 높은 파고 순으로 나열하여, 상위 1/3에 해당하는 데이터를 가중평균한 값 (가중치 = 1/주기)
③ 평균파 $\overline{H}$: 기록된 파고 데이터를 가중평균한 값

대표기출문제

문제. 수심이 50m로 일정하고 무한히 넓은 해역에서 주태양 반일주조 (S_2)의 파장은? (단, 주태양 반일주조의 주기는 12시간, 중력가속도 g = 9.81m/s²이다.) 2020년 4회

① 9.56km ② 98.6km
③ 956km ④ 9560km

정답 ③

해설 주태양 반일주조 : 가상의 태양이 천구를 하루 1회전하는 운동에 의해 발생하는 조석주기(12시간)

$$T = \frac{L}{\sqrt{gh}} = \frac{L}{\sqrt{9.81 \times 50}} = 12 \times 3600s \text{에서,}$$
$$L = 956.76 km$$

대표기출문제

문제. 항만을 설계하기 위해 관측한 불규칙 파랑의 주기 및 파고가 다음 표와 같을 때, 유의파고($H_{1/3}$)는? 2018년 1회

연번	파고(m)	주기(s)
1	9.8	9.8
2	8.9	9.0
3	7.4	8.0
4	7.3	7.4
5	6.5	7.5
6	5.8	6.5
7	4.2	6.2
8	3.3	4.3
9	3.2	5.6

① 9.0m ② 8.6m
③ 8.2m ④ 7.4m

정답 ②

해설

연번	파고(m)	주기(s)	파고/주기
1	9.8	9.8	1
2	8.9	9.0	0.989
3	7.4	8.0	0.925
4	7.3	7.4	
5	6.5	7.5	
6	5.8	6.5	
7	4.2	6.2	
8	3.3	4.3	
9	3.2	5.6	

유의파고는 파고가 높은 순서대로 전체의 1/3에 해당하는 부분의 평균파고이므로, 총 9개의 파고 데이터 중 1/3인 상위 3개의 데이터의 (가중)평균을 계산한다.

$$H_{1/3} = \frac{\Sigma(h_i p_i)}{\Sigma p_i} = \frac{9.8/9.8 + 8.9/9 + 7.4/8}{1/9.8 + 1/9 + 1/8} = 8.617m$$

가중치 $p_i = \frac{1}{s_i}$ (주기의 역수)

대표기출문제

문제. 수심 10.0m에서 파속(C)이 50.0m/s인 파랑이 입사각(β_1) 30°로 들어올 때, 수심 8.0m에서 굴절된 파랑의 입사각(β_2)은? (단, 수심 8.0m에서 파랑의 파속(C_2) = 40.0m/s)

2017년 2회

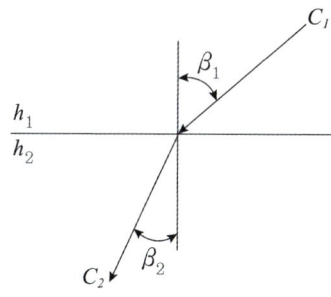

① 20.58°   ② 23.58°
③ 38.68°   ④ 46.15°

정답 ②

해설 $\dfrac{\sin\beta_1}{\sin\beta_2} = \dfrac{C_1}{C_2}$ 에서, $\dfrac{\sin 30°}{\sin\beta_2} = \dfrac{50}{40}$ 이므로, $\beta_2 = 23.58°$

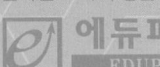

제 4 과목

철근콘크리트 및 강구조

01 PART

설계기본

01. 토목일반
02. 토목재료

01 토목일반
CHAPTER

01 토목구조물 일반

1 토목구조물의 특징

① 대개 공사 규모가 큰 공공시설물이다.
② 국가기관 및 공공기관에서 발주하는 사회간접자본이다.
③ 건설에 소요 비용과 시간이 크다.
④ 공공성 때문에 사회적 감시와 비판을 받는다.
⑤ 대개 구조물의 수명이 길다.
⑥ 대량 생산이 아닌 필요에 따라 건설된다.
⑦ 대개 자연환경 속에 건설된다.

2 도로선형 설계의 원칙

① 도로 선형은 지형 및 지역의 토지 이용과 조화를 이루어야 한다.
② 도로 선형은 연속성을 고려하여야 한다.
③ 평면 곡선의 조합 및 종단 곡선의 조합시에는 조화를 이루어야 한다.
④ 평면 교차에서는 평면 곡선 및 종단 경사 모두 가능한 한 완만해야 한다.

3 설계기준 차량

① **소형차** : 시거의 기준

> **참조**
> [시거]
> 운전자가 전방을 확인할 수 있는 거리로, 소형차일수록 그 거리는 작다. 이는 도로의 종단곡선 및 횡곡선을 결정할 때 중요한 인자로 사용된다.

② **대형차 및 세미트레일러** : 도로폭 및 확폭, 교차로, 종단 경사 결정의 기준

> **참조**
> [확폭]
> 차량이 곡선 주행시 전륜의 곡률보다도 후륜의 곡률이 더 크게 발생하므로 곡선부는 직선부 보다 더 큰 도로폭이 필요하다. 이것은 소형차보다는 대형차에서 더 크게 요구되는 것으로 대형차 등이 확폭 설계의 기준이 되어야 한다.

4 도로의 설계속도

도로설계의 기초가 되는 속도로, 도로선형 및 경사 등을 결정하는데 직접적인 관계가 있으며, 양호한 기후의 교통밀도가 낮아서 차량 주행조건이 도로의 구조적인 조건만으로 지배되는 경우에 평균적인 운전자가 쾌적한 주행을 할 수 있는 최고속도를 이른다.

[도로에 따른 최소 설계속도(km/h) – 도로 구조시설 기준]

구분		지방지역		도심지
		평지	산지	
고속도로		120	100	100
일반국도	주 간선	80	60	80
	보조 간선	70	50	60
	집산 도로	60	50	50
	국지 도로	50	40	40

5 평면 곡선의 반지름

평면 곡선 주행시 쾌적한 주행을 위해 설계속도에 대해 도로 선형의 최소반지름을 제한하여 직선부와 곡선부에서 주행의 연속성을 가지도록 해야 한다. 이를 위해 편경사 등을 조정하여 다음의 조건을 만족해야 한다.

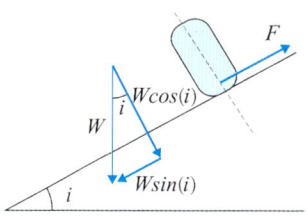

$$R \geq \frac{v^2}{127(f+i)}$$

v : 설계속도(km/h)
f : 노면과 타이어의 마찰계수
i : 편경사도

02 교량설계의 일반

1 교량 형식의 결정시 고려사항

① 설계, 시공 및 경제상 유리한 선형에 적합한 형식이어야 한다.
② 교량 길이, 교각 및 교대의 위치와 방향 등이 적합해야 한다.
③ 구조상 안전하고 경제적이어야 한다.
④ 공사 비용이 같은 경우에는 시공성이 충분히 고려되어야 한다.
⑤ 일정구간에 여러 개의 교량을 가설하는 경우, 각 교량마다 최적의 형식으로 하는 것보다는 가능한 동일한 형식과 동일한 경간 구성으로 하는 것이, 설계 및 시공에 유리하다.
⑥ 차량의 주행성 및 안전성을 위해서는 상로교 형식과, 신축이음장치가 작은 연속교 형식이 유리하다.
⑦ 도심지에 가설되는 교량은 주위의 경관을 고려해야 한다.

2 교량 등급 결정 기준

구분	설계하중	기준
1등교	KL-510	① 고속도로 ② 일반도로 및 지방도 중 국토교통부 장관이 지정한 도로
2등교	1등교의 75%	① 시·군도 중에서 중요한 도로
3등교	2등교의 75%	① 산간 벽지의 지방도 ② 시·군도 중에서 교통량이 적은 도로

*주) 교량의 등급은 원칙적으로 발주자가 정한다.

3 교량 가설 공법

① **FSM(Full Staging Method)**
교대나 교각 등 하부구조 사이에 상부구조 설치를 위해, 콘크리트, 거푸집, 작업대 등의 하중을 일시적으로 지지하기 위해 동바리를 가설하는 것을 동바리 공법이라고 하며, 이는 콘크리트 교량 가설 방법 중 가장 일반적인 것이다. 이 중에서 전 경간에 대해 동바리를 설치하는 것을 FSM이라고 한다.

[인천대교-FSM구간(2008년)]

② **캔틸레버 공법(FCM, Free Cantilever Method, BCM, Balanced Cantilever Method)**
교각 및 교대를 완성한 후에 이동식 작업차를 이용하여, 좌우의 평형을 이루면서 콘크리트 세그먼트를 만들어 순차적으로 이어 나가는 방식이다. 동바리와 비계가 필요 없으므로, 수심이 깊거나 선박 통행이 필요한 하천 등에서 유리하다.

[인천대교-FCM구간(2008년)]

③ **이동식 비계공법(MSS, Movable Scaffolding System)**
거푸집이 이동식 비계를 따라서 한 경간씩 타설해 나가는 방식으로, 동바리를 사용하지 않으므로 30m 이상의 높은 교각에서 효과적이다. 특히 다경간의 직선교에 유리하다.

[인천대교-MSS구간(2008년)]

④ **압출공법(ILM, Incremetal Launching Method)**
교대 뒤에 있는 제작공장에서 동일한 크기의 세그먼트를 만들어서 런칭 거더를 따라서 교각 방향으로 밀어내는 방식이다. 이 공법은 비계 작업이 없으므로 교량 하부의 장애물에 관계없이 이용할 수 있다.

[진위천교-ILM구간(2002년)]

> **참조**
> **[압출공법의 장점]**
> ① 비계나 동바리 작업없이 공사 수행가능, 교량 밑의 장애물 지역에 적합
> ② 공사규모에 따라 공사비 절감 가능(장대교일 경우 거푸집비용 절감)
> ③ 수송비용 절감(가설자재의 운송비용 절감)
> ④ 한 장소에서 모든 공정이 이루어져 능률적인 작업이 가능
> ⑤ 1 Segment 압출완료까지 약 10일 정도 소요되므로 장대교인 경우 공사기간 단축
> ⑥ 전천후 시공가능, 품질 관리 용이(천막설치, 증기 양생)

03 터널설계의 일반

1 터널의 위치 선정

① 지질이 양호한 곳
② 경제적이고 시공상 문제가 없는 곳
③ 터널 내부와 외부의 선형이 양호한 곳

2 터널의 선형

① 터널의 선형은 평면 선형을 원칙으로 하여 직선으로 하되 불가피할 때에는 터널의 갱부 부근에 700m 이상의 반경을 가지는 원곡선을 두어야 한다.
② 터널의 배수를 위해서 용수가 작은 곳에는 0.3%, 많은 곳에는 0.5%의 경사가 필요하다. 일반적으로 0.3~0.2% 범위의 경사가 합리적이다.

3 터널의 단면

측벽형	말굽형
지질이 좋은 곳	지질이 보통인 곳
역아치형	원형
지질이 나쁘고 토압이 크게 작용하는 곳	매우 큰 토압이 작용하는 곳

4 터널 가설공법

① 쉴드공법(Shield Method)

철제로 된 원통형의 쉴드를 수직구 안에 투입시켜 커터헤드(cutter head)를 회전시키면서 터널을 굴착하고, 쉴드 뒤쪽에서 세그먼트(segment)를 반복해 설치하면서 터널을 만들어 나가는 방식이다. 세그먼트 재료는 강재나 철근콘크리트가 사용되는데 지름이 작은 경우는 강재를, 큰 경우에는 철근콘크리트를 주로 사용한다. 쉴드는 내부를 보호하는 강각(鋼殼)과 쉴드를 추진하는 추진기구, 붕괴 방지기구, 세그먼트 조립기구, 유압기구 및 부속기구로 구성되어 있다. 쉴드공법은 쉴드를 사용하여 지반 붕괴를 방지한 상태에서 굴착해 가므로 대개는 지반 안정을 위한 처리를 따로 할 필요가 없다. 그러나 쉴드 통과 지역의 지반이 불안정하여 막장이 붕괴될 우려가 있는 경우에는 압기공법(壓氣工法), 지하연속벽공법, 약액주입공법, 동결공법 등 지반안정처리공법을 사용한다. 지하 깊은 곳이나 물을 많이 포함한 연약지반에서도 시공이 가능하다. 소음 및 진동이 적고, 작업 안전성이 높다. 반면에 쉴드의 제작이 어려워 공사비가 많이 드는 것이 단점이다.

② TBM(Tunnel Boring Machine)

단일구간 직선구간의 균일한 암반일 경우 사용하는 것이 효과적이나, 연약지반일 경우에는 상층부의 붕괴 위험이 크다. 균일한 암반일 경우 그리고 최소 2km 이상일 경우에는 초기 투자비 대비 공사비가 우수하다. 터널 굴착 기계에 헤드 락이 있어서 암반을 파쇄하면서 굴착한다.

장점 : 굴착속도가 빠르고, 여굴이 작고, 안전도가 높다.
단점 : 터널의 지반상태에 따라 사용이 제한되고, 단면이 원으로 한정되며, 기계운반이 어렵다.

③ NATM(New Austrian Tunneling Method)

1956년 오스트리아에서 개발하여 1962년 국제암반학회에서 정식으로 NATM이라고 명명하였다. 터널을 굴진하면서 기존암반에 콘크리트를 뿜어 붙이고 암벽 군데군데에 구멍을 뚫고 쐐쇠를 박아서 파들어가는 공법으로서 굴진속도가 재래식보다 빠르고 지질에 관계없이 터널시공이 가능하다. 한국은 1983년부터 이용이 본격화되어 서울·부산의 일부 지하철공사가 이 공법으로 시공되었다. 재래식 공법인 산악터널공법(ASSM : American steel supported method)을 강제지보(强制支保)에 의한 터널링이라고 한다면, 이 공법은 암반지보의 터널링이다. 터널을 뚫으면 공간이 생기고 이 공간에 막대한 하중이 걸리게 되어 지주(支柱)를 빨리 세우지 않을 때는 굴이 무너질 위험이 있다. 그런데 NATM은 지주를 세우지 않더라도 터널 주변의 암반 자체로 하여금 지주 역할을 하도록 하여 막대한 하중을 견디게 한다. NATM이 재래식 굴착공법과 다른 점은 토질과 지반의 영향에 관계없이 터널공사를 할 수 있는 점이다. 문제점으로는 특수장비를 갖추어야 하므로 경제성 문제와 장비를 다루는 기술문제 등을 들 수 있다.

특징 : 록볼트와 숏크리트로 지반을 보강 → 터널 주변 지반을 동바리로 이용 → 동바리가 적어지고 둘레 콘크리트를 얇게 할 수 있다.

④ 침매 공법

육지에서 침매함을 만들어 그 양 끝을 막고, 물에 부양한 상태로 설치위치로 이동시킨 후 물을 채워 침강시키는 공법이다. 이렇게 침강된 침매함을 서로 연결하고 물을 빼내어 터널로 만든다. 주로 하천 바닥이나, 지하수위 아래의 연약지반에 사용한다.

⑤ 공기 케이슨 공법

공기 케이슨 기초와 동일한 방법으로, 침매함 아래부분에 작업실을 만들어 터널을 만들 위치에 침강시킨 후, 수면 위에서 작업실로 압축공기를 밀어 넣어 물이 작업실로 들어오는 것을 막으면서 하저 지반을 굴착한다. 이후 케이슨을 침강시키고 이러한 침매함을 연결하여 터널로 완성한다.

04 철근콘크리트 부재 설계방법의 개념 및 특징

1 허용응력 설계

1) 허용응력 설계의 개념

콘크리트를 탄성체로 보고 탄성이론을 적용하여, 철근과 콘크리트의 응력이 그 허용응력을 넘지 않도록 설계하는 방법

구분	가정사항
①	변형은 중립축의 거리에 비례
②	콘크리트 탄성계수는 정수
③	콘크리트의 휨인장 응력 무시

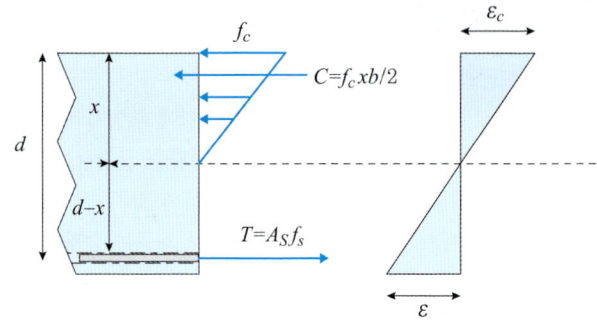

- 콘크리트의 압축력 $C = \dfrac{1}{2} f_c bx$
- 철근의 인장력 $T = A_s f_s$
- 철근은 변형률 $\epsilon_s = \dfrac{f_s}{E_S}$, 콘크리트 변형률 $\epsilon_c = \dfrac{f_c}{E_c}$
- $\dfrac{\epsilon_s}{\epsilon_c} = \dfrac{d-x}{x}$ 이므로, $\dfrac{f_s}{f_c} = n\dfrac{d-x}{x}$

또한 $C = T$ 이므로, $\dfrac{f_s}{f_c} = \dfrac{\dfrac{1}{2}bx}{A_s}$

따라서, $\dfrac{1}{2}bx^2 = nA_s(d-x)$: 중립축 거리 x를 구하기 위한 방정식

철근비를 이용하여,
$x = kd(k = -n\rho + \sqrt{(n\rho)^2 + 2n\rho})$
따라서, 우력모멘트 팔길이
$z = d - \dfrac{x}{3} = d - \dfrac{kd}{3} = \left(1 - \dfrac{k}{3}\right)d = jd$

2) 콘크리트 허용응력

① 휨 압축 $f_{ca} = 0.4 f_{ck}$

② 전단

구분		허용응력
보, 1방향 슬래브 및 확대기초판	전단보강철근이 없는 경우	$v_{ca1} = 0.08\sqrt{f_{ck}}$
	전단보강철근이 있는 경우	$v_{ca2} = v_{ca1} + 0.32\sqrt{f_{ck}}$
장선구조		$v_{ca} = 0.09\sqrt{f_{ck}}$
2방향 슬래브 및 확대기초판		$v_{ca} = 0.08\left(1 + \dfrac{2}{\beta_c}\right)\sqrt{f_{ck}}$

③ 허용지압응력

구분	허용응력
전단면 재하	$f_{ba} = 0.25 f_{ck}$
부분 재하	$f_{ba} = 0.25 f_{ck} \sqrt{\dfrac{A_2}{A_1}}$ (단, $\sqrt{A_2/A_1} \leq 2$)

④ 허용휨인장응력(무근의 확대기초판 및 벽체)

$$f_{ta} = 0.13\sqrt{f_{ck}}$$

3) 철근의 허용응력

규격	허용응력 f_{sa}
SD300	150MPa
SD350	175MPa
SD400	180MPa

* 4m 미만 경간의 1방향 슬래브에 배치된 D10 이하의 휨철근은 $f_{sa} = 0.5 f_y \leq 200 MPa$로 한다.

2 강도설계

1) 강도설계법의 개념

- 부재의 파괴상태에 기초를 둔 것으로, 작용한 하중에 대해 부재가 파괴에 이르는 강도를 계산하여 작용하중 값이 부재 강도보다 작게 되도록 설계하는 방법
- 소요강도(극한하중) U는 사용하중에 예상을 초과한 하중 및 구조해석의 단순화로 인해 발생되는 초과 요인을 고려한 하중계수를 곱함으로 계산한다.

> 예 고정하중 D와 활하중 L의 조합의 경우
> $U = 1.2D + 1.6L$ 또는 $U = 1.4D$ 중 큰 값을 설계하중으로 고려

구조부재의 설계강도는 공칭강도에 1.0보다 작은 값(강도감소계수) ϕ를 곱해서 계산된다. 이러한 강도감소계수는 설계 계산상의 불확실성과 부재의 다양한 형식에 대한 상대적 중요도, 그리고 재료의 실제 강도 및 실제 단면 치수와 제작 시공기술 등에 관련된 다소의 불리한 오차들이 개별적으로는 허용범위 내에 있더라도 전체적으로 부재의 강도감소를 초래할 가능성에 대비한 것이다.

구분	대비 항목 및 적용 목적
하중증가계수	① 예상을 초과한 하중 ② 구조해석의 단순화로 인한 오차
강도감소계수	① 설계 계산상의 불확실성 ② 부재의 다양한 형식에 대한 상대적 중요도 ③ 개별적 제작 및 시공 오차의 누적

📖 **하중의 강도와 종류**

① **사용하중(Service Load)** : 설계기준 등에 규정되어 있는 고정하중, 활하중 등으로 하중계수를 곱하기 전의 하중
② **계수하중(Factored Load)** : 실제 재하되는 하중의 종류별로 초과확률, 위험확률, 재하확률 등을 고려하여 일정의 계수를 곱한 하중
③ **설계강도** : 공칭강도에 일정의 안전율(강도감소계수 ϕ)을 적용한 강도
④ **공칭강도** : 부재의 단면 치수와 재료의 성질이 정확하다는 가정 하에 계산된 이론적인 파괴시 강도

> 예 1) 사용하중과 계수하중
> $M_u = 1.2D + 1.6L$에서, 고정하중 D와 활하중 L에 각각 1.2와 1.6을 할증하여 적용하였으므로, M_u는 계수하중이 된다(부재의 강도 및 안전성 검토시 적용).
> $M_u = D + L$에서, 하중에 할증이 없으므로, M_u는 사용하중이 된다(사용성 검토시 적용).

> 예 2) 극한강도와 공칭강도
> $M_d = \phi M_n$에서, M_n은 이론적인 파괴시 강도로 공칭강도이고, M_d는 M_n에 강도감소계수 ϕ를 적용하여 강도를 일정 이하로 감소시켰으므로 설계강도가 된다.

주의 통상적으로 설계하중은 사용하중 및 계수하중을 모두 통칭하는 개념으로, 부재의 강도를 검토하는 내용에서 설계하중은 계수하중을 지칭하고, 사용성을 검토하는 내용에서 설계하중은 사용하중을 지칭한다.

2) 강도설계법의 가정사항

구분	가정사항
①	• 철근과 콘크리트의 변형률은 중립축 거리에 대해 비례한다. • 단, 깊은 보의 경우는 비선형 변형률 분포를 고려해야 한다. (비선형 변형률 분포를 고려하는 대신 스트럿-타이 모델을 적용 가능)
②	• 압축측 연단의 콘크리트 최대 변형률(파괴시)은 0.003으로 가정한다.
③	• 항복강도 f_y 이하에서 철근의 응력은 그 변형률의 E_s배로 본다($f = E_s \epsilon_s$). • f_y를 초과하여 발생하는 변형률에 대해서도 철근의 응력은 f_y와 같다고 가정한다.
④	• 콘크리트 인장강도는 휨계산에서 무시한다. • 단, PSC 휨부재의 사용성을 검토하는 경우에는 예외로 한다.
⑤	• 콘크리트의 응력분포는 등가 직사각형으로 할 수 있으며 이는 등가 응력 깊이 $a = \beta_1 c$까지 등분포한다고 가정한다. • 콘크리트의 압축응력의 분포와 변형율의 관계는 직사각형, 사다리꼴, 포물선 또는 다른 형상으로 가정할 수 있으나, 반드시 적절한 시험에 의해 그 강도를 미리 알 수 있어야 한다.

3) 하중조합(KDS 14 20 10 : 2021)

구분	하중조합
(1)	$1.4(D+F)$
(2)	$1.2(D+F+T) + 1.6(L + \alpha_H H_v + H_h) + 0.5(L_r \text{ or } S \text{ or } R)$
(3)	$1.2D + 1.6(L_r \text{ or } S \text{ or } R) + (1.0L \text{ or } 0.65W)$
(4)	$1.2D + 1.3W + 1.0L + 0.5(L_r \text{ or } S \text{ or } R)$
(5)	$1.2(D+H_v) + 1.0E + 1.0L + 0.2S + (1.0H_h \text{ or } 0.5H_h)$
(6)	$1.2(D+F+T) + 1.6(L + \alpha_H H_v) + 0.8H_h + 0.5(L_r \text{ or } S \text{ or } R)$
(7)	$0.9(D+H_v) + 1.3W + (1.6H_h \text{ or } 0.8H_h)$
(8)	$0.9(D+H_v) + 1.0E + (1.0H_h \text{ or } 0.5H_h)$

D 고정하중, L 활하중, L_r 지붕활하중, F 유압, H_v 연직토합, H_h 수평토합
S 설하중, R 강우하중, W 풍하중, E 지진하중, T 온도하중
α_H 표피 두께에 따른 H_v 보정계수
$h \leq 2m$ 인 경우, $\alpha_H = 1.0$
$h > 2m$ 인 경우, $\alpha_H = 1.05 - 0.025h \geq 0.875$

(3), (4), (5)식에서 L이 $5.0 kN/m^2$ 이상인 곳에서는 $0.5L$로 할 수 있다.
→ 보도활하중 보다 활하중이 큰 경우에는 그 하중의 절반만 고려할 수 있다.

구조물에 충격의 영향이 있는 경우 활하중(L)을 충격효과(I)가 포함된 ($L+I$)로 대체하여 상기 식들에 적용해야 한다.

부등침하, 크리프, 건조수축, 팽창콘크리트의 팽창량 및 온도변화는 사용 구조물의 실제적 상황을 고려하여 계산해야 한다.

포스트텐션 정착부의 최대 프리스트레싱 강재 긴장력에 대해 하중계수 1.2를 적용한다.

4) 강도감소계수(KDS 14 20 10 : 2021)

구분			강도감소계수 ϕ
인장지배 단면			0.85
압축지배 단면	나선철근 보강 부재		0.70
	그 외 철근콘크리트 부재		0.65
변화구간 단면(변형률에 따라 선형보간)			0.65(0.70) ~ 0.85
전단 및 비틀림			0.75
콘크리트 지압력	일반부재		0.65
	포스트텐션 정착부		0.85
	스트럿-타이 모델	스트럿, 절점 및 지압부	0.75
		타이	0.85
긴장재 묻힘길이가 정착길이보다 작은 프리텐션 부재의 휨 단면	부재의 단부에서 전달길이 단부까지		0.75
	전달길이 단부에서 정착길이 단부사이[주]		0.75 ~ 0.85 (선형보간)
무근콘크리트의 휨모멘트, 압축력, 전단력, 지압력			0.55

주) 긴장재가 부재 단부까지 부착되지 않은 경우에는, 부착력 저하 길이의 끝에서부터 긴장재가 매입된다고 가정하여야 한다.

3 한계상태 설계(LSD, Limit State Design, LRFD, Load and Resistance Factor Design)

구조물이 그 사용목적에 적합하지 않게 되는 어떤 한계상태에 도달되는 확률을 허용한도 이하로 되게 하려는 것으로, 강도한계상태(극한한계상태), 사용한계상태, 피로한계상태에 대해 확률론적인 개념의 설계법이다. 강도설계법의 단점을 개선하여 진보된 설계법으로, 2012년 도로교설계기준 한계상태설계법이 제정되어 2016년 현재 제한된 설계에서 적용되고 있다. 콘크리트설계기준(2012년)이 강도설계법으로 제정되어 있으므로 현재 설계는 과도기적인 상태라고 볼 수 있다.

① **사용한계상태**
 정상적인 사용조건 하에서 응력, 변형 및 균열폭을 제한하는 것

② **피로와 파단한계상태**
 기대응력범위의 반복 횟수에서 발생하는 단일 피로설계트럭에 의한 응력 범위를 제한하는 것

③ **극한한계상태**
 교량의 설계수명 이내에 발생할 것으로 기대되는, 통계적으로 중요하다고 규정한 하중조합에 대하여 국부적/전체적 강도와 안정성을 확보하는 것

④ **극단상황한계상태**
 지진 또는 홍수 발생시, 또는 세굴된 상황에서 선박, 차량 또는 유빙에 의한 충돌 시 등의 상황에서 교량의 붕괴를 방지하는 것

> **참조**
>
> **한계상태설계법(유럽)과 하중저항계수설계법(미국)**
> 두 설계방법은 매우 유사한 방법이나, 설계법의 근원적인 접근이 다소 차이가 있다. 그러나 실무적인 설계측면에서는 차이가 거의 없다. 또한 두 설계방식의 목적이나 설계진행방식이 거의 흡사하여 우리나라 설계에서는 특별히 구분하지 않는다. 뿐만 아니라, 우리나라의 한계상태설계법은 유럽의 한계상태설계법과 미국의 하중저항계수설계법을 조합한 것이다.

4 각 설계방법의 장단점

구분	장점	단점
허용응력 설계법	① 계산이 간단하다. ② 서로 다른 재료의 특성을 반영할 수 있다(재료별로 작용하중에 대한 허용응력을 다르게 제한). ③ 별도의 사용성 검토가 필요없다.	① 부재의 강도를 알기 어렵다. ② 파괴에 대한 두 재료의 안전도를 일정하게 하기 곤란하다. ③ 서로 다른 성질의 하중의 영향을 설계에 반영할 수 없다.
강도 설계법	① 파괴에 대한 안전도 확보가 확실하다(강도감소계수). ② 다른 성질의 하중 특성을 설계에 반영할 수 있다(하중계수).	① 서로 다른 재료의 특성을 설계에 반영하기 곤란하다. ② 사용성 확보를 위해 별도로 검토해야 한다.
한계상태 설계법	① 하중과 재료에 대해 각각의 부분안전계수를 사용하여 이들의 특성을 설계에 합리적으로 반영할 수 있다. ② 안전성은 극한 한계상태를 검토함으로 확보하고, 사용성을 사용한계상태를 검토함으로 확보할 수 있다.	① 확률적으로 근거가 될 수 있는 많은 데이터를 수집해야 한다.

대표기출문제

문제. 강도설계법에서 구조의 안전을 확보하기 위해 사용되는 강도감소계수(ø) 값으로 틀린 것은? **2022년 1회**

① 인장지배 단면 : 0.85
② 포스트텐션 정착구역 : 0.70
③ 전단력과 비틀림모멘트를 받는 부재 : 0.75
④ 압축지배 단면 중 띠철근으로 보강된 철근콘크리트 부재 : 0.65

정답 ②
해설 포스트텐션 정착구역 : 0.85

대표기출문제

문제. 철근콘크리트가 성립되는 조건으로 틀린 것은?

2021년 2회

① 철근과 콘크리트 사이의 부착강도가 크다.
② 철근과 콘크리트의 탄성계수가 거의 같다.
③ 철근은 콘크리트 속에서 녹이 슬지 않는다.
④ 철근과 콘크리트의 열팽창계수가 거의 같다.

정답 ②
해설 철근의 탄성계수는 콘크리트의 탄성계수 5~8배 가량이다.

02 토목재료

01 철근콘크리트 개요

1 철근콘크리트의 개념

콘크리트는 압축에 비해 인장이 1/6~1/10 정도로 약하다. 이러한 단점을 보완하기 위해 철근을 콘크리트와 일체화시켜서 인장을 받는 부분에 철근을 보강시킨 구조이다. 이렇게 철근으로 보강된 구조를 RC(Reinforced Concrete)라고 한다.

2 철근콘크리트의 구조적 가정

① 철근과 콘크리트가 충분히 부착해서 일체거동을 한다.
② 철근은 콘크리트 내에 있어서 부식하지 않는다.
③ 철근과 콘크리트의 열팽창계수가 거의 비슷해서 동일하게 거동하므로, 두 재료 사이의 응력이 존재하지 않아서 분리되지 않는다.

3 철근콘크리트의 장점

① 경제성, 내구성, 내화성이 우수하다.
② 구조물의 치수 및 형상에 제한이 없다.
③ 중량 구조물로 차단성 및 내진성이 좋다.

4 철근콘크리트의 단점

① 중량이 크다.
② 균열 및 부분파손 우려가 크고, 개조 및 보강이 어렵다.
③ 콘크리트 내부를 검사하기 어렵다.

02 콘크리트

1 콘크리트의 응력과 변형

1) 콘크리트 응력-변형률 곡선의 특징

① **최초의 곡선**
거의 직선, 압축강도의 40~50% 정도(허용응력의 범위) 구간

② **저강도 콘크리트**
- 최대 하중까지 변형률이 고강도의 경우보다 작다.
- 최대값 이후 파괴시까지의 변형률 변화가 크다.(연성확보)

③ **고강도 콘크리트**
- 파괴시까지 변형률이 작다.
- 최대강도 이후 파괴시까지의 변형률 변화가 작다.(연성확보불능)

④ 최대 하중시 변형률 범위 : 0.002~0.003

⑤ 파괴시의 변형률 범위 : 0.003~0.004
- 일반적으로 콘크리트의 최대강도는 $\epsilon = 0.002$일 때 발현되고, $\epsilon = 0.003$일 때 파괴되는 것으로 가정

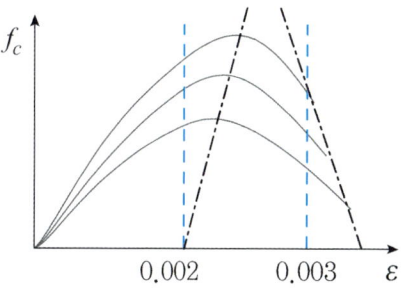

2) 콘크리트의 탄성계수

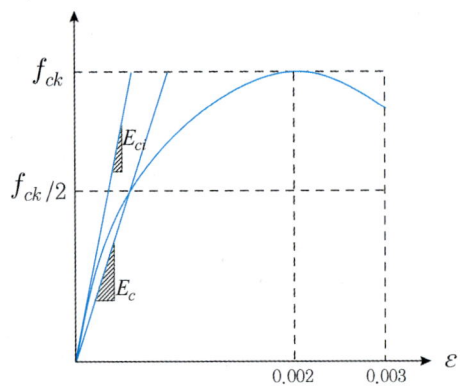

- **콘크리트의 탄성계수** : 할선탄성계수(시컨트계수)

  콘크리트의 경우는 엄밀한 초기의 직선부분이 존재하지 않아서, 압축강도의 1/2 지점(탄성한계점으로 가정)과 원점을 연결한 할선계수를 사용한다.

  이 외에도 탄성계수를 나타내는 표현에는 초기접선계수, 접선계수(탄성한계점의 접선)가 있다.

구분	설계기준(KDS 14 2010 : 2016)
보통골재($\gamma_c = 2.3t/m^2$)	$E_c = 8500\sqrt[3]{f_{cu}}$
$\gamma_c = 1.45 \sim 2.5 t/m^3$	$E_c = 0.077 m_c^{1.5} \sqrt[3]{f_{cu}}$
초기접선탄성계수(크리프계산시 탄성계수)	$E_{ci} = 10000\sqrt[3]{f_{cu}} = 1.18 E_c$

$m_c = 10^3 \times \gamma_c = kg/m^3$: 콘크리트 단위질량, f_{ck} : 콘크리트 압축강도
$f_{cu} = f_{ck} + \Delta f$
  $f_{ck} \leq 40MPa$인 경우 $\Delta f = 4MPa$,
  $f_{ck} \geq 60MPa$인 경우 $\Delta f = 6MPa$, 그 사이는 선형보간

> **참조**
>
> [콘크리트 탄성계수의 특징]
> ① 할선탄성계수는 응력의 크기에 따라 달라지므로, 응력의 크기를 지정하지 않으면 탄성계수를 정할 수 없다.
> ② 콘크리트 탄성계수의 주요 영향인자 : 콘크리트의 강도, 단위중량

2 콘크리트의 배합

1) 굵은 골재의 공칭 최대치수

콘크리트를 공극없이 칠 수 있는 다짐 방법을 사용할 경우에는 책임기술자의 판단에 따라 적용하지 않을 수 있다.

①	거푸집 양 측면 사이의 최소 거리의 1/5
②	슬래브 두께의 1/3
③	개별철근, 다발철근 프리스트레싱 긴장재 또는 덕트 사이 최소 간격의 3/4

- **굵은 골재** : 5mm 채에 잔류하는 중량비가 85% 이상인 골재
- **잔 골재** : 5mm 채에 통과하는 중량비가 85% 이상인 골재

[굵은 골재의 표준 최대 치수]

구조물의 종류	굵은 골재의 최대 치수(mm)
일반적인 경우	20 또는 25
단면이 큰 경우	40
무근콘크리트	40(부재 최소 치수의 1/4을 초과해서는 안 됨)

2) 콘크리트 배합수

① 콘크리트 배합에 사용되는 물은 청결한 것으로서 일반적으로 산, 기름, 알카리, 염분, 유기물, 그리고 콘크리트 및 철근에 유해한 물질을 포함해서는 안된다.

② 식수로서 부적당한 물은 다음의 경우를 만족한 경우에만 사용할 수 있다.
  - 동일 수원의 물을 사용하여 이에 적절한 배합설계를 해야 한다.
  - 식수에 의해 만들어진 공시체의 7일, 28일 강도에 대해 90% 이상의 강도를 발현해야 한다.

③ PSC 또는 알루미늄 제품을 매입한 콘크리트의 배합에 사용되는 물과 표면수는 유해량의 염소이온(내구성 설계기준에 따른 양, $0.3 kg/m^3$)을 함유하지 않아야 한다.

3) 화학혼화제

① 화학혼화제는 KS 규정과 같거나 동등 이상의 것을 사용하여야 한다.

② 화학혼화제를 사용할 경우에는 충분한 품질조사와 시험을 거친 후 책임구조기술자의 승인을 얻어야 한다.

③ 화학혼화제는 콘크리트 배합을 결정할 때에 사용했던 제품과 동일한 성분 및 성능을 공사 중 일관되게 유지하여야 한다.

④ 염화칼슘 또는 염소이온을 포함하는 화학혼화제는 프리스트레스트콘크리트, 알루미늄 제품을 매입한 콘크리트 또는 아연 도금한 고정형 금속 형틀을 사용한 콘크리트의 경우에 사용할 수 없다.

⑤ 규산질 미분말 및 고강도용 혼화재 등을 사용할 때는, 이들 혼화재에 대하여 아직 품질의 규격이 없고 또 사용 방법도 다양하므로 미리 충분히 조사, 시험을 하여 품질을 확인하고 사용 방법도 검토하여 제조한 콘크리트의 내구성에 영향이 없도록 하여야 한다.

3 콘크리트 크리프

1) 크리프(Creep)의 개념

항복 이하의 응력이라도 장시간 지속하여 작용할 경우, 하중을 제거하더라도 잔류변형이 발생하게 되는데, 이러한 것을 크리프라고 한다. 대부분의 재료가 이러한 성질을 보유하고 있으며 특히 콘크리트는 무시할 수 없을 정도로 크게 발생하므로, 설계에서 반드시 고려되어야 한다. 그러나 강재의 경우는 매우 미미하므로 특별한 경우가 아니고서는 크리프를 고려하지 않는다.

크리프의 개념 요약	
①	항복 이하의 응력상태
②	장시간 지속
③	영구잔류변형 발생

2) 크리프의 영향인자

① 하중재하시간과 재하속도에 비례
② W/C와 단위시멘트량에 비례
③ 온도와 응력에 비례
④ 콘크리트 강도, 철근비, 습도, 체적에 반비례
⑤ 재령이 오래될수록 감소
⑥ 고온증기양생이나 습윤양생하면 크리프 감소

3) 크리프에 의한 변화

① 응력분포의 변화
  - 우력모멘트 팔길이 감소
  - 철근응력의 증가 미소, 콘크리트 압축응력 증가 과대

② 크리프 파괴
  - 지속응력의 크기가 정적강도의 1/2 이하인 경우 일정기간이 경과한 후 크리프 변형 수렴
  - 정적강도의 4/5 초과시 일정기간이 경과하더라도 크리프 변형 수렴 불가 ⇒ 파괴

③ 합성 구조 : 보 하면의 인장응력 증가
④ 부정정 구조 : 부정정 반력의 변화 발생시 2차 부정정력 발생
⑤ PSC 구조 : 크리프 손실완료 이전 ⇒ 솟음, 손실완료 이후 ⇒ 처짐 유발

4) 크리프에 대한 대책

① 기둥, 보 등의 구조에 압축철근을 배치
② 응력감소를 위해 단면을 증설(크리프는 장기 지속하중에 의한 응력에 의해 발생)
③ 배합설계시 단위시멘트량, W/C 최소화
④ 크리프 계수의 보정

$\phi(t,t') = \phi_o \beta_c(t-t')$ 식은 다음에 따라 보정해야 한다.

크리프 계수의 보정	
①	양생온도 및 시멘트 종류에 따른 보정
②	작용응력의 크기에 따른 보정
③	온도변화에 따른 보정

⑤ 일반적인 크리프 계수

C_u, $\phi(t,t')$: 콘크리트 크리프 계수
① 고강도일수록 작은 값
② 일반적인 범위는 1.6~3.2이며, 충분한 자료가 없을 경우에는 2.35
③ 재하 후 처음 28일 동안 50%, 3~4개월 동안 75%, 2~5년 후에 종료

[일반 RC 구조에서 적절한 크리프 계수의 적용]

구분	수중	옥외	옥내
$\phi(t,t')$	1	2	3

[하중 재하 시간에 따른 표준 크리프 계수(보, 슬래브) - 도로교 설계기준]

지속하중(프리스트레스) 재하시 콘크리트의 재령		1/4개월 (4~7일)	1/2개월 (14일)	1개월 (28일)	3개월 (90일)	1년 (365일)
$\phi(t,t')$	조강시멘트	3.8	3.2	2.8	2.0	1.1
	보통시멘트	4.0	3.4	3.0	2.2	1.3

4 콘크리트 건조수축

1) 건조수축의 개념

콘크리트 제조시 워커빌리티를 확보하기 위해 수화작용에 필요한 수분보다 많은 양의 수량을 사용하는데, 양생기간 중에 수화작용에 소요된 이외의 물이 공극 속에 남아 있다가 증발하면서 체적감소를 유발하는 것을 건조수축이라 한다.

① 양생 후 남은 수분 배출
② 콘크리트 체적감소, 수축
③ 건조수축은 표면에서부터 진행되므로, 콘크리트 표면에 인장응력 발생
④ 건조수축이 진행되어 철근주변까지 도달할 경우, 철근이 건조수축을 방해하여 콘크리트에는 인장응력이, 철근에는 압축응력이 발생한다.

2) 건조수축 영향인자

① **재령에 따른 영향**
재령 1년의 수축량 = 12년간의 수축량의 80%

② **부재치수의 영향**
건조수축이 발생하는 부위는 콘크리트 표면에서 극히 몇 cm 이내 부분이고, 이 이상의 깊이에서는 건조하지 않음.

③ **W/C비 및 단위 시멘트량의 영향**
W/C와 단위 시멘트량에 비례

④ **노출면적에 따른 영향**
가상두께가 두꺼울수록 공기 중에 노출되는 면적이 작으므로 장기수축량 감소

> 가상 두께 = 콘크리트체적 / 노출면적

⑤ **상대습도의 영향**
상대습도가 10% 이하가 되는 경우 건조수축량은 급격히 증가
상대습도 50% 건조수축률 : 상대습도 70% 건조수축률 = 2 : 1

⑥ **양생조건의 영향**
습윤양생기간이 길수록 건조수축량 감소
양생 중 풍속이 크게 작용할수록 건조수축량 증가

⑦ **거푸집 존치기간의 영향**
거푸집 존치기간이 길수록 건조수축 감소

⑧ **장기하중 작용기간에 따른 영향**
하중지속 기간이 길수록 건조수축량 증가

⑨ **철근구속에 따른 영향**
철근량이 증가할수록 구속의 효과가 커서 건조수축은 감소

건조수축 증가요인	건조수축 감소요인
W/C	철근량
단위시멘트량	재령
노출면적(가상 두께)	거푸집 존치기간
하중지속 기간	상대습도

3) 건조수축 방지 대책

① **골재** : 굵은 골재 최대치수를 크게, 입도분포를 양호하게
② W/C비, 단위수량, 단위시멘트량을 작게 배합
③ 이형철근으로 가급적 등간격으로 많은 개수를 배치하고, 전체 철근량을 증가시킨다.
④ 습윤양생기간을 늘리거나 수분증발을 방지하기 위한 봉합양생을 실시한다.

03 철근

1 강재 기준

1) 강재의 설계적용 기준

① 보강용 철근은 이형철근을 사용해야 한다.(단, 나선철근이나 강선으로 원형철근을 사용할 수 있다.)
② 철근을 용접하는 경우는 그 위치와 용접방법을 명기해야 한다.
③ 철근, 철선 및 용접철망의 설계기준항복강도 f_y가 400MPa을 초과하여 항복마루가 없는 경우, f_y 값은 변형률 0.0035에 상응하는 응력의 값으로 사용해야 한다.
  - 고강도 철근을 사용하면 강도상의 문제는 없더라도 균열의 폭이 크게 발생한다.
  - 위 기준은 f_y가 600MPa을 초과하는 경우는 적용하지 않는다.

- f_y는 극한상태에서 실제 철근의 응력이 매우 커질 수 있으나 600MPa을 초과할 수 없다.
- 긴장재 등 고강선은 변형율 0.007~0.010에 해당하는 응력을 기준항복강도로 정한다.

④ 철근은 아연도금 또는 에폭시수지 피복을 하는 것이 가능하다.
⑤ 확대머리 전단스터드에서 확대머리의 지름은 전단스터드 지름의 $\sqrt{10}$ 배 이상이어야 한다.
⑥ 확대머리철근에서 철근 마디와 리브의 손상은 확대머리의 지압면부터 $2d_b$를 초과할 수 없다.

2) 토목용 주요 강재의 탄성계수(KDS 14 20 10 : 2021)

구분	철근 E_s	PS강선 E_{ps}	압연강재 E_{ss}
탄성계수(MPa)	2×10^5	2×10^5	2.05×10^5

2 철근의 특징

1) 철근종류

이형철근이란 매끈한 표면의 원형철근에 마디를 가진 형태로 콘크리트와 부착을 향상시킨 것으로 요즘에는 거의 대부분 이것을 사용한다. 이에 비해 원형철근은 마디가 없는 형태로 강선 등으로만 사용된다.

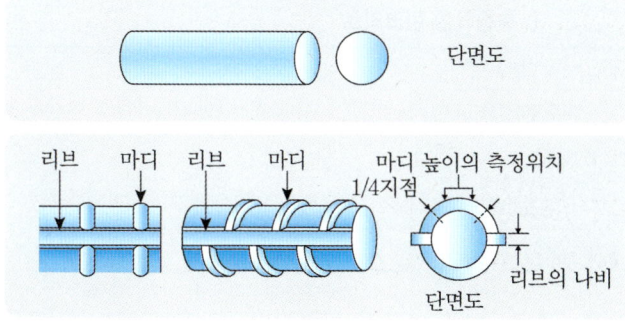

2) 철근기호

SR30 : 원형철근, 항복강도 300MPa
SD40 : 이형철근, 항복강도 400MPa

3) 철근의 재료적 특징

탄성계수 : $E_s = 2 \times 10^5$(MPa)
철근의 항복강도 : $f_y = 600 MPa$를 초과할 수 없다.(프리스트레싱재 제외)
철근의 전단강도 : 500MPa를 초과할 수 없다.(용접철망인 경우는 600MPa)

4) 탄성계수비

콘크리트 탄성계수에 대한 철근의 탄성계수비(나눈 값에 가까운 정수값)로 콘크리트 압축강도에 따라서 6~10 정도이다.

$$n = \frac{E_s}{E_c} = \frac{2 \times 10^5}{8500} \times \frac{1}{\sqrt[3]{f_{cu}}} \geq 6$$

f_{ck}(MPa)	18~26	26~43	44~
n	8	7	6

3 철근 상세

1) 표준갈고리

표준갈고리는 다음의 표에 따라서 구부린 끝에서 더 연장하여야 한다.

주철근	
180° 표준갈고리	90° 표준갈고리
$4d_b$, 60mm	$12d_b$

스터럽, 띠철근	
90° 표준갈고리		135° 표준갈고리
D16 이하	D19~25	D25 이하
$6d_b$	$12d_b$	$6d_b$

2) 철근 간격의 제한

① 동일 평면에서 평행하는 철근 사이의 수평 순간격은 25mm 이상, 철근 공칭직경 이상으로 해야 하며, 또한 골재는 최대 직경 규정을 만족하여야 한다.

② 상단과 하단에 2단 이상으로 배치된 경우, 상하철근은 동일 연직면 내에 배치되어야 하고, 이때 상하 철근의 순간격은 25mm 이상으로 해야 한다.

③ 나선철근과 띠철근 기둥의 종방향 철근의 순간격은 40mm 이상, 철근공칭지름의 1.5배 이상으로 하고, 골재는 최대 직경 규정을 만족해야 한다.

④ 철근의 순간격 규정은 서로 접촉된 겹침이음 철근과 인접된 이음철근 또는 연속철근 사이의 순간격에도 적용해야 한다.

⑤ 벽체 또는 슬래브에서 휨 주철근의 간격은 벽체나 슬래브 두께의 3배 이하, 450mm 이하로 해야 한다. 다만, 콘크리트 장선구조의 경우는 적용하지 않는다.

⑥ 2개 이상의 철근을 묶어서 사용하는 다발철근은 이형철근으로 해야 하며, 그 개수는 4개 이하로 해야 한다. 또한 이들은 스터럽이나 띠철근으로 둘러싸여져야 한다.

⑦ 휨부재의 경간 내에서 끝나는 한 다발철근 내의 개개 철근은 $40d_b$ 이상 서로 엇갈리게 끝나야 한다.

⑧ 다발철근의 간격과 최소 피복두께를 철근 지름으로 나타낼 경우, 다발철근의 지름은 등가단면적으로 환산한 한 개의 철근지름으로 보아야 한다.

⑨ 보에서 D35를 초과하는 철근은 다발로 사용할 수 없다.

⑩ 긴장재와 덕트는 다음의 규정에 따라야 한다.
- 부재단에서 프리텐셔닝 긴장재 사이의 중심간격은 강선은 $5d_b$, 강연선은 $4d_b$ 이상이어야 한다.
- 프리스트레스 도입시 콘크리트 압축강도(f_{ci})가 27MPa 보다 크면 다음을 만족해야 한다. ($f_{ci} > 27MPa$)
  D13 이하인 강연선에 대해 최소 중심간격 45mm
  D15 이상인 강연선에 대해 최소 중심간격 50mm
- 골재는 최대치수 규정을 만족해야 한다. 또한 경간 중앙부의 경우, 긴장재 간의 수직 간격을 부재단의 경우보다 좁게 하거나 다발로 사용할 수 있다.
- 포스트텐셔닝 부재의 경우, 콘크리트 타설에 지장이 없고, 긴장시 긴장재가 덕트로부터 튀어 나오지 않도록 조치한 경우는 덕트를 다발로 사용할 수 있다.
- 덕트간 순간격은 굵은 골재 최대 치수의 4/3배 이상, 25mm 이상으로 해야 한다.

[철근 간격 제한의 목적]
① 철근과 거푸집 사이로 콘크리트를 쉽게 칠 수 있도록
② 철근이 한 위치에 집중되어 전단 또는 수축균열이 발생하는 것을 방지하기 위해

3) 최소 피복두께

① 현장타설 콘크리트

조건	피복두께		
수중타설시	100mm		
흙에 접해서 타설 후 영구히 흙에 묻혀 있는 콘크리트	75mm		
흙에 접하거나 옥외공기에 직접 노출되는 콘크리트	D19 이상	50mm	
	D16 이하 철근이나 철선	40mm	
흙에 접하거나 옥외공기에 직접 노출되지 않는 콘크리트	슬래브 및 벽체 장선	D35 초과	40mm
		D35 이하	20mm
	보, 기둥(*)	40mm	
	쉘, 절판부재	20mm	

* 옥외에 노출되지 않는 보나 기둥에서 $f_{ck} \geq 40MPa$ 이상인 경우 규정값에서 10mm 저감시킬 수 있다.

② 다발철근의 피복
- 다발철근의 피복 두께는 다발의 등가지름 이상으로 하여야 한다.(단, 50mm보다 크게 할 필요는 없다.)
- 흙에 접하여 콘크리트를 친 후 영구히 흙에 묻혀있는 경우는 피복 두께를 75mm 이상
- 수중에서 콘크리트를 친 경우는 100mm 이상으로 하여야 한다.

4 철근의 종류와 역할

① 주철근 : 응력계산에 의해 사용되는 철근으로, 휨모멘트(보)나 압축(기둥)에 대해 저항하는 것으로, (+)모멘트에 저항하는 정철근과 (−)모멘트에 저항하는 부철근이 있다.

② 배력철근 : 하중분배, 온도균열방지, 주철근 고정 목적, 주철근에 직각으로 배치

③ 스터럽(전단철근, 띠철근, 복부철근) : 주철근을 둘러싸서 배근, 전단에 저항

④ 절곡철근 : 주철근을 구부려서 (+)모멘트 구간과 (−)모멘트 구간을 지나는 철근

⑤ 온도철근 : 벽체 및 슬래브에서 온도 수축에 저항하기 위해 배근

⑥ 나선철근 : 주로 기둥에서 띠철근을 나선의 형태로 배근, 띠철근과 동일한 역할

[주철근의 종류 및 저항응력]

구분	정철근	부철근	절곡철근
저항응력	정모멘트	부모멘트	정모멘트, 부모멘트, 전단력

② 콘크리트의 강도
콘크리트의 시멘트풀의 점성과 경도에 따라 인장강도가 달라진다. 점성이 크다는 것은 철근과의 부착이 잘 된다는 뜻이므로, 인장강도가 높을수록 부착강도가 크다.

③ 철근의 직경
동일한 철근량을 배근할 때, 가급적이면 가는 철근을 여러 가닥 배근하는 것이 좋다. 부착면적이 가는 철근으로 여러 가닥으로 배근했을 때가 크기 때문이다. 부착면적이 크므로 당연히 부착강도도 크다.

④ 철근의 묻힌 위치 및 방향
수평철근은 콘크리트 블리딩(bleeding)으로 인해서 수막이나 공극이 생기기 쉬워서 연직철근보다 부착강도가 작다.

> 부착강도 : 수직철근 〉 하부수평철근 〉 상부수평철근

⑤ 피복두께
철근을 외부로부터 충분히 보호하면서 부착을 원활히 하기 위해서는 적절한 피복두께가 필요하다. 피복두께가 부족하면 철근과 콘크리트가 분리되면서 부착강도가 불리해진다.

⑥ 다짐
콘크리트를 충분히 다지지 않으면 철근과 콘크리트 사이에 공극이 생겨서 충분히 밀착되지 않아 부착강도가 약해진다.

구분	부착의 영향인자
철근표면상태	표면이 거칠수록 유리 (적당한 부식, 이형철근)
콘크리트강도	점성이 큼 ⇒ 철근과의 부착이 잘됨 ⇒ 인장강도가 높을수록 유리
철근 직경	부착면적이 클수록 유리 (가는 철근을 여러 가닥)
묻힌 위치 및 방향	수직철근 〉 하부수평철근 〉 상부수평철근
피복 두께	피복이 클수록 유리
다짐 정도	다짐이 좋을수록 유리

04 철근의 장착

1 철근의 부착에 영향을 미치는 인자

① 철근의 표면상태
이형철근의 마디에 의해 콘크리트와 상당한 마찰을 유도하므로 원형철근보다 이형철근의 부착강도가 크다. 상대적으로 적당하게 부식된 직각마디 이형철근의 부착력이 가장 우수하다.

2 인장이형철근의 정착

1) 기본정착길이에 보정계수를 곱하는 방법

① 기본정착길이

$$l_{db} = \frac{0.6 d_b f_y}{\lambda \sqrt{f_{ck}}}$$

② λ : 경량 콘크리트 계수(KDS 142010 : 2016)
- 쪼갬인장강도 f_{sp}값이 규정되어 있지 않은 경우

구분	λ
전경량 콘크리트	0.75
모래경량 콘크리트	0.85

다만, 0.75에서 0.85 사이의 값은 모래경량콘크리트의 잔골재를 경량잔골재로 치환하는 체적비에 따라 직선보간한다. 0.85에서 1.0 사이의 값은 보통중량콘크리트의 굵은골재를 경량골재로 치환하는 체적비에 따라 직선보간한다.

- f_{sp}값이 주어진 경우 : $f_{sp}/(0.56\sqrt{f_{ck}}) \leq 1.0$

③ 보정계수

조건 \ 철근종류	D19 이하	D22 이상
① 정착되거나 이어지는 철근의 순간격이 d_b 이상이고, 피복두께도 d_b 이상이면서, l_d의 전 구간에 설계기준에 규정된 최소량 이상의 스터럽 또는 띠철근이 배근된 경우	$0.8\alpha\beta$	$\alpha\beta$
② 정착되거나 이어지는 철근의 순간격이 $2d_b$ 이상이고, 피복두께가 d_b 이상인 경우		
③ 그 외의 경우	$1.2\alpha\beta$	$1.5\alpha\beta$

- α : 철근의 위치계수
  1.3 – 상부철근(정착길이 또는 이음부 아래 30cm 이상 콘크리트에 묻힌 수평철근)
  1.0 – 그 외

- β : 철근의 표면처리(에폭시 도막계수) 계수
  1.5 – $3d_b$ 미만의 피복두께 또는 $6d_b$ 미만의 순간격을 가지는 에폭시 도막철근
  1.2 – 기타 에폭시 도막철근 또는 철선
  1.0 – 아연도금 철근
  1.0 – 표면처리 하지 않은 철근
  단, 상부철근인 에폭시 도막철근인 경우, $\alpha\beta$는 1.7 이하여야 한다.

④ 인장철근의 최소 정착길이
모든 배근된 인장철근의 정착길이 l_d는 300mm 이상으로 해야 한다.

2) 소요량 이상이 배근된 경우의 보정

앞의 두 방법에 의한 방법으로 계산된 정착길이에 (소요 A_s / 배근 A_s)를 곱해서 보정

단, f_y를 발휘하도록 정착을 특별히 요구하는 경우에는 예외 보정을 하더라도 정착길이는 300mm 이상이어야 한다.

예 휨설계에 의해 계산된 소요철근량과 배근에 따라 적용된 철근량에 따른 보정

소요철근량 $A_s = 700 mm^2$

적용된(배근된) 철근량
$A_s = 794.4 mm^2$ (D16@4, 철근표 참조)

계산된 정착길이 $l_d = l_{db} \times \alpha\beta = 450 mm$ (가정된 값)

소요량 이상 배근에 따른 보정

$$l_d' = 450 \times \frac{700}{794.4} = 396.5 mm > 300 mm$$

3) 인장철근 정착 길이의 영향인자

근거	인자	영향	
기본 정착길이 공식	철근직경	클수록 길어짐	불리 조건
	철근항복강도	클수록 길어짐	불리 조건
	콘크리트강도	클수록 짧아짐	유리 조건
α	철근의 배근 위치	상부철근은 길어짐	상부철근 불리 조건
β	철근표면 상태	표면이 거칠수록 짧아짐	표면상태 유리 조건

3 압축철근의 정착

1) 기본정착길이

$$l_d = \frac{0.25 d_b f_y}{\lambda \sqrt{f_{ck}}} \geq 0.043 d_b f_y$$

2) 보정계수

보정계수	$\dfrac{\text{소요}A_s}{\text{배근}A_s}$	소요량 이상의 철근이 배근된 경우
	0.75	• 지름이 6mm 이상이고, 피치가 100mm 이하인 나선철근 • 중심간격이 100mm 이하이고, D13 띠철근으로 둘러싸인 이형철근

3) 최소정착길이

압축철근의 기본정착길이 l_{db}에 보정계수를 곱해서 적용하여 구한 정착길이 l_d는 200mm 이상이어야 한다.

4 다발철근의 정착

① 인장을 받는 다발철근은 전체 철근단면적을 등가단면으로 환산하여 산정된 지름으로 된, 하나의 철근으로 취급하여 인장철근에 대한 보정계수를 선정하여야 한다.

② 인장이나 압축을 받는 하나의 다발철근 내에 있는 개개 철근의 정착길이 l_d

다발 구성수	정착길이 할증량
3개	20%
4개	33%

5 표준 갈고리를 갖는 인장 이형철근의 정착

1) 기본정착길이

$$l_d = \frac{0.24 \beta d_b f_y}{\lambda \sqrt{f_{ck}}}$$

참조 : 압축철근은 갈고리에 의한 정착을 하지 않음

2) 보정계수

보정계수	내용
0.7	D35 이하 철근으로 갈고리 평면에 직각인 측면의 피복두께가 70mm 이상이고, 또 90° 갈고리의 경우, 그 연장 끝에서 피복두께가 50mm 이상인 경우
0.8	D35 이하 90° 갈고리 철근 : 정착길이 l_{dh}구간을 $3d_b$ 이하 간격으로 띠철근 또는 스터럽이 정착되는 철근을 수직으로 둘러싼 경우(단, 첫 번째 철근은 $2d_b$ 이하 간격) / D35 이하 180° 갈고리 철근 : 갈고리 연장부와 구부림부의 전 구간을 $3d_b$ 이하 간격으로 띠철근 또는 스터럽이 정착되는 철근을 평행하게 둘러싼 경우(단, 첫 번째 철근은 $2d_b$ 이하 간격)
$\dfrac{\text{소요}A_s}{\text{배근}A_s}$	소요량 이상의 철근이 배근된 경우

3) 갈고리 철근 상세

① 부재의 불연속단에서 갈고리 철근의 양 측면과 상부나 하부의 피복두께가 70mm 미만으로 표준갈고리에 의해 정착되는 경우에 전 정착길이 l_{dh} 구간에 $3d_b$ 이하 간격으로 띠철근이나 스터럽으로 갈고리 철근을 둘러싸야 한다. 이때 첫 번째 띠철근 또는 스터럽은 갈고리 구부러진 부분 바깥부분부터 $2d_b$ 이내에서 갈고리의 구부러진 부분을 둘러싸야 한다. 이때 보정계수 0.8을 적용하여서는 안된다.

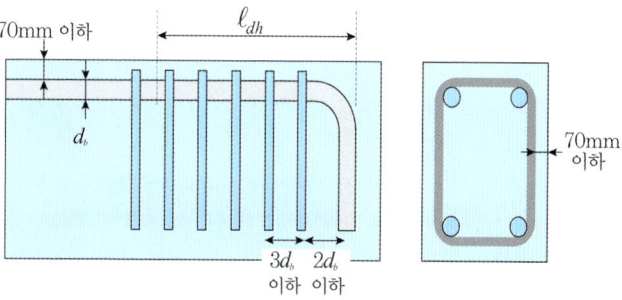

② 설계기준항복강도 f_y가 550MPa을 초과하는 경우에 0.8 보정계수를 적용하지 않는다.

4) 최소정착길이

표준갈고리에 의한 정착길이 l_{dh}는 표준갈고리 기본정착길이 l_{hd}에 보정계수를 곱하여 적용하며, 그 정착길이 l_{dh}는 최소 150mm 이상, $8d_b$ 이상이어야 한다.

5) 복부철근의 정착

① 복부철근은 피복두께 요구조건과 다른 철근과의 간격이 허용하는 한 부재의 압축면과 인장면 가까이까지 연장해야 한다.

② 단일 U형 또는 다중 U형 스터럽의 단부는 다음 중 한 방법으로 정착해야 한다.

- D16 이하 철근 또는 철선으로 종방향 철근으로 둘러싸는 표준갈고리
- f_y가 300MPa 이상인 D19, 22, 25인 스터럽은 종방향 철근을 둘러싸는 표준갈고리 외에 추가로 보의 중간 높이에서 갈고리 단부의 바깥까지 $\dfrac{0.17d_b f_y}{\sqrt{f_{ck}}}$ 이상의 묻힘길이를 확보하여 정착해야 한다.

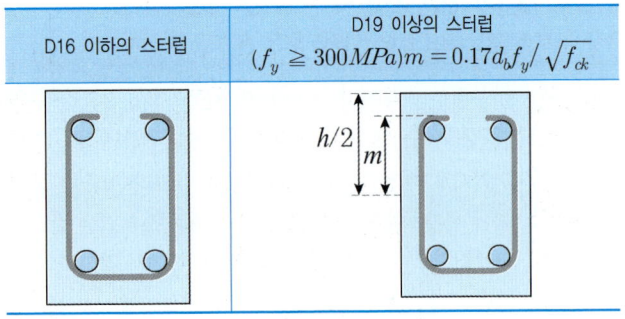

- U형 스터럽을 구성하는 용접원형철망의 각 가닥은 다음의 방법 중 한 방법으로 정착해야 한다.

(1) U형 스터럽의 가닥 상부에 50mm 간격으로 2개의 종방향 철선을 배치해야 한다.
(2) 종방향 철선 하나는 압축면에서 d/4 이하에 배치하고 두 번째 종방향 철선은 첫 번째 철선으로부터 50mm 이상의 간격으로 압축면에 가까이 배치해야 한다. 이때 두 번째 종방향 철선의 굴곡부 밖에 두거나 또는 굴곡부 내면지름이 $8d_b$ 이상일 경우는 굴곡부상에 둘 수 있다.

- 용접원형 또는 이형철망 한 가닥 스터럽에서 각 단부의 정착은 2개의 종방향 철선을 50mm 이상 떨어지도록 배치하되, 안쪽의 철선은 부재의 중간 깊이인 d/2에서 d/4 또는 50mm 중 큰 값 이상 떨어지도록 해야 한다. 이때 인장면에서 가장 가까이 배치된 종방향 철선은 인장면에 가장 가까이 배치된 휨 주철근보다 인장면에서 더 멀리 배치해서는 안된다.
- 장선구조에서 D13 이하 철근 또는 철선 스터럽의 경우 표준갈고리를 두어야 한다.
(장선에서는 지름이 작은 철근 또는 철선으로 종방향 철근을 둘러싸지 않고 한 가닥 스터럽을 구성하기 위해 연속적으로 구부린 표준갈고리에 의해 정착할 수 있다.)

③ 단일 U형 또는 다중 U형 스터럽의 양 정착단 사이의 연속구간 내에 굽혀진 부분은 종방향 철근을 둘러싸야 한다.

④ 전단철근으로 사용하기 위해 굽혀진 종방향 주철근(절곡철근)이 인장구역으로 연장되는 경우에 종방향 주철근과 연속되어야 하고, 압축구역으로 연장되는 경우는 $V_s = A_v f_{yt} \sin\alpha$ (f_{yt} : 횡방향 철근의 항복강도, α : 부재축과 이루는 각도)를 만족시키는 응력 f_{yt}를 사용하여 부재의 중간깊이 d/2를 지나서 인장철근 정착길이 만큼을 확보해야 한다.

⑤ 폐쇄형으로 배치된 한 쌍의 U형 스터럽 또는 띠철근은 겹침이음 길이가 $1.3l_d$ 이상일 때 적절하게 이어진 것으로 볼 수 있다.

⑥ 깊이가 450mm 이상인 부재에서 스터럽의 가닥들이 부재의 전 높이까지 연장한다면, 폐쇄스터럽의 이음이 적절한 것으로 본다. 이때의 한 가닥의 이음부에서 발휘할 수 있는 인장력 $A_b f_{yt}$는 40kN 이하여야 한다.

> **참조**
>
> **[철근의 종류와 정착길이 비교]**
>
> | 구분 | 기본정착길이 | 보정계수 | 최소정착길이 |
> |---|---|---|---|
> | 인장철근 | $l_{db} = \dfrac{0.6 d_b f_y}{\lambda \sqrt{f_{ck}}}$ | α, β | 300mm |
> | 압축철근 | $l_d = \dfrac{0.25 d_b f_y}{\lambda \sqrt{f_{ck}}} \geq 0.043 d_b f_y$ | 0.75 | 200mm |
> | 갈고리철근 | $l_d = \dfrac{0.24 \beta d_b f_y}{\lambda \sqrt{f_{ck}}}$ | 0.7, 0.8 | 150mm, $8d_b$ |
> | 확대머리 이형철근 | $l_{dt} = 0.19 \dfrac{\beta f_y d_b}{\sqrt{f_{ck}}}$ | – | 150mm, $8d_b$ |
>
> * 소요량 이상 배근된 경우 보정은 공통적으로 적용

6 휨철근의 정착

1) 휨철근의 정착 위험지점

휨철근의 단면적은 휨모멘트에 거의 비례하게 적절하게 변화시킬 수 있다. 즉 휨모멘트가 큰 단면에서는 철근량을 늘리고, 작은 곳에서는 줄일 수 있다. 따라서 응력을 더 이상 받지 않는 곳에서는 철근을 절단하거나 구부리거나 하는데, 이렇게 철근이 절단, 절곡되는 지점은 정착에 주의해야 한다. 또한 지간 내에서의 최대 응력점도 정착에 위험한 지점이다. 이를 정리해 보면 다음과 같다.

- 절단, 절곡된 지점
- 지간 내의 최대 응력지점

2) 휨철근 정착의 원칙

① 절단시 휨을 저항하지 않는 단면을 지나 d 또는 $12d_b$ 이상 연장해야 한다.(단순보 받침부 및 캔틸레버의 자유단 제외)
② 연속철근은 구부러지거나 절단된 인장철근이 휨을 저항하는데 더 이상 필요하지 않는 지점을 지나 l_d 이상의 묻힘길이를 확보해야 한다.
③ 인장철근은 구부려서 복부를 지나 정착하거나 부재의 반대 측에 있는 철근 쪽으로 연속하여 정착시켜야 한다.
④ 철근응력이 직접적으로 휨모멘트에 비례하지 않는 휨부재(깊은 보 등 인장철근이 압축면에 평행하지 않는 부재)의 인장철근은 적절한 정착을 마련해야 한다.
⑤ 휨철근은 다음 조건 중 하나를 만족하지 않는 한 인장구역에서 절단할 수 없으며, 원칙적으로 전체 철근량의 50%를 초과하여 한 단면에서 절단할 수 없다.

- 절단점에서 극한전단하중 V_u가 $\dfrac{2}{3}\phi V_n$(전체 전단강도의 2/3)를 초과하지 않는 경우
- 절단점에서 전후 $\dfrac{3d}{4}$ 이상의 구간까지 절단된 철근 또는 철선을 따라 전단과 비틀림에 대해 필요한 양을 초과하는 스터럽이 배치된 경우 (단, 이때 초과되는 스터럽의 단면적 $A_v \geq \dfrac{0.42 b_w s}{f_y}$이고, 스터럽 간격 $s \leq \dfrac{d}{8\beta_b}$이어야 한다.)
  β_b : 전체 인장철근량에 대한 절단된 철근량의 비

- D35 이하의 철근이며, 연속철근이 절단점에서 휨모멘트에 필요한 철근량의 2배 이상이고, 또 극한전단하중 V_u가 $\dfrac{3}{4}\phi V_n$(전체 전단강도의 3/4)을 초과하지 않는 경우

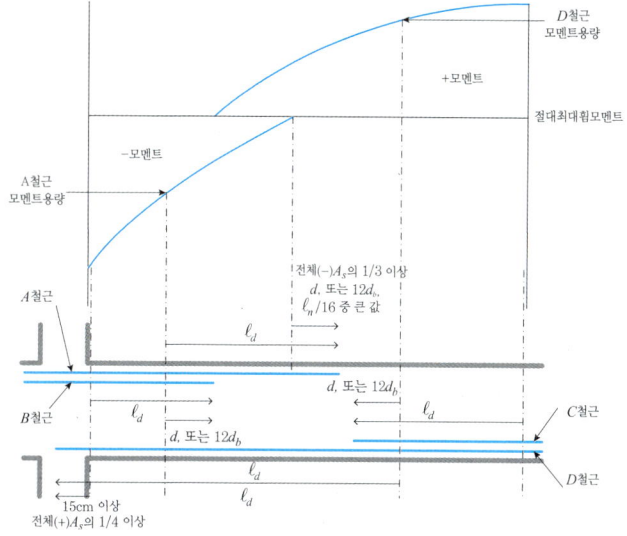

3) 정철근의 정착

① 단순보에서는 정철근의 1/3, 연속보에서는 1/4 이상을 지점을 넘어 150mm 이상 받침부 속에 연장해야 한다.
② 휨부재가 횡하중을 지지하는 주구조물의 일부일 때, 상기에 따라 연장되어야 할 철근은 받침부 전면에서 설계기준항복강도 f_y를 발휘할 수 있도록 정착해야 한다. 이는 폭파, 지진 등과 같이 심한 초과응력이 발생할 경우 연성인 거동을 보증하기 위함이다.
③ 단순받침부와 변곡점의 정모멘트 철근은 계산된 정착길이는 $l_d \leq \dfrac{M_u}{V_u}$를 만족하도록 철근지름을 제한하여야 한다. (여기서, M_u/V_u는 철근의 끝부분이 압축 반력으로 눌러서 구속을 받는 경우 30% 증가시킬 수 있다.)
④ 단순받침부의 중심선을 지나 절단되는 철근에서 표준갈고리 또는 적어도 표준갈고리와 동등한 성능을 갖는 기계적 정착에 의해 정착되는 경우 $l_d \leq \dfrac{M_u}{V_u}$를 만족하지 않아도 되며, 직선철근으로 정착하는 경우 $\dfrac{V_u - 0.5\phi V_s}{M_n} \leq \dfrac{l_a}{l_d j d}$를 만족하여야 한다.

⑤ 깊은 보의 단순받침부에서 정철근은 받침부 전면에서 f_y를 발휘할 수 있도록 정착하여야 한다. 단, 스트럿-타이 모델에 의해 깊은 보를 설계하는 경우는 별도의 방법으로 해야 한다. 또한 깊은 보의 내부 받침부에서 정철근은 연속되거나 인접 경간의 정철근과 겹침이음이 되도록 해야 한다.

4) 부철근의 정착

① 연속되거나 구속된 부재, 캔틸레버 부재 또는 강결된 골조의 어느 부재에서나 부철근은 묻힘길이, 갈고리 또는 기계적 정착에 의해 받침부 내에 정착되거나 받침부를 지나서 정착해야 한다.
② 휨철근에 관련된 소요묻힘길이를 경간 내에 확보하여야 한다.
③ 받침부에서 부모멘트에 대해 배치된 전체 인장철근량의 1/3 이상은 변곡점을 지나 부재의 유효깊이 d, $12d_b$ 또는 순경간 l_n의 1/16 중 가장 큰 값 이상의 묻힘길이를 확보해야 한다.
④ 깊은 보의 내부 받침부에서 부철근은 인접경간의 부철근과 연속되도록 설계해야 한다.

05 철근의 이음

1 철근 이음의 원칙

① D35를 초과하는 철근은 원칙적으로 겹침이음을 하지 않아야 한다. 단, 다음의 경우에는 가능하다.
  - 서로 다른 크기의 철근을 압축부에서 겹침이음 하는 경우, D41과 D51철근은 D35 이하 철근과 겹침이음을 할 수 있다.
  - 현장타설하는 기초판에서, 압축력만 받는 D41과 D51인 주철근은 힘의 전달장치로 D35 이하의 다우얼 철근과 겹침이음을 할 수 있다.
② 다발철근의 겹침이음은 다발 내의 개개 철근에 대한 겹침이음길이를 기본으로 하여 결정하며, 다발철근 정착에서 적용된 할증방법에 의해 이음길이를 증가시켜야 한다.
③ 다발철근의 한 다발 내의 각 철근의 이음은 한군데에서 중복되지 않아야 한다.
④ 다발철근은 개개 철근처럼 겹침이음을 하지 않아야 한다.
⑤ 휨부재에서 서로 직접 접촉되지 않게 겹침이음된 철근은 횡방향으로 소요 겹침이음 길이의 1/5 또는 150mm 중 작은 값 이상 떨어지지 않아야 한다.
⑥ 용접이음 및 기계적 이음에서 이음부 강도는 철근의 항복강도 f_y의 125% 이상을 발휘할 수 있는 완전용접이나 완전 기계적 이음이어야 한다. 이를 만족하지 못하는 경우에는 다음의 조건을 충족시켜야 한다.

①	이음부에 배치된 철근량이 해석에 의해 요구되는 철근량의 2배 이상이고, D16 이하의 철근이어야 한다.
②	각 철근의 이음부는 서로 600mm 이상 엇갈려야 하고, 이음부에서 계산된 인장응력의 2배 이상을 발휘할 수 있어야 한다. 또한 배치된 전체 철근이 140MPa 이상의 응력을 발휘할 수 있어야 한다.
③	각 단면에서 발휘하는 인장력을 계산할 때 이어진 철근은 규정된 이음강도를 발휘하는 것으로 보아야 한다. 단, f_y보다는 크지 않아야 한다. 이어지지 않은 연속철근의 인장응력은 f_y를 발휘할 수 있도록 계산된 정착길이 l_d에 대한 짧게 배치된 정착길이와의 비에 f_y를 곱하여 사용해야 하나 f_y보다 크지 않아야 한다.

2 인장이형철근 및 이형철선의 겹침이음

① 겹침이음은 최소 300mm
② 이음등급에 따른 이음길이는 다음과 같이 적용해야 한다.

이음 등급	등급 조건	이음길이
A급	$\dfrac{\text{배근}A_s}{\text{소요}A_s} \geq 2$이고, $\dfrac{\text{겹침이음된}A_s}{\text{전체철근량}A_s} \leq \dfrac{1}{2}$	$1.0l_d$
B급	상기 조건이 아닌 경우	$1.3l_d$

(단, 여기에서 사용되는 정착길이 l_d는 배근A_s / 소요A_s에 따른 보정 및 최소정착길이 300mm 규정을 적용하지 않음)

③ 서로 다른 크기의 철근을 인장 겹침이음하는 경우, 이음길이는 크기가 큰 철근의 정착길이와 크기가 작은 철근의 겹침이음길이 중 큰 값 이상이어야 한다.
④ 전단연결재의 이음은 완전용접이나 완전기계적 이음으로 해야 한다. 이때 인접철근의 이음은 750mm 이상 떨어져서 엇갈려야 한다.

3 압축이형철근의 겹침이음

① 압축이형철근의 겹침이음 길이

$$l_s = \left(\frac{1.4f_y}{\lambda\sqrt{f_{ck}}} - 52\right)d_b \geq 300mm$$

② $f_y \leq 400MPa$인 경우, $0.072d_bf_y$ 보다 길게 취할 필요가 없다.

③ $f_y > 400MPa$인 경우, $(0.13f_y - 24)d_b$ 보다 길게 취할 필요가 없다.

④ $f_{ck} < 21MPa$인 경우는 계산된 이음길이의 1/3을 증가시켜야 한다.

⑤ 인장철근의 겹침이음길이보다 길게 취할 필요가 없다.

⑥ 서로 다른 크기의 철근을 압축부에서 겹침이음하는 경우, 이음길이는 크기가 큰 철근의 정착길이와 크기가 작은 철근의 이음길이 중 큰 값 이상이어야 한다. 이때 D41과 D51 철근은 D35 이하 철근과 겹침이음은 허용할 수 있다.

⑦ 철근이 압축력만 받는 경우, 단부지압이음을 할 수 있다. 이때 철근의 양 단부는 철근 축의 직각면에 1.5° 내의 오차를 갖는 평탄한 면이 되어야 하고 조립 후 지압면의 오차는 3° 이내여야 한다.

⑧ 단부지압이음은 폐쇄스터럽이나 나선철근으로 둘러 감아진 압축부재에서만 적용해야 한다.

[참조]

[단부지압이음]

철근이 압축력만 받는 경우, 수직하게 절단된 철근의 양 끝면을 직접 맞대어 압축력을 지압에 의해 전달하도록 하는 이음 방법

4 기둥철근의 이음

① 기둥은 휨과 압축을 동시에 받는 부재로, 일정의 편심에 의해 한 쪽 면에 인장응력이 발생할 수 있으며, 이에 따라 압축만 발생하는 것으로 계산된 경우라 하더라도 압축철근의 겹침이음은 최소한의 인장저항능력($\frac{f_y}{4}$)이 요구된다.

② 계수하중에 의해 철근이 압축응력을 받는 경우 겹침이음은 압축이형철근의 이음길이 규정을 따라야 한다.

③ 계수하중에 의해 철근이 압축응력을 받는 경우의 겹침이음길이 보정

보정계수	적용경우
0.83	띠철근 압축부재에서, 겹침이음길이 전체에 걸쳐서 띠철근의 유효단면적이 $0.0015hs$ 이상 확보한 축방향 철근의 겹침이음길이
0.75	나선철근 압축부재에서, 나선철근으로 둘러싸인 축방향 철근의 겹침이음길이

* 감소시켜서 적용된 겹침이음 길이는 최소 300mm 이상
* h : 기둥부재 전체두께, s : 띠철근 중심간격
* 유효단면적 : 기둥부재면 한 방향에 대해 수직인 띠철근 단면적

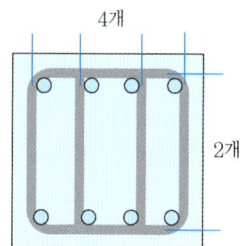

④ 기둥 축방향 철근의 이음 등급

구분	철근이 받는 인장응력	전체 철근량에 대한 겹침이음 비율
A급 이음	$0.5f_y$ 이하	1/2 이하
B급 이음	상기의 어느 조항이라도 만족하지 못한 경우	

* A급 이음에서는 교대로 l_d 이상 엇갈린 겹침이음이어야 한다.

⑤ 압축을 받는 기둥에서 축방향 철근의 단부지압이음은, 이음이 서로 엇갈려 있거나 이음위치에서 추가철근이 배치된 경우에 가능하다. 또한 기둥 각 면에 배치된 연속철근(단부지압이음에서 엇갈려 이음으로 인해서 끊어지지 않은 철근)은 그 면에 배치된 수직철근량(띠철근 중 기둥단면에 수직한 방향으로 배근된 철근) × $\frac{f_y}{4}$ 이상의 인장강도를 확보해야 한다.

5 나선철근의 이음

나선철근의 이음은 다음 두 가지 방법 중에 하나를 따라야 한다.

1) 겹침이음

구분	이음길이
이형철근 및 철선	$48d_b$
원형철근 및 철선	$72d_b$
에폭시 도막된 이형철근 및 철선	$72d_b$
표준갈고리를 가지는 비도막 원형철근 및 철선(단, 갈고리는 나선철근으로 형성된 심부콘크리트에 정착되어야 함.)	$48d_b$
표준갈고리를 가지는 에폭시도막 이형철근 및 철선(단, 갈고리는 나선철근으로 형성된 심부콘크리트에 정착되어야 함.)	$48d_b$

2) 기계적 이음 또는 용접이음

참조

[나선철근 이음길이 해설]

이음길이	$48d_b$			$72d_b$
적용경우	이형철근 및 철선 원형철근 및 철선(표준갈고리 심부정착) 에폭시도막 이형철근 및 철선(표준갈고리 심부정착)			원형철근 및 철선

이형철근	원형철근	에폭시도막	갈고리 심부정착	이음길이
○				$48d_b$
	○		○	
○		○	○	

* 갈고리 심부정착되면, 에폭시 도막이나 원형철근을 사용하더라도 이음길이 $48d_b$ 적용
* 최소 이음길이는 300mm 이상

대표기출문제

문제. 표준갈고리를 갖는 인장 이형철근의 정착에 대한 설명으로 틀린 것은? (단, d_b는 철근의 공칭지름이다.) 2022년 1회

① 갈고리는 압축을 받는 경우 철근정착에 유효하지 않은 것으로 보아야 한다.
② 정착길이는 위험단면으로부터 갈고리의 외측단부까지 거리로 나타낸다.
③ D35 이하 180° 갈고리 철근에서 정착길이 구간을 $3d_b$ 이하 간격으로 띠철근 또는 스터럽이 정착되는 철근을 수직으로 둘러싼 경우에 보정계수는 0.7이다.
④ 기본 정착 길이에 보정계수를 곱하여 정착길이를 계산하는데 이렇게 구한 정착길이는 항상 $8d_b$ 이상, 또한 150mm 이상이어야 한다.

정답 ③
해설 D35 이하 180° 갈고리 철근에서 정착길이 구간을 $3d_b$ 이하 간격으로 띠철근 또는 스터럽이 정착되는 철근을 수직으로 둘러싼 경우에 보정계수는 0.80이다.

대표기출문제

문제. 콘크리트의 크리프에 대한 설명으로 틀린 것은? 2021년 2회

① 고강도 콘크리트는 저강도 콘크리트보다 크리프가 크게 일어난다.
② 콘크리트가 놓이는 주위의 온도가 높을수록 크리프 변형은 크게 일어난다.
③ 물-시멘트비가 큰 콘크리트는 물-시멘트비가 작은 콘크리트보다 크리프가 크게 일어난다.
④ 일정한 응력이 장시간 계속하여 작용하고 있을 때 변형이 계속 진행되는 현상을 말한다.

정답 ①
해설 고강도 콘크리트는 저강도 콘크리트보다 크리프가 작게 일어난다.

📌 대표기출문제

문제. 철근콘크리트 구조물 설계 시 철근 간격에 대한 설명으로 틀린 것은? (단, 굵은 골재의 최대 치수에 관련된 규정은 만족하는 것으로 가정한다.) 　　　　　2021년 2회

① 동일 평면에서 평행한 철근 사이의 수평 순간격은 25mm 이상, 또한 철근의 공칭지름 이상으로 하여야 한다.
② 벽체 또는 슬래브에서 휨 주철근의 간격은 벽체나 슬래브 두께의 3배 이하로 하여야 하고, 또한 450mm 이하로 하여야 한다.
③ 나선철근 또는 띠철근이 배근된 압축부재에서 축방향 철근의 순간격은 40mm 이상, 또한 철근 공칭 지름의 1.5배 이상으로 하여야 한다.
④ 상단과 하단에 2단 이상으로 배치된 경우 상하 철근은 동일 연직면 내에 배치되어야 하고, 이때 상하 철근의 순간격은 40mm 이상으로 하여야 한다.

정답 ④
해설 상단과 하단에 2단 이상으로 배치된 경우 상하 철근은 동일 연직면 내에 배치되어야 하고, 이때 상하 철근의 순간격은 25mm 이상으로 하여야 한다.

📌 대표기출문제

문제. 인장철근의 겹침이음에 대한 설명으로 틀린 것은? 　　　　　2020년 1,2회

① 다발철근의 겹침이음은 다발 내의 개개철근에 대한 겹침이음길이를 기본으로 결정되어야 한다.
② 어떤 경우이든 300mm 이상 겹침이음한다.
③ 겹침이음에는 A급, B급 이음이 있다.
④ 겹침이음된 철근량이 전체 철근량의 1/2 이하인 경우는 B급이음이다.

정답 ④
해설 겹침이음된 철근량이 전체 철근량의 1/2 이하인 경우는 A급 이음이다.

02 PART

구조부재의 설계

03. 휨설계
04. 전단 및 비틀림
05. 기둥
06. 기초판
07. 슬래브
08. 사용성과 내구성
09. 옹벽, 아치, 라멘, 암거

03 휨설계

01 휨 및 압축

1 설계 일반 원칙(KDS 142020 : 2016) 참조

① 단면의 설계는 강도설계법의 가정 사항에 부합해야 하며, 힘의 평형조건과 변형률 적합조건을 만족시켜야 한다.

구분	강도 설계법의 가정사항
①	• 철근과 콘크리트의 변형률은 중립축 거리에 대해 비례한다. • 단, 깊은 보의 경우는 비선형 변형률 분포를 고려해야 한다. (비선형 변형률 분포를 고려하는 대신 스트럿-타이 모델을 적용 가능)
②	• 휨모멘트 또는 휨모멘트와 축력을 동시에 받는 부재의 콘크리트 압축측 연단의 극한 변형률(파괴시)은 0.003으로 가정한다.
③	• 항복강도 f_y 이하에서 철근의 응력은 그 변형률의 E_s배로 본다. ($f = E_s \epsilon_s$) • 철근의 변형률이 f_y에 대응하는 변형률보다 큰 경우 철근의 응력은 변형률에 관계없이 f_y로 하여야 한다.
④	• 콘크리트 인장강도는 휨계산에서 무시한다. • 단, PSC 휨부재의 사용성을 검토하는 경우에는 예외로 한다.
⑤	• 콘크리트의 응력분포는 등가 직사각형으로 할 수 있으며 이는 등가응력 깊이 $a = \beta_1 c$까지 등분포한다고 가정한다. • 콘크리트의 압축응력의 분포와 변형율의 관계는 직사각형, 사다리꼴, 포물선 또는 강도의 예측에서 광범위한 실험의 결과와 실질적으로 일치하는 어떤 형상으로도 가정할 수 있다.

② 인장철근이 f_y에 상응하는 변형률에 도달하고, 콘크리트가 극한변형률 ϵ_{cu}에 도달한 경우 그 단면은 균형변형률 상태에 있다고 본다.

③ 콘크리트가 극한변형률 ϵ_{cu}에 도달할 때, 철근의 변형률에 따른 응력지배는 다음과 같이 구분할 수 있다.

- **압축지배 단면** : $\epsilon_t \leq$ 압축지배 변형률 한계
  압축지배 변형률 한계는 순인장 철근의 항복시 변형률 ϵ_y와 동일
  PSC에서의 압축지배 변형률 한계 : 0.002
- **인장지배 단면** : $\epsilon_t \geq 0.005$
  인장지배 변형률 한계 0.005 ($f_y > 400 MPa$인 경우는 $2.5\epsilon_y$)
- **변화구간 단면** : 압축지배 변형률 한계 $< \epsilon_t <$ 인장지배 변형률 한계
  ϵ_t : 순인장철근 변형률(PSC인 경우는 최외단 긴장재의 순인장변형률)

[지배단면에 따른 강도감소계수 ϕ의 적용]

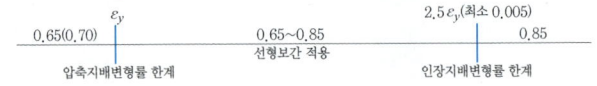

인장지배단면 최대철근비

$$\rho_{max-t} = \frac{\eta(0.85f_{ck})}{f_y}\beta_1 \times \frac{\epsilon_{cu}}{\epsilon_{cu} + 2.5\epsilon_y}$$

평형철근비

$$\rho_b = \frac{\eta(0.85f_{ck})}{f_y}\beta_1 \times \frac{\epsilon_{cu}}{\epsilon_{cu} + \epsilon_y}$$

따라서,

$$\rho_{max-t} = R_{max-t} \times \rho_b = \frac{\epsilon_{cu} + \epsilon_y}{\epsilon_{cu}} \times \frac{\epsilon_{cu}}{\epsilon_{cu} + 2.5\epsilon_y} \times \rho_b$$

$$= \frac{\epsilon_{cu} + \epsilon_y}{\epsilon_{cu} + 2.5\epsilon_y}\rho_b$$

$$R_{max-t} = \frac{\epsilon_{cu} + \epsilon_y}{\epsilon_{cu} + 2.5\epsilon_y}$$

f_y(MPa)	압축지배 변형률한계 ($\epsilon_y = f_y/E_s$)	인장지배 변형률한계 (ϵ_{yt})	인장지배철근비 계수 R_{max-t} ($\rho_{max-t} = R_{max-t} \times \rho_b$)			
			$f_{ck} \leq 40MPa$	$f_{ck} = 50MPa$	$f_{ck} = 60MPa$	$f_{ck} = 70MPa$
300	0.0015	0.005	$\frac{33+15}{33+50} = \frac{48}{83}$	$\frac{32+15}{32+50} = \frac{47}{82}$	$\frac{31+15}{31+50} = \frac{46}{81}$	$\frac{30+15}{30+50} = \frac{45}{80}$
400	0.002		$\frac{33+20}{33+50} = \frac{53}{83}$	$\frac{32+20}{32+50} = \frac{52}{82}$	$\frac{31+20}{31+50} = \frac{51}{81}$	$\frac{30+20}{30+50} = \frac{50}{80}$
500	0.0025	0.00625 ($2.5\epsilon_y$)	$\frac{33+25}{33+62.5} = \frac{58}{95.5}$	$\frac{32+25}{32+62.5} = \frac{57}{94.5}$	$\frac{31+25}{31+62.5} = \frac{56}{93.5}$	$\frac{30+25}{30+62.5} = \frac{55}{92.5}$

[축력과 휨모멘트를 동시에 받는 부재의 P-M상관도]

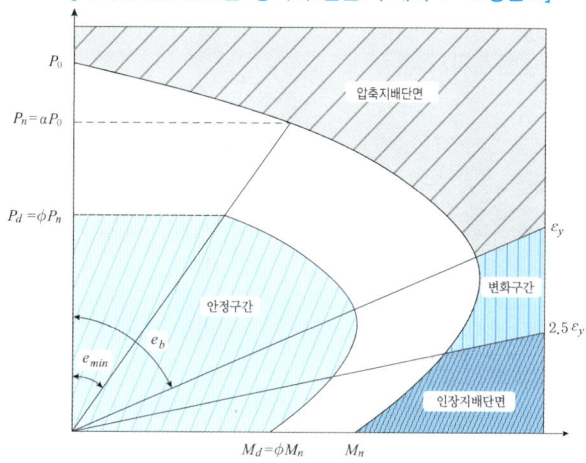

- **평형편심** e_b : 축방향 압축력과 휨모멘트에 의한 인장력이 동시에 기둥을 파괴
- **최소편심** e_{min} : 예상치 못한 각종 오차에 대한 편심을 일률적으로 고려

[지배단면에 따른 강도감소계수]

구분	순인장 변형률 ϵ_t 조건	강도감소계수 ϕ 범위
압축지배	$\epsilon_y \geq \epsilon_t$	0.65(0.7)
변화구간	$\epsilon_y < \epsilon_t < 0.005$ ($2.5\epsilon_y$)	0.65(0.7)~0.85
인장지배	$0.005(2.5\epsilon_y) \leq \epsilon_t$	0.85

예제 지배단면에 따른 강도감소계수의 적용

문제. 나선철근으로 보강된 철근콘크리트 기둥에서, 콘크리트 파괴 시 최외측 인장철근의 변형률 $\epsilon_t = 0.004$인 경우, 강도감소계수 ϕ는 얼마로 해야 하는가? (단, $f_y = 400MPa$)

해설 압축지배변형률 한계 $\epsilon_{cy} = 0.002 = \epsilon_y$
인장지배변형률 한계 $\epsilon_{ty} = 0.005$
압축지배단면시 $\phi_c = 0.70$(나선철근 기둥)
인장지배단면시 $\phi_t = 0.85$

$$\Delta\phi = \frac{\epsilon_t - \epsilon_{cy}}{\epsilon_{ty} - \epsilon_{cy}} \times (\phi_t - \phi_c)$$
$$= \frac{0.004 - 0.002}{0.005 - 0.002} \times (0.85 - 0.70) = 0.10$$

$\therefore \phi = \phi_c + \Delta\phi = 0.70 + 0.1 = 0.8$

f_y(MPa)	압축지배 변형률한계 ($\epsilon_y = f_y/E_s$)	최소 허용변형률 (ϵ_{yat})	최대철근비 계수 R_{max} ($\rho_{max} = R_{max} \times \rho_b$)			
			$f_{ck} \leq 40MPa$	$f_{ck} = 50MPa$	$f_{ck} = 60MPa$	$f_{ck} = 70MPa$
300	0.0015	0.004	$\frac{33+15}{33+40} = \frac{48}{73}$	$\frac{32+15}{32+40} = \frac{47}{72}$	$\frac{31+15}{31+40} = \frac{46}{71}$	$\frac{30+15}{30+40} = \frac{45}{70}$
400	0.002		$\frac{33+20}{33+40} = \frac{53}{73}$	$\frac{32+20}{32+40} = \frac{52}{72}$	$\frac{31+20}{31+40} = \frac{51}{71}$	$\frac{30+20}{30+40} = \frac{50}{70}$
500	0.0025	$0.005(2.0\epsilon_y)$	$\frac{33+25}{33+50} = \frac{58}{83}$	$\frac{32+25}{32+50} = \frac{57}{82}$	$\frac{31+25}{31+50} = \frac{56}{81}$	$\frac{30+25}{30+50} = \frac{55}{80}$

④ 프리스트레스를 가하지 않은 휨부재는 공칭강도 상태에서 순인장변형률 ϵ_t가 휨부재의 최소허용변형률 이상이어야 한다.

- 휨부재의 최소허용변형률(최대철근비 제한 조건)
  $f_y \leq 400MPa$ 인 경우, 0.004
  $f_y > 400MPa$ 인 경우, $2\epsilon_y$(철근 항복변형률의 2배)

최대철근비 $\rho_{max} = \frac{\eta(0.85f_{ck})}{f_y}\beta_1 \times \boxed{\frac{\epsilon_{cu}}{\epsilon_{cu}+2.0\epsilon_y}}$

평형철근비 $\rho_b = \frac{\eta(0.85f_{ck})}{f_y}\beta_1 \times \boxed{\frac{\epsilon_{cu}}{\epsilon_{cu}+\epsilon_y}}$

따라서, $\rho_{max} = R_{max} \times \rho_b$

$= \boxed{\frac{\epsilon_{cu}+\epsilon_y}{\epsilon_{cu}}} \times \boxed{\frac{\epsilon_{cu}}{\epsilon_{cu}+2.0\epsilon_y}} \times \rho_b$

$= \boxed{\frac{\epsilon_{cu}+\epsilon_y}{\epsilon_{cu}+2.0\epsilon_y}} \rho_b$

$R_{max} = \frac{\epsilon_{cu}+\epsilon_y}{\epsilon_{cu}+2.0\epsilon_y}$

> **참조**
>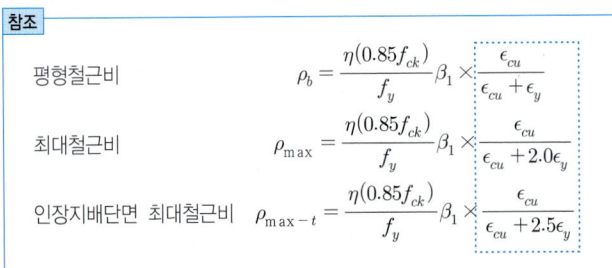

⑤ 휨부재 또는 휨과 축력을 동시에 받는 철근콘크리트 부재에서 계수축력이 $0.1f_{ck}A_g$보다 작은 경우는 축력의 영향을 무시하고 휨부재로 취급하여 휨강도를 계산할 수 있다.

2 휨부재(계수축력이 $0.1f_{ck}A_g$보다 작은 부재 포함)의 설계 개념

1) 휨설계의 개념

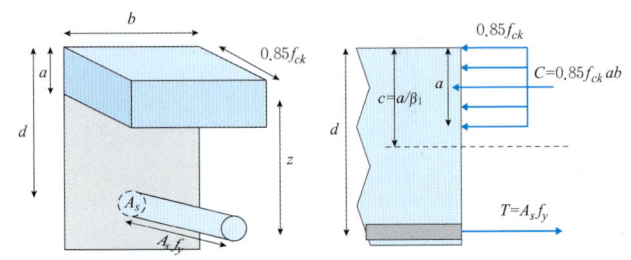

압축력 $C = 0.85f_{ck}ab$
인장력 $T = A_s f_y$
우력관계이므로 $C = T$에서,
등가압축응력깊이 $a = \frac{f_y A_s}{0.85f_{ck}b}$

- **등가응력깊이** : 콘크리트의 압축응력이 $0.85f_{ck}$로 균등하고, 이 응력이 압축연단으로부터 $a = \beta_1 c$ 까지 등분포 한다고 가정한 높이
- **중립축 높이 c** : 압축연단에서 중립축까지의 거리
- **우력모멘트 팔길이** $Z = d - \frac{a}{2}$
- **철근의 인장력과 콘크리트의 압축력에 의한 우력모멘트**
  $M_n = CZ = TZ = A_s f_y (d - \frac{a}{2})$: 공칭휨모멘트 강도

또는, 위의 식에 $a = \frac{f_y A_s}{0.85f_{ck}b}$ 를 대입하면,

$M_n = \rho f_y bd^2 (1 - 0.59\rho \frac{f_y}{f_{ck}})$

2) 철근콘크리트 보의 휨설계 순서

① 소요휨강도 계산(계수하중에 의한 휨모멘트 조합)

$M_u = 1.2M_D + 1.6M_L$ (고정하중과 활하중에 의한 조합 예)

② 철근량 및 단면 가정
- 평형철근비의 50% 정도를 가정
- 가정된 철근비에 따라 철근량과 단면을 가정
- 최소철근량 조건 검토

③ 등가 압축응력깊이 계산(C = T)

$a = \dfrac{f_y A_s}{0.85 f_{ck} b}$

④ 설계휨강도 계산

$M_d = \phi M_n = \phi A_s f_y \left(d - \dfrac{a}{2}\right)$

⑤ 단면검토

$M_d = \phi M_n \geq M_u$

if ok ⇒ 설계 종료
if not ⇒ ② 과정에서 철근비를 올려서 반복 ⇒ 최대철근비까지 진행
그럼에도 불구하고 NG인 경우의 대책 ⇒ 단면증설이나, 압축영역 강화

최대철근비로 배근했으나 소요강도가 나오지 않을 경우 조치

- 단면을 크게 한다.
  ⇒ 단면의 폭이나 높이를 증설(높이를 증설하는 경우가 효과적)
- 압축영역을 강화시킨다.
  ⇒ 압축영역 강화방법 ① 압축콘크리트 단면 증대 : T형보
  ② 압축철근 배근 : 복철근 직사각형보

예제 단철근 직사각형보의 설계모멘트 강도의 계산

문제. 다음 그림과 같은 단면을 가지는 보의 공칭휨모멘트 강도를 계산하시오. (단, $f_y = 400 MPa$, $f_{ck} = 20 MPa$)

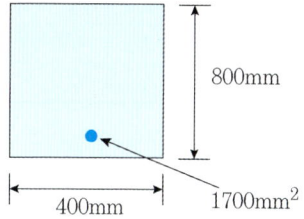

b = 400mm, d = 800mm, As = 1700mm²

해설 C = T에서,

$a = \dfrac{A_s f_y}{0.85 f_{ck} b} = \dfrac{1700 \times 400}{0.85 \times 20 \times 400} = 100 mm$

$M_n = 1700 \times 400 \times \left(800 - \dfrac{100}{2}\right)$

$= 510 \times 10^6 N.mm = 510 kN.m$

3 휨설계 방법 및 콘크리트 압축응력분포 [KDS 14 20 20 : 2021]

1) 설계가정

① 힘의 평형조건과 변형률 적합조건을 만족시켜야 한다.
② 철근과 콘크리트의 변형률은 중립축 거리에 비례하는 것으로 가정할 수 있다. (단, 깊은 보는 비선형 변형률 분포를 고려하거나, 스트럿-타이 모델을 적용해야 한다.)

2) 응력분포

① 휨모멘트 또는 휨모멘트와 축력을 동시에 받는 부재의 콘크리트 압축연단의 극한변형률 ϵ_{cu}은 $0.0033(f_{ck} \leq 40MPa)$으로 하되, f_{ck}가 10MPa 증가시마다 0.001씩 감소시킨다.(변경)
또한, $f_{ck} > 90MPa$인 경우에는 조사연구에 의해 극한변형률 ϵ_{cu}의 근거를 명시해야 한다.

f_{ck}(MPa)	≤40	50	60	70	80	90
n	2.0	1.92	1.50	1.29	1.22	1.20
ε_{co}	0.002	0.0021	0.0022	0.0023	0.0024	0.0025
ε_{cu}	0.0033	0.0032	0.0031	0.003	0.0029	0.0028
α	0.80	0.78	0.72	0.67	0.63	0.59
β	0.40	0.40	0.38	0.37	0.36	0.35

② 철근의 응력이 f_y 이하일 때 철근의 응력은 그 변형률에 E_s를 곱한 값으로 하고, 철근의 변형률이 f_y에 해당하는 변형률 보다 큰 경우 철근의 응력은 변형률에 관계없이 f_y로 한다.

③ 콘크리트 인장강도는 축강도와 휨강도 계산에서 무시할 수 있다.

④ 콘크리트 압축응력의 분포와 콘크리트변형률 사이의 관계는 직사각형, 사다리꼴, 포물선 및 실험에 의해 검증된 어떠한 형상으로도 가정할 수 있다.

3) 콘크리트 압축영역의 응력-변형률 관계를 포물선-직선으로 가정하는 경우

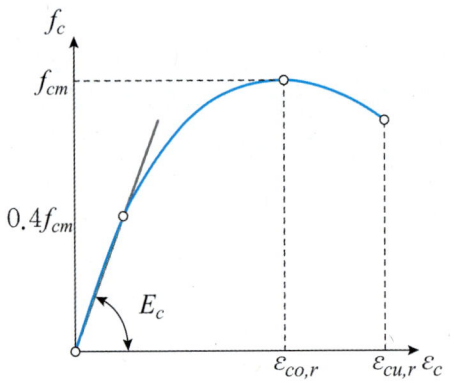

$f_c = 0.85 f_{ck} \left[1 - \left(1 - \dfrac{\varepsilon_c}{\varepsilon_{co}} \right)^n \right]$: 원점에서 최대 응력에 처음 도달할 때까지의 상승 곡선부

$f_c = 0.85 f_{ck}$: 최대응력점~극한변형률까지 구간

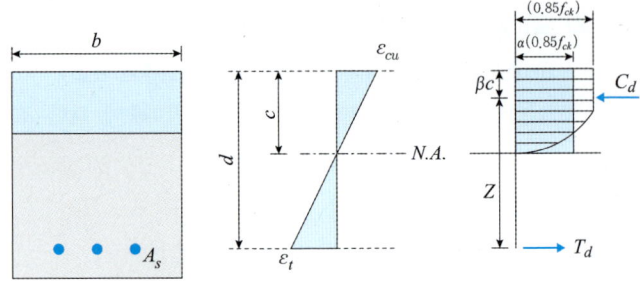

포물선 곡선상승부의 형상 지수

$n = 1.2 + 1.5 \left(\dfrac{100 - f_{ck}}{60} \right)^4 \leq 2.0$

최대응력에 처음 도달할 때의 변형률

$\varepsilon_{co} = 0.002 + \left(\dfrac{f_{ck} - 40}{100,000} \right) \geq 0.002$

극한변형률 $\varepsilon_{cu} = 0.0033 - \left(\dfrac{f_{ck} - 40}{100,000} \right) \leq 0.0033$

포물선-직선 응력분포의 평균값 : $\alpha(0.85 f_{ck})$

압축연단으로부터 합력의 작용위치 : 중립축 깊이 c에 β의 비율

콘크리트 압축강도 $C_d = (\alpha \times 0.85 f_{ck}) cb$

철근 인장강도 $T_d = A_s f_y$

참조

[설계휨강도 계산]

- $C_d = T_d$에서 중립축 높이 c계산
- $M_d = T_d (d - \beta c)$

예제

문제. $b = 400mm$, $d = 800mm$, $f_{ck} = 20MPa$, $A_s = 1700mm^2$, $f_y = 400MPa$인 철근콘크리트 보의 설계휨강도는 얼마인가?

해설 $f_{ck} \leq 40MPa$이므로, $\beta = 0.4$, $\alpha = 0.8$
$C_d = \alpha(0.85 f_{ck}) cb = 0.8 \times (0.85 \times 20) \times c \times 400$ 이고,
$T_d = A_s f_y = 1700 \times 400$
$C_d = T_d$에서, $c = 125mm$
$M_d = T_d(d - \beta c) = 1700 \times 400(800 - 0.4 \times 125)$
$= 510 kN.m$

4) 콘크리트 압축영역의 응력-변형률 관계를 등가 직사각형으로 가정하는 경우

단면의 가장자리와 최대 압축변형률이 일어나는 연단부터 $a=\beta_1 c$ 거리에 있고 중립축과 평행한 직선에 의해 이루어지는 등가 압축영역에 $\eta(0.85f_{ck})$인 콘크리트 응력이 등분포하는 것으로 가정한다.

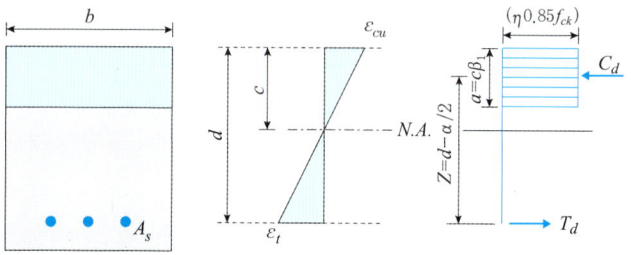

f_{ck}(MPa)	≤40	50	60	70	80	90
ϵ_{cu}	0.0033	0.0032	0.0031	0.003	0.0029	0.0028
η	1.00	0.97	0.95	0.91	0.87	0.84
β_1	0.80	0.80	0.76	0.74	0.72	0.70

예제

문제. $b=400mm$, $d=800mm$, $f_{ck}=20MPa$, $A_s=1700mm^2$, $f_y=400MPa$인 철근콘크리트 보의 설계휨강도는 얼마인가?

해설 $f_{ck} \leq 40MPa$이므로, $\eta = 1$
$C_d = (\eta 0.85 f_{ck})ab = (1 \times 0.85 \times 20) \times a \times 400$ 이고,
$T_d = A_s f_y = 1700 \times 400$
$C_d = T_d$에서, $a = 100mm$
$(c = a/\beta_1 = 100/0.8 = 125mm)$
$M_d = T_d(d-a/2) = 1700 \times 400(800-100/2)$
$\quad\quad = 510 kN \cdot m$

4 철근비와 보의 파괴 상태

1) 철근콘크리트 보의 평형파괴 상태
① 철근과 콘크리트의 강도가 동일
② 평형철근비로 배근한 상태
③ 철근과 콘크리트가 동시에 파괴되는 경우
④ 가장 이상적인 파괴상태, 가장 경제적인 설계

2) 평형철근비
① 평형철근비 $\rho_b = \dfrac{\eta(0.85f_{ck})}{f_y}\beta_1 \times \dfrac{\epsilon_{cu}}{\epsilon_{cu}+\epsilon_y}$

② 평형철근 배근시 중립축 높이 $c_b = \dfrac{\epsilon_{cu}}{\epsilon_{cu}+\epsilon_y}d$

③ 평형철근 배근시 등가압축응력깊이
$a_b = c_b \times \beta_1 = \dfrac{\epsilon_{cu}}{\epsilon_{cu}+\epsilon_y}d \times \beta_1$

case1 $f_y = 400MPa$, $f_{ck} \leq 40MPa$

$\rho_b = \dfrac{\eta(0.85f_{ck})}{f_y}\beta_1 \times \dfrac{\epsilon_{cu}}{\epsilon_{cu}+\epsilon_y}$

$= \dfrac{\eta(0.85f_{ck})}{f_y}\beta_1 \times \dfrac{0.0033}{0.0033+0.002}$

$= \dfrac{\eta(0.85f_{ck})}{f_y}\beta_1 \times \dfrac{33}{53}$

$c_b = \dfrac{\epsilon_{cu}}{\epsilon_{cu}+\epsilon_y}d = \dfrac{33}{53}d$

case2 $f_y = 400MPa$, $f_{ck} = 50MPa$

$\rho_b = \dfrac{\eta(0.85f_{ck})}{f_y}\beta_1 \times \dfrac{\epsilon_{cu}}{\epsilon_{cu}+\epsilon_y}$

$= \dfrac{\eta(0.85f_{ck})}{f_y}\beta_1 \times \dfrac{0.0032}{0.0032+0.002}$

$= \dfrac{\eta(0.85f_{ck})}{f_y}\beta_1 \times \dfrac{32}{52}$

$c_b = \dfrac{\epsilon_{cu}}{\epsilon_{cu}+\epsilon_y}d = \dfrac{32}{52}d$

3) 휨부재의 파괴 양상과 평형파괴상태 검토 예

휨부재의 휨강도는 압축영역(콘크리트)이 받는 힘(C)과 인장영역(철근)이 받는 힘(T)에 의한 우력모멘트에 기인한다. 우력관계에 있는 두 힘 C와 T는 항상 동일한 힘을 받는다. 그러나 이 두 영역의 강도는 설계에 따라 달라질 수 있다.

① 검토조건
- 작용하는 최대휨모멘트 $M_u = 1000 kN.m$
- 모멘트 팔거리 $Z = 500mm = 0.5m$

② 작용하는 최대압축력 및 최대인장력 계산

$$M_u = C \times Z = T \times Z = T \times 0.5 = 1000 kN.m$$

따라서, $C = T = \dfrac{1000}{0.5} = 2000 kN$

작용모멘트	콘크리트 및 철근이 받는 힘($C=T$)	인장영역강도	압축영역강도	파괴양상
$M_u = 1000kN.m$ ($Z = 0.5m$)	2000kN	2000kN	1500kN	압축파괴
		1500kN	2000kN	인장파괴
		1500kN	1500kN	동시파괴

③ 철근비에 따른 보의 파괴양상

case1 압축영역이 먼저 파괴되는 경우

압축영역의 강도 $C_d = 2500kN$,

인장영역의 강도 $T_d = 3000kN$인 경우

$C_d < T_d$ 이므로,

공칭모멘트 강도

$M_d = \phi M_n = 0.85 \times C_d \times Z = 0.85 \times 2500 \times 0.5$
$\quad = 1062.5 kN.m$

따라서, $M_u = 1000kN.m < M_d = 1062.5kN.m \Rightarrow OK$

case2 인장영역이 먼저 파괴되는 경우

압축영역의 강도 $C_d = 3000kN$,

인장영역의 강도 $T_d = 2500kN$인 경우

$C_d > T_d$ 이므로,

공칭모멘트 강도

$M_d = \phi M_n = 0.85 \times T_d \times Z = 0.85 \times 2500 \times 0.5$
$\quad = 1062.5 kN.m$

따라서, $M_u = 1000kN.m < M_d = 1062.5kN.m \Rightarrow OK$

case3 압축영역과 인장영역이 동시에 파괴되는 경우

압축영역의 강도 $C_d = 2500kN$,

인장영역의 강도 $T_d = 2500kN$인 경우

$C_d = T_d$ 이므로,

공칭모멘트 강도

$M_d = \phi M_n = 0.85 \times T_d \times Z = 0.85 \times 2500 \times 0.5$
$\quad = 1062.5 kN.m$

따라서, $M_u = 1000kN.m < M_d = 1062.5kN.m \Rightarrow OK$

case4 압축영역의 파괴에 의해 소요강도가 부족한 경우

압축영역의 강도 $C_d = 1500kN$,

인장영역의 강도 $T_d = 3000kN$인 경우

$C_d < T_d$ 이므로,

공칭모멘트 강도

$M_d = \phi M_n = 0.85 \times C_d \times Z = 0.85 \times 1500 \times 0.5 = 637.5 kN.m$

따라서, $M_u = 1000kN.m > M_d = 637.5kN.m \Rightarrow NG$

case5 인장영역의 파괴에 의해 소요강도가 부족한 경우

압축영역의 강도 $C_d = 3000kN$,

인장영역의 강도 $T_d = 1500kN$인 경우

$C_d > T_d$ 이므로,

공칭모멘트 강도

$M_d = \phi M_n = 0.85 \times T_d \times Z = 0.85 \times 1500 \times 0.5 = 637.5 kN.m$

따라서, $M_u = 1000kN.m > M_d = 637.5kN.m \Rightarrow NG$

인장영역의 강도와 압축영역의 강도는 어느 영역의 값이든 상호 동일한 값 이상이 되면, 그 이상이 되는 값은 실제 보의 휨강도에 영향을 미치지 않는 여용력이 된다.

즉, 〈case1〉에서는 인장영역의 강도 $3000kN$ 중, 압축영역의 강도 $2500kN$ 보다 큰 $3000 - 2500 = 500kN$ 은 보의 휨강도에 전혀 영향이 없는 값이다. 마찬가지로 〈case2〉에서는 압축영역의 $500kN$이 여용력이 된다. 이에 비해서 〈case3〉에서는 동일한 강도를 가지므로, 어느 영역이든 여용력이 없다.

이론적인 관점에서 〈case1〉, 〈case2〉, 〈case3〉는 동일한 강도를 가질 수 있다. 그러나 실제 파괴의 양상은 어느 영역에서 파괴되는가에 따라 다음의 표와 같이 달라진다.

구분	우선파괴부분	파괴성향	설계경향
압축영역강도 > 인장영역강도	인장영역(철근)	연성파괴	안전설계
압축영역강도 = 인장영역강도	동시(철근 및 콘크리트)	평형파괴	이상적 설계 (경제적 설계)
압축영역강도 < 인장영역강도	압축영역(콘크리트)	취성파괴	불안전설계

Tip
토목구조물의 설계에서 요구하는 안전한 설계는 파괴의 징후를 미리 예측할 수 있는 연성파괴가 되도록 구조물의 강도를 조절하는 것이다. 콘크리트는 취성파괴의 성향을, 철근은 연성파괴의 성향을 가지므로, 설계기준에서는 철근에서 먼저 항복하도록 규정하고 있다.

5 휨부재 설계의 제한사항

1) 최대철근비

목적 : 구조물의 연성파괴를 유도

구분		설계 기준
최대철근비(기준식)		$\rho_{\max} = \dfrac{\eta(0.85f_{ck})}{f_y}\beta_1 \times \dfrac{\epsilon_{cu}}{\epsilon_{cu}+2.0\epsilon_y}$
적용식 $f_y \leq 400MPa$	$f_{ck} \leq 40MPa$인 경우	$\rho_{\max} = \dfrac{\eta(0.85f_{ck})}{f_y}\beta_1 \times \dfrac{\epsilon_{cu}}{\epsilon_{cu}+2.0\epsilon_y} = \dfrac{\eta(0.85f_{ck})}{f_y}\beta_1 \times \dfrac{0.0033}{0.0033+0.004} = \dfrac{\eta(0.85f_{ck})}{f_y}\beta_1 \times \dfrac{33}{73}$
	$f_{ck} = 50MPa$인 경우	$\rho_{\max} = \dfrac{\eta(0.85f_{ck})}{f_y}\beta_1 \times \dfrac{\epsilon_{cu}}{\epsilon_{cu}+2.0\epsilon_y} = \dfrac{\eta(0.85f_{ck})}{f_y}\beta_1 \times \dfrac{0.0032}{0.0032+0.004} = \dfrac{\eta(0.85f_{ck})}{f_y}\beta_1 \times \dfrac{32}{72}$
개념		최소허용변형률 개념을 적용 파괴시 철근의 변형률이 이보다 크도록 하여 연성파괴 유도

f_y(MPa)	압축지배 변형률한계 ($\epsilon_y = f_y/E_s$)	최소 허용변형률 (ϵ_{yat})	최대철근비 계수 $R_{\max}$ ($\rho_{\max} = R_{\max} \times \rho_b$)			
			$f_{ck} \leq 40MPa$	$f_{ck} = 50MPa$	$f_{ck} = 60MPa$	$f_{ck} = 70MPa$
300	0.0015	0.004	$\dfrac{33+15}{33+40} = \dfrac{48}{73}$	$\dfrac{32+15}{32+40} = \dfrac{47}{72}$	$\dfrac{31+15}{31+40} = \dfrac{46}{71}$	$\dfrac{30+15}{30+40} = \dfrac{45}{70}$
400	0.002		$\dfrac{33+20}{33+40} = \dfrac{53}{73}$	$\dfrac{32+20}{32+40} = \dfrac{52}{72}$	$\dfrac{31+20}{31+40} = \dfrac{51}{71}$	$\dfrac{30+20}{30+40} = \dfrac{50}{70}$
500	0.0025	$0.005(2.0\epsilon_y)$	$\dfrac{33+25}{33+50} = \dfrac{58}{83}$	$\dfrac{32+25}{32+50} = \dfrac{57}{82}$	$\dfrac{31+25}{31+50} = \dfrac{56}{81}$	$\dfrac{30+25}{30+50} = \dfrac{55}{80}$

예제 최소허용변형률에 따른 최대철근비의 계산($f_y \leq 400MPa$)

문제. $f_y = 330MPa$, $f_{ck} = 24\dfrac{1}{3}MPa \left(= \dfrac{73}{3}MPa\right)$인 경우 최대철근비는 얼마인가?

해설
① 최소허용변형률 계산
  $f_y \leq 400MPa$ 인 경우, 0.004
  $f_y > 400MPa$ 인 경우, $2\epsilon_y$(철근 항복변형률의 2배)
② 최대철근비의 계산
$$\rho_{\max} = \dfrac{\eta(0.85f_{ck})}{f_y}\beta_1 \times \dfrac{\epsilon_{cu}}{\epsilon_{cu}+2.0\epsilon_y} = \dfrac{\eta(0.85f_{ck})}{f_y}\beta_1 \times \dfrac{33}{33+40}$$
$$= \dfrac{33}{73} \times \dfrac{0.85f_{ck}}{f_y} \times \beta_1$$
따라서, $\rho_{\max} = \dfrac{33}{73} \times \dfrac{0.85 \times 73/3}{330} \times 0.8 = \dfrac{17}{750} = 0.0227$

예제 최소허용변형률에 따른 최대철근비의 계산($f_y > 400MPa$)

문제. $f_y = 600MPa$, $f_{ck} = 70MPa$인 경우 최대철근비는 얼마인가? (단, $\beta_1 = 0.74$, $\eta = 0.91$이다.)

해설
① 최소허용변형률 계산
  $f_y \leq 400MPa$ 인 경우, 0.004
  $f_y > 400MPa$ 인 경우, $2\epsilon_y$(철근 항복변형률의 2배)
② 최대철근비의 계산
$$\epsilon_{yat} = 2\epsilon_y = 2 \times \dfrac{f_y}{E_s} = \dfrac{f_y}{10^5} = 0.006$$
$$\rho_{\max} = \dfrac{\eta(0.85f_{ck})}{f_y}\beta_1 \times \dfrac{\epsilon_{cu}}{\epsilon_{cu}+2.0\epsilon_y} = \dfrac{\eta(0.85f_{ck})}{f_y}\beta_1 \times \dfrac{30}{30+60}$$
$$= \dfrac{30}{90} \times \dfrac{\eta(0.85f_{ck})}{f_y} \times \beta_1$$
따라서, $\rho_{\max} = \dfrac{1}{3} \times \dfrac{0.91 \times 0.85 \times 70}{600} \times 0.74 = 0.00227$

2) 최소철근비

목적 : 구조물의 취성파괴 방지

① 인장철근이 배근되는 모든 휨부재에는 최소한 다음의 철근이 배근되어야 한다.

$$A_s \min = \frac{0.25\sqrt{f_{ck}}}{f_y}b_w d, \; \frac{1.4}{f_y}b_w d$$

$$(\therefore \rho_{\min} = \frac{0.25\sqrt{f_{ck}}}{f_y}, \; \frac{1.4}{f_y})$$

② 플랜지가 인장을 받는 정정구조물인 경우는 상기식에서 b_w 대신에 유효폭 b와 $2b_w$ 중 작은 값을 대입하여 적용한다.

③ 해석에 필요한 철근량보다 1/3 이상 추가 배근된 경우에는 상기의 식을 적용하지 않아도 좋다.

④ 두께가 균일한 슬래브와 기초판에서, 경간방향의 최소철근은 최소온도수축철근량과 동일하며, 최대간격은 슬래브 및 기초판 두께의 3배와 450mm 중 작은 값을 초과하지 않도록 해야 한다.

3) 보의 휨철근 배치에 관한 특별 조항(1방향 슬래브 동일) (KDS 14 20 20 : 2021)

① 콘크리트 인장 최외측의 철근의 중심간격은 다음 두 식 이하로 해야 한다.(단, 별도의 균열검토를 수행한 경우에는 만족하지 않아도 좋다.)

$$s = 375\left(\frac{k_{cr}}{f_s}\right) - 2.5c_c$$

$$s = 300\left(\frac{k_{cr}}{f_s}\right)$$

건조환경 : $k_{cr} = 280$, 그 외 환경 : $k_{cr} = 210$

c_c : 피복두께(인장철근이나 긴장재의 표면과 콘크리트 표면사이의 최소 두께)

f_s : 사용하중 상태에서 인장 최외측 철근의 응력(근사적으로 $\frac{2}{3}f_y$)

최외측 철근이 하나만 배치된 경우에는 인장연단의 폭을 s로 한다.

② 플랜지가 인장을 받는 경우, 플랜지 유효폭 b_e와 경간장 $l_n/10$ 중 작은 폭에 걸쳐 등분포시켜야 한다. $b_e > \frac{l_n}{10}$ 인 경우에는 종방향 휨철근은 유효플랜지폭 바깥부분에 소요철근 외에 추가로 배치해야 한다.

③ 보나 장선의 깊이 $h > 900mm$ 이면, 종방향 표피철근을 인장연단으로부터 $\frac{h}{2}$ 지점까지 부재 양쪽 측면을 따라 균일하게 배치하여야 한다.

> **참조**
> 보의 휨철근 배치조항은 균열검토와 동일한 것으로, 철근콘크리트 구조의 균열검토를 철근간격검토로 대체한 조항으로 이해해야 한다.

4) 휨부재의 횡지지 간격(KDS 14 20 20 : 2021)

① 보의 횡지지 간격은 압축 플랜지 또는 압축면의 최소 폭의 50배를 초과하지 않도록 하여야 한다.

② 하중의 횡방향 편심의 영향은 횡지지 간격을 결정할 때 고려되어야 한다.

5) 휨부재의 최소철근량(KDS 14 20 20 : 2021)

① 해석에 의하여 인장철근 보강이 요구되는 휨부재의 모든 단면에 대하여, 설계휨강도가 다음의 조건을 만족하도록 인장철근을 배치하여야 한다.

$$\phi M_n \geq 1.2 M_{cr} \; (M_{cr} : \text{휨부재의 균열휨모멘트})$$

② 부재의 모든 단면에서 해석에 의해 필요한 철근량보다 1/3 이상 인장철근이 더 배치되어 다음 조건을 만족하는 경우는 최소철근량 규정을 적용하지 않을 수 있다.

$$\phi M_n \geq \frac{4}{3} M_u \; (\text{휨에 대한 안전율이 1.33 이상인 경우})$$

③ 두께가 균일한 구조용 슬래브와 기초판에 대하여 경간방향으로 보강되는 휨철근의 단면적이 슬래브 최소온도철근량 이상인 경우, 최소철근량 규정을 적용하지 않을 수 있다. 단, 철근의 최대 간격은 슬래브 또는 기초판 두께의 3배와 450 mm 중 작은 값을 초과하지 않도록 하여야 한다.

> **참조**
> **[1방향 슬래브의 최소 온도철근]**
> ① $f_y \leq 400MPa$ 인 이형철근 0.0020
> ② $f_y > 400MPa$ 인 이형철근 또는 용접철망 $0.0020 \times \frac{400}{f_y} \geq 0.0014$
> ③ 단위 폭 m당 1,800mm² 보다 크게 취할 필요는 없다.
> ④ 수축·온도철근의 간격은 슬래브 두께의 5배 이하, 또한 450 mm 이하로 하여야 한다.
> ⑤ 수축·온도철근은 설계기준항복강도 f_y를 발휘할 수 있도록 정착되어야 한다.

6 복철근 직사각형보의 설계

1) 복철근 직사각형보의 휨모멘트 강도

① 우력의 개념에 의해 강도를 계산하는 것은 단철근 직사각형보와 동일

② 압축철근(A_s')과 우력관계를 가지는 인장영역의 철근량에 의한 우력모멘트 : $M_{n1} = A_s' f_y (d-d')$

③ 인장철근(A_s) 중 압축철근과의 우력모멘트로 계산된 나머지 철근($A_s - A_s'$)에 의한 우력모멘트 :

$$M_{n2} = (A_s - A_s') f_y (d - \frac{a}{2})$$

④ 총 설계강도

$$M_d = \phi M_n = \phi(M_{n1} + M_{n2})$$
$$= \phi A_s' f_y (d-d') + \phi(A_s - A_s') f_y (d - \frac{a}{2})$$

A_s : 인장철근량 A_s' : 압축철근량
d : 보의 유효 높이 d' : 압축측 피복두께
b : 단면 폭

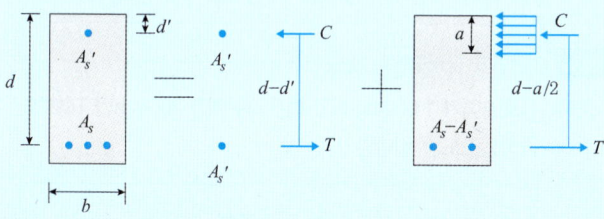

Tip
복철근 직사각형보의 설계는 단철근 직사각형보와 마찬가지로, 우력모멘트 개념을 적용한다. 단지 달라지는 것은 압축철근이 포함되어진 전체 압축영역의 작용점을 구하는 것이 번거롭기 때문에, 압축철근에 의한 우력모멘트와 이를 제외한 나머지 철근에 의한 우력모멘트를 분리하여 계산하여 중첩하여 계산하는 점이다. 따라서, M_{n2}의 계산은 단철근 직사각형보의 휨계산에서 A_s 대신 $A_s - A_s'$로 변경된 식으로 표현된다.

예제 복철근보의 공칭모멘트 강도

문제. 유효높이가 760mm이고 압축측 피복이 60mm인 복철근 직사각형 보의 공칭휨강도는 얼마인가?

$A_s = 20000mm^2$, $A_s' = 4000mm^2$,
$f_y = 400MPa$, $f_{ck} = 24MPa$, $a = 320mm$

해설
$$M_n = (A_s - A_s') f_y (d - \frac{a}{2}) + A_s' f_y (d - d')$$
$$= (20000 - 4000) \times 400 \times (760 - \frac{320}{2})$$
$$+ 4000 \times 400 \times (760 - 60)$$
$$= 4960 kN.m$$

2) 복철근 직사각형보의 등가압축응력깊이

압축철근을 제외한 나머지 부분에 의한 등가압축응력깊이로 계산되며, 상기의 M_{n2}의 우력모멘트 관계에서 유도한다. 기본 유도과정은 단철근 직사각형보와 동일하다.

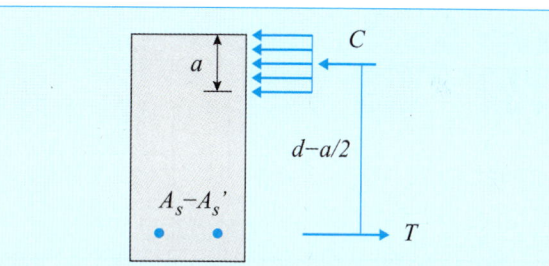

압축력 $C = 0.85 f_{ck} ab$ = 인장력 $T = (A_s - A_s') f_y$ 이므로,

따라서, $a = \dfrac{f_y (A_s - A_s')}{0.85 f_{ck} b}$ (단철근 직사각형보의 등가압축응력 깊이 계산에서 A_s 대신 $A_s - A_s'$로만 변경)

예제 복철근보의 등가압축깊이

문제. 다음과 같은 조건의 복철근 직사각형 보의 등가압축응력깊이는 얼마인가?

$A_s = 20,000mm^2$, $A_s' = 5,000mm^2$,
$f_y = 340MPa$, $f_{ck} = 30MPa$, $b = 400mm$,
$d = 1200mm$

해설 $a = \dfrac{(A_s - A_s') \cdot f_y}{0.85 f_{ck} \cdot b} = \dfrac{15000 \times 340}{0.85 \times 30 \times 400} = 500mm$

④ 총 설계강도

$$M_d = \phi M_n = \phi(M_{n1} + M_{n2})$$
$$= \phi A_{sf} f_y (d - \dfrac{t_f}{2}) + \phi(A_s - A_{sf}) f_y (d - \dfrac{a}{2})$$

A_s : 총 인장철근량 A_{sf} : 플랜지에 대한 우력철근량
t_f : 플랜지 두께 b : 플랜지 유효폭
b_w : 복부폭

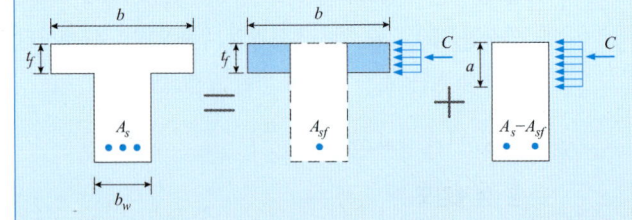

Tip

T형보의 설계는 복철근보와 마찬가지로, 우력모멘트를 발생시키는 인자들에 의한 중첩을 통해 설계휨모멘트를 계산한다. 플랜지 콘크리트와 A_{sf}에 의해 발생되는 우력모멘트 M_{n1}와 전체 인장철근량에 이를 제외한 나머지 철근량($A_s - A_{sf}$)에 의한 우력모멘트 M_{n2}를 각각 계산해서 합하는 개념으로 설계한다.

7 T형보의 설계

1) T형보 설계 개념

압축콘크리트 영역이 T형으로 된 보

압축 콘크리트 단면을 증가	인장영역의 콘크리트 단면을 제거 ⇒ 자중 경감
(N.A)	(N.A)

2) T형보의 휨모멘트 강도

① 우력의 개념에 의해 강도를 계산하는 것은 단철근 직사각형보와 동일

② 플랜지 콘크리트와 우력관계를 가지는 인장영역의 철근량에 의한 우력모멘트 : $M_{n1} = A_{sf} f_y (d - \dfrac{t_f}{2})$

③ 인장철근(A_s) 중 플랜지와 우력모멘트로 계산된 나머지 철근($A_s - A_{sf}$)에 의한 우력모멘트 :

$$M_{n2} = (A_s - A_{sf}) f_y (d - \dfrac{a}{2})$$

예제 T형보의 공칭모멘트 강도

문제. 유효높이가 1,000mm이고 플랜지두께가 200mm인 T형보의 공칭휨강도는 얼마인가?

$A_s = 12000mm^2$, $A_{sf} = 3000mm^2$,
$f_y = 400MPa$, $f_{ck} = 24MPa$, $a = 400mm$

해설 $M_n = (A_s - A_{sf}) f_y (d - \dfrac{a}{2}) + A_{sf} f_y (d - \dfrac{t_f}{2})$
$= (12000 - 3000) \times 400 \times (1000 - \dfrac{400}{2})$
$+ 3000 \times 400 \times (1000 - \dfrac{200}{2})$
$= 3960 kN \cdot m$

Tip 빠른 계산

$A_s - A_{sf} = 0.75 A_s$, $A_{sf} = 0.25 A_s$ 이므로,
$M_n = (A_s - A_{sf}) f_y (d - \dfrac{a}{2}) + A_{sf} f_y (d - \dfrac{t_f}{2})$
$= A_s f_y \times \{0.75 \times (d - \dfrac{a}{2}) + 0.25 \times (d - \dfrac{t_f}{2})\}$
$= 12000 \times 400 \times (0.75 \times 800 + 0.25 \times 900)$
$= 3960 kN \cdot m$

3) T형보의 등가압축응력깊이의 계산

플랜지에 대한 우력철근(A_{sf})을 제외한 나머지 부분에 의한 등가압축응력깊이로 계산되며, 상기의 M_{n2}의 우력모멘트 관계에서 유도한다. 기본 유도과정은 단철근 직사각형보와 동일하다.

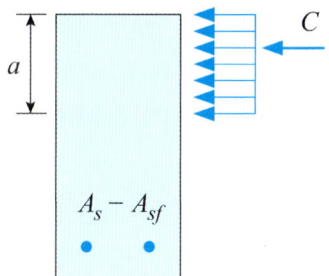

압축력 $C = 0.85 f_{ck} a b_w$ = 인장력 $T = (A_s - A_{sf}) f_y$ 이므로,

따라서, $a = \dfrac{f_y(A_s - A_{sf})}{0.85 f_{ck} b_w}$ (단철근 직사각형보의 등가압축응력깊이 계산에서 A_s 대신 $A_s - A_{sf}$로만 변경)

예제 T형보의 등가압축응력 깊이

문제. 다음 조건의 T형보에서 등가압축응력깊이는 얼마인가?

> A_s = 25,000 mm^2, A_{sf} = 5,000 mm^2,
> f_y = 400MPa, f_{ck} = 30MPa, b_w = 600mm,
> d = 1,500mm, b = 1,000mm

해설 $a = \dfrac{(A_s - A_{sf}) f_y}{0.85 f_{ck} \cdot b} = \dfrac{20000 \times 400}{0.85 \times 30 \times 600} = 523 mm$

---

4) T형보의 판정

① T형보 판정의 기준

구분	정모멘트를 받는 경우		부모멘트를 받는 경우
설계방법	T형보	폭이 b인 직사각형보	폭이 b_w인 직사각형보
중립축의 위치와 압축영역	중립축이 복부에 있음 (b, t_f, b_w, A_s)	중립축이 플랜지에 있음 (b, t_f, b_w, A_s)	(b, t_f, A_s, b_w)

> **Tip**
> T형보로 계산한다는 개념을 먼저 확인하면, 플랜지 부분과 복부 부분을 나누어서 설계한다는 것이다. 그런데 중요한 점은 콘크리트의 인장강도는 휨설계에서 무시되므로, 중립축 윗부분(압축응력부분)만 설계에서 고려된다는 것이다.
> 따라서 중립축 아래부분의 콘크리트 형상은 설계에 영향이 없으므로 T형보의 판정도 역시 중립축 윗부분(압축응력부분)이 T형인지 직사각형인지 판정하는 것으로 정리할 수 있다.

② T형보 판정 방법

폭 b의 단철근보로 가정, 등가응력깊이 a를 계산하여 이 값이 플랜지의 두께 t_f보다 크면 T형보로 판정

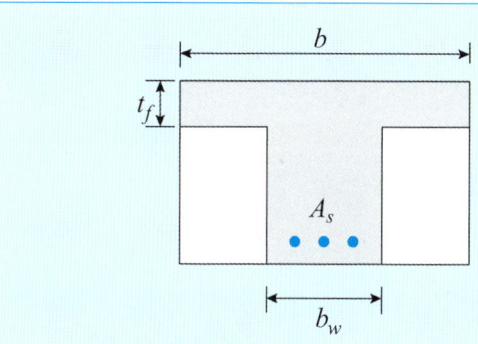

$$C = 0.85 f_{ck} a b = A_s f_y = T$$

- T형보 : $a = \dfrac{A_s f_y}{0.85 f_{ck} b} > t_f$ (정모멘트)
- b를 폭으로 하는 직사각형 보 : $a < t_f$ (정모멘트)
- b_w를 폭으로 하는 직사각형 보 : (부모멘트)

📌 Tip

T형보로 판정된 경우에, 등가압축응력깊이 a는 강도계산에서 사용되는 a와 값이 다르므로 계산시에는 다시 a를 구해야 한다.

예제 T형보 판정

문제. 플랜지의 유효폭이 2.0m인 T형 구조단면을 T형보로 해석하기 위한 플랜지의 최대 두께는 얼마인가? (단, $A_s = 20000mm^2$, $f_y = 340MPa$, $f_{ck} = 20MPa$)

해설 $C = 0.85f_{ck}ab = A_s f_y = T$ 에서,

$$a = \frac{A_s f_y}{0.85 f_{ck} b} = \frac{20000 \times 340}{17 \times 2000} = 200mm > t_f$$

5) 플랜지 유효폭 결정(KDS 14 20 10 : 2021)

구분	대칭T형보	비대칭T형보(반 T형보)
플랜지 두께 관련	$16t_f + b_w$	$6t_f + b_w$
인접보와 거리 관련	L_c	$\dfrac{L_0}{2} + b_w$
보 지간 관련	$\dfrac{L}{4}$	$\dfrac{L}{12} + b_w$

위 조건 중 최소값을 유효폭으로 결정

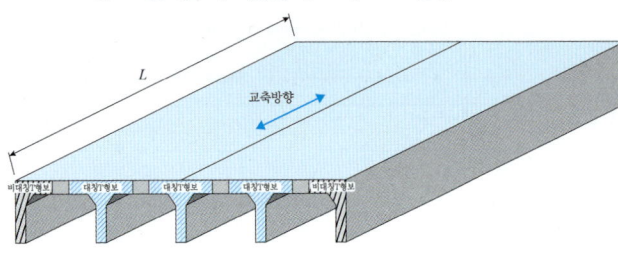

b_w : 복부 두께
L : 보 지간
L_c : 양쪽 슬래브 중심간 거리
t_f : 플랜지 두께
L_o : 인접보와의 내측거리

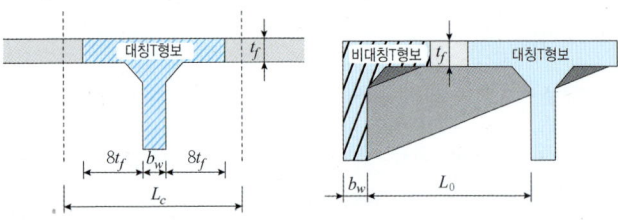

📌 Tip

플랜지 폭이 클수록 설계에 유리하므로, 유효폭은 가장 작은 값을 취한다.

① **독립T형보의 유효폭**

$t_f \geq b_w/2$: 추가 압축면적을 제공하는 플랜지의 두께는 복부폭의 1/2 이상

$b_e \leq 4b_w$: 플랜지의 유효폭은 복부폭의 4배 이하

② **T형보 슬래브의 최소철근**(KSD 14 20 10 : 2021)

T형보의 플랜지로 취급되는 슬래브에서 주철근이 보의 방향과 같을 때는 다음 요구 조건에 따라 보의 직각방향으로 슬래브 상부에 철근을 배치하여야 한다.(단, 장선구조 제외)

㉠ 횡방향 철근은 T형보의 내민 플랜지를 캔틸레버로 보고 그 플랜지에 작용하는 계수하중에 대하여 설계하여야 한다.
  - 독립 T형보의 경우 : 내민 플랜지 전폭을 유효폭으로 한다.
  - 그 밖의 T형보의 경우 : T형보 유효폭만 고려한다.

㉡ 횡방향 철근의 간격은 슬래브 두께의 5배 이하로 하여야 하고, 또한 450mm 이하로 하여야 한다.

예제 T형보 유효폭 판정

문제. 보 지간 12m, 플랜지 두께 200mm, 복부폭 300mm, 보의 중심간 거리 2.5m인 대칭 T형보의 유효폭은 얼마인가?

해설 $16t_f + b_w = 16 \times 200 + 300 = 3.5m$

$\dfrac{l_n}{4} = \dfrac{12}{4} = 3m$

$l_c = 2.5m$

그러므로, 유효폭은 최소값인 2.5m

대표기출문제

문제. 단철근 직사각형 보에서 $f_{ck} = 38MPa$인 경우, 콘크리트 등가 직사각형 압축응력블록의 깊이를 나타내는 계수 β_1은?

2022년 1회

① 0.74　　② 0.76
③ 0.80　　④ 0.85

정답 ③
해설 $f_{ck} \leq 40MPa$인 경우, $\beta_1 = 0.8$

대표기출문제

문제. 유효깊이가 600mm인 단철근 직사각형 보에서 균형 단면이 되기 위한 압축연단에서 중립축까지의 거리는? (단, f_{ck} = 28MPa, f_y = 300MPa, 강도설계법에 의한다.)

2022년 1회

① 494.5mm　　② 412.5mm
③ 390.5mm　　④ 293.5mm

정답 ②
해설 $c_b = \dfrac{\epsilon_{cu}}{\epsilon_{cu} + \epsilon_y}d = \dfrac{33}{33+15} \times 600 = 412.5mm$

대표기출문제

문제. 강도설계법에 의한 콘크리트구조 설계에서 변형률 및 지배단면에 대한 설명으로 틀린 것은?

2021년 3회

① 인장철근이 설계기준항복강도 f_y에 대응하는 변형률에 도달하고 동시에 압축콘크리트가 가정된 극한변형률에 도달할 때, 그 단면이 균형변형률 상태에 있다고 본다.
② 압축연단 콘크리트가 가정된 극한변형률에 도달할 때 최외단 인장철근의 순인장변형률 ϵ_t가 0.0025의 인장지배변형률 한계 이상인 단면을 인장지배단면이라고 한다.
③ 압축연단 콘크리트가 가정된 극한변형률에 도달할 때 최외단 인장철근의 순인장변형률 ϵ_t가 압축지배변형률 한계 이하인 단면을 압축지배단면이라고 한다.
④ 순인장변형률 ϵ_t가 압축지배변형률 한계와 인장지배변형률 한계 사이인 단면은 변화구간 단면이라고 한다.

정답 ②
해설 압축연단 콘크리트가 가정된 극한변형률에 도달할 때 최외단 인장철근의 순인장변형률 ϵ_t가 0.005 ($f_y \leq 400MPa$인 경우)의 인장지배변형률 한계 이상인 단면을 인장지배단면이라고 한다.

대표기출문제

문제. 아래 그림과 같은 보의 단면에서 표피철근의 간격 s는 최대 얼마 이하로 하여야 하는가? (단, 건조환경에 노출되는 경우로서, 표피철근의 표면에서 부재 측면까지 최단거리(c_c)는 40mm, f_{ck} = 24MPa, f_y = 350MPa이다.) 2021년 2회

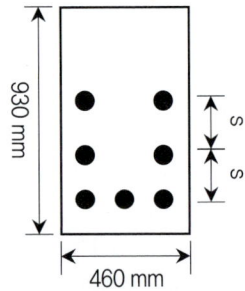

① 330mm   ② 340mm
③ 350mm   ④ 360mm

정답 ③
해설 건조환경이므로, $k_{cr} = 280$ (그 외 환경에서 210)

$$f_s = \frac{2}{3}f_y = \frac{2}{3} \times 350$$

$$s = 375\frac{k_{cr}}{f_s} - 2.5c_c = 375 \times \frac{280}{2/3 \times 350} - 2.5 \times 40$$
$$= 350mm$$

$$s = 300\frac{k_{cr}}{f_s} = 300 \times \frac{280}{2/3 \times 350} = 360mm$$

따라서, 최소값인 350mm 이하로 배치한다.

대표기출문제

문제. 아래 그림과 같은 철근콘크리트 보-슬래브 구조에서 대칭 T형보의 유효폭(b)은? 2021년 1회

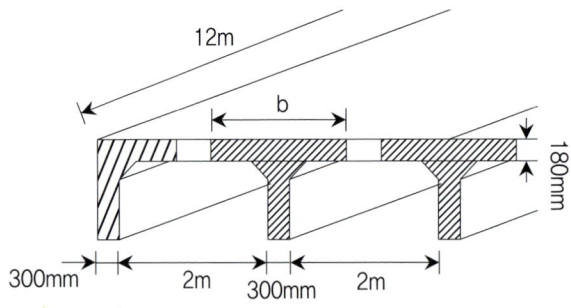

① 2000mm   ② 2300mm
③ 3000mm   ④ 3180mm

정답 ②
해설 $L_c = 2.3m$

$$\frac{L}{4} = \frac{12}{4} = 3m$$

$$16t_f + b_w = 16 \times 0.18 + 0.3 = 3.18m$$

따라서, 최소값인 2.3m를 유효폭으로 한다.

04 전단 및 비틀림

01 전단 및 비틀림

1 전단설계의 개요

1) 보의 응력 분포

① 휨응력은 중립축에서 멀어질수록 커지고, 전단응력은 중립축에서 가장 큰 형상을 가진다.

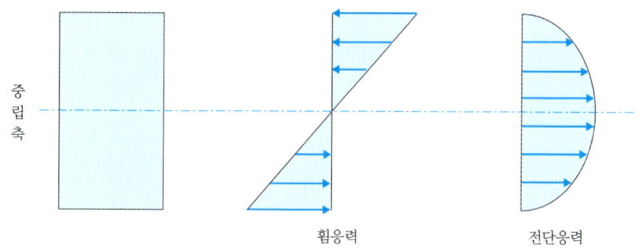

휨응력 $f : \dfrac{M}{I}y$

전단응력 $v : \dfrac{VG}{Ib}$

② 보 설계시에는 인장측에 있는 콘크리트의 휨응력은 인장응력이므로 무시하고, 전단응력은 평균전단응력을 사용한다.

2 철근콘크리트 보의 전단설계 방법

구간	설계 방법
$\dfrac{1}{2}\phi V_c > V_u$	콘크리트만으로 충분히 전단에 저항 (지점 중앙부) 전단철근(스터럽)을 배근 안해도 좋다.
$\phi V_c > V_u \geqq \dfrac{1}{2}\phi V_c$	이론적으로 콘크리트만으로 전단에 저항가능 안전을 위해 최소의 전단철근을 배근 $A_{v,\min} = 0.0625\sqrt{f_{ck}}\dfrac{b_w s}{f_{ty}} \geqq \dfrac{0.35 b_w s}{f_{yt}}$ (N, mm^2)
$V_u > \phi V_c$	콘크리트만으로 전단에 저항 못하는 경우 스터럽에 의해 저항하도록 설계 $V_d = \phi V_n = \phi(V_c + V_s)$ 와 $V_s = \dfrac{d}{s}A_v f_{yt}$ 에서, 일반적으로 전단철근량 A_v는 가정하고 간격을 조정하므로, $s \leq \dfrac{\phi A_v f_{yt} d}{V_u - \phi V_c}$

주의 V_u는 전단력도(SFD)에서 구해진 최대전단력에 대해, 지점에서 유효 높이 d 만큼 떨어진 값을 사용해야 한다.

3 전단설계의 원칙(KDS 14 20 22 : 2021)

1) 전단설계 기본원칙

① 스트럿-타이 모델 설계방법에 의해 설계된 부재를 제외하고는 다음의 식을 기본으로 설계해야 한다.

$V_u \leqq \phi V_n$

V_u : 계수 전단력

$V_n = V_c + V_s$: 공칭전단강도

② 부재에 개구부가 있는 경우에는 그 영향을 고려해야 한다.

③ V_c를 계산할 때, 구속된 부재에서는 크리프와 건조수축에 의한 축방향 인장도 고려해야 하며, 깊이가 일정하지 않은 부재의 경사진 휨압축력의 영향도 고려해야 한다.

④ 전단강도 계산시에 사용되는 $\sqrt{f_{ck}}$는 8.4MPa을 초과하지 않아야 한다.

⇒ 최소전단 철근을 배근한 고강도 콘크리트보를 실험한 결과, 이러한 경우 전단철근이 f_{ck}의 증가에 따라 전단균열이 발생할 때 취성파괴를 방지하는데 부족함.

> **예외조건**
>
> 최소전단 철근이 배치된 RC 및 PC 보와
> 장선구조에서 V_c, V_{ci}, V_{cw} 계산시
> V_c : 콘크리트 전단강도
> V_{ci} : 전단 + 휨 조합에 의해 전단균열 발생시 전단강도
> V_{cw} : 복부의 과도한 인장응력에 의해 전단균열 발생시 전단강도

⑤ 다음 조건의 경우에 받침부의 최대전단력은 수정될 수 있다.
- 작용전단력 방향으로 받침부 반력이 부재 단부를 압축
- 하중은 부재 상면 또는 그 근처에 작용
- 받침부 내면과 전단 위험단면 사이에 집중하중이 작용하지 않을 경우

RC	지점에서 d만큼 떨어진 위치의 전단력
PSC	지점에서 $0.5h$만큼 떨어진 위치의 전단력

2) 콘크리트구조설계기준에 따른 전단철근

① 전단철근의 종류와 적용

PSC 및 RC	RC
• 부재 축에 직각인 스터럽 및 용접철망 • 나선철근, 원형띠철근, 후프철근	• 주인장 철근에 45° 이상의 각도를 가지는 스터럽 • 주인장 철근에 30° 이상의 각도로 구부러진 굽힘철근 • 스터럽과 굽힘철근의 조합

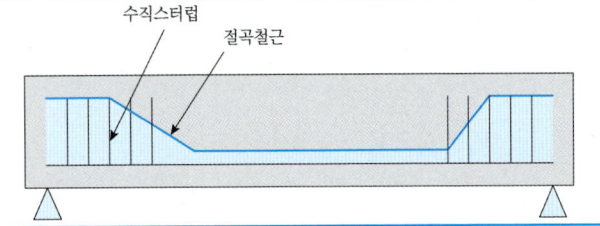

② 전단철근의 설계기준강도 $f_y \leq 500MPa$이어야 한다. 단, 용접철망인 경우는 600MPa을 초과할 수 없다.
③ 프리스트레스트 콘크리트 부재의 전단강도 계산시, 유효깊이는 압축연단에서 긴장재와 철근의 도심까지 거리로 한다. 이 값은 $0.8h$ 이상이어야 한다.
④ 전단철근으로 사용하는 스터럽과 기타 철근 또는 철선은 콘크리트 압축연단부터 거리 d만큼 연장하여야 한다.

3) 전단철근의 간격

① 부재축에 직각으로 배치된 전단철근의 간격은 철근콘크리트 부재일 경우는 $d/2$ 이하, 프리스트레스트 콘크리트 부재일 경우는 $0.75h$ 이하이어야 하고, 또 어느 경우이든 600mm 이하로 하여야 한다.
② $V_s > \lambda(\sqrt{fck}/3)b_w d = 2V_c$인 경우는, 상기의 최대 간격 조항은 절반으로 감소시켜야 한다.

구분		철근콘크리트	프리스트레스트 콘크리트
최소간격		100mm(2007년 삭제되었으나 유효하게 적용함)	
최대간격	$V_s \leq 2V_c$	$\frac{1}{2}d$, 600mm	$\frac{3}{4}h$, 600mm
	$V_s > 2V_c$	$\frac{1}{4}d$, 300mm	$\frac{3}{8}h$, 300mm

③ 경사스터럽 및 굽힘철근은 부재 중간높이 $0.5d$에서 반력점 방향으로 인장철근까지 연장된 45°선과 한 번 이상 교차하도록 배치해야 한다.

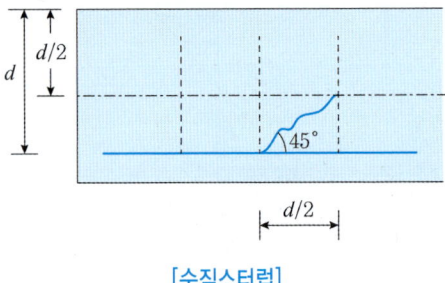

[수직스터럽]

4) 최소전단철근

① 계수전단력 V_u가 콘크리트에 의한 설계전단강도 ϕV_c의 1/2을 초과하는 모든 철근콘크리트 휨부재(프리스트레스트 콘크리트 휨부재도 포함)에는 다음의 최소 전단철근을 배치하여야 한다.

$$A_{v,min} = 0.0625\sqrt{f_{ck}}\frac{b_w s}{f_{yt}} \geq \frac{0.35 b_w s}{f_{yt}} \quad (N, mm^2)$$

② 휨철근 인장강도의 40% 이상의 유효 프리스트레스 힘이 작용하는 프리스트레스트 콘크리트 부재에 대한 최소철근은 다음 값도 만족해야 한다.

$$A_{v,min} = \frac{A_{ps}}{80}\frac{f_{pu}}{f_{yt}}\frac{s}{d}\sqrt{\frac{d}{b_w}} \quad (N, mm^2)$$

③ 최소전단철근량을 적용하지 않아도 되는 예외 조건
- 슬래브와 기초판
- 콘크리트 장선구조
- 전체 깊이가 250mm 이하이거나 I형보, T형보에서 그 깊이가 플랜지 두께의 2.5배 또는 복부폭의 1/2 중 큰 값 이하인 보
- 교대 벽체 및 날개벽, 옹벽의 벽체, 암거 등과 같이 휨이 주거동인 판 부재
- 순 단면의 깊이가 315mm를 초과하지 않는 속빈 부재에 작용하는 계수전단력이 $0.5\phi V_{cw}$를 초과하지 않는 경우
- 보의 깊이가 600mm를 초과하지 않고 설계기준압축강도가 40MPa을 초과하지 않는 강섬유콘크리트 보에 작용하는 계수전단력이 $\phi\left(\dfrac{\sqrt{f_{ck}}}{6}\right)b_w d$를 초과하지 않는 경우
- 전단철근이 없어도 계수휨모멘트와 계수전단력에 저항할 수 있다는 것을 실험에 의해 확인할 수 있는 경우

> **참조**
>
> **경량골재 콘크리트 계수 λ**
> - **쪼갬인장강도 f_{sp}값이 규정되어 있지 않은 경우**
> $\lambda = 0.75$, 전경량콘크리트
> $\lambda = 0.85$, 모래경량콘크리트
>
>   다만, 0.75에서 0.85 사이의 값은 모래경량콘크리트의 잔골재를 경량잔골재로 치환하는 체적비에 따라 직선보간한다. 0.85에서 1.0 사이의 값은 보통중량콘크리트의 굵은골재를 경량골재로 치환하는 체적비에 따라 직선보간한다.
>
> - **f_{sp}값이 주어진 경우**
> $\lambda = f_{sp}/(0.56\sqrt{f_{ck}}) \leq 1.0$

5) 전단강도의 계산

① 스터럽과 콘크리트에 의한 전단강도

스터럽에 의한 전단강도 V_s		콘크리트에 의한 전단강도 V_c
수직스터럽	$V_s = \dfrac{d}{s}A_v f_{yt}$	• 전단력과 휨모멘트만 받는 경우 $V_c = \dfrac{1}{6}\lambda\sqrt{f_{ck}}b_w d$
경사스터럽	$V_s = \dfrac{d}{s}A_v f_{yt}(\sin\alpha + \cos\alpha)$	• 축방향 압축력을 받는 경우 $V_c = \dfrac{1}{6}\left(1 + \dfrac{N_u}{14A_g}\right)\lambda\sqrt{f_{ck}}b_w d$
굽힘철근 1개 배근시	$V_s = A_v f_{yt}\sin\alpha < 0.25\sqrt{f_{ck}}b_w d$	• 원형단면 부재의 V_c를 계산하기 위한 단면적을 콘크리트 단면의 유효 깊이와 지름의 곱으로 한다. 이때 단면의 유효깊이는 부재지름의 0.8 배로 할 수 있다.

보의 전단강도 : $V_d = \phi V_n = \phi(V_c + V_s)$

[수직스터럽] [경사스터럽]

d : 보의 유효높이
s : 수직스터럽 간격
A_v : 수직스터럽 단면적(s 내의 전단철근의 전체 단면적으로, 스터럽 2가닥 면적)
A_g : 보의 전체단면적
N_u : V_u와 동시에 발생하는 단면에 수직한 계수축력(크리프, 건조수축 포함)
α : 주인장철근(부재축)과 이루는 각도
ϕ : 전단에 대한 강도감소계수($\phi = 0.75$)
λ : 경량골재 콘크리트 계수

② 원형띠철근, 후프철근 또는 나선철근을 전단철근으로 사용한 경우, A_v는 종방향 철근과 평행하게 잰 간격 s 내에 배치된 나선철근, 후프철근 또는 원형 띠철근의 두 가닥 면적에 해당한다.

③ 종방향 철근을 구부려 전단철근으로 사용할 때는 그 경사 길이의 중앙 3/4만이 전단철근으로서 유효하다고 보아야 한다.

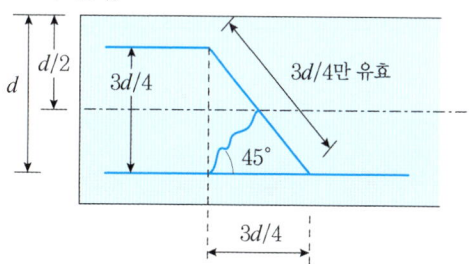

④ 전단철근의 최대강도(KDS 14 20 22 4.3.4 전단철근의 상세)

$$V_s < 0.2\left(1 - \dfrac{f_{ck}}{250}\right)f_{ck}b_w d$$

예 $f_{ck} = 25MPa$인 경우
$0.2\left(1 - \dfrac{f_{ck}}{250}\right)f_{ck}b_w d = 0.2 \times \left(1 - \dfrac{25}{250}\right) \times 25 b_w d = 4\dfrac{1}{2}b_w d$

예 $f_{ck} = 36MPa$인 경우
$0.2\left(1 - \dfrac{f_{ck}}{250}\right)f_{ck}b_w d = 0.2 \times \left(1 - \dfrac{36}{250}\right) \times 36 b_w d = 6.16 b_w d$

> **예제** 철근콘크리트 부재의 전단설계

문제. 계수전단력이 300KN인 보에서 콘크리트만으로 저항하기 위한 최소높이 h는 얼마인가? (단, b = 600mm, $f_{ck} = 25MPa$, $f_y = 400MPa$, 피복두께는 50mm로 한다.)

해설 전단철근(스터럽) 설계에서, 최소 스터럽이 배근되지 않아도 되는 곳은 전단하중이 콘크리트 전단강도의 50%보다 작은 구간이다.
$V_u = \phi V_n$에서, 스터럽이 없어도 되는 구간은
$V_u \leq \frac{1}{2} \phi V_c$
$V_u = 30 \times 10^4 N \leq \frac{1}{2} \phi \frac{\sqrt{f_{ck}} b_w d}{6}$
$= \frac{1}{2} \times 0.75 \times \frac{\sqrt{25} \times 600 \times d}{6}$
$d = 1600mm$이므로,
따라서, 보의 높이 $h = 1600 + 50 = 1650mm$ (피복두께를 더하여 계산)

> **예제** 스터럽의 간격

문제. 구형단면의 철근콘크리트 보의 전단력도가 다음 그림과 같이 계산되었다. 이때, 폐쇄스터럽의 최대 간격은 얼마로 해야 하는가? (단, d = 1000mm, L = 22m, $V_c = 400kN$, 1단 폐합스터럽으로 배근하고, 사용된 스터럽 1가닥의 공칭단면적 = $350mm^2$, $f_y = 400MPa$)

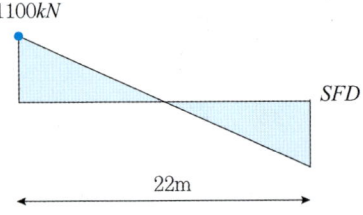

해설 ① 소요 스터럽 간격 계산
유효높이 d만큼 떨어진 곳이 전단에 대해 가장 위험하므로, 비례식에 의해, $V_u = \frac{1100}{11} \times (11-1) = 1000kN$
$s \leq \frac{\phi A_v f_y d}{V_u - \phi V_c} = \frac{0.75 \times 350 \times 2 \times 400 \times 1000}{1000 - 0.75 \times 400} \times 10^{-3}$
$= 300mm$

② 스터럽 최대간격 검토
$V_u = 1000kN = \phi V_c + \phi V_s = 300 + \phi V_s$에서,
$\phi V_s > 2\phi V_c = 2 \times 0.75 \times 400 = 600kN$
따라서, $s_{min} = d/4 = 1000/4 = 250mm$, 300mm
그러므로, 250mm로 결정

4 깊은 보의 설계

1) 깊은 보 설계기준

① 깊은 보는 한쪽 면이 하중을 받고 반대쪽 면이 지지되어 하중과 받침부 사이에 압축대가 형성되는 구조이다.
② 깊은 보는 비선형 변형률 분포를 고려하여 설계하거나 스트럿-타이 모델에 따라 설계해야 하며, 횡좌굴을 고려해야 한다.
③ 순경간 l_n이 부재깊이의 4배 이하인 부재를 이른다.

④ 받침부 내면에서 부재깊이의 2배 이하인 위치에 집중하중이 작용하는 경우는 집중하중과 받침부 사이의 구간을 깊은 보로 해석한다.

⑤ 깊은 보의 공칭전단강도 $V_n \leq 5 \times \dfrac{\sqrt{f_{ck}}\,b_w d}{6}$ 가 되도록 해야 한다. 즉, 전단철근에 의한 전단강도는 콘크리트에 의한 전단강도의 4배를 초과해서는 안된다.

⑥ 전단강도는 전단마찰에 의해 계산해야 한다.

⑦ 최소휨인장철근량은 얕은 보와 동일하게 적용한다.

2) 깊은 보의 최소철근량 계산 및 배치규정

① 휨인장철근과 직각인 수직전단철근의 단면적
$A_v \geq 0.0025 b_w s$ 로 해야 한다.
이때, $s \leq d/5$ 이고, 또한 300mm 이하로 해야 한다.

② 휨인장철근과 수평인 수평전단철근의 단면적
$A_{vh} \geq 0.0015 b_w s_h$ 로 해야 한다.
이때, $s_h \leq d/5$ 이고, 또한 300mm 이하로 해야 한다.

5 전단마찰 설계

1) 전단마찰의 개념

일반적으로 전단균열은 사인장방향으로 발생하지만, 특정한 경우에는 전단하중 방향의 균열이 발생하는 경우가 있다. 이러한 경우는 $a/d < 1.0$ (집중하중이 작용하는 위치 < 보의 유효높이)이다.

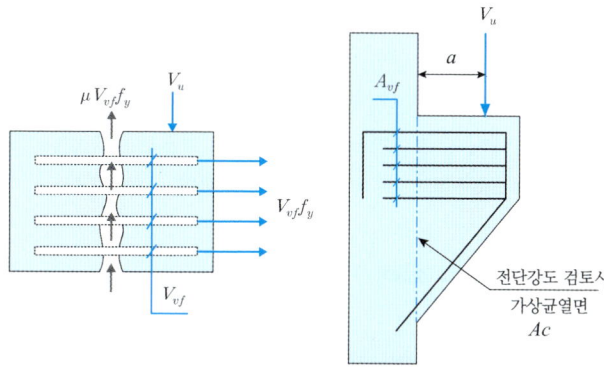

콘크리트 설계기준에서 제시한 전단마찰설계의 경우	• 서로 다른 시기에 친 콘크리트 경계면 • 콘크리트와 강재 사이의 경계면 • 프리캐스트구조물에 대한 철근의 상세설계 및 콘크리트 구조의 어느 한 면을 지나는 전단 전달을 검토하는 것이 적절하다고 생각되는 경우
실무적인 전단마찰설계의 경우	• 굳은 콘크리트와 여기에 이어친 콘크리트와의 접합면 • 기둥과 브래킷이나 내민받침과의 접합면 • 프리캐스트 구조에서 부재요소의 접합면 • 콘크리트와 강재의 접합면

2) 전단마찰 설계강도 계산

① 전단마찰강도

$$V_d = \phi V_{nf} = \phi \mu A_{vf} f_y$$

$\phi = 0.75$, A_{vf} : 전단마찰철근량,
V_{nf} : 공칭전단마찰강도, V_d : 설계전단강도

단, 마찰면과 철근이 수직하지 않고 경사각 α_f의 각으로 배치된 경우의 공칭전단강도

$$V_{nf} = A_{vf} f_y (\mu \sin \alpha_f + \cos \alpha_f)$$

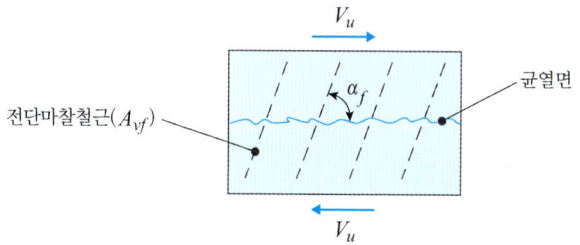

② 마찰계수 μ

μ	적용 경우
1.4λ	일체로 친 콘크리트
1.0λ	접촉면의 요철이 6mm 정도이고, 접촉면이 깨끗하여 레이턴스가 없도록 한 경우
0.6λ	일부러 거칠게 하지 않은 굳은 콘크리트에 새로 친 콘크리트
0.7λ	전단연결재(스터드)나 철근에 의해 구조용 강재에 정착된 콘크리트

(λ : 경량골재콘크리트 계수)

3) 전단마찰의 구조세목

① 공칭전단강도 V_n의 최대값(N)

구분	공칭 최대전단마찰 강도
일체로 치거나, 거친표면에 새로 친 콘크리트인 경우($\mu \geq 1.0\lambda$)	$0.2f_{ck}A_c$, $(3.3+0.08f_{ck})A_c$
그 외의 경우($\mu < 1.0\lambda$)	$0.2f_{ck}A_c$, $5.5A_c$

- A_c : 전단전달에 저항하는 콘크리트 단면의 면적
- f_{ck} : 전단마찰의 콘크리트 강도로, 서로 다른 강도의 콘크리트를 사용한 경우는 낮은 값을 사용

② 전단마찰철근 항복강도 $f_y \leq 500MPa$
③ 전단면에 순인장력이 작용할 경우, 이에 저항하기 위한 철근을 추가로 두어야 한다.
④ 소요철근량 A_{vf} 계산시, 전단면에 영구적으로 작용하는 순압축력은 전단마찰철근이 저항하는 힘 $A_{vf}f_y$에 추가되는 힘으로 고려할 수 있다.
⑤ 전단마찰철근을 전단면에 걸쳐 적절하게 배치해야 한다.
⑥ 전단마찰철근 양쪽에 정착길이를 확보하거나 갈고리 등에 의해 설계기준 항복강도를 발휘할 수 있도록 충분히 정착시켜야 한다.
⑦ 이미 굳은 콘크리트에 새로운 콘크리트를 칠 때는 전단전달을 위한 접촉면은 깨끗하고 레이턴스가 없도록 해야 한다.

6 비틀림 설계(KDS 14 20 22 : 2021)

1) 비틀림 설계의 개념

① 비틀림에 대한 설계는 박벽관(공간 트러스)에 의한다.
② 단면의 중앙부가 무시되는 박벽관으로 가정한다.
③ 비틀림 균열모멘트 T_{cr} (주인장응력이 $\frac{1}{3}\sqrt{f_{ck}}$에 도달할 때에 상응)

구분	비틀림 균열모멘트 T_{cr}
철근콘크리트 부재	$T_{cr}=\frac{1}{3}\lambda\sqrt{f_{ck}}\frac{A_{cp}^2}{p_{cp}}$
프리스트레스 부재	$T_{cr}=\frac{1}{3}\lambda\sqrt{f_{ck}}\frac{A_{cp}^2}{p_{cp}}\sqrt{1+\frac{f_{pc}}{\frac{\lambda}{3}\sqrt{f_{ck}}}}$
축방향 인장 및 압축을 받는 철근콘크리트 부재	$T_{cr}=\frac{1}{3}\lambda\sqrt{f_{ck}}\frac{A_{cp}^2}{p_{cp}}\sqrt{1+\frac{N_u}{A_g\lambda\sqrt{f_{ck}}/3}}$

- p_{cp} : 전단면의 둘레 길이
- A_{cp} : 콘크리트 단면의 바깥 둘레로 둘러싸인 단면적(뚫린 단면에서는 그 면적을 포함) 속빈 단면에서 A_g는 A_{cp} 대신에 사용할 수 있다.

④ 비틀림이 무시될 수 있는 경우 : 계수 비틀림 모멘트
$$T_u < \phi\frac{T_{cr}}{4}$$
⑤ 플랜지를 갖는 독립부재 및 슬래브와 일체로 친 부재에서 A_{cp} 및 p_{cp}를 산정할 때 사용한 돌출 플랜지 폭은 2방향 슬래브의 관련 조항에 따라 계산한다.

2) 계수 비틀림모멘트의 제한

① 내력의 재분배로 인해 비틀림모멘트의 감소가 발생할 수 있는 부정정구조물의 경우, 최대 계수 비틀림모멘트는 비틀림균열모멘트와 강도감소계수의 곱으로 감소될 수 있다.

구분	위치	감소된 계수비틀림 모멘트
철근콘크리트 부재	받침점에서 d 이내	$T_u=\phi T_{cr}$
프리스트레스트 부재	받침점에서 $h/2$ 이내	
축방향 인장 및 압축을 받는 철근콘크리트 부재		

주의 속빈 단면에서 A_g는 A_{cp} 대신에 사용할 수 없다.

② 정밀한 해석을 수행하지 않은 경우, 슬래브에 의해 전달되는 비틀림 하중은 전체 부재에 걸쳐 균등하게 분포하는 것으로 가정할 수 있다.
③ 철근콘크리트 부재에서, 받침부에서 d 이내에 위치한 단면은 d에서 계산된 T_u보다 작지 않은 비틀림모멘트에 대하여 설계하여야 한다. 만약 d 이내에서 집중된 비틀림모멘트가 작용하면 위험단면은 받침부의 안쪽 면으로 하여야 한다.
④ 프리스트레스콘크리트 부재에서 받침부에서 $h/2$ 이내에 위치한 단면은 $h/2$에서 계산된 T_u보다 작지 않은 비틀림모멘트에 대하여 설계하여야 한다. 만약 $h/2$ 이내에서 집중된 비틀림모멘트가 작용하면 위험단면은 받침부의 안쪽 면으로 하여야 한다.

3) 단면 치수 제한

① 제한의 목적
- 보기 흉한 균열 감소
- 전단과 비틀림의 경사압축응력에 의한 표면 콘크리트의 파괴를 방지

② 속찬 단면의 치수제한

전단에 의한 응력은 단면의 전체 폭에 걸쳐서 발생하지만, 비틀림에 의한 응력은 박벽관에 의하여 저항한다고 가정

$$\sqrt{\left(\frac{V_u}{b_w d}\right)^2 + \left(\frac{T_u p_h}{1.7 A_{oh}^2}\right)^2} \le \phi\left(\frac{V_c}{b_w d} + \frac{2\sqrt{f_{ck}}}{3}\right)$$

③ 속빈 단면의 치수제한

전단력과 비틀림모멘트에 의하여 발생한 전단응력은 다음과 같은 관계를 만족하여야 한다.

$$\left(\frac{V_u}{b_w d}\right) + \left(\frac{T_u p_h}{1.7 A_{oh}^2}\right) \le \phi\left(\frac{V_c}{b_w d} + \frac{2\sqrt{f_{ck}}}{3}\right)$$

만약 속빈 단면의 벽 두께가 변한다면 좌변이 최대가 되는 위치에서 계산하여야 한다.

4) 비틀림 철근의 설계

① $T_u \le \phi T_n$을 만족하도록 설계한다.
② T_n을 계산할 때는 모든 비틀림이 스터럽과 주철근에 의해 저항되고 $T_c = 0$이라고 가정한다.(콘크리트에 의한 비틀림 저항 T_c는 없다.)
③ 콘크리트에 의한 전단저항 V_c는 비틀림에 의해서 변하지 않고 일정한 것으로 가정한다.
④ 비틀림에 대한 횡철근(A_t)은 다음 식으로 설계한다.

$$T_n = \frac{2 A_o A_t f_{yt}}{s} \cot\theta$$

- $A_o = 0.85 A_{oh}$
- A_{oh} : 비틀림 저항철근의 중심선으로 폐쇄된 면적
- θ : 압축경사각($30° \sim 60°$)
- $45°$: 프리스트레싱되지 않은 부재, 프리스트레싱 힘 < 주철근 인장강도의 40%
- $37.5°$: 프리스트레싱 힘 ≥ 주철근 인장강도의 40%

⑤ 비틀림에 대한 종철근(A_l)은 다음 값 이상으로 해야 한다.

$$A_l = \frac{A_t}{s} p_h \left(\frac{f_{yt}}{f_{yl}}\right) \cot^2\theta$$

- $\frac{A_t}{s}$는 횡철근 계산식(④)에서 계산된 값으로 본 규정에 의해 수정되지 않는다.

- θ : 압축경사각으로 횡철근 계산식(④)에서 사용된 값이다.
- p_h : 외곽부 폐쇄 횡방향 비틀림철근의 중심의 둘레 길이

⑥ 부재가 휨, 전단, 비틀림, 축력을 동시에 받는 경우에는 주철근과 횡철근량을 각각 구해서 중첩해야 하며, 이때 철근간격과 배치는 제반 제한사항을 만족해야 한다.

⑦ 휨을 받는 부재에서는 휨에 의한 압축을 고려하기 위해, 휨 압축 영역의 종방향 비틀림철근량을 $M_u/(0.9 d f_{yl})$만큼 줄여도 되지만, 이때에도 최소 비틀림 철근량 규정은 준수해야 한다.(M_u : T_u와 함께하는 단면에서의 계수휨모멘트)

⑧ 프리스트레스트 부재에서는 다음의 사항을 만족해야 한다.
- 각 단면에서의 PS강재를 포함한 총 종방향 철근이 그 단면에서의 계수모멘트 M_u와 계수비틀림 T_u에 근거한 추가적인 집중 종방향 인장력 $A_l f_y$에 저항할 수 있어야 한다.
- PS 강재를 포함한 종방향 철근의 간격은 비틀림 철근의 간격에 관한 규정도 만족해야 한다.

⑨ 프리스트레스트 부재는 휨에 의한 압축영역에서 종방향 비틀림 철근량을 상기(⑦, ⑧)항에서 요구한 양 이하로 감소시킬 수 있다.

5) 비틀림 철근의 상세

① 비틀림 철근은 종방향 철근 또는 종방향 긴장재와 다음의 해당철근으로 구성되어야 한다.
- 부재축에 수직인 폐쇄스터럽 또는 폐쇄띠철근
- 부재축에 수직인 횡방향 철선으로 구성된 폐쇄용접 철망
- 철근콘크리트 보에서 나선철근

② 횡방향 비틀림 철근은 다음 중 하나로 정착된다.
- 종방향 철근 주위의 135°로 꺾인 표준갈고리에 의한 정착
- 정착부를 둘러싸는 콘크리트가 플랜지나 슬래브 또는 기타 유사한 부재에 의하여 박리가 일어나지 않도록 된 영역에서는 단일U형 또는 다중U형 스터럽 정착방법에 의해 정착

③ 종방향 비틀림철근은 양단에 정착되어야 한다.

④ 비틀림모멘트를 받는 속빈 단면에서 횡방향 비틀림 철근의 중심선부터 내부벽면까지의 거리는 $0.5A_{oh}/p_h$ 이상이 되어야 한다.

⑤ 비틀림에 의한 경사균열폭을 제한하기 위해서, 철근콘크리트부재의 비틀림 철근 설계항복강도는 500MPa을 초과해서는 안된다.

6) 최소비틀림 철근

비틀림이 무시될 수 있는 경우($T_u < \phi \dfrac{T_{cr}}{4}$)를 제외하고는 모든 영역에 최소 비틀림 철근이 배근되어야 한다.

구분	최소 비틀림 철근
횡방향 폐쇄스터럽의 최소면적	$(A_v + 2A_t) = 0.0625\sqrt{f_{ck}}\dfrac{b_w s}{f_{yt}} \geq 0.35\dfrac{b_w s}{f_{yt}}$
종방향 비틀림철근의 최소면적	$A_{l,min} = \dfrac{0.42\sqrt{f_{ck}}A_{cp}}{f_{yl}} - \left(\dfrac{A_t}{s}\right)p_h\dfrac{f_{yv}}{f_{yl}}$ (단, $A_t/s \geq 0.175b_w/f_{yv}$)

주의 A_v는 스터럽 두 가닥의 면적이나 A_t는 폐쇄스터럽 한 가닥의 면적이다.

7) 비틀림철근의 최대간격

① 횡방향 비틀림 철근의 최대간격
$\dfrac{p_h}{8}$, 300mm 모두 만족(p_h : 가장 바깥의 횡방향 폐쇄 스터럽 중심선 둘레길이)

② 종방향 비틀림 철근은 최대간격 300mm인 폐쇄스터럽의 주변을 둘러서(스터럽 외부) 배치하고, 종방향 철근이나 PS강재는 스터럽 내부에 배치한다.

③ 스터럽의 각 구석에는 최소 하나의 주철근이나 PS강재가 있어야 하며, 종방향 철근의 직경은 스터럽 간격의 1/24 이상, D10 이상이어야 한다.

④ 비틀림철근은 계산상으로 필요한 위치를 넘어서 적어도 $(b_t + d)$ 이상의 거리에 설치해야 한다.

대표기출문제

문제. 직사각형 단면의 보에서 계수전단력 V_u = 40kN을 콘크리트만으로 지지하고자 할 때 필요한 최소 유효깊이(d)는? (단, 보통중량콘크리트이며, f_{ck} = 25MPa, b_w = 300mm)
2022년 1회

① 320mm ② 348mm
③ 384mm ④ 427mm

정답 ④

해설 $V_u = \dfrac{1}{2}\phi V_c$ 에서,

$40 \times 10^3 = \dfrac{1}{2} \times 0.75 \times \dfrac{\sqrt{25} \times 300 \times d}{6}$ 이므로,

$d = 426.67mm$

대표기출문제

문제. 폭(b)이 250mm이고, 전체높이(h)가 500mm인 직사각형 철근콘크리트 보의 단면에 균열을 일으키는 비틀림모멘트(T_{cr})는 약 얼마인가? (단, 보통중량콘크리트이며, $f_{ck} = 28MPa$ 이다.)
2021년 2회

① 9.8kN.m ② 11.3kN.m
③ 12.5kN.m ④ 18.4kN.m

정답 ④

해설 $T_{cr} = \dfrac{\lambda\sqrt{f_{ck}}}{3}\dfrac{A_{cp}^2}{p_{cp}} = \dfrac{\sqrt{28}}{3} \times \dfrac{(250 \times 500)^2}{(250+500) \times 2}$
$= 18.4kN$

🛡️ 대표기출문제

문제. 전단철근이 부담하는 전단력 V_s = 150kN일 때 수직스터럽으로 전단보강을 하는 경우 최대 배치간격은 얼마 이하인가? (단, 전단철근 1개 단면적 = $125mm^2$, 횡방향 철근의 설계기준항복강도(f_{yt}) = 400MPa, f_{ck} = 28MPa, b_w = 300mm, d = 500mm, 보통중량콘크리트이다.)   2021년 2회

① 167mm ② 250mm
③ 333mm ④ 600mm

정답 ②

해설 $V_s = \dfrac{d}{s} A_v f_y = \dfrac{500}{s} \times 125 \times 2 \times 400 = 150 \times 10^3$ 에서,

$s = 333mm > \dfrac{d}{2} = \dfrac{500}{2} = 250mm$ 이므로,

스터럽 간격은 250mm 이하로 한다.

05 기둥

1 기둥 설계의 개념

1) 압축부재의 설계단면치수 제한(KDS 14 20 20 : 2021)

① 둘 이상 맞물린 나선철근을 가진 독립 압축부재의 유효 단면 한계는 나선철근의 최외측에서 최소피복두께에 해당하는 거리를 더하여 취해야 한다.

② 콘크리트 벽체나 교각구조와 일체로 시공되는 나선철근 또는 띠철근 압축부재의 유효단면 한계는 나선철근이나 띠철근 외측에서 40mm 보다 크지 않게 취해야 한다.

③ 정사각형, 팔각형 또는 다른 형상의 단면의 압축부재를 대신해서 실제치수에 해당하는 지름을 가진 원형단면으로 사용할 수 있으며, 이때 소요 강도 및 단면적, 철근비 등은 원형단면을 기준으로 한다.

④ 하중에 의해 요구되는 단면보다 큰 단면으로 설계된 압축부재의 경우, 감소된 유효단면적을 사용하여 최소 철근량과 설계강도를 결정할 수 있다. 이때 감소된 유효단면적은 전체 단면적의 1/2 이상이어야 한다.

2) 압축부재의 철근량 제한(KDS 14 20 20 : 2021)

① 비합성 압축부재의 축방향 주철근 단면적은 전체 단면적의 0.01배 이상, 0.08배 이하로 하여야 한다. 축방향 주철근이 겹침이음되는 경우의 철근비는 0.04를 초과하지 않도록 하여야 한다.

② 압축부재의 축방향 주철근의 최소 개수는 사각형이나 원형 띠철근으로 둘러싸인 경우 4개, 삼각형 띠철근으로 둘러싸인 경우 3개, 나선철근으로 둘러싸인 철근의 경우 6개로 하여야 한다.

③ 나선철근비는 $\rho_s = 0.45(\frac{A_g}{A_{ch}}-1)\frac{f_{ck}}{f_{yt}}$ 이상으로 하여야 한다.

ρ_s : 나선 철근비 = $\frac{\text{나선철근의 체적}}{\text{심부의 체적}}$

A_g : 기둥의 총 단면적

A_{ch} : 심부의 단면적(나선 외경에 의한 단면적)

f_{ck} : 콘크리트의 설계기준강도(21MPa 이상)

f_{yt} : 나선철근의 항복강도

④ 나선철근의 설계기준항복강도 700MPa 이하로 하여야 하며, 400MPa을 초과하는 경우에는 겹침이음을 할 수 없다.

3) 기둥 구조해석 일반(KDS 14 20 10 : 2021)

① 기둥을 설계할 때 축력은 모든 바닥판 또는 지붕에 작용하는 계수하중에 의해 기둥에 전달되는 힘을 사용하고, 최대 휨모멘트는 그 기둥에 인접한 바닥판 또는 지붕의 한쪽 경간에 작용하는 계수하중에 의한 휨모멘트를 사용한다. 또한 축력에 대한 휨모멘트의 비가 최대가 되는 재하조건도 고려하여야 한다.

② 골조 또는 연속구조물을 설계할 때 내·외부 기둥의 불균형 바닥판 하중과 기타 편심하중에 의한 영향을 고려하여야 한다.

③ 연직하중으로 인한 기둥의 휨모멘트를 계산할 때 구조물과 일체로 된 기둥의 먼 단부는 고정되어 있다고 가정할 수 있다.

④ 바닥판에서 기둥으로 전달되는 모든 휨모멘트는 그 바닥판 상하측 각 기둥의 상대 강성과 구속조건에 따라 상하측 각 기둥에 분배시켜야 한다.

4) 기둥의 종류

① 띠철근 기둥, ② 나선철근 기둥, ③ 합성 기둥

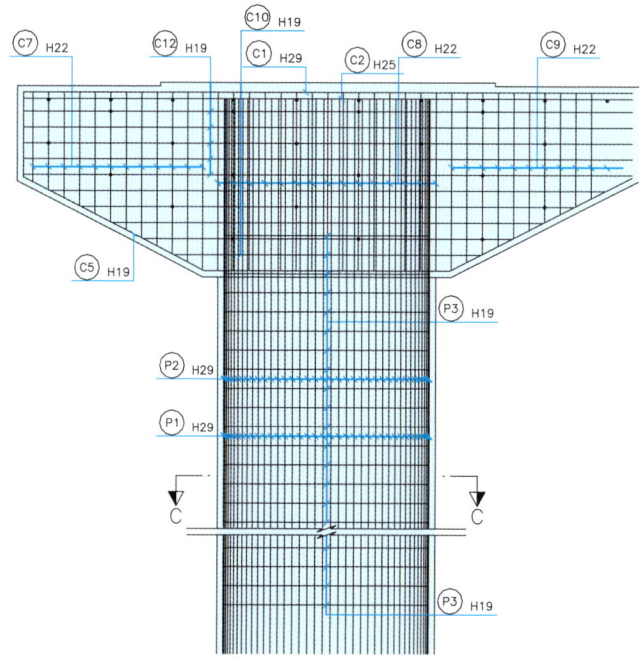

참조 띠철근 기둥의 배근도 예시

5) 띠철근기둥의 구조세목

구조세목	모식도
① 단면의 최소치수 : $200mm$	
② 최소단면적 : $60000mm^2$	
③ 축방향 철근의 최소지름 : D16	
④ 축방향 철근의 최소갯수 원형이나 사각형단면 – 4개 띠철근을 삼각형으로 감는 경우 – 3개	
⑤ 총단면적에 대한 축방향 철근의 비 $\rho_g = 0.01 \sim 0.08$ (겹침이음이 되는 곳은 0.04를 초과하지 않도록)	
⑥ 띠철근 최소치수 축방향철근이 D32 이하인 경우 D10 이상 축방향철근이 D35 이상인 경우 D13 이상 등가단면적의 이형철선 및 용접철망도 사용가능	
⑦ 띠철근의 간격 축방향 철근지름의 16배 이하, 띠철근 지름의 48배 이하, 기둥단면의 최소치수 이하	
⑧ 기둥이 바닥층이나 보와 접합되는 1번째 띠철근의 간격은 다른 곳에 비해 1/2 이하의 간격으로 배치	

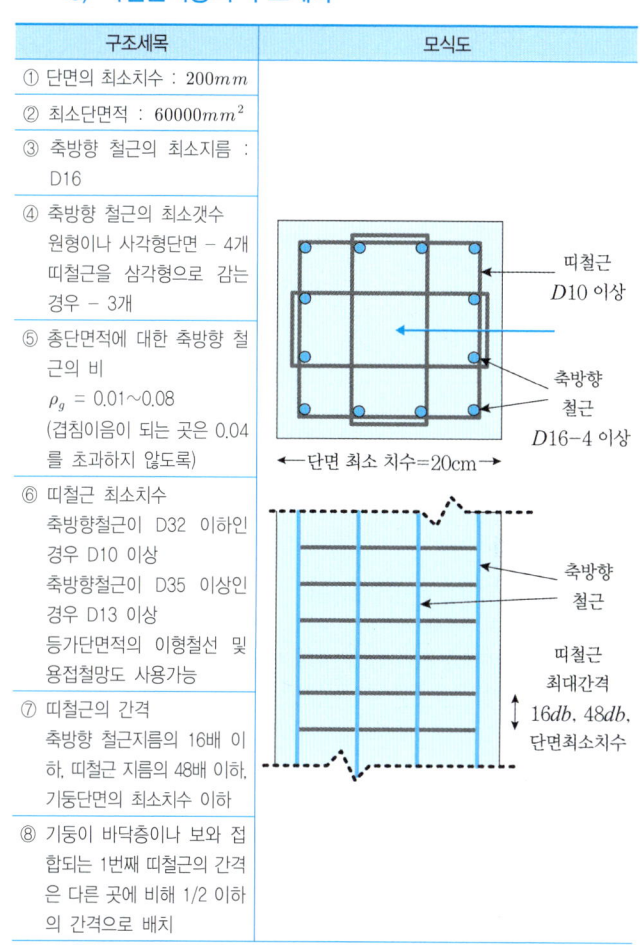

⑨ 앵커볼트가 기둥상단이나 지주상단에 위치한 경우에 기둥 축방향 철근을 감싸는 횡방향 철근 4개 이상으로 둘러싸여져야 한다. 배치는 기둥상단에서 125mm 이내로 하고, D13@2나 D10@3으로 구성되어야 한다.

⑩ 모든 모서리 축방향 철근과 하나 건너 위치하고 있는 축방향 철근들은 135° 이하로 구부린 띠철근의 모서리에 의해 횡지지 되어야 한다. 단, 띠철근을 따라 횡지지된 인접한 축방향 철근의 순간격이 150mm 이상 떨어진 경우에는 추가 띠철근을 배치하여 축방향철근을 횡지지 해야 한다.

6) 나선철근 기둥의 구조세목

구조세목	모식도
① 나선철근 심부의 지름(나선의 궤도 지름)은 20cm 이상	
② 축방향 철근의 최소갯수 : D16 이상 6개	
③ 총단면적에 대한 축방향 철근의 비 $\rho_g = 0.01 \sim 0.08$ (겹침이음이 되는 곳은 0.04를 초과하지 않도록)	
④ 현장타설 나선철근기둥에서 나선철근의 직경은 10mm 이상 사용	
⑤ 나선철근의 순간격(피치) 25mm ~ 75mm	
⑥ 정착을 위해 나선철근의 끝에서 1.5 회전 연장	
⑦ 나선철근은 반드시 수직 간격재를 사용해서 조립	
⑧ 나선철근은 확대기초판 또는 기초슬래브의 윗면에서 그 위에 지지된 부재의 최하단 수평철근까지 연장되어야 한다.	
⑨ 보 또는 브래킷이 기둥의 모든 면에 연결되어 있지 않을 때에는 나선철근이 끝나는 점부터 슬래브 또는 지판 밑면까지 추가 띠철근을 배치해야 한다.	
⑩ 기둥머리가 있는 기둥에서 기둥머리의 지름이나 폭이 기둥지름의 2배가 되는 곳까지 나선철근을 연장해야 한다.	
⑪ 나선철근의 이음은 관련 규정을 준수해야 한다.	

7) 축방향 철근의 구조세목

① **철근의 순간격** : 40mm 이상, 철근 지름의 1.5배 이상
② 띠철근을 따라서 150mm 이하
③ **주로 겹침이음** : 압축철근의 겹침이음길이 적용

8) 나선철근보강 합성 기둥의 구조세목

① 콘크리트의 설계기준압축강도 $f_{ck} \geq 21MPa$ 이상이어야 한다.
② 심부로 사용된 구조용 강재의 설계기준항복강도는 사용할 구조용 강재의 최소 항복강도이어야 하지만, 450MPa을 초과할 수는 없다. 다만, 상세 해석과 실험을 통해 정당성이 증명될 경우, 항복강도 450MPa을 초과하는 고강도강을 사용할 수 있다.
③ 나선철근 관련 규정을 준수해야 한다.
④ 나선철근 내측에 배치되는 축방향 철근량은 전체 단면적의 0.01배 이상, 0.08배 이하로 하여야 한다.
⑤ 나선철근의 내측(심부)에 배치되는 축방향 철근량은 합성구조용 강재의 단면적과 단면2차모멘트 계산에 포함시킬 수 있다.

9) 띠철근 보강 합성 기둥의 구조세목

① 콘크리트의 설계기준압축강도 $f_{ck} \geq 21MPa$ 이상이어야 한다.
② 심부로 사용된 구조용 강재의 설계기준항복강도는 사용할 구조용 강재의 최소 항복강도이어야 하지만, 450MPa을 초과할 수는 없다. 다만, 상세 해석과 실험을 통해 정당성이 증명될 경우, 항복강도 450MPa을 초과하는 고강도강을 사용할 수 있다.
③ 횡방향 띠철근은 구조용 강재 심부의 둘레를 완전히 둘러싸야 한다.
④ 띠철근의 지름은 합성부재 단면의 가장 긴 변의 1/50배 이상이어야 하지만, D10 철근 이상이고 D16 철근 이하로 하여야 한다. 또한 띠철근 대신 등가단면적을 가진 용접철망을 사용할 수 있다.
⑤ 횡방향 띠철근의 수직간격은 축방향 철근지름의 16배, 띠철근 지름의 48배, 합성부재 단면의 최소 치수의 1/2배 중에서 가장 작은 값 이하로 하여야 한다.
⑥ 띠철근 내측에 배치되는 축방향 철근량은 전체 단면적의 0.01배 이상, 0.08배 이하로 하여야 한다.
⑦ 축방향 철근은 직사각 단면의 모서리마다 배치하여야 하며, 축방향 철근의 중심간격은 합성부재 단면의 최소 치수의 1/2 이하가 되도록 하여야 한다.
⑧ 띠철근의 내측(심부)에 배치되는 축방향 철근량은 합성구조용 강재의 단면적과 단면2차모멘트 계산에 포함시킬 수 있지만, 장주효과를 고려하기 위한 계산에서는 단면2차모멘트에 고려할 수 없다.

축방향 철근의 최소 철근비(1%)를 제한하는 이유
① 예상 외의 힘에 대비
② 콘크리트의 크리프 및 건조수축의 영향 감소
③ 타설시의 오차를 최소 철근량 이상의 배근을 통해 보충
④ 콘크리트의 부분적 결함을 최소 철근량 이상의 배근을 통해 보충

축방향 철근의 최대 철근비(8%)를 제한하는 이유
① 과도한 철근량으로 인한 경제성과 작업성의 문제 발생

띠철근(보조철근)의 역할		
주 역할		좌굴방지를 위해 횡방향으로 구속
보조역할	①	축방향 철근의 위치 확보(조립)
	②	온도 신축 응력에 저항
	③	축방향 철근의 응력 분배(배력)

2 세장비에 따른 기둥의 설계

1) 세장비

$$\lambda = \frac{l_k}{r_{min}}$$

$l_k = kl$: 기둥의 유효좌굴길이(k : 유효길이계수)

r_{min} : 최소회전반경

단면종류	최소단면회전반경
원	$r_{min} = r = \sqrt{\dfrac{I_{min}}{A}} = \sqrt{\dfrac{\pi r^4/2}{\pi r^2}} = \dfrac{r}{2}$
직사각형	$r_{min} = r = \sqrt{\dfrac{I_{min}}{A}} = \sqrt{\dfrac{bh^3/12}{bh}} = \dfrac{h}{2\sqrt{3}} = 0.3h \quad (b > h)$

2) 유효길이계수

① 경계조건에 따른 간편식의 적용

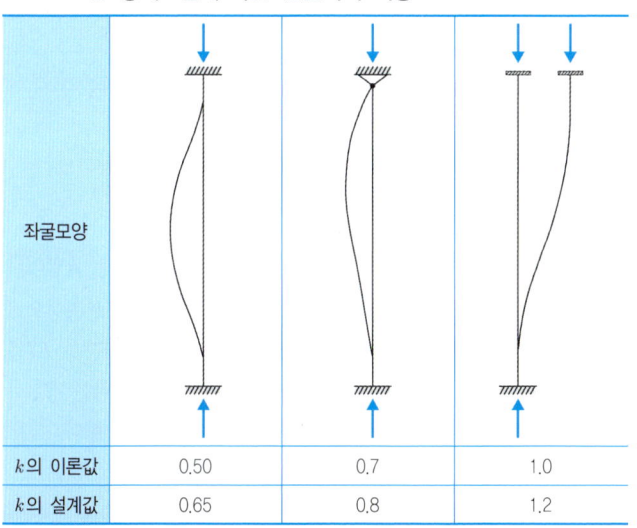

좌굴모양			
k의 이론값	0.50	0.7	1.0
k의 설계값	0.65	0.8	1.2

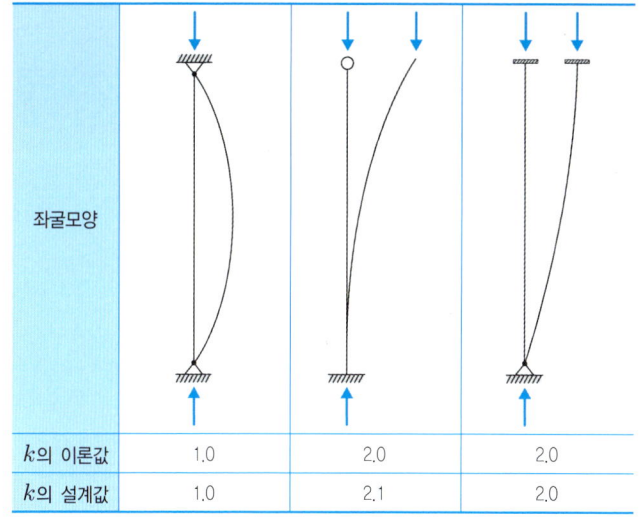

좌굴모양			
k의 이론값	1.0	2.0	2.0
k의 설계값	1.0	2.1	2.0

3) 세장비에 따른 기둥의 설계방법

① 횡구속(Side Sway) 판정

횡구속	$Q = \dfrac{\sum P_u \Delta_o}{V_u \times l_c} \leq 0.05$
비횡구속	$Q = \dfrac{\sum P_u \Delta_o}{V_u \times l_c} > 0.05$

(V_u : 계수전단하중, Δ_o : 층의 상하부의 1차 상대처짐)

② 세장비에 따른 기둥의 설계

구분		단주	중간주	장주
해석방법		P-M상관도	장주효과 고려 ⇒ 확대모멘트 적용	$P-\Delta$ 해석
세장비	횡구속	$\lambda < (34 - 12\dfrac{M_1}{M_2})$	$34 - 12\dfrac{M_1}{M_2} \leq \dfrac{kl_u}{r} \leq 100$	$\lambda > 100$
	비횡구속	$\lambda < 22$	$22 \leq \dfrac{kl_u}{r} \leq 100$	

- M_1 : 라멘해석에 의해 구해진 압축부재의 계수. 단 모멘트(FEM, Factored End Moment) 중 작은 값(단일 곡률 휨이면 +, 2중 곡률 휨이면 −)
- M_2 : 라멘해석에 의해 구해진 부재의 계수. 단 모멘트(FEM, Factored End Moment) 중 큰 값(항상 +)

단, $\dfrac{M_1}{M_2} \geq -0.5 \Rightarrow 34 - 12\dfrac{M_1}{M_2} \leq 40$

3 기둥의 설계(KDS 14 20 20 : 2021)

1) 띠철근 및 나선철근 기둥의 축하중 최대강도 (최소편심 e_{min} 이하를 받는 경우)

$$\phi P_{n(max)} = \phi P_n = \alpha\phi[0.85f_{ck}(A_g - A_{st}) + f_y A_{st}]$$

A_g : 기둥의 총 단면적
A_{st} : 축방향 철근의 단면적

기둥 종류	α	ϕ
띠철근 기둥	0.8	0.65
나선철근 기둥	0.85	0.70

- 기둥의 강도에 추가적으로 0.80~0.85의 감소계수(α)를 적용하는 이유
  ⇒ 예상치 못한 편심을 고려해서 최소의 편심(e_{min})을 무조건 적용

예제 단주의 설계강도계산

문제. 직사각형 단면을 가지는 띠철근 기둥의 공칭축하중강도는 얼마인가? (단, $f_y = 400MPa$, $f_{ck} = 20MPa$, B = 600mm, L = 500mm, $A_{st} = 9000mm^2$)

해설 $A_g - A_{st} = 0.97 A_g$로 대입하면,
$$P_n = \alpha\{0.85f_{ck}(A_g - A_{st}) + f_y \times A_{st}\}$$
$$= 0.80 \times (0.85f_{ck} \times 0.97 A_g + f_y \times 0.03 A_g)$$
$$= 0.8 \times A_g (0.85 f_{ck} \times 0.97 + f_y \times 0.03)$$
$$= 0.8 \times 3 \times 10^5 \times (0.85 \times 20 \times 0.97 + 400 \times 0.03)$$
$$= 2.4 \times 10^5 (16.5 + 12) = 6.84 \times 10^6 N \cdot m$$

Tip $0.97 \approx 1.0$으로 두고 계산하면 근사값을 빨리 구할 수 있다.

2) 장주효과의 적용(확대모멘트 계산)

① 횡구속 부재
  확대모멘트 $M_c = \delta_{ns} \times M_2$

$$\delta_{ns} = \frac{C_m}{1 - \dfrac{P_u}{0.75 P_c}} \geq 1.0, \quad P_c = \frac{\pi^2 EI}{(kl_u)^2}$$

$$C_m = 0.6 + 0.4 \frac{M_1}{M_2} \text{(횡하중이 있는 경우 } C_m = 1.0\text{)}$$

$\dfrac{M_1}{M_2}$: 단일곡률이면 +, 복곡률이면 −

M_1 : 기둥 상하부 재단모멘트 중 작은 값
M_2 : 기둥 상하부 재단모멘트 중 큰 값
$M_{2.min} = P_u(15 + 0.03h)$ (h : 기둥단면 폭, mm)
$e_{min} = 15 + \dfrac{r_{min}}{10} = 15 + 0.03h$ (최소편심)

② 비횡구속 부재
$M_1 = M_{1ns} + \delta_s M_{1s}$
$M_2 = M_{2ns} + \delta_s M_{2s}$

$$\delta_s M_s = \frac{M_s}{1 - Q} \geq M_s \ (\delta_s \leq 1.5)$$

$$\delta_s M_s = \frac{M_s}{1 - \dfrac{\sum P_u}{0.75 \sum P_c}} \geq M_s \ (\delta_s > 1.5)$$

$\sum P_u$: 해당층의 모든 수직하중의 합
$\sum P_c$: 해당층의 횡변위를 지지하는 기둥들의 임계하중의 합

③ 오일러의 좌굴하중
$$P_c = \frac{\pi^2 EI}{l_k^2}$$

EI : 임계하중 P_c를 정의할 때 중요한 문제는 균열이나 크리프, 콘크리트의 응력−변형률 곡선의 비선형성으로 인한 강성의 변화를 합리적으로 근사화한 휨강성 EI를 선택하는 것이 좋으며, 매우 정확한 해석을 위한 경우가 아니라면 EI값은 다음의 식을 이용하여도 좋다.

$$EI = \frac{(0.2 E_c I_g + E_s I_{se})}{1 + \beta_d} \text{ 또는 } EI = \frac{0.4 E_c I_g}{1 + \beta_d}$$

$EI = 0.25 E_c I_g$ ($\beta_d = 0.6$으로 가정한 경우)

$\beta_d = \dfrac{\text{축방향 계수고정하중에 의한 최대계수 축력}}{\text{전체 계수축하중에 의한 최대계수 축력}}$

예제 확대모멘트의 계산

문제. 횡방향 상대변위가 방지된 기둥에서 확대모멘트는 얼마인가? (단, 임계좌굴하중 = 4000kN, 극한압축하중 2000kN, M_1 = 60kN.m, M_2 = 80kN.m이고, 단일곡률을 가진다.)

해설
$M_c = \delta_{ns} M_2$

$\delta_{ns} = \dfrac{C_m}{1 - \dfrac{P_u}{0.75 P_c}} \geq 1.0$

$C_m = 0.6 + 0.4 \dfrac{M_1}{M_2} = 0.6 + 0.4 \dfrac{60}{80} = 0.9$

$\delta_{ns} = \dfrac{0.9}{1 - \dfrac{2000}{0.75 \times 4000}} = 2.7$

따라서, $M_c = \delta_{ns} M_2 = 2.7 \times 80 = 216 kN.m$

대표기출문제

문제. 나선철근 압축부재 단면의 심부 지름이 300mm, 기둥 단면의 지름이 400mm인 나선철근 기둥의 나선철근비는 최소 얼마 이상이어야 하는가? (단, 나선철근의 설계기준항복강도(f_{yt})는 400MPa, 콘크리트의 설계기준압축강도(f_{ck})는 28MPa이다.) 2021년 1회

① 0.0184   ② 0.0201
③ 0.0225   ④ 0.0245

정답 ④

해설
$\rho_s = 0.45 \left(\dfrac{A_g}{A_{ch}} - 1 \right) \dfrac{f_{ck}}{f_{yt}} = 0.45 \left(\dfrac{\pi \times 200^2}{\pi \times 150^2} - 1 \right) \dfrac{28}{400}$

$= 0.0245$

대표기출문제

문제. 그림과 같은 나선철근 단주의 강도설계법에 의한 공칭축강도(P_n)는? (단, D32 1개의 단면적 = $794mm^2$, $f_{ck} = 24MPa$, $f_y = 400MPa$) 2021년 3회

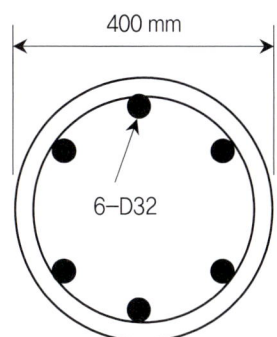

6–D32, 400 mm

① 2,648kN   ② 3,254kN
③ 3,716kN   ④ 3,972kN

정답 ③

해설
$A_c = A_g - A_{st} = \pi \times 200^2 - 794 \times 6 = 120.9 \times 10^3$

$P_n = \alpha [\eta 0.85 f_{ck} A_c + f_y A_{st}]$
$= 0.85 \times (0.85 \times 24 \times 120.9 \times 10^3 + 400 \times 794 \times 6)$
$= 3716 kN$

대표기출문제

문제. 강도설계법에서 그림과 같은 띠철근 기둥의 최대 설계축강도($\phi P_{n(\max)}$)는? (단, 축방향 철근의 단면적 A_{st}=1,865mm^2, f_{ck}=28MPa, f_y=300MPa이고, 기둥은 중심하중을 받는 단주이다.) 2020년 4회

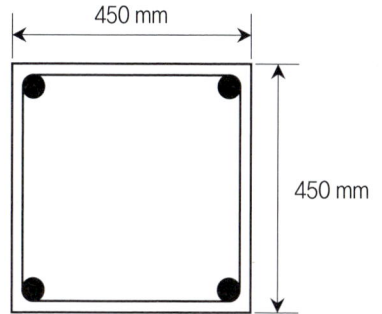

450 mm × 450 mm

① 1,998kN   ② 2,490kN
③ 2,774kN   ④ 3,075kN

정답 ③

해설
$A_c = 450^2 - 1865 = 200,635 mm^2$

$\phi P_n = \phi \alpha (0.85 f_{ck} A_c + A_{st} f_y)$
$= 0.65 \times 0.8 \times (0.85 \times 28 \times 200635 + 1865 \times 300)$
$= 2,774 kN$

06 기초판

01 기초판(확대기초) 설계

1 기초판 설계 개요

1) 기초판 설계의 일반(KDS 14 20 70 : 2021)

① 기초판은 계수하중과 그에 의해 발생되는 반력(축력, 휨모멘트, 전단력)에 견디도록 설계되어야 한다.
② 기초판의 밑면적, 말뚝의 개수와 배열은 기초판에 의해 흙 또는 말뚝에 전달되는 외력과 휨모멘트, 그리고 토질역학의 원리에 의하여 계산된 허용지지력과 말뚝의 허용강도를 사용하여 산정하여야 한다. 이때 외력과 휨모멘트는 하중계수를 곱하지 않은 사용하중을 적용하여야 한다.
③ 말뚝의 기초판 설계에서 말뚝의 반력은 각 말뚝의 중심에 집중된다고 가정하여 휨모멘트와 전단력을 계산할 수 있다.
④ 기초판에서 휨모멘트, 전단력 및 철근정착에 대한 위험단면의 위치를 정할 경우, 원형 또는 정다각형인 콘크리트 기둥이나 받침대는 같은 면적의 정사각형 부재로 취급할 수 있다.
⑤ 기초판 상연에서부터 하부 철근까지의 깊이는 직접기초의 경우는 150mm 이상, 말뚝기초의 경우는 300mm 이상으로 하여야 한다.

2) 기초판의 종류

① **독립 확대기초(Isolated Footing)**
   - 하나의 기둥을 지지하는 확대 기초

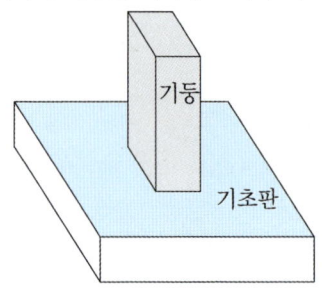

② **벽식 확대기초(Wall Footing)**
   - 벽체를 지지하는 확대기초로 연속기초라고도 한다.
   - 벽식 확대기초는 휨이 1방향으로만 발생하기 때문에 단위 1m에 대한 1방향 슬래브로 보고 설계한다.
   - 하중이 작은 경우에는 무근콘크리트 확대기초로 하고, 하중이 큰 경우에는 철근콘크리트 확대기초로 한다.
   - 벽체에 모멘트가 작용하면 옹벽과 같은 경우가 된다.

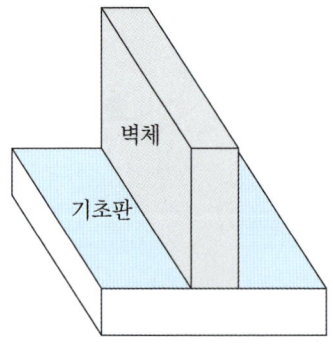

③ **연결 확대기초(Combined Footing)**
   하나의 확대기초로 2개 이상의 기둥을 지지하도록 된 확대기초

> 📖 **연결확대기초가 필요한 경우**
>
> - 2개의 기둥사이가 너무 좁아서 독립확대기초로 할 경우 두 기초가 겹쳐지는 경우이거나 2개의 독립확대기초가 연결확대기초보다 비경제적인 경우
> - 토지의 경계선 또는 다른 제약 때문에 외측기둥의 확대기초를 대칭으로 만들 수 없는 경우

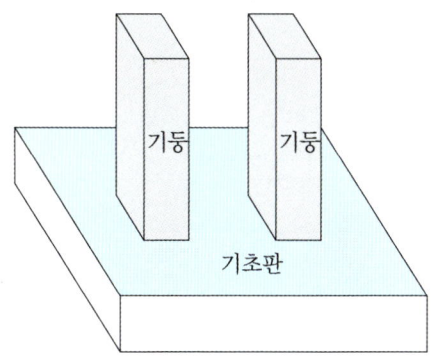

④ 캔틸레버 확대기초(Cantilever Footing)
- 2개의 독립 확대기초를 하나의 보로 연결한 연결 확대기초의 일종
- 토지경계선 근처에서는 다른 형식의 확대기초보다 경제적
- 독립확대기초로 하면 확대기초의 면적이 너무 커지는 경우, 또는 두 기둥 사이가 너무 떨어져 있어서 직사각형이나 사다리꼴의 연결 확대기초로 비경제적인 경우에 합리적

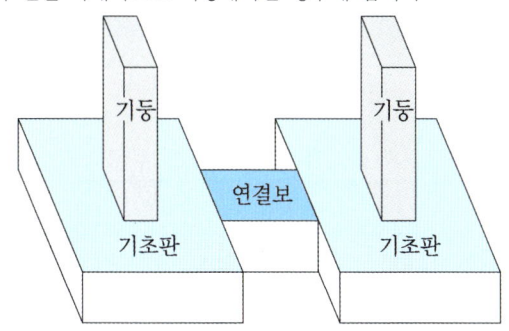

⑤ 전면기초(Raft Footing)
- 모든 기둥을 하나의 연속된 확대기초
- 주로 연약지반에 적용

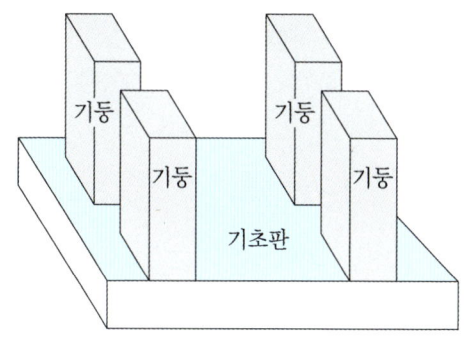

3) 기초판 설계의 가정

① 확대기초 저면의 압력분포는 선형
② 확대기초 저면과 기초지반 사이에는 압축력만 작용
③ 연결 확대기초에서는 하중을 기초 저면에 등분포
④ 캔틸레버 확대기초는 휨모멘트의 일부 또는 전부를 연결보에 부담시키고, 확대기초는 연직하중만 부담

2 기초판의 설계

1) 기초판의 소요면적

$$A = \frac{P_s}{q_a}$$

A : 기초면적
P_s : 사용하중에 의한 기둥 최대하중
q_a : 지반의 허용 지지력

| 예제 | 독립확대기초의 소요면적의 계산 |

문제. 정사각형 확대기초의 중앙에 기초판의 자중을 포함한 축방향 압축력 $P = 3,600kN$이 사용하중으로 작용할 때, 가장 경제적인 정사각형 기초의 한 변의 길이[m]는? (단, 기초지반의 허용지지력 $q_a = 100kN/m^2$이다.)

해설 $A = \dfrac{P_s}{q_a} = \dfrac{3600}{100} = 36m^2 = 6m \times 6m$이므로, 한 변의 길이는 $6m$

2) 기초판의 휨설계(KDS 14 20 70 : 2021)

① 기초판 각 단면에서의 휨모멘트는 기초판을 자른 수직면에서 그 수직면의 한쪽 전체면적에 작용하는 힘에 대해 계산해야 한다.

② 휨모멘트에 대한 위험단면은 기둥의 종류에 따라 다음과 같이 적용하여야 한다.

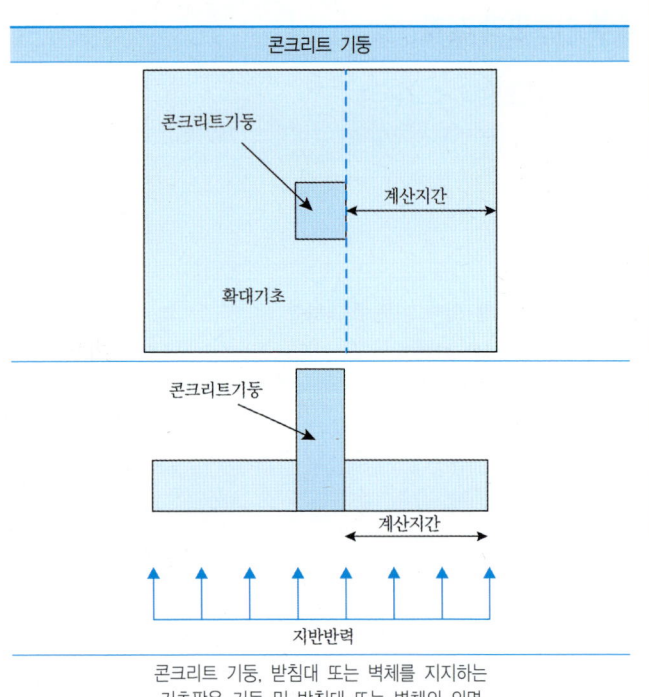

콘크리트 기둥, 받침대 또는 벽체를 지지하는 기초판은 기둥 및 받침대 또는 벽체의 외면

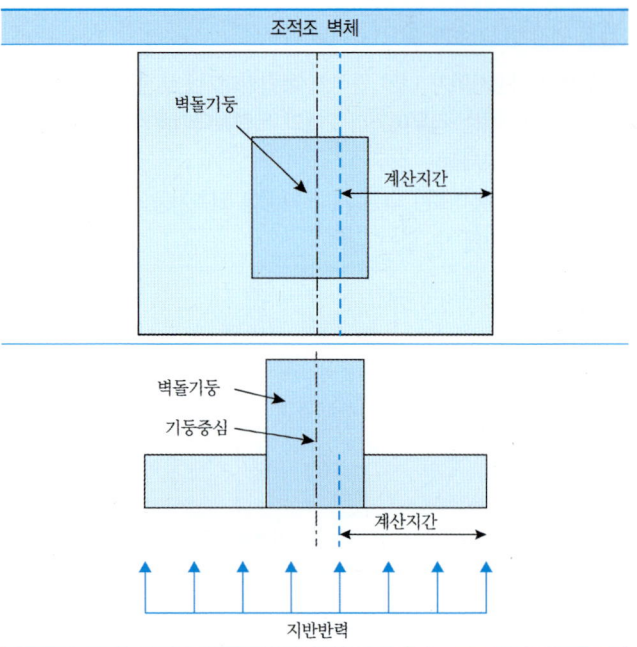

조적조 벽체를 지지하는 기초판은 벽체중심과 단부의 중간

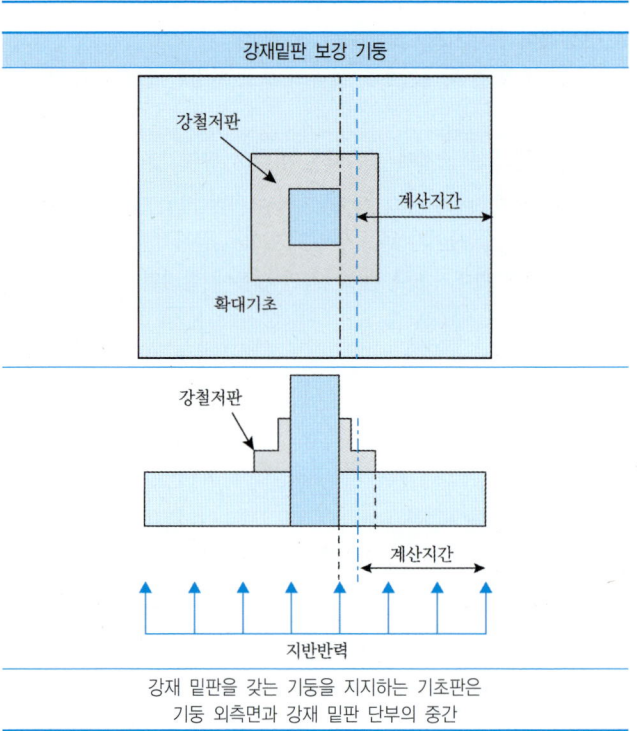

강재 밑판을 갖는 기둥을 지지하는 기초판은 기둥 외측면과 강재 밑판 단부의 중간

③ 휨철근의 배치
- 1방향 기초판 또는 2방향 정사각형 기초판에서 철근은 기초판 전체 폭에 걸쳐 균등하게 배치하여야 한다.
- 2방향 직사각형 기초판의 각 방향 철근의 배치는 다음의 규정에 따라야 한다.
  - 장변방향의 철근 : 계산된 철근량을 전 폭에 걸쳐 등간격으로 배근
  - 단변방향의 철근 : 계산된 철근량을 다음의 식에 의해 구간별로 배근

$$A_{sc} = \frac{2}{\beta+1} A_{ss}$$

A_{ss} : 단변방향에 대해 계산된 전체 철근량
A_{sc} : 단변방향으로 중앙부(단변 길이, 유효폭)에 배근되는 철근량
β : 장변/단변

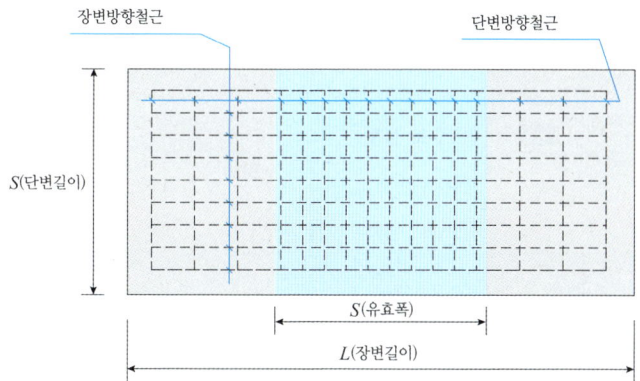

유효폭은 기둥이나 주각의 중심선이 유효폭의 중심이 되도록 하며 기초판의 단변 길이로 취한다.

3) 기초판의 전단설계(KDS 14 20 70 : 2021)

① 1방향 및 2방향에 대해 검토하여 둘 중에 더 불리한 방법에 대해 만족하여야 한다.
② 기둥, 받침대 또는 벽체를 지지하는 기초판에 대해 위험단면은 휨설계시 규정된 위험단면을 기준(지지점)으로 측정하여 결정해야 한다.
③ 임의 말뚝의 중심에서 기둥 중심까지 거리가 말뚝의 상단에서 기초판의 상단까지 거리(기초판의 두께)의 2배보다 큰 경우 기초판은 다음과 같이 계산해야 한다.

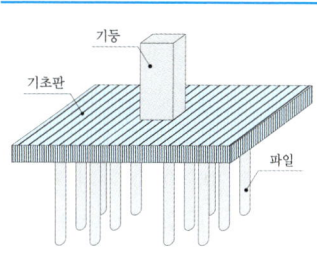
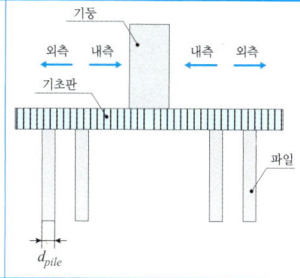

- A 구간 : 말뚝의 중심이 그 단면에서 $d_{pile}/2$ 이상 내측에 있는 경우, 말뚝의 반력은 전단력으로 작용하지 않는 것으로 보아야 한다.
- B 구간 : 말뚝의 중심이 상기 두 위치의 중간에 위치하는 경우, 단면의 외측 $d_{pile}/2$의 위치에서 말뚝반력 전체를, 단면의 내측 $d_{pile}/2$의 위치에서 0으로 하고 그 사이는 직선보간법에 따라 말뚝의 반력이 기초판 단면에 전단력으로 작용하는 것으로 보아야 한다.
- C 구간 : 말뚝의 중심이 그 단면에서 $d_{pile}/2$ 이상 외측에 있는 경우, 말뚝의 전체 반력이 그 단면에 전단력으로 작용하는 것으로 하여야 한다.

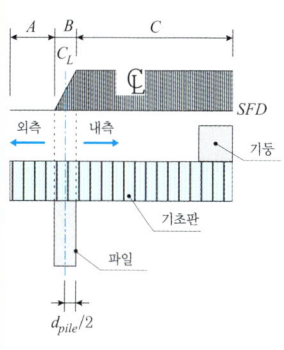

4) 전단 위험단면

구분	1방향 전단검토	2방향 전단검토
전단하중 위험단면		
전단저항면적	$A = H \times d$	$A = 2 \times \left[\left(b + \frac{d}{2} + \frac{d}{2}\right) + \left(a + \frac{d}{2} + \frac{d}{2}\right)\right] \times d$
설계전단력	$V_{u1} = q_u \times H \times \left(\frac{L}{2} - \frac{b}{2} - d\right)$	$V_{u2} = q_u \times [H \times L - (b+d) \times (a+d)]$

- 기둥 단면의 크기 : $b \times a$
- 계수하중에 의한 지반반력 : q_u
- 1방향과 2방향 작용 중 불리한 조건 적용
- 일반적으로 확대기초의 경우는 무근콘크리트구조이므로, 전단 검토시 이에 대해 검토

① 슬래브 또는 기초판이 폭이 넓은 보와 같이 휨거동을 할 때, 설계위험단면은 전체 폭으로 이루어진 단면으로 하고 보 규정에 따라 설계하여야 한다.

② 슬래브 또는 기초판이 2방향으로 휨거동을 할 때, 슬래브 또는 기초판은 2방향 전단설계 규정에 따라 설계하여야 한다. 이때 위험단면의 둘레길이 b_0는 최소로 되어야 하나 집중하중, 반력구역, 기둥, 기둥머리 또는 지판 등의 경계로부터 $b/2$보다 가까이 위치시킬 필요는 없다. 이때 사각형 형태의 기둥, 집중하중 또는 반력구역에 대한 전단위험단면은 네 변에 나란한 직선으로 정의할 수 있다.

> **예제** 기초판의 휨설계와 전단설계
>
> **문제.** 다음과 같은 기초판에 자중을 포함한 계수 축방향 하중 P_u = 1,920kN이 콘크리트 기둥 도심에 편심없이 작용할 때, 직사각형 확대기초의 1방향 및 2방향 전단에 대한 위험단면에서의 계수 전단력 V_u[kN]과 계수 휨모멘트 M_u[kN.m]는?
>
>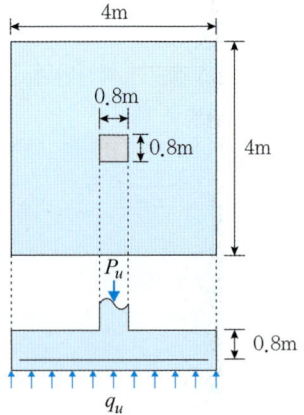
>
> **해설** ① 휨모멘트 설계
>
> 계수지반반력 $q_u = \dfrac{P_u}{A} = \dfrac{1920}{16} = 120 kN/m^2$
>
> 휨모멘트 위험위치(계산지간)
> $l = \dfrac{L}{2} - \dfrac{t}{2} = \dfrac{4}{2} - \dfrac{0.8}{2} = 1.6m$
>
> 계수 휨모멘트
> $M_u = \dfrac{1}{2}\omega l^2 = \dfrac{1}{2} \times q_u \times B \times l^2 = \dfrac{1}{2} \times 120 \times 4 \times 1.6^2$
> $= 614.4 kN.m$
>
> ② 1방향 전단설계
> 1방향 전단에 대한 위험단면 위치 : 휨모멘트 위험지점에서 d이격 지점
> 휨모멘트 위험지점 : 콘크리트 기둥인 경우이므로, 기둥 전면
> 1방향 전단하중 재하면적 =
> $B \times (L/2 - t/2 - d) = 4 \times (2 - 0.8/2 - 0.8) = 3.2 m^2$
> $V_{u1} = q_u \times A = 120 \times 3.2 = 384 kN$
>
> ③ 2방향 전단설계
> 2방향 전단에 대한 위험단면 위치 : 휨모멘트 위험지점에서 d/2이격 지점
> 전단위험 펀칭전단 주변면적 =
> $(0.8 + 0.8 \times 1/2 \times 2) \times (0.8 + 0.8 \times 1/2 \times 2) = 2.56 m^2$
> 2방향 전단하중 재하면적 = $4 \times 4 - 2.56 = 13.44 m^2$
> $V_{u2} = q_u \times A = 120 \times 13.44 = 1613 kN$

대표기출문제

문제. 아래 그림과 같은 독립확대기초에서 1방향 전단에 대해 고려할 경우 위험단면의 계수전단력(V_u)는? (단, 계수하중 P_u = 1,500kN이다.)
2020년 3회

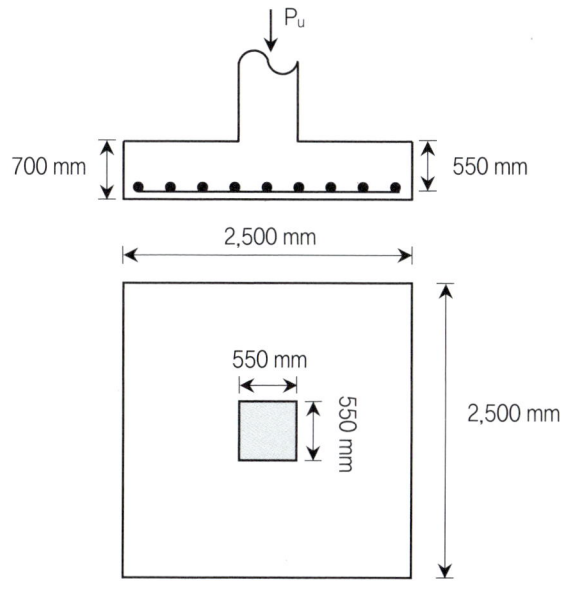

① 255kN ② 387kN
③ 897kN ④ 1,210kN

정답 ①

해설 기초판 끝단에서 전단력 위험지점 x

$$x = \frac{L}{2} - \frac{t}{2} - d = \frac{2500}{2} - \frac{550}{2} - 550 = 425mm$$

$$V_{u1} = q_u \times A = \frac{1500 \times 10^3}{2500^2} \times 425 \times 2500 = 255kN$$

07 슬래브

01 슬래브 설계

1 슬래브의 개요

1) 슬래브 종류

구분	특징	배근
1방향 슬래브	• 마주 보는 두 변에 의해 지지 • 지간방향으로 주철근을 배치	슬러브 주철근
2방향 슬래브	• 네 변으로 지지 • 서로 직교하는 두 방향으로 주철근을 배치	슬러브 주철근
플랫 슬래브 (Flat Slab)	• 지지되는 보가 없이 슬래브 (아래에 바로 기둥으로 지지) • 기둥과 슬래브 사이에는 드롭패널과 기둥머리가 위치 ⇒ 집중응력에 의한 위험에 대비	슬러브 주철근
평판 플랫 슬래브 (Flat Plate Slab)	• 플랫 슬래브에서 드롭패널과 기둥머리 없이 기둥과 슬래브가 바로 연결	드롭패널 기둥머리

2) 슬래브와 보의 계산지간(KDS 14 20 10 : 2021)

받침부와 분리된 슬래브

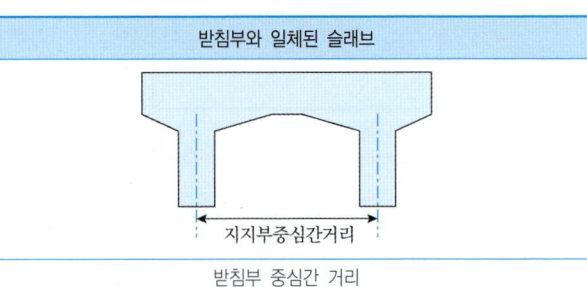

순경간 + 슬래브 중앙부의 두께
(받침중심 거리를 초과할 필요 없음)

받침부와 일체된 슬래브

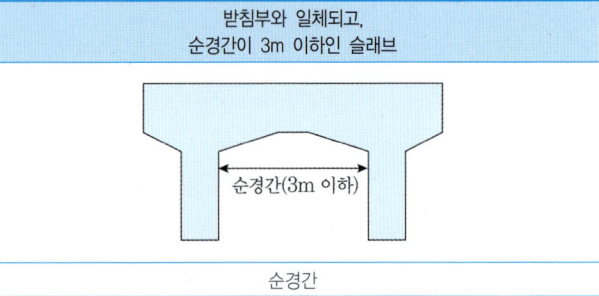

받침부 중심간 거리

받침부와 일체되고, 순경간이 3m 이하인 슬래브

순경간

① 받침부와 일체로 되어 있지 않은 부재는 순경간에 보나 슬래브의 두께를 더한 값을 경간으로 하여야 한다. 그러나 그 값이 받침부의 중심간 거리를 초과할 필요는 없다.
② 골조 또는 연속구조물의 해석에서 휨모멘트를 구할 때 사용하는 경간은 받침부의 중심간 거리로 하여야 한다. 받침부와 일체로 시공된 보의 경우 받침부 전면의 휨모멘트로 설계할 수 있다.

③ 받침부와 일체로 된 3m 이하의 순경간을 갖는 슬래브는 그 지지보의 폭을 무시하고 순경간을 경간으로 하는 연속보로 해석할 수 있다.

3) 1방향 슬래브와 2방향 슬래브의 구별

구분	1방향 슬래브	2방향 슬래브
지지변의 수	2변	4변
단변과 장변의 비	$\frac{L}{S} > 2$	$\frac{L}{S} \leq 2$

주의 2방향 슬래브가 되기 위해서는 단변에 대한 장변의 비가 2 이하로 되어야 한다. 이 말을 역으로 표현하면, 장변에 대한 단변의 비는 $\frac{1}{2}$ 이상이 되어야 한다고 할 수 있다. 문제의 보기에서 오해의 소지가 있도록 출제가 가능하므로 주의해야 한다.

> **Tip** 2방향 슬래브가 되기 위한 조건
> 4변지지 + 장단비 2 이하를 모두 만족

2 1방향 슬래브의 설계(KDS 14 20 70 : 2021)

1) 설계원칙

① 마주보는 두 변에만 지지되는 1방향 슬래브는 보 설계와 동일하게 설계한다.
② 4변에 의해 지지되는 2방향 슬래브 중에서 단변에 대한 장변의 비가 2배를 넘으면 1방향 슬래브로 해석하며, 이 경우 일반적으로 슬래브의 단변방향의 경간을 사용하여 보 설계와 동일하게 설계한다.
③ 판이론에 의해 설계하는 것이 원칙이나 보통은 근사해법을 적용한다.
④ 폭이 1m인 직사각형 단면의 보로 설계한다.

2) 철근콘크리트 보와 일체로 된 연속슬래브의 설계방법

① 휨모멘트와 전단력을 계산하기 위해 단순받침부 위에 놓인 연속보로 가정하여 탄성해석 또는 근사해법을 사용할 수 있다.
② 활하중에 의한 경간 중앙의 부모멘트는 산정된 값의 1/2만 취할 수 있다.
③ 경간 중앙의 정모멘트는 양단 고정으로 계산한 값 이상이어야 한다.
④ 순경간이 3m를 초과할 때, 순경간 내면의 휨모멘트를 사용할 수 있으나, 이 값은 순경간을 경간으로 하여 계산한 고정단 휨모멘트 이상으로 하여야 한다.
⑤ 슬래브 양단 보의 처짐이 다를 때는 그 영향을 고려해야 한다.

3) 1방향 슬래브의 구조상세

① 슬래브 두께

최소 100mm 이상으로 하고, 처짐을 고려하지 않기 위해 다음의 최소두께 규정을 만족해야 한다.

부재	단순지지	일단연속	양단연속	캔틸레버
1방향슬래브	L/20	L/24	L/28	L/10

* L : 지간길이(m)

일반콘크리트($w_c = 2.3t/m^3$)이고, $f_y = 400MPa$인 경우에 적용가능하고 그 외에 다음과 같이 수정해야 한다.

> • $1.5 \sim 2.0 t/m^3$ 범위의 경량콘크리트를 사용한 경우에는 계산된 값에 다음의 보정계수를 곱해야 한다.
> $1.65 - 0.31 w_c > 1.09$
> • $f_y = 400MPa$이 아닌 경우에는 다음의 보정계수를 곱해야 한다.
> $0.43 + \frac{f_y}{700}$

② 슬래브의 정모멘트 철근 및 부모멘트 철근의 중심 간격은 위험단면에서는 슬래브 두께의 2배 이하이어야 하고, 또한 300mm 이하로 하여야 한다. 기타의 단면에서는 슬래브 두께의 3배 이하이어야 하고, 또한 450mm 이하로 하여야 한다.

> • 최대 모멘트 발생 단면 : 슬래브 두께의 2배 이하, 300mm 이하
> • 기타 단면 : 슬래브 두께의 3배 이하, 450mm 이하

③ 1방향 슬래브에서는 정모멘트 철근 및 부모멘트 철근에 직각방향으로 수축·온도철근을 다음의 규정에 따라 배치하여야 한다.

> • 최대간격 : 슬래브 두께의 5배 이하, 450mm 이하
> • 슬래브의 수축 및 온도철근($1800mm^2/m$ 보다 크게 배근할 필요는 없다.)
> $f_y = 400MPa$ 이하의 철근을 사용한 슬래브 : 0.002
> $f_y = 400MPa$ 초과의 철근을 사용한 슬래브 :
> $0.002 \times \frac{400}{f_y} > 0.0014$
> • 수축 및 온도 철근은 f_y를 발휘할 수 있도록 충분히 정착되어야 한다.

④ 슬래브 끝의 단순받침부에서도 내민 슬래브에 의해 부모멘트가 발생되는 경우에는 이에 대한 철근을 배근해야 한다.
⑤ 슬래브의 단변방향 보의 상부에 부모멘트로 인해 발생하는 균열을 방지하기 위하여 슬래브의 장변방향으로 슬래브 상부에 철근을 배치하여야 한다.(부모멘트로 인한 균열을 방지하기 위해 T형보의 슬래브에 배근하는 것과 동일한 철근을 배근해야 한다.)

- T형보의 내민 플랜지를 캔틸레버로 보고 계수하중에 대해 설계
- 철근간격은 슬래브 두께의 5배 이하, 450mm 이하로 해야 한다.

> **참조**
>
> **[슬래브의 근사해법(KDS 14 20 10 : 2021)]**
> - 골조 또는 연속구조물의 모든 부재는 계수하중으로 탄성이론에 의해 결정된 최대 단면력에 대하여 설계하여야 한다.(단, 모멘트재분배에 따라 수정되는 경우는 제외)
> - 경량콘크리트, 강성, 유효강성, 경간에 대해 규정된 단순화된 가정을 사용하여 설계할 수 있다.
> - 일반적인 구조형태, 경간 및 층고를 갖는 건물은 근사해법을 사용하여 해석할 수 있다.(단, 프리스트레스트 콘크리트 구조물은 제외)
> - 연속보 또는 1방향 슬래브는 다음의 조건에 모두 만족하는 경우에 근사해법의 적용이 가능하다.
>   ① 2경간 이상
>   ② 인접 2경간의 차이가 짧은 경간의 20% 이상 차이가 나지 않는 경우
>   ③ 등분포하중이 작용하는 경우
>   ④ 활하중이 고정하중의 3배를 초과하지 않은 경우
>   ⑤ 부재의 단면 크기가 일정한 경우
>   ⇒ 등분포하중이 작용하는, 단면이 일정한, 2경간 이상의 슬래브 ($3w_D \geq w_L$, 인접경간비가 20% 이하)
>
> - 연속보 및 1방향 슬래브의 근사 단면력
>   ① 정모멘트
>   가. 최외측 경간
>   불연속 단부가 구속되지 않은 경우 $w_u l_n^2 / 11$
>   불연속 단부가 받침부와 일체로 된 경우 $w_u l_n^2 / 14$
>   나. 내부 경간 $w_u l_n^2 / 16$
>   ② 부모멘트
>   가. 첫 번째 내부 받침부 외측면 부모멘트
>   2개의 경간일 때 $w_u l_n^2 / 9$
>   3개 이상의 경간일 때 $w_u l_n^2 / 10$
>   나. 가 이외의 내부 받침부의 부모멘트 $w_u l_n^2 / 11$
>   다. 모든 받침부면의 부모멘트로서 경간 3m 이하인 슬래브와 경간의 각 단부에서 보 강성에 대한 기둥 강성의 합의 비가 8 이상인 보
> $w_u l_n^2 / 12$
>   라. 받침부와 일체로 된 부재의 최외단 받침부 내면에서 부모멘트
>   받침부가 테두리보인 경우 $w_u l_n^2 / 24$
>   받침부가 기둥인 경우 $w_u l_n^2 / 16$
>   ③ 전단력
>   가. 첫 번째 내부 받침부 외측면에서 전단력 $1.15 w_u l_n / 2$
>   나. 가 이외의 받침부면에서 전단력 $w_u l_n / 2$

3 2방향 슬래브의 설계(KDS 14 20 70 : 2021)

1) 2방향 슬래브의 정의

① 기둥 또는 벽체가 지지하는 슬래브의 c_1과 c_2 그리고 순경간 l_n은 슬래브 하부의 접촉면에 의해 정의된 유효지지단면에 근거하여야 한다. 유효지지단면은 슬래브의 바닥 표면 또는 지판이 있는 경우는 이의 바닥 표면이 기둥축을 중심으로 45° 내로 펼쳐진 기둥과 기둥머리 또는 브래킷 내에 위치한 가장 큰 정원추, 정사면추 또는 쐐기 형태의 표면과 이루는 절단면으로 정의된다.
- c_1 : 휨모멘트를 산정하는 경간방향으로 측정한 직사각형 또는 등가직사각형의 기둥, 기둥머리 또는 브래킷의 폭
- c_2 : 휨모멘트를 산정하는 경간방향과 수직한 방향으로 측정한 직사각형 또는 등가직사각형의 기둥, 기둥머리 또는 브래킷의 폭

② 주열대는 기둥 중심선 양쪽으로 $0.25l_2$와 $0.25l_1$ 중 작은 값을 한쪽의 폭으로 하는 슬래브의 영역을 가리킨다. 받침부 사이의 보는 주열대에 포함한다.
- l_1 : 휨모멘트를 산정하는 방향의 받침부 사이의 순경간
- l_2 : 휨모멘트를 산정하는 방향의 받침부 중심 사이의 경간

③ 중간대는 두 주열대 사이의 슬래브 영역을 가리킨다.
④ 보가 슬래브와 일체로 되거나 완전한 합성구조로 되어 있을 때, 보의 단면은 보가 슬래브의 위 또는 아래로 내민 깊이 중 큰 깊이만큼을 보의 양측으로 연장한 슬래브 부분을 포함한 것으로서, 보의 한 측으로 연장되는 거리는 슬래브 두께의 4배 이하로 하여야 한다.

⑤ 슬래브와 기둥의 접합부에서 전단에 대한 위험단면을 확장시킬 때는 전단머리를 슬래브 아래로 돌출시켜야 하고, 돌출된 두께만큼 기둥 표면부터 최소 위험단면을 넓혀야 한다.

2) 해석 및 설계 방법

① 슬래브 시스템은 평형조건과 기하학적 적합조건을 만족한다면 어떠한 방법으로도 설계할 수 있다. 다만, 모든 단면의 설계강도가 소요강도 이상이어야 하고 처짐의 제한 등 사용성을 만족하여야 한다.
② 슬래브와 보가 있을 경우 받침부 사이의 보 및 이들과 직교하여 골조를 이루는 기둥 또는 벽체를 포함하는 슬래브 시스템은 연직하중에 대하여 직접설계법이나 등가골조법으로 설계할 수 있다.
③ 횡방향 변위가 발생하는 골조의 횡력해석을 위한 부재의 강성은 철근과 균열의 영향을 고려하여야 한다.
④ 슬래브 시스템이 횡하중을 받는 경우 횡력해석과 연직하중의 해석 결과는 조합하여야 한다.
⑤ 슬래브와 보가 있을 경우 받침부 사이의 보는 모든 단면에서 발생하는 계수휨모멘트에 저항할 수 있도록 설계하여야 한다.
⑥ 허용응력설계에서는 근사해법으로 해왔으나, 강도설계법에서는 직접설계법(Direct Design Method)이나 등가골조법(Equivalent Frame Method)에 의해 설계한다.
⑦ 지점에서 d/2만큼 떨어진 위치로 이루어진 사각단면(주변단면, 周邊斷面)에 대해 펀칭전단을 고려한다.

3) 직접설계법의 제한사항(이하 조건을 모두 만족해야 함)

① 각 방향으로 3경간 이상
② 단변 경간에 대한 장변 경간의 비가 2 이하인 직사각형의 슬래브판
③ 각 방향으로 연속한 받침부 중심간 경간 길이의 차이는 긴 경간의 1/3 이하
④ 연속한 기둥 중심선으로부터 기둥의 이탈은 이탈 방향 경간의 최대 10%까지 허용
⑤ 모든 하중은 연직하중으로 슬래브 전체에 등분포
⑥ 활하중은 고정하중의 2배 이하
⑦ 보가 모든 변에 슬래브를 지지할 경우, 직교하는 보의 상대 휨강성비 $0.2 \leq \dfrac{\alpha_1 l_2^2}{\alpha_2 l_1^2} \leq 5.0$를 만족해야 한다.
⑧ 휨모멘트 재분배는 별도의 방법으로만 적용

> **참조**
>
> [1방향 슬래브 근사해법과 2방향 슬래브 직접설계법 제한사항 비교]
>
> | 구분 | 1방향 슬래브 근사해법 제한사항 | 2방향 슬래브 직접설계법 제한사항 |
> |---|---|---|
> | 경간수 | 2경간 이상 | 각방향 3경간 이상 |
> | 경간 차이 | 단경간의 20% 이하 | 장경간의 33%(1/3) 이하 |
> | 하중 | 슬래브 전체에 등분포 | 슬래브 전체에 등분포 |
> | 최대 활하중 | 고정하중의 3배 이하 | 고정하중의 2배 이하 |

4) 2방향 슬래브의 구조세목

① 철근의 최대 간격 및 최소철근량은 1방향 슬래브의 경우와 동일하게 적용한다.
② **철근의 간격과 정착**
  - 끊어지는 모든 정철근은 슬래브 단부를 지나 150mm 이상 단부보 또는 기둥 속에 매입
  - 불연속단부에 수직인 모든 부철근은 단부보 또는 기둥 속에서 절곡하거나 갈고리로 정착
  - 불연속단부에 보나 벽체로 지지되지 않거나 캔틸레버로 되어 있는 경우는 슬래브 내부에 정착 가능
③ 주철근의 배치는 짧은 경간방향의 철근을 슬래브 표면에 가깝게 배치한다.(짧은 경간방향의 하중 분담율 큼)

> **참조**
>
> [2방향 슬래브 주철근 배치순서]
>
> ① 가장 짧은 경간방향으로 직선철근 배치
> ② 긴 경간방향의 철근을 짧은 경간장의 1/8배 이내로 배치
> ③ 짧은 경간방향의 철근을 양단에서 짧은 경간장(S)의 1/8되는 지점에서 구부려 올린다.
> ④ 모든 긴 경간방향 철근의 짧은 경간의 중앙 3/4 S의 범위 내에 배치한다.

④ 슬래브 모서리 보강

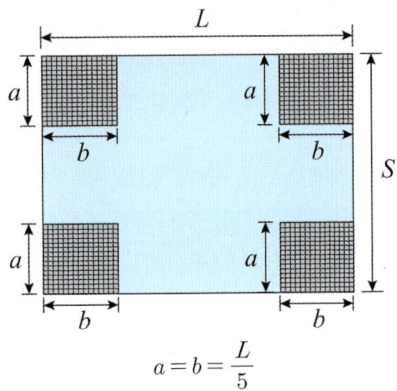

$$a = b = \frac{L}{5}$$

- 외부 모퉁이 슬래브를 α값이 1.0보다 큰 테두리보 (보의 휨강성이 슬래브 휨강성보다 큰 보)가 지지하는 경우 모퉁이 부분의 슬래브 상, 하부에 모퉁이 보강철근을 배치해야 한다.
  - α : 슬래브의 휨강성에 대한 보의 휨강성비
- 장지간(L)의 1/5 되는 모서리부분에 상면에서는 바닥의 대각선 방향, 하면에서는 대각선에 직각방향으로 배근(철근량은 최대 정철근 단면에서와 동일)
- 양변에 평행한 2방향 철근을 상하면에 평행하게 두 층으로도 배치 가능

⑤ 슬래브 두께
- 1방향의 경우와 동일
- 짧은 경간과 긴 경간의 유효깊이의 평균값을 유효 깊이(d)로 정함

대표기출문제

문제. 연속보 또는 1방향 슬래브의 휨모멘트와 전단력을 구하기 위해 근사해법을 적용할 수 있다. 근사해법을 적용하기 위해 만족하여야 하는 조건으로 틀린 것은? 2022년 1회

① 등분포 하중이 작용하는 경우
② 부재의 단면 크기가 일정한 경우
③ 활하중이 고정하중의 3배를 초과하는 경우
④ 인접 2경간의 차이가 짧은 경간의 20% 이하인 경우

정답 ③
해설 활하중이 고정하중의 3배를 초과하지 않는 경우

대표기출문제

문제. 2방향 슬래브의 설계에서 직접설계법을 적용할 수 있는 제한 조건으로 틀린 것은? 2021년 2회

① 각 방향으로 3경간 이상이 연속되어야 한다.
② 슬래브 판들은 단변 경간에 대한 장변 경간의 비가 2 이하인 직사각형이어야 한다.
③ 각 방향으로 연속한 받침부 중심간 경간 차이는 긴 경간의 1/3 이하이어야 한다.
④ 모든 하중은 연직하중으로 슬래브 판 전체에 등분포이고, 활하중은 고정하중의 3배 이상이어야 한다.

정답 ④
해설 모든 하중은 연직하중으로 슬래브 판 전체에 등분포이고, 활하중은 고정하중의 2배 이하이어야 한다.

대표기출문제

문제. 그림과 같이 단순 지지된 2방향 슬래브에 등분포 하중 w가 작용할 때, ab 방향에 분배되는 하중은 얼마인가? 2020년 4회

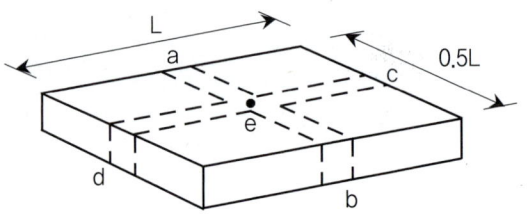

① 0.059w　　② 0.111w
③ 0.889w　　④ 0.941w

정답 ④
해설 등분포하중이 재하되는 경우 L^4에 반비례하여 분담

$$\omega_{ab} = \frac{L^4}{L^4 + (0.5L)^4} \times \omega = \frac{16\omega}{17} = 0.941\omega$$

08 사용성과 내구성

01 사용성과 내구성의 개요

1 기본 개념

1) 정의
① **사용성(사용하중)** : 구조물의 안전성 외에 사용에 문제가 없는 정도(처짐, 균열, 피로)
② **내구성** : 구조물이 안전성 외에 사용성을 유지하면서 지속되는 정도
③ **안전성(계수하중)** : 붕괴가 되지 않고 기능을 유지하는 정도

2) 사용성 및 내구성 검토의 필요성
① **사용성 검토 항목** : 처짐, 균열, 피로
② 허용응력 설계법은 사용성에 중점을 둔 설계법
　⇒ 설계된 부재는 자동으로 처짐과 균열을 만족
　⇒ 강도설계법은 안전성에 중점을 둔 설계법
③ 구조재료의 고강도화 경향
　⇒ 처짐, 균열, 피로 검토 필요
　⇒ 고강도의 재료를 사용할수록 사용성은 더욱 불리
④ 정밀설계에 의해 단면이 소형화되는 경향
　⇒ 내구성에 대한 검토가 필수적

02 균열의 검토

1 균열검토 개요

1) 균열 폭 제어의 중요성
큰 균열 보다는 작은 균열이 여러 개가 되도록 제어
① **외관** : 심리적으로 불안감
② **누출** : 액체 저장용 구조물 ⇒ 액체 누출
③ **내구성** : 넓은 폭의 균열은 철근을 부식

2) 철근 부식의 원인
① 염화물 또는 그 밖의 부식성 물질이 있을 때
② 상대습도가 60%를 초과할 때
③ 주위의 온도가 높을 때
④ 건조와 습윤이 반복될 때
⑤ 예상 외의 전류가 흐를 때

3) 균열 폭의 영향인자 ⇒ 가는 이형철근 여러 가닥, 응력과 피복이 작도록
① **철근의 종류**
　• 원형철근 : 큰 균열이 소수 발생
　• 이형철근 : 작은 균열이 다수 발생
② **철근의 응력** : 철근의 응력이 클수록 큰 균열 발생
③ **피복두께** : 피복두께가 클수록 균열 간격과 폭이 증가

5) 균열발생 원인
① 사용재료의 문제
반응성 골재(알카리 골재반응), 수화열, 건조수축
② 시공상의 문제
부적절한 양생, 재료분리, 콜드조인트(Cold Joint)
③ 설계상의 문제
철근피복의 두께 부족, 철근 정착길이 부족, 응력집중, 기초의 부등침하
④ 사용환경의 문제
주변의 온도변화, 건습의 반복, 동결융해, 화학작용

2 균열검토의 적용범위(KDS 14 20 30 : 2021)

① 수밀성 및 미관이 중요한 구조물을 제외하고, 규정된 휨철근 간격기준을 포함하여 다른 설계기준을 준수한다면 균열에 대한 검토가 이루어 진 것으로 간주할 수 있다.
② 특별히 수밀성이 요구되는 구조는 적절한 방법으로 균열에 대한 검토를 하여야 한다. 이 경우 소요 수밀성을 갖도록 하기 위한 허용균열폭을 설정하여 검토할 수 있다.
③ 미관이 중요한 구조는 미관상의 허용균열폭을 설정하여 균열을 검토할 수 있다.
④ 부재는 하중에 의한 균열을 제어하기 위해 필요한 철근 외에도 필요에 따라 온도변화, 건조수축 등에 의한 균열을 제어하기 위한 추가적인 온도수축철근을 배치하여야 한다. 그리고 균열 제어를 위한 철근은 필요로 하는 부재 단면의 주변에 분산시켜 배치하여야 하고, 이 경우 철근의 지름과 간격을 가능한 한 작게 하여야 한다.

[참조]
[휨철근 간격 기준]

$$s = 375\left(\frac{k_{cr}}{f_s}\right) - 2.5c_c \qquad s = 300\left(\frac{k_{cr}}{f_s}\right)$$

- 건조환경 : $k_{cr} = 280$, 그 외 환경 : $k_{cr} = 210$
- c_c : 피복두께(인장철근이나 긴장재의 표면과 콘크리트 표면사이의 최소 두께)
- f_s : 사용하중 상태에서 인장 최외측 철근의 응력(근사적으로 $\frac{2}{3}f_y$) 최외측 철근이 하나만 배치된 경우에는 인장연단의 폭을 s로 한다.

Tip 균열검토의 개념
일반적인 구조물의 균열검토는 철근 간격 검토에 의해 수행한다. 따라서, 철근이 충분히 조밀하게 배근되어 있다면 별도의 균열검토를 하지 않아도 좋다.

3 균열의 검증(KDS 14 20 30 : 2021)

1) 적용범위
① 철근콘크리트 구조물의 내구성, 사용성 및 미관 등에 대한 균열폭 검증이 필요한 경우에 대해서 적용한다.
② 수밀성이 요구되는 구조물은 본 내용에 따라 검토하여야 한다.
③ 미관이 중요한 구조물은 발주자의 특별한 요구가 없는 경우, 내구성에 대한 허용균열폭으로 검토할 수 있다.

2) 노출환경

구분	강재의 부식에 대한 환경조건 구분
건조환경	일반 옥내 부재. 부식의 우려가 없을 정도로 보호한 경우의 보통 주거 및 사무실 건물 내부
습윤환경	일반 옥외의 경우, 흙 속의 경우
부식성 환경	• 습윤환경과 비교하여 건습의 반복작용이 많은 경우, 특히 유해한 물질을 함유한 지하수위 이하의 흙 속에 있어서 강재의 부식에 해로운 영향을 주는 경우, 동결작용이 있는 경우, 동상방지제를 사용하는 경우 • 해양 콘크리트구조물 중 해수 중에 있거나 극심하지 않은 해양환경에 있는 경우(가스, 액체, 고체)
고부식성 환경	• 강재의 부식에 현저하게 해로운 영향을 주는 경우 • 해양콘크리트구조물 중 간만조위의 영향을 받거나 비말대에 있는 경우, 극심한 해풍의 영향을 받는 경우

3) 균열폭의 검증
① 설계균열폭(계산된 균열폭)은 허용균열폭 이하가 되도록 해야 한다.
② 설계균열폭은 지속하중에 의해 계산한다.
③ 지속하중은 설계수명 동안 항상 작용하는 고정하중과 설계수명의 절반 이상의 기간 동안 지속해서 작용하는 하중의 합으로 한다. (발주자가 구조물의 특성을 고려하여 결정할 수 있다.)

4) 허용균열폭

① 철근콘크리트 구조물의 내구성 확보를 위한 허용균열폭

강재종류	환경 조건			
	건조	습윤	부식	고부식
이형철근(두 값 중 큰 값 적용)	0.4mm	0.3mm	0.3mm	0.3mm
	$0.006c_c$	$0.005c_c$	$0.004c_c$	$0.0035c_c$
PS 긴장재(두 값 중 큰 값 적용)	0.2mm	0.2mm	—	—
	$0.005c_c$	$0.004c_c$		

- c_c : 최외단 주철근 표면과 콘크리트 표면사이의 최소피복 두께(mm)
- 이형철근을 사용하는 습윤, 부식성 및 고부식성 환경에 대해서는 계산된 허용균열폭을 0.3mm 보다 작게 취할 필요는 없다.
- PS 긴장재를 사용하는 건조 및 습윤환경에 대해서는 계산된 허용균열폭을 0.2mm 보다 작게 취할 필요는 없다.

② 수처리 구조물의 내구성과 누수방지를 위한 허용균열폭

구분	휨 인장 균열	전 단면 인장 균열
비오염 물(음용 상수도)	0.25mm	0.20mm
오염된 물	0.20mm	0.15mm

예제 환경조건에 따른 허용균열폭의 계산

문제. 습윤환경에서, SD400 철근을 사용하는 부재의 피복두께가 80mm일 때, 허용 균열 폭은 얼마인가?

해설 $w_a = 0.005t_c = 0.005 \times 80 = 0.40mm$
따라서, 0.4mm ($0.4 \geq 0.3mm$)
주의 허용균열폭은 큰 값을 취한다.

03 처짐의 검토(강도설계법) (KDS 14 20 30 : 2021)

1 처짐 검토 개요

1) 처짐검토 방법(둘 중 하나만 준수해도 만족)
① 단면의 최소두께 조건 준수
② 즉시처짐과 장기처짐을 계산하여 허용처짐값 이하가 되도록 제어

2 1방향 구조의 최소두께 규정에 의한 처짐 검토

1) 최소두께 규정

큰 처짐에 의하여 손상되기 쉬운 칸막이벽이나 기타 구조물을 지지하지 않는 1방향 구조물의 경우 다음의 최소 두께 규정을 적용하여야 한다.

부재	캔틸레버	단순지지	일단연속	양단연속
보 리브가 있는 1방향 슬래브	L/8	L/16	L/18.5	L/21
1방향 슬래브	L/10	L/20	L/24	L/28

* L : 지간길이(m)

2) 최소두께 보정계수

보통중량 콘크리트($m_c = 2,300 kg/m^3$)이고, $f_y = 400 MPa$인 경우에 적용가능하고 그 외에 다음과 같이 수정해야 한다.

- $1,500 \sim 2,000 kg/m^3$ 범위의 경량콘크리트를 사용한 경우에는 계산된 값에 다음의 보정계수를 곱해야 한다.
$$1.65 - 0.00031 m_c > 1.09$$

- $f_y = 400 MPa$이 아닌 경우에는 다음의 보정계수를 곱해야 한다.
$$0.43 + \frac{f_y}{700}$$

- 처짐계산에 의해 더 작은 두께를 사용해도 유해하지 않다는 검토를 한 경우에는 두께 제한을 만족하지 않아도 좋다.

3 2방향 구조의 최소두께 규정에 의한 처짐 검토

① 슬래브 시스템에서 테두리보를 제외하고 내부에 보가 없거나 보의 강성비가 $\alpha_m \leq 0.2$인 경우의 슬래브의 최소두께

$f_y(MPa)$	지판이 없는 경우			지판이 있는 경우		
	외부 슬래브		내부 슬래브	외부 슬래브		내부 슬래브
	테두리보가 없는 경우	테두리보가 있는 경우		테두리보가 없는 경우	테두리보가 있는 경우	
300	$l_n/32$		$l_n/35$		$l_n/39$	
350	$l_n/31$		$l_n/34$		$l_n/37.5$	
400	$l_n/30$		$l_n/33$		$l_n/36$	
500	$l_n/28$		$l_n/31$		$l_n/33$	
600	$l_n/26$		$l_n/29$		$l_n/31$	

- 플랫슬래브 지판이 없는 슬래브는 위 조항 외에 120mm 이상이어야 한다.
- 플랫슬래브 지판이 있는 슬래브는 위 조항 외에 100mm 이상이어야 한다.

② 보의 강성비가 $0.2 < \alpha_m < 2.0$인 경우 120mm 이상으로 하고 또한 다음 값 이상이어야 한다.

$$h = \frac{l_n\left(800 + \dfrac{f_y}{1.4}\right)}{36000 + 5000\beta(\alpha_m - 0.2)}$$

③ 보의 강성비가 $\alpha_m \geq 2.0$인 경우 90mm 이상으로 하고 또한 다음 값 이상이어야 한다.

$$h = \frac{l_n\left(800 + \dfrac{f_y}{1.4}\right)}{36000 + 9000\beta}$$

④ 불연속단을 갖는 슬래브에 대해서는 강성비가 0.8 이상이 되는 테두리 보를 설치하거나 위의 두 식에서 구한 최소 소요 두께를 최소 10% 이상 증대시켜야 한다.

⑤ 패널의 크기, 모양, 지지조건 등을 고려하여 계산된 처짐값이 1방향 구조의 허용처짐제한 조건을 모두 만족한다면, 상기의 두께 제한 조건보다 작은 값을 사용해도 좋다.

4 처짐량 계산에 의한 처짐 검토

1) 처짐검토 방법

$$\delta_a \geq \delta_D + \delta_L + \lambda_D \delta_D$$

δ_a : 허용처짐량, δ_D : 지속하중에 의한 순간처짐량
δ_L : 순간하중에 의한 순간처짐량, λ_D : 장기처짐계수

2) 탄성처짐량(순간처짐, 즉시처짐) 계산

① 처짐계산시 하중작용에 의한 순간처짐은 부재강성에 대한 균열과 철근 효과를 고려하여 탄성처짐 공식을 사용하여 계산하여야 한다.

② 부재강성도를 엄밀한 계산에 의하지 않는 한, 부재의 순간처짐은 콘크리트 탄성계수 E_c와 유효 단면2차모멘트 식을 이용하여 구해야 한다.

- 유효 단면2차모멘트

$$I_e = \left(\frac{M_{cr}}{M_a}\right)^3 I_g + \left[1 - \left(\frac{M_{cr}}{M_a}\right)^3\right] I_{cr} < I_g$$

- 휨 균열모멘트 $M_{cr} = \dfrac{f_r I_g}{y_t}$
- 일반콘크리트에 대한 파괴계수 $f_r = 0.63\lambda\sqrt{f_{ck}}$
- 균열 전 단면2차모멘트 I_g
- 균열 후 단면2차모멘트 I_{cr}
- 철근을 무시한 전체 단면의 중심축에서 인장연단까지의 거리 y_t

③ 연속부재인 경우에 정 및 부모멘트에 대한 위험단면의 유효 단면2차모멘트를 구하여, 그 평균값을 사용할 수 있다.

3) 장기처짐량의 계산

① 장기처짐량은 엄밀한 해석에 의하지 않는 한, 일반 또는 경량콘크리트 휨부재의 크리프와 건조수축에 의한 추가 장기처짐은 해당 지속하중에 의해 생긴 순간처짐에 다음 계수를 곱하여 구할 수 있다.

$$\text{장기처짐량} = \lambda_D \times \delta_D$$

δ_D : 지속하중에 의한 순간처짐량

장기처짐 계수 $\lambda_\Delta = \dfrac{\xi}{1+50\rho'}$

ρ' : 단순 및 연속경간에서는 보 중앙, 캔틸레버인 경우에서는 받침점에서의 압축철근비

기간	3개월	6개월	12개월	5년 이상
ξ	1.0	1.2	1.4	2.0

② 계산되는 장기처짐량은 지속하중에 대해서만 고려해야 한다. 예 고정하중

4) 허용 처짐량

① 평지붕 및 바닥구조의 허용 처짐량

부재의 형태		고려해야 할 처짐	처짐한계
과도한 처짐에 의해 손상되기 쉬운 비구조 요소를 지지 또는 부착하지 않은 경우	평지붕 구조	활하중 L에 의한 순간처짐	$\dfrac{l}{180}$
	바닥구조		$\dfrac{l}{360}$
과도한 처짐에 의해 손상되기 쉬운 비구조 요소를 지지 또는 부착한 경우	평지붕 구조	전체 처짐 중에서 비구조 요소가 부착된 후에 발생하는 처짐부분(모든 지속하중에 의한 장기처짐과 추가적인 활하중에 의한 순간처짐의 합)	$\dfrac{l}{480}$
	바닥구조		
과도한 처짐에 의해 손상될 염려가 없는 비구조 요소를 지지 또는 부착한 경우	평지붕 구조		$\dfrac{l}{240}$
	바닥구조		

② 보행자 및 차량하중 등 동하중을 주로 받는 구조물의 최대 허용 처짐값

구분		활하중과 충격에 의한 허용 처짐값
단순 또는 연속 경간의 부재	차도 전용	$\dfrac{l}{800}$
	보행자 통행	$\dfrac{l}{1000}$
캔틸레버 부재	차도 전용	$\dfrac{l}{300}$
	보행자 통행	$\dfrac{l}{375}$

Tip 1방향 구조의 처짐 검토 순서

① 1방향 및 2방향 구조 및 구조요소에 따른 단면의 최소 두께 규정 확인
② 최소 두께 조건을 만족하지 않은 경우에는 다음과 같이 검토한다.
- 고정하중과 활하중에 의한 즉시처짐량 계산
- 지속하중에 의해 추가되는 장기처짐량 계산
- 허용처짐량 검토
  - 과도한 처짐에 의해 손상되기 쉬운 비구조 요소를 지지 또는 부착하지 않은 구조

활하중에 의한 순간처짐량 검토 : $\dfrac{l}{360} \sim \dfrac{l}{180}$
  - 과도한 처짐에 의해 손상되기 쉬운 비구조 요소를 지지 또는 부착한 구조

총 처짐량(즉시+장기처짐) 검토 : $\dfrac{l}{480} \sim \dfrac{l}{240}$
  - 차량 및 보행자 등 동하중을 주로 받는 구조

충격을 포함한 활하중에 의한 순간처짐 검토 : $\dfrac{l}{1000} \sim \dfrac{l}{300}$

5) 프리스트레스트 콘크리트 구조의 처짐

① 순간처짐은 탄성처짐공식에 의해 계산하고, 단면2차모멘트는 비균열등급 부재는 콘크리트 전체단면에 대한 단면2차모멘트 I_g를 사용할 수 있다.
② 완전균열등급과 부분균열등급 부재의 처짐은 균열환산 단면 해석에 기초하여 2개의 직선으로 구성되는 모멘트 – 처짐 관계식이나 유효단면2차모멘트 I_e식을 사용할 수 있다.
③ 추가장기처짐은 지속하중하에서 콘크리트와 철근의 응력을 고려하고, 크리프 및 건조수축과 릴랙세이션의 영향을 고려해서 계산해야 한다.
④ 허용처짐량 제한은 1방향 구조와 동일하게 적용한다.

> **예제** 처짐을 고려하지 않기 위한 1방향 구조의 최소 두께 계산
>
> **문제.** 연속 슬래브 구조물에서 일단연속인 지간 $L = 12m$ 구간에서 처짐을 고려하지 않기 위한 최소 두께는 얼마인가? (단, $f_y = 350MPa$, $f_{ck} = 21MPa$, 슬래브는 1방향성을 가진다.)
>
> **해설**
>
> | 부재 | 단순지지 | 일단연속 | 양단연속 | 캔틸레버 |
> |---|---|---|---|---|
> | 보 | L/16 | L/18.5 | L/21 | L/8 |
> | 1방향슬래브 | L/20 | L/24 | L/28 | L/10 |
>
> * L : 지간길이(m)
>
> $$h_{min} = \frac{L}{24} \times (0.43 + \frac{f_y}{700}) = \frac{12}{24} \times (0.43 + \frac{350}{700}) = 0.465m$$

> **예제** 처짐량의 계산
>
> **문제.** 고정하중에 의한 탄성처짐이 20mm, 활하중에 의한 탄성처짐이 28mm 발생한 캔틸레버 보에서 1년이 경과한 후의 총 처짐량은 얼마인가? (단, 보의 압축철근비 = 0.02이고, 인장철근비 = 0.04, 고정하중만 지속하중으로 고려)
>
> **해설** $\lambda = \frac{\xi}{1+50\rho'} = \frac{1.4}{1+50\times 0.02} = 0.7$ (장기처짐계수, 즉시처짐 × λ = 장기처짐)
>
> 장기처짐량 = $\delta \times \lambda = 20 \times 0.7 = 14mm$
>
> 총처짐량 = 장기처짐량 + 즉시처짐량 = $14 + 20 + 28 = 62mm$
>
> **참고** ξ = 1.0(3개월), 1.2(6개월), 1.4(12개월), 2.0(5년 이상)

04 피로의 검토(KDS 14 20 26 : 2021)

1 피로 검토 적용 범위

① 설계하중 중에 변동하중이 차지하는 비율이 많거나 작용빈도가 크기 때문에 피로에 대한 안전성 검토가 필요로 하는 경우만 검토한다.

② 보 및 슬래브의 피로는 휨 및 전단에 대해 검토하여야 한다.
③ 기둥의 피로는 검토하지 않아도 좋다.
④ 휨모멘트나 축인장력의 영향이 특히 큰 경우의 기둥은 보에 준해서 검토하여야 한다.

2 피로 검토방법

① 충격을 포함한 사용활하중에 의한 철근의 응력 범위 및 긴장재의 응력 변동 범위가 다음 범위 내에 들면 피로 검토를 하지 않아도 좋다.

강재의 종류 및 위치		허용 응력변동범위(MPa)
이형철근	SD300	130
	SD350	140
	SD400 이상	150
긴장재	연결부 또는 정착부	140
	기타 부위	160

> **Tip** 응력변동 범위에 따른 피로검토 유무판정 예
>
> [예 1]
> $f_y = 400MPa$, 최소응력 $f_{s,min} = -50MPa$,
> 최대응력 $f_{s,max} = 120MPa$
> 응력변동 범위
> = $f_{s,max} - f_{s,min} = 120 - (-50) = 170MPa > 150MPa$이므로,
> 피로검토를 수행해야 한다.
>
> [예 2]
> $f_y = 400MPa$, 최소응력 $f_{s,min} = 100MPa$,
> 최대응력 $f_{s,max} = 240MPa$
> 응력변동 범위
> = $f_{s,max} - f_{s,min} = 240 - 100 = 140MPa < 150MPa$이므로,
> 피로검토를 하지 않아도 좋다.

② 반복하중에 의한 응력변동 범위가 허용 응력변동범위를 초과하는 경우는 합리적인 방법에 의해 피로에 대한 안전을 검토해야 한다.

③ 피로의 검토가 필요한 구조 부재는 높은 응력을 받는 부분에서 철근을 구부리지 않도록 해야 한다.

대표기출문제

문제. 콘크리트 설계기준압축강도가 28MPa, 철근의 설계기준항복강도가 400MPa로 설계된 길이가 7m인 양단 연속보에서 처짐을 계산하지 않는 경우 보의 최소 두께는? (단, 보통중량콘크리트($m_c = 2300 kg/m^3$)이다.) *2022년 1회*

① 275mm　　② 334mm
③ 379mm　　④ 438mm

정답 ②

해설 $\dfrac{l}{21} = \dfrac{7}{21} = 0.333m$

대표기출문제

문제. 순간 처짐이 20mm 발생한 캔틸레버 보에서 5년 이상의 지속 하중에 의한 총 처짐은? (단, 보의 인장 철근비는 0.02, 받침부의 압축철근비는 0.01이다.) *2022년 1회*

① 26.7mm　　② 36.7mm
③ 46.7mm　　④ 56.7mm

정답 ③

해설 $\lambda_D = \dfrac{\xi}{1+50\rho'} = \dfrac{2}{1+50 \times 0.01} = \dfrac{2}{1.5}$

총처짐량 $= \delta(1+\lambda_D) = 20\left(1+\dfrac{2}{1.5}\right) = 46.67mm$

대표기출문제

문제. 단철근 직사각형 보의 폭이 300mm, 유효깊이가 500mm, 높이가 600mm일 때, 외력에 의해 단면에서 휨균열을 일으키는 휨모멘트(M_{cr})는? (단, f_{ck} = 28MPa, 보통중량콘크리트이다.) *2021년 1회*

① 58kN.m　　② 60kN.m
③ 62kN.m　　④ 64kN.m

정답 ②

해설 $M_{cr} = \dfrac{f_r I_g}{y_y} = \dfrac{0.63\sqrt{28} \times 300 \times 600^3/12}{600/2} = 60 kN.m$

09 옹벽, 아치, 라멘, 암거

01 옹벽

1 옹벽의 개요

1) 옹벽의 정의
배후의 토사 붕괴를 방지할 목적으로 만들어지는 구조물로, 배후의 토압에 대해 옹벽의 자중으로 안정을 유지한다.

2) 옹벽의 종류

① 중력식 옹벽
무근 콘크리트로 만들어지며 자중에 의해 안정을 유지한다. 일반적으로 높이 3m까지 사용된다.

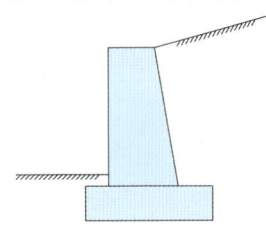

② 캔틸레버 옹벽
철근 콘크리트로 만들어지며 역 T형 옹벽이라고도 한다. 가장 일반적인 형태로, 3~7.5m 정도의 높이에 사용된다. 벽체, 뒷판, 앞판은 각각 캔틸레버로 해석한다.

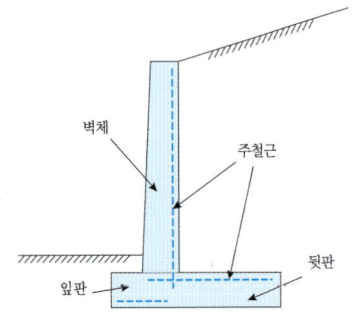

③ 부벽식 옹벽(Buttress Wall)
캔틸레버 옹벽의 전면이나 후면에 일정한 간격의 부벽(Buttress)을 설치하여 보강한 옹벽이다. 전면에 부벽을 설치하는 앞부벽식 옹벽은 부벽이 압축을 받는 스트럿의 역할을 하므로 구조적으로 유리하지만 벽체 전면에 공간을 차지하는 단점이 있다. 반면에 후면에 부벽을 설치하는 뒷부벽식 옹벽은 부벽이 인장을 받지만 공간활용면에서는 유리하다.

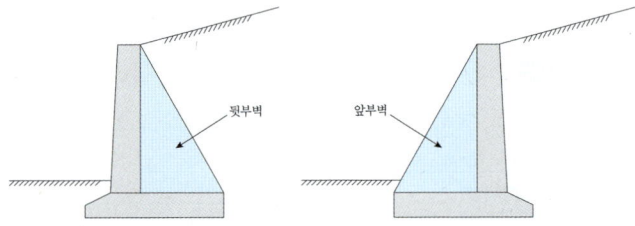

3) 옹벽설계의 적용범위
① 옹벽과 유사한 거동을 갖는 호안이나 방조제 또는 흙채움을 지지해야 하는 교량의 교대 및 기초벽에 적용할 수 있다.
② 지진하중에 대해서는 별도로 검토해야 한다.

4) 옹벽설계의 일반사항
① 옹벽은 옹벽자체의 자중 또는 저판 위에 있는 흙의 중량으로 토압에 저항하고 지표면의 고저차를 유지시켜 구조물의 안정을 도모하기 위한 구조물로서 도로 및 철도공사 사면의 흙막이벽 외에도 하천, 항만, 매립지 등의 교대 및 기초벽에도 적용이 가능하다.
② 옹벽은 축력을 받지 않거나 무시해도 좋을 만큼 작은 축력을 받는 구조여야 한다.
③ 옹벽은 상재하중, 뒤채움 흙의 중량, 옹벽의 자중 및 옹벽에 작용되는 토압, 필요에 따라서는 수압에 견디도록 설계되어야 한다.

④ 무근 콘크리트 옹벽은 자중에 의해서 저항력을 발휘하는 중력식 형태로 설계되어야 한다.
⑤ 토압의 계산은 토질역학의 원리에 의거하여 필요한 지반특성 계수를 측정하여 정하여야 한다.

- 일반적으로 옹벽의 토압은 Coulomb 토압을 적용하되, 역T형 옹벽 및 부벽식 옹벽과 같이 토압이 뒷굽에서부터 위로 연직하게 세운 가상배변에 작용할 때는 Rankine 토압을 적용한다.
- 옹벽은 활동이나 지반의 지지력에 대해서 안정해도, 지반 내부에 연약층이 있으면 침하 및 활동에 의해 파괴가 발생하게 되므로, 옹벽의 안정성 검사에는 먼저 옹벽의 뒷채움 흙 및 기초지반을 포함한 전체에 대해 실시하고 옹벽의 활동, 전도, 지지력에 대하여 소요 안전율을 갖는지 조사해야 한다.

⑥ 저판은 기초판으로 설계한다.

5) 옹벽의 설계순서

① 설계조건 결정(콘크리트강도, 흙 단위중량, 흙의 마찰각, 벽면마찰각 등)
② 단면 가정(앞판, 뒷판, 벽체 등의 길이 및 두께 등)
③ 토압 계산
④ 안정 계산
⑤ 단면 검토(응력검토)

2 옹벽의 설계

1) 옹벽의 부재와 설계하중

구조요소	설계하중
전면벽	횡방향 토압
뒤저판	저판 상부의 뒤채움 자중
앞저판	저판 하부의 지반반력

2) 저판의 설계

① 저판의 뒷굽판은 정확한 방법이 사용되지 않는 한, 뒷굽판 상부에 재하되는 모든 하중을 지지하도록 설계되어야 한다.
② 캔틸레버식 옹벽의 저판은 추가철근과의 접합부를 고정단으로 간주한 캔틸레버로 가정하여 단면을 설계할 수 있다.
③ 부벽식 옹벽의 저판은 정밀한 해석이 사용되지 않는 한, 부벽 간의 거리를 경간으로 가정한 고정보 또는 연속보로 설계할 수 있다.

3) 전면벽의 설계

① 캔틸레버식 옹벽의 전면벽은 저판에 지지된 캔틸레버로 설계할 수 있다.
② 부벽식 옹벽의 전면벽은 3변 지지된 2방향 슬래브로 설계할 수 있다.
③ 전면벽의 두께는 벽체의 최소 두께 규정에 따라야 한다.

> **참조**
>
> [벽체의 최소 두께]
> - 벽체의 두께는 수직 또는 수평받침점 간 거리 중에서 작은 값의 1/25 이상이어야 하고, 또한 100mm 이상이어야 한다.
> - 지하실 외벽 및 기초 벽체의 두께는 200mm 이상으로 하여야 한다.

④ 전면벽의 하부는 벽체로서 또는 캔틸레버로서도 작용하므로, 연직방향으로 1방향 슬래브 최소철근 규정, 브래킷 및 내진받침 전단설계의 철근상세, 벽체의 최소철근비 규정에 따라 보강철근을 배치하여야 한다.

4) 부벽의 설계

뒷부벽은 T형보로 설계하여야 하며, 앞부벽은 직사각형보로 설계하여야 한다.

옹벽 구조요소별 설계방법			
구분	저판	전면벽/추가철근	부벽
캔틸레버	캔틸레버		–
뒷부벽식	부벽을 지점으로 하는 고정보 또는 연속보	3변 지지된 2방향 슬래브	T형보
앞부벽식			부벽을 폭으로 하는 직사각형보

3 옹벽의 안정

1) 전도에 대한 안정(Overturning)

전도에 대한 저항모멘트는 횡토압에 의한 전도휨모멘트의 2배 이상이어야 한다.

$$\frac{M_r}{M_o} \geq 2.0$$

- M_r : 저항모멘트, 옹벽자중 및 연직토압 등에 의해 앞굽을 기점으로 전면으로 전도에 저항하는 모멘트
- M_o : 작용모멘트, 수평토압 및 기타 외력에 의해 옹벽을 앞굽을 기점으로 전면으로 전도시키려는 모멘트

참조

[옹벽에 작용하는 하중의 합력의 위치에 따른 지반반력 분포]

$e < \frac{B}{6}$	$e = \frac{B}{6}$	$e > \frac{B}{6}$

2) 활동에 대한 안정(Sliding)

① 활동에 대한 저항력은 옹벽에 작용하는 수평력의 1.5배 이상이어야 한다.

$$\frac{f \times \Sigma W}{\Sigma H} \geq 1.5$$

f : 옹벽 저판과 이에 접하는 흙과의 마찰계수
ΣW : 옹벽 자중 및 연직토압, 상재하중 등에 의한 연직력의 합
ΣH : 수평토압 등에 의한 수평력의 합

② 전도 및 지반지지력에 대한 안정조건은 만족하지만, 활동에 대한 안정조건만 만족하지 못할 경우에는 활동방지벽이나 횡방향 앵커 등을 설치하여 활동저항력을 증대시킬 수 있다.

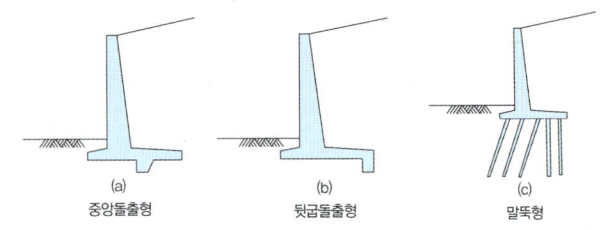

(a) 중앙돌출형 (b) 뒷굽돌출형 (c) 말뚝형

돌출부는 일반적으로 (a)와 같이 저판 중앙부에 설치하는 경우가 많지만, (b)와 같이 뒷굽에 설치하면 활동저항에 더욱 효과적이다. 돌출부는 단단한 지반이나 암반에다가 지반을 흐트러뜨리지 않고 주변지반과 밀착될 수 있도록 시공해야만 그 효과를 기대할 수 있다.

③ 지반조건에 따른 콘크리트와 흙과의 마찰계수

기초지판 토질	마찰계수
실트	0.35
실트가 섞인 모래나 자갈	0.45
실트가 섞이지 않은 모래나 자갈	0.55
암반	0.60

3) 침하(지지력)에 대한 안정(Bearing Capacity)

① 지반에 유발되는 최대 지반반력은 지반의 허용지지력을 초과할 수 없다.

$$q_{\substack{max \\ min}} = \frac{P}{A} \pm \frac{M}{I}y = \frac{\Sigma W}{B \times I} \pm \frac{\Sigma W \times e}{\frac{B^3}{12}} \times \frac{B}{2}$$

$$= \frac{\Sigma W}{B} \pm 6e\frac{\Sigma W}{B^2} = \frac{\Sigma W}{B}(1 \pm \frac{6e}{B}) < q_{all}$$

$$= \frac{q_u}{3}$$

> **참조**
>
> **[기초지반에 따른 허용 지지력(ton/m²)]**
>
> 지반의 허용지지력은 실험에 의해 구하는 것이 원칙이지만, 중요하지 않는 구조물에서는 아래의 표를 이용할 수 있다.
>
> | 기초지반 | 허용지지력 | 기초지반 | 허용지지력 |
> |---|---|---|---|
> | 경암반(화강암 등) | 500 | 자갈, 암석, 모래 혼합 | 20~40 |
> | 연암반(사암 등) | 250 | 모래 | 20~40 |
> | 연암반(연사암 등) | 80 | 사질토 | 15~30 |
> | 밀실한 자갈 | 50 | 점성토 | 10~20 |
> | 밀실하지 않은 자갈 | 30 | 실트 및 점토 | 5~10 |
> | 자갈과 모래 혼합 | 30~50 | | |

② 지반의 침하에 대한 안정성 검토는 다음의 두 가지 중 하나로 검토할 수 있다.

- 지반반력의 분포경사가 비교적 작은 경우에는 최대 지반반력 q_{max}가 지반의 허용지지력 q_a 이하가 되도록 하여야 한다.
- 지반의 지지력은 지반공학적 방법 중 선택하여 적용할 수 있으며, 지반의 내부마찰각, 점착력 등과 같은 특성으로부터 지반의 극한지지력을 추정할 수 있다. 다만, 이 경우에 허용지지력 q_a는 $q_u/3$이어야 한다.

4 옹벽설계 구조세목

1) 옹벽의 구조상세

① 부벽식 옹벽은 추가철근과 저판에 의해서 부벽에 전달되는 응력을 저항할 수 있도록 필요한 철근을 부벽에 규정된 정착방법에 의해 충분히 정착해야 한다.

> **참조**
>
> **[콘크리트 설계기준 해설]**
>
> 뒷부벽의 주인장 철근과의 연결에 있어서 뒷부벽을 전면벽 및 저판에 정착시키기 위해 수평 및 연직철근 또는 스터럽이 사용되어야 한다. 이때, 스터럽은 전면벽의 바깥면, 그리고 저판의 바닥면에 근접하여 정착되어야 한다. 또 전면벽과 저판에는 인장철근의 20% 이상의 배력철근을 두어야 한다.

② 활동에 대한 효과적인 저항을 위해 저판의 하면에 활동방지벽을 설치하는 경우, 활동방지벽과 저판을 일체로 만들어야 한다. 활동에 대한 저항을 크게 하기 위해 만드는 저판 하면의 돌출부, 즉 활동방지벽은 사질토의 지반에서 특히 유효하다. 점토지반에서는 점토의 전단저항으로 활동에 대한 저항이 정해지므로 효과가 아주 작다.

③ 옹벽 설계 시 콘크리트의 수화열, 온도변화, 건조수축 등 부피변화에 대한 별도의 구조해석이 없는 경우 신축이음을 설치할 수 있으며, 부피변화에 대한 구조해석을 수행한 경우는 신축이음을 두지 않고 수평으로 철근을 연속으로 배치할 수 있다.

④ 신축이음으로 구분되는 한 개의 구조단위에서 옹벽의 높이가 일정비율로 변화하는 경우에는 벽체의 높은 단부로부터 옹벽길이의 1/3 되는 지점에 작용하는 하중조건으로 소요철근을 설계할 수 있다. 이때 저판도 전단면의 높이변화에 따라 일정 비율로 변화되지만 저판의 두께는 한 개의 구조단위에서 가능하면 일정하게 유지하는 것이 바람직하다.

⑤ 노선에 접해있는 벽체의 전면은 미관 및 주행상 일반적으로 1:0.02 이상의 경사로 설치하고, 옹벽 상단에는 소단을 설치하는 것이 좋다. 소단의 길이(l)는 설치장소에 따라 다르지만 일반적으로 0.7m를 적용하여야 한다.

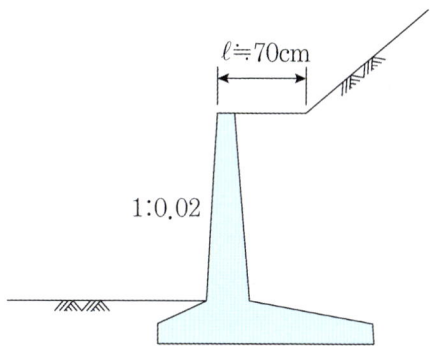

2) 옹벽의 이음부 설계

시공이음부에는 시공이음, 수축변형의 영향을 줄이기 위한 수축이음, 전단면에 걸쳐 일정간격으로 신축이음을 두어야 한다. 다만, 옹벽의 길이가 짧거나, 콘크리트의 수화열, 온도변화, 건조수축 등 부피변화에 대한 별도의 구조해석을 수행한 경우에는 종방향 철근을 연속으로 배근하여 신축, 수축이음을 두지 않을 수 있다. 또한 응력집중이 발생하는 모서리에는 이음을 두지 않아야 한다.

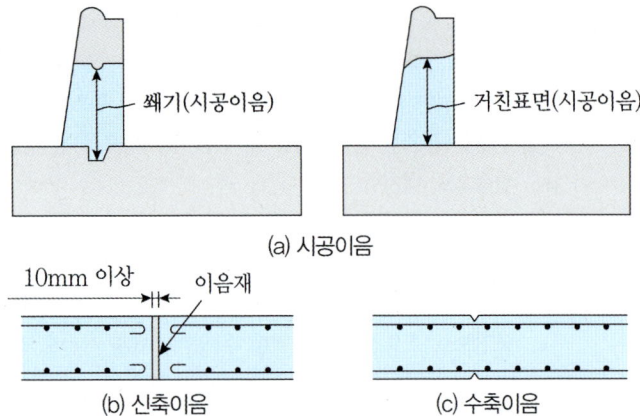

(a) 시공이음
(b) 신축이음
(c) 수축이음

> **참조**
>
> [벽체의 최소철근 규정]
>
> ① 최소 수직철근비
>
> | | |
> |---|---|
> | $f_y \geq 400MPa$이고, D16 이하의 이형철근 | 0.0012 |
> | 기타 이형철근 | 0.0015 |
> | 지름 16mm 이하의 용접철망 | 0.0012 |
>
> ② 최소 수평철근비
>
> | | |
> |---|---|
> | $f_y \geq 400MPa$이고, D16 이하의 이형철근 | 0.0020 |
> | 기타 이형철근 | 0.0025 |
> | 지름 16mm 이하의 용접철망 | 0.0020 |
>
> ③ 두께 250mm 이상의 벽체에 대해서는 다음의 방법에 따라 수직 및 수평철근을 벽체에 평행하게 양면에 배치하여야 한다. (단, 지하실 벽체 제외)
>   - 벽체의 외측면 철근은 각 방향에 대해 전체 소요철근량의 1/2 이상에서 2/3 이하로 하며, 외측면으로부터 50mm 이상, 벽두께의 1/3 이내에 배치하여야 한다.
>   - 벽체의 내측면 철근은 각 방향에 대한 소요철근량의 잔여분을 내측면으로부터 20mm 이상, 벽두께의 1/3 이내에 배치하여야 한다.
> ④ 수직 및 수평철근의 간격은 벽두께의 3배 이하, 또한 450mm 이하로 해야 한다.
> ⑤ 수직철근이 집중배치된 벽체부분의 수직철근비가 0.01배 이상인 경우, 압축부재에 적용되는 동일한 띠철근을 설치해야 한다.
> ⑥ 수직철근이 집중배치된 벽체부분의 수직철근비가 0.01배 미만인 경우, 횡방향 띠철근을 설치하지 않을 수 있다.

① 시공이음 사이의 연결부에 쐐기를 사용하면 전단저항력을 증가시킬 수 있다. 만약 쐐기를 사용하지 않을 경우에는 한쪽의 콘크리트 표면을 거칠게 한 다음 다른 쪽 콘크리트를 타설하여야 한다. 이때 거친 콘크리트 면을 깨끗하게 유지하는 것이 중요하다.
② 벽 표면의 건조수축으로 인한 균열을 방지하기 위해 수축이음을 설치한다. V형 수직 홈이나 균열유발줄눈 설치는 벽체 표면의 건조수축균열을 홈에 집중시키는 역할을 하며 불규칙한 균열을 방지할 수 있다.
③ 수축이음에서는 철근을 끊어서는 안되나 신축이음에서는 완전히 끊어서 지반의 부등침하에 대비해야 한다.
④ 신축이음부의 토사유실을 방지하기 위해 고무 채움재 등을 주입하면 효과적이다.

구분		설계기준
수축이음	간격	6m 전후 간격
	방법	• 수직으로 V자형 홈 • 톱으로 자르기(Saw cutting)을 이용한 균열유발 줄눈
신축이음	중력식	10m 이하 간격
	캔틸레버 및 부벽식	15~20m 이하 간격

3) 수축 및 온도철근의 배근

① 벽의 노출면에 가깝게 철근을 배치하고 철근은 가능한 가는 것으로 한다.
② 수평 및 수직으로 배치되는 최소철근은 벽체의 기준에 따른다.

4) 피복두께

별도의 규정없이, 일반적인 피복규정에 따른다.

> **참조**
>
> [현장타설인 경우의 피복두께 규정]
>
> | 조건 | | 피복두께 | |
> |---|---|---|---|
> | 수중타설시 | | 100mm | |
> | 흙에 접해서 타설 후 영구히 흙에 묻혀 있는 콘크리트 | | 75mm | |
> | 흙에 접하거나 옥외공기에 직접 노출되는 콘크리트 | D19 이상 | 50mm | |
> | | D16 이하 철근이나 철선 | 40mm | |
> | 흙에 접하거나 옥외공기에 직접 노출되지 않는 콘크리트 | 슬래브 및 벽체 장선 | D35 이상 | 40mm |
> | | | D35 이하 | 20mm |
> | | 보, 기둥 | 40mm | |
> | | 쉘, 절판부재 | 20mm | |

5) 배수공(권장사항)

① 쉽게 배수될 수 있는 높이에서 지름 65mm 이상
② 4.5m 정도의 간격
③ 뒷부벽식 옹벽에는 부벽의 각 격간(格間)에 1개 이상의 배수구멍
④ 옹벽 뒤채움 속에는 배수층(두께 300~400mm 정도)으로 조약돌 등을 사용
⑤ **배수가 잘 될 수 있는 높이** : 지하수 또는 외부 도랑의 수위
⑥ 배수구멍은 수평 배수층과 연직방향 배수층의 교점

02 아치

1 아치의 개요

1) 아치(Arch)구조와 적정 교량 지간

구분	적정 교량 지간	아치의 구조
양단고정 아치	30~120m	
3힌지 아치	180m 이내	
2힌지 아치	180~270m	

2) 설계일반

① 아치의 축선이 고정하중에 의한 압축선(또는 고정하중 + 활하중의 1/2)과 일치하도록 설계해야 한다. 그렇지 않은 경우는 객관적인 방법으로 검증해야 한다.
② 경간이 긴 아치는 휨과 압축 및 비틀림이 동시에 작용하므로 반드시 좌굴 검토를 수행해야 한다.
③ 아치리브의 단면형상은 경간에 대한 높이의 비, 아치축선, 재료의 강도, 시공방법 등을 고려하여 선정해야 한다.
④ 아치리브의 기초는 아치리브 단부에 발생하는 반력에 충분히 저항할 수 있도록 단단한 지반에 놓여야 한다. 기초지반이 연약한 경우에는 단단하게 개량하거나 반력에 저항하기 위한 별도의 대책을 수립해야 한다.

2 아치의 구조해석

1) 일반사항

① 아치 축선은 아치 리브의 단면 도심을 연결하는 선으로 할 수 있다.
② 단면력을 산정할 때에는 콘크리트의 수축과 온도변화의 영향을 고려하여야 한다.
③ 부정정력을 계산할 때에는 아치 리브의 단면 변화는 고려되어야 한다.
④ 기초의 침하가 예상되는 경우에는 그 영향을 고려하여야 한다.
⑤ 아치리브에 발생하는 단면력은 축선 이동에 의한 단면력 영향이 작으므로 일반적으로 미소변형이론에 의해 아치리브의 단면력을 계산할 수 있다.
⑥ 아치리브의 세장비가 35를 초과하는 경우에는 유한변형이론 등에 의해 아치축선 이동의 영향을 고려하여 단면력을 계산해야 한다.

아치리브의 세장비 $\lambda = l_{tr}\sqrt{\dfrac{A_{l/4}\cos\theta_{l/4}}{I_m}}$

$l_{tr} = \delta l \text{(mm)}$: 환산부재 길이
$A_{l/4}$: 경간 $l/4$ 위치에서 아치리브의 단면적(mm^2)
$\theta_{l/4}$: 경간 $l/4$ 위치에서 아치축선의 경사각
I_m : 아치리브의 평균 단면2차모멘트(mm^4)
δ : 아치경간에 대한 높이의 비와 양단 경계조건에 따른 계수

이때, 아치경간은 경계조건에 따라 다음과 같이 결정한다.
- **2힌지(3힌지)** : 아치경간
- **고정아치** : 아치경간 + 2 × 최하단 아치리브 깊이 × $\cos\theta$
  (θ : 받침부에서의 아치축선의 경사각)

h/l	0.1	0.15	0.2	0.25	0.3	0.35	0.4	0.45	0.5
고정	0.360	0.375	0.396	0.422	0.453	0.495	0.544	0.596	0.648
1힌지	0.484	0.498	0.514	0.536	0.562	0.591	0.623	0.662	0.706
2힌지	0.524	0.553	0.594	0.647	0.711	0.781	0.855	0.915	1.059
3힌지	0.591	0.610	0.635	0.670	0.711	0.781	0.855	0.956	1.059

* h/l : 아치 경간(l)에 대한 높이(h)의 비

구분	세장비 35 이하	세장비 35 초과
개념	아치의 변형량 무시	아치의 변형량 고려
설계방법	미소변형이론	유한변형이론

2) 아치리브의 좌굴검토

① 아치리브를 설계할 때는 응력 검토뿐만 아니라 면내 및 면외방향의 좌굴에 대한 안정성을 세장비에 따라 다음과 같이 검토해야 한다.

- $\lambda \leq 20$인 경우 좌굴 검토는 필요하지 않다.
- $20 < \lambda \leq 70$인 경우 유한변형에 의한 영향을 편심하중에 의한 휨모멘트로 치환하여 발생하는 휨모멘트에 더하여 단면의 계수휨모멘트에 대한 안정성을 검토하여야 한다.
- $70 < \lambda \leq 200$인 경우 유한변형에 의한 영향에 더하여 철근콘크리트 부재 재료의 비선형성에 의한 영향을 고려하여 좌굴에 대한 안정성을 검토하여야 한다.
- $200 < \lambda$인 경우 아치구조물로서 적합하지 않다.

세장비(λ) 범위	좌굴검사 방법 요약
$\lambda \leq 20$	생략
$20 < \lambda \leq 70$	편심하중에 의한 휨모멘트로 치환 검토
$70 < \lambda \leq 200$	부재의 비선형성에 의한 영향을 고려하여 좌굴안정 검토
$200 < \lambda$	아치로 부적합

② 아치의 면외좌굴에 대해서는 아치리브를 직선기둥으로 가정하고, 이 기둥이 아치리브 단부에 발생하는 수평반력과 같은 축력을 받는다고 가정할 수 있다. 이 경우 기둥의 길이는 원칙적으로 아치 경간과 같다고 가정한다.

3) 구조상세

① 아치리브의 온도변화 및 건조수축 등에 대비하여, 아치의 상면과 하면을 따라서 대칭인 종방향 철근을 배근해야 한다.(아치 리브폭 1m당 600mm² 이상, 상·하면의 철근비 합 0.15% 이상)

② 아치의 상·하면에 종방향 철근에 직각으로 횡방향 배력근을 배치해야 한다. 이 횡방향 철근은 D13 이상, 또한 축방향 철근지름의 1/3 이상의 철근을 사용하되, 그 간격은 축방향 철근 지름의 15배 이하, 300mm 이하, 아치리브 단면의 최소치수 중 가장 작은 값 이하로 하여야 한다.

③ 폐복식 아치에서는 스프링깅(Springing)과 측벽의 적당한 위치에 신축이음(15m 이하 간격)을 두어야 한다.

④ 아치리브가 박스단면인 경우에는 연직재가 붙는 곳에 격벽을 설치하여야 한다.

> **참조**
>
> **[횡방향 배력근 배치 목적]**
> - 아치의 상·하면에 종방향 철근 위치 고정
> - 아치축 직각방향의 2차응력에 대비
> - 종방향 철근의 좌굴방지
>
> | 구분 | 설계기준 요약 |
> |---|---|
> | 상·하면 종방향 철근 | • 아치폭 1m 당 600mm² 이상
• 상·하면 철근비 합 0.15% 이상 |
> | 횡방향 배력근 | • 직경 : D13 또는 축방향 철근 지름 1/3 이상
• 간격 : 축방향 철근 지름의 15배 이하, 300mm 이하, 아치리브 단면의 최소치수 이하 간격 |

03 라멘

1 라멘설계의 개요

1) 라멘(Rahmen)의 개념

① 기둥과 보의 연결을 강절로 연결 ⇒ 일체화
② 강절점에서 부(−)모멘트가 발생 ⇒ 단면 효과적

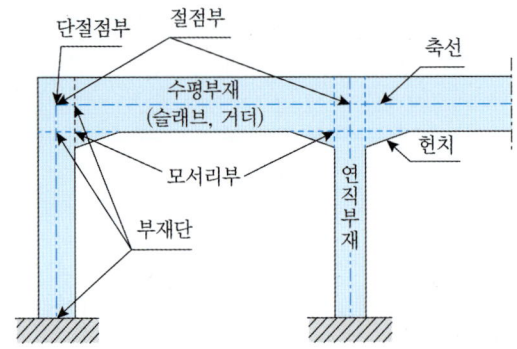

2) 적용범위

보와 기둥, 슬래브와 벽 등의 구조가 일체로 시공되는 경우는 라멘으로 해석해야 한다.

2 라멘의 설계

1) 라멘 설계일반

① 라멘의 축선은 부재의 도심선으로 하는 것이 원칙이지만, 헌치가 큰 부재 또는 단면이 변하는 부재의 경우 축선은 단면변화에 따라 변화하는 것으로 취한다.

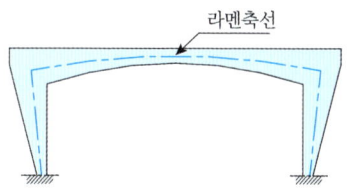

② 보 또는 기둥의 단면 크기가 경간과 비교하여 상대적으로 매우 큰 경우에는 부재의 휨변형과 전단변형을 모두 고려하여 라멘구조로 해석하여야 한다.
③ 라멘의 계산에서 헌치의 영향을 고려하는 경우 헌치가 있는 부재를 변단면 부재로 해석하거나 부재 접합부의 헌치부분 강성을 고려하여 해석하여야 한다. 헌치부분 강성을 고려하는 경우에는 강성역을 고려하여 설계하여야 한다.
④ 크리프와 건조수축의 영향을 무시할 수 없는 경우는 그 영향을 고려해야 한다.
⑤ 일반적인 시공법에 의하지 않는 경우 시공단계의 영향을 고려하여야 한다.

2) 라멘 접합부의 설계

① 라멘 부재의 접합부는 단면력에 의한 응력의 방향이 급변하여 응력의 전달기구가 복잡하기 때문에 접합되는 부재 서로가 단면력을 확실하게 전달시킬 수 있도록 하여야 한다.
② 응력을 검토할 때 헌치의 유효부분은 접합되는 부재에 설치된 헌치 높이의 1/3을 해당 부재의 유효부분으로 간주할 수 있다.

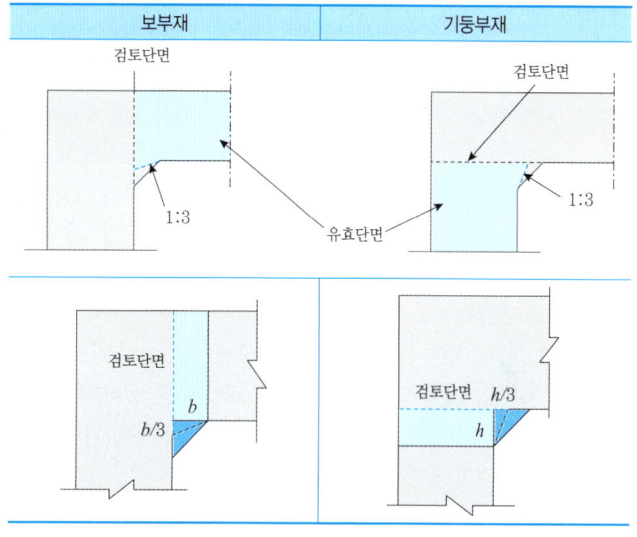

04 암거

1 암거의 개요

1) 암거의 개념

도로 성토부 아래에 1~2차선의 차로 및 보행 통로 등을 위해 설치되는 박스 및 원형 등의 구조물을 이른다. 일반적인 암거구조물의 예로는 상수도관거, 하수도, 우수관, 지하철 역사 및 본선, 국도 및 고속도로의 통로암거 등이 있다.

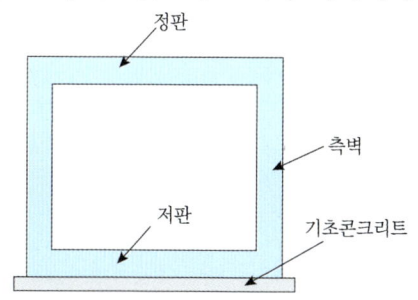

2) 암거설계 기본사항

① 암거는 사용목적에 적합하고 현장 상태를 고려한 적절한 형식 및 시공방법을 선정해서 설계하여야 한다.
② 암거의 설계는 일반적으로 다음 조건을 만족하여야 한다.
  - 사용목적에서 정한 허용침하량 이하로 될 것
  - 이음부에 유해한 틈과 어긋남이 발생하지 않을 것
  - 각 부재가 소요의 강도를 가질 것
③ 암거는 상재하중 및 토압에 저항하면서 내부공간을 이용하는 것이기 때문에 그 목적에 적합한 위치와 구조를 선택하여야 한다. 또한 지지지반에 대해서 증가하중이 없거나, 또는 있어도 적은 경우 필요 이상으로 말뚝 등을 사용하는 것은 피하여야 한다.
④ 연약지반에서는 침하에 대비하여 말뚝을 사용하는 경우가 유리한 점이 있지만 쌓기 중에 주변 쌓기가 침하하는 것이 예상되는 경우에는 암거만을 말뚝 등에 지지해서 침하하지 않는 구조로 하면, 쌓기의 침하에 의한 선로 요철이 생겨 보수상의 문제가 발생하는 경우가 있기 때문에 충분한 검토를 하는 것이 필요하다.
⑤ 암거의 보통설계와 특수설계의 구분은 지반조사결과와 구조조건 및 시공조건 등을 고려해서 하고 특수설계의 경우는 각기 조건에 대응한 검토를 행하여야 한다.

> **[참조]**
> **[보통설계조건]**
> - 지지지반이 양질로서 지지지반 강도에 큰 차이가 없다.
> - 상재하중 및 토압이 현저히 편재되지 않는다.
> - 암거의 경사정도가 현저하지 않고 도상이나 복토가 있다.

3) 암거의 종류

관암거	박스암거	아치암거
유량이 적은 곳	유량이 많은 곳 상부의 여유가 없는 곳	유량이 많은 곳 상부의 여유가 많은 곳

2 암거에 작용하는 하중

1) 정판 상부의 흙 자중에 의한 연직 하중

연직토압 $P_v = \gamma H_v$

γ : 상재 흙의 단위중량(실제 중량의 70%만 고려함)

2) 정판 위의 지표면에 작용하는 상재하중에 의한 연직 하중

3) 수평방향의 수평토압

① 측벽에 걸리는 수평토압은 Coulomb 주동토압을 사용하는 것을 원칙으로 하나, 암거의 강성이 충분히 크면, 정지토압으로 볼 수 있다. (정지토압계수 $K_0 = 0.5$)
② 수평토압을 크게 보는 경우가 반드시 설계에 불리한 영향을 미치는 것은 아니다.

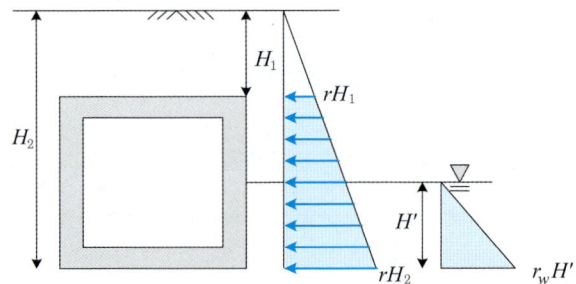

⇒ 암거 측면에 평상시 작용하는 수평토압은 다음 두 하중의 경우를 고려한다.

구분	사질토	점성토
(1)	정지토압 + 수압	정지토압 또는 수압의 큰 값
(2)	정지토압의 70% + 수압	정지토압의 70%

⇒ 토압의 크기 및 토압의 시간에 따른 변화에 대해서는 매립상태, 전압방법 등에 의해 달라진다. 따라서 암거를 정지토압만으로 설계를 하면 일반적으로 암거의 상하부슬래브에 대하여 위험한 설계가 되기 때문이다.
⇒ 암거에 작용하는 수평토압은 고정벽에 작용하는 토압으로 산정하는 것이 좋지만, 일반적으로 암거 축조시에 기존지반을 느슨하게 하는 것과 쌓기시의 전압부족 등으로 축조 직후의 토압은 정지토압에 비해 작게 되며, 시간의 경과에 따라 정지토압에 접근된다고 볼 수 있다.
⇒ 지하수위의 변화가 큰 경우에는 지하수위의 변동을 고려하는 것이 필요하다.

4) 암거내 유량에 의한 압력

5) 암거 자중

6) 활하중

① 단일경간의 구조물에서 상재 흙의 깊이가 2.5m 이상이고, 구조물 지간 이상인 경우에는 차륜의 영향은 없는 것으로 본다.

② 다경간의 구조물에서 상재 흙의 깊이가 양 끝 받침부 전면 사이의 거리 이상인 경우에는 차륜의 영향은 없는 것으로 본다.

③ 2개 이상의 차륜하중의 분포면적이 겹쳐질 경우에는 그 전분포 면적에 등분포한다고 본다. 그 분포 폭은 암거 상부 슬래브의 지간을 넘지 않는다.

④ 상재 흙의 깊이가 3.5m 미만인 경우 활하중의 영향에 의한 등분포 하중

$$W_L = \frac{2W}{3(2H+0.2)}(1+i)$$

H : 상재 흙 깊이
i : 충격 계수 = 0.3
W : DB하중의 차륜하중

⑤ 상재 흙의 깊이가 3.5m 이상인 경우에는 $10kN/m^2$의 등분포 하중으로 작용시킨다.

참조

[암거설계시 주의사항]
- 저판 설계시 상재활하중을 재하하지 않음
- 암거설계의 핵심 영향인자
  저판 – 부력, 자중
  측벽 – 토압, 수압
  정판 – 상재하중, 자중

3 암거의 보통설계

1) 암거의 안정

① 암거는 일반적으로 침하에 대한 안정성을 중점으로 검토하여야 한다.

② 지하수위가 높은 경우에는 암거의 부상(浮上)에 대하여 검토하여야 한다.

③ 평상시 부상(浮上)에 대한 안정은 지하수위의 상태 및 암거자체와 흙과의 마찰력 등에 따라서 달라지지만 보통 아래 식에 의하여 검토하여야 한다. 양압력은 지형, 지질, 시공방법 등 현장의 실제 상태를 고려하여 결정한다.

$$\frac{상재하중 + 복토중량 + 암거중량}{양압력} > FS$$

하중 상태	하중	부상 안전율
평상시	고정 하중	1.2

참조

[암거 설계에서의 부력검토]

암거설계에서 가장 중요한 설계인자는 부력의 방지이다. 따라서 부력을 검토하는 경우에는 상재활하중이나 암거내 활하중은 재하하지 않는다. 부력을 결정하는 가장 중요한 인자는 암거의 매설깊이이다. 또한 이 부력을 방지하는데 가장 효과적이면서 확실한 방법은 암거의 자중과 상재 흙의 자중으로 제어하는 것이다. 따라서, 부력을 방지하기 위해 저판을 필요 이상으로 단면을 두껍게 설계하는 경우가 많다.

④ 일반적으로는 사질토, 점성토 모두 암거저면에 작용하는 높은 수위 때의 수두에 의한 압력으로부터 산정하여야 한다.

2) 침하에 대한 검토

① 연약지반 내의 암거는 탄성 및 압밀 침하량을 고려해서 설계하여야 한다.
  ⇒ 연약지반에서 굴착을 행하면, 팽창 또는 응력감소에 의한 굴착저면의 히빙(Heaving)이 발생하고, 콘크리트 타설 및 매립토 등의 중량에 의해 탄성침하가 발생하기 때문에 이것을 고려하는 것이 필요하다.

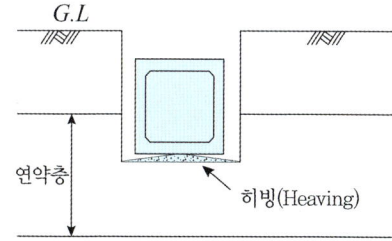

② 연약지반 등에서는 굴착과 함께 주변지반이 느슨해짐으로 인하여 암거가 침하하는 경우가 있기 때문에 침하에 대한 제한이 엄격한 경우에는 신중한 검토가 필요하다.

③ 침하의 대책공법으로서는 지반치환, 여성토, 내공확대 및 말뚝기초 등이 일반적이다.

3) 암거 설계 순서

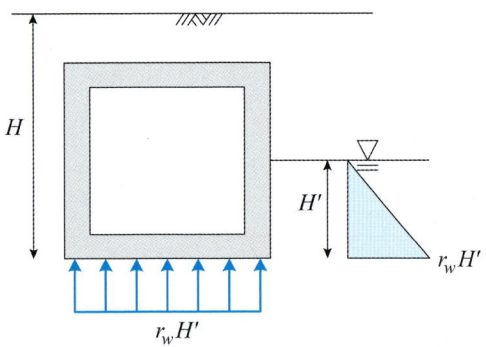

① 설계조건의 결정(통과 수량, 소요 유수 단면적, 관로구배결정)
② 부력 계산(매설 깊이 결정)
③ 부력 방지를 위한 단면 계산(단면 가정)
④ 응력 검토(철근량 계산)
⑤ 지지력 검토

대표기출문제

문제. 옹벽의 설계에 대한 설명으로 틀린 것은? 2021년 3회

① 무근콘크리트 옹벽은 부벽식 옹벽의 형태로 설계하여야 한다.
② 활동에 대한 저항력은 옹벽에 작용하는 수평력의 1.5배 이상이어야 한다.
③ 저판의 뒷굽판은 정확한 방법이 사용되지 않는 한, 뒷굽판 상부에 재하되는 모든 하중을 지지하도록 설계하여야 한다.
④ 부벽식 옹벽의 저판은 정밀한 해석이 사용되지 않는 한, 부벽 사이의 거리를 경간으로 가정한 교정보 또는 연속보로 설계할 수 있다.

정답 ①
해설 무근콘크리트 옹벽은 중력식 옹벽의 형태로 설계하여야 한다.

대표기출문제

문제. 옹벽설계에서 안정조건에 대한 설명으로 틀린 것은? 2020년 4회

① 전도에 대한 저항모멘트는 횡토압에 의한 전도모멘트의 1.5배 이상이어야 한다.
② 옹벽의 활동에 대한 저항력은 옹벽에 작용하는 수평력의 1.5배 이상이어야 한다.
③ 지반에 유발되는 최대 지반반력은 지반의 허용지지력을 초과하지 않아야 한다.
④ 전도 및 지반지지력에 대한 안정조건만을 만족하지 못할 경우 활동방지벽 혹은 횡방향 앵커 등을 설치하여 활동 저항력을 증대시킬 수 있다.

정답 ①
해설 전도에 대한 저항모멘트는 횡토압에 의한 전도모멘트의 2배 이상이어야 한다.

PART 03

교량 및 내진설계

10. 교량과 내진설계

CHAPTER 10 교량과 내진설계

01 하중의 재하(KDS 24 12 21 : 2021)

1 하중의 종류와 배치

1) 지속하는 하중
① 고정하중
- 구조부재와 비구조적 부착물의 중량(DC)
- 포장과 설비의 고정하중(DW)

② 프리스트레스힘(PS)
- 포스트텐션에 의한 2차하중효과를 포함한, 시공과정 중 발생한 누적 하중효과

③ 시공중 발생하는 구속응력(EL)
④ 콘크리트 크리프의 영향(CR)
⑤ 콘크리트 건조수축의 영향(SH)
⑥ 토압
- 수평토압(EH)
- 상재토하중(ES)
- 수직토압(EV)
- 말뚝부마찰력(DD)

2) 변동하는 하중
① 활하중
- 차량활하중(LL)
- 상재활하중(LS)
- 보도하중(PL)

② 충격(IM)
③ 풍하중
- 차량에 작용하는 풍하중(WL)
- 구조물에 작용하는 풍하중(WS)

④ 온도변화의 영향
- 단면평균온도(TU)
- 온도구배(TG)

⑤ 지진의 영향(EQ)
⑥ 정수압과 유수압(WA)
⑦ 부력 또는 양압력(BP)
⑧ 설하중 및 빙하중(IC)
⑨ 지반변동의 영향(GD)
⑩ 지점이동의 영향(SD)
⑪ 파압(WP)
⑫ 원심하중(CF)
⑬ 제동하중(BR)
⑭ 가설시하중(ER)
⑮ 충돌하중
- 차량충돌하중(CT)
- 선박충돌하중(CV)

⑯ 마찰력(FR)

3) 활하중의 배치
① 활하중은 해당 바닥판에만 재하된 것으로 보아 해석할 수 있으며, 이때 구조물과 일체로 시공된 기둥의 먼 단부는 고정된 것으로 가정할 수 있다.
② 고정하중과 활하중의 하중조합은 다음과 같은 두 가지만으로 제한하여 사용할 수 있다.
 - 모든 경간에 재하된 계수고정하중과 두 인접 경간에 만재된 계수활하중의 조합하중
 - 모든 경간에 재하된 계수고정하중과 한 경간씩 건너서 만재된 계수활하중과의 조합하중

📖 종래 규정에 의한 하중종류

1) 주하중(P)
   ① 고정하중, 활하중, 충격하중, 토압, 수압, 부력, 양압력
   ② PS, 크리프, 건조수축
2) 부하중(S)
   ① 풍하중
   ② 지진하중, 온도변화
3) 주하중에 상당하는 특수하중(PP)
   ① 설하중, 파압, 원심하중
   ② 지반변동, 지점이동
4) 부하중에 상당하는 특수하중
   ① 가설하중, 충돌하중, 제동하중

2 차량활하중(LL)

① 설계차로수

$$W = \frac{W_c}{N} \leq 3.6m$$

W_c : 유효폭(연석간의 폭, m)
N : 설계 차로수

W_c의 범위(m)			W_c의 범위(m)		
6.0≤ W_c < 9.1		2	23.8≤ W_c < 27.4		7
9.1≤ W_c < 12.8		3	27.4≤ W_c < 31.1		8
12.8≤ W_c < 16.4		4	31.1≤ W_c < 34.7		9
16.4≤ W_c < 20.1		5	34.7≤ W_c < 38.4		10
20.1≤ W_c < 23.8		6			

② 활하중 동시재하

- 특별한 언급이 없는 한, 활하중의 최대 영향은 다차로 재하계수를 곱한 재하차로의 모든 가능한 조합에 의한 영향을 비교하여 결정되어야 한다.
- 보도하중과 1차로 이상의 차량하중을 포함하는 하중조건의 경우에 보도하중을 하나의 재하차로로 취할 수 있다.

[다차로 재하계수 m]

재하차로수	다차로 재하계수 m
1	1.0
2	0.9
3	0.8
4	0.7
5 이상	0.65

③ 표준트럭하중(KL510)

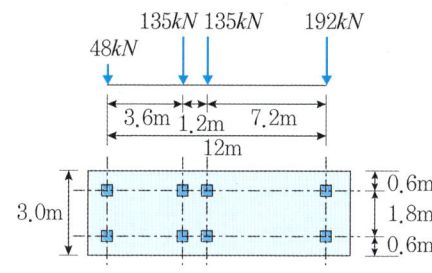

- 전륜에는 설계차량하중(240kN)의 0.1
  = $240 \times 0.1 = 24kN$
  (전륜축에 차륜이 2개이므로, $24 \times 2 = 48kN$)
- 후륜에는 설계차량하중(240kN)의 0.4
  = $240 \times 0.4 = 96kN$
  (후륜축에 차륜이 2개이므로, $96 \times 2 = 192kN$)
- 중륜에는 설계차량하중(240kN)의 9/32
  = $240 \times 9/32 = 67.5kN$
  (각 중륜축에 차륜이 2개이므로, $67.5 \times 2 = 135kN$)

④ 표준차로하중

표준차로하중의 영향에는 충격하중을 적용하지 않는다.

[표준차로하중]

$L \leq 60m$	$\omega = 12.7 kN/m$
$L > 60m$	$\omega = 12.7 \times (60/L)^{0.1} kN/m$

* L : 표준차로하중이 재하되는 부분의 지간, 지간이 길어질수록 분포하중 ω는 조금씩 작은 값을 사용한다.

⑤ 바닥판과 바닥틀을 설계하는 경우의 설계차량 활하중

- 바닥판과 바닥틀을 설계하는 경우에는 차도부분에 표준트럭하중을 재하한다. 표준트럭하중은 종방향으로는 차로당 1대를 원칙으로 하고, 횡방향으로는 재하 가능한 대수를 재하하되 동시 재하계수를 고려하여 설계부재에 최대응력이 일어나도록 재하한다.
- 교축직각방향으로 볼 때, 표준트럭하중의 최외측 차륜중심의 재하위치는 차도부분의 단부로부터 300mm로 한다.
- 차륜의 접지면은 표준트럭하중의 각 차륜에 대해 면적이 $(12500/9) \times P mm^2$인 하나의 직사각형으로 간주하며 이 직사각형의 폭과 길이의 비는 2.5:1로 한다. (P는 차륜의 중량 kN)

- 접지면이 연속적인 표면인 경우에 접지압은 규정된 접지면에 균일하게 분포하는 것으로 가정한다.
- 접지면이 단속적인 경우에는 접지압은 바퀴자국이 있는 실제의 접촉면에 균등하게 분포되어 있으며 규정된 접지면과 실제 접지면의 비만큼 압력을 증가시킨다.

⑥ 주거더를 설계하는 경우의 설계차량 활하중
- 만약 다른 특별한 규정이 없다면 최대 하중영향은 다음의 경우 중 큰 값을 사용한다.

하중 경우 1	하중 경우 2
표준트럭하중에 의한 영향	표준트럭하중의 75% + 표준차로하중

- 최대 하중효과에 영향을 주지 않는 바퀴는 무시해도 된다.
- 설계차로와 각 차로에 재하되는 3,000mm폭은 최대 하중영향을 갖도록 배치되어야 한다.
- 표준트럭하중 최외측 차륜중심의 횡방향 재하위치는 차도부분의 단부로부터 600mm로 한다.

3 피로하중

① 피로설계차량
- 피로 하중은 세 개의 축으로 이루어져 있으며 총중량을 351kN으로 환산한 한 대의 설계트럭하중 또는 축하중으로 한다. 이때 충격도 포함한다.

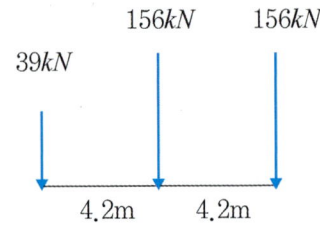

- 전륜에는 설계피로하중(351kN)의 1/18
  $= 351 \times 1/18 = 19.5 kN$
  (전륜축에 차륜이 2개이므로, $19.5 \times 2 = 39 kN$)
- 후륜에는 설계피로하중(351kN)의 4/18
  $= 351 \times 4/18 = 78 kN$
  (후륜축에 차륜이 2개이므로, $78 \times 2 = 156 kN$)

② 차량 주행 빈도
- 피로하중의 빈도는 단일차로 일평균트럭교통량($ADTT_{SL}$)을 사용한다. 이 빈도는 교량의 모든 부재에 적용하며 통행차량수가 적은 차로에도 적용한다.
- 단일차로의 일평균트럭교통량에 대한 확실한 정보가 없을 때는 차로당 통행비율을 적용하여 산정할 수 있다.

> 1개 차로의 일일평균통행량
> = 전 차로(한 방향) 일일평균통행량 × 트럭통과비율
>
> $$ADTT_{SL} = p \times ADTT$$

트럭이 통행가능한 차로수	p
1차로	1.0
2차로	0.85
3차로 이상	0.8

③ 하중분배
- 정밀한 방법으로 해석하는 경우 고려하는 상세부위에 최대응력이 발생하도록 바닥판의 통행위치나 설계차로의 위치에 관계없이 횡방향, 종방향으로 하나의 설계트럭을 배치한다.
- 근사적 하중 분배로 해석하는 경우 한 차선의 분배계수를 사용해야 한다.

4 보도하중

- 바닥판과 바닥틀을 설계하는 경우에 보도 등에는 5kN/m²의 보도하중이 설계차량활하중과 동시에 적용된다.
- 주거더를 설계하는 경우에 보도 등에는 지간장에 따라 등분포하중을 재하한다.

지간 L(m)	L ≤ 80	80 < L ≤ 130	L > 130
하중 kN/m²	3.5	4.3 − 0.01L	3.0

- 보도나 보행자 또는 자전거용 교량에서 유지관리용 또는 이에 부수되는 차량통행이 예상되는 경우 이 하중은 설계에 고려되어야 한다. 이 차량에 대해 충격하중은 고려하지 않는다.

5 충격하중(IM)

① 일반사항
- 매설된 부재 및 목재 부재의 경우를 제외하고 원심력과 제동력 이외의 표준트럭 하중에 의한 정적효과는 규정된 충격하중의 비율에 따라 증가시켜야 한다.
- 정적 하중에 적용시켜야 할 충격하중계수 $(1+IM/100)$

성분		IM
바닥판 신축이음장치	모든 한계상태	70%
모든 다른 부재	피로한계상태를 제외한 모든 한계상태	25%
	피로한계상태	10%

- 충격하중은 보도하중이나 표준차로하중에는 적용되지 않는다.
- 다음의 경우에는 충격하중을 적용할 필요가 없다.
  - 상부구조물로부터 수직반력을 받지 않는 옹벽
  - 전체가 지표면 이하인 기초부재

② 매설된 부재
$IM = 40(1.0 - 4.1 \times 10^{-4} D_E) \geq 0\%$

(단, D_E는 구조물을 덮고 있는 최소깊이, mm)

③ 목재 부재
목교나 교량의 목재부재에 대해서는 피로검토시 충격을 일반적인 경우의 50%로 줄일 수 있다.

📖 **하중의 강도와 종류**

[종래 규정의 충격하중]
상부구조의 충격계수는 다음 식으로부터 산출하며 0.3을 초과할 수 없다.

$$I = \frac{15}{40+L} \leq 0.3$$

(L : 활하중이 등분포하중인 경우에 설계부재에 최대응력이 일어나도록 활하중이 재하된 지간부분의 길이, m)

---

02 강교의 종류와 특징

1 곡선교의 설계

① 곡선반경이 작은 경우에는 I형 거더보다는 박스거더를 사용하는 것이 바람직하다.
② 곡선반경이 비교적 큰 구간의 주형은 될 수 있는 한 직선거더로 검토함이 바람직하다.
③ 곡선부의 지간이 여러 개로 구성될 경우에 연속구조로 하는 것이 바람직하다.
④ 병렬 I형 곡선교를 격자이론으로 계산하는 경우에는 플랜지 플레이트에 통상의 휨응력 외에 휨에 의해서 생기는 2차 응력을 고려해야 한다.
⑤ 가로보의 강도는 통상의 직선거더 보다 큰 것으로 하는 것이 바람직하고, 가로보의 변형이 주형의 하중분배에 미치는 영향을 적게 하는 강성이 큰 단면 설계를 하는 것이 좋다.
⑥ I형 병렬의 곡선거더교는 상부와 하부에 수평브레이싱을 두는 것을 원칙으로 한다.
⑦ 곡선거더는 재하상태에 따라 내측거더 지점에 부반력에 생기는 경우가 있지만, 가능한한 내·외측 거더에 응력차가 생기지 않도록 주의할 필요가 있다.
⑧ 받침의 배치 및 구조에 대해서는 온도변화 및 지진이나 바람 등에 의한 수평력이 임의의 단면 또는 받침에 집중적으로 작용하지 않도록 하는 것이 좋다.

2 플레이트 거더(판형)교

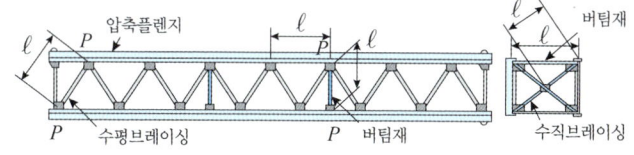

1) 플레이트 거더교의 장점
① 중량이 가볍고 제작이 용이하며, 경제적이다.
② 응력의 상태가 간단하다.
③ 현장이음 등의 시공이 용이하다.

2) 플레이트 거더교의 단점
① 가설 중 횡전도를 일으키기 쉽다.
② 비틀림에 대한 저항성이 약하다.
③ 단일 부재로는 강성이 작기 때문에 부재 길이가 길면 수송 중 및 가설 중 주의를 요한다.

3) 형식 결정시 유의사항
① **평면선형** : 비틀림 강성이 작으므로 가급적 직선구간에만 주로 적용
② **종단선형** : 종단선형에는 제한이 거의 없음
③ **사각** : 사각이 클 경우 부반력이 발생하는 등 보의 부등 휨에 의한 비틀림 발생으로 슬래브의 파손이 우려되므로 30° 이하로 계획하는 것이 일반적

3 박스거더교
① 통상적으로 지간장 40~80m에 주로 적용
② I형 거더에 비해 크기가 커서 수송이나 가설방법에 따라 형상 등이 결정된다.
③ 비틀림에 대한 강성이 큰 반면, 박판구조물로서 응력분포의 불균일, 변형의 증대, 국부좌굴의 불안정성 등이 발생할 수 있다.

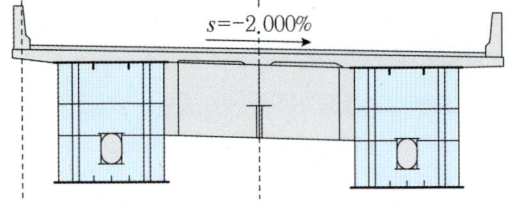

4 소수거더교

1) 소수거더교의 개요
① 강교의 경제성 도모 및 합리화를 위해 채용되는 형식
② 횡방향으로 프리스트레싱력을 도입하여 바닥판의 내구성을 증진시키며, 주거더의 간격을 6m 이상으로 하여 주거더 개수를 최소화

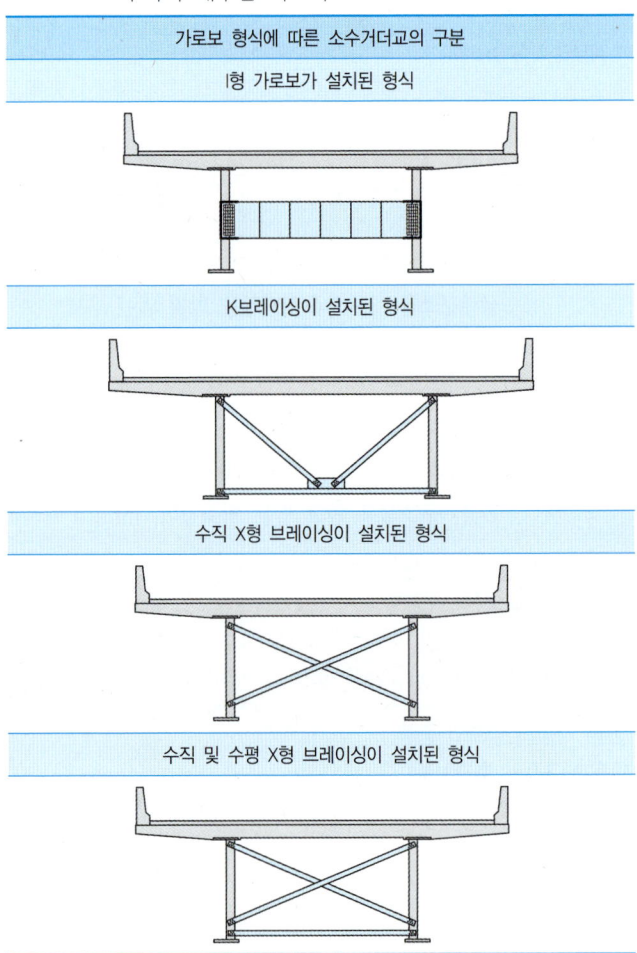

2) 소수거더교의 장점
① 플레이트거더교의 합리화교량이므로 기본적인 플레이트거더교의 장점은 그대로 유지된다.
② 2개의 주형만 주로 사용되므로, 미관상 유리하다.
③ 다수의 거더교에 비해 상대적으로 거더수가 줄어들게 되어 제작상에 유리하다.

④ 일반 플레이트 거더교에 적용하는 판두께보다 두꺼운 부재들을 사용하여 국부좌굴에 대한 안전율이 높아 각종 보강재의 생략 혹은 절감에 가능하다. 이러한 보강재의 생략 혹은 절감은 제작에 직결되는 문제로, 공사비 절감에도 큰 효과를 발휘하게 된다.

3) 소수거더교의 단점

① 바닥판의 지간과 캔틸레버 길이가 길어지게 되어 장지간 바닥판의 성능을 발휘하는 방안이 필요하다.
② 다주형교에 비해 형고가 커져야 한다.
③ 피로검토시 단재하 경로를 적용하여야 하므로 허용피로응력의 범위가 줄어 다소 불리하게 된다.
④ 거더 등 주요부재가 소성상태 또는 다른 원인으로 인하여 하중을 지지할 수 없는 경우 교량전체의 붕괴로 이어질 수 있는 구조적 여유도가 낮은 교량형식이다.

03 내진설계(KDS 24 17 11 : 2021)

1 내진설계의 기본개념

① 인명피해를 최소화한다.
② 지진시 교량 부재들의 부분적인 피해는 허용하나 전체적인 붕괴는 방지한다.
③ 지진시 가능한 한 교량의 기본 기능은 발휘할 수 있게 한다.
④ 교량의 정상수명 기간내에 설계지진력이 발생할 가능성은 희박하다.
⑤ 설계기준은 남한 전역에 적용될 수 있다.
⑥ 이 규정을 따르지 않더라도 창의력을 발휘하여 보다 발전된 설계를 할 경우에는 이를 인정한다.
  ⭐ 이러한 기본 개념을 구현하기 위해서는 낙교방지가 확보되어야 하며, 낙교방지는 가능하면 교각의 연성거동에 의한 연성파괴메커니즘을 유도하여 확보하고, 그렇지 않은 경우 낙교방지 대책(전단키, 변위구속장치 등)을 제시하여 확보하여야 한다. 또한, 필요한 경우 지진 격리시스템을 설치할 수 있다.

2 내진등급

[일반구조물의 내진등급]

내진등급	일반구조물
내진 특등급	지진 시 매우 큰 재난이 발생하거나, 기능이 마비된다면 사회적으로 매우 큰 영향을 줄 수 있는 시설의 등급
내진 1등급	지진 시 큰 재난이 발생하거나, 기능이 마비된다면 사회적으로 큰 영향을 줄 수 있는 시설의 등급
내진 2등급	지진 시 재난이 크지 않거나, 기능이 마비되어도 사회적으로 영향이 크지 않은 시설의 등급

[교량의 내진등급]

내진등급	교량
내진 특등급	내진 등급 중에서, 국방, 방재상 매우 중요한 교량 또는 지진 피해 시 사회경제적으로 영향이 매우 큰 교량
내진 I등급	• 고속도로, 자동차전용도로, 특별시도, 광역시도 또는 일반국도 상의 교량 및 이들 도로 위를 횡단하는 교량 • 지방도, 시도 및 군도 중 지역의 방재계획상 필요한 도로에 건설된 교량 및 이들 도로 위를 횡단하는 교량 • 해당도로의 일일계획교통량을 기준으로 판단했을 때 중요한 교량
내진 II등급	내진특등급 및 내진I등급에 속하지 않는 교량

3 유효수평지반가속도

① 지진구역계수(평균재현주기 500년에 해당)

지진구역	I	II
지진구역계수, Z	0.11	0.07

② 지진구역

지진구역		행정구역
I	시	서울, 인천, 대전, 부산, 대구, 울산, 광주, 세종
	도	경기, 충북, 충남, 경북, 경남, 전북, 전남, 강원 남부[1]
II	도	강원 북부[2], 제주

1) 강원 남부(군, 시) : 영월, 정선, 삼척, 강릉, 동해, 원주, 태백
2) 강원 북부(군, 시) : 홍천, 철원, 화천, 횡성, 평창, 양구, 인제, 고성, 양양, 춘천, 속초

③ 위험도 계수

평균재현주기(년)	50	100	200	500	1,000	2,400	4,800
위험도계수, I	0.40	0.57	0.73	1	1.4	2.0	2.6

④ 유효수평지반가속도

유효수평지반가속도(S) = 지진구역계수(Z) × 위험도계수(I)

예 내진1구역에서, 내진1등급, 붕괴방지수준으로 검토하는 경우
⇒ 평균재현주기 1,000년으로 검토
평균재현주기 1,000년에 대한 위험도 계수 : 1.4
내진1구역에 대한 구역계수 : 0.11
유효수평지반가속도 = 1.4×0.11 = 0.154g

4 설계변위

1) 최소받침 지지길이

① 최소받침 지지길이는 모든 거더의 단부에서 확보해야 한다.

② 최소받침 지지길이의 확보가 어렵거나 낙교방지를 보장하기 위해서는 변위구속장치를 설치해야 한다.

③ 최소받침 지지길이의 계산

$$N = (200 + 1.67L + 6.66H)(1 + 0.000125\theta^2)\,mm$$

L : 인접 신축이음부까지 또는 교량단부까지 거리
H : 기둥높이(교대의 경우는 인접신축이음부 기둥의 평균높이이며, 단경간 교량에서 0으로 한다.)
θ : 받침선과 교축직각방향의 사잇각(°)

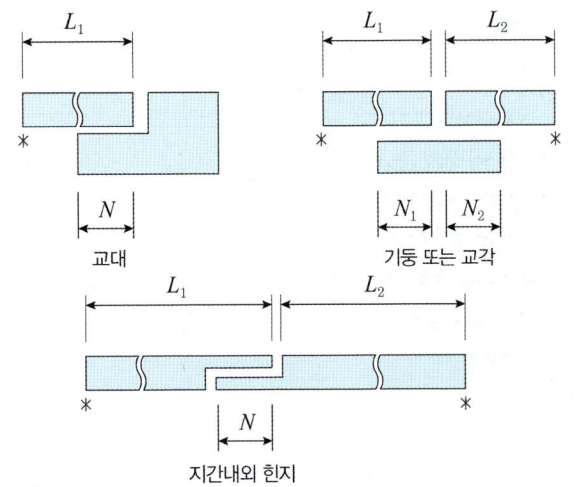

2) 지진시 상부구조의 여유간격

지진시에 교량과 교대 혹은 인접하는 교량간의 충돌에 의한 주요 구조부재의 손상을 방지하고, 설계시 고려된 내진성능이 충분히 발휘될 수 있도록 하기 위하여 교량의 단부에는 규정된 여유간격을 설치해야 한다.

$$\Delta l_i = d + \Delta l_s + \Delta l_c + 0.4\Delta l_t$$

$d = d_i + d_{sub}$: 지반에 대한 상부구조의 총 변위
d_i : 교량받침의 지진시 변위
d_{sub} : 하부구조의 지진시 변위
Δl_s : 건조수축 이동량
Δl_c : 크리프 이동량
Δl_c : 온도변화에 따른 이동량

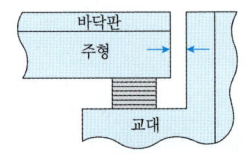
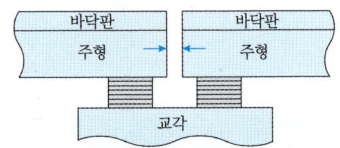

04 한계상태설계(KDS 24 10 11, 24 12 11, 24 12 21, 도로교설계기준 2016)

1 한계상태의 종류

① 사용한계상태
정상적인 사용조건 하에서 응력, 변형 및 균열폭을 제한하는 것

② 피로와 파단한계상태
기대응력범위의 반복 횟수에서 발생하는 단일 피로설계트럭에 의한 응력 범위를 제한하는 것

③ 극한한계상태
교량의 설계수명 이내에 발생할 것으로 기대되는, 통계적으로 중요하다고 규정한 하중조합에 대하여 국부적/전체적 강도와 안정성을 확보하는 것

④ **극단상황한계상태**
지진 또는 홍수 발생시, 또는 세굴된 상황에서 선박, 차량 또는 유빙에 의한 충돌 시 등의 상황에서 교량의 붕괴를 방지하는 것

2 하중계수와 하중조합

하중계수를 고려한 총 설계하중 $Q = \Sigma \eta_i \gamma_i q_i$

η_i : 하중수정계수
γ_i : 하중계수
q_i : 하중(하중효과)

① **극한한계상태 하중조합 I** – 일반적인 차량통행을 고려한 기본하중조합. 이때 풍하중은 고려하지 않는다.
② **극한한계상태 하중조합 II** – 발주자가 규정하는 특수차량이나 통행허가차량을 고려한 하중조합. 풍하중은 고려하지 않는다.
③ **극한한계상태 하중조합 III** – 풍속 90km/hr (25m/sec)를 초과하는 풍하중을 고려하는 하중조합.
④ **극한한계상태 하중조합 IV** – 활하중에 비하여 고정하중이 매우 큰 경우에 적용하는 하중조합.
⑤ **극한한계상태 하중조합 V** – 90km/hr의 풍속과 일상적인 차량통행에 의한 하중효과를 고려한 하중조합.
⑥ **극단상황한계상태 하중조합 I** – 지진하중을 고려하는 하중조합.
⑦ **극단상황한계상태 하중조합 II** – 빙하중, 선박 또는 차량의 충돌하중 및 감소된 활하중을 포함한 수리학적 사건에 관계된 하중조합. 이때 차량충돌하중 CT의 일부분인 활하중은 제외된다.
⑧ **사용한계상태 하중조합 I** – 교량의 정상 운용 상태에서 발생 가능한 모든 하중의 표준값과 25m/s의 풍하중을 조합한 하중상태이며, 교량의 설계 수명 동안 발생 확률이 매우 적은 하중조합이다. 이 하중조합은 철근콘크리트의 사용성 검증에 사용할 수 있다. 또한 옹벽과 사면의 안정성 검증, 매설된 금속구조물, 터널라이닝판과 열가소성 파이프에서의 변형제어에도 적용한다.

⑨ **사용한계상태 하중조합 II** – 차량하중에 의한 강구조물의 항복과 마찰이음부의 미끄러짐에 대한 하중조합.
⑩ **사용한계상태 하중조합 III** – 교량의 정상 운용 상태에서 설계 수명 동안 종종 발생 가능한 하중조합이다. 이 조합은 부착된 프리스트레스 강재가 배치된 상부구조의 균열폭과 인장응력 크기를 검증하는데 사용한다.
⑪ **사용한계상태 하중조합 IV** – 설계수명 동안 종종 발생 가능한 하중조합으로 교량 특성상 하부구조는 연직하중보다 수평하중에 노출될 때 더 위험하기 때문에 연직 활하중 대신에 수평풍하중을 고려한 하중조합이다. 따라서 이 조합은 부착된 프리스트레스 강재가 배치된 하부구조의 사용성 검증에 사용해야 한다. 물론 하부구조는 사용하중조합 III에서의 사용성 요구조건도 동시에 만족하도록 설계하여야 한다.
⑫ **피로한계상태 하중조합** – 피로설계트럭하중을 이용하여 반복적인 차량하중과 동적응답에 의한 피로파괴를 검토하기 위한 하중조합.

[한계상태설계법의 하중조합과 하중계수]

한계상태 하중조합	DC DD DW EH EV ES EL PS CR SH	LL IM CE BR PL LS CF	WA BP WP	WS	WL	FR	TU	TG	GD SD	이 하중들은 한번에 한가지만 고려 γ_P			
										EQ	IC	CT	CV
극한 I	γ_P	1.8	1.0			1.0	0.5/1.2	γ_{TG}	γ_{SE}				
극한 II	γ_P	1.4	1.0			1.0	0.5/1.2	γ_{TG}	γ_{SE}				
극한 III	γ_P		1.0	1.4		1.0	0.5/1.2	γ_{TG}	γ_{SE}				
극한 IV	γ_P		1.0			1.0	0.5/1.2						
극한 V*	γ_P	1.4	1.0	0.4	1.0	1.0	0.5/1.2	γ_{TG}	γ_{SE}				
극단상황 I	γ_P	γ_{EQ}	1.0			1.0				1.0			
극단상황 II	γ_P	0.5	1.0			1.0					1.0	1.0	1.0
사용 I	1.0	1.0	1.0	0.3	1.0	1.0	1.0/1.2	γ_{TG}	γ_{SE}				
사용 II	1.0	1.3	1.0			1.0	1.0/1.2						
사용 III	1.0	0.8	1.0			1.0	1.0/1.2	γ_{TG}	γ_{SE}				
사용 IV	1.0		1.0	0.7		1.0	1.0/1.2		1.0				
피로**		0.75											

* EH, EV, ES, DW, DC만 고려
** LL, IM & CE만 고려

[γ_P에 관한 하중계수]

하중의 종류	하중계수	
	최대	최소
DC : 구조부재와 비구조적 부착물	1.25 1.50(극한한계상태 조합 IV에서만)	0.90
DD : 말뚝부마찰력	1.80	0.45
DW : 포장과 시설물	1.50	0.65
EH : 수평토압		
• 주동	1.50	0.90
• 정지	1.35	0.90
EV : 연직토압		
• 전체안정	1.00	–
• 옹벽 및 교대	1.35	1.00
• 강성 암거(예 콘크리트 박스)	1.30	0.90
• 뼈대형 강성구조물(예 라멘형)	1.35	0.90
• 연성 암거(예 파형강관)	1.95	0.90
• 박스형 연성 강재암거	1.50	0.90
ES : 상재토하중	1.50	0.75
EL : 시공중 발생하는 구속응력	1.0	1.0
PS : 프리스트레스힘		
• 세그멘탈콘크리트교량의 상부, 하부구조	1.0	
• 비세그멘탈콘크리트교량 상부구조	1.0	
• 비세그멘탈콘크리트교량 하부구조		
– I_g를 사용하는 경우	1.0	
– $I_{effective}$를 사용하는 경우	0.5	
• 강재 하부구조	1.0	
CR, SH : 크리프, 건조수축		
• 세그멘탈콘크리트교량의 상부, 하부구조	DC에 대한 Υ_P 사용	
• 비세그멘탈콘크리트교량 상부구조	1.0	
• 비세그멘탈콘크리트교량 하부구조		
– I_g를 사용하는 경우	0.5	
– $I_{effective}$를 사용하는 경우	1.0	
• 강재 하부구조	1.0	

⑬ 재료저항계수

하중조합	콘크리트 ϕ_c	철근 및 PS강재 ϕ_s
극한하중조합 I~IV	0.65	0.9
극단상황하중조합 I~II	1.0	1.0
사용하중조합 I, III, IV 지속피로하중조합	1.0	1.0

* 충분한 품질관리에 의해 보증할 수 있다면, 주어진 재료저항계수를 증가시킬 수 있다.

⑭ 사용한계상태
- 사용성 요구조건을 만족시키기 위해서는 규정된 사용하중조합에 의한 하중영향이 적합한 사용한계기준을 초과하지 않는다는 것을 검증하여야 한다.
- 사용한계기준은 구조물의 형태와 현장 주변 환경에 따른 사용성 요구조건을 고려하여 정하여야 한다.

🛡 대표기출문제

문제. 강판형(Plate girder) 복부(web) 두께의 제한이 규정되어 있는 가장 큰 이유는? 2021년 2회

① 시공상의 난이 ② 좌굴의 방지
③ 공비의 절약 ④ 자중의 경감

정답 ②
해설 국부좌굴방지를 목적으로 일정 이상의 복부 두께가 요구된다.

🛡 대표기출문제

문제. 활하중 20kN/m, 고정하중 30kN/m를 지지하는 지간 8m의 단순보에서 강도설계법에 따른 계수모멘트(M_u)는? 2017년 3회

① 512kN/m ② 544kN/m
③ 576kN/m ④ 605kN/m

정답 ②
해설 $\omega_u = 1.2D + 1.6L = 1.2 \times 30 + 1.6 \times 20 = 68$
$M_u = \dfrac{\omega_u l^2}{8} = \dfrac{68 \times 8^2}{8} = 544 kN.m$

04 PART

PSC

11. PSC

11 PSC

CHAPTER

01 PSC 개요

1 PSC의 개념

Pre-Stressed Concrete는 미리 콘크리트에 압축응력을 가해서 하중 재하시, RC에서 중립축 이하의 인장영역의 콘크리트 단면을 무시했던 경우와 달리, 전 단면에서 유효한 응력을 받도록 한 구조이다. 아래 그림에서와 같이 RC에서는 중립축 이하에서 콘크리트가 인장응력을 받으므로, 그 단면은 모두 무시되었다. 그러나 PSC에서는 전단면에서 콘크리트 압축응력을 받도록 설계하므로 모든 단면이 유효하게 사용될 수 있다. 이로 인해 PSC는 RC보다 더 작은 단면으로 효과적으로 휨에 저항할 수 있으므로 자중이 경감되는 장점이 있다.

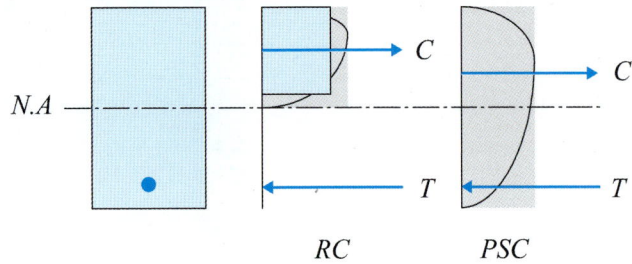

2 PSC의 기본원리

1) 균등질 보의 개념(응력개념)

가장 널리 통용되고 있는 PSC의 기본적 개념으로, 콘크리트에 미리 압축응력을 주어 취성재료인 콘크리트를 탄성재료로 변화시킨 PSC를 탄성이론으로 해석한 것이다.

① 긴장재를 부재의 도심축과 일치시킨 경우

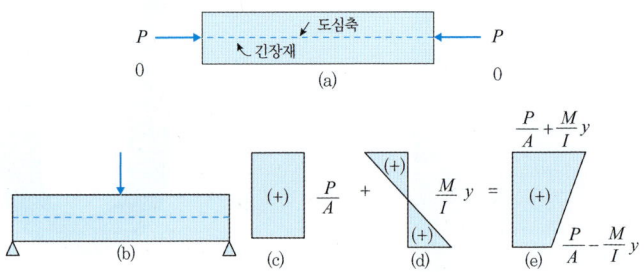

긴장재를 부재의 도심축과 일치시켜 배치하고 힘 P로 인장하여 부재단에 정착하면 콘크리트는 그림 (a)와 같이 압축력 P를 받는다. 이때 콘크리트 단면에는 그림 (c)와 같이 압축응력이 단면에 균일하게 작용한다.
그림 (b)와 같이 단순지점에 올려 놓으면, 자중과 활하중에 의해서 휨모멘트 M이 작용하여 (d)와 같은 휨응력이 일어난다.
그러므로 이 부재 단면에는 (c)와 (d)를 합한 응력이 (e)와 같이 작용하게 된다.

$$f_c = \frac{P}{A} \pm \frac{M}{I}y$$

여기서, $\dfrac{P}{A}$: 프리스트레스에 의한 휨응력

$\dfrac{M}{I}y$: 하중에 의한 휨응력

② 긴장재를 직선으로 편심배치한 경우

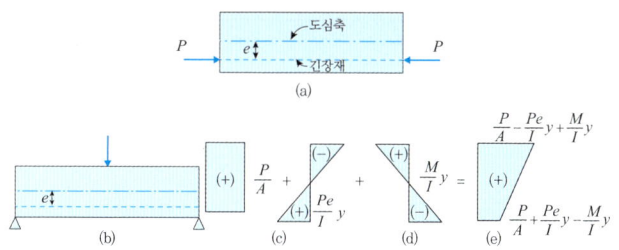

긴장재를 그림 (a)와 같이 편심거리 e를 가지고 직선배치를 하면 이 부재의 단면에는 프리스트레싱에 의하여 편심압력 P가 작용하게 되고 단면도심에 대하여 압축력 P와 모멘트 Pe가 작용한다.

그러므로, 프리스트레싱에 의하여 부재단면에는

$$\frac{P}{A} \pm \frac{Pe}{I}y$$

이 부재를 그림 (b)와 같이 단순지점 위에 올려 놓으면 사하중과 활하중에 의해서 휨모멘트 M이 작용하여 그림 (d)와 같이 휨응력 $\pm \frac{M}{I}y$가 일어난다.

따라서, $f_c = \frac{P}{A} \mp \frac{Pe}{I}y \pm \frac{M}{I}y$이 작용하게 된다.

③ 긴장재를 절곡 또는 곡선배치한 경우

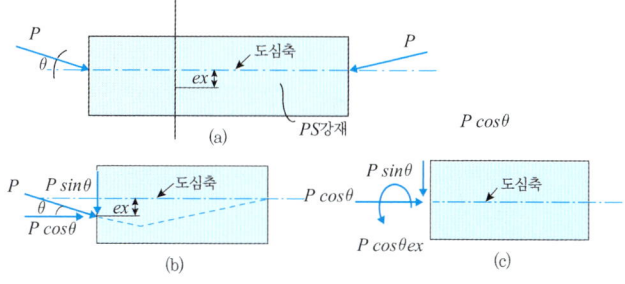

그림 (a)와 같이 긴장재를 중앙에서 구부려 배치하고 힘 P로 프리스트레싱하면 이 부재의 단면에는 프리스트레스 힘 P가 θ의 경사를 가지고 작용하게 된다. 그림 (b)에 작용하는 단면력을 보면,

축방향력 $P\cos\theta$
전단력 $-P\sin\theta$
휨모멘트 $-(P\cos\theta)e_x$ 이다.

여기서 θ는 너무 작으므로 $\cos\theta ≒ 1$ 이다. 그러므로
축방향력 P
전단력 $-P\sin\theta$
휨모멘트 $-Pe_x$가 된다.

그러므로 프리스트레싱에 의하여 일어나는 응력은

$$\frac{P}{A} \mp \frac{Pe_x}{I}y \pm \frac{M}{I}y$$

이 부재를 단순지점위에 올려놓으면 외력에 의하여 $\frac{M}{I}y$의 휨응력이 작용하게 된다.

$$f_c = \frac{P}{A} \mp \frac{Pe_x}{I}y \pm \frac{M}{I}y$$

2) 내력모멘트의 개념(강도개념)

PSC보를 RC보처럼 생각하여 콘크리트는 압축력을 받고 긴장재는 인장력을 받게 하여 두 힘의 우력모멘트로 외력에 의한 휨모멘트에 저항시킨다는 원리이다.

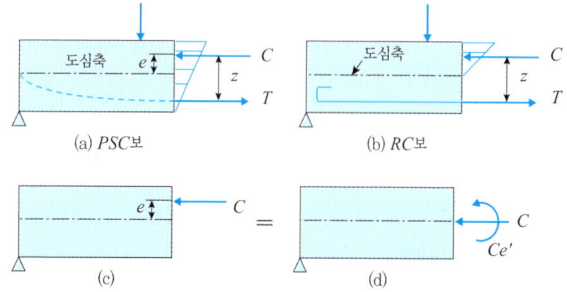

$$C = T = P$$
$$M = C \cdot z = T \cdot z = P \cdot z$$

위의 식으로부터 $z = \frac{M}{P}$이고, C의 작용점이 구해지면 그 편심거리 e'를 알 수 있다. PSC 보 단면의 콘크리트 응력은 그림 (c)와 같은 영향을 주고 다시 그림 (d)로 바꿀 수 있다.

그러므로 단면에 일어나는 콘크리트 응력은 다음과 같다.

$$f_c = \frac{C}{A} \pm \frac{Ce'}{I}y = \frac{P}{A} \pm \frac{Pe'}{I}y$$

3) 하중평형의 개념(등가하중의 개념)

프리스트레싱의 작용과 작용하중을 비기도록 하려는 원리이다. 프리스트레싱의 작용이 연직하중과 비긴다면, 슬래브나 보와 같은 휨부재는 주어진 하중작용하에서 휨응력을 일으키지 않게 된다. 결국 휨부재를 축방향의 수직력만을 받는 부재로 전환시키게 되어 구조물의 설계와 해석을 단순화시킨다.

① 긴장재를 포물선 배치한 경우

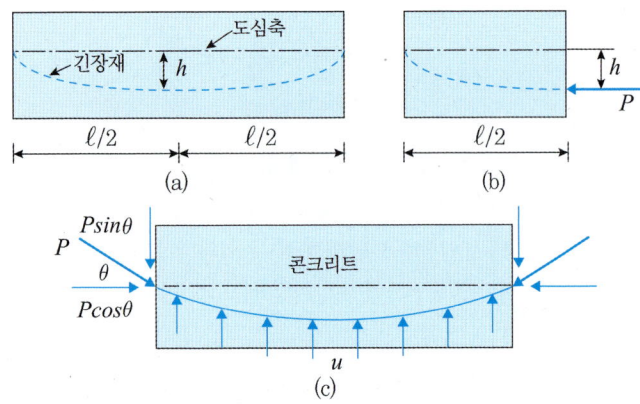

그림 (a)와 같이 긴장재를 포물선 배치하여 프리스트레싱하면 콘크리트는 그림 (c)와 같은 작용을 받게 되고 따라서 보에는 프리스트레싱에 의해 부의 휨모멘트가 일어난다.
이 휨모멘트는 자유물체도 그림 (b)와 같은 Ph와 같다. 여기서 h는 포물선의 새그(sag)이다.

$$\frac{ul^2}{8} = Ph \text{에서}, \quad u = \frac{8Ph}{l^2}$$

등분포의 상향력 u와 외력으로 작용하는 등분포 하중 w와 크기가 같으면 이 보는 휨은 받지 않고 축압축만 받게 된다.

$$f_c = \frac{P\cos\theta}{A} = \frac{P}{A}$$

등분포의 상향력 u와 하중이 비기지 않을 경우에는 $(w-u)$에 의한 휨모멘트 M을 받게 된다.

$$f_c = \frac{P\cos\theta}{A} \pm \frac{M}{I}y \fallingdotseq \frac{P}{A} \pm \frac{M}{I}y$$

② 긴장재를 절곡배치한 경우

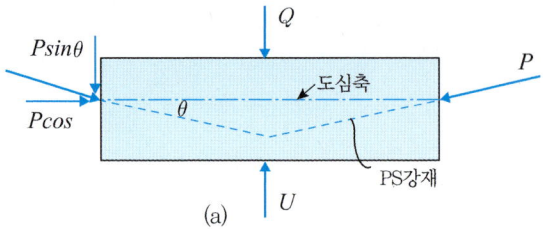

그림과 같이 긴장재에 작용하는 세 힘은 비겨야 하므로
$$\Sigma V = 0, \quad U = 2P\sin\theta$$

지간 중앙에 U와 같은 크기의 연직하중을 작용시키면 이 부재는 휨을 받지 않는다.

$$f_c = \frac{P\cos\theta}{A} = \frac{P}{A}$$

U와 같은 크기의 연직하중이 아니면 $(Q-U)$에 의한 휨모멘트 M을 받게 된다.

$$f_c = \frac{P\cos\theta}{A} \pm \frac{M}{I}y \fallingdotseq \frac{P}{A} \pm \frac{M}{I}y$$

3 PSC의 특징 및 장점

1) PSC의 장점

① PSC는 설계하중(사용하중)하에서는 균열이 발생되지 않도록 설계된다.
설계하중보다 더 큰 하중에 의해 균열이 발생해도 그 하중이 제거되면 균열은 폐합되므로 복원성이 우수하다.
② 전단면의 콘크리트가 유효하게 이용되고 PS 강재를 곡선배치하면 사인장력이 작아져 복부단면을 얇게 할 수 있어 부재 자중이 경감된다.

③ 부재 자중이 경감되므로 장지간의 교량이나 큰하중을 받는 구조물에 적합하고, 외관이 날렵하고 아름답다.
④ PSC 구조는 안정성이 높다. PSC는 PS 강재를 긴장시킬 때 최대응력이 작용한 상태이므로 이때 안전하다면 그 이후의 하중들에 대해서도 안전하다. 또 PSC 부재는 파괴의 전조가 뚜렷하다.
⑤ PSC 부재의 처짐은 작다.
⑥ PSC 부재는 프리캐스트부재를 사용할 경우 이어대기 시공, 분할시공이 가능하고, 거푸집 및 동바리공이 불필요하다.

2) PSC의 단점

① PSC부재는 RC에 비해 단면이 작으므로 강성이 작아 변형이 쉽고 진동하기 쉽다.
② PSC강재는 고강도 강재로 높은 온도에 접하면 갑자기 강도가 감소하므로 RC에 비해 내화성이 약하다.
③ 고강도 재료사용, 정착장치, 시스, 기타보조재료, 그라우팅 작업에 비용이 추가된다.
④ 설계, 제조, 운반, 가설에 세심한 주의를 요한다.

3) PSC와 RC의 비교

① PSC는 RC에 비하여 고강도의 콘크리트와 강재를 사용한다.
② RC는 콘크리트의 인장력을 무시하나 PSC는 전단면이 유효하다.
③ PSC는 설계하중(사용하중) 하에서는 균열이 발생치 않으며 과도한 하중에 의해 균열이 발생하더라도 그 하중 제거시에 균열은 폐합된다.
④ 긴장재를 절곡 및 곡선배치한 PSC보에서는 긴장재의 인장력의 연직분력만큼 전단력이 감소되어 사인장응력이 작아져 RC보의 복부의 폭보다 단면을 줄일 수 있다.
⑤ PSC와 RC는 우력모멘트에 저항한다는 점에서 같으나 그 저항모멘트의 발생기구는 다르다.
하중이 증가하면,
RC보 : T와 C가 커지고 우력팔의 길이 동일
PS보 : 우력팔 길이가 커지고 PS강재의 응력 동일
⑥ 균열이 발생하면 중립축이 상승하는 점에서는 PSC보나 RC보가 같지만 PS강재비가 RC의 철근비보다 작기 때문에 PSC보의 중립축 상승속도가 빠르고 균열폭이 커진다.

4 PSC 강재

1) PS 강재에 요구되는 성질

① 인장강도가 커야 한다. (고강도∝1/프리스트레스 손실)
② 릴랙세이션이 작아야 한다.
③ 적당한 연성과 인성이 있어야 한다.
④ 응력 부식에 대한 저항성이 커야 한다.
⑤ 콘크리트와 부착력이 커야 한다.
⑥ 항복비가 커야 한다. (항복비 = $\frac{항복응력}{인장강도} \times 100(\%)$가 80% 이상)
⑦ 직선성이 좋아야 한다.

2) PS 강재의 탄성계수(E_{ps})

$E_{ps} = 2.0 \times 10^5 MPa$

참조 철근 $E_s = 2.0 \times 10^5 MPa$

3) PS 강재의 응력-변형률

① **PS 강재의 인장강도** : 철근의 2~4배
② **PS 강재의 항복점** : PS강재는 뚜렷한 항복점이 없다. 응력-변형률 곡선에서 0.2%의 영구 변형률을 나타내는 응력을 PS 강재의 항복점으로 한다.
③ **PS 강재의 탄성한계** : 0.02%의 영구 변형률을 나타내는 점의 응력

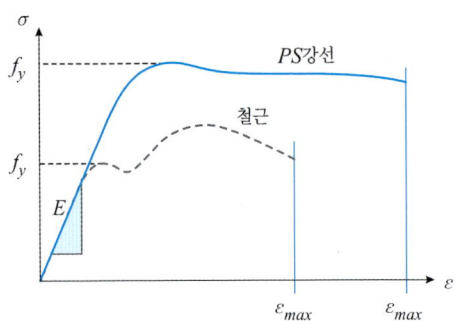

4) PS 강재의 릴랙세이션

① 시간의 경과에 따른 긴장력의 손실

② 순릴랙세이션 = $\dfrac{\text{일정변형하의 인장응력감소량}}{PS\text{강재의 초기인장응력}} \times 100(\%)$

③ 겉보기 릴랙세이션 : 콘크리트의 건조수축이나 크리프로 인해 PS 강재의 인장변형도가 시간의 경과에 따라 감소하기 때문에 그 릴랙세이션 값은 시험값보다 작아지는데 이것을 겉보기 릴랙세이션이라 한다.

5) 긴장재의 종류

구분	강선	강봉	강연선
구조도			
특징	지름 2.9~9mm, 주로 다발로 사용, 프리텐션 및 포스트 텐션에 사용	지름 9.2~32mm, 주로 포스트 텐션에 사용	강선을 여러 개 꼬아서 사용, 2~91 강연선 등
강도 순위	②	③	①
릴랙세이션	5%	3%	5%

주1) 저릴랙세이션 강연선의 릴랙세이션은 제작사에 별도 문의(종전 설계기준 1.5%)
주2) 저릴랙세이션 강연선 ≠ 응력제거 스트랜드

6) PS 보조재료

① 덕트(duct)
 – PS 정착을 위한 콘크리트 내에 형성된 구멍

② 시스(sheath)
 – 덕트를 형성하기 위해 쓰이는 관, 0.2~0.4mm 두께, 파형의 원통

③ 정착장치(anchorage)
 – 포스트 텐션 방식, 쐐기식, 너트식, 리벳머리식

④ 접속장치(coupler)
 – 긴장재와 긴장재 접속, 정착장치와 정착장치 접속

⑤ 그라우트
 – 포스트텐션방식, PS 강재가 녹스는 것을 방지하고 PS 강재를 콘크리트에 부착시키기 위해 시스 안에 시멘트 풀 또는 모르타르를 주입
 – 팽창율 : 10% 이하, f_{ck} : 20MPa 이상, W/C : 45% 이하, 블리딩 : 3% 이하

⑥ 마찰감소재
 – 시스관과 PS 강재 사이의 마찰 방지, 그리스, 파라핀, 왁스

⑦ 철근
 – 긴장재의 조립용철근, 정착부 및 지압부의 보강철근 등

7) PS 긴장재의 허용응력

구분		허용응력(MPa)
PS 도입시		$0.8f_{pu}$와 $0.94f_{py}$ 중 작은 값
PS 도입 직후	긴장재	$0.74f_{pu}$와 $0.82f_{py}$ 중 작은 값
	포스트텐션의 정착구 및 커플러	$0.7f_{pu}$

* f_{pu} : PS 긴장재의 설계기준인장강도
* f_{py} : PS 긴장재의 설계기준항복강도

PS 도입시 응력은 긴장재나 정착장치 제조자가 제시하는 최대값도 초과하지 않아야 한다.

02 PSC 종류와 분류

1 PSC의 분류

1) 완전 프리스트레싱과 부분 프리스트레싱

① **완전 프리스트레싱(full-prestressing)** : 설계하중하에서 부재단면에 인장응력이 발생하지 않도록 설계하는 방법
② **부분 프리스트레싱(partial-prestressing)** : 설계하중하에서 부재단면에 약간의 인장응력이 발생하도록 설계하는 방법

2) 외적 프리스트레싱과 내적 프리스트레싱

① **외적 프리스트레싱(external prestressing)** : 구조물의 지점 반력을 외적으로 조절함으로써 원하는 프리스트레스를 콘크리트에 주는 방법
② **내적 프리스트레싱(internal prestressing)** : PC 강재를 긴장하여 콘크리트에 정착시키는 방법으로 가장 일반적이다.

3) 선형 프리스트레싱과 원형 프리스트레싱

① **선형 프리스트레싱(linear prestressing)** : 보나 슬래브 같은 직선부재에 프리스트레싱하는 방법
② **원형 프리스트레싱(circular prestressing)** : PSC 원형 탱크, PSC 사일로, PSC관과 같은 원형 구조물에 긴장재를 원형으로 감아서 프리스트레싱하는 방법

4) 프리 텐셔닝과 포스트 텐셔닝

① **프리 텐셔닝(pre-tensioning)** : 콘크리트를 치기 전에 미리 PC 강재를 긴장하는 방법
② **포스트 텐셔닝(post-tensioning)** : 콘크리트를 친 후 PC 강재를 긴장하는 방법

5) 부착시킨 긴장재와 부착시키지 않은 긴장재

① **부착시킨 긴장재** : 프리 텐셔닝과 마찬가지로 전길이에 걸쳐 콘크리트와 부착시킨 긴장재를 말한다. 포스트 텐셔닝에서는 긴장재를 콘크리트에 부착시키기도 하고 부착시키지 않기도 한다.
② **부착시키지 않은 긴장재** : 포스트 텐셔닝에서 PS 긴장재를 콘크리트에 부착시키지 않은 경우에 해당한다.

6) 정착장치가 있는 긴장재와 없는 긴장재

① **정착장치가 있는 긴장재(end-anchored tendon)** : 포스트 텐셔닝 방법에서 콘크리트에 프리스트레스를 주기 위하여 긴장력을 정착장치에 의하여 콘크리트에 정착시킨다.
② **정착장치가 없는 긴장재(non-end-anchored tendon)** : 프리 텐셔닝 방법에서 정착장치없이 PS 긴장재와 콘크리트의 부착작용에 의해 콘크리트에 프리스트레스를 준다.

2 프리텐션 방식에서의 긴장 및 정착방법

1) 긴장순서

① PS 강재를 긴장해서 인장대 양 지점에 고정
② 콘크리트 타설
③ PS 강재를 절단하여 인장응력을 콘크리트에 전달(PS 도입)

2) 롱라인 공법에 의한 방법

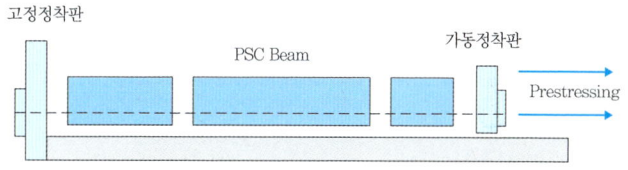

① 일점은 고정 정착판으로 다른 쪽은 가동 정착판으로 해서, 가동 정착판으로 긴장시켜서 정착시키는 방법
② 프리텐션 방식에서 가장 널리 사용되는 방법

3) 단일 몰드 공법

① 거푸집 자체에서 인장하는 방법
② 거푸집이 고가이나 상대적으로 작업공간이 작고, 촉진양생으로 제작시간이 짧다.
③ 동일치수의 부재를 대량으로 생산할 경우에 유리

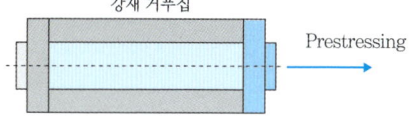

3 포스트텐션 방식에서의 긴장 및 정착방법

1) 긴장순서

① 쉬스관 배치 및 콘크리트 타설
② PS강재 긴장
③ 부착 부재에서 그라우팅

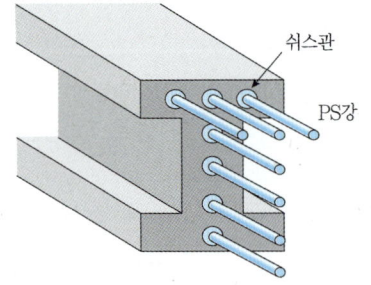

2) 쐐기식

- PS강재와 정착장치(Grip)의 마찰로 인한 쐐기작용으로 정착시키는 방법
- PS강선 및 PS강연선에 사용
- Freyssinet, VSL, CCL 공법 등

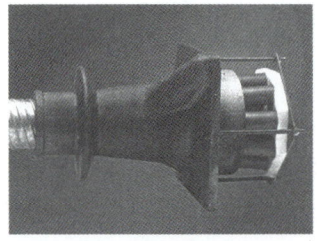 

① **Freyssinet 공법**

우리나라에 최초로 적용된 공법으로, 12개의 PS 강선을 같은 간격의 다발로 만들어 하나의 긴장재를 구성하고, 이 긴장재를 한 번에 긴장하여 1개의 쐐기로 정착하는 방법

② **VSL 공법**

- Freyssinet 공법과 같이 쐐기에 의한 정착방법으로, 한 케이블의 긴장재를 VSL 잭으로 동시에 긴장하며, 긴장완료 후 잭을 풀면 자동적으로 쐐기가 강연선을 정착시킨다.
- PSC 연속 박스거더교인 노량대교, 캔틸레버 공법으로 가설된 PSC 사장교인 올림픽 대교에 적용되었다.

3) 지압식

리벳머리식과 너트식으로 구분된다.
BBRV, Dywidag 공법, Lee-McCall 공법, Stress Steel 공법이 속한다.

① **BBRV 공법**

- PS 강선의 끝을 냉간가공하여 리벳머리형태로 해서 지압판에 정착시키는 방법

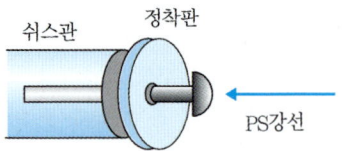

② Dywidag 공법
- PS 강봉 끝을 전조하여 나사산을 생성한다. 이를 너트로 끼워서 정착판에 정착시키는 방법

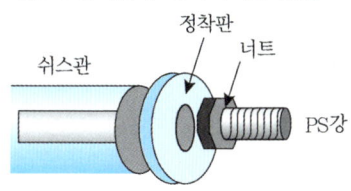

- 전조된 PS 강봉은 강도가 증대되어, 너트를 끼워도 취약부가 되지 않는다.
- 커플러를 이용해서 PS 강봉을 이어나갈 수 있다.
- 이어나갈 수 있는 장점으로 인해 스테이징 없이 연속하여 부재를 이어나가는 캔틸레버 가설법(FCM)에 의한 장대교에서 효과적으로 적용할 수 있다.
- 원효대교에서 적용되었다.

4 프리플렉스(PF, Preflex)

- 강재에 미리 하중을 가해서 처짐을 생성시킨 후, 인장부에 콘크리트를 타설한다. 콘크리트가 경화한 후에 하중을 제거하면 강재의 복원응력으로 인해 콘크리트는 압축응력을 받게 되고 동시에 강재는 인장응력을 받는다.
- 일반 PSC보에 비해 동일한 형고에서 지간을 길게 할 수 있다.
- 경부고속도로 언양IC 육교 보수에 최초로 적용되었다.(1986년)

[Preflex 시공 순서도]

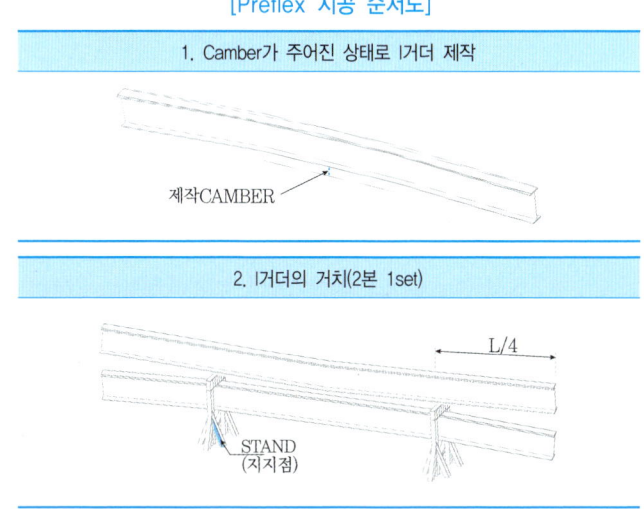

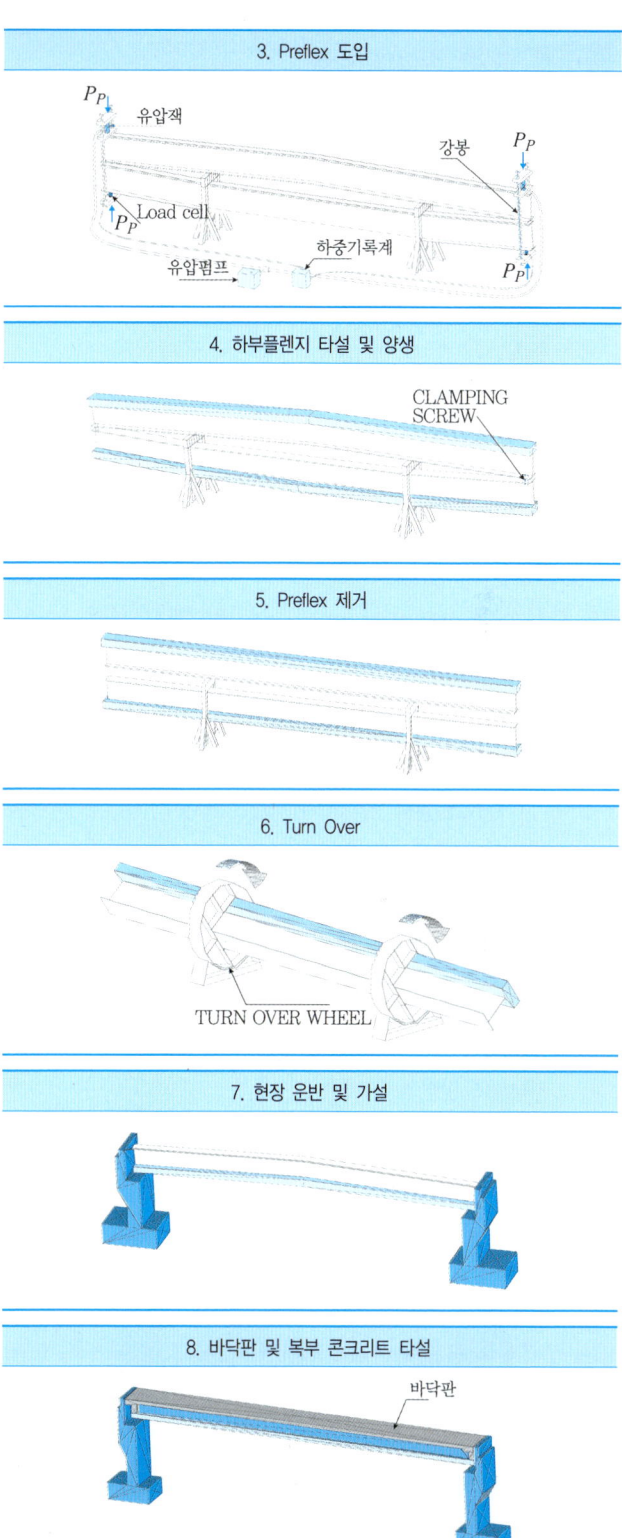

03 PSC 손실과 효율

1 PS 손실의 구분

즉시손실	시간적 손실
① 정착장치의 활동	① 콘크리트 크리프
② PS강재와 쉬스 사이의 마찰	② 콘크리트 건조수축
③ 콘크리트의 탄성변형(탄성수축)	③ PS강재의 릴랙세이션(Relaxation)

- 프리텐션 방식에서는 PS강재와 쉬스 사이의 마찰은 해당되지 않는다.
- 즉시손실과 시간적 손실을 합한 총 손실량은 대략 20~35% 정도이다.

2 즉시손실(Instantaneous Loss)량 계산

1) 정착장치의 활동에 의한 손실

프리텐션 방식이나 포스트텐션 방식에서 쉬스와 긴장재의 마찰을 거의 없도록 하는 경우는 다음의 식에 의해 정착장치 활동에 의한 손실을 계산해도 좋다.

$$\Delta f_{an} = E_p \epsilon_p = E_p \frac{\Delta l}{l}$$

$\Delta f_{an} = \dfrac{\Delta P}{A_p}$: 긴장응력 손실

ΔP : 긴장재의 인장력 감소량
A_p : 긴장재의 단면적
E_p : 긴장재의 탄성계수
Δl : 긴장재의 이동량
l : 긴장재의 전체 길이

그러나 포스트텐션 방식에서 쉬스와 긴장재의 마찰이 있는 경우는, 긴장재의 전체 길이에 걸쳐서 긴장력의 손실이 없으므로 다음의 식으로 해야 한다.

$$\Delta P = 2pl_{set}$$

p : 긴장재의 단위길이당 마찰손실
l_{set} : 정착부에서 정착장치의 활동에 영향을 받는 긴장재의 길이

예제 정착장치 활동에 의한 프리스트레스 손실

문제. 길이 L = 10m인 포스트텐션 프리스트레스트 콘크리트보의 강선에 1,000MPa의 인장력을 가했다. 정착 장치에 의한 강선의 한쪽 정착단에서의 활동량이 5mm일 경우, 정착장치 활동에 의한 프리스트레스 손실[MPa]은 얼마인가? (단, 양단 정착이며, PS강재의 탄성계수 $E_{ps} = 2 \times 10^5 MPa$이다.)

해설 정착장치활동손실

$$\sigma = E_{ps} \times \frac{\delta}{l} = 2 \times 10^5 \times \frac{2 \times 5}{10^4} = 200 MPa$$

2) PS 강재와 쉬스의 마찰로 인한 손실

PS 강재와 쉬스 사이의 마찰로 인한 긴장력의 감소 원인은 긴장재의 각도변화(Curvature Effect)와 PS 강재 길이의 영향(Length Effect)이다. 포스트텐션 방식에서만 적용된다.

① 긴장재의 곡률마찰로 인한 손실

$$P_x = P_s e^{-\mu\alpha}$$

P_x : 각변화 α인 곳에서의 긴장력 감소량
P_s : 정착부에서의 긴장력
μ : 쉬스와 긴장재 사이의 마찰계수(또는 곡률계수, Curvature Coefficient)
α : 각 변화

② 긴장재의 파상마찰로 인한 손실

PS 강재의 길이의 영향으로 인한 것으로 길이의 영향으로 인한 손실 또는 파상마찰에 영향(Wobbling Effect)으로 인한 손실이라고 한다. 이 손실은 긴장재가 아무리 곧게 배치되더라도 시공상 정확하게 곧지 않고 다소의 파상(波狀)을 가진다. 즉 PS 강재의 길이가 길어짐에 따라 파상이 생기고 이로 인해 마찰이 발생한다.

$$P_x = P_s e^{-kl_x}$$

k : 긴장재 단위 길이에 대한 파상마찰계수(또는 파상계수, Wobble Coefficient)
l_x : 정착단으로부터 임의 지점 x까지의 프리스트레싱 긴장재의 길이(m)

③ 곡률과 파상을 동시에 받는 경우(콘크리트 설계기준 제시)

$$P_x = P_s e^{-(\mu\alpha + kl_x)}$$

이때의 감소된 긴장력은 다음과 같다.

$$\Delta P = P_s - P_x = P_s[1 - e^{-(\mu\alpha + kl_x)}]$$

또한 긴장재의 길이 l이 40m 이하이고, 각변화 α가 30° 이하인 경우에는 위의 식을 다음과 같이 간략식으로 해도 좋다.

$$\Delta P = P_s - P_x = -P_s(\mu\alpha + kl_x)$$

단, $\mu\alpha + kl$ 는 0.3 이하가 되어야 한다.

[참조]
[마찰손실을 줄이기 위한 방법]
① 마찰손실량만큼 추가 긴장한다.
② 긴장재 양단에서 잭킹한다.
③ PS에 구리스 등을 발라서 쉬스와의 마찰을 줄인다.

예제 PS 강선과 쉬스의 마찰에 의한 프리스트레스 손실

문제. 그림과 같은 PSC 부재의 A단에서 강재를 2,000kN으로 긴장할 경우 B단까지의 마찰에 의한 감소된 긴장응력은 얼마인가? (단, θ_1 = 0.12 rad, θ_2 = 0.06 rad, θ_3 = 0.12 rad, μ(곡률마찰계수) = 0.40, k(파상마찰계수) = 0.0025, 긴장재의 면적 $A_{ps} = 5,000 mm^2$, 콘크리트 단면적 $A_c = 320 \times 10^3 mm^2$이고, 근사법으로 계산한다.)

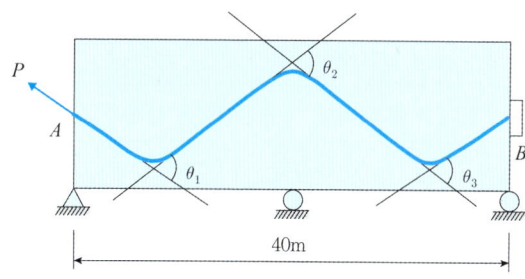

해설 $\Delta P = P_s - P_x = -P_s(\mu\alpha + kl_x)$ 단, $\mu\alpha + kl$는 0.3 이하
$\Delta P = P_s(\mu\alpha + kl)$
$= 2,000[0.4 \times (0.12 + 0.06 + 0.12) + 0.0025 \times 40]$
$= 440 kN$

감소된 응력 $= \dfrac{\Delta P}{A_{ps}} = \dfrac{440 \times 10^3}{5,000} = 88 MPa$

3) 콘크리트 탄성변형으로 인한 손실

프리스트레스를 가함에 따라 콘크리트는 탄성적으로 압축 변형된다. 이로 인해 프리스트레스 힘은 감소하게 되는데, 이것을 탄성단축(Elastic Shortening) 또는 탄성변형(Elastic Deformation)이라고 한다.

① 프리텐션 방식에서의 손실

PS 강재 도심에서 콘크리트 변형율과 PS 강재의 변형율이 동일하므로,

$$\epsilon_e = \epsilon_p$$

ϵ_e : PS 강재 도심에서 콘크리트 압축변형율
ϵ_p : PS 강재의 변형율

또한, 두 변형이 탄성변형이므로,

$$\epsilon_e = \frac{f_{cs}}{E_c}, \quad \epsilon_p = \frac{\Delta f_{el}}{E_p}$$

f_{cs} : 프리스트레스 도입 직후 PS 강재 도심위치에서의 콘크리트 압축응력
Δf_{el} : 콘크리트 탄성변형에 의한 PS 강재의 인장응력 감소량
E_c : 프리스트레스 도입시의 콘크리트 탄성계수
E_p : PS 강재의 탄성계수

위 식에 의해서, 응력손실량은 다음과 같다.

$$\Delta f_{el} = E_p \epsilon_p = E_p \epsilon_e = \frac{E_p}{E_c} f_{cs} = n f_{cs} \quad (n = \frac{E_p}{E_c})$$

예제 콘크리트 탄성변형에 의한 프리스트레스 손실(프리텐션방식)

문제. 프리스트레스트 콘크리트에서 초기 긴장력 500kN을 가했을 경우, 콘크리트 탄성수축에 의해 감소된 프리텐션은 얼마인가? (n = 5, $A_c = 200000 mm^2$)

해설 $\Delta f_{el} = E_p \epsilon_p = E_p \epsilon_e = \frac{E_p}{E_c} f_{cs} = n f_{cs}$
$= 5 \times \frac{5 \times 10^5}{2 \times 10^5} = \frac{25}{2} = 12.5 MPa$

② **포스트텐션 방식에서의 손실**

프리텐션과 달리, 포스트텐션에서는 많은 수의 긴장재가 배치되어 미리 정해 놓은 긴장 순서에 따라 긴장정착한다. 그러므로 프리스트레스가 순차적으로 도입되기 때문에 콘크리트 탄성단축도 순차적으로 발생한다. 따라서 긴장이 진행됨에 따라 먼저 긴장한 강재일수록 프리스트레스 손실은 크게 되고, 마지막에 긴장한 강재일수록 감소량이 작다. 이렇게 포스트텐션 방식에서의 긴장력 손실량을 계산하는 것은 복잡하다. 그러므로 실용적으로 다음의 식을 사용한다.

$$\Delta f_{el} = \frac{1}{2} n f_{cs} \frac{N-1}{N}$$

N : 긴장재의 긴장횟수(케이블 수)

도로교 설계기준과 철도교 설계기준에서는 다음의 간략식을 사용하도록 하고 있다.

$$\Delta f_{el} = 0.5 \frac{E_p}{E_{ci}} f_{cir}$$

E_{ci} : 정착시의 콘크리트 탄성계수
f_{cir} : 정착 직후 보의 사하중과 프리스트레스 힘에 의한 긴장재 도심에서의 콘크리트 응력

예제 콘크리트 탄성변형에 의한 프리스트레스 손실(포스트텐션방식)

문제. 40 cm × 40 cm의 사각형 콘크리트 단면에 1개당 $4cm^2$인 PS 강선 4개를 그림과 같이 강선군의 도심과 콘크리트 부재 단면 도심이 일치하도록 배치한 포스트텐션 부재가 있다. PS 강선을 1개씩 차례로 긴장하는 경우 콘크리트의 탄성 수축에 의한 프리스트레스의 평균 손실량 [MPa]은? (단, 초기 프리스트레스는 1,600 MPa이고 탄성계수비 n = 5.0이다.)

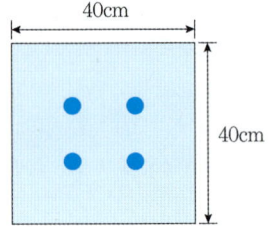

해설 f_{cs} : 긴장력에 의해 콘크리트가 받는 응력 = 총긴장력/콘크리트 면적
$f_{cs} = f_i \times N \times A_{ps} / A_c = 1600 \times 4 \times 400 / 400^2 = 16 MPa$
포스트텐션에서 콘크리트 탄성변형에 의한 손실량
$\frac{1}{2} \frac{N-1}{N} n f_{cs} = \frac{1}{2} \frac{4-1}{4} \times 5 \times 16 = 30 MPa$

3 프리스트레스의 시간적 손실

1) 콘크리트 크리프에 의한 손실

$$\Delta f_{cp} = C_u n f_{cs}$$

C_u : 콘크리트 크리프계수
① 고강도일수록 작은 값
② 일반적인 범위는 1.6~3.2이며, 충분한 자료가 없을 경우에는 2.35
③ 재하 후 처음 28일 동안 50%, 3~4개월 동안 75%, 2~5년 후에 종료

[일반 RC 구조에서 적절한 크리프 계수의 적용]

구분	수중	옥외	옥내
C_u	1	2	3

예제 크리프에 의한 프리스트레스 손실

문제. 프리스트레스트 콘크리트 부재에 프리스트레스 도입으로 인한 콘크리트 압축응력 $f_{cs}=5$ MPa이고, 탄성계수비 $n=6$일 때, 콘크리트 크리프에 의한 PS 강재의 프리스트레스 감소량 [MPa]은? (단, 수중 구조물이다.)

해설 $C_u n f_{cs} = 1 \times 6 \times 5 = 30 MPa$

2) 콘크리트 건조수축에 의한 손실

$$\Delta f_{sh} = E_p \epsilon_{sh}$$

ϵ_{sh} : 콘크리트 건조수축 변형률

[도로교 설계기준에 따른 건조수축 변형률의 표준 값]

프리스트레스 도입할 때의 재령(일)	4~7	28	90	365
건조수축변형률	27×10^{-5}	20×10^{-5}	14×10^{-5}	7×10^{-5}

예제 건조수축에 의한 프리스트레스 손실

문제. PS 강재의 탄성계수 $E_{ps} = 2 \times 10^5$ MPa이고 콘크리트의 건조 수축률 $\epsilon_{sh} = 25 \times 10^{-5}$일 때, 콘크리트 건조수축에 의한 PS 강재의 프리스트레스 감소율을 2.5 %로 제어하기 위한 초기 프리스트레스 값[MPa]은?

해설 $\sigma_{sh} = E_{ps} \times \epsilon_{sh} = 2 \times 10^5 \times 25 \times 10^{-5} = 50 MPa$

PS 감소율 $= \dfrac{\sigma_{sh}}{p_i} = 0.025$, $p_i = \dfrac{50}{0.025} = 2000 MPa$

3) PS 강재의 릴랙세이션에 의한 손실

$$\Delta f_{re} = \gamma f_i$$

γ : PS 강재의 겉보기 릴랙세이션 값
f_i : 프리스트레스 도입 직후의 긴장재의 인장응력

PS 강재의 종류	겉보기 릴랙세이션값 (γ)
PS 강선 및 PS 강연선	5%
PS 강봉	3%
저릴랙세이션 PS 강재	제조사에 문의 (종전 설계기준 1.5%)

4 프리스트레스의 효율

$$R = \dfrac{P_e}{P_i} = \dfrac{P_j - \Delta_i - \Delta_t}{P_j - \Delta_i}$$

R : 프리스트레스 힘의 유효율(Effective Ratio)
Δ_i : 즉시 손실량 합
Δ_t : 시간적 손실량 합

- 최초 프리스트레스를 도입하기 위해 작용하는 잭킹 힘 P_j (Original Jacking Force)
- 즉시 손실에 의해 감소된 초기 프리스트레스 힘 P_i (Initial Prestress Force)

- 모든 손실이 발생한 후의 유효 프리스트레스 힘 P_e(Effective Prestress Force)

구분	프리텐션 방식	포스트텐션 방식
효율 R	0.8	0.85

- 일반적으로 P_e는 P_j에서 20~35% 감소된 값이다.
- 효율에 영향이 있는 인자는 시간적 손실량이 지배적이다.

대표기출문제

문제. 프리스트레스를 도입할 때 일어나는 손실(즉시손실)의 원인은?   2022년 1회

① 콘크리트의 크리프
② 콘크리트의 건조수축
③ 긴장재 응력의 릴랙세이션
④ 포스트텐션 긴장재와 덕트 사이의 마찰

정답 ④
해설 즉시손실 : 마찰손실, 콘크리트 탄성변형손실, 정착장치 활동손실

대표기출문제

문제. 단면이 300×400mm이고, 150mm²의 PS 강선 4개를 단면 도심축에 배치한 프리텐션 PS 콘크리트 부재가 있다. 초기 프리스트레스 1000MPa일 때 콘크리트의 탄성수축에 의한 프리스트레스의 손실량은? (단, 탄성계수비(n)는 6.0이다.)   2021년 1회

① 30MPa   ② 34MPa
③ 42MPa   ④ 52MPa

정답 ①
해설 프리텐션방식 PSC에서, 콘크리트 탄성변형에 의한 손실
$$nf_{cs} = 6 \times \frac{150 \times 4 \times 10^3}{300 \times 400} = 30 MPa$$

대표기출문제

문제. 그림과 같은 단면을 갖는 지간 20m의 PSC보에 PS강재가 200mm의 편심거리를 가지고 직선배치 되어 있다. 자중을 포함한 계수등분포하중 16kN/m가 보에 작용할 때 보 중앙단면의 콘크리트 상연응력은? (단, 유효 프리스트레스 힘(Pe)은 2400kN이다.)   2022년 1회

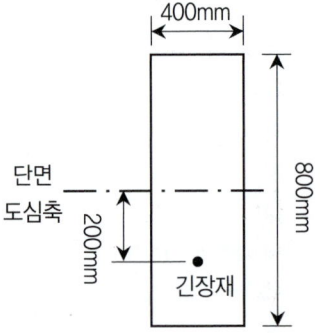

① 6MPa   ② 9MPa
③ 12MPa   ④ 15MPa

정답 ④
해설 $M_1 = \frac{16 \times 20^2}{8} = Pe_1 = 2400 e_1$ 에서, $e_1 = \frac{1}{3}$

$$\sigma_1 = \frac{P}{A}(1 + \frac{e_1}{e_{\max}} - \frac{e_2}{e_{\max}})$$
$$= \frac{2400}{0.8 \times 0.4}(1 + \frac{1/3}{0.8/6} - \frac{0.2}{0.8/6}) = 15 \times 10^3 kN/m^2$$
$$= 15 MPa$$

대표기출문제

문제. 프리스트레스트 콘크리트(PSC)에 대한 설명으로 틀린 것은?   2021년 3회

① 프리캐스트를 사용할 경우 거푸집 및 동바리공이 불필요하다.
② 콘크리트 전 단면을 유효하게 이용하여 철근콘크리트(RC) 부재보다 경간을 길게 할 수 있다.
③ 철근콘크리트(RC)에 비해 단면이 작아서 변형이 크고 진동하기 쉽다.
④ 철근콘크리트(RC)보다 내화성에 있어서 유리하다.

정답 ④
해설 철근콘크리트(RC)보다 내화성에 있어서 불리하다.

05 PART

강구조의 이음

12. 강구조의 이음

12 CHAPTER 강구조의 이음

토목기사

01 강구조 이음의 일반사항

1 일반사항

1) 부재의 연결은 작용응력에 대하여 설계하는 것을 원칙으로 한다.
2) 주요 부재의 연결은 작용응력에 대해 설계하는 것 외에, 적어도 모재의 전 강도의 75% 이상의 강도를 갖도록 설계하여야 한다.(단, 전단력에 대해서는 작용응력을 사용하여 설계해도 좋다.)
3) 부재의 연결부 구조는, 다음 사항을 만족하도록 설계하여야 한다.
   ① 연결부의 구조가 단순하여, 응력의 전달이 확실할 것
   ② 구성하는 각 재편에 있어서, 가급적 편심이 일어나지 않도록 할 것
   ③ 해로운 응력집중이 생기지 않도록 할 것
   ④ 해로운 잔류응력이나 2차응력이 생기지 않도록 할 것
4) 연결부에서 단면이 변하는 경우 작은 단면을 기준으로 규정을 적용한다.

2 용접, 고장력 볼트의 병용

1) 한계상태설계법(KDS 14 31 25 : 2017)
① 볼트접합은 용접과 조합해서 하중을 부담시킬 수 없다. 이러한 경우 용접이 전체하중을 부담하는 것으로 한다.
② 다만 전단접합에는 용접과 볼트의 병용이 허용된다.
   - 표준구멍과 하중방향에 직각인 단슬롯의 경우 볼트접합과 하중방향에 평행한 필릿용접이 하중을 각각 분담할 수 있다.
   - 이때 볼트의 설계강도는 지압볼트접합 설계강도의 50%를 넘지 않도록 한다.
③ 마찰볼트접합으로 이미 시공된 구조물을 개축할 경우 고장력볼트는 이미 시공된 하중을 받는 것으로 가정하고 병용되는 용접은 추가된 소요강도를 받는 것으로 용접설계를 병용할 수 있다.

병용이음 경우	조건
전단볼트 + 하중방향에 평행한 필릿용접	표준구멍 또는 하중방향에 직각인 단슬롯 구멍의 볼트
마찰볼트 + 용접	기 시공된 마찰볼트에 용접을 추가

2) 허용응력설계법(KDS 14 30 25 : 2019)
① 고장력 볼트는 기본적으로 용접과 조합해서 하중을 부담시킬 수 없다. 이러한 경우, 용접에 전체하중을 부담시키도록 한다.
② 마찰접합의 고장력 볼트와 용접을 병용할 경우, 고장력 볼트를 먼저 시공한 후 용접을 시공하는 경우에만 하중을 고장력 볼트와 용접에 분담시킬 수 있다.

병용이음 경우	조건
마찰볼트 + 용접	기 시공된 마찰볼트에 용접을 추가

02 용접이음

1 용접의 종류와 적용

① **응력을 전달하는 이음** : 전단면 용입홈(그루브) 용접, 부분 용입홈(그루브) 용접, 연속 필렛 용접
② 용접선에 연직방향의 인장력을 받을 경우 ⇒ 전단면 용입 홈(그루브) 용접, 부분용입 홈(그루브) 용접 불능
③ 플러그용접과 슬롯용접은 주요 부재에 사용 불능(부득이한 사용의 경우 응력 전달을 고려하여 적용)

2 용접목두께와 유효두께(KDS 14 31 25 : 2017, 하중저항계수 설계법, KDS 4 30 25 : 2019, 허용응력 설계법)

1) 응력을 전달하는 용접부의 유효두께는 다음 그림과 같이 이론상의 목두께로 한다.

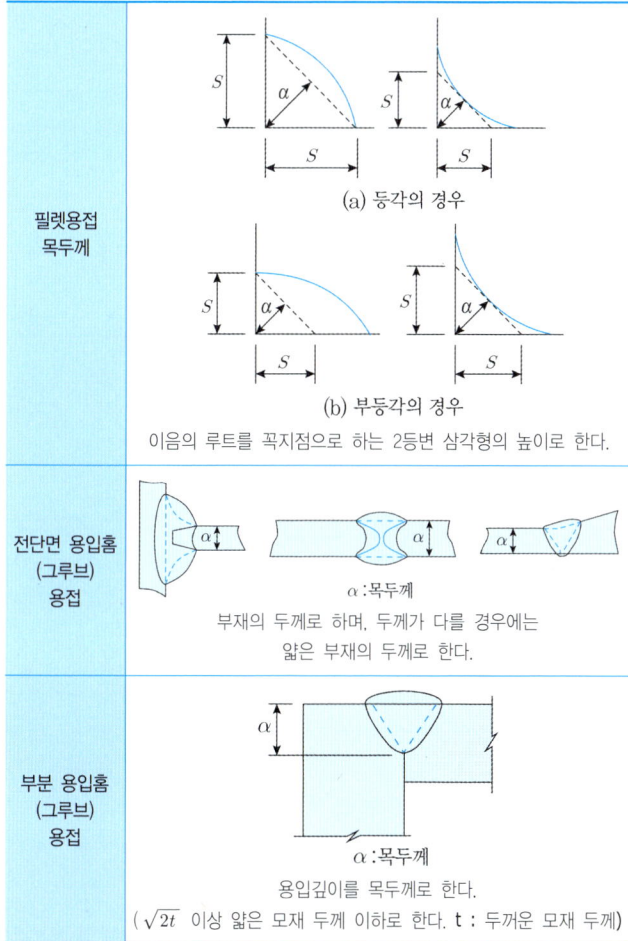

2) 용접의 유효면적(하중저항계수 설계 및 허용응력설계)
① 필릿용접의 유효면적은 유효길이에 유효목두께를 곱한 것으로 한다.
② 필릿용접의 유효길이는 총길이에서 용접치수의 2배를 공제한 값으로 한다.
③ 필릿용접의 유효목두께는 용접치수의 0.7배로 한다. (직각으로 접합하는 경우)

④ 다음의 경우에서 유효목두께는 용접루트를 꼭지점으로, 용접 외측면을 밑변으로 하는 용접단면 내접 삼각형의 높이로 한다. (하중저항계수 설계에서만 적용)
 - 접합하는 두 부재사이의 각도가 90°가 아닌 경우
 - 용접다리의 크기(S)가 서로 다른 경우
⑤ 플러스용접과 슬롯용접의 유효길이는 목두께의 중심을 잇는 용접중심선의 길이로 한다.

용접부 유효길이

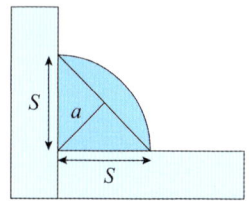

s : 용접치수
a : 용접목두께($= \dfrac{s}{\sqrt{2}} \approx 0.707s$)

용접부의 응력 $\tau = \dfrac{P}{\Sigma al}$ (l : 용접길이)

전단면 용입홈(그루브)용접

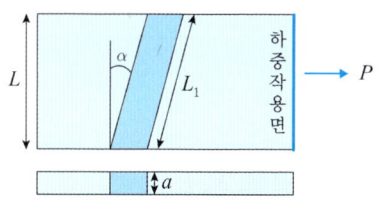

용접선의 길이는 수직 투영길이(L)로 하며, 용접목두께는 모재의 두께로 한다.
$l = l_1 \cos\alpha$
용접부의 응력 $\tau = \dfrac{P}{\Sigma al_1 \cos\alpha}$

3 축방향력 또는 전단력을 받는 용접이음의 응력

① 이음에 축방향력 또는 전단력이 작용하는 경우
$f = \dfrac{P}{\Sigma al}$ (f : 용접부에 생기는 수직응력, P : 용접부에 작용하는 외력)

② 필릿용접 및 부분 용입홈(그루브)용접의 경우에 생기는 응력(작용하는 힘의 종류에 관계없음)
$v = \dfrac{P}{\Sigma al}$ (v : 용접부에 생기는 전단응력)

예제

문제. 필렛용접 이음시 그림과 같은 경우 용접에 발생하는 전단응력은 얼마인가?

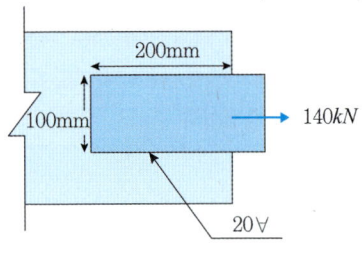

해설 용접목두께 $= 0.707 \times 20 = 14.14mm$
용접길이 $= 200 + 100 + 200 = 500mm$
용접부 응력 $\tau = \dfrac{V}{A} = \dfrac{140 \times 10^3}{14.14 \times 500} \approx 20MPa$

규격	최소중심간격(mm)
M20	65
M22	75
M24	85
M27	95
M30	105

② 최대 중심간격

규격	최대 중심간격(mm)	
	p	g
M20	130	12t을 표준으로 하고 지그재그인 경우: $15t - \dfrac{3}{8}g \leq 12t$ ⇒ $24t \leq 300mm$
M22	150	
M24	170	
M27	190	
M30	210	

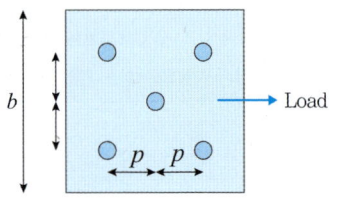

t : 외측 판(형강)의 두께(mm)
p : 볼트의 하중재하방향(응력방향)의 간격(mm)
g : 볼트의 하중직각방향(응력직각방향)의 간격(mm)

03 고장력 볼트이음

1 고장력 볼트이음의 개요

1) 고장력 볼트이음의 장점

① 리벳에 비해, 작업인원과 소요 갯수가 적고 소음이 작다.
② 리벳 및 용접에 비해, 고도의 숙련자가 필요치 않고 화재의 위험이 작다.
③ 리벳이나 용접에 비해 피로강도가 크다.
④ 저렴한 장비로 이음을 할 수 있다.
⑤ 연결의 수정 및 추가가 쉽다.

2) 볼트의 중심간격

① 최소 중심간격
볼트직경의 3.5배 가량으로 다음의 표를 기준으로 하며, 부득이한 경우에는 볼트지름의 3배까지 작게 할 수 있다.

3) 인장부재의 순단면적 계산

① 계산면적 : 순폭 × 판 두께
② 순폭의 계산
  ㉠ 부재의 순단면적을 산정할 때의 볼트 구멍의 지름은 M20, M22, M24 볼트의 공칭 지름에 3mm를 더한 값으로 한다. M27 및 M30인 경우에는 4mm를 더한 값으로 한다.
  ㉡ 볼트를 직선 연결한 경우, 총 폭에서 볼트 구멍을 공제한다.
  ㉢ 볼트를 지그재그로 연결한 경우, 최초의 볼트 구멍 지름을 공제하고, 이하 순차적으로 각 볼트구멍에 대해 ω를 공제한 값으로 한다.

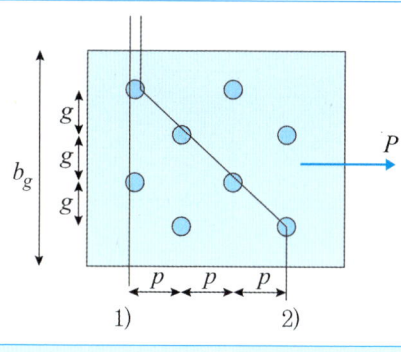

$$\omega = (d - \frac{p^2}{4g})$$

1) $b_g - 2d$
2) $b_g - d - (n-1)\omega$

n : 파단선 상에 있는 리벳구멍의 개수

ㄹ T형, H형 등의 조립단면 및 압연형강은 각 재편마다 상기의 방법으로 계산한 순단면적의 합으로 한다.

ㅁ I형 및 ㄷ형 압연형강은 다음과 같이 전개한 모양으로 순단면적을 계산한다.

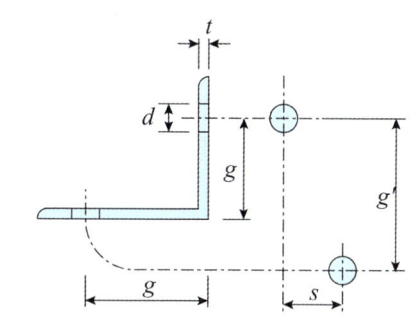

g' : L형강 뒷면에 따라 잰
볼트선간 거리(mm) = $g_a + g_b - t$

t : L형강 다리의 두께(mm)

예제

문제. 다음 그림에서 볼트지름 ø = 22mm일 때 순단면적은 얼마인가? (단, b_g = 160mm, g = 50mm, p = 40mm이고, 모재의 두께 $t = 5mm$로 한다.)

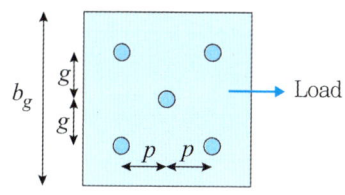

해설 ① 순폭결정

파단면 1) $b_g - 2d = 160 - 2 \times 25 = 110mm$

파단면 2) $b_g - d - (n-1)(d - \frac{p^2}{4g})$

$= 160 - 25 - 2 \times (25 - \frac{40^2}{4 \times 50})$

$= 101mm$

n : 파단선 상에 있는 리벳구멍의 개수

② 순단면적

$A_n = b_n \times t = 101 \times 5 = 505mm^2$

04 핀이음

1 핀이음의 종류

① 겹대기 이음

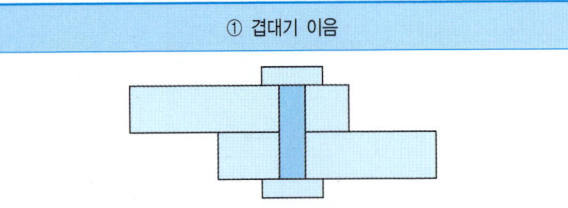

② 맞대기 이음

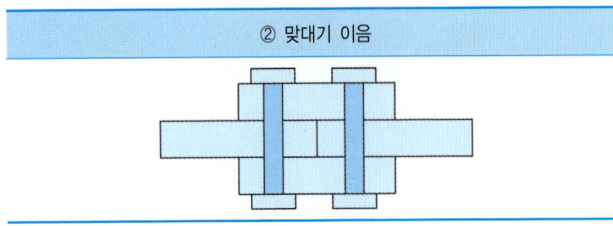

2 소요 핀 개수 결정

1) 전단검토

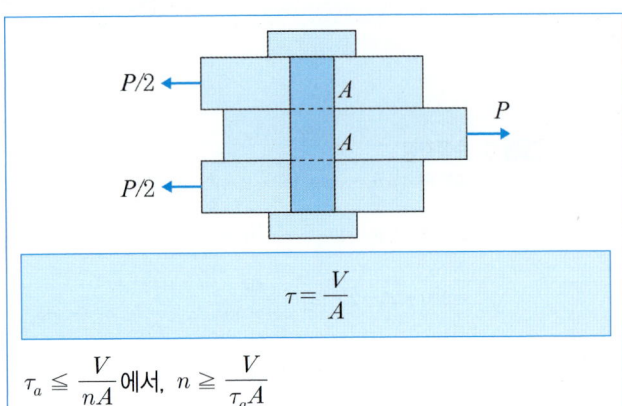

$$\tau = \frac{V}{A}$$

$\tau_a \leq \dfrac{V}{nA}$ 에서, $n \geq \dfrac{V}{\tau_a A}$

2) 지압검토

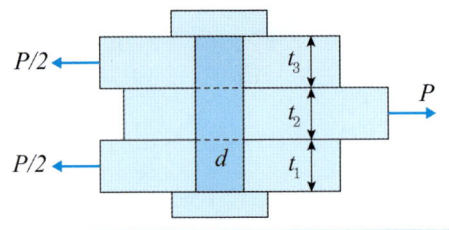

$$f_b = \frac{V}{dt}$$

f_b : 지압응력, V : 전단력
d : 리벳직경
t : 핀에 연결되어 있는 부재의 두께
  t는 t_1과 $t_2 + t_3$ 중 작은 값
$n \geq \dfrac{V}{f_{ba} dt}$
f_{ba} : 허용지압응력

- 지압검토와 전단검토에서 구해진 소요 핀 개수 중 큰 값 선택

[예제] 소요 핀 개수의 결정

문제. 그림과 같이 겹이음을 할 경우 필요한 핀의 개수는 몇 개인가? (단, 여기서 핀의 지름 d = 19mm, 리벳의 허용 전단응력 $v_a = 100 MPa$, 리벳의 허용지압응력 $f_b = 220 MPa$이다.)

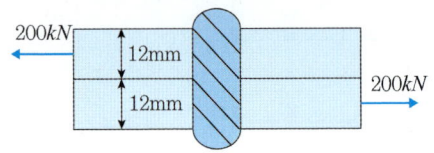

[해설] 핀의 전단강도
$$V_a = v_a \times \frac{\pi}{4} d^2 = 100 \times \pi \times \frac{19^2}{4} = 28,352 N$$

핀의 지압강도
$$P_a = f_b \times d \times t = 220 \times 19 \times 12 = 50,160 N$$

그러므로, 핀의 강도 $P = 28.352 kN$

핀의 소요 개수 $n = \dfrac{P}{\rho} = \dfrac{200}{28.352} = 7.05$

따라서, $n = 8$

예제 | 핀 이음부의 강도

문제. 그림에서 4개의 볼트(직경 20mm)에 가할 수 있는 허용인장력 P [kN]는? (단, 볼트의 허용전단응력 v_{sa} = 200MPa, 볼트의 허용지압응력 f_{ba} = 250MPa, π는 원주율이다.)

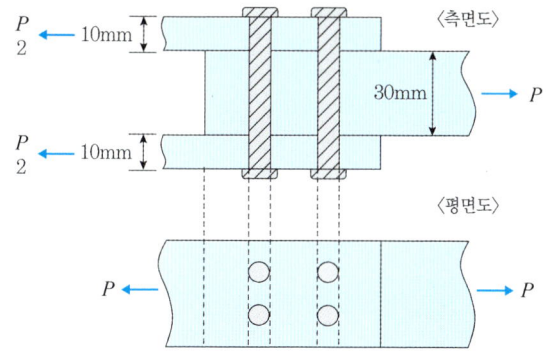

해설
① 허용지압력 1
$$P_{all}/2 = f_{ba} \times A_{ba} = 250 \times 10 \times 20 \times 4 = 200 \times 10^3 N,$$
$$P_{all} = 400 kN$$

② 허용지압력 2
$$P_{all} = f_{ba} \times A_{ba} = 250 \times 30 \times 20 \times 4 = 600 \times 10^3 N,$$
$$P_{all} = 600 kN$$

③ 허용전단력
$$V_{all} = v_{sa} \times A_{sa} = 200 \times 8 \times \pi \times 10^2$$
$$= 160\pi \times 10^3 N \approx 500 kN > 400 kN$$

따라서, 허용력은 최소값인 $400 kN$

대표기출문제

문제. 그림과 같은 맞대기 용접의 이음부에 발생하는 응력의 크기는? (단, P = 360kN, 강판두께 = 12mm) 2022년 1회

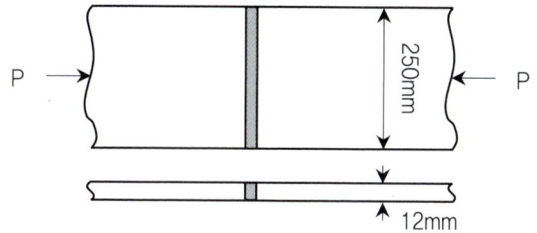

① 압축응력 14.4MPa   ② 인장응력 3000MPa
③ 전단응력 150MPa   ④ 압축응력 120MPa

정답 ④

해설 $\sigma = \dfrac{P}{A} = \dfrac{360 \times 10^3}{250 \times 12} = 120 MPa$ (압축)

대표기출문제

문제. 그림과 같은 필릿용접의 유효목두께로 옳게 표시된 것은? (단, KDS 14 30 25 강구조 연결 설계기준(허용응력설계법)에 따른다.) 2021년 3회

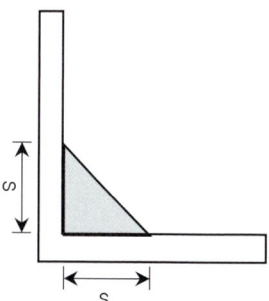

① S   ② 0.9S
③ 0.7S   ④ 0.5L

정답 ③

해설 필릿용접의 유효목두께 $a = \dfrac{S}{\sqrt{2}} = 0.7S$

대표기출문제

문제. 아래 그림과 같은 인장재의 순단면적은 약 얼마인가? (단, 구멍의 지름은 25mm이고, 강판두께는 10mm이다.)

2021년 1회

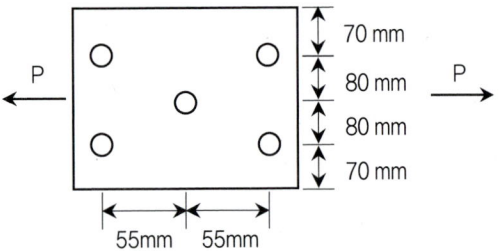

① 2,323mm² ② 2,439mm²
③ 2,500mm² ④ 2,595mm²

정답 ②

해설 1) 직선파단
$$b_n = b_g - nd = 300 - 2 \times 25 = 250 mm$$

2) 지그재그파단
$$\omega = d - \frac{p^2}{4g} = 25 - \frac{55^2}{4 \times 80} = 15.55 mm$$
$$b_n = b_g - d - (n-1)\omega$$
$$= 300 - 25 - 2 \times 15.55 = 243.9 mm$$

따라서, 순폭은 최소값인 243.9mm로 한다.
순단면적 $A_n = b_n \times t = 243.9 \times 10 = 2439 mm^2$

제 **5** 과목

토질 및 기초

01 PART

흙의 기본성질

01. 흙의 기본성질과 분류

01 흙의 기본성질과 분류

1 흙의 주상도

1) 흙의 구성

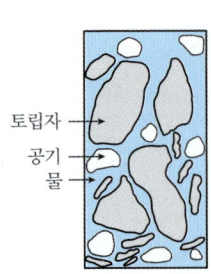

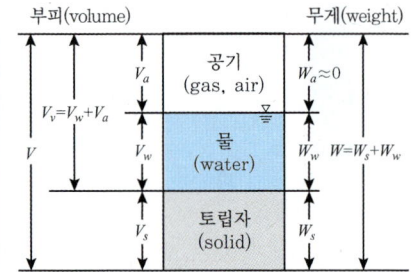

[일반적인 흙의 주상도]

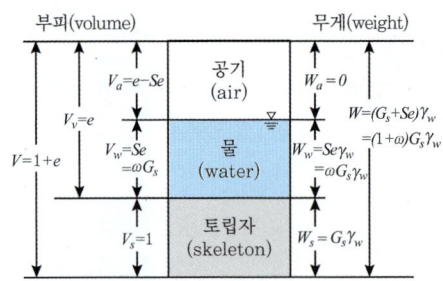

[토립자의 체적 $V_s=1$로 둔 흙의 주상도]

① 체적

$V = V_s + V_w + V_a = V_s + V_v = 1+e$: 흙의 전체 체적

$V_s = 1$: 토립자의 체적

$V_w = W_w/\gamma_w = \omega G_s \gamma_w/\gamma_w = \omega G_s$: 물의 체적

V_a : 공기의 체적

$V_v = V_w + V_a = e$: 토립자를 제외한 간극의 체적

② 무게

$W = W_s + W_w + W_a = W_s + W_w$
$\quad = G_s\gamma_w + \omega G_s\gamma_w = (1+\omega)G_s\gamma_w$: 흙의 전체 무게

$W_s = G_s\gamma_w$: 토립자의 무게

$W_w = \omega G_s\gamma_w$: 물의 무게

$W_a = 0$: 공기의 무게

$W_v = W_w + W_a = W_w$: 토립자를 제외한 간극의 무게

③ 체적 관련 특성값

$n = \dfrac{V_v}{V} = \dfrac{e}{1+e}$: 간극율(전체 흙 체적에 대한 간극의 비율), 0~1의 범위

$e = \dfrac{V_v}{V_s} = \dfrac{nV}{V-nV} = \dfrac{n}{1-n}$: 간극비(토립자와 간극의 체적비), 0~∞의 범위

$S = \dfrac{V_w}{V_v} = \dfrac{\omega G_s}{e}$: 포화도(간극의 체적 중에 물로 채워진 비율), 0~1의 범위

⇒ 일반적으로 시험에서는 $\omega G_s = Se$의 형태로 변환이 흔하다.

④ 무게 관련 특성값

$\omega = \dfrac{W_w}{W_s}$: 함수비(토립자의 무게에 대한 물 무게의 비율), 0~∞의 범위

$G_s = \dfrac{\gamma_s}{\gamma_w}$: 비중(물의 단위중량에 대한 토립자의 단위중량), 일반적으로 2.65~2.72

> **참조**
>
> 💡 **단위 적용**
>
> $1N = 1kg \times m/s^2$
>
> $1Pa = 1N/m^2$, $1kPa = 1kN/m^2$, $1MPa = 10^3 kN/m^2 = 1N/mm^2$
>
> 물의 단위중량 $\gamma_w = 10 kN/m^3$ (통상적으로 제시되는 값)
>
> 토립자의 비중 $G_s = 2.65$ (토립자의 단위중량 $\gamma_s = G_s\gamma_w = 2.65 \times 10 = 26.5 kN/m^3$)

2) 단위중량

① **습윤단위중량**(일정의 함수비를 가지는 흙 전체의 단위중량)

$$\gamma_t = \frac{W}{V} = \frac{W_s + W_w}{V} = \frac{G_s\gamma_w + \omega G_s\gamma_w}{1+e} = \frac{1+\omega}{1+e}G_s\gamma_w$$

② **건조단위중량**(함수비 $\omega = 0$인 경우의 단위중량, 전체 체적에 대한 토립자 무게만 고려)

$$\gamma_d = \frac{W_s}{V} = \frac{G_s\gamma_w}{1+e},$$

$$\gamma_d : \gamma_t = \frac{1}{1+e}G_s\gamma_w : \frac{1+\omega}{1+e}G_s\gamma_w = 1 : 1+\omega$$

③ **포화단위중량**(포화도 $S=1$인 경우의 단위중량, 간극이 물로 완전히 채워진 상태)

$$\gamma_{sat} = \frac{W}{V} = \frac{W_s + W_w}{1+e} = \frac{G_s\gamma_w + \omega G_s\gamma_w}{1+e}$$

$$= \frac{G_s\gamma_w + e\gamma_w}{1+e} = \frac{G_s + e}{1+e}\gamma_w$$

④ **수중단위중량**(유효단위중량)

$$\gamma' = \gamma_{sub} = \gamma_{sat} - \gamma_w$$

예제

문제. 흙의 단위중량 $\gamma_t = 20kN/m^3$, 함수비 $\omega = 25\%$, 비중 $G_s = 2.6$인 경우, 이 흙의 건조단위중량 γ_d, 간극비 e, 포화도 S는 얼마인가? (단, 물의 단위중량 $\gamma_w = 10kN/m^3$으로 한다.)

해설 $\gamma_d : \gamma_t = 1 : 1+\omega = 1 : 1.25 = \gamma_d : 20$에서,

$\gamma_d = 16kN/m^3$

$\gamma_d = \frac{W_s}{V} = \frac{G_s\gamma_w}{1+e} = 16 = \frac{2.6 \times 10}{1+e}$에서, $e = 0.625$

$\omega G_s = Se$에서, $0.25 \times 2.6 = S \times 0.625$이므로, $S = 1.04$

예제

문제. 흙의 간극을 물이 아닌 기름이 채우고 있다. 흙의 비중(G_s)이 2.65, 물의 단위중량(γ_w)이 $10\,kN/m^3$, 기름의 단위중량(γ_{oil})은 $9\,kN/m^3$, 기름의 포화도(S)는 50%이며 간극비(e)가 1일 때, 이 흙의 단위중량은?

해설 $\gamma_t = \frac{W}{V} = \frac{G_s\gamma_w + Se \times \gamma_{oil}}{1+e} = \frac{2.65 \times 10 + 0.5 \times 1 \times 9}{1+1}$

$= 15.5 kN/m^3$

3) **상대밀도**

① 현장에서 조립토의 조밀과 느슨한 정도를 표현
② 상대밀도가 85% 이상인 경우에는 다짐하기 어렵다.
③ $D_r = \frac{e_{max} - e}{e_{max} - e_{min}}$ (매우 느슨하면 0, 매우 조밀하면 1)

(e : 현장 간극비, e_{max} : 가장 느슨한 상태의 간극비, e_{min} : 가장 조밀한 상태의 간극비)

최대 건조단위 중량 $\gamma_{d,max} = \frac{G_s\gamma_w}{1+e_{min}}$에서,

$e_{min} = \frac{G_s\gamma_w}{\gamma_{d,max}} - 1$

$D_r = \frac{\gamma_{d,max}}{\gamma_d} \times \frac{\gamma_d - \gamma_{d,min}}{\gamma_{d,\,max} - \gamma_{d,min}}$

2 흙의 분석

1) 비중계분석

① 물속에서 흙 입자의 침강원리를 이용 ⇒ Strokes의 법칙
② 침강속도

$$v = \frac{\rho_s - \rho_w}{18\eta} D^2$$

ρ_s : 흙 입자의 밀도, ρ_w : 물의 밀도,
η : 물의 점성계수, D : 흙 입자의 직경
$\rho_w = 1g/cm^3$, $v = \frac{L}{t}$ (L : 침강거리 cm, t : 침강시간 min)

③ **체분석** : No.200 이하의 굵은 입자를 가지는 사질토
비중계분석 : No.200 초과의 가는 입자를 가지는 실트 및 점토

2) 체분석과 입도분포

① 표준체의 체번호와 눈금

체번호	No.4	No.10	No.16	No.40	No.60	No.100	No.200	No.400
눈금(mm)	4.75	2.00	1.19	0.425	0.250	0.150	0.075	0.0038
자갈	모래					실트 및 점토		

② **가적통과율**
  잔류량 : 해당 체에 잔류한 시료의 무게
  잔류율 : 해당 체의 잔류한 시료의 무게/전체 시료의 무게
  가적잔류율 : 잔류율의 합계
  가적통과율 : 1-가적잔류율

③ **유효직경** $D_{10} = D_e$: 가적통과율 10%에 해당되는 흙 입자의 직경
  사질토에서 투수계수 산정에 활용
  (투수계수 $k = CD_{10}^2$ cm/s, C 토립자 형상계수로 둥근 모래의 경우 100~150)

④ **균등계수** $C_u = \dfrac{D_{60}}{D_{10}}$

⑤ **곡률계수** $C_c = \dfrac{D_{30}^2}{D_{60} \times D_{10}}$

⑥ **선별계수** $S_0 = \sqrt{\dfrac{D_{75}}{D_{25}}}$ (지질학적 분석에서 주로 사용되며, 공학용으로 사용되지 않음)

⑦ **입도분포 분석**

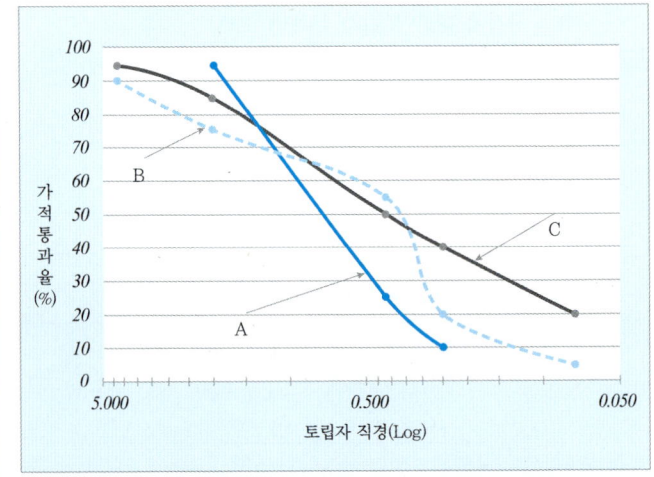

구분	판정	분포 특징
A	빈입도	분포폭이 좁고 가파르다.
B	결손입도	분포변화가 심하다.
C	양입도	분포폭이 넓고 분포변화가 선형에 가깝다.

구분	양입도 조건(모두 만족)	
	균등계수 C_u	곡률계수 C_c
자갈	4 이상	1~3
모래	6 이상	

예제

문제. 시료 200g으로 체분석한 결과, 아래의 표와 같다. 이 체분석을 이용하여 균등계수와 곡률계수를 구하라.

체눈금	(토립자 직경)	잔류량(g)	잔류율(%)	가적잔류율(%)	가적통과율(%)
No.4	4.75	10	5	5	95
No.10	2	20	10	15	85
No.40	0.42	120	60	75	25
No.60	0.25	25	12.5	87.5	12.5
No.200	0.075	20	10	97.5	2.5
pan		5	2.5	100	0
합계		200			

해설

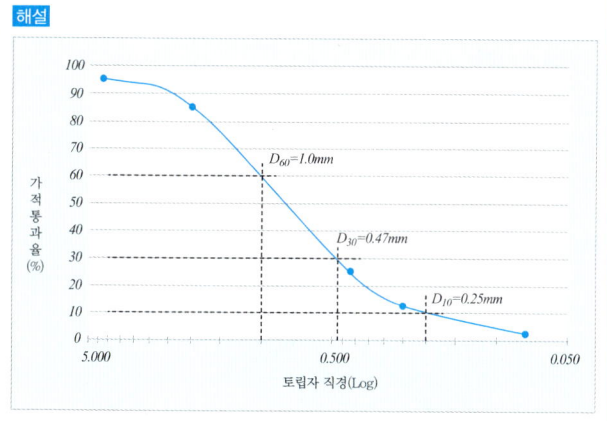

균등계수 $C_u = \dfrac{D_{60}}{D_{10}} = \dfrac{1}{0.25} = 4$

곡률계수 $C_c = \dfrac{D_{30}^2}{D_{60} \times D_{10}} = \dfrac{0.47^2}{1 \times 0.25} = 0.884$

3 흙의 소성과 구조

1) 흙의 소성과 구조변화

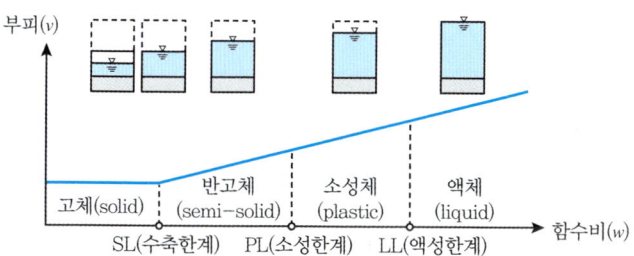

① 함수비에 따른 흙의 상태 변화 ⇒ 아트버그(Atterberg) 한계시험
  * 아트버그 한계시험은 편의적인 방법으로, Casagrande의 개념상 정의와 일치하지 않음
② 함수비가 작아질수록 액체 → 소성체 → 반고체 → 고체로 상태가 변화
③ 함수비가 작아질수록 체적수축이 발생
④ 수축한계보다 작은 함수비에서는 더 이상 체적수축이 발생하지 않는다.

구분	액체	소성체	반고체	고체
개념적 형상				
예시	슬러리, 굳기전 콘크리트	버터, 만들기 점토	굳은 치즈	비스켓
특징	자체강도 없음	인장균열없이 변형	인장균열과 변형이 발생	큰 형상변화 전에 파괴

2) 액성한계(LL)

① 시험방법

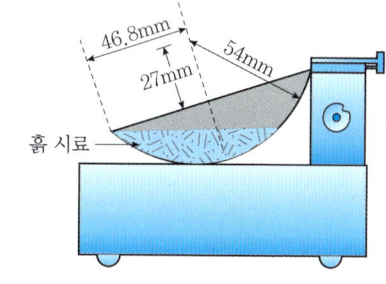

[Atterberg 액성한계 시험기]

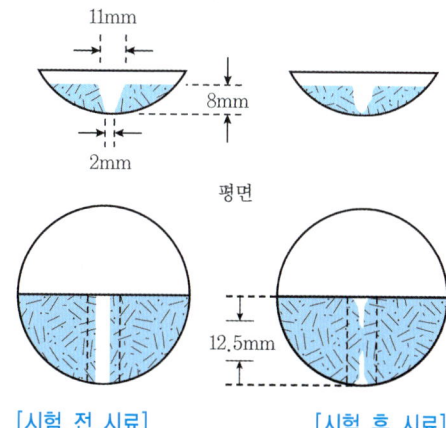

[시험 전 시료]　　[시험 후 시료]

㉠ 입경 0.42mm(No.40체) 미만 흙 사용
㉡ 홈파기 날로 시료에 홈을 판다.
→ 1cm 높이에서 접시를 낙하
→ 홈 중앙부의 12.75mm(0.5in)가 접합되는 낙하 횟수 기록(N = 15~35 범위)
→ 홈 중앙부 시료의 함수비 측정 ω_i
→ 함수비를 증가시켜 반복 시험

② 유동곡선의 작성과 액성한계의 결정

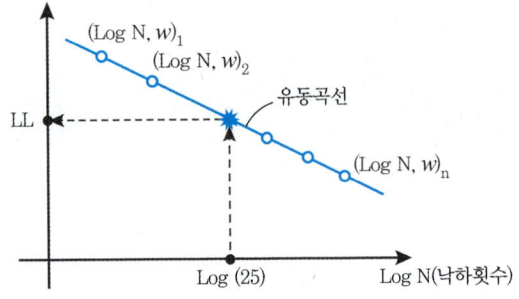

㉠ 낙하횟수와 함수비로 도식화
㉡ 낙하횟수는 Log로 표시
* 액성한계 : 낙하횟수 Log(25)에 해당하는 함수비

③ 유동지수 IF (유동곡선의 기울기)

$$IF = \frac{\omega_1 - \omega_2}{\log N_2 - \log N_1} = \frac{\omega_1 - \omega_2}{\log(N_2/N_1)}$$

④ 미국공병단 액성한계 경험식

$$LL = \omega_N (N/25)^{\tan\beta}$$

N : 접합부가 0.5in되는 낙하횟수, ω_N : 시료의 함수비
$\tan\beta = 0.121$ (일반적인 값으로, 항상 0.121은 아니다.)

㉠ 낙하횟수가 20~30 범위에서 잘 적용된다. (25회 부근)
㉡ 단 1회의 시험으로 액성한계 측정가능

📖 낙하횟수와 함수비에 의한 액성한계(LL)와 유동지수(IF)의 결정

낙하횟수(N)	18	22	26	32
함수비(ω_i)	48	45	42	38

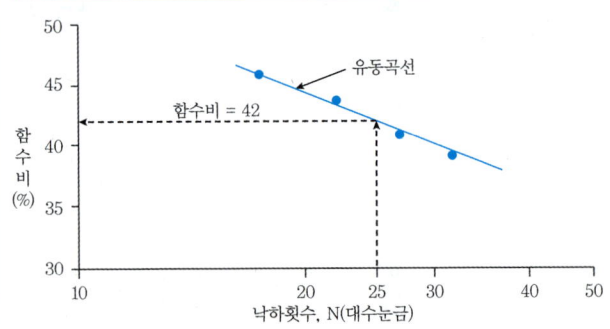

낙하횟수 25에 해당하는 함수비 = 액성한계 $LL = 42$

유동지수 $IF = \dfrac{\omega_1 - \omega_2}{\log(N_2/N_1)} = \dfrac{48 - 38}{\log(32/18)} = 40.0$

3) 소성한계(PL)

① 시험방법

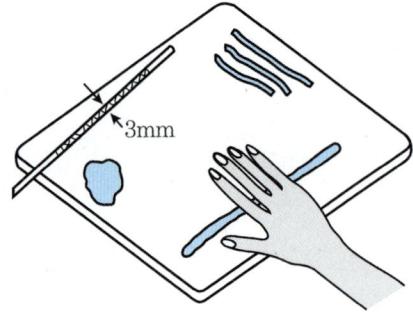

㉠ 입경 0.42mm(No.40체) 미만 흙 사용
㉡ 반죽된 흙을 유리판에 놓고 직경 3.2mm(1/8in)인 가래(thread)를 만든다.
㉢ 흙 가래가 4~5개로 부스러지지 않으면 함수비를 감소시켜서 반복
㉣ 흙 가래가 부스러질 때의 함수비(PL)를 측정

② **소성지수**(소성 영역의 함수비 범위)

$$PI = LL - PL$$

③ **소성지수와 유동지수**

$PI = 4.12 IF$ ⇒ 소성지수와 유동지수는 선형관계

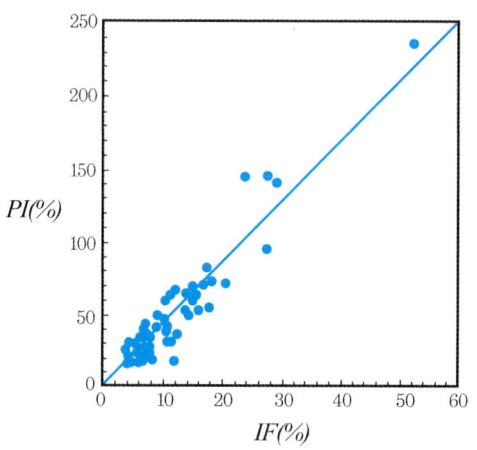

④ **소성지수와 흙의 압축성**

㉠ 액성한계~소성한계 함수비 변화량
$\Delta \omega = LL - PL = PI$

㉡ 함수비의 변화는 흙의 체적변화와 비례 $\Delta \omega \propto \Delta V$

㉢ 소성지수 PI가 큰 흙의 압축성이 크다.
$\Delta \omega = PI \propto \Delta V$

4) 수축한계(SL)

① 흙의 체적변화가 발생하지 않는 한계(완전포화상태)

② **시험방법**

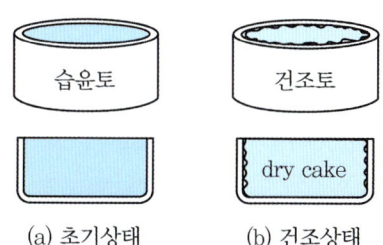

(a) 초기상태   (b) 건조상태

㉠ 초기상태의 흙의 체적 V_i와 흙의 중량 W_i 측정

㉡ 건조로에서 완전 건조

㉢ 건조 후의 흙의 체적(토립자의 체적) V_f와 흙의 중량(토립자의 중량) W_s 측정

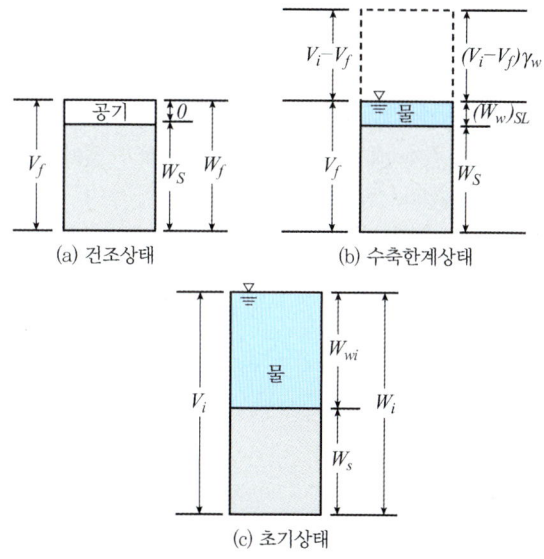

(a) 건조상태   (b) 수축한계상태

(c) 초기상태

③ 수축한계에서 흙은 포화상태($S=1$)에 있고, 체적은 건조시와 동일하다.

④ 수축한계 이하의 함수비에서 흙의 체적은 변화없이 일정하다.

⑤ **수축한계**

구분	흙 전체 체적	토립자 중량	물의 중량	흙 전체 중량
초기상태(i)	V_i	W_s	W_{wi}	$W_i = W_s + W_{wi}$
완전건조상태(f)	$V_f = V_L$	W_s	$W_{wf} = 0$	$W_f = W_s$
수축한계상태(L)			$W_{wL} = W_{wi} - (V_i - V_f)\gamma_w$	

$$SL = \omega_i - \Delta \omega$$

$$\omega_i = \frac{W_w}{W_s} = \frac{W_i - W_s}{W_s},$$

$$\Delta \omega = \frac{\Delta W_w}{W_s} = \frac{(V_i - V_f)\gamma_w}{W_f}$$

또한, $SL = \dfrac{W_{wL}}{W_s} = \dfrac{W_{wi} - (V_i - V_f)\gamma_w}{W_s}$

$= \dfrac{(W_i - W_s) - (V_i - V_f)\gamma_w}{W_s}$

> **Tip** 물 중량의 변화 $\Delta W_w = W_{wi} - W_{wL}$로 하지 않고, $\Delta W_w = (V_i - V_f)\gamma_w$로 하는 이유
>
> 수축한계시험에서는 초기상태와 완전건조상태에 대한 정보만 있다.(수축한계상태 정보 없음)
> 따라서 수축한계상태에서 물의 중량 W_{wL}을 직접 확인할 수 없다.
> 그러나, 수축한계상태 이하에서 체적의 변화가 없기 때문에 ($V_f = V_L$) 체적과 단위중량의 곱의 형태로 $\Delta W_w = (V_i - V_f)\gamma_w$ 표현할 수 있다.(완전포화상태)

📖 수축한계시험결과

흙의 초기 체적 $V_i = 25cm^3$
완전 건조된 흙의 체적 $V_f = 15cm^3$
흙의 초기 중량 $W_i = 50g$
완전 건조된 흙의 중량 $W_f = 30g$

수축한계 $SL = \dfrac{W_{wL}}{W_s} = \dfrac{(W_i - W_s) - (V_i - V_f)\gamma_w}{W_s}$

$= \dfrac{(50-30) - (25-15) \times 1}{30} = \dfrac{1}{3} = 33\%$

④ 액성지수에 따른 흙의 상태

액성지수 범위	$LI > 1$	$0 < LI < 1$	$LI < 0$
함수비 범위	$\omega > LL$	$PL < \omega < LL$	$\omega < PL$
흙의 상태	액체상태	소성상태	고체, 반고체

$LI > 1$ 경우, $\omega - PL > LL - PL$에서,
$\omega > LL \Rightarrow$ 흙은 액체상태, 강도는 없다.
$0 < LI < 1$ 경우, $\omega - PL < LL - PL$이고,
$\omega - PL > 0$에서, $PL < \omega < LL \Rightarrow$ 흙은 소성상태
$LI < 0$ 경우, $\omega - PL < 0$에서,
$\omega < PL \Rightarrow$ 흙은 반고체 또는 고체상태

> **참조**
>
> [Quick Clay]
>
> ① 개념
> 토립자 간의 결합력이 완전 소실된 상태에 있는 함수비와 예민비가 매우 큰 점토
> ⇒ 지진, 발파 등에 의해 교란 ⇒ 액체처럼 흘러내리는 점토
>
> ② 주요인자
> 액성지수 $LI > 1$, 예민비 S_t가 매우 큰 경우
>
> ③ 예민비 $S_t = \dfrac{q_u}{q_{ur}}$ (불교란 시료강도/교란 시료강도)

5) 액성지수 LI (또는 I_L)

① 액성지수 정의 $LI = \dfrac{\omega - PL}{LL - PL} = \dfrac{\omega - PL}{PI}$

② 소성상태의 흙이 액체에 가까운 정도를 표시 (현재 함수비 / 총 소성범위 함수비)

③ 액성지수가 클수록 액체가 가까운 상태

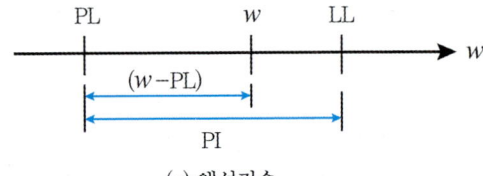

(a) 액성지수

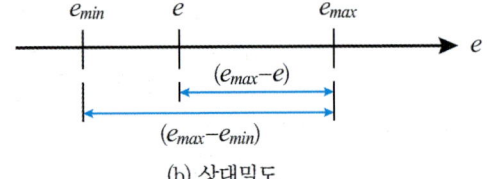

(b) 상대밀도

6) 기타 지수

① 연경지수(Consistency Index)

$CI = \dfrac{LL - \omega}{LL - PI} = \dfrac{LL - \omega}{PL}$

② 터프니스 지수(Toughness Index)

$TI = \dfrac{PI}{FI}$

7) 활성도

① 점토의 팽창 잠재성을 활용하는 지표

② **Skempton 활성도**
소성지수 $PI \propto 2\mu m$보다 작은 입자의 함유율 (선형 비례)

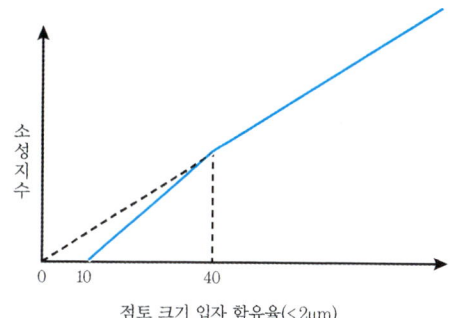

Skempton 활성도 $A = \dfrac{PI}{2\mu m \text{ 이하 함유율}}$

($PI - 2\mu m$ 입자 함유율 그래프의 기울기)

③ Seed의 수정 활성도

㉠ 활성도 그래프가 항상 원점을 지나지 않음을 표현

㉡ Seed의 수정 활성도 $A = \dfrac{PI}{2\mu m \text{ 이하 함유율} - C'}$

($C' = 9$ 흙에 대한 상수)

㉢ 점토입자함유율이 40% 초과하는 선형구간의 연장선이 원점을 지나는 것을 확인

㉣ 점토입자함유율이 40% 이하 구간에서 기울기가 급해지면서 원점을 지나지 않음

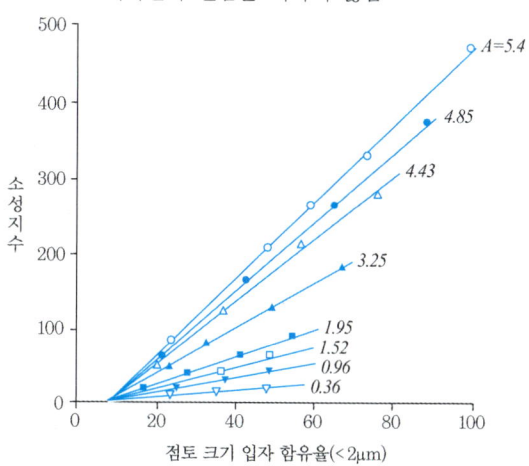

④ Polidori 활성도 경험식

$$A = \dfrac{0.96 LL - 0.26 CF - 10}{CF}$$

CF : $2\mu m$ 점토입자 함유율(%)

⑤ 동일 성분의 점토광물의 경우, $2\mu m$ 이하의 점토 함유율과 소성지수는 비례

⑥ 점토광물의 성분에 따라 활성도(기울기)는 달라진다.

광물	액성한계, LL	소성한계, PL	활성도, A
카올리나이트(kaolinite)	35~100	20~40	0.3~0.5
일라이트(illite)	60~120	35~60	0.5~1.2
몬모릴로나이트(montmorillonite)	100~900	50~100	1.5~7.0
헬로이사이트(halloysite; 수화)	50~70	40~60	0.1~0.2
헬로이사이트(halloysite; 불수화)	40~55	30~45	0.4~0.6
애터펄자이트(attapulgite)	150~250	100~125	0.4~1.3
앨러페인(allophane)	200~250	120~150	0.4~1.3

8) 소성도

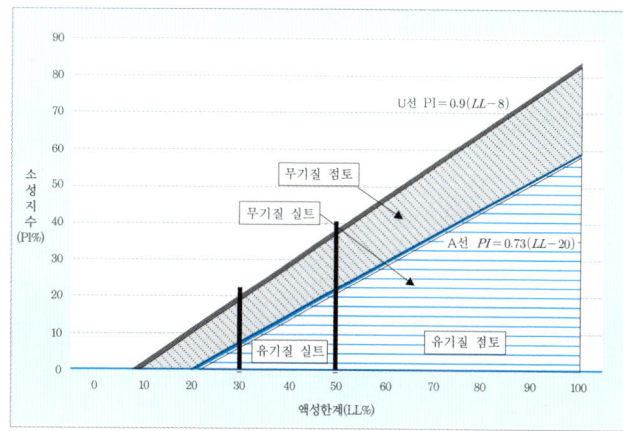

① Casagrande가 소성지수 PI와 액성한계 LL의 관계를 이용하여 소성도를 제안
② A선으로 무기질 점토와 무기질 실트를 구분
③ 액성한계 50%를 기준으로 유기질 실트와 유기질 점토를 구분
　주의 Casagrande의 제안이나, 통일분류법에서는 A선 위, 아래로 점토와 실트를 구분
④ U선은 소성지수와 액성한계 관계의 상한선

구분		액성한계 30%		액성한계 50%
무기질 점토	소성 낮음	소성 중간		소성 높음
무기질 실트	압축성 낮음	압축성 중간		압축성 높음
유기질 점토	–	–		압축성 높음
유기질 실트	–	압축성 중간		–

예제

문제. 흙의 기본적 성질에 대한 설명으로 옳은 것은?
① 비중계분석법은 토립자의 침강속도가 입경의 세제곱에 비례한다는 Stokes의 법칙을 이용한 것이다.
② 유기질토(O)의 판별은 노건조 시료와 자연건조 시료의 액성한계(LL)를 비교하여 구할 수 있다.
③ 액성한계를 구하기 위한 유동곡선은 함수비-낙하횟수를 대수-대수지상에 도시한다.
④ 카올리나이트 성분이 많을수록 활성도가 증가한다.

정답 ②
해설 ① 비중계분석법은 토립자의 침강속도가 입경의 제곱에 비례한다는 Stokes의 법칙을 이용한 것이다.
③ 액성한계를 구하기 위한 유동곡선은 함수비-낙하횟수를 반대수지상에 도시한다.
④ 카올리나이트 성분이 많을수록 활성도가 감소한다.

참고

[점토광물]
규소 사면체와 알루미늄 팔면체를 기본단위로 구성된 규산알루미늄 복합물

구분	카올리나이트	일라이트	몬모릴로나이트
입자 구조	깁사이트판/규소판, 깁사이트판/규소판	규소판/깁사이트판/규소판/칼륨/규소판/깁사이트판/규소판	규소판/깁사이트판/규소판/규소판/깁사이트판/규소판
특징	규소-깁사이트판이 1:1 격자로 반복	각 층 사이에 칼륨으로 결합, 점토운모	각 층 사이 공간에 많은 양의 물이 당겨짐

4 흙의 구조

1) 사질토의 구조

① 단립구조(Sigle grained), 봉소구조(Honeycombed)로 구분
② 단립구조에서, 흙 입자는 각 입자들이 서로 주변의 입자와 접한다. ⇒ 안정된 구조

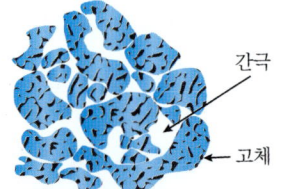

(a) 느슨한 단립구조　　(b) 조밀한 단립구조

③ 단립구조에서, 흙 입자의 상대적 위치에 따라 간극비 변화

(a) 동일크기 적재　　(b) 피라미드 적재

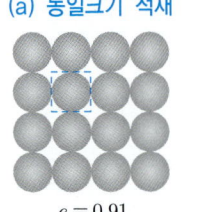

$e = 0.91$　　$e = 0.35$

(c) 단순 지그재그　　(d) 2중 지그재그

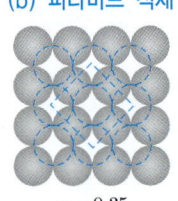

$e = 0.65$　　$e = 0.43$

④ 단립구조에서, 넓은 범위의 간극비 가능
⑤ 봉소구조는 미세한 모래와 실트 입자들이 고리 모양을 이루면서 형성(큰 간극비)

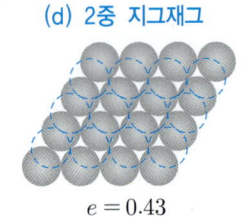

⑥ 봉소구조에서, 보통의 정하중을 지지할 수 있으나, 큰 하중이나 충격에는 파괴 ⇒ 큰 침하 발생

2) 점성토의 구조

① 점토 입자사이의 확산이중층의 상호침투로 인해 입자 사이에 반발력 발생
② 반데르 발스(Van der Waals) 힘에 의해 점토 입자 사이에 인력 발생
③ 입자간의 거리가 가까울수록 반발력과 인력은 동시에 증가하지만, 인력의 증가율이 훨씬 크다. ⇒ 입자간의 거리가 가까울수록 인력이 크다.
④ 물 속에 현탁된 점토
  초기에는 서로 반발 → 침강 또는 분산(브라운 운동)

- 침강된 입자 : 분산구조 형성
- 분산된 입자 : 입자의 모서리와 면이 접촉하여 면모구조 형성 → 입자가 무거워져서 침강

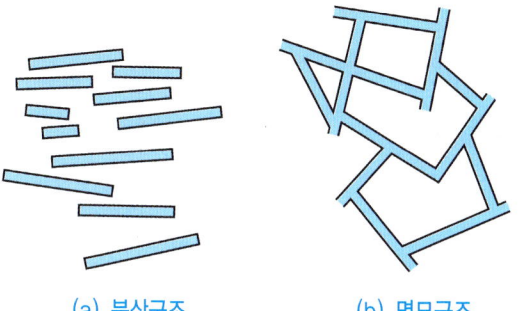

(a) 분산구조   (b) 면모구조

5 흙의 분류

1) 분류방법 비교

구분	분류 기준	용도
조직분류법 (미국 농무성, USDA)	모래, 실트, 점토의 성분비(체분석)	공학적 사용없음
AASHTO분류법	체분석, 아트버그한계, 군지수	미국 자치 도로국
통일분류법(USCS)	체분석, 아트버그한계, 입도분포	일반적 사용

2) 조직분류법

① 미국 농무성 USDA에서 제안
② 입자크기에 따라, 모래, 실트, 점토로 구분하고 그 성분 비율에 따라 분류

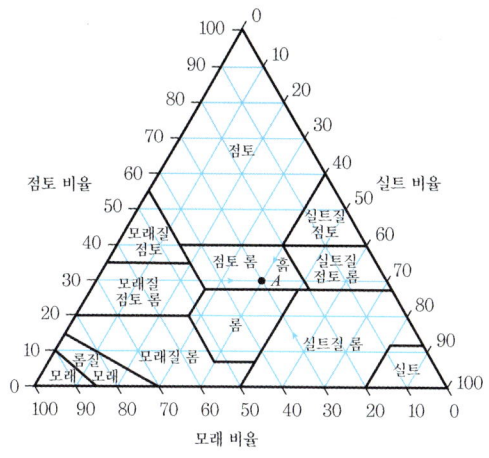

📖 조직분류법에 의해 흙의 구분

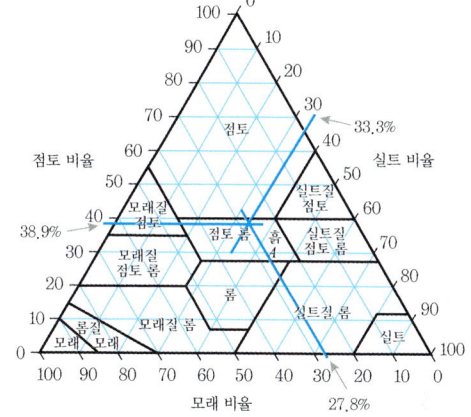

자갈 10%, 모래 25%, 실트 30%, 점토 35%

$$모래수정비율 = \frac{25}{100-10} = 27.8\%$$

$$실트수정비율 = \frac{30}{100-10} = 33.3\%$$

$$점토수정비율 = \frac{35}{100-10} = 38.9\%$$

따라서, 점토롬으로 분류한다.

참고
[점토와 실트의 구분]
실트 자체의 점성이 없다.
⇒ 적당한 함수비에서 강도시험을 할 경우 쉽게 파괴
자연상태에서는 점토와 실트가 혼합되어, 점토질 실트 또는 실트질 점토로 분류된다.

3) AASHTO 분류

일반적인 분류	조립토 (No. 200체 통과량이 35% 이하인 시료)						
그룹 분류	A-1		A-3	A-2			
	A-1-a	A-1-b		A-2-4	A-2-5	A-2-6	A-2-7
체분석(통과율)							
No. 10	50 이하						
No. 40	30 이하	50 이하	51 이상				
No. 200	15 이하	25 이하	10 이하	35 이하	35 이하	35 이하	35 이하
No. 40체 통과분의 특성							
액성한계				40 이하	41 이상	40 이하	41 이상
소성지수	6 이하		NP	10 이하	10 이하	11 이상	11 이상
주요 구성재료의 일반적인 형태	석편, 자갈과 모래		가는 모래	실트질 또는 점토질 자갈과 모래			
일반적인 노상등급	매우 우수~우수						

일반적인 분류	실트질 조립토 (No. 200체 통과량이 35% 이상인 시료)			
그룹 분류	A-4	A-5	A-6	A-7 A-7-5[a] A-7-6[b]
체분석(통과율)				
No. 10				
No. 40				
No. 200	36 이상	36 이상	36 이상	36 이상
No. 40체 통과분의 특성				
액성한계	40 이하	41 이상	40 이하	41 이상
소성지수	10 이하	10 이하	11 이상	11 이상
주요 구성재료의 일반적인 형태	실트질 흙		점토질 흙	
일반적인 노상등급	양호~불량			

[a] A-7-5, $PI \leq LL - 30$
[b] A-7-6, $PI > LL - 30$

① 입자크기, 액성한계, 소성지수에 따라 흙을 12종으로 구분
② 군지수

$$GI = (F_{200} - 35)[0.2 + 0.005(LL - 40)] + 0.01(F_{200} - 15)(PI - 10)$$

F_{200} : No.200체 통과율
$GI < 0$이면, $GI = 0$으로 한다.
GI의 소수점은 반올림하여 정수로 한다.
GI의 상한선은 없다.
A-1-a ~ A-2-5 범위의 그룹 흙의 군지수는 항상 0이다.
A-2-6, A-2-7 그룹 흙의 군지수는 PI에 대한 부분 군지수를 사용한다.

$$GI = 0.01(F_{200} - 15)(PI - 10)$$

예제
[AASHTO방법에 의한 흙의 분류(조립토)]

판정인자	측정값	기준값	분류
No.10체 통과율	40%	50 이하	A-1
No.40체 통과율	35%	30~50	A-1-b
No.200체 통과율	25%	15~25	A-1-b
소성지수 PI	5%		A-1-b(0)

액성한계 $LL = 25$, 소성한계 $PL = 20$
소성지수 $PI = LL - PL = 25 - 20 = 5$
No.200체 통과율이 35% 이하(25%)이므로, 조립토로 분류
$GI = (F_{200} - 35)[0.2 + 0.005(LL - 40)] + 0.01(F_{200} - 15)(PI - 10) < 0$
이므로, $GI = 0$

예제
[AASHTO방법에 의한 흙의 분류(세립토)]

판정인자	측정값	기준값	분류
No.200체 통과율	95%	36 이상	A-4,5,6,7
액성한계	65%	41 이상	A-5,7
소성한계	45%		
소성지수 PI	20%	11 이상	A-7-5,6
PI와 $LL-30$	$PI = 20 < LL - 30 = 65 - 30 = 35$		A-7-6(28)

No.200체 통과율이 36% 이상(95%)이므로, 세립토로 분류
$GI = (F_{200} - 35)[0.2 + 0.005(LL - 40)] + 0.01(F_{200} - 15)(PI - 10)$
$= (95 - 35)[0.2 + 0.005(65 - 40)] + 0.01(95 - 15)(20 - 10)$
$= 27.5 ≒ 28$

4) 통일분류법

① Casagrande가 1942년 제안
② 분류표

		1분류	2분류	기호
조립토	자갈	세립분 5% 미만 (No.200체 통과율 5% 미만)	양입도	GW
			빈입도	GP
		세립분 12% 이상 (No.200체 통과율 12% 이상)	$PI < 4$ 또는 A선 아래	GM
			$PI > 7$ 그리고 A선 이상	GC
	모래	세립분 5% 미만 (No.200체 통과율 5% 미만)	양입도	SW
			빈입도	SP
		세립분 12% 이상 (No.200체 통과율 12% 이상)	$PI < 4$ 또는 A선 아래	SM
			$PI > 7$ 그리고 A선 이상	SC
세립토	무기질	$PI < 4$ 또는 A선 아래	$LL < 50$	ML
		A선 아래	$LL \geq 50$	MH
		$PI > 7$ 그리고 A선 이상	$LL < 50$	CL
		A선 이상	$LL \geq 50$	CH
	유기질		$LL < 50$	OL
			$LL \geq 50$	OH
피트(Peat)				Pt

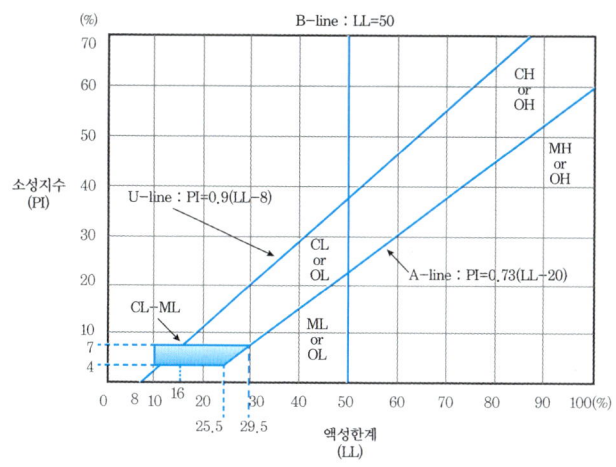

㉠ No.200체 통과율 : 50% 미만 통과시 ⇒ 조립토, 50% 이상 통과시 ⇒ 세립토

㉡ No.4체 통과율 : 50% 미만 통과시 ⇒ 자갈, 50% 이상 통과시 ⇒ 모래

㉢ 자갈의 양입도 기준 : $C_u \geq 4$ 그리고, $1 \leq C_c \leq 3$

㉣ 모래의 양입도 기준 : $C_u \geq 6$ 그리고, $1 \leq C_c \leq 3$

㉤ 유기질토와 무기질토의 구분

노건조 시료의 액성한계/자연상태의 액성한계

$= \dfrac{LL_{dry}}{LL_{nature}} < 0.75$

㉥ 조립토에서 세립분의 비율이 5~12%인 경우에는 두 성분문자를 같이 사용

예) GW-GM, GW-GC, GP-GC, GP-GM, SW-SM, SP-SM 등

㉦ 세립분 성분이 5% 이하로 너무 작으면 세립분의 영향을 무시하고 입도분포로 결정(W,P)

㉧ 세립분 성분이 12% 이상으로 상당히 크면, [PI, LL, A선]에 따라 M, C를 결정

③ 조립토의 분류순서(No.200체 통과율 50% 미만)

1단계 : 1문자 결정
No.4체 통과율 50% 미만, 이상 ⇒ G, S

2단계 : 2문자 범위 결정
No.200체 통과율 5% 미만 ⇒ W, P
No.200체 통과율 12% 이상 ⇒ M, C

3단계 : 2문자 결정
입도분포 분석 양, 빈입도 ⇒ W, P
A선 위, 아래 ⇒ C, M

④ 세립토의 분류순서(No.200체 통과율 50% 이상)

1단계 : 1문자 결정

$\dfrac{LL_{dry}}{LL_{nature}} < 0.75$이면 유기질토 ⇒ O

무기질토이면서 A선 위, 아래 ⇒ C, M

2단계 : 2문자 결정
액성한계 50% 이상, 미만 ⇒ H, L

⑤ 통일분류법을 위해 필요한 정보

㉠ No.4체 통과율, No.200체 통과율

㉡ No.체 통과 흙의 LL과 PI

㉢ C_c, C_u

예제

문제. 다음 정보를 가진 무기질 시료를 통일분류법에 따라 구분하시오.(세립토의 분류)

> No.200체 통과율 60%
> No.40체 통과시료에 대한 $LL = 30\%$, $PI = 10\%$

해설 No.200체 통과율 60% > 50% ⇒ 세립토
세립토 무기질 시료이므로, 1문자는 C, M 중 하나이다.
$A = 0.73(LL-20) = 0.73 \times (30-20) = 7.3 < 10 = PI$
이므로 A선 위 ⇒ C (1문자 결정)
$LL = 30\% < 50\%$ ⇒ L (2문자 결정)
따라서, CL

예제

문제. 다음 정보를 가진 시료를 통일분류법에 따라 구분하시오.(조립토의 분류)

> No.200체 통과율 30%, No.4체 통과율 70%,
> No.40체 통과시료에 대한 $LL = 40\%$, $PI = 12\%$

해설 No.200체 통과율 30% < 50% ⇒ 조립토
No.4체 통과율 70% > 50% ⇒ S (1문자 결정)
세립분의 비율 = 30% > 12% ⇒ M, C (2문자 범위 결정)
$A = 0.73(LL-20) = 0.73 \times (40-20) = 15.6 > 12 = PI$
이므로, A선 아래 ⇒ M
따라서, GM

대표기출문제

문제. 4.75mm체(4번 체) 통과율이 90%이고, 0.075mm체(200번 체) 통과율이 4%, $D_{10} = 0.25mm$, $D_{30} = 0.6mm$, $D_{60} = 2mm$인 흙을 통일분류법으로 분류하면? **2022년 2회**

① GP ② GW
③ SP ④ SW

정답 ③

해설 No.200번 체 통과율 4% < 50% ⇒ 조립토
No.4번 체 통과율 90% > 50%
No.200번 체 통과율 4% < 5% ⇒ 모래
따라서, 통일분류 첫 문자 S

균등계수 $C_u = \dfrac{D_{60}}{D_{10}} = \dfrac{2}{0.25} = 8 \geq 4$이고,

곡률계수 $C_c = \dfrac{D_{30}^2}{D_{60} \times D_{10}} = \dfrac{0.6^2}{2 \times 0.25} = 0.72$이므로,

빈입도(양입도는 C_c가 1~3 범위에 있어야 한다.)
따라서, 통일분류 두 번째 문자 P

대표기출문제

문제. 습윤단위중량이 19kN/m³, 함수비 25%, 비중이 2.7인 경우 건조단위중량과 포화도는? (단, 물의 단위중량은 9.81kN/m³이다.) **2020년 4회**

① 17.3kN/m³, 97.8%   ② 17.3kN/m³, 90.9%
③ 15.2kN/m³, 97.8%   ④ 15.2kN/m³, 90.9%

정답 ④

해설 $\gamma_d = \dfrac{G_s \gamma_w}{1+e}$ 이고, $\gamma_t = \dfrac{1+\omega}{1+e} G_s \gamma_w$ 에서,

$\dfrac{\gamma_t}{\gamma_d} = 1+\omega$ 이므로,

$\gamma_d = \dfrac{\gamma_t}{1+\omega} = \dfrac{19}{1+0.25} = 15.2 kN/m^2$

$\gamma_t = \dfrac{1+\omega}{1+e} G_s \gamma_w = \dfrac{1+0.25}{1+e} \times 2.7 \times 9.81 = 19$에서,

$e = 0.743$

$\omega G_s = Se$이므로, $0.25 \times 2.7 = S \times 0.743$에서, $S = 0.909$

대표기출문제

문제. 통일분류법에 의해 흙의 MH로 분류되었다면, 이 흙의 공학적 성질로 가장 옳은 것은? **2019년 3회**

① 액성한계가 50% 이하인 점토이다.
② 액성한계가 50% 이상인 실트이다.
③ 소성한계가 50% 이하인 실트이다.
④ 소성한계가 50% 이상인 점토이다.

정답 ②

해설 A라인 아래이고, 액성한계가 50% 이상인 실트

대표기출문제

문제. 아래와 같은 조건에서 AASHTO분류법에 따른 군지수(GI)는? **2021년 2회**

- 흙의 액성한계 : 45%
- 흙의 소성한계 : 25%
- 200번 체 통과율 : 50%

① 7   ② 10
③ 13   ④ 16

정답 ①

해설 $PI = LL - PL = 45 - 25 = 20\%$
$GI = (F_{200} - 35)[0.2 + 0.005(LL - 40)]$
$\quad\quad + 0.01(F_{200} - 15)(PI - 10)$
$\quad = (50 - 35) \times [0.2 + 0.005(45 - 40)]$
$\quad\quad + 0.01(50 - 15)(20 - 10)$
$\quad = 6.875 ≒ 7$

02
PART

다짐과 투수

02. 다짐과 지반개량
03. 투수계수
04. 유선망과 흙댐의 침투

02 CHAPTER 다짐과 지반개량

1 개요

1) 다짐의 개념

① 흙에 동적 에너지를 가해 공기를 배출 ⇒ 토립자 밀착 ⇒ 흙의 건조단위중량 증대
② 압력, 진동 등에 의한 에너지 사용
③ 건조한 흙 ⇒ 더 조밀한 상태로 되기 위한 흙 입자 이동에 대한 저항 증대 ⇒ 적당한 함수비 ⇒ 윤활제 역할 ⇒ 흙 입자의 이동이 원활 ⇒ 더 높은 건조단위중량 확보(다짐도 향상)
④ 최적함수비(Optimal moisture content, OMC)에서 다짐 ⇒ 최대건조단위중량($\gamma_{d,max}$) 확보
⑤ 최적함수비 OMC를 확인하기 위해 다짐시험 시행

2) 다짐의 효과

① 흙의 강도 증대
② 압축성과 투수성 감소
③ 균질한 지반 형성
④ 동상(frost heave) 및 수축량 감소 ⇒ 흙의 성능 개선

3) 다짐의 과정과 흙의 성상변화

① **수화단계(반고체)**
  흙 입자 사이에 접촉 없고 큰 공극이 존재 → γ_d 낮음
  충격력 → 개개의 입자가 이동 → 다짐효과 감소

② **윤활단계(탄성체)**
  수분의 일부가 자유수로 존재 → 흙 입자 이동시 윤활제 역할 → 다짐시 입자 간에 접착
  공극비 감소 → 안정된 상태

$$\gamma_d \propto \omega$$

③ **팽창단계(소성체)**
  OMC 이상의 수분은 다져지는 순간에 잔류공기를 압축 → 다져진 흙은 다짐 충격 → 압축되었다가 충격이 제거되면 팽창(체적만 증대되어 γ_d 감소)

④ **포화단계(비점성 유체)**
  증가된 수분은 흙 입자와 치환 → 모든 공기는 배제되어 포화상태

$$\gamma_d \propto 1/\omega$$

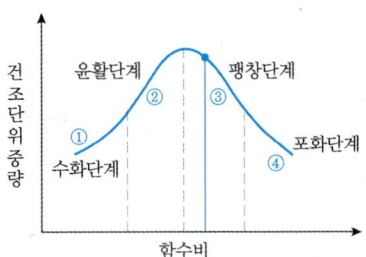

2 표준다짐시험

1) 시험방법 및 장비

① 표준다짐시험 몰드와 해머의 규격

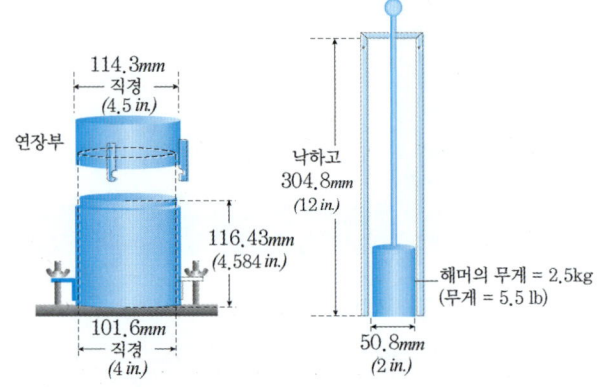

구분	몰드			해머	
	직경	높이	체적	무게	낙하고
AASHTO 표준다짐	4in(0.1m)	4.584in	$14.4in^3$	5.5lb	12in(305mm)
AASHTO 표준다짐				10lb	18in(457mm)
KS표준다짐 A	0.010m	0.127m	$10^{-3}m^3$	2.5kgf(25N)	0.3m
KS수정다짐 D	0.015m	0.125m	$2.21 \times 10^{-3}m^3$	4.5kgf(45N)	0.45m

② **시험방법**

몰드 내에 시료 투입 ⇒ 해머로 25회씩 3층으로 다짐
⇒ 함수비 ω 측정
⇒ 물을 추가로 투입하여 시험 반복 ⇒ 함수비 ω와 건조단위중량 γ_d를 작도
⇒ 건조단위중량 γ_d이 최대가 되는 함수비 결정(최적함수비 OMC)

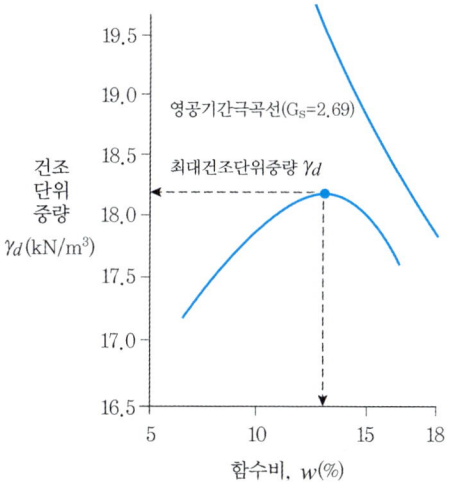

③ 다짐시 습윤단위중량 $\gamma_t = \dfrac{W}{V_m}$ (W : 다져진 흙의 무게, V_m : 몰드의 체적)

④ 건조단위중량 $\gamma_d = \dfrac{\gamma_t}{1+\omega} = \dfrac{G_s\gamma_w}{1+e}$

⑤ 영공기간극(Zero Air Voids) 상태에서의 $\gamma_{d,max}$(이론적인 $\gamma_{d,max}$)

$$\gamma_d = \dfrac{\gamma_t}{1+\omega} = \dfrac{G_s\gamma_w}{1+e} = \dfrac{G_s\gamma_w}{1+\omega G_s/S} \quad (Se = \omega G_s)$$

$$\gamma_{zav} = \dfrac{G_s\gamma_w}{1+e_{zav}} = \dfrac{G_s\gamma_w}{1+\omega G_s}$$

(영공기간극비 $e_{zav} = \omega G_s/S$에서 $S = 1$인 간극비)

■ 영공기간극 상태에 대한 이해

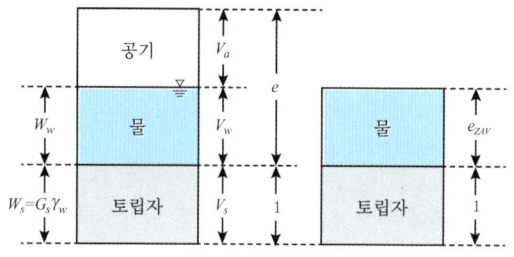

일반적으로 임의의 함수비 ω를 가지는 흙에서,

건조단위중량 $\gamma_d = \dfrac{W_s}{V}$ (체적 V에는 물의 체적 V_w와 공기의 체적 V_a가 포함)

영공기간극 상태에서, $V_a = 0$으로 두고 계산 ⇒ 모든 간극 = 물(완전포화상태)

따라서, $\gamma_d = \dfrac{W_s}{V} = \dfrac{G_s\gamma_w}{1+e} = \dfrac{G_s\gamma_w}{1+\omega G_s/S}$로 표현하여 임의의 함수비 ω로 완전포화된 것($S=1$)으로 가정하고 γ_d를 계산한다.

$\gamma_{zav} = \dfrac{G_s\gamma_w}{1+\omega G_s}$ (γ_d 계산식에서 $e \rightarrow e_{zav}$로 변환)

영공기간극 상태 = 임의의 함수비로 흙이 완전히 포화되는 상태로 가정한 상태

⑥ 다짐에너지 $E = \dfrac{W_h H N_b N_t}{V_m}$ $(N.m/m^3)$

W_h : 해머 무게(N), H : 낙하고(m),
N_b : 매층당 다짐횟수(25회), N_t : 층수(3층)

표준다짐시험에서의 다짐에너지 $E = \dfrac{25 \times 0.3 \times 25 \times 3}{10^{-3}}$
$= 563 \times 10^3 N.m/m^3 = 563 kN.m/m^3$

2) 수정다짐시험

① 다짐장비의 발전에 따라, 현장여건을 잘 반영하도록 기존의 표준다짐시험을 수정

[다짐방법의 종류(KS F 2312)]

방법	레머 무게 (kg)	낙하 높이 (cm)	매층당 다짐횟수	층수	몰드내경 (cm)	다짐에너지 (kg·cm/cm³)	허용최대입경 (mm)
A	2.5	30	25	3	10	5.63	19.0
B	2.5	30	55	3	15	5.60	37.5
C	4.5	45	25	5	10	25.31	19.0
D	4.5	45	55	5	15	25.21	19.0
E	4.5	45	92	3	15	25.30	37.5

(A : 표준다짐, D : 수정다짐, A와 B는 유사, C와 E는 유사)

② 수정다짐시험 D 다짐에너지 $E = \dfrac{45 \times 0.45 \times 55 \times 5}{2.11 \times 10^{-3}}$

$= 2640 \times 10^3 N.m/m^3 = 2640 kN.m/m^3$

(표준시험과 수정다짐시험의 다짐에너지는 대략 4~4.5배 정도의 차이가 있다.)

③ AASHTO의 수정다짐시험

AASHTO 표준다짐과 동일한 몰드 사용
해머무게(5.5lb → 10lb) 증대, 낙하높이(12in → 18in) 증대, 25회씩 5층 다짐

3) 다짐시험 방법

① **건조법**(일반적인 다짐시험에서 적용)
다짐시험에 적절한 함수비로 건조 ⇒ 시료에 물을 추가하면서 다짐시험

② **습윤법**(시료의 특성상 건조시에 특성이 달라지는 경우만 적용)
자연 함수비 상태로 시험 ⇒ 시료에 물을 추가 또는 건조시키면서 다짐시험

③ **반복법**(일반적인 다짐시험에서 적용)
동일한 시료에 대해서, 함수비를 변경하면서 시험

④ **비반복법**(다짐에 의해 토립자가 파쇄되는 경우 적용)
매 시험마다 다른 함수비로 새로운 시료를 사용하여 시험하는 방법

◆ 일반적으로 표준다짐시험은 건조법과 반복법을 적용

3 다짐의 영향인자

1) 흙 종류

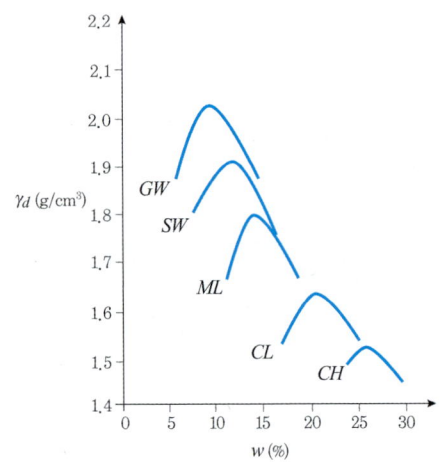

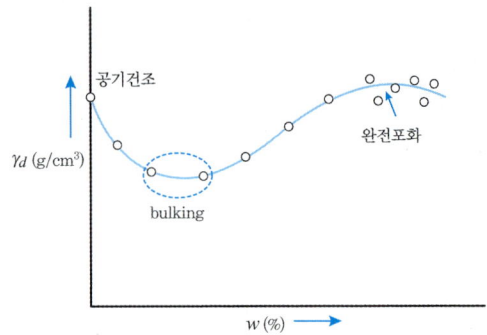

① **입도분포가 좋은 조립토(GW, SW)** : OMC는 작고, $\gamma_{d,max}$는 크다.

② **입도분포가 나쁜 조립토(GP, SP)** : 잘 다져지지 않는다.
  ㉠ 공기건조상태 : 토립자의 마찰저항으로 잘 다져지지 않는다.
  ㉡ 낮은 함수비(소량의 물을 추가) : 물의 표면장력으로 저항력이 증대 ⇒ γ_d 감소(Bulking)
  ㉢ 높은 함수비(다량의 물을 추가) : 물의 표면장력 소실 ⇒ γ_d 증대(포화상태에서 $\gamma_{d,max}$)

③ 소성이 큰 세립토(CH, MH)가 소성이 작은 세립토(CL, ML)보다 $\gamma_{d,max}$가 작고, OMC는 크다.

④ 입자의 크기가 클수록 $\gamma_{d,max}$가 크고, OMC는 작다.
(GW → SW → ML → CL)

참고

[Bulking]
토립자의 유입없이 흙의 체적만 증대되는 현상 ⇒ 흙이 부풀어 오름

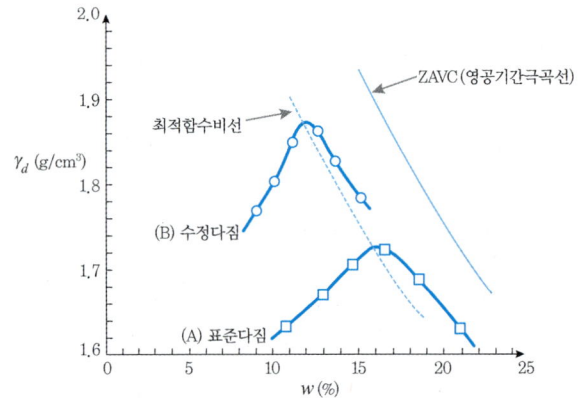

2) 다짐에너지

① 큰 에너지로 다질수록 $\gamma_{d,max}$는 증가하고 OMC는 감소한다.
② 다짐곡선 꼭지점(OMC, $\gamma_{d,max}$)에서 포화도는 거의 동일하다.(다짐에너지와 무관)

예제

문제. 흙의 다짐특성에 대한 설명으로 옳지 않은 것은?

① 일반적으로, 동일한 다짐에너지 조건에서 소성성이 작은 세립토가 소성성이 큰 세립토보다 최대건조단위중량이 작다.
② 일반적으로, 동일한 다짐에너지 조건에서 입도분포가 좋은 조립토가 입도분포가 나쁜 조립토보다 최대건조단위중량이 크다.
③ 동일한 흙시료에 대해서 다짐에너지가 클수록 최대건조단위중량은 커지고 최적함수비는 작아진다.
④ 일반적으로, 흙댐의 심벽 등 차수목적으로 흙을 다질 경우에는 습윤측 다짐을 하는 것이 좋다.

정답 ①
해설 ① 일반적으로, 동일한 다짐에너지 조건에서 소성성이 작은 세립토가 소성성이 큰 세립토보다 최대건조단위중량이 크다.

---

4 최적함수비의 경험식

1) Gurtug 점성토에 대한 경험식

① 최적함수비 $OMC = (1.95 - 0.38\log E)PL$ (%)
② 최대건조단위중량 $\gamma_{d,max} = 22.68 e^{-0.0183 OMC}$ (kN/m^3)
  E : 다짐에너지($kN.m/m^3$), PL : 소성한계(%)

2) Osman 세립토에 대한 경험식

① 최적함수비 $OMC = (1.99 - 0.165\ln E)PL$ (%)
② 최대건조단위중량
  $\gamma_{d,max} = 14.34 - 1.195\ln E - (-0.19 + 0.073\ln E)OMC$
  (kN/m^3)

3) Matteo 세립토에 대한 경험식

① 최적함수비 $OMC = -0.86LL + 3.04\dfrac{LL}{G_s} + 2.2$(%)
② 최대건조단위중량
  $\gamma_{d,max} = 40.316(OMC^{-0.295})(PI^{0.032}) - 2.4$ (kN/m^3)
  LL : 액성한계(%), PI : 소성지수(%)

예제

문제. $LL = 40\%$, $PI = 15\%$, $G_s = 2.5$인 흙의 최대건조단위를 Matteo 경험식에 의해 구하라.

해설
$$OMC = -0.86LL + 3.04\dfrac{LL}{G_s} + 2.2$$
$$= -0.86 \times 40 + 3.04 \times \dfrac{40}{2.5} + 2.2 = 16.44\%$$
$$\gamma_{d,max} = 40.316(OMC^{-0.295})(PI^{0.032}) - 2.4$$
$$= 40.316 \times 16.44^{-0.295} \times 15^{0.032} = 19.24 kN/m^3$$

---

5 다짐에 따른 점토의 변화

1) 다짐함수비에 따른 점토구조의 변화

① A 낮은 함수비에서 다짐(면모구조)
  확산이중층 구조 미발달 ⇒ 입자 간 반발력 감소 ⇒ 불규칙 입자배열, γ_d 감소
② B 최적함수비에서 다짐(면모구조 → 분산구조)
  확산이중층 발달 ⇒ 입자 간 반발력 우세 ⇒ 입자 배열성 강화, $\gamma_{d,max}$
③ C 높은 함수비에서 다짐(배향구조)
  과도한 물의 체적 증가 ⇒ γ_d 감소

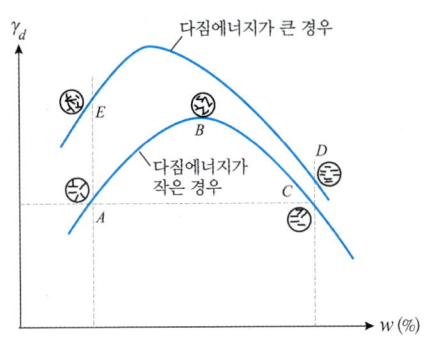

[랜덤구조(입자 분리)]

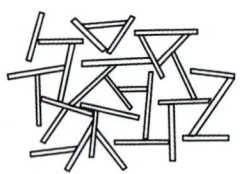
[면모구조(느슨한 결합)]

[이산구조(조밀한 결합)]

[배향구조(평행한 결합)]

> 참조
> 분산구조 = 이산구조

④ 높은 에너지에서 다질 때 다짐정도가 우수

2) 투수성의 변화

① **건조측(최적함수비 보다 작은 함수비)** : 투수계수와 함수비는 반비례
② **습윤측(최적함수비 보다 큰 함수비)** : 함수비 증가에 따라 투수계수는 약간씩 증가

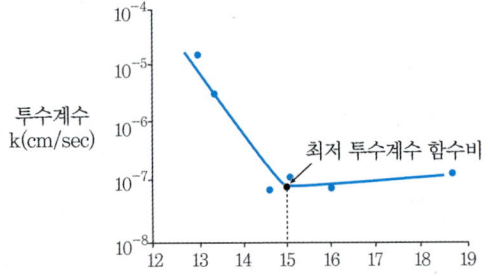

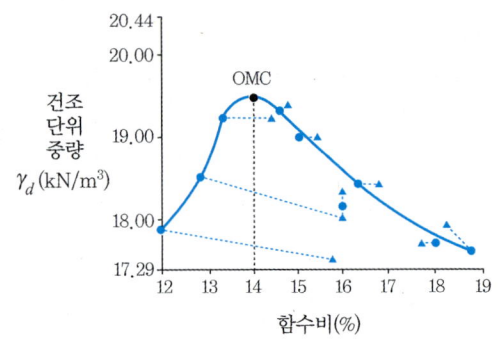

③ OMC보다 약간 높은 함수비(%)에서 다졌을 때 최저투수계수가 된다.

3) 다짐 압력에 따른 다짐의 영향

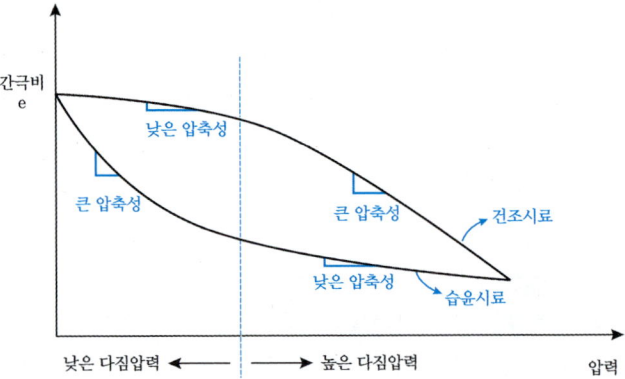

① 낮은 압력으로 다지는 경우 ⇒ 습윤시료의 압축성이 크다.
② 높은 압력으로 다지는 경우 ⇒ 건조시료의 압축성이 크다.
③ 매우 높은 압력으로 다지는 경우 ⇒ 건조와 습윤시료 모두 동일한 구조
④ 다짐 압력이 높을수록 OMC는 작고, $\gamma_{d,max}$는 크다. (다짐 압력 A > B > C)
⑤ 동일한 다짐 압력이라면, 건조측에서 다진 점토의 강도가 크다.
⑥ **습윤측에서 다지는 경우**
  다짐 압력이 커지더라도 점토 강도의 증대는 거의 없다.
⑦ **건조측에서 다지는 경우**
  다짐 압력이 높을수록 점토의 강도는 높다.

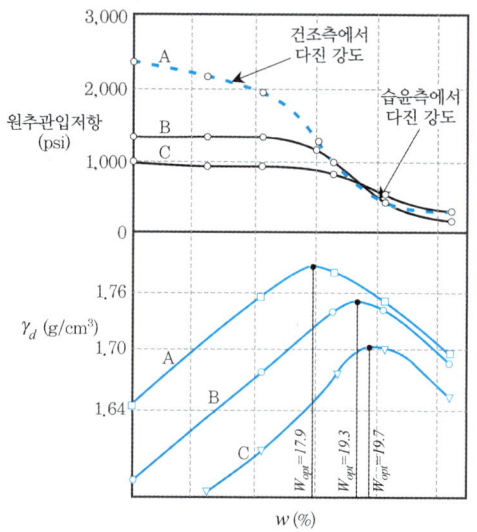

> **예제**
>
> **문제.** 동일한 다짐에너지로 다지는 경우, 다짐에 의한 점성토의 성질변화에 대한 설명으로 옳지 않은 것은?
>
> ① 최적함수비의 건조측에서는 면모구조를 가지며, 습윤측에서는 이산구조를 가진다.
> ② 최적함수비의 건조측 다짐시료가 습윤측 다짐시료보다 강도가 크다.
> ③ 최적함수비의 건조측에서는 최적함수비로 접근할수록 투수계수가 급속히 감소한다.
> ④ 최적함수비의 약간 건조측에서 다질 때 투수성이 최소가 된다.
>
> **정답** ④
> **해설** ④ 최적함수비의 약간 습윤측에서 다질 때 투수성이 최소가 된다.

> **예제**
>
> **문제.** 다짐 시 최적의 다짐상태는 최적함수비보다 함수비가 작은 건조 측에서 또는 최적함수비보다 함수비가 큰 습윤 측에서 도달될 수 있다. 이와 관련하여 점성토의 다짐에 대한 설명으로 옳지 않은 것은?
>
> ① 낮은 압력에서는 최적함수비의 건조 측 압축성이 습윤 측 압축성보다 작다.
> ② 최적함수비의 건조 측 투수계수가 습윤 측 투수계수보다 작다.
> ③ 높은 압력에서는 최적함수비의 건조 측 압축성이 습윤 측 압축성보다 크다.
> ④ 최적함수비의 건조 측 강도가 습윤 측 강도보다 크다.
>
> **정답** ②
> **해설** ② 최적함수비의 건조 측 투수계수가 습윤 측 투수계수보다 크다.

4) 다져진 점토의 포화

① 건조측과 습윤측의 강도차이는 크지 않음
② 건조측 다짐 ⇒ 수분을 흡수하여 체적이 팽창되어 강도가 약간 감소
③ 습윤측 다짐 ⇒ 수분 흡수 영향이 작아 건조측보다 강도가 약간 큼
④ 수분 흡수에 따른 체적 팽창을 억제 ⇒ 건조측에서 다진 점토의 강도가 큼
⑤ 수분 흡수에 따른 체적 팽창을 허용 ⇒ 습윤측에서 다진 점토의 강도가 큼
⑥ OMC에서 다졌을 때 수분흡수에 따른 체적 팽창이 가장 작음

> 낮은 투수성이 필요할 경우 ⇒ 습윤측 다짐
> 높은 강도가 필요할 경우 ⇒ 건조측 다짐

6 현장다짐

1) 다짐장비

① **평활롤러**(강륜롤러, Smooth-wheel Roller, Smooth-drum Roller)

ㄱ. 사질토, 점성토의 성토시 마무리 작업, 노반 평탄 작업
ㄴ. 높은 접지압($350kN/m^2$)을 지반에 완전분포
ㄷ. 두꺼운 층 다짐에는 부적합
　⇒ 다짐층 사이의 결합력 약함
ㄹ. 균등입경의 모래 다짐에 부적합
ㅁ. 도로포장에는 텐덤롤러가 사용

② **공기타이어 롤러**(Pneumatic tired Roller)

ㄱ. 대부분의 흙에 적합(균등 입도 흙 제외)
ㄴ. 접지압 $600 \sim 700kN/m^2$ 가량
ㄷ. 층간 결합력 약함
ㄹ. 다짐압력을 높이기 위해 타이어 압 증가

③ **양족롤러**(Sheeps foot Roller)

ㄱ. 흙을 뒤섞고 굳은 덩어리를 부수면서 다짐
　⇒ 두꺼운 토층에 적합, 층간 결합력 강함
ㄴ. 접지압 $1400 \sim 7000kN/m^2$ 가량
ㄷ. 점토층 건조측 다짐에 적합
ㄹ. 세립분 20% 이상 조립토에 적합

④ **진동롤러**(Vibratory Roller)

ㄱ. 평활롤러나 양족롤러 등의 드럼 내에 진동기 장치
ㄴ. 대부분의 흙에 적합
ㄷ. 사질토의 습윤측 다짐에 효과적

2) 현장다짐의 영향인자

① 다짐장비의 다짐에너지(장비 무게, 압력 등)가 클수록 다짐도가 높다.
② 다짐장비의 통과횟수가 많을수록, 주행속도가 느릴수록 다짐도가 높다.

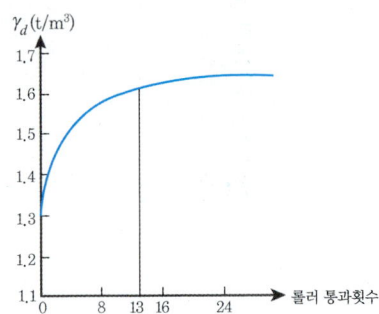

ㄱ. 통상적으로 롤러는 10회 정도 통과
ㄴ. 13회 이상 통과하더라도 γ_d의 증대는 미소
ㄷ. 경제성을 고려하여 통과횟수 결정

3) 현장 함수비의 결정

① 결정된 다짐장비(다짐에너지)에 의한 $\gamma_d - \omega$ 곡선 작도 (A 그래프)
② 목표 γ_d에 해당하는 수평선에 해당하는 함수비 범위 내 (a~c)에서 다짐

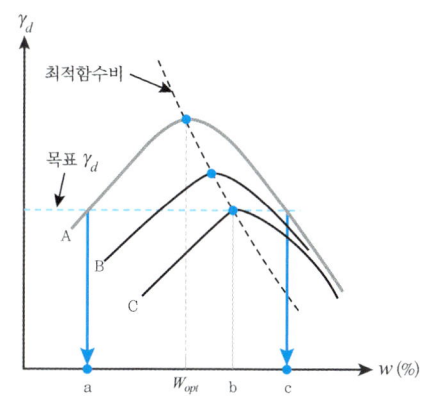

㉠ A그래프에서, 목표 γ_d에 해당하는 함수비 ⇒ a, c 이므로, a~c범위의 함수비로 다지면 목표 γ_d 이상의 값 확보
㉡ C그래프(A그래프의 장비보다 작은 다짐에너지의 장비)에서, b함수비(C그래프의 OMC)로 다지면 목표 γ_d 확보
  ⇒ 현실적으로 불가능
  ⇒ 합리적으로 B그래프의 장비로 OMC~b에서 다짐(가장 경제적인 다짐방법)

4) 다짐토층의 결정

① 동일한 다짐에너지를 기준으로, 최적의 다짐토층이 존재
② 선정된 다짐장비에 의한, 다짐토층 두께와 상대밀도 그래프 작성
③ 허용상대밀도(목표 다짐도) 이상이 되도록 그래프를 겹쳐서 배치
④ 그래프 중복 간격에 해당하는 토층 = 최적의 다짐토층

예시

[사질토, 롤러 5회 통과기준의 다짐, 허용상대밀도 75% 목표]

약 0.5m가 최적두께(더 깊거나 더 얕은 층으로 다질 경우에는 상대밀도가 낮음)
그래프를 겹쳐서 허용상대밀도 75% 이상이 되도록 한다.
중복된 그래프의 간격이 적절한 다짐토층의 두께가 된다.(약 0.45m)

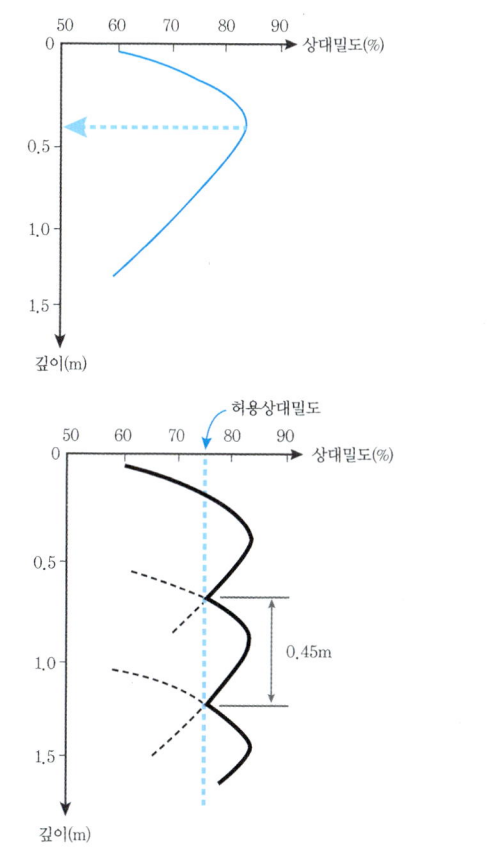

5) 상대다짐도

① 상대다짐도 $R = \dfrac{\gamma_{df}}{\gamma_{d,max}}$ (γ_{df} : 현장 건조단위중량)

② 현장 건조단위중량 $\gamma_{df} = \dfrac{W_s}{V}$ (W_s : 토립자 중량, V : 시험을 위해 판 구덩이의 체적)

참조
γ_{df}는 모래치환법(가장 일반적), 고무풍선법, 핵밀도법 등으로 구할 수 있다.

③ 상대밀도와 상대다짐도

$$R = \frac{R_o}{1 - D_r(1 - R_o)}$$

$$R_o = \frac{\gamma_{d,\min}}{\gamma_{d,\max}}, \quad \gamma_{d,\min} = \frac{W_s}{V_m}$$

$$D_r = \frac{e_{\max} - e}{e_{\max} - e_{\min}} = \left[\frac{\gamma_{df} - \gamma_{d,\min}}{\gamma_{d,\max} - \gamma_{d,\min}}\right]\frac{\gamma_{d,\max}}{\gamma_{df}}$$

$$R = 80 + 0.2 D_r \quad (\text{Lee와 Singh의 경험식})$$

참조

[모래치환법에 의한 γ_{df}의 측정]

① 현장에 구덩이를 판다.(노건조시켜 W_s 산출)
② 구덩이에 표준사로 채워진 콘을 올려서, 구덩이에 표준사로 채운다.
③ 구덩이를 메운 표준사의 무게 = 시험 전 콘의 무게 - 시험 후 콘의 무게
④ 구덩이의 체적 = 구덩이를 메운 표준사의 무게/표준사의 단위중량
⑤ γ_{df} = W_s / 구덩이의 체적

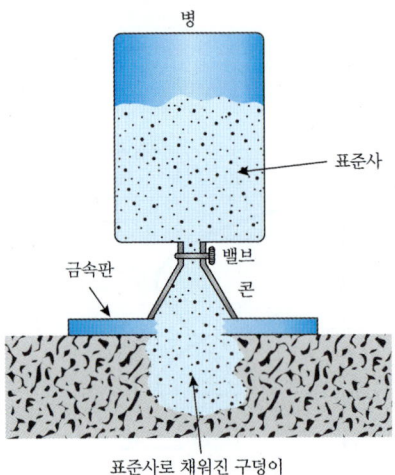

예제

[모래치환법에 의한 현장단위중량 γ_{df}의 측정]

구덩이에서 파낸 흙의 총 중량 $W = 2000g$
건조 후 중량 $W_s = 1700g$
시험 전 표준사 무게 = 2800g, 시험 후 표준사 무게 = 1200g
표준사 건조단위중량 = $1.6 g/cm^3$
구덩이를 메운 표준사의 무게 = 2800 - 1200 = 1600g
구덩이의 체적 = $\frac{1600}{1.6} = 1000 cm^3$
현장건조단위중량 $\gamma_{df} = \frac{W_s}{V} = \frac{1700}{1000} = 1.7 g/cm^3$
함수비 $\omega = \frac{W_w}{W_s} = \frac{2000 - 1700}{1700} = 17.6\%$

예제

문제. 최대 건조단위중량과 최소 건조단위중량이 각각 16kN/m³와 8kN/m³인 모래지반의 상대밀도가 75%라면 다짐도는?

해설
$$D_r = \frac{e_{\max} - e}{e_{\max} - e_{\min}} = \left[\frac{\gamma_{df} - \gamma_{d,\min}}{\gamma_{d,\max} - \gamma_{d,\min}}\right]\frac{\gamma_{d,\max}}{\gamma_{df}}$$

$$= \frac{\gamma_{df} - 8}{16 - 8} \times \frac{16}{\gamma_{df}} = 0.75 \text{ 에서, } \gamma_{df} = 12.8 kN/m^3$$

$$R = \frac{\gamma_{df}}{\gamma_{d,\max}} = \frac{12.8}{16} = 80\%$$

참고

[연약지반 개량공법]

1) 점토지반 개량
① 치환공법 : 양질의 흙으로 치환
② 프리 로딩(Pre-loading) 공법 : 시공중에 미리 하중을 가해서 압밀이 촉진
③ 샌드 드레인(Sand drain) 공법 : 모래말뚝을 설치하여 배수 촉진(정규압밀점토)
④ 페이퍼 드레인(Paper drain) 공법 : Card board를 설치하여 배수 촉진
⑤ 전기침투 공법 : 전기를 침투시켜 음(-)극에 모인 간극수를 배수
⑥ 침투압 공법(MAIS) : 중공원통을 넣어 배수
⑦ 생석회 말뚝 공법 : 생석회가 수화하면 체적이 팽창하는 원리를 이용(세립토)

2) 사질토 개량
① 다짐말뚝 공법 : 콘크리트 말뚝을 박아서 체적을 감소 ⇒ 지반 압축 ⇒ 전단강도 증진
② 다짐모래말뚝 공법(Sand compaction pile, compozer) : 모래말뚝 삽입하여 강도 증진
③ 바이브로 플로테이션(Vibro-flotation) : 사수+진동으로 느슨한 모래를 제거하고 모래/자갈 등으로 다짐
④ 폭파다짐 공법 : 느슨한 모래를 폭파시켜 다짐
⑤ 약액주입 공법 : 시멘트나 아스팔트를 모래 지반에 삽입하여 강도를 증진
⑥ 전기충격 공법 : 전기 충격으로 모래 지반 다짐

3) 일시적인 지반개량
① 웰 포인트(Well point) 공법 : 중공관을 삽입하여 지하수위 저하
② 딥 웰(Deep well) 공법 : 깊은 우물을 파서 지하수위 저하. 용수량이 많아 웰 포인트 공법 적용이 곤란한 경우, 히빙이나 보일링이 우려되는 경우 적용
③ 대기압(진공) 공법 : 지표면을 덮은 다음 진공펌프로 지반 내부 압력 증진
④ 동결 공법 : 액체 질소 등을 삽입하여 지반을 동결

💡 샌드 드레인 공법

① 샌드 드레인의 배열

정삼각형 배열	정사각형 배열	d_e : 영향원 지름
$d_e = 1.05d$	$d_e = 1.13d$	d : 드레인 간격

② 샌드 드레인 크기
   지름 0.3~0.5m, 간격 2~4m

💡 페이퍼 드레인 공법

① 페이퍼 드레인 공법의 특징
- 장점 : 시공속도가 빠름, 배수효과 양호, 타입시 교란없음, 드레인 단면이 일정
- 단점 : 장기간 사용시 효과 감소, 특수 타입기계 필요, 대량생산시 공사비가 비싸다.

② 페이퍼 드레인의 등치환산원
$D = \alpha \dfrac{2(A+B)}{\pi}$, α 형상계수로 0.75, A 드레인의 폭, B 드레인의 두께

🔷 대표기출문제

문제. 다음 연약지반 개량공법 중 일시적인 개량공법은?   2022년 2회

① 치환 공법   ② 동결 공법
③ 약액주입 공법   ④ 모래다짐말뚝 공법

정답 ②
해설 일시적인 지반개량 : 웰 포인트(Well point) 공법, 딥 웰(Deep well) 공법, 대기압(진공) 공법, 동결 공법

🔷 대표기출문제

문제. 다음 중 연약점토지반 개량공법이 아닌 것은?   2021년 2회

① 프리로딩(Pre-loading) 공법
② 샌드 드레인(Sand drain) 공법
③ 페이퍼 드레인(Paper drain) 공법
④ 바이브로 플로테이션(Vibro flotation) 공법

정답 ④
해설 바이브로 플로테이션(Vibro flotation) 공법은 사질토 다짐방법
- 점토지반 개량 : 치환, pre-loading, sand drain, paper drain, 전기침투, 침투압, 생석회 말뚝공법
- 사질토지반 개량 : 다짐말뚝, 다짐모래 말뚝, 바이브로 플로테이션, 폭파다짐, 약액주입, 전기충격공법

🔷 대표기출문제

문제. 다짐곡선에 대한 설명으로 틀린 것은?   2021년 3회

① 다짐에너지를 증가시키면 다짐곡선은 왼쪽 위로 이동하게 된다.
② 사질성분이 많은 시료일수록 다짐곡선은 오른쪽 위에 위치하게 된다.
③ 점성분이 많은 흙일수록 다짐곡선은 넓게 퍼지는 형태를 가지게 된다.
④ 점성분이 많은 흙일수록 오른쪽 아래에 위치하게 된다.

정답 ②
해설 사질성분이 많은 시료일수록 다짐곡선은 왼쪽 위에 위치하게 된다.

🔷 대표기출문제

문제. 현장 도로 토공에서 모래치환법에 의한 흙의 밀도 시험 결과 흙을 파낸 구멍의 체적과 파낸 흙의 질량은 각각 1,800cm³, 3,950g이었다. 이 흙의 함수비는 11.2%이고, 흙의 비중은 2.65이다. 실내시험으로부터 구한 최대건조밀도가 2.05g/cm³ 일 때 다짐도는?   2021년 3회

① 92%   ② 94%
③ 96%   ④ 98%

정답 ③
해설 $\omega = \dfrac{W_w}{W_s} = 0.112$이고, $W = W_w + W_s = 3950$이므로,
$W_s = 3552g$
$\gamma_d = \dfrac{W_s}{V} = \dfrac{3552}{1800} = 1.973 g/cm^3$
다짐도 $R = \dfrac{\gamma_d}{\gamma_{d,max}} = \dfrac{1.973}{2.05} = 0.962$

대표기출문제

문제. 연약지반 개량공법에 대한 설명 중 틀린 것은?

2020년 3회

① 샌드드레인 공법은 2차 압밀비가 높은 점토 및 이탄 같은 유기질 흙에 큰 효과가 있다.
② 화학적 변화에 의한 흙의 강화공법으로는 소결 공법, 전기화학적 공법 등이 있다.
③ 동압밀공법 적용 시 과잉간극 수압의 소산에 의한 강도증가가 발생한다.
④ 장기간에 걸친 배수공법은 샌드드레인이 페이퍼 드레인보다 유리하다.

정답 ①

해설 샌드드레인 공법은 2차 압밀비가 높은 점토 및 이탄 같은 유기질 흙에 큰 효과가 없다.

대표기출문제

문제. 다짐되지 않은 두께 2m, 상대밀도 40%의 느슨한 사질토 지반이 있다. 실내시험결과 최대 및 최소 간극비가 0.80, 0.40으로 각각 산출되었다. 이 사질토를 상대밀도 70%까지 다짐할 때 두께는 얼마나 감소되겠는가?

2020년 3회

① 12.41cm ② 14.63cm
③ 22.71cm ④ 25.83cm

정답 ②

해설 다짐 전 $D_r = \dfrac{e_{max} - e_o}{e_{max} - e_{min}} = \dfrac{0.8 - e_o}{0.8 - 0.4} = 0.4$에서,

$e_0 = 0.64$

다짐 후 $D_r = \dfrac{e_{max} - e}{e_{max} - e_{min}} = \dfrac{0.8 - e}{0.8 - 0.4} = 0.7$에서,

$e = 0.52$

감소량 $\Delta h = H \times \dfrac{\Delta e}{1+e} = 200 \times \dfrac{0.64 - 0.52}{1 + 0.64} = 14.63 cm$

03 투수계수

1 투수계수

1) Darcy의 법칙과 실내투수계수 시험

① Darcy 법칙

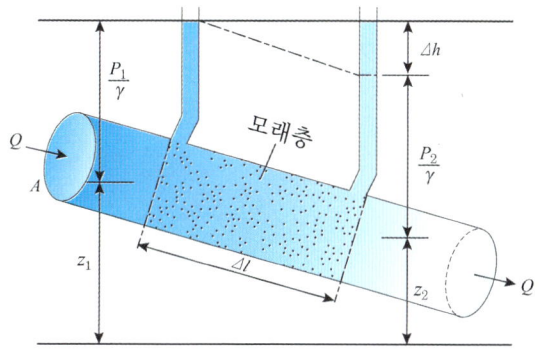

투수 유속 $V = ki$ (공극률 n을 고려한 실제 유속 $V_s = \dfrac{V}{n}$)

투수 유량 $Q = kiA$ → Darcy 법칙

(동수경사 $i = \dfrac{\Delta h}{\Delta l}$, 통수단면적 A, 투수계수 k)

예제

문제. 그림과 같이 관개용수로가 강과 평행하게 계획되었다. 불투수성의 점토층 사이에 100mm 두께의 모래층이 협재되어 있을 때, 관개용수로에서 모래층을 통해 강으로 누수되는 단위폭당 누수량은? (단, 모래층의 투수계수는 80m/day이고, Darcy의 법칙이 성립하며, 강과 관개용수로의 수위는 일정하게 유지된다)

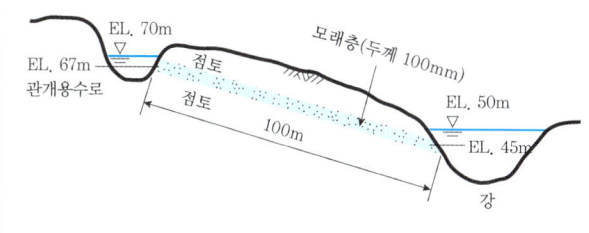

해설 $Q = kiA = 80 \times \dfrac{20}{100} \times 0.1 = 1.6 \, m^3/day/m$

② 정수위법에 의한 투수계수시험(비점착성 시료)

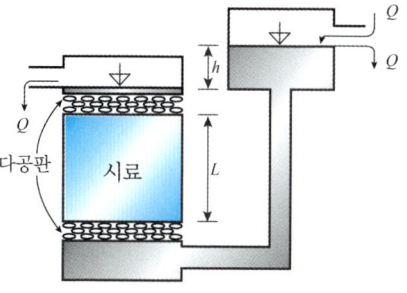

t시간 동안 시료를 통과한 유량

$Q \times t = kiA \times t = k\dfrac{h}{L} A \times t$에서, 투수계수 $k = \dfrac{QL}{hA}$

(L : 시료의 투수길이, Q : 단위시간당 유량)

예제

문제. 정수위법으로 비점착성 시료의 투수계수를 측정하고자 한다. 5분 동안 모은 물의 양 $Q = 0.002 m^3$일 때, 이 시료의 투수계수는 얼마인가? (단, 시료의 단면적 $A = 0.04m^2$, 시료의 투수길이 $L = 0.18m$, 수위차 $h = 0.05m$)

해설 $k = \dfrac{QL}{hA}$ 에서, $\dfrac{0.002/(5 \times 60) \times 0.18}{0.05 \times 0.04} = 0.6 mm/s$

예제

문제. 그림과 같이 일정한 수위가 유지되도록 물이 지속적으로 상부에 공급되어 하부로 흘러 나가도록 제작된 수조에 0.4 m 두께의 토사층이 있다. 이 층의 흙입자 알갱이 사이를 흐르는 실제 침투유속은? (단, 흙의 투수계수는 2×10^{-1} cm/s이고 간극비는 0.8이다)

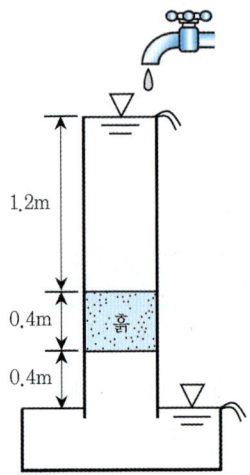

해설 $V = ki = 2 \times 10^{-1} \times \dfrac{(120+40+40)}{40} = 1 cm/s$,

$n = \dfrac{e}{1+e} = \dfrac{0.8}{1+0.8} = \dfrac{4}{9}$

따라서, 실제유속 $V_n = \dfrac{V}{n} = \dfrac{1}{4/9} = 2.25 cm/s$

③ 변수위법에 의한 투수계수 시험(점착성 시료)

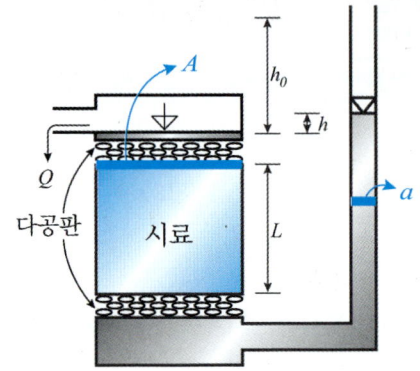

투수계수 $k = \dfrac{a^2 L}{A^2 t} ln\left(\dfrac{h_o}{h}\right)$

a : 관의 단면적, A 시료 단면적,
h_o : 초기 수위차, h : t시간 후의 수위차

2) 사질토 투수계수

① Hazen 경험식

$k = CD_{10}^2$ cm/s ⇒ 투수계수는 토립자의 입경에 지배

- D_{10} : 통과율 10%에 대응하는 토립자의 직경, cm
- C : 투수계수에 대한 상수, 둥글고 깨끗한 모래에서 100~150 정도
- C값의 변화폭이 과대 ⇒ 투수계수의 확실성 낮음

② Carrier 경험식

$k = A \times \dfrac{e^3}{1+e}$ ⇒ $k \propto \dfrac{e^3}{1+e}$

- $10^{-1} \sim 10^{-3} cm/s$의 투수계수를 갖는 균질 자연모래 및 자갈에 적합
- 소성이 없는 실트질 모래에 적용 가능
- 분쇄재료나 소성이 있는 재료는 부적합

③ Amer 경험식

$$k = B \times \left(\frac{e^3}{1+e}\right)\frac{C_u^{0.6} D_{10}^{2.32}}{\eta} \Rightarrow k \propto \left(\frac{e^3}{1+e}\right)\frac{C_u^{0.6} D_{10}^{2.32}}{\eta}$$

④ 사질토 투수계수 영향인자

간극비 e, 균등계수 C_u, 유효입경 D_{10}, 점성계수 η

예제

문제. 간극비 $e = 0.5$인 모래의 투수계수 $k = 0.02 cm/s$이다. 간극비 $e = 0.6$에서의 투수계수는 얼마인가?

해설 $k \propto \dfrac{e^3}{1+e}$ 이므로,

$$k_1 : k_2 = \frac{e_1^3}{1+e_1} : \frac{e_2^3}{1+e_2} = \frac{0.5^3}{1+0.5} : \frac{0.6^3}{1+0.6} = \frac{1}{12} : \frac{27}{200}$$

에서,

$$k_2 = \frac{27}{200} \times 0.02 \times 12 = 0.0324 cm/s$$

3) 점성토 투수계수

① Taylor 경험식

$$\log k = \log k_o - \frac{e_o - e}{C_k}$$

⇒ k의 대수와 간극비 e는 선형관계 ($\log k \propto e$)

k_o : 간극비가 e_o인 현장 내 투수계수

C_k : 투수계수 변화지수

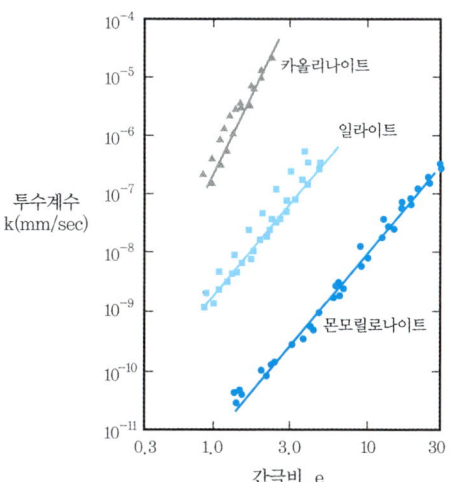

② Samarsighe 정규압밀점토 경험식

$$k = C\left(\frac{e^n}{1+e}\right) \quad C, n : 경험에 의한 상수$$

참조

[투수시험 종류]
① 실내시험 : 정수위투수시험, 변수위투수시험, 압밀시험, 모관시험 등
② 현장시험 : 양수시험, 주수시험, 색소법, 동위원소법, 전해질법, Packer법 등

2 다층투수

1) 흐름방향 다층투수

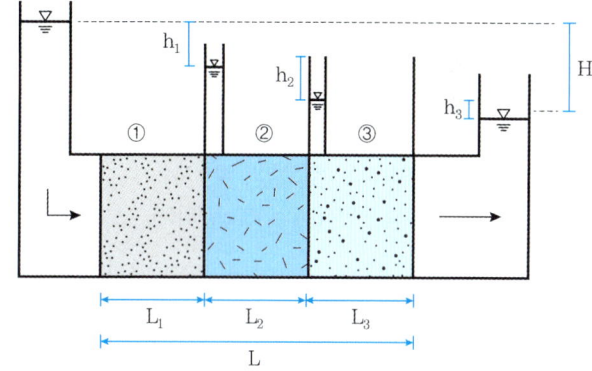

① 각 토층의 흐르는 투수유속은 동일하다.

$$V_1 = V_2 = V_3 = k_1\frac{h_1}{L_1} = k_2\frac{h_2}{L_2} = k_3\frac{h_3}{L_3} = V_{eq} = k_{eq}\frac{H}{L}$$

V_{eq} : 등가 유속, k_{eq} : 등가 투수계수

② 각 토층의 흐르는 투수유량은 동일하다.

$$Q = A_{eq}V_{eq} = Q_1 = Q_2 = Q_3 = A_1V_1 = A_2V_2 = A_3V_3$$

③ 등가투수계수 k_{eq}

$V_1 = k_1\dfrac{h_1}{L_1}$ 에서, $h_1 = V_1\dfrac{L_1}{k_1}$ 이고,

$V_1 = V_2 = V_3 = V_{eq} = k_{eq}\dfrac{H}{L}$ 이므로,

총 수두차

$$H = h_1 + h_2 + h_3 = V_1\frac{L_1}{k_1} + V_2\frac{L_2}{k_2} + V_3\frac{L_3}{k_3}$$

$$= k_{eq}\frac{H}{L}(\frac{L_1}{k_1} + \frac{L_2}{k_2} + \frac{L_3}{k_3}) \text{에서},$$

양변에 H를 약분하여 정리하면,

$$1 = \frac{k_{eq}}{L}(\frac{L_1}{k_1} + \frac{L_2}{k_2} + \frac{L_3}{k_3}) \text{이므로},$$

$$k_{eq} = \frac{L}{L_1/k_1 + L_2/k_2 + L_3/k_3} = \frac{L}{\Sigma(L_i/k_i)}$$

⇒ 흐름방향 다층 투수의 등가투수계수

④ 투수계수가 낮은 층이 흐름을 지배

예제

문제. 그림과 같이 관 속에 위치한 모래층과 실트층을 통해 물이 흐르고 있다. 흐름에 따라 발생한 모래층과 실트층에서의 수두강하 비($\triangle h_{silt}/\triangle h_{sand}$)는? (단, 모래층의 투수계수 k_{sand} = 0.01cm/s, 실트층의 투수계수 k_{silt} = 1 × 10^{-5} cm/s, 시료의 단면적 A = 100cm²이다)

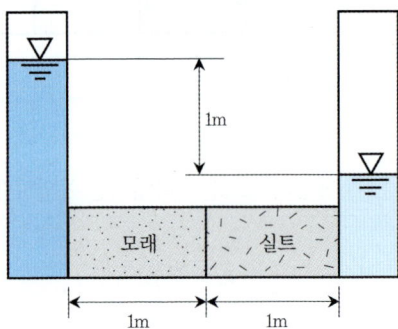

정답 ④

해설 두 층의 유속 $V_1 = V_2$이므로,

$$k_1\frac{h_1}{L_1} = k_2\frac{h_2}{L_2} \text{이고, } L_1 = L_2 \text{이므로,}$$

$$\frac{h_2}{h_1} = \frac{k_1}{k_2} = \frac{10^{-2}}{10^{-5}} = 10^3$$

예제

흐름방향으로 다층배치된 3개의 토층에 대해,

$L_1 = 2m$, $L_2 = 4m$, $L_3 = 1m$

$k_1 = 10^{-4} cm/s$, $k_2 = 4 \times 10^{-2} cm/s$, $k_3 = 5 \times 10^{-5} cm/s$

등가투수계수

$$k_{eq} = \frac{(2+4+1) \times 100}{200/10^{-4} + 400/(4 \times 10^{-2}) + 100/(5 \times 10^{-5})}$$

$$= 0.174 \times 10^{-3} cm/s$$

2) 평행 다층투수

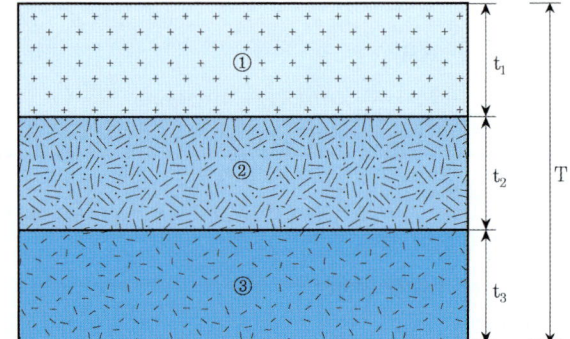

① 각 층의 동수구배 i는 동일하다.

$V_1 = k_1 i_1$, $V_2 = k_2 i_2$, $V_3 = k_3 i_3$,

$$i_{eq} = i_1 = i_2 = i_3 = \frac{V_1}{k_1} = \frac{V_2}{k_2} = \frac{V_3}{k_3} \Rightarrow V \propto k$$

② 등가투수계수 k_{eq}

$$Q = q_1 + q_2 + q_3 = t_1 V_1 + t_2 V_2 + t_3 V_3$$
$$= i_{eq}(t_1 k_1 + t_2 k_2 + t_3 k_3)$$
$$= A_{eq} V_{eq} = (T \times 1) \times k_{eq} \times i_{eq} \text{ 에서,}$$

양변의 i_{eq}를 소거하여 정리하면,

$$k_{eq} = \frac{t_1 k_1 + t_2 k_2 + t_3 k_3}{T}$$

⇒ 평행 다층 투수의 등가투수계수(가중평균법)

③ 투수계수가 큰 층이 전체 투수를 지배

> **예제**
>
> 흐름의 평행방향으로 다층배치된 3개의 토층에 대해,
>
> $t_1 = 2m$, $t_2 = 4m$, $t_3 = 1m$
>
> $k_1 = 10^{-4} cm/s$, $k_2 = 4 \times 10^{-2} cm/s$, $k_3 = 5 \times 10^{-5} cm/s$
>
> 등가투수계수
>
> $$k_{eq} = \frac{t_1 k_1 + t_2 k_2 + t_3 k_3}{T}$$
>
> $$= \frac{200 \times 10^{-4} + 400 \times 4 \times 10^{-2} + 100 \times 5 \times 10^{-5}}{200 + 400 + 100}$$
>
> $$= 0.0229 cm/s$$

3) 복합 다층 투수

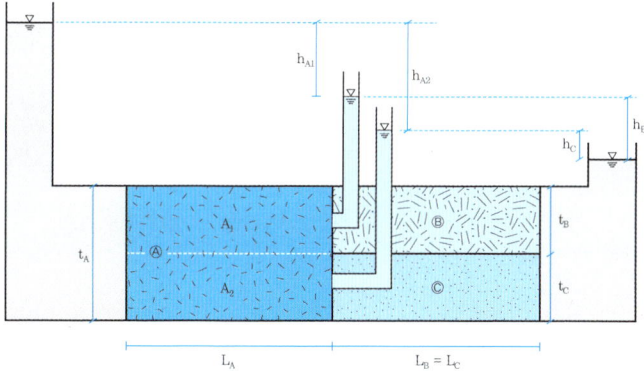

① 동등한 수평층으로 구분(A층 ⇒ A_1과 A_2층)

② 각 층의 수두차 계산

A_1층과 B층의 유속이 동일 $V_{A1} = V_B$이므로,

$$k_A \frac{h_{A1}}{L_A} = k_B \frac{h_B}{L_B} \Rightarrow h_{A1}$$과 h_B의 비율계산

A_2층과 C층의 유속이 동일 $V_{A2} = V_C$이므로,

$$k_A \frac{h_{A2}}{L_A} = k_C \frac{h_C}{L_C} \Rightarrow h_{A2}$$와 h_C의 비율계산

③ 총유량 Q

$$Q = Q_{A1} + Q_{A2} = Q_B + Q_C$$

④ 등가투수계수 k_{eq}

상층부에 대해, $k_{eq1} = \dfrac{L_{A1} + L_B}{L_{A1}/k_{A1} + L_B/k_B}$

하층부에 대해, $k_{eq2} = \dfrac{L_{A2} + L_C}{L_{A2}/k_{A2} + L_C/k_C}$

등가투수계수 $k_{eq} = \dfrac{t_B k_{eq1} + t_C k_{eq2}}{T}$

> **참고**
>
> 각 층의 수두차를 계산하는 문제가 아니라면, 등가투수계수를 이용한 방법이 효과적이다.

> **예제**
>
> **문제.** 단위폭당 유량과 각 토층의 유속을 구하라.
>
>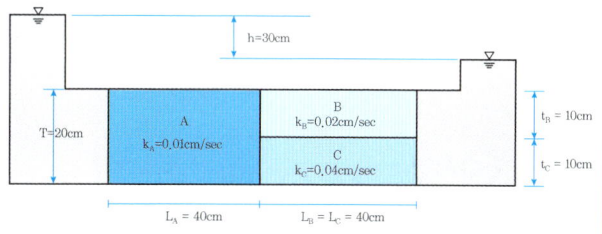
>
> **해설** A층을 균등하게 2등분하여, B층 및 C층과 같은 두께의 2층으로 구분한다.
>
> 1) 등가투수계수
>
> 상층부에 대해,
>
> $$k_{eq1} = \frac{L_{A1} + L_B}{L_{A1}/k_{A1} + L_B/k_B} = \frac{40 + 40}{40/0.01 + 40/0.02} = \frac{1}{75}$$
>
> $$= 0.013 cm/s$$
>
> 하층부에 대해,
>
> $$k_{eq2} = \frac{L_{A2} + L_C}{L_{A2}/k_{A2} + L_C/k_C} = \frac{40 + 40}{40/0.01 + 40/0.04}$$
>
> $$= \frac{2}{125} = 0.016 cm/s$$
>
> 등가투수계수
>
> $$k_{eq} = \frac{t_B k_{eq1} + t_C k_{eq2}}{T} = \frac{10 \times 0.013 + 10 \times 0.016}{20}$$
>
> $$= 0.0147 cm/s$$
>
> 2) 각 층의 유량
>
> $$Q_1 = k_{eq1} i_{eq} A = 0.013 \times \frac{30}{80} \times 10 \times 1$$
>
> $$= 0.0488 cm^3/s/cm$$
>
> $$Q_2 = k_{eq2} i_{eq} A = 0.016 \times \frac{30}{80} \times 10 \times 1 = 0.06 cm^3/s/cm$$
>
> $$Q = Q_1 + Q_2 = k_{eq} i_{eq} A = 0.0147 \times \frac{30}{80} \times 20 \times 1$$
>
> $$= 0.11 cm^3/s/cm$$

> **참조**
> **[각 층의 동수구배 i]**
>
> 상층부에 대해, A_1층과 B층의 유속이 동일하므로,
> $V_{A1} = V_B = k_{A1}\dfrac{h_{A1}}{L_A} = k_B\dfrac{h_B}{L_B}$ 에서, $0.01 \times \dfrac{h_{A1}}{40} = 0.02 \times \dfrac{h_B}{40}$ 이므로,
> $h_{A1} = 2h_B$
> 또한, $h_{A1} + h_B = 30$이므로, $h_B = 10cm$, $h_{A1} = 20cm$
>
> 하층부에 대해, A_2층과 C층의 유속이 동일하므로,
> $V_{A2} = V_C = k_{A2}\dfrac{h_{A2}}{L_A} = k_C\dfrac{h_C}{L_C}$ 에서, $0.01 \times \dfrac{h_{A2}}{40} = 0.04 \times \dfrac{h_C}{40}$ 이므로,
> $h_{A2} = 4h_C$
> 또한, $h_{A2} + h_C = 30$이므로, $h_C = 6cm$, $h_{A1} = 24cm$

3 현장투수시험

1) 개요

① 실내투수시험은 투수계수를 과소평가하는 경향
② 현장투수시험은 비용과 시간이 많이 소요
③ 양수정(Pumping well)에서 양수하면서, 관측정(Observation well)에서 수위 관측
  ⇒ 일정량을 양수해도 수위강하가 발생하지 않는 상태
  ⇒ 정상침투(Steady seepage)
④ 양수시험(Pumping test) : 정상침투상태에서 투수계수를 측정하는 현장투수시험
⑤ 주수시험(Exfilteration test) : 양수하지 않고 물을 주입하면서 수위변화를 측정하는 현장투수시험

2) 중력 대수층에 대한 양수시험(비피압대수층)

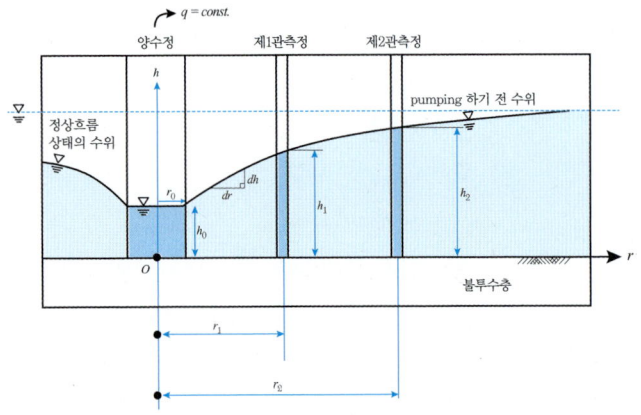

① 양수량과 투수계수(2개 관측정)

$$q = AV = (2\pi rh)ki = (2\pi rh)k\dfrac{dh}{dr}$$

$q\dfrac{dr}{r} = (2\pi h)k(dh)$ 에서 적분하여 정리하면,

$$k = \dfrac{q}{\pi}\dfrac{\ln(r_2/r_1)}{h_2^2 - h_1^2} = \dfrac{2.3q}{\pi}\dfrac{\log(r_2/r_1)}{h_2^2 - h_1^2}$$

> **참고**
> **[Dupit 가정]**
> 모든 위치에서 동수경사 $i = \dfrac{dh}{dr}$로 동일한 것으로 가정

② 양수량과 투수계수(1개 관측정) : 양수정을 제1관측정으로 고려

$$k = \dfrac{q}{\pi}\dfrac{\ln(r_2/r_o)}{h_2^2 - h_o^2} = \dfrac{2.3q}{\pi}\dfrac{\log(r_2/r_o)}{h_2^2 - h_o^2}$$

③ 양수량과 투수계수(관측정이 없는 경우) : 영향권 반경을 제2관측정으로 고려

$$k = \dfrac{q}{\pi}\dfrac{\ln(R/r_o)}{H^2 - h_o^2} = \dfrac{2.3q}{\pi}\dfrac{\log(R/r_o)}{H^2 - h_o^2}$$

(R : 영향권의 반경, H : 양수전 수위 = 영향권의 수위)

3) 피압대수층

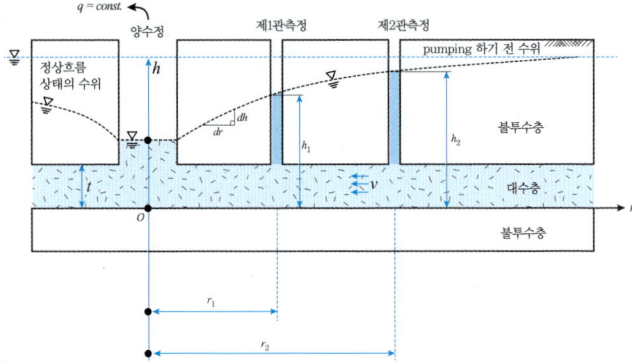

① 양수량과 투수계수(2개 관측정)

$$q = AV = (2\pi rt)ki = (2\pi rt)k\dfrac{dh}{dr}$$

$q\dfrac{dr}{r} = (2\pi t)k(dh)$ 에서 적분하여 정리하면,

$$k = \dfrac{q}{2\pi t}\dfrac{\ln(r_2/r_1)}{h_2 - h_1}$$

대표기출문제

문제. 그림과 같이 동일한 두께의 3층으로 된 수평모래층이 있을 때 토층에 수직한 방향의 평균투수계수(k_v)는? 2022년 2회

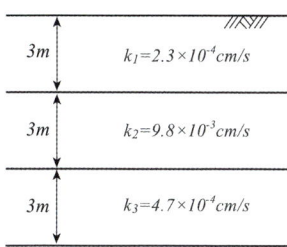

① 2.38×10^{-3} cm/s ② 3.01×10^{-4} cm/s
③ 4.56×10^{-4} cm/s ④ 5.60×10^{-4} cm/s

정답 ③

해설 흐름방향 다층 투수의 등가투수계수 $k_{eq} = \dfrac{L}{\Sigma(L_i/k_i)}$ 에서,

$$k_{eq} = \dfrac{(300+300+300) \times 10^{-3}}{300/0.23 + 300/9.8 + 300/0.47}$$
$$= 456.1 \times 10^{-6} \, cm/s$$

대표기출문제

문제. 아래 그림에서 투수계수 $k=4.8\times 10^{-3}$cm/s일 때 Darcy 유출속도(V)와 실제 물의 속도(침투속도 V_s)는? 2021년 3회

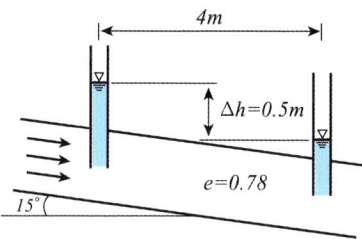

① $V = 0.34 \times 10^{-3} cm/s$, $V_s = 1.080 \times 10^{-3} cm/s$
② $V = 0.34 \times 10^{-3} cm/s$, $V_s = 1.321 \times 10^{-3} cm/s$
③ $V = 0.58 \times 10^{-3} cm/s$, $V_s = 1.080 \times 10^{-3} cm/s$
④ $V = 0.58 \times 10^{-3} cm/s$, $V_s = 1.321 \times 10^{-3} cm/s$

정답 ④

해설 투수길이 $l = \dfrac{4}{\cos\theta} = \dfrac{4}{\cos 15°} = 4.14 m$

$V = ki = 4.8 \times 10^{-3} \times \dfrac{0.5}{4.14} = 579 \times 10^{-6} cm/s$

간극율 $n = \dfrac{e}{1+e} = \dfrac{0.78}{1+0.78} = 0.438$

실제 물의 속도 $V_s = \dfrac{V}{n} = \dfrac{579}{0.438} = 1.321 \times 10^{-3} cm/s$

대표기출문제

문제. 아래 그림에서 완전포화된 3개의 토층에 연직하향으로 투수가 발생하고 있다. 각 층의 손실수두 Δh_1, Δh_2, Δh_3를 각각 구한 값으로 옳은 것은? (단, k는 cm/s, H와 Δh는 m 단위이다.) 2020년 3회

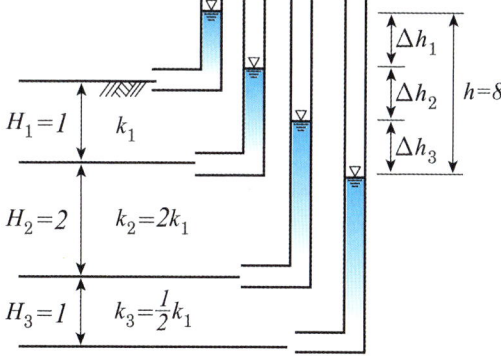

① $\Delta h_1=2$, $\Delta h_2=2$, $\Delta h_3=4$
② $\Delta h_1=2$, $\Delta h_2=3$, $\Delta h_3=3$
③ $\Delta h_1=2$, $\Delta h_2=4$, $\Delta h_3=2$
④ $\Delta h_1=2$, $\Delta h_2=5$, $\Delta h_3=1$

정답 ①

해설 $V_1 = V_2 = V_3 = k_1 \dfrac{h_1}{L_1} = k_2 \dfrac{h_2}{L_2} = k_3 \dfrac{h_3}{L_3}$ 이므로,

$k_1 \dfrac{\Delta h_1}{1} = 2k_1 \dfrac{\Delta h_2}{2} = \dfrac{k_1}{2} \dfrac{\Delta h_3}{1}$ 에서,

$\dfrac{\Delta h_1}{1} = \dfrac{\Delta h_2}{1} = \dfrac{\Delta h_3}{2}$

$\Delta h_1 : \Delta h_2 : \Delta h_3 = 1 : 1 : 2$

$\Delta h_1 = \dfrac{1}{4} \times 8 = 2m = \Delta h_2$, $\Delta h_3 = \dfrac{2}{4} \times 8 = 4m$

04 유선망과 흙댐의 침투

1 유선망을 이용한 2차원 침투

1) 2차원 흐름의 구분

① 균질(Homogeneous)과 비균질(Non-Homogeneous)
하나의 방향에 대해서, 모든 위치에서 흐름 특성이 동일 ⇒ 균질

② 등방(Isotropic)과 이방(An-Isotropic)
하나의 위치에 대해서, 모든 방향에서 흐름 특성이 동일 ⇒ 등방

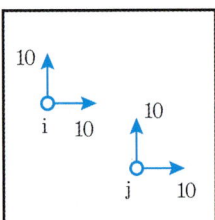

Homogeneous &Isotropic   Homogeneous &Anisotropic

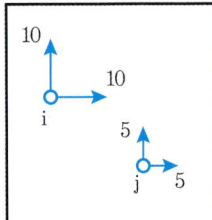   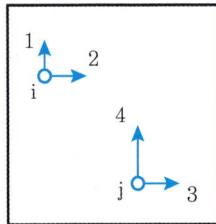

Non-Homogeneous &Isotropic   Non-Homogeneous &Anisotropic

2) 기본가정사항

① 완전포화 상태
② 균질
③ Darcy의 법칙에 따르는 흐름(층류)
④ 물과 흙은 비압축성

3) 등방지반에서 유선망을 이용한 침투량

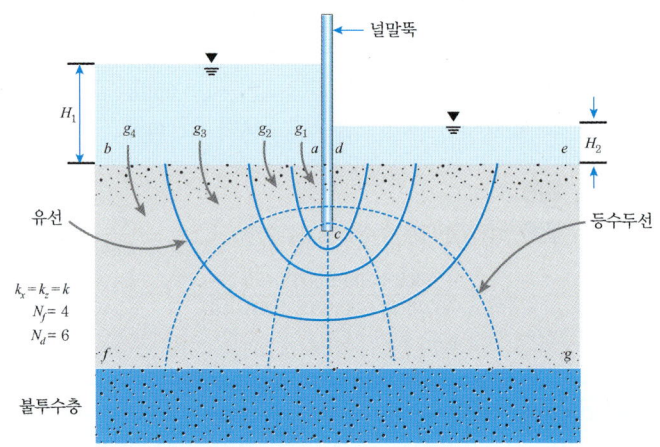

① 유선과 등수두선은 직교
② 유선망의 각 요소는 정사각형에 가깝다. (정사각형이 아니면, 유로두께/유로길이로 보정)
③ 각 유로를 흐르는 투수량은 동일하다. ($q_1 = q_2 = q_3 = q_4$)
④ **등수두선** : 수두가 동일한 선
⑤ 각 등수두선(등수두선 1간격) 사이에서 발생하는 수두손실은 동일하다.

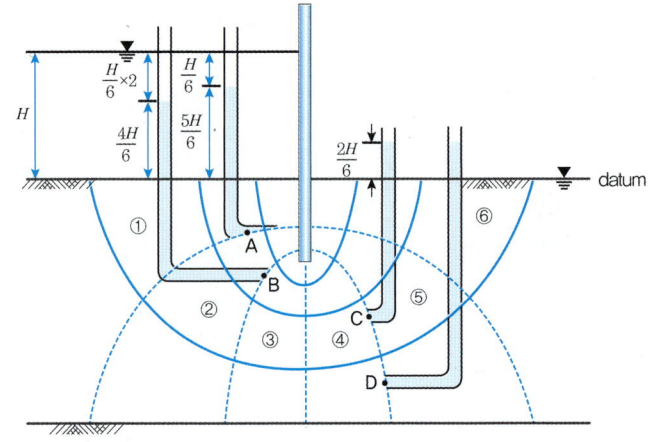

⑥ 투수량

$$q_1 = q_2 = q_3 = q_4 = k\frac{\Delta H}{N_d}$$

총 투수량 $Q = k\frac{\Delta H}{N_d}N_f$

N_d : 등수두선 총 간격 수(6개), 등수두선의 수는 7개
N_f : 유로수(4개), 유선의 수는 5개

예제

그림의 널말뚝 주변의 침투에 대해서, ($k = 5 \times 10^{-5} m/s$)

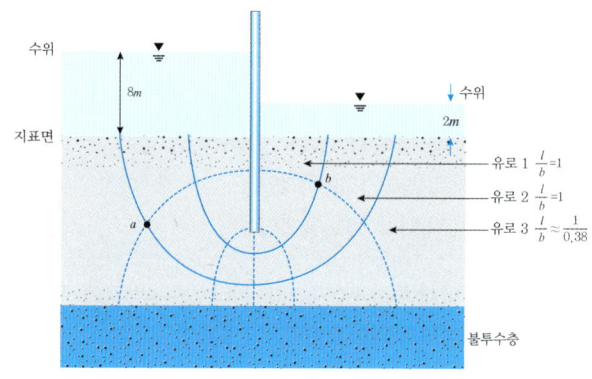

1) a위치에서의 피조메타 수위

총수두 손실 $\Delta H = 8 - 2 = 6m$

a점에서 수두손실 = $6 \times \frac{1}{6} = 1m$ (최고수위지점에서 1m 하강)

⇒ 지표면에서 7m 지점(전수두)

2) b위치에서의 피조메타 수위

a점에서 수두손실 = $6 \times \frac{5}{6} = 5m$ (최고수위지점에서 5m 하강)

⇒ 지표면에서 3m 지점(전수두)

3) 투수량

유로 1에 대해,
$q_1 = k\frac{\Delta H}{N_d} = 5 \times 10^{-5} \times \frac{6}{6} = 5 \times 10^{-5} m^3/s/m$

유로 2에 대해,
$q_2 = k\frac{\Delta H}{N_d} = 5 \times 10^{-5} \times \frac{6}{6} = 5 \times 10^{-5} m^3/s/m$

유로 3에 대해,
$q_3 = k\frac{\Delta H}{N_d}\frac{b}{l} = 5 \times 10^{-5} \times \frac{6}{6} \times 0.38 = 1.14 \times 10^{-5} m^3/s/m$

총 투수량
$Q = q_1 + q_2 + q_3 = 5 + 5 + 1.14 = 11.14 \times 10^{-5} m^3/s/m$

참조 유로 3의 유량에 대해,

유로 1과 유로 2의 유선망 요소는 거의 정사각형을 이루지만, 유로 3은 직사각형이다.
유로 3의 유로폭이 상대적으로 작기 때문에, 그 비율만큼 투수량을 감소시킨다.

예제

문제. 유선망에 대한 설명으로 옳지 않은 것은?

① 등수두선과 유선은 직교한다.
② 유선망의 요소(element)는 근사적으로 정사각형이다.
③ 불투수면의 수두는 동일하다.
④ 각 유선망의 요소(element)의 크기가 달라도 유입량 및 유출량이 같다.

정답 ③
해설 ③ 등수두선의 수두는 동일하다.

4) 이방 지반에서 유선망을 이용한 침투량

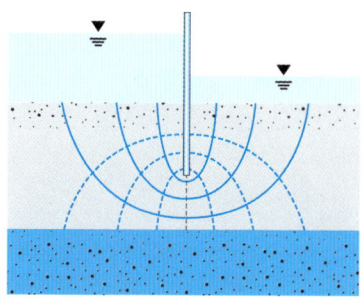

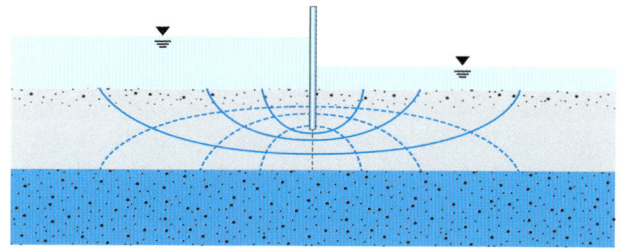

① 가로축(X축)방향 투수계수 : k_x
   세로축(Z축)방향 투수계수 : k_z

② 수평축척 $= \sqrt{k_z/k_x} \times$ 수직축척

③ 침투량 $Q = \sqrt{k_x k_z} \dfrac{\Delta H}{N_d} N_f$

> **예제**
>
> **[흙댐의 침투량]**
>
> 상류수위 10m(하류 수위 0), 투수계수 $k = 6 \times 10^{-6} m/s$,
> 하류측 흙댐 경사각 $\alpha = 30°$
> 하류측 침투부의 길이 $L = 3m$
>
> 침투량 $q = kL \tan\alpha \sin\alpha = 6 \times 10^{-6} \times 3 \times \dfrac{\sqrt{3}}{3} \times \dfrac{1}{2}$
> $\quad\quad\quad = 3\sqrt{3} \times 10^{-6} m^3/s/m$

> **예제**
>
> **문제.** 수평방향 투수계수와 수직방향 투수계수가 각각 9×10^{-2}mm/sec와 4×10^{-2}mm/sec인 지반에 강널말뚝을 타입하고, 강널말뚝 앞뒤의 수위차를 10 m로 유지하였다. 물 흐름을 해석하기 위해 좌표변환을 수행하여 지반내(지반 경계선 포함)에서 작도된 유선망이 11개의 등수두선과 6개의 유선으로 이루어졌다면, 지반을 통한 단위폭 당 침투유량 [m³/sec/m]은?
>
> **해설** $q = \sqrt{k_x k_z} \dfrac{\Delta H}{N_d} N_f = \sqrt{9 \times 10^{-5} \times 4 \times 10^{-5}} \times \dfrac{10}{10} \times 5$
> $\quad\quad = 3 \times 10^{-4} m^3/s/m$

③ 필터조건(Terzaghi)
  - 필터재 간극의 크기 < 보호시료(흙댐)의 큰 입자

$$\dfrac{D_{15(F)}}{D_{85(s)}} \leq 4 \sim 5$$

$D_{15(F)}$: 필터재의 15% 통과입경
$D_{15(S)}$: 보호시료(흙)의 15% 통과입경
$D_{85(S)}$: 보호시료(흙)의 85% 통과입경

  - 필터재 투수계수가 커야 한다. (큰 침투력과 정수압이 형성되지 않아야 한다.)

$$\dfrac{D_{15(F)}}{D_{15(s)}} \geq 4 \sim 5$$

$D_{15(F)}$: 필터재의 15% 통과입경
$D_{15(S)}$: 보호시료(흙)의 15% 통과입경
$D_{85(S)}$: 보호시료(흙)의 85% 통과입경

참조

[미해군 필터조건]

$\dfrac{D_{15(F)}}{D_{85(S)}} < 5$, $\dfrac{D_{50(F)}}{D_{50(S)}} < 25$, $\dfrac{D_{15(F)}}{D_{15(S)}} < 20$ 외 다수의 조건

5) 불투수 지반에 축조된 흙댐

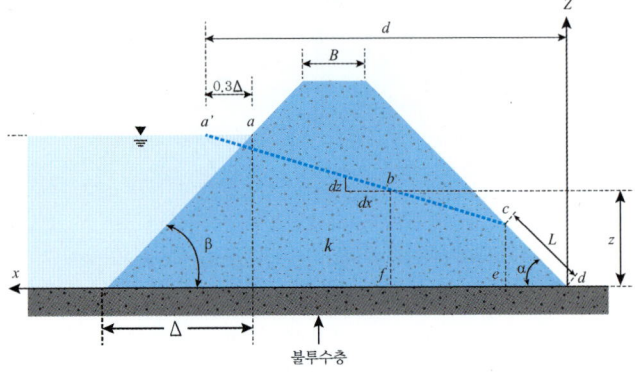

① 자유수면의 경사 = 동수경사 가정 $i = \dfrac{dz}{dx}$

② 침투수량 $q = kiA = k \times \tan\alpha \times L(\sin\alpha)$
$\quad\quad\quad\quad = kL\tan\alpha\sin\alpha$

대표기출문제

문제. 그림과 같은 지반내의 유선망이 주어졌을 때 폭 10m에 대한 침투 유량은? (단, 투수계수(K)는 2.2×10^{-2}cm/s이다.)

2021년 1회

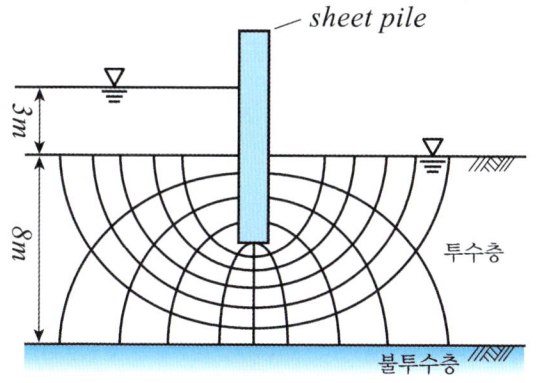

① $3.96 cm^3/s$ ② $39.6 cm^3/s$
③ $396 cm^3/s$ ④ $3,960 cm^3/s$

정답 ④

해설 등수두선 총 간격 수 $N_d = 10$
유로수 $N_f = 6$
투수량 $Q = k \dfrac{\Delta H}{N_d} N_f = 2.2 \times 10^{-2} \times \dfrac{300}{10} \times 6$
$= 3.96 cm^3/s/cm$ (단위 폭당 투수량)
총 투수량 $3.69 \times 10^3 = 3960 cm^3/s$

대표기출문제

문제. 유선망의 특징에 대한 설명으로 틀린 것은? 2020년 4회

① 각 유로의 침투유량은 같다.
② 유선과 등수두선은 서로 직교한다.
③ 인접한 유선 사이의 수두 감소량(head loss)은 동일하다.
④ 침투속도 및 동수경사는 유선망의 폭에 반비례한다.

정답 ③

해설 인접한 등수두선 사이의 수두 감소량(head loss)은 동일하다.

대표기출문제

문제. 수직방향의 투수계수가 4.5×10^{-8}m/sec이고, 수평방향의 투수계수가 1.6×10^{-8}m/sec인 균질하고 비등방(比等方)인 흙댐의 유선망을 그린 결과 유로(流路)수가 4개이고 등수두선의 간격수가 18개이다. 단위길이(m)당 침투수량은? (단, 상하류 수면차 H = 18m)

2017년 3회

① $1.1 \times 10^{-7} m^3/sec$
② $2.3 \times 10^{-7} m^3/sec$
③ $2.3 \times 10^{-6} m^3/sec$
④ $1.5 \times 10^{-6} m^3/sec$

정답 ①

해설 이방성 지반에서 침투량
$$Q = \sqrt{k_x k_z} \dfrac{\Delta H}{N_d} N_f = \sqrt{4.5 \times 1.6} \times 10^{-8} \times \dfrac{18}{18} \times 4$$
$$= 1.073 \times 10^{-7} m^3/s$$

03
PART

지반응력

05. 침투와 지반응력
06. 모관상승을 고려한 지반응력
07. 상재하중을 고려한 지반응력

05 침투와 지반응력

1 침투가 없는 지반의 응력

1) 다중 토층의 응력

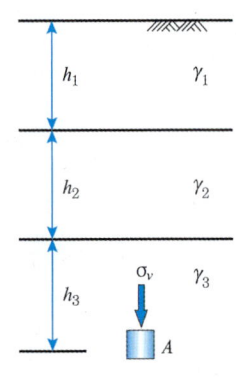

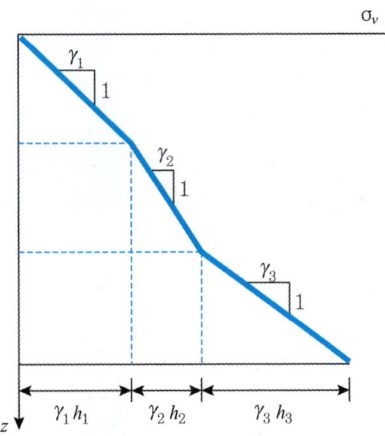

① 기본가정 : 각 토층은 균질
② 전응력 : $\sigma = \gamma_1 h_1 + \gamma_2 h_2 + \gamma_3 h_3 = \Sigma \gamma_i h_i$

2) 지하수위를 가지는 토층의 응력

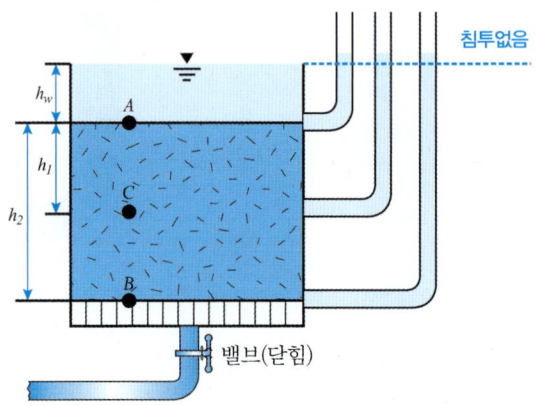

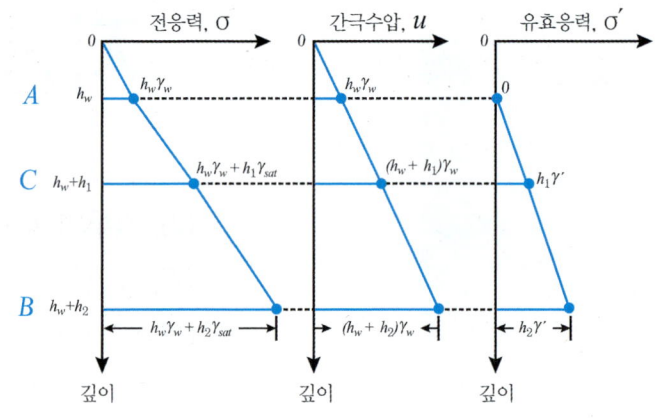

① 간극수압

토립자 사이의 간극수에 의한 수압 = 지하수에 의한 수압
A점 : $u = h_w \gamma_w$ (h_w : 지하수위)
C점 : $u = (h_w + h_1)\gamma_w$
B점 : $u = (h_w + h_2)\gamma_w$

② **유효응력** : 토립자만에 의한 응력

지하수위 아래에 있는 토층 : 수중단위중량 $\gamma' = \gamma_{sat} - \gamma_w$

지하수위 위에 있는 토층 : 단위중량 γ_t

A점 : $\sigma' = 0$

C점 : $\sigma' = h_1 \gamma'$

B점 : $\sigma' = h_2 \gamma'$

③ **전응력** : 유효응력 + 간극수압 $\sigma = \sigma' + u$

지하수위 아래의 토층 : 포화단위중량 γ_{sat}

지하수위 위의 토층 : 단위중량 γ_t

지반 위의 지하수위 ⇒ 지하수층(γ_w 인 층으로 고려)

A점 : $\sigma = h_w \gamma_w = h_w \gamma_w + 0$

C점 : $\sigma = h_w \gamma_w + h_1 \gamma_{sat} = h_1 \gamma' + (h_w + h_1)\gamma_w$

B점 : $\sigma = h_w \gamma_w + h_2 \gamma_{sat} = h_2 \gamma' + (h_w + h_2)\gamma_w$

> **참조**
>
> [전응력의 이해방법]
>
> 유효응력 + 간극수압
> 지하수위 아래의 토층을 γ_{sat}으로, 지반 위의 지하수를 γ_w 인 지하수층으로 고려

예제

[각 토층의 연직응력 계산]

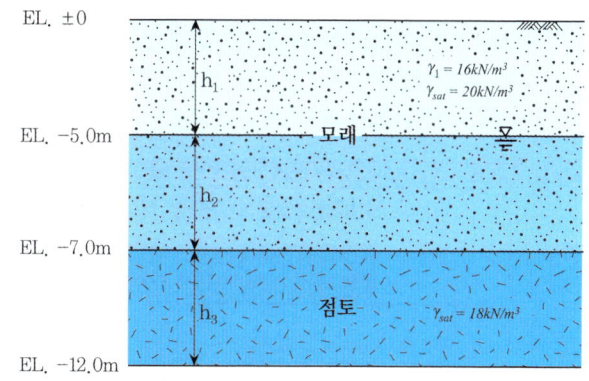

① EL −5m

$\sigma = h_1 \gamma_1 = 5 \times 16 = 80 kN/m^2$

$\sigma' = \sigma = 80 kN/m^2$

$u = 0$

② EL −7m

$\sigma = h_1 \gamma_1 + h_2 \gamma_{sat} = 5 \times 16 + 2 \times 20 = 120 kN/m^2$

$u = h_2 \gamma_w = 2 \times 10 = 20 kN/m^2$

$\sigma' = h_1 \gamma_1 + h_2 \gamma' = 5 \times 16 + 2 \times (20-10) = 100 kN/m^2$

③ EL −10m

$\sigma = 5 \times 16 + 2 \times 20 + 3 \times 18 = 174 kN/m^2$

$u = (2+3) \times 10 = 50 kN/m^2$

$\sigma' = 5 \times 16 + 2 \times (20-10) + 3 \times (18-10) = 124 kN/m^2$

④ EL −12m

$\sigma = 5 \times 16 + 2 \times 20 + 5 \times 18 = 210 kN/m^2$

$u = (2+5) \times 10 = 70 kN/m^2$

$\sigma' = 5 \times 16 + 2 \times (20-10) + 5 \times (18-10) = 140 kN/m^2$

> **예제**
>
> **문제.** 다음 그림과 같이 호수바닥 아래 지반(A지점)을 관통하는 지하통로를 설계하려 한다. 바닥면으로부터의 수위가 5m일 때(Case 1)와 물이 불어서 10m로 증가할 때(Case 2) A지점에서의 유효수직응력[kN/m²]은? (단, 호수바닥 아래 지반에서는 물의 흐름이 없는 정지상태로 가정한다)
>
>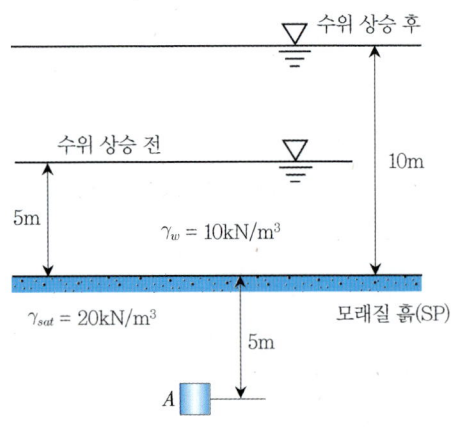
>
> **해설** 지하수위의 증가는 유효응력과 무관하다.
> $\sigma' = h_A \gamma = 5 \times (20-10) = 50 kN/m^2$

2 침투가 있는 지반의 응력

1) 상향침투가 있는 지반(침투종료지점 기준으로, 중력반대방향의 침투)

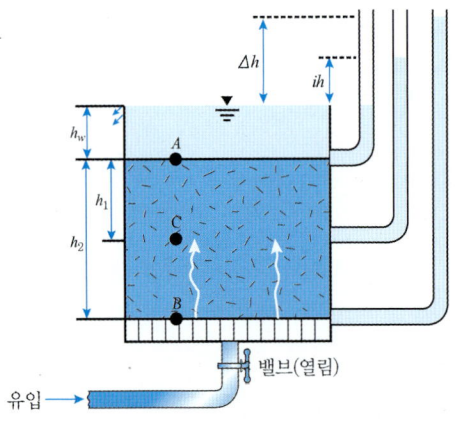

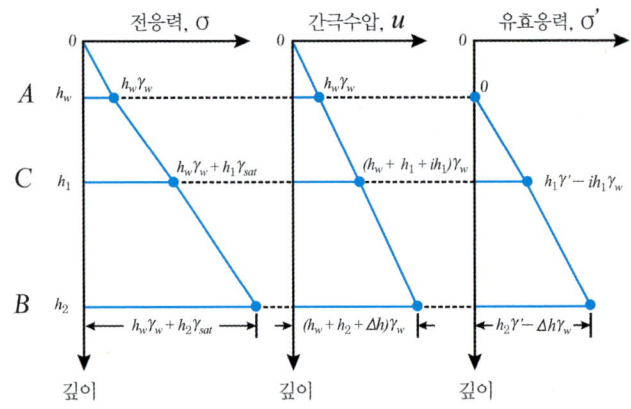

① **간극수압** : 침투가 없을 때의 수압 + 침투수압(해당위치~피조메타 수위)

A점 : $u = h_w \gamma_w$ (침투가 종료된 지점으로 침투수압이 없다.)
C점 : $u = (h_w + h_1)\gamma_w + ih_1\gamma_w$ (침투가 진행되는 중으로 침투수압은 투수층 깊이에 비례)
B점 : $u = (h_w + h_2)\gamma_w + ih_2\gamma_w = (h_w + h_2 + \Delta h)\gamma_w$ (침투가 시작되는 지점으로 침투수압이 가장 크다.)

침투 동수구배 $i = \dfrac{\Delta h}{h_2}$, 침투토층 두께 h_2, 최대침투수압 $\Delta h \gamma_w$
(B점, 침투시작 지점)

> **주의**
> * 침투수압은 침투가 시작되는 지점에서 가장 크고, 침투가 끝나는 지점에서 소멸된다.
> * 침투가 진행되면서 발생한 침투수압의 손실(간극수압의 손실)은 유효응력의 증대로 변환된다.
> * 침투수압 계산시 h_1은 침투종료지점에서부터 거리로 한다.

> **참조**
> 하향 침투에서 h_1은 침투시작지점에서부터 거리로 한다. 그러나, 결과적으로 h_1은 상향침투 및 하향침투에서 모두 침투층 상면에서 거리로 하면 된다.

② **유효응력** : 침투가 없을 때의 유효응력 − 침투수압

A점 : $\sigma' = 0$
C점 : $\sigma' = h_1 \gamma' - ih_1 \gamma_w$
B점 : $\sigma' = h_2 \gamma' - ih_2 \gamma_w = h_2 \gamma' - \Delta h \gamma_w$

③ **전응력** : 침투와 무관 ⇒ 간극수압의 증가 + 유효응력의 감소

A점 : $\sigma = h_w\gamma_w = h_w\gamma_w + 0$
C점 : $\sigma = h_w\gamma_w + h_1\gamma_{sat} = h_1\gamma' + (h_w+h_1)\gamma_w$
B점 : $\sigma = h_w\gamma_w + h_2\gamma_{sat} = h_2\gamma' + (h_w+h_2)\gamma_w$

예제

문제. 상향침투하는 모래층에서, A점과 B점에서 전응력, 간극수압, 유효응력을 구하라.(단, $\gamma_{sat} = 20kN/m^3$, $\gamma_w = 10kN/m^3$)

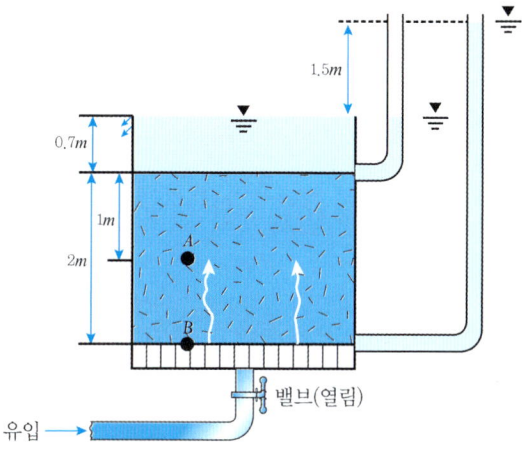

해설 ① A점
$$\sigma = h_w\gamma_w + h_A\gamma_{sat} = 0.7\times10 + 1\times20 = 27kN/m^2$$
$$\sigma' = h_A\gamma' - ih_A\gamma_w = 1\times(20-10) - \frac{1.5}{2}\times1\times10 = 2.5$$
$$u = h_w\gamma_w + h_A\gamma_w + ih_A\gamma_w = (h_w + h_A + ih_A)\gamma_w$$
$$= (0.7 + 1 + \frac{1.5}{2}\times1)\times10 = 24.5kN/m^2$$

② B점
$$\sigma = h_w\gamma_w + h_B\gamma_{sat} = 0.7\times10 + 2\times20 = 47kN/m^2$$
$$\sigma' = h_B\gamma' - ih_B\gamma_w = 2\times(20-10) - \frac{1.5}{2}\times2\times10$$
$$= 5kN/m^2$$
$$u = h_w\gamma_w + h_B\gamma_w + ih_B\gamma_w = (h_w + h_B + ih_B)\gamma_w$$
$$= (0.7 + 2 + \frac{1.5}{2}\times2)\times10 = 42kN/m^2$$

④ **한계동수경사** i_{cr}
침투수압에 의해, 유효응력이 0이 되도록 하는 침투수압 경사

$\sigma' = h_1\gamma' - ih_1\gamma_w = 0$에서, $i_{cr} = \dfrac{\gamma'}{\gamma_w} = \dfrac{G_s-1}{1+e}$

⑤ **분사현상**(Boiling, Quick condition)
침투수압에 의해, 유효응력이 (−)가 되어 지반이 부풀어 오르는 현상

$\sigma' = h_1\gamma' - ih_1\gamma_w < 0$이므로, $i = \dfrac{\Delta h}{L} > \dfrac{\gamma'}{\gamma_w} = i_{cr}$

⇒ 한계동수경사보다 큰 침투수압경사에서 분사

예제

문제. 모래지반의 안정을 위해 굴착할 수 있는 최대 깊이 H를 구하라.

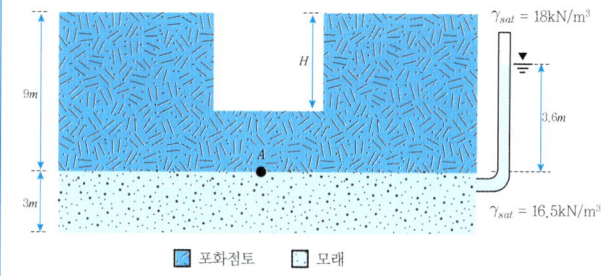

해설 A점의 유효응력 $h_A\gamma - u = (9-H)\times18 - 3.6\times10 = 0$에서,
$H = 7m$

예제

문제. 모래지반의 안정을 유지하기 위한 최소수심 h를 구하라.

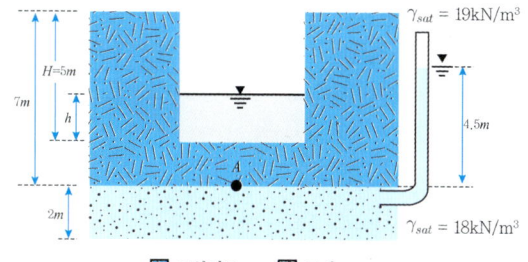

해설 A점의 유효응력
$(h_A\gamma + h\gamma_w) - 4.5\gamma_w = 2\times19 + h\times10 - 4.5\times10 = 0$
에서, $h = 0.7m$

> **예제**
>
> **문제.** 분사에 대해 안전하기 위한 Δh의 최대값을 구하라.(단, $G_s = 2.6$, $e = 0.6$)
>
>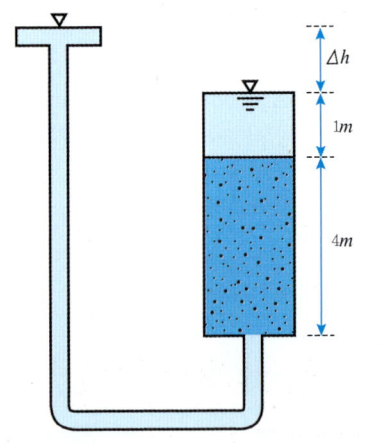
>
> **해설** $i_{cr} = \dfrac{\gamma'}{\gamma_w} = \dfrac{G_s - 1}{1 + e} = \dfrac{2.6 - 1}{1 + 0.6} = 1$
>
> $i = \dfrac{\Delta h}{L} = \dfrac{\Delta h}{4} \leq i_{cr} = 1$ 에서,
>
> $\Delta h \leq 4m$

2) 하향침투에서의 응력

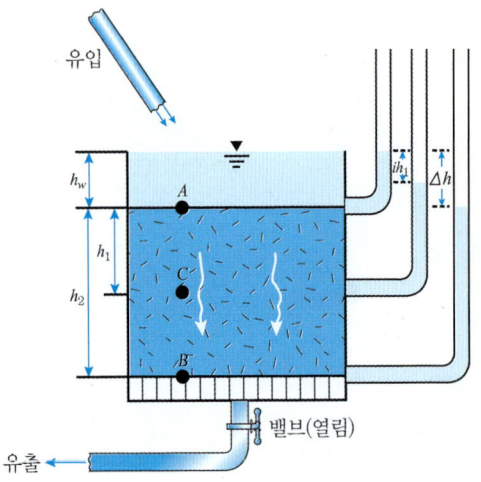

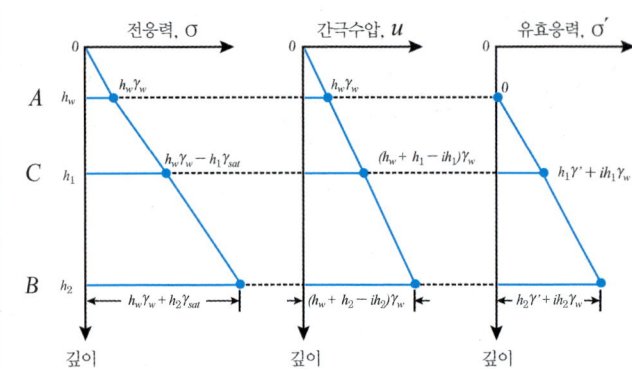

① **간극수압** : 침투가 없을 때의 수압 − 침투수압 (해당위치~피조메타 수위)

A점 : $u = h_w \gamma_w$ (침투가 시작된 지점으로 침투수압이 없다.)
C점 : $u = (h_w + h_1)\gamma_w - ih_1 \gamma_w$ (침투가 진행되는 중으로 침투수압은 투수층 깊이에 비례)
B점 : $u = (h_w + h_2)\gamma_w - ih_2 \gamma_w = (h_w + h_2 - \Delta h)\gamma_w$ (침투가 종료되는 지점으로 침투수압이 가장 크다.)

② **유효응력** : 침투가 없을 때의 유효응력 + 침투수압

A점 : $\sigma' = 0$
C점 : $\sigma' = h_1 \gamma' + ih_1 \gamma_w$
B점 : $\sigma' = h_2 \gamma' + ih_2 \gamma_w = h_2 \gamma' + \Delta h \gamma_w$

③ **전응력** : 침투와 무관 ⇒ 간극수압의 감소 + 유효응력의 증가

A점 : $\sigma = h_w \gamma_w = h_w \gamma_w + 0$
C점 : $\sigma = h_w \gamma_w + h_1 \gamma_{sat} = h_1 \gamma' + (h_w + h_1)\gamma_w$
B점 : $\sigma = h_w \gamma_w + h_2 \gamma_{sat} = h_2 \gamma' + (h_w + h_2)\gamma_w$

> **예제**
>
> **문제.** 그림과 같이 일정한 수위가 유지되면서 물이 토사층을 통과하여 하부로 흘러갈 때, 토사층 상단 A점과 하단 B점에서의 유효응력의 차는? (단, 흙의 포화단위중량은 20kN/m³이며, 물의 단위중량은 10kN/m³이다)
>
>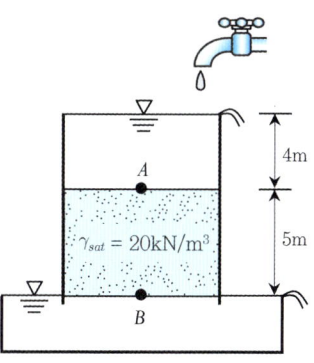
>
> **해설** A점의 유효응력 $\sigma' = 0 + ih_A = 0$
> B점의 유효응력
> $\sigma' = \gamma' h_B + ih_B \gamma_w = (20-10) \times 5 + \dfrac{9}{5} \times 5 \times 10$
> $\qquad\qquad = 140 kN/m^2$

3) 유선망에서의 응력

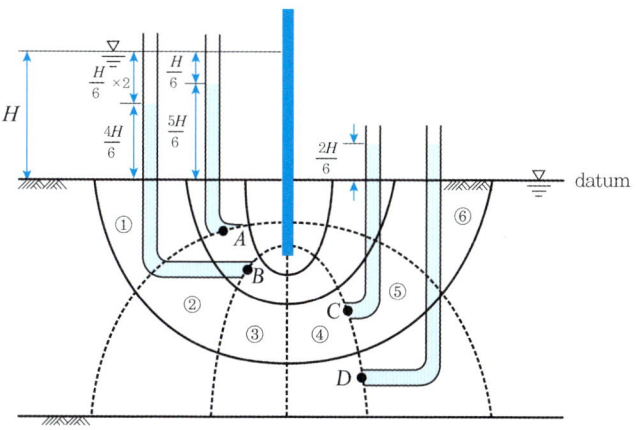

① 침투수두(Δh)

[하향침투] ⇒ 손실수두

A점 : $\Delta h = \dfrac{H}{N_d} \times N_{ds} = \dfrac{H}{6} \times 1$

(N_{ds} : 침투 시작시점에서 등수두선 간격)

B점 : $\Delta h = \dfrac{H}{N_d} \times N_{ds} = \dfrac{H}{6} \times 2$

[상향침투] ⇒ 추가수두

C점 = D점 : $\Delta h = \dfrac{H}{N_d} \times N_{df} = \dfrac{H}{6} \times 2$

(N_{df} : 침투 종료시점에서 등수두선 간격)

② **간극수압**(침투를 무시한 수압 ∓ 침투수압, 해당위치~ 피조메타 수위)

[하향침투]

A점 : $u = (H + h_A - \Delta h)\gamma_w = (H + h_A - \dfrac{H}{6})\gamma_w$

(h_A : 지표면에서 깊이)

B점 : $u = (H + h_B - \Delta h)\gamma_w = (H + h_B - \dfrac{2H}{6})\gamma_w$

[상향침투]

C점 : $u = (h_C + \Delta h)\gamma_w = (h_C + \dfrac{2H}{6})\gamma_w$

D점 : $u = (h_D + \Delta h)\gamma_w = (h_D + \dfrac{2H}{6})\gamma_w$

③ **유효응력**(침투를 무시한 유효응력 ± 침투수압)

[하향침투]

A점 : $\sigma' = h_A \gamma' + \Delta h \gamma_w = h_A \gamma' + \dfrac{H}{6}\gamma_w$

B점 : $\sigma' = h_B \gamma' + \Delta h \gamma_w = h_B \gamma' + \dfrac{2H}{6}\gamma_w$

[상향침투]

C점 : $\sigma' = h_C \gamma' - \Delta h \gamma_w = h_C \gamma' - \dfrac{2H}{6}\gamma_w$

D점 : $\sigma' = h_D \gamma' - \Delta h \gamma_w = h_D \gamma' - \dfrac{2H}{6}\gamma_w$

④ 전응력

A점 : $\sigma = h_A \gamma_{sat} + H \gamma_w = \sigma' + u$

B점 : $\sigma = h_B \gamma_{sat} + H \gamma_w = \sigma' + u$

C점 : $\sigma = h_C \gamma_{sat} = \sigma' + u$

(C점과 D점의 상면에는 수위 H가 없다.)

D점 : $\sigma = h_D \gamma_{sat} = \sigma' + u$

예제

문제. 그림과 같이 널말뚝벽이 설치된 지반에서 정상침투 상태의 유선망을 도시하였을 때, A위치의 유효수직응력은? (단, 지반은 등방·균질하며, 포화단위중량은 20 kN/m³, 물의 단위중량은 10 kN/m³이다)

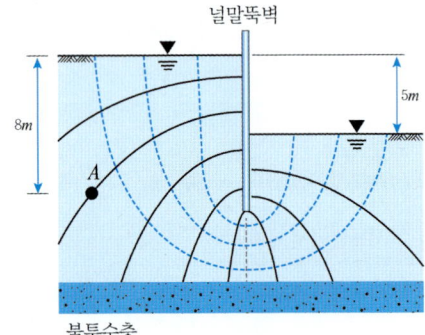

① 100kN/m² ② 90kN/m²
③ 80kN/m²   ④ 70kN/m²

정답 ②

해설 A점에서 침투압력(손실)

$\Delta u = \gamma_w \Delta h \times \dfrac{n}{N} = 10 \times 5 \times \dfrac{2}{10} = 10$

하향침투이므로,

$\sigma' = \gamma' H + \Delta u = (20-10) \times 8 + 10 = 90 kN/m^2$

예제

문제. 그림과 같은 수리구조물에서 A점의 간극수압[t/m²]은? (단, 물의 단위중량은 1 t/m³로 계산한다)

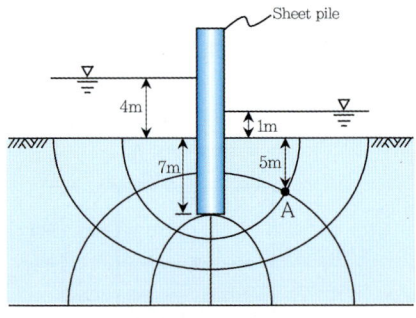

해설 침투수압 $\dfrac{\Delta h}{N_d} \times 1 \times \gamma_w = \dfrac{(4-1)}{6} \times 1 \times 1 = 0.5 t/m^2$

상향침투이므로,

$u = h_w \gamma_w + h_A \gamma_w + 0.5 = (1+5) \times 1 + 0.5 = 6.5 t/m^2$

4) 흙댐의 양압력

① 흙댐 저부에 간극수압에 의한 부력
② 하향 투수시의 간극수압 = 양압력

i 위치에서의 양압력 $u_i = h_w \gamma_w + h_i \gamma_w - \dfrac{\Delta h}{N_d} N_{ds} \gamma_w$

(h_i : 지표~i 까지 깊이)

예제

문제. 그림의 흙댐에서 각 위치의 양압력을 계산하라.

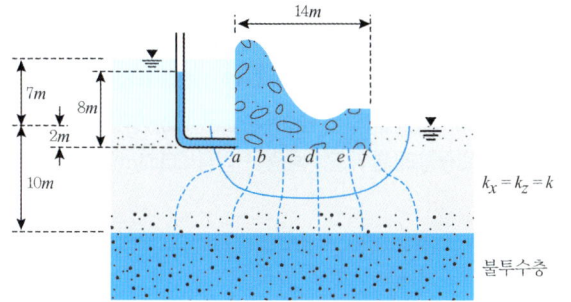

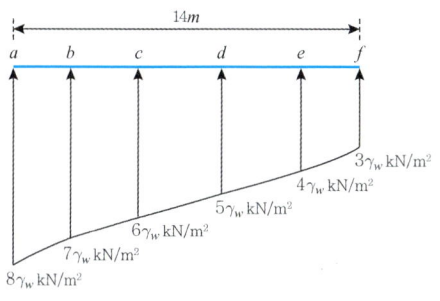

5) 널말뚝의 히빙(heaving) 안정성

① 단위체적당 침투력

상향침투가 있는 토층에 대해,

임의 깊이 h_a인 흙의 체적 = $h_a A$ (토층의 평면 면적)

침투력 $ih_a\gamma_w \times A$ (침투수압 × 면적)

단위체적당 침투력 = $\dfrac{ih_a\gamma_w A}{h_a A} = i\gamma_w$

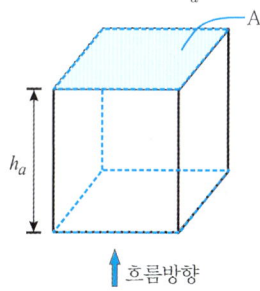

② 히빙 안정성 검토

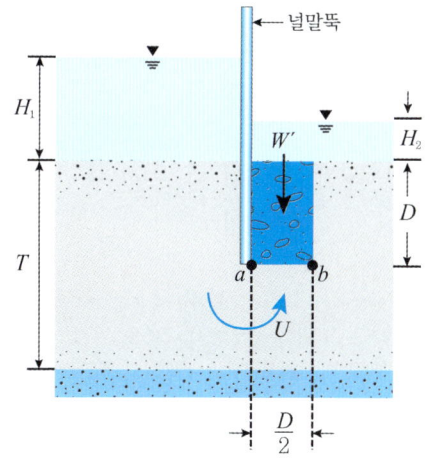

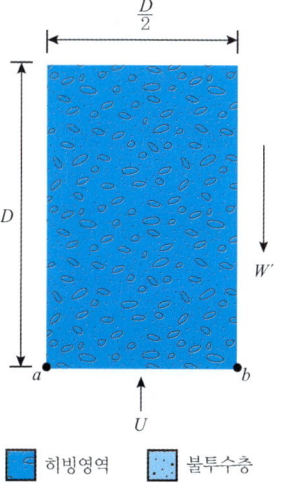

해설 ① $u_a = h_w\gamma_w + h_a\gamma_w - \dfrac{\Delta h}{N_d}N_{ds}\gamma_w$

$= (h_w + h_a - \dfrac{\Delta h}{N_d}N_{ds})\gamma_w$

$= (7 + 2 - \dfrac{7}{7} \times 1) \times 10 = 80 kN/m^2$

② $u_b = (9 - 1 \times 2) \times 10 = 70 kN/m^2$

③ $u_c = (9 - 1 \times 3) \times 10 = 60 kN/m^2$

④ $u_d = (9 - 1 \times 4) \times 10 = 50 kN/m^2$

⑤ $u_e = (9 - 1 \times 5) \times 10 = 40 kN/m^2$

⑥ $u_f = (9 - 1 \times 6) \times 10 = 30 kN/m^2$

㉠ 히빙 작용력

히빙영역 하면의 평균침투압 × 히빙영역 흙 체적
$= U = i_{avg}\gamma_w \times (D \times D/2)$

> **히빙영역 하면의 a점과 b점의 평균 동수구배**
>
> 평균동수구배 $i_{avg} = \dfrac{\Delta h_{avg}}{D}$
>
> 평균침투수두 = (a점의 침투수두 + b점의 침투수두) / 2
> $= \Delta h_{avg} = (\dfrac{\Delta h}{2} + \dfrac{\Delta h}{N_d}N_{df})/2$

㉡ 히빙 저항력

히빙영역 흙의 수중중량 = $W' = \gamma' \times (D \times D/2)$

㉢ 히빙 안전율
$FS = \dfrac{W'}{U} = \dfrac{\gamma'}{i_{avg}\gamma_w}$

예제

문제. 다음 널말뚝의 히빙에 대한 안전율을 구하라. (단, $\gamma_{sat} = 20kN/m^2$, $\gamma_w = 10kN/m^2$)

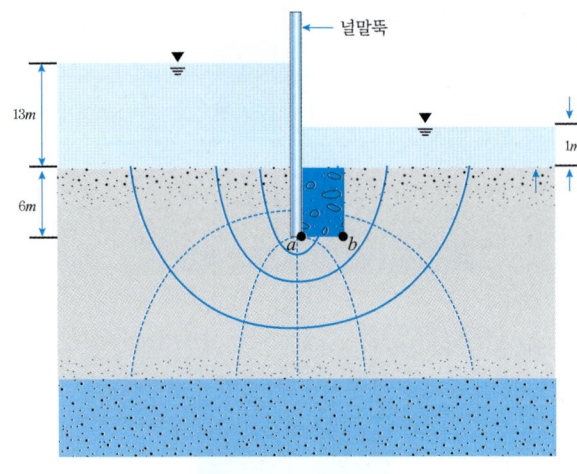

■ 히빙 영역 ■ 불투수층

해설 a점의 침투수두 $\Delta h_a = \dfrac{\Delta h}{2} = \dfrac{(13-1)}{2} = 6m$

b점의 침투수두 $\Delta h_b = \dfrac{\Delta h}{N_d}N_{df} \approx \dfrac{12}{6} \times 1.5 = 3m$

평균침투수두 $\Delta h_{avg} = (6+3)/2 = 4.5m$

평균동수구배 $i_{avg} = \dfrac{\Delta h_{avg}}{D} = \dfrac{4.5}{6} = 0.75$

안전율 $FS = \dfrac{W'}{U} = \dfrac{\gamma'}{i_{avg}\gamma_w} = \dfrac{(20-10)}{0.75 \times 10} = \dfrac{4}{3} = 1.33$

예제

문제. 그림과 같이 널말뚝벽이 설치된 점성토 지반에서 B점의 간극수압이 A점의 간극수압의 2배 이하가 되고, 히빙에 대한 안전율이 2.0 이상을 만족하는 널말뚝벽의 최소 근입깊이 D는? (단, 점선 A-B는 총수두차의 50%가 손실되는 등수두선이고, 히빙존에서의 평균수두손실은 12m이며, 점성토의 포화단위중량과 물의 단위중량은 각각 20kN/m³과 10kN/m³이다)

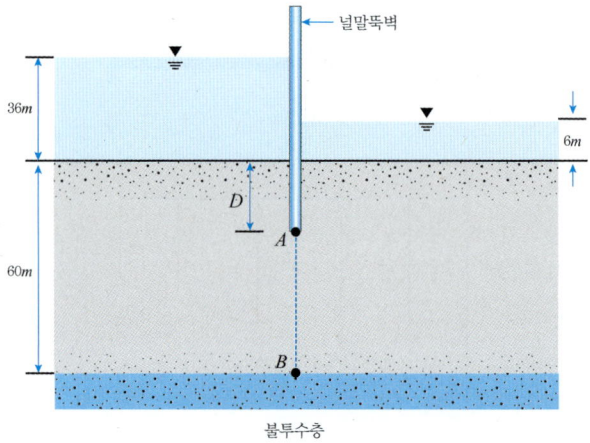

불투수층

해설 1) 히빙에 대한 안전율

평균 동수경사 $i_{av} = \dfrac{\Delta h_{av}}{D} = \dfrac{12}{D}$ 이고,

히빙에 대한 안전율

$FS = \dfrac{\gamma'}{i_{av}\gamma_w} = \dfrac{(20-10)}{12/D \times 10} \geq 2$ 에서, $D \geq 24m$

2) 간극수압에 대한 안전율

$u_A = (36+D)\gamma_w - 15\gamma_w = (21+D)\gamma_w$

$u_B = 66\gamma_w - 15\gamma_w \leq 2u_A = (42+2D)\gamma_w$ 에서,

$D \geq 4.5m$

6) 흙댐의 파이핑(Piping) 안정성

① Harza의 파이핑 안전율

$$FS = \frac{\gamma'}{i_{exit}\gamma_w} = \frac{i_{cr}}{i_{exit}} \quad (\text{히빙의 안전율 식에서, } i_{avg} \to i_{exit} \text{ 로 치환})$$

$$\text{한계동수경사 } i_{cr} = \frac{\gamma'}{\gamma_w} = \frac{G_s - 1}{1 + e}$$

② 최대출구경사

$$i_{exit} = \frac{\Delta h}{N_d L}$$

예제

문제. 다음 그림의 흙댐의 파이핑에 대한 안전율을 구하라.(단, $\Delta h = 8m$, $L = 2m$, $\gamma_{sat} = 20kN/m^2$, $\gamma_w = 10kN/m^2$)

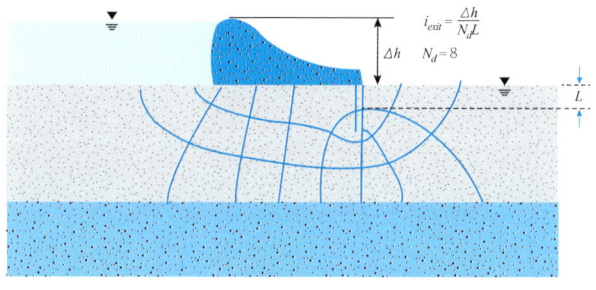

해설 최대출구경사 $i_{exit} = \frac{8}{8 \times 2} = 0.5$

파이핑에 대한 안전율 $FS = \frac{(20-10)}{0.5 \times 10} = 2$

참고

[점토지반 버팀굴착시 바닥융기 안전율]

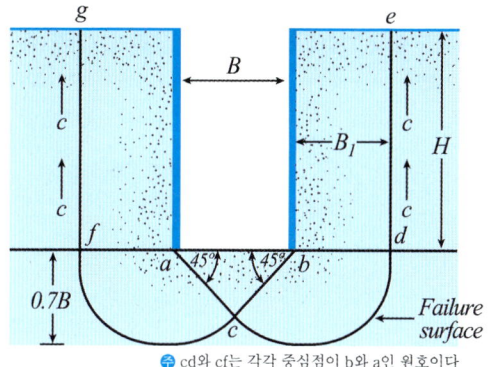

⊕ cd와 cf는 각각 중심점이 b와 a인 원호이다

① 바닥면에서의 단위길이당 하중
$Q = \gamma H B_1 - cH \quad (B_1 = 0.7B)$

② 순극한 지지력
$Q_u = cN_c B_1 = 5.7cB_1$

③ 점토지반 바닥융기 안전율
$$F_s = \frac{Q_u}{Q} = \frac{1}{H}\left(\frac{5.7c}{\gamma - \frac{c}{0.7B}}\right)$$

대표기출문제

문제. 아래 그림과 같은 지반의 A점에서 전응력(σ), 간극수압(u), 유효응력(σ')을 구하면? (단, 물의 단위중량은 9.81kN/m³이다.)   2020년 1,2회

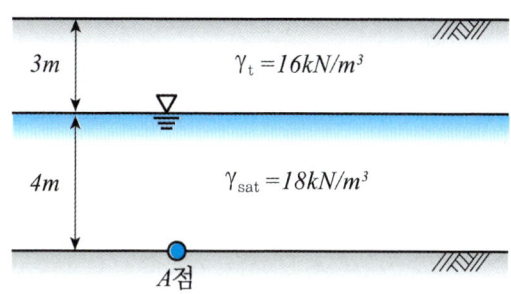

① $\sigma = 94kN/m^2$, $u = 39.24kN/m^2$, $\sigma' = 54.76kN/m^2$
② $\sigma = 94kN/m^2$, $u = 32.15kN/m^2$, $\sigma' = 61.85kN/m^2$
③ $\sigma = 120kN/m^2$, $u = 32.15kN/m^2$, $\sigma' = 87.85N/m^2$
④ $\sigma = 120kN/m^2$, $u = 39.24kN/m^2$, $\sigma' = 80.76kN/m^2$

정답 ④

해설 $\sigma = 3 \times 16 + 4 \times 18 = 120 kN/m^2$
$u = 4 \times 9.81 = 39.24 kN/m^2$
$\sigma' = \sigma - u = 120 - 39.24 = 80.76 kN/m^2$

대표기출문제

문제. 어떤 모래층의 간극비(e)는 0.2, 비중(G_s)은 2.600이었다. 이 모래가 분사현상(Quick Sand)이 일어나는 한계 동수경사 (i_{cr})는? 　　　　　　　　　　　　　　　2021년 1회

① 0.56　　　　　② 0.95
③ 1.33　　　　　④ 1.80

정답 ③

해설 $i_{cr} = \dfrac{\gamma'}{\gamma_w} = \dfrac{G_s - 1}{1 + e} = \dfrac{2.6 - 1}{1 + 0.2} = 1.33$

대표기출문제

문제. 그림과 같이 모래층에 널말뚝을 설치하여 물막이공 내의 물을 배수하였을 때, 분사현상을 방지하기 위해 얼마의 압력을 가하여야 하는가? (단, 모래의 비중은 2.65, 간극비는 0.65, 안전율은 3, 물의 단위중량은 9.81kN/m³이다.) 　　2019년 2회

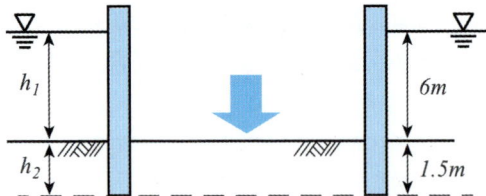

① 655kN/m²　　　② 162kN/m²
③ 233kN/m²　　　④ 333kN/m²

정답 ②

해설 $i_{cr} = \dfrac{\gamma'}{\gamma_w} = \dfrac{G_s - 1}{1 + e} = \dfrac{2.65 - 1}{1 + 0.65} = 1$

$i = \dfrac{\Delta h}{L} = \dfrac{6}{1.5} = 4$

$F_s = \dfrac{i_{cr} + \Delta i}{i} = 3$에서, $\dfrac{1 + \Delta i}{4} = 3$이므로,

$\Delta i = 11 = \dfrac{h}{L} = \dfrac{h}{1.5}$ 에서, 소요 수두 $h = 16.5m$

압력으로 환산하면, $p = \gamma_w h = 9.81 \times 16.5 = 161.9 kN/m^2$

대표기출문제

문제. 다음 그림과 같은 점성토 지반의 굴착저면에서 바닥융기에 대한 안전율을 Terzaghi의 식에 의해 구하면? (단, γ = 17.3 kN/m³, c = 24kN/m³이다.) 　　　　　2018년 3회

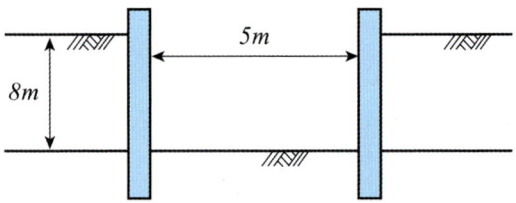

① 3.21　　　　　② 2.32
③ 1.64　　　　　④ 1.17

정답 ③

해설 점토지반 바닥융기 안전율

$F_s = \dfrac{1}{H}\left(\dfrac{5.7c}{\gamma - \dfrac{c}{0.7B}}\right)$

$= \dfrac{1}{8} \times \dfrac{5.7 \times 24}{17.3 - 24/0.7 \times 5} = 1.637$

06 모관상승을 고려한 지반응력

1 모관상승고(Capillary rise hight)

$h_c = \dfrac{4T\cos\alpha}{d\gamma_w}$ 에서, $h_c \propto \dfrac{1}{d}$

토립자 종류	굵은 모래	가는 모래	실트	점토
모관상승고(m)	0.1~1.2	0.3~1.2	0.75~7.5	7.5~23

2 Hazen의 모관상승고 경험식

$h_1 = \dfrac{C}{eD_{10}}(mm)$, C : 입경에 따른 상수

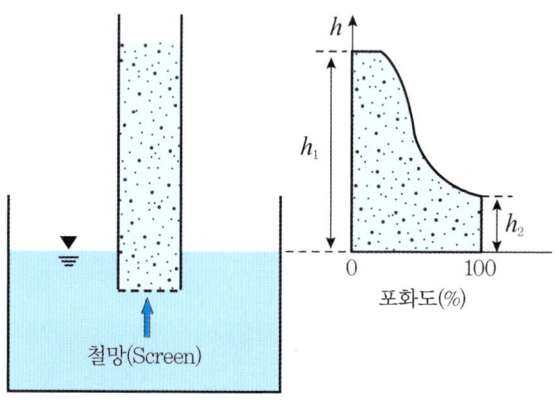

① 모관상승이 높은 위치의 포화도는 낮다.
② **모관상승에 따른 응력**
  ㉠ 모관상승에 따른 간극수압 $u = -S\gamma_w h_c$ (S : 포화도, h_c : 모관상승고)
  ㉡ 전응력 σ의 변화는 없다.
  ㉢ 모관상승고 h_c : 지하수위~해당위치
  ㉣ 모관상승 영역 최고점 바로 위 : 모관상승의 영향 없음
  ㉤ 모관상승 영역 최고점 바로 아래 : 모관상승의 영향 최대

예제

문제. 아래 토층의 응력을 구하라.(단, $H_1=2m$, $H_2=1m$, $H_3=2m$)

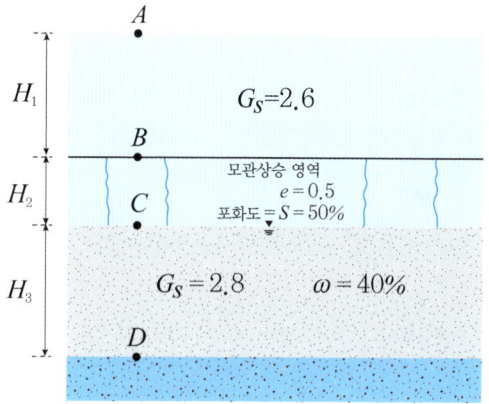

해설 ① A점
$\sigma = u = \sigma' = 0$

② B점(모관상승 영역 바로 위)
$\gamma_{d-sand} = \dfrac{G_s \gamma_w}{1+e} = \dfrac{2.6 \times 10}{1+0.5} = 17.3 kN/m^3$
$\sigma = H_1 \gamma_{d-sand} = 2 \times 17.3 = 34.7 kN/m^2$
$u = 0$
$\sigma' = \sigma - u = 34.7 kN/m^2$

③ B점(모관상승 영역 바로 아래)
$u = -S\gamma_w h_c = -0.5 \times 10 \times 1 = -5 kN/m^2$
$\sigma' = \sigma - u = 34.7 - (-5) = 39.7 kN/m^2$

④ C점(모관상승 종료지점, 모관상승 영향없음)
$\gamma_{t-sand} = \dfrac{(G_s + Se)\gamma_w}{1+e} = \dfrac{(2.6+0.5\times 0.5)\times 10}{1+0.5}$
$= 19 kN/m^2$
$\sigma = H_1 \gamma_{d-sand} + H_2 \gamma_{t-sand} = 2\times 17.3 + 1\times 19$
$= 53.6 kN/m^2$
$u = 0$
$\sigma' = \sigma - u = 53.6 kN/m^2$

⑤ D점

$Se = \omega G_s$ 에서, $S = 1$이므로, $e = 0.4 \times 2.7 = 1.08$

$$\gamma_{sat-clay} = \frac{(1+\omega)G_s \gamma_w}{1+e} = \frac{(1+0.4) \times 2.7 \times 10}{1+1.08}$$
$$= 18.2 kN/m^2$$
$$\sigma = H_1 \gamma_{d-sand} + H_2 \gamma_{t-sand} + H_3 \gamma_{sat-clay}$$
$$= 2 \times 17.3 + 1 \times 19 + 2 \times 18.2 = 90 kN/m^2$$
$$u = H_3 \gamma_w = 2 \times 10 = 20 kN/m^2$$
$$\sigma' = \sigma - u = 90 - 20 = 70 kN/m^2$$

예제

문제. 그림과 같이 균질한 지층의 지표면으로부터 3m 아래 지하수위가 존재하고 있다. 지하수위면 상부 1m까지 모관작용에 의해 포화되어 있을 때, 지하수위면 상부 0.5m(A점)에서 유효응력은? (단, 흙의 단위중량 γ_t = 18kN/m³, 흙의 포화단위중량 γ_{sat} = 20kN/m³, 물의 단위중량 γ_w = 10kN/m³이다)

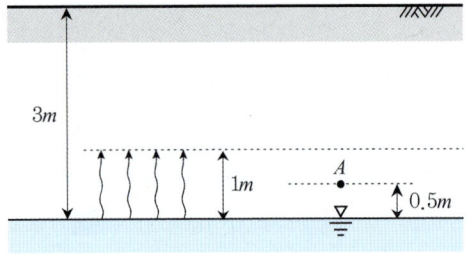

해설 $\sigma' = \sigma - u = 2 \times 18 + 0.5 \times (20) - (-10 \times 0.5)$
$= 51 kN/m^2$

예제

문제. 지반 내에서 발생할 수 있는 모세관현상에 대한 설명으로 옳지 않은 것은?

① 모세관현상의 상승고는 입경이 작을수록 증가한다.
② 모세관현상이 발생된 구역에서는 부(−)의 간극수압이 발생하므로, 전응력이 유효응력보다 작다.
③ 모세관현상이 시작되는 자유수면에서의 간극수압은 물의 단위중량 × 모세관의 상승고이다.
④ 모세관현상이 발생하는 구역이라 할지라도 포화도가 반드시 100%인 것은 아니며, 자유수면으로부터의 높이에 따라 포화도는 변할 수 있다.

정답 ③
해설 ③ 모세관현상이 시작되는 자유수면에서의 간극수압은 0이다.

3 모관상승과 동해

① **동해** : 지반의 동결로 인한 피해(동상, 융해)
② **동상** : 지반 동결에 의한 융기

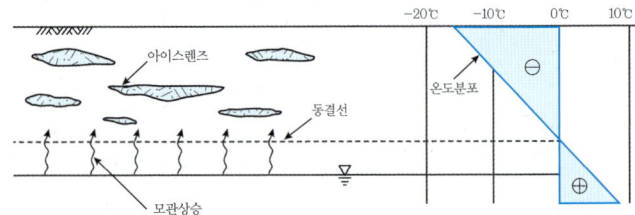

[동상 과정]

간극수의 동결 ⇒ 주변 수분을 흡수하여 얼음 성장(아이스렌즈 형성)
⇒ 모관상승 등에 의해 수분 공급의 경우 더욱 크게 성장
⇒ 간극수 동결에 따른 체적팽창 + 모관상승에 따른 추가 체적
⇒ 지반융기

③ **융해(연화)** : 동결된 아이스렌즈가 녹아서 지반의 함수비를 급상승시켜 지반강도를 감소시키는 현상
④ **동상이 크게 발생하는 조건**
동상이 잘 일어나는 흙, 충분한 수분의 공급, 혹한의 장기화

⑤ 동상이 잘 일어나는 흙
  ㉠ 자갈, 모래 < 점토 < 유기질실트 < 무기질실트
  ㉡ 자갈이나 모래는 모관상승고가 낮아서 동상이 잘 발생하지 않음
  ㉢ 점토는 투수가 낮아서 모관상승에 따른 수분 유입속도가 느려서 동상이 잘 발생하지 않음

⑥ 동해방지대책
  ㉠ 동결깊이보다 더 깊이 구조물 설치
  ㉡ 동해가 잘 일어나지 않는 흙(자갈, 모래 등)으로 치환
  ㉢ 배수구를 설치하여 지하수위 하강
  ㉣ 약액처리
  ㉤ 단열제 설치
  ㉥ 도로의 보조기층 아래 자갈층을 설치하여 모관상승을 방지

대표기출문제

문제. 다음 중 동상에 대한 대책으로 틀린 것은? 2021년 2회

① 모관수의 상승을 차단한다.
② 지표부근에 단열재료를 매립한다.
③ 배수구를 설치하여 지하수위를 낮춘다.
④ 동결심도 상부의 흙을 실트질 흙으로 치환한다.

정답 ④

해설 동결심도 상부의 흙을 사질토로 치환한다.
[동해방지대책]
• 동결깊이보다 더 깊이 구조물 설치
• 동해가 잘 일어나지 않는 흙(자갈, 모래 등)으로 치환
• 배수구를 설치하여 지하수위 하강
• 약액처리
• 단열제 설치

대표기출문제

문제. 그림에서 a-a'면 바로 아래의 유효응력은? (단, 흙의 간극비(e)는 0.4, 비중(G_s)은 2.65, 물의 단위중량은 9.81kN/m³이다.) 2021년 1회

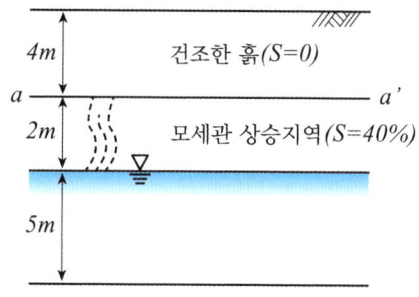

① 68.2kN/m² ② 82.1kN/m²
③ 97.4kN/m² ④ 102.1kN/m²

정답 ②

해설 $\gamma_d = \dfrac{G_s \gamma_w}{1+e} = \dfrac{2.65 \times 9.81}{1+0.4} = 18.57 kN/m^3$

$\gamma' = \gamma_d + S\gamma_w h = 18.57 \times 4 + 0.4 \times 9.81 \times 2 = 82.12 kN/m^2$

대표기출문제

문제. 동상 방지대책에 대한 설명으로 틀린 것은? 2020년 4회

① 배수구 등을 설치하여 지하수위를 저하시킨다.
② 지표의 흙을 화학약품으로 처리하여 동결온도를 내린다.
③ 동결 깊이보다 깊은 흙을 동결하지 않는 흙으로 치환한다.
④ 모관수의 상승을 차단하기 위해 조립의 차단층을 지하수위보다 높은 위치에 설치한다.

정답 ③

해설 동결 깊이보다 얕은 흙을 동결하지 않는 흙으로 치환한다.

07 CHAPTER 상재하중을 고려한 지반응력

1 상재하중이 있는 지반의 응력(이론적 접근방법)

1) (반)무한 등분포 면하중

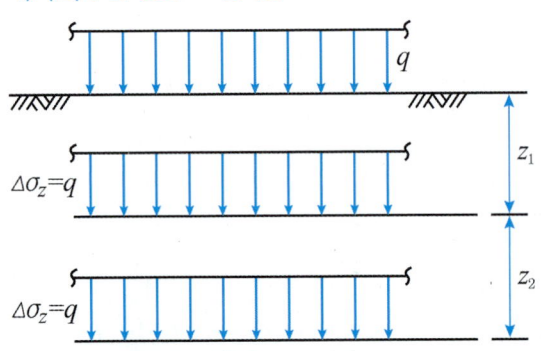

① 균질, 탄성, 등방성 지반조건, 토층의 특성(탄성계수, 투수계수 등)과 무관
  ⇒ 모든 이론식에서 공통 적용
② 지반내의 응력증가는 깊이에 무관하게 하중과 동일
  $\Delta\sigma_z = q$
③ 수평방향 변형 $\epsilon_h = 0$
④ 응력의 증가
  수직응력 $\Delta\sigma_z = q$
  수평응력 $\Delta\sigma_x = \Delta\sigma_y = \Delta\sigma_h = K_o\Delta\sigma_z = K_o q$
  (K_o 정지토압계수)
⑤ 가장자리 응력 보정
  하중재하의 끝단 변의 응력 $q/2$
  하중재하의 모서리 지점의 응력 $q/4$

예제

문제. 매우 넓은 면적의 지표면에 재하되는 등분포 하중 q에 대해, 지반내 각 위치의 응력을 구하라.

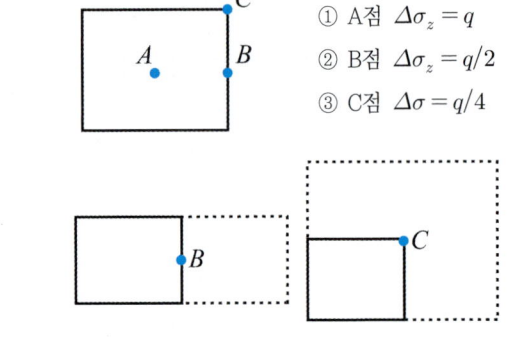

① A점 $\Delta\sigma_z = q$
② B점 $\Delta\sigma_z = q/2$
③ C점 $\Delta\sigma = q/4$

2) 집중하중에 의한 응력(Boussinesq 이론식)

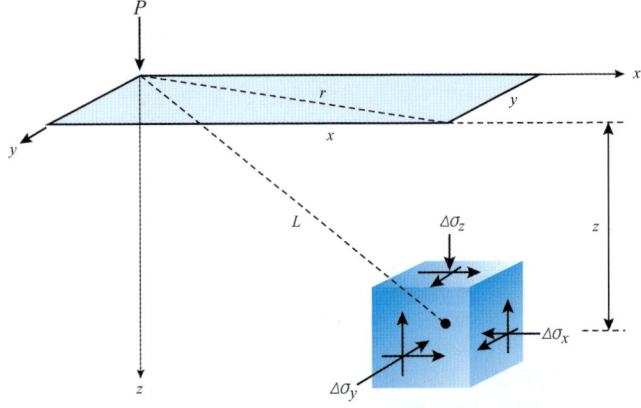

① 반무한 공간의 지표면에 집중하중 P가 재하됨에 따른 응력의 변화량 제안

② 응력변화량

X축 :
$$\Delta\sigma_x = \frac{P}{2\pi}\left[\frac{3x^2 z}{L^5} - (1-2\mu)\left\{\frac{x^2-y^2}{Lr^2(L+z)} + \frac{y^2 z}{L^3 r^2}\right\}\right]$$

Y축 :
$$\Delta\sigma_y = \frac{P}{2\pi}\left[\frac{3y^2 z}{L^5} - (1-2\mu)\left\{\frac{y^2-x^2}{Lr^2(L+z)} + \frac{x^2 z}{L^3 r^2}\right\}\right]$$

Z축 : $\Delta\sigma_z = \dfrac{3P}{2\pi}\dfrac{z^3}{L^5} = \dfrac{P}{z^2}I_1$

μ : 포아송비, $L = \sqrt{x^2+y^2+z^2}$

③ 응력변화 영향인자

$$I_1 = \frac{3}{\pi}[(r/z)^2+1]^{-5/2} \quad (r/z = 0 \text{ 일 때, } I_1 = 0.4775)$$

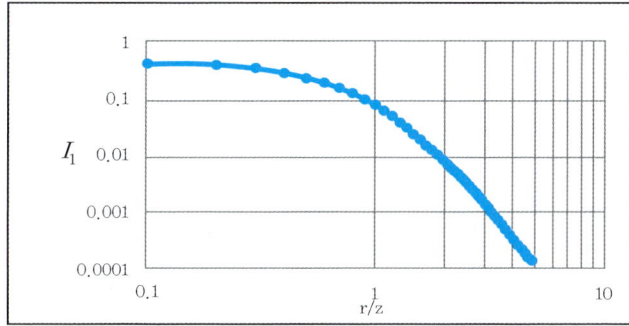

④ 깊이 z에 따른 영향

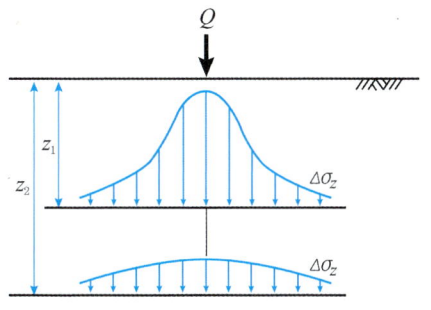

특정깊이까지는 종모양의 분포
⇒ 하중재하 위치에서 응력집중
깊이가 깊어질수록 등분포에 가까운 형태
⇒ 응력이 분산
응력분포도의 면적은 깊이에 관계없이 일정

⑤ 수평이격거리 r에 따른 영향

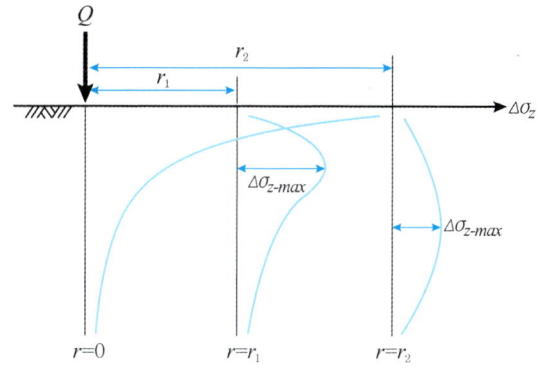

집중하중 재하위치($r=0$)
⇒ 깊이에 따라 급격히 감소
수평거리가 클수록 $\Delta\sigma_{z-max}$는 작아지고, 발생위치는 깊어진다.

⑥ 응력 변화는 흙의 특성과 관계없다.
⑦ 지반이 탄성체가 아니지만, 탄성체로 가정하고 계산
⇒ 그러나 실측치와 매우 근사한 결과(오차율 ±25% 범위)

예제

문제. 집중하중이 지표면에 $8kN$이 재하될 때, 재하위치에서 수평으로 $r=5m$, 수직으로 $2m$ 이격된 위치에서 연직응력 증가량을 구하라.(단, $r/z = 5/2 = 2.5$일 때 $I_1 = 0.00854$, $r/z = 0$일 때 $I_1 = 0.04775$이다.)

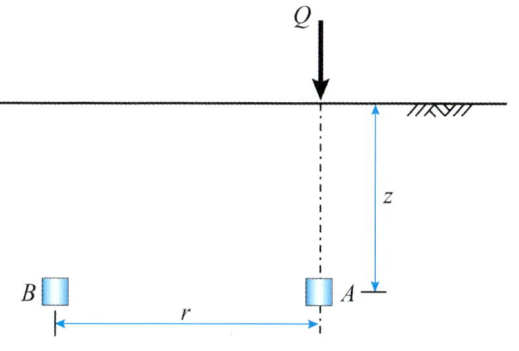

해설 A점 $\Delta\sigma_z = \dfrac{P}{z^2}I_1 = \dfrac{8}{2^2} \times 0.04775 = 0.0955\,kN/m^2$

B점 $\Delta\sigma_z = \dfrac{P}{z^2}I_1 = \dfrac{8}{2^2} \times 0.00584 = 0.0171\,kN/m^2$

3) 원형 등분포 하중에 의한 응력

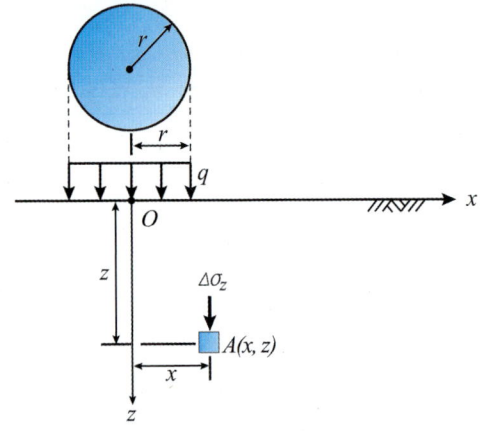

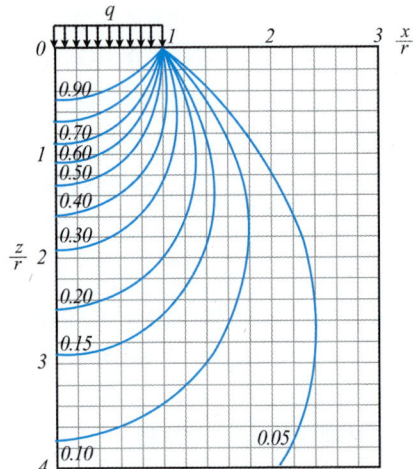

① Boussinesq 식을 재하면적에 대해 적분하여 계산

② 연직응력 증가량
$$\Delta\sigma_v = q[1-(1/(1+(r/z)^2)^{3/2}] = qI_2$$

③ 응력변화 영향인자
$$I_2 = [1-(1/(1+(r/z)^2)^{3/2}]$$

예제

문제. 다음 직경이 D인 원형기초판에서, A와 B점의 연직응력 증가량을 구하라.

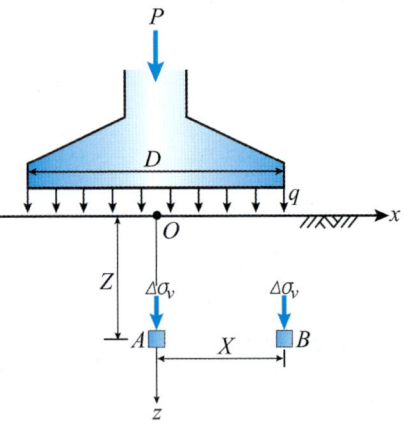

해설 단, $D=8m$, $x=4m$, $z=4m$, $q=100kN/m^2$
$x/r=0$, $z/r=1$ 조건에서 $I_2=0.65$
$x/r=1$, $z/r=1$ 조건에서 $I_2=0.35$
A점 : $\Delta\sigma = qI_2 = 100 \times 0.65 = 65kN/m^2$
B점 : $\Delta\sigma = qI_2 = 100 \times 0.35 = 35kN/m^2$

4) 직사각형 등분포 하중에 의한 응력

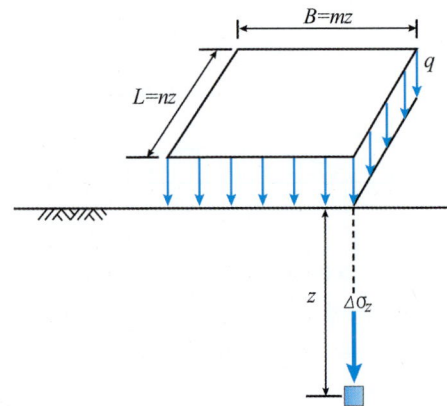

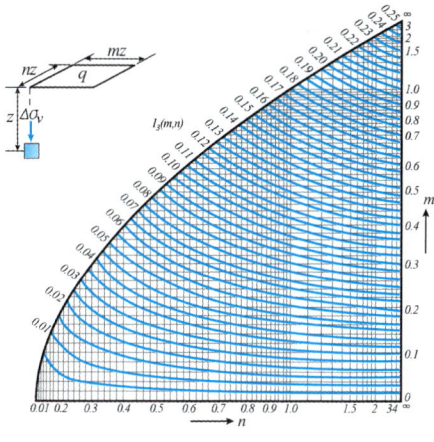

① Boussinesq 식을 재하면적에 대해 적분하여 계산

② 모서리 지점의 연직응력 증가량

$$\Delta\sigma_v = qI_3$$

③ 응력변화 영향인자

$$I_3 = \frac{1}{4\pi}\left[\frac{2mn\sqrt{m^2+n^2+1}}{m^2+n^2+m^2n^2+1} \times \frac{m^2+n^2+2}{m^2+n^2+1}\right.$$
$$\left. + \tan^{-1}\left(\frac{2mn\sqrt{m^2+n^2+1}}{m^2+n^2-m^2n^2+1}\right)\right]$$
$$m = B/z, \quad n = L/z$$

④ 모서리 지점 외의 위치에서 응력 ⇒ 구역 분할법

하중 재하면 내의 응력

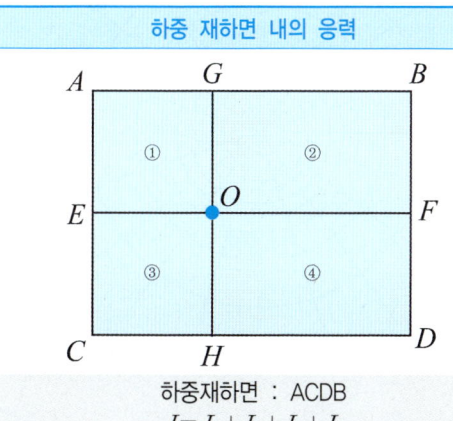

하중재하면 : ACDB
$I = I_1 + I_2 + I_3 + I_4$

하중 재하면 외의 응력

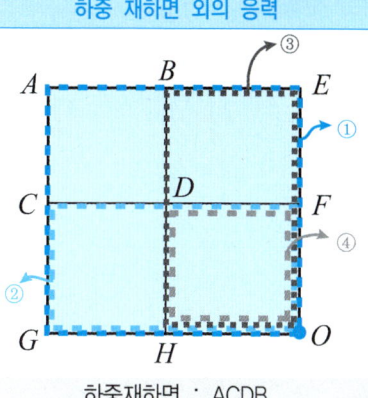

하중재하면 : ACDB
$I = I_1 - I_2 - I_3 + I_4$

예제

문제. 다음 직사각형 기초판(ABDC)에 하중 P가 재하되고 있다. O'와 X' 위치에서 연직응력 변화량을 구하라. (단, $q = 500 kN/m^2$)

AGO'E 사각형의 $z = 2m$에서 영향인자 $I_a = 0.038$
AIX'E 사각형의 $z = 2m$에서 영향인자 $I_1 = 0.098$
BIX'F 사각형의 $z = 2m$에서 영향인자 $I_2 = 0.068$

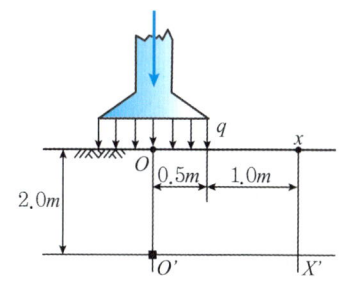

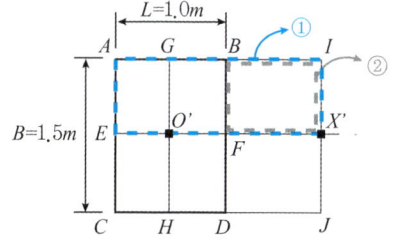

해설 O'점에서, $\Delta\sigma = q(4 \times I_a) = 500 \times 4 \times 0.038 = 76 kN/m^2$
X'점에서,
$\Delta\sigma = q(2 \times (I_1 - I_2)) = 500 \times 2 \times (0.098 - 0.068)$
$= 30 kN/m^2$

5) 등분포 선하중에 의한 응력

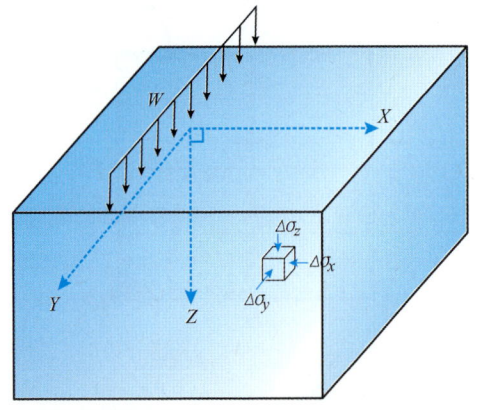

$$\Delta\sigma_z = \frac{2\omega}{\pi}\frac{z^3}{(x^2+z^2)^2}$$

$$\Delta\sigma_x = \frac{2\omega}{\pi}\frac{x^2 z}{(x^2+z^2)^2}$$

$$\Delta\sigma_y = \mu(\Delta\sigma_z + \Delta\sigma_x)$$

$$= \frac{2\omega\mu}{\pi}\frac{z(x^2+x^2)}{(x^2+z^2)^2}$$

$$\Rightarrow \Delta\sigma_z \propto \frac{2\omega}{\pi z}$$

6) 등분포 띠하중에 의한 응력

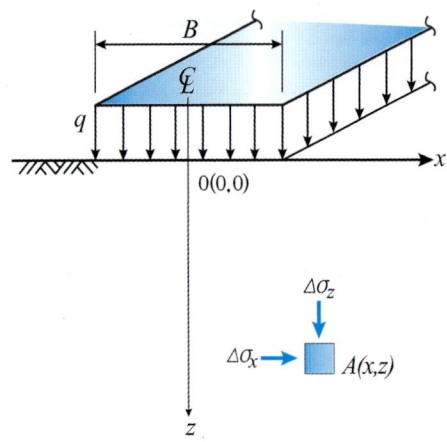

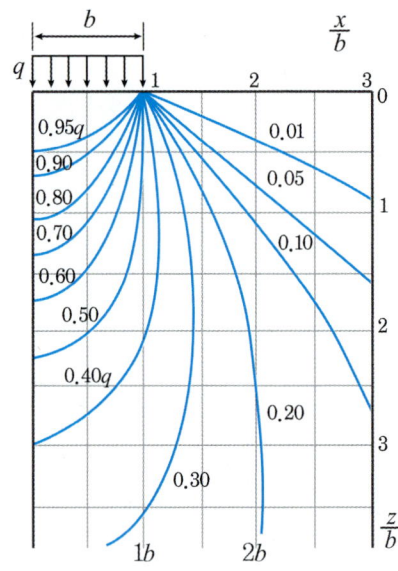

$$\Delta\sigma_z = \frac{q}{\pi}\left[\tan^{-1}\left(\frac{x-b}{z}\right) - \tan^{-1}\frac{x+b}{z} - \frac{z(x+b)}{(x+b)^2+z^2} + \frac{z(x-b)}{(x-b)^2+z^2}\right]$$

$$\Delta\sigma_x = \frac{q}{\pi}\left[\tan^{-1}\left(\frac{x-b}{z}\right) - \tan^{-1}\frac{x+b}{z} + \frac{z(x+b)}{(x+b)^2+z^2} - \frac{z(x-b)}{(x+b)^2+z^2}\right]$$

$$\Delta\sigma_y = \mu(\Delta\sigma_z + \Delta\sigma_x)$$

$b = B/2$

7) 영향도표에 의한 방법

① 임의의 형상을 가진 연성의 등분포 재하면적 하부의 임의위치에서의 연직압력을 결정
② 영향도표에서 1칸 ⇒ 동일한 응력에 해당하는 면적

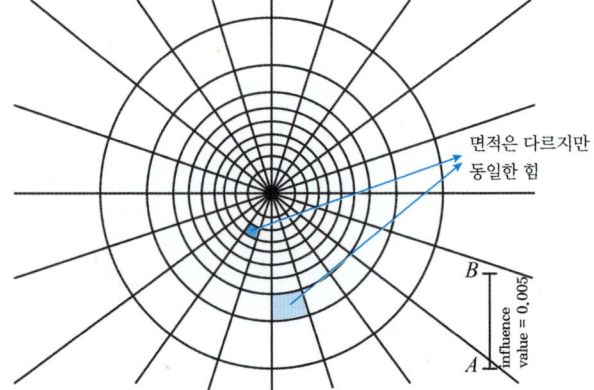

③ 연직응력 변화량

$$\Delta\sigma_z = q(IV)M$$

IV(Influence Value) : 영향값, M : 영향도표에서 포함된 칸의 개수

예제

문제. 직사각형 기초판에서 A점의 연직응력 증가량을 구하라.(단, $Q=1800kN$, $IV=0.005$, **영향도표 내의 칸 개수** $M=48$)

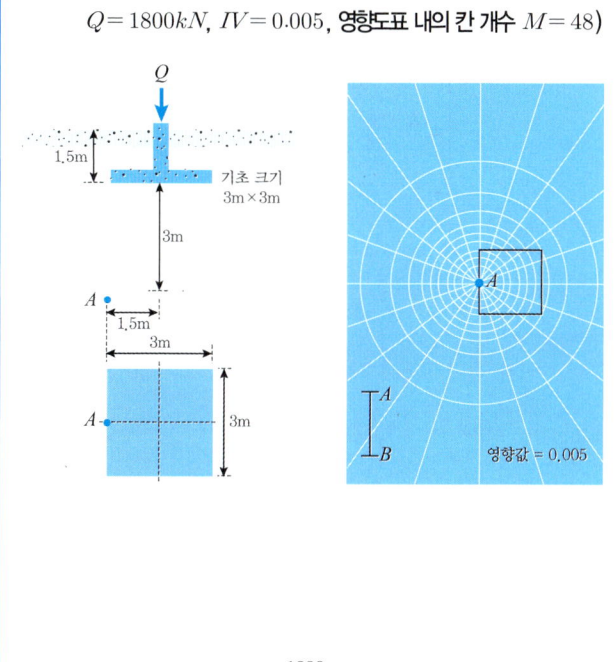

해설 $\Delta\sigma_z = q(IV)M = \dfrac{1800}{3^2} \times 0.005 \times 48 = 48kN/m^2$

2 상재하중이 있는 지반의 응력(근사해법)

1) 등분포 띠하중에 의한 응력

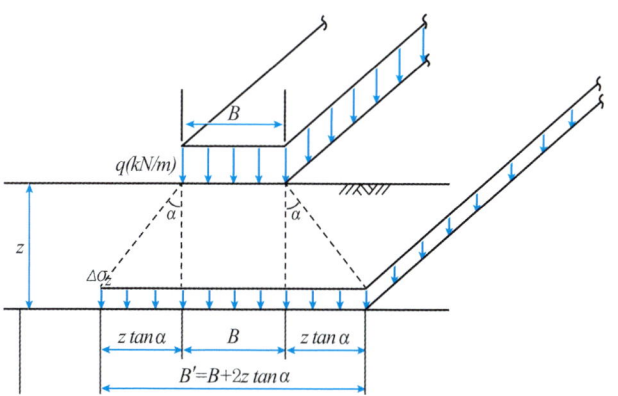

총 하중의 합력 = 응력의 합력이므로,

$q(B \times 1) = \Delta\sigma_z(B' \times 1)$에서,

수직응력 증가량 $\Delta\sigma_z = \dfrac{qB}{B'}$

임의 깊이 z에서 재하폭 $B' = B + 2z\tan\alpha$

2:1 분포인 경우($\tan\alpha = \dfrac{1}{2}$) ⇒ $B' = B + z$이므로,

수직응력 증가량 $\Delta\sigma_z = \dfrac{qB}{B+z}$

예제

문제. 그림과 같이 깊이 3m에 종방향으로 매설된 전력구 중심선을 따라 지표면에 10kN/m의 등분포 띠하중이 작용할 경우, 이로 인해 전력구의 윗면에 증가되는 등분포 하중은? (단, 등분포 띠하중과 전력구의 폭은 2m로 동일하며, 띠하중은 지중으로 2 : 1의 경사로 퍼져 등분포 하중으로 작용한다)

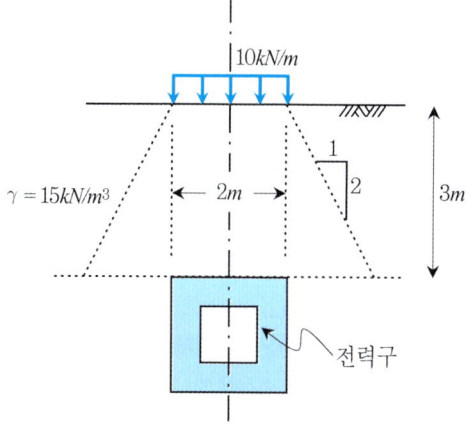

해설 $\Delta\sigma_z = \dfrac{qB}{B+z} = \dfrac{10 \times 2}{2+3} = 4kN/m$

2) 직사각형 등분포하중에 의한 응력

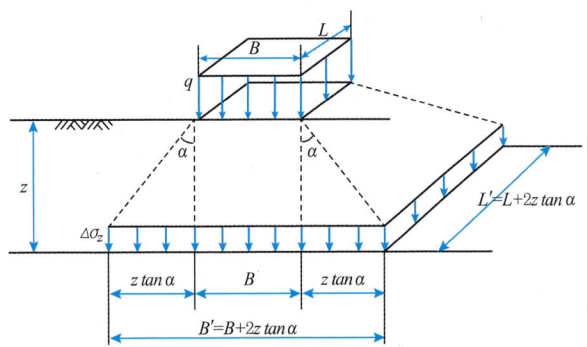

$q(B \times L) = \Delta\sigma_z(B' \times L')$ 에서,

수직응력 증가량 $\Delta\sigma_z = \dfrac{qBL}{B'L'}$

임의 깊이 z에서 재하폭 $B' = B + 2z\tan\alpha$,
재하길이 $L' = 2z\tan\alpha$

2:1 분포인 경우($\tan\alpha = \dfrac{1}{2}$) $\Rightarrow B' = B+z$, $L' = L+z$
이므로,

수직응력 증가량 $\Delta\sigma_z = \dfrac{qBL}{(B+z)(L+z)}$

예제

문제. 그림과 같이 5m × 10m의 직사각형 기초 시공으로 인해 사질토 지반 위에 150kN/m²의 응력이 작용하고 있다. 응력 증가량을 2:1방법으로 계산할 때, 기초 중앙하부 5m지점에서의 연직유효응력[kN/m²]은? (단, 지하수위는 지표면에 있고 사질토 지반의 포화단위중량은 20kN/m³이며, 물의 단위중량은 10kN/m³이다)

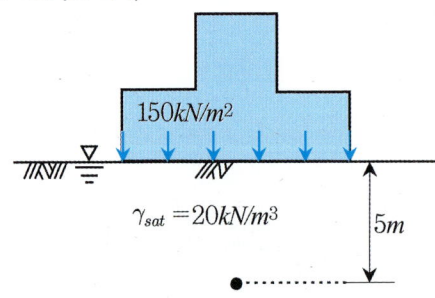

해설 $\Delta\sigma_z = \dfrac{qBL}{(B+Z)(L+Z)} = \dfrac{150 \times 5 \times 10}{(5+5) \times (10+5)} = 50 kN/m^2$

$\sigma' = h\gamma' + \Delta\sigma = 5 \times (20-10) + 50 = 100 kN/m^2$

3) 원형등분포 하중

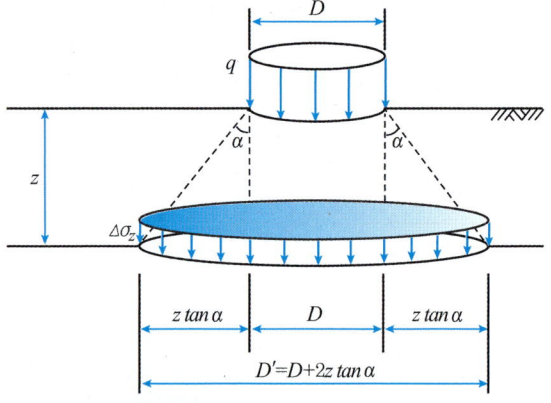

$q(\pi D^2/4) = \Delta\sigma_z(\pi D'^2/4)$ 에서,

수직응력 증가량 $\Delta\sigma_z = \dfrac{qD^2}{D'^2}$

임의 깊이 z에서 재하폭 $D' = D + 2z\tan\alpha$

2:1 분포인 경우($\tan\alpha = \dfrac{1}{2}$) $\Rightarrow D' = D+z$

수직응력 증가량 $\Delta\sigma_z = \dfrac{qD^2}{(D+z)^2}$

4) 집중하중

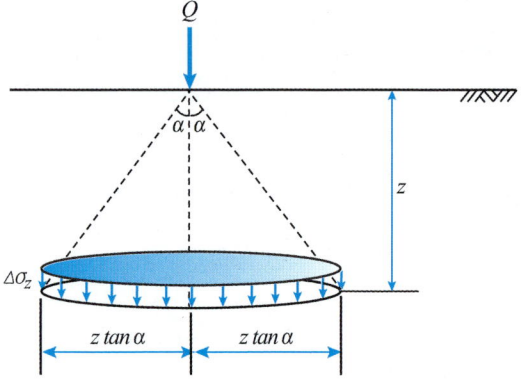

$Q = \Delta\sigma_z \times \pi \times (z\tan\alpha)^2$ 에서,

수직응력 증가량 $\Delta\sigma_z = \dfrac{Q}{\pi(z\tan\alpha)^2}$

2:1 분포인 경우($\tan\alpha = \dfrac{1}{2}$) $\Rightarrow z\tan\alpha = z/2$ 이므로,

$\Delta\sigma_z = \dfrac{4Q}{\pi z^2}$

대표기출문제

문제. 그림과 같이 폭이 2m, 길이가 3m인 기초에 $q=100kN/m^2$의 등분포 하중이 작용할 때, A점 아래 4m 깊이에서의 연직응력 증가량은? (단, 아래 표의 영향계수 값을 활용하여 구하며, m = B/z, n = L/z이고, B는 직사각형 단면의 폭, L은 직사각형 단면의 길이, z는 토층의 깊이이다.) 2022년 1회

영향계수 I				
m	0.25	0.5	0.5	0.5
n	0.5	0.25	0.75	1.0
I	0.048	0.048	0.115	0.122

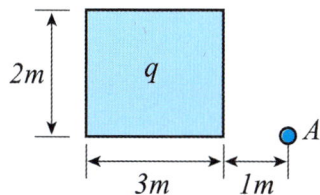

① $6.7kN/m^2$ ② $7.4kN/m^2$
③ $12.2kN/m^2$ ④ $17.0kN/m^2$

정답 ②

해설 4×2m에 대해,
$m = \dfrac{2}{4} = 0.5$, $n = \dfrac{4}{4} = 1$에서, $I_1 = 0.122$

1×2m에 대해,
$m = \dfrac{1}{4} = 0.25$, $n = \dfrac{2}{4} = 0.5$에서, $I_2 = 0.048$

$Q = q(I_1 - I_2) = 100 \times (0.122 - 0.048) = 7.4kN/m^2$

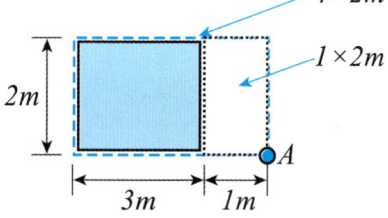

대표기출문제

문제. 5m×10m의 장방형 기초 위에 $q=60kN/m^2$의 등분포하중이 작용할 때, 지표면 아래 10m에서의 연직응력증가량($\Delta\sigma_z$)은? (단, 2:1 응력분포법을 사용한다.) 2020년 3회

① $10kN/m^2$ ② $20kN/m^2$
③ $30kN/m^2$ ④ $40kN/m^2$

정답 ①

해설 $\Delta\sigma_z = \dfrac{qBL}{(B+z)(L+z)} = \dfrac{60 \times 5 \times 10}{(5+10)(10+10)} = 10kN/m^2$

대표기출문제

문제. 아래 그림과 같이 지표면에 집중하중이 작용할 때 A점에서 발생하는 연직응력의 증가량은? 2019년 2회

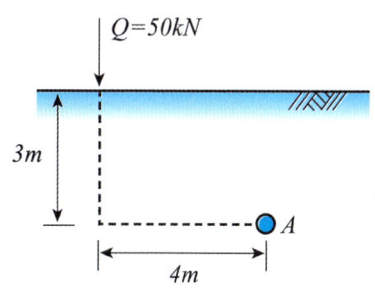

① 206Pa ② 244Pa
③ 272Pa ④ 303Pa

정답 ①

해설 직각삼각형 닮은비에 의해, $L = 5m$
$\Delta\sigma_z = \dfrac{3P}{2\pi}\dfrac{z^3}{L^5} = \dfrac{3 \times 50}{2\pi} \times \dfrac{3^3}{5^5} = 0.206kN/m^2 = 206Pa$

PART 04

압밀

08. 압밀

08 압밀

1 개요

1) 압밀원리 및 개요

① **토립자와 물(비압축성), 공기(압축성)** ⇒ 압밀의 대부분은 물과 공기의 배출(간극의 감소)

② **압밀과정**
연속적으로 작용하는 압력 ⇒ 과잉 간극수압 발생 ⇒ 물의 배출 ⇒ 체적감소

③ **영향인자**
초기 간극비 ∝ 최종 침하량
물과 공기의 배출속도 ∝ 침하속도

④ 공기는 하중작용과 동시에 배출, 물은 투수계수에 지배
⑤ 총 침하량 = 탄성침하량 + 1차압밀침하량 + 2차압밀침하량

$$S_T = S_e + S_c + S_s$$

⑥ **탄성침하(즉시침하)** S_e : 선행하중에 따른 지반의 탄성변형(탄성이론에 의해 침하량 산출)

⑦ **1차 압밀침하** S_c : 간극수의 배출에 따른 체적변화(포화점토)

⑧ **2차 압밀침하** S_s : 과잉간극수압 소산 후, 토립자의 재배열(포화 점토 및 유기질토)

2) 토질 종류에 따른 침하 특성

① 탄성침하 형상

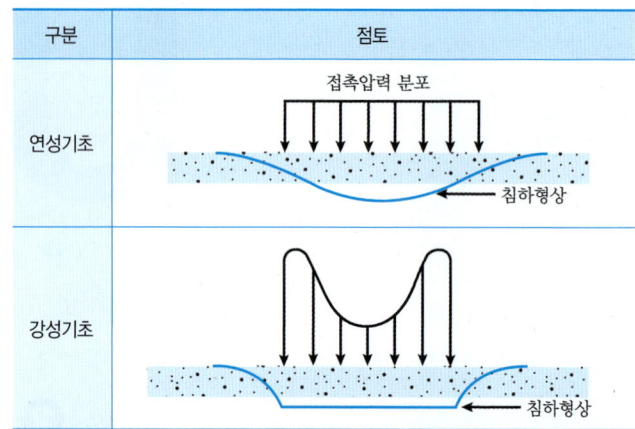

② 사질토는 초기 침하량이 최종 침하량의 대부분
③ 점토는 시간의 경과에 따라 지속적으로 침하량이 증가

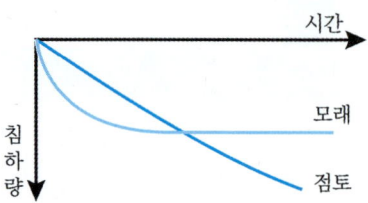

3) 탄성침하량

① 완전연성기초의 탄성침하량

$$S_e = \Delta\sigma(\alpha B')\frac{1-\mu^2}{E_s}I_s I_f$$

$\Delta\sigma$: 지표면 상재압력, μ_s : 포아송비, I_s : 형상계수,

I_f : 깊이계수, α : 위치계수

B' : 수정 기초폭(기초중심 $B' = B/2$, 기초모서리 $B' = B$)

E_s : 기초저면~$5B$ 구간 지반의 평균탄성계수

$E_s = \dfrac{\Sigma E_{si}\Delta z}{z}$ ($\overline{z}$: H와 $5B$ 중 작은 값, E_{si} : 각 지층의 탄성계수)

⇒ 깊이에 따른 가중평균법

② 강성기초의 탄성침하량 = 완전연성기초(중앙부) 탄성 침하량의 93%

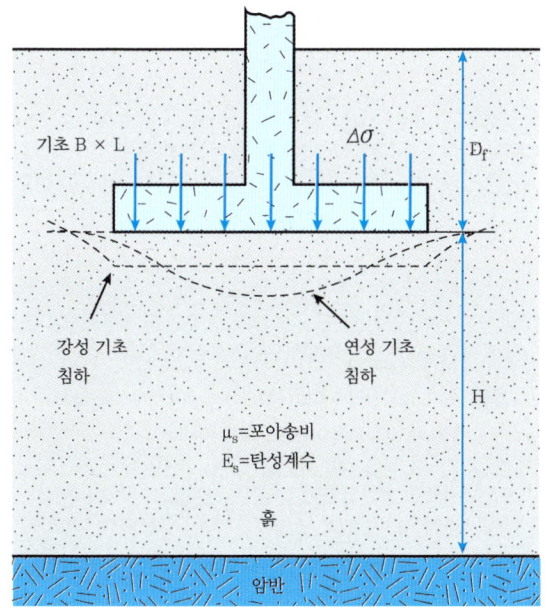

2 압밀의 원리

1) 과잉간극수압의 변화

① **과잉간극수압** : 하중재하에 의해, 정수압(또는 정상침투수압)을 초과하여 발생하는 수압

주의 굴착의 경우에는 (−)압력 발생

② 압밀의 진행과 과잉간극수압의 변화 ($\Delta u_o = q$)

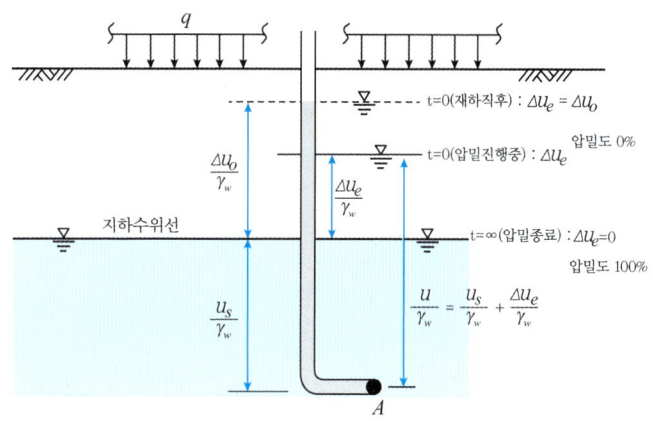

Δu_o : 초기 과잉간극수압

Δu_e : 압밀 진행중의 과잉간극수압

u_s : 압밀 전의 간극수압

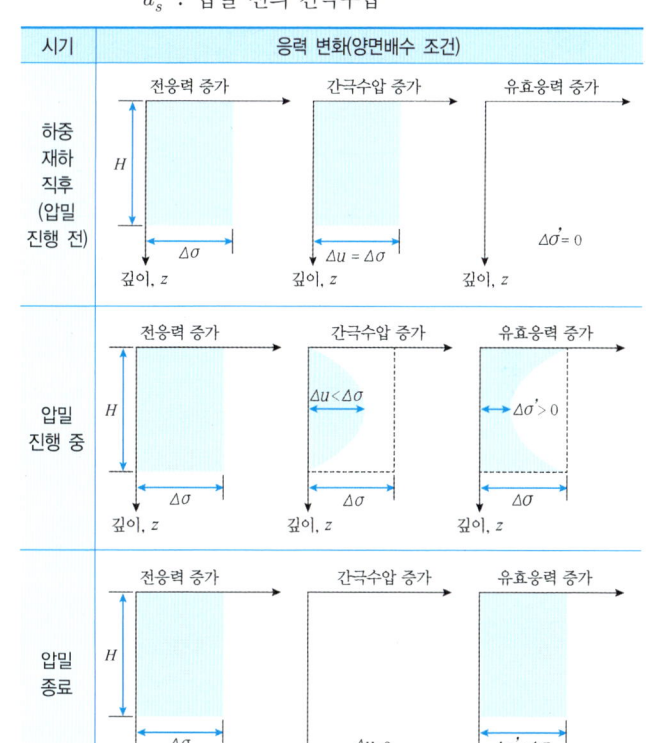

2) 압밀도

① 초기 과잉간극수압의 소산 정도로 표현
② 압밀도 = 소산된 과잉간극수압 / 초기 과잉간극수압

$$U_z = \frac{\Delta u_o - \Delta u_e}{\Delta u_o} = \frac{\Delta h_o \gamma_w - \Delta h_e \gamma_w}{\Delta h_o \gamma_w} = \frac{\Delta h_o - \Delta h_e}{\Delta h_o}$$

Δu_o 초기 과잉간극수압 = 상재하중에 의한 압력
Δu_e 현 시점의 과잉간극수압
$\Delta h_o = \Delta u_o / \gamma_w$: Δu_o에 의한 수두
$\Delta h_e = \Delta u_e / \gamma_w$: Δu_e에 의한 수두

예제

문제. 상재압력 $q = 100 kN/m^2$이 재하되는 그림의 지반에서, 1년 후 과잉간극수압이 $30 kN/m^2$이다. (단, $\gamma_w = 10 kN/m^2$)

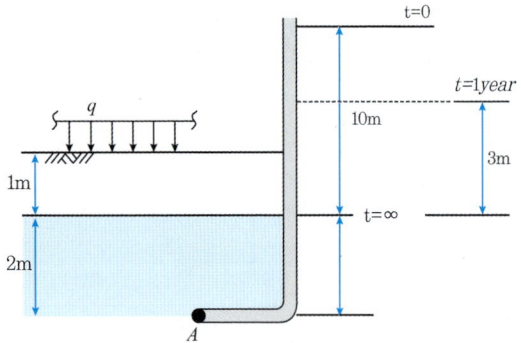

1) 1년 후의 압밀도를 구하라.

2) 압밀도가 50%가 되었을 때 A점의 간극수압을 구하라.

해설 1년 후의 압밀도 $U_z = \dfrac{\Delta u_o - \Delta u_e}{\Delta u_o} = \dfrac{100-30}{100} = 70\%$

압밀도 50%에 해당하는 과잉간극수압 $0.5 = \dfrac{100 - \Delta u_e}{100}$

에서, $\Delta u_e = 50 kN/m^2$

따라서, A점의 간극수압 $u_A = 2 \times 10 + 50 = 70 kN/m^2$

예제

문제. 그림과 같이 지표면에 무한대로 넓은 영역에 분포하중 150 kN/m²을 재하한 직후 A점의 피에조미터 수위가 Δh만큼 상승한 후 시간에 따라 피에조미터 수위가 감소하였다. 하중재하 직후 상승한 피에조미터 수위 Δh와 피에조미터 수위가 9 m 감소하였을 때 A점의 압밀도 U는? (단, 물의 단위중량은 10kN/m³이며, e는 간극비, G_s는 비중, w는 함수비, LL은 액성한계이다)

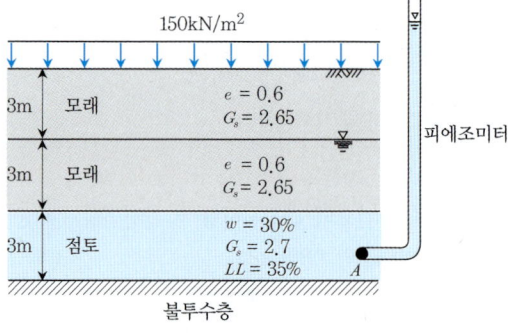

해설 초기 과잉간극수압의 증가 $\Delta u_o = q = \gamma_w \Delta h_o$에서,
$150 = 10 \times \Delta h_o$이므로, $\Delta h_o = 15m$

압밀도 $U = \dfrac{\Delta u_o - \Delta u_e}{\Delta u_o} = \dfrac{\Delta h_o - \Delta h_e}{\Delta h_o} = \dfrac{9}{15}$
$= 0.6 = 60\%$

3 Terzaghi 1차원 압밀이론

1) 기본가정사항

① 균질 포화 점토층
② 토립자와 물은 비압축성(토립자의 재배열은 인정)
③ Darcy법칙에 따른 흐름
④ 물의 흐름은 연직방향 1차원 흐름
⑤ 투수계수는 압밀과정 중에 일정하게 유지
⑥ 유효응력과 간극비는 선형 반비례 $\sigma' \propto \dfrac{1}{e}$ (실제로는 선형 반비례하지 않음)

예제

문제. Terzaghi 1차원 압밀이론을 유도하기 위한 가정으로 옳지 않은 것은?

① 흙은 균질하고 포화되어 있다.
② 흙 입자와 물의 압축성을 고려한다.
③ 흙 속에서 물의 흐름은 Darcy 법칙을 따른다.
④ 물은 연직방향으로만 흐른다.

정답 ②
해설 ② 흙 입자와 물은 비압축성으로 가정한다.

---

2) 간극비-압력곡선

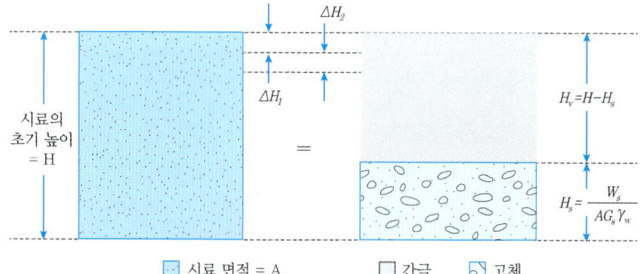

① **순수 토립자의 높이 H_s 계산**

건조 토립자의 무게 $W_s = H_s A G_s \gamma_w$ 에서,

순수 토립자 높이 $H_s = \dfrac{W_s}{A G_s \gamma_w}$

② **순수 간극비의 높이 H_v 계산**

순수 간극비의 높이 $H_v = H - H_s$

③ **초기 간극비 e_o 계산**

초기 간극비 $e_o = \dfrac{V_v}{V_s} = \dfrac{AH_v}{AH_s} = \dfrac{H_v}{H_s}$

④ **압력(유효응력)변화에 따른 간극비의 변화**

$\Delta e_1 = \dfrac{\Delta H_1}{H_s} \Rightarrow e_1 = e_o - \Delta e_1$

⑤ 각 압력변화에 따른 간극비를 도식화($e - \log \sigma'$ 곡선)

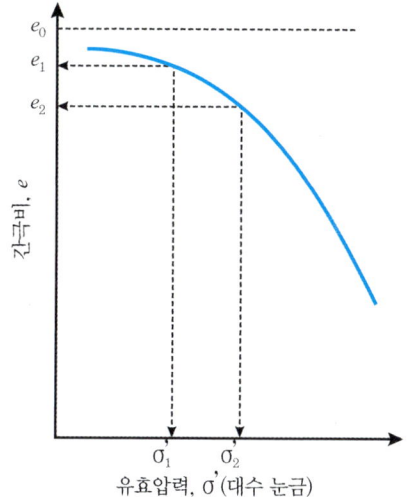

3) 간극비를 이용한 침하량 계산

① 초기 간극비 $e_o = \dfrac{H_v}{H_s} \Rightarrow H_v$: 이론적인 최대 침하량

② 현재 간극비 $e_1 = \dfrac{H_{v1}}{H_s} \Rightarrow$ 침하량 $\Delta H_v = H_v - H_{v1}$

또는, 간극비의 변화량 $\Delta e_1 = \dfrac{\Delta H_v}{H_s}$

$\Rightarrow$ 침하량 $\Delta H_v = H_s \Delta e_1$

> **예제**
>
> **문제.** 그림과 같은 지반에서 지표면에 $100kN/m^2$의 상재하중에 의한 점토층의 1차압밀 침하량이 20cm일 때, 점토층의 1차압밀 완료 후 간극비는? (단, 점토층의 초기간극비 e_o는 1.0이며, Terzaghi의 1차원 압밀이론을 적용한다)

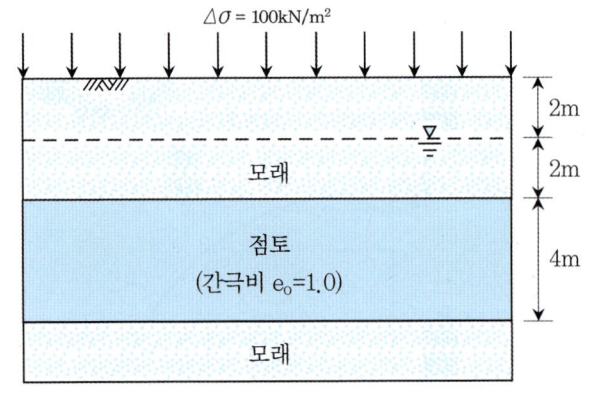

> **해설** 초기간극비 $e_o = \dfrac{H_v}{H_s} = 1$에서, $H_v = H_s = 2m$
>
> 압밀침하량 $\Delta H_{v1} = 0.2 = H_v - H_{v1} = 2 - H_{v1}$에서, $H_{v1} = 1.8m$
>
> 압밀 완료 후 간극비 $e_1 = \dfrac{H_{v1}}{H_s} = \dfrac{1.8}{2} = 0.9$

4) 정규압밀과 과압밀

① **현장 시료채취**
  ㉠ 시료 채취 ⇒ 현장에서 받고 있는 상재압 제거
     ⇒ 시료의 미소한 팽창
  ㉡ 압밀시험에서의 유효압력이 충분히 크지 않으면, 시료의 미소한 수축
  ㉢ 시료가 과거에 받았던 압력보다 큰 압력을 가해야만 시료가 충분히 수축한다.

② **정규압밀 상태(Nomally consolidated)**
  현재의 유효압력이 역사적으로 가장 큰 압력 ⇒ 체적 수축 진행

③ **과압밀 상태(Over-consolidated)**
  현재의 유효압력이 역사적으로 가장 큰 압력보다 작은 경우 ⇒ 체적 수축 없음(또는 미소)

④ **선행압밀응력 σ_c'**
  시료가 받은 역사적으로 가장 큰 압력

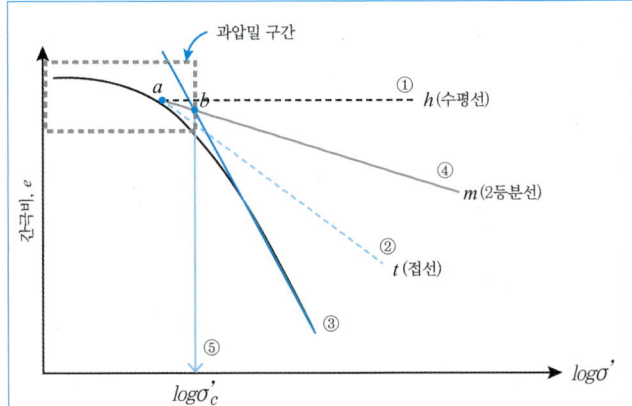

a : $e - \log\sigma'$ 곡선에서 곡률이 가장 급한 지점
b : m선과 직선구간선(③선)의 교점
① a점에서 수평선 h
② a점에서 접선 t
③ 직선구간의 연장선
④ 두 선(h, t)의 2등분선 m

⑤ **과압밀비**

$$OCR = \dfrac{\sigma_c'}{\sigma'} \text{ (선행압밀응력/현재응력)}$$

5) 실내시험에 의한 압밀특성치

① **압축지수(Compression Index) C_c**
  $e - \log\sigma'$ 곡선의 처녀압밀곡선 기울기
  불교란시료 경험식 $C_c = 0.009(LL-10)$
  교란시료 경험식 $C_c = 0.007(LL-10)$

> **참조**
>
> $e - \sigma'$ 곡선의 기울기 ⇒ a_v (압축계수)
>
> 체적변화계수 $m_v = \dfrac{a_v}{1+e}$

② 팽창지수(재압축지수) C_s

재성형한 시료의 기울기

$$C_s \approx (\frac{1}{5} \sim \frac{1}{10})C_c$$

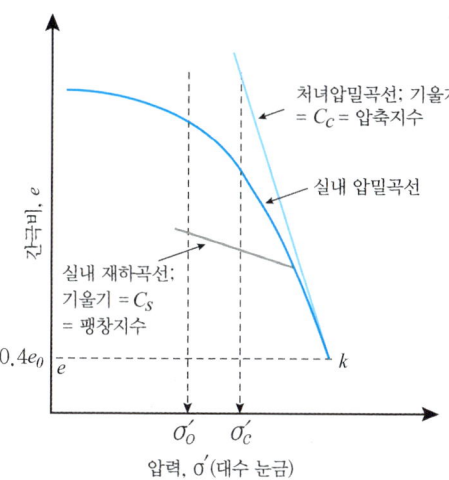

6) 압밀시험방법

① 압밀링의 규격 (직경 60mm, 높이 20mm)
② 공시체 상하면에 다공판 설치(양면배수), 시험중 포화상태 유지
③ 최초하중 10kPa 재하
④ 초기에는 짧은 간격에서 시간 간격을 늘리면서 침하량 측정
⑤ 총 시험시간 : 24시간
⑥ 하중을 2배로 하여(20kPa) 시험반복
⑦ 10 ⇒ 20 ⇒ 40 ⇒ 80 ⇒ 160 ⇒ 320 ⇒ 640kPa
⑧ **총 시험시간** : 최소 7일
⑨ **팽창시험** : 하중을 반대로 640kPa에서 1/2배씩 줄여서 시험
⑩ **재압축시험** : 팽창시험 후에 다시 압축(압축량은 매우 작음)

4 1차원 압밀침하량

1) 1차 압밀침하량

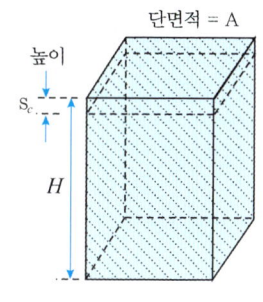 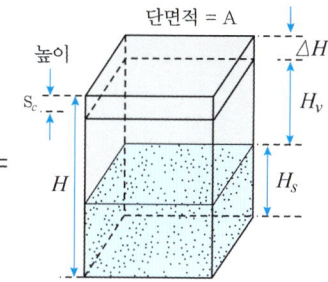

① 정규압밀 점토의 1차 압밀침하량

$$\frac{\Delta H}{H} = \frac{\Delta e}{1+e_o} \text{에서, } \Delta H = H\frac{\Delta e}{1+e_o} = S_c$$

압축지수 $C_c = \dfrac{\Delta e}{\log\sigma_1' - \log\sigma_o'}$ 에서,

$(\sigma_1' = \sigma_o' + \Delta\sigma')$

$$\Delta e = C_c(\log\sigma_1' - \log\sigma_o') = C_c\log(\frac{\sigma_1'}{\sigma_o'})$$

따라서, $S_c = \Delta H = H\dfrac{\Delta e}{1+e_o} = \dfrac{C_c H}{1+e}\log(\dfrac{\sigma_1'}{\sigma_o'})$

② 과압밀 점토의 1차 압밀침하량

$(\sigma_o' < \sigma_1' < \sigma_c'$ 범위) $S_c = \dfrac{C_s H}{1+e}\log(\dfrac{\sigma_1'}{\sigma_o'})$

$(\sigma_o' < \sigma_c' < \sigma_1'$ 범위)

$$S_c = \frac{C_s H}{1+e}\log(\frac{\sigma_c'}{\sigma_o'}) + \frac{C_c H}{1+e}\log(\frac{\sigma_1'}{\sigma_c'})$$

③ **초기 유효응력** σ_o' = 현장 침하토층(점토층)의 평균 유효응력

$$\sigma_o' = H_1\gamma_t + H_2\gamma_s' + H_c/2 \times \gamma_c'$$

⇒ 점토층 중앙부의 유효응력

$(\gamma_s' = \gamma_{s-sat} - \gamma_w, \ \gamma_c' = \gamma_{c-sat} - \gamma_w)$

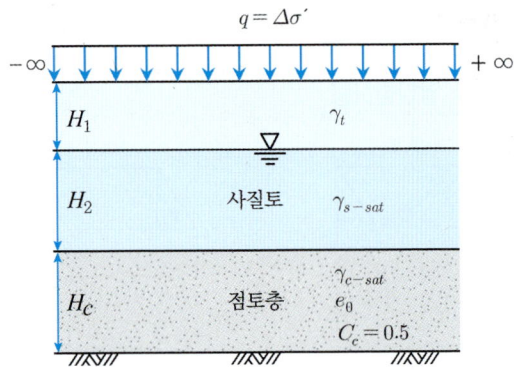

2) 2차 압축지수(직선부 기울기)

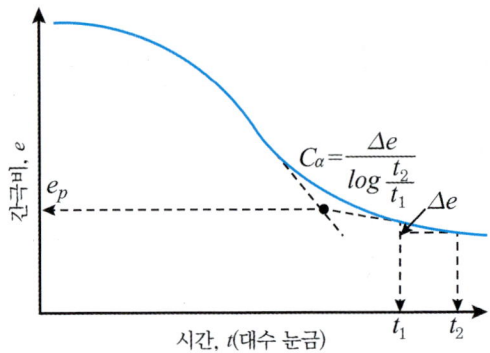

① 2차 압축지수

$$C_\alpha = \frac{\Delta e}{\log t_2 - \log t_1} = \frac{\Delta e}{\log(t_2/t_1)}$$

$$C_\alpha' = \frac{C_\alpha}{1+e_P}$$

(1차 압밀종료시 간극비 $e_P = e_o - \Delta e$)

② 2차 압밀 침하량

$$S_s = C_\alpha' H \log(t_2/t_1)$$

③ 일반적으로 소성성이 큰 점토에서 2차 압밀침하가 크다.

예제

문제. 다음 그림의 점토층의 1차 압밀침하량을 구하라.(단, $H_1=2m$, $H_2=3m$, $H_3=4m$, $\Delta\sigma=100kN/m^2$, 정규압밀상태)

사질토층에 대해, $\gamma_t=15kN/m^3$, $\gamma_{sat}=18kN/m^3$
점토층에 대해, $\gamma_{sat}=20kN/m^3$, $e=1$, $C_c=0.3$

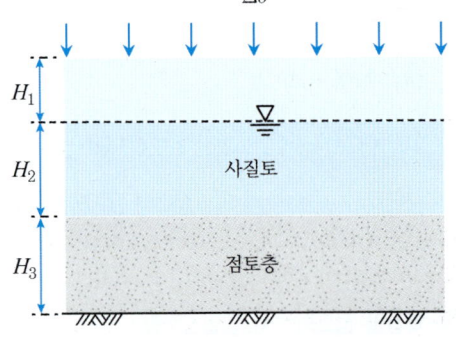

해설
$$\sigma_o' = H_1\gamma_t + H_2\gamma_s' + H_3/2 \times \gamma_c'$$
$$= 2\times 15 + 3\times(18-10) + 4/2\times(20-10)$$
$$= 74 kN/m^2$$
$$S_c = \frac{C_c H}{1+e}\log(\frac{\sigma_1'}{\sigma_o'}) = \frac{0.3\times 4}{1+1}\log(\frac{74+100}{100}) = 308 mm$$

예제

문제. 다음 조건의 정규압밀 점토층에서, 1차 압밀완료 후 5년의 2차 압밀침하량을 구하라.

1차 압밀완료시간 2년, 점토층 두께 4m, 초기 간극비 $e_o=1$, $C_c=0.3$, $C_\alpha=0.02$
상재압력 $\Delta\sigma'=100kN/m^2$, 점토층 중앙부의 초기 유효응력 $\sigma_o'=200kN/m^2$

해설 1차 압밀침하에 따른 간극비 변화량
$$\Delta e = C_c \log(\frac{\sigma_1'}{\sigma_o'}) = 0.3\times\log(\frac{200+100}{200}) = 0.053$$
$$e_P = e_o - \Delta e = 1 - 0.053 = 0.947$$
$$C_\alpha' = \frac{C_\alpha}{1+e_P} = \frac{0.02}{1+0.947} = 0.0103$$
$$S_s = C_\alpha' H \log(t_2/t_1) = 0.0103\times 4\times\log(5/2) = 16.4 mm$$

3) 압밀시간

① 압밀계수 C_v

압밀계수 $C_v = \dfrac{k}{\gamma_w m_v}$

압축계수 $a_v = \dfrac{\Delta e}{\Delta \sigma'} = \dfrac{e_o - e}{\Delta \sigma'}$ ($e-\sigma'$ 곡선의 기울기)

체적변화계수 $m_v = \dfrac{a_v}{1+e_{avg}}$,

평균 간극비 $e_{avg} = \dfrac{e_o + e}{2}$, 투수계수 k

예제

문제. 다음의 정규압밀 점토 시료의 양면배수 시험에 대해, 투수계수를 구하라.

실험실조건 : $\sigma_o' = 200 kN/m^2$, $\Delta\sigma' = 100 kN/m^2$, 초기 간극비 $e_o = 1$, 시험 종료시 $e = 0.8$, $C_v = 0.2 \times 10^{-3} m^2/min$

해설 $a_v = \dfrac{1-0.8}{100} = 0.002$, $e_{avg} = \dfrac{1+0.8}{2} = 0.9$

$m_v = \dfrac{0.002}{1+0.9} = \dfrac{1}{950} = 1.05 \times 10^{-3} m^2/kN$

$k = C_v \gamma_w m_v = 0.2 \times 10^{-3} \times 10 \times 1.05 \times 10^{-3}$
$= 2.1 \times 10^{-6} m/min$

---

② 시간계수 T_v

시간계수 $T_v = \dfrac{C_v t}{H_{dr}^2}$ (동일한 압밀도에서, 시간계수 T_v는 일정 ⇒ $\dfrac{t}{H_{dr}^2}$ 일정)

압밀시간 t, 배수거리 H_{dr} (단면배수인 경우 $H_{dr} = H$, 양면배수인 경우 $H_{dr} = H/2$, H 점토층 두께)

예제

문제. 다음의 실험실 조건을 가진 정규압밀 점토층에 대해, 현장에서 2m 두께의 점토층(양면배수)이 50% 압밀에 도달하는 시간을 구하라.

실험실조건 : 20mm 점토층(양면배수)의 50% 압밀에 요구되는 시간 = 4분

해설 $\dfrac{t}{H_{dr}^2}$ 이 일정하므로, $\dfrac{4}{(20/2)^2} = \dfrac{t}{(2000/2)^2}$ 에서,

$t = 40,000 min = 27.8 day$

예제

문제. 두께가 2cm인 점토시료에 대해 상재압 20kN/m²으로 일면배수 실내압밀시험을 실시하였을 때, 10분 경과 후 평균과잉간극수압이 12kN/m²이 되었다. 동일한 점토로 구성된 4m 두께의 점토층이 양면배수조건에서 40% 압밀되는 데 소요되는 시간은? (단, 압밀도 40%와 60%에 대한 시간계수 Tv는 각각 0.13과 0.290이다)

해설 압밀도 $U = \dfrac{u_o - u_z}{u_o} = \dfrac{20-12}{20} = 0.4$

동일한 압밀도에 대해, $T_{40} = \dfrac{c_v t_1}{H_1^2} = \dfrac{c_v t_2}{H_2^2}$ 이므로,

$\dfrac{10}{0.02^2} = \dfrac{t_2}{2^2}$ 에서, $t_2 = 100,000 min$

③ 평균압밀도와 시간계수

토층의 깊이에 따라 압밀도의 변화 ⇒ 전체 토층에 대한 압밀도 필요 ⇒ 평균압밀도 적용

평균압밀도 $\overline{U} = \dfrac{S_{c(t)}}{S_c}$ (임의 시간 t까지의 침하량/해당 압밀도에 대한 최종 침하량)

주의 실제 시험에서는 평균압밀도를 일반압밀도와 동일한 개념으로 적용한다.

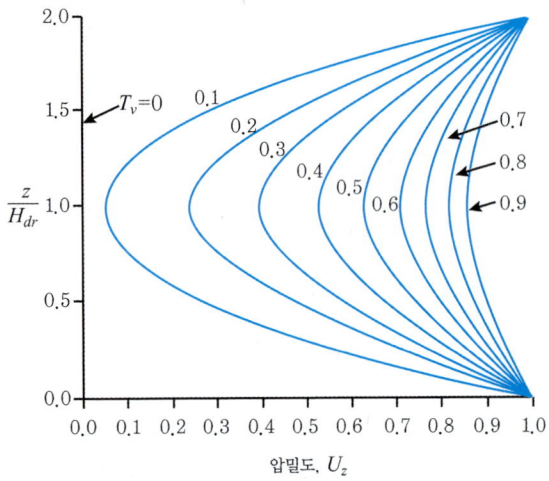

평균압밀도와 시간계수의 관계 $T_v = \dfrac{\pi}{4}\overline{U}^2$

(단, $\overline{U} \leq 0.6$) ⇒ 압밀도와 시간계수 관계

따라서, $T_v \propto \overline{U}^2 = (\dfrac{S_{c(t)}}{S_c})^2$ 이고, $T_v = \dfrac{C_v t}{H_{dr}^2}$ 이므로,

$\dfrac{C_v t}{H_{dr}^2} \propto (\dfrac{S_{c(t)}}{S_c})^2$ 에서, H_{dr}, C_v, S_c 는 상수이므로,

$t \propto S_{c(t)}^2 = \sqrt{t} \propto S_{c(t)}$ ⇒ 시간과 침하량 관계

예제

문제. 재하 4개월 후의 침하량이 20mm인 경우, 16개월 후의 침하량을 구하라.

해설 $\dfrac{\sqrt{4}}{\sqrt{16}} = \dfrac{20}{S_c}$ 에서, $S_c = 40mm$

④ 평균압밀도와 간극수압의 소산(양면배수 조건)

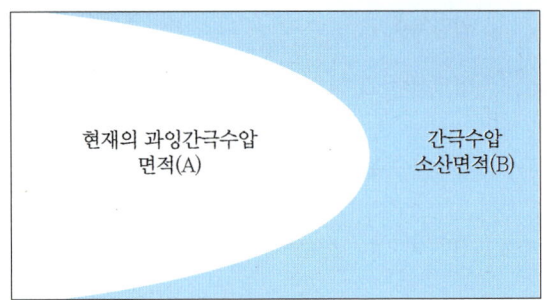

$$\overline{U} = \dfrac{B}{A+B}$$

주의 1면 배수인 경우는 상하를 절반으로 접은 형태가 된다.
⇒ 배수층(사질토층)에 가까울수록 간극수압의 소산(압밀도)이 크다.

⑤ 수평 및 연직을 고려한 평균압밀도(Sand Drain 공법)

$$U = 1 - (1-U_h)(1-U_v)$$

수평방향 압밀도 U_h, 연직방향 압밀도 U_v

예제

문제. 샌드드레인 공법이 적용된 연약점토층에서 수직방향의 압밀도가 90%이고 수평방향의 압밀도가 20%인 경우, 수평 및 수직 방향의 압밀도를 조합한 평균압밀도는?

해설 $U = 1 - (1-U_h)(1-U_v) = 1 - (1-0.2)\times(1-0.9)$
$= 0.92$

4) 압밀계수의 산정

① log t법에 의한 압밀계수

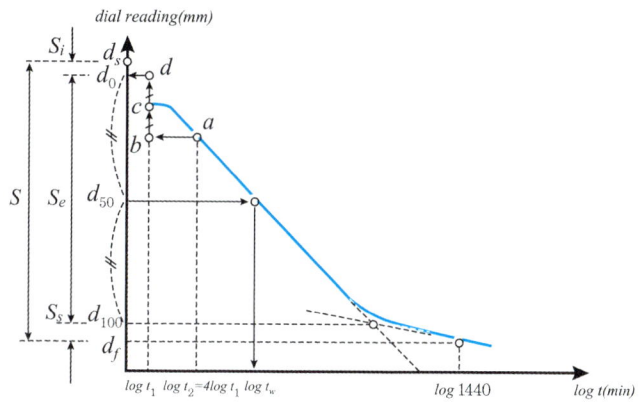

평균압밀도 50%에 대해, $T_{50} = \dfrac{C_v t_{50}}{H_{dr}^2}$ 에서,

$T_{50} = 0.197$ 이므로, $C_v = \dfrac{0.197 H_{dr}^2}{t_{50}}$

② $\sqrt{t}$ 법에 의한 압밀계수

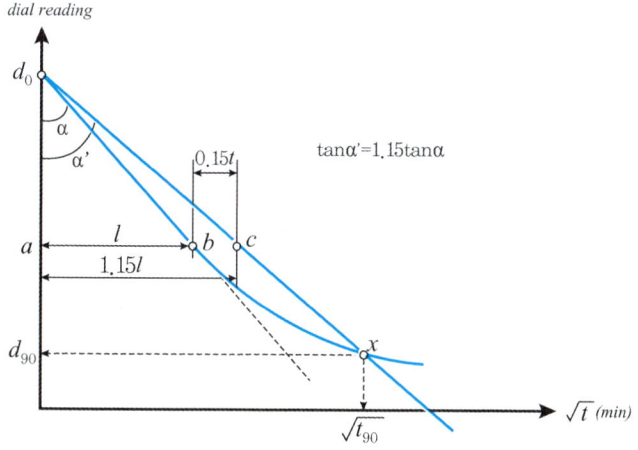

평균압밀도 90%에 대해, $T_{90} = \dfrac{C_v t_{90}}{H_{dr}^2}$ 에서,

$T_{90} = 0.848$ 이므로, $C_v = \dfrac{0.848 H_{dr}^2}{t_{90}}$

대표기출문제

문제. 접지압(또는 지반반력)이 그림과 같이 되는 경우는?

2022년 2회

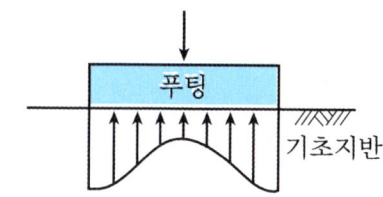

① 푸팅 : 강성, 기초지반 : 점토
② 푸팅 : 강성, 기초지반 : 모래
③ 푸팅 : 연성, 기초지반 : 점토
④ 푸팅 : 연성, 기초지반 : 모래

정답 ①

대표기출문제

문제. Terzaghi의 1차 압밀에 대한 설명으로 틀린 것은?

2022년 2회

① 압밀방정식은 점토 내에 발생하는 과잉간극수압의 변화를 시간과 배수거리에 따라 나타낸 것이다.
② 압밀방정식을 풀면 압밀도를 시간계수의 함수로 나타낼 수 있다.
③ 평균압밀도는 시간에 따른 압밀침하량을 최종압밀침하량으로 나누면 구할 수 있다.
④ 압밀도는 배수거리에 비례하고, 압밀계수에 반비례 한다.

정답 ④

해설 압밀도는 배수거리에 반비례하고, 압밀계수의 제곱근에 비례한다.
$\overline{U}^2 \propto T_v = \dfrac{C_v t}{H_{dr}^2}$ 이므로, $\overline{U} \propto \dfrac{1}{H_{dr}}$, $\overline{U} \propto \sqrt{C_v}$

대표기출문제

문제. 두께 2cm의 점토시료의 압밀시험 결과 전압밀량의 90%에 도달하는데 1시간이 걸렸다. 만일 같은 조건에서 같은 점토로 이루어진 2m의 토층 위에 구조물을 축조한 경우 최종 침하량의 90%에 도달하는데 걸리는 시간은?   2021년 3회

① 약 250일   ② 약 368일
③ 약 417일   ④ 약 525일

정답 ③

해설 동일한 압밀도에서, $\dfrac{t}{H_{dr}^2}$ 는 일정하므로,

$$\dfrac{1}{2^2} = \dfrac{t}{200^2} \text{ 에서, } t = 10 \times 10^3 hr = 416.6 day$$

대표기출문제

문제. 그림과 같은 지반에 재하순간 수주(水柱)가 지표면으로부터 5m이었다. 20% 압밀이 일어난 후 지표면으로부터 수주의 높이는? (단, 물의 단위중량은 9.81kN/m³이다.)
   2021년 2회

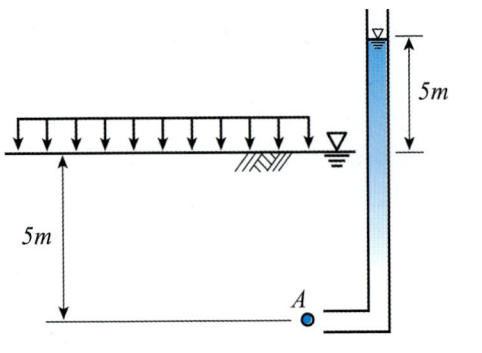

① 1m   ② 2m
③ 3m   ④ 4m

정답 ④

해설 압밀도 $U_z = \dfrac{\Delta h_o - \Delta h_e}{\Delta h_o} = \dfrac{5 - \Delta h_e}{5} = 0.2$ 에서,

$\Delta h_e = 4m$

별해 압밀도 = 과잉간극수압의 소산율이므로,
20% 압밀 = 과잉간극수압 20% 소산 ⇒ 수주 높이 20%(1m) 감소

대표기출문제

문제. 상·하층이 모래로 되어 있는 두께 2m의 점토층이 어떤 하중을 받고 있다. 이 점토층의 투수계수가 5×10^{-7}cm/s, 체적변화계수(m_v)가 5.0cm²/kN일 때 90% 압밀에 요구되는 시간은? (단, 물의 단위중량은 9.81kN/m³이다.)   2021년 1회

① 약 5.6일   ② 약 9.6일
③ 약 15.2일   ④ 약 47.2일

정답 ②

해설 $C_v = \dfrac{k}{\gamma_w m_v}$ 에서,

$$C_v = \dfrac{5 \times 10^{-7}}{9.81 \times 10^{-6} \times 5} = 0.0102 cm^2/s = 0.612 cm^2/min$$

$$T_{90} = \dfrac{C_v t_{90}}{H_{dr}^2} = 0.848 \text{ 에서, } \dfrac{0.612 \times t_{90}}{100^2} = 0.848 \text{ 이므로,}$$

$$t_{90} = 13.856 \times 10^3 min = 9.62 day$$

대표기출문제

문제. Terzaghi의 1차원 압밀이론에 대한 가정으로 틀린 것은?
   2020년 1,2회

① 흙은 균질하다.
② 흙은 완전 포화되어 있다.
③ 압축과 흐름은 1차원적이다.
④ 압밀이 진행되면 투수계수는 감소한다.

정답 ④

해설 투수계수는 압밀과정 중에 일정한 것으로 가정한다.

05 PART

전단강도

09. 전단강도 시험
10. 응력경로
11. 현장시험

09 CHAPTER 전단강도 시험

1 Mohr-Coulomb 파괴규준

1) 지반내 토립자의 응력

[지반내 토립자]

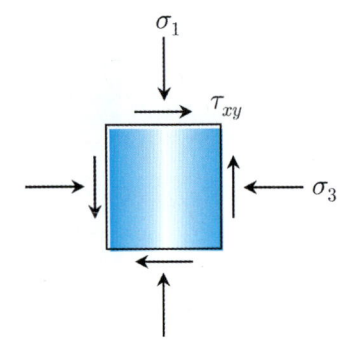

[응력 모델]

① 연직압축 $\sigma_v = \sigma_z = \sigma_1$
② 수평압축 $\sigma_x = \sigma_y = \sigma_h = \sigma_3$
③ 전단응력 $\tau_{xy} = -\tau_{yx}$
④ 토립자가 받는 복합적인 응력 ⇒ 파괴방향 및 크기 확인 필요 ⇒ 미분 방정식(복잡)
  ⇒ Mohr 응력원을 이용하여 쉽게 파괴방향 및 크기 확인

2) Mohr 응력원의 작도

① 부호규약

구분	양(+)	음(-)
수직응력(σ)	압축(compression)	인장(tension)
전단응력(τ)	반시계 방향(counter clockwise)	시계 방향(clockwise)
각도(θ)	기준면으로부터 반시계 방향 $+\theta$ 기준면	기준면으로부터 시계 방향 기준면 $-\theta$

② 용어정리 및 좌표설정

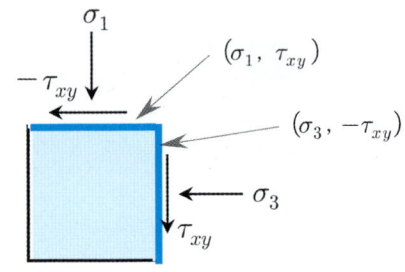

㉠ 주응력 : 임의 요소가 받는, 최대 또는 최소의 압축(인장)응력 ⇒ 최대주응력, 최소주응력
  ⇒ 응력원과 σ축(가로축)의 두 교점
㉡ 주응력 상태 = 전단응력이 없는 상태
㉢ 가로축 σ, 세로축 τ
㉣ 하나의 면에는 한 쌍의 σ와 τ가 존재 ⇒ 좌표
  예 (σ_1, τ_{xy}), (σ_3, $-\tau_{xy}$)
㉤ 직교하는 두 개의 면에 값을 좌표 표시

③ **작도방법**

[주어진 조건]

축응력(σ_1, σ_3), 전단응력(τ_{xy})

[필요인자]

$\dfrac{\sigma_1 + \sigma_3}{2}$: 응력원의 중심 = 두 축응력 평균

$\dfrac{\sigma_1 - \sigma_3}{2}$: 두 축응력 차이(축차응력)의 절반

[요구사항]

$\sigma_{\max}$, $\sigma_{\min}$: 최대 주응력, 최소 주응력

$\tau_{\max}$: 응력원의 반경 = 최대전단응력

[계산요령]

$\dfrac{\sigma_1 - \sigma_3}{2}$, τ, $\tau_{\max}$ 는 직각삼각형을 구성 ⇒ 닮은 삼각형비, 피타고라스 정리 ⇒ $\tau_{\max}$ 계산

최대주응력 $\sigma_{\max} = \dfrac{\sigma_1 + \sigma_3}{2} + \tau_{\max}$

최소주응력 $\sigma_{\min} = \dfrac{\sigma_1 + \sigma_3}{2} - \tau_{\max}$

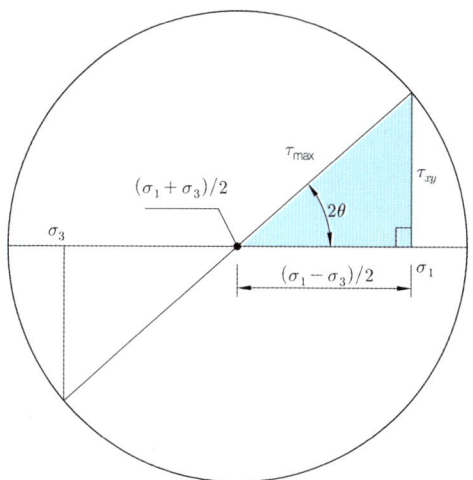

참조

[직각삼각형 닮은비]

$3:4:5$, $1:\sqrt{3}:2$, $1:1:\sqrt{2}$, $5:12:13$

예제

문제. 다음 응력요소의 최대 주응력과 최대 전단응력을 구하시오.

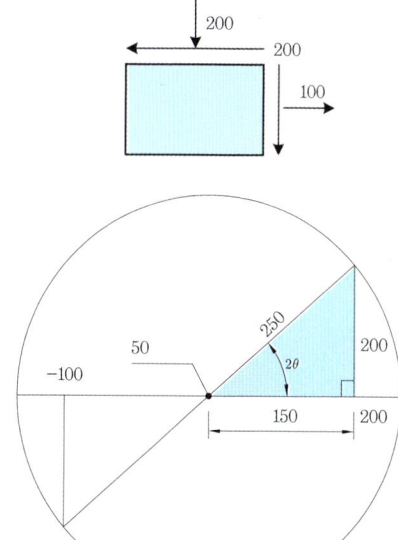

해설 ① $\dfrac{\sigma_1 - \sigma_2}{2} = \dfrac{200-(-100)}{2} = \dfrac{300}{2} = 150$,

$\dfrac{\sigma_1 + \sigma_2}{2} = \dfrac{200-100}{2} = 50$

② $\tau = 200$이므로, $3:4:5 = 150:200:x$에서

$x = 250 = \tau_{\max}$

③ $\sigma_{\max} = \dfrac{\sigma_1 + \sigma_2}{2} + \tau_{\max} = 50 + 250 = 300$

예제

문제. 그림과 같은 미소요소에 수직응력과 전단응력이 작용하고 있다면, 발생 가능한 최소주응력 및 최대주응력은? (단, Mohr 원에서 수직응력의 경우 압축력을 (+)로, 전단응력의 경우 반시계방향을 (+)로 표시하며, 단위는 kN/m² 이다)

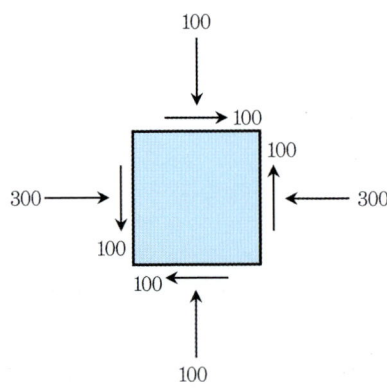

해설 응력원의 중심 $\dfrac{\sigma_1+\sigma_2}{2} = \dfrac{100+300}{2} = 200$

$\dfrac{\sigma_1-\sigma_2}{2} = \dfrac{100-300}{2} = 100$이고, $\tau = 100$이므로,

삼각형 닮음비에 따라, $\tau_{max} = 100\sqrt{2}$

최대 및 최소주응력 $\sigma_{max,min} = 200 \pm 100\sqrt{2}$

3) 응력원의 회전

① 응력을 받는 면을 기준으로 회전
② 실제 요소에서의 회전량 θ의 2배를 응력원에서 회전

예제

문제. 다음 그림과 같이 응력을 받는 요소에서 $\theta = 30°$ 회전한 면에서 받는 수직응력 σ_n과 전단응력 τ_n을 구하라. (단, $\sigma_1 = 10$, $\sigma_3 = 2$이다.)

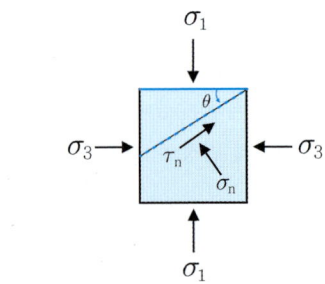

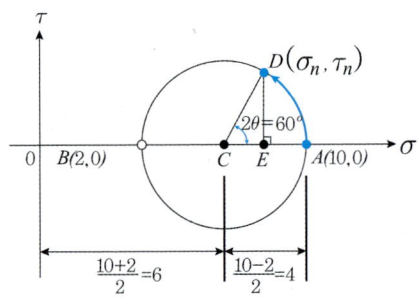

해설 현재 주응력상태이므로, 응력원의 반경 = $\tau_{max} = 4$

CE 길이 = $\tau_{max} \times \cos 60° = 4 \times \dfrac{1}{2} = 2$

⇒ $\sigma_n = 6+2 = 8$

ED 길이 = $\tau_{max} \times \sin 60° = 4 \times \dfrac{\sqrt{3}}{2} = 2\sqrt{3}$

⇒ $\tau_n = 2\sqrt{3}$

4) Mohr-Coulomb 파괴규준

① **흙의 전단강도** $\tau = c + \sigma\tan\phi$

포화점토에서는 유효응력으로 표현 $\tau = c' + \sigma'\tan\phi'$

c : 점착력, c' : 유효점착력

σ : 파괴면에 작용하는 수직응력,

σ' : 파괴면에 작용하는 유효수직응력

ϕ : 내부마찰각, ϕ' : 유효마찰각

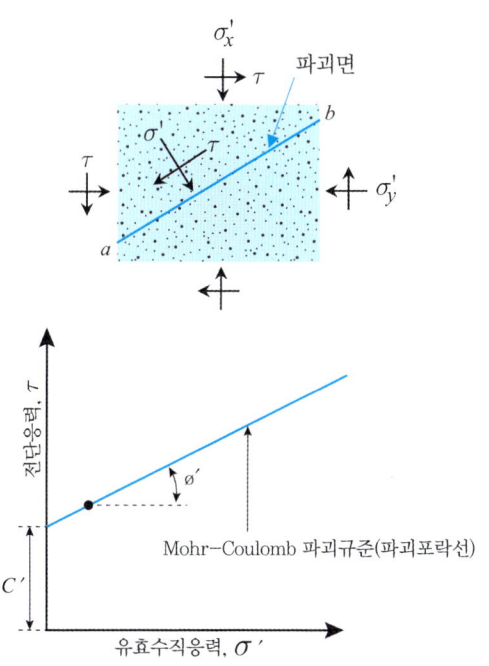

A점 : 비파괴 상태, B점 : 파괴 임계상태, C점 : 파괴상태

② **파괴면의 경사**

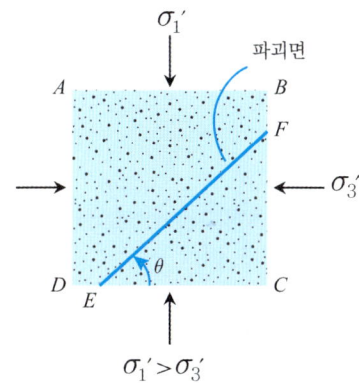

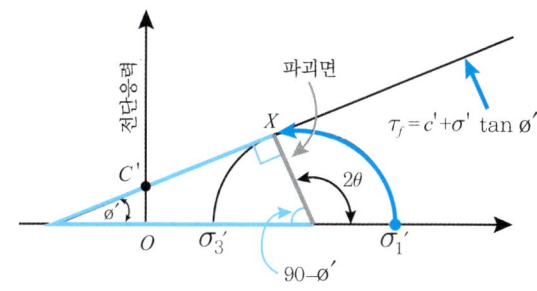

> 📖 **실제요소에 대해**
>
> σ_1'를 받는 면(DC면)에서 파괴면(EF면)까지 반시계방향 θ 회전

> 📖 **응력원에 대해**
>
> ⇒ σ_1'점을 기점으로 반시계방향 2θ 회전(X점)
> ⇒ X점에서의 접선(파괴포락선)
> ⇒ 파괴포락선과 σ축(가로축)의 각도 : 유효마찰각 ϕ'
>   파괴포락선과 τ축(세로축)의 교점 : 유효점착력 c'
> ⇒ X점과 응력원 중심을 연결한 선 : 파괴면
>
> $2\theta + (90° - \phi') = 180°$에서, $\theta = 45 + \dfrac{\phi'}{2}$(유효내부마찰각과 파괴각의 관계)

> **참조**
>
> [σ_1'와 σ_3'의 관계]
>
> $\sigma_1' = \sigma_3'\tan^2\theta + 2c'\tan\theta$

2 직접전단시험

1) 시험방법

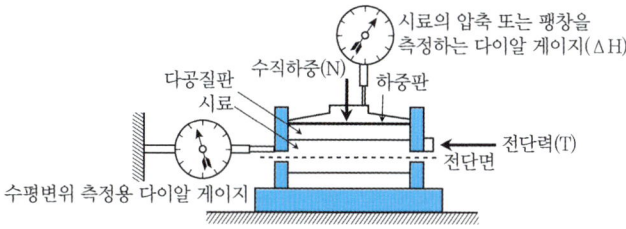

① 수직력을 P_i로 고정, 전단력 T_i 측정

$$\Rightarrow \sigma_i = \dfrac{P_i}{A}, \ \tau_i = \dfrac{T_i}{A}$$

② 수직력을 P_2, P_3 등으로 변경하면서, T_2, T_3 등을 측정

③ (σ_i, τ_i)를 $\sigma-\tau$ 좌표상에 표시하여 직선으로 연결
⇒ 파괴포락선

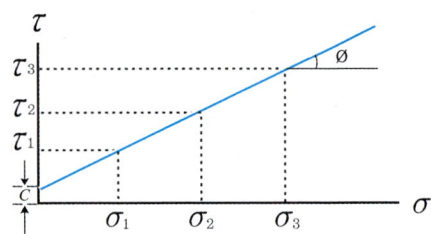

예제

문제. 아래의 직접전단시험 결과를 이용하여 시료의 강도정수 c와 ϕ를 구하라.

구분	1	2	3
$\sigma_i(kN/m^2)$	100	200	300
$\tau_i(kN/m^2)$	65	108	154

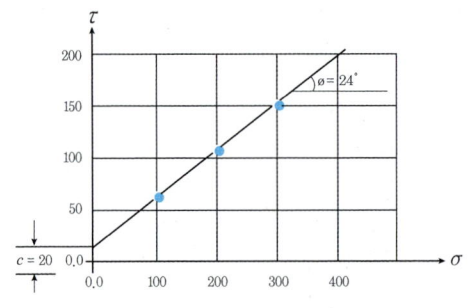

해설 $c=20$, $\phi=24°$

예제

문제. 동일한 흙시료에 대해서 직접전단시험을 수행한 결과, 수직응력이 100kN/m²일 때 전단강도가 60kN/m², 수직응력이 200kN/m²일 때 전단강도가 100kN/m²이었다면, 이 흙시료의 점착력은? (단, Mohr-Coulomb의 파괴기준을 따른다)

해설 $\tau = c + \sigma\tan\phi$에서,
  $60 = c + 100\tan\phi$ —————— 식1)
  $100 = c + 200\tan\phi$ —————— 식2)
  두 식을 연립하여 정리하면, $c = 20kN/m^2$

2) 일반사항

① 흙 내부의 취약부에서 파괴되는 것이 아니라, 시험장치의 분리면에서 파괴 ⇒ 신뢰도 부족
② 파괴면의 전단응력 분포가 일정하지 않음
③ 건조 및 포화 사질토 시료에서는 간편하고 경제적인 실험 ⇒ 점토시료는 부적합
④ 일반적인 시료크기 : $51 \times 51 \times 25 mm^3$, $102 \times 102 \times 25 mm^3$ 의 정사각 또는 원형
⑤ 배수 및 비배수 조건에 대해 모두 시험가능(철저한 배수 조건은 불가능)

3) 사질토 전단거동 특징

① **느슨한 모래**
  전단강도 : 파괴 전단응력 τ_f에 도달할 때까지 전단변위와 함께 증가
  ⇒ 이후 전단변위가 증가해도 전단강도는 일정하게 유지

② **조밀한 모래**
  전단강도 : 파괴 전단응력 τ_f에 도달할 때까지 전단변위와 함께 증가
  ⇒ 이후 전단변위가 증가하면서 전단강도는 급격히 감소

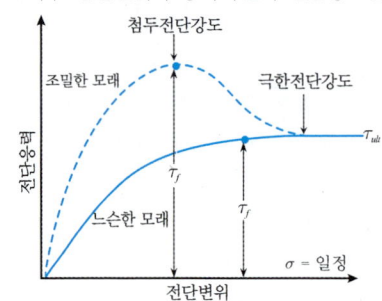

③ **시료높이 변화**
  전단변위가 커지면서,

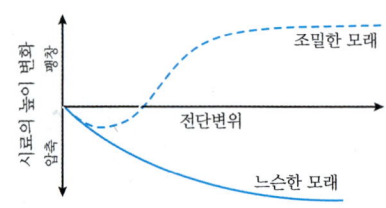

  조밀한 모래 : 압축되었다가 팽창
  느슨한 모래 : 계속 압축
  ⇒ 낮은 구속압의 조밀한 모래에서 팽창이 크다.
    (다일러턴시, Dilatancy)

④ 간극비의 변화

전단변위가 커지면서,

조밀한 모래 : 간극비 증가

느슨한 모래 : 간극비 감소

⇒ 최대강도가 될 때는 둘의 간극비 유사(한계간극비)

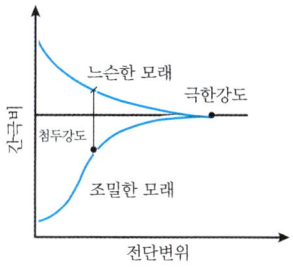

> [!NOTE] 참고
>
> [다일러턴시(Dilatancy)]
>
> 사질토 직접전단시험에서 전단변형에 따라 체적이 변화하는 현상
> 낮은 구속압의 조밀한 시료에서 가장 크게 발생
>
> | 구분 | 체적 | 다일러턴시 | 간극수압 |
> |---|---|---|---|
> | 조밀한 시료 | 증가 | (+) | (−) |
> | 느슨한 시료 | 감소 | (−) | (+) |

> [!NOTE] 예제
>
> **문제.** 사질토의 전단거동 특성에 대한 설명으로 옳지 않은 것은?
>
> ① 느슨한 시료에서 전단변형이 일어나면 간극이 줄어들고 압축되면서 전체 부피가 감소하고 전단저항이 증가한다.
> ② 느슨한 시료는 최대강도와 잔류강도의 차이가 크지 않다.
> ③ 시험 과정에서 나타나는 시료의 부피 변화는 입자간의 상대운동에 의한 것이 대부분이다.
> ④ 조밀한 시료는 잔류강도가 발현될 때까지 부피가 점점 감소한다.
>
> **정답** ④
> **해설** ④ 조밀한 시료는 처음에는 부피가 감소하다가 이후에는 증가한다.

> [!NOTE] 예제
>
> **문제.** 사질토에서 전단 중 발생하는 부피팽창현상(다일러턴시, Dilatancy)이 가장 크게 발생하기 위한 조건은?
>
> ① 높은 구속압과 높은 상대밀도
> ② 낮은 구속압과 높은 상대밀도
> ③ 높은 구속압과 낮은 상대밀도
> ④ 낮은 구속압과 낮은 상대밀도
>
> **정답** ②
> **해설** 낮은 구속압의 조밀한 모래에서 부피팽창이 크게 발생한다.

4) 배수 직접전단시험

① 포화상태의 모래와 점토를 대상으로 수행
② 포화된 시료의 과잉간극수압이 배수에 의해 소멸될 수 있도록 재하속도를 충분히 느리게 해야 한다.(포화 점토)
③ 첨두전단강도 $\tau_f = c' + \sigma' \tan \phi'$
   잔류강도 $\tau_r = \sigma' \tan \phi_r'$
④ 매우 큰 전단변위에 대해, 모래의 극한전단강도 = 점토의 배수시험에 의한 잔류전단강도

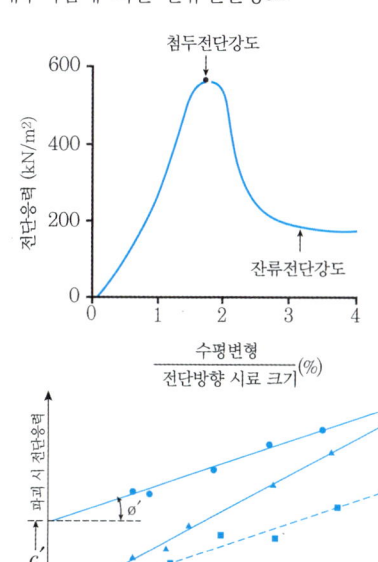

● 과압밀 점토 $\tau_f = c' + \sigma' \tan \phi' (c' \neq 0)$
▲ 정규압밀점토 $\tau_f = \sigma' \tan \phi' (c' \simeq 0)$
■ 잔류강도 $\tau_f = \sigma' \tan \phi_r'$

> **예제**
>
> **문제.** 다음 직접전단시험 결과를 통해서, 첨두전단강도 τ_f와 잔류전단강도 τ_r의 강도정수 c'와 ϕ'를 구하라.
>
> | 시험번호 | 수직응력 σ' | 첨두전단응력 τ_f | 잔류전단응력 τ_r |
> |---|---|---|---|
> | 1 | 75 | 160 | 23 |
> | 2 | 130 | 200 | 30 |
> | 3 | 180 | 260 | 53 |
> | 4 | 280 | 360 | 74 |
>
>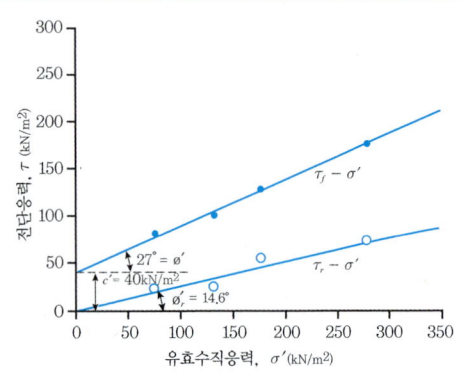
>
> **해설** 첨두강도 $\tau_f = 40 + \sigma' \tan 27°$
> 잔류강도 $\tau_r = \sigma' \tan 14.6°$

3 삼축압축시험

1) 시험개요

① 흙의 전단강도정수(c', ϕ')를 결정하는 시험 중에서 가장 신뢰도 높음

② 고무막으로 보호된 시료에 구속압(σ_3)을 가한 상태에서 축차응력 $\Delta\sigma = (\sigma_1 - \sigma_3)$을 파괴가 될 때까지 재하

③ 시험종류

[등방압축(전단 전) 배수조건]
C : 압밀(Consolidated),
U : 비압밀(Unconsolidated)

[축차응력(전단 시) 배수조건]
D : 배수(Drained), U : 비배수(Undrainded)
압밀배수시험(CD 시험)
압밀비배수시험(CU 시험)
비압밀비배수시험(UU 시험)

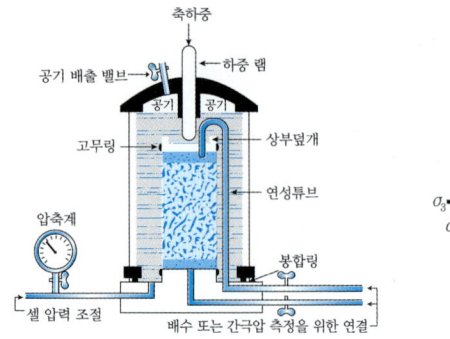

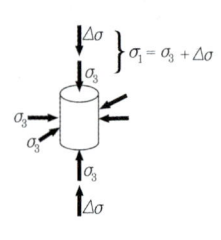

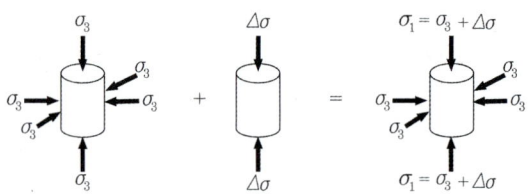

2) 압밀배수시험(CD시험)

① 비배수조건 하에서 구속압 σ_3 재하 ⇒ 과잉간극수압 발생 ⇒ 배수밸브를 개방 ⇒ 간극수압 소산으로 압밀 진행

> **참조**
>
> Skempton 간극수압계수 $B = \dfrac{u_c}{\sigma_3}$ (구속압에 의한 간극수압 / 구속압)
>
> 포화도가 높을수록 B도 커진다. 완전포화된 점토에서 거의 1이 된다.

② 간극수압이 발생하지 않도록 축차응력 $\Delta\sigma$를 서서히 재하

③ 전 구속응력 = 유효 구속응력(간극수압 없음) $\sigma_3 = \sigma_3'$
파괴시 전 축응력 = 파괴시 유효 축응력
$\sigma_1 = \sigma_3 + \Delta\sigma = \sigma_1'$

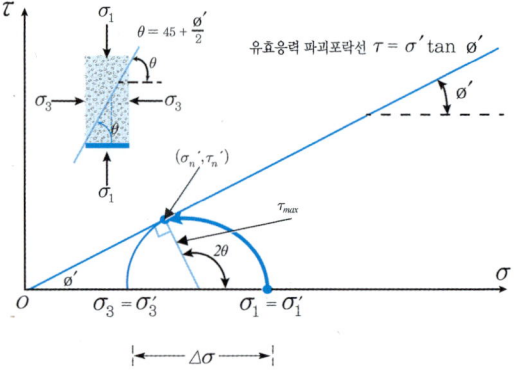

④ 모래 및 정규압밀점토의 강도정수
- 유효 점착력 $c' = 0$
- 유효응력 파괴포락선 $\tau = \sigma' \tan\phi'$
- 유효 내부마찰각 ϕ' 산출

$$\sin\phi' = \frac{(\sigma_1' - \sigma_3')/2}{(\sigma_1' + \sigma_3')/2} = \frac{\sigma_1' - \sigma_3'}{\sigma_1' + \sigma_3'} = \frac{\Delta\sigma}{2\sigma_3' + \Delta\sigma}$$

⑤ 파괴면에서의 응력
- 응력원의 반경 = $\tau_{max} = \frac{\sigma_1' - \sigma_3'}{2} = \frac{\Delta\sigma}{2}$
- 파괴면에서의 전단응력 $\tau_n = \tau_{max}\sin(90 - \phi')$
- 파괴면에서의 수직응력
  $\sigma_n = (\sigma_1' + \sigma_3')/2 - \tau_{max}\cos(90 - \phi')$

⑥ 과압밀점토의 강도정수(구속압이 충분히 크지 않은 구간)

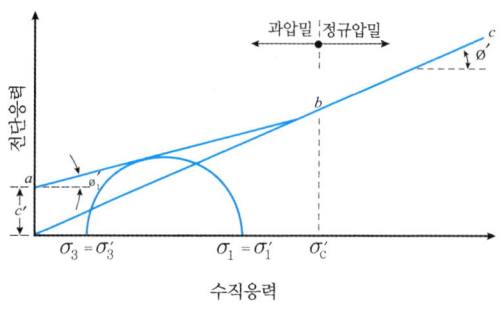

- 유효응력 파괴포락선 $\tau = c' + \sigma'\tan\phi_1'$ (과압밀구간)
- 유효 점착력 $c' = \dfrac{\sigma_1' - \sigma_3'\tan^2\theta_1'}{2\tan\theta_1'}$

참조
점토에서는 간극수압소산에 시간이 너무 많이 소요되기 때문에 CD시험을 거의 수행하지 않음

예제

문제. 사질토를 대상으로 다음 조건의 CD시험을 수행한 경우, 시료의 파괴각 θ를 구하라.

> 구속응력 $\sigma_3' = 100 kN/m^2$
> 축차응력 $\Delta\sigma' = 200 kN/m^2$

해설 $\sin\phi' = \dfrac{\sigma_1' - \sigma_3'}{\sigma_1' + \sigma_3'} = \dfrac{\Delta\sigma'}{2\sigma_3' + \Delta\sigma'} = \dfrac{200}{2 \times 100 + 200} = \dfrac{1}{2}$

에서, $\phi' = 30°$

$\theta = 45 + \dfrac{\phi'}{2} = 45 + \dfrac{30}{2} = 60°$

참조 $\Delta\sigma' = 2\sigma_3'$이면, $\phi' = 30°$가 된다.

예제

문제. 점착력 = 0, 내부마찰각 = 30°인 모래질 흙에 대해 구속압 50kPa의 조건에서 배수 삼축압축시험(CD시험)을 실시할 경우, 전단파괴 시 전단파괴면 상의 전단응력[kPa]은? (단, Mohr-Coulomb의 파괴이론을 적용한다)

해설 $\sin\phi' = \sin 30° = \dfrac{1}{2} = \dfrac{\sigma_1 - \sigma_3}{\sigma_1 + \sigma_3} = \dfrac{\Delta\sigma}{2\sigma_3 + \Delta\sigma}$에서,

$\sigma_3 = 50$을 대입하면, $\Delta\sigma = 100$

응력원의 반경 = $\tau_{max} = \dfrac{\sigma_1 - \sigma_3}{2} = \dfrac{\Delta\sigma}{2} = \dfrac{100}{2} = 50$

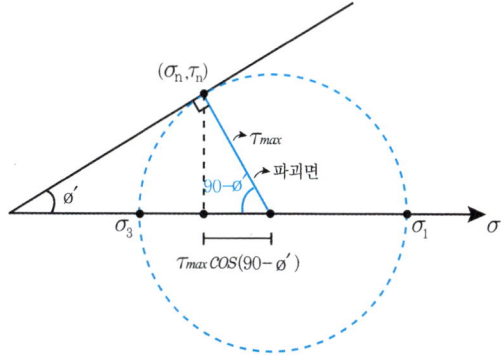

$\tau_n = \tau_{max}\sin(90 - \phi') = 50\sin 60° = 25\sqrt{3}\, kPa$

참조 $\sigma_n = (\sigma_1 + \sigma_3)/2 - \tau_{max}\cos(90 - \phi') = 100 - 50\cos 60°$
$= 75 kPa$

3) 압밀비배수시험(CU시험, $\overline{CU}$시험)

① 가장 보편적인 삼축압축시험
② 배수상태에서 구속압 σ_3' 재하 ⇒ 압밀완료 후 배수차단
　⇒ 축차응력 $\Delta\sigma$ 재하
　축차응력 $\Delta\sigma$ 재하동안에 간극수압 Δu 증가
③ 파괴시 응력
　전응력 파괴 $\tau = \sigma\tan\phi$
　유효응력 파괴 $\tau = \sigma'\tan\phi'$

[최대주응력]
　전응력 $\sigma_1 = \sigma_3 + \Delta\sigma$
　유효응력 $\sigma_1' = \sigma_1 - \Delta u = \sigma_3 + \Delta\sigma - \Delta u$

[최소주응력]
　전응력 σ_3
　유효응력 $\sigma_3' = \sigma_3 - \Delta u$

[간극수압]
　$\Delta u = \sigma_1 - \sigma_1' = \sigma_3 - \sigma_3'$

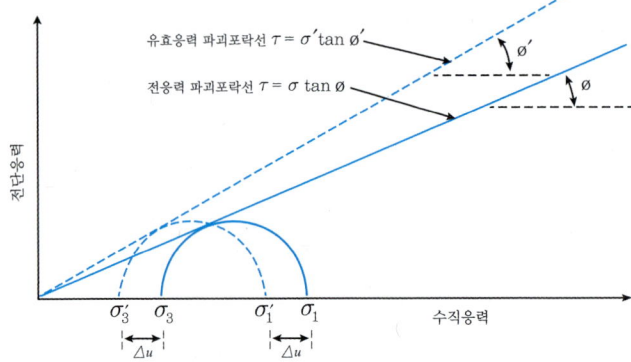

주의 유효응력에 의한 응력원과 전응력에 의한 응력원의 직경은 동일(응력원의 직경 = 축차응력)

④ Skempton 간극수압 계수 $\overline{A}$

　간극수압증분/축차응력증분 = $\overline{A} = \dfrac{\Delta u}{\Delta\sigma}$ (정규압밀 점토 : 0.5~1.0, 과압밀 점토 : -0.5~0)

⑤ 전단시(축차응력 재하시) 배수가 되지 않기 때문에, 시료의 체적변화는 없다.
⑥ 과압밀점토의 파괴응력

$$\tau = c + \sigma\tan\phi_1$$

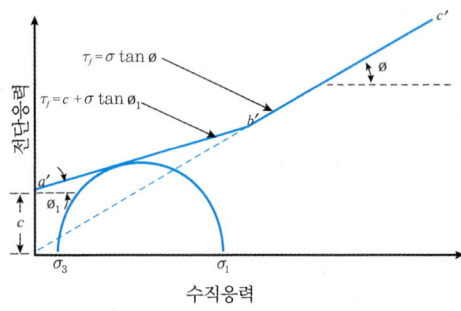

참고
축차응력이 재하되는 동안 배수가 허용되지 않기 때문에, 점토 시료에서도 빠른 시험이 가능하다.
전응력에 대해 표현하면 CU시험, 유효응력으로 표현하면 $\overline{CU}$시험이라 한다. 표현의 차이만 있다.

예제

문제. 포화된 모래시료에 대해, 다음과 같은 CU시험을 시행하였다. 내부마찰각 ϕ와 ϕ'를 구하라.

(단, $\sin 15° = \dfrac{7}{27}$, $\sin 24° = \dfrac{7}{17}$)

구속압 $\sigma_3 = 100 kN/m^2$
축차응력 $\Delta\sigma = 70 kN/m^2$
간극수압 $\Delta u = 50 kN/m^2$

해설
$$\sin\phi = \frac{\sigma_1 - \sigma_3}{\sigma_1 + \sigma_3} = \frac{\Delta\sigma}{2\sigma_3 + \Delta\sigma} = \frac{70}{2\times 100 + 70} = \frac{7}{27}$$
이므로, $\phi = 15°$
$$\sin\phi' = \frac{\sigma_1' - \sigma_3'}{\sigma_1' + \sigma_3'} = \frac{\Delta\sigma}{2\sigma_3' + \Delta\sigma} = \frac{\Delta\sigma}{2\sigma_3 - 2\Delta u + \Delta\sigma}$$
$$= \frac{70}{2\times 100 - 2\times 50 + 70} = \frac{7}{17}$$에서, $\phi' = 24°$

4) 비압밀비배수시험(UU시험)

① 구속압 σ_3 및 축차응력 $\Delta\sigma$ 재하동안 배수를 허용하지 않는다. ⇒ 매우 빠른 시험 진행
② 포화점토 시료는 축차응력에 의해 파괴(구속압에 관계없이 파괴시 축차응력은 동일)

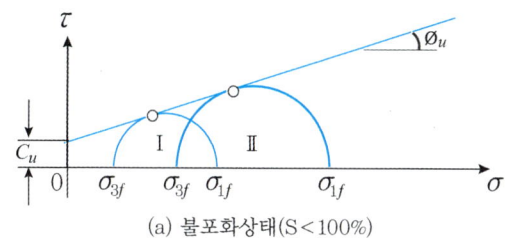
(a) 불포화상태(S < 100%)

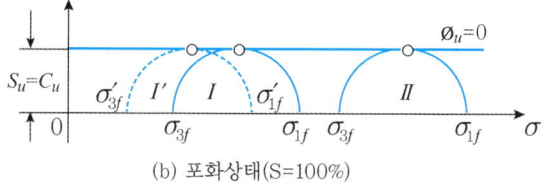
(b) 포화상태(S=100%)

③ 간극수압 $u = u_c + \Delta u = B\sigma_3 + \overline{A}\Delta\sigma$

> **참조**
>
> [간극수압계수]
>
> 1) Skempton 간극수압계수 B
>
>   간극수압/구속압 = $B = \dfrac{u_c}{\sigma_3}$ (u_c : 구속압 σ_3에 의해 발생하는 간극수압, 포화된 시료에서 $B \approx 1$)
>
> 2) Skempton 간극수압 계수 $\overline{A}$
>
>   간극수압증분/축차응력증분 = $\overline{A} = \dfrac{\Delta u}{\Delta \sigma}$ (정규압밀 점토 : 0.5~1.0, 과압밀 점토 : -0.5~0)

④ 주로 포화점토를 대상으로 시험

⑤ 파괴시 전단강도(응력원 반경) $\tau = c = c_u = \dfrac{\Delta\sigma}{2}$

  (c_u : 비배수 전단강도, 비배수 내부마찰각 $\phi_u = 0$)

⑥ 포화점토 지반 위에 빠른 성토를 하여 제방을 축조할 때, 공사 중 및 완공 직후의 안전해석시 적용

> **예제**
>
> **문제.** 포화점토 시료에 대해 비압밀비배수(UU) 시험을 실시하였다. 구속압력 σ_3을 100kPa로 작용하였더니 파괴시 간극수압이 20kPa이었다. 이 포화점토에 구속압력 σ_3을 200kPa로 작용시켰다면 파괴시 간극수압[kPa]은?
>
> **해설** $u = u_c + \Delta u = B\sigma_3 + \overline{A}\Delta\sigma$에서, $B \approx 1$이므로, $\sigma_3 = u_c$
> $20 = 100 + \Delta u$ 에서, $\Delta u = -80$이고, 구속압에 관계없이 축차응력 $\Delta\sigma$은 동일하므로,
> $u = 200 + (-80) = 120$

> **참조**
>
> [사질토의 액화현상]
>
>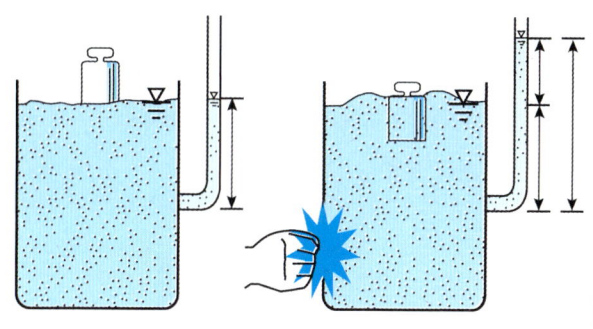
> (a) 액화현상 발생 전   (b) 액화현상 발생 시
>
> ① 모래층에 급격한 충격 재하 ⇒ 조밀화 ⇒ 간극수 배출 작용 ⇒ 순간적 하중에 대해 배출시간 부족(일시적 비배수상태) ⇒ 과잉간극수압생성 ⇒ 유효응력감소(전응력 일정) ⇒ 전단강도 감소
> ② 급격한 충격하중이 매우 큰 경우
>   유효응력 = 0 ⇒ 전단강도 = 0 ⇒ 물처럼 흐르는 현상(액화현상)
> ③ 액상화 조건
>   둥근 모래입자(실트입자 약간 함유)
>   유효경 $D_e < 0.1mm$, 균등계수 $C_u < 5$
>   간극비 $e > 0.8$
> ④ 보통의 조밀한 모래도 반복적인 하중을 받게 되면 액화현상 발생

> **참고**
>
> [딕소트로피(Thixotrophy)]
>
> 재성형한 점토시료를 함수비 변화없이 그대로 방치하여 시간이 경과하면 강도가 회복되는 현상

5) 포화점토의 일축압축시험

① 점토시료에서, 비압밀비배수시험의 특별형태
② 구속압 σ_3 없이 축차응력 q_u 만 재하 ⇒ UU시험에서 구속압에 관계없이, 동일한 축차응력에 파괴됨을 응용
③ 구속압없이 파괴시 축차응력 q_u 만 측정하므로, 응력원은 1개만 생성

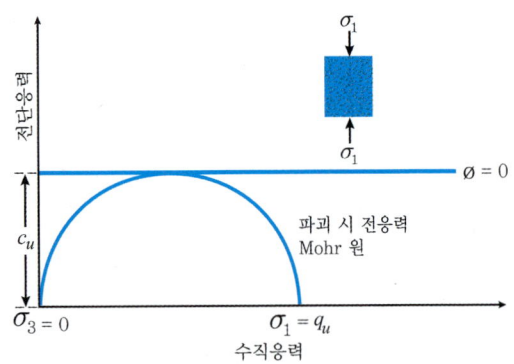

파괴 시 전응력 Mohr 원

④ 전단강도 $\tau = c_u = \dfrac{\sigma_1}{2} = \dfrac{q_u}{2}$

⑤ **점토의 예민비(Sensitivity)**

불교란 시료의 일축압축강도/교란 시료의 일축압축강도

$= S_t = \dfrac{c_{u(O)}}{c_{u(R)}}$

$c_{u(O)}$ 불교란 시료의 강도, $c_{u(R)}$ 교란 시료의 강도

[예제]

문제. 포화 점토시료($\phi = 0$)의 일축압축시험에 대한 설명으로 옳지 않은 것은?

① 최대 주응력 면과 파괴면이 이루는 각도는 45°이다.
② 최대 주응력의 크기는 일축압축강도의 $\dfrac{1}{2}$ 이다.
③ Mohr 응력원을 작도하였을 때, Mohr 응력원의 반경은 점착력의 크기와 같다.
④ 일축압축시험은 구속압력(σ_3)이 0인 비압밀 비배수(UU) 시험결과와 동일하다.

정답 ②
해설 ② 최대 주응력의 크기는 일축압축강도이다.

[참고]

[삼축인장시험]

삼축압축시험에서 축차응력을 재하하지 않고 구속압만 재하 ⇒ 인장파괴 시험
굴착지반 저면의 안정 및 연약지반 위의 성토로 인한 지반융기가 우려되는 경우에 적합

대표기출문제

문제. 모래시료에 대해서 압밀배수 삼축압축시험을 실시하였다. 초기 단계에서 구속응력(σ_3)은 100kN/m²이고, 전단파괴시에 작용된 축차응력(σ_{df})은 200kN/m²이었다. 이와 같은 모래시료의 내부마찰각(ϕ) 및 파괴면에 작용하는 전단응력(τ_f)의 크기는?   2022년 1회

① $\phi = 30°$, $\tau_f = 115.47 \text{kN/m}^2$
② $\phi = 40°$, $\tau_f = 115.47 \text{kN/m}^2$
③ $\phi = 30°$, $\tau_f = 86.60 \text{kN/m}^2$
④ $\phi = 40°$, $\tau_f = 86.60 \text{kN/m}^2$

정답 ③
해설 $\sigma_1 = 200 + 100 = 300 kN/m^2$

응력원의 중심 $\dfrac{\sigma_1 + \sigma_3}{2} = \dfrac{300 + 100}{2} = 200 kN/m^2$

응력원의 반경 $\dfrac{\sigma_1 - \sigma_3}{2} = \dfrac{300 - 100}{2} = 100 kN/m^2$

내부마찰각 $\sin\phi = \dfrac{100}{200}$ 에서, $\phi = 30°$

$\tau_f = \tau_{\max} \sin(90 - \phi) = 100 \times \sin(90 - 30) = 86.6 kN/m^2$

대표기출문제

문제. 포화된 점토에 대한 일축압축시험에서 파괴시 축응력이 0.2MPa일 때, 이 점토의 점착력은?   2021년 3회

① 0.1MPa ② 0.2MPa
③ 0.4MPa ④ 0.6MPa

정답 ①
해설 포화점토에 대해,
$\tau_f = c = \dfrac{\sigma}{2} = \dfrac{0.2}{2} = 0.1 MPa$

대표기출문제

문제. 점토층 지반 위에 성토를 급속히 하려 한다. 성토 직후에 있어서 이 점토의 안정성을 검토하는데 필요한 강도정수를 구하는 합리적인 시험은? 2021년 2회

① 비압밀 비배수시험(UU-test)
② 압밀 비배수시험(CU-test)
③ 압밀 배수시험(CD-test)
④ 투수시험

정답 ①
해설 성토 직후이기 때문에 압밀이 진행되지 않았다.

대표기출문제

문제. 사질토에 대한 직접 전단시험을 실시하여 다음과 같은 결과를 얻었다. 내부 마찰각은 약 얼마인가? 2020년 4회

수직응력(kN/m^2)	30	60	90
최대전단응력(kN/m^2)	17.3	34.6	51.9

① 25°
② 30°
③ 35°
④ 40°

정답 ②
해설 $\tan\phi = \dfrac{\Delta\tau}{\Delta\sigma} = \dfrac{51.9-17.3}{90-30} = 0.577$에서, $\phi = 30°$

대표기출문제

문제. 토질실험 결과 내부마찰각(ϕ) = 30°, 점착력 c = 50kN/m², 간극수압이 80kN/m²이고 파괴면에 작용하는 수직응력이 300kN/m²일 때 이 흙의 전단응력은? 2018년 3회

① 115kN/m²
② 130kN/m²
③ 158kN/m²
④ 195kN/m²

정답 ②
해설

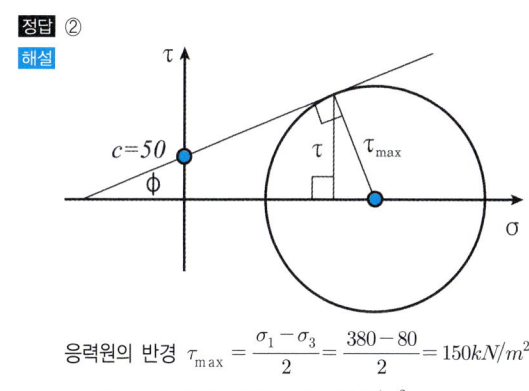

응력원의 반경 $\tau_{\max} = \dfrac{\sigma_1 - \sigma_3}{2} = \dfrac{380 - 80}{2} = 150 kN/m^2$

$\tau = 150\cos\phi = 150\cos 30° = 129.9 kN/m^2$

대표기출문제

문제. 그림과 같은 지반에서 하중으로 인하여 수직응력($\Delta\sigma_1$)이 100kN/m² 증가되고 수평응력($\Delta\sigma_3$)이 50kN/m² 증가되었다면 간극수압은 얼마나 증가되었는가? (단, 간극수압계수 A=0.50이고 B=1이다.)   2022년 2회

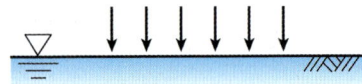

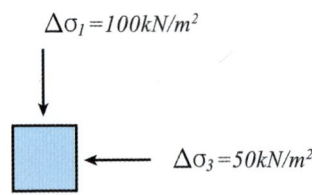

① 50kN/m² ② 75kN/m²
③ 100kN/m² ④ 125kN/m²

정답 ②

해설 $u = B\sigma_3 + \overline{A}\Delta\sigma = 1 \times 50 + 0.5 \times (100 - 50) = 75 kN/m^2$

10 응력경로

1 개념

① 응력원의 정점 $M(p,q)$를 이은 선

② $p = \dfrac{\sigma_1+\sigma_3}{2} = \dfrac{2\sigma_3+\Delta\sigma}{2}$ (응력원 중심),

$q = \dfrac{\sigma_1-\sigma_3}{2} = \dfrac{\Delta\sigma}{2}$ (응력원 반경)

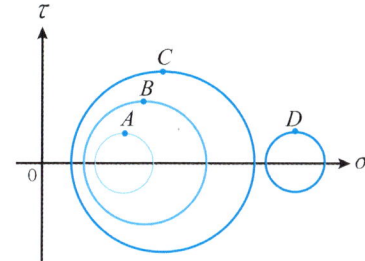

(a) Mohr 응력원

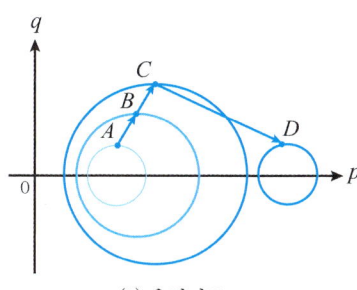

(b) 응력경로

③ 응력경로의 종류

전응력 경로(Total Stress Path, TSP) : $M(p,q)$
유효응력 경로(Effective Stress Path, ESP) :
$M'(p',q') = M'(p',q) \Rightarrow q' = q,\ p' = p-u$

예제

문제. 다음 조건의 응력경로를 작도하시오.

A 상태   B 상태   C 상태

A: 3, $u=0$, 3
B: 7, $u=1$, 5
C: 6, $u=2$, 8

- A상태 $p = p' = \dfrac{3+3}{2} = 3,\ q = \dfrac{3-3}{2} = 0$
  $\Rightarrow M(3,0),\ M'(3,0)$
- B상태 $p = \dfrac{7+5}{2} = 6,\ q = \dfrac{7-5}{2} = 1,\ p' = 6-1 = 5$
  $\Rightarrow M(6,1),\ M'(5,1)$
- C상태 $p = \dfrac{6+8}{2} = 7,\ q = \dfrac{6-8}{2} = -1,\ p' = 7-2 = 5$
  $\Rightarrow M(7,-1),\ M'(5,-1)$

해설

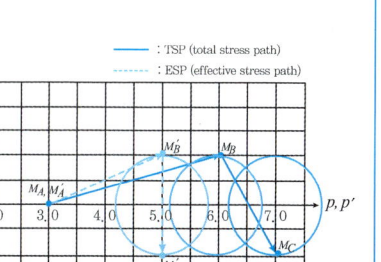

2 K_o-Line

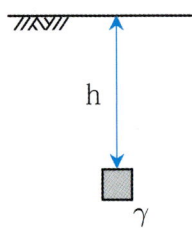

① 임의 깊이 지반 내의 연직유효응력 $\sigma_1' = \gamma h$
② 수평유효응력 $\sigma_3' = K_o \sigma_1'$ (K_o 정지토압계수)
③ 정지토압상태에서,

$$p' = \frac{\sigma_1' + \sigma_3'}{2} = \frac{\sigma_1'}{2}(1+K_o),$$

$$q = q' = \frac{\sigma_1' - \sigma_3'}{2} = \frac{\sigma_1'}{2}(1-K_o)$$

④ K_o- Line 기울기

$$\frac{q}{p'} = \frac{1-K_o}{1+K_o} = \tan\beta$$

⑤ 정지토압상태의 유효응력(ESP)
⇒ K_o- Line을 따른다.

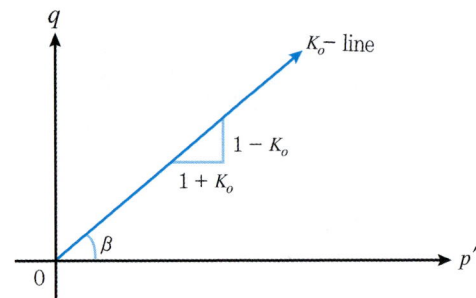

3 압밀하중에 의한 응력경로(포화점토 지반)

① 초기(압밀하중 재하 전) 상태
   초기 전응력 = 초기 유효응력
   $\sigma_1 = \sigma_i$ (초기 전응력)
   $\sigma_3 = K_o \sigma_1 = K_o \sigma_i$, $u = 0$

② 압밀 중 상태(간극수압만 증대)
   상재하중 = 과잉간극수압
   $\sigma_1 = \sigma_f = \sigma_i + \Delta\sigma$
   $\sigma_3 = K_o \sigma_i + \Delta\sigma$, $\Delta\sigma = \Delta u = u$

③ 최종(압밀완료 후) 상태(간극수압 ⇒ 유효응력)
   최종 전응력 = 최종 유효응력
   $\sigma_1 = \sigma_f = \sigma_i + \Delta\sigma$
   $\sigma_3 = K_o \sigma_f$, $u = 0$

전응력 = 간극수압 = 유효응력

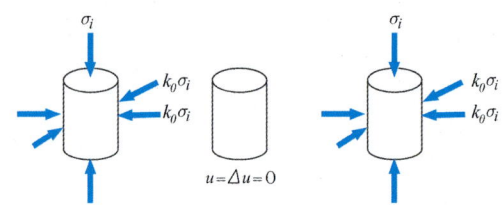

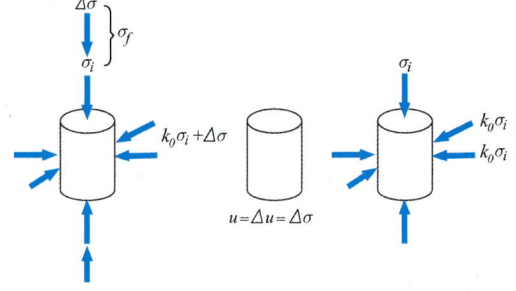

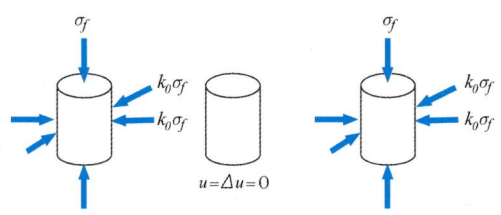

④ 유효응력
   K_o-Line을 따라 이동

⑤ 전응력
   (A-B) 간극수압만 증대 ⇒ 응력원 반경 일정
   ⇒ 응력경로 수평이동
   (B-C) 간극수압이 유효응력으로 변환
   ⇒ 응력원 반경 증대(수평응력감소)

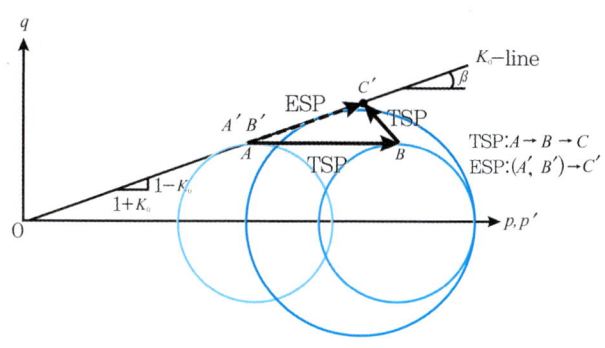

> **주의**
> - **압밀하중 $\Delta\sigma$ 재하 직후** : 유효응력의 변화없이 σ_1과 σ_3에 간극수압만 동일하게 증대
> - **압밀종료 후** : 간극수압이 소산되어 압밀하중 $\Delta\sigma$가 유효응력으로 변환 $\sigma_3 = K_o\sigma_i + \Delta\sigma \to K_o(\sigma_i + \Delta\sigma)$로 감소하고, $\sigma_1 = \sigma_i + \Delta\sigma$로 일정 ⇒ 좌상향 경로

4 응력경로의 경우

① **등방압축(OA경로, AI경로)** ⇒ 우측 이동(같은 양의 σ_1과 σ_3이 동일하게 증가)

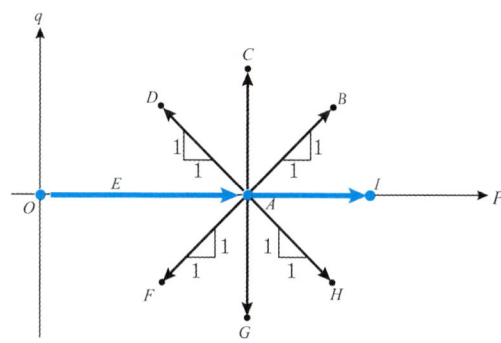

O점 : $\sigma_1 = \sigma_3 = 0$ (무응력)
A점 : $\sigma_1 = \sigma_3 = \sigma_i$ (등방압축)
I점 : $\sigma_1 = \sigma_3 = \sigma_i + \Delta\sigma$ (등방압축)

② **등방인장(AE경로)** ⇒ 좌측 이동(같은 양의 σ_1과 σ_3가 동일하게 감소)

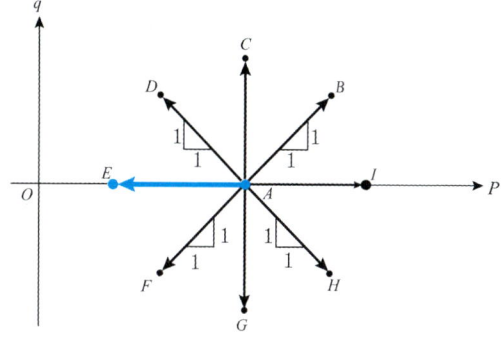

A점 : $\sigma_1 = \sigma_3 = \sigma_i$ (등방압축)
E점 : $\sigma_1 = \sigma_3 = \sigma_i - \Delta\sigma$ (등방인장)

> **주의**
> [응력경로에서의 표현방식 이해]
> 응력변화량 $\Delta\sigma$가 음수(−) ⇒ 인장
> 응력변화량 $\Delta\sigma$가 양수(+) ⇒ 압축

③ **일축압축(AB경로)** ⇒ 우상향 이동(σ_1만 증대, σ_3는 일정)

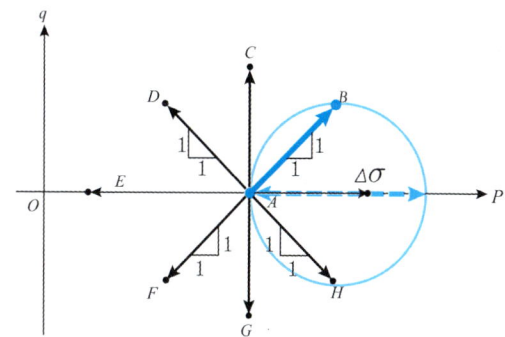

A점 : $\sigma_1 = \sigma_3 = \sigma_i$ (등방압축)
B점 : $\sigma_1 = \sigma_i + \Delta\sigma$ (일축압축)
$\sigma_3 = \sigma_i$ (변함없음)

④ 일축인장(AF경로) ⇒ 좌하향 이동(σ_1만 감소, σ_3는 일정)

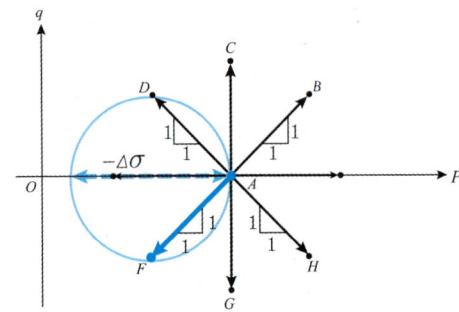

A점 : $\sigma_1 = \sigma_3 = \sigma_i$ (등방압축)
F점 : $\sigma_1 = \sigma_i - \Delta\sigma$ (일축인장)
$\sigma_3 = \sigma_i > \sigma_1$ (변함없음)

⑤ 횡방향 압축(AH경로) ⇒ 우하향 이동(σ_1는 일정, σ_3만 압축)

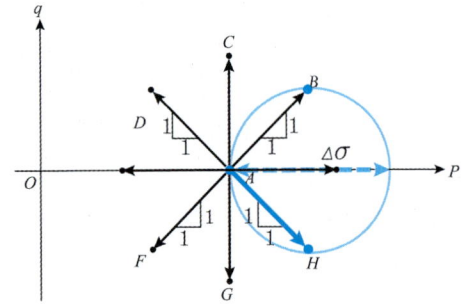

A점 : $\sigma_1 = \sigma_3 = \sigma_i$ (등방압축)
H점 : $\sigma_1 = \sigma_i$ (변함없음)
$\sigma_3 = \sigma_i + \Delta\sigma > \sigma_1$ (횡방향 압축)

⑥ 횡방향 인장(AD경로) ⇒ 좌상향 이동(σ_1는 일정, σ_3만 인장)

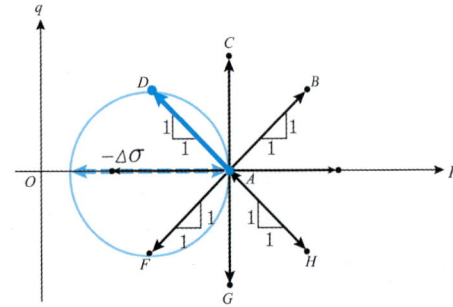

A점 : $\sigma_1 = \sigma_3 = \sigma_i$ (등방압축)
D점 : $\sigma_1 = \sigma_i$ (변함없음)
$\sigma_3 = \sigma_i - \Delta\sigma$ (횡방향 인장)

⑦ 보상비례 축압축 횡인장(AC경로) ⇒ 상향 이동(σ_1는 동일량 압축, σ_3는 동일량 인장)

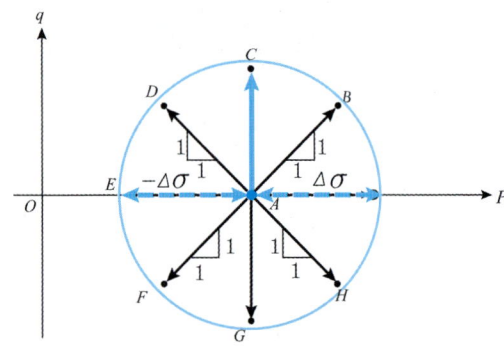

A점 : $\sigma_1 = \sigma_3 = \sigma_i$ (등방압축)
C점 : $\sigma_1 = \sigma_i + \Delta\sigma$ (축방향 압축)
$\sigma_3 = \sigma_i - \Delta\sigma$ (횡방향 인장)

⑧ 보상비례 축인장 횡압축(AG경로) ⇒ 하향 이동(σ_1는 동일량 인장, σ_3는 동일량 압축)

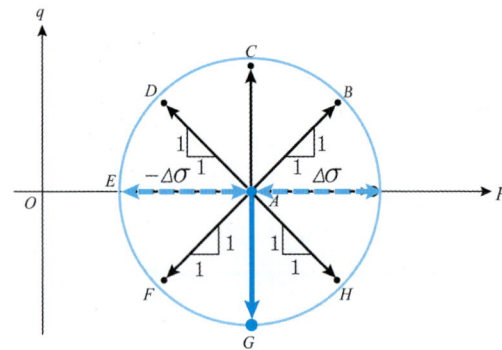

A점 : $\sigma_1 = \sigma_3 = \sigma_i$ (등방압축)
G점 : $\sigma_1 = \sigma_i - \Delta\sigma$ (축방향 인장)
$\sigma_3 = \sigma_i + \Delta\sigma$ (횡방향 압축)

> 참조
>
> [응력경로의 성향]
>
> 횡방향 응력 < 축방향 응력($\sigma_3 < \sigma_1$) ⇒ 상향
> 횡방향 응력 > 축방향 응력($\sigma_3 > \sigma_1$) ⇒ 하향
> 압축 ⇒ 우향
> 인장 ⇒ 좌향

예제

문제. 다음은 응력경로를 p-q Diagram으로 나타낸 것이다. 다음 설명 중 옳지 않은 것은?

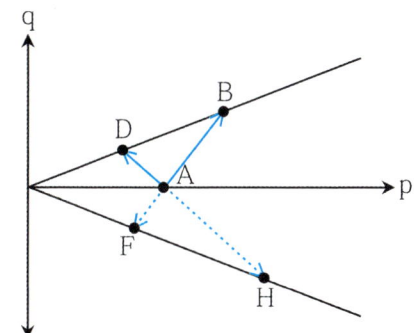

① AB : 축방향 압축상태로 σ_h는 감소하며, σ_v는 증가하는 상태
② AF : 축방향 인장상태로 σ_h는 일정하고, σ_v는 감소하는 상태
③ AH : 횡방향 압축상태로 σ_h는 증가하며, σ_v는 일정한 상태
④ AD : 횡방향 인장상태로 σ_h는 감소하며, σ_v는 일정한 상태

정답 ①
해설 ① AB : 축방향 압축상태로 σ_h는 일정하며, σ_v는 증가하는 상태

5 삼축압축시험과 K_f-Line

① K_f-Line

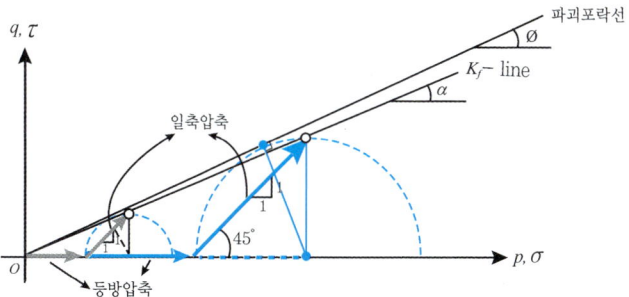

㉠ 삼축압축시험에서, 응력원의 정점을 연결한 선(파괴포락선과 K_f-Line은 유사)
㉡ $\sin\phi = \tan\alpha$
㉢ 임의의 요소의 응력 $M(p,q)$가 K_f-Line 아래에 위치한다면 비파괴 상태
㉣ q값은 응력원의 반경 $q = \dfrac{\Delta\sigma}{2}$

예제

문제. 그림과 같이 심도 10m에서 채취한 시료를 대상으로 K_0 압밀 배수 삼축압축(CD)시험을 수행하여 내부마찰각 30°, 점착력 0의 결과를 얻었다. $p'-q$상에서 현장상태(K_0 압밀)를 나타내는 A점과 파괴상태를 나타내는 B점의 좌표(p', q)는? (단, $p' = \dfrac{\sigma'_1 + \sigma'_3}{2}$, $q = \dfrac{\sigma'_1 - \sigma'_3}{2}$, $K_0 = 1 - \sin\phi'$, 흙의 단위중량은 20kN/m³, 현장에서 지하수위는 발견되지 않았다)

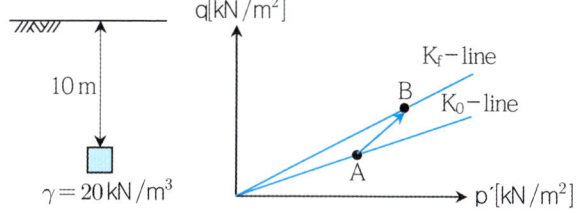

해설 A점에 대해, $\sigma_1 = \gamma h = 20 \times 10 = 200 kN/m^2$
$\sigma_3 = K_o\sigma_1 = (1-\sin 30°) \times 200 = 100 kN/m^2$
$p = \dfrac{\sigma_1 + \sigma_3}{2} = \dfrac{200+100}{2} = 150 kN/m^2$
$q = \dfrac{\sigma_1 - \sigma_3}{2} = \dfrac{200-100}{2} = 50 kN/m^2$

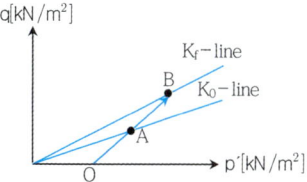

OAB의 기울기는 1:1(일축압축)이고, A점의 좌표가 (150,50)이므로, O점의 좌표는 (100,0)이다.
⇒ (100,0)에서 시작해서 1:1의 기울기 값을 가질 수 있는 것은 (200,100)

참고 $\sin\phi = \dfrac{1}{2} = \tan\alpha$ 에서, K_f-Line의 기울기는 $\dfrac{1}{2}$
⇒ 두 값은 2:1의 비율

② CD시험에서의 K_f-Line

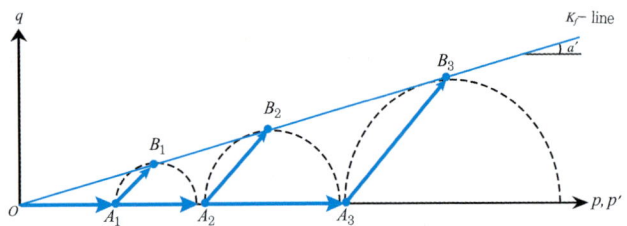

㉠ 간극수압 $u=0$이므로, TSP = ESP
㉡ 사질토 및 정규압밀점토에서는 원점을 지나는 직선

③ UU시험에서의 K_f-Line

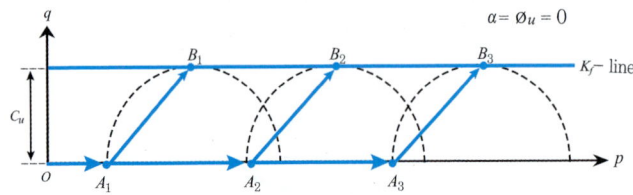

㉠ 간극수압이 측정되지 않으므로, TSP만 작도
㉡ K_f-Line과 파괴포락선이 일치

④ CU($\overline{CU}$)시험에서의 K_f-Line

㉠ 유일하게 TSP와 ESP가 같이 작도
㉡ 전응력 $q_f = p_f \tan\alpha$, 유효응력 $q_f' = p_f' \tan\alpha'$
㉢ TSP는 CD시험과 동일
㉣ ESP는 정규압밀점토에서 좌상향으로 곡선, 과압밀점토에서 우상향으로 곡선 이동

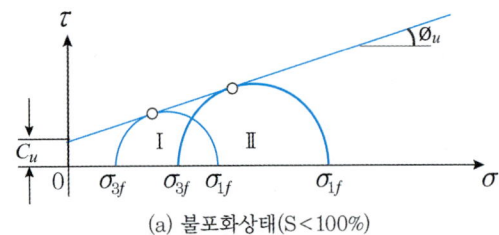

(a) 불포화상태(S<100%)

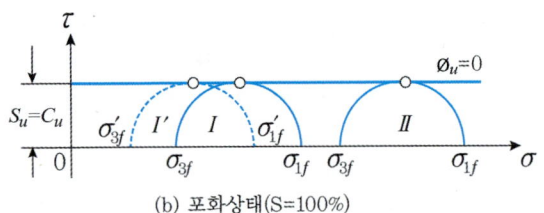

(b) 포화상태(S=100%)

㉤ TSP~ESP의 수평거리 = 간극수압 u

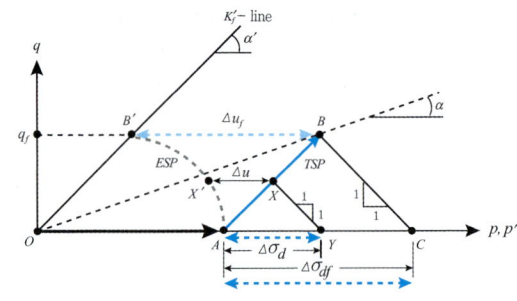

(a) 정규압밀점토

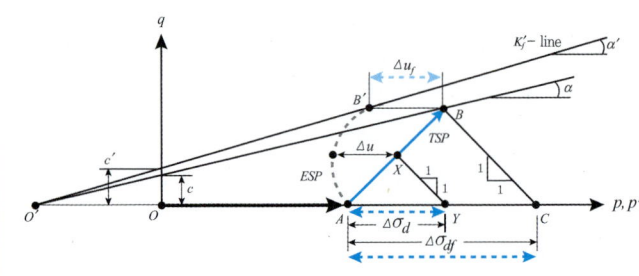

(b) 과압밀점토

예제

문제. 그림과 같이 정규압밀점토에 대한 삼축압축시험을 통해서 전응력경로(TSP)와 유효응력경로(ESP)가 얻어졌을 때, A점의 응력상태에서 시료에 가해진 축차응력 $\Delta\sigma_d$ [kPa]와 간극수압 Δu [kPa]는? (단, $p = \dfrac{\sigma_1+\sigma_3}{2}$, $p' = \dfrac{\sigma_1'+\sigma_3'}{2}$, $q = \dfrac{\sigma_1-\sigma_3}{2}$, $q' = \dfrac{\sigma_1'-\sigma_3'}{2}$)

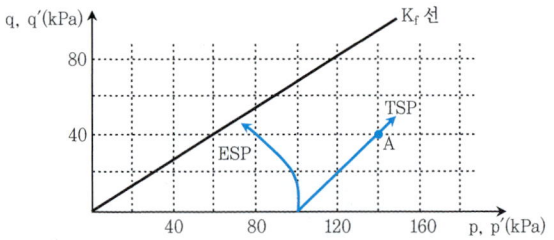

해설 A점의 좌표 (140, 40) = (p, q)이므로,
$\dfrac{\Delta\sigma_d}{2} = q = 40$에서, $\Delta\sigma_d = 80 kPa$

$\sigma = \sigma' + u$이므로, TSP-ESP의 차이가 간극수압이 된다.
TSP의 A점 수평선과 ESP의 교점까지 거리 = 140-80 = 60kPa = u

대표기출문제

문제. 응력경로(stress path)에 대한 설명으로 틀린 것은?

2022년 1회

① 응력경로는 특성상 전응력으로만 나타낼 수 있다.
② 응력경로란 시료가 받는 응력의 변화과정을 응력공간에 궤적으로 나타낸 것이다.
③ 응력경로는 Mohr의 응력원에서 전단응력이 최대의 점을 연결하여 구한다.
④ 시료가 받는 응력상태에 대한 응력경로는 직선 또는 곡선으로 나타난다.

정답 ①
해설 응력경로는 전응력 및 유효응력으로 나타낼 수 있다.

대표기출문제

문제. 다음은 흙 시료의 전단시험을 한 응력경로이다. 어느 경우인가?

2019년 2회

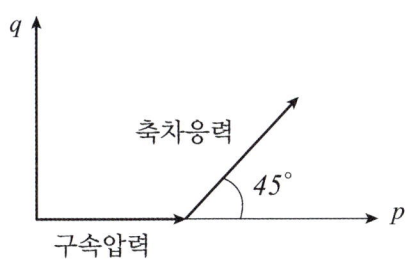

① 초기단계의 최대주응력과 최소주응력이 같은 상태에서 시행한 삼축압축시험의 전응력 경로이다.
② 초기단계의 최대주응력과 최소주응력이 같은 상태에서 시행한 일축압축시험의 전응력 경로이다.
③ 초기단계의 최대주응력과 최소주응력이 같은 상태에서 K_o=0.5인 조건에서 시행한 삼축압축시험의 전응력 경로이다.
④ 초기단계의 최대주응력과 최소주응력이 같은 상태에서 K_o=0.7인 조건에서 시행한 일축압축시험의 전응력 경로이다.

정답 ①

대표기출문제

문제. 아래 그림에서 토압계수 K=0.5일 때의 응력경로는 어느 것인가?

2018년 1회

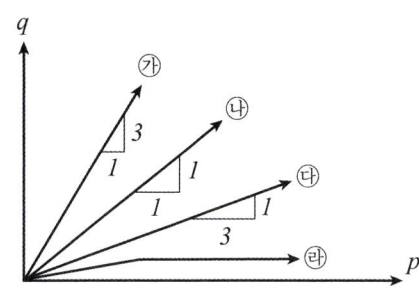

① 가 ② 나
③ 다 ④ 라

정답 ③
해설 K_o-Line 기울기 $\dfrac{1-K_o}{1+K_o} = \dfrac{1-0.5}{1+0.5} = \dfrac{1}{3}$

대표기출문제

문제. 다음 그림과 같은 p-q 다이아그램에서 K선이 파괴선을 나타낼 때 이 흙의 내부마찰각은?

2017년 2회

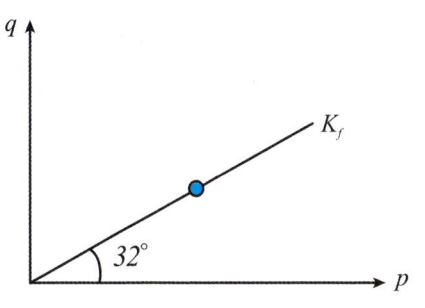

① 32° ② 36.5°
③ 38.7° ④ 40.8°

정답 ③
해설 $\sin\phi = \tan\alpha$이므로,
$\phi = \sin^{-1}(\tan 32°) = 38.67°$

11 현장시험

1 현장시험

1) 지반조사

① **보링(Boring)**
지표면에서 코어 구멍을 뚫어 지반 심층을 조사하는 방법
㉠ **수동식 오거 보링** : 인력으로 현장에서 간단하게 수행
㉡ **충격식 보링** : 단단한 지반에 충격을 주어 구멍을 뚫는 방법(코어 채취 불가)
㉢ **회전식 보링** : 선단의 드릴을 이용해서 굴진(코어 채취 가능)

📖 **코어회수율(TCR, Total core recovery)**
회수된 코어의 길이/굴진 길이

📖 **암질지수(RQD, Rock quality designation)**
회수된 시료 중 100mm 이상의 코어의 총 길이/굴진 길이

② **사운딩(Sounding)**
선단의 저항체를 지반에 삽입하여, 관입, 회전 인발 등의 저항치로 지반의 특성을 조사하는 방법

구분	방식	시험종류
동적 사운딩	타입식	표준관입시험, 동적 원추관입시험
정적 사운딩	압입식	휴대용 원추관, 네델란드식 원추관입시험
	인발식	이스크미터시험
	완속회전식	베인시험

📖 **Split spoon sampler(표준관입시험에서 적용)의 면적비**
면적비 $\dfrac{D^2-d^2}{d^2}$ (D : 외경, d : 내경)

2) 표준관입시험

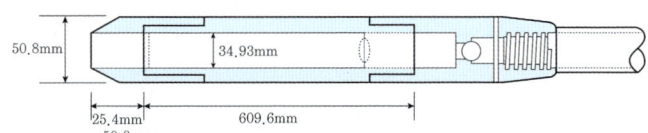

① **우리나라에서 가장 널리 사용(사질토)**

② **시험방법**
- 지반교란의 영향을 없애기 위해서 150mm까지 예비 타격을 수행
- 해머(무게 63.5kg)를 76cm 높이에서 자유낙하 ⇒ 샘플러 30cm 관입시키기 위한 타격횟수 ⇒ N값 기록

③ **활용**
내부마찰각, 상대밀도(사질토), 컨시스턴시 및 연경도(점토)

> **[표준관입시험 특징]**
> - 시추공 필요
> - 교란시료 채취가능
> - 기존 경험자료가 많고 시험이 간단하여 많이 이용된다.
> - 시험자의 숙련도에 따른 오차가 크다.
> - 점성토에 대한 시험치는 신뢰도가 낮다.
> - N값은 보정이 필요하다.
>   (로드(Rod)의 길이가 길어질수록 N치가 크게 나온다.)

④ **Dunham의 N값과 내부마찰각 ϕ의 관계 경험식**
- 둥글고(rounded) 빈입도(pooly graded)인 경우

$$\phi = \sqrt{12N}+15°$$

- 둥글고(rounded) 양입도(well-graded)인 경우 및 모나고(angular) 빈입도(pooly-graded)인 경우

$$\phi = \sqrt{12N}+20°$$

• 모나고(angular) 양입도(well-graded)인 경우

$$\phi = \sqrt{12N} + 25°$$

⑤ 도로공사 제안식

$$\phi = \sqrt{15N} + 15°$$

3) 원추관입시험(Cone Penetration Test, CPT, 콘 관입시험)

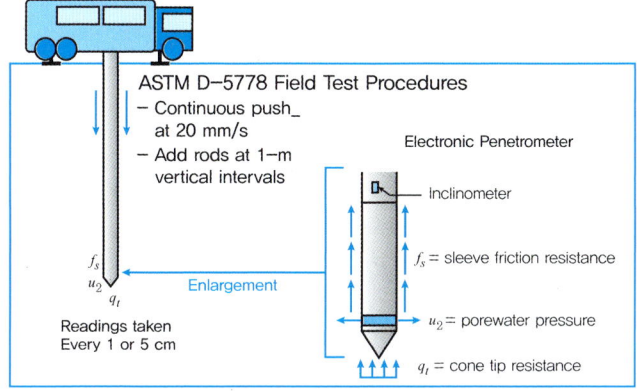

① 강봉 끝에 연결된 원추(Cone)을 땅 속에 관입시키면서 지반의 저항을 측정(콘 관입저항 q_c, 주면마찰저항 f_s)
② 연약지반 - 정적 원추관입시험, 단단한 지반 - 동적 원추관입시험
③ 사질토, 점성토 모두 적용 가능
④ 지층의 관입저항을 연속적으로 측정 가능(표준관입 불능)
⑤ 시료 채취 불가능(표준관입 가능)
⑥ 콘 관입저항 $q_c(kN/m^2)$와 N값의 관계

$$점성토 : N = \frac{q_c}{200}, \ 사질토 : N = \frac{q_c}{400}$$

⑦ 콘 관입저항 q_c와 일축압축강도 q_u(점성토)의 관계

$$q_u = \frac{q_c}{5}$$

⑧ 콘 관입저항 q_c와 탄성계수 E(사질토)의 관계

$$E \approx 2 \sim 8 q_c$$

⑨ 활용
비배수 전단강도, 내부마찰각, 압밀계수

4) 베인 전단시험(Vane Shear Test)

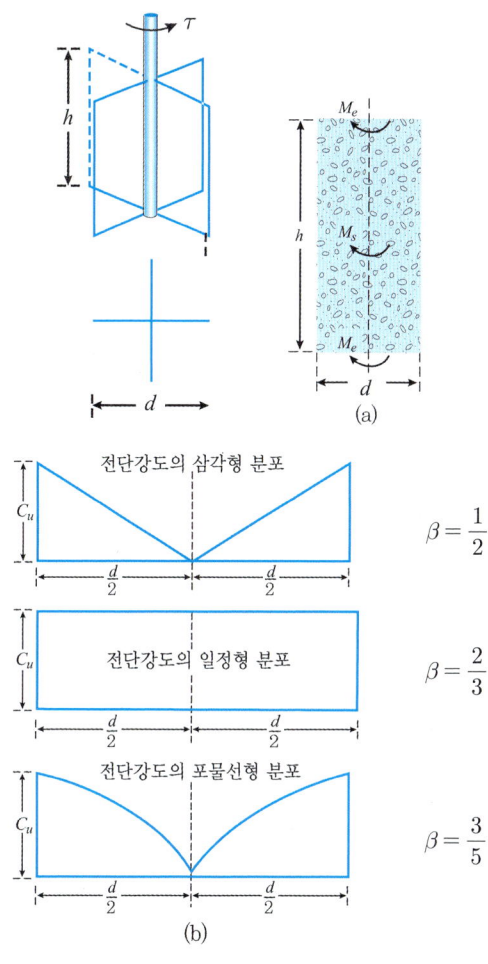

① 시료 교란을 최소화한 점토의 비배수 전단시험(현장과 실내에서 모두 시험 가능)
② 시험방법
베인시험기를 점토층에 압입 ⇒ 6°/min 각속도로 회전 ⇒ 지반의 저항모멘트 = 베인의 작용모멘트 ⇒ 비배수 강도 c_u 결정
③ 전단강도

$$c_u = \frac{T}{\pi d^2 (h/2 + \beta d/4)} \quad (\beta : 전단강도 분포형태에 따른 계수)$$

④ 비에룸(Bjerrum)의 수정 전단강도
$c_u = \lambda c_{u(vst)}$ ($c_{u(vst)}$: 베인전단강도 시험에 의해 측정된 전단강도)
수정계수 $\lambda = 1.7 - 0.54 \log(PI)$

대표기출문제

문제. 표준관입시험(S.P.T) 결과 N값이 25이었고, 이때 채취한 교란시료로 입도시험을 한 결과 입자가 둥글고, 입도분포가 불량할 때 Dunham의 공식으로 구한 내부 마찰각(∅)은?

2022년 2회

① 32.3° ② 37.3°
③ 42.3° ④ 48.3°

정답 ①

해설 $\phi = \sqrt{12N} + 15° = \sqrt{12 \times 25} + 15 = 32.32°$

참고 Dunham의 공식
- 둥글고 빈입도인 경우 $\phi = \sqrt{12N} + 15°$
- 둥글고 양입도인 경우 $\phi = \sqrt{12N} + 20°$
- 모나고 양입도인 경우 $\phi = \sqrt{12N} + 25°$

대표기출문제

문제. 베인전단시험(vane shear test)에 대한 설명으로 틀린 것은?

2021년 1회

① 베인전단시험으로부터 흙의 내부마찰각을 측정할 수 있다.
② 현장 원위치 시험의 일종으로 점토의 비배수 전단강도를 구할 수 있다.
③ 연약하거나 중간 정도의 점토성 지반에 적용된다.
④ 십자형의 베인(vane)을 땅 속에 압입한 후, 회전모멘트를 가해서 흙이 원통형으로 전단파괴될 때 저항모멘트를 구함으로써 비배수 전단강도를 측정하게 된다.

정답 ①

해설 베인전단시험은 시료 교란을 최소화한 점토의 비배수 전단강도 c_u를 측정한다.

대표기출문제

문제. 어떤 점토지반에서 베인 시험을 실시하였다. 베인의 지름이 50mm, 높이가 100mm, 파괴 시 토크가 59N·m일 때 이 점토의 점착력은?

2022년 2회

① 129kN/m² ② 157kN/m²
③ 213kN/m² ④ 276kN/m²

정답 ①

해설 베인전단시험에 의한 전단강도

$$c_u = \frac{T}{\pi d^2 (h/2 + \beta d/4)} = \frac{59 \times 10^3}{\pi \times 50^2 (100/2 + 2/3 \times 50/4)}$$
$$= 129 \times 10^{-3} N/mm^2 = 129 kN/m^2$$

(점토지반에서 $\beta = 2/3$)

대표기출문제

문제. 외경이 50.8mm, 내경이 34.9mm인 스플릿 스푼 샘플러의 면적비는?

2020년 1,2회

① 112% ② 106%
③ 53%   ④ 46%

정답 ①

해설 면적비 $\dfrac{D^2 - d^2}{d^2} = \dfrac{50.8^2 - 34.9^2}{34.9^2} = 1.119$

PART 06

토압

12. 토압

12 CHAPTER 토압

1 토압의 종류

1) 토압과 토압계수의 개념

① 토압계수 = 연직응력/수평응력 ($K = \dfrac{\sigma_1'}{\sigma_3'}$)

② 옹벽 등 구조물의 변위양상에 따라, 정지토압계수 K_o, 주동토압계수 K_a, 수동토압계수 K_p로 구분

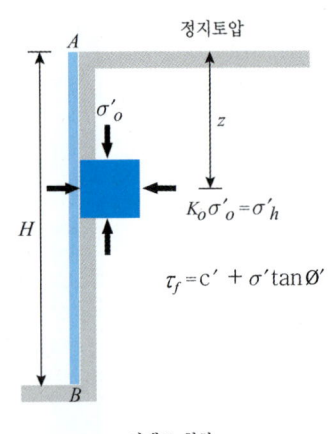

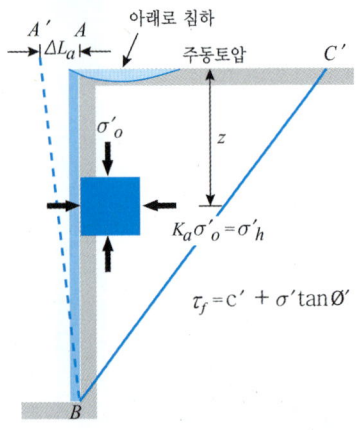

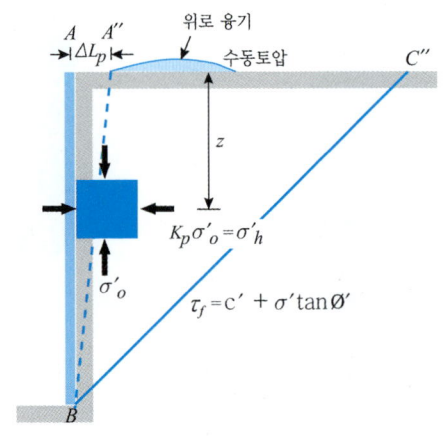

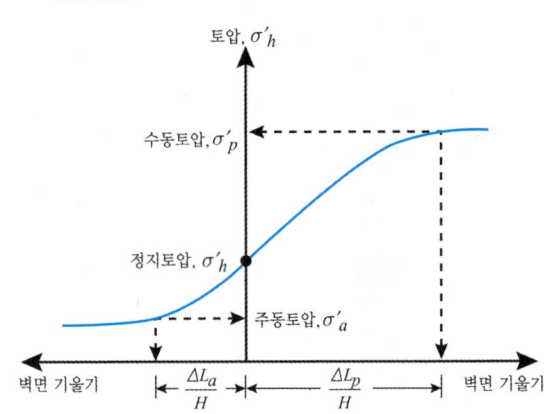

③ **토압계수의 크기**

주동토압계수 < 정지토압계수 < 수동토압계수
$K_a < 1,\ K_o \approx 0.5,\ K_p > 1$

④ **토압의 표현(유효응력으로 계산)**

주동토압 $\sigma_a' = K_a \sigma_o'$
정지토압 $\sigma_h' = K_o \sigma_o'$
수동토압 $\sigma_p' = K_p \sigma_o'$
($\sigma_o' = \gamma' z$: 연직유효응력)
통상적으로 주동토압의 벽면기울기가 작다.

⑤ 응력원의 크기

정지토압 < 주동토압 < 수동토압

$\sigma_a' < \sigma_h' < \sigma_o' < \sigma_p'$

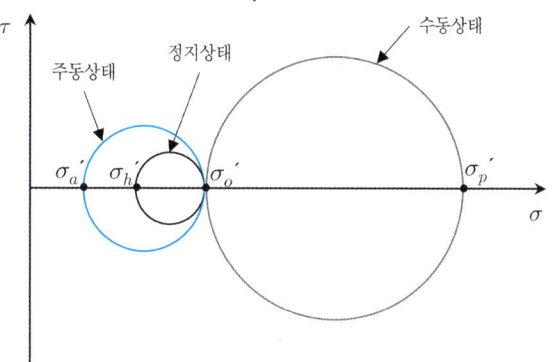

⑥ 상태의 변화

주동(소성파괴)상태 :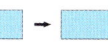

수동(소성파괴)상태 :

2) 정지토압

① 옹벽벽체의 움직임이 전혀없는 경우(횡방향 변위가 제한)의 토압

② 정지토압계수(정규압밀점토) $K_o = 1 - \sin\phi'$

③ Mayne 수정 정지토압계수(과압밀 점토)

$K_o = (1 - \sin\phi')OCR^{\sin\phi'} \Rightarrow K_o \propto OCR$ (OCR이 큰 점토에서 정지토압계수가 크다.)

과압밀비 = 선행압밀응력 / 현재 상재유효압력

$OCR = \dfrac{\sigma_c'}{\sigma_o'}$

④ Massarsch 제안식

$K_o = 0.44 + 0.42 PI$ (정규압밀 점토)

과압밀 점토에 대한 보정

$K_{o과압밀} = K_{o정규압밀} \sqrt{OCR}$

> **참고**
> 탄성이론에 의한 정지토압계수 $K_o = \dfrac{\nu}{1-\nu}$

예제

문제. 점성토 지반의 내부마찰각(ϕ)이 30°, 선행압밀압력(p_c)이 200 kN/m^2, 현재 받고 있는 유효연직응력(p)이 50 kN/m^2일 때, 과압밀계수(OCR)를 활용하여 구한 이 점성토 지반의 정지토압계수는?

해설 $OCR = \dfrac{\sigma_c'}{\sigma'} = \dfrac{200}{50} = 4$

과압밀 점토의 정지토압계수(Mayne 식)
$K_o = (1 - \sin\phi')OCR^{\sin\phi'} = (1 - 1/2) \times 4^{1/2}$
$= 1/2 \times 2 = 1$

⑤ 다짐의 영향

횡방향 변위가 구속된 상태에서, 잘 다져진 흙은 다짐유발응력에 의해 정지토압계수가 매우 커질 수 있다.

[흙의 정지토압계수 개략치(Hunt, 1986)]

흙의 종류	K_o
정규압밀점토	$1 - \sin\phi'$ (0.4~0.5)
수동으로 다져진 점토	1.0~2.0
기계로 다져진 점토	2.0~6.0
과압밀 점토	1.0~4.0
느슨한 모래	0.5
조밀한 모래	0.6
다져진 모래	1.0~1.5

예제

문제. 지반의 횡방향 토압에 대한 설명으로 옳지 않은 것은?

① 정지토압은 벽체의 수평변위가 전혀 발생하지 않을 때 벽체에 작용하는 토압이다.
② 수동토압은 흙이 벽체에게 밀려 수평방향 압축이 발생되어 파괴에 이르렀을 때의 토압이다.
③ 정지토압계수는 1.0보다 클 수 없다.
④ 정지토압계수는 실내 삼축압축시험으로 구할 수도 있다.

정답 ③

해설 횡방향 변위가 구속된 상태에서 잘 다져진 경우, 다짐유발응력에 의해 1보다 큰 값을 가질 수 있다.

⑥ 지하수위를 고려한 토압

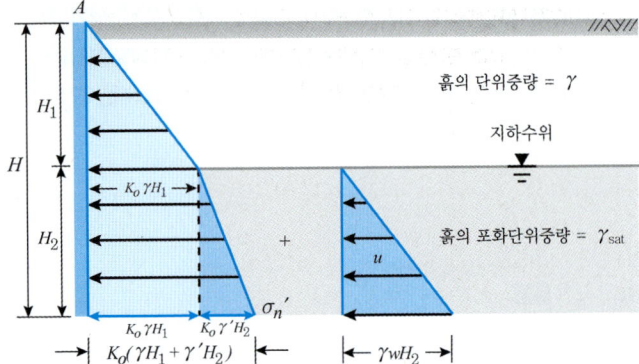

[유효응력]　　[간극수압]

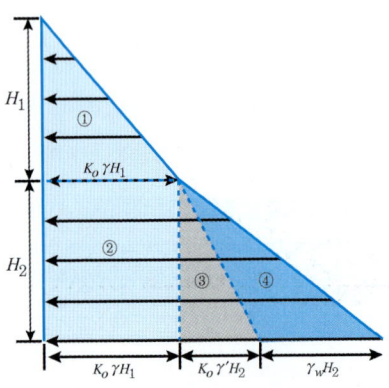

[전응력]

㉠ 유효수직응력
$$\sigma_o' = \gamma H_1 + \gamma' H_2$$

㉡ 유효응력(유효 수평토압)
$$\sigma_h' = K_0 \sigma_o' = K_o(\gamma H_1 + \gamma' H_2)$$

㉢ 간극수압
$$u = \gamma_w H_2$$

㉣ 전응력(전 수평토압)
$$\sigma_h = \sigma_h' + u = K_o(\gamma H_1 + \gamma' H_2) + \gamma_w H_2$$

㉤ 벽체에 작용하는 총 합력 = ① + ② + ③ + ④
$$P_o = \frac{1}{2} K_o \gamma_1 H_1^2 + K_o \gamma_1 H_1 H_2 + \frac{1}{2} K_o \gamma' H_2^2 + \frac{1}{2} \gamma_w H_2^2$$

㉥ 합력의 작용점 $\overline{H}$ (모멘트 1정리)
$$P_0 \times \overline{H} = ① \times (H_1/3 + H_2) + ② \times H_2/2 + ③ \times H_2/3 + ④ \times H_2/3$$

예제

문제. 다음 조건의 벽체에 작용하는 수평력의 작용점(C점에서 거리)을 구하라.

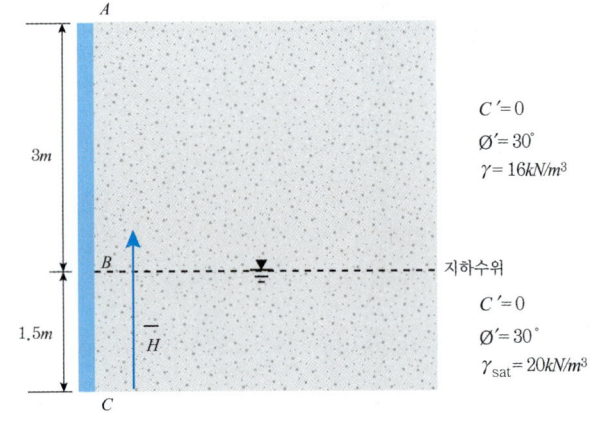

해설 정지토압계수 $K_o = 1 - \sin\phi' = 1 - \sin 30° = \frac{1}{2}$

B점의 유효응력 $\sigma_B' = K_o \gamma H_1 = \frac{1}{2} \times 16 \times 3 = 24 kN/m^2$

BC 구간 내에서만 발생한 유효응력
$\sigma_c' = K_o \gamma' H_2 = \frac{1}{2} \times (20-10) \times 1.5 = 7.5 kN/m^2$

BC 구간 내의 간극수압 $u = \gamma_w H_2 = 10 \times 1.5 = 15 kN/m^2$

$P_o = \frac{1}{2} \times 24 \times 3 + 24 \times 1.5 + \frac{1}{2} \times 7.5 \times 1.5 + \frac{1}{2} \times 15 \times 1.5$

$\quad = 88\frac{7}{8} kN = 36 + 36 + 5\frac{5}{8} + 11\frac{1}{4}$

$\overline{H} = [36 \times (1+1.5) + 36 \times 1.5/2 + 5\frac{5}{8} \times 0.5 + 11\frac{1}{4} \times 0.5] / P_o$

$\quad = 1.41 m$

⑦ **지하수위와 배수효과**

전 토압 감소효과 : 배수시설이 없는 경우 < 연직배수시설 설치 < 경사배수시설 설치

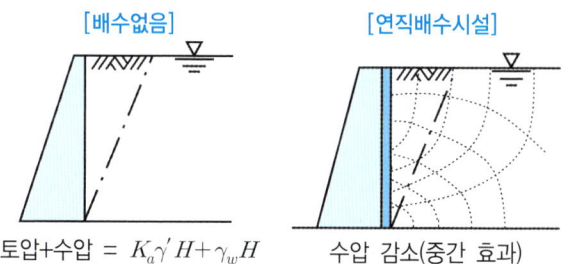

[배수없음] 토압+수압 = $K_a\gamma'H + \gamma_w H$

[연직배수시설] 수압 감소(중간 효과)

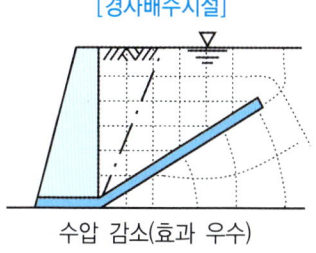

[경사배수시설] 수압 감소(효과 우수)

3) Rankine 주동토압

① **주동토압계수** $K_a = \tan^2(45 - \dfrac{\phi'}{2}) = \dfrac{1-\sin\phi'}{1+\sin\phi'}$

② **가상파괴(활동)면** : 수평면과 $\pm(45+\dfrac{\phi'}{2})$, 수직면과 $\pm(45-\dfrac{\phi'}{2})$

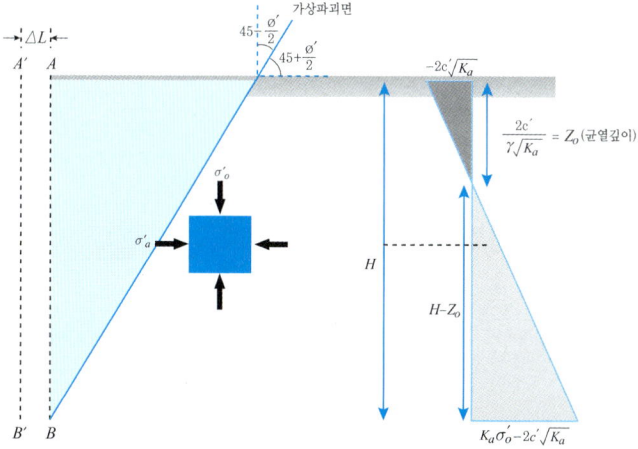

③ **응력분포**

인장균열 전 하단응력
$= \sigma_a' = K_a\sigma_o' - 2c'\sqrt{K_a}$ $(\sigma_o' = \gamma'H)$

인장균열 후 하단응력
$= \sigma_a' = K_a\gamma'(H-z_o)$

⇒ 균열이 발생하면 인장응력($-2c'\sqrt{K_a}$)이 소멸

> **참고**
>
> [점착력이 없는 경우는 $c' = 0$]
>
>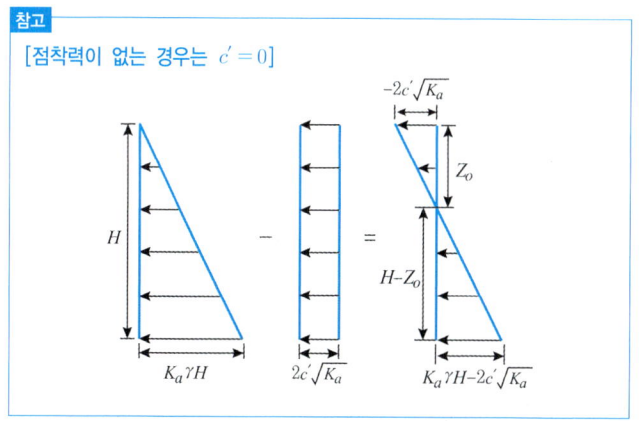

④ **균열깊이** $z_o = \dfrac{2c'}{\gamma\sqrt{K_a}}$

비배수조건의 점토에서, $\phi = 0 \Rightarrow K_a = \tan^2 45° = 1$

이고 $c = c_u$ 이므로, $z_o = \dfrac{2c_u}{\gamma}$

> **참고**
>
> [Open-Cut 공법의 최대굴착깊이 H]
>
>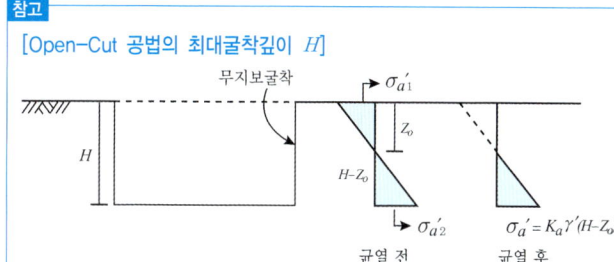
>
> 균열 전 상단수평토압 $\sigma_{a1}' = -2c'\sqrt{K_a}$
>
> 균열 전 하단수평토압 $\sigma_{a2}' = K_a\gamma H - 2c'\sqrt{K_a}$
>
> 균열깊이 $z_o = \dfrac{2c'}{\gamma\sqrt{K_a}}$
>
> 한계고 $H_c = 2z_o$
>
> 균열 후 최대 수평토압 $\sigma_a' = K_a\gamma(H-z_o)$
>
> 지반의 전단강도 $\tau_f = c' + \sigma'\tan\phi'$
>
> 안전성 검토 : 전단강도 > 균열 후 최대 수평토압 ($\tau_f > \sigma_a'$)

⑤ 토압

균열 전 총 주동토압 $P_a = \dfrac{1}{2}K_a\gamma' H^2 - 2c'\sqrt{K_a}\,H$

균열 후 총 주동토압 $P_a = \dfrac{1}{2}K_a\gamma'(H-z_o)^2$

⑥ 파괴면

최대주응력면(수평선)과 파괴면(선)은 $45 + \dfrac{\phi'}{2}$

연직선과 파괴면(선)은 $45 - \dfrac{\phi'}{2}$

> **주의**
> 주동토압의 최대주응력은 연직응력이고, 그 작용면은 수평면이다. 따라서, 최대주응력이 작용하는 최대주응력면은 수평면이 된다.

> **참고**
> [정지토압과 주동토압의 비교]
>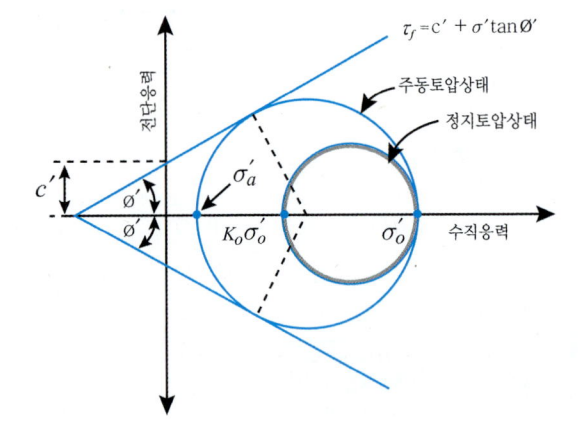

예제

문제. 균질한 건조모래를 지지하는 벽체가 미소하게 움직이며 주동파괴가 발생하였다. 뒤채움 모래의 마찰각(ϕ)은 30°이고 단위중량(γ)은 20kN/m³일 때 Rankine의 주동토압과 파괴각은?

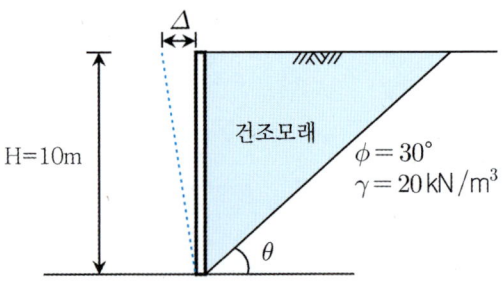

해설 $K_a = \tan^2\left(45 - \dfrac{30}{2}\right) = \dfrac{1}{3}$

$c' = 0$이므로,

$P_a = \dfrac{1}{2}K_a\gamma' H^2 = \dfrac{1}{2} \times \dfrac{1}{3} \times 20 \times 10^2 = \dfrac{1000}{3}\,kN/m$

파괴각 $= 45 + \dfrac{\phi'}{2} = 45 + \dfrac{30}{2} = 60°$

4) Rankine 수동토압

① 수동토압계수 $K_p = \tan^2\left(45 + \dfrac{\phi'}{2}\right) = \dfrac{1+\sin\phi'}{1-\sin\phi'}$

② 가상파괴(활동)면 : 수평면과 $\pm\left(45 - \dfrac{\phi'}{2}\right)$

수직면과 $\pm\left(45 + \dfrac{\phi'}{2}\right)$

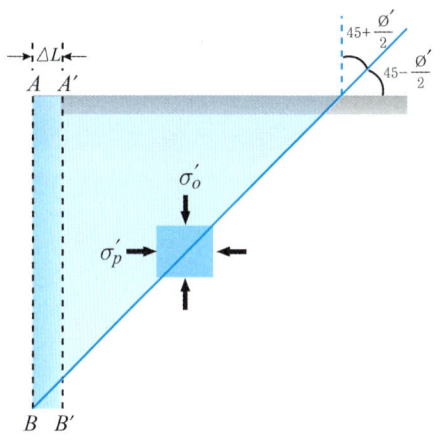

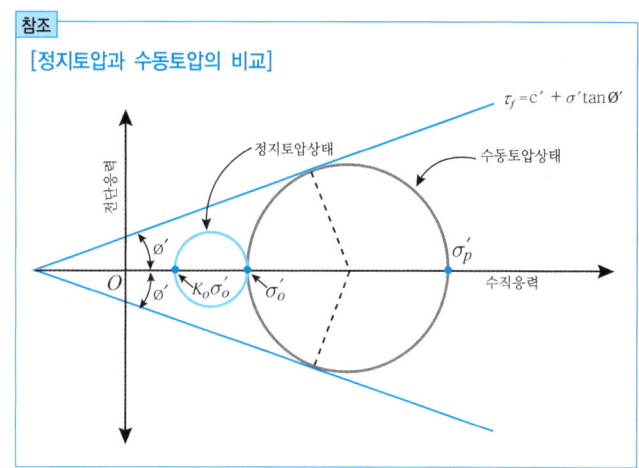

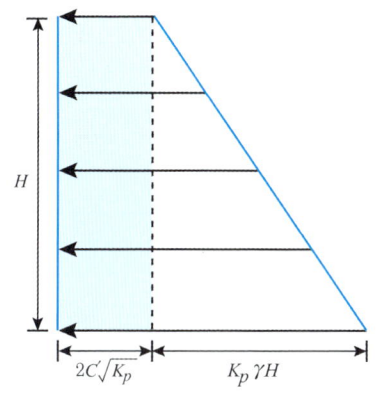

③ 응력분포

최상단 응력 $\sigma_p' = 2c'\sqrt{K_p}$

최하단 응력 $\sigma_p' = K_p\sigma_o' + 2c'\sqrt{K_p}$ $(\sigma_o' = \gamma'H)$

④ 토압

총 수동토압 $P_p = \dfrac{1}{2}K_p\gamma'H^2 + 2c'\sqrt{K_p}H$

⑤ 파괴면

최대주응력면(연직선)과 파괴면(선)은 $45 + \dfrac{\phi'}{2}$

수평선과 파괴면(선)은 $45 - \dfrac{\phi'}{2}$

> **주의**
> 수동토압의 최대주응력은 수평응력이고, 그 작용면은 연직면이다. 따라서, 최대주응력이 작용하는 최대주응력면은 연직면이 된다.

> **참조**
> [정지토압과 수동토압의 비교]

2 상재하중의 영향

1) 경사 뒤채움 흙의 영향 ⇒ 토압계수와 토압방향만 변경 (작용위치 동일)

① 뒤채움 경사각 α를 고려한 주동토압계수 K_a

$$K_a = \cos\alpha \dfrac{(\cos\alpha - \sqrt{\cos^2\alpha - \cos^2\phi'})}{(\cos\alpha + \sqrt{\cos^2\alpha - \cos^2\phi'})}$$

② 뒤채움 경사각 α를 고려한 수동토압계수 K_p

$$K_p = \cos\alpha \dfrac{(\cos\alpha + \sqrt{\cos^2\alpha - \cos^2\phi'})}{(\cos\alpha - \sqrt{\cos^2\alpha - \cos^2\phi'})} = \dfrac{1}{K_a}$$

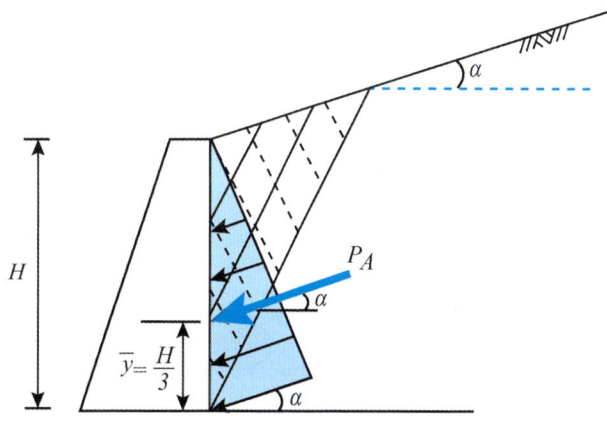

③ 토압(점성력을 무시한 경우)

주동토압 $P_A = \dfrac{1}{2}K_a\gamma'H^2$, 작용점 $\overline{H} = \dfrac{H}{3}$

수동토압 $P_P = \dfrac{1}{2}K_p\gamma'H^2$, 작용점 $\overline{H} = \dfrac{H}{3}$

2) 등분포 상재하중의 영향(⇒ 수직응력 σ_o'가 상재하중 q만큼 증대)

① 상재하중 q에 의한 연직응력 σ_o'의 변화

$\sigma_o' = \gamma'H + q$ ⇒ 상재하중만큼 연직응력 증가

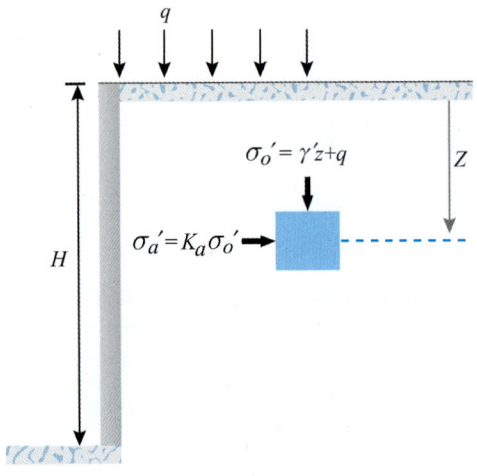

② 주동토압의 변화

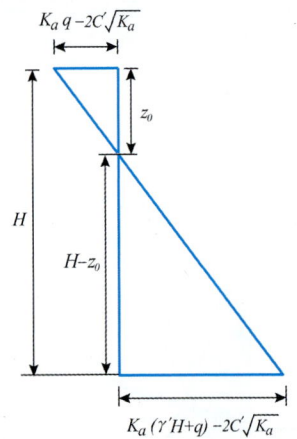

㉠ 주동토압 최상단응력

$$\sigma_a' = K_a(q) - 2c'\sqrt{K_a}$$

㉡ 주동토압 최하단응력

$$\sigma_a' = K_a(\gamma'H + q) - 2c'\sqrt{K_a}$$

㉢ 균열깊이 z_o

$$K_a(\gamma'z_o + q) - 2c'\sqrt{K_a} = 0 \text{ 에서},$$
$$z_o = \dfrac{2c'\sqrt{K_a} - K_a q}{K_a \gamma'}$$

상단과 하단응력에 따라 비례식으로 z_o를 계산하는 것이 효과적이다.

z_o / 상단응력 = $H - z_o$ / 하단응력

⇒ $\dfrac{z_o}{K_a(q) - 2c'\sqrt{K_a}} = \dfrac{H - z_o}{K_a(\gamma'H + q) - 2c'\sqrt{K_a}}$

③ 수동토압의 변화

㉠ 수동토압 최상단응력

$$\sigma_p' = K_p(q) + 2c'\sqrt{K_p}$$

㉡ 수동토압 최하단응력

$$\sigma_p' = K_p(\gamma'H + q) + 2c'\sqrt{K_p}$$

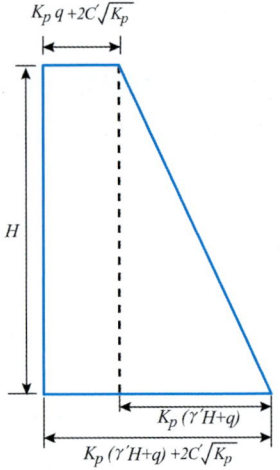

예제

문제. 다음 그림의 옹벽에, 등분포 상재하중 $q=15kN/m^2$이 재하되는 경우, 균열 후의 총 주동토압을 구하라.

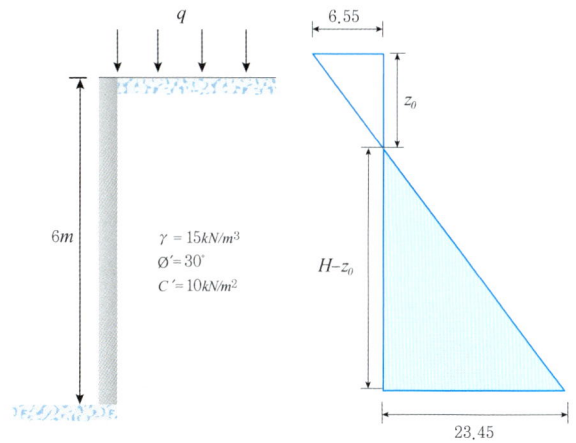

해설 주동토압계수 $K_a = \tan^2(45-\frac{\phi'}{2}) = \frac{1}{3}$

상단응력 $\sigma_a' = K_a(q) - 2c\sqrt{K_a}$
$= \frac{1}{3} \times 15 - 2 \times 10 \times \frac{1}{\sqrt{3}} = -6.55 kN/m^2$

하단응력 $\sigma_a' = K_a(\gamma'H+q) - 2c'\sqrt{K_a}$
$= \frac{1}{3} \times (15 \times 6 + 15) - 2 \times 10 \times \frac{1}{\sqrt{3}} = 23.45 kN/m^2$

균열깊이 z_o를 구하기 위해 비례식을 적용하여,

$\frac{z_o}{6.55} = \frac{6-z_o}{23.45}$ 에서, $z_o(23.45+6.55) = 6 \times 6.55$이므로,

$z_o = 1.31m$

균열 후 총 주동토압

$P_a = \frac{1}{2}K_a\gamma'(H-z_o)^2 = \frac{1}{2} \times \frac{1}{3} \times 15 \times (6-1.31)^2$
$= 55 kN/m$

예제

문제. 그림과 같이 옹벽 배면의 지표면에 등분포 하중이 작용할 때, 옹벽에 작용하는 전주동토압(P_A)의 크기[t/m]와 옹벽저면으로부터 토압의 작용점까지의 높이(h)[m]는?

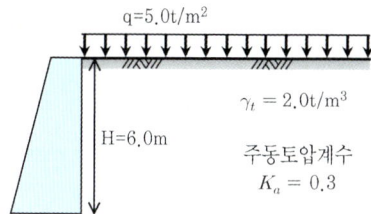

해설 $P_A = \frac{1}{2}K_a\gamma H^2 + K_a qH$
$= \frac{1}{2} \times 0.3 \times 2 \times 6^2 + 0.3 \times 5 \times 6 = 19.8 tf$

모멘트1정리에 의해, $P_{a1} \times \frac{H}{3} + P_{a2} \times \frac{H}{2} = P_A \times \overline{H}$ 에서,

$P_{a1} = \frac{1}{2}K_a\gamma H^2 = \frac{1}{2} \times 0.3 \times 2 \times 6^2 = 10.8t$

$P_{a2} = K_a qH = 0.3 \times 5 \times 6 = 9t$

$10.8 \times \frac{6}{3} + 9 \times \frac{6}{2} = 19.8 \times \overline{H}$ 에서, $\overline{H} = 2.45m$

예제

문제. 단위중량은 $16\,kN/m^3$, 내부마찰각은 30°인 모래지반을 6m 굴착하기 위해 아래 그림과 같이 흙막이벽을 설치하고자 한다. O점(고정단)에 대한 전도의 설계안전율이 1.5일 때, 지표면으로부터 2m 깊이에 설치된 버팀보에 작용하는 하중은? (단, 흙막이벽은 강성벽체이며 벽체자중과 벽면마찰력은 고려하지 않고, 토압은 Rankine 토압이론을 적용하여 삼각형분포로 가정한다)

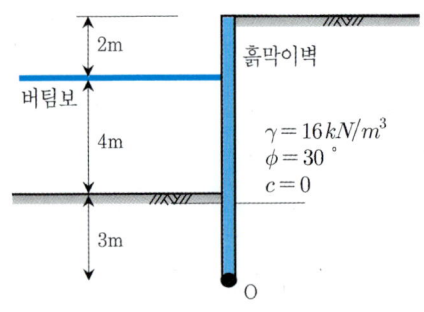

해설 전주동토압 $P_a = \dfrac{1}{2}K_a\gamma H_1^2 = \dfrac{1}{2}\times\dfrac{1}{3}\times 16\times 9^2 = 216\,kN$

전수동토압 $P_p = \dfrac{1}{2}K_p\gamma H_2^2 = \dfrac{1}{2}\times 3\times 16\times 3^2 = 216\,kN$

안전율을 고려한 작용모멘트

$SF\times P_a \times \dfrac{H_1}{3} = 1.5\times 216\times \dfrac{9}{3} = 972$

저항모멘트, $M_r = P_p\times 1 + F\times 7 = 216 + 7F = 972$에서,
$F = 108\,kN$

주의 본 문제는 Rankine 토압분포를 고려해야 하므로, 버팀보에서 사용하는 Peck의 토압분포를 적용해서는 안된다.

3 Coulomb 토압이론

1) 개요

① 옹벽의 벽면 마찰 δ'을 고려
② 옹벽 뒤채움을 점성이 없는 사질토 조건
③ 합력의 작용점은 Rankine 토압과 동일 ($\overline{H} = \dfrac{H}{3}$)
④ 흙쐐기 파괴원리 적용
⑤ 벽면마찰로 인해, 연직토압 P_v와 P_h로 분해
⑥ 벽면마찰을 고려한 곡선파괴면 결정은 매우 난해
　⇒ 대수나선, 원호 등을 사용
　⇒ Coulomb은 직선파괴로 가정(주동토압은 실제와 유사, 수동토압은 과다하게 계산)

2) 토압 및 토압계수

① **주동토압계수** C_a

$$C_a = \dfrac{\cos^2(\phi'-\theta)}{\cos^2\theta\cos(\delta'+\theta)\left[1-\sqrt{\dfrac{\sin(\phi'+\delta')\sin(\phi'-\alpha)}{\cos(\delta'+\theta)\cos(\theta-\alpha)}}\right]^2}$$

α : 뒤채움경사각(옹벽 배후 지표면이 지평면과 이루는 각)
β : 파괴경사각(파괴면이 수평면과 이루는 각)
ϕ' : 내부마찰각(뒤채움 흙의 전단 저항각)
δ' : 벽면마찰각(옹벽배면과 뒤채움 흙의 마찰각)
θ : 벽면경사각(옹벽벽면과 수직면이 이루는 각)

$\alpha = \theta = \delta' = 0$인 경우,
Rankine 토압계수 = Coulomb 토압계수($C_a = K_a$)

주의 C_a의 계산이 복잡해서 표현의 방식은 다양할 수 있다.

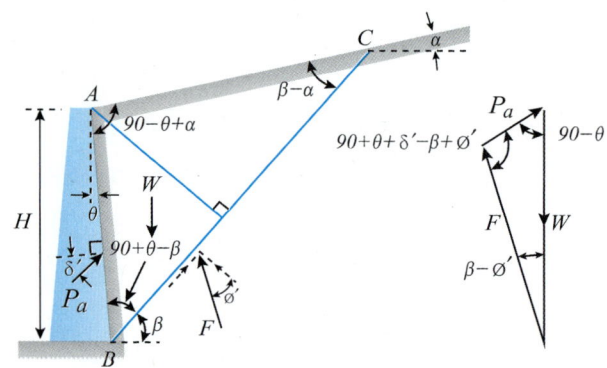

② 수동토압계수 C_p

$$C_p = \frac{\cos^2(\phi'+\theta)}{\cos^2\theta\cos(\delta'-\theta)\left[1-\sqrt{\dfrac{\sin(\phi'+\delta')\sin(\phi'+\alpha)}{\cos(\delta'-\theta)\cos(\alpha-\theta)}}\right]^2}$$

③ 총 토압

총 주동토압 $P_a = \dfrac{1}{2}C_a\gamma' H^2$

총 수동토압 $P_p = \dfrac{1}{2}C_p\gamma' H^2$

작용점 $\overline{H} = \dfrac{H}{3}$, 작용각도 δ'

3) Rankine 토압과 Coulomb 토압의 비교

구분	Rankine	Coulomb
벽면마찰(토압각도) δ'	고려하지 않음	고려
뒤채움 조건	사질토, 점성토	사질토만 가능 (점성력 무시)
토압계수 관계	$K_a = \dfrac{1}{K_p}$	$K_a \neq \dfrac{1}{K_p}$
토압계수 산정	모어응력원으로 유도	힘의 평형방정식으로 유도
토압계수 상대비교	100%	90%
파괴면 가정	직선($45 \pm \dfrac{\phi'}{2}$)	직선(최대 토압활동면)
파괴이론	흙의 소성평형	흙쐐기 이론

예제

벽면경사 $\theta = 0$, 뒤채움경사 $\alpha = 0$, 벽면마찰각 $\delta' = 30°$인 옹벽에 작용하는 주동토압에 대해, Rankine 방법과 Coulomb 방법을 비교하라.

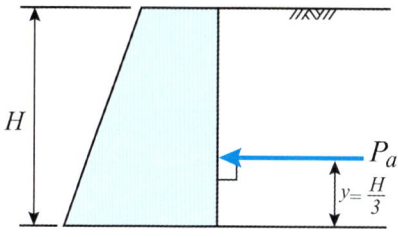

Rankine의 주동토압

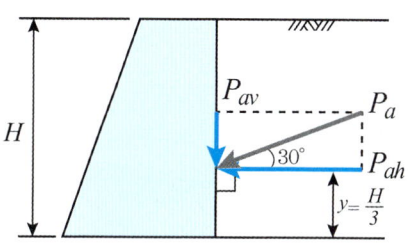

Coulomb의 주동토압

해설 토압계수 $K_a = 0.333$, $C_a = 0.3$

구분	Rankine	Coulomb
P_a	$\dfrac{1}{2}\times(0.333)\times\gamma' H^2$	$\dfrac{1}{2}\times(0.3)\times\gamma' H^2$
P_{ah}	$\dfrac{1}{2}\times(0.333)\times\gamma' H^2$	$\dfrac{1}{2}\times(0.3)\times\gamma' H^2 \times \dfrac{\sqrt{3}}{2}$ $= \dfrac{1}{2}\times(0.26)\times\gamma' H^2$
P_{av}	0	$\dfrac{1}{2}\times(0.3)\times\gamma' H^2 \times \dfrac{1}{2}$ $= \dfrac{1}{2}\times(0.15)\times\gamma' H^2$

4 버팀굴착 흙막이벽

1) 버팀굴착의 일반사항

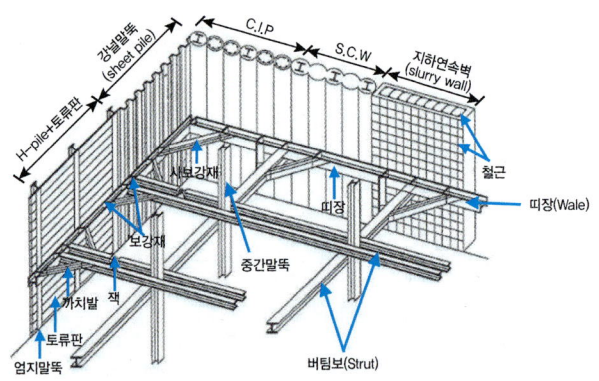

① **응력전달경로**
굴착면의 주동토압 ⇒ 토류판(널말뚝) ⇒ 띠장 ⇒ 버팀보

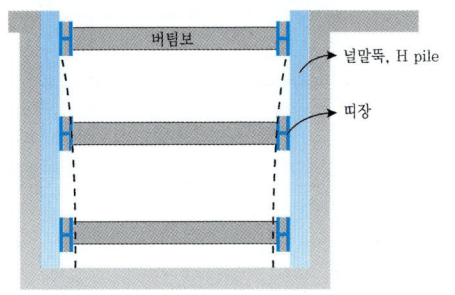

② **버팀굴착시 변형**
최상단을 기준으로 회전 ⇒ 일반적인 Rankine 및 Coulomb 토압 분포와 다름

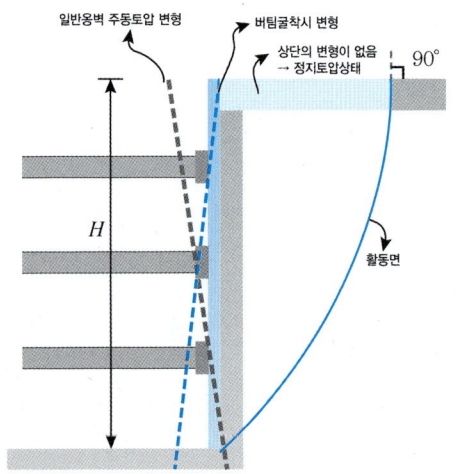

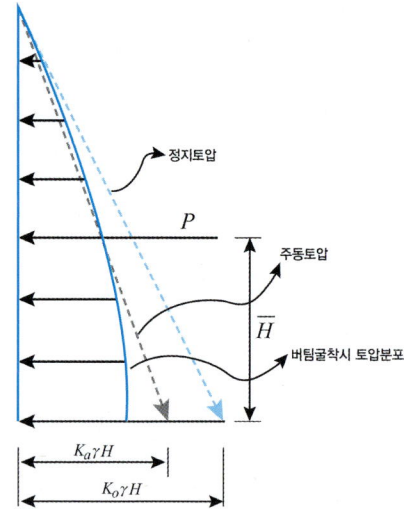

③ Terzaghi 쐐기이론 및 시산쐐기법 적용(사질토, 점착력이 있는 사질토, 점성토 가능)

2) 버팀보 설계를 위한 토압분포(Peck의 수평토압 분포)

① **Peck 수평토압분포 가정사항**
  ㉠ 버팀보는 힌지로 연결로 가정
  ㉡ 굴착면의 최상단과 최하단은 자유단으로 가정
  ㉢ 하중중첩의 원리 적용

② **지반종류에 따른 토압분포**

사질토	연약하거나 중간정도 점토	견고한 점토
H, σ_a	$0.25H$ / $0.75H$, σ_a	$0.25H$ / $0.5H$ / $0.25H$, σ_a
$\sigma_a = 0.65 K_a \gamma H$	$\sigma_a = (1 - \dfrac{4c_u}{\gamma H})\gamma H > 0$ ⇒ $\dfrac{4c_u}{\gamma H} < 1$	$\sigma_a = (0.2 \sim 0.4)\gamma H$ ($\dfrac{4c_u}{\gamma H} \geq 1$ 인 경우에 적용)

③ **중첩원리의 적용**
• 버팀보 (B+C)가 받는 힘 = AB블럭에서 B가 받는 힘 + CD블럭에서 C가 받는 힘

- 버팀보 (D+E)가 받는 힘 = CD블럭에서 D가 받는 힘 + EF블럭에서 E가 받는 힘

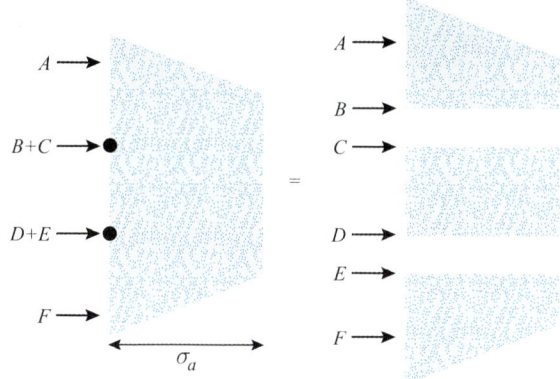

3) 버팀보 토압분포 계산 요령

① 버팀보 최상단(A)에서 시작하여, 2번째 버팀보(B)를 절단 ⇒ 단순보로 가정하여 반력 계산
② 이후로 각 버팀보마다 절단(마지막 버팀보(C)는 절단하지 않음) ⇒ 단순보로 가정하여 반력 계산
③ 중첩의 원리에 따라, 각 블럭에서 받은 버팀보가 받는 힘을 합산

$$R_A = R_A,\ R_B = R_{B1} + R_{B2},\ R_C = R_C$$

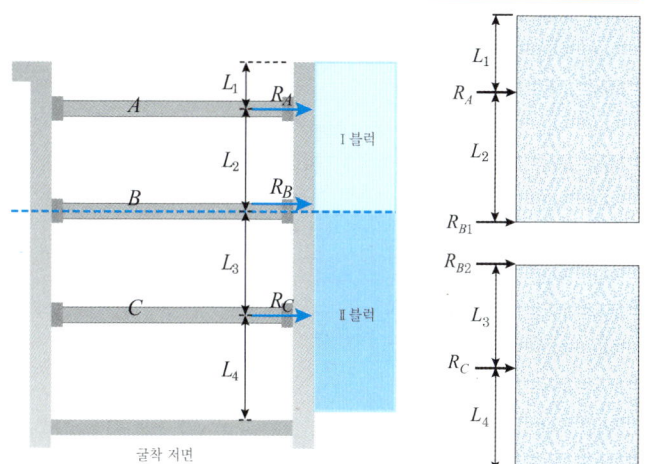

예제

문제. 다음 사질토 지반에 버팀굴착을 한 경우, 각 버팀보가 받는 힘을 구하라. (단, 토압분포는 Peck가정에 따르고, $L_1 = 1m$, $L_2 = 3m$, $L_3 = 3m$, $L_4 = 2m$, $\phi = 30°$)

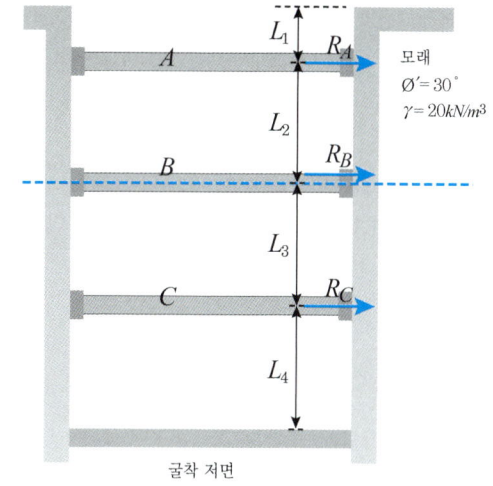

모래
$\varnothing' = 30°$
$\gamma = 20kN/m^3$

굴착 저면

해설 $K_a = \tan^2(45 - \frac{\phi}{2}) = \tan^2(45 - \frac{30}{2}) = \frac{1}{3}$

$\sigma_a = 0.65 K_a \gamma H = 0.65 \times \frac{1}{3} \times 20 \times 9 = 37.8 kN/m^2$

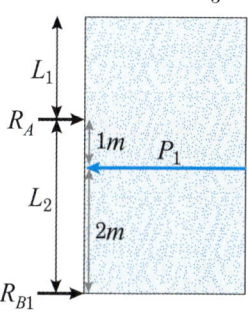

상단블럭에 대해,
총 합력
$P_1 = \sigma_a \times (L_1 + L_2) = 37.8 \times (1+3) = 151.2 kN/m$
합력 작용점은 중앙점(상단에서 2m)
A와 B점을 힌지 반력점으로 두면,

$R_A = P_1 \times \frac{2}{3} = 151.2 \times \frac{2}{3} = 100.8 kN$

$R_{B1} = P_1 \times \frac{1}{3} = 173.33 \times \frac{1}{3} = 50.4 kN$

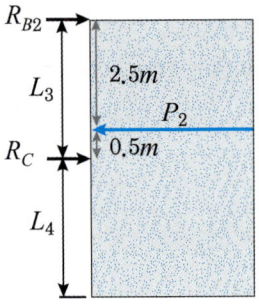

하단블럭에 대해,
총 합력 $P_2 = \sigma_a \times (L_3 + L_4) = 37.8 \times 5 = 189 kN/m$
합력의 작용점은 중앙점(상단에서 2.5m)
B와 C점을 힌지 반력점으로 두면,
$R_{B2} = P_2 \times \dfrac{0.5}{3} = 189 \times \dfrac{0.5}{3} = 31.5 kN$

$R_c = P_2 \times \dfrac{2.5}{3} = 157.5 kN$

따라서, $R_A = 100.8 kN$,
$R_B = R_{B1} + R_{B2} = 50.4 + 31.5 = 81.9 kN$,
$R_c = 157.5 kN$

주의 각 블록의 반력을 계산할 때, 합력 작용점 거리비에 따른 반력 분배 원리를 이용하지 않고 모멘트 평형방정식에 의해서도 계산할 수 있다.

5 옹벽의 안정검토

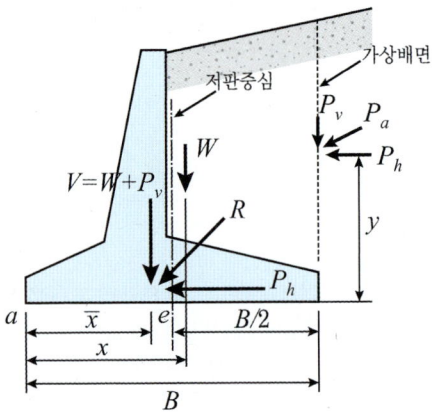

1) 전도

① 작용모멘트 $M_o = P_a \times \overline{y}$ (Rankine 주동토압
$P_a = \dfrac{1}{2} K_a \gamma H^2$)

② 저항력모멘트 $M_r = (W + P_v) \times \overline{x}$

③ 안전율 $F_s = \dfrac{M_r}{M_o} \geqq 2$

2) 활동

① 작용력(주동토압 P_a)

② 저항력(마찰력 $F = \mu N + cB$)
옹벽저판과 지반의 마찰계수 $\mu = \tan\delta$ (δ 옹벽저판과 지반의 마찰각)
총연직하중 $N = W + P_v$, 점착력 c

③ 안전율 $F_s = \dfrac{F}{P_a} \geqq 1.5$

예제

문제. 그림과 같이 수평으로 뒷채움한 역T형 옹벽에서 활동에 대한 안전율은? (단, 단위폭 당 활동면에 작용하는 뒷채움흙의 무게와 옹벽 무게의 합은 400kN/m, 기초저면과 흙의 마찰각은 31°, 흙의 내부마찰각은 30°, 흙의 점착력은 0, 흙의 습윤단위중량은 20kN/m³, tan 31° = 0.6, Rankine 토압이론을 적용하며, 지하수위의 영향과 옹벽전면의 수동측 저항력은 무시한다)

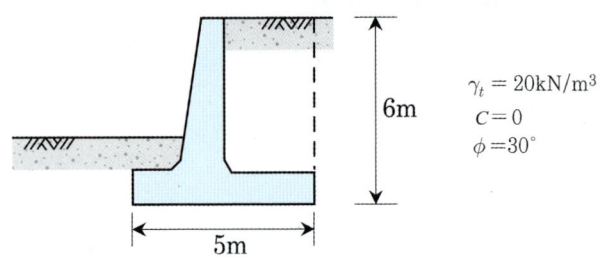

해설 활동작용력 $P_a = \dfrac{1}{2} K_a \gamma H^2 = \dfrac{1}{2} \times \dfrac{1}{3} \times 20 \times 6^2 = 120 kN$
활동저항력 $F = \mu N = \tan\delta N = 0.6 \times 400 = 240 kN$
안전율 $F_s = \dfrac{F}{P_a} = \dfrac{240}{120} = 2$

대표기출문제

문제. 벽체에 작용하는 주동토압을 P_a, 수동토압을 P_p, 정지토압을 P_o라 할 때 크기의 비교로 옳은 것은? 〈2022년 1회〉

① $P_a > P_o > P_p$ ② $P_p > P_o > P_a$
③ $P_o > P_a > P_p$ ④ $P_p > P_a > P_o$

정답 ②

대표기출문제

문제. Coulomb 토압에서 옹벽배면의 지표면 경사가 수평이고, 옹벽배면 벽체의 기울기가 연직인 벽체에서 옹벽과 뒤채움 흙 사이의 벽면마찰각(δ)을 무시할 경우, Coulomb 토압과 Rankine 토압의 크기를 비교할 때 옳은 것은? 〈2021년 3회〉

① Rankine 토압이 Coulomb 토압 보다 크다.
② Coulomb 토압이 Rankine 토압 보다 크다.
③ Rankine 토압과 Coulomb 토압의 크기는 항상 같다.
④ 주동토압은 Rankine 토압이 더 크고, 수동토압은 Coulomb 토압이 더 크다.

정답 ③
해설 Rankine토압과 Coulomb토압의 크기는 항상 같다.

대표기출문제

문제. 내부마찰각이 30°, 단위중량이 18kN/m³인 흙의 인장균열 깊이가 3m일 때 점착력은? 〈2021년 2회〉

① $15.6kN/m^2$ ② $16.7kN/m^2$
③ $17.5kN/m^2$ ④ $18.1kN/m^2$

정답 ①
해설 균열깊이 $z_o = \dfrac{2c'}{\gamma\sqrt{K_a}}$ 에서, $3 = \dfrac{2c}{18 \times \sqrt{1/3}}$ 이므로,
$c = 15.59 kN/m^2$

대표기출문제

문제. γ_t=19kN/m³, ϕ=30°인 뒤채움 모래를 이용하여 8m 높이의 보강토 옹벽을 설치하고자 한다. 폭 75mm, 두께 3.69mm의 보강띠를 연직방향 설치 간격 S_v=0.5m, 수평방향 설치간격 S_h=1.0m로 시공하고자 할 때, 보강띠에 작용하는 최대 힘 ($T_{\max}$)의 크기는? 〈2020년 4회〉

① 15.33kN ② 25.33kN
③ 35.33kN ④ 45.33kN

정답 ②
해설 보강토 옹벽의 벽체를 강체로 가정하고, 보강띠 1개의 강성을 k로 두면, 최하단 보강띠 1개가 받는 힘 $T = k\delta$로 할 수 있다.

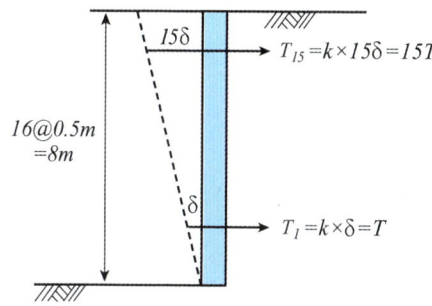

단위폭 1m당 총 저항력 $\Sigma T_i = 120 T$
작용력 $P = \dfrac{1}{2}C_a\gamma h^2 = \dfrac{1}{2} \times \dfrac{1}{3} \times 19 \times 8^2 = 202.67 kN$
$P = 120 T$이므로, $T = 1.689 kN$
최대힘은 최상단의 힘이므로,
$T_{\max} = T_{15} = 15T = 15 \times 1.689 = 25.33 kN$

🛡 **대표기출문제**

문제. 내부마찰각이 25°인 점토의 현장에 작용하는 수직응력이 50 kN/m²이다. 과거 작용했던 최대 하중이 100kN/m²이라고 할 때 대상 지반의 정지토압계수를 추정하면? 2018년 2회

① 0.04
② 0.57
③ 0.82
④ 1.14

정답 ③

해설 과압밀비 $OCR = \dfrac{\sigma_c{'}}{\sigma_o{'}} = \dfrac{100}{50} = 2$

정규압밀 상태의 정지토압계수
$K_o = 1 - \sin\phi = 1 - \sin 25° = 0.577$

과압밀 상태의 정지토압계수
$K_o{'} = K_o\sqrt{OCR} = 0.577 \times \sqrt{2} = 0.817$

참고 Mayne 수정 정지토압계수(과압밀 점토)
$K_o = (1-\sin\phi')OCR^{\sin\phi'}$
$\quad = (1-\sin 25°) \times 2^{\sin 25°} = 0.774$

🛡 **대표기출문제**

문제. 어떤 굳은 점토층을 깊이 7m까지 연직 절토하였다. 이 점토층의 일축압축강도가 140kN/m², 흙의 단위중량이 20kN/m³라 하면 파괴의 안전율은?(내부마찰각 $\phi = 0°$이다.) 2017년 3회

① 0.5 ② 1.0
③ 1.5 ④ 2.0

정답 ④

해설 점토층의 균열깊이 $z_o = \dfrac{2c_u}{\gamma} = \dfrac{2 \times 140/2}{20} = 7m$

한계고 $H_c = 2z_o = 2 \times 7 = 14m$

$F_s = \dfrac{H_c}{H} = \dfrac{14}{7} = 2$

PART 07

사면

13. 사면안정

13 사면안정

1 사면안정의 개념

1) 사면의 종류

① 무한사면
- ㉠ 비탈면 경사각 일정
- ㉡ 비탈길이 무한
- ㉢ 파괴면 : 얕은 곳에서 비탈면 경사와 평행 ⇒ 병진활동

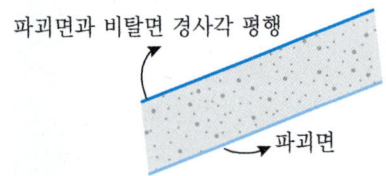

② 단순사면
- ㉠ 비탈면 경사각 일정
- ㉡ 천단면과 지단면 수평

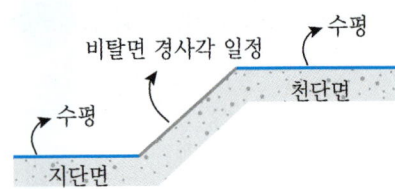

③ 복합사면
비탈면 경사각 복수의 사면이 결합

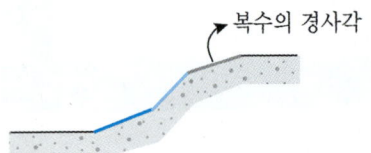

2) 사면파괴 종류

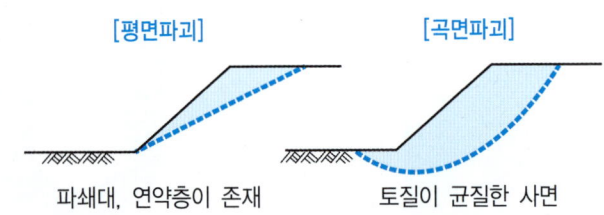

[평면파괴] 파쇄대, 연약층이 존재
[곡면파괴] 토질이 균질한 사면

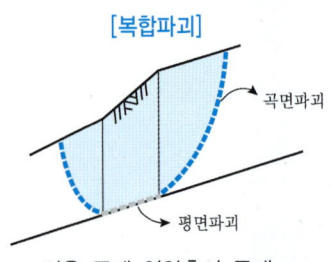

[복합파괴] 깊은 곳에 연약층이 존재

2 무한사면의 안정

1) 기본 안정검토

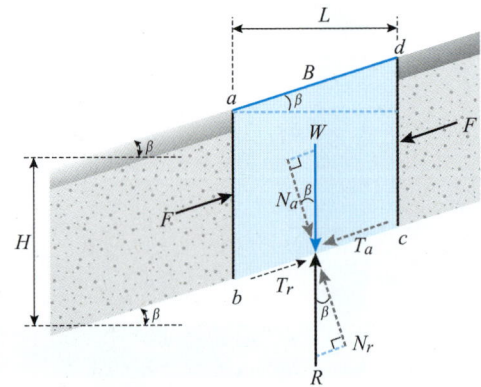

① 저항력(파괴면 전단강도)

$T_r = \tau_f \times A = (c' + \sigma' \tan\phi')A$

(A : 파괴면의 면적 = bc면 = $B \times 1$)

② 작용력 T_a

자중 $W = \gamma(LH) = \gamma H(B\cos\beta)$

파괴면 연직력 $N_a = N_r = W\cos\beta = \gamma HB\cos^2\beta$

⇒ 파괴면 연직응력

$$\sigma_a = \sigma' = \frac{N_a}{A} = \frac{\gamma HB\cos^2\beta}{B} = \gamma H\cos^2\beta$$

파괴면 수평력 $T_a = W\sin\beta = \gamma HB\cos\beta\sin\beta$

⇒ 파괴면 수평응력

$$\tau_a = \frac{T_a}{A} = \frac{\gamma HB\cos\beta\sin\beta}{B} = \gamma H\cos\beta\sin\beta$$

③ 안전율 F_s

$$F_s = \frac{\tau_f}{\tau_a} = \frac{c' + \sigma'\tan\phi'}{\gamma H\cos\beta\sin\beta} = \frac{c' + (\gamma H\cos^2\beta)\tan\phi'}{\gamma H\cos\beta\sin\beta}$$

$$= \frac{c'}{\gamma H\cos\beta\sin\beta} + \frac{\cos\beta}{\sin\beta} \times \tan\phi'$$

$$= \frac{c'}{\gamma H\cos\beta\sin\beta} + \frac{\tan\phi'}{\tan\beta}$$

④ 한계토층 H_{cr}

안전율 $F_s = 1$로 두고 계산한 H

$$F_s = 1 = \frac{c'}{\gamma H_{cr}\cos\beta\sin\beta} + \frac{\tan\phi'}{\tan\beta}$$에서,

$$\frac{\tan\beta - \tan\phi'}{\tan\beta} = \frac{c'}{\gamma H_{cr}\cos\beta\sin\beta}$$ 이고,

H_{cr}에 대해 정리하면,

$$H_{cr} = \frac{c' \times \tan\beta}{\gamma\cos\beta\sin\beta \times (\tan\beta - \tan\phi')}$$

$$= \frac{c'}{\gamma\cos\beta(\tan\beta - \tan\phi')}$$

⑤ 토질에 따른 안전율의 이해

구분	사질토($c' = 0$)	점성토($\phi' = 0$)
안전율 F_s	$\dfrac{\tan\phi'}{\tan\beta}$	$\dfrac{c'}{\gamma H\cos\beta\sin\beta}$
토층두께(H)	무관	H가 클수록 불안정

참조

[삼각함수]

α	0°	15°	30°	45°	60°	75°	90°
$\sin\alpha$	0	$\dfrac{\sqrt{6}-\sqrt{2}}{4}$	$\dfrac{1}{2}$	$\dfrac{1}{\sqrt{2}}$	$\dfrac{\sqrt{3}}{2}$	$\dfrac{\sqrt{6}+\sqrt{2}}{4}$	1
$\cos\alpha$	1	$\dfrac{\sqrt{6}+\sqrt{2}}{4}$	$\dfrac{\sqrt{3}}{2}$	$\dfrac{1}{\sqrt{2}}$	$\dfrac{1}{2}$	$\dfrac{\sqrt{6}-\sqrt{2}}{4}$	0
$\tan\alpha$	0	$\dfrac{\sqrt{6}-\sqrt{2}}{\sqrt{6}+\sqrt{2}}$	$\dfrac{1}{\sqrt{3}}$	1	$\sqrt{3}$	$\dfrac{\sqrt{6}+\sqrt{2}}{\sqrt{6}-\sqrt{2}}$	–

참조

[안전율 F_s에 대한 고찰]

- 안전율 = 강도 / 작용력
- 흙의 강도 = 점착력 c' + 마찰력 $\tan\phi'$로 구성
- 점착력과 마찰력의 분담비율이 명확하지 않음(Trail & error로 여러번 반복)
  ⇒ 시험문제에서는 동일하다고 가정

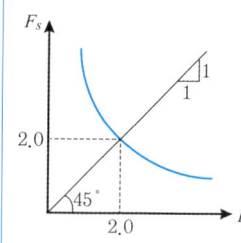

점착력에 대한 안전율 $F_{sc} = \dfrac{c'}{c_d'}$

(c_d' : 필요 점착력 demand, c' : 점착 강도)

마찰력에 대한 안전율 $F_{s\phi} = \dfrac{\tan\phi'}{\tan\phi_d'}$

($\tan\phi_d'$: 필요 마찰력 demand, $\tan\phi'$: 마찰 강도)

$$F_s = F_{sc} = F_{s\phi}$$

2) 지하수위와 침투가 있는 경우

① 지표면과 침투수위가 동일(파괴면과 평행한 침투)

자중에 의한 중력방향 응력 $W = \gamma'H$

파괴면 연직응력 $\sigma_a = \sigma' = W \times \cos\beta$

$$= (\gamma'H\cos\beta) \times \cos\beta$$

$$= \gamma'H\cos^2\beta$$

파괴면 수평응력(자중+침투수압)

$$\tau_{aw} + \tau_{au} = (\gamma' + \gamma_w)H\cos\beta \times \sin\beta$$

$$= \gamma_{sat}H\cos\beta\sin\beta$$

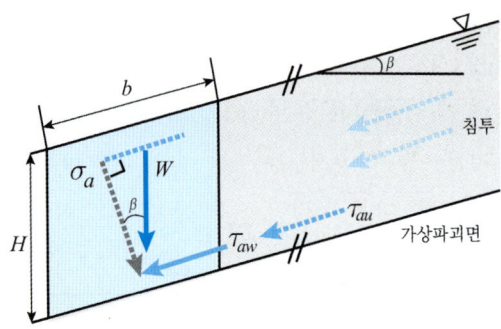

파괴면 연직응력 σ' 계산시 $\gamma \Rightarrow \gamma'$
파괴면 수평응력 τ_a 계산시 $\gamma \Rightarrow \gamma_{sat}$
안전율

$$F_s = \frac{\tau_f}{\tau_a} = \frac{c' + \sigma' \tan\phi'}{\gamma_{sat} H \cos\beta \sin\beta} = \frac{c' + (\gamma' H \cos^2\beta)\tan\phi'}{\gamma_{sat} H \cos\beta \sin\beta}$$

$$= \frac{c'}{\gamma_{sat} H \cos\beta \sin\beta} + \frac{\gamma'}{\gamma_{sat}} \frac{\tan\phi'}{\tan\beta}$$

예제

문제. 그림과 같이 지하수위가 지표면과 일치하는 반무한 모래사면의 안전율은? (단, 물의 단위중량은 $10\,kN/m^3$이라고 가정하고, 속도수두는 무시한다)

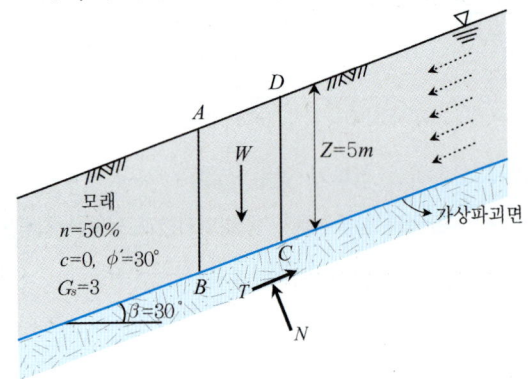

해설 간극비 $e = \dfrac{n}{1-n} = \dfrac{0.5}{1-0.5} = 1$

포화단위중량 $\gamma_{sat} = \dfrac{G_s + e}{1+e}\gamma_w = \dfrac{3+1}{1+1} \times 10 = 20$

침투가 있는 사면의 안전율
$F_s = \dfrac{\gamma' \tan\phi'}{\gamma_{sat} \tan\beta} = \dfrac{10 \times (1/\sqrt{3})}{20 \times (1/\sqrt{3})} = \dfrac{1}{2}$

② **지표면 아래의 침투수위(파괴면과 평행한 침투)**

평균 유효단위중량 $\overline{\gamma'} = \dfrac{\gamma h_1 + \gamma' h_2}{H}$

평균 포화단위중량 $\overline{\gamma_{sat}} = \dfrac{\gamma h_1 + \gamma_{sat} h_2}{H}$

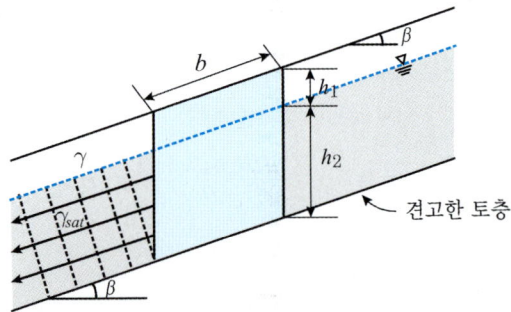

파괴면 연직응력 σ' 계산시 $\gamma \Rightarrow \overline{\gamma'}$ ($\overline{\gamma'}$: 지하수위에 따른 γ와 γ'에 의한 가중평균)

파괴면 수평응력 τ_a 계산시 $\gamma \Rightarrow \overline{\gamma_{sat}}$ ($\overline{\gamma_{sat}}$: 지하수위에 따른 γ와 γ_{sat}에 의한 가중평균)

안전율

$$F_s = \frac{\tau_f}{\tau_a} = \frac{c' + \sigma' \tan\phi'}{\gamma_{sat} H \cos\beta \sin\beta} = \frac{c' + (\overline{\gamma'} H \cos^2\beta)\tan\phi'}{\gamma_{sat} H \cos\beta \sin\beta}$$

$$= \frac{c'}{\gamma_{sat} H \cos\beta \sin\beta} + \frac{\overline{\gamma'}}{\gamma_{sat}} \frac{\tan\phi'}{\tan\beta}$$

③ **연직방향 침투**

파괴면 연직응력 σ' 계산시 $\gamma \Rightarrow \gamma_{sat}$
파괴면 수평응력 τ_a 계산시 $\gamma \Rightarrow \gamma_{sat}$

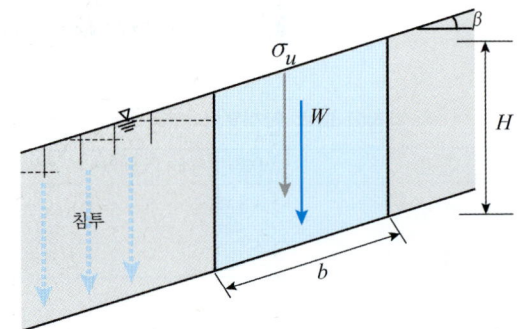

안전율 $F_s = \dfrac{\tau_f}{\tau_a} = \dfrac{c' + \sigma'\tan\phi'}{\gamma_{sat}H\cos\beta\sin\beta}$

$= \dfrac{c' + (\gamma_{sat}H\cos^2\beta)\tan\phi'}{\gamma_{sat}H\cos\beta\sin\beta}$

$= \dfrac{c'}{\gamma_{sat}H\cos\beta\sin\beta} + \dfrac{\tan\phi'}{\tan\beta}$

④ **지하수위 아래의 무한사면(침투 없음)**

파괴면 연직응력 σ' 계산시 $\gamma \Rightarrow \gamma'$
파괴면 수평응력 τ_a 계산시 $\gamma \Rightarrow \gamma'$

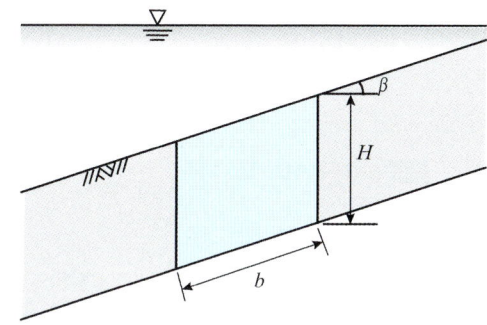

안전율
$F_s = \dfrac{\tau_f}{\tau_a} = \dfrac{c' + \sigma'\tan\phi'}{\gamma'H\cos\beta\sin\beta} = \dfrac{c' + (\gamma'H\cos^2\beta)\tan\phi'}{\gamma'H\cos\beta\sin\beta}$

$= \dfrac{c'}{\gamma'H\cos\beta\sin\beta} + \dfrac{\tan\phi'}{\tan\beta}$

> **예제**
>
> **문제.** 그림과 같이 지하수위가 지표면에 위치하는 사질토 지반(A)에 폭우가 내려 사면이 완전히 물속에 잠겼다(B). 이때 B의 안전율은 A의 안전율의 몇 배인가? (단, 흙의 마찰각은 30°, 흙의 포화단위중량은 20kN/m³, 물의 단위중량은 10kN/m³ 이다)
>
>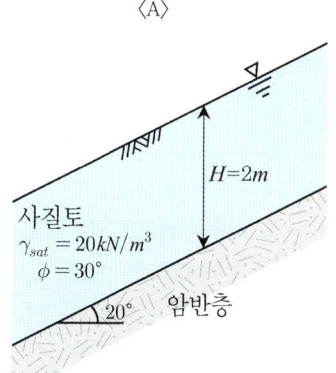
>
>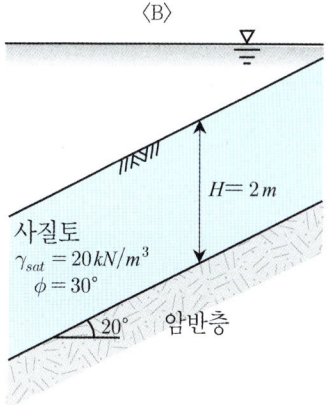
>
> **해설** A는 경사방향으로 침투가 있지만, B는 침투가 없다.
> 〈A〉에 대해,
> $F_{s(A)} = \dfrac{\gamma'}{\gamma_{sat}}\dfrac{\tan\phi'}{\tan i} = \dfrac{(20-10)}{20} \times \dfrac{\tan 30}{\tan 20} = \dfrac{1}{2} \times \dfrac{\tan 30}{\tan 20}$
> 〈B〉에 대해,
> $F_{s(B)} = \dfrac{\tan\phi'}{\tan i} = \dfrac{\tan 30}{\tan 20}$
> 따라서, $F_{s(B)} = 2F_{s(A)}$

⑤ 지하수위와 침투에 따른 안전율

구분		단위중량		안전율 F_s	
침투	지하수위	연직응력	전단응력	점성토 $\phi'=0$	사질토 $c'=0$
건조상태 (침투없음)	–	γ	γ	$\dfrac{c'}{\gamma H\cos\beta\sin\beta}$	$\dfrac{\tan\phi'}{\tan\beta}$
파괴면(경사면) 침투	지표면	γ'	γ_{sat}	$\dfrac{c'}{\gamma_{sat}H\cos\beta\sin\beta}$	$\dfrac{\gamma'}{\gamma_{sat}}\dfrac{\tan\phi'}{\tan\beta}$
	지표 아래	$\overline{\gamma'}$	$\overline{\gamma_{sat}}$	$\dfrac{c'}{\overline{\gamma_{sat}}H\cos\beta\sin\beta}$	$\dfrac{\overline{\gamma'}}{\overline{\gamma_{sat}}}\dfrac{\tan\phi'}{\tan\beta}$
연직 침투	지표면	γ_{sat}	γ_{sat}	$\dfrac{c'}{\gamma_{sat}H\cos\beta\sin\beta}$	$\dfrac{\tan\phi'}{\tan\beta}$
수중 사면 (침투없음)	지표 위	γ'	γ'	$\dfrac{c'}{\gamma'H\cos\beta\sin\beta}$	$\dfrac{\tan\phi'}{\tan\beta}$

점성토 : 침투가 있는 경우에 안전율이 낮다. 토층의 두께가 두꺼우면 안전율이 낮다.
(수중 사면의 안전율이 가장 높다.)

사질토 : 경사면 침투의 경우에 안전율이 낮다. 그 외에는 안전율이 모두 같다. 토층의 두께는 안전율과 무관하다.

> **주의**
> 특별히 침투에 대한 설명없이 지하수위가 존재하는 경우, 묵시적으로 경사면 침투가 있는 것으로 한다.

예제

문제. 경사각이 β인 사질토 무한사면의 안전율에 대한 설명으로 옳은 것은? (단, 사질토층의 점착력은 0, 내부마찰각은 ϕ'이다)

① 사면의 안전율은 토층 두께에 반비례한다.
② 지하수위가 지표와 일치하는 경우 사면의 안전율은 지하수가 없을 경우 사면의 안전율보다 작다.
③ 지하수가 없을 경우 사면의 안전율은 $\dfrac{\tan\beta}{\tan\phi'}$로 표현된다.
④ 지하수위가 지표와 일치하는 경우 사면의 안전율은 사면의 높이에 반비례한다.

해설 ② 지하수위가 있는 경우 $\dfrac{\gamma'}{\gamma_{sat}}\dfrac{\tan\phi'}{\tan i}$,

지하수위가 없는 경우 $\dfrac{\tan\phi'}{\tan i}$

⇒ 지하수위가 있는 경우(경사면 침투)의 안전율이 작다.

무한사면의 안전율 $F_s = \dfrac{c'}{\gamma H\cos^2\beta\tan\beta} + \dfrac{\tan\phi'}{\tan\beta}$

①,④ 점착력이 0인 사질토에서는 토층의 두께와 안전율은 무관하다.

③ 지하수가 없을 경우 사면의 안전율은 $\dfrac{\tan\phi'}{\tan\beta}$로 표현된다.

---

3 유한비탈면의 안정

1) 평면파괴면의 안정

① **파괴면** : 사면의 선단을 지나는 평면
② **파쇄대** : 연약층이 존재하는 사면
③ **하중역계와 안전율** F_s

자중 $W = \dfrac{1}{2}\gamma H^2(\cot\theta - \cot\beta)$
$\quad\quad = \dfrac{1}{2}\gamma H^2 \dfrac{\sin(\beta-\theta)}{\sin\beta\sin\theta}$

작용력 $T_o = W\sin\theta$

저항력 $T_r = \tau_f A = (c' + \sigma'\tan\phi')A$
$\quad\quad(\sigma' = W\cos\theta)$

안전율 $F_s = \dfrac{T_r}{T_o}$

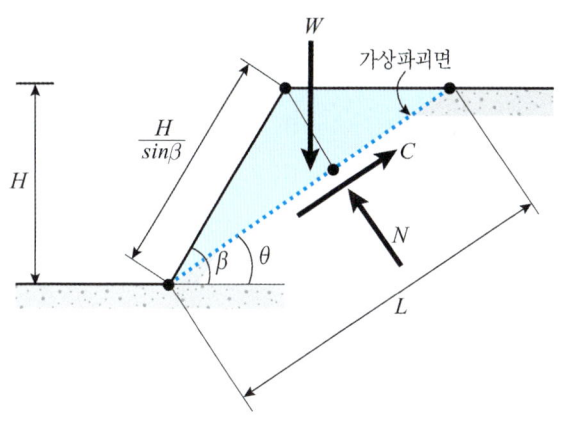

④ 점토($\phi' = 0$)에서의 Culmann법에 따른 안전율

$$F_s = \frac{4c_u}{\gamma H}\cot\frac{\beta}{2}$$

> **예제**
>
> **문제.** 다음 점토사면의 안전율을 Culmann방법에 의해 구하라.
> (단, $c_u = 20kN/m^2$, $\gamma = 16kN/m^2$, $\phi' = 0$이다.)
>
>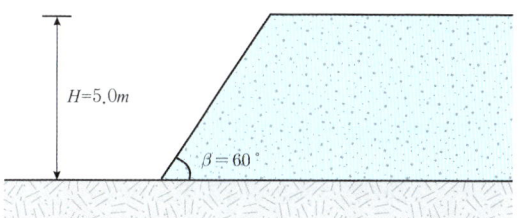
>
> **해설** $F_s = \frac{4c_u}{\gamma H}\cot\frac{\beta}{2} = \frac{4 \times 20}{16 \times 5} \times \cot\frac{60}{2} = \sqrt{3} \approx 1.73$

⑤ 안전율을 고려한 비탈면 한계 높이 H

$$H_{FS} = \frac{4c_d'}{\gamma}\frac{\sin\beta\cos\phi_d'}{1-\cos(\beta-\phi_d')}$$

$$F_{sc} = \frac{c'}{c_d'} \Rightarrow c_d' = \frac{c'}{F_{sc}}, \quad F_{s\phi} = \frac{\tan\phi'}{\tan\phi_d'}$$

$$\Rightarrow \tan\phi_d' = \frac{\tan\phi'}{F_{s\phi}} \text{에서}, \quad \phi_d' = \tan^{-1}\left(\frac{\tan\phi'}{F_{s\phi}}\right)$$

> **예제**
>
> **문제.** 절토비탈면의 안전율 3을 만족하는 최대 절토깊이를 구하라.
> (단, $\gamma = 16kN/m^3$, $c' = 30kN/m^2$, $\phi' = 12°$, $\beta = 45°$ 이다.)
>
> **해설** $c_d' = \frac{c'}{F_{sc}} = \frac{30}{3} = 10kN/m^2$이고,
>
> $\phi_d' = \tan^{-1}\left(\frac{\tan\phi'}{F_{s\phi}}\right) = \tan^{-1}\left(\frac{\tan 12}{3}\right) = 4.05°$
>
> $H_{FS} = \frac{4c_d'}{\gamma}\frac{\sin\beta\cos\phi_d'}{1-\cos(\beta-\phi_d')}$
>
> $= \frac{4 \times 10}{16} \times \frac{\sin 45 \times \cos 4.05}{1-\cos(45-4.05)} = 7.21m$

> **예제**
>
> **문제.** 다음 그림과 같은 암반사면에 불연속면 AB가 있으며 AB면 틈에는 포화점토가 전체적으로 협재되어 있다. 이때 상부 암반의 활동에 대한 안전율은? (단, 점토의 비배수점착력 c_u = 45kN/m², 암반의 단위중량 γ = 20kN/m³, 선AB 윗부분의 면적은 9.0m²이다)
>
>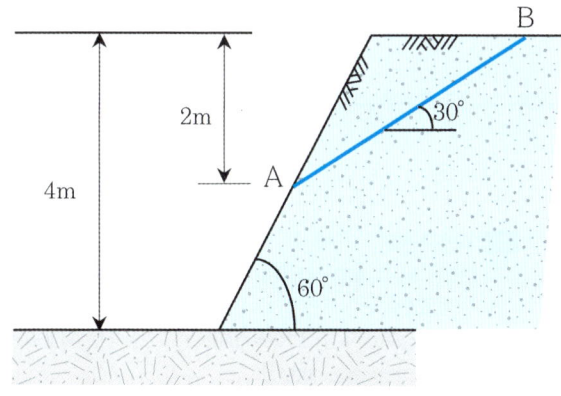
>
> **해설** 자중 $W = \gamma \times \overline{V} = 20 \times 9 \times 1 = 180kN$
>
> 작용력 $T_o = W\sin\theta = 180 \times \frac{1}{2} = 90kN$
>
> 저항력 $T_r = \tau_f \times A = c_u \times \overline{AB} = 45 \times 4 = 180kN$
>
> ($\sin\theta = \sin 30° = \frac{\overline{AB}}{2}$에서, $\overline{AB} = 4m$)
>
> 안전율 $F_s = \frac{T_r}{T_o} = \frac{180}{90} = 2$

2) 원호활동면의 안정

① 원호활동의 종류

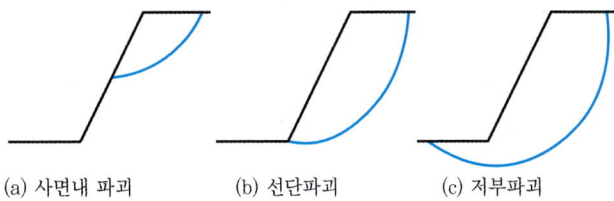

(a) 사면내 파괴   (b) 선단파괴   (c) 저부파괴

② 안정해석 방법

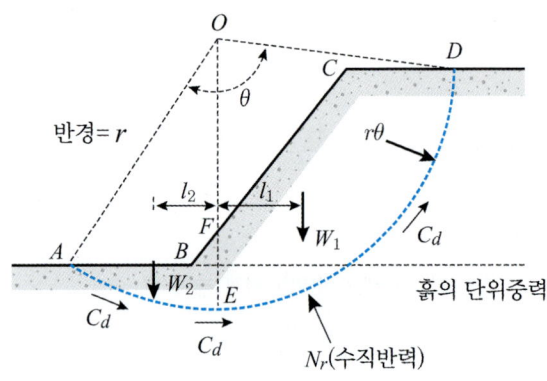

[일체법]

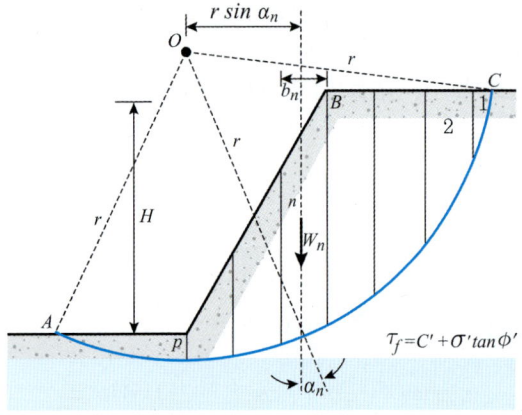

[절편법]

3) 일체법에 의한 안정해석

① 일반적인 방법(균일한 점토비탈면)

작용모멘트 $M_o = W_1 \times l_1$

저항모멘트 $M_r = W_2 \times l_2 + c_d r^2 \theta$

(점착저항 모멘트 $= c_d \times (r\theta) \times r = c_d r^2 \theta$)

안전율 $F_s = \dfrac{M_r}{M_o}$

예제

문제. 그림과 같이 유한사면 위에 연속구조물이 위치하는 경우 사면의 안전율은? (단, 가상파괴면 원호의 길이는 15m, 흙의 비배수전단강도는 100kPa이고, 모멘트평형법을 사용한다)

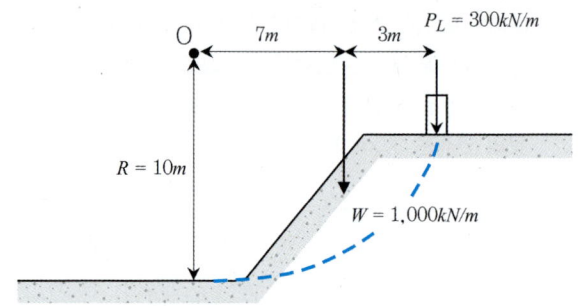

해설 작용모멘트
$M_o = W \times l_1 + P_L \times l_2 = 1000 \times 7 + 300 \times 10 = 10,000 kN \cdot m$
저항모멘트
$M_r = c_u r^2 \theta = c_u \times L \times r = 100 \times 15 \times 10 = 15,000 kN \cdot m$
(L 파괴면의 호의 길이)

안전율 $F_s = \dfrac{M_r}{M_o} = \dfrac{15}{10} = 1.5$

---

② 안정수(Stability Number) N_s를 이용한 안정검토(균일 점토비탈면)

소요점착력 $c_d = \dfrac{W_1 \times l_1 - W_2 \times l_2}{r^2 \theta} = \gamma H N_s$

($N_s \Rightarrow$ Tayor 도표를 이용하여 산출)

안전율 $F_s = \dfrac{\tau_f}{c_d} = \dfrac{c_u}{c_d} = \dfrac{c_u}{\gamma H N_s}$

비탈면의 임계높이 H_{cr} ($F_s = 1$일 때의 H) $= \dfrac{c_u}{\gamma N_s}$

📖 안정수(Stability Number) N_s의 산출

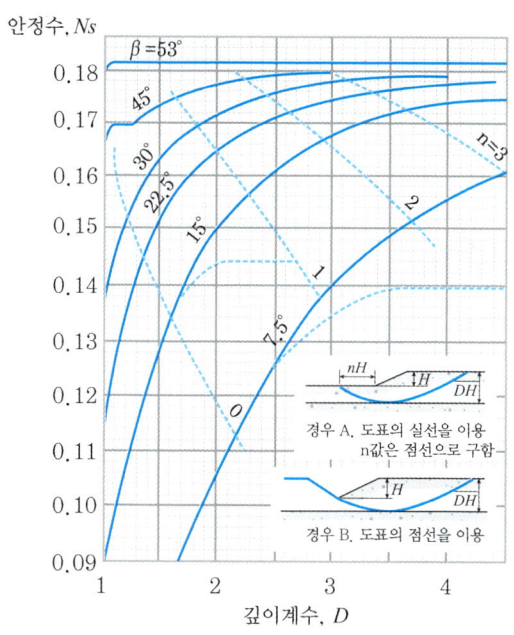

① 심도계수 $D = \dfrac{\overline{DH}}{H}$ (비탈면 상부~견고한 층까지의 수직거리/비탈면 높이)

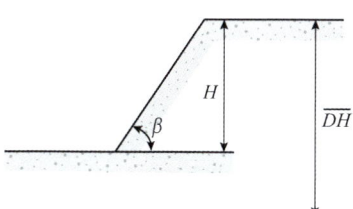

② $\beta \leq 53°$인 경우에만 적용 ($\beta = 53° \Rightarrow N_s = 0.181$)

예제

문제. 다음 그림의 균질한 점토사면에서, 안전율을 구하라.
(단, 안정수 $N_s = 0.16$, $\phi = 0$, $\gamma = 16 kN/m^3$, $c_u = 40 kN/m^2$이다.)

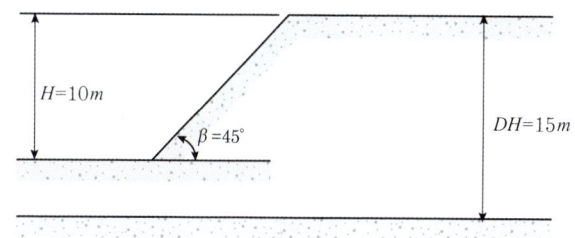

해설 안전율 $F_s = \dfrac{\tau_f}{c_d} = \dfrac{c_u}{c_d} = \dfrac{c_u}{\gamma H N_s} = \dfrac{51.2}{16 \times 10 \times 0.16} = 2$

참고 심도계수 $D = \dfrac{DH}{H} = \dfrac{15}{10} = 1.5$

심도계수 $D = 1.5$와 사면경사각 $\beta = 45°$일 때의 안정수 N_s를 Talyor 도표에서 찾으면, 대략 $N_s = 0.16$이다.

③ Michalowski 분석법

단순비탈면의 안정해석에서, 운동학적 강성 회전붕괴 메카니즘에 적용된 한계해석접근

4) 절편법

① 파괴면 상부의 토질을 여러 개로 잘라서 해석

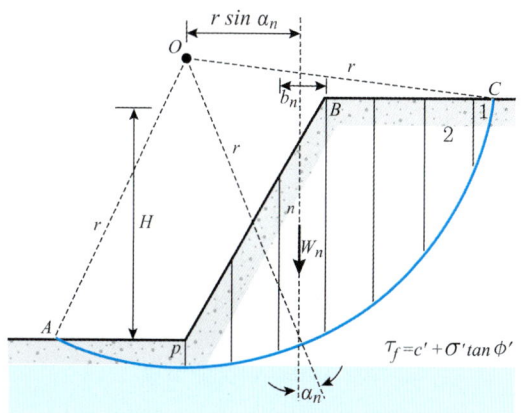

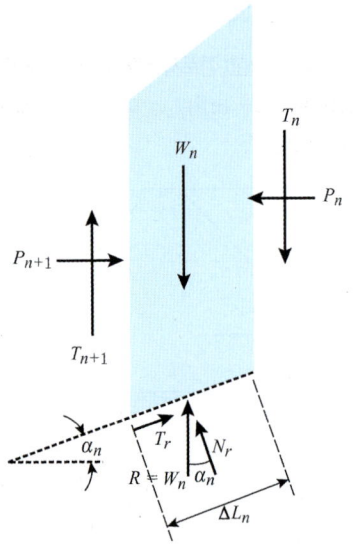

② 안전율

$$F_s = \frac{\Sigma(c'\Delta L_n + W_n\cos\alpha_n\tan\phi')}{\Sigma(W_n\sin\alpha_n)}$$

③ Fellenius 방법(스웨덴법, 보편법, 가장 오래된 간편법)
  ㉠ 하나의 절편에서, 양 측면의 수평력 P_n 및 전단력 T_n 무시
    ($\Rightarrow P_n = P_{n+1}, \; T_n = T_{n+1}$)
  ㉡ 원호활동면에서만 적용(단일 평면활동면에서는 회전반경이 무한대로 고려하여 적용)
  ㉢ 계산이 간편(반복계산 없음)
  ㉣ 안전율이 과소평가되고 오차가 큰 경우도 있음
    ($\Rightarrow$ 예비 설계단계에서 사용)
  ㉤ 모멘트 평형관계 안전율만 산출

④ Bishop 간편법
  ㉠ 하나의 절편에서, 양 측면의 수평력 P_n 및 전단력 T_n의 차이 고려
    ($\Rightarrow P_{n+1} - P_n = \Delta P, \; T_{n+1} - T_n = \Delta T$)
  ㉡ 원호활동면에서만 적용(단일 평면활동면에서는 회전반경이 무한대로 고려하여 적용)
  ㉢ 안전율은 반복법에 의해 계산
  ㉣ 비교적 간단하지만 상당히 정밀한 계산법
  ㉤ 일반적으로 Bishop 간편법의 안전율이 Fellenius 방법에 비해 크게 산출
  ㉥ 모멘트 평형관계 안전율만 산출

⑤ Janbu 간편법
  ㉠ Bishop 간편법에 수정계수를 적용
  ㉡ 비원호 곡선파괴면에도 적용 가능(주로 길이가 긴 일반활동면에 적용)
  ㉢ 흙 사면 및 암석 사면에 모두 적용 가능
  ㉣ 수계산이 가능하고 수렴이 빠름
  ㉤ 절편간 전단력을 0으로 가정 ⇒ 보정 필요
  ㉥ 힘 평형관계 + 모멘트 안전율 모두 산출(토체 전체에 대한 모멘트 평형에는 부적합)

정리

구분	적용파괴면	안전율	절편 측면 힘	특징
Fellenius	원호	모멘트	무시	과소 안전율
Bishop	원호	모멘트	$\Delta P, \Delta T$ 고려	간단하지만 정밀
Janbu	비원호 곡선	힘, 모멘트	보정계수 적용	수계산 가능, 암석사면에도 적용가능

⑥ 정상침투 사면의 안정
  Bishop, Morgenstern, Spencer, Michalowski 해법

예제

문제. 절편법을 이용한 사면안정해석 중에서 가상파괴면의 한 절편에 작용하는 힘의 상태를 그림으로 나타내었다. 다음 설명 중 옳지 않은 것은?

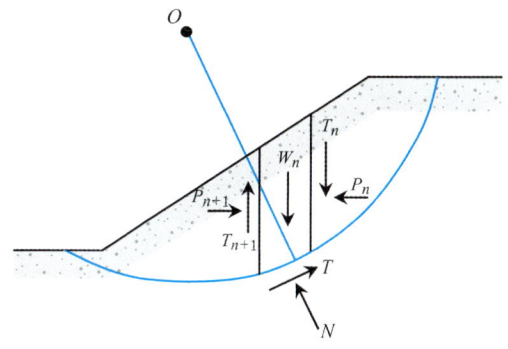

① Fellenius 방법은 T_n과 P_n의 합력이 T_{n+1}과 P_{n+1}의 합력과 크기가 같고 그 작용선이 일치한다고 가정하며, 절편의 양쪽에 작용하는 힘들은 무시하고 계산한다.
② 절편의 중량 W_n은 흙의 단위중량 × 절편의 높이 × 절편의 폭이다.
③ Bishop의 간편법은 절편의 측면에는 수평방향의 응력이 작용하지 않고($P_{n+1} - P_n = 0$), 전단력(T_n과 T_{n+1})만 작용한다고 가정한다.
④ Janbu의 간편법은 Bishop의 간편법에서 세운 기본가정과 동일한 가정을 하되, Janbu는 가정으로 생긴 오차는 수정계수(correction factor)를 써서 보정할 것을 제안하였다.

정답 ③
해설 ③ Bishop의 간편법은 절편의 측면에는 수평방향의 응력은 $P_{n+1} - P_n = \Delta P$이고, 전단력 $T_n - T_{n+1} = \Delta T$로 작용한다고 가정한다.

4 흙 사면의 안전율의 시간에 따른 변화

1) 포화점토 지반의 굴착

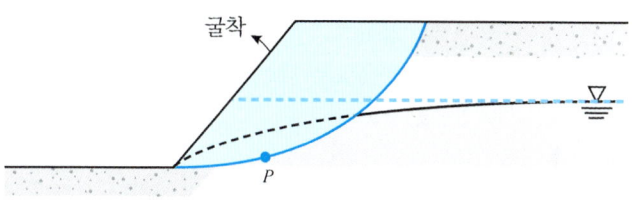

① **전단응력 τ**
굴착으로 상재하중 감소
⇒ 전단응력 증가

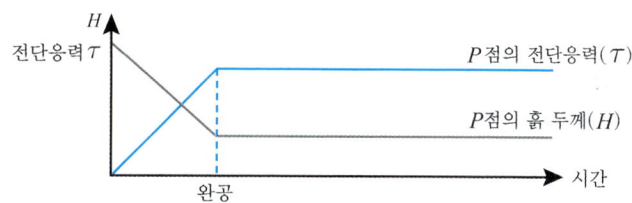

② **간극수압 u**
굴착으로 상재하중 감소
⇒ 간극수압 감소
⇒ 정상침투(과잉간극수압 소산)
굴착속도 > 배수속도
⇒ 비배수상태

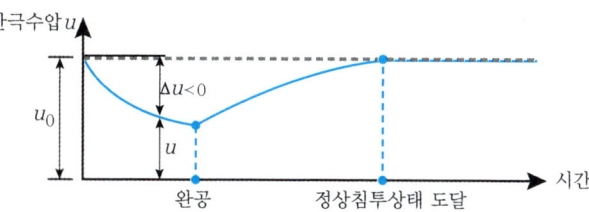

③ **전단강도 τ_f**
공사중(비배수상태) 강도일정
완공후 간극수압증대, 상재하중 감소 ⇒ 전단강도 감소

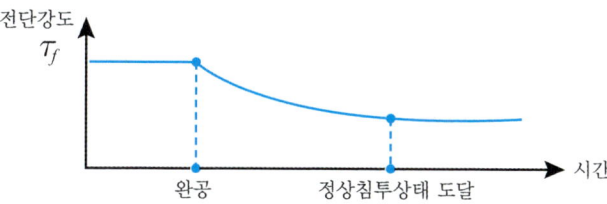

④ 안전율 F_s

전단강도/전단응력($F_s = \dfrac{\tau_f}{\tau}$)

공사중 : 전단강도는 일정, 전단응력은 증가
⇒ 안전율 감소

완공후 : 전단강도는 감소, 전단응력은 일정
⇒ 안전율 감소

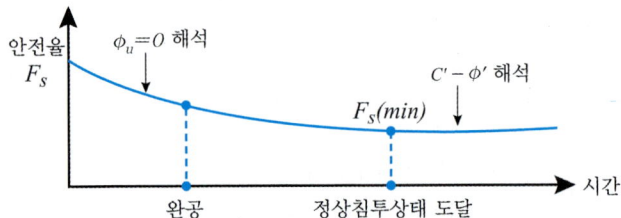

상재하중 감소(축차응력의 감소) ⇒ 응력원 반경 증대
⇒ 전단응력 증가

갑작스러운 축차응력 감소 ⇒ 간극수압 소산 속도가 따라 오지 못함 ⇒ 간극수압 감소

갑작스러운 절토(공사중)
⇒ 전단응력 증가 + 간극수압 감소 + 전단강도 일정

2) 포화점토 지반 위에 제방 성토

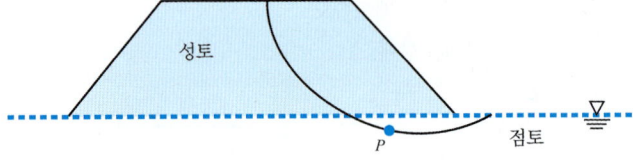

① **전단응력** τ

성토로 상재하중 증가
⇒ 전단응력 증가

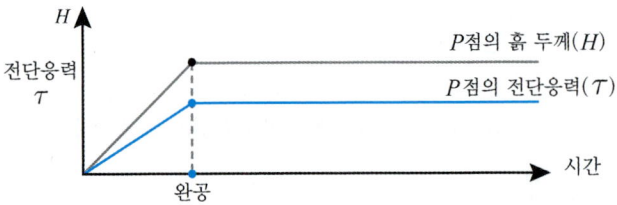

② **간극수압** u

성토로 상재하중 증가
⇒ 간극수압 증가

⇒ 정상침투(과잉간극수압 소산)
굴착속도 > 배수속도
⇒ 비배수상태

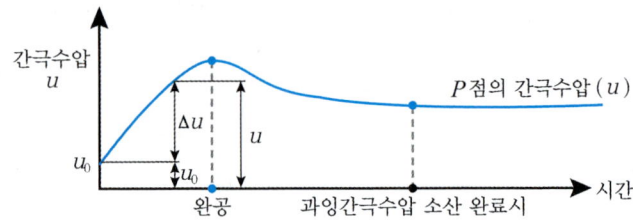

③ **전단강도** τ_f

공사중(비배수상태) : 강도일정
완공 후 : 간극수압 감소, 상재하중 증대 ⇒ 전단강도 증가

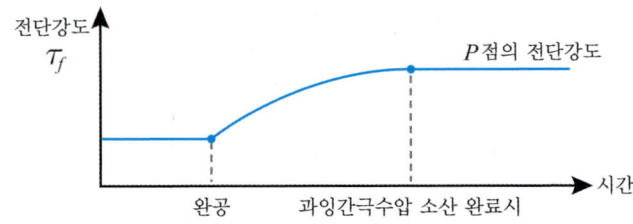

④ 안전율 F_s

전단강도/전단응력($F_s = \dfrac{\tau_f}{\tau}$)

공사중 : 전단강도는 일정, 전단응력은 증가 ⇒ 안전율 감소
완공후 : 전단강도는 증가, 전단응력은 일정 ⇒ 안전율 증가

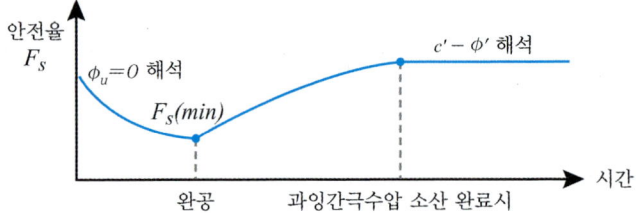

상재하중 증가(축차응력의 증가) ⇒ 응력원 반경 증대
⇒ 전단응력 증가

갑작스러운 축차응력 증가 ⇒ 간극수압 소산 속도가 따라 오지 못함 ⇒ 간극수압 증가

갑작스러운 성토(공사중)
⇒ 전단응력 증가 + 간극수압 증가 + 전단강도 일정

📋 요약정리

[공사중] 갑작스러운 상재하중 증가/감소
- 전단응력 : 상재하중이 증가/감소 ⇒ 모두 증가
- 간극수압 : 상재하중 증가 ⇒ 증가
- 전단강도 : 항상 일정
- 안전율 : 항상 감소

[완공후] 정상침투(안정화 상태)
- 전단응력 : 일정
- 간극수압 : 공사중에 감소/증가 분에 대해 보상 후 일정 값에 수렴
- 전단강도 : 간극수압과 반대로 진행 후 일정 값에 수렴
- 안전율 : 상재하중 증가 ⇒ 증가 후 일정 값에 수렴

[최저 안전율 시점]
- 절토 : 정상침투 시점(안정화 상태)
- 성토 : 완공직후

3) 흙 댐(성토) 사면의 수위에 따른 안전율

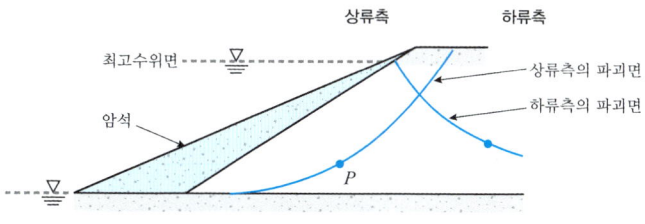

① 담수 전
흙댐 성토의 경우와 동일(상하류 동일)

구분	공사중	완공 후~간극수압소산
전단응력	증가	일정
간극수압	증가	감소
전단강도	일정	증가
안전율	감소	증가

② 담수 중

구분	상류측	하류측
전단응력	큰 감소	일정
간극수압	증가	증가
전단강도	감소	감소
안전율	증가	감소

③ 만수 시

구분	상류측	하류측
전단응력	일정	일정
간극수압	증가	증가
전단강도	감소	감소
안전율	감소	감소

④ 방류 시

구분	상류측	하류측
전단응력	큰 증가	일정
간극수압	감소	일정
전단강도	증가	일정
안전율	감소	일정

⑤ 위험 시기
상류측 : 완공직후, 방류시
하류측 : 완공직후, 정상침투시(만수 후 일정 시간 경과)

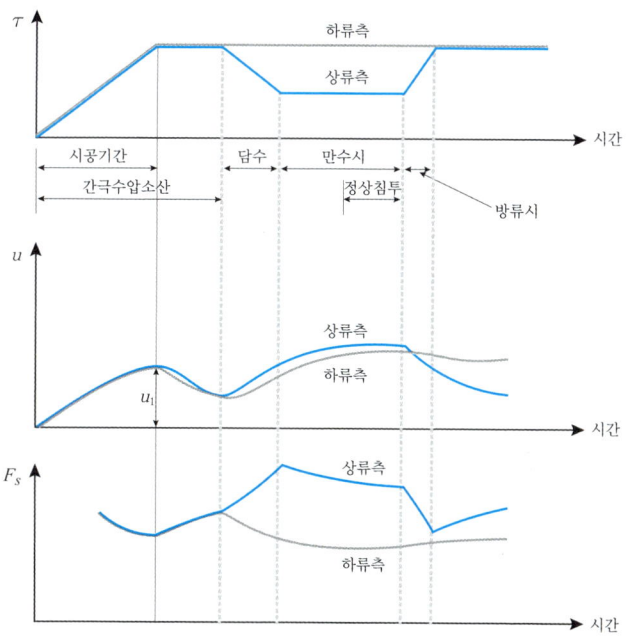

대표기출문제

문제. 사면안정 해석방법에 대한 설명으로 틀린 것은?

2022년 2회

① 일체법은 활동면의 위에 있는 흙덩어리를 하나의 물체로 보고 해석하는 방법이다.
② 절편법은 활동면 위에 있는 흙을 몇 개의 절편으로 분할하여 해석하는 방법이다.
③ 마찰원방법은 점착력과 마찰각을 동시에 갖고 있는 균질한 지반에 적용된다.
④ 절편법은 흙이 균질하지 않아도 적용이 가능하지만, 흙속에 간극수압이 있을 경우 적용이 불가능하다.

정답 ④
해설 절편법은 흙이 균질하지 않아도 적용이 가능하지만, 흙속에 간극수압이 있을 경우에도 적용이 가능하다.

대표기출문제

문제. 암반층 위에 5m 두께의 토층이 경사 15°의 자연사면으로 되어 있다. 이 토층의 강도정수 c = 15kN/m², ϕ = 30°이며, 포화단위중량(γ_{sat})은 18kN/m³이다. 지하수면은 토층의 지표면과 일치하고 침투는 경사면과 대략 평행이다. 이때 사면의 안전율은? (단, 물의 단위중량은 9.81kN/m³이다.)

2022년 1회

① 0.85 ② 1.15
③ 1.65 ④ 2.05

정답 ③
해설 $\gamma' = \gamma_{sat} - \gamma_w = 18 - 9.81 = 8.19 kN/m^3$

$F_s = \dfrac{c'}{\gamma_{sat} H \cos i \sin i} + \dfrac{\gamma'}{\gamma_{sat}} \dfrac{\tan\phi'}{\tan i}$

$= \dfrac{15}{18 \times 5 \times \cos 15° \times \sin 15°} + \dfrac{8.19}{18} \times \dfrac{\tan 30°}{\tan 15°}$

$= 1.647$

대표기출문제

문제. 다음 중 사면의 안정해석방법이 아닌 것은?

2021년 3회

① 마찰원법
② 비숍(Bishop)의 방법
③ 펠레니우스(Fellenius) 방법
④ 테르자기(Terzaghi)의 방법

정답 ④
해설 [원호파괴 사면안정해석]
· 일체법 : 안정수에 의한 방법, Michalowski 방법
· 절편법 : Fellenius 방법, Bishop 간편법, Janbu 간편법

대표기출문제

문제. 흙의 포화단위중량이 20kN/m³인 포화점토층을 45° 경사로 8m를 굴착하였다. 흙의 강도정수 $C_u = 65 kN/m^2$, $\phi = 0$이다. 그림과 같은 파괴면에 대하여 사면의 안전율은? (단, ABCD의 면적은 70m²이고 O점에서 ABCD의 무게중심까지의 수직거리는 4.5m이다.)

2021년 2회

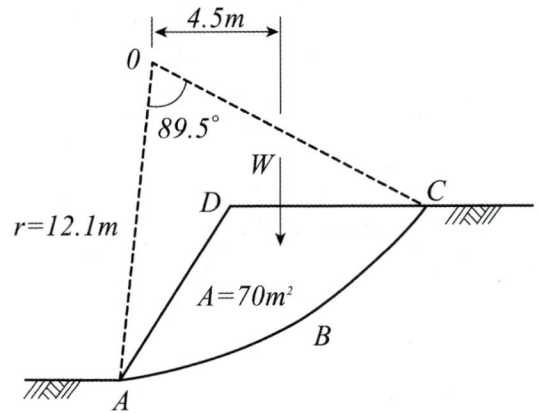

① 4.72 ② 4.21
③ 2.67 ④ 2.36

정답 ④
해설 작용모멘트 $M_o = W \times \bar{x} = 20 \times 70 \times 4.5 = 6300 kN.m$

저항모멘트 $M_r = C_u LR = 65 \times (12.1 \times \dfrac{89.5}{180}\pi) \times 12.1$

$= 14.87 \times 10^3 kN.m$

안전율 $SF = \dfrac{M_r}{M_o} = \dfrac{14.87}{6.3} = 2.36$

대표기출문제

문제. 그림과 같이 c = 0인 모래로 이루어진 무한사면이 안정을 유지(안전율≥1)하기 위한 경사각(β)의 크기로 옳은 것은? (단, 물의 단위중량은 9.81kN/m³이다.) *2020년 4회*

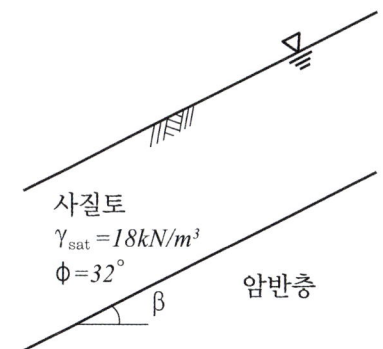

① $\beta \leq 7.94°$ ② $\beta \leq 15.87°$
③ $\beta \leq 23.79°$ ④ $\beta \leq 31.76°$

정답 ②
해설 $\gamma' = 18 - 9.81 = 8.19 kN/m^2$
$F_s = \dfrac{\gamma' \tan\phi'}{\gamma_{sat} \tan\beta} = \dfrac{8.19 \times \tan 32°}{18 \times \tan\beta} = 1$ 에서, $\beta = 15.87°$

대표기출문제

문제. 그림과 같은 점토지반에서 안정수(m)가 0.1인 경우 높이 5m의 사면에 있어서 안전율은? *2020년 1,2회*

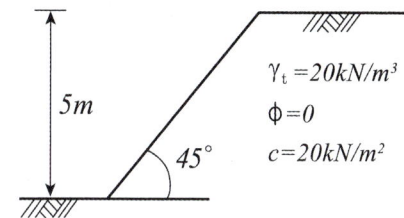

① 1.0   ② 1.25
③ 1.50 ④ 2.0

정답 ④
해설 안정수 N_s를 이용한 비탈면 안정검토
$F_s = \dfrac{C_u}{\gamma H N_s} = \dfrac{20}{20 \times 5 \times 0.1} = 2$

대표기출문제

문제. 다음 중 흙댐(Dam)의 사면안정 검토 시 가장 위험한 상태는? *2020년 3회*

① 상류사면의 경우 시공 중과 만수위일 때
② 상류사면의 경우 시공 직후와 수위 급강하일 때
③ 하류사면의 경우 시공 직후와 수위 급강하일 때
④ 하류사면의 경우 시공 중과 만수위일 때

정답 ②
해설 [흙댐의 위험시기]
• 상류측 : 완공직후, 방류시
• 하류측 : 완공직후, 정상침투시

08 PART

기초의 지지력

14. 직접기초 지지력
15. 말뚝기초 지지력
16. 지지력 시험

CHAPTER 14 직접기초 지지력

1 기초의 구비조건

1) 동결, 세굴 등에 안전하도록 최소의 근입깊이를 가져야 한다.
2) 기초의 시공이 가능하고 침하량이 허용치를 넘지 않아야 한다.
3) 상부로부터 오는 하중을 안전하게 지지하고 기초지반에 전달하여야 한다.
4) 사용성, 경제성이 좋아야 한다.

2 기초의 종류와 지반파괴

1) 기초의 종류

얕은기초	
확대기초	전면기초

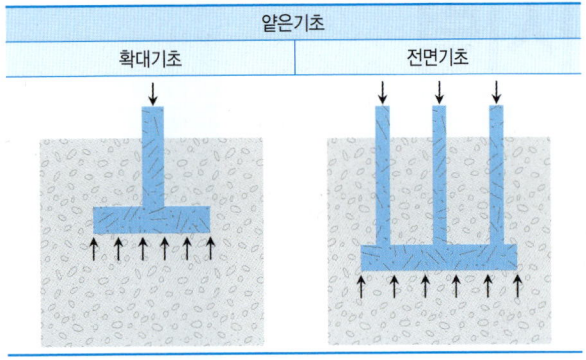

깊은기초	
말뚝기초	현장타설말뚝기초

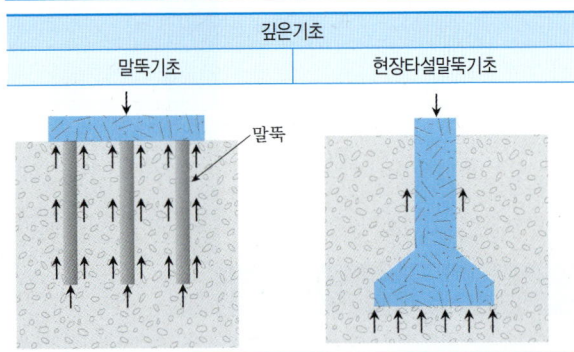

2) 지반의 파괴양상

① 전반전단파괴

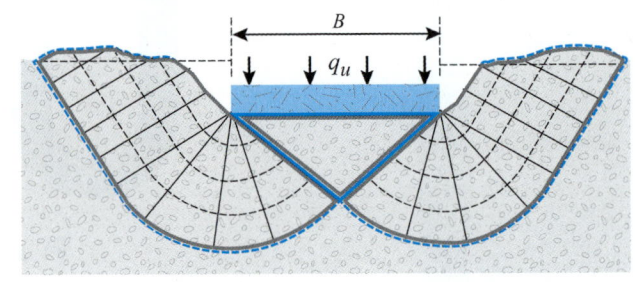

- 조밀한 모래, 굳은 점토
- 급격한 침하
- 파괴면이 지표에 도달
- 주변지반 융기

② 국부전단파괴

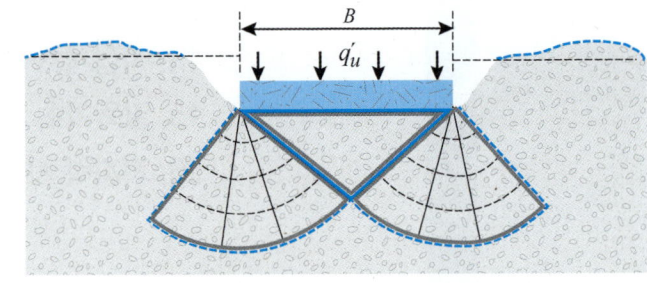

- 느슨한 모래, 연약한 점토
- 파괴면이 지표로 확장
- 약간의 지반융기

③ 관입전단파괴

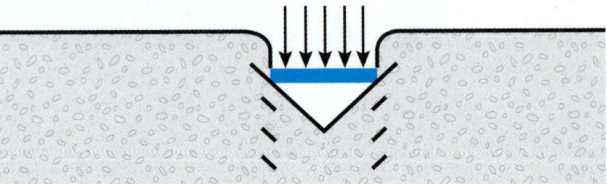

- 매우 느슨한 모래, 매우 연약한 점토
- 파괴면의 확장없이 관입
- 지반융기 없음

3) 기초하부의 지반반력분포

① 강성기초

기초판의 변형없음
⇒ 침하량, 지반반력 균등

② 연성기초

기초판의 변형발생
⇒ 침하량, 지반반력 불균등

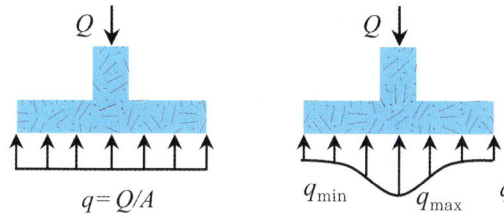

③ 편심에 의한 응력분포 변화

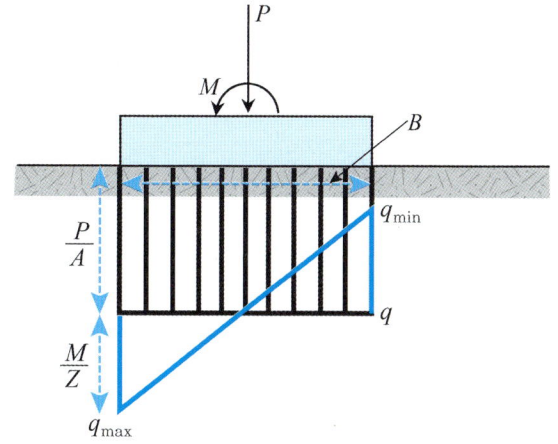

- 축력에 의한 응력 $q = \dfrac{P}{A}$
- 모멘트에 의한 응력 $= \dfrac{M}{Z} = \dfrac{Pe}{bh^2/6}$
- $q_{\substack{max \\ min}} = \dfrac{P}{A} \pm \dfrac{M}{Z} = \dfrac{P}{A}\left(1 \pm \dfrac{e}{e_{max}}\right)$
- 핵반경 $e_{max} = \dfrac{B}{6}$ (B : 기초판 폭)

> **예제**
>
> **문제.** 그림과 같이 조밀한 사질토 위에 놓인 바닥면적 2m × 3m인 독립기초 중심에 연직력 200kN, 장변방향으로 모멘트 30kN·m가 작용할 때, 최대접지압과 최소접지압의 차는? (단, 접지압은 직선형 분포로 가정한다)
>
>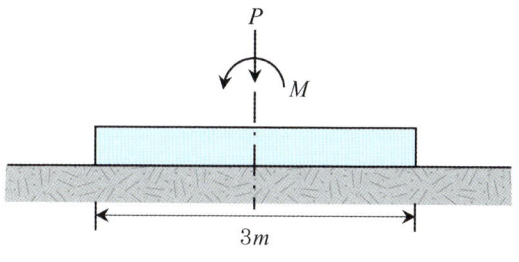
>
> **해설** $q_{\substack{max \\ min}} = \dfrac{P}{A}\left(1 \pm \dfrac{e}{e_{max}}\right) = \dfrac{200}{3 \times 2}\left(1 \pm \dfrac{0.15}{3/6}\right)$
>
> $= \dfrac{100}{3}(1 \pm 0.3)$ $\left(e = \dfrac{M}{P} = \dfrac{30}{200} = 0.15\right)$
>
> 두 응력의 차이 $= \dfrac{100}{3} \times 0.6 = 20 kN/m^2$

3 Terzaghi 극한지지력(얕은 기초의 지지력)

1) 기본가정사항

① 등방의 균질의 지반
② 기초와 지표면은 수평
③ 근입깊이가 기초폭보다 작다.($D_f < B$) ⇒ 얕은 기초의 정의
④ 기초와 지반은 거친면으로 접촉
⑤ 기초저면에서 지표까지의 흙무게를 상재하중 γD_f로 고려

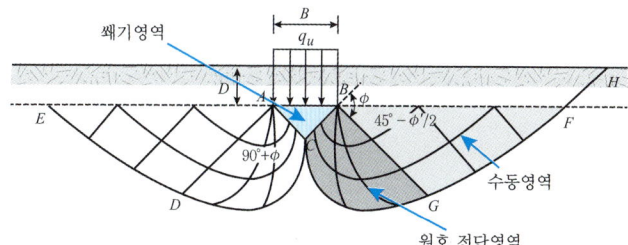

2) 극한지지력 공식의 구성

① 극한지지력

$$q_u = q_c + q_q + q_\gamma = \alpha c' N_c + q N_q + \beta \gamma B N_r$$

구분	연속(띠)기초	정사각형	원형	직사각형
α	1.0	1.3	1.3	$1 + 0.3 \dfrac{B}{L}$
β	0.5	0.4	0.3	$0.5 - 0.1 \dfrac{B}{L}$

예제

문제. 그림과 같이 기초폭이 2m인 띠기초를 지표면 아래 1.5m 깊이에 설치하였을 때, 기초의 전반전단파괴에 대한 극한지지력은? (단, 기초지반의 점착력 c는 10kN/m², 내부마찰각 ϕ는 20°, 습윤단위중량 γ_t는 18kN/m³이며, Terzaghi의 지지력공식과 지지력계수는 $N_c = 18$, $N_\gamma = 5$, $N_q = 7$을 사용한다)

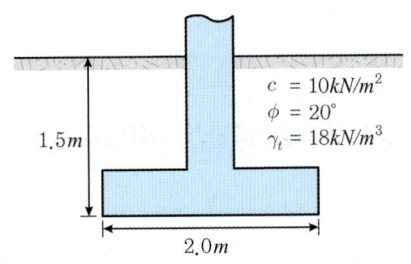

해설 $q_u = \alpha c N_c + q N_q + \beta \gamma B N_\gamma = 1 \times 10 \times 18 + (18 \times 1.5)$
$\times 7 + 0.5 \times 18 \times 2 \times 5 = 459 kN \cdot m^2$

② 구성과 검토위치

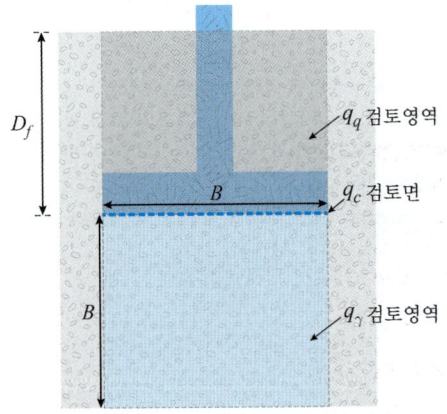

구분	원인인자	검토위치
q_c	점착력	기초판 하면
q_q	기초판 상재하중	기초판 하면~지표면 영역(D_f)
q_γ	기초판 하면면의 지지력	기초판 하면~기초폭 영역(B)

3) 지지력계수

① $N_q = e^{\pi \tan \phi'} \tan^2 \left(45 + \dfrac{\phi'}{2} \right)$

② $N_c = (N_q - 1) \cot \phi'$

③ $N_\gamma = 2(N_q + 1) \tan \phi'$

⇒ 지지력계수는 모두 내부마찰각 ϕ'에 관한 함수형태

4) 국부전단파괴에 대한 수정

① 전반전단파괴의 극한지지력을 수정하여 적용

② 점착력은 2/3배로 적용 $\dfrac{2}{3} c'$

③ 내부마찰각에 의한 지지력 계산시 $\dfrac{2}{3} \tan \phi'$ 적용

⇒ $\tan \phi'_2 = \dfrac{2}{3} \tan \phi'_1$ (ϕ'_2 : 국부전단파괴시 내부마찰각, ϕ'_1 : 전반전단파괴시 내부마찰각)

⇒ $\phi'_2 = \tan^{-1} \left(\dfrac{2}{3} \tan \phi'_1 \right)$

5) 지하수위 영향의 고려

① 기초판 상재하중 N_q 관련 : q ⇒ 기초판 상면의 유효응력
② 기초판 하면 지지력 N_γ 관련 : γ ⇒ 기초판 하면~기초판 폭 깊이 구간 내의 평균

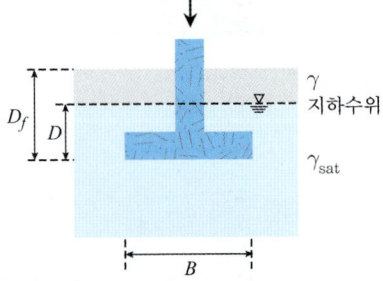

N_q : $q = \gamma (D_f - D) + \gamma' D$
N_γ : $\gamma \Rightarrow \gamma'$

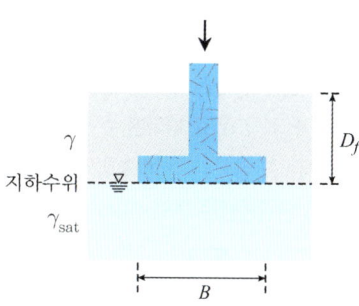

N_q : $q = \gamma D_f$
N_γ : $\gamma \Rightarrow \gamma'$

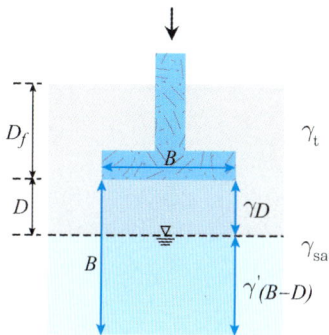

N_q : $q = \gamma D_f$
N_γ : $\gamma \Rightarrow \gamma_{avg} = \dfrac{\gamma D + \gamma'(B-D)}{B}$

예제

문제. 얕은 기초에 대한 Terzaghi의 극한지지력 공식에 관한 설명 중 옳지 않은 것은?

① 기초의 근입깊이와 폭이 클수록 지지력도 커진다.
② 지지력계수는 내부마찰각의 함수이다.
③ 국부전단파괴 시 내부마찰각(ϕ')은 수정값 $\left(\dfrac{2}{3}\phi'\right)$으로 대체하여 사용한다.
④ 기초지반이 지하수에 의하여 포화되면 지지력은 감소한다.

정답 ③

해설 ③ 국부전단파괴 시 내부마찰각(ϕ')은 수정값 $\tan^{-1}\left(\dfrac{2}{3}\tan\phi'\right)$으로 대체하여 사용한다.

참조 국부전단파괴시 내부마찰각의 수정값 $\tan\phi' = \dfrac{2}{3}\tan\phi'$

6) 수정지지력(Meyerhof)

① 형상계수

$$F_{cs} = 1 + \dfrac{B}{L}\dfrac{N_q}{N_c}$$

$$F_{qs} = 1 + \dfrac{B}{L}\tan\phi'$$

$$F_{\gamma s} = 1 - 0.4\dfrac{B}{L}$$

② 심도계수

$$F_{cd} = 1 + 0.4\dfrac{D_f}{B}$$

$$F_{qd} = 1 + 2\tan\phi'(1-\sin\phi')^2\dfrac{D_f}{B}$$

$$F_{\gamma d} = 1$$

③ 경사계수

$$F_{ci} = F_{qi} = \left(1 - \dfrac{\alpha°}{90°}\right)^2$$

$$F_{\gamma i} = \left(1 - \dfrac{\alpha}{\phi'}\right)^2 \quad (\alpha : \text{수직방향에 대한 기초가 받는}$$

하중의 경사, 수직하중인 경우 $\alpha = 0$)

④ 수정지지력

$$q_u = (F_{cs}F_{cd}F_{ci})c'N_c + (F_{qs}F_{qd}F_{qi})qN_q + (F_{\gamma s}F_{\gamma d}F_{\gamma i})\dfrac{1}{2}\gamma B N_\gamma$$

7) 순 극한지지력 q_{net}

① 기초하면을 기준으로, 그 상부의 흙자중(γD_f)을 제외한 지지력
② 순 극한지지력 $q_{net} = q_u - q = q_u - \gamma D_f$

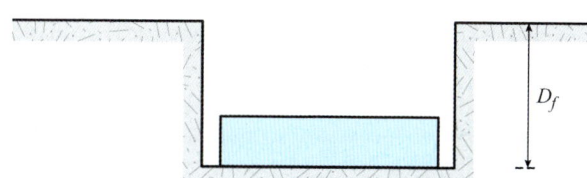

8) 완전보상기초

① 기초판 저면의 흙이 기초판 설치 이전과 동일한 응력을 받도록 지반을 굴착
② 흙을 굴착하여 지반이 받는 응력을 소거
③ 기초판에 재하되는 하중 = 굴착한 흙의 유효중량

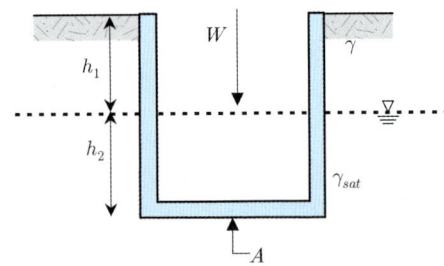

④ 근입깊이 $H = h_1 + h_2$
$W = \gamma(Ah_1) + \gamma'(Ah_2)$, 기초판의 면적 A

🛡 대표기출문제

문제. 그림과 같은 정사각형 기초에서 안전율을 3으로 할 때 Terzaghi의 공식을 사용하여 지지력을 구하고자 한다. 이때 한 변의 최소길이(B)는? (단, 물의 단위중량은 9.81kN/m³, 점착력(c)은 60kN/m², 내부 마찰각(∅)은 0°이고, 지지력계수 $N_c = 5.7$, $N_q = 1.0$, $N_\gamma = 0$이다.) 2022년 2회

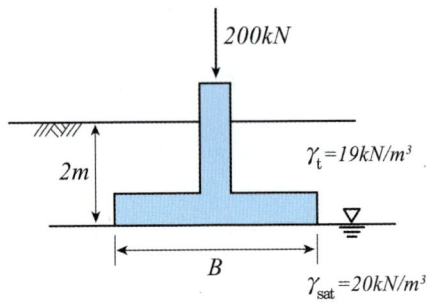

① 1.12m   ② 1.43m
③ 1.51m   ④ 1.62m

정답 ①

해설 $\gamma' = \gamma_{sat} - \gamma_w = 20 - 9.81 = 10.19 kN/m^3$
정사각형 기초판이므로, $\alpha = 1.3$, $\beta = 0.4$
$q_u = q_c + q_q + q_\gamma = \alpha c' N_c + q N_q + \beta \gamma' B N_r$
$\quad = 1.3 \times 60 \times 5.7 + 19 \times 2 \times 1 + 0 = 482.6 kN/m^2$
$Q_a = q_a \times B^2 = \dfrac{482.6}{3} \times B^2 = 200 kN$ 에서,
$B = 1.115m$

🛡 대표기출문제

문제. 연속 기초에 대한 Terzaghi의 극한지지력 공식은 $q_u = cN_c + 0.5\gamma_1 BN_\gamma + \gamma_2 D_f N_q$ 로 나타낼 수 있다. 아래 그림과 같은 경우 극한지지력 공식의 두 번째 항의 단위중량(γ_1)의 값은? (단, 물의 단위중량은 9.81kN/m³이다.) 2021년 2회

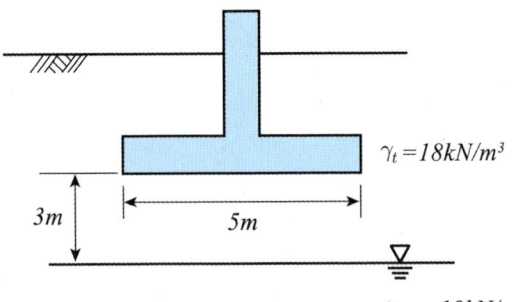

① 14.48kN/m³   ② 16.00kN/m³
③ 17.45kN/m³   ④ 18.20kN/m³

정답 ①

해설 $\gamma' = 19 - 9.81 = 9.19 kN/m^3$
$\gamma_{avg} = \dfrac{\gamma D + \gamma'(B-D)}{B}$
$\quad = \dfrac{18 \times 3 + 9.19 \times (5-3)}{5} = 14.476 kN/m^3$

🛡 대표기출문제

문제. Terzaghi의 극한지지력 공식에 대한 설명으로 틀린 것은? 2020년 4회

① 기초의 형상에 따라 형상계수를 고려하고 있다.
② 지지력계수 N_c, N_q, N_γ는 내부 마찰각에 의해 결정된다.
③ 점성토에서의 극한지지력은 기초의 근입깊이가 깊어지면 증가된다.
④ 사질토에서의 극한지지력은 기초의 폭에 관계없이 기초 하부의 흙에 의해 결정된다.

정답 ④

해설 사질토에서의 극한지지력은 기초의 폭과 기초 상부 및 하부 흙에 의해 결정된다.
$q_u = q_c + q_q + q_\gamma = \alpha c' N_c + q N_q + \beta \gamma B N_r$ 에서, 기초폭 B의 영향을 받는다.

대표기출문제

문제. 기초의 구비조건에 대한 설명 중 틀린 것은? 2020년 3회

① 상부하중을 안전하게 지지해야 한다.
② 기초 깊이는 동결 깊이 이하이어야 한다.
③ 기초는 전체 침하나 부등침하가 전혀 없어야 한다.
④ 기초는 기술적, 경제적으로 시공 가능하여야 한다.

정답 ③

해설 기초는 허용침하량 이하가 되도록 하여 침하에 대한 안정을 확보해야 한다.

15 CHAPTER 말뚝기초 지지력

1 말뚝기초 지지력

1) 하중전이(Transfer)

① **말뚝기초의 지지력** : 말뚝에 작용하는 하중을 주변지반으로 전이되는 능력
② 말뚝과 지반의 상호작용 + 지반특성에 따라 결정
③ 말뚝기초의 지반내 하중전이분포

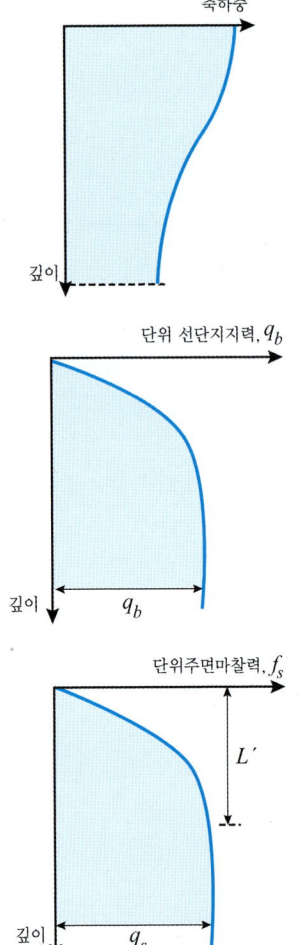

예제

문제. 말뚝의 단위면적당 주면마찰력은 그림과 같은 분포 형태를 가진다. 이 말뚝두부에 축방향 하중이 작용하였을 때, 축방향 하중전이곡선의 형태와 가장 유사한 것은?

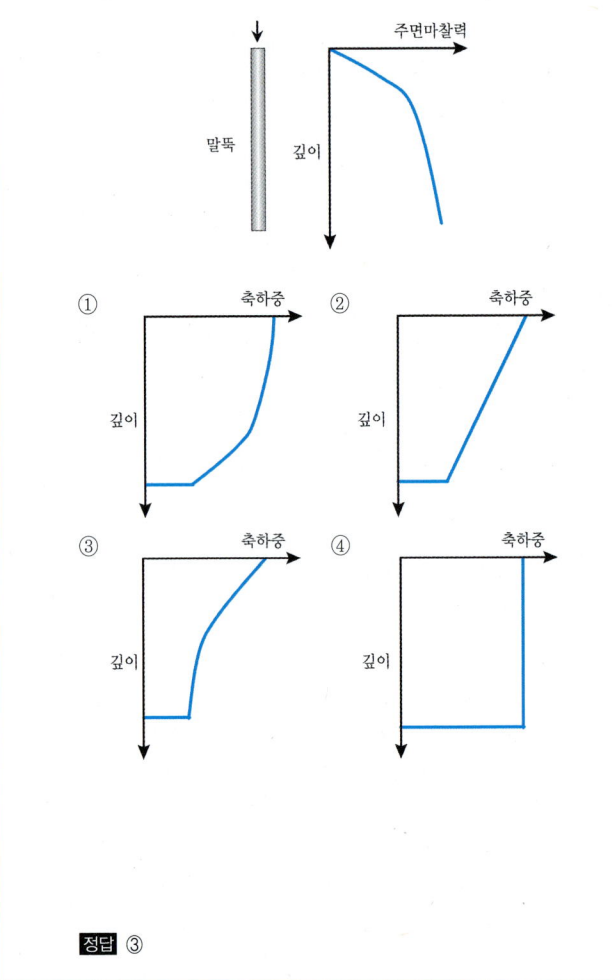

정답 ③

참고
- 주동말뚝 : 말뚝의 변형에 의해 말뚝이 토압을 받는 경우
- 수동말뚝 : 지반의 변형에 의해 말뚝이 토압을 받는 경우

2) 정역학적 지지력 공식

① Terzaghi 극한지지력(얕은 기초 지지력 이론에서 확장)

$$Q_u = Q_b + Q_s = q_b A_b + f_s A_s$$

㉠ 선단지지력 $Q_b = q_b A_b$

(q_b : 선단지지응력, A_b : 선단면적)

㉡ 주면마찰력 $Q_s = f_s A_s$

(f_s : 마찰저항응력, A_s : 주면면적)

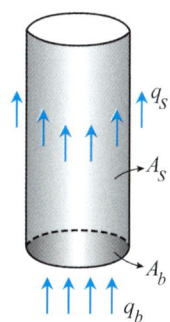

② 사질토 지반에 설치된 말뚝의 선단지지력(Meyerhof) 내부마찰각, 말뚝의 근입비, 깊이에 따른 단위선단지지력 분포를 이용하여 산출

③ 공동팽창(Cavity Expansion) 이론을 근간으로 선단지지력(Vesic)

말뚝 선단이 말뚝직경의 10~25% 상대변위가 발생할 때 극한선단지지력 발현(현장시험)

④ 점토지반의 선단지지력($\phi' = 0$)

$$Q_b = q_b A_b = c_u N_c A_b \quad (\phi' = 0\text{일 때, } N_c = 9)$$

예제

문제. 포화된 점성토에 대해 비압밀비배수 삼축압축시험을 수행하였다. 구속압 30kN/m²하에서 축차응력 40kN/m²을 가하였을 때, 시료에 파괴가 발생하였다. 이 지반에 단면적이 2m²인 말뚝기초를 타입한 직후 말뚝기초의 극한선단지지력은? (단, 말뚝기초의 극한선단지지력은 Meyerhof의 지지력 공식을 적용하며, N_c = 9이다)

해설 비압밀 비배수 조건에서, $\tau = c_u = \dfrac{q}{2} = \dfrac{40}{2} = 20$

$q_b = c_u N_c = 20 \times 9 = 180 kN/m^2$
$Q_b = q_b \times A_b = 180 \times 2 = 360 kN$

참조

[폐단면 말뚝의 폐색효과]

폐단면을 가지는 말뚝을 지반에 타입 ⇒ 선단부가 흙입자에 의해 막혀 폐색 ⇒ 선단부에서 지지력 발휘 ⇒ 폐쇄된 전체면적이 선단지지면적 A_b가 된다.

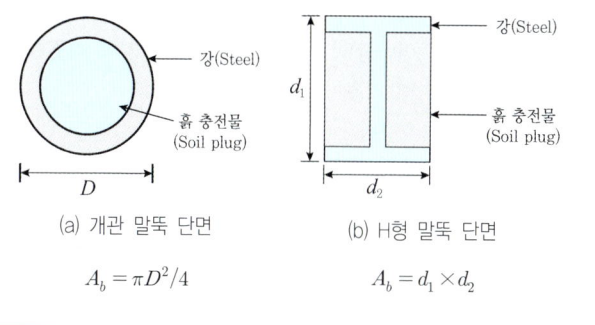

(a) 개관 말뚝 단면   (b) H형 말뚝 단면

$A_b = \pi D^2 / 4$ $A_b = d_1 \times d_2$

⑤ 사질토지반의 주면마찰력

㉠ 한계깊이 L'(말뚝직경의 15~20배)까지
⇒ 단위 주면마찰이 거의 선형적으로 증가

㉡ 한계깊이 L' 이상의 깊이
⇒ 거의 일정

㉢ 단위 주면마찰력

$$f_s = (K\tan\delta)\sigma_v' = \mu\sigma_v'$$

K : 말뚝형식에 따른 수정된 정지토압계수
σ_v' : 유효연직응력
δ : 말뚝과 지반의 마찰각
μ : 말뚝과 지반의 마찰계수

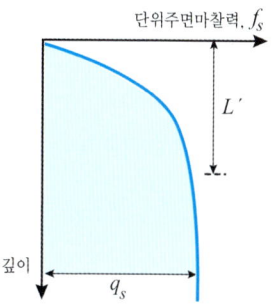

참조

[말뚝형식에 따른, 수정된 정지토압계수]

말뚝 형식	K
천공식 또는 분사식	$K_0 = 1 - \sin\phi$
배토량이 적은 타입식	$K_0 = 1 - \sin\phi$에서 $1.4 K_0 = 1.4(1 - \sin\phi)$
배토량이 큰 타입식	$K_0 = 1 - \sin\phi$에서 $1.8 K_0 = 1.8(1 - \sin\phi)$

⑥ 점성토 지반의 주면마찰력
  ㉠ α 방법 (주면마찰력이 c_u에 비례)

$$f_s = \alpha c_u$$

  ㉡ β 방법
   • 주면마찰력 산정방법들의 상대오차를 최소화하기 위해 적용
   • 유효응력으로 표현되는 점성토 및 사질토에서 적용

$$f_s = \beta \sigma_v' = (K\tan\phi_r)\sigma_v' = \mu\sigma_v'$$

K : 횡토압계수
$\tan\phi_r$: 재성형된 점토의 배수 내부마찰각
μ : 말뚝과 지반의 마찰계수

예제

문제. 말뚝 기초의 지지력에 대한 설명으로 옳지 않은 것은?

① 사질토지반에서 주면마찰력 산정 시, 타입식 말뚝의 수평토압계수는 천공식 말뚝의 값보다 크다.
② 점성토지반에서 주면마찰력 산정방법 중 β 방법은 유효응력으로 얻은 강도정수를 사용한다.
③ 사질토지반에서 한계깊이개념은 말뚝의 선단지지력 산정에는 적용되나 주면마찰력 산정에는 적용되지 않는다.
④ 부주면마찰력은 말뚝주위 지반의 침하가 말뚝의 침하보다 큰 경우에 발생한다.

정답 ③
해설 ③ 사질토지반에서 한계깊이개념은 주면마찰력 산정에 적용된다.

예제

문제. 그림과 같이 길이 10m, 선단면적 0.1m², 단면 둘레의 길이 1m인 말뚝이 사질토 지반에 근입될 경우, 말뚝의 극한지지력은? (단, 말뚝 극한선단지지력 산정 시 N_q항(N_q = 21)만을 고려하고, 한계(극한)주면마찰력과 극한선단지지력은 유효응력에 비례하여 증가한다고 가정한다)

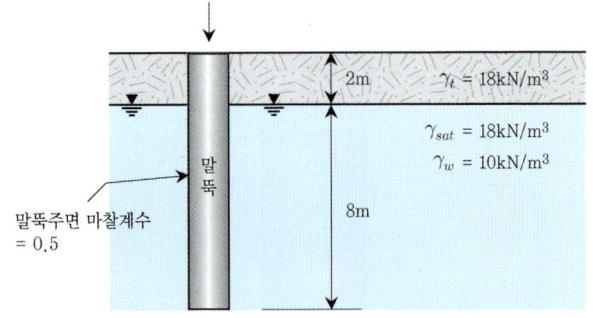

해설 [선단지지력]
단위 선단지지력 $q_b = qN_q = 100 \times 21 = 2100 kN/m^2$
($q = 2 \times 18 + 8(18-10) = 100 kN/m^2$)
선단지지력 $Q_b = q_b A_b = 2100 \times 0.1 = 210 kN$

[주면마찰력]
단위주면마찰력 f_s가 유효응력분포에 따르므로,
$f_{s1} = \Sigma(\mu\sigma_v') = 0.5 \times (\frac{1}{2} \times 18 \times 2^2) = 18 kN/m^2$
$f_{s2} = 0.5 \times \left[18 \times 2 \times 8 + \frac{1}{2}(18-10) \times 8^2\right]$
$= 272 kN/m^2$
$Q_s = \Sigma(f_s A_s) = 18 \times 1 + 272 \times 1 = 290 kN$
(f_s가 선형분포하므로, 말뚝길이방향으로 적분하여 계산했다. 따라서 A_s는 말뚝의 둘레길이만 계산한다.)

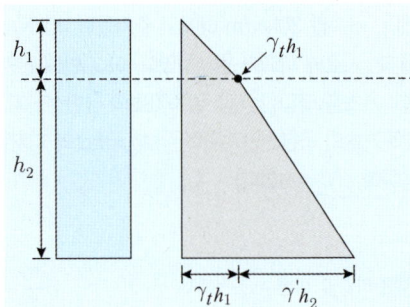

말뚝기초의 극한지지력 $Q_u = Q_b + Q_s = 210 + 290 = 500 kN$

3) 동역학적 지지력 공식

① Hiley 공식, Engineering News 공식, Sander 공식, Weisbach 공식 등
② 항타 타격에너지 = 지반의 변형에너지
③ 계산은 간단하지만 정밀도는 낮다.

참고

[동역학적 지지력 공식]

- 엔지니어링 뉴스(Engineering News) 극한지지력 $Q_u = \dfrac{EH_E}{S+C}$

  (E : 효율, H_E : 타격에너지, S : 타격당 관입량, C : 손실상수)

구분	손실상수 C	타격에너지 H_E
드롭 해머 (Drop Hammer)	25mm	WH = 해머중량×낙하고
단동식 증기 해머 (Steam Hammer)	2.5mm	WH = 해머중량×낙하고
복동식 증기 해머 (Steam Hammer)	2.5mm	$(W+P)H$ = (해머중량+증기압력)×낙하고

  허용지지력 $Q_a = \dfrac{Q_u}{(F_s = 6)}$

- 샌더(Sander) 공식

  극한지지력 $Q_u = \dfrac{H_E}{S}$ (WH = 해머중량×낙하고)

  허용지지력 $Q_a = \dfrac{Q_u}{(F_s = 8)}$

- 동역학적 지지력 공식의 안전율 비교

구분	엔지니어링 뉴스	샌더	힐리(Hiley)
안전율 F_s	6	8	3

4) 부주면 마찰력

① 지반침하에 의해 말뚝에 하향의 마찰력 발생
② 지반의 극한상태 이전에서 발생(허용응력 범위 상태에서 발생)
③ 부주면 마찰력 발생의 경우
   ㉠ 말뚝보다 주변지반의 침하량이 큰 경우
   ㉡ 연약지반에 말뚝을 타입한 후, 주변지반에 성토하는 경우
   ㉢ 말뚝주변의 지하수위가 내려가는 경우
   ㉣ 말뚝주변 지반에 상재하중이 작용하는 경우

④ 중립점

㉠ 말뚝과 주변지반의 부등침하로 인해, 최대하중의 크기와 작용위치가 변경
㉡ 지반침하량과 말뚝침하량이 동일해지는 위치
㉢ 말뚝에 작용하는 최대하중 작용위치(말뚝의 손상가능성이 가장 큰 위치)

⑤ 부주면마찰력

$Q_{ns} = f_{ns} A_{ns}$

(f_{ns} : 단위 부주면마찰력, A_{ns} : 부주면 마찰면적)

㉠ α방법 : 점토 및 실트 지반의 단기거동 해석
㉡ β방법 : 점토 및 실트 지반의 장기거동 해석

⑥ 부주면마찰을 고려한 말뚝기초의 극한지지력

$Q_u = Q_b + Q_s - Q_{ns}$

⑦ 부주면마찰 감소방법

㉠ 선행하중으로 지반침하량을 감소(침하량 감소)
㉡ 표면적인 작은 말뚝 사용(마찰면적 감소)
㉢ 말뚝 직경보다 큰 구멍을 뚫고 벤토나이트를 채운 후 말뚝 항타(마찰계수 감소)
㉣ 말뚝 직경보다 큰 케이싱을 설치(마찰계수 감소)
㉤ 말뚝 표면에 역청재를 도장(마찰계수 감소)

5) 군말뚝 효과

① 군말뚝의 판정

말뚝 중심간격 $S < 1.5\sqrt{rL}$ ⇒ 군말뚝

말뚝의 반경 r, 말뚝의 길이 L

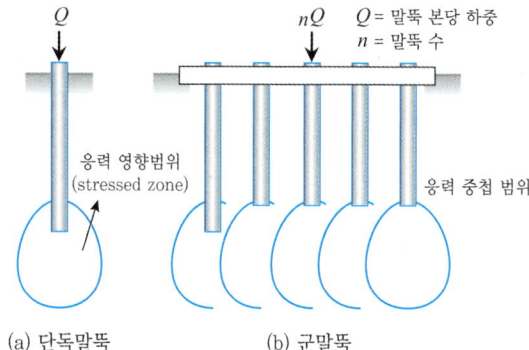

(a) 단독말뚝   (b) 군말뚝

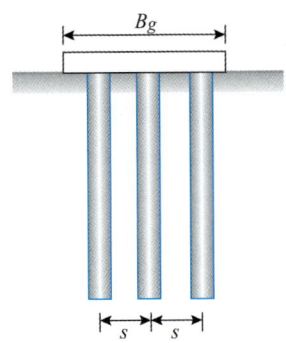

② 사질토지반의 극한지지력
사질토 지반에서는 군말뚝에 의한 영향을 무시한다.
극한지지력 $Q_{u(g)} = nQ_u$ (n : 말뚝 개수)

③ 점성토지반의 극한지지력
극한지지력 $Q_{u(g)} = EnQ_u$ (E : 군말뚝 효율)
단일말뚝의 군말뚝 거동으로 나누어 산정한 값 중 작은 값을 극한지지력으로 결정

> **참고**
>
> [군말뚝의 효율(Converse-Labarre 공식)]
>
> $$E = 1 - \frac{\theta}{90}\left(\frac{(m-1)n + (n-1)m}{mn}\right)$$
>
> $$\theta = \tan^{-1}\left(\frac{D}{S}\right)$$
>
> (m, n : 각 열의 말뚝 수, S : 말뚝의 간격, D : 말뚝의 직경)

④ 점성토 지반에서 군말뚝의 Block 지지력(Terzaghi)
모서리 말뚝을 연결한 윤변과 선단을 Block기초 판단

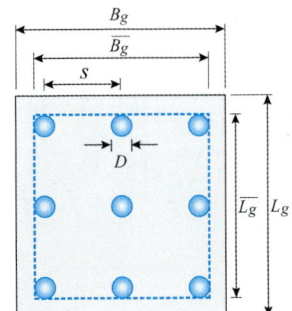

⑤ 군말뚝 배치방법
정사각형, 직사각형, 지그재그 등 가능한 대칭으로 배치
가급적 각 말뚝의 하중분담이 비슷하도록 배치

⑥ 군말뚝 항타순서
높은 쪽 ⇒ 낮은 쪽, 중앙부 ⇒ 외측부

2 말뚝의 분류와 특징

1) 말뚝의 분류

① 재질에 따른 분류
강말뚝, 콘크리트 말뚝, 합성말뚝

② 시공방법에 따른 분류

[타입말뚝]

[매입말뚝]

[현장타설말뚝]

2) 시공방법에 따른 특징

구분	타입말뚝	매입말뚝	현장타설말뚝
시공성	쉽다	어렵다	어렵다
말뚝직경	소구경만 가능	다양한 직경 가능	큰 직경에 적합
소음	크다	작다	비교적 작다
지지력	가장 크다(동일직경)	작다	작다
보일링		피압 사질토	피압 사질토
단단한 지층(전석층)	파손우려	굴착 난해	굴착 난해
지하수위			시멘트풀 유출 우려

대표기출문제

문제. 말뚝이 부주면마찰력에 대한 설명으로 틀린 것은?

2022년 1회

① 연약한 지반에서 주로 발생한다.
② 말뚝 주변의 지반이 말뚝보다 더 침하될 때 발생한다.
③ 말뚝주면에 역청 코팅을 하면 부주면마찰력을 감소시킬 수 있다.
④ 부주면마찰력의 크기는 말뚝과 흙 사이의 상대적인 변위속도와는 큰 연관성이 없다.

정답 ④

해설 부주면마찰력은 말뚝보다 주변지반의 침하량이 큰 경우에 발생하므로, 말뚝과 흙 사이의 상대적인 변위속도에 관계한다.

대표기출문제

문제. 말뚝기초에 대한 설명으로 틀린 것은?

2022년 1회

① 군항은 전달되는 응력이 겹쳐지므로 말뚝 1개의 지지력에 말뚝 개수를 곱한 값보다 지지력이 크다.
② 동역학적 지지력 공식 중 엔지니어링 뉴스 공식의 안전율(Fs)은 6이다.
③ 부주면마찰력이 발생하면 말뚝의 지지력은 감소한다.
④ 말뚝기초는 기초의 분류에서 깊은 기초에 속한다.

정답 ①

해설 군항은 전달되는 응력이 겹쳐지므로 말뚝 1개의 지지력에 말뚝 개수를 곱한 값보다 지지력이 작다.
$Q_{u(g)} = E n Q_u$ (E : 군말뚝 효율)

대표기출문제

문제. 중심 간격이 2m, 지름 40cm인 말뚝을 가로 4개, 세로 5개씩 전체 20개의 말뚝을 박았다. 말뚝 한 개의 허용지지력이 150kN이라면 이 군항의 허용지지력은 약 얼마인가? (단, 군말뚝의 효율은 Converse-Labarre 공식을 사용한다.)

2020년 3회

① 4,500kN ② 3,000kN
③ 2,415kN ④ 1,215kN

정답 ③

해설 $\theta = \tan^{-1}\left(\dfrac{D}{S}\right) = \tan^{-1}\left(\dfrac{0.4}{2}\right) = 11.31°$

군말뚝 효율 $E = 1 - \dfrac{\theta}{90}\left(\dfrac{(m-1)n + (n-1)m}{mn}\right)$ 에서,

$E = 1 - \dfrac{11.31}{90} \times \dfrac{3 \times 5 + 4 \times 4}{4 \times 5} = 0.805$

$Q_g = EnQ = 0.805 \times 20 \times 150 = 2415 kN$

대표기출문제

문제. 말뚝 지지력에 관한 여러 가지 공식 중 정역학적 지지력 공식이 아닌 것은?

2020년 1,2회

① Dörr의 공식 ② Terzaghi의 공식
③ Meyerhof의 공식 ④ Engineering news 공식

정답 ④

해설 동역학적 지지력 공식 : Hiley 공식, Engineering News 공식, Sander 공식, Weisbach 공식

대표기출문제

문제. 직경 30cm 콘크리트 말뚝을 단동식 증기 헤머로 타입하였을 때 엔지니어링 뉴스 공식을 적용한 말뚝의 허용지지력은? (단, 타격에너지 = 36kN · m, 해머효율 = 0.8, 손실상수 = 0.25cm, 마지막 25mm 관입에 필요한 타격횟수 = 5이다.)

2019년 3회

① 640kN ② 1280kN
③ 1920kN ④ 3840kN

정답 ①

해설 단동식 해머에 의한 허용지지력

$$Q_u = \frac{EH_E}{S+C} = \frac{0.8 \times 36}{(25/5+2.5) \times 10^{-3}} = 3840 kN$$

$$\frac{Q_a}{F_s} = \frac{3840}{6} = 640 kN$$

대표기출문제

문제. 단동식 증기 해머로 말뚝을 박았다. 해머의 무게 25kN, 낙하고 3m, 타격 당 말뚝의 평균관입량 10mm, 안전율 6일 때, Engineering News 공식으로 허용지지력을 구하면?

2019년 2회

① 6,000kN ② 3,000kN
③ 1,000kN ④ 500kN

정답 ③

해설 $Q_u = \dfrac{W_h H}{S+C} = \dfrac{25 \times 3}{(10+2.5) \times 10^{-3}} = 6,000 kN$

$Q_a = \dfrac{Q_u}{F_s} = \dfrac{6000}{6} = 1,000 kN$

16 지지력 시험

1 지지력 결정방법의 구분

1) 해석적 방법
탄성론, 소성론, 수치해석법, 고전토압론

2) 경험적 방법
평판재하시험, 표준관입시험(SPT), 콘관입시험

2 평판재하시험

1) 시험방법
① **재하판** : 원형 $\phi = 162 \sim 760mm$, 정사각형 $305 \times 305mm^2$
② 시험굴착폭($\overline{W}$)은 재하판(B)의 4배보다 커야 한다. ($\overline{W} \geqq 4B$)
③ 하중은 예상되는 극한하중의 1/4~1/5 정도로 단계별로 증가시키면서 재하한다.
④ 각 단계의 하중을 가한 후부터 최소한 1시간이 경과된 후에 다음 단계의 하중을 재하한다.
⑤ 시험은 파괴가 발생하거나 침하가 적어도 25 mm가 발생할 때까지 실시한다.
⑥ 여러 번의 하중재하에 의해, 하중-침하 곡선을 취한다.

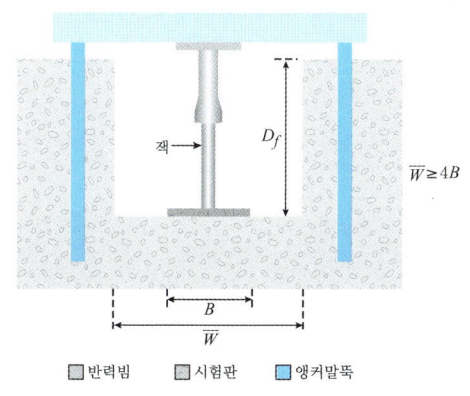

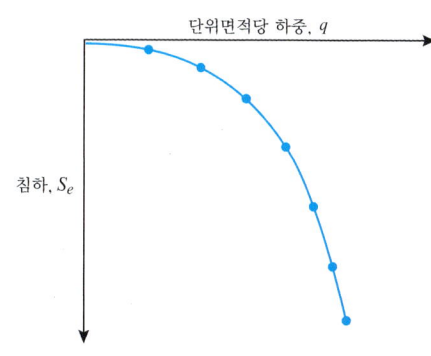

2) 지지력
① **점토** : 재하판과 무관, 기초의 지지력 = 평판재하시험에 의한 지지력 ($q_{uF} = q_{uP}$)
② **사질토** : 재하판의 폭에 비례
($\dfrac{q_{uF}}{B_F} = \dfrac{q_{uP}}{B_P}$에서, 기초의 지지력 $q_{uF} = \dfrac{B_F}{B_P} q_{uP}$)

3) 침하량
① **점토** : 재하판의 폭에 비례
($\dfrac{S_{eF}}{B_F} = \dfrac{S_{eP}}{B_P}$에서, 기초의 침하량 $S_{eF} = \dfrac{B_F}{B_P} S_{eP}$)
② **사질토** : 재하판과 기초판의 크기에 관계
(기초의 침하량 $S_{eF} = S_{eP} (\dfrac{2B_F}{B_F + B_P})^2$)

예제

문제. 사질토 지반에서, 평판재하시험에 의한 극한지지력 $q_{uP} = 200kN/m^2$인 경우, 직경 $\phi = 2.8m$인 기초판의 극한지지력을 구하라. (단, 재하판의 크기 $\phi = 0.7m$이다.)

해설 $\dfrac{q_{uF}}{B_F} = \dfrac{q_{uP}}{B_P}$에서, $\dfrac{q_{uF}}{2.8} = \dfrac{200}{0.7}$이므로, $q_{uF} = 800kN/m^2$

예제

문제. 포화된 점토지반과 모래지반에 각각 직경 30cm의 평판재하시험을 한 결과 $150kN/m^2$의 동일한 극한지지력을 얻었다. 동일한 점토지반과 모래지반에 각각 직경 1.5m의 얕은 기초를 시공했을 때, 각 지반에 설치된 기초의 극한지지력은? (단, 포화된 점토지반의 내부마찰각은 0이고, 모래지반의 점착력은 0이다)

해설 점토의 경우, $q_{uF} = q_{uP}$ (기초의 지지력 = 재하판에 의한 지지력)

사질토의 경우, $\dfrac{q_{uF}}{B_F} = \dfrac{q_{uP}}{B_P}$에서, $\dfrac{q_{uF}}{1.5} = \dfrac{150}{0.3}$이므로, $q_{uF} = 750kN/m^2$

3 침하에 의한 지지력(Meyerhof)

1) 순 극한지지력

$B \leq 1.22m$에 대해, $q_{net} = F_d \left(\dfrac{N_{60}}{0.05}\right)\left(\dfrac{S_e}{25}\right)$

$B > 1.22m$에 대해, $q_{net} = F_d \left(\dfrac{N_{60}}{0.08}\right)\left(\dfrac{S_e}{25}\right)\left(\dfrac{B+0.3}{B}\right)^2$

기초폭 : B (m)

심도계수 : $F_d = 1 + 0.33 \dfrac{D_f}{B} \leq 1.33$

N_{60} : 60% 평균에너지비에 따른 현장 표준관입시험값
(기초바닥 ~ 2B 아래까지의 평균)

2) 지반반력계수(지반스프링 강성)

기초에 작용하는 하중 $q = K_{sp}S_i$로 두면, (S_i : 즉시침하량)

지반스프링강성 $K_{sp} = \dfrac{q}{S_i}$

4 재하시험에 의한 허용지지력

구분	허용지지력
장기	$q_a = q_t + \dfrac{1}{3}qN_q$
단기	$q_a = 2q_t + \dfrac{1}{3}qN_q$

- q_t : 재하시험에 의한 항복강도의 1/2, 극한강도의 1/3 중 작은 값
- N_q : 느슨한 사질토 및 점토 3, 조밀한 사질토 9

점토지반	사질토 지반		비고
	정사각형	직사각형($B \times L$)	
$k_{sp} = k_{30}\dfrac{0.3}{B}$	$k_{sp} = k_{30}\left(\dfrac{B+0.3}{2B}\right)^2$	$k_{sp} = k_{30}\left(\dfrac{B/L+0.5}{1.5B/L}\right)^2$	$k_{30} = 30cm$ 정사각형 평판재하시험으로부터 산정된 k_{sp}

Vesic의 제안식 $K_{sp} = \dfrac{E_s}{B(1-\mu^2)}$

μ : 지반의 포아송비

참고

[CBR 시험(California bearing ratio test)]

아스팔트 포장 등의 두께를 선정할 때 적용

① CBR = 실험단위하중/표준단위하중
② 관입량에 따른 표준단위하중

관입량	표준단위하중	표준하중
2.5mm	6.9MPa	13.4kN
5.0mm	10.3MPa	19.9kN

③ CBR의 선정

$CBR_{2.5}$을 해당 지반의 CBR로 선정 (단, $CBR_{2.5} > CBR_{5.0}$)

단, $CBR_{2.5} < CBR_{5.0}$인 경우, 재실험하고 재실험하여도 동일한 결과인 경우에는 $CBR_{5.0}$을 해당 지반의 CBR로 선정

④ 설계 CBR의 선정

설계 CBR = 평균 CBR − (최대 CRB − 최소 CBR)/d_2

🔷 대표기출문제

문제. 도로의 평판 재하 시험에서 1.25mm 침하량에 해당하는 하중강도가 250kN/m² 일 때 지반반력 계수는?   2022년 2회

① 100MN/m³   ② 200MN/m³
③ 1,000MN/m³   ④ 2,000MN/m³

정답 ②
해설 지반스프링강성
$$K_{sp} = \frac{q}{S_i} = \frac{250}{1.25 \times 10^{-3}} = 200 \times 10^3 kN/m^3$$
$$= 200 MN/m^3$$

🔷 대표기출문제

문제. 평판재하시험에 대한 설명으로 틀린 것은?   2022년 1회

① 순수한 점토지반의 지지력은 재하판 크기와 관계 없다.
② 순수한 모래지반의 지지력은 재하판의 폭에 비례한다.
③ 순수한 점토지반의 침하량은 재하판의 폭에 비례한다.
④ 순수한 모래지반의 침하량은 재하판의 폭에 관계없다.

정답 ④
해설 **지지력** : 점토에서는 재하판과 무관하고, 사질토에서는 재하판의 폭에 비례
침하량 : 점토에서는 재하판의 폭에 비례, 사질토에서는 재하판과 기초판의 크기에 관계
사질토 기초의 침하량 $S_{eF} = S_{eP}(\frac{2B_F}{B_F + B_P})^2$

🔷 대표기출문제

문제. 평판 재하 실험에서 재하판의 크기에 의한 영향(scale effect)에 관한 설명으로 틀린 것은?   2020년 1,2회

① 사질토 지반의 지지력은 재하판의 폭에 비례한다.
② 점토지반의 지지력은 재하판의 폭에 무관하다.
③ 사질토 지반의 침하량은 재하판의 폭이 커지면 약간 커지기는 하지만 비례하는 정도는 아니다.
④ 점토지반의 침하량은 재하판의 폭에 무관하다.

정답 ④
해설 점토지반의 침하량은 재하판의 폭에 비례한다.

🔷 대표기출문제

문제. 모래지반에 30cm×30cm의 재하판으로 재하실험을 한 결과 100kN/m²의 극한 지지력을 얻었다. 4m×4m의 기초를 설치할 때 기대되는 극한지지력은?   2019년 2회

① 100kN/m²   ② 1,000kN/m²
③ 1,333kN/m²   ④ 1,540kN/m²

정답 ③
해설 $q_{uF} = \frac{B_F}{B_P} q_{uP} = \frac{4}{0.3} \times 100 = 1,333 kN/m^2$

🔷 대표기출문제

문제. 도로 연장이 3km 건설 구간에서 7개 지점의 시료를 재취하여 다음과 같은 CBR을 구하였다. 이때의 설계 CBR은 얼마인가?   2017년 3회

| 7개의 CBR : 5.3, 5.7, 7.6, 8.7, 7.4, 8.6, 7.2 |

개수(n)	2	3	4	5	6	7	8	9	10 이상
d_2	1.41	1.91	2.24	2.48	2.67	2.83	2.96	3.08	3.18

① 4   ② 5
③ 6   ④ 7

정답 ③
해설 평균 CBR =
$$\frac{5.3+5.7+7.6+8.7+7.4+8.6+7.2}{7} = 7.214$$
설계 CBR = 평균 CBR − (최대 CRB − 최소 CBR)/d_2 이므로,
설계 CBR = $7.214 - \frac{(8.7-5.3)}{2.83} = 6.013$

제 **6** 과목

상하수도공학

01 PART

상수도 계획

01. 상수도 기본 계획
02. 계획급수량의 추정

01 상수도 기본계획

1 상수도 설치의 목적과 효과

① 보건위생
② 생산성 증대
③ 소방

2 상수도 분류

① **사용목적에 따른 분류**
가정용수, 공업용수, 공공용수, 소화용수, 영업용수

② **관리지역에 따른 일반수도의 분류**
- 광역상수도 : 국가 기관 및 둘 이상의 지방자치단체가 넓은 지역에 공급하는 경우
- 지방상수도 : 지방자치단체가 해당 지역에 공급하는 경우
- 간이상수도 : 급수인구 100~2,500명을 대상으로 지방자치단체가 소독시설(필요시 침전지 및 여과지)을 갖추어 공급하는 경우

③ **공업용수도**
공업용 수도사업자가 공업용에 맞게 처리한 수도

④ **전용수도**
특정 시설 등에 공급하는 수도

⑤ **중수도**
사용한 하수를 일정의 처리 후, 생활용수 등으로 재사용하는 경우

3 상수도의 구성

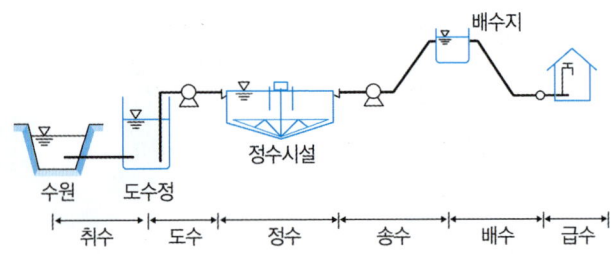

① **수원** : 상수를 취수하는 곳
② **취수** : 수원에서 물을 유입하는 것
③ **도수** : 취수장에서 정수장으로 원수를 보내는 것
④ **정수** : 원수를 정화
⑤ **송수** : 정수장에서 배수지로 원수를 보내는 것
⑥ **배수** : 급수구역에 적정수압으로 보내는 것
⑦ **급수** : 개별 사용자에게 공급하는 것

4 상수도 기본계획

① **기초자료 조사**
급수량 현황 및 추정, 상수원 조사, 주변교통 및 환경조사, 관련 자료조사 등

② **계획연도(15~20년 계획)**
구조물의 내구수명, 시설확장성, 산업발전 및 인구증가, 건설비용, 수도사업 연차계획 등

상수도 시설물	내용	계획연차
큰 댐 및 대구경 관로	확장이 어렵고 비싸다.	25~50
정호, 배수관로 및 여과지	확장이 쉬우나 ① 이자율이 3% 이하인 경우 ② 이자율이 3% 이상인 경우	20~25 10~15
직경 30cm 이상인 관	장기적으로 볼 때 대체 비율이 비싸다.	20~25
직경 30cm 이하인 관	장기적으로 필요한 크기로 시설한다.	

대표기출문제

문제. 수원으로부터 취수된 상수가 소비자까지 전달되는 일반적 상수도의 구성순서로 옳은 것은? 2021년 2회

① 도수 → 송수 → 정수 → 배수 → 급수
② 송수 → 정수 → 도수 → 급수 → 배수
③ 도수 → 정수 → 송수 → 배수 → 급수
④ 송수 → 정수 → 도수 → 배수 → 급수

정답 ③
해설 취수 → 도수 → 정수 → 송수 → 배수 → 급수

대표기출문제

문제. 보통 상수도의 기본계획에서 대상이 되는 기간인 계획(목표)년도는 계획수립부터 몇 년간을 표준으로 하는가? 2021년 1회

① 3~5년간   ② 5~10년간
③ 15~20년간   ④ 25~30년간

정답 ③
해설 상수도 계획년도는 15~20년으로 한다.

02 CHAPTER 계획급수량 추정

1 급수인구추정

① 등차급수법
- 연평균 인구증가가 일정한 것으로 가정
- 인구가 과소평가될 우려
- 발전성은 약한 읍·면 등에 적합

계획연차 n년 후의 인구 $P_n = P_o + nq$

$q = \dfrac{P_o - P_t}{t}$: 연평균 인구증가량

P_o : 현재인구, P_t : t년 전의 인구

② 등비급수법
- 연평균 인구증가율이 일정한 것으로 가정
- 인구가 과대평가될 우려
- 성장단계의 도시 등에 적합

계획연차 n년 후의 인구 $P_n = P_o(1+r)^n$

P_o : 현재인구, P_t : t년 전의 인구

$r = \left(\dfrac{P_o}{P_t}\right)^{1/t} - 1$: 연평균 인구증가율

③ 최소자승법
- 과거의 인구자료를 통계학적으로 예측
- 과거 자료가 풍부한 도시에 적합

④ Logistic 곡선법(이론 곡선법)
- 포화인구 추정은 어려움
- 도시 인구동태와 잘 맞아 널리 사용

계획연차 n년 후의 인구 $P_n = \dfrac{K}{1+e^{(a-bn)}}$

K : 포화인구
a, b : 계산 상수

2 계획급수량

① 계획 1인 1일 최대급수량 : 각종 자료를 통해 설정

계획급수인구	계획 1인 1일 최대급수량(L)
1만명 이하	100~150
5만명 이하	150~250
50만명 이하	250~350
50만명 이상	350 이상

② 계획 1인 1일 평균급수량
= 계획 1인 1일 최대급수량 × 계획유효율
(계획유효율 : 중소도시 0.7, 대도시 및 공업도시 0.8)

③ 계획 1일 최대급수량
= 계획1일 평균급수량 × 계획첨두율
(계획첨두율 : 농촌 2.0, 중소도시 1.5, 대도시 및 공업도시 1.3)
(계획첨두율 = 1/계획유효율)

④ 계획 1일 평균급수량
= 계획 1인 1일 평균급수량 × 계획급수인구
(계획급수인구 = 인구수 × 급수보급율)

⑤ 계획 1일 최대급수량
= 계획 1인 1일 최대급수량 × 계획급수인구

⑥ 계획 시간 최대급수량
= 계획 1일 최대급수량 / 24 × 시간계수
(시간계수 : 사용시간에 대한 변동율로, 1일 최대급수량이 클수록 작아진다.)

구분	활용
계획 1일 최대급수량	취수, 도수, 정수, 송수시설
계획 1일 평균급수량	약품, 전력, 유지관리, 수도요금
계획 시간 최대급수량	배수, 급수시설

🛡 대표기출문제

문제. 급수보급율 90%, 계획 1인 1일 최대급수량 440L/인, 인구 12만의 도시에 급수계획을 하고자 한다. 계획 1일 평균급수량은? (단, 계획유효율은 0.85로 가정한다.) 2021년 3회

① 33,915m³/d ② 36,660m³/d
③ 38,600m³/d ④ 40,392m³/d

정답 ④
해설 계획 1일 평균급수량 = 1인 1일 최대급수량 × 계획유효율 × 계획급수인구
계획급수인구 = 인구수 × 급수보급율
$= 440 \times 10^{-3} \times 120 \times 10^3 \times 0.9 \times 0.85$
$= 40.392 \times 10^3 m^3/day$

🛡 대표기출문제

문제. 송수시설의 계획송수량은 원칙적으로 무엇을 기준으로 하는가? 2021년 1회

① 연평균급수량 ② 시간최대급수량
③ 계획 1일 평균급수량 ④ 계획 1일 최대급수량

정답 ④
해설

구분	활용
계획 1일 최대급수량	취수, 도수, 정수, 송수시설
계획 1일 평균급수량	약품, 전력, 유지관리, 수도요금
계획 시간 최대급수량	배수, 급수시설

🛡 대표기출문제

문제. 어느 도시의 급수 인구 자료가 표와 같을 때 등비증가법에 의한 2020년도의 예상 급수 인구는? 2019년 2회

연도	인구(명)
2005	7,200
2010	8,800
2015	10,200

① 약 12,000명 ② 약 15,000명
③ 약 18,000명 ④ 약 21,000명

정답 ①
해설 연평균 인구증가율
$r = \left(\dfrac{P_o}{P_t}\right)^{1/t} - 1 = \left(\dfrac{10200}{7200}\right)^{1/10} - 1 = 0.0354$

계획연차 n년 후의 인구
$P_n = P_o(1+r)^n = 10200(1+0.0035)^5 = 12,140$
(P_o : 현재인구, P_t : t년 전의 인구)

02
PART

취수와 수질

03. 취수시설
04. 수질

03 취수시설

1 수원의 종류와 특징

천수		수량이 적고 일정하지 않아 상수원으로 부적합 대기오염으로 수질악화
지표수	하천수	대규모 상수원으로 사용 용존산소가 풍부하여 자정능력 우수 최대갈수량 〉 계획취수량
	호소수	여름(겨울)에 성층현상, 가을(봄)에 전도현상 발생 바닥의 영양물질의 부유 → 조류 번식 → 악취, 여과지 폐색
지하수	천층수	지표면에 가까이 스며든 물(자유면 지하수) 오염우려가 크다
	복류수	하천바닥 자갈층에 스며든 물(광물질 함량이 적다) 간이 정수처리 후 사용
	심층수	지표 깊은 아래의 비피압대수층에 흐르는 물 지반의 자연정화로 거의 무균상태
	용천수	지표 깊은 아래의 피압대수층에 흐르는 물 수질 매우 우수

📖 수원의 구비조건
① 수량이 풍부하고 수질이 양호한 곳
② 수량과 수질의 변동이 적은 곳
③ 가급적 자연유하식을 이용할 수 있는 곳
④ 주위의 오염원이 없는 곳
⑤ 소비지와 가까운 곳

2 지표수 취수시설

① 취수구/취수관

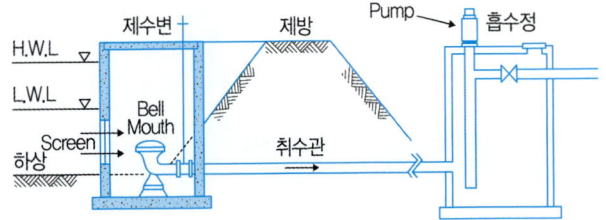

하천 저수호안에 취수구를 설치하여 표류수를 취수
일반적으로 자연유하 방식으로 제내지에 도수

② 취수틀

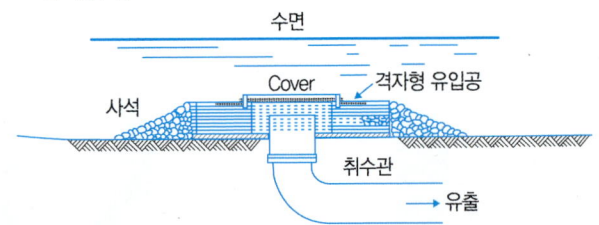

하안 저부에 수중으로 설치하는 취수설비

③ 취수언(취수보)

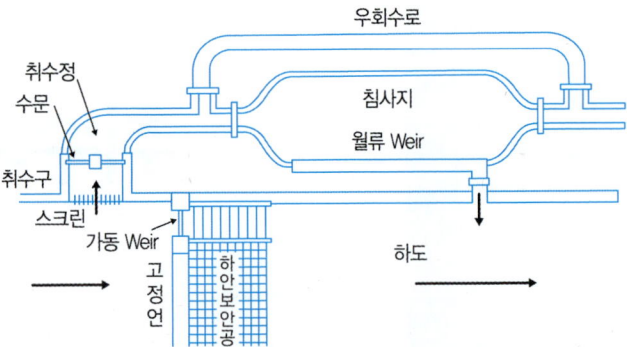

수위가 낮은 하천에서 하안보안공을 설치하여 취수하는 시설

④ 취수문

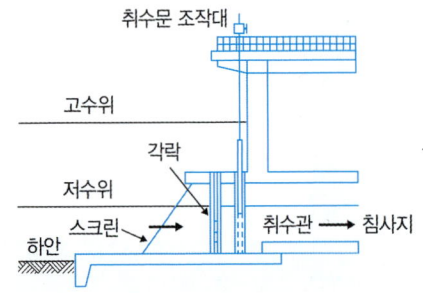

- 하안이나 제방에 직접 수문을 설치하여 취수
- 수위가 비교적 안정적인 중·소 수량 취수에 적합
- 유지관리가 비교적 용이

⑤ 취수탑

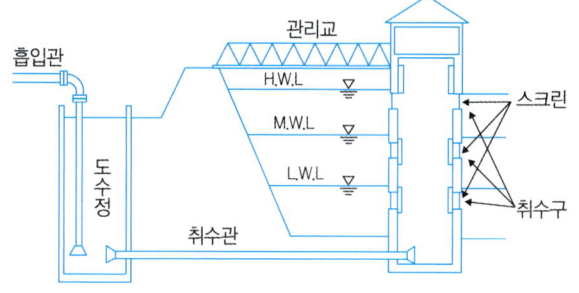

- 취수문과 비슷한 개념이나, 수위에 따라서 여러 개의 취수구가 있는 구조
- 수위변화가 큰 하천 등에 적합
- 대량 취수와 선택적 취수 가능
- 제내의 지형적 영향을 받지 않음

항목	취수량	취수량의 안정성	취수구 유입속도	비고
취수관	중·소량	비교적 가능	0.15~0.3m/s 관내 (0.6~1.0m/s)	취수언과 병용시 취수량 대량, 안정
취수탑	대량	안정	하천 (0.15~0.3m/s) 호소수 (1~2m/s)	
취수문	소량	불안정	1m/s 이하	취수언과 병용시 취수량 대량, 안정
취수틀	소량	안정	하천 (0.15~0.3m/s) 호소수 (1~2m/s)	
취수언	대량	안정	0.4~0.8m/s	

📖 **계획취수량**

계획 1일 최대급수량을 기준으로 하며, 통상 5~10% 여유를 더해 취수

📖 **취수지점 선정시 구비조건**
- 수리권 확보가 가능한 곳
- 수도시설 건설 및 유지관리가 저렴한 곳
- 장래 확장이 유리한 곳
- 수심의 변화가 적은 곳

3 지하수 취수시설

① 집수매거(집수관)

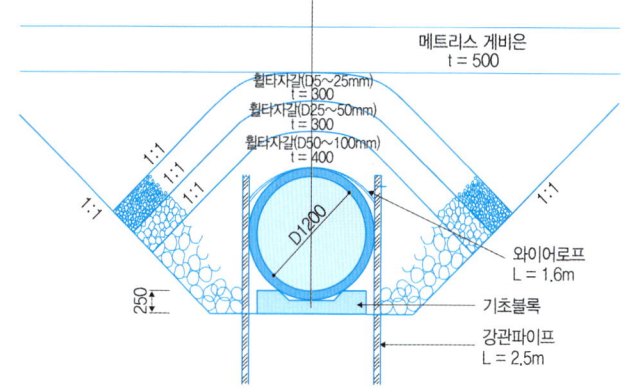

- 복류수 취수를 목적
- 집수공의 크기 10~20mm, 개수 20~30개/m²
- 유입속도 3cm/s, 유출속도 1m/s 이하
- 표준 매설깊이 5m
- 구배 1/500 이하

② 얕은(깊은) 우물

비피압 천층수 취수

③ 굴착정

피압 심층수 취수

📖 **우물 양수량**

종류	내용
깊은 우물	$Q = \dfrac{\pi K(H^2 - h_0^2)}{2.3\log(R/r_0)}$
얕은 우물	$Q = 4kr_0(H - h_0)$
굴착정	$Q = \dfrac{2\pi aK(H - h_0)}{2.3\log(R/r_0)}$
집수암거	$Q = \dfrac{K\ell}{R}(H^2 - h^2)$

4 저수지 용량결정

① **가정법** : 연평균 강우량을 이용하여 저수지 용량 결정

$$저수지\ 용량\ Q = \frac{5000}{\sqrt{0.8R}}$$

R : 연평균 강우량(mm)

② **유출량 누가곡선법** : 하천 유입과 유출 누가곡선을 이용하여 저수지 용량 결정
- 유입량 누가곡선A와 계획취수량 누가곡선B 작도

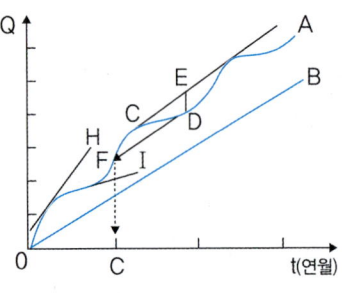

OA : 유입량 누가곡선
OB : 평균급수량 누가곡선
DE : 부족량(저수량)
C : 저수시작점

- 곡선A의 꼭지점 부근에서 B에 평행한 직선 작도(CE선)
- CE선에서 곡선A에 내린 점D의 높이 = 유효저수량
- D점에서 B에 평행한 직선 작도(FD선)하여 곡선A와 교점(F)
  ⇒ 저수시작점

대표기출문제

문제. 집수매거(infiltration galleries)에 관한 설명으로 옳지 않은 것은? 2022년 1회

① 철근콘크리트조의 유공관 또는 권선형 스크린관을 표준으로 한다.
② 집수매거 내의 평균유속은 유출단에서 1m/s 이하가 되도록 한다.
③ 집수매거의 부설방향은 표류수의 상황을 정확하게 파악하여 위수할 수 있도록 한다.
④ 집수매거는 하천부지의 하상 밑이나 구하천 부지 등의 땅속에 매설하여 복류수나 자유수면을 갖는 지하수를 취수하는 시설이다.

정답 ③
해설 집수매거의 부설방향은 복류수의 상황을 정확하게 파악하여 위수할 수 있도록 한다.
참고 집수매거는 복류수를 취수하는 시설로, 복류수 방향에 직각으로 설치한다.

대표기출문제

문제. 취수보의 취수구에서의 표준 유입속도는? 2020년 4회

① 0.3~0.6m/s ② 0.4~0.8m/s
③ 0.5~1.0m/s ④ 0.6~1.2m/s

정답 ②
해설 취수보(취수언)의 유입속도 0.4~0.8m/s

대표기출문제

문제. 수원의 구비요건에 대한 설명으로 옳지 않은 것은? 2019년 1회

① 수량이 풍부해야 한다.
② 수질이 좋아야 한다.
③ 가능하면 낮은 곳에 위치해야 한다.
④ 상수 소비지에서 가까운 곳에 위치해야 한다.

정답 ③
해설 가급적 자연유하식을 이용할 수 있어야 하므로, 높은 곳에 위치하는 것이 좋다.
- 수원의 구비조건
  ① 수량이 풍부하고 수질이 양호한 곳
  ② 수량과 수질의 변동이 적은 곳
  ③ 가급적 자연유하식을 이용할 수 있는 곳
  ④ 주위의 오염원이 없는 곳
  ⑤ 소비지와 가까운 곳

04 수질

1 먹는 물 수질기준(먹는물 수질기준 및 검사 등에 관한 규칙 21년)

구분	항목	기준
미생물	일반세균	100CFU/mL 이하
	총대장균군	100mL에서 미검출
	살모넬라 등	250mL에서 미검출
	아황산환원혐기성포자형성균	50mL에서 미검출
	여시니아균	2L에서 미검출
건강상 유해한 무기물질	납	0.01mg/L 이하
	불소	1.5mg/L 이하
	비소	0.01mg/L 이하
	셀레늄	0.01mg/L 이하
	수은	0.001mg/L 이하
	시안	0.01mg/L 이하
	크롬	0.05mg/L 이하
	암모니아성 질소	0.5mg/L 이하
	질산성 질소	10mg/L 이하
	카드뮴	0.005mg/L 이하
	붕소	1.0mg/L 이하
	브롬산염	0.01mg/L 이하
	스트론튬	4mg/L 이하
	우라늄	30μg/L 이하
건강상 유해한 유기물질	페놀	0.005mg/L 이하
	다이아지논	0.02mg/L 이하
	파라티온	0.06mg/L 이하
	페니트로티온	0.04mg/L 이하
	카바릴	0.07mg/L 이하
	트리클로로에탄	0.1mg/L 이하
	테트라클로로에틸렌	0.01mg/L 이하
	트리클로로에틸렌	0.03mg/L 이하
	디클로로메탄	0.02mg/L 이하
	벤젠	0.01mg/L 이하
	톨루엔	0.7mg/L 이하
	에틸벤젠	0.3mg/L 이하
	크실렌	0.5mg/L 이하
	디클로로에틸렌	0.03mg/L 이하
	사염화탄소	0.002mg/L 이하
	디브로모	0.003mg/L 이하
	다이옥산	0.05mg/L 이하
소독 물질	잔류염소(유리잔류염소)	4.0mg/L 이하
	총트리할로메탄	0.1mg/L 이하
	클로로포름	0.08mg/L 이하
	브로모디클로로메탄	0.03mg/L 이하
	디브로모클로로메탄	0.1mg/L 이하
	클로랄하이드레이트	0.03mg/L 이하
	디브로모아세토니트릴	0.1mg/L 이하
	디클로로아세토니트릴	0.09mg/L 이하
	트리클로로아세토니트릴	0.004mg/L 이하
	할로아세틱에시드(디클로로아세틱에시드, 트리클로로아세틱에시드 및 디브로모아세틱에시드의 합으로 한다)	0.1mg/L 이하
	포름알데히드	0.5mg/L 이하
심미적 영향물질	경도(硬度)	1,000mg/L 이하
	수돗물	300mg/L 이하
	먹는염지하수 및 먹는해양심층수	1,200mg/L 이하
	샘물 및 염지하수	미적용
	과망간산칼륨	10mg/L 이하
	냄새와 맛	소독으로 인한 냄새와 맛 이외의 냄새와 맛이 있어서는 아니됨 (※맛의 경우는 샘물, 염지하수, 먹는샘물 및 먹는물공동시설의 물에는 미적용)
	동	1mg/L 이하
	색도	5도 이하
	세제(음이온 계면활성제)	0.5mg/L 이하 (※샘물·먹는샘물, 염지하수·먹는염지하수 및 먹는해양심층수의 경우에는 검출되지 아니하여야 함)
	수소이온 농도	pH 5.8 이상 pH 8.5 이하 (※샘물, 먹는샘물 및 먹는물공동시설의 물의 경우에는 pH 4.5 이상 pH 9.5 이하)
	아연	3mg/L 이하
	염소이온	250mg/L 이하 (염지하수의 경우에는 미적용)

구분	항목	기준
심미적 영향물질	증발잔류물	수돗물	500mg/L 이하
		먹는염지하수 및 먹는해양심층수(미네랄 등 무해성분을 제외한 증발잔류물)	500mg/L 이하
	철	0.3mg/L 이하 (※샘물 및 염지하수의 경우에는 미적용)
	망간	0.3mg/L(수돗물의 경우 0.05mg/L) 이하 (※샘물 및 염지하수의 경우에는 미적용)
	탁도	1NTU(Nephelometric Turbidity Unit) 이하
	지하수를 원수로 사용하는 마을상수도, 소규모급수시설 및 전용상수도를 제외한 수돗물	0.5NTU 이하
	황산이온	200mg/L 이하 (※샘물, 먹는샘물 및 먹는물공동시설의 물은 250mg/L를 넘지 아니하여야 하며, 염지하수의 경우에는 적용하지 아니함)
	알루미늄	0.2mg/L 이하
방사능	세슘(Cs-137)	4.0mBq/L 이하
	스트론튬(Sr-90)	3.0mBq/L 이하
	삼중수소	6.0Bq/L

2 수질인자

① 용존산소(DO)

㉠ 정의

물속에 녹아있는 산소의 양을 말하며, 수중의 유기물질의 오염정도를 나타내는 지표로 삼는다.

㉡ 특징
- 오염된 물일수록 적다.
- BOD가 큰 물일수록 적다.
- 온도가 높은 물일수록 적다.
- 교란상태가 큰 물일수록 크다.

㉢ 용존산소 부족곡선(DO sag curve)
- 임계점(Critical Point) : 용존산소량이 최소가 되는 점
- 변곡점(Point of Inflection) : 산소 복귀율이 가장 큰 지점

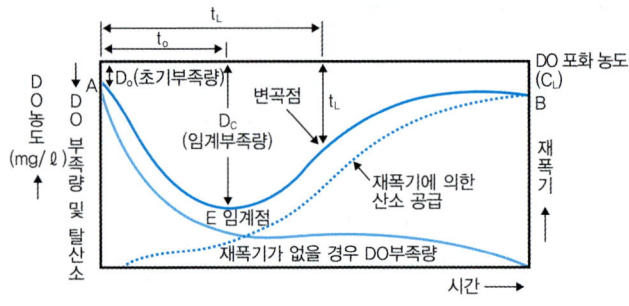

〈용존산소 부족곡선〉

② BOD(생화학적 산소요구량)

㉠ 정의

유기물이 호기성 미생물에 의해 생화학적으로 산화할 때 소비되는 산소의 양을 말한다.

㉡ 측정
- 보통 20℃에서 5일 배양했을 때 소비되는 산소의 양을(BOD_5) 사용한다.
- 또는 7일, 18일, 최종 BOD(Ultimate BOD : BOD_u) 등이 사용된다.

㉢ 측정 단계
- 1단계 BOD : 탄소계 유기물이 산화되는 데 소비되는 산소량
- 2단계 BOD : 질소계 유기물이 산화되는 데 소비되는 산소량

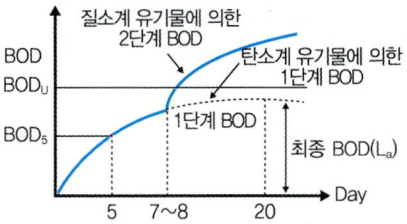

〈BOD 반응곡선〉

1단계 BOD(BOD_5), 2단계 BOD(BOD_u)

BOD 소모량 $E = L_a - L_t = L_a(1 - e^{-kt})$
총 BOD 농도 L_a
잔존 BOD 농도 L_t

> **하천수 혼입에 따른 혼합 BOD농도(가중평균)**
>
> $$C_m = \frac{Q_1 C_1 + Q_2 C_2}{Q_1 + Q_2}$$
>
> 유입수 및 하천수의 유량 Q_1, Q_2
> 유입수 및 하천수의 BOD농도 C_1, C_2

③ COD(화학적 산소요구량)
  ㉠ 정의
    화학적으로 유기물을 CO_2나 H_2O로 산화시키는 데 소비되는 산소량
  ㉡ 특징
    • 산화가 매우 빠르다.
    • BOD로 환산, 이용이 가능하다.
      - $NaNO_3$, SO_2^-는 COD값에 영향을 미친다.
      - 생물분해 가능한 유기물도 COD로 측정할 수 있다.
      - COD는 해양오염이나 공장폐수의 오염지표로 사용된다.
      - 유기물 농도값은 일반적으로 TOD > COD > TOC > BOD

④ 질소
  ㉠ 대기 중 질소는 용적으로 약 70%를 차지한다.
  ㉡ 수중에서의 질소는 유기성질소(Organic-N)나 암모니아성 질소(NH_3-N)의 형태로 존재한다.
  ㉢ 수중에 질소의 존재형태에 따라 분뇨나 축산폐수 등의 오염을 의심할 수 있다.
  ㉣ 부영양화의 원인물질이다.

⑤ pH(수소이온농도)
  ㉠ 산성 < 중성(pH 7) < 알칼리성
  ㉡ pH의 산정
    $$pH = \log \frac{1}{[H^+]}$$

⑥ 경도
  • 물속에 용해되어 있는 Ca^{2+}, Mg^{2+} 등의 2가 양이온 금속이온에 의하여 발생하며 이에 대응하는 $CaCO_3$(ppm)으로 환산표시한 값
  • 물의 단단한 정보, 비누 소비량 정도를 나타낸다.
  • 경도는 탄산경도(일시경도)와 비탄산경도(영구경도)로 나타낸다.
  • 경도가 높은 물을 보일러 용수로 사용할 경우 Slime과 Scale을 발생시킬 수 있다.
  • 경도를 유발하는 용해능력은 흙에서 이루어지는 박테리아의 작용으로 CO_2를 발생한다.
  • 빗물이 토양층으로 통과하면서 CO_2 용해 → 탄산과 평형 → 낮은 pH의 토양수는 염기성물질인 석회암 등을 용해
  • 주로 표토층이 두텁고 석회암층이 존재하는 곳에서 발생
  • 경도를 주로 구성하는 Ca^{2+}보다 Mg^{2+}양이 비교적 작게 존재

3 부영양화

① 발생과정
  가정하수 등의 하천 유입으로 질소나 인과 같은 영양염류 농도 증가 ⇒ 조류 및 플라크톤의 과도한 증가로 인한 사멸 ⇒ 저수지 바닥에 침전되어 미생물 분해 ⇒ 다른 조류 번식 초래

② 특징
  ㉠ 사멸된 조류의 분해 ⇒ 심층수부터 용존산소 감소
  ㉡ 조류의 증가 ⇒ 맛과 냄새 발생, 물의 투명도 저하
  ㉢ 수심이 낮은 곳에서 주로 발생
  ㉣ 발생 후 회복하기 어려움

③ 방지 및 처리대책
  ㉠ 질소(N) 및 인(P)의 유입방지(합성세제 및 비료 등에 질소와 인이 많이 포함됨)
  ㉡ 조류증식을 억제하기 위해 황산동($CuSO_4$) 및 염산동(CuCl), 염소제 살포
  ㉢ 폭기 등으로 저류수의 수질 개선
  ㉣ 준설 등으로 영양염류 제거
  ㉤ 갈대 등 영양염류를 잘 흡수하는 식물대 형성
  ㉥ 질소 및 인을 제거할 수 있는 하수의 고도처리
  ㉦ 마이크로스트레이너로 전처리

> **마이크로스트레이너(Micro-Strainer)**
> 회전식 드럼 내에 스테인레스 미세구멍의 그물을 붙혀 여과하는 장치로, 설치면적에 비해 대량의 물을 처리할 수 있다.

4 적조현상

① 발생

도시하수나 산업폐수의 유입으로 인해 해역이 부영양화 되어 해수 중 미생물(식물성 플랑크톤)이 단시간에 급격히 증식한 결과 해수가 적색 또는 녹색으로 변하는 현상

② 발생조건
  ㉠ 질소와 인이 풍부한 경우
  ㉡ 비중이 낮은 해수가 상층에 존재하고 염분농도가 낮을 때
  ㉢ 햇빛이 강하고 수온이 높아 플랑크톤이 증식하는 경우

③ 대책
  ㉠ 질소와 인의 유입 억제
  ㉡ 황산구리($CuSO_4$)와 염산구리($CuCl_3$) 살포

5 자정작용

① 오염물질이 시간의 경과에 따라 자연적으로 정화
② 물리적, 생물학적, 화학적 작용
③ 용존산소, 온도, pH, 일조량에 지배
④ 수온이 낮고, 유속이 빠르고, 수심이 얕을수록 자정작용 커짐
⑤ 자정계수 f = 재포기계수/탈산소계수
  $f > 1$ 자정작용, $f < 1$ 부패작용
⑥ 자정작용에 따른 BOD의 감소

> t일 경과 후 BOD : $BOD_t = BOD_o \times e^{-kt}$
> BOD_o : 자정작용 전의 BOD
> k : 탈산소계수
> (자연대수 e를 대신하여 10을 적용하여 k를 사용하기도 한다.)

📖 자정과정

(1) 분해지대
  ① 오염된 물의 물리적, 화학적 성질이 저하되며 오염에 약한 고등생물은 오염에 강한 미생물로 교체
  ② 호기성 미생물(박테리아)의 활동에 의해 BOD가 감소
  ③ 용존산소량이 크게 줄어드는 대신 CO_2가 많아지고 pH가 낮아진다.
  ④ 분해지대는 희석이 잘 되는 큰 하천보다 희석이 덜 되는 작은 하천에서 뚜렷이 나타난다.
  ⑤ 분해가 심해짐에 따라 곰팡이류가 심하게 번식

(2) 활발한 분해지대
  ① 용존산소(DO)가 거의 없으며 부패상태에 도달하게 되어 물에서 악취가 발생
  ② 혐기성 분해가 진행되어 수중의 CO_2 농도나 암모니아성 질소가 증가
  ③ 혐기성 세균이 호기성 세균을 교체하여 균류(Fungi)는 사라진다.
  ④ pH가 많이 낮아진다.

(3) 회복지대
  ① 분해지대와 반대현상으로 용존산소(DO)가 포화될 정도로 증가되어 물이 차츰 깨끗해진다.
  ② 혐기성균으로부터 호기성균으로 교체
  ③ pH가 다시 상승

(4) 정수지대
  ① 오염되지 않은 자정수처럼 보이며 DO량도 많아서 오염된 물속에 살 수 없는 동·식물이 번식
  ② 물의 탁도 및 색도가 거의 사라지며 냄새가 없다.
  ③ pH가 정상

대표기출문제

문제. 정수시설 내에서 조류를 제거하는 방법 중 약품으로 조류를 산화시켜 침전처리 등으로 제거하는 방법에 사용되는 것은?
2021년 2회

① Zeolite ② 황산구리
③ 과망간산칼륨 ④ 수산화나트륨

정답 ②

해설 황산구리($CuSO_4$)와 염산구리($CuCl_3$)를 살포하여 질소와 인의 유입을 억제하면 조류에 의한 적조현상을 방지할 수 있다.

대표기출문제

문제. 호수의 부영양화에 대한 설명으로 틀린 것은? 2021년 2회

① 부영양화는 정체성 수역의 상층에서 발생하기 쉽다.
② 부영양화된 수원의 상수는 냄새로 인하여 음료수로 부적당하다.
③ 부영양화로 식물성 플랑크톤의 번식이 증가되어 투명도가 저하된다.
④ 부영양화로 생물활동이 활발하여 깊은 곳의 용존산소가 풍부하다.

정답 ④

해설 사멸된 조류의 분해로 인해 심층수부터 용존산소가 감소한다.

대표기출문제

문제. BOD 200mg/L, 유량 600m³/day 인 어느 식료품 공장폐수가 BOD 10mg/L, 유량 2m³/s인 하천에 유입한다. 폐수가 유입되는 지점으로부터 하류 15km 지점의 BOD는? (단, 다른 유입원은 없고, 하천의 유속은 0.05m/s, 20℃ 탈산소계수 (K_1) = 0.1/day이고, 상용대수, 20℃ 기준이며 기타 조건은 고려하지 않음)
2019년 2회

① 4.79mg/L ② 5.39mg/L
③ 7.21mg/L ④ 8.16mg/L

정답 ①

해설 가중평균법에 의해, 하천의 BOD 농도는
$$\frac{200 \times 10^3 \times 600 + 10 \times 10^3 \times 2 \times 3600 \times 24}{600 + 2 \times 3600 \times 24}$$
$$= 19.657 \times 10^3 mg/m^3 = 10.657 mg/L$$

경과시간 $t = \frac{15 \times 10^3}{0.05} = 300 \times 10^3 \sec = 3.472 day$

t일 경과 후 BOD : $BOD_t = BOD_o \times e^{-kt}$
$= 10.657 \times 10^{-0.1 \times 3.472} = 4.791 mg/L$

대표기출문제

문제. 먹는 물의 수질기준 항목인 화학물질과 분류 항목의 조합이 옳지 않은 것은?
2019년 3회

① 황산이온 – 심미적 ② 염소이온 – 심미적
③ 질산성질소 – 심미적 ④ 트리클로로에틸렌 – 건강

정답 ③

해설 질산성질소 – 건강
먹는물 수질기준은, 미생물, 건강상 유해한 무기 및 유기물질, 소독물질, 심미적 물질, 방사능물질로 구분되어 있다.

03 PART

상수관로

05. 상수관로
06. 상수관로 부대시설

05 상수관로

1 도수 및 송수

① 도수 및 송수 방식

자연유하식	장점	① 도수·송수가 안전 ② 수원의 위치가 높고 도수로가 길 때 특히 적당 ③ 유지관리가 용이하고 유지관리비가 저렴
	단점	① 수로가 길어지면 건설비가 많이 든다. ② 오수의 침입 우려가 있다. ③ 급수구역을 자유로이 선택할 수 없다.
가압식 (펌프압송식)	장점	① 지하수를 수원으로 할 경우 적당 ② 도수로를 짧게 할 수 있어 건설비 절감 가능 ③ 수원이 급수지역과 가까운 곳에 있을 때 적당
	단점	① 관수로에만 이용 가능 ② 수압으로 인한 누수의 우려가 크다. ③ 전력 등의 유지관리비가 많이 든다.

② 평균유속 제한(자연유하식)

최소한도	0.3m/s	침전물 퇴적방지
최대한도	3.0m/s	관내 마모방지

③ 노선선정 원칙 및 고려사항
- 공공도로 및 수도용지를 활용
- 급격한 굴곡은 가급적 회피(최소동수구배선 아래로 유지)
- 상류측 관경 확대/하류측 관경 축소 ⇒ 동수구배선 상승
  (통상적인 동수구배 1/1,000~1/3,000)
- 인위적인 동수구배선 상승 ⇒ 관내 압력 감소 필요(접합정, 감압밸브 설치)

④ 상수관의 종류
㉠ 강관
- 대표적 상수도관으로 이용된다.
- 인장강도가 매우 크고 충격이 강하여 압력관에 적합하다.
- 전식, 부식에 약한 단점을 갖고 있다.

㉡ 주철관
- 부식에 대한 저항성이 크다.
- 이형관의 제작이 용이하다.
- 충격에 약하여 두께의 보강으로 중량이 무겁다.
- 시공성이 떨어진다.

㉢ 경질염화비닐관(PVC관)
- 산, 알칼리에 침식이 없다.
- 가볍고 시공성이 좋다.
- 열에 약하고, 온도에 따른 신축이 크다.
- 주로 급수관 등에 이용한다.

📖 **상수관 선정시 고려사항**
① 매설조건에 적합해야 한다.
② 매설환경에 적합한 시공성을 지녀야 한다.
③ 외압보다는 내압에 대하여 안전해야 한다.
④ 관 재질에 의하여 물이 오염될 우려가 없어야 한다.

⑤ 관의 접합
㉠ 소켓 접합(Socket Joint)
- 철근콘크리트관, PVC관에 사용한다.
- 고무링이나 압축조인트를 사용한다.

㉡ 플랜지 접합(Flange Joint)
- 펌프 주위의 배관, 제수밸브, 공기밸브 등의 특정 장소에 사용하는 접합이다.
- 플랜지와 플랜지 사이에 고무링을 삽입하여 조이는 방법

〈플랜지 접합〉

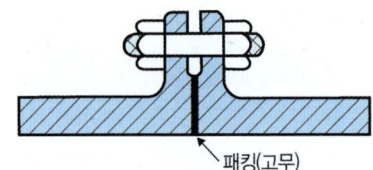

ⓒ **메커니컬 접합(Mechanical Joint)**
- 중·대구경 관의 덕타일 주철관에 사용한다.
- 플랜지이음과 소켓이음의 장점을 이용한 접합방법으로 수구와 삽구를 조임으로써 관의 이탈과 수밀성을 높인 방법이다.

〈메커니컬 접합〉

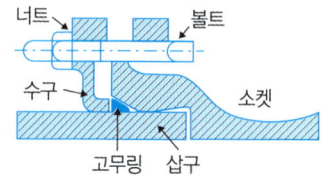

ⓓ **칼라 접합(Callar Joint)**
- 주로 흄관의 접합에 사용하는 방법이다.
- 수밀성이 부족하고 접합부 균열 등의 문제가 있다.

〈칼라 접합〉

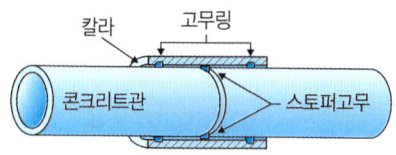

📖 **매설깊이 결정시 고려사항**
수압, 매설토 하중, 차량하중, 동결깊이, 지하수위 부상

📖 **매설깊이**
- 0.9m 이상 매설 (보도부에 매설하는 경우)
- 1.2m 이상 매설 (관경 900mm 이하)
- 1.5m 이상 매설 (관경 1,000mm 이하)
- 한랭지에서는 동결심도보다 200mm 이상 깊게 매설
- 다른 지하매설물과 0.3m 이상 이격
- 오수관 보다는 높게 매설

상수관로 설계시 많이 사용하는 공식	Hazen–Williams 공식
하수관로 설계시 많이 사용하는 공식	Kutter 공식

2 배수

① 급수구역 내 수요자에게 소요수량을 소요압력으로 공급하기 위한 시설
② **계획배수량** : 계획시간최대급수량을 기준으로 하되, 화재시는 소화용수량을 추가하여 계획한다.

③ **배수방식**

배수지식	① 고지에 배수지를 설치하고 저류하였다가 공급하는 방식 ② 수요량의 시간적 변동이나 화재시 단시간 대량의 사용에 대처가 용이하다. ③ 상류부 사고에도 대처가 용이하다.
펌프직송식	① 배수지의 경유 없이 펌프를 이용하여 배수관의 수압을 유지하는 방식 ② 수량 변동의 대처가 용이하다. ③ 수격작용 발생 및 정전시 단수가 되는 단점이 있다.

④ **배수지 위치**
급수구역의 중앙에 위치하는 것이 원칙이나, 급수구역이 넓고 고저차가 심한 경우에는 분산하여 설치한다.

⑤ **배수지 용량**
- 계획 1일 최대급수량의 8~12시간 분을 확보한다.
- 계획 1일 최대급수량의 최소 6시간 분을 확보한다.
- 인구 5,000인 이하의 경우에는 소화용수량을 가산하여 용량을 산정한다.

⑥ **배수지 구조**
- 장방형 철근콘크리트 구조
- 조류발생의 방지를 위해 복개를 원칙으로 한다.
- 유효수심은 3~6m
- 청소, 수리, 점검을 목적으로 2지 이상을 원칙으로 한다.

📖 **배수탑 및 고가탱크**
배수지를 설치할 적당한 고지대가 없는 경우에 설치하는 시설

⑦ **배수관**
- 최소동수압 $150kN/m^2$
- 최대동수압 $700kN/m^2$

⑧ **배수관망 배치방식**

격자식	수지식
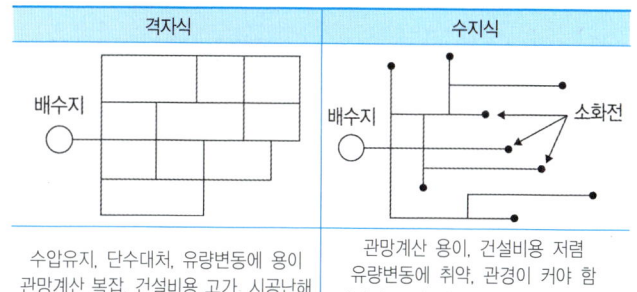	
수압유지, 단수대처, 유량변동에 용이 관망계산 복잡, 건설비용 고가, 시공난해	관망계산 용이, 건설비용 저렴 유량변동에 취약, 관경이 커야 함 말단의 물이 정체하여 수질악화 우려

📖 **등치관**
손실수두는 같으면서 직경이 다른 관

⑨ **배수관 갱생공법**
제트 공법, 로터리 공법, 스크레퍼 공법

3 급수

① 급수방식

   ㉠ 직결식
   - 배수관의 수압이 충분히 확보된 경우에 사용한다.
   - 소규모 저층건물에 사용한다.
   - 수압 조절이 불가능하다.

   ㉡ 탱크식
   - 배수관의 소요수압이 부족한 곳에 설치
   - 일시에 많은 수량이 필요한 곳에 설치
   - 항상 일정수량이 필요한 곳에 설치
   - 단수시에도 급수가 지속되어야 하는 곳에 설치

   ㉢ 병용식
   2~3층의 저층은 직결식으로 하고 고층은 탱크식으로 급수하는 방식이다.

구분	고가수조식	압력수조식
개요	옥상의 고가수조로 양수한 후에 자연유하로 급수	펌프가압
장점	압력차가 적다. 배관파손 우려없다. 정전이나 단수시에도 급수 소화용수 저장 가능 대규모시설에 적합	옥상탱크 필요없음 미관양호 건축구조상 유리 국부적 고압이 필요할 때 적절
단점	급수오염 우려 건축구조상 불리 시설 및 운영 고가	압력차가 크다. 급수수압의 변동이 크다. 배관파손 우려 시설 및 운영 고가

② 손실수두

   ㉠ 관경 75mm 이상인 경우

   Darcy-Weisbach의 마찰손실수두 공식을 이용

   $$h_L = f \cdot \frac{\ell}{D} \cdot \frac{V^2}{2g}$$

   ㉡ 관경 50mm 이하인 경우

   Weston 공식을 이용한다.

   $$h_L = \left(0.0126 + 0.1739 - \frac{0.1087d}{\sqrt{V}}\right) \cdot \frac{L}{d} \cdot \frac{V^2}{2g}$$

③ 급수관의 배관
- 공공도로에 부설한 경우, 도로관리자가 정한 점용위치와 깊이에 따라 배관하고, 다른 매설물과 30cm 이상 이격한다.
- 급수관을 되메울 때는 양질토 및 모래를 사용하여 적절한 다짐을 한다.
- 지수전, 수도계량기, 역류방지밸브의 설치 및 유지관리를 고려하여 급수관을 배관한다. (가급적 직선)
- 가능한 배수관에서 분기하여 수도계량기 보호통까지 직선으로 배관한다. (단, 오수 등에 오염될 우려가 있는 경우 우회한다.)
- 건물 기초 아래를 횡단하지 않도록 한다.
- 지하층 또는 2층 이상에 급수관을 배관할 경우, 각 층마다 지수밸브와 역류방지밸브(진공파괴기 등)를 설치한다.
- 매설심도는 60cm 이상으로 하되, 동결심도 보다는 깊게 매설한다.
- 개수로를 횡단할 경우, 가급적 개수로 아래로 부설한다.

대표기출문제

문제. 배수지의 적정 배치와 용량에 대한 설명으로 옳지 않은 것은?

2020년 3회

① 배수 상 유리한 높은 장소를 선정하여 배치한다.
② 용량은 계획 1일 최대급수량의 18시간분 이상을 표준으로 한다.
③ 시설물의 배치에는 가능한 한 안정되고 견고한 지반의 장소를 선정한다.
④ 가능한 한 비상시에도 단수없이 급수할 수 있도록 배수지 용량을 설정한다.

정답 ②
해설 용량은 계획 1일 최대급수량의 8~12시간분을 표준으로 한다.

대표기출문제

문제. 배수 및 송수 관로 내의 최소 유속을 정하는 주요 이유는?

2019년 1회

① 관로 내면의 마모를 방지하기 위하여
② 관로 내 침전물의 퇴적을 방지하기 위하여
③ 양정에 소모되는 전력비를 절감하기 위하여
④ 수격작용이 발생할 가능성을 낮추기 위하여

정답 ②

해설

최소한도	0.3m/s	침전물 퇴적방지
최대한도	3.0m/s	관내 마모방지

대표기출문제

문제. 배수 및 급수시설에 관한 설명으로 틀린 것은?

2020년 1,2회 통합

① 배수본관은 시설의 신뢰성을 높이기 위해 2개열 이상으로 한다.
② 배수지의 건설에는 토압, 벽체의 균열, 지하수의 부상, 환기 등을 고려한다.
③ 급수관 분기지점에서 배수관 내의 최대정수압은 1,000kPa 이상으로 한다.
④ 관로공사가 끝나면 시공의 적합 여부를 확인하기 위하여 수압 시험 후 통수한다.

정답 ③

해설 급수관 분기지점에서 배수관 내의 최대정수압은 700kPa 이상으로 한다.

06 상수관로 부대시설

1 침사지

① 취수구 바로 부근에 설치하여, 원수 유입시 큰 현탁물질 및 모래를 미리 제거
② 제원

체류시간	평균 유속	유효 수심	퇴사층	길이
10~20분	2~7cm/sec	3~4m	0.5~1.0m	폭의 3~8배

③ 표면부하율 200~500mm/min

2 접합정

수로의 합류, 관수로에서 개수로 변화지점 등에서 수압이나 유속을 조절할 목적으로 설치

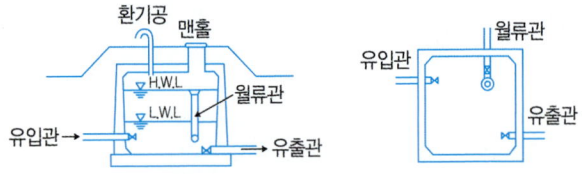

① 철근콘크리트조의 수밀구조로 한다.
② 내경은 점검이나 모래반출을 위해 1m 이상으로 한다.
③ 접합정의 바닥을 얕은 우물 구조로 하여 접수하는 예도 있다.
④ 유지관리를 위해 맨홀을 설치한다.
⑤ 원형 또는 각형의 콘크리트 또는 철근콘크리트로 축조한다.
⑥ 충분한 수밀성과 내구성을 지니며 용량은 계획도수량의 1.5분 이상으로 한다.
⑦ 유입속도가 큰 경우에는 접합정 내에 월류벽 등을 설치하여 유속을 감쇄시킨 다음 유출관으로 유출되는 구조로 한다.
⑧ 수압이 높은 경우에는 필요에 따라 수압제어용 밸브를 설치한다.
⑨ 유출관의 유출구 중심높이는 저수위에서 관경의 2배 이상 낮게 하는 것을 원칙으로 한다.
⑩ 필요에 따라 양수장치, 배수설비(이토관), 월류장치를 설치하고 유출구와 배수설비(이토관)에는 제수밸브 또는 제수문을 설치한다.

3 밸브

① 제수밸브(Gate Valve)
  ㉠ 유수를 정지하고 수량의 조절을 목적으로 설치
  ㉡ 관로의 시점, 종점, 분기점, 합류점, 사고가능성이 크고 복구가 곤란한 곳에 설치

② 공기밸브(Air Valve)
  ㉠ 배수지의 배수를 원활하게 하고, 공기가 체류하여 유체 흐름을 방해하는 것을 방지할 목적으로 설치
  ㉡ 관로의 굴곡부에 설치하여 유리된 공기를 배출한다.

③ 역지밸브(Check Valve)
  ㉠ 사고 등으로 대량의 물이 역류할 가능성이 있는 곳에 설치한다.
  ㉡ 수두 차가 큰 상향수로의 시점, 펌프유출관의 시점 등에 설치하여 역류를 방지한다.

④ 안전밸브(Safety Valve)
  ㉠ 관로 내에 이상수압이 발생하였을 때 관의 과열을 막기 위하여 자동적으로 물을 배출하는 밸브
  ㉡ 수격작용이 일어나기 쉬운 곳에 설치

⑤ 감압밸브(Pressure-regulation Valve)
  ㉠ 급수구역의 수압을 일정한 압력으로 조절할 목적으로 설치
  ㉡ 상류부의 고압의 물을 저압으로 바꾸어서 하류로 보내는 밸브

⑥ 니토밸브(Drain Valve)
  ㉠ 관로 내의 청소나 정체수 배제를 목적으로 설치
  ㉡ 관로의 오목부에 설치

4 신축이음

① 관로의 신축변형에 대응하기 위한 장치
② 설치간격

신축이 되지 않는 보통이음의 노출부	20~30m마다
매설한 원심력 철근콘크리트관	20~30m마다
지반이 다른 장소	4~6m마다

📖 교차연결
음용수를 공급하고 있는 어떤 수도와 음용에 대한 안전성에 의심이 있는 다른 계통의 수도와의 사이에서 관 등이 직·간접적으로 연결되는 것

📖 교차연결의 발생원인
① 배수관이 파열되거나 절단되는 사고가 일어났을 경우
② 배수관의 수리나 청소를 위하여 니토관을 열었을 경우
③ 물의 사용량의 변화가 심할 경우
④ 화재 등으로 소화전을 열었을 경우

📖 교차연결 현상의 방지대책
① 수도관과 하수관을 같은 위치에 매설하지 않는다.
② 수도 본관에 진공이 발생하는 경우에 진공발생을 제거하는 공기 밸브를 부착한다.
③ 급수를 받는 기물의 월류면과 급수전 사이에 공간을 두며 그 간격은 관경 이상으로 설치한다.
④ 공장 등에 급수하는 경우 공장 내의 장치가 역류를 일으킬 염려가 있을 경우에는 일단 저수 탱크에 집어넣어야 한다.

🔷 대표기출문제
문제. 상수도 취수시설 중 침사지에 관한 시설기준으로 틀린 것은?
2020년 1,2회 통합

① 길이는 폭의 3~8배를 표준으로 한다.
② 침사지의 체류시간은 계획취수량의 10~20분을 표준으로 한다.
③ 침사지의 유효수심은 3~4m를 표준으로 한다.
④ 침사지 내의 평균유속은 20~30cm/s를 표준으로 한다.

정답 ④
해설 침사지 내의 평균유속은 2~7cm/s를 표준으로 한다.

🔷 대표기출문제
문제. 상수도 시설 중 접합정에 관한 설명으로 옳은 것은?
2019년 2회

① 상부를 개방하지 않은 수로시설
② 복류수를 취수하기 위해 매설한 유공관로 시설
③ 배수지 등의 유입수의 수위조절과 양수를 위한 시설
④ 관로의 도중에 설치하여 주로 관로의 수압을 조절할 목적으로 설치하는 시설

정답 ④
해설 접합정 : 수로의 합류, 관수로에서 개수로 변화지점 등에서 수압이나 유속을 조절할 목적으로 설치

🔷 대표기출문제
문제. 상수시설 중 가장 일반적인 장방형 침사지의 표면부하율의 표준으로 옳은 것은?
2018년 1회

① 50~150mm/min
② 200~500mm/min
③ 700~1,000mm/min
④ 1,000~1,250mm/min

정답 ②
해설 상수도 침사지의 표면부하율 : 200~500mm/min

04 PART

정수장

07. 정수장 시설
08. 배출수 처리

07 CHAPTER 정수장 시설

1 정수장 계획

① 정수장 시설계획 조사사항
- 입지계획을 위한 조사
- 정수계획을 위한 조사
- 건설계획을 위한 조사

② 정수처리 과정

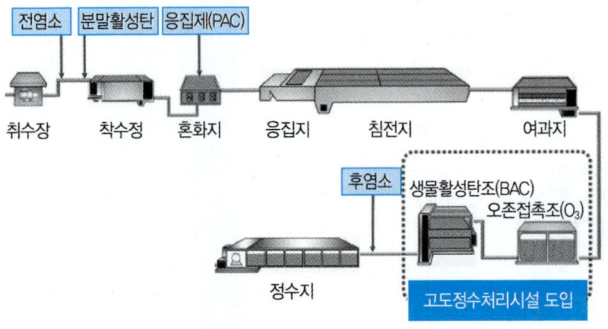

③ 정수방법의 종류와 선정조건
- 원수수질
- 정수수질의 관리목표
- 정수시설의 규모
- 정수시설의 운전제어와 유지관리기술의 수준

㉠ 염소소독만의 방식

〈염소소독만의 방식〉

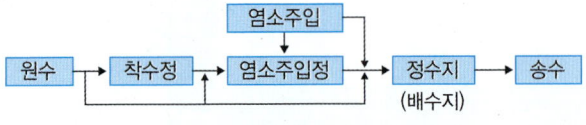

㉡ 완속여과방식

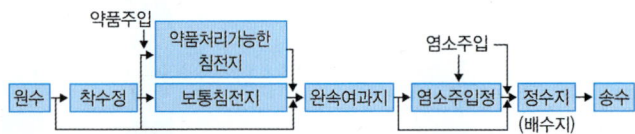

㉢ 급속여과방식

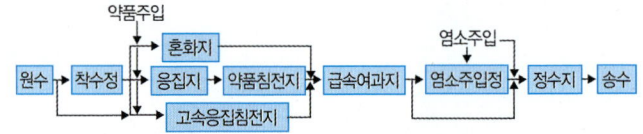

㉣ 막여과방식

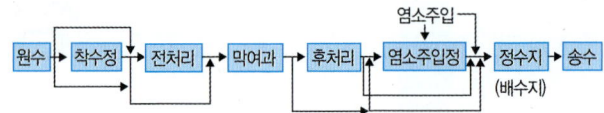

㉤ 고도정수처리 등

일반적인 정수처리방식으로 제거하기 어려운 원수의 냄새물질(2-MIB, geosmin 등의 곰팡이 냄새), 색도, 미량유기물질, 소독부산물 전구물질, 암모니아성질소, 음이온계면활성제, 휘발성 유기물질 등을 제거하는 방식

2 착수정

원수의 수위를 안정화시키고 원수량을 조절하여 후속처리단계인 약품주입, 침전, 여과 등 일련의 정수작업이 정확하고 용이하게 처리될 수 있도록 하기 위한 시설로서 그 이상으로 분할하는 것을 원칙으로 한다.

① 구조 및 형상

형상	장방형 또는 원형
부속설비	착수정의 수위가 고수위 이상으로 올라가지 않도록 월류관이나 월류 위어를 설치
착수정의 여유고	착수정의 고수위와 주변벽체 상단 간에는 60cm 이상의 여유고를 둔다.

② 착수정 용량

착수정 용량	체류시간 : 1.5분 이상 수심 : 3~5m 정도(수위변동이나 유지관리를 위해)
측관	착수정과 부대시설비의 수리나 청소 등에 대비하여 필요에 따라 측관을 설치
양수장치	원수의 유량을 정확히 조정하기 위하여 양수장치를 설치

3 혼화지

① 원수와 정수약품을 혼화시키는 시설
② 혼화시간 : 계획 정수량에 대하여 1~5분간을 표준
③ 유속 : 1.5m/sec 정도
④ 손실수두 : 체류시간 1분, 처리수량 10,000m³/day당 약 45~60cm

4 응집지(플록형성지)

① 응집개념
적절한 응집제를 통해 콜로이드의 중화 및 결합

② 응집성능 영향인자
주입량, pH, 탁도, 유기물 농도, 이온, 수온

③ 응집제
㉠ 황산알루미늄(황산반토)
- 탁도, 색도, 세균, 조류 등 거의 모든 현탁물 또는 부유물에 적합
- 저렴, 무독성 때문에 대량첨가가 가능하고 거의 모든 수질에 적합
- 결정은 부식성, 자극성이 없고 취급이 용이하다.
- 철염에 비하여 생성한 플록이 가볍고 적정pH 폭(5.5~8.5)이 좁은 것이 단점이다.

㉡ 폴리염화알루미늄(PAC)
- 반토보다 응집이 빠르다.
- 입자의 침강속도가 빠르다.
- 탁도 제거의 효과도 탁월하다.
- 고가로 경제성이 떨어진다.

㉢ 기타
알루민산 나트륨, 황산제1철, 황산제2철

④ 응집보조제
㉠ 무겁고 신속히 침강하는 플록을 만들며 강도를 증가시키는 목적으로 사용
㉡ 응집보조제를 병용함으로써 응집을 촉진시키고 응집제의 사용량을 절감
㉢ 응집보조제의 종류
- 알칼리제 : 소석회, 소다회, 가성소다
- 벤토나이트

> **Jar-Test(약품교반시험)**
> - 응집제의 사용량 중 최대의 양호한 플록형성이 가능한 적정 주입량을 결정하거나, 최적의 pH를 주입하기 위한 응집반응 시험
> - 플록을 깨뜨리지 않고 성장시키기 위해, 응집제 투입후 급속교반 후 완속교반

⑤ 응집지
㉠ 혼화지에서 약품과 혼화되어 제1차 응집을 일으키는 원수를 천천히 교반하므로 입자 간에 충돌을 일으키며, 제2차로 응집을 촉진시켜 큰 플록의 형성을 도모하는 시설
㉡ 플록형성시간 : 보통 20~40분간
㉢ 형상 : 직사각형이 표준
㉣ 평균유속 : 15~30cm/sec 표준
㉤ 위치 : 혼화지와 침전지 사이에 위치하고 침전지에 접속하여 설치

ⓑ **교반강도** : 플록 형성지 내의 교반은 하류에 갈수록 그 강도를 점차 감소시킨다.

5 침전지

① 침전지 종류

구분	보통침전지	약품침전지	고속응집침전지
개요	자연침강에 의해 현탁물질 분리 완속여과지 부담감소목적	약품주입 및 혼화로 형성된 큰 플록제거 급속여과지 부담감소목적	기존 플록에 추가로 새로운 플록을 형성하여 침전 효율향상 목적
체류시간	8시간	3~5시간	1.5~2시간
유속/방향	30cm/min 횡류	40cm/min 횡류	5cm/min 상승류
형상	직사각형 길이 = 폭의 3~8배	직사각형 길이 = 폭의 3~8배	
유효수심	4.6~5.5m	4.6~5.5m	
여유고	0.3m	0.3m	

용량 : 계획정수량의 체류시간에 해당하는 양

② 침전형태

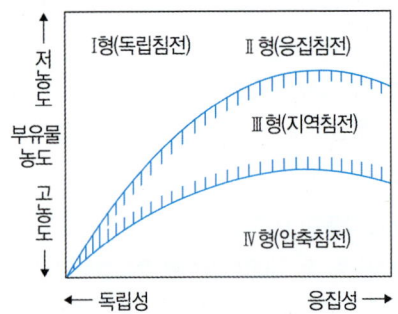

종류	특성
독립침전	독립입자가 다른 입자의 방해없이 자유침전 침사지, 보통침전지, 저농도
응집침전	다른 입자의 방해없이 자유침전되나 큰 입자에 의해 충돌하여 응집 약품침전지, 저농도
지역침전	입자간 침전이 서로 방해되어 침전속도 저하 부유물과 상등수 경계면 형성 2차침전지, 고농도
압축침전	입자 중량에 의해 서로 접촉 압축되어 농축 2차침전지, 농축조 저부

③ Stoke 침전이론

㉠ 입자의 크기는 일정하다.
㉡ 입자의 형상은 구형(球形)이다.
㉢ 물의 흐름은 층류상태이다.
㉣ 입자는 독립침전임을 가정한다.

$$\text{침전속도}\quad V_s = \frac{(\gamma_s - \gamma_w)d^2}{18\mu} = \frac{g}{18}(S-1)\frac{d^2}{\nu}$$

γ_s : 침전입자의 단위중량
γ_w : 물의 단위중량
μ : 물의 점성계수, ν : 물의 동점성계수
d : 침전입자의 직경

④ 표면부하율 : 100% 침전시킬 수 있는 침전속도

$$V_o = \frac{Q}{A} = \frac{h_e}{t}$$

Q : 유입량, A : 수면적
h_e : 유효수심, t : 체류시간

⑤ 침전효율

$$E = \frac{V_s}{V_o} \quad (E > 1\text{이면 모두 침전}, E < 1\text{이면 외부로 유출})$$

⑥ 체류시간의 산출

침전지의 용량 = 유입유량 ($h_e \times A \times t = Q$)

6 여과지

① 여과의 개념
다공질층을 통과시켜 침전으로 제거되지 않은 현탁물질 및 콜로이드성 미세입자 제거

② 여과방법에 따른 구분

흐름방향에 의한 분류	하향류 여과, 상향류 여과, 양방향 여과
여상의 형태에 따른 분류	단층여과, 다층여과
여과속도에 의한 분류	완속여과, 급속여과
여상의 추진력에 의한 분류	중력식여과, 압력식여과

③ 완속여과와 급속여과

구분	완속	급속
적용성	소규모처리 저탁도 유입수	대규모처리 고탁도 유입수
균등계수	2.0 이하	1.7 이하
모래여재직경	최대입경 2mm	최소입경 0.3mm 최대입경 2.0mm
모래여과층 두께	70~90cm	60~120cm
여과속도	4~5m/day	120~150m/day
손실수두	작다	크다
세균처리	확실	불확실
응집제	필요시 사용	필수적 사용
유지관리	저렴하고 단순	고가이고 특별기술요구

📖 **균등계수**

$$C_u = \frac{D_{60}}{D_{10}}$$

D_{10} : 10% 통과시료의 입자크기
D_{60} : 60% 통과시료의 입자크기

📖 **모래여과지 손실수두**

$$\Delta h_L = \frac{\mu KLV}{D^2} \times \frac{1-n}{n}$$

μ : 점성계수, K : 투수계수, L : 여과층 두께
V : 여과속도, D : 여과모래 직경, n : 공극률

④ 공기장애(Air Binding)
- 급속여과가 어느 정도 진행되면서 여과층 내부에 대기압보다 낮은 부압이 형성되어 물속의 공기가 석출되어 모래입자 사이에 남게 되는 현상을 말한다.
- 공기장애가 발생하면 여과면적이 좁아지므로 손실수두가 커지고 탁질누출현상을 초래한다.

⑤ 탁질누출(Break Through)
- 공기장애가 계속되면 모래입자에 흡착되어 있던 탁질이 세류되고, 여과층 내에 억류되었던 Floc이 파괴되어 여과수와 함께 유출(Scour)되어 수질이 악화되는 현상을 말한다.
- 여과지속시간을 짧게, 역세척수 수압을 낮게, 부압의 발생을 방지하여 공기장애가 생기지 않도록 해야 탁질누출현상이 방지된다.

⑥ Mud Ball
- 역세척작업을 계속 진행하면 여재입자와 점착성 물질이 서로 엉겨 붙어 작은 덩어리를 형성하게 되는데 이 덩어리를 Mud Ball이라 한다.
- 강한 압력수로 여재를 세척하거나 기계교반으로 오염물질을 분리시킨다.

⑦ 막세척
- 무기질제거 : 황산, 염산, 구연산, 옥살산
- 유기질제거 : 치아염소산나트륨

⑧ 여과수량조절

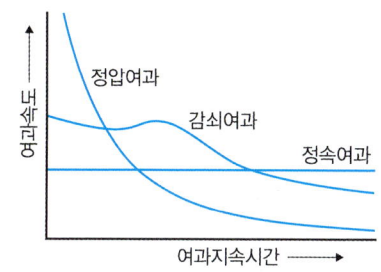

- 유입 및 유출의 평형 유지(유출구에 유량계와 조절밸브 설치)
- 정속여과 : 일반적인 방법으로 유출량을 일정하게 유지
- 정압여과 : 여과지의 수위 조절
- 감쇠여과 : 초기에만 여과속도 설정

7 정수지

① 여과된 수량과 송수량 간의 불균형을 조절하고 주입된 염소를 균일화하는 시설로, 정수시설로는 최종 단계의 시설

② 구조적 제한사항

유효수심	3~6m 표준
유효용량	계획 정수량의 1시간분 이상
바닥면 위치	저수위보다 15cm 이상 낮게
경사	1/100~1/5000
상부면	복개하여 이물질의 침투 방지

8 소독

① 전염소처리
- 착수정 전에 미리 염소소독
- 일반세균 5,000/l 이상 또는 대장균군 25,000/l 이상에서 적용
- 조류, 세균, 암모니아성 질소, 아질산성 질소, 황화수소, 페놀, 철, 망간, 맛, 냄새 등 제거

구분	전염소	중간염소	후염소(일반적 경우)
목적	산화, 분해	THM, 곰팡이 냄새 최소화	소독
위치	착수정 전	침전지와 여과지 사이	최종

② 염소의 수중반응
㉠ $Cl_2 + H_2O \leftrightarrow HOCl + H^+ + Cl^-$ (낮은 pH일 경우)
㉡ $HOCl \leftrightarrow H^+ + OCl^-$ (높은 pH일 경우)
㉢ $HOCl$, OCl^-을 유리염소라 하며, 이들이 수중에 잔류하면 유리잔류염소라 한다.

③ 염소소독의 특징
㉠ 가격이 저렴하고, 조작이 간단하다.
㉡ 지속성이 있다.
㉢ THM 생성 가능성이 있다.
㉣ 물의 맛과 냄새제거에 효과적(일부약품은 냄새를 강화시키므로 주의)

④ 염소의 살균력
㉠ 낮은 pH에서는 HOCl 생성이 많고, 높은 pH에서는 OCl^- 생성이 많다.
㉡ HOCl의 살균력은 pH 5.5에서 최대가 되고, OCl^-의 살균력은 pH 10.5에서 최대가 된다.
㉢ 살균력은 HOCl > OCl^- > 클로라민(암모니아성 질소가 염소와 결합하면 생성되는 결합잔류 염소)의 순이다.
∴ 온도가 높을수록, 접촉시간이 길수록, pH가 낮을수록 살균력은 크다.

📘 **염소요구량**
주입염소량 = 염소요구량 × 순도 + 잔류염소량

⑤ 잔류염소 기준치
㉠ 평상시 말단 급수전에서 유리잔류염소가 0.2ppm이 되도록 유지
㉡ 소화기 계통의 전염병 발생시 유리잔류염소가 0.4ppm이 되도록 유지

9 고도정수처리

① 오존
염소에 비해 산화력이 우수하고, 바이러스에도 효과적

장점	㉠ 병원균에 대한 살균효과가 크다. ㉡ 냄새, 색도제거에 효과가 크다. ㉢ 철, 망간의 제거 능력이 크다. ㉣ 바이러스의 불활성화에 효과가 우수하다. ㉤ 유기물의 생물 분해성을 증대시킨다.
단점	㉠ 효과의 지속성이 없다. ㉡ 발생 비용이 많이 든다. ㉢ 수온이 높아지면 오존 소비량이 증가한다. ㉣ 후염소 주입설비가 필요하다.

② 흡착
- 용액 중의 분자가 물리적, 화학적 결합력에 의해서 고체 표면에 부착되는 현상
- 흡착제 : 활성탄, 규조토, 활성알루미나, 산성 백토, 이온 교환수지 등이 있으며 가장 많이 사용되는 것은 활성탄이다.
  - 활성탄흡착을 통해 소수성의 유기물질, 냄새물질, 색도, THM 전구물질, 음이온 계면활성제 등을 제거할 수 있다.
  - 분말활성탄의 흡착능력이 떨어지면 재사용이 불가능하지만, 입상활성탄은 재생이 가능하다.
  - 활성탄은 비표면적이 높은 다공성의 탄소질 입자로, 형상에 따라 입상활성탄과 분말활성탄으로 구분된다.
  - 모래여과 공정 전단에 활성탄흡착 공정을 두게 되면, 탁도 부하가 높아져서 활성탄 흡착효율이 떨어지므로 역세척을 자주 해야할 필요가 있다.

📘 **Freundlich 흡착방정식**

$$\frac{x}{m} = X = KC^{1/n}$$

$\frac{x}{m} = q$로 두고 양변을 로그로 하면, $\ln q = \ln K + \frac{1}{n} \ln C$

x : 제거된 오염물의 양 m : 투입된 흡착제의 양
C : 잔류 오염물의 양 K, $1/n$: 흡착제 상수

예제

문제. 냄새 혹은 생물학적 처리불능(NBD)COD를 제거하기 위하여 흡착제로 활성탄(AC)을 사용하였는데 Freundlich 등온공식이 잘 적용되었다. 즉 COD가 56mg/L인 원수에 활성탄 20mg/L을 주입시켰더니 COD가 16mg/L로 되었고, 52mg/L를 주입시켰더니 COD가 4mg/L로 되었다. COD를 6mg/L로 만들기 위해서는 활성탄을 얼마나 주입시켜야 하는가?

해설 $\frac{x}{m} = X = KC^{1/n}$에서, $\frac{x}{m} = q$로 두고 양변을 로그로 하면,

$\ln q = \ln K + \frac{1}{n}\ln C$

1) $\ln \frac{56-16}{20} = \ln K + \frac{1}{n}\ln 16$

2) $\ln \frac{56-4}{52} = \ln K + \frac{1}{n}\ln 4$

두 식을 연립하면, $\frac{1}{n} = 0.5$, $\ln K = -0.693$

COD 6mg/L로 제거하기 위한 투입량 m

$\ln \frac{56-6}{m} = -0.693 + 0.5 \times \ln 6$

$\ln \frac{56-6}{m} = 0.202$ 이고, $\frac{56-6}{m} = e^{0.202}$ 이므로,

$m = 40.82 mg/L$

③ **경수의 연수화**
- 경수를 가정용으로 사용하는 경우는 크게 문제되지 않으나 공업용수나 보일러 용수로 사용할 경우에는 Scale 생성을 방지하기 위해 반드시 경도를 일정수준 이하로 낮춰야 한다.
- 방법에는 석회소다법, 이온교환법을 대표적으로 사용한다.

④ **막처리**
- 막을 통해 역학적, 전기적, 화학적 에너지를 발생시킨다.
- 막처리 공정은 전기투석, 한외여과, 역삼투 등이 있다.

⑤ **제철, 제망간**
- 철과 망간은 흙 속에 상당량이 비용해성 상태로 존재하는데, 환원조건하에서 용해되어 지표로 유출되며, 유출

후 다시 산화되는 과정에서 상수도에 적수와 흑수 등의 심각한 문제를 야기시킨다.
- 이들 물질은 산화법, 응집법, 접촉여과법 등의 단독 또는 조합공정을 거친 후 여과처리 되며 또는 철 Bacteria 이용법을 사용하기도 한다.

대표기출문제

문제. 상수도의 정수공정에서 염소소독에 대한 설명으로 틀린 것은? **2022년 1회**

① 염소살균은 오존살균에 비해 가격이 저렴하다.
② 염소소독의 부산물로 생성되는 THM은 발암성이 있다.
③ 암모니아성질소가 많은 경우에는 클로라민이 형성된다.
④ 염소요구량은 주입염소량과 유리 및 결합잔류염소량의 합이다.

정답 ④
해설 주입염소량은 염소요구량과 유리 및 결합잔류염소량의 합이다.

대표기출문제

문제. 정수지에 대한 설명으로 틀린 것은? **2021년 2회**

① 정수지 상부는 반드시 복개해야 한다.
② 정수지의 유효수심은 3~6m를 표준으로 한다.
③ 정수지의 바닥은 저수위보다 1m 이상 낮게 해야 한다.
④ 정수지란 정수를 저류하는 탱크로 정수시설로는 최종단계의 시설이다.

정답 ③
해설 정수지의 바닥은 저수위보다 15cm 이상 낮게 해야 한다.

대표기출문제

문제. 완속여과지와 비교할 때, 급속여과지에 대한 설명으로 틀린 것은? *2021년 1회*

① 대규모처리에 적합하다.
② 세균처리에 있어 확실성이 적다.
③ 유입수가 고탁도인 경우에 적합하다.
④ 유지관리비가 적게 들고 특별한 관리기술이 필요치 않다.

정답 ④
해설 유지관리비가 많이 들고 특별한 관리기술이 필요하다.

대표기출문제

문제. 막여과시설의 약품세척에서 무기물질 제거에 사용되는 약품이 아닌 것은? *2019년 3회*

① 염산
② 황산
③ 구연산
④ 차아염소산나트륨

정답 ④
해설 무기질제거 : 황산, 염산, 구연산, 옥살산
유기질제거 : 차아염소산나트륨

대표기출문제

문제. 병원성미생물에 의하여 오염되거나 오염될 우려가 있는 경우, 수도꼭지에서의 유리잔류염소는 몇 mg/L 이상 되도록 하여야 하는가? *2021년 2회*

① 0.1mg/L
② 0.4mg/L
③ 0.6mg/L
④ 1.8mg/L

정답 ②
해설 평상시에는 0.2ppm(mg/L) 이하
전염병 발생시에는 0.4ppm(mg/L) 이하

08 배출수 처리

1 배출수 처리 과정

조정 → 농축 → 탈수 → 건조 → 처분

① **조정** : 슬러지량 조절
② **농축** : 슬러지 농도 향상
③ **탈수** : 슬러지 수분 제거
④ **건조** : 슬러지는 완전건조시켜 슬러지 케이크화
⑤ **처분** : 슬러지 케이크를 매립 또는 연소하여 처리

2 조정

배출수지	배슬러지지
급속여과지로부터의 세척 배출수를 받아들이는 시설	약품침전지 또는 고속응집 침전지로부터의 슬러지를 받아들이는 시설
• 용량 : 1회에 세척 배출수량 이상	• 용량 : 24시간의 평균 슬러지량 또는 1회의 배슬러지량 중 큰 양 이상
• 지수 : 2지 이상	• 지수 : 2지 이상
• 유효수심 : 2~4m	• 유효수심 : 2~4m
• 여유고 : 60cm 이상	• 여유고 : 60cm 이상

3 농축

① 농축조의 용량
계획슬러지량의 24~48시간분, 고형물부하는 10~20kg/(m²·d)을 표준으로 하되, 원수의 종류에 따라 슬러지의 농축특성에 큰 차이가 발생할 수 있으므로 처리대상 슬러지의 농축특성을 조사하여 결정한다.

② 농축조의 구조 및 형상
- 농축조는 2조 이상으로 하는 것이 바람직하다.
- 농축조의 구조와 형상은 슬러지의 농축과 배출을 효과적으로 할 수 있어야 한다.
- 고수위로부터 주벽 상단까지의 여유고는 30cm 이상
- 바닥면의 경사는 1/10 이상으로 한다.

③ 농축조의 시설
- 농축조에는 슬러지수집기와 슬러지배출관, 상징수배출장치 등을 설치해야 한다. 또 필요에 따라 상징수회수펌프와 슬러지배출펌프를 설치한다.
- 농축조의 용량이 적은 경우나 농축성이 나쁜 슬러지가 유입될 경우에도 신속히 농축시키기 위하여 고분자응집보조제를 주입할 수 있는 시설을 설치한다.
- 농축된 슬러지를 탈수시설로 이송하기 전까지 저장할 수 있는 저류조를 설치한다.
- 필요에 따라 농축조 상징수의 수질을 개선하기 위한 방류수처리시설을 설치할 수 있다.

④ 농축조 종류

화분식 농축조	배슬러지지로부터 슬러지가 간헐적으로 배출되는 경우나 처리할 슬러지가 소량일 경우에 사용되는 방식이다.
연속식 농축조	배슬러지지 등으로부터 슬러지가 연속적으로 배출되는 경우나 처리하고자 하는 슬러지가 다량인 경우에 사용되는 방식이다.

4 탈수

항목	가압탈수법	진공여과법	원심탈수법
함수율	55~65%	72~80%	75~80%
소요면적	많다	많다	적다
여포세척 (소요수량) (세척압력)	보통 6~8kg/cm²	많다 2~3kg/cm²	적다
특징	㉠ 저압에서 운전하기 때문에 무리가 적다. ㉡ 연속운전이 안 된다. ㉢ 인건비가 많이 소요된다.	㉠ 어느 종류의 슬러지도 탈수시킨다. ㉡ 고형물의 회수율이 크다. ㉢ 슬러지 케이크에 수분이 많다. ㉣ 유지·운전비가 비싸다.	㉠ 시설비가 진공여과보다 저렴하다. ㉡ 슬러지 개량이 불필요하다. ㉢ 진공여과보다 고형물의 회수율이 적다.

5 처분

① 처리시설 : 발생한 슬러지 케이크를 매립지까지 운반하여 매립 처분하는 시설
② 슬러지 케이크 처분시는 처분에 따른 토양오염, 지하수오염, 해양오염, 대기오염 등을 고려하여 해양 투기, 매립, 토지 살포, 연소 등을 계획하여야 한다.
③ **케이크의 육상처분시 고려사항**
　㉠ 케이크의 함수율은 85% 이하여야 한다.
　㉡ 장래의 매립지 이용 목적에 적합해야 한다.
　㉢ 충분한 매립 용지의 확보가 가능해야 한다.
　㉣ 처분지의 위치는 수송면에서 적합해야 한다.

▣ 대표기출문제

문제. 정수시설 중 배출수 및 슬러지처리시설에 대한 아래 설명 중 ㉠, ㉡에 알맞은 것은? 　　2021년 3회

> 농축조의 용량은 계획슬러지량의 (㉠)시간분, 고형물부하는 (㉡)kg/(m²·d)을 표준으로 하되, 원수의 종류에 따라 슬러지의 농축특성에 큰 차이가 발생할 수 있으므로, 처리대상 슬러지의 농축특성을 조사하여 결정한다.

① ㉠ : 12~24　　㉡ : 5~10
② ㉠ : 12~24　　㉡ : 10~20
③ ㉠ : 24~48　　㉡ : 5~10
④ ㉠ : 24~48　　㉡ : 10~20

정답 ④
해설 농축조의 용량은 계획슬러지량의 24~48시간분, 고형물부하는 10~20kg/(m²·d)을 표준으로 하되, 원수의 종류에 따라 슬러지의 농축특성에 큰 차이가 발생할 수 있으므로 처리대상 슬러지의 농축특성을 조사하여 결정한다. (상수도 정수시설 설계기준 KDS 57 55 00)

▣ 대표기출문제

문제. 정수장 배출수 처리의 일반적인 순서로 옳은 것은? 　　2019년 3회

① 농축 → 조정 → 탈수 → 처분
② 농축 → 탈수 → 조정 → 처분
③ 조정 → 농축 → 탈수 → 처분
④ 조정 → 탈수 → 농축 → 처분

정답 ③
해설 정수장 배출수 처리 순서
조정 → 농축 → 탈수 → 건조 → 처분

05 PART

하수도 계획

09. 하수도 시설의 계획
10. 계획하수량

09 CHAPTER 하수도 시설의 계획

1 하수도 계획

① **하수도 설치의 목적과 효과**
보건위생 향상, 토지이용 증대, 우수범람 방지, 도시미관 증대

② **하수도 기본계획 수립시 고려사항**
- 하수도 계획구역 및 배수계통
- 목표연도 및 계획인구, 포화인구의 밀도
- 하수의 배제방식
- 주요 간선 펌프장 및 하수처리장의 위치
- 오수량, 지하수량, 우수유출량의 조사
- 지형 및 지질조사

③ **계획목표연도**
시설의 내용연수, 단계적 정비계획 등을 고려하여 일반적으로 20년으로 설정

2 하수배제 방식

① **분류식** : 우수와 오수를 별도의 관거로 배치
② **합류식** : 우수와 오수를 하나의 관거로 배치

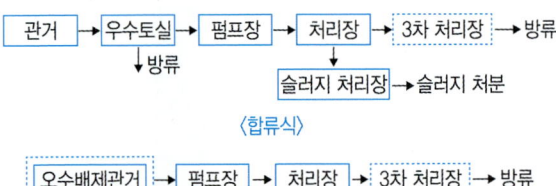

방식	특징
합류식	㉠ 관거가 크므로 구배가 완만하고 매설깊이가 작다. ㉡ 초기우수에 의한 노면배수 처리가 가능하다. ㉢ 검사가 편리하고 환기가 잘된다. ㉣ 건설비가 적게 든다. ㉤ 강우시 수세 효과가 크다. ㉥ 청천시 관내 침전이 발생되고 효율이 저하된다. ㉦ 강우시 처리비용이 많이 든다.
분류식	㉠ 처리장의 규모가 작아지고 운전, 관리가 용이하다. ㉡ 오수관은 관경이 적고, 유량의 변화가 적어 퇴적물이 적다. ㉢ 공사비가 많이 소요된다. ㉣ 초기강우시 하천이 오염된다. ㉤ 경사가 급하고 매설깊이가 깊다. ㉥ 시공이 복잡하다.

3 하수관거 배치방식

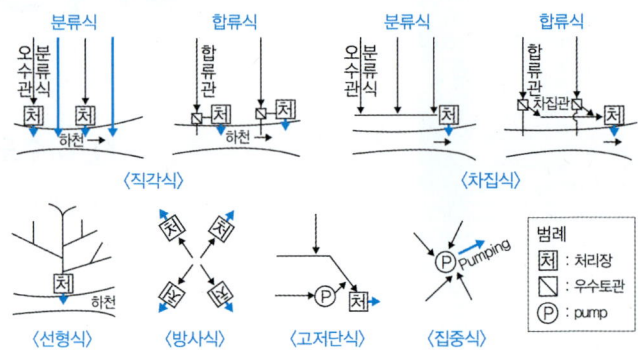

① **직각식**
  ㉠ 도시 중앙에 큰 강이 흐르거나 해안을 따라 개발된 도시에 유리한 방식이다.
  ㉡ 하천유량이 풍부할 때 하수의 배제가 가장 신속하고 경제적인 방식이다.

② **차집식**
  ㉠ 토구(吐口) 수가 많아지는 직각식의 단점을 보완한 방법이다.
  ㉡ 하천을 따라 차집거를 설치하여 우수는 방류하고 오수는 처리장으로 보내는 방식이다.

③ **선형식(선상식)**
  ㉠ 지형이 한쪽 방향으로 경사져서 나뭇가지(수지상) 형상으로 배치된 방식이다.
  ㉡ 지세가 단순한 곳에서는 경제적이지만 하수 간선이나 펌프장들이 집중된 대도시에는 부적합한 방식이다.

④ **방사식**
  ㉠ 지역이 광대해서 하수를 한 장소에 모으기 곤란할 때 배수지역을 여러 개로 구분하여 중앙으로부터 방사형으로 배관하는 방식이다.
  ㉡ 처리장이 많아지는 결점이 있어 대도시에 적합하며, 중·소도시에는 부적합하다.

⑤ **평형식(고저단식)**
  ㉠ 지형상 고지대와 저지대가 공존할 때 고지대는 자연유하를 이용하고 저지대는 펌프배수를 이용하는 방식이다.
  ㉡ 지역이 광대한 대도시에 적용할 때 합리적이고 경제적이다.

⑥ **집중식**
  여러 곳에서 한 지점을 향해 집중시킨 후 그곳에서 간선하수거나 처리장으로 펌프압송하는 방식이다.

4 간이공공하수처리시설

① **정의**
  공공하수처리시설에 유입되는 하수가 일시적으로 늘어날 경우 하수를 신속히 처리하여 하천·바다, 그 밖의 공유수면에 방류하기 위하여 지방자치단체가 설치 또는 관리하는 처리시설과 이를 보완하는 시설

② **설치기준**
  ㉠ 합류식 지역내 500㎥/일 이상 공공하수처리시설에 설치하는 것을 원칙으로 한다.
  ㉡ 방류수수질기준을 고려하여 중복 및 과잉투자가 발생되지 않도록 효율적인 시설계획을 수립하여야 한다.
  ㉢ 강우시 간이공공하수처리시설의 삭감부하량 목표를 설정하고, 관련계획 및 지역특성에 적합한 목표 방류부하량을 제시하여야 한다.

③ **처리용량**
  ㉠ 우천시 계획오수량과 공공하수처리시설의 강우시 처리가능량을 고려하여 결정하여야 한다.
  ㉡ **우천시 계획오수량**
   • 합류식 지역 : 계획시간최대오수량의 3배(3Qhr)
   • 합류식과 분류식이 병용된 지역 : 계획시간최대오수량(Qhr)으로 하고, 합류식의 우천시 계획오수량과 합산하여 전체 우천시 계획오수량을 산정하여야 한다.
   • 강우시 처리가능량
    강우시 유입하수량, 유입수질, 체류시간, 처리수량, 처리수질 등을 종합 검토하여 기존 공공하수처리시설에서 최대 처리할 수 있는 용량으로 한다.

④ **계획시 고려사항**
  ㉠ **강우현황** : 강우량, 강우강도, 강우지속시간, 강우패턴 등
  ㉡ **하수도시설 현황** : 공공하수처리시설 현황, 차집관로 및 우수토실 현황 및 구조

⑤ **설치 타당성 검토**
  ㉠ 유량 및 수질조사
  ㉡ 문제점 분석
  ㉢ 강우시 미처리하수 처리방안 결정

대표기출문제

문제. 간이공공하수처리시설에 대한 설명으로 틀린 것은?

2021년 3회

① 계획구역이 작으므로 유입하수의 수량 및 수질의 변동을 고려하지 않는다.
② 용량은 우천 시 계획오수량과 공공하수처리시설의 강우 시 처리가능량을 고려한다.
③ 강우 시 우수처리에 대한 문제가 발생할 수 있으므로 강우 시 3Q처리가 가능하도록 계획한다.
④ 간이공공하수처리시설은 합류식 지역 내 500m³/일 이상 공공하수처리장에 설치하는 것을 원칙으로 한다.

정답 ①
해설 계획시 강우현황, 하수도시설 현황, 유량 및 수질 등을 조사하여 타당성을 검토한다.

대표기출문제

문제. 하수 배제방식의 특징에 관한 설명으로 틀린 것은?

2021년 2회

① 분류식은 합류식에 비해 우천시 월류의 위험이 크다.
② 합류식은 단면적이 크기 때문에 검사, 수리 등에 유리하다.
③ 합류식은 분류식(2계통 건설)에 비해 건설비가 저렴하고 시공이 용이하다.
④ 분류식은 강우초기에 노면의 오염물질이 포함된 세정수가 직접 하천 등으로 유입된다.

정답 ①
해설 합류식은 분류식에 비해 우천시 월류의 위험이 크다.

대표기출문제

문제. 하수도 계획의 기본적 사항에 관한 설명으로 옳지 않은 것은?

2020년 1회, 2회 통합

① 계획구역은 계획목표년도까지 시가화 예상구역을 포함하여 광역적으로 정하는 것이 좋다.
② 하수도 계획의 목표년도는 시설의 내용년수, 건설 기간 등을 고려하여 50년을 원칙으로 한다.
③ 신시가지 하수도 계획의 수립시에는 기존시가지를 포함하여 종합적으로 고려해야 한다.
④ 공공수역의 수질보전 및 자연환경보전을 위하여 하수도정비를 필요로 하는 지역을 계획구역으로 한다.

정답 ②
해설 하수도 계획의 목표년도는 시설의 내용년수, 건설 기간 등을 고려하여 20년을 원칙으로 한다.

CHAPTER 10 계획하수량

1 계획하수량

계획하수량 = 계획우수량 + 계획오수량

① **오수관거** : 계획시간 최대오수량
② **우수관거** : 계획우수량
③ **합류관거** : 계획시간 최대오수량 + 계획우수량
④ **차집관거** : 우천시 계획오수량 또는 계획시간 최대오수량의 3배

2 계획오수량

① **구성**
생활오수, 공장폐수, 지하수, 온천, 축산 폐수 등

② **계획오수량 산정(=계획시간 최대오수량)**
- 계획 1일 최대오수량(연중 오수량이 최대인 날의 오수량으로, 하수처리시설의 용량 결정의 기준)

> 계획 1일 최대오수량 = 계획인구 × 1인 1일 최대오수량
>   + 공장폐수량 + 지하수량 + 기타 배수량

- 계획 1일 평균오수량 = 계획 1일 최대오수량의 70~80%
- 계획시간 최대오수량 = 계획1일 최대오수량 / 24 × (1.3~1.8)
  (대도시 1.3, 중소도시 1.5, 주택단지 1.8)
- 지하수량 : 1일 1인 최대오수량의 20% 이하

3 계획우수량

① **유출량** : 일반적으로 불투수 도시지역에서는 합리식 적용

> $Q = CIA$
> (C : 유출계수, I : 강우강도, A : 유역면적)

Talbot식
(가장 널리 사용)
	$I = \dfrac{a}{t+b}$
	여기서, I : 강우강도(mm/hr)
	         t : 지속시간(min)
	        a, b : 지역에 따른 상수

Sherman 식	$I = \dfrac{C}{t^n}$
	여기서, C : 지역에 따른 상수
	        t : 지속시간(min)
	       n : 0.4~0.6

Japanese 식 (Kuno식)	$I = \dfrac{d}{\sqrt{t}+e}$ 여기서, t : 지속시간(min) d, c : 지역에 따른 상수

② 유달시간 = 유입시간 + 유하시간 ($t = t_1 + t_2$)

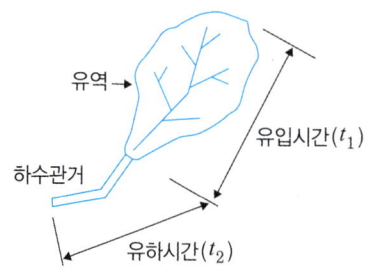

③ **유입시간 산정(t_1)**

㉠ **Kerby식** : 가장 흔하게 사용

$$t_1 = 1.44 \left(\dfrac{L \cdot n}{S^{1/2}} \right)^{0.467}$$

여기서, t_1 : 유입시간(min)
       L : 지표면거리(m)
       S : 지표면의 평균경사
       n : 조도계수와 유사한 지체계수(다음 표 참조)

〈Kerby식에서의 n값〉

표면 형태	n
매끄러운 불투수표면(smooth impervious surface)	0.02
매끄러운 나대지(smooth bare packed soil)	0.10
경작지나 기복이 있는 나대지(poor grass, cultivated row crops or moderately bare surfaces)	0.20
활엽수(deciduous timberland)	0.50
초지 또는 잔디(pasture or average grass)	0.40
침엽수, 깊은 표토층을 가진 활엽수림지대(conifer timberland, deciduous timberland with deep forest litter, or dense grass)	0.80

ⓒ 스에이시 식

$$t_1 = \left(\frac{n_e \cdot L}{S^{1/2} \cdot I^{2/3}}\right)^{3/5}$$

여기서, n_e : 최소단위배수구역의 등가조도계수(等價粗度係數)
  I : 설계강우강도

④ 유하시간 산정(t_2)

$$t_2 = \frac{L}{\alpha \cdot V}$$

여기서, t_2 : 유하시간(min)
  L : 관거연장(m)
  V : Manning공식에 의한 평균유속(m/s)
  α : 홍수의 이동속도에 대한 보정계수

⑤ 지체현상
  ㉠ 전 유역에 내린 우수가 최하류 지점에 동시에 모이는 경우가 없을 때를 지체현상이라 한다.
  ㉡ 유달시간(T) < 강우지속시간(t) : 동시에 모이는 일이 있다.
  ㉢ 유달시간(T) > 강우지속시간(t) : 동시에 모이는 일이 없다(지체현상 발생).

4 하수관거 불명수량 산정방법

① 물사용량 평가법

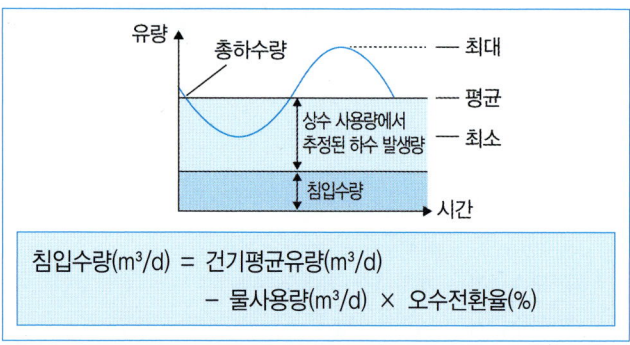

침입수량(m³/d) = 건기평균유량(m³/d)
  − 물사용량(m³/d) × 오수전환율(%)

② 일최대 − 최소유량 평가법

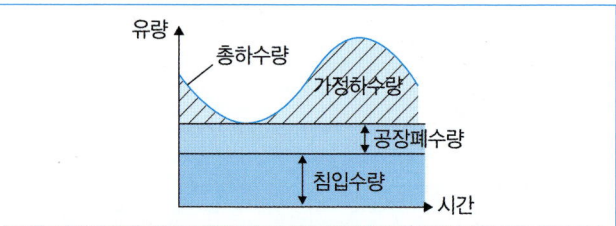

가정하수량 = $\dfrac{\sum(Q_i - Q_{min})}{n}$

침입수량 = $\dfrac{\sum Q_i - \sum(Q_i - Q_{min}) - \sum Q_E}{n} = Q_{min} - Q_E$

여기서, Q_i : 전체 발생하수량(m³/d)
  Q_{min} : 일최소유량(m³/d)
  Q_E : 24시간 조업하는 공장폐수량(m³/d)
  n : 측정일수

③ 일최대유량 평가법

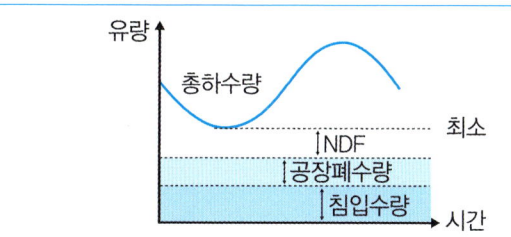

침입수량(m³/d) = Max(Q_{min}) − Min(Q_{min})

여기서,
Max(Q_{min}) = 측정기간 중 일최소유량 중 최대값
Min(Q_{min}) = 측정기간 중 일최소유량 중 최소값

④ 야간생활하수 평가법

침입수량(m³/d) = $Q_{min} - Q_{NDF} - Q_E$

여기서, Q_{min} = 일최소유량(m³/d)
Q_{NDF} = 야간생활하수량(m³/d)
Q_E = 공장폐수량(m³/d)

5 하수처리수 재이용 기본계획

① 하수처리 재이용수는 용도별 요구되는 수질기준을 만족하여야 한다.
② 하수처리수 재이용지역은 가급적 해당지역 내의 대규모 지역 범위로 한정하여 계획한다.
③ 하수처리 재이용수의 용도는 생활용수, 공업용수, 농업용수, 유지용수를 기본으로 계획한다.
④ 하수처리수 재이용량은 해당지역 물 재이용 관리계획과에서 제시된 재이용량을 참고하여 계획하여야 한다.

대표기출문제

문제. 주요 관로별 계획하수량으로서 틀린 것은? 2022년 1회

① 오수관로 : 계획시간 최대오수량
② 차집관로 : 우천 시 계획오수량
③ 오수관로 : 계획우수량 + 계획오수량
④ 합류식 관로 : 계획시간 최대오수량 + 계획우수량

정답 ③
해설 오수관로 : 계획시간 최대오수량

대표기출문제

문제. 계획오수량을 결정하는 방법에 대한 설명으로 틀린 것은? 2021년 2회

① 지하수량은 1일 1인 최대오수량의 20% 이하로 한다.
② 생활오수량의 1일 1인 최대오수량은 1일 1인 최대급수량을 감안하여 결정한다.
③ 계획 1일 평균오수량은 계획 1일 최소오수량의 1.3~1.8배를 사용한다.
④ 합류식에서 우천 시 계획오수량은 원칙적으로 계획시간 최대오수량의 3배 이상으로 한다.

정답 ③
해설 계획1일 평균오수량은 계획1일 최대오수량의 0.7~0.8배를 사용한다.

대표기출문제

문제. 배수면적이 2km²인 유역 내 강우의 하수관로 유입시간이 6분, 유출계수가 0.70일 때 하수관로 내 유속이 2m/s인 1km 길이의 하수관에서 유출되는 우수량은? (단, 강우강도 $I=\dfrac{3500}{t+25}mm/h$, t의 단위 : [분])　　2021년 1회

① 0.3m³/s　　② 2.6m³/s
③ 34.6m³/s　　④ 43.9m³/s

정답 ③

해설 강우지속시간(유달시간으로 검토) $t = t_1 + t_2$

유입시간 $t_1 = 6\min$

유하시간 $t_2 = \dfrac{L}{V} = \dfrac{1000}{2\times 60} = 8.33\min$

$t = 6 + 8.33 = 14.33\min$

$I = \dfrac{3500}{14.33+25} = 89 mm/hr$

$Q = CIA = 0.7 \times 89 \times 10^{-3}/3600 \times 2 \times 10^6 = 34.6 m^3/s$

대표기출문제

문제. 관로별 계획하수량에 대한 설명으로 옳지 않은 것은?　　2019년 1회

① 오수관로에서는 계획시간 최대오수량으로 한다.
② 우수관로에서는 계획우수량으로 한다.
③ 합류식 관로는 계획시간 최대오수량에 계획우수량을 합한 것으로 한다.
④ 차집관로는 계획 1일 최대오수량에 우천시 계획우수량을 합한 것으로 한다.

정답 ④

해설 차집관로는 계획시간 최대오수량의 3배 또는 우천시 계획우수량을 합한 것으로 한다.

06
PART

하수관로

11. 하수관로
12. 하수관로 부대시설

11 하수관로

1 관로의 유속과 구배

- 하류로 갈수록 유속은 크게 설계
- 하류로 갈수록 구배는 작게 설계
- 하류로 갈수록 관경은 크게 설계
⇒ 하류로 갈수록 유속과 관경(유량)은 크게, 구배는 작게 한다.

① 하수관로 유속
  ㉠ 오수관거 및 차집관거 : 0.6~3.0m/s
  ㉡ 우수관거 및 합류관거 : 0.8~3.0m/s
  ㉢ 이상적인 유속 : 1.0~1.8m/s

참조
상수도 도수 및 송수관의 유속범위 0.3~3.0m/s

  ㉣ 관 조도계수 및 마찰손실, 유속 산정 : Manning 공식, Chezy 공식, Kutter 공식, Hazen-Williams 공식 사용

📖 **Hazen-Williams 유속공식**

$$V = 0.84935 C_{HW} R_h^{0.63} I^{0.54} \quad (V \propto D^{0.63} \times L^{-0.54})$$
$$Q = AV \text{에서}, \quad Q \propto D^{2.63} \times L^{-0.54}$$

📖 **Manning 유속공식**

$$V = \frac{1}{n} R_h^{2/3} I^{1/2}$$

📖 **Chezy 유속공식**

$$V = C\sqrt{R_h I}$$

② 하수관 구배(구배 결정 후 관경 결정)
  ㉠ 평탄지역에서는 관경의 역수로 취한다(mm).
  ㉡ 적정 구배지역은 평탄지의 1.5배
  ㉢ 급구배 지역은 평탄지의 2.0배

2 하수관의 종류

① 원심력 콘크리트관(흄관)
  일반적으로 사용, 수밀성 및 외압저항강도 우수, 산과 알카리에 취약

② 도관
  300mm 이하 소구경에 주로 사용, 산과 알카리 저항 우수, 이형관 제작 유리, 충격에 불리

③ PSC관
  물리적 특성 우수, 가격이 고가

④ PVC관
  열과 처짐에 취약

📖 **하수관 종류 결정시 고려사항**
- 외압에 대한 저항성이 우수할 것
- 관거 내면이 매끈할 것
- 이음 및 시공성이 우수할 것
- 수밀성과 신축성이 우수할 것
- 시공이 용이하며 건설비가 저렴할 것
- 유지관리가 용이할 것

📖 **하수관 단면 결정시 고려사항**
- 수리학적으로 유리한 단면
- 유량변동에 따른 유속의 변화가 작은 단면(원형)
  ‣ 원형단면 유속최대 수심 : 0.81D
  ‣ 원형단면 유량최대 수심 : 0.94D

3 관거의 매설

① 최소관경과 매설깊이

구분	최소관경	최소매설위치
오수관거	200mm	1.0m
우수 및 합류관거	250mm	차도 1.2m, 보도 1.0m

② 매설위치 결정시 고려사항

　㉠ 지하수위와 토질조건
　㉡ 한랭지는 동결심도 고려한다.
　㉢ 도로계획상의 최소요구 피복두께
　㉣ 상수관 등 지하매설물과의 횡단문제

③ 매설에 따라 관이 받는 압력

　㉠ Marston 공식에 따라,
　　　관이 받는 하중 $W = C_1 \gamma B^2$ (kN/m)
　㉡ C_1 매설토의 두께와 종류에 따른 상수
　㉢ γ 매설토의 단위중량
　㉣ $B = 1.5d + 0.3m$ 관 매설을 위해 굴착한 도랑의 폭
　　(d 관의 내경)

> **하수도 매설공법**
> - 개착공법
> - 비개착공법(터널공법) : 추진공법(NATM 등), 쉴드공법 등

④ 하수관거 배치방식

배제방식	자연유하식	압송식
경사	하향경사 유지	–
매설깊이	깊음	얕음
지하수 등 불명수 침입	우려	없음
유지관리	용이	어려움

4 관거의 접합

① 수면접합 : 계획수위를 일치시켜 접합
수리학적으로 가장 유리한 접합방법

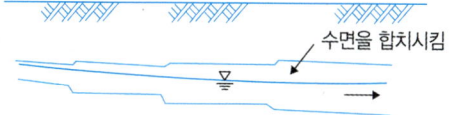

② 관정접합 : 관정을 일치시켜 접합
- 흐름은 원활하지만, 굴착깊이가 커져서 공사비가 증대
- 펌프로 배수하는 지역에서는 양정이 상승하게 된다.
- 수위의 저하가 크고 지세가 급한 곳에서 효율적

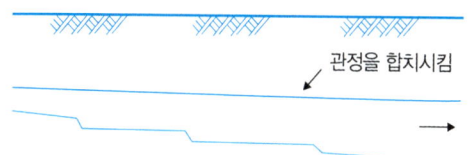

③ 관중심접합 : 관중심을 일치시키는 접합
계획하수량에 대응하는 수위 산출필요가 없으므로 수면접합에 준용

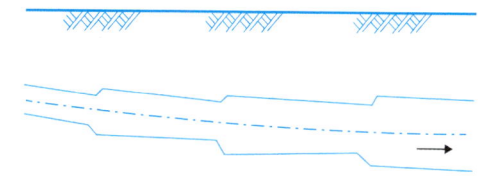

④ 관저접합 : 관저를 일치시키는 접합
- 굴착깊이가 얕아 공사비 절감
- 수위상승 방지, 양정고 감소
- 상류부에서는 동사경사보다 관정이 높아질 우려가 있다.
- 수리학적으로 가장 부적절하지만 가장 경제적인 접합방법
- 펌프로 배수하는 지역에 적합

⑤ 단차접합
- 경사가 매우 급한 경우, 관거 구배와 토공량 감소를 위해 적용
- 1개 단차당 1.5m 이하
- 0.6m 이상 단차를 가지는 합류관 및 오수관에는 부관 적용

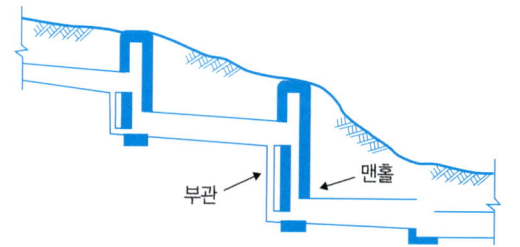

⑥ 계단접합
- 경사가 매우 급한 경우, 관거 구배와 토공량 감소를 위해 적용
- 대구경 관거 및 현장타설 관거에 설치
- 1계단 당 0.3m 이하

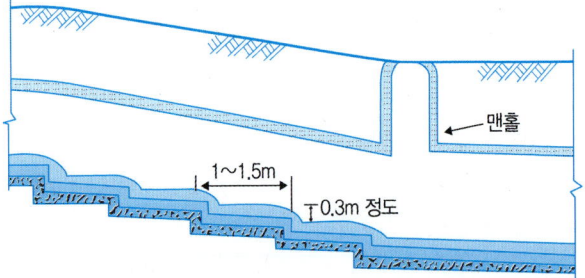

5 관리와 유지관리

① 관정부식

하수 내 유기물, 단백질 기타 황화합물이 혐기성 상태에서 분해되어 생성되는 황화수소(H_2S)가 하수관 내의 공기 중으로 솟아오르면 호기성 미생물에 의해서 SO_2나 SO_3가 된다. 이들이 관정부(管頂部)의 물방울에 녹아서 황산(H_2SO_4)이 된다. 이 황산이 콘크리트관에 함유된 철(Fe), 칼슘(Ca), 알루미늄(Al) 등과 반응하여 황산염이 되어 콘크리트관을 부식·파괴하는 현상이다.

② 관정부식 방지대책
- 유속 증대로 퇴적 방지 → 혐기상태 예방
- 용존산소 농도 증대 → 생성된 황화물질 변화
- 라이닝, 역청제 주입, 내식성 재료사용, 에폭시 코팅
- 살균제(염소) 주입 → 박테리아 번식 억제

대표기출문제

문제. 자연유하방식과 비교할 때 압송식 하수도에 관한 특징으로 틀린 것은? 2022년 1회

① 불명수(지하수 등)의 침입이 없다.
② 하향식 경사를 필요로 하지 않는다.
③ 관로의 매설깊이를 낮게 할 수 있다.
④ 유지관리가 비교적 간편하고 관로 점검이 용이하다.

정답 ④
해설 자연유하방식이 유지관리가 간편하고 점검이 용이하다.

대표기출문제

문제. 하수관의 접합방법에 관한 설명으로 틀린 것은? 2021년 2회

① 관중심접합은 관의 중심을 일치시키는 방법이다.
② 관저접합은 관의 내면하부를 일치시키는 방법이다.
③ 단차접합은 지표의 경사가 급한 경우에 이용되는 방법이다.
④ 관정접합은 토공량을 줄이기 위하여 평탄한 지형에 많이 이용되는 방법이다.

정답 ④
해설 관정접합은 토공량을 줄이기 위하여 평탄한 지형에 많이 이용되는 방법이다.

🛡️ 대표기출문제

문제. 도수관에서 유량을 Hazen-Williams 공식으로 다음과 같이 나타내었을 때 a, b의 값은? (단, C: 유속계수, D: 관의 지름, I: 동수경사)
　　　　　　　　　　　　　　　　　　　　2020년 4회

$$Q = 0.84935 CD^a I^b$$

① a=0.63, b=0.54　　② a=0.63, b=2.54
③ a=2.63, b=2.54　　④ a=2.63, b=0.54

정답 ④

해설 $V = 0.84935 C_{HW} R_h^{0.63} I^{0.54}$
$Q = AV$ 이므로, $Q = 0.84935 CD^{2.63} I^{0.54}$

🛡️ 대표기출문제

문제. 하수관로 설계 기준에 대한 설명으로 옳지 않은 것은?
　　　　　　　　　　　　　　　　　　　　2019년 3회

① 관경은 하류로 갈수록 크게 한다.
② 유속은 하류로 갈수록 작게 한다.
③ 경사는 하류로 갈수록 완만하게 한다.
④ 오수관로의 유속은 0.6~3m/s가 적당하다.

정답 ②

해설 하류로 갈수록 유속과 관경(유량)은 크게, 구배는 작게 한다.

12 CHAPTER 하수관로 부대시설

1 관거의 이음

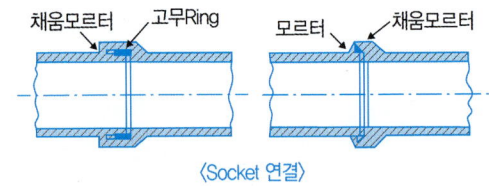

〈Socket 연결〉

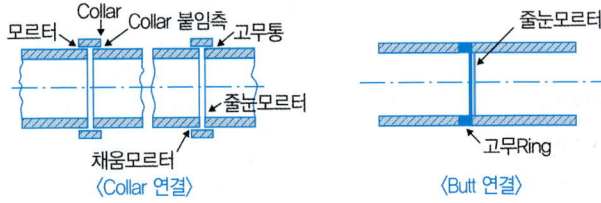

〈Collar 연결〉 〈Butt 연결〉

① 소켓 이음
  ㉠ 도관 및 콘크리트관의 이음에 주로 사용한다.
  ㉡ 소구경관의 이음에 주로 사용한다.
  ㉢ 고무링을 이용하여 수밀성을 확보한다.

② 칼라 이음
  ㉠ 주로 흄관의 접합에 사용하는 방법이다.
  ㉡ 접합부의 강도가 높아 누수가 적다.

③ 맞물림 이음
  ㉠ 중·대구경관의 이음에 주로 사용한다.
  ㉡ 연결부의 두께가 얇아 연결부가 약하고 누수가 발생된다.

2 맨홀

① 설치목적
  관의 유지보수, 청소, 점검, 통풍 및 환기, 접합

② 설치장소
  • 관거 기점
    – 방향, 경사, 관경이 변경되는 곳
    – 단차 및 합류하는 곳
    – 유지관리상 필요하다고 판단되는 곳

③ 설치간격

관경(mm)	300 이하	600 이하	1,000 이하	1,500 이하	1,650 이상
최대간격(m)	50	75	100	150	200

📖 **인버트**
맨홀 내 퇴적물이 쌓이는 것을 방지하는 시설

📖 **등공(Lamp Hole)**
• 맨홀간격이 길거나 곡선부가 있는 관거에 설치하는 조명장치
• 작업원에게 위치를 알리기 위해 맨홀 대용으로 설치

3 우수토실

① 합류식 하수도에서 우천시 계획하수량 이상의 하수를 하천으로 방류하기 위해 설치한 시설
② 관로의 단면을 줄이고, 배수펌프장이나 하수처리장의 부담을 줄이기 위해 설치한다.
③ 우수토실에서의 월류량은 계획하수량에서 우천시 하수량을 뺀 값으로 한다.

4 역사이펀

하수관거가 하천, 철도, 지하철 등의 장애물을 횡단하는 경우 설치하는 시설

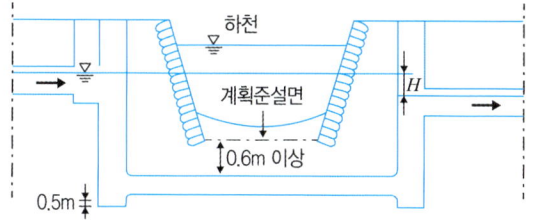

설계시 고려사항
① 관내 유속은 상층부보다 20~30% 증가시킨다.
② 상·하류 복월실에는 진흙받이를 설치한다.
③ 역사이펀의 입구, 출구는 손실수두를 줄이기 위해 종구(Bell Mouth)형으로 설치한다.

5 우수조정지(유수지)

장마 및 호우 등으로 급격하게 증가된 우수를 임시로 저장
→ 도시지역 침수 방지, 하수 유량조절, 하수도 및 배수시설 보호
→ 홍수조절용 저수지 기능

① **설치장소**
  - 하수관거 및 방류수로의 유하능력이 부족한 곳
  - 하류펌프장의 능력이 부족한 곳

② **형식**

구조형식	모양	특징
댐식	제방/방류관거	자연유하식으로 방류
굴착식	도로/관거	자연유하식, 펌프배수, 수문조작 등으로 방류
지하식	도로/관거/펌프	펌프배수식으로 방류
현지저류식	A동/진입로/B동, 우수관거/U형측구	자연유하식으로 방류

- 직사각형이나 정사각형을 표준
- 실제용량은 여유율 20%를 더해서 계획
- 유효수심 3~5m
- 수밀한 철근콘크리트구조로 부력에 안전하도록 계획
- 조내 침전물 발생 및 부패를 방지하기 위해서 교반장치 설치
- 자연유하식 방류를 원칙으로 한다.

③ **적용성**
  - 유입수량과 수질의 변동폭이 큰 소규모 하수처리시설의 경우
  - 수처리시설의 체류시간이 비교적 짧거나 유입수량의 변화에 악영향을 받기 쉬운 경우

④ **효과**
  - 충격부하 감소
  - 독성물질 희석 → 생물학적 처리효율 증대
  - 고형물 부하 안정 → 최종침전지 농축기능 안정 → 처리 수질 안정
  - 여과지 소요면적 감소 및 역세주기 일정화

6 우수저류지

① 홍수 등 급격한 우수의 증가시, 우수토실의 월류수 및 배수펌프장내 방류수를 저류
② 저류시간 동안 침전 등의 작용으로 오염부하량 감소
③ **설치 목적**
  - 우천시 합류식 하수의 일시 저류
  - 우천시 합류식 하수의 침전
  - 우수 유출량의 조절
  - 우천시 방류부하량의 감소
  - 처리장으로 유입되는 유입 하수량의 조절

7 기타시설

① **측구** : 도로 측면에 설치되는 배수로
② **우수받이** : 우수를 하수관거로 유입시키는 시설
③ **오수받이** : 생활오수 및 공장폐수를 하수관거로 유입시키는 시설로 저부에는 인버트를 설치한다.

④ 취부관(연결관)
- 우수받이 및 오수받이를 하수본관에 연결시키는 장치
- 본관 중심보다 위쪽에 설치

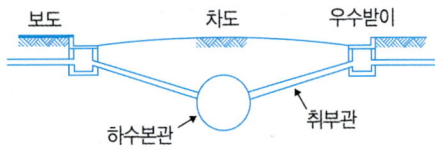

⑤ 우수토실
- 합류식 하수도에서 우천시 계획하수량 이상의 하수를 하천으로 방류하기 위해 설치한 시설
- 관로의 단면을 줄이고, 배수펌프장이나 하수처리장의 부담을 줄이기 위해 설치한다.
- 우수토실에서의 월류량은 계획하수량에서 우천시 하수량을 뺀 값으로 한다.

⑥ 스월 조절조
- 합류식 하수관거의 우천시 방류부하량을 감소시키기 위한 시설
- 우수토실 대체 시설

⑦ 토구
우수 및 월류하수, 처리수 등을 공공수역에 방류하는 시설

대표기출문제

문제. 맨홀 설치 시 관경에 따라 맨홀의 최대 간격에 차이가 있다. 관로 직선부에서 관경 600mm 초과 1,000mm 이하에서 맨홀의 최대 간격 표준은? 2022년 1회

① 60m ② 75m
③ 90m ④ 100m

정답 ④
해설

관경(mm)	300 이하	600 이하	1,000 이하	1,500 이하	1,650 이상
최대간격(m)	50	75	100	150	200

대표기출문제

문제. 우수 조정지의 구조형식으로 옳지 않은 것은? 2021년 3회

① 댐식(제방높이 15m 미만)
② 월류식
③ 지하식
④ 굴착식

정답 ②
해설 우수 조정지 형식 : 댐식, 굴착식, 지하식, 현지저류식

07 PART

하수처리장

13. 하수처리장 시설
14. 슬러지 처리

13 하수처리장 시설

1 하수처리계획

① 주요 처리대상 오염물질
   부유물질(SS), 유기물질(BOD, COD), 질소(N), 인(P)

② 계획하수량
   - 처리시설 : 계획 1일 최대오수량
   - 처리관거 : 계획 시간 최대오수량

③ 처리의 구분
   - 물리적 공정 : 침전, 여과, 분리, 역삼투, 탈취, 폭기 등
   - 화학적 공정 : pH 조절, 응집, 살균, 소각, 흡착 등
   - 생물학적 공정 : 소화, 부패(호기성 및 혐기성 분해) 등

④ 하수처리공정

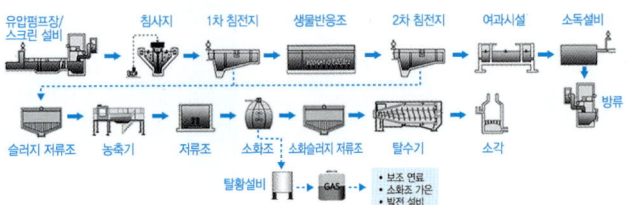

⑤ 하수처리단계
   - 예비처리(전처리) : 스크린 및 침사지에서, pH 조정, 나무, 토사 등 제거
   - 1차처리 : 1차 침전지에서 현탁고형물을 침전 제거
   - 2차처리 : 2차 침전지에서 미생물을 이용하여 유기물 제거 (활성슬러지법, 살수여상법, 회전원판법, 산화지법)
   - 3차처리(고도처리) : 염소소독 및 질소, 인 제거

2 스크린

① 하수처리의 첫 단계로 하수처리장으로 유입되는 하수에서 비교적 큰 부유물(나무조각, 걸레, 음식찌꺼기 등)을 제거하는 방법이다.

② 종류

조목 스크린	침사지 앞에 망목의 크기가 50mm 이상인 조목 스크린을 설치하는 스크린
세목 스크린	침사지 뒤에 망목의 크기가 50mm 이하인 세목 스크린을 설치하는 스크린

3 침사지

① 하수 중의 직경 0.2mm 이상의 비부패성 무기물 및 입자가 큰 부유물을 제거하여 방류수역의 오염 및 토사의 침전을 방지하고 또는 펌프 및 처리시설의 파손이나 폐쇄를 방지하여 펌프 및 처리시설 앞에 설치하는 시설

② 구조
   ㉠ 수밀콘크리트 구조
   ㉡ **저부경사** : 1/100~2/100 정도
   ㉢ 유입부는 편류 방지하도록 한다.
   ㉣ 합류식은 오수전용과 우수전용으로 설치하는 것이 양호하다.

③ 침사지의 설계기준

형상	직사각형, 정사각형 모양
지수	2지 이상
평균유속	0.3m/sec를 표준
체류시간	30~60초를 표준
수심	표면부하율, 평균유속, 체류시간에 따라 정한다.

4 1차 침전지

① 1차 처리 및 생물학적 처리를 위한 예비처리의 역할을 수행한다.
② 오수 중 비중이 비교적 큰 부유물질(SS)을 침전시킨다.
③ 최초 침전지에서 제거되는 슬러지는 일반적으로 농축조로 이송되어 슬러지의 함수율을 낮게 하여 슬러지량을 감소시킨다.
④ 구조
  ㉠ 형상 : 원형, 직사각형, 정사각형
  ㉡ 직사각형 : 폭과 길이의 비 1:3~1:5, 폭과 깊이의 비 1:1~1:2.25
  ㉢ 지수 : 최소한 2지 이상
  ㉣ 체류시간 : 2~4시간 정도
  ㉤ 표면 부하율 : 계획 1일 최대오수량에 대하여 25~40m³/m²·day로 한다.
  ㉥ 유효수심 : 2.5~4m를 표준

5 폭기조

〈구조〉

형상	직사각형, 정사각형(폭은 수심의 1~2배)
폭기조 수	2조 이상
용량	계획하수량, 유기물 질량, 유입수의 BOD 농도, F/M비, MLSS농도, 폭기시간 등에 의해 결정
여유고	80cm 정도
유효수심	4~6m 정도

6 2차 침전지

① 폭기조 유출수에 함유된 부유물을 침전시키며 슬러지 제거기를 이용하여 침전 슬러지를 제거하는 시설
② 목적 : 폭기조 유출수에 함유된 부유물과 생물학적 처리과정에서 발생되는 슬러지를 침전·제거시켜 맑고 깨끗한 처리수를 얻는 것
③ 구조
  ㉠ 형상 : 원형, 직사각형, 정사각형
  ㉡ 직사각형 : 폭과 길이의 비 1:3~1:5
       폭과 깊이의 비 1:1~1:2.25
  ㉢ 지수 : 최소한 2지 이상

  ㉣ 체류시간 : 계획 1일 최대오수량에 대하여 3~5시간으로 한다.
  ㉤ 유효수심 : 2.5~4m를 표준
  ㉥ 표면부하율은 표준활성슬러지의 경우, 계획1일최대오수량에 대하여 20~30m³/m²·d로 한다.
  ㉦ 수면 여유고 : 40~60cm 정도

7 하수처리방법

① 처리방법의 분류
  • 부유성장 방식 : 활성슬러지법, 산화지법
  • 고정성장 방식 : 살수여상법, 회전원판법

구분		활성슬러지법	살수여상법	회전원판법	산화지법
제거율	BOD	90%	82%	80~90%	70~80%
	SS	88%	79%	80~85%	70~80%
소요대지면적		서로 비슷하다		좁다	매우 넓다
찌꺼기생산량		비교적 많다	적다	적다	적다
소요동력		크다	반송률에 달려 있다	작다	없다
유지관리		어렵다	약간 어렵다	어렵다	쉽다

② 활성슬러지법
  • 폭기조 내의 하수에 산소 공급 → 호기성 미생물에 의한 분해 + 폭기에 의한 교반 → 부유물과 콜로이드를 응집 → 활성슬러지 플록 형성 → 활성슬러지를 이용하여 하수 정화

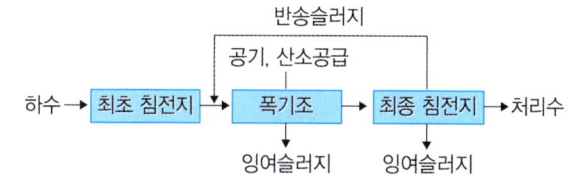

  • BOD 용적부하

폭기조 1m³당 유입 BOD량(하수처리시설 설계 및 유지관리지표)
BOD 용적부하 = 1일 BOD 유입량 / (1 + 반송률) / 폭기조 체적
        = BOD 농도 / (1 + 반송률) / 체류시간
$$= \frac{Q_i \times X_i/(1+r)}{Ah} = \frac{X_i/(1+r)}{t} \quad (Q_i = Ah/t)$$

예제

문제. 3,000m³/day 유입하수의 BOD 농도가 0.2kg/m³인 오수를 500m³ 체적의 폭기조로 처리하고자 한다. 이때 용적부하는?

해설 $\dfrac{3000 \times 0.2}{500} = 1.2 kg/m^3/day$

참조 $1 mg/l = 1 g/m^3$

- **BOD슬러지부하(F/M비, BOD 부하)**

단위시간에 대한 폭기조 내 슬러지(MLSS) 1kg당 BOD 중량비
BOD 슬러지부하 = 1일 BOD 유입량 / (MLSS × A × h)
= 유입 BOD 농도 / MLSS 농도 / 체류시간

$$FM = \dfrac{Q_i \times X_i}{A \times h \times X} = \dfrac{X_i}{X \times t} \quad (Q_i = Ah/t)$$

예제

문제. 1,000m³/day 유입하수의 BOD 농도가 0.2kg/m³인 오수를 활성슬러지법으로 처리하고자 한다. 폭기조 MLSS 농도를 2kg/m³로 유지하고 F/M비를 0.1로 운전할 경우, 필요한 폭기조 체류시간은?

해설 $0.1 = \dfrac{0.2}{2 \times t}$ 에서, $t = 1 day = 12 hr$

- **폭기시간(수리학적 체류시간, HRT)**

하수가 폭기조에 체류하는 시간
폭기조 체적 = 유입하수량 × (1 + 반송률) × 체류시간
$A \times h = Q_i \times (1+r) \times t$

예제

문제. 20,000m³/day 유입하수의 BOD 농도가 200mg/l인 오수를 체류시간 8시간으로 처리하기 위한 폭기조의 용적과 BOD 용적부하는 얼마인가?(단, 슬러지 반송률은 20%이다.)

해설 폭기조 체적 = 하수량 × (1 + 반송률) × 체류시간
$A \times h = 20 \times 10^3 \times (1+0.2) \times 8/24$ 에서,
폭기조 체적 = $8,000 m^3$
BOD 용적부하 = BOD 농도 / (1 + 반송률) / 체류시간
$= \dfrac{0.2/(1+0.2)}{8/24} = 0.5 kg/m^3/day$

- **고형물 체류시간(SRT, Solid Retention Time)**

최종침전지의 슬러지 일부는 다시 반송되어 폭기조에 투입(순환반복) → 처리공정에서 상당시간 처리시설에서 체류

폭기조내 MLSS 농도 × 폭기조 체적
= 처리공정 중 슬러지의 평균체류시간(SRT) ×
(반송슬러지 농도 × 반송슬러지량 + 처리수 농도 × 처리수량)
$X \times A \times h = SRT \times (X_r \times Q_r + X_e \times Q_e)$

- 계산시에는 반송슬러지량과 잉여슬러지량을 동일하게 적용
- 처리수량(Q_e) = 유입수량(Q_i) - 반송슬러지량(Q_r)

- **슬러지 용적(SV)**

폭기조 내의 오수 1l를 30분간 침전시켰을 때, 침전된 슬러지 체적(ml)

- **슬러지 지표(SVI)**

폭기조 내의 오수 1l를 30분간 침전시켰을 때, 1g의 MLSS에 해당하는 슬러지의 체적(ml)

$$SVI = \dfrac{SV}{X}$$

㉠ SVI 적을수록 침강성이 좋다.
㉡ SVI = 50~150 : 침강성 양호
㉢ SVI = 200 이상 : 슬러지 팽화 발생
㉣ SVI 적을수록, 반송률이 클수록 MLSS 농도는 커진다.

• 슬러지 지표(SDI)

$$SDI = \frac{100}{SVI}$$

• 슬러지 반송비

반송유량 × (반송슬러지 농도 − 폭기조 내 MLSS 농도)
= 유입유량 × (폭기조 MLSS 농도 − 유입수의 SS 농도)

$Q_r \times (X_r - X) = Q_i \times (X - X_i)$

반송비 $r = \dfrac{Q_r}{Q_i} = \dfrac{X - X_i}{X_r - X}$

📖 슬러지 팽화(Sludge Bulking)

① 정의
  ㉠ 슬러지가 Floc을 잘 형성하지 못하거나 Floc은 형성하지만 잘 침전하지 못하는 상태
  ㉡ 팽하는 사상성 세균의 과다 성장에 따른 사상성 팽화와 미생물이 생산하는 점액물질의 다소에 따른 점액성 팽화로 구분할 수 있으며, 어느 경우든 SVI 값이 200을 초과하는 경우를 말한다.

② 팽화의 발생원인
  ㉠ 유입수 및 수질의 과도한 변동
  ㉡ 유기물의 과도한 부하
  ㉢ 용존산소(DO)의 부족
  ㉣ 영양염류(N, P)의 부족
  ㉤ MLSS 농도의 저하
  ㉥ 슬러지 배출량의 조절불량

③ 방지대책
  ㉠ 폭기조 내의 체류시간을 단축한다.
  ㉡ MLSS 농도를 증가시켜 F/M비를 낮춘다.
  ㉢ 슬러지 반송률을 증가시킨다.
  ㉣ 용존산소 농도를 증가시킨다.

📖 슬러지 부상(Sludge Rising)

① 정의
  ㉠ 포기조에서의 질산화와 2차 침전지에서의 탈질반응에 의해 질소가스가 생성되어 슬러지를 부상시키는 현상
  ㉡ 특히 여름철 온도가 상승되면 탈질반응이 촉진되어 슬러지 부상이 심해진다.

② 방지대책
  ㉠ 슬러지 반송률을 증가시켜, 침전조 내의 슬러지 체류시간 단축
  ㉡ 포기조의 충분한 포기로 침전지 내의 무산소 조건을 억제한다.

③ 활성슬러지 변법

• 표준활성슬러지법

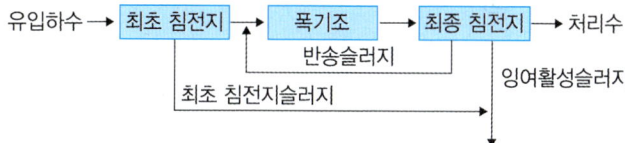

  − 침강성이 좋고 제거율이 좋다.
  − 흐름 배수통형 구조
  − 유입구 부근은 과부하로 산소부족
  − 유출구 부근은 저부하로 과포기 우려

• 계단식 포기법
  − 하수를 포기조 길이에 걸쳐 골고루 분할 주입하여 산소 요구량이 균등하고, 처리가 균등한 방법
  − 표준활성슬러지법보다 포기조 용량이 적다.
  − 표준활성슬러지법보다 포기시간이 단축된다.

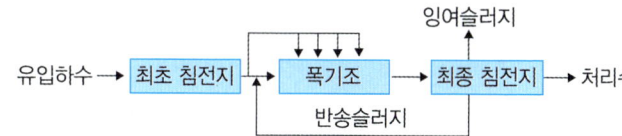

• 점감식 포기법
  표준활성슬러지법은 포기조에서 산소요구량은 유입부에서 최대가 되고 유출부에서 최소가 된다. 따라서 산소 공급을 위해 소요되는 에너지를 줄여주기 위해 유출부로 갈수록 산기장치의 간격을 벌려 공기공급량을 감소시키는 방법을 점감식 포기법이라 한다.

- **장시간 포기법**
  - 포기조에서 체류시간을 18~24시간으로 길게 체류시킨다.
  - 장시간 포기로 영양부족상태(내성호흡단계)를 유지
  - 미생물의 자기분해로 잉여슬러지 생산이 감소된다.
  - 산소소모량이 크며, 포기조의 용적이 크다.
  - 운전비가 많이 들며, 소규모 처리장에 적합한 방법이다.

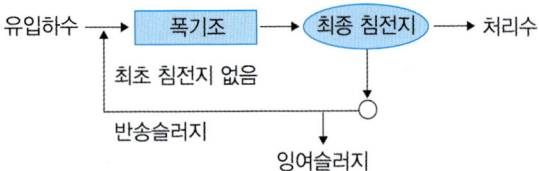

- **접촉안정법**
  - 접촉조에서 하수와 활성슬러지를 반응시켜 유기물을 흡수, 흡착에 의해 제거한다.
  - 안정조에서 포기에 의한 새로운 미생물을 생성시킨다.
  - 도시하수처리에 적합한 처리방식이다.

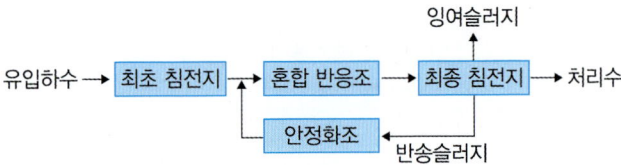

- **산화구법**
  - 질화와 탈질반응이 1개 포기조에서 진행되는 방식이다.
  - 포기시간은 대략 24~48시간
  - 소규모 처리장에 적합한 방식이다.

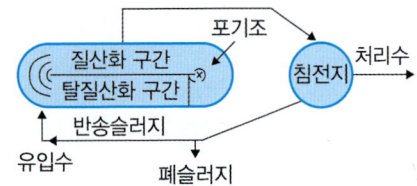

- **산화지법**
  얕은 연못에서 조류와 박테리아의 공생관계에 의해 유기물을 처리하는 방법

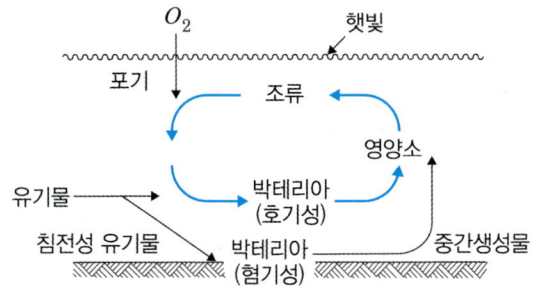

  - 특별한 조작, 동력이 필요 없어 유지비가 저렴하고, 유지관리가 쉽다.
  - 최초 공사비가 저렴하여 경제적이다.
  - 결빙에 대한 우려로 겨울철 운전효율이 떨어진다.
  - 냄새가 발생된다.
  - 소규모 하수처리장에 적합한 방식이다.

> **막미생물 공정**
> ① 막미생물 공정(생물막법) 특징
> 침전성 확보 용이, 높은 미생물 농도 유지, 낮은 FM비 유지, 슬러지 발생량 감소, 운전용이, 다양한 미생물 분포
> ② 막미생물 공정(생물막법) 종류
> 살수여상법, 회전원판법, 침지여상법, 유동상법

④ **살수여상법**
미생물이 부착되어 성장된 여재(자갈, 모래 등으로 구성된 필터층) 위에 오수를 살수하여 생물학적 작용에 의해 유기물 제거

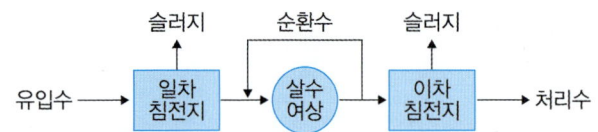

장점	단점
㉠ 폭기에 동력이 필요 없다.	㉠ 여재의 패색(Ponding)이 잘 일어난다.
㉡ 유지관리가 쉽고, 건설비, 유지비 저렴	㉡ 악취 및 여상파리(Filter Fly)가 발생
㉢ 운전이 간단	㉢ 생물막의 탈락으로 처리수가 악화되는 경우가 있다.
㉣ 수질이나 수량 변동에 덜 민감	㉣ 활성슬러지법에 비해 효율이 낮다.
㉤ 온도에 의한 영향이 적다.	㉤ 처리시설의 면적과 수두손실이 크다.
㉥ 저온에 잘 견딘다.	㉥ 처리효과가 계절에 따라 치가 크다.
㉦ 핑화(Bulking) 문제가 없다.	

⟨살수여상의 구조⟩

여상깊이	5~8m 정도 깊이
여상바닥경사	0.5/100~5/100
여상의 주벽	철근콘크리트 구조
여유고	30cm 이상

살수부하율 $I = \dfrac{Q(1+r)}{A}$

Q 계획하수량, A 여상표면적

⑥ 회전원판법

일부만 잠기는 기울어진 회전원판의 호기성 미생물에 의해 하수처리 → 회전에 따라 폭기 발생

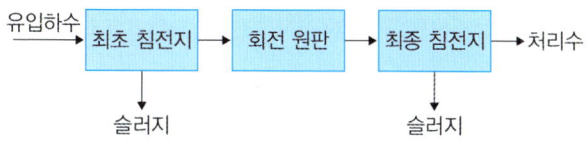

㉠ 회전원판법의 특징
- 운전관리상 조작이 간단
- **소비전력량** : 소규모 처리시설에서는 표준 활성슬러지법에 비하여 적다.
- 팽하로 인해 최종 침전지에서 일시적으로 다량의 슬러지가 유출되는 현상은 없다.
- 슬러지 팽화현상의 우려가 없다.
- 저농도 및 고농도 폐수처리 모두가 가능하다.
- 별도의 슬러지 반송이 필요 없다.
- 1차 침전지는 꼭 필요한 것은 아니다.
- 침사지와 2차 침전지는 필수적이다.

8 고도처리

① 목적 및 대상
- 수자원의 보호와 처리수의 재이용의 목적으로 2차 처리 이상으로 실시하는 처리를 일반적으로 고도처리라 한다.
- 2차 처리의 유출수를 보다 높은 수준으로 처리하기 위하여 고도처리를 실시하는데 주요제거 대상 물질은 부영양화를 유발하는 영양염류(질소, 인 등)이다.

② 물리·화학적 질소제거

㉠ 암모니아 탈기법
- 암모늄이온(NH_4^+)과 암모니아(NH_3)는 pH와 수온에 따라 다음과 같은 평형을 이룬다.

$$NH_4^+ + OH^- \leftrightarrow NH_3 + H_2O$$

- 석회를 이용하여 pH를 11 이상으로 충분히 높여 NH_4^+을 NH_3로 전환시킨다.
- 탈암모니아탑에서 다량의 공기와 접촉시킨다.
- 대기 중으로 방출시킨다.

㉡ 이온교환법
- 양이온 교환수지의 선택성을 이용하여 질소를 제거한다.
- 동절기에도 사용이 가능한 방법이다.

㉢ 불연속점 염소처리법
- HOCl, OCl 등의 염소화합물의 산화력을 이용하여 암노니아성 질소를 질소가스 상태까지 산화시키는 방법
- 유기물과 질소를 동시에 제거할 수 있는 장점을 갖고 있다.
- 연소 등 약품비의 소모가 크다.
- 잔류염소의 독성으로 방류수역의 생태계가 교란될 수 있다.

③ 생물학적 질소제거
- 폐수 중의 질소는 유기성 질소(Organic-N), 암모니아성 질소(NH_3-N)의 형태로 존재한다.
- 호기성 조건에서 유기성 질소, 암모니아성 질소는 아질산성 질소(NO_2^--N), 질산성 질소(NO_3^--N)로 질산화된 후, 혐기성 조건에서 탈질균에 의해 질산화 물질이 질소가스(N_2)로 대기 중에 방출된다.

질산화 및 탈질반응

㉠ 질산화 반응(호기성 조건)

NH_3^- – N → NO_2^- – N → NO_3^- – N

ⓒ 탈질산화 반응(혐기성 조건) ⇒ 대기중 방출

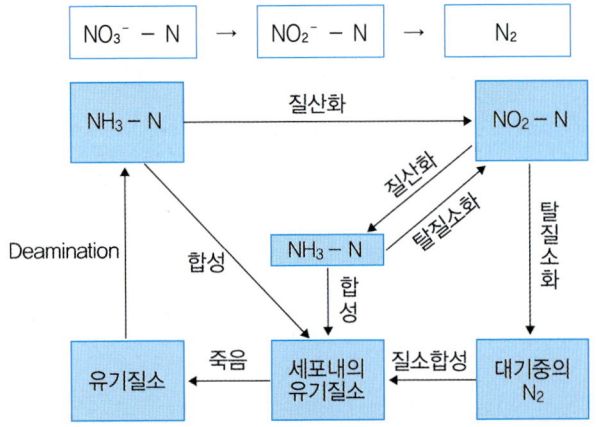

④ 물리·화학적 인 제거
  ㉠ 응집침전법
    Al, Fe 계통의 응집제를 투입하여 인산염을 응집, 침전시켜 제거하는 방법
  ㉡ 정석탈인법
    Ca^{2+}, OH^-을 주입시켜 인산염과 반응시켜 불용성 아파타이트를 생성시켜 침전시키는 방법

⑤ 생물학적 인 제거
  ㉠ 원리
    무산소 상태에서 인을 방출하고 산소상태에서 인을 과잉섭취하는 미생물(인축적미생물 : Acinetobator)에 의해 인을 제거한다.
  ㉡ 방법
    • A/O 공법(Anoxic/Oxic Process)
    • Phostrip Process

⑥ 질소와 인의 동시 제거
  ㉠ A^2/O 공법(Anaerobic-Anoxic/Oxic Process)
    • 혐기조-무산소/산소조의 흐름을 유지한다.
    • A/O 공법의 전단에 Anaerobic조를 추가하여 인제거 효율을 상승시킨 방법이다.
  ㉡ 수정 바덴포 공법
    인 제거율을 상승시키기 위해 바덴포 공정의 맨 앞에 혐기조를 추가한 방법이다.
  ㉢ 수정 포스트립 공법
    인 제거를 위해 개발된 기존의 포스트립 공법을 수정하여 질소의 생물학적 처리도 병행할 수 있도록 한 방법이다.
  ㉣ UCT 공법
    혼합액과 슬러지의 반송조작을 통하여 혐기조에 질산화물의 유입을 최대로 억제하여 인 제거 효율을 향상시킨 방법이다.
  ㉤ VIP 공법
    기본 공정은 UCT 공법과 같지만 고율로 운전하여 인 제거율을 높이고 반응조의 크기를 줄일 수 있는 방법이다.
  ㉥ SBR 공법
    복잡한 조작과 기술적 문제가 많아 초기에는 소규모 하수처리장에만 사용되었다. 최근 계측장비의 개발과 관리방법이 개선되어 관심이 집중되고 있다.

📖 SBR(연속회분식 활성슬러지법, Sequencing Batch Reator)
• 한 반응조에서 유입, 반응, 침전, 배출, 휴지 공정을 연속적으로 수행
• MLSS 누출없음
• 공정변경 용이
• 까다로운 운영관리
• 주로 소규모 처리장에서 적용

🛡 대표기출문제

문제. 하수처리에 관한 설명으로 틀린 것은?   2020년 3회

① 하수처리 방법은 크게 물리적, 화학적, 생물학적 처리공정으로 분류된다.
② 화학적 처리공정은 소독, 중화, 산화 및 환원, 이온교환 등이 있다.
③ 물리적 처리공정은 여과, 침사, 활성탄 흡착, 응집침전 등이 있다.
④ 생물학적 처리공정은 호기성 분해와 혐기성 분해로 크게 분류된다.

정답 ③
해설 응집침전과 활성탄흡착은 화학적 공정에 포함된다.

대표기출문제

문제. 일반활성슬러지 공정에서 다음 조건과 같은 반응조의 수리학적 체류시간(HRT) 및 미생물 체류시간(SRT)을 모두 올바르게 배열한 것은? (단, 처리수 SS를 고려한다.) 2021년 1회

- 반응조 유량 V : 10,000m³
- 반응조 유입수량 Q : 40,000m³/d
- 반응조로부터의 잉여슬러지량 Q_w : 400m³/d
- 반응조 내 SS 농도 X : 4,000mg/L
- 처리수의 SS 농도 X_e : 200mg/L
- 잉여슬러지농도 X_w : 10,000mg/L

① HRT : 0.25일, SRT : 8.35일
② HRT : 0.25일, SRT : 9.53일
③ HRT : 0.5일, SRT : 10.35일
④ HRT : 0.5일, SRT : 11.53일

정답 ①

해설 처리수량 $Q_e = Q_i - Q_r = 40,000 - 400 = 39,600 m^3/d$

$X \times A \times h = SRT \times (X_r \times Q_r + X_e \times Q_e)$ 에서,

$4000 \times 10000 = SRT \times (10000 \times 400 + 39600 \times 20)$

따라서, $SRT = 8.35d$

$HRT = \dfrac{Ah}{Q} = \dfrac{10000}{40000} = 0.25d$

대표기출문제

문제. 폭기조의 MLSS 농도 2,000mg/L, 30분간 정치시킨 후 침전된 슬러지 체적이 300mL/L일 때 SVI는? 2021년 2회

① 100　　② 150
③ 200　　④ 250

정답 ②

해설 $SVI = \dfrac{SV}{X} = \dfrac{300}{2} = 150$

CHAPTER 14 슬러지 처리

1 슬러지 처리 계획

① 대상물질 : 슬러지, 스컴, 협착물

② 슬러지 처리 목적
- 유기물질을 무기물질로 바꾸는 안정화
- 병원균의 살균 및 제거로 안전화
- 농축, 소화, 탈수 등의 공정으로 슬러지의 부피 감소(감량화)

③ 하수 슬러지 처리 계통

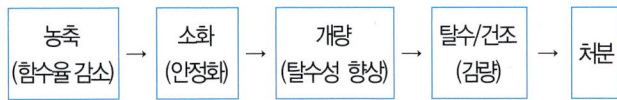

2 농축

① 목적
- 일단 침전한 슬러지를 장시간 다시 침전시켜 부피를 더욱 감소시키기 위한 물리적 공정이다.
- 후속처리의 규모를 줄이고 효율을 더욱 향상시키기 위해 실시한다.

② 농축에 의한 체적변화

슬러지의 무게는 일정하므로,
$$W = V_1(1-\omega_1) = V_2(1-\omega_2)$$

농축에 따른 체적의 변화 $\dfrac{V_2}{V_1} = \dfrac{1-\omega_1}{1-\omega_2}$

V_1 농축 전 체적, ω_1 농축 전 함수비
V_2 농축 후 체적, ω_2 농축 후 함수비

③ 종류

구분	중력식	부상식	원심분리식
원리	중력에 의한 압밀	• 기포를 주입하여 • 고형물 부상	• 원심분리에 의한 • 강제적 농축
장점	• 구조간단 • 약품불필요 • 유지관리비 저렴 • 저장과 농축 동시 • 1차슬러지 적합	• 잉여슬러지 효과적 • 높은 고형율 회수 • 약품없이 운전가능	• 작은 소요부지 • 악취문제 작다 • 약품없이 운전가능 • 고농도 농축
단점	• 악취 • 2차슬러지 부적합	• 악취 • 동력비 고가 • 큰 소요부지 • 유지관리 난해	• 시설비 고가 • 유지관리 고가 • 연속운전 필요

3 소화

① 호기성 소화
㉠ 미생물의 내생호흡단계를 이용하여 슬러지의 감량화 및 안정화를 도모하는 방법이다.
㉡ 활성슬러지법의 변법인 장시간 포기법과 유사한 방법이다.

② 혐기성 소화
㉠ 산소가 없는 상태에서 유기물이 산생성균, 메탄생성균에 의해 분해되는 공정
㉡ 유기산 생성단계와 메탄 생성단계로 구성되는 소화방식이다.
㉢ 소화가스 발생량은 메탄(CH_4)과 이산화탄소(CO_2)가 2/3와 1/3의 비율로 생성되고, 기타 H_2S, NH_3, SO_2 등이 생성된다.

📖 운전상의 문제점
㉠ 소화가스 발생량 저하
㉡ pH 저하
㉢ 이상 발포
㉣ 소화 온도의 변화
㉤ 슬러지 가스 내의 CO_2 함유율

📖 **영향인자**

소화온도, pH, 영양염류, 중금속 등 독성물질, 산소, 체류시간

구분	호기성	혐기성
장점	• 악취없음 • 시설비 저렴 • 간단한 운전 • 상징수 수질 양호	• 슬러지 발생 감소 • 영양소 소비 감소 • 고농도 유기물에 적합 • 유용가스(CH_4) 생산 • 병원균 사멸 • 동력비 및 유지관리비 저렴
단점	• 슬러지 탈수성 악화 • 폭기로 인한 동력비 소요 • 유효가스 없음	• 악취 • 처리수의 높은 BOD • 비료가치 낮음 • 운전조작 난해

③ **임호프 탱크(Imhoff Tank)**
　㉠ 부유물의 침전과 혐기성 소화가 한 탱크 내에서 이루어지는 시설
　㉡ 물리적 방법(침전)과 생물학적 방법(소화)이 동시에 이뤄지는 폐수처리방법의 일종

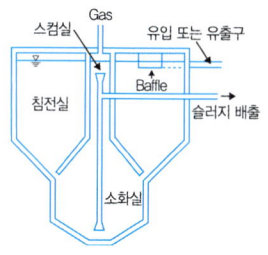

4 개량

① **기능 및 원리**
　㉠ 슬러지의 형상은 고르지 못한 미립자 고형물로 구성
　㉡ 탈수에 방해가 되는 단백질, 콜로이드물질, 점토질 및 알칼리도 등 함유
　㉢ 이들의 제거 및 탈수 효율의 향상을 위해 실시하는 공정

② **종류**
　㉠ 세정
　　슬러지 내의 알칼리도의 제거가 목적
　㉡ 약품처리
　　• 슬러지는 전기적 부하를 띠니 콜로이드상의 미립자로 물과의 친화력이 강하다.
　　• 약품투입으로 전기적 부하를 중화시켜 응집을 촉진하고, 탈수성을 개량한다.
　㉢ 열처리
　　액상 슬러지를 고온과 고압하에서 가열 냉각하여 동결 후 융해하여 탈수성을 증가시킨다.

5 탈수

① **목적**
　• 슬러지 용량 감소로 처리 및 처분을 용이하게 할 목적
　• 수분의 제거로 2차 오염을 방지할 목적

② **특징**

항목 \ 방법	가압탈수법	진공탈수법	원심탈수법
Cake 함수율(%)	55~70	60~80	60~80
탈수 속도 (Kg·ds/m²·hr)	3~5	7~15	-
소요면적	많다	많다	적다
소음	보통(간헐적)	보통	보통
Cake 배출방법	사이클마다 여포실 개방과 여포이동에 따라 배출	여포의 이동에 의한 연속배출	스크류에 의해 연속배출

6 건조

① **천일 건조상**
　㉠ 슬러지 건조상 위에서 건조하는 방식
　㉡ 태양열이나 바람을 이용하여 건조하는 방식

② **슬러지 라군**
　㉠ 개방된 지(池)에 생슬러지 또는 소화슬러지를 주입하여 건조
　㉡ 슬러지의 수분은 침투 또는 증발시키는 방법을 이용한다.

③ **기계식 건조**
　슬러지를 인공적으로 가열 건조하는 방법

7 소각

대기오염물질의 발생 및 경제적 측면을 제외하면 감량화, 안정화, 재이용 등의 목적을 달성할 수 있는 가장 이상적인 방법으로 소각이 이용된다.
① 다단 소각로
② 유동상 소각로
③ 로터리킬른 소각로

8 처분 및 재활용

① 처분
　단순 매립이나 해양 등에 투기하는 방법

② 슬러지 재활용
　㉠ 녹지, 농지 이용 → 퇴비화
　㉡ 건설자재 이용
　　• 슬러지 케이크 → 매립 복토재
　　• 소각재 → 노빈재, 노상재, 경량골재, 타일, 벽돌
　㉢ 에너지 이용
　　• 메탄가스 → 발전, 가온용 연료
　　• 슬러지 케이크 → 연료

대표기출문제

문제. 혐기성 소화 공정의 영향인자가 아닌 것은?　2021년 3회
　① 독성물질　　② 메탄함량
　③ 알칼리도　　④ 체류시간

정답 ②
해설 • 혐기성 소화 영향인자 : 온도, pH, 영양염류(질소, 인), 독성물질, 산소, 체류시간
　　• 메탄은 혐기성소화에 따라 발생한다.

대표기출문제

문제. 함수율 95%인 슬러지를 농축시켰더니 최초부피의 1/3이 되었다. 농축된 슬러지의 함수율은? (단, 농축 전후의 슬러지 비중은 1로 가정)　2020년 1,2회 통합
　① 65%　　② 70%
　③ 85%　　④ 90%

정답 ③
해설 농축에 따른 체적의 변화 $\dfrac{V_2}{V_1} = \dfrac{1-\omega_1}{1-\omega_2}$ 이므로,
$\dfrac{1}{3} = \dfrac{1-0.95}{1-\omega_2}$ 에서, $\omega_2 = 0.85$

대표기출문제

문제. 하수 슬러지처리 과정과 목적으로 옳지 않은 것은?　2019년 2회
　① 소각 - 고형물의 감소, 슬러지 용적의 감소
　② 소화 - 유기물균 분해하여 고형물 감소, 질적 안정화
　③ 탈수 - 수분제거를 통해 함수율 85% 이하로 양의 감소
　④ 농축 - 중간 슬러지 처리공정으로 고형물 농도의 감소

정답 ④
해설 농축 - 중간 슬러지 처리공정으로 고형물 농도의 증가

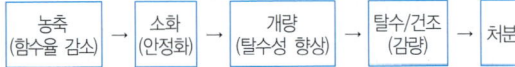

08
PART

펌프장

15. 펌프장

CHAPTER 15 펌프장

1 펌프장 계획

① 펌프 설치대수 결정시 고려사항
- 펌프는 최대 효율점 부근에서 운전할 수 있도록 용량과 대수를 결정한다.
- 유지관리를 위해 펌프 대수는 줄이고 동일용량의 것을 사용한다.
- 대용량(고효율)의 펌프를 사용한다.

오수 펌프		우수 펌프	
계획오수량(m³/sec)	설치 대수(대)	계획우수량(m³/sec)	설치 대수(대)
0.5 이하	2~4(1)	3 이하	2~3
0.5~1.5	3~5(1)	3~5	3~4
1.5 이상	4~5(1)	5~10	4~6

② 펌프장 위치선정시 고려사항
- 펌프장의 위치는 용도에 가장 적합한 수리조건, 입지조건 등 동력조건을 갖추도록 한다.
- 방류수면의 넓이, 유량, 수질 및 유세가 방류수의 질과 양에 상응한 위치이어야 한다.
- 빗물 펌프장은 펌프로부터 직접 또는 단거리 관거로 방류할 수 있는 위치가 유리하다.
- 지하수위가 낮고 지질이 양호하여 지진의 피해가 없는 위치이어야 한다.
- 펌프실의 방수벽, 맨홀, 펌프의 역류방지밸브, 공기제거 및 전기시설 등에 대해서는 외수의 침입 및 배수의 범람 등에 의해 침수하는 경우가 없도록 한다.

③ 펌프종류 선정시 고려사항
- 계획조건에 가장 적합한 표준특성을 가지도록 비교회전도를 정하여야 한다.
- 흡입실양정 및 토출량을 고려하여 전양정에 따라 다음 표를 표준으로 한다.

전양정(m)	형식	펌프구경(mm)
5 이하	축류펌프	400 이상
3~12	사류펌프	400 이상
5~20	원심사류펌프	300 이상
4 이상	원심펌프	80 이상

- 침수될 우려가 있는 곳이나 흡입실양정이 큰 경우에는 입축형 혹은 수중형으로 한다.
- 펌프는 내부에서 막힘이 없고, 부식 및 마모가 적으며, 분해하여 청소하기 쉬운 구조로 한다.
- 펌프는 그 효율이 다음 규정된 값 이상의 것으로 한다.

〈입축축류펌프〉

구경(mm)	400	500	600	700	800	900	1,000
효율(%)	70	72	75	76	77	78	79
구경(mm)	1,200	1,350	1,500	1,650	1,800	2,000	-
효율(%)	80	80	81	81	83	83	-

〈입축사류펌프〉

구경(mm)	400	450	500	600	700	800	900
효율(%)	72	74	75	78	79	80	81
구경(mm)	1,000	1,200	1,350	1,500	1,650	1,800	2,000
효율(%)	82	83	83.5	84	84	84	85

〈수중펌프〉

구경(mm)	300	400	500
효율(%)	70	73	74

2 펌프 종류

① 축류펌프

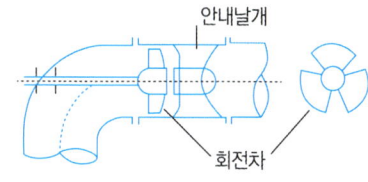

- 회전수를 높게 할 수 있어 사류펌프보다 소형
  → 전양정이 4m 이하인 경우에는 경제적
- 규정양정의 130% 이상이 되면 소음 및 진동이 발생
  → 축동력이 급속하게 증가해서 과부하로 우려
  → 수위가 변동이 현저한 경우에는 부적합
- 체절운전(시험용 공회전)이 불가능하고 흡입성능이 낮고 효율폭이 좁음

② 사류펌프
- 양정변화에 대하여 수량의 변동이 적음
- 수량변동에 대해 동력의 변화가 적음
- 우수용 펌프 등 수위변동이 큰 곳에 적합
- 구조적으로는 축방향으로 길게 되지만 원심펌프보다 소형
- 흡입성능은 원심펌프보다 떨어지지만 축류펌프보다 우수
- 수중베어링이 필요하기 때문에 보수가 난해

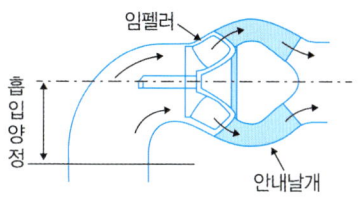

③ 원심사류펌프
- 최근에 원심사류형 펌프의 사용 빈도 증가
- 사류펌프와 다르게 안내날개가 없이 회전차를 개방형으로 하면 이물질로 인한 폐쇄가 적음

④ 원심 펌프
- 효율이 높고, 적용 범위가 넓음
- 적은 유량을 가감하는 경우 소요동력이 적음
- 흡입성능도 우수
- 공동현상(cavitation)이 잘 발생하지 않음

- 구조적으로 날개는 견고하지만 원심실이 크고 반경 및 축방향으로도 장소를 차지한다.
- 수중베어링을 필요로 하지 않으므로 보수가 용이

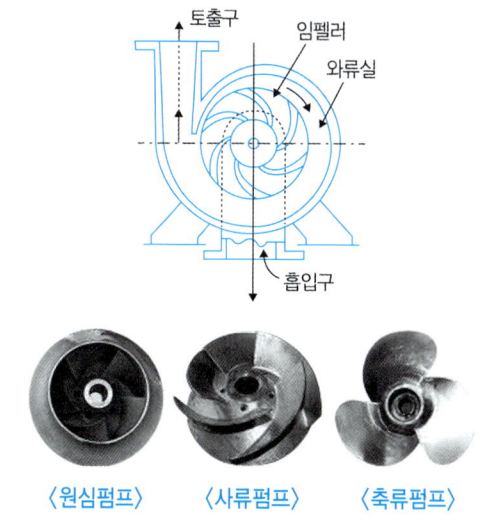

〈원심펌프〉 〈사류펌프〉 〈축류펌프〉

⑤ 수중펌프
- 펌프와 전동기를 일체로 펌프흡입실내에 설치
- 펌프실이 작고, 시동이 간단하며, 유입수량이 적은 경우 및 펌프장의 크기에 제한을 받는 경우 등에 사용
- 전원케이블의 손상 등의 방지대책을 고려하여야 한다.

⑥ 스크류 펌프
- 스크류(screw)형의 날개를 용접한 속이 빈 축을 상부 및 하부의 수중베어링으로 지지하고 수평에 대해 약 30° 경사인 U자형 드럼통 속에서 회전시켜 하부로부터 양수하는 펌프

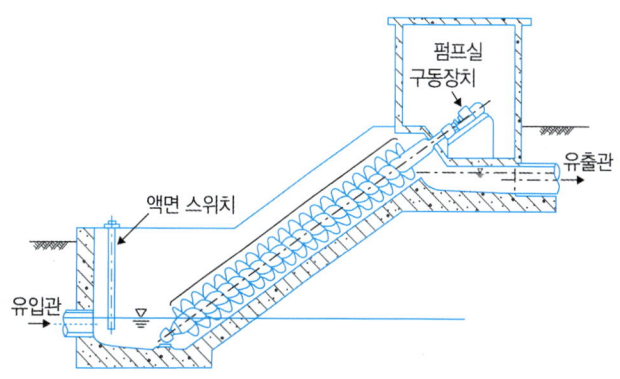

구분	축류펌프	사류펌프	원심펌프
적용	4m 이하 양정 경제적	우수용	상수도용/범용
크기	소형	보통	대형
구동력	양력	원심력+양력	원심력
효율	저효율	보통	고효율
회전수	고속	보통	저속

3 펌프 동력과 양정

① 펌프 흡입구경
- 펌프의 크기는 흡입구경(mm)으로 표시한다.
- 흡입구경은 토출량과 흡입구의 유속에 따라 결정하며, 토출구경은 흡입구경, 전양정, 비교회전도 등을 고려하여 결정한다.

$$Q = AV = \frac{\pi d^2}{4} \times V 에서,\ 흡입구경\ d = \sqrt{\frac{4Q}{\pi V}}$$

> 펌프흡입구 유속은 1.5~3.0m/s를 표준으로 한다.

② 양정
- 실양정 h_a : 펌프가 실제로 양수하는 높이
- 전양정 H : 실양정 + 손실수두 + 관로말단의 잔류속도수두

③ 펌프 축동력(에너지)
- $E = \dfrac{FH}{\eta} = \dfrac{mgH}{\eta} = \dfrac{QgH}{\eta}$ (kW=1kN·m/s)

 양수량 $Q\ (m^3/s)$, 중력가속도 $g(m/s^2)$, 전양정 $H(m)$, 효율 η

- 마력 HP으로 환산방법 : 중력가속도 g 대신 1000/75 사용
 $E = \dfrac{QH}{\eta} \times \dfrac{1000}{75}$ (HP)

④ 원동기 출력
- $E_m = \dfrac{E(1+\alpha)}{\eta}$

 펌프의 축동력 E(kW), 여유치 α(10~35%), 원동기 전달효율 η

4 비표회전도 N_s

① 개념
- 펌프의 성능이 최고가 되는 상태를 표현한 회전수
- 임펠러가 유량 $1m^3/\min$을 $1m$ 양수하는데 필요한 회전수

② 비교회전도

$$N_s = N\frac{Q^{1/2}}{H^{3/4}} \Rightarrow N_s \propto \frac{Q}{H}$$

- 최고효율점에서의 양수량 $Q(m^3/\min)$, 양흡입 경우 1/2 적용
- 최고효율점에서의 전양정 $H\ (m)$, 다단 펌프에서는 1단만 적용

> **펌프의 1분당 회전수 N**
> - 비교회전수가 높으면, 유량은 많고 양정은 낮다.
> - 비교회전수가 낮으면, 유량은 적고 양정은 높다.
> - 유량과 양정이 동일한 경우 회전수(N)가 클수록 펌프는 소형 ⇒ 경제성 향상

형식		N_s
터빈펌프	1단식 편흡입 및 양흡입형 다단식	100~250
원심펌프	1단식 편흡입형 1단식 양흡입형 다단식	100~450 100~750 100~200
사류펌프		700~1,200
축류펌프		1,100~2,000

5 펌프 특성곡선

① 개념

 펌프의 회전수가 고정된 상태에서, 양수량(Q)의 변화에 따른 양정(H), 효율(η), 축동력(E)의 변화를 표현

② 펌프의 양수량(Q, 토출량) 조절
- 펌프의 회전수 및 운영대수 조절
- 토출밸브 개폐정도 조절
- 왕복펌프 플랜지 스크로크 조절

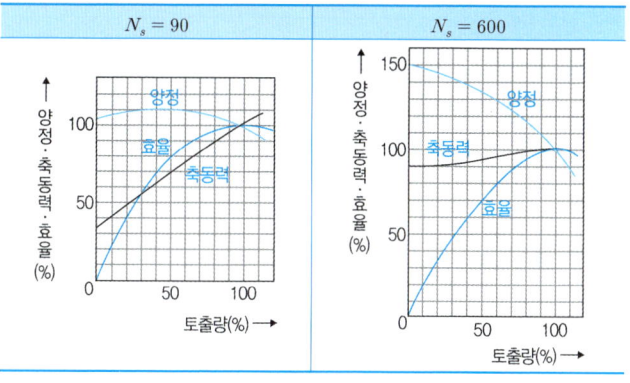

6 펌프의 운전 특성

구분	직렬	병렬
운전점	양정 2배	양수량 2배 이하
적용성	양정의 변화가 큰 경우 관로 저항곡선 구배가 큰 경우	양수량의 변화가 큰 경우

7 시스템 수두곡선

① 총수두(Total Dynamic Head, TDH)와 양수량(Q) 간의 관계를 나타낸 곡선 양수장에서 펌프를 선택할 때 펌프특성 곡선과 함께 사용한다.

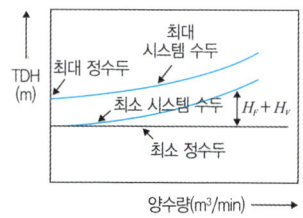

8 공동현상

① 발생과정
  ㉠ 펌프의 압력이 포화증기압 이하로 떨어져 기화현상 발생(주로 임펠라 입구에서 발생) → 공동 발생 → 흡입관에 공기가 혼입
  ㉡ 흡입양정에 비해 임펠러 회전속도가 너무 빠를 때 발생

② 공동현상으로 인한 문제
   소음, 진동, 펌프성능저하, 펌프마모파손

③ 방지대책(펌프 내 압력 감소 대책)
  ㉠ 흡입양정 감소 : 펌프의 설치위치 하향조정, 펌프손실수두 감소, 펌프 직경 확대
  ㉡ 펌프 회전수 감소
  ㉢ 임펠러가 수중에 있으면 공동현상 없음
  ㉣ 펌프의 유효흡입 수두(NPSHa) > 필요흡입수두(NPSHr)
    (NPSH : New Positive Suction Head)

📖 유효흡입수두(NPSHa) : 양정 현장조건

현장에서 적용되는 흡입수두

$NPSH_a = H_A + H_V \pm H_z - H_{VP} - \Delta H$

H_A : 수면의 대기압 수두
H_V : 흡입구 속도수두(≈ 0)
H_z : 수면~펌프흡입구(흡입실) 중심까지 높이(흡입 −, 가압 +)
ΔH_i : 흡입구 손실수두
H_{VP} : 포화증기압

⇒ 펌프 1단의 양정은 대기압 수두 이상으로 하지 않아야 한다. (손실수두 등을 무시)

📖 필요흡입수두(NPSHr) : 펌프 고유특성

펌프가 공동현상을 일으키지 않고 물을 흡입하는데 필요한 최소한의 수두(흡입면 기준)

① Thoma법
$h_{sv} = \sigma H$ (σ Thoma 공동현상계수, H 임펠러 1단 양정)
$\quad = \sigma(H_z + \Delta h_{ex})$
(Δh_{ex} : 토출관의 전 손실수두, H_z : 펌프 높이)

② Wislicenus법
$h_{sv} = \left(\dfrac{NQ^{1/2}}{S}\right)^{4/3}$ (Wislicenus 계수 $S = 1200$)

9 수격작용

① 개념
펌프의 급정지, 급가동, 급폐쇄 등으로 관내 압력이 급상승 또는 급하강 → 물의 관성에 의해 관로시설 및 펌프 등이 파손되는 현상

② 수격작용으로 인한 손상
- 펌프 등 관로시설의 파손
- 펌프 및 원동기의 역전사고
- 압력이 증기압 이하로 되면 공동부 발생 → 관로 파손

③ 방지대책
- 토출관에 서지탱크(Surge Tank) 설치
- 압력수조(Air-Chamber) 설치
- 펌프에 플라이 휠(Fly Wheel) 부착
- 공기밸브, 안전밸브, 역지밸브 설치
- 밸브를 가급적 송출구 근처에 설치
- 밸브를 천천히 개폐
- 펌프의 급정지, 급가동 회피
- 펌프양정을 낮게 조정
- 관경을 크게, 유속을 낮게 조정

10 펌프장 부대설비

① 스크린
- 펌프 내 유입수의 부유물 제거 목적으로 설치
- 오수용 스크린 간격 15~25mm
- 우수용 스크린 간격 25~45mm

② 침사지
- 체류시간은 30~60초를 표준으로 하여야 한다.
- 모래퇴적부의 깊이는 최소 30cm 이상, 수심의 10~30%로 한다. (유효수심 1.5~2.0m)
- 침사지의 평균유속은 0.3m/s를 표준으로 한다.
- 침사지 형상은 정방형 또는 장방형 등으로 하고 지수는 2지 이상을 원칙으로 한다.
- 수면적 부하는 오수침사지에서 1,800m/d, 우수침사지에서 3,600m/d 이하로 한다.

🛡 대표기출문제

문제. 펌프대수 결정을 위한 일반적인 고려사항에 대한 설명으로 옳지 않은 것은?   2020년 4회

① 펌프는 용량이 작을수록 효율이 높으므로 가능한 소용량의 것으로 한다.
② 펌프는 가능한 최고효율점 부근에서 운전하도록 대수 및 용량을 정한다.
③ 건설비를 절약하기 위해 예비는 가능한 대수를 적게 하고 소용량으로 한다.
④ 펌프의 설치대수는 유지관리상 가능한 적게 하고 동일용량의 것으로 한다.

정답 ①
해설 펌프는 용량이 클수록 효율이 높으므로 가능한 대용량의 것으로 한다.

🛡 대표기출문제

문제. 대기압이 10.33m, 포화수증기압이 0.238m, 흡입관내의 전 손실수두가 1.2m, 토출관의 전 손실수두가 5.6m, 펌프의 공동현상계수(σ)가 0.8이라 할 때, 공동 현상을 방지하기 위하여 펌프가 흡입수면으로부터 얼마의 높이까지 위치할 수 있겠는가?   2020년 1, 2회 통합

① 약 0.8m까지   ② 약 2.4m까지
③ 약 3.4m까지   ④ 약 4.5m까지

정답 ②
해설 필요흡입수두 $h_{sv} = \sigma H = 0.8 \times (H_z + 5.6)$
유효흡입수두 $NPSH_a = H_A + H_V \pm H_z - H_{VP} - \Delta H$
$= 10.33 + 0 \pm H_z - 0.238 - 1.2 = \pm H_z + 8.892m$
공동현상을 방지하기 위해, 유효흡입수두 〉 필요흡입수두
$-H_z + 8.892 > 0.8 H_z + 0.8 \times 5.6$ 에서,
$H_z < 2.451m$

대표기출문제

문제. 양수량이 8m³/min, 전양정이 4m, 회전수 1,160rpm인 펌프의 비교회전도는? 2021년 1회

① 316
② 985
③ 1160
④ 1436

정답 ③

해설 $N_s = N\dfrac{Q^{1/2}}{H^{3/4}} = 1160 \times \dfrac{8^{1/2}}{4^{3/4}} = 1,160$

온라인 교육의 명품브랜드 www.edupd.com
에듀피디
EDUPD

부록

01. 토목기사 기출문제(2022년 1회)
02. 토목기사 기출문제(2022년 2회)

01 | 토목기사 기출문제(2022년 1회)

1과목 | 응용역학

01. 그림과 같이 중앙에 집중하중 P를 받는 단순보에서 지점 A로부터 L/4인 지점(D)의 처짐각(θ_D)과 처짐량(δ_D)은? (단, EI는 일정하다.)

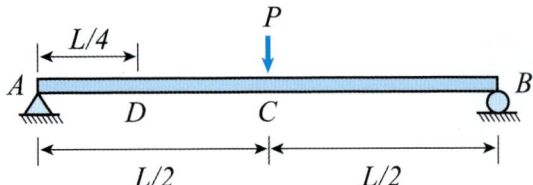

① $\theta_D = \dfrac{3PL^2}{128EI}$, $\delta_D = \dfrac{11PL^3}{384EI}$

② $\theta_D = \dfrac{3PL^2}{128EI}$, $\delta_D = \dfrac{5PL^3}{384EI}$

③ $\theta_D = \dfrac{5PL^2}{64EI}$, $\delta_D = \dfrac{3PL^3}{768EI}$

④ $\theta_D = \dfrac{3PL^2}{64EI}$, $\delta_D = \dfrac{11PL^3}{768EI}$

[해설] 공액보에서,

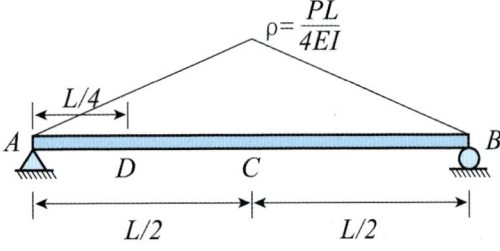

$R_A = \dfrac{\rho L}{4}$ 이고,

$V_D = R_A - \dfrac{\rho}{2} \times \dfrac{L}{4} \times \dfrac{1}{2} = \dfrac{\rho L}{4} - \dfrac{\rho L}{4} \times \dfrac{1}{4}$

$= \dfrac{\rho L}{4}(1 - \dfrac{1}{4}) = \dfrac{3\rho L}{16}$

따라서, $\theta_D = V_D = \dfrac{3}{16} \times \dfrac{PL}{4EI} \times L = \dfrac{3PL^2}{64EI}$

$M_D = R_A \times \dfrac{L}{4} - \dfrac{\rho L}{16} \times \dfrac{L}{4} \times \dfrac{1}{3} = \dfrac{\rho L^2}{16} - \dfrac{\rho L^2}{16} \times \dfrac{1}{12}$

$= \dfrac{\rho L^2}{16}(1 - \dfrac{1}{12}) = \dfrac{11\rho L^2}{192}$

따라서, $\delta_D = M_D = \dfrac{11}{192} \times \dfrac{PL}{4EI} \times L^2 = \dfrac{11PL^3}{768EI}$

02. 길이가 4m인 원형단면 기둥의 세장비가 100이 되기 위한 기둥의 지름은? (단, 지지상태는 양단 힌지로 가정한다.)

① 20cm   ② 18cm
③ 16cm   ④ 12cm

[해설] $\lambda = \dfrac{l_k}{r_{\min}} = \dfrac{4}{r/2} = 100$에서, $r = \dfrac{8}{100}$이므로,

$D = 2r = \dfrac{16}{100} m$

03. 단면 2차 모멘트가 I이고 길이가 L인 균일한 단면의 직선상(直線狀)의 기둥이 있다. 지지상태가 일단 고정, 타단 자유인 경우 오일러(Euler) 좌굴하중(P_{cr})은? (단, 이 기둥의 영(Young)계수는 E이다.)

① $\dfrac{4\pi^2 EI}{L^2}$ ② $\dfrac{2\pi^2 EI}{L^2}$

③ $\dfrac{\pi^2 EI}{L^2}$ ④ $\dfrac{\pi^2 EI}{4L^2}$

[해설] 일단고정-타단자유인 경우의 유효좌굴길이 $l_k = 2L$

$P_{cr} = \dfrac{\pi^2 EI_{\min}}{l_k^2} = \dfrac{\pi^2 EI_{\min}}{(2L)^2} = \dfrac{\pi^2 EI_{\min}}{4L^2}$

정답 01. ④   02. ③   03. ④

04. 직사각형 단면 보의 단면적을 A, 전단력을 V라고 할 때 최대 전단응력($\tau_{\max}$)은?

① $\dfrac{2V}{3A}$ ② $\dfrac{1.5V}{A}$
③ $\dfrac{3V}{A}$ ④ $\dfrac{2V}{A}$

해설 직사각형 단면에서 최대전단응력 $\tau_{\max} = \dfrac{3V}{2A}$

원형단면 $\tau_{\max} = \dfrac{4V}{3A}$

박판원형단면 $\tau_{\max} = \dfrac{2V}{A}$

05. 단면 2차 모멘트의 특성에 대한 설명으로 틀린 것은?

① 단면 2차 모멘트의 최솟값은 도심에 대한 것이며 "0"이다.
② 정삼각형, 정사각형 등과 같이 대칭인 단면의 도심축에 대한 단면 2차 모멘트 값은 모두 같다.
③ 단면 2차 모멘트는 좌표축에 상관없이 항상 양(+)의 부호를 갖는다.
④ 단면 2차 모멘트가 크면 휨 강성이 크고 구조적으로 안전하다.

해설 단면 2차 모멘트의 최솟값은 도심에 대한 것이고, 그 값은 항상 양수이다.

06. 그림과 같은 단순보에서 휨모멘트에 의한 탄성변형에너지는? (단, EI는 일정하다.)

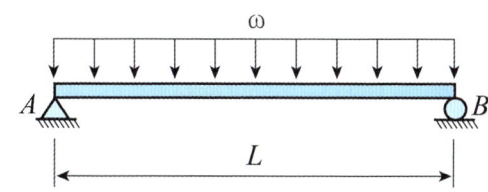

① $\dfrac{\omega^2 L^5}{40EI}$ ② $\dfrac{\omega^2 L^5}{96EI}$
③ $\dfrac{\omega^2 L^5}{240EI}$ ④ $\dfrac{\omega^2 L^5}{384EI}$

해설 등분포하중을 받는 단순보에서, $E = \dfrac{1}{2}\int M\theta dx = \dfrac{\omega^2 L^5}{240EI}$

07. 그림과 같은 모멘트 하중을 받는 단순보에서 B지점의 전단력은?

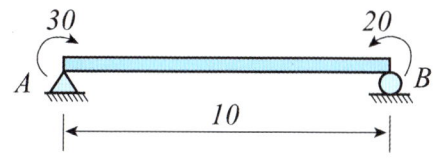

① −1.0kN ② −10kN
③ −5.0kN ④ −50kN

해설 $R_B = \dfrac{30-20}{10} = 1kN(\uparrow)$

08. 내민보에 그림과 같이 지점 A에 모멘트가 작용하고, 집중하중이 보의 양 끝에 작용한다. 이 보에 발생하는 최대휨모멘트의 절댓값은?

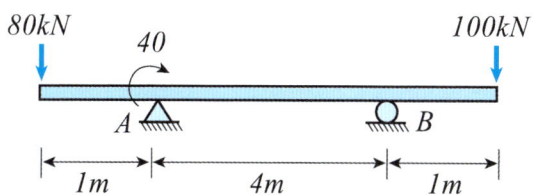

① 60kN·m ② 80kN·m
③ 100kN·m ④ 120kN·m

해설 집중하중만 재하되는 경우, 집중하중 및 반력점에서 최대 휨모멘트가 발생한다.
$M_B = 100 \times 1 = 100 kN \cdot m(-)$
A점의 좌측부 $M_{A1} = 80 \times 1 = 80 kN \cdot m(-)$
A점의 우측부 $M_{A2} = -80 + 40 = -40 kN \cdot m$
따라서, 최대휨모멘트 $M_{\max} = 100 kN \cdot m$

09. 그림과 같이 양단 내민보에 등분포하중(W)이 1kN/m가 작용할 때 C점의 전단력은?

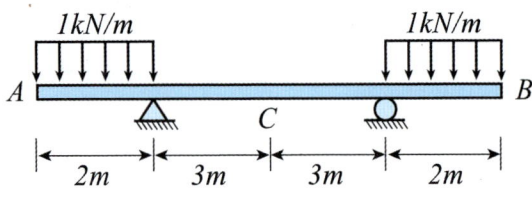

① 0kN　　　② 5kN
③ 10kN　　④ 15kN

해설 대칭구조로 양쪽 내민부분의 하중 = 각 지점의 반력이므로, 양 지점 사이에는 전단력이 없다.

10. 그림과 같은 직사각형 보에서 중립축에 대한 단면계수 값은?

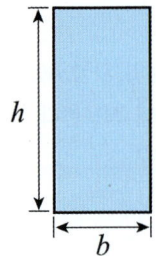

① $\dfrac{bh^2}{6}$　　② $\dfrac{bh^2}{12}$

③ $\dfrac{bh^3}{6}$　　④ $\dfrac{bh}{4}$

해설 직사각형 단면의 단면계수 $Z = \dfrac{bh^2}{6}$

11. 그림과 같이 캔틸레버 보의 B점에 집중하중 P와 우력모멘트 M_O가 작용할 때 B점에서의 연직변위(δ_B)는? (단, EI는 일정하다.)

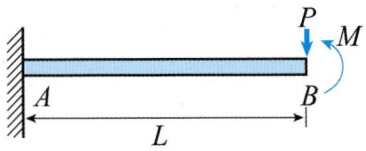

① $\dfrac{PL^3}{4EI} + \dfrac{M_oL^2}{2EI}$　　② $\dfrac{PL^3}{4EI} - \dfrac{M_oL^2}{2EI}$

③ $\dfrac{PL^3}{3EI} + \dfrac{M_oL^2}{2EI}$　　④ $\dfrac{PL^3}{3EI} - \dfrac{M_oL^2}{2EI}$

해설 집중하중에 의한 처짐 $\delta_P = \dfrac{PL^3}{3EI}$ (하향)

모멘트하중에 의한 처짐 $\delta_M = \dfrac{ML^2}{2EI}$ (하향)

따라서, B점의 총처짐량 $\dfrac{PL^3}{3EI} - \dfrac{M_oL^2}{2EI}$

12. 전단탄성계수(G)가 81,000MPa, 전단응력(τ)이 81MPa이면 전단변형률(γ)의 값은?

① 0.1　　② 0.01
③ 0.001　④ 0.0001

해설 $\tau = G\gamma = 81 = 81000 \times \gamma$ 에서, $\gamma = \dfrac{1}{1000} = 0.001$

13. 그림과 같은 3힌지 아치에서 A점의 수평반력은?

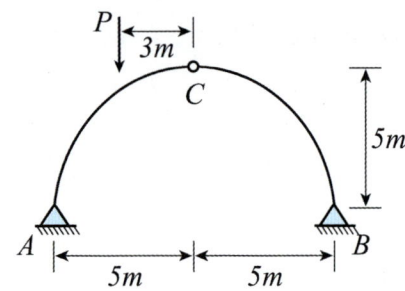

① P　　② P/2
③ P/4　④ P/5

해설 $H_A = H_B$이고, $V_B = P \times \dfrac{1}{5}$

BC부재에서, $V_B \times 5 = H_B \times 5$이므로,

$H_B = V_B = \dfrac{P}{5} = H_A$

14. 그림과 같은 라멘 구조물의 E점에서의 불균형모멘트에 대한 부재 EA의 모멘트 분배율은?

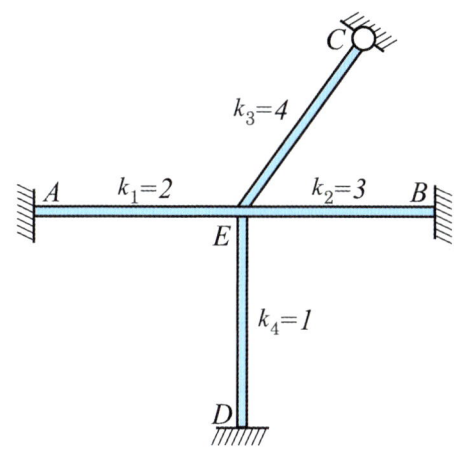

① 0.167
② 0.222
③ 0.386
④ 0.441

해설 C점이 힌지이므로,

$$k_1 : k_2 : k_3 \times \frac{3}{4} : k_1 = 2 : 3 : 3 : 1$$

EA 부재의 분배율 $= \dfrac{2}{2+3+3+1} = \dfrac{2}{9} = 0.222$

15. 그림과 같은 지간(span) 8m인 단순보에 연행하중에 작용할 때 절대최대휨모멘트는 어디에서 생기는가?

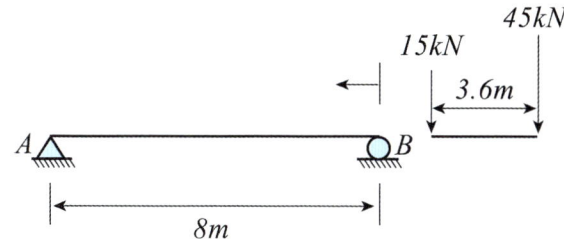

① 45kN의 재하점이 A점으로부터 4m인 곳
② 45kN의 재하점이 A점으로부터 4.45m인 곳
③ 15kN의 재하점이 B점으로부터 4m인 곳
④ 합력의 재하점이 B점으로부터 3.35m인 곳

해설 합력의 작용 위치 : 45kN 재하지점에서 $3.6 \times \dfrac{1}{4} = 0.9m$

단순보 중앙에서 45kN 하중의 이격위치 $e = \dfrac{0.9}{2} = 0.45m$

따라서, 절대최대휨모멘트는 A점에서 $8/2 + 0.45 = 4.45m$

16. 그림과 같은 구조물에서 부재 AB가 받는 힘의 크기는?

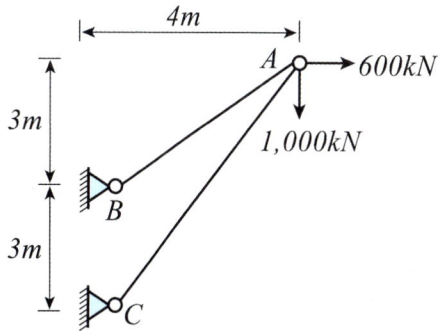

① 3166.7kN
② 3274.2kN
③ 3368.5kN
④ 3485.4kN

해설 $\Sigma M_C = -H_B \times 3 + 1000 \times 4 + 600 \times 6 = 0$에서,

$H_B = 2533.33 kN(\leftarrow)$

직각삼각형 닮은비에 의해,

$F_{AB} = \dfrac{2533.33}{4} \times 5 = 3166.7 kN$

17. 그림과 같은 구조에서 절댓값이 최대로 되는 휨모멘트의 값은?

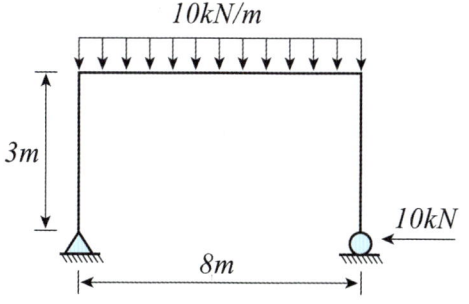

① 80kN·m
② 50kN·m
③ 40kN·m
④ 30kN·m

해설 보부재와 기둥부재 접합부의 모멘트
$M_2 = 10 \times 3 = 30 kN.m(-)$

보부재 중앙의 최대 정모멘트
$M_1 = \dfrac{\omega l^2}{8} - 10 \times 3 = \dfrac{10 \times 8^2}{8} - 30 = 50 kN.m(+)$

18. 어떤 금속의 탄성계수(E)가 $21 \times 10^4 MPa$이고, 전단 탄성계수(G)가 $8 \times 10^4 MPa$일 때, 금속의 푸아송 비는?

① 0.3075 ② 0.3125
③ 0.3275 ④ 0.3325

해설 $G = \dfrac{E}{2(1+\nu)}$에서, $8 \times 10^4 = \dfrac{21 \times 10^4}{2(1+\nu)}$이므로,
$16(1+\nu) = 21$에서, $\nu = 0.3125$

19. 그림과 같은 단순보의 단면에서 발생하는 최대 전단응력의 크기는?

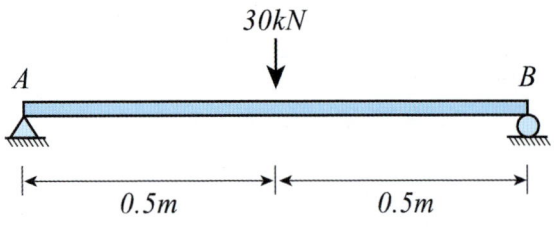

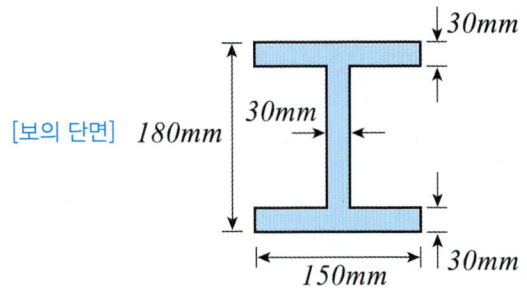

① 3.52MPa ② 3.86MPa
③ 4.45MPa ④ 4.93MPa

해설 $V_{\max} = R_A = R_B = \dfrac{30}{2} = 15 kN$

최대전단응력은 중립축에서 발생하므로,
$Q = (150 \times 30) \times (60 + 30/2) + (30 \times 60) \times 60/2$
$= 391.5 \times 10^3 mm^3$

$I = \dfrac{150 \times 180^3}{12} - \dfrac{120 \times 120^3}{12} = 55.62 \times 10^6 mm^4$

$\tau = \dfrac{VQ}{Ib} = \dfrac{15 \times 10^3 \times 391.5 \times 10^3}{55.62 \times 10^6 \times 30} = 3.519 MPa$

20. 그림과 같은 부정정보에서 B점의 반력은?

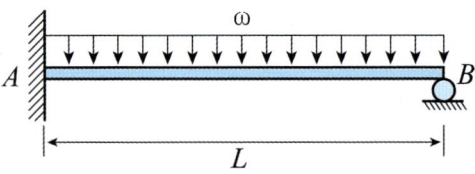

① $\dfrac{3}{4}\omega L(\uparrow)$ ② $\dfrac{3}{8}\omega L(\uparrow)$
③ $\dfrac{3}{16}\omega L(\uparrow)$ ④ $\dfrac{5}{16}\omega L(\uparrow)$

해설 일단고정-타단힌지 구조에서 등분포하중이 재하되는 경우,

힌지단의 반력 = $\dfrac{3}{8}\omega L$

고정단의 반력 = $\dfrac{5}{8}\omega L$

고정단의 반력모멘트 = $\dfrac{\omega l^2}{8}$

| 2과목 | 측량학 |

21. 노선 거리를 2km의 결합 트래버스 측량에서 폐합비를 1/5,000로 제한한다면 허용 폐합오차는?

① 0.1m ② 0.4m
③ 0.8m ④ 1.2m

해설 폐합비(정도) $R = \dfrac{E}{\Sigma L}$

$\dfrac{E}{2000} = \dfrac{1}{5000}$에서, $E = 0.4m$

22. 다음 설명 중 옳지 않은 것은?

① 측지선은 지표상 두 점간의 최단거리선이다.
② 라플라스점은 중력측정을 실시하기 위한 점이다.
③ 항정선은 자오선과 항상 일정한 각도를 유지하는 지표의 선이다.
④ 지표면의 요철을 무시하고 적도반지름과 극반지름으로 지구의 형상을 나타내는 가상의 타원체를 지구타원체라고 한다.

해설 [라플라스 점]
① 천문측량에 의해 관측된 값을 라플라스 방정식에 의해 계산한 측지방위각
② 삼각망 확대연결에 따라 오차가 누적되므로, 200km 마다 라플라스 점을 설치하여 삼각측량에 의한 측지방위각과 비교하여 보정

23. 그림과 같은 반지름 = 50m인 원곡선에서 $\overline{HC}$의 거리는?
(단, 교각 = 60°, α = 20°, ∠AHC = 90°)

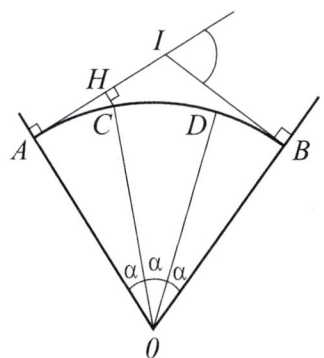

① 0.19m   ② 1.98m
③ 3.02m   ④ 3.24m

해설 $\overline{AH_1} = R\tan\alpha = 50 \times \tan\frac{20}{2}° = 8.816m$

외할 $\frac{R}{\cos20°} - R = \frac{50}{\cos20°} - 50 = 3.209m$

현길이 $\overline{AC} = R\sin20° = 50 \times \sin20° = 17.1m$

$18.2 \times \overline{HC} = 3.209 \times 17.1$에서, $\overline{HC} = 3.015m$

24. GNSS 상대측위 방법에 대한 설명으로 옳은 것은?

① 수신기 1대만을 사용하여 측위를 실시한다.
② 위성의 수신기 간의 거리는 전파의 파장 갯수를 이용하여 계산할 수 있다.
③ 위상차의 계산은 단순차, 2중차, 3중차와 같은 차분기법으로는 해결하기 어렵다.
④ 전파의 위상차를 관측하는 방식이나 절대측위 방법보다 정확도가 떨어진다.

해설 ① 수신기 2대 이상을 사용하여 측위를 실시한다.
③ 위상차의 계산은 단순차, 2중차, 3중차와 같은 차분기법으로는 해결할 수 있다.
④ 전파의 위상차를 관측하는 방식이나 절대측위 방법보다 정확하다.

25. 지형측량에서 등고선의 성질에 대한 설명으로 옳지 않은 것은?

① 등고선의 간격은 경사가 급한 곳에서는 넓어지고, 완만한 곳에서는 좁아진다.
② 등고선은 지표의 최대 경사선 방향과 직교한다.
③ 동일 등고선 상에 있는 모든 점은 같은 높이이다.
④ 등고선 간의 최단거리 방향은 그 지표면의 최대경사 방향을 가리킨다.

해설 등고선의 간격은 경사가 급한 곳에는 좁아지고, 완만한 곳에는 넓어진다.

26. 지형의 표시법에 대한 설명으로 틀린 것은?

① 영선법은 짧고 거의 평행한 선을 이용하여 경사가 급하면 가늘고 길게, 경사가 완만하면 굵고 짧게 표시하는 방법이다.
② 음영법은 태양광선이 서북쪽에서 45° 각도로 비친다고 가정하고, 지표의 기복에 대하여 그 명암을 2~3색 이상으로 채색하여 기복의 모양을 표시하는 방법이다.
③ 채색법은 등고선의 사이를 색으로 채색, 색채의 농도를 변화시켜 표고를 구분하는 방법이다.
④ 점고법은 하천, 항만, 해양측량 등에서 수심을 나타낼 때 측점에 숫자를 기입하여 수심 등을 나타내는 방법이다.

해설 영선법은 짧고 거의 평행한 선을 이용하여 경사가 급하면 굵고 짧게, 경사가 완만하면 가늘고 길게 표시하는 방법이다.

27. 동일한 정확도로 3변을 관측한 직육면체의 체적을 계산한 결과가 1,200m³이었다. 거리의 정확도를 1/10,000까지 허용한다면 체적의 허용오차는?

① 0.08m³ ② 0.12m³
③ 0.24m³ ④ 0.36m³

해설 $\frac{dV}{V} = 3\frac{dl}{l}$ 이므로, $\frac{dV}{12000} = 3 \times 10^{-4}$ 에서,
$dV = 0.36 m^3$

28. △ABC의 꼭지점에 대한 좌표값이 (30, 50), (20, 90), (60, 100)일 때 삼각형 토지의 면적은? (단, 좌표의 단위: m)

① 500m² ② 750m²
③ 850m² ④ 960m²

해설 $A = \frac{1}{2}\{\Sigma(x_i \times y_{i+1}) - \Sigma(y_i \times x_{i+1})\}$
$= \frac{1}{2}(270 + 200 + 300 - 100 - 540 - 300) = 850 m^2$

29. 교각 I = 90°, 곡선반지름 R = 150m인 단곡선에서 교점(I.P)의 추가거리가 1139.250m일 때 곡선종점(E.C)까지의 추가거리는?

① 875.375m ② 989.250m
③ 1224.869m ④ 1374.825m

해설 $TL = R\tan\alpha = 150 \times \tan 45° = 150 m$
$CL = RI = 150 \times \frac{90}{180}\pi = 235.62 m$
종점까지 추가거리 = $1139.25 - 150 + 235.62 = 1224.87 m$

30. 수준측량의 부정오차에 해당되는 것은?

① 기포의 순간 이동에 의한 오차
② 기계의 불완전 조정에 의한 오차
③ 지구곡률에 의한 오차
④ 표척의 눈금 오차

해설 [수준측량의 우연오차]
① 시차에 의한 오차
② 레벨의 조정 불완전
③ 기상변화에 의한 오차
④ 기포관의 둔감
⑤ 기포관 곡률의 부등에 의한 오차
⑥ 진동, 지진에 의한 오차
⑦ 대물렌즈의 출입에 의한 오차

[수준측량의 정오차]
① 표척의 0점 오차
② 표척의 눈금부정에 의한 오차
③ 광선의 굴절에 의한 오차(기차)
④ 지구의 곡률에 의한 오차(구차)
⑤ 표척의 기울기에 의한 오차
⑥ 온도 변화에 의한 표척의 신축
⑦ 시준선(시준축) 오차(전·후시를 등거리로 취하면 소거)
⑧ 레벨 및 표척의 침하에 의한 오차

31. 어떤 노선을 수준측량하여 작성된 기고식 야장의 일부 중 지반고 값이 틀린 측점은? (단, 단위 : m)

| 측점 | BS | FS | | 기계고 | 지반고 |
		TP	IP		
0	3.121				123.567
1			2.586		124.102
2	2.428	4.065			122.623
3			−0.664		124.387
4		2.321			122.730

① 측점 1 ② 측점 2
③ 측점 3 ④ 측점 4

해설 1 지반고 $1234.102 = 123.567 + 3.121 - 2.586$
2 지반고 $122.623 = 123.567 + 3.121 - 4.065$
3 지반고 $124.387 \neq 122.623 + 2.428 - (-0.664) = 125.715$
4 지반고 $122.73 = 125.715 + 2.428 - 2.321$

별해 하나의 수준기에 대해, 지반고+전시(후시)는 모든 측점에서 동일하다.
① 수준기 A에 대해, 측점 0, 1, 2에서,
측점 0 : $3.121 + 123.567 = 126.688$
측점 1 : $2.586 + 124.102 = 126.688$
측점 2 : $4.065 + 122.623 = 126.688$
② 수준기 B에 대해, 측점 2, 3, 4에서,
측점 2 : $2.428 + 122.623 = 125.051$
측점 3 : $-0.664 + 124.387 = 123.723$
측점 4 : $2.321 + 122.730 = 125.051$
따라서, 측점 3의 FS가 오기입 되었다.

32. 노선측량에서 실시설계측량에 해당하지 않는 것은?

① 중심선 설치   ② 지형도 작성
③ 다각측량   ④ 용지측량

해설 [노선측량 순서]
노선선정 → 계획조사 측량 → 실시설계 측량 → 세부측량 → 용지측량 → 공사측량
[노선측량의 계획조사 측량]
지형도 작성, 비교노선의 선정, 종단면 및 횡단면도 작성, 개략노선 결정
[노선측량의 실시설계(중심선) 측량]
지형도 작성, 중심선 선정, 중심선 설치(도상 및 현지), 다각측량, 고저측량

33. 트래버스 측량에서 측점 A의 좌표가 (100m, 100m)이고 측선 AB의 길이가 50m일 때 B점의 좌표는? (단, AB측선의 방위각은 195°이다)

① (51.7m, 87.1m)   ② (51.7m, 112.9m)
③ (148.3m, 87.1m) ④ (148.3m, 112.9m)

해설 $\Delta x = 50\sin 15° = 12.94(-)$
$\Delta y = 50\cos 15° = 48.3(-)$
따라서, $100 - 48.3 = 51.7$, $100 - 12.94 = 87.06$

34. 수심 H인 하천의 유속측정에서 수면으로부터 깊이 0.2H, 0.4H, 0.6H, 0.8H인 지점의 유속이 각각 0.663m/s, 0.556m/s, 0.532m/s, 0.466m/s 이었다면 3점법에 의한 평균유속은?

① 0.543m/s   ② 0.548m/s
③ 0.559m/s   ④ 0.560m/s

해설 $V_m = \frac{1}{4}(V_{0.2} + 2V_{0.6} + V_{0.8})$
$= \frac{1}{4}(0.663 + 2 \times 0.532 + 0.466) = 0.548 m/s$

35. L_1과 L_2의 두 개 주파수 수신이 가능한 2주파 GNSS 수신기에 의하여 제거가 가능한 오차는?

① 위성의 기하학적 위치에 따른 오차
② 다중경로 오차
③ 수신기 오차
④ 전리층 오차

해설 [전리층 오차]
고주파(L_1) 신호의 전리층에서 속도가 저주파(L_2) 신호보다 빨라서 두 신호의 지연차가 발생한다.
⇒ 두 신호의 지연차를 모형화하여 오차를 감소시킬 수 있다.

36. 줄자로 거리를 관측할 때 한 구간 20m의 거리에 비례하는 정오차가 +2mm라면 전 구간 200m를 관측하였을 때 정오차는?

① +0.2mm   ② +0.63mm
③ +6.3mm   ④ +20mm

해설 관측회수 $n = \frac{200}{20} = 10$회
총 정오차 $n \times \delta = 10 \times 2 = 20 mm$

37. 삼변측량에 대한 설명으로 틀린 것은?

① 전자파거리측량기(EDM)의 출현으로 그 이용이 활성화되었다.
② 관측값의 수에 비해 조건식이 많은 것이 장점이다.
③ 코사인 제2법칙과 반각공식을 이용하여 각을 구한다.
④ 조정방법에는 조건방정식에 의한 조정과 관측방정식에 의한 조정방법이 있다.

해설 관측값의 수에 비해 조건식이 적은 것이 단점이다.

38. 트래버스 측량의 종류와 그 특징으로 옳지 않은 것은?

① 결합 트래버스는 삼각점과 삼각점을 연결시킨 것으로 조정계산 정확도가 가장 좋다.
② 폐합 트래버스는 한 측점에서 시작하여 다시 그 측점에 돌아오는 관측 형태이다.
③ 폐합 트래버스는 오차의 계산 및 조정이 가능하나, 정확도는 개방 트래버스보다 좋지 못하다.
④ 개방 트래버스는 임의의 한 측점에서 시작하여 다른 임의의 한 점에서 끝나는 관측 형태이다.

해설 폐합 트래버스는 오차의 계산 및 조정이 가능하므로, 정확도가 개방 트래버스보다 좋다.

39. 수준점 A, B, C에서 P점까지 수준측량을 한 결과가 표와 같다. 관측거리에 대한 경중률을 고려한 P점의 표고는?

측량경로	거리	P점의 표고
A → P	1km	135.487m
B → P	2km	135.563m
C → P	3km	135.603m

① 135.529m ② 135.551m
③ 135.563m ④ 135.570m

해설 경중률은 측정거리에 반비례하므로,
$P_A : P_B : P_C = 1 : \frac{1}{2} : \frac{1}{3} = 6 : 3 : 2$
$\frac{0.487 \times 6 + 0.563 \times 3 + 0.603 \times 2}{11} = 0.529$
따라서, 최확치 = 135.529m

40. 도로 노선의 곡률반지름 R=2,000m, 곡선길이 L=245m 일 때, 클로소이드의 매개변수 A는?

① 500m ② 600m
③ 700m ④ 800m

해설 매개변수 $A = \sqrt{RL} = \sqrt{2000 \times 245} = 700m$

3과목 | 수리학 및 수문학

41. 하폭이 넓은 완경사 개수로 흐름에서 물의 단위중량 $w = \rho g$, 수심 h, 하상경사 S일 때 바닥 전단응력 τ_o는? (단, ρ : 물의 밀도, g : 중력가속도)

① $\rho h S$ ② $g h S$
③ $\sqrt{\dfrac{hS}{\rho}}$ ④ whS

해설 동수반경 $R_h = \dfrac{A}{P} = \dfrac{hB}{B} = h$ (B : 수로폭, P : 윤변길이)
동수경사 $I = S$
$\tau_{max} = \gamma R_h I = whS$

42. 베르누이(Bernoulli)의 정리에 관한 설명으로 틀린 것은?

① 회전류의 경우는 모든 영역에서 성립한다.
② Euler의 운동방정식으로부터 적분하여 유도할 수 있다.
③ 베르누이의 정리를 이용하여 Torricelli의 정리를 유도할 수 있다.
④ 이상유체 흐름에 대하여 기계적 에너지를 포함한 방정식과 같다.

해설 ① 정류에서 성립한다.
베르누이 정리 $\dfrac{V_i^2}{2g} + \dfrac{p_i}{\gamma_i} + z_i = const.$

43. 삼각 위어(weir)에 월류 수심을 측정할 때 2%의 오차가 있었다면 유량 산정시 발생하는 오차는?

① 2% ② 3%
③ 4% ④ 5%

해설 삼각형 위어의 유량 $Q = \frac{8}{15} C_d \tan\frac{\theta}{2} \sqrt{2g} H^{5/2}$

$\frac{dQ}{Q} = \frac{5}{2} \frac{dh}{h}$ → 유량오차 = 수위오차의 2.5배

$\Delta Q = 2.5 \times \Delta h = 2.5 \times 2 = 5\%$

44. 다음 사다리꼴 수로의 윤변은?

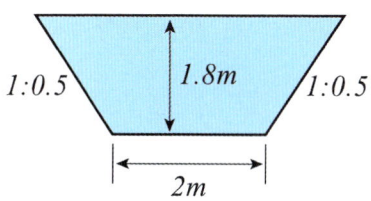

① 8.02m ② 7.02m
③ 6.02m ④ 9.02m

해설 경사길이 $l = \sqrt{1.8^2 + 0.9^2} = 2.012m$

$P = B + 2l = 2 + 2 \times 2.012 = 6.025m$

45. 흐르는 유체 속의 한 점(x, y, z)의 각 측방향의 속도성분을 (u, v, w)라 하고 밀도를 ρ, 시간을 t로 표시할 때 가장 일반적인 경우의 연속방정식은?

① $\frac{\partial \rho u}{\partial x} + \frac{\partial \rho v}{\partial y} + \frac{\partial \rho \omega}{\partial z} = 0$

② $\frac{\partial u}{\partial x} + \frac{\partial v}{\partial y} + \frac{\partial \omega}{\partial z} = 0$

③ $\frac{\partial u}{\partial x} + \frac{\partial v}{\partial y} + \frac{\partial \omega}{\partial z} + \frac{\partial \rho}{\partial t} = 0$

④ $\frac{\partial \rho u}{\partial x} + \frac{\partial \rho v}{\partial y} + \frac{\partial \rho \omega}{\partial z} + \frac{\partial \rho}{\partial t} = 0$

해설 압축성 정류 $\frac{\partial \rho u}{\partial x} + \frac{\partial \rho v}{\partial y} + \frac{\partial \rho \omega}{\partial z} = 0$

압축성 부정류 $\frac{\partial \rho u}{\partial x} + \frac{\partial \rho v}{\partial y} + \frac{\partial \rho \omega}{\partial z} + \frac{\partial \rho}{\partial t} = 0$ (일반식)

비압축성 정류 $\frac{\partial u}{\partial x} + \frac{\partial v}{\partial y} + \frac{\partial \omega}{\partial z} = 0$

비압축성 부정류 $\frac{\partial u}{\partial x} + \frac{\partial v}{\partial y} + \frac{\partial \omega}{\partial z} + \frac{\partial \rho}{\partial t} = 0$

정류 : 시간에 따른 변화없음
비압축성 : 밀도에 따른 변화없음

46. 그림과 같이 수조 A의 물을 펌프에 의해 수조 B로 양수한다. 연결관의 단면적 200cm², 유량 0.196m³/s, 총손실수두는 속도수두의 3.0배에 해당할 때 펌프의 필요한 동력(HP)은? (단, 펌프의 효율은 98%이며, 물의 단위중량은 9.81kN/m³, 1HP는 735.75N·m/s, 중력가속도는 9.8m/s²)

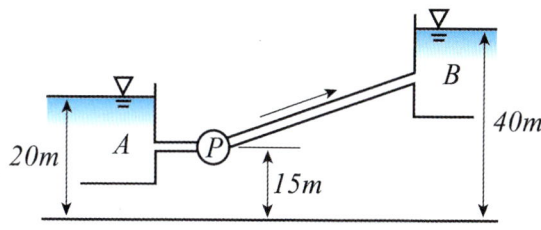

① 92.5HP ② 101.6HP
③ 105.9HP ④ 115.2HP

해설 $Q = AV$에서, $0.196 = 200 \times 10^{-4} \times V$이므로, $V = 9.8m/s$

총 손실수두는 속도수두의 3배이므로,

$h_L = 3 \times \frac{V^2}{2g} = 3 \times \frac{9.8^2}{2 \times 9.8} = 14.7m$

펌프의 에너지 $E = \frac{\gamma_w Q(h + h_L)}{\eta}$ 이므로,

$E = \frac{9.81 \times 0.196 \times (20 + 14.7)}{0.98} = 68.08kW$

$= \frac{68.08}{0.73575} = 92.53HP$

47. 수리학적으로 유리한 단면에 관한 설명으로 옳지 않은 것은?

① 주어진 단면에서 윤변이 최소가 되는 단면이다.
② 직사각형 단면일 경우 수심이 폭의 1/2인 단면이다.
③ 최대유량의 소통을 가능하게 하는 가장 경제적인 단면이다.
④ 사다리꼴 단면일 경우 수심을 반지름으로 하는 반원을 외접원으로 하는 사다리꼴 단면이다.

[해설] 사다리꼴 단면일 경우 수심을 반지름으로 하는 반원을 내접원으로 하는 사다리꼴 단면이다.

48. 여과량이 $2m^3/s$, 동수경사가 0.2, 투수계수가 1cm/s일 때 필요한 여과지 면적은?

① $1,000m^2$ ② $1,500m^2$
③ $2,000m^2$ ④ $2,500m^2$

[해설] 투수량 $Q = KiA = 0.01 \times 0.2 \times A = 2$에서, $A = 1000m^2$

49. 비중이 0.9인 목재가 물에 떠 있다. 수면 위에 노출된 체적이 $1.0m^3$이라면 목재 전체의 체적은? (단, 물의 비중은 1.0이다.)

① $1.9m^3$ ② $2.0m^3$
③ $9.0m^3$ ④ $10.0m^3$

[해설] 잠긴부분 체적에 해당하는 물의 무게 = 물체의 전체 무게
$V_{sub} \times \gamma_w = V_{sub} \times 1 \times g = (V_{sub}+1) \times 0.9 \times g$
$V_{sub} = 0.9 V_{sub} + 0.9$이므로, $V_{sub} = 9m^3$
따라서, $V = V_{sub} + 1 = 9 + 1 = 10m^3$

50. 두께가 10m인 피압대수층에서 우물을 통해 양수한 결과, 50m 및 100m 떨어진 두 지점에서 수면강하가 각각 20m 및 10m로 관측되었다. 정상상태를 가정할 때 우물의 양수량은? (단, 투수계수는 0.3m/h)

① $76 \times 10^{-3} m^3/s$ ② $85 \times 10^{-3} m^3/s$
③ $92 \times 10^{-3} m^3/s$ ④ $213 \times 10^{-3} m^3/s$

[해설] 굴착정 유량
$$Q = \frac{2\pi t K (h_2 - h_1)}{\ln(r_2/r_1)} = \frac{2 \times \pi \times 10 \times 0.3/3600 \times (20-10)}{\ln(100/50)}$$
$$= 75.53 \times 10^{-3} m^3/s$$

51. 첨두홍수량 계산에 있어서 합리식의 적용에 관한 설명으로 옳지 않은 것은?

① 하수도 설계 등 소유역에만 적용될 수 있다.
② 우수 도달시간은 강우 지속시간보다 길어야 한다.
③ 강우강도는 균일하고 전유역에 고르게 분포되어야 한다.
④ 유량이 점차 증가되어 평형상태일 때의 첨두유출량을 나타낸다.

[해설] 우수 도달시간은 강우 지속시간보다 길어야 한다.

52. 그림과 같은 모양의 분수(噴水)를 만들었을 때 분수의 높이(H_v)는? (단, 유속계수 $C_v = 0.96$, 중력가속도 $g = 9.8m/s^2$, 다른 손실은 무시한다.)

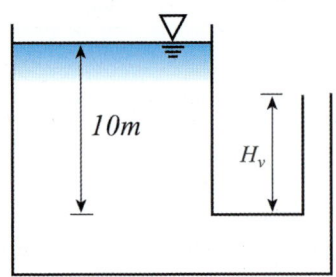

① 9.00m   ② 9.22m
③ 9.62m   ④ 10.00m

[해설] 베르누이 정리에 의해,
$H = \frac{V^2}{2g}$에서, $V = \sqrt{2gH} = \sqrt{2 \times 9.8 \times 10} = 14m/s$
$V' = C_v V = 0.96 \times 14 = 13.44 m/s$
$H_v = \frac{V'^2}{2g} = \frac{13.44^2}{2 \times 9.8} = 9.216m$

53. 동수반경에 대한 설명으로 옳지 않은 것은?

① 원형관의 경우, 지름의 1/4이다.
② 유수단면적을 윤변으로 나눈 값이다.
③ 폭이 넓은 직사각형수로의 동수반경은 그 수로의 수심과 거의 같다.
④ 동수반경이 큰 수로는 동수반경이 작은 수로보다 마찰에 의한 수두손실이 크다.

해설 동수반경이 큰 수로는 동수반경이 작은 수로보다 마찰에 의한 수두손실이 작다.

54. 댐의 상류부에서 발생되는 수면 곡선으로 흐름 방향으로 수심이 증가함을 뜻하는 곡선은?

① 배수 곡선 ② 저하 곡선
③ 유사량 곡선 ④ 수리특성 곡선

해설 배수곡선 : 수심이 증가하는 곡선
저하곡선 : 수심이 감소하는 곡선

55. 일반적인 물의 성질로 틀린 것은?

① 물의 비중은 기름의 비중보다 크다.
② 물은 일반적으로 완전유체로 취급한다.
③ 해수(海水)도 담수(淡水)와 같은 단위중량으로 취급한다.
④ 물의 밀도는 보통 $1g/cc = 1,000kg/m^3 = 1t/m^3$를 쓴다.

해설 해수(海水)와 담수(淡水)의 밀도가 다르기 때문에 단위중량도 다르다.

56. 강우 자료의 일관성을 분석하기 위해 사용하는 방법은?

① 합리식
② DAD 해석법
③ 누가 우량 곡선법
④ SCS(Soil Conservation Service) 방법

해설 합리식 : 첨두홍수량
DAD 해석 : 다양한 면적에 대한 지속시간을 가진 최대강우량
누가우량곡선 : 강우자료 일관성
SCS : 합성단위도(충분한 자료가 없는 유역에 대해 경험적으로 생성한 단위도) 산정방법 중 하나

57. 수문자료 해석에 사용되는 확률분포형의 매개변수를 추정하는 방법이 아닌 것은?

① 모멘트법(method of moments)
② 회선적분법(convolution intergral method)
③ 최우도법(method of maximum likelihood)
④ 확률가중 모멘트법(method of probability weighted moments)

해설 [매개변수 추정에 의한 확률강우량 산정방법]
1) 모멘트법
가장 간편하지만, 이상치가 있거나 자료가 부족한 경우 적용성 낮음
2) 최우도법
자료수가 충분한 경우 효과적이지만, 추정방법이 복잡함. 해를 못 구하는 경우도 발생. 확률분포 모델에 의존.
3) 확률가중모멘트법
정규분포와 유사하며 최우도법과 유사하게 효율적. 이상치나 자료가 부족해도 안정적인 결과 유도. 가장 일반적으로 적용

58. 정수역학에 관한 설명으로 틀린 것은?

① 정수 중에는 전단응력이 발생된다.
② 정수 중에는 인장응력이 발생되지 않는다.
③ 정수압은 항상 벽면에 직각방향으로 작용한다.
④ 정수 중의 한 점에 작용하는 정수압은 모든 방향에서 균일하게 작용한다.

해설 정수 중에는 전단응력이 없다.

정답 53. ④ 54. ① 55. ③ 56. ③ 57. ② 58. ①

59. 수심이 1.2m인 수조의 밑바닥에 길이 4.5m, 지름 2cm인 원형관이 연직으로 설치되어 있다. 최초에 물이 배수되기 시작할 때 수조의 밑바닥에서 0.5m 아래로 떨어진 연직관 내의 수압은? (단, 물의 단위중량은 9.81kN/m³이며, 손실은 무시한다.)

① $49.05kN/m^2$　　② $-49.05kN/m^2$
③ $39.24kN/m^2$　　④ $-39.24kN/m^2$

해설 베르누이 정리에 의해,
유출부(1)와 수로바닥에서 0.5m 이격지점(2)에 대해,
$\frac{V_1^2}{2g} + \frac{p_1}{\gamma} + z_1 = \frac{V_2^2}{2g} + \frac{p_2}{\gamma} + z_2$ 에서,
$\frac{V_1^2}{2g} = \frac{V_2^2}{2g} + \frac{p_2}{\gamma} + 4$ 이고, $V_1 = V_2$ 이므로,
$\frac{p_2}{\gamma} = -4$ 에서,
$p_2 = -4 \times 9.81 = -39.24 kN/m^2$

60. 어느 유역에 1시간 동안 계속되는 강우기록이 아래 표와 같을 때 10분 지속 최대강우강도는?

시간(분)	0	10	20	30	40	50	60
우량(mm)	0	3	4.5	7	6	4.5	6

① 5.1mm/h　　② 7.0mm/h
③ 30.6mm/h　　④ 42.0mm/h

해설 10분 최대 강우강도 = 7mm/10min이므로,
1시간 최대 강우강도 = $7 \times 6 = 42 mm/hr$

4과목　철근콘크리트 및 강구조

61. 단철근 직사각형 보에서 $f_{ck} = 38MPa$인 경우, 콘크리트 등가 직사각형 압축응력블록의 깊이를 나타내는 계수 β_1은?

① 0.74　　② 0.76
③ 0.80　　④ 0.85

해설 $f_{ck} \leq 40MPa$인 경우, $\beta_1 = 0.8$

62. 표준갈고리를 갖는 인장 이형철근의 정착에 대한 설명으로 틀린 것은? (단, d_b는 철근의 공칭지름이다.)

① 갈고리는 압축을 받는 경우 철근정착에 유효하지 않은 것으로 보아야 한다.
② 정착길이는 위험단면으로부터 갈고리의 외측단부까지 거리로 나타낸다.
③ D35 이하 180° 갈고리 철근에서 정착길이 구간을 $3d_b$ 이하 간격으로 띠철근 또는 스터럽이 정착되는 철근을 수직으로 둘러싼 경우에 보정계수는 0.7이다.
④ 기본 정착 길이에 보정계수를 곱하여 정착길이를 계산하는데 이렇게 구한 정착길이는 항상 $8d_b$ 이상, 또한 150mm 이상이어야 한다.

해설 ③ D35 이하 180° 갈고리 철근에서 정착길이 구간을 $3d_b$ 이하 간격으로 띠철근 또는 스터럽이 정착되는 철근을 수직으로 둘러싼 경우에 보정계수는 0.8이다.

63. 프리스트레스를 도입할 때 일어나는 손실(즉시손실)의 원인은?

① 콘크리트의 크리프
② 콘크리트의 건조수축
③ 긴장재 응력의 릴랙세이션
④ 포스트텐션 긴장재와 덕트 사이의 마찰

해설 즉시손실 : 마찰손실, 콘크리트 탄성변형손실, 정착장치 활동손실

64. 콘크리트 설계기준압축강도가 28MPa, 철근의 설계기준항복강도가 400MPa로 설계된 길이가 7m인 양단 연속보에서 처짐을 계산하지 않는 경우 보의 최소 두께는? (단, 보통중량콘크리트($m_c = 2300 kg/m^3$)이다.)

① 275mm ② 334mm
③ 379mm ④ 438mm

해설 $\dfrac{l}{21} = \dfrac{7}{21} = 0.333m$

65. 철근콘크리트의 강도설계법을 적용하기 위한 설계 가정으로 틀린 것은?

① 철근과 콘크리트의 변형률은 중립축부터 거리에 비례한다.
② 인장 측 연단에서 철근의 극한변형률은 0.003으로 가정한다.
③ 콘크리트 압축연단의 극한변형률은 콘크리트의 설계기준압축강도가 40MPa 이하인 경우에는 0.0033으로 가정한다.
④ 철근의 응력이 설계기준항복강도(f_y) 이하일 때 철근의 응력은 그 변형률에 철근의 탄성계수(E_s)를 곱한 값으로 한다.

해설 ② 인장연단의 철근의 극한변형률 제한은 없다.

66. 강도설계법에서 구조의 안전을 확보하기 위해 사용되는 강도감소계수(∅) 값으로 틀린 것은?

① 인장지배 단면 : 0.85
② 포스트텐션 정착구역 : 0.70
③ 전단력과 비틀림모멘트를 받는 부재 : 0.75
④ 압축지배 단면 중 띠철근으로 보강된 철근콘크리트 부재 : 0.65

해설 포스트텐션 정착구역 : 0.85

67. 연속보 또는 1방향 슬래브의 휨모멘트와 전단력을 구하기 위해 근사해법을 적용할 수 있다. 근사해법을 적용하기 위해 만족하여야 하는 조건으로 틀린 것은?

① 등분포 하중이 작용하는 경우
② 부재의 단면 크기가 일정한 경우
③ 활하중이 고정하중의 3배를 초과하는 경우
④ 인접 2경간의 차이가 짧은 경간의 20% 이하인 경우

해설 활하중이 고정하중의 3배를 초과하지 않는 경우

68. 순간 처짐이 20mm 발생한 캔틸레버 보에서 5년 이상의 지속하중에 의한 총 처짐은? (단, 보의 인장 철근비는 0.02, 받침부의 압축철근비는 0.01이다.)

① 26.7mm ② 36.7mm
③ 46.7mm ④ 56.7mm

해설 $\lambda_D = \dfrac{\xi}{1+50\rho'} = \dfrac{2}{1+50\times 0.01} = \dfrac{2}{1.5}$

총처짐량 $= \delta(1+\lambda_D) = 20(1+\dfrac{2}{1.5}) = 46.67mm$

69. 그림과 같은 단면을 갖는 지간 20m의 PSC보에 PS강재가 200mm의 편심거리를 가지고 직선배치 되어 있다. 자중을 포함한 계수등분포하중 16kN/m가 보에 작용할 때 보 중앙단면의 콘크리트 상연응력은? (단, 유효 프리스트레스 힘(Pe)은 2,400kN이다.)

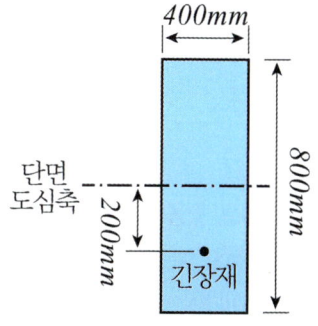

① 6MPa ② 9MPa
③ 12MPa ④ 15MPa

해설 $M_1 = \dfrac{16 \times 20^2}{8} = Pe_1 = 2400e_1$ 에서, $e_1 = \dfrac{1}{3}$

$\sigma_1 = \dfrac{P}{A}(1 + \dfrac{e_1}{e_{max}} - \dfrac{e_2}{e_{max}})$

$= \dfrac{2400}{0.8 \times 0.4}(1 + \dfrac{1/3}{0.8/6} - \dfrac{0.2}{0.8/6}) = 15 \times 10^3 kN/m^2$

$= 15 MPa$

70. 그림과 같은 맞대기 용접의 이음부에 발생하는 응력의 크기는? (단, P=360kN, 강판두께=12mm)

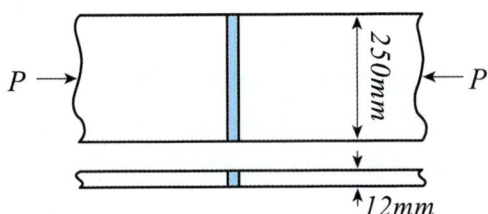

① 압축응력 14.4MPa ② 인장응력 3,000MPa
③ 전단응력 150MPa   ④ 압축응력 120MPa

해설 $\sigma = \dfrac{P}{A} = \dfrac{360 \times 10^3}{250 \times 12} = 120 MPa$ (압축)

71. 유효깊이가 600mm인 단철근 직사각형 보에서 균형 단면이 되기 위한 압축연단에서 중립축까지의 거리는? (단, f_{ck} = 28MPa, f_y = 300MPa, 강도설계법에 의한다.)

① 494.5mm   ② 412.5mm
③ 390.5mm   ④ 293.5mm

해설 $c_b = \dfrac{\epsilon_{cu}}{\epsilon_{cu} + \epsilon_y} d = \dfrac{33}{33+15} \times 600 = 412.5 mm$

72. 보의 길이가 20m, 활동량이 4mm, 긴장재의 탄성계수(E_P)가 200,000MPa일 때 프리스트레스의 감소량(Δf_{an})은? (단, 일단 정착이다.)

① 40MPa   ② 30MPa
③ 20MPa   ④ 15MPa

해설 $\sigma = E_{ps}\epsilon = 2 \times 10^5 \times \dfrac{4}{20 \times 10^3} = 40 MPa$

73. 그림과 같은 띠철근 기둥에서 띠철근의 최대 수직간격은? (단, D_{10}의 공칭직경은 9.5mm, D_{32}의 공칭직경은 31.8mm이다.)

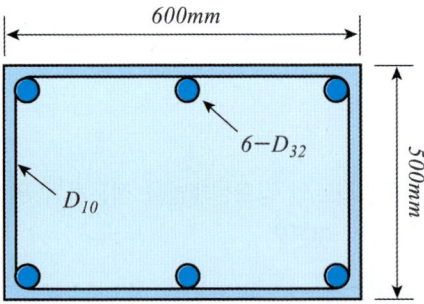

① 400mm   ② 456mm
③ 500mm   ④ 509mm

해설 $16d_b = 16 \times 31.8 = 508.8 mm$
$48d_b = 48 \times 9.5 = 456 mm$
기둥단면의 최소치수 = $500 mm$
따라서, 최소값인 456mm 이하로 배근해야 한다.

74. 강판을 리벳(Rivet)이음할 때 지그재그로 리벳을 체결한 모재의 순폭은 총 폭으로부터 고려하는 단면의 최초의 리벳 구멍에 대하여 그 지름을 공제하고 이하 순차적으로 다음 식을 각 리벳 구멍으로 공제하는데 이때의 식은? (단, g : 리벳 선간의 거리, d : 리벳 구멍의 지름, p : 리벳 피치)

① $d - \dfrac{p^2}{4g}$ ② $d - \dfrac{g^2}{4p}$
③ $d - \dfrac{4p^2}{g}$ ④ $d - \dfrac{4g^2}{p}$

정답 69. ④ 70. ④ 71. ② 72. ① 73. ② 74. ①

75. 비틀림철근에 대한 설명으로 틀린 것은? (단, A_{oh}는 가장 바깥의 비틀림 보강철근의 중심으로 닫혀진 단면적(mm^2)이고, p_h는 가장 바깥의 횡방향 폐쇄스터럽 중심선의 둘레(mm)이다.)

① 횡방향 비틀림철근은 종방향 철근 주위로 135° 표준갈고리에 의해 정착하여야 한다.
② 비틀림모멘트를 받는 속빈 단면에서 횡방향 비틀림철근의 중심선부터 내부 벽면까지의 거리는 $0.5A_{oh}/p_h$ 이상이 되도록 설계하여야 한다.
③ 횡방향 비틀림철근의 간격은 $p_h/6$보다 작아야 하고, 또한 400mm보다 작아야 한다.
④ 종방향 비틀림철근은 양단에 정착하여야 한다.

해설 횡방향 비틀림철근의 간격은 $p_h/8$보다 작아야 하고, 또한 300 mm보다 작아야 한다.

76. 뒷부벽식 옹벽에서 뒷부벽을 어떤 보로 설계하여야 하는가?

① T형보
② 단순보
③ 연속보
④ 직사각형보

77. 직사각형 단면의 보에서 계수전단력 V_u = 40kN을 콘크리트만으로 지지하고자 할 때 필요한 최소 유효깊이(d)는? (단, 보통중량콘크리트이며, f_{ck} = 25MPa, b_w = 300mm)

① 320mm
② 348mm
③ 384mm
④ 427mm

해설 $V_u = \frac{1}{2}\phi V_c$에서,

$40 \times 10^3 = \frac{1}{2} \times 0.75 \times \frac{\sqrt{25} \times 300 \times d}{6}$ 이므로,

$d = 426.67mm$

78. 슬래브와 보가 일체로 타설된 비대칭 T형보(반 T형보)의 유효폭은? (단, 플랜지 두께 = 100mm, 복부 폭 = 300mm, 인접보와의 내측 거리 = 1,600mm, 보의 경간 = 6.0m)

① 800mm
② 900mm
③ 1,000mm
④ 1,100mm

해설 $6t_f + b_w = 6 \times 100 + 300 = 900mm$

$\frac{L_o}{2} + b_w = \frac{1600}{2} + 300 = 1100mm$

$\frac{L}{12} + b_w = \frac{6000}{12} + 300 = 800mm$이므로,

최소값인 800mm를 유효폭으로 한다.

79. 그림과 같은 인장철근을 갖는 보의 유효깊이는? (단, 인장철근은 D19로 하고 공칭단면적은 $287mm^2$이다.)

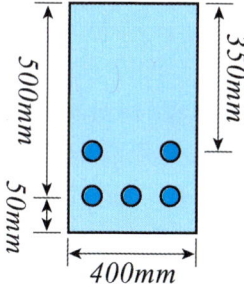

① 350mm
② 410mm
③ 440mm
④ 500mm

해설 모멘트1정리에 의해,

$d = \frac{2 \times 350 + 3 \times 500}{5} = 440mm$

80. 인장응력 검토를 위한 L-150×90×12인 형강(angle)의 전개한 총 폭(b_g)은?

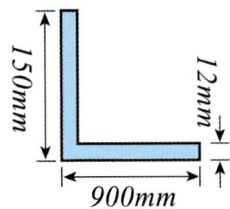

① 228mm ② 232mm
③ 240mm ④ 252mm

해설 $b_g = L_a + L_b - t = 150 + 90 - 12 = 228mm$

5과목 | 토질 및 기초

81. 두께 9m의 점토층에서 하중강도 P_1일 때 간극비는 2.0이고 하중강도를 P_2로 증가시키면 간극비는 1.8로 감소되었다. 이 점토층의 최종 압밀 침하량은?

① 20cm ② 30cm
③ 50cm ④ 60cm

해설 초기간극비 $e_o = \dfrac{V_v}{V_s} = \dfrac{H_v}{H_s} = 2$에서, $H_s = \dfrac{9}{3} = 3m$

$\Delta e = \dfrac{\Delta H_v}{H_s} = \dfrac{\Delta H_v}{3} = e_o - e_1 = 2.0 - 1.8 = 0.2$

침하량 $\Delta H_v = 0.6m$

82. 지반개량공법 중 주로 모래질 지반을 개량하는데 사용되는 공법은?

① 프리로딩 공법 ② 생석회 말뚝 공법
③ 페이퍼 드레인 공법 ④ 바이브로 플로테이션 공법

해설 • **점토지반 개량** : 치환, pre-loading, sand drain, paper drain, 전기침투, 침투압, 생석회 말뚝공법

• **사질토지반 개량** : 다짐말뚝, 다짐모래 말뚝, 바이브로 플로테이션, 폭파다짐, 약액주입, 전기충격공법

83. 포화된 점토에 대하여 비압밀비배수(UU)시험을 하였을 때 결과에 대한 설명으로 옳은 것은? (단, ϕ : 내부마찰각, c : 점착력)

① ϕ와 c가 나타나지 않는다.
② ϕ와 c가 모두 "0"이 아니다.
③ ϕ는 "0"이 아니지만 c는 "0"이다.
④ ϕ는 "0"이고 c는 "0"이 아니다.

해설

포화상태	불포화상태

84. 점토지반으로부터 불교란 시료를 채취하였다. 이 시료의 지름이 50mm, 길이가 100mm, 습윤 질량이 350g, 함수비가 40%일 때 이 시료의 건조밀도는?

① 1.78g/cm³ ② 1.43g/cm³
③ 1.27g/cm³ ④ 1.14g/cm³

해설 $W_w + W_s = 350g$이고,

$\omega = \dfrac{W_w}{W_s} = 0.4$에서, $W_s = 350 \times \dfrac{1}{1.4} = 250g$

$\gamma_d = \dfrac{W_s}{V} = \dfrac{250}{(\pi \times 5^2/4) \times 10} = 1.273 g/cm^3$

85. 말뚝의 부주면마찰력에 대한 설명으로 틀린 것은?

① 연약한 지반에서 주로 발생한다.
② 말뚝 주변의 지반이 말뚝보다 더 침하될 때 발생한다.
③ 말뚝주면에 역청 코팅을 하면 부주면마찰력을 감소시킬 수 있다.
④ 부주면마찰력의 크기는 말뚝과 흙 사이의 상대적인 변위속도와는 큰 연관성이 없다.

[해설] 부주면마찰력은 말뚝보다 주변지반의 침하량이 큰 경우에 발생하므로, 말뚝과 흙 사이의 상대적인 변위속도에 관계한다.

86. 말뚝기초에 대한 설명으로 틀린 것은?

① 군항은 전달되는 응력이 겹쳐지므로 말뚝 1개의 지지력에 말뚝 개수를 곱한 값보다 지지력이 크다.
② 동역학적 지지력 공식 중 엔지니어링 뉴스 공식의 안전율(F_s)은 6이다.
③ 부주면마찰력이 발생하면 말뚝의 지지력은 감소한다.
④ 말뚝기초는 기초의 분류에서 깊은 기초에 속한다.

[해설] 군항은 전달되는 응력이 겹쳐지므로 말뚝 1개의 지지력에 말뚝 개수를 곱한 값보다 지지력이 작다.
$Q_{u(g)} = E n Q_u$ (E : 군말뚝 효율)

87. 그림과 같이 폭이 2m, 길이가 3m인 기초에 $q = 100kN/m^2$의 등분포 하중이 작용할 때, A점 아래 4m 깊이에서의 연직응력 증가량은? (단, 아래 표의 영향계수 값을 활용하여 구하며, m=B/z, n=L/z이고, B는 직사각형 단면의 폭, L은 직사각형 단면의 길이, z는 토층의 깊이이다.)

영향계수 I				
m	0.25	0.5	0.5	0.5
n	0.5	0.25	0.75	1.0
I	0.048	0.048	0.115	0.122

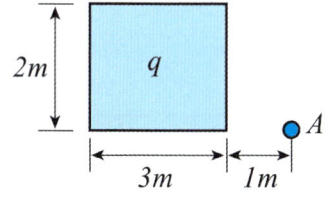

① $6.7kN/m^2$
② $7.4kN/m^2$
③ $12.2kN/m^2$
④ $17.0kN/m^2$

[해설] 4×2m에 대해,
$m = \frac{2}{4} = 0.5$, $n = \frac{4}{4} = 1$에서, $I_1 = 0.122$

1×2m에 대해,
$m = \frac{1}{4} = 0.25$, $n = \frac{2}{4} = 0.5$에서, $I_2 = 0.048$
$Q = q(I_1 - I_2) = 100 \times (0.122 - 0.048) = 7.4kN/m^2$

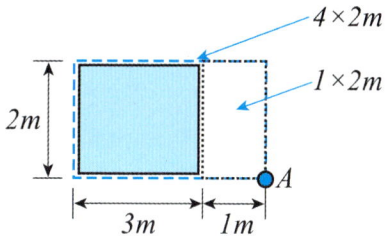

88. 기초가 갖추어야 할 조건이 아닌 것은?

① 동결, 세굴 등에 안전하도록 최소한의 근입깊이를 가져야 한다.
② 기초의 시공이 가능하고 침하량이 허용치를 넘지 않아야 한다.
③ 상부로부터 오는 하중을 안전하게 지지하고 기초지반에 전달하여야 한다.
④ 미관상 아름답고 주변에서 쉽게 구분할 수 있는 재료로 설계되어야 한다.

89. 평판재하시험에 대한 설명으로 틀린 것은?

① 순수한 점토지반의 지지력은 재하판 크기와 관계 없다.
② 순수한 모래지반의 지지력은 재하판의 폭에 비례한다.
③ 순수한 점토지반의 침하량은 재하판의 폭에 비례한다.
④ 순수한 모래지반의 침하량은 재하판의 폭에 관계없다.

[해설]
- **지지력** : 점토에서는 재하판과 무관하고, 사질토에서는 재하판의 폭에 비례
- **침하량** : 점토에서는 재하판의 폭에 비례, 사질토에서는 재하판과 기초판의 크기에 관계
- **사질토 기초의 침하량** : $S_{eF} = S_{eP}\left(\frac{2B_F}{B_F + B_P}\right)^2$

85. ④ 86. ① 87. ② 88. ④ 89. ④

90. 두께 2cm의 점토시료에 대한 압밀 시험결과 50%의 압밀을 일으키는데 6분이 걸렸다. 같은 조건 하에서 두께 3.6m의 점토층 위에 축조한 구조물이 50%의 압밀에 도달하는데 며칠이 걸리는가?

① 1350일 ② 270일
③ 135일   ④ 27일

해설 동일한 압밀도에서, $\dfrac{t}{H_{dr}^2}$는 일정하므로,

$\dfrac{6}{2^2} = \dfrac{t}{360^2}$ 에서, $t = 194.4 \times 10^3 \text{min} = 135\,day$

91. 비교적 가는 모래와 실트가 물속에서 침강하여 고리 모양을 이루며 작은 아치를 형성한 구조로 단립구조보다 간극비가 크고 충격과 진동에 약한 흙의 구조는?

① 봉소구조   ② 낱알구조
③ 분산구조   ④ 면모구조

해설
- 봉소구조는 미세한 모래와 실트 입자들이 고리 모양을 이루면서 형성하여 큰 간극비를 가진다.
- 분산구조는 침강된 점토입자가 층을 이루며 형성된다.
- 면모구조는 분산된 점토입자가 면과 모서리를 이루며 형성된다.

92. 아래의 그림과 같은 흙의 구성도에서 체적 V를 1로 했을 때의 간극의 체적은? (단, 간극률은 n, 함수비는 ω, 흙입자의 비중은 G_s, 물의 단위중량은 γ_w)

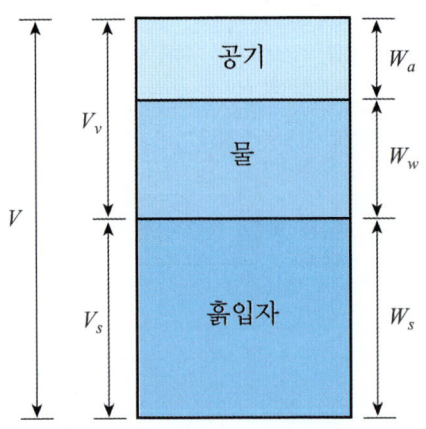

① n
② ωG_s
③ $\gamma_w (1-n)$
④ $[G_s - n(G_s - 1)]\gamma_w$

해설 간극율 $n = \dfrac{V_v}{V}$ 에서 $V=1$로 두면, $V_v = n$

93. 유선망의 특징에 대한 설명으로 틀린 것은?

① 각 유로의 침투수량은 같다.
② 동수경사는 유선망의 폭에 비례한다.
③ 인접한 두 등수두선 사이의 수두손실은 같다.
④ 유선망을 이루는 사변형은 이론상 정사각형이다.

해설 동수경사는 유선망의 폭에 무관하다.

94. 벽체에 작용하는 주동토압을 P_a, 수동토압을 P_p, 정지토압을 P_o라 할 때 크기의 비교로 옳은 것은?

① $P_a > P_o > P_p$ ② $P_p > P_o > P_a$
③ $P_o > P_a > P_p$ ④ $P_p > P_a > P_o$

95. 그림과 같이 3개의 지층으로 이루어진 지반에서 토층에 수직한 방향의 평균 투수계수(k_v)는?

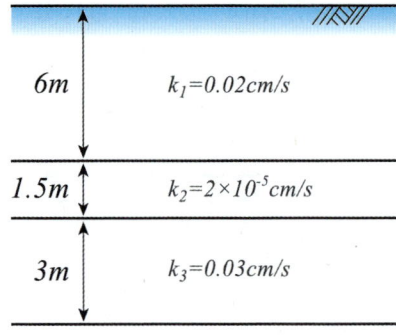

① 2.516×10^{-6} cm/s   ② 1.274×10^{-5} cm/s
③ 1.393×10^{-4} cm/s   ④ 2.0×10^{-2} cm/s

정답 90. ③ 91. ① 92. ① 93. ② 94. ②

> [해설] 흐름방향 다층 투수의 등가투수계수 $k_{eq} = \dfrac{L}{\Sigma(L_i/k_i)}$ 에서,
>
> $k_{eq} = \dfrac{600+150+300}{600/0.02 + 150/(2\times 10^{-5}) + 300/0.03}$
>
> $= 1.393 \times 10^{-4} cm/s$

96. 응력경로(stress path)에 대한 설명으로 틀린 것은?

① 응력경로는 특성상 전응력으로만 나타낼 수 있다.
② 응력경로란 시료가 받는 응력의 변화과정을 응력공간에 궤적으로 나타낸 것이다.
③ 응력경로는 Mohr의 응력원에서 전단응력이 최대의 점을 연결하여 구한다.
④ 시료가 받는 응력상태에 대한 응력경로는 직선 또는 곡선으로 나타난다.

> [해설] 응력경로는 전응력 및 유효응력으로 나타낼 수 있다.

97. 암반층 위에 5m 두께의 토층이 경사 15°의 자연사면으로 되어 있다. 이 토층의 강도정수 $c = 15kN/m^2$, $\phi = 30°$ 이며, 포화단위중량(γ_{sat})은 $18kN/m^3$이다. 지하수면은 토층의 지표면과 일치하고 침투는 경사면과 대략 평행이다. 이때 사면의 안전율은? (단, 물의 단위중량은 9.81 kN/m^3 이다.)

① 0.85 ② 1.15
③ 1.65 ④ 2.05

> [해설] $\gamma' = \gamma_{sat} - \gamma_w = 18 - 9.81 = 8.19 kN/m^3$
>
> $F_s = \dfrac{c'}{\gamma_{sat} H \cos i \sin i} + \dfrac{\gamma'}{\gamma_{sat}} \dfrac{\tan\phi'}{\tan i}$
>
> $= \dfrac{15}{18 \times 5 \times \cos 15° \times \sin 15°} + \dfrac{8.19}{18} \times \dfrac{\tan 30°}{\tan 15°}$
>
> $= 1.647$

98. 모래시료에 대해서 압밀배수 삼축압축시험을 실시하였다. 초기 단계에서 구속응력(σ_3)은 $100kN/m^2$이고, 전단파괴시에 작용된 축차응력(σ_{df})은 $200kN/m^2$이었다. 이와 같은 모래시료의 내부마찰각(ϕ) 및 파괴면에 작용하는 전단응력(τ_f)의 크기는?

① $\phi = 30°$, $\tau_f = 115.47 kN/m^2$
② $\phi = 40°$, $\tau_f = 115.47 kN/m^2$
③ $\phi = 30°$, $\tau_f = 86.60 kN/m^2$
④ $\phi = 40°$, $\tau_f = 86.60 kN/m^2$

> [해설] $\sigma_1 = 200 + 100 = 300 kN/m^2$
>
> 응력원의 중심 $\dfrac{\sigma_1 + \sigma_3}{2} = \dfrac{300+100}{2} = 200 kN/m^2$
>
> 응력원의 반경 $\dfrac{\sigma_1 - \sigma_3}{2} = \dfrac{300-100}{2} = 100 kN/m^2$
>
> 내부마찰각 $\sin\phi = \dfrac{100}{200}$ 에서, $\phi = 30°$
>
> $\tau_f = \tau_{\max} \sin(90-\phi) = 100 \times \sin(90-30) = 86.6 kN/m^2$

99. 흙의 다짐시험에서 다짐에너지를 증가시킬 때 일어나는 결과는?

① 최적함수비는 증가하고, 최대건조단위중량은 감소한다.
② 최적함수비는 감소하고, 최대건조단위중량은 증가한다.
③ 최적함수비와 최대건조단위중량이 모두 감소한다.
④ 최적함수비와 최대건조단위중량이 모두 증가한다.

100. 토립자가 둥글고 입도분포가 나쁜 모래지반에서 표준관입시험을 한 결과 N값은 10이었다. 이 모래의 내부 마찰각(ϕ)을 Dunham의 공식으로 구하면?

① 21° ② 26°
③ 31° ④ 36°

> [해설] $\phi = \sqrt{12N} + 15° = \sqrt{12 \times 10} + 15 = 29.95°$
>
> [참고] Dunham의 공식
> 둥글고 빈입도인 경우 $\phi = \sqrt{12N} + 15°$
> 둥글고 양입도인 경우 $\phi = \sqrt{12N} + 20°$
> 모나고 양입도인 경우 $\phi = \sqrt{12N} + 25°$

6과목 | 상하수도공학

101. 상수도의 정수공정에서 염소소독에 대한 설명으로 틀린 것은?

① 염소살균은 오존살균에 비해 가격이 저렴하다.
② 염소소독의 부산물로 생성되는 THM은 발암성이 있다.
③ 암모니아성질소가 많은 경우에는 클로라민이 형성된다.
④ 염소요구량은 주입염소량과 유리 및 결합잔류염소량의 합이다.

해설 주입염소량은 염소요구량과 유리 및 결합잔류염소량의 합이다.

102. 집수매거(infiltration galleries)에 관한 설명으로 옳지 않은 것은?

① 철근콘크리트조의 유공관 또는 권선형 스크린관을 표준으로 한다.
② 집수매거 내의 평균유속은 유출단에서 1m/s 이하가 되도록 한다.
③ 집수매거의 부설방향은 표류수의 상황을 정확하게 파악하여 위수할 수 있도록 한다.
④ 집수매거는 하천부지의 하상 밑이나 구하천 부지 등의 땅속에 매설하여 복류수나 자유수면을 갖는 지하수를 취수하는 시설이다.

해설 집수매거의 부설방향은 복류수의 상황을 정확하게 파악하여 위수할 수 있도록 한다.
참고 집수매거는 복류수를 취수하는 시설로, 복류수 방향에 직각으로 설치한다.

103. 수평으로 부설한 지름 400mm, 길이 1,500m의 주철판으로 20,000m³/day 물이 수송될 때 펌프에 의한 송수압이 53.95N/cm²이면 관수로 끝에서 발생되는 압력은? (단, 관의 마찰손실계수 f = 0.03, 물의 단위중량 γ = 9.81kN/m³, 중력가속도 g = 9.8m/s²)

① $3.5 \times 10^5 N/m^2$
② $4.5 \times 10^5 N/m^2$
③ $5.0 \times 10^5 N/m^2$
④ $5.5 \times 10^5 N/m^2$

해설 $Q = AV$에서, $20 \times 10^3 = \frac{\pi \times 0.4^2}{4} \times V$이므로,

$V = 159.2 \times 10^3 m/day = 1.842 m/s$

마찰손실수두 $\Delta h_f = f \frac{L}{D} \frac{V^2}{2g}$

$= 0.03 \times \frac{1500}{0.4} \times \frac{1.842^2}{2 \times 9.8} = 19.5m$

압력 $53.95 N/cm^2 = 539.5 \times 10^3 N/m$

압력수두 $\frac{p}{\gamma} = \frac{539.5}{9.81} = 55m$

따라서, 유효압력수두 = $55 - 19.5 = 35.5m$
압력으로 변환하면,
$35.5 \times 9.81 = 348 kN/m^2 = 3.5 \times 10^5 N/m^2$

104. 하수처리시설의 2차 침전지에 대한 설명으로 틀린 것은?

① 유효수심은 2.5~4m를 표준으로 한다.
② 침전지 수면의 여유고는 40~60cm 정도로 한다.
③ 직사각형인 경우 길이와 폭의 비는 3 : 1 이상으로 한다.
④ 표면부하율은 계획1일 최대오수량에 대하여 25~40m³/m²·day로 한다.

해설 직사각형인 경우 길이와 폭의 비는 3 : 1 ~ 5 : 1로 한다.

105. "A"시의 2021년 인구는 588,000명이며 연간 약 3.5%씩 증가하고 있다. 2027년도를 목표로 급수시설의 설계에 임하고자 한다. 1일 1인 평균급수량은 250L이고 급수율은 70%로 가정할 때 계획 1일 평균급수량은? (단, 인구추정식은 등비증가법으로 산정한다.)

① 약 126,500m³/day
② 약 129,000m³/day
③ 약 258,000m³/day
④ 약 387,000m³/day

해설 2027년 인구 $P_n = P_o(1+r)^n = 588 \times 10^3 \times (1+0.035)^6$
$= 722.8 \times 10^3$
계획 1일 평균급수량 $= 722.8 \times 10^3 \times 250 \times 10^{-3} \times 0.7$
$= 126.5 \times 10^3 m^3/day$

정답 101. ④ 102. ③ 103. ① 104. ③ 105. ①

106. 운전 중인 펌프의 토출량을 조절할 때 공동현상을 일으킬 우려가 있는 것은?

① 펌프의 회전수를 조절한다.
② 펌프의 운전대수를 조절한다.
③ 펌프의 흡입측 밸브를 조절한다.
④ 펌프의 토출측 밸브를 조절한다.

해설 공동현상은 흡입관으로부터 공기가 혼입되어 발생한다.

107. 원수수질 상황과 정수수질 관리목표를 중심으로 정수방법을 선정할 때 종합적으로 검토하여야 할 사항으로 틀린 것은?

① 원수수질
② 원수시설의 규모
③ 정수시설의 규모
④ 정수수질의 관리목표

해설 원수시설의 규모는 해당사항이 아니다.

108. 하수도의 계획오수량 산정 시 고려할 사항이 아닌 것은?

① 계획오수량 산정 시 산업폐수량을 포함하지 않는다.
② 오수관로는 계획시간 최대오수량을 기준으로 계획한다.
③ 합류식에서 하수의 차집관로는 우천 시 계획오수량을 기준으로 계획한다.
④ 우천 시 계획오수량 산정 시 생활오수량 외 우천 시 오수관로에 유입되는 빗물의 양과 지하수의 침입량을 추정하여 합산한다.

해설 계획오수량 = 생활오수 + 산업폐수 + 지하수 외

109. 주요 관로별 계획하수량으로서 틀린 것은?

① 오수관로 : 계획시간 최대오수량
② 차집관로 : 우천 시 계획오수량
③ 오수관로 : 계획우수량 + 계획오수량
④ 합류식 관로 : 계획시간 최대오수량 + 계획우수량

해설 오수관로 : 계획시간 최대오수량

110. 하수도시설에서 펌프의 선정기준 중 틀린 것은?

① 전양정이 5m 이하이고 구경이 400mm 이상인 경우는 축류펌프를 선정한다.
② 전양정이 4m 이상이고 구경이 80mm 이상인 경우는 원심펌프를 선정한다.
③ 전양정이 5~20m이고 구경이 300mm 이상인 경우 원심사류펌프를 선정한다.
④ 전양정이 3~12m이고 구경이 400mm 이상인 경우는 원심펌프를 선정한다.

해설 전양정이 3~12m이고 구경이 400mm 이상인 경우는 사류펌프를 선정한다.

111. 아래 펌프의 표준특성 곡선에서 양정을 나타내는 것은? (단, Ns : 100~250)

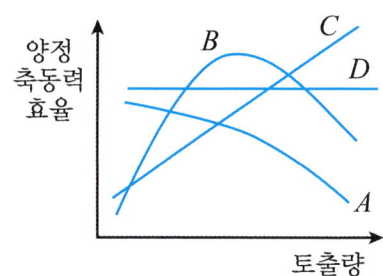

① A
② B
③ C
④ D

해설 토출량이 많을수록 양정은 작아진다.

112. 양수량이 15.5m³/min이고 전양정이 24m일 때, 펌프의 축동력은? (단, 펌프의 효율은 80%로 가정한다.)

① 4.65kW
② 7.58kW
③ 46.57kW
④ 75.95kW

해설 $E = \dfrac{QgH}{\eta} = \dfrac{15.5/60 \times 9.8 \times 24}{0.8} = 75.95 kW$

113. 맨홀 설치 시 관경에 따라 맨홀의 최대 간격에 차이가 있다. 관로 직선부에서 관경 600mm 초과 1,000mm 이하에서 맨홀의 최대 간격 표준은?

① 60m   ② 75m
③ 90m   ④ 100m

해설

관경(mm)	300 이하	600 이하	1,000 이하	1,500 이하	1,650 이상
최대간격(m)	50	75	100	150	200

114. 수원의 구비요건으로 틀린 것은?

① 수질이 좋아야 한다.
② 수량이 풍부하여야 한다.
③ 가능한 한 낮은 곳에 위치하여야 한다.
④ 가능한 한 수돗물 소비지에서 가까운 곳에 위치하여야 한다.

해설 가능한 한 자연유하식을 이용할 수 있는 곳에 위치하여야 한다.

115. 다음 중 저농도 현탁입자의 침전형태는?

① 단독침전   ② 응집침전
③ 지역침전   ④ 압밀침전

해설 부유물질 입자의 농도가 낮은 상태에서, 응결되지 않은 입자가 다른 입자와 상호 방해없이 침전하는 형태

116. 계획우수량 산정 시 유입시간을 산정하는 일반적인 Kervby 식과 스에이시 식에서 각 계수와 유입시간의 관계로 틀린 것은?

① 유입시간과 지표면거리는 비례 관계이다.
② 유입시간과 지체계수는 반비례 관계이다.
③ 유입시간과 설계강우강도는 반비례 관계이다.
④ 유입시간과 지표면 평균경사는 반비례 관계이다.

해설 유입시간과 지체계수는 비례 관계이다.
$$t_1 = 1.44\left(\frac{L \times n}{S^{1/2}}\right)^{0.467}$$

117. 자연유하방식과 비교할 때 압송식 하수도에 관한 특징으로 틀린 것은?

① 불명수(지하수 등)의 침입이 없다.
② 하향식 경사를 필요로 하지 않는다.
③ 관로의 매설깊이를 낮게 할 수 있다.
④ 유지관리가 비교적 간편하고 관로 점검이 용이하다.

해설 자연유하방식이 유지관리가 간편하고 점검이 용이하다.

118. 염소 소독 시 생성되는 염소성분 중 살균력이 가장 강한 것은?

① OCl^- ② $HOCl$
③ $NHCl_2$ ④ NH_2Cl

해설 살균력 : 차아염소산 > 염소산 이온 > 클로라민
OCl^- : 염소산 이온 $HOCl$: 차아염소산
$NHCl_2$, NH_2Cl : 클로라민

119. 석회를 사용하여 하수를 응집·침전하고자 할 경우의 내용으로 틀린 것은?

① 콜로이드성 부유물질의 침전성이 향상된다.
② 알칼리도, 인산염, 마그네슘 등과도 결합하여 제거시킨다.
③ 석회첨가에 의한 인 제거는 황산반토보다 슬러지 발생량이 일반적으로 적다.
④ 알칼리제를 응집보조제로 첨가하여 응집침전의 효과가 향상되도록 pH를 조정한다.

해설 석회첨가에 의한 인 제거는 황산반토보다 슬러지 발생량이 일반적으로 많다.

120. 정수처리의 단위 조작으로 사용되는 오존처리에 관한 설명으로 틀린 것은?

① 유기물질의 생분해성을 증가시킨다.
② 염소주입에 앞서 오존을 주입하면 염소의 소비량을 감소시킨다.
③ 오존은 자체의 높은 산화력으로 염소에 비하여 높은 살균력을 가지고 있다.
④ 인의 제거능력이 뛰어나고 수온이 높아져도 오존 소비량은 일정하게 유지된다.

해설 수온이 높아지면 오존 소비량이 증가한다.

02 | 토목기사 기출문제(2022년 2회)

1과목 | 응용역학

01. 그림과 같이 이축응력을 받고 있는 요소의 체적변형률은? (단, 탄성계수(E)는 2×10^5MPa, 푸아송 비(ν)는 0.3이다.)

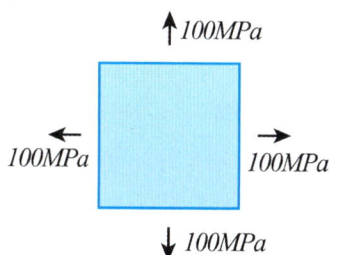

① 2.7×10^{-4}
② 3.0×10^{-4}
③ 3.7×10^{-4}
④ 4.0×10^{-4}

해설 체적변형율

$$e = \frac{1-2\nu}{E}(\sigma_x + \sigma_y + \sigma_z)$$

$$= \frac{1-2\times 0.3}{2\times 10^5} \times (100+100) = 4 \times 10^{-4}$$

02. 그림과 같은 단면의 상승모멘트(I_{xy})는?

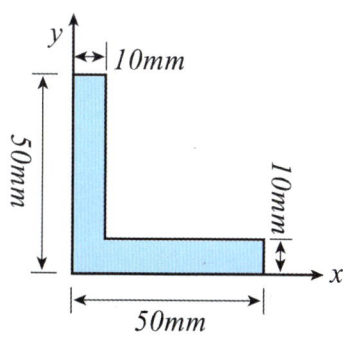

① $77,500 \text{mm}^4$
② $92,500 \text{mm}^4$
③ $122,500 \text{mm}^4$
④ $157,500 \text{mm}^4$

해설 $I_{xy} = 50 \times 10 \times 25 \times 5 + 40 \times 10 \times 5 \times 30$
$= 122.5 \times 10^3 \text{mm}^4$

03. 그림과 같이 봉에 작용하는 힘들에 의한 봉 전체의 수직 처짐의 크기는?

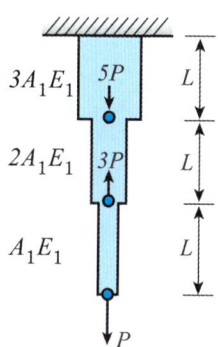

① $\dfrac{PL}{E_1 A_1}$
② $\dfrac{2PL}{3E_1 A_1}$
③ $\dfrac{4PL}{3E_1 A_1}$
④ $\dfrac{3PL}{2E_1 A_1}$

해설 $\Sigma \delta = \Sigma \left(\dfrac{PL}{EA}\right) = \dfrac{L}{E_1}\left(\dfrac{P}{A_1} - \dfrac{2P}{2A_1} + \dfrac{3P}{3A_1}\right) = \dfrac{PL}{E_1 A_1}$

04. 다음 그림과 같은 구조물의 BD 부재에 작용하는 힘의 크기는?

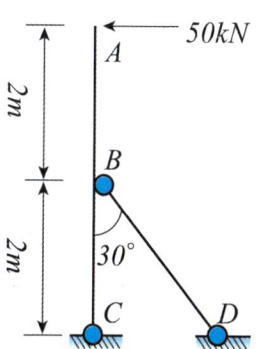

정답 01. ④ 02. ③ 03. ①

① 100kN　② 125kN
③ 150kN　④ 200kN

해설 ABC부재에서, B점의 수평반력 $H_B = 100kN$

직각삼각형 닮은비에 의해, $F_{BD} = \dfrac{H_B}{\sin 30°} = 200kN$

05. 그림과 같은 와렌(warren) 트러스에서 부재력이 '0(영)'인 부재는 몇 개인가?

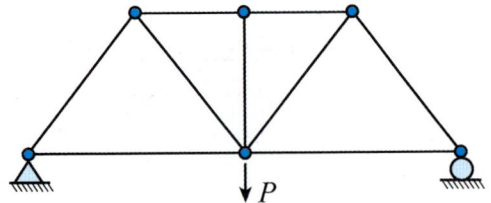

① 0개　② 1개
③ 2개　④ 3개

해설 영부재 판별법에 따라, 1개

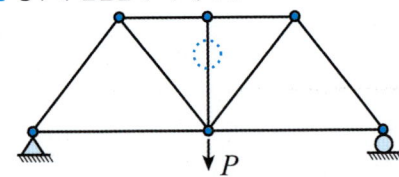

06. 전단응력도에 대한 설명으로 틀린 것은?

① 직사각형 단면에서는 중앙부의 전단응력도가 제일 크다.
② 원형 단면에서는 중앙부의 전단응력도가 제일 크다.
③ I형 단면에서는 상, 하단의 전단응력도가 제일 작다.
④ 전단응력도는 전단력의 크기에 비례한다.

해설 전단응력은 보의 중립축에서 가장 크고 상단 및 하단에서 0이므로, I형 단면에서는 상, 하단의 전단응력도가 제일 작다.

07. 그림과 같은 2경간 연속보에 등분포하중 $w = 4kN/m$가 작용할 때 전단력이 "0"이 되는 위치는 지점 A로부터 얼마의 거리(x)에 있는가?

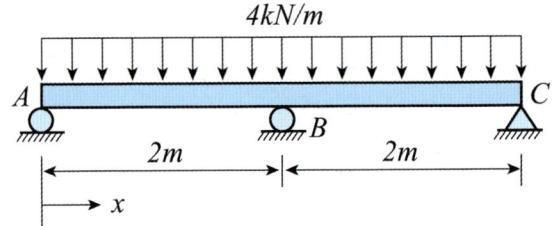

① 0.75m　② 0.85m
③ 0.95m　④ 1.05m

해설 $R_A = \dfrac{3\omega l}{8} = \omega x$ 에서, $x = \dfrac{3l}{8} = \dfrac{3 \times 2}{8} = 0.75m$

08. 그림과 같은 3힌지 아치의 중간 힌지에 수평하중 P가 작용할 때 A지점의 수직 반력과 수평 반력은?

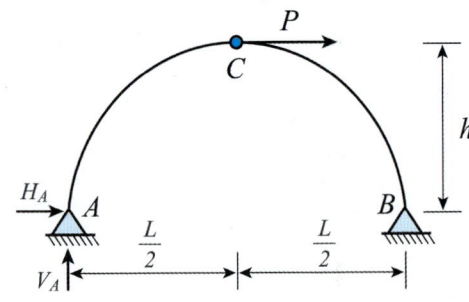

① $V_A = \dfrac{Ph}{L}(\uparrow)$, $H = \dfrac{P}{2}(\rightarrow)$
② $V_A = \dfrac{2Ph}{L}(\uparrow)$, $H = \dfrac{P}{2}(\rightarrow)$
③ $V_A = \dfrac{2Ph}{L}(\downarrow)$, $H = \dfrac{P}{2}(\leftarrow)$
④ $V_A = \dfrac{Ph}{L}(\downarrow)$, $H = \dfrac{P}{2}(\leftarrow)$

해설 $V_A = \dfrac{Ph}{l}(\downarrow)$이고,

AC부재에서, $\Sigma M_c = -H_A \times h - \dfrac{Ph}{l} \times \dfrac{l}{2} = 0$이므로,

$H_A = -\dfrac{P}{2}(\leftarrow)$

09. 그림과 같이 단순지지된 보에 등분포하중 ω가 작용하고 있다. 지점 C의 부모멘트와 보의 중앙에 발생하는 정모멘트의 크기를 같게 하여 등분포하중 ω의 크기를 제한하려고 한다. 지점 C와 D는 보의 대칭거동을 유지하기 위하여 각각 A와 B로부터 같은 거리에 배치하고자 한다. 이때 보의 A점으로부터 지점 C의 거리 x는?

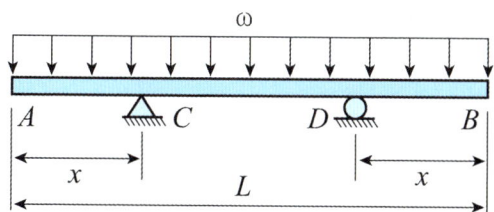

① 0.207L
② 0.250L
③ 0.333L
④ 0.444L

해설 1) AC구간과 BD구간의 등분포하중에 대해,

　CD구간의 휨모멘트 $M_1 = \dfrac{\omega x^2}{2}$

2) CD구간 등분포하중에 대해,

　보 중앙의 휨모멘트 $M_c = \dfrac{\omega a^2}{8}$　$(a = L - 2x)$

3) 전체 구조계에서, C점의 부모멘트 $M_{(-)} = M_1 = \dfrac{\omega x^2}{2}$

　보 중앙의 정모멘트 $M_{(+)} = M_c - M_1$

　$M_{(-)} = M_{(+)}$이므로, $M_1 = M_c - M_1$에서, $M_c = 2M_1$

　따라서, $\dfrac{\omega a^2}{8} = 2 \times \dfrac{\omega x^2}{2} = \omega x^2$에서, $a = 2\sqrt{2}\,x$

　$L = 2x + a = 2x + 2\sqrt{2}\,x = x(2 + 2\sqrt{2})$에서,
　$x = 0.207L$

10. 탄성 변형에너지(Elastic Strain Energy)에 대한 설명으로 틀린 것은?

① 변형에너지는 내적인 일이다.
② 외부하중에 의한 일은 변형에너지와 같다.
③ 변형에너지는 강성도가 클수록 크다.
④ 하중을 제거하면 회복될 수 있는 에너지이다.

해설 $E = \dfrac{1}{2}P\delta = \dfrac{1}{2}P \times \dfrac{P}{k}$에서, $E \propto \dfrac{1}{k}$이므로,
탄성변형에너지 E는 강성도 k와 반비례 관계에 있다.

11. 그림에서 중앙점(C점)의 휨모멘트(Mc)는?

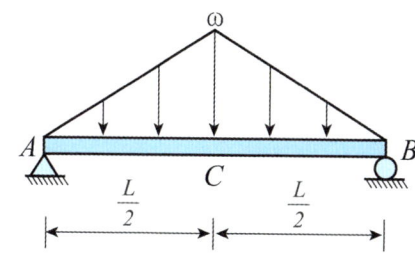

① $\dfrac{1}{20}\omega L^2$
② $\dfrac{5}{96}\omega L^2$
③ $\dfrac{1}{6}\omega L^2$
④ $\dfrac{1}{12}\omega L^2$

해설 $R_A = \dfrac{\omega L}{4}$, $M_c = \dfrac{\omega L}{4} \times \dfrac{L}{2} \times \dfrac{2}{3} = \dfrac{\omega L^2}{12}$

12. 단면이 200mm×300mm인 압축부재가 있다. 그 길이가 2.9m일 때, 이 압축부재의 세장비는 약 얼마인가?

① 33
② 50
③ 60
④ 100

해설 $\lambda = \dfrac{l_k}{r_{\min}} = \dfrac{2900}{200/(2\sqrt{3})} = 50.3$

13. 그림과 같이 한 변이 a인 정사각형 단면의 1/4을 절취한 나머지 부분의 도심(C)의 위치(y_o)는?

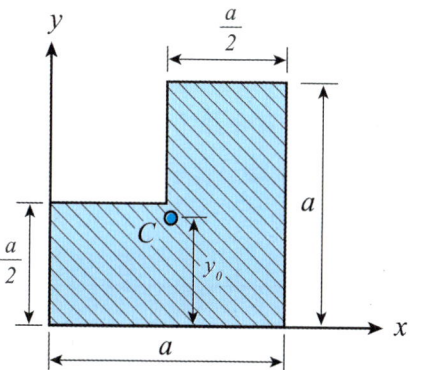

① $\dfrac{4}{12}a$ ② $\dfrac{5}{12}a$

③ $\dfrac{6}{12}a$ ④ $\dfrac{7}{12}a$

[해설] $(\dfrac{a}{2})^2 = A$로 두면,

가중평균법에 의해, $y_o = (\dfrac{a}{4}\times 1 + \dfrac{a}{2}\times 2)/3 = \dfrac{5a}{12}$

14. 그림과 같은 구조물에서 하중이 작용하는 위치에서 일어나는 처짐의 크기는?

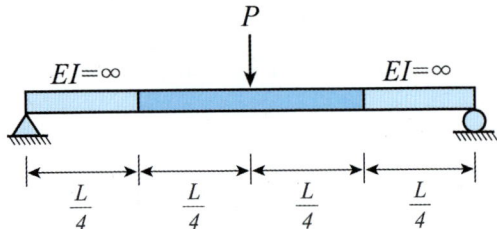

① $\dfrac{PL^3}{48EI}$ ② $\dfrac{PL^3}{96EI}$

③ $\dfrac{7PL^3}{384EI}$ ④ $\dfrac{11PL^3}{384EI}$

[해설] 전 지간에 $EI \neq \infty$인 경우의 공액보에서, $\delta_1 = \dfrac{PL^3}{48EI}$

양 지점부($L/4$구간) $EI = \infty$인 경우에 대해,

$\delta_2 = (\dfrac{PL}{8EI}\times \dfrac{L}{4}\times \dfrac{1}{2})\times \dfrac{L}{4}\times \dfrac{2}{3} = \dfrac{PL^3}{48EI}\times \dfrac{1}{8}$

따라서, $\delta = \delta_1 - \delta_2 = \dfrac{7PL^3}{384EI}$

15. 그림과 같은 게르버 보에서 A점의 반력은?

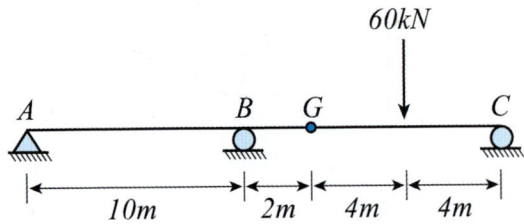

① 6kN(↑) ② 6kN(↑)
③ 30kN(↓) ④ 30kN(↑)

[해설] GC부재에서, $R_G = \dfrac{60}{2} = 30kN(\uparrow)$

ABG부재에서, $R_A = \dfrac{30}{10}\times 2 = 6kN(\downarrow)$

16. 그림과 같은 부정정보의 A단에 작용하는 휨모멘트는?

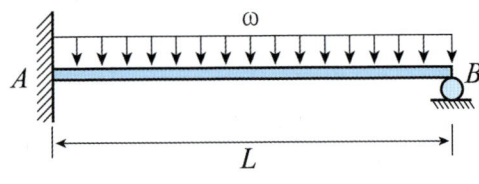

① $-\dfrac{\omega L^2}{4}$ ② $-\dfrac{\omega L^2}{8}$

③ $-\dfrac{\omega L^2}{12}$ ④ $-\dfrac{\omega L^2}{24}$

[해설] 재단모멘트 공식에 의해, $M_A = \dfrac{\omega L^2}{8}$

17. 그림과 같이 단순보에 이동하중이 작용할 때 절대최대휨모멘트는?

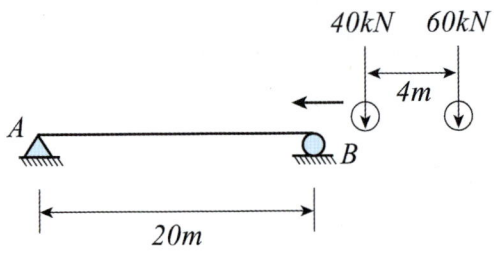

① 387.2kN·m ② 423.2kN·m
③ 478.4kN·m ④ 531.7kN·m

[해설] 합력의 작용점 $4\times \dfrac{4}{10} = 1.6m$

$\overline{x} = \dfrac{L}{2} - e = \dfrac{20}{2} - \dfrac{1.6}{2} = 9.2m$

2개의 연행하중에 대해 절대최대휨모멘트

$M_{\max} = \dfrac{R}{L}\times \overline{x}^2 = \dfrac{100}{20}\times 9.2^2 = 423.2kN.m$

18. 그림과 같은 내민보에서 A점의 처짐은? (단, I = 1.6×10⁸ mm⁴, E = 2.0×10⁵MPa이다.)

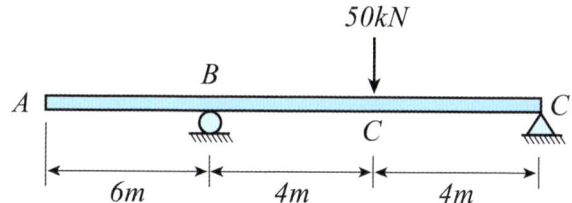

① 22.5mm ② 27.5mm
③ 32.5mm ④ 37.5mm

해설 공액보법에 의해,
$$\theta_B = \frac{PL}{4EI} \times \frac{L}{2} \times \frac{1}{2} = \frac{PL^2}{16EI} = \frac{50 \times 8^2}{16EI}$$

$$\delta_A = 6 \times \theta_B = 6 \times 10^3 \times \frac{50 \times 8^2 \times 10^9}{16 \times 1.6 \times 10^8 \times 2 \times 10^5}$$

$$= 37.5 mm$$

19. 그림과 같이 연결부에 두 힘 50kN과 20kN이 작용한다. 평형을 이루기 위한 두 힘 A와 B의 크기는?

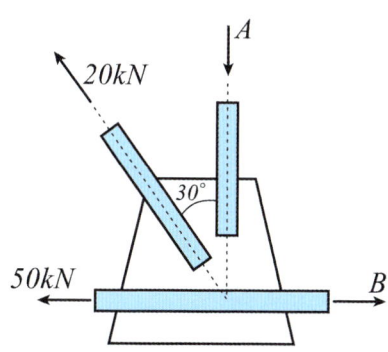

① $A = 10kN$, $B = 50 + \sqrt{3} kN$
② $A = 50 + \sqrt{3} kN$, $B = 10kN$
③ $A = 10\sqrt{3} kN$, $B = 60kN$
④ $A = 60kN$, $B = 10\sqrt{3} kN$

해설 20kN과 50kN 두 힘에 대해,
$$\Sigma F_x = 50 + 20\sin 30° = 60kN$$
$$\Sigma F_y = 20\cos 30° = 10\sqrt{3} kN$$
따라서, 평형상태가 되기 위해
$$A = \Sigma F_y = 10\sqrt{3} kN, \ B = \Sigma F_x = 60kN$$

20. 바닥은 고정, 상단은 자유로운 기둥의 좌굴 형상이 그림과 같을 때 임계하중은?

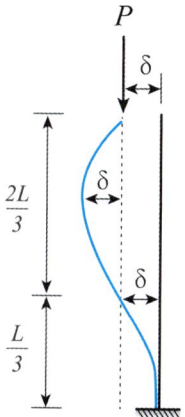

① $\dfrac{\pi^2 EI_{min}}{4L^2}$ ② $\dfrac{9\pi^2 EI_{min}}{4L^2}$

③ $\dfrac{13\pi^2 EI_{min}}{4L^2}$ ④ $\dfrac{25\pi^2 EI_{min}}{4L^2}$

해설 $P_{cr} = \dfrac{\pi^2 EI_{min}}{l_k^2} = \dfrac{\pi^2 EI_{min}}{(2L/3)^2} = \dfrac{9\pi^2 EI_{min}}{4L^2}$

2과목 | 측량학

21. 다음 중 완화곡선의 종류가 아닌 것은?

① 렘니스케이트 곡선 ② 클로소이드 곡선
③ 3차 포물선 ④ 배향 곡선

해설 [완화곡선의 적용]
- 클로소이드곡선 : 고속도로
- 3차 포물선 : 철도
- 레미니스케이트곡선 : 지하철
- 반파장 sin 체감곡선 : 고속철도

22. 그림과 같이 교호수준측량을 실시한 결과가 $a_1 = 0.63m$, $a_2 = 1.25m$, $b_1 = 1.15m$, $b_2 = 1.73m$이었다면, B점의 표고는? (단, A의 표고 = 50.00m)

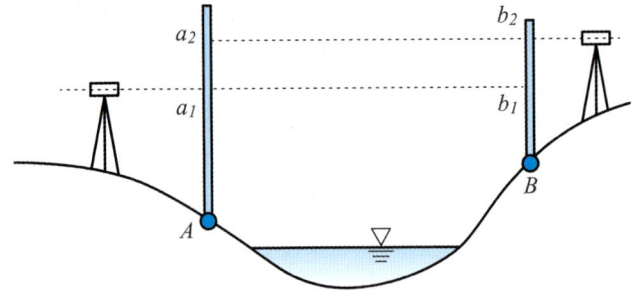

① 49.50m ② 50.00m
③ 50.50m ④ 51.00m

해설 $\Delta H = \dfrac{(a_1 - b_1) + (a_2 - b_2)}{2} = -0.5m$

따라서, B점의 표고 = $50 - 0.5 = 49.5m$

23. 수심 h인 하천의 수면으로부터 0.2h, 0.6h, 0.8h 인 곳에서 각각의 유속을 측정한 결과, 0.562m/s, 0.497m/s, 0.364m/s이었다. 3점법을 이용한 평균유속은?

① 0.45m/s ② 0.48m/s
③ 0.51m/s ④ 0.54m/s

해설 $V_m = \dfrac{1}{4}(V_{0.2} + 2V_{0.6} + V_{0.8})$
$= \dfrac{1}{4}(0.562 + 2 \times 0.497 + 0.364) = 0.48 m/s$

24. GNSS가 다중주파수(multi frequency)를 채택하고 있는 가장 큰 이유는?

① 데이터 취득 속도의 향상을 위해
② 대류권지연 효과를 제거하기 위해
③ 다중경로오차를 제거하기 위해
④ 전리층지연 효과의 제거를 위해

해설 전리층 오차 : 전리층 통과시 신호의 변화 및 분산에 의한 오차
→ 고주파(L_1) 신호가 전리층에서 저주파(L_2) 신호보다 속도가 빠르므로, 두 신호의 지연차를 비교하여 오차모형에 의해 오차 감소 가능

25. 측점간의 시통이 불필요하고 24시간 상시 높은 정밀도로 3차원 위치측정이 가능하며, 실시간 측정이 가능하여 항법용으로도 활용되는 측량방법은?

① NNSS 측량 ② GNSS 측량
③ VLBI 측량 ④ 토털스테이션 측량

해설 위성측량(GNSS)은 상시 고정밀의 3차원 위치측정이 가능하여, 항법용(Navigation)으로 활용된다.

26. 어떤 측선의 길이를 관측하여 다음 표와 같은 결과를 얻었다면 최확값은?

관측군	관측값(m)	관측회수
1	40.532	5
2	40.537	4
3	40.529	6

① 40.530m ② 40.531m
③ 40.532m ④ 40.533m

해설 관측회수에 비례하여 경중률을 적용
$\dfrac{0.032 \times 5 + 0.037 \times 4 + 0.029 \times 6}{5 + 4 + 6} = 0.0321$
최확치 = $40.5 + 0.0321 = 40.5321m$

27. 그림과 같은 구역을 심프슨 제1법칙으로 구한 면적은? (단, 각 구간의 지거는 1m로 동일하다.)

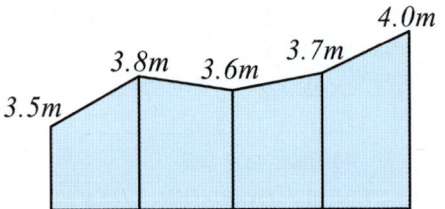

① 14.20m²   ② 14.90m²
③ 15.50m²   ④ 16.00m²

해설 $A = \dfrac{d}{3}[y_0 + y_n + 4(y_1 + y_3 + y_5) + 2(y_2 + y_4)]$
$= \dfrac{1}{3} \times [3.5 + 4.0 + 4(3.8 + 3.7) + 2 \times 3.6] = 14.9 m^2$

28. 단곡선을 설치할 때 곡선반지름이 250m, 교각이 116° 23′, 곡선시점까지의 추가거리가 1,146m일 때, 시단현의 편각은? (단, 중심말뚝 간격=20m)

① 0° 41′ 15″   ② 1° 15′ 36″
③ 1° 36′ 15″   ④ 2° 54′ 51″

해설 곡선시점의 추가거리가 1146m이므로, $\dfrac{1146}{20} = 1140 + 6$에서,
BC : No.57+6
시단현 길이 $l_1 = 20 - 6 = 14m$
$\delta_1 = \dfrac{l_1}{2R} = \dfrac{14}{2 \times 250} = 0.028 rad$
DEG 각도로 변환하면, $0.028 \times \dfrac{180}{\pi} = 1.604° = 1° 36′ 15.4″$

29. 그림과 같은 트레버스에서 AL의 방위각이 29° 40′ 15″, BM의 방위각이 320° 27′ 12″, 교각의 총합이 1,190° 47′ 32″일 때 각관측 오차는?

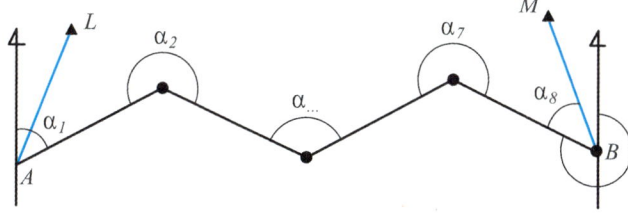

① 45″   ② 35″
③ 25″   ④ 15″

해설 두 기선이 모두 안쪽이므로,
$E_a = \omega_a - \omega_b + [\alpha] - 180(n-3)$
$= 29° 40′ 15″ - 320° 27′ 12″$
$+ 1,190° 47′ 32″ - 180 \times (8-3) = 35″$

30. 지형측량을 할 때 기본 삼각점만으로는 기준점이 부족하여 추가로 설치하는 기준점은?

① 방향전환점   ② 도근점
③ 이기점   ④ 중간점

해설 도근점 : 기지의 기준점으로 충분한 세부 측량이 불가한 경우, 기지점을 기준으로 하여 생성한 기준점

31. 지구반지름이 6,370km이고 거리의 허용오차가 $1/10^5$ 이면 평면측량으로 볼 수 있는 범위의 지름은?

① 약 69km   ② 약 64km
③ 약 36km   ④ 약 22km

해설 $D = \sqrt{\dfrac{12r^2}{m}} = \sqrt{\dfrac{12 \times 6370^2}{10^5}} = 69.8km$

32. 그림과 같은 수준망을 각각의 환(I~Ⅳ)에 따라 폐합 오차를 구한 결과가 표와 같다. 폐합 오차의 한계가 $\pm 1.0\sqrt{S} cm$일 때 우선적으로 재관측할 필요가 있는 노선은? (단, S : 거리[km])

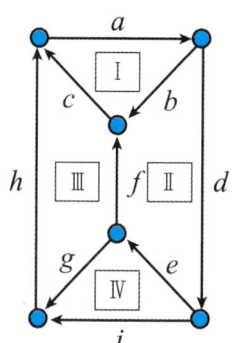

환	노선	거리(km)	폐합오차(m)
I	abc	8.7	-0.017
II	bdef	15.8	+0.048
III	cfgh	10.9	-0.026
Ⅳ	eig	9.3	-0.083
외주	adih	15.9	-0.031

① e노선   ② f노선
③ g노선   ④ h노선

해설 허용오차 $\pm 1.0 \times \sqrt{S}$ cm

환	허용오차(cm)	폐합오차(cm)	검토
I	±2.95	-0.17	OK
II	±3.97	4.8	NG
III	±3.3	-2.6	OK
IV	±3.0	-8.3	NG
외주	±3.99	-3.1	OK

따라서, II환과 IV환의 공통노선인 e노선을 재측해야 한다.

33. 수준측량에서 발생하는 오차에 대한 설명으로 틀린 것은?

① 기계의 조정에 의해 발생하는 오차는 전시와 후시의 거리를 같게 하여 소거할 수 있다.
② 삼각수준측량은 대지역을 대상으로 하기 때문에 곡률오차와 굴절오차는 그 양이 상쇄되어 고려하지 않는다.
③ 표척의 영눈금 오차는 출발점의 표척을 도착점에서 사용하여 소거할 수 있다.
④ 기포의 수평조정이나 표척면의 읽기는 육안으로 한계가 있으나 이로 인한 오차는 일반적으로 허용오차 범위 안에 들 수 있다.

해설 삼각수준측량은 대지역을 대상으로 하기 때문에, 양차를 고려해야 한다.

양차(h) = 구차(h_1) + 기차(h_2) = $\dfrac{S^2}{2R}(1-K)$

34. 그림과 같은 관측결과 $\theta = 30° 11' 00''$, $S = 1,000$m 일 때 C점의 X좌표는? (단, AB의 방위각 = $89° 49' 00''$, A점의 X좌표 = 1,200m)

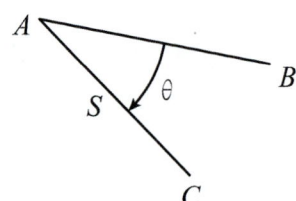

① 700.00m
② 1203.20m
③ 2064.42m
④ 2066.03m

해설 축선의 길이 × $\cos(\Sigma\theta_i)$ ⇒ X좌표
$\Sigma\theta = 89° 49' + 30° 11' = 120°$
$1000\cos 120° = -500m$
따라서, C점의 X좌표 : 1200 - 500 = 700m

35. 그림과 같은 복곡선에서 $t_1 + t_2$의 값은?

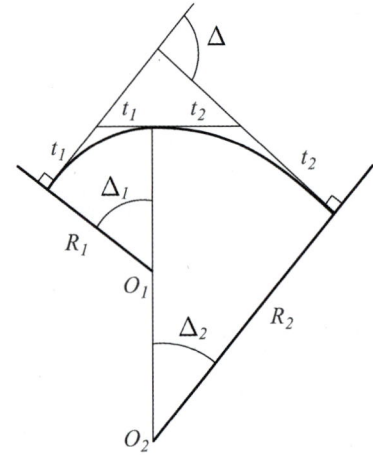

① $R_1(\tan\Delta_1 + \tan\Delta_2)$
② $R_2(\tan\Delta_1 + \tan\Delta_2)$
③ $R_1\tan\Delta_1 + R_2\tan\Delta_2$
④ $R_1\tan\dfrac{\Delta_1}{2} + R_2\tan\dfrac{\Delta_2}{2}$

해설 현길이 $L = 2R\sin\dfrac{I}{2}$ 이므로,
$t_1 = R_1\sin\dfrac{\Delta_1}{2}$, $t_2 = R_2\sin\dfrac{\Delta_2}{2}$

36. 노선 설치 방법 중 좌표법에 의한 설치방법에 대한 설명으로 틀린 것은?

① 토털스테이션, GPS 등과 같은 장비를 이용하여 측점을 위치시킬 수 있다.
② 좌표법에 의한 노선의 설치는 다른 방법보다 지형의 굴곡이나 시통 등의 문제가 적다.
③ 좌표법은 평면곡선 및 종단곡선의 설치요소를 동시에 위치시킬 수 있다.
④ 평면적인 위치의 측설을 수행하고 지형 표고를 관측하여 종단면도를 작성할 수 있다.

해설 ③ 해당없는 내용
접선에 대한 지거법(좌표법)
터널 내의 곡선설치나 산림지의 벌채량을 줄일 경우 적당한 방법

37. 다각측량에서 각 측량의 기계적 오차 중 시준축과 수평축이 직교하지 않아 발생하는 오차를 처리하는 방법으로 옳은 것은?

① 망원경을 정위와 반위로 측정하여 평균값을 취한다.
② 배각법으로 관측을 한다.
③ 방향각법으로 관측을 한다.
④ 편심관측을 하여 귀심계산을 한다.

해설 시준축 오차는 망원경을 정반관측하여 평균을 취한다.

종류	원인	처리방법
시준축 오차	시준축과 수평축이 직교하지 않음	망원경을 정반 관측하여 평균
수평축 오차	수평축과 연직축이 직교하지 않음	
외심 오차	회전축에 대해 망원경이 편심	
내심 오차	시준기 회전축과 분도원 중심 불일치	180° 차이가 있는 2개의 독표를 읽어 평균
연직축 오차	연직축이 정확히 연직이 아님	제거 불가
분도원 눈금오차	눈금 부정확	분도원의 위치를 변화시켜 다수 관측 평균
측점 또는 시준축 편심 오차	측점 중심과 기계중심(측표중심) 동일 연직선에 있지 않음	편심거리와 편심각을 보정

38. 30m당 0.03m가 짧은 줄자를 사용하여 정사각형 토지의 한 변을 측정한 결과 150m이었다면 면적에 대한 오차는?

① $41m^2$
② $43m^2$
③ $45m^2$
④ $47m^2$

해설 총 길이 오차 $0.03 \times \frac{150}{30} = 0.15m$
실제길이 $150 - 0.15 = 149.85m$
면적오차 $150^2 - 149.85^2 = 44.98m^2$

39. 지성선에 관한 설명으로 옳지 않은 것은?

① 철(凸)선을 능선 또는 분수선이라 한다.
② 경사변환선이란 동일 방향의 경사면에서 경사의 크기가 다른 두 면의 접합선이다.
③ 요(凹)선은 지표의 경사가 최대로 되는 방향을 표시한 선으로 유하선이라고 한다.
④ 지성선은 지표면이 다수의 평면으로 구성되었다고 할 때 평면 간 접합부 즉 접선을 말하며 지세선이라고도 한다.

해설 유하선 : 지표의 경사가 최대로 되는 방향을 표시한 선
요선(계곡선) : 지표면이 낮거나 움푹 패인 점을 연결한 선

40. 그림과 같은 지형에서 각 등고선에 쌓인 부분의 면적이 표와 같을 때 각주공식에 의한 토량은? (단, 윗면은 평평한 것으로 가정한다.)

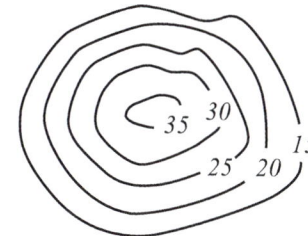

등고선(m)	면적(m²)
15	3,800
20	2,900
25	1,800
30	900
35	200

① $11,400m^3$
② $22,800m^3$
③ $33,800m^3$
④ $38,000m^3$

해설 각주공식 $V = \frac{h}{6}(A_1 + 4A_m + A_2)$

$V_1 = \frac{10}{6}(3800 + 4 \times 2900 + 1800) = \frac{86000}{3}$

$V_2 = \frac{10}{6}(1800 + 4 \times 900 + 200) = \frac{28000}{3}$

$V = V_1 + V_2 = 38,000 m^3$

3과목 | 수리학 및 수문학

41. 2개의 불투수층 사이에 있는 대수층 두께 a, 투수계수 k인 곳에 반지름 r_0인 굴착정(artesian well)을 설치하고 일정 양수량 Q를 양수하였더니, 양수 전 굴착정 내의 수위 H가 h_0로 강하하여 정상흐름이 되었다. 굴착정의 영향원 반지름을 R이라 할 때 $(H-h_0)$의 값은?

① $\dfrac{2Q}{\pi aK}ln(\dfrac{R}{r_o})$ ② $\dfrac{Q}{2\pi aK}ln(\dfrac{R}{r_o})$

③ $\dfrac{2Q}{\pi aK}ln(\dfrac{r_o}{R})$ ④ $\dfrac{Q}{2\pi aK}ln(\dfrac{r_o}{R})$

해설 굴착정 수위 감소량 $H-h_o = \dfrac{Q}{2\pi tK}ln(\dfrac{R}{r_o})$

굴착정 유량 $Q = \dfrac{2\pi tK(H-h_o)}{ln(R/r_o)}$

42. 침투능(infiltration capacity)에 관한 설명으로 틀린 것은?

① 침투능은 토양조건과는 무관하다.
② 침투능은 강우강도에 따라 변화한다.
③ 일반적으로 단위는 mm/h 또는 in/h로 표시된다.
④ 어떤 토양면을 통해 물이 침투할 수 있는 최대율을 말한다.

해설 침투능은 토양조건과는 무관하다.

[침투 영향인자]
① **투수성** : 공극률이 클수록 침투에 유리
② **토양의 구조** : 점토입자가 뭉쳐 있어야 유리. 나트륨(염분)은 점토입자가 흩어지게 해서 침투능에 불리
③ **식생 및 지표** : 식생으로 덮인 표면이 침투능에 유리. 경작지보다 자연 식생지역이 유리. 도로 등 인위적으로 포장된 표면은 침투 불능
④ **선행함수조건** : 토양의 선행 함수가 높으면 침투능에 불리
⑤ **지표경사** : 급경사면은 침투할 시간적 여유가 없어서 침투에 불리
⑥ **강우강도** : 강우강도가 침투능보다 작으면, 침투능과 강우강도는 같아지게 된다.

43. 3차원 흐름의 연속방정식을 아래와 같은 형태로 나타낼 때 이에 알맞은 흐름의 상태는?

$$\dfrac{\partial u}{\partial x}+\dfrac{\partial v}{\partial y}+\dfrac{\partial \omega}{\partial z}=0$$

① 비압축성 정상류 ② 비압축성 부정류
③ 압축성 정상류   ④ 압축성 부정류

해설 압축성 부정류(일반식) $\dfrac{\partial \rho u}{\partial x}+\dfrac{\partial \rho v}{\partial y}+\dfrac{\partial \rho \omega}{\partial z}+\dfrac{\partial \rho}{\partial t}=0$

압축성 정류 $\dfrac{\partial \rho u}{\partial x}+\dfrac{\partial \rho v}{\partial y}+\dfrac{\partial \rho \omega}{\partial z}=0$

비압축성 부정류 $\dfrac{\partial u}{\partial x}+\dfrac{\partial v}{\partial y}+\dfrac{\partial \omega}{\partial z}+\dfrac{\partial \rho}{\partial t}=0$

비압축성 정류 $\dfrac{\partial u}{\partial x}+\dfrac{\partial v}{\partial y}+\dfrac{\partial \omega}{\partial z}=0$

(정류 : 시간요소 없음, 비압축성 : 밀도요소 없음)

44. 지름 20cm의 원형단면 관수로에 물이 가득차서 흐를 때의 동수반경은?

① 5cm   ② 10cm
③ 15cm ④ 20cm

해설 동수반경 $R_h = \dfrac{A}{P} = \dfrac{r}{2} = \dfrac{10}{2} = 5cm$

45. 대수층의 두께 2.3m, 폭 1.0m일 때 지하수 유량은? (단, 지하수류의 상·하류 두 지점 사이의 수두차 1.6m, 두 지점 사이의 평균거리 360m, 투수계수 k=192m/day)

① $1.53m^3/day$ ② $1.80m^3/day$
③ $1.96m^3/day$ ④ $2.21m^3/day$

해설 $Q = KiA = 192 \times \dfrac{1.6}{360} \times 2.3 \times 1 = 1.963 m^3/day$

정답 41. ② 42. ① 43. ① 44. ① 45. ③

46. 그림과 같은 수조 벽면에 작은 구멍을 뚫고 구멍의 중심에서 수면까지 높이가 h일 때, 유출속도 V는? (단, 에너지 손실은 무시한다.)

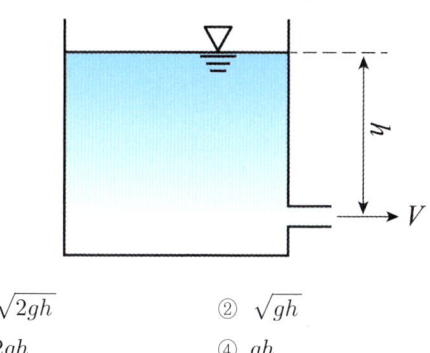

① $\sqrt{2gh}$
② $\sqrt{gh}$
③ $2gh$
④ gh

해설 오리피스를 통해 방출되는 유속 $V_2 = \sqrt{2gh}$

47. 그림과 같이 원형관 중심에서 V의 유속으로 물이 흐르는 경우에 대한 설명으로 틀린 것은? (단, 흐름은 층류로 가정한다.)

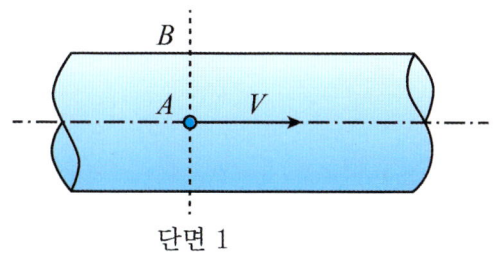

단면 1

① A점에서의 마찰력은 V_2에 비례한다.
② A점에서의 유속은 단면 평균유속의 2배다.
③ A점에서 B점으로 갈수록 마찰력은 커진다.
④ 유속은 A점에서 최대인 포물선 분포를 한다.

해설 A점에서의 마찰력은 0이다.
$\tau = \gamma R_h I$ 에서, 관 중심에서 $R_h = 0$이므로 마찰이 없다.

48. 어떤 유역에 표와 같이 30분간 집중호우가 발생하였다면 지속시간 15분인 최대 강우 강도는?

시간(분)	0	5	10	15	20	25	30
우량(mm)	0	2	4	6	4	8	6

① 50mm/h
② 64mm/h
③ 72mm/h
④ 80mm/h

해설 15분간 최대 강우
10~20분 : $4+6+4 = 14mm/15min$
15~25분 : $6+4+8 = 18mm/15min$
20~30분 : $4+8+6 = 18mm/15min$
따라서, 최대 강우강도 $18mm/15min = 18 \times 4 = 72mm/hr$

49. 정지하고 있는 수중에 작용하는 정수압의 성질로 옳지 않은 것은?

① 정수압의 크기는 깊이에 비례한다.
② 정수압은 물체의 면에 수직으로 작용한다.
③ 정수압은 단위면적에 작용하는 힘의 크기로 나타낸다.
④ 한 점에 작용하는 정수압은 방향에 따라 크기가 다르다.

해설 한 점에 작용하는 정수압은 방향에 관계없이 동일하다.

50. 단위유량도에 대한 설명으로 틀린 것은?

① 단위유량도의 정의에서 특정 단위시간은 1시간을 의미한다.
② 일정기저시간가정, 비례가정, 중첩가정은 단위유량도의 3대 기본가정이다.
③ 단위유량도의 정의에서 단위 유효우량은 유역 전 면적 상의 등가우량 깊이로 측정되는 특정량의 우량을 의미한다.
④ 단위 유효우량은 유출량의 형태로 단위유량도상에 표시되며, 단위유량도 아래의 면적은 부피의 차원을 가진다.

해설 단위유량도의 단위시간은 임의로 설정할 수 있다.

51. 한계수심에 대한 설명으로 옳지 않은 것은?

① 유량이 일정할 때 한계수심에서 비에너지가 최소가 된다.
② 직사각형 단면 수로의 한계수심은 최소 비에너지의 2/3 이다.
③ 비에너지가 일정하면 한계수심으로 흐를 때 유량이 최대가 된다.
④ 한계수심보다 수심이 작은 흐름은 상류(常流)이고 큰 흐름이 사류(射流)이다.

해설 한계수심보다 수심이 작은 흐름은 사류(射流)이고, 큰 흐름이 상류(常流)이다.

52. 개수로 흐름의 도수현상에 대한 설명으로 틀린 것은?

① 비력과 비에너지가 최소인 수심은 근사적으로 같다.
② 도수 전·후의 수심 관계는 베르누이 정리로부터 구할 수 있다.
③ 도수는 흐름이 사류에서 상류로 바뀔 경우에만 발생된다.
④ 도수 전·후의 에너지 손실은 주로 불연속 수면 발생 때문이다.

해설 도수 전·후의 수심의 비율은 F_{r1}에 대한 함수
$$\frac{h_2}{h_1} = \frac{1}{2}(-1 + \sqrt{1 + 8F_{r1}^2})$$

53. 단면 2m×2m, 높이 6m인 수조에 물이 가득 차 있을 때 이 수조의 바닥에 설치한 지름이 20cm인 오리피스로 배수시키고자 한다. 수심이 2m가 될 때까지 배수하는데 필요한 시간은? (단, 오리피스 유량계수 C = 0.6, 중력가속도 g = 9.8m/s²)

① 1분 39초   ② 2분 36초
③ 2분 55초   ④ 3분 45초

해설 보통오리피스 유출시간 $t = \frac{A}{C_d a}\sqrt{\frac{2}{g}} \times (\sqrt{H} - \sqrt{h})$

$t = \frac{2 \times 2}{0.6 \times (\pi \times 0.1^2)}\sqrt{\frac{2}{9.8}} \times (\sqrt{6} - \sqrt{2}) = 99.25 \text{sec}$
$= 1'39.25''$

54. 정상류에 관한 설명으로 옳지 않은 것은?

① 유선과 유적선이 일치한다.
② 흐름의 상태가 시간에 따라 변하지 않고 일정하다.
③ 실제 개수로 내 흐름의 상태는 정상류가 대부분이다.
④ 정상류 흐름의 연속방정식은 질량보존의 법칙으로 설명된다.

해설 실제 개수로 내 흐름의 상태는 부정류가 대부분이다.

55. 수로의 단위폭에 대한 운동량 방정식은? (단, 수로의 경사는 완만하며, 바닥 마찰저항은 무시한다.)

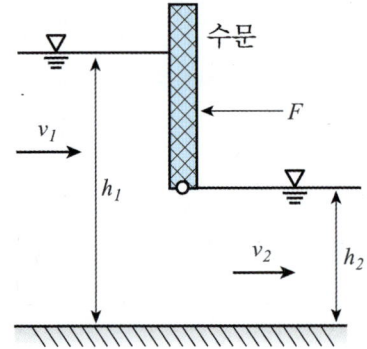

① $\dfrac{\gamma h_1^2}{2} - \dfrac{\gamma h_2^2}{2} - F = \rho Q(V_1 - V_2)$

② $\dfrac{\gamma h_1^2}{2} - \dfrac{\gamma h_2^2}{2} - F = \rho Q(V_2 - V_1)$

③ $\dfrac{\gamma h_1^2}{2} + \dfrac{\gamma h_2^2}{2} - F = \rho Q(V_2 - V_1)$

④ $\dfrac{\gamma h_1^2}{2} + \rho Q V_1 + F = \dfrac{\gamma h_2^2}{2} + \rho Q V_2$

해설 운동량 방정식에 의해,
$P_1 - P_2 - F = m \Delta V = \rho Q(V_2 - V_1)$
$\dfrac{\gamma h_1^2}{2} - \dfrac{\gamma h_2^2}{2} - F = \rho Q(V_2 - V_1)$

정답 51. ④ 52. ② 53. ① 54. ③ 55. ②

56. 완경사 수로에서 배수곡선(backwater curve)에 해당하는 수면곡선은?

① 홍수 시 하천의 수면곡선
② 댐을 월류할 때의 수면곡선
③ 하천 단락부(段落部) 상류의 수면곡선
④ 상류 상태로 흐르는 하천에 댐을 구축했을 때 저수지 상류의 수면곡선

해설 완경사 배수곡선 : 댐 상류, 수문하 유출

수면형	수면 예시
M_1	댐(제어부)의 상류
M_2	단면 급확대, 저수지 유입, 수로 단락
M_3	수문하 유출, 수로경사가 완만하게 변한 뒤 흐름
S_1	급경사부에 설치된 댐의 배후
S_2	수로단면의 확대부의 하류, 장애물 하류
S_3	수문하 유출시 등류수심보다 낮은 수심으로 급경사를 이룰 때 수문 하류측

57. 지하수의 연직분포를 크게 통기대와 포화대로 나눌 때, 통기대에 속하지 않는 것은?

① 모관수대   ② 중간수대
③ 지하수대   ④ 토양수대

해설 통기대 : 토양수대, 중간수대, 모관수대

58. 하천의 수리모형실험에 주로 사용되는 상사법칙은?

① Reynolds의 상사법칙   ② Weber의 상사법칙
③ Cauchy의 상사법칙   ④ Froude의 상사법칙

해설
구분	Reynolds	Froude	Weber	Cauchy
지배력	점성력	중력	표면장력	탄성력
상황	관수로, 수중 물체, 잠수함 항력	개수로, 댐 여수로, 파동, 자연하천	표면파, 증발산, 작은 월류, 작은 파동	수격작용

59. 속도분포를 $v = 4y^{2/3}$으로 나타낼 수 있을 때 바닥면에서 0.5m 떨어진 높이에서의 속도경사(Velocity gradient)는? (단, v : m/sec, y : m)

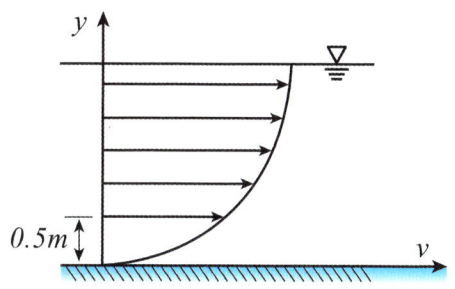

① 2.67sec^{-1} ② 3.36sec^{-1}
③ 2.67sec^{-2} ④ 3.36sec^{-2}

해설 속도경사 $\dfrac{dv}{dy} = \dfrac{2}{3} \times 4y^{-1/3}$에서, $y = 0.5m$를 대입하면,
$\dfrac{dv}{dy} = 3.36\text{sec}^{-1}$

60. 수중에 잠겨 있는 곡면에 작용하는 연직분력은?

① 곡면에 의해 배제된 물의 무게와 같다.
② 곡면중심의 압력에 물의 무게를 더한 값이다.
③ 곡면을 밑면으로 하는 물기둥의 무게와 같다.
④ 곡면을 연직면상에 투영했을 때 그 투영면이 작용하는 정수압과 같다.

해설 곡면을 밑면으로 하는 물기둥의 무게와 같다.
참고 수평분력 : 곡면을 연직면상에 투영했을 때 그 투영면이 작용하는 정수압

4과목 철근콘크리트 및 강구조

61. 프리텐션 PSC부재의 단면적이 200,000mm²인 콘크리트 도심에 PS강선을 배치하여 초기의 긴장력(Pi)을 800kN 가하였다. 콘크리트의 탄성변형에 의한 프리스트레스의 감소량은? (단, 탄성계수비(n)은 6이다.)

① 12MPa ② 18MPa
③ 20MPa ④ 24MPa

해설 프리텐션 PSC에서, 콘크리트 탄성변형에 의한 응력감소

$$\Delta \sigma = nf_{cs} = 6 \times \frac{800 \times 10^3}{2 \times 10^5} = 24 MPa$$

62. 경간이 8m인 단순 지지된 프리스트레스트 콘크리트 보에서 등분포하중(고정하중과 활하중의 합)이 w=40kN/m 작용할 때 중앙 단면 콘크리트 하연에서의 응력이 0이 되려면 PS강재에 작용되어야 할 프리스트레스 힘(P)은? (단, PS강재는 단면 중심에 배치되어 있다.)

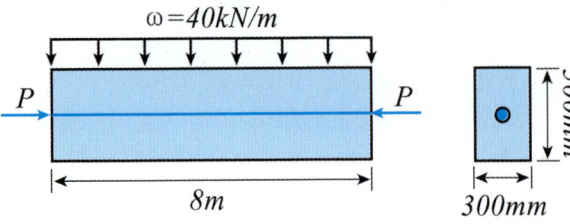

① 1,250kN ② 1,880kN
③ 2,650kN ④ 3,840kN

해설 $\sigma = \frac{P}{A}(1 - \frac{e_1}{e_{max}} + \frac{e_2}{e_{max}}) = 0$에서,

$e_{max} - e_1 + e_2 = \frac{0.5}{6} - \frac{\omega l^2}{8P} + 0 = 0$이므로,

$\frac{0.5}{6} = \frac{40 \times 8^2}{8 \times P}$에서, $P = 3,840kN$

63. 다음 그림과 같은 직사각형 단면의 단순보에 PS강재가 포물선으로 배치되어 있다. 보의 중앙단면에서 일어나는 상연응력(㉠) 및 하연응력(㉡)은? (단, PS강재의 긴장력은 3,300kN이고, 자중을 포함한 작용하중은 27kN/m이다.)

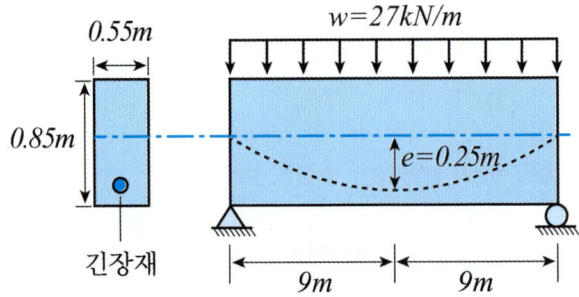

① ㉠ : 21.21MPa, ㉡ : 1.8MPa
② ㉠ : 12.07MPa, ㉡ : 0MPa
③ ㉠ : 11.11MPa, ㉡ : 3.00MPa
④ ㉠ : 8.6MPa,   ㉡ : 2.45MPa

해설 $M_1 = Pe_1 = \frac{\omega l^2}{8}$에서, $e_1 = \frac{27 \times 18^2}{8 \times 3300} = 0.331m$

$\sigma_{1,2} = \frac{P}{A}(1 \pm \frac{e_1}{e_{max}} \mp \frac{e_2}{e_{max}})$

$\frac{3300 \times 10^3}{550 \times 850}(1 \pm \frac{331}{850/6} \mp \frac{250}{850/6}) = 7.06(1 \pm 0.572)$

$\sigma_1 = 11.1MPa, \ \sigma_2 = 3.02MPa$

64. 2방향 슬래브 설계 시 직접설계법을 적용하기 위해 만족하여야 하는 사항으로 틀린 것은?

① 각 방향으로 3경간 이상이 연속되어야 한다.
② 슬래브 판들은 단변 경간에 대한 장변 경간의 비가 2 이하인 직사각형이어야 한다.
③ 각 방향으로 연속한 받침부 중심간 경간 차이는 긴 경간의 1/3 이하이어야 한다.
④ 연속한 기둥 중심선을 기준으로 기둥의 어긋남은 그 방향 경간의 20% 이하이어야 한다.

해설 연속한 기둥 중심선을 기준으로 기둥의 어긋남은 그 방향 경간의 10% 이하이어야 한다.

▶정답 61. ④ 62. ④ 63. ③

> 참고 [직접설계법의 제한사항]
> ① 각 방향으로 3경간 이상
> ② 단변 경간에 대한 장변 경간의 비가 2 이하인 직사각형의 슬래브판
> ③ 각 방향으로 연속한 받침부 중심간 경간 길이의 차이는 긴 경간의 1/3 이하
> ④ 연속한 기둥 중심선으로부터 기둥의 이탈은 이탈 방향 경간의 최대 10%까지 허용
> ⑤ 모든 하중은 연직하중으로 슬래브 전체에 등분포
> ⑥ 활하중은 고정하중의 2배 이하

65. 옹벽의 설계 및 구조해석에 대한 설명으로 틀린 것은?

① 지반에 유발되는 최대 지반반력은 지반의 허용지지력을 초과할 수 없다.
② 전도에 대한 저항휨모멘트는 횡토압에 의한 전도모멘트의 1.5배 이상이어야 한다.
③ 저판의 뒷굽판은 정확한 방법이 사용되지 않는 한, 뒷굽판 상부에 재하되는 모든 하중을 지지하도록 설계하여야 한다.
④ 캔틸레버식 옹벽의 저판은 전면벽과의 접합부를 고정단으로 간주한 캔틸레버로 가정하여 단면을 설계할 수 있다.

> 해설 전도에 대한 저항휨모멘트는 횡토압에 의한 전도모멘트의 2배 이상이어야 한다.

66. 그림과 같은 띠철근 기둥에서 띠철근의 최대 수직간격은? (단, D_{10}의 공칭직경은 9.5mm, D_{32}의 공칭직경은 31.8mm이다.)

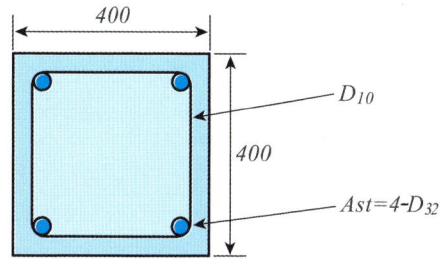

① 400mm ② 456mm
③ 500mm ④ 509mm

> 해설 $16d_b = 16 \times 31.8 = 508.8mm$
> $48d_b = 48 \times 9.5 = 456mm$
> 기둥단면의 최소치수 = $400mm$
> 따라서, 최소값인 400mm 이하로 배근해야 한다.

67. 강구조의 특징에 대한 설명으로 틀린 것은?

① 소성변형능력이 우수하다.
② 재료가 균질하여 좌굴의 영향이 낮다.
③ 인성이 커서 연성파괴를 유도할 수 있다.
④ 단위면적당 강도가 커서 자중을 줄일 수 있다.

> 해설 재료강도가 높아 소요면적이 작게 요구되지만, 작은 단면으로 인해 압축을 받는 부재는 좌굴에 취약하다.

68. 콘크리트와 철근이 일체가 되어 외력에 저항하는 철근콘크리트 구조에 대한 설명으로 틀린 것은?

① 콘크리트와 철근의 부착강도가 크다.
② 콘크리트와 철근의 탄성계수는 거의 같다.
③ 콘크리트 속에 묻힌 철근은 거의 부식하지 않는다.
④ 콘크리트와 철근의 열에 대한 팽창계수는 거의 같다.

> 해설 철근의 탄성계수는 콘크리트에 비해 5~9배 정도이다.

69. 폭이 300mm, 유효깊이가 500mm인 단철근 직사각형 보에서 인장철근 단면적이 1,700mm²일 때 강도설계법에 의한 등가직사각형 압축응력블록의 깊이(a)는? (단, f_{ck} = 20MPa, f_y = 300MPa이다.)

① 50mm ② 100mm
③ 200mm ④ 400mm

> 해설 $C = T$에서, $\eta 0.85 f_{ck} ab = A_s f_y$이므로,
> $0.85 \times 20 \times a \times 300 = 1700 \times 300$에서, $a = 100mm$

70. 아래에서 설명하는 용어는?

> 보나 지판이 없이 기둥으로 하중을 전달하는 2방향으로 철근이 배치된 콘크리트 슬래브

① 플랫 플레이트 ② 플랫 슬래브
③ 리브 쉘 ④ 주열대

해설 플랫 슬래브 : 슬래브 – 드롭패널 – 기둥
플랫 플레이트 슬래브(평판 플랫 슬래브) : 슬래브 – 기둥

71. 그림과 같은 L형강에서 인장응력 검토를 위한 순폭계산에 대한 설명으로 틀린 것은?

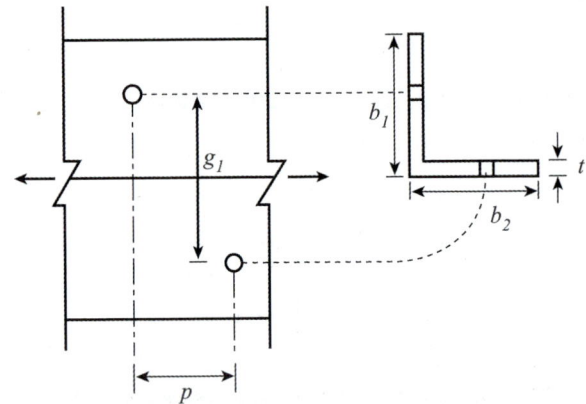

① 전개된 총 폭(b) = $b_1 + b_2 - t$ 이다.
② 리벳선간 거리(g) = $g_1 - t$ 이다.
③ $\frac{p^2}{4g} \geqq d$ 인 경우 순폭(b_n) = $b - d$ 이다.
④ $\frac{p^2}{4g} < d$ 인 경우 순폭(b_n) = $b - d - \frac{p^2}{4g}$ 이다.

해설 [순폭계산 방법]
① $b_{n1} = b_g - nd$
② $b_{n2} = b_g - d - (n-1)w$, $w = d - \frac{p^2}{4g}$
   $= b_g - d - (n-1)d + (n-1) \times \frac{p^2}{4g}$
   $= b_g - d + (n-1) \times \frac{p^2}{4g}$

따라서, $w > 0$ 인 조건에서는 b_{n2} 가 순폭이 된다.
또한, $n = 2$ 이므로,

$d > \frac{p^2}{4g}$ 인 경우, $b_{n2} = b_g - d + \frac{p^2}{4g}$

$d < \frac{p^2}{4g}$ 인 경우, $b_{n1} = b_g - 2d$

72. 단순 지지된 2방향 슬래브의 중앙점에 집중하중 P가 작용할 때 경간비가 1:2라면 단변과 장변이 부담하는 하중비($P_S : P_L$)는? (단, P_S : 단변이 부담하는 하중, P_L : 장변이 부담하는 하중)

① 1:8 ② 8:1
③ 1:16 ④ 16:1

해설 집중하중은 경간의 3제곱에 반비례하여 분담된다.
따라서, $2^3 : 1^3 = 8 : 1$

73. 보통중량콘크리트에서 압축을 받는 이형철근 D_{29}(공칭지름 28.6mm)를 정착시키기 위해 소요되는 기본정착길이(l_d)는? (단, f_{ck} = 35MPa, f_y = 400MPa이다.)

① 491.92mm ② 483.43mm
③ 464.09mm ④ 450.38mm

해설 압축철근 기본정착길이
$l_d = \frac{0.25 d_b f_y}{\lambda \sqrt{f_{ck}}} = \frac{0.25 \times 28.6 \times 400}{\sqrt{35}} = 483.43 mm$
$0.043 d_b f_y = 0.043 \times 28.6 \times 400 = 491.92 mm$
따라서, 정착길이는 491.92mm 이상으로 한다.
참고 $f_{ck} > 33.8 MPa$ 인 경우, $0.043 d_b f_y$ 식에 의한 값이 더 크다.

74. 철근콘크리트 부재의 전단철근에 대한 설명으로 틀린 것은?

① 전단철근의 설계기준항복강도는 300MPa을 초과할 수 없다.
② 주인장 철근에 30° 이상의 각도로 구부린 굽힘철근은 전단철근으로 사용할 수 있다.
③ 최소 전단철근량은 $\frac{0.35 b_w s}{f_{yt}}$ 보다 작지 않아야 한다.
④ 부재축에 직각으로 배치된 전단철근의 간격은 d/2 이하, 또한 600mm 이하로 하여야 한다.

정답 70.① 71.④ 72.② 73.①

해설 전단철근의 설계기준항복강도는 500MPa을 초과할 수 없다. (단, 용접철망인 경우는 600MPa을 초과할 수 없다.)

75. 폭 350mm, 유효깊이 500mm인 보에 설계기준 항복강도가 400MPa인 D_{13} 철근을 인장 주철근에 대한 경사각(α)이 60°인 U형 경사 스터럽으로 설치했을 때 전단보강 철근의 공칭강도(V_s)는? (단, 스트립 간격 s = 250mm, D_{13} 철근 1본의 단면적은 127mm²이다.)

① 201.4kN ② 212.7kN
③ 243.2kN ④ 277.6kN

해설 $V_s = \dfrac{d}{s} A_v f_y (\sin\alpha + \cos\alpha)$
$= \dfrac{500}{250} \times 127 \times 2 \times 400 \times (\sin 60° + \cos 60°)$
$= 277.6 kN$

76. 철근콘크리트 보를 설계할 때 변화구간 단면에서 강도감소계수(ϕ)를 구하는 식은? (단, f_{ck} = 40MPa, f_y = 400MPa, 띠철근으로 보강된 부재이며, ε_t는 최외단 인장철근의 순인장변형률이다.)

① $\phi = 0.65 + (\epsilon_t - 0.002)\dfrac{200}{3}$
② $\phi = 0.70 + (\epsilon_t - 0.002)\dfrac{200}{3}$
③ $\phi = 0.65 + (\epsilon_t - 0.002) \times 50$
④ $\phi = 0.70 + (\epsilon_t - 0.002) \times 50$

해설 변화구간에서는 최외측인장철근의 변형률에 따라 선형보간하여 강도감소계수를 적용하므로,
띠철근 기둥에 대해,
$\phi = 0.65 + \dfrac{\Delta\phi}{\Delta\epsilon} \times (\epsilon_t - \epsilon_y) = 0.65 + \dfrac{0.85 - 0.65}{2.5\epsilon_y - \epsilon_y} \times (\epsilon_t - \epsilon_y)$
$= 0.65 + \dfrac{0.2}{0.005 - 0.002} \times (\epsilon_t - 0.002)$
$= 0.65 + \dfrac{200}{3}(\epsilon_t - 0.002)$

77. 그림과 같이 지름 25mm의 구멍이 있는 판(plate)에서 인장응력 검토를 위한 순폭은?

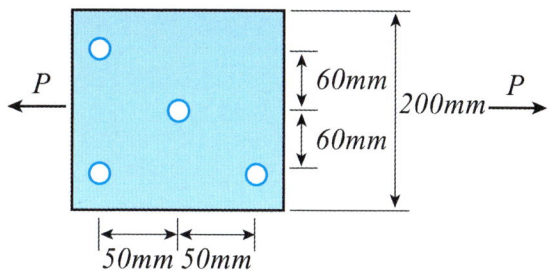

① 160.4mm ② 150mm
③ 145.8mm ④ 130mm

해설 1) 직선파단
$b_n = b_g - nd = 200 - 2 \times 25 = 150 mm$
2) 지그재그파단
$\omega = d - \dfrac{p^2}{4g} = 25 - \dfrac{50^2}{4 \times 60} = 14.58 mm$
$b_n = b_g - d - (n-1)\omega = 200 - 25 - (3-1) \times 14.58$
$= 145.84 mm$
따라서, 최소값인 145.84mm를 순폭으로 한다.

78. 폭이 350mm, 유효깊이가 550mm인 직사각형 단면의 보에서 지속하중에 의한 순간 처짐이 16mm일 때 1년 후 총 처짐량은? (단, 배근된 인장철근량(A_s)은 2,246mm², 압축철근량(A_s')은 1,284mm²이다.)

① 20.5mm ② 26.5mm
③ 32.8mm ④ 42.1mm

해설 $\rho' = \dfrac{A_s'}{bd} = \dfrac{1284}{350 \times 550} = 6.67 \times 10^{-3}$
$\lambda_D = \dfrac{\xi}{1 + 50\rho'} = \dfrac{1.4}{1 + 50 \times 6.67 \times 10^{-3}} = 1.05$
장기처짐량 = $\lambda_D \delta = 1.05 \times 16 = 16.8 mm$
총 처짐량 = 16 + 16.8 = 32.8mm

정답 74. ① 75. ④ 76. ① 77. ③ 78. ③

79. 단철근 직사각형 보에서 $f_{ck} = 32MPa$인 경우, 콘크리트 등가 직사각형 압축응력블록의 깊이를 나타내는 계수 β_1은?

① 0.74   ② 0.76
③ 0.80   ④ 0.85

해설 $f_{ck} \leq 40MPa$인 경우, $\beta_1 = 0.8$

80. 폭이 300mm, 유효깊이가 500mm인 단철근직사각형 보에서 강도설계법으로 구한 균형 철근량은? (단, 등가 직사각형 압축응력블록을 사용하며, f_{ck} = 35MPa, f_y = 350MPa이다.)

① $5,285mm^2$ ② $5,890mm^2$
③ $6,665mm^2$ ④ $7,235mm^2$

해설 평형철근비 $\rho_b = \dfrac{\eta(0.85f_{ck})}{f_y}\beta_1 \times \dfrac{\epsilon_{cu}}{\epsilon_{cu}+\epsilon_y}$ 이므로,

$\rho_b = \dfrac{0.85\times 35}{350}\times 0.8 \times \dfrac{0.0033}{0.0033+0.00175} = 0.04444$

$A_s = \rho_b bd = 0.04444 \times 300 \times 500 = 6665.3 mm^2$

f_{ck}	≥40	50	60	70	80	90
ϵ_{cu}	0.0033	0.0032	0.0031	0.003	0.0029	0.0028
η	1.0	0.97	0.95	0.91	0.87	0.84
β_1	0.8	0.8	0.76	0.74	0.72	0.70

5과목   토질 및 기초

81. 4.75mm체(4번 체) 통과율이 90%이고, 0.075mm체(200번 체) 통과율이 4%, D_{10} = 0.25mm, D_{30} = 0.6mm, D_{60} = 2mm인 흙을 통일분류법으로 분류하면?

① GP   ② GW
③ SP   ④ SW

해설 No.200번 체 통과율 4% < 50% ⇒ 조립토
No.4번 체 통과율 90% > 50%
No.200번 체 통과율 4% < 5% ⇒ 모래
따라서, 통일분류 첫 문자 S

균등계수 $C_u = \dfrac{D_{60}}{D_{10}} = \dfrac{2}{0.25} = 8 \geq 4$ 이고,

곡률계수 $C_c = \dfrac{D_{30}^2}{D_{60}\times D_{10}} = \dfrac{0.6^2}{2\times 0.25} = 0.72$ 이므로, 빈입도
(양입도는 C_c가 1~3 범위에 있어야 한다.)
따라서, 통일분류 두 번째 문자 P

82. 그림과 같은 정사각형 기초에서 안전율을 3으로 할 때 Terzaghi의 공식을 사용하여 지지력을 구하고자 한다. 이때 한 변의 최소길이(B)는? (단, 물의 단위중량은 9.81 kN/m³, 점착력(c)은 60kN/m², 내부 마찰각(ø)은 0°이고, 지지력계수 N_c = 5.7, N_q = 1.0, N_γ = 0이다.)

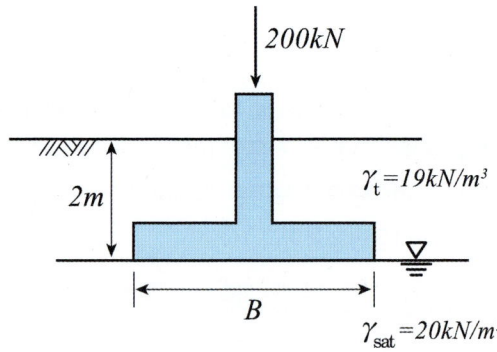

① 1.12m   ② 1.43m
③ 1.51m   ④ 1.62m

해설 $\gamma' = \gamma_{sat} - \gamma_w = 20 - 9.81 = 10.19 kN/m^3$
정사각형 기초판이므로, $\alpha = 1.3$, $\beta = 0.4$
$q_u = q_c + q_q + q_\gamma = \alpha c'N_c + qN_q + \beta\gamma' BN_r$
$= 1.3\times 60\times 5.7 + 19\times 2\times 1 + 0 = 482.6 kN/m^2$
$Q_a = q_a \times B^2 = \dfrac{482.6}{3}\times B^2 = 200kN$ 에서,
$B = 1.115m$

정답   79. ③   80. ③   81. ③   82. ①

83. 접지압(또는 지반반력)이 그림과 같이 되는 경우는?

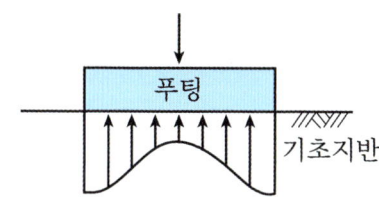

① 푸팅 : 강성, 기초지반 : 점토
② 푸팅 : 강성, 기초지반 : 모래
③ 푸팅 : 연성, 기초지반 : 점토
④ 푸팅 : 연성, 기초지반 : 모래

84. 지표면이 수평이고 옹벽의 뒷면과 흙과의 마찰각이 0°인 연직옹벽에서 Coulomb 토압과 Rankine 토압은 어떤 관계가 있는가? (단, 점착력은 무시한다.)

① Coulomb 토압은 항상 Rankine 토압보다 크다.
② Coulomb 토압과 Rankine 토압은 같다.
③ Coulomb 토압과 Rankine 토압보다 작다.
④ 옹벽의 형상과 흙의 상태에 따라 클 때도 있고 작을 때도 있다.

해설 지표면이 수평이고 옹벽의 뒷면과 흙과의 마찰각이 0°인 연직옹벽에서 Coulomb 토압과 Rankine 토압은 같다.

85. 도로의 평판 재하 시험에서 1.25mm 침하량에 해당하는 하중 강도가 250kN/m²일 때 지반반력 계수는?

① $100 MN/m^3$
② $200 MN/m^3$
③ $1,000 MN/m^3$
④ $2,000 MN/m^3$

해설 지반스프링강성
$$K_{sp} = \frac{q}{S_i} = \frac{250}{1.25 \times 10^{-3}} = 2000 \times 10^3 kN/m^3$$
$$= 200 MN/m^3$$

86. 다음 지반 개량공법 중 연약한 점토지반에 적합하지 않은 것은?

① 프리로딩 공법
② 샌드 드레인 공법
③ 페이퍼 드레인 공법
④ 바이브로 플로테이션 공법

해설 바이브로 플로테이션은 사질토 개량공법이다.
[점토지반 개량공법]
치환공법, 프리 로딩(Pre-loading) 공법, 샌드 드레인(Sand drain) 공법, 페이퍼 드레인(Paper drain) 공법, 전기침투 공법, 침투압 공법(MAIS), 생석회 말뚝 공법
[사질토 개량공법]
다짐말뚝 공법, 다짐모래말뚝 공법, 바이브로 플로테이션(Vibro-flotation), 폭파다짐 공법, 약액주입 공법, 전기충격 공법

87. 표준관입시험(S.P.T) 결과 N값이 25이었고, 이때 채취한 교란시료로 입도시험을 한 결과 입자가 둥글고, 입도분포가 불량할 때 Dunham의 공식으로 구한 내부 마찰각(ø)은?

① 32.3°
② 37.3°
③ 42.3°
④ 48.3°

해설 $\phi = \sqrt{12N} + 15° = \sqrt{12 \times 25} + 15 = 32.32°$
참고 Dunham의 공식
둥글고 빈입도인 경우 $\phi = \sqrt{12N} + 15°$
둥글고 양입도인 경우 $\phi = \sqrt{12N} + 20°$
모나고 양입도인 경우 $\phi = \sqrt{12N} + 25°$

88. 현장에서 완전히 포화되었던 시료라 할지라도 시료 채취 시 기포가 형성되어 포화도가 저하될 수 있다. 이 경우 생성된 기포를 원상태로 용해시키기 위해 작용시키는 압력을 무엇이라고 하는가?

① 배압(back pressure)
② 축차응력(deviator stress)
③ 구속압력(confined pressure)
④ 선행압밀압력(preconsolidation pressure)

89. 그림과 같은 지반에서 하중으로 인하여 수직응력($\Delta\sigma_1$)이 100kN/m² 증가되고 수평응력($\Delta\sigma_3$)이 50kN/m² 증가되었다면 간극수압은 얼마나 증가되었는가? (단, 간극수압계수 A=0.5이고 B=1이다.)

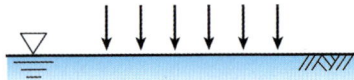

① 50kN/m²   ② 75kN/m²
③ 100kN/m² ④ 125kN/m²

해설 $u = B\sigma_3 + \overline{A}\Delta\sigma = 1\times50 + 0.5\times(100-50) = 75kN/m^2$

90. 어떤 점토지반에서 베인 시험을 실시하였다. 베인의 지름이 50mm, 높이가 100mm, 파괴 시 토크가 59N·m일 때 이 점토의 점착력은?

① 129kN/m²   ② 157kN/m²
③ 213kN/m²   ④ 276kN/m²

해설 베인전단시험에 의한 전단강도
$$c_u = \frac{T}{\pi d^2(h/2+\beta d/4)} = \frac{59\times10^3}{\pi\times50^2(100/2+2/3\times50/4)}$$
$$= 129\times10^{-3} N/mm^2 = 129kN/m^2$$
(점토지반에서 $\beta=2/3$)

91. 그림과 같이 동일한 두께의 3층으로 된 수평모래층이 있을 때 토층에 수직한 방향의 평균투수계수(k_v)는?

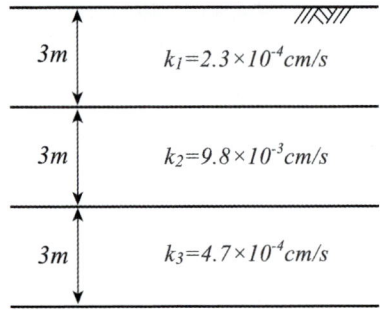

① 2.38×10^{-3} cm/s   ② 3.01×10^{-4} cm/s
③ 4.56×10^{-4} cm/s   ④ 5.60×10^{-4} cm/s

해설 흐름방향 다층 투수의 등가투수계수 $k_{eq} = \dfrac{L}{\Sigma(L_i/k_i)}$ 에서,
$$k_{eq} = \frac{(300+300+300)\times10^{-3}}{300/0.23+300/9.8+300/0.47}$$
$$= 456.1\times10^{-6} cm/s$$

92. Terzaghi의 1차 압밀에 대한 설명으로 틀린 것은?

① 압밀방정식은 점토 내에 발생하는 과잉간극수압의 변화를 시간과 배수거리에 따라 나타낸 것이다.
② 압밀방정식을 풀면 압밀도를 시간계수의 함수로 나타낼 수 있다.
③ 평균압밀도는 시간에 따른 압밀침하량을 최종압밀침하량으로 나누면 구할 수 있다.
④ 압밀도는 배수거리에 비례하고, 압밀계수에 반비례한다.

해설 압밀도는 배수거리에 반비례하고, 압밀계수의 제곱근에 비례한다.
$\overline{U}^2 \propto T_v = \dfrac{C_v t}{H_{dr}^2}$ 이므로, $\overline{U} \propto \dfrac{1}{H_{dr}}$, $\overline{U} \propto \sqrt{C_v}$

정답 89. ② 90. ① 91. ③ 92. ④

93. 흙의 다짐에 대한 설명으로 틀린 것은?

① 다짐에 의하여 간극이 작아지고 부착력이 커져서 역학적 강도 및 지지력은 증대하고, 압축성, 흡수성 및 투수성은 감소한다.
② 점토를 최적함수비보다 약간 건조측의 함수비로 다지면 면모구조를 가지게 된다.
③ 점토를 최적함수비보다 약간 습윤측에서 다지면 투수계수가 감소하게 된다.
④ 면모구조를 파괴시키지 못할 정도의 작은 압력으로 점토시료를 압밀할 경우 건조측 다짐을 한 시료가 습윤측 다짐을 한 시료보다 압축성이 크게 된다.

해설 낮은 압력으로 다지는 경우 습윤시료의 압축성이 크다.

94. 3층 구조로 구조결합 사이에 치환성 양이온이 있어서 활성이 크고, 시트(sheet) 사이에 물이 들어가 팽창·수축이 크고, 공학적 안정성이 약한 점토 광물은?

① sand
② illite
③ kaolinite
④ montmorillonite

해설 [몬모릴로나이트]
3층 구조로 구조결합 사이에 치환성 양이온이 있어서 활성이 크고, 시트(sheet) 사이에 물이 들어가 팽창·수축이 크고, 공학적 안정성이 약한 점토 광물

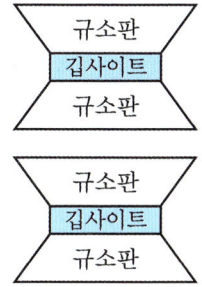

95. 간극비 e_1 = 0.80인 어떤 모래의 투수계수가 k_1 = 8.5×10^{-2}cm/s일 때, 이 모래를 다져서 간극비 e_2 = 0.57로 하면 투수계수 k_2는?

① 4.1×10^{-1}cm/s
② 8.1×10^{-2}cm/s
③ 3.5×10^{-2}cm/s
④ 8.5×10^{-3}cm/s

해설 Carrier 경험식에 따라, $k \propto \dfrac{e^3}{1+e}$ 이므로,

$$k_1 : k_2 = \dfrac{0.8^3}{1+0.8} : \dfrac{0.57^3}{1+0.57} = 0.284 : 0.118 에서,$$
$$k_2 = 3.53 \times 10^{-2} cm/s$$

96. 사면안정 해석방법에 대한 설명으로 틀린 것은?

① 일체법은 활동면 위에 있는 흙덩어리를 하나의 물체로 보고 해석하는 방법이다.
② 절편법은 활동면 위에 있는 흙을 몇 개의 절편으로 분할하여 해석하는 방법이다.
③ 마찰원방법은 점착력과 마찰각을 동시에 갖고 있는 균질한 지반에 적용된다.
④ 절편법은 흙이 균질하지 않아도 적용이 가능하지만, 흙속에 간극수압이 있을 경우 적용이 불가능하다.

해설 절편법은 흙이 균질하지 않아도 적용이 가능하지만, 흙속에 간극수압이 있을 경우에도 적용이 가능하다.

97. 그림과 같이 지표면에 집중하중이 작용할 때 A점에서 발생하는 연직응력의 증가량은?

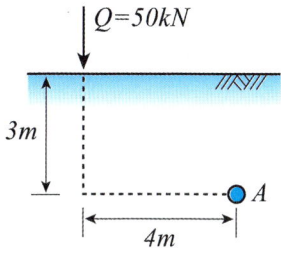

① 0.21kN/m²
② 0.24kN/m²
③ 0.27kN/m²
④ 0.30kN/m²

해설 직각삼각형 닮은비에 의해, $L = 5m$
$$\Delta \sigma_z = \dfrac{3P}{2\pi} \dfrac{z^3}{L^5} = \dfrac{3 \times 50}{2\pi} \times \dfrac{3^3}{5^5} = 0.206 kN/m^2$$

98. 지표에 설치된 3m×3m의 정사각형 기초에 80kN/m²의 등분포하중이 작용할 때, 지표면 아래 5m 깊이에서의 연직응력의 증가량은? (단, 2:1 분포법을 사용한다.)

① 7.15kN/m²   ② 9.20kN/m²
③ 11.25kN/m² ④ 13.10kN/m²

해설 $\Delta \sigma_z = \dfrac{qBL}{(B+z)(L+z)} = \dfrac{80 \times 3^2}{(3+5)^2} = 11.25 kN/m^2$

99. 다음 연약지반 개량공법 중 일시적인 개량공법은?

① 치환 공법   ② 동결 공법
③ 약액주입 공법 ④ 모래다짐말뚝 공법

해설 일시적인 지반개량 : 웰 포인트(Well point) 공법, 딥 웰(Deep well) 공법, 대기압(진공) 공법, 동결 공법

100. 연약지반에 구조물을 축조할 때 피에조미터를 설치하여 과잉간극수압의 변화를 측정한 결과 어떤 점에서 구조물 축조 직후 과잉간극수압이 100kN/m²이었고, 4년 후에 20kN/m²이었다. 이때의 압밀도는?

① 20%   ② 40%
③ 60%   ④ 80%

해설 압밀도 = 소산된 과잉간극수압 / 초기 과잉간극수압
$\overline{U} = \dfrac{100-20}{100} = 0.8$

6과목 상하수도공학

101. 1인 1일 평균급수량에 대한 일반적인 특징으로 옳지 않은 것은?

① 소도시는 대도시에 비해서 수량이 크다.
② 공업이 번성한 도시는 소도시보다 수량이 크다.
③ 기온이 높은 지방이 추운 지방보다 수량이 크다.
④ 정액급수의 수도는 계량급수의 수도보다 소비수량이 크다.

해설 대도시의 사용수량이 크다.

102. 침전지의 수심이 4m이고 체류시간이 1시간일 때 이 침전지의 표면부하율(Surface loading rate)은?

① 48m³/m²·d   ② 72m³/m²·d
③ 96m³/m²·d   ④ 108m³/m²·d

해설 표면부하율
$V_o = \dfrac{Q}{A} = \dfrac{h_e}{t} = \dfrac{4}{1} = 4m/hr = 4 \times 24 = 96m/day$

103. 인구가 10,000명인 A시에 폐수 배출시설 1개소가 설치될 계획이다. 이 폐수 배출시설의 유량은 200m³/d이고 평균 BOD 배출농도는 500g BOD/m³이다. 이를 고려하여 A시에 하수종말처리장을 신설할 때 적합한 최소 계획인구수는? (단, 하수종말처리장 건설 시 1인 1일 BOD 부하량은 50g BOD/인·d로 한다.)

① 10,000명   ② 12,000명
③ 14,000명   ④ 16,000명

해설
[조건]
① 기존 인구 : 10,000명
② 추가로 신설되는 폐수처리시설 조건
   처리유량 : 200m³/d
   유입되는 BOD 농도 : 500g BOD/m³
③ 1인당 1일 배출하는 BOD 농도 : 50g BOD/인·d

[질문]
추가로 신설되는 폐수처리시설로 추가로 유입 가능한 인구수?
기존 인구와 추가 인구를 합한 총 계획인구수?

신설 하수처리시설 BOD 처리량
= 시설유량 × 유입되는 BOD 농도 $= 200 \times 500 = 100,000g/d$
추가인구수 × 1인당 BOD량 = 신설 하수처리시설 BOD 처리량
따라서, 추가인구수 $= \dfrac{100,000}{50} = 2,000$명
총 계획인구 = 기존 인구 + 추가 인구
         = 10,000 + 2,000 = 12,000명

정답 98. ③ 99. ② 100. ④ 101. ① 102. ③ 103. ②

[주의] 문제에서 제시된 문장이 명확하지 않아, 오해의 소지가 있다. 수험생이 명확하게 문제 내용을 인지하도록 출제할 필요가 있다. 출제자의 배려가 부족하다.

104. 우수관로 및 합류식 관로 내에서의 부유물 침전을 막기 위하여 계획우수량에 대하여 요구되는 최소 유속은?

① 0.3m/s ② 0.6m/s
③ 0.8m/s ④ 1.2m/s

[해설] 오수관거 및 차집관거 : 0.6~3.0m/s
우수관거 및 합류관거 : 0.8~3.0m/s

105. 어느 A시에 장래 2030년의 인구추정 결과 85,000명으로 추산되었다. 계획년도의 1인 1일당 평균급수량을 380L, 급수보급률을 95%로 가정할 때 계획년도의 계획 1일 평균급수량은?

① 30,685m³/d ② 31,205m³/d
③ 31,555m³/d ④ 32,305m³/d

[해설] 계획 1일 평균급수량
= 계획 1인 1일 평균급수량 × 인구수 × 급수보급률
= $380 \times 10^{-3} \times 85,000 \times 0.95 = 30,685 m^3/d$

106. 정수처리 시 트리할로메탄 및 곰팡이 냄새의 생성을 최소화하기 위해 침전지가 여과지 사이에 염소제를 주입하는 방법은?

① 전염소처리 ② 중간염소처리
③ 후염소처리 ④ 이중염소처리

[해설]

구분	전염소	중간염소	후염소(일반적 경우)
목적	산화, 분해	THM, 곰팡이 냄새 최소화	소독
위치	착수정 전	침전지와 여과지 사이	최종

107. 하수도의 관로계획에 대한 설명으로 옳은 것은?

① 오수관로는 계획 1일 평균오수량을 기준으로 계획한다.
② 관로의 역사이펀을 많이 설치하여 유지관리 측면에서 유리하도록 계획한다.
③ 합류식에서 하수의 차집관로는 우천 시 계획오수량을 기준으로 계획한다.
④ 오수관로와 우수관로가 교차하여 역사이펀을 피할 수 없는 경우는 우수관로를 역사이펀으로 하는 것이 바람직하다.

[해설] ① 오수관로는 계획시간 최대오수량을 기준으로 계획한다.
② 역사이펀은 관거가 장애물을 횡단하는 경우에 설치하는 것으로 가급적 회피하는 것이 좋다.
④ 오수관로와 우수관로가 교차하여 역사이펀을 피할 수 없는 경우는 관경이 작은 오수관로를 역사이펀으로 하는 것이 바람직하다.

108. 지름 400mm, 길이 1,000m인 원형 철근 콘크리트 관에 물이 가득 차 흐르고 있다. 이 관로 시점의 수두가 50m 라면 관로 종점의 수압(kgf/cm²)은? (단, 손실수두는 마찰손실 수두만을 고려하며 마찰계수(f) = 0.05, 유속은 Manning 공식을 이용하여 구하고 조도계수(n) = 0.013, 동수경사(I) = 0.001이다.)

① 2.92kgf/cm² ② 3.28kgf/cm²
③ 4.83kgf/cm² ④ 5.31kgf/cm²

[해설] $R_h = \dfrac{A}{P} = \dfrac{\pi D^2}{4\pi D} = \dfrac{D}{4} = \dfrac{0.4}{4} = 0.1m$

Manning 유속 공식 $V = \dfrac{1}{n} R_h^{2/3} I^{1/2}$ 에서,

$V = \dfrac{1}{0.013} \times 0.1^{2/3} \times 0.001^{1/2} = 0.524 m/s$

손실수두 = 압력수두 변화량이고, 마찰손실만 고려하므로,

$h_L = f \dfrac{l}{D} \dfrac{V^2}{2g} = 0.05 \times \dfrac{1000}{0.4} \times \dfrac{0.524^2}{2 \times 10} = 1.72m$

종점의 압력수두 = $50 - 1.72 = 48.3m = \dfrac{p}{\gamma}$

종점의 압력 $p = 48.3 \times \gamma = 48.3 \times 10 kN/m^2 = 483 kN/m^2$
= 48.3

109. 교차연결(cross connection)에 대한 설명으로 옳은 것은?

① 2개의 하수도관이 90°로 서로 연결된 것을 말한다.
② 상수도관과 오염된 오수관이 서로 연결된 것을 말한다.
③ 두 개의 하수관로가 교차해서 지나가는 구조를 말한다.
④ 상수도관과 하수도관이 서로 교차해서 지나가는 것을 말한다.

해설 [교차연결]
음용수를 공급하고 있는 어떤 수도와 음용에 대한 안전성에 의심이 있는 다른 계통의 수도와의 사이에 관 등이 직·간접적으로 연결되는 것

110. 슬러지 농축과 탈수에 대한 설명으로 틀린 것은?

① 탈수는 기계적 방법으로 진공여과, 가압여과 및 원심탈수법 등이 있다.
② 농축은 매립이나 해양투기를 하기 전에 슬러지 용적을 감소시켜 준다.
③ 농축은 자연의 중력에 의한 방법이 가장 간단하며 경제적인 처리 방법이다.
④ 중력식 농축조에 슬러지 제거기 설치 시 탱크바닥의 기울기는 1/10 이상이 좋다.

해설 중력식 농축조에 슬러지 제거기 설치 시 탱크바닥의 기울기는 5/100 이상이 좋다.

111. 송수시설에 대한 설명으로 옳은 것은?

① 급수관, 계량기 등이 붙어 있는 시설
② 정수장에서 배수지까지 물을 보내는 시설
③ 수원에서 취수한 물을 정수장까지 운반하는 시설
④ 정수 처리된 물을 소요수량만큼 수요자에게 보내는 시설

해설 취수 : 수원에서 물을 유입하는 것
　　 도수 : 취수장에서 정수장으로 원수를 보내는 것
　　 정수 : 원수를 정화
　　 송수 : 정수장에서 배수지로 원수를 보내는 것
　　 배수 : 급수구역에 적정수압으로 보내는 것
　　 급수 : 개별 사용자에게 공급하는 것

112. 압력식 하수도 수집 시스템에 대한 특징으로 틀린 것은?

① 얕은 층으로 매설할 수 있다.
② 하수를 그라인더 펌프에 의해 압송한다.
③ 광범위한 지형 조건 등에 대응할 수 있다.
④ 유지관리가 비교적 간편하고, 일반적으로는 유리관리비용이 저렴하다.

해설 압송식(압력식) 하수관거는 유지관리가 번거롭고, 일반적으로는 유리관리비용이 고가이다.

배제방식	자연유하식	압송식
경사	하향경사 유지	–
매설깊이	깊음	얕음
지하수 등 불명수 침입	우려	없음
유지관리	용이	어려움

113. pH가 5.6에서 4.3으로 변화할 때 수소이온 농도는 약 몇 배가 되는가?

① 약 13배　　② 약 15배
③ 약 17배　　④ 약 20배

해설 pH는 수소이온농도의 10의 지수로 표현되므로, $\dfrac{10^{5.6}}{10^{4.3}} = 19.95$

114. 하수처리계획 및 재이용계획을 위한 계획오수량에 대한 설명으로 옳은 것은?

① 지하수량은 계획 1일 평균오수량의 10~20%로 한다.
② 계획 1일 평균오수량은 계획 1일 최대오수량의 70~80%를 표준으로 한다.
③ 합류식에서 우천 시 계획오수량은 원칙적으로 계획1일 평균오수량의 3배 이상으로 한다.
④ 계획 1일 최대오수량은 계획시간 최대오수량을 1일의 수량으로 환산하여 1.3~1.8배를 표준으로 한다.

해설 ① 지하수량은 계획 1일 최대오수량의 20% 이하로 한다.
　　 ③ 합류식에서 우천 시 계획오수량은 원칙적으로 계획시간 최대오수량의 3배 이상으로 한다.
　　 ④ 계획시간 최대오수량은 계획 1일 최대오수량을 1시간 수량으로 환산하여 1.3~1.8배를 표준으로 한다.

115. 배수관망의 구성방식 중 격자식과 비교한 수지상식의 설명으로 틀린 것은?

① 수리계산이 간단하다.
② 사고 시 단수구간이 크다.
③ 제수밸브를 많이 설치해야 한다.
④ 관의 말단부에 물이 정체되기 쉽다.

해설 격자식에서는 제수밸브를 많이 설치해야 한다.

116. 슬러지 처리의 목표로 옳지 않은 것은?

① 중금속 처리
② 병원균의 처리
③ 슬러지의 생화학적 안정화
④ 최종 슬러지 부피의 감량화

해설 [슬러지 처리 목적]
유기물질을 무기물질로 바꾸는 안정화
병원균의 살균 및 제거로 안정화
농축, 소화, 탈수 등의 공정으로 슬러지의 체적감소로 감량화

117. 합류식과 분류식에 대한 설명으로 옳지 않은 것은?

① 분류식의 경우 관로 내 퇴적은 적으나 수세효과는 기대할 수 없다.
② 합류식의 경우 일정량 이상이 되면 우천 시 오수가 월류한다.
③ 합류식의 경우 관경이 커지기 때문에 2계통인 분류식보다 건설비용이 많이 든다.
④ 분류식의 경우 오수와 우수를 별개의 관로로 배제하기 때문에 오수의 배제계획이 합리적이다.

해설 합류식의 경우 관경이 크지만 1계통의 관망이 구성되어 건설비용이 저렴하다.

118. 하수의 고도처리에 있어서 질소와 인을 동시에 제거하기 어려운 공법은?

① 수정 phostrip 공법
② 막분리 활성슬러지법
③ 혐기무산소호기조합법
④ 응집제병용형 생물학적 질소제거법

해설 막분리 활성슬러지법은 생물학적 질소제거 공법이다.
[질소와 인 동시제거 공법]
A^2/O 공법(혐기-무산소 호기 조합법), 수정 바덴포 공법, 수정 포스트립 공법, UCT 공법, VIP 공법, SBR 공법

119. 저수지에서 식물성 플랑크톤의 과도성장에 따라 부영양화가 발생될 수 있는데, 이에 대한 가장 일반적인 지표 기준은?

① COD 농도
② 색도
③ BOD와 DO 농도
④ 투명도(Secchi disk depth)

해설 투명도는 부영양화의 일반적인 지표기준이다.

120. 정수장의 소독 시 처리수량이 10,000m³/d 인 정수장에서 염소를 5mg/L의 농도로 주입할 경우 잔류염소농도가 0.2mg/L이었다. 염소요구량은? (단, 염소의 순도는 80%이다.)

① 24kg/d
② 30kg/d
③ 48kg/d
④ 60kg/d

해설 사용된 염소는 5 - 0.2 = 4.8mg/L이고, 순도가 80%이므로,
$$\frac{4.8 \times 10^4}{0.8} = 60 kg/d \quad (참조\ mg/L = g/m^3)$$

> 배움은
> 우연히 얻어지는 것이 아니라
> 열성을 다해 갈구하고 부지런히 집중해야
> 얻을 수 있는 것이다.

· 애비게일 애덤스 ·